完全掌握AutoCAD 2012超级手册

凌桂龙 等编著

超值多媒体大课堂

机械工业出版社
China Machine Press

本书根据 CAD 职业设计师岗位技能要求量身打造。详实而系统地讲解 AutoCAD 的各种基本操作方法和技巧，讲解过程还结合具体的应用实例，使读者能够在实践中掌握 AutoCAD 2012 的操作方法和技巧。全书分为 19 章，分别介绍了 AutoCAD 2012 的基础知识、AutoCAD 绘图基础、平面图形的绘制、选择并编辑图形对象、图形尺寸标注、创建面域与填充图案、文字使用和创建表格、图块操作、图层的规划与管理、图形的显示控制、图形精确绘制、图形参数化设计、三维图形绘制、三维图形的编辑与渲染、图形的输入与输出等内容，同时还给出了 AutoCAD 在机械设计、建筑设计、家装设计、电气设计行业中的典型应用案例，帮助读者尽快掌握 AutoCAD 在行业中的应用。附录介绍了 AutoCAD 的一些常用命令和快捷键，可供读者在学习中查询。

本书内容翔实，图文并茂，语言简洁，思路清晰，实例丰富，既可作为大中专院校、高职院校以及社会相关培训班的教材，也可以作为 AutoCAD 初学者、工程技术人员及想快速进入设计行业的广大读者的自学用书。

封底无防伪标均为盗版
版权所有，侵权必究
本书法律顾问　北京市展达律师事务所

图书在版编目（CIP）数据

完全掌握 AutoCAD 2012 超级手册/凌桂龙等编著.—北京：机械工业出版社，2012.8
ISBN 978-7-111-38209-6

I. ①完… II. ①凌… III. ①AutoCAD 软件－手册 IV. ①TP391.72-62

中国版本图书馆 CIP 数据核字（2012）第 084981 号

机械工业出版社（北京市西城区百万庄大街22号　邮政编码100037）
责任编辑：夏非彼　迟振春
中国电影出版社印刷厂印刷
2012年8月第1版第1次印刷
203mm×260mm · 31.5印张
标准书号：ISBN 978-7-111-38209-6
　　　　　ISBN 978-7-89433-429-9（光盘）
定价：69.00元（附1DVD）

凡购本书，如有缺页、倒页、脱页，由本社发行部调换
客服热线：（010）88378991；82728184
购书热线：（010）68326294；88379649；68995259
投稿热线：（010）82728184；88379603
读者信箱：booksaga@126.com

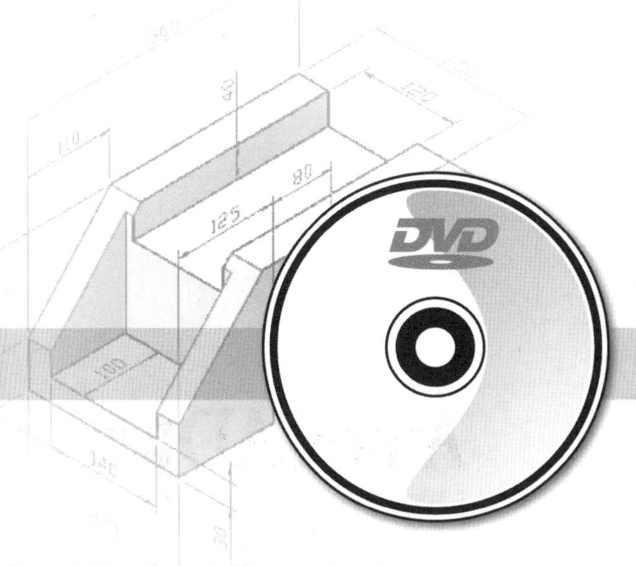

完全掌握

AutoCAD 2012 超级手册

多媒体光盘使用说明

24个视频  9小时 109个文件

① 将光盘放入光驱，依次双击"我的电脑"、"光盘驱动器"、"素材文件"，出现如图所示的界面

② 本书多媒体素材文件

③ 本书多媒体视频文件

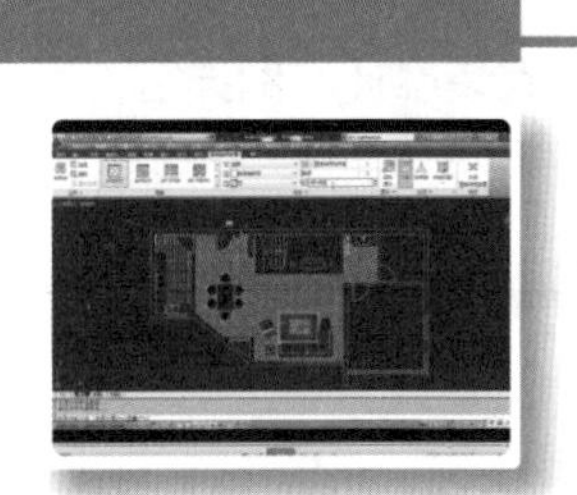

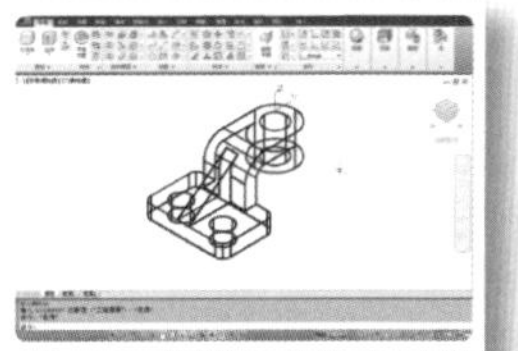

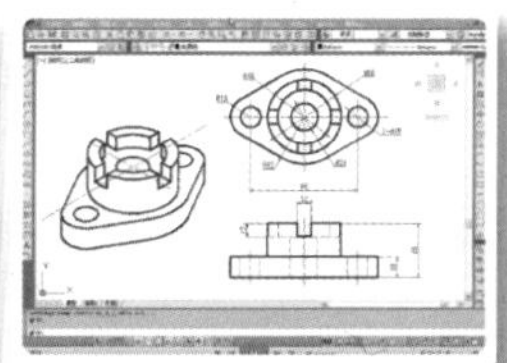

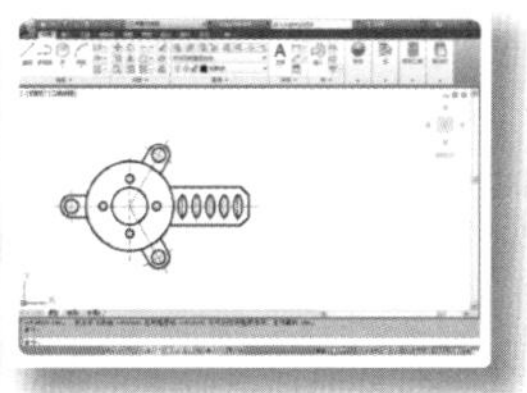

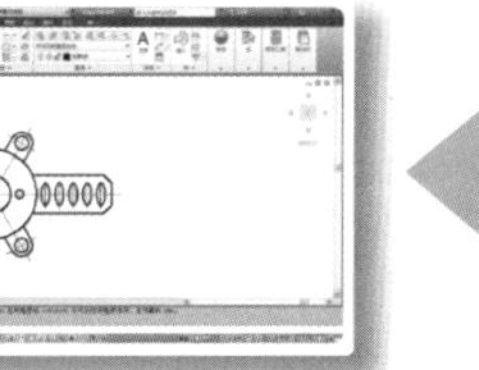

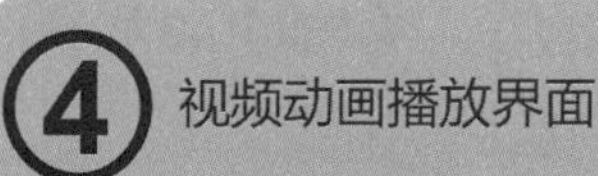

④ 视频动画播放界面

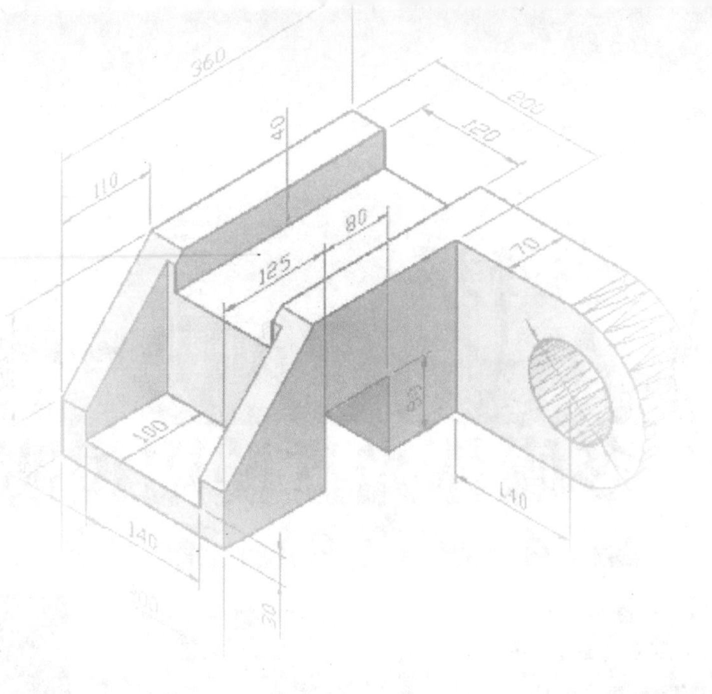

完全掌握 AutoCAD 2012 超级手册

[视频教学文件]

第1章 初识AutoCAD 2012

Char1.avi

第2章 AutoCAD绘图基础

Char02.avi

第3章 平面图形的绘制

Char03.avi

第4章 选择并编辑图形对象

Char04.avi

第5章 图形尺寸标注

Char05.avi

第6章 创建面域与填充图案

Char06.avi

第7章 文字使用和创建表格

Char07.avi

第8章 AutoCAD图块操作

Char08.avi

第9章 图层的规划与管理

Char09-1.avi、Char09-2.avi

第10章 图形的显示控制

Char10.avi

第11章 精确绘制图形

Char11.avi

第12章 图形参数化设计

Char12.avi

第13章 绘制三维图形

Char13.avi

第14章 三维图形的编辑与渲染

Char14.avi

第15章 图形的输入与输出

Char15.avi

第16章 AutoCAD机械设计案例详解

Char16-1.avi、Char16-2.avi、Char16-3.avi

第17章 AutoCAD建筑设计案例详解

Char17-1.avi、Char17-2.avi、Char17-3.avi

第18章 AutoCAD家装设计案例详解

Char18.avi

第19章 AutoCAD电气设计案例详解

Char19.avi

AutoCAD 2012 是美国 Autodesk 公司最新推出的通用辅助设计软件，该软件已经成为世界上最优秀、应用最广泛的计算机辅助设计软件之一。掌握 AutoCAD 的绘图技巧已经成为从事这一行业的一项基本技能。

本书特色

本书是由从事多年 CAD 工作和实践的一线从业人员编写，在编写的过程中，不只注重绘图技巧的介绍，还重点讲解了 AutoCAD 在机械设计、建筑设计、家装设计、电气设计中的应用。本书主要有以下几个特色：

内容详略得当 本书除将 AutoCAD 2012 的绘图知识详细地讲解给读者外，还根据讲解的难易程度给出了相关案例，帮助读者尽快掌握相关的绘图知识。本书后面部分给出了 AutoCAD 在机械设计、建筑设计、家装设计、电气设计中的应用，帮助读者在掌握制图技巧的同时，也对相关设计行业的 AutoCAD 应用提供了参考案例。

结构条理清晰 本书结构清晰、由浅入深地进行讲解，全书分为基础部分和案例部分，基础部分对一些基本绘图命令和编辑命令进行了详细地介绍；案例部分限于篇幅，以讲解绘制过程为主，对具体的绘制命令不再详述（部分重要命令除外）。

图书内容新颖 内容不仅包括 AutoCAD 的绘图知识及技巧，还根据相关行业的需求精心策划了多个极具代表性的案例。同时本书讲解了同种图形的多种绘制方法，读者应当掌握这些绘制方法，并结合 AutoCAD 多媒体教学视频精讲，务求快速提升读者的职业技能。本书的附录部分介绍了很多常用的命令及快捷键，可以帮助读者大大提高绘图效率。

主要内容

本书主要分为两个部分：基础知识和案例讲解。其中基础知识部分为 1～15 章，案例讲解部分为 16～19 章。

第 1 章　本章介绍了 AutoCAD 2012 中文版操作界面、创建图形文件的方法、命令的执行方式以及如何获得系统帮助等内容，本章最后还提供了快速入门的实例。

第 2 章　本章介绍了 AutoCAD 2012 的绘图基础，包括绘图基本常识、设置系统参数、定义选项板、设置单位和图形界限、使用坐标系等内容。

第 3 章　本章介绍了 AutoCAD 2012 平面图形的绘制方法，包括点对象、直线、射线和构造线、矩形和正多边形、圆、圆弧、椭圆和椭圆弧、多线、多段线、样条曲线等知识。

第 4 章　本章介绍了 AutoCAD 2012 中图形对象的选择与编辑方法，包括选择对象、使用夹点编辑图形、常用的对象编辑方法等内容。

第 5 章　本章介绍了 AutoCAD 2012 中图形尺寸的标注方法，包括尺寸标注的规则、创建与设置标注样式、各种常见尺寸的标注与编辑、公差的标注等内容。

第 6 章　本章介绍了 AutoCAD 中创建面域与填充图案的方法，包括将图形转换为面域、图案填充、创建与编辑面域等内容。

第 7 章　本章介绍了 AutoCAD 2012 使用文字和表格的方法，包括介绍了文字样式的设置、单行文字和多行文字的创建与编辑、表格样式的设置、表格的创建与编辑，最后通过实例来了解这些命令的操作方法。

第 8 章　本章介绍了 AutoCAD 的图块操作方法，包括创建与插入块、块属性的编辑、外部参照及设计中心的使用等内容。

第 9 章　本章介绍了 AutoCAD 图层的规划与管理，包括规划与管理图层的方法及工程中常用图层的设置等内容。

第 10 章　本章介绍了 AutoCAD 图形的显示控制方法，包括缩放、平移、命名、平铺视图、导航工具的使用等内容。

第 11 章　本章介绍了 AutoCAD 精确绘制图形的方法，包括查询图形对象信息的方法、对象捕捉与对象追踪的方法、“快速计算器”的使用等内容。

第 12 章　本章介绍了 AutoCAD 图形参数化设计的方法，包括各种约束的设置与管理等内容。

第 13 章　本章介绍了 AutoCAD 三维图形的绘制方法，包括三维点、线、曲面、实体等内容。

第 14 章　本章介绍了 AutoCAD 三维图形的编辑与渲染，包括三维子对象的编辑、逻辑运算、实体编辑以及三维实体的渲染等内容。

第 15 章　本章介绍了 AutoCAD 中图形对象的输入与输出，包括模型空间和图纸空间的创建、布局的管理、图形的打印及发布等内容。

第 16 ~19 章 最后 4 章给出了 AutoCAD 在机械设计、建筑设计、家装设计、电气设计中的行业应用案例，通过案例的学习，帮助读者尽快掌握 AutoCAD 在相关行业中的设计思路。

本书包括两个附录。附录 A 列举了 AutoCAD 中常用的快捷键；附录 B 给出了 AutoCAD 中的主要命令。随书光盘包括了本书重要案例的视频讲解及最终制作效果，读者可以充分应用这些资源提高学习效率。

本书作者

本书由凌桂龙主编，另外李燕、杨斌、张澎涛、赵会霞、周雪敏、陈磊、冯文芳、李建东、曾国奇、张希强、朱亮、王朔、刘学华、宋维维、魏永燕、王铭宇等参与了部分章节的编写工作。虽然作者在本书的编写过程中力求叙述准确、完善，但由于水平有限，书中欠妥之处在所难免，希望读者和同仁能够及时指出，共同促进本书质量的提高。

技术支持

读者在学习过程中遇到难以解答的问题，可以到为本书专门提供技术支持的“中国 CAX 联盟”网站求助或直接发邮件到编者邮箱，编者会尽快给予解答。

编者邮箱：comshu@126.com

技术支持：www.ourcax.com

编　者

2012 年 5 月

目录 Contents

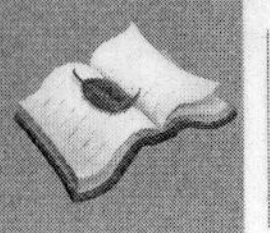

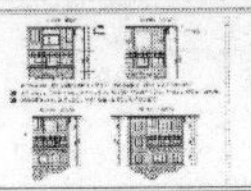

第3章 平面图形的绘制

第4章 选择并编辑图形对象

第5章 图形尺寸标注

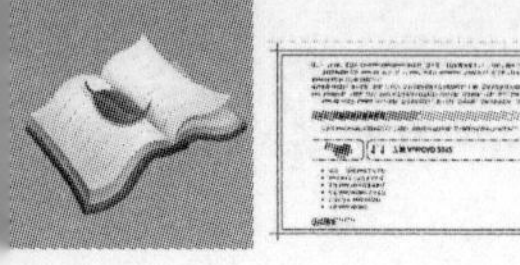

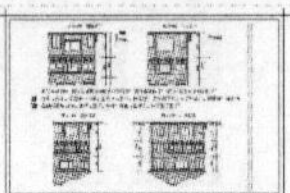

第6章 创建面域与填充图案

第7章 文字使用和创建表格

第8章 AutoCAD 图块操作

第9章 图层的规划与管理

第10章 图形的显示控制

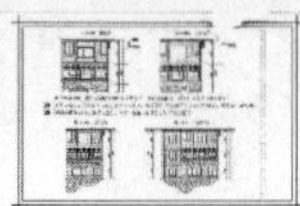

第11章 精确绘制图形

第12章 图形参数化设计

第13章 绘制三维图形

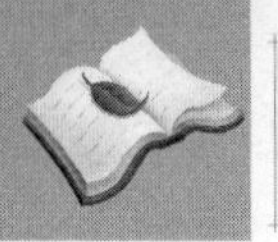

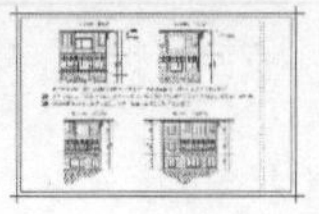

第14章 三维图形的编辑与渲染

第15章 图形的输入与输出

第16章 AutoCAD 机械设计案例详解

第17章 AutoCAD 建筑设计案例详解

第18章 AutoCAD 家装设计案例详解

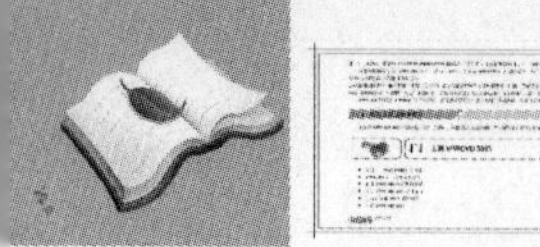

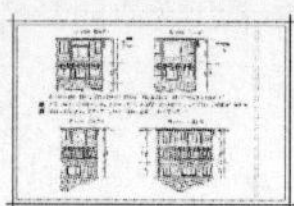

第19章 AutoCAD 电气设计案例详解

第1章 初识 AutoCAD 2012

AutoCAD 2012 中文版是 Autodesk 公司最新推出的 AutoCAD 系列中的一套功能强大的计算机辅助绘图软件，是一款具备一体化、功能丰富和应用范围广等特性的先进设计软件，深受社会各界绘图工作者的青睐。

AutoCAD 2012 允许多种执行命令方式混用。在绘制与编辑图形的过程中，通常会将两种以上的执行命令方式联合使用，所以在绘图前了解各种命令的特征与执行时机具有很重要的意义。而熟悉用户界面，了解其每一部分的功能，更是学习绘图软件之前必须掌握的内容。

学习目标

- 掌握 AutoCAD 2012 的启动过程
- 熟悉 AutoCAD 2012 的 3 种默认工作空间的界面
- 熟悉 AutoCAD 2012 的命令执行方式
- 熟悉 AutoCAD 2012 的基本操作
- 熟悉 AutoCAD 2012 的帮助系统

1.1 AutoCAD 2012 操作界面

AutoCAD 2012 继承了 AutoCAD 2009 版本带功能区的界面结构，将工具按照功能进行分类管理，方便用户使用。软件安装完毕后，可以有两种方法启动 AutoCAD 2012，启动后的界面如图 1-1 所示。

- 双击桌面快捷图标。
- 选择“开始”→“所有程序”→Autodesk→AutoCAD 2012. Simplified Chinese→AutoCAD 2012 命令。

AutoCAD 2012 的界面主要由菜单浏览器、快速访问工具栏、信息中心、功能区、绘图区、命令窗口和状态栏组成，其中整合了功能按钮的功能区是新添加的。

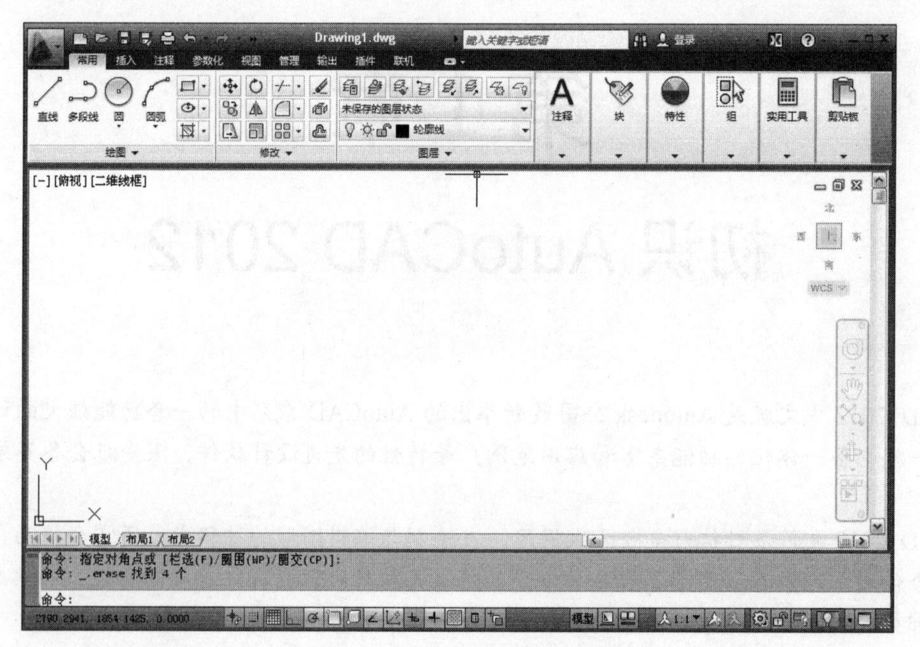

图 1-1　AutoCAD 2012 界面

1.1.1　工作空间 

工作空间是由分组组织的菜单、工具栏、选项板和功能区控制面板组成的集合，用户可以在专门的、面向任务的绘图环境中工作。

使用工作空间时，只会显示与任务相关的菜单、工具栏和选项板。此外，工作空间还可以自动显示功能区，即带有特定任务的控制面板的特殊选项板。例如，在创建三维模型时，可以使用“三维建模”和“三维基础”工作空间，其中仅包含与三维相关的工具栏、菜单和选项板。三维建模不需要的界面项会被隐藏，使得用户的工作屏幕区域最大化。

AutoCAD 2012 定义了以下 4 个基于任务的工作空间：二维草图与注释、三维基础、三维建模和 AutoCAD 经典。可以通过以下两种方法切换工作空间。

- 单击状态栏上的切换工作空间图标⚙，在弹出如图 1-2 所示的菜单栏中选择另一种工作空间命令。
- 单击快速访问工具栏中的工作空间下拉列表，选择另一种空间命令，如图 1-3 所示。

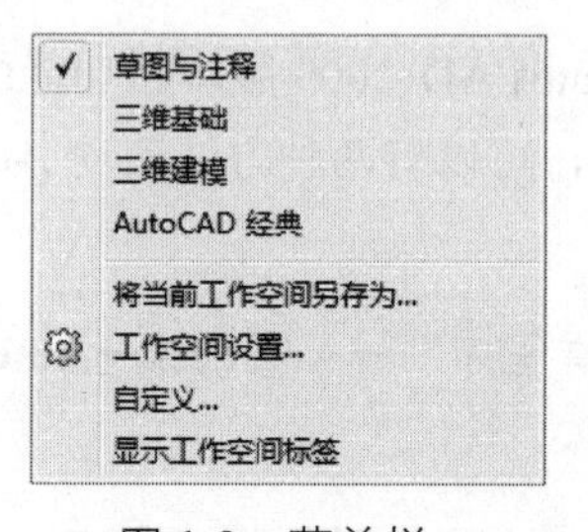

图 1-2　菜单栏

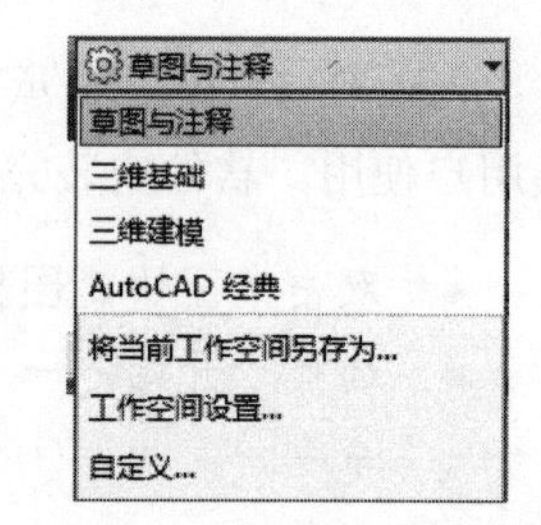

图 1-3　工作空间下拉列表

启动 AutoCAD 2012 后，默认的是“初始设置工作空间”工作空间，如图 1-1 所示。如图 1-4、图 1-5、图 1-6、图 1-7 分别为“三维基础”、“三维建模”、“AutoCAD 经典”和“二维草图与注释”工作空间。

"AutoCAD 经典"工作空间为经典的 AutoCAD 界面，主要由菜单浏览器、快速访问工具栏、信息中心、菜单栏、工具栏、面板、绘图区、命令窗口与状态栏组成。

"三维建模"、"三维基础"和"二维草图与注释"工作空间为 AutoCAD 2012 的新界面，功能区只有与三维建模相关的按钮；二维草图按钮为隐藏状态或只有与二维草图相关的按钮；三维建模相关的按钮为隐藏状态。

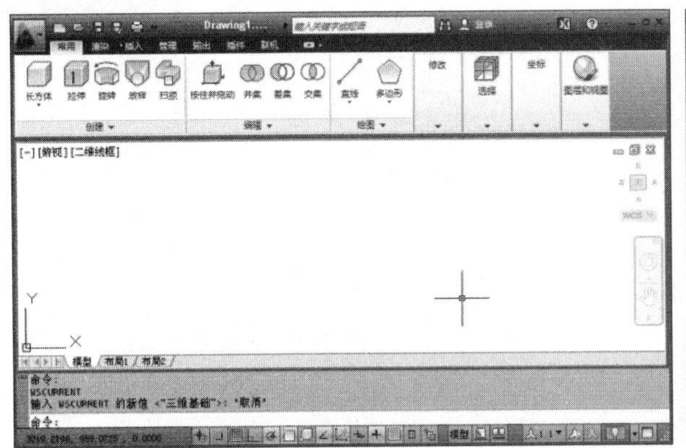

图 1-4　"三维基础"工作空间

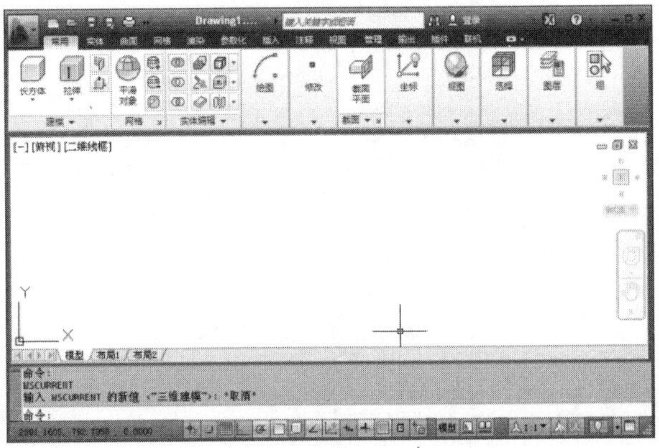

图 1-5　"三维建模"工作空间

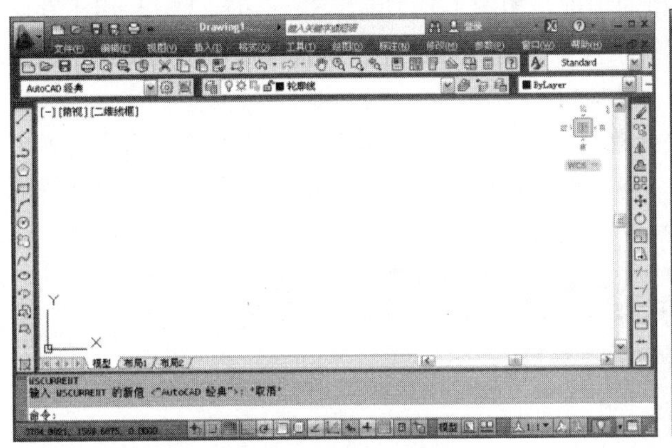

图 1-6　"AutoCAD 经典"工作空间

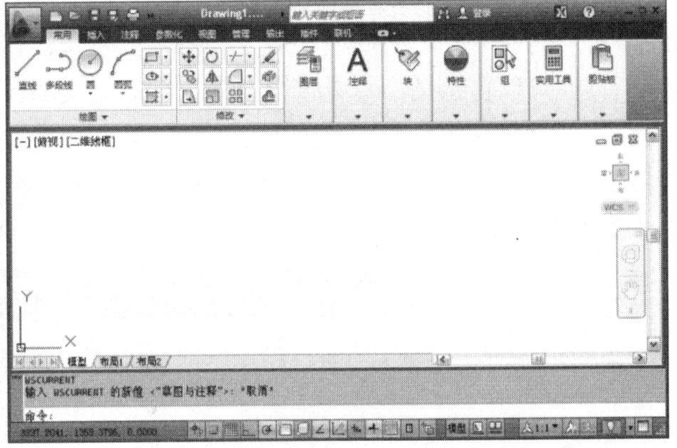

图 1-7　"二维草图与注释"工作空间

1.1.2　菜单浏览器

菜单浏览器在 AutoCAD 2012 版本中又被称为"应用程序菜单"，它包含了常用的命令，如"打开"、"保存"、"发布"等。单击位于界面左上角的菜单控制图标▲，可打开菜单浏览器，如图 1-8 所示。

在搜索栏中输入关键字可进行搜索，搜索范围包括菜单命令、基本工具提示、命令提示文字字符串或标记。如图 1-9 所示，在搜索栏中输入"矩形"关键字，将搜索出所有与矩形相关的命令。

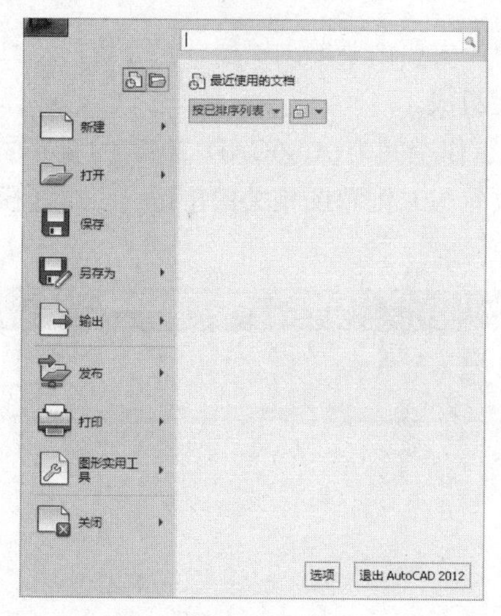

图 1-8　菜单浏览器

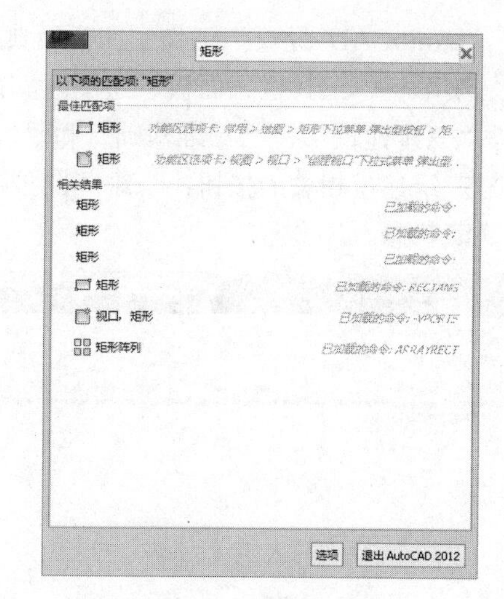

图 1-9　搜索菜单命令

1.1.3　快速访问工具栏

AutoCAD 2012 设计了快速访问工具栏，位于窗口的顶部，如图 1-10 所示。快速访问工具栏用于存储经常访问的命令，其中的默认命令按钮包括新建、打开、保存、打印、放弃、重做和工作空间快速切换。该工具栏可以自定义，其中包含由工作空间定义的命令集。

在快速访问工具栏上单击鼠标右键，在弹出的快捷菜单中选择“自定义快速访问工具栏”命令，弹出“自定义用户界面”对话框，并显示可用命令的列表。将想要添加的命令从“自定义用户界面”对话框的“命令列表”窗格中拖曳到快速访问工具栏，即可添加该命令。

图 1-10　快速访问工具栏

1.1.4　功能区

功能区是 AutoCAD 2012 新增的功能之一。功能区是和工作空间相关的，不同工作空间用于不同的任务种类，不同工作空间功能区内的面板和控件也不同。与当前工作空间相关的操作都简洁地置于功能区中。

使用功能区时，无需显示多个工具栏，它通过紧凑的界面使应用程序显得简洁有序。同时，使可用的工作区域最大化。

功能区由多个选项卡和面板组成，每个选项卡包含一组面板，如图 1-11 所示。通过切换选项卡，可以选择不同功能的面板，如“插入”选项卡所集成的面板，如图 1-12 所示。

选项卡中的面板可以通过拖动其标题栏改变位置，或者变为浮动状态。

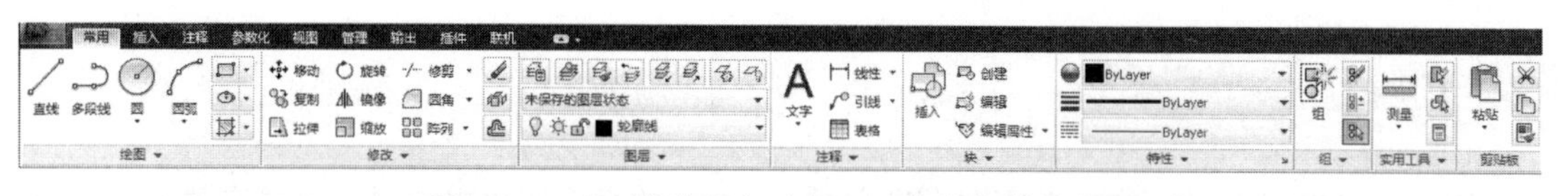

图 1-11　“二维草图与注释”工作空间的功能区

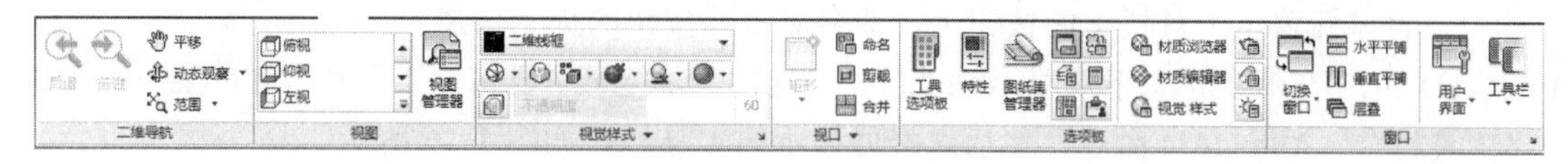

图 1-12　“插入”选项卡

默认状态下，功能区为水平显示，位于窗口的顶部。可通过拖动的方式将其垂直显示或显示为浮动选项板，如图 1-13 所示。

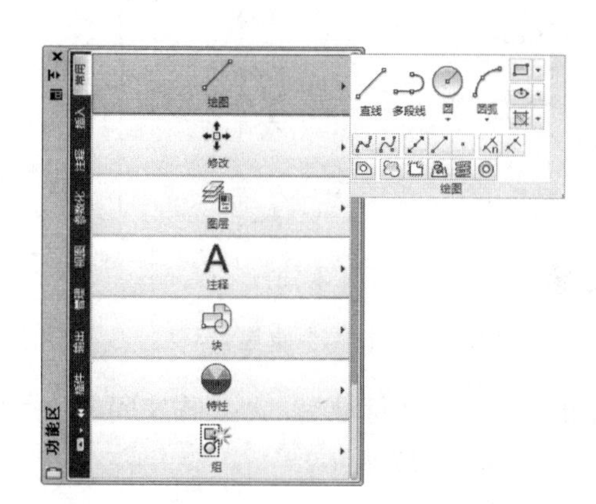

图 1-13　垂直选项板与浮动选项板

1.1.5　菜单栏

启动 AutoCAD 2012 后，会发现经典界面的菜单栏为隐藏状态。此时，可单击快速访问工具栏右侧的小箭头，在弹出的快捷菜单中选择“显示菜单栏”命令，即可显示菜单栏，如图 1-14 所示。

菜单栏位于窗口顶部，包含了“文件”、“编辑”、“视图”、“插入”、“格式”、“工具”、“绘图”、“标注”、“修改”、“参数”、“窗口”和“帮助”。用户通过它几乎可以使用软件中的所有功能。

文件(F)　编辑(E)　视图(V)　插入(I)　格式(O)　工具(T)　绘图(D)　标注(N)　修改(M)　参数(P)　窗口(W)　帮助(H)

图 1-14　菜单栏

单击某个菜单标题，即会弹出对应的菜单，例如，单击“视图”菜单标题，即可弹出菜单。其中，某些带有实心小三角符号的项目，代表该菜单下包含多项子菜单，将鼠标移至其上面，便可打开子菜单，如图 1-15 所示。

1.1.6 工具栏

在使用 AutoCAD 进行绘图时，除了使用菜单外，大部分的命令还可以通过工具栏来执行。在 AutoCAD 2012 中，只需将鼠标移至工具栏中的按钮上，即会显示该按钮的提示信息。

AutoCAD 2012 在默认状态下仅显示功能区，工具栏全部隐藏。要打开工具栏，可在菜单栏中选择“工具”→“工具栏”→AutoCAD 命令，然后选择要显示的工具栏，如图 1-16 所示。

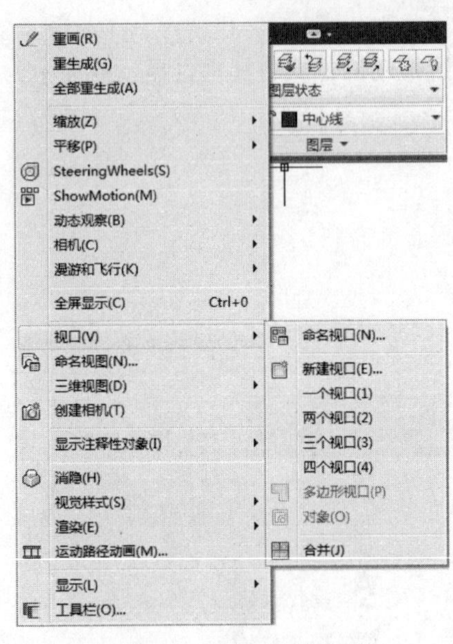

图 1-15 “绘图”菜单栏

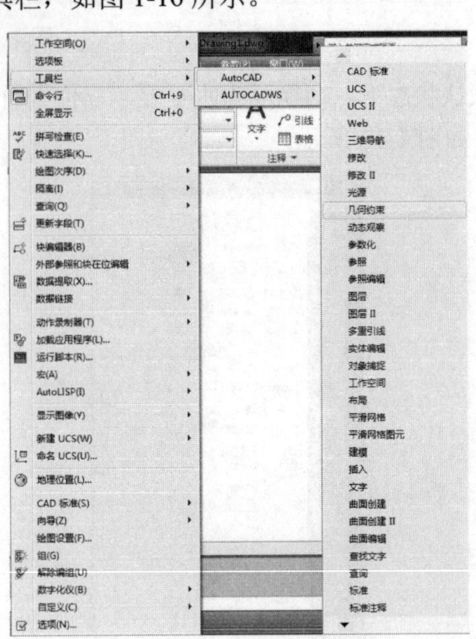

图 1-16 “工具”菜单栏

常用的工具栏有“标准”、“工作空间”、“绘图”、“绘图次序”、“特性”、“图层”、“修改”和“样式”，如图 1-17 所示。

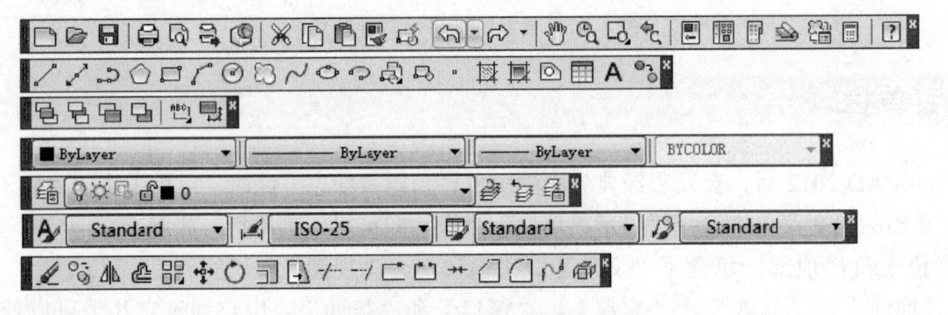

图 1-17 常用工具栏

AutoCAD 小提示

将鼠标置于工具栏上按住鼠标拖动，即可移动工具栏的位置。当拖动当前浮动的工具栏至窗口任意一侧时，会紧贴于窗口。

工具栏的可移动性无疑给设计工作带来了方便，但通常也会因操作失误，将工具栏脱离原来的位置，所以 AutoCAD 2012 提供了锁定工具栏的功能。有以下两种方法锁定工具栏：

- 从菜单栏中选择“窗口”→“锁定位置”→“全部”→“锁定”命令。
- 单击窗口下方状态栏右侧的锁定图标，从弹出的菜单中选择“全部”→“锁定”命令，如图 1-18 所示。

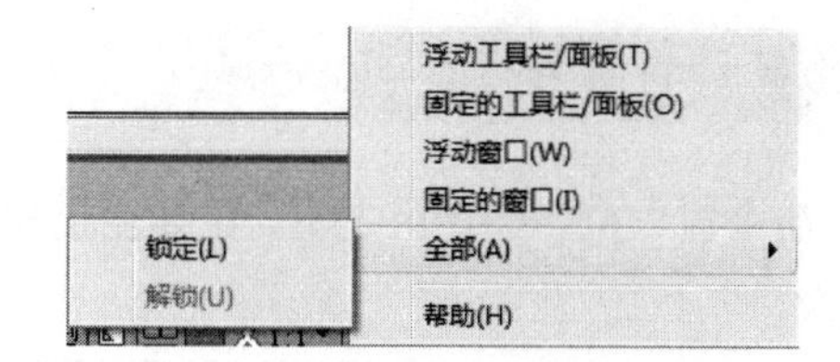

图 1-18　通过按钮锁定工具栏

1.1.7　绘图区

绘图区是指图形文件所在的区域，是供用户进行绘图的平台，它占操作界面的大部分位置，如图 1-19 所示。在 AutoCAD 2012 中，绘图区的默认背景颜色为米色，经典色为黑色。

由于 AutoCAD 2012 为每个文件都提供了图形窗口，所以每个文件都有着自己的绘图区。在绘图区的左下方是用户坐标系（User Coordinate System，UCS），主要由指向绘图区上方的 Y 轴与指向绘图区右方的 X 轴组成。用户坐标系可以协助用户确定绘图的方向。

将鼠标移至绘图区中，即会变成带有正方小框的十字光标“”，它主要用于指定点或选择对象，但在不同的命令下会呈现不同的状态。

在状态栏提供了“模型”按钮、“布局”按钮，通过它们可以在模型空间与图纸空间进行切换。在默认状态下，绘图区为“模型”空间，如图 1-19 所示。若单击“布局”按钮，即进入整幅图纸的绘图模式，即布局空间，如图 1-20 所示。可见在布局空间的 UCS 图标与模型空间不同。

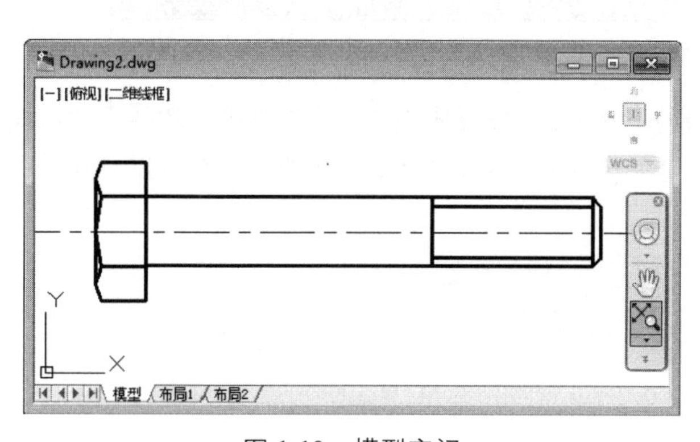

图 1-19　模型空间

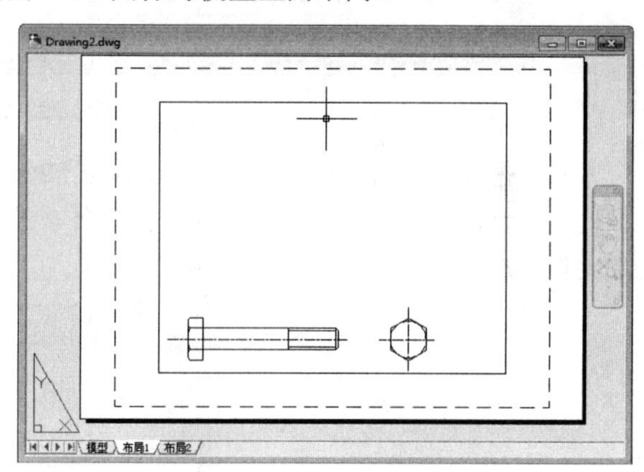

图 1-20　布局空间

视口控件用于控制是否显示位于每个视口左上角的视口工具、视图和视觉样式的菜单。若启动程序后未显示视口控件，在命令行输入 VPCONTROL，然后输入 VPCONTROL 系统变量新值为 1，按 Enter 键即显示视口控件。

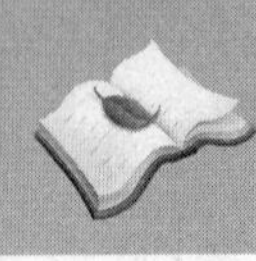

1.1.8 命令窗口

命令窗口位于绘图区之下，主要由历史命令部分与命令行组成，它同样具有可移动的特性，如图 1-21 所示。

图 1-21 命令窗口

命令窗口使得用户可以从键盘上输入命令信息，从而进行相关的操作，其效果与使用菜单及工具按钮相同，是在 AutoCAD 中执行操作的另一种方法。

在命令窗口中间有一条水平分界线，上方为历史命令记录，这里含有 AutoCAD 启动后所有信息中的最新信息，用户可以通过窗口右侧的滚动条查看历史命令记录。

分界线下方则是当前命令输入行，当输入某个命令后，要注意命令行显示的各种提示信息，以便准确、快速地进行绘图。

小提示

命令窗口的大小可由用户自定义，只要将鼠标移至该窗口的边框线上，然后按住鼠标并上下拖动，即可调整窗口的大小，如向上拖动窗口，其操作如图 1-22 所示。

图 1-22 向上拖动命令窗口

如果想快速查看所有命令记录，可以按 F2 功能键打开 AutoCAD 文本窗口，这里列出了软件启动后执行过的所有命令记录，如图 1-23 所示。另外，该窗口是完全独立于 AutoCAD 程序的，用户可以对其进行最大化、最小化、关闭、复制、粘贴等操作。

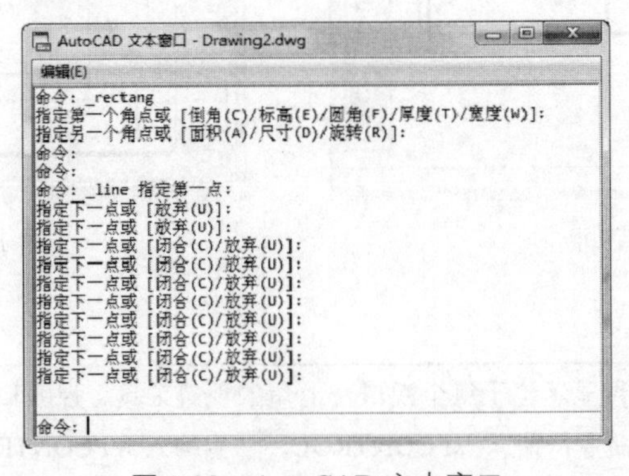

图 1-23 AutoCAD 文本窗口

1.1.9　状态栏

状态栏位于界面的最底端，主要用于显示当前光标所处位置及软件的各种状态模式，其外观如图 1-24 所示。

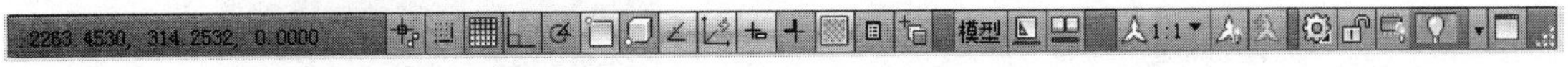

图 1-24　状态栏

AutoCAD 2012 增强了状态栏的功能，包含更多的控制按钮。如图 1-24 所示，状态栏从左至右依次为以下几个部分。

- 坐标显示区：位于状态栏的最左侧，在此以逗号划分出 3 个数值，从左到右依序为 X、Y、Z 轴的坐标值。当光标移动时，其值会自动更新。
- 绘图工具：位于状态栏的中部，提供了“推断约束”、“捕捉模式”、“栅格显示”、“正交模型”、“极轴追踪”、“对象捕捉”、“三维对象捕捉”、“对象捕捉追踪”、动态 DUCS、D 动态输入、“线宽”和“透明度”12 种工具，单击相应按钮即可将其激活。
- 快捷特性按钮：单击该按钮后，将光标悬停于对象或选中对象后，在所选对象旁边将显示快捷特性，如图 1-25 所示。
- 选择循环：为 AutoCAD 2012 新增功能之一，单击该按钮后，允许选择重叠的对象。
- 模型/布局切换按钮：通过“模型”按钮、“布局”按钮，可在模型空间和布局空间之间切换。通过“快速查看工具”按钮，用户可以预览打开的图形和图形中的布局，并在其间进行切换，如图 1-26 所示。

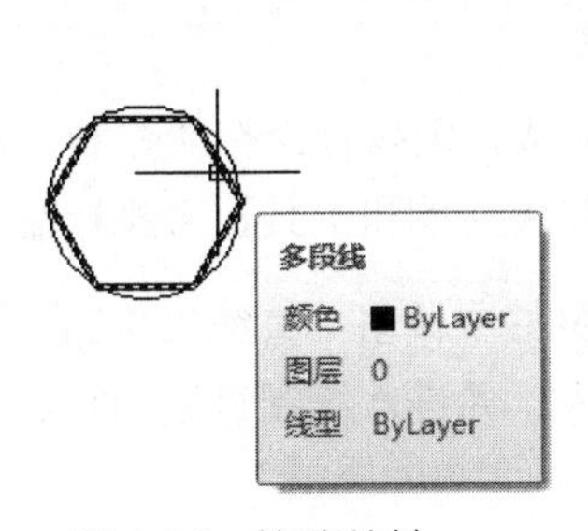

图 1-25　快捷特性

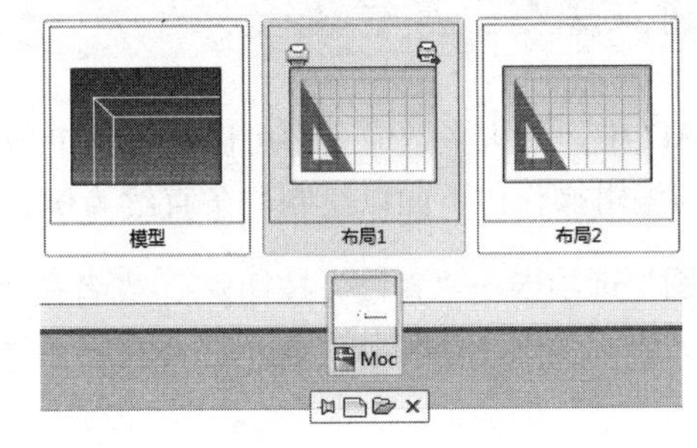

图 1-26　快速查看

- 注释工具：用于控制图形中的注释性对象。
- 工作空间按钮：用于切换工作空间。
- 锁定按钮：用于锁定工具栏。
- 全屏显示按钮：单击此按钮即可隐藏一切工具，仅显示菜单栏和绘图内容。其结果与按 Ctrl+0 组合键相同。

另外，单击状态栏右侧的箭头，可弹出如图 1-27 所示的菜单，这里提供了控制坐标显示与各选项设置的命令。选择“状态托盘设置”命令后，即可弹出如图 1-28 所示的对话框，可设置状态托盘的显示。

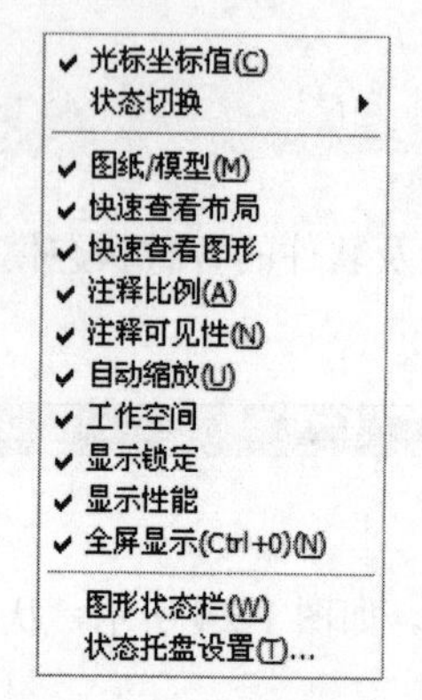

图 1-27　状态栏菜单

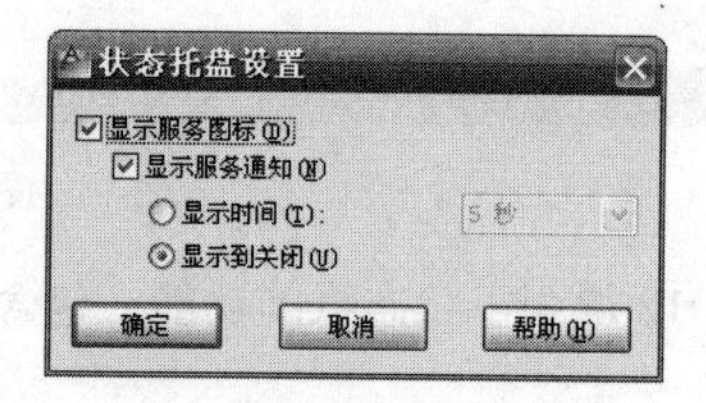

图 1-28　状态托盘设置

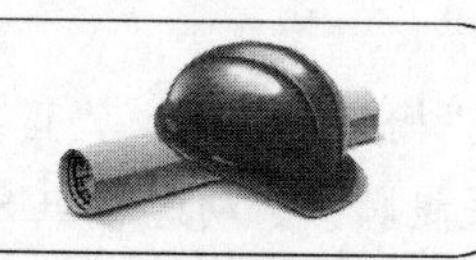

1.2 执行命令方式

使用 AutoCAD 执行命令的方法有很多种，可以从菜单中选择命令，也可单击工具栏中的按钮执行命令。另外，在命令窗口中直接输入英文命令，也是较为常用的一种执行命令方法。而上述方法只是执行命令的形式，当命令执行后，通常要配以变量的设置，才能完成绘图与编辑操作。

变量可以控制所执行的功能，以及设置工作环境与相关工作方式。例如，选择绘制圆形命令后，必须先确定圆心的位置与半径的值，这些都属于变量的设置。本节将介绍各种执行命令的方式。

1.2.1 通过菜单与工具栏执行

在 AutoCAD 中，绝大多数命令都可以通过菜单与工具栏来完成，因执行命令的差异，通常需要配合鼠标进行绘制与编辑操作。下面以绘制一条直线为例，介绍如何使用菜单和工具栏来执行命令。

01 单击“绘图”选项卡→“直线”按钮，或者在“绘图”工具栏中单击“直线”按钮，执行“直线”命令。光标变成十字形状，表示已经执行了“直线”命令，并进入绘制直线的状态，如图 1-29 所示。

02 此时在任意位置单击，即可确定直线的起点。接着移动光标至另一端并单击，即可确定直线的第二点。

03 完成直线绘制后按 Enter 键，或者在屏幕上单击鼠标右键，在弹出的快捷菜单中选择“确认”命令，将直线的第二点指定为终点，如图 1-30 所示。

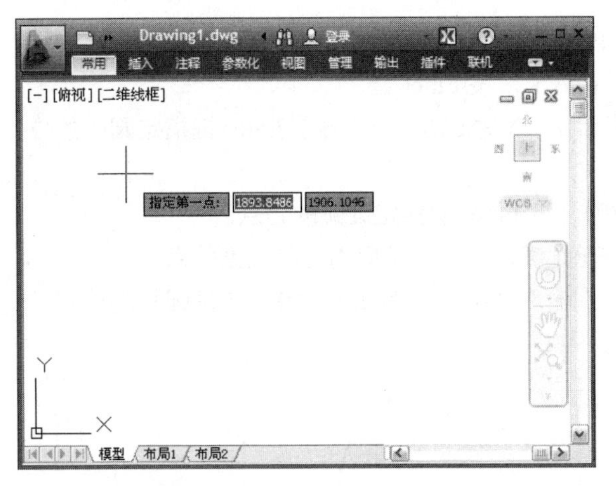

图 1-29　执行“直线”命令后的状态

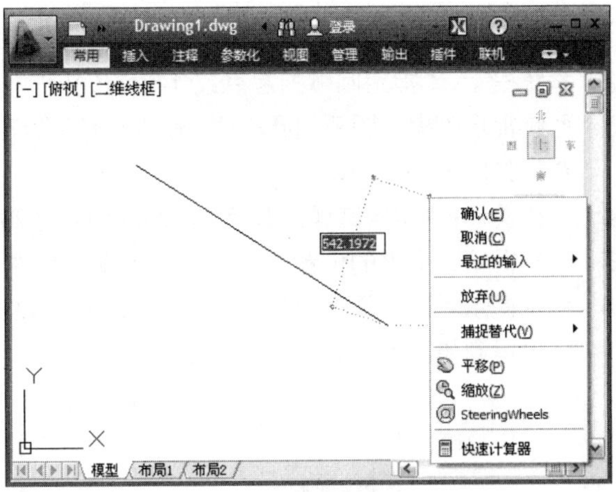

图 1-30　绘制直线

小提示

上述方法是使用选项卡命令结合鼠标操作来完成直线的绘制，但某些操作必须要先在命令行中输入变量方可继续进行绘图与编辑图形。

下面以绘制正多边形为例，学习使用选项卡结合变量绘图的方法。

01 单击“绘图”选项卡→“正多边形”按钮，或者单击“绘图”工具栏中的“正多边形”按钮。当命令窗口出现提示时，必须在命令行中输入变量（边的数目），此处输入 6，如图 1-31 所示，否则在绘图区中单击也不会有任何反应。

02 接着使用鼠标在绘图区中单击，确定多边形的中心点。此时命令行又出现“内接于圆”与“外切于圆”的变量选择，依照提示输入变量。

03 拖动光标确定多边形的半径大小与摆放的角度，在合适的位置上单击，确定多边形的角度与大小并完成图形的绘制，结果如图 1-32 所示。

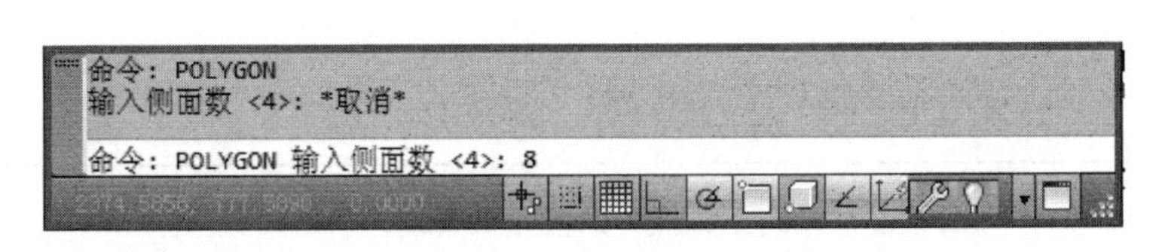

图 1-31　提示输入边的数目

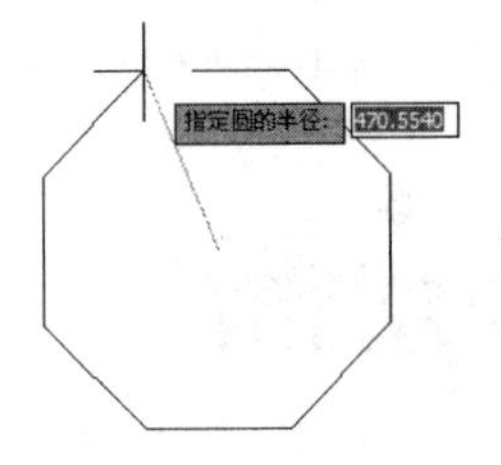

图 1-32　正六边形

1.2.2　使用命令行执行

除了使用选项卡、菜单栏与工具栏外，用户还可以在命令行以输入命令代号的方式执行 AutoCAD 中的所有命令。另外，在进行变量设置时，也可以利用提示信息进行准确设置。例如，前面绘制正六边形的过程中，可以通过命令行指定多边形的中心与半径大小等信息。下面以绘制圆弧为例，介绍如何通过命令行执行命令。

01 在命令行中输入 arc 并按 Enter 键，执行绘制圆弧命令。

02 系统提示："指定圆弧的起点或 [圆心(C)]:"，此时输入 C，按 Enter 键。

03 系统提示"指定圆弧的圆心:"，输入（100,80）（表示 X、Y 轴的坐标），再按 Enter 键指定圆心的位置，如图 1-33 所示。

04 系统提示："指定圆弧的起点:"，此时输入（200,80），按 Enter 键指定圆弧的起点。

05 若觉得第二个点的位置不合适，可以输入 U 再按 Enter 键，这样即可取消之前设置的点。

06 系统提示"指定圆弧的端点或 [角度(A)/弦长(L)]:"，输入 90，按两次 Enter 键，结束圆弧的绘制。结果得到如图 1-34 所示的圆弧。

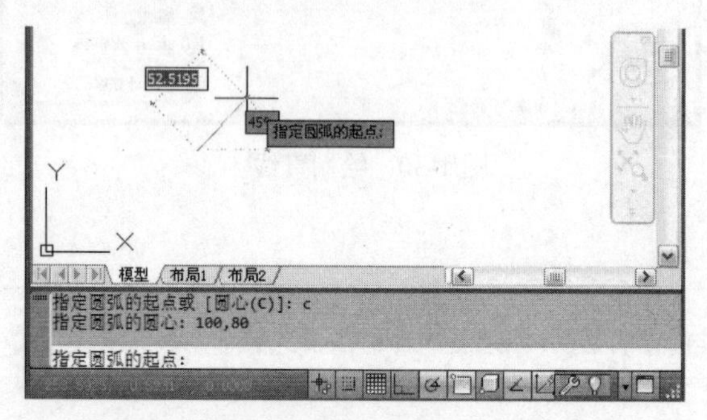

图 1-33　通过输入坐标值指定圆弧的圆心

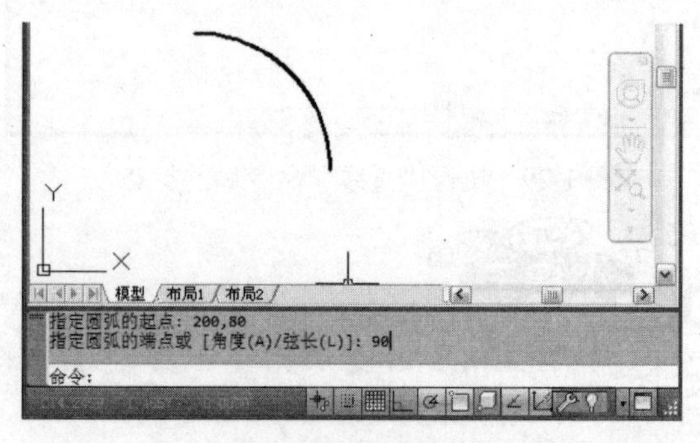

图 1-34　通过命令行绘制的圆弧

1.2.3　使用透明命令

透明命令是指在执行当前命令时可以再使用另一个命令。在 AutoCAD 中，许多命令可以透明使用，常用于更改图形设置或显示选项。例如，grid 或 zoom 等命令都可看作是透明命令。

使用透明命令时，可以在命令行的任意状态下输入"'+透明命令"，此时命令行随即显示该命令的系统变量选项，选取合适的变量后即会以">>"标示后续的设置，在该提示下输入所需的值即可，完成后立即恢复执行原命令。下面通过在绘制线条的过程中调整屏幕的显示比例，来讲解透明命令的使用方法。

01 在命令行中输入 line 并按 Enter 键，然后使用鼠标在绘图区中单击，确定直线起始点。

02 在命令行中输入"'zoom"并按 Enter 键（见图 1-35 所示），接着出现如图 1-36 所示的变量选项，输入 S 并按 Enter 键。

除了在命令行输入透明命令外，亦可以通过菜单或工具栏中的按钮来实现。

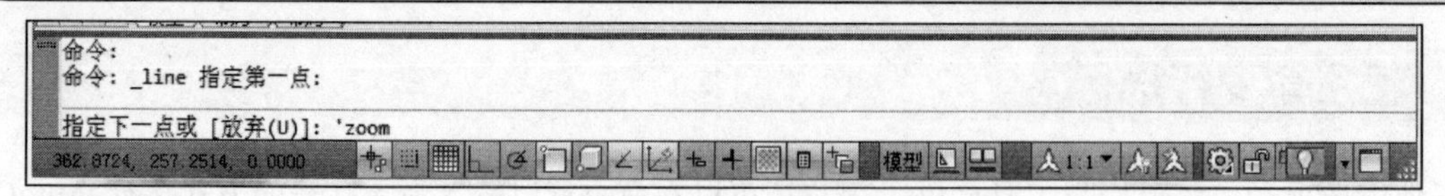

图 1-35　使用透明命令

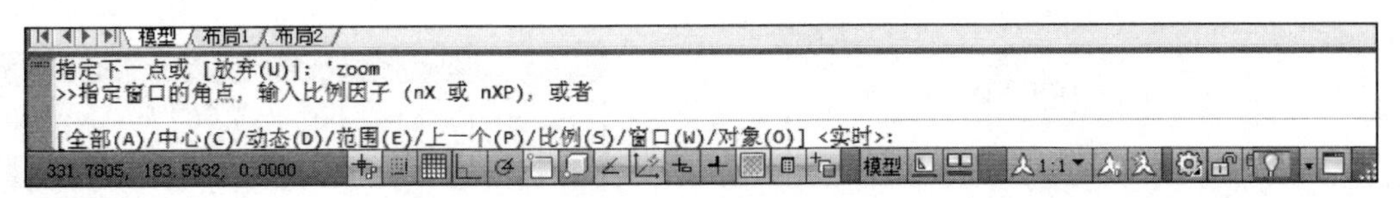

图 1-36　选择设置缩放比例

03 在“>>输入比例因子（nx 或 nxp）”提示下输入比例因子 2，并按 Enter 键，将屏幕放大两倍显示。

04 完成透明命令的执行后，随即出现如图 1-37 所示的命令窗口画面，提示指定直线的第一点。最后在屏幕中单击，确定其终点并按 Enter 键，完成直线的绘制。

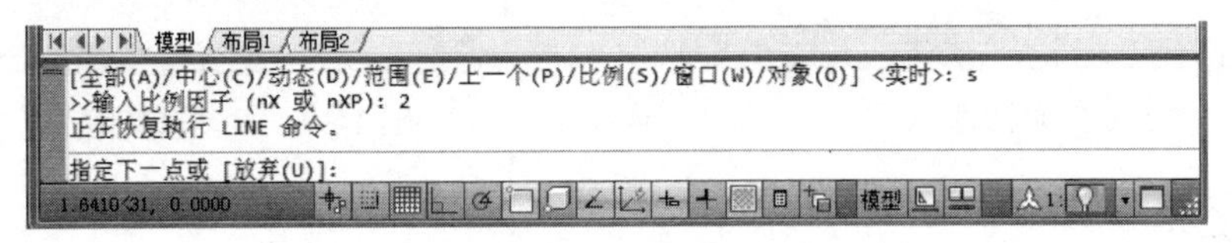

图 1-37　透明命令执行完毕后的命令窗口

1.3 创建图形文件

常用的创建图形方法包括“从草图开始”、“使用样板”与“使用向导”3 种。在默认状态下，初次启动 AutoCAD 2012 时会自动打开如图 1-38 所示的“启动”对话框，其中包含了上述 3 种创建图形文件的方法。

若启动程序后没有出现“创建新图形”对话框，可以在命令行中输入 startup，然后输入 startup 系统变量的新值:1。

1.3.1 从草图开始

使用草图创建图形是 AutoCAD 的默认创建方式，它提供了“英制”与“公制”两种创建方式，指定的设置将会决定系统变量要使用的默认值，而这些系统变量可以控制默认的线型、文字和标注等。它们的含义分别如下。

- 英制：使用英制系统变量创建新图形，默认图形边界（栅格界限）为 12 英寸×9 英寸。
- 公制：使用公制系统变量创建新图形，默认图形边界（栅格界限）为 420mm×297mm。

初次创建的图形名称为 Drawing1.dwg，其后创建的编号将依次递增。

从草图开始创建图形的步骤如下：

01 选择菜单栏中的“文件”→“新建”命令，系统弹出如图 1-39 所示的“创建新图形”对话框。

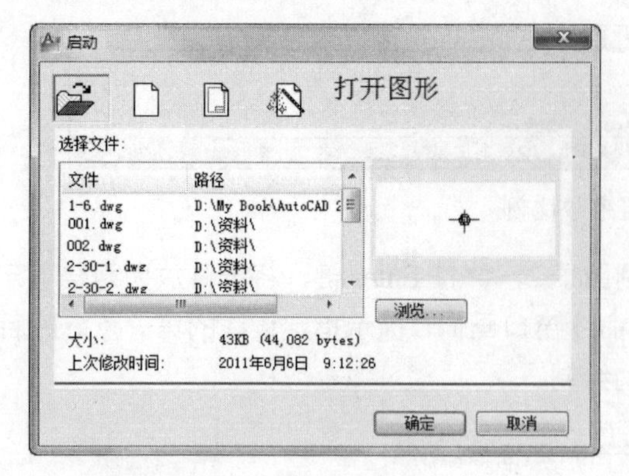

图 1-38 “启动”对话框

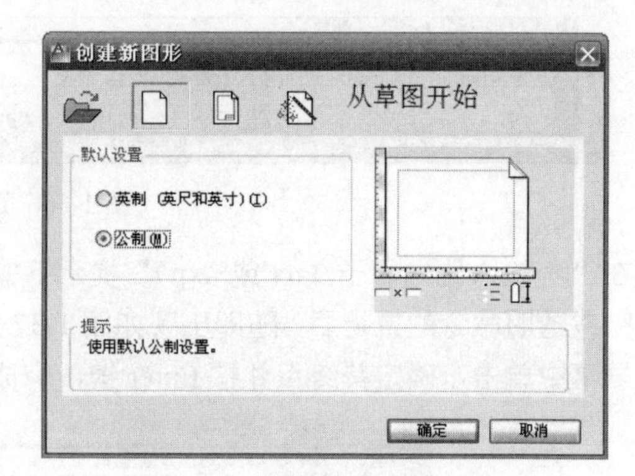

图 1-39 “创建新图形”对话框

小提示

除了步骤 1 的方法外，按 Ctrl+N 组合键、单击“标准”工具栏中的“新建”按钮，或者在命令行中输入 new 并按 Enter 键，都可以打开“创建新图形”对话框。

02 单击“从草图开始”按钮，然后在“默认设置”选项组中选择“公制”单选按钮，单击 确定 按钮，即可创建一个以公制为系统变量单位的新图形文件。

1.3.2 使用样板

AutoCAD 根据常用的绘图模式提供了大量的样板以供套用，这些样板图形中存储了图形的所有设置，有些甚至包含已定义好的图层、标注样式和视图等。样板图形文件扩展名为“.dwt”，以区别于其他的图形文件，AutoCAD 软件提供的样板文件通常保存于安装路径下的 Template 目录下。

使用样板创建图形文件的步骤如下：

01 打开“创建新图形”对话框，然后单击“使用样板”按钮，在如图 1-40 所示的“选择样板”列表中选择一种合适的样板文件，在右侧的区域中可以预览其外观。

02 若在“选择样板”列表中找不到合适的样板时，可以单击 浏览... 按钮，打开“选择样板文件”对话框。在这里提供了更多的样板文件，如图 1-41 所示。

图 1-40 样板列表

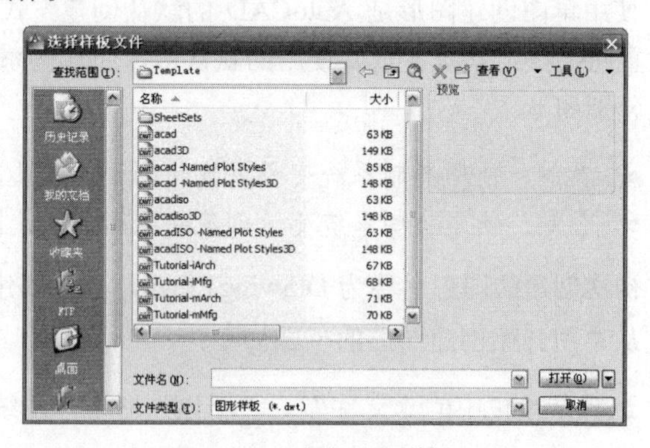

图 1-41 浏览所需样板文件

03 完成上述操作后，在绘图区中切换至布局显示模式，即可产生如图 1-42 所示的结果。

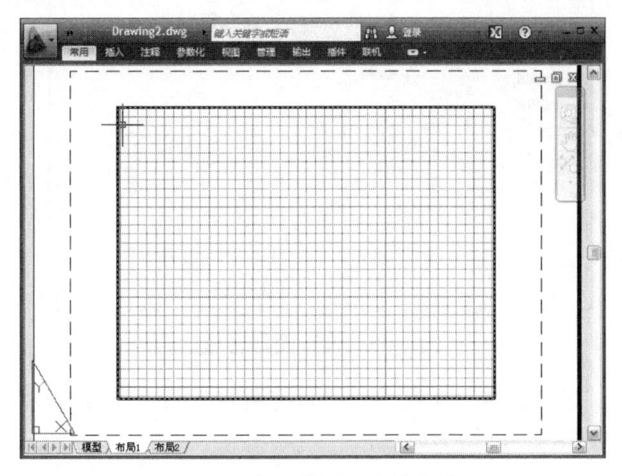

图 1-42 使用样板新建的文件

1.3.3 使用向导

使用向导创建图形时，可以根据提示来设置图形文件，包括“快速设置”与“高级设置”两项向导。它们的含义分别如下。

- 快速设置：除了能设置新图形的单位与区域外，还可以将文字高度与捕捉间距等设置调整为合适的比例。
- 高级设置：主要用于设置新图形的单位、角度、角度测量、角度方向和区域。也可用于设置文字高度与捕捉间距的比例。

下面通过使用“高级设置”向导，讲解使用向导创建新图形的方法。具体操作步骤如下：

01 打开如图 1-43 所示的“创建新图形”对话框，单击“使用向导”按钮，接着选择“高级设置”向导，并单击 确定 按钮。

02 在如图 1-44 所示的“高级设置”向导的“选择测量单位”下选择“小数”单选按钮，设置图形文件的单位为小数；在“精度”下拉列表框中选择“0.00”并单击 下一步(N) > 按钮，进入下一项设置。

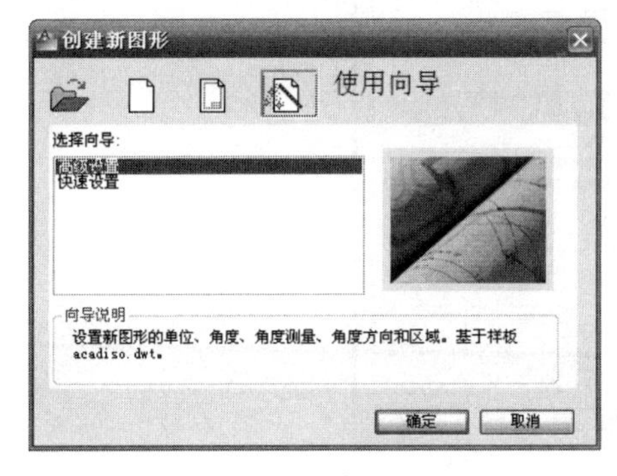

图 1-43　选择向导

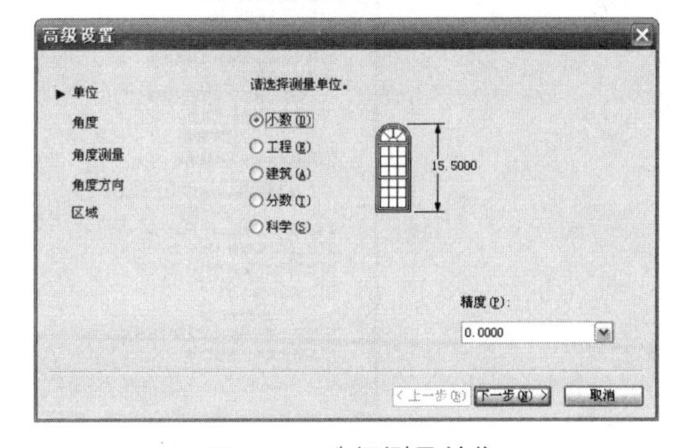

图 1-44　选择测量单位

03 连续单击“下一步”按钮，在“区域”中输入合适的“宽度”与“长度”参数，这里输入 297×210，如图 1-45 所示。最后单击 完成 按钮，即可创建一个 A4 图纸尺寸的新文件。

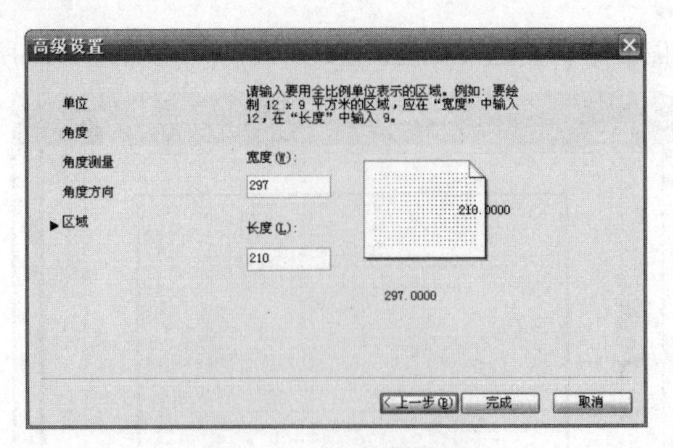

图 1-45　设置图形区域

如果需要更深入地了解，可以选择“角度”、“角度测量”与“角度方向”这 3 项设置，碍于篇幅限制，这里不再赘述。

1.4 配置系统与绘图环境

通过系统文件的配置，生成符合创作者的绘图环境，方便绘图过程中的各种操作、图形的显示等。常用的配置包括文件保存、软件和图形的显示、用户自定义、三维建模、系统配置等。

1.4.1 设置“显示”选项

单击菜单浏览器→选项按钮，弹出如图 1-46 所示的“选项”对话框。在“选项”对话框的“显示”选项卡中提供了“窗口元素”、“布局元素”、“显示精度”、“显示性能”、“十字光标大小”和“淡入度控制”6 项显示设置。通过它们可以设置软件的各项显示属性，下面将逐一进行简单介绍。

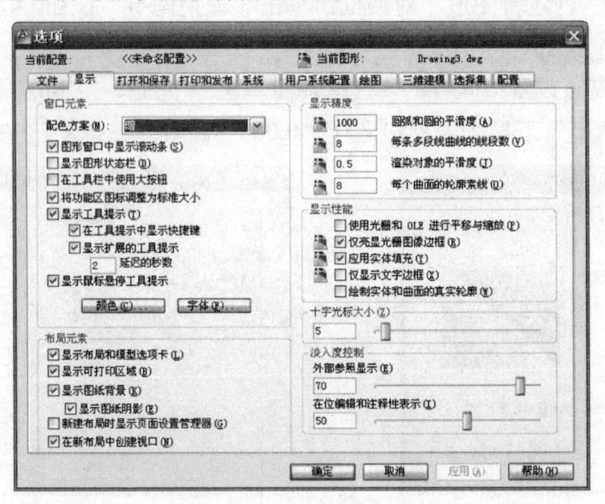

图 1-46　“显示”选项卡

- 窗口元素：主要用于控制绘图环境特有的显示设置。选择“显示图形状态栏”复选框，可以在绘图区域的右下侧显示图形状态栏；选择“在工具栏中使用大按钮”复选框，则可以将原来 15 像素×16

像素的图标以 32 像素×30 像素的尺寸显示。若单击"颜色"按钮，打开"图形窗口颜色"对话框，可以指定主应用程序窗口中元素的颜色，如图 1-47 所示；若单击"字体"按钮，打开"命令行窗口字体"对话框，可以指定命令行窗口的文字字体，如图 1-48 所示。

- 布局元素：布局是指一个图纸的空间环境，用户可在其中设置图形进行打印。"布局元素"选项组中主要是用于控制现有布局和新布局的选项。
- 显示精度：用于控制对象的显示质量。精度越高，性能就越受影响。例如，设置较高的质量值时，将会影响程序的运行速度与文件的容量大小。

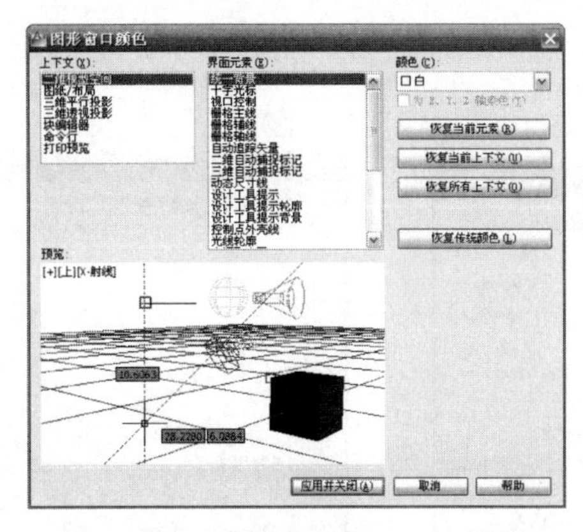

图 1-47　"图形窗口颜色"对话框

图 1-48　"命令行窗口字体"对话框

- 显示性能：是用于控制与显示性能相关的复选框。
- 十字光标大小：用于控制十字光标的尺寸。默认尺寸为 5%，有效值的范围是全屏幕大小的 1%～100%。在设置为 100%时，将看不到十字光标的末端。
- 淡入度控制：控制外部参照和在位编辑的淡入度值。

1.4.2　设置"草图"选项

在"选项"对话框中切换至"绘图"选项卡，如图 1-49 所示。在这里可以设置多个编辑功能，其中包括"自动捕捉设置"、"自动捕捉标记大小"、"对象捕捉选项"、"AutoTrack 设置"、"对齐点获取"和"靶框大小"等设置选项。有关捕捉与追踪方面的知识，将在本书后面章节进行详细介绍。

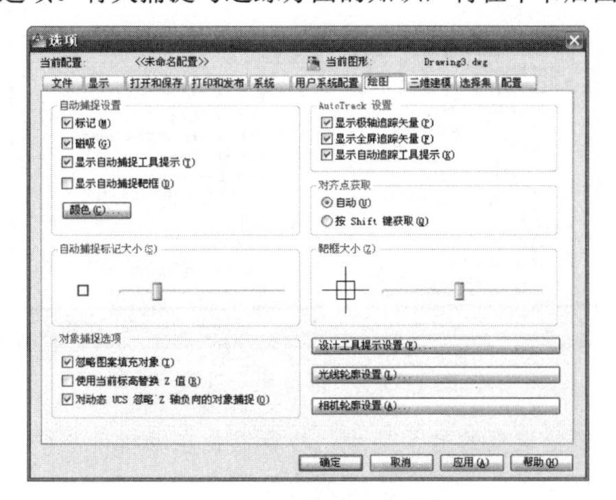

图 1-49　"绘图"选项卡

在选项卡右下方提供了 3 个设置按钮，分别介绍如下。

- 设计工具提示设置(E)...：单击该按钮，可以打开“工具提示外观”对话框，以设置用于控制绘图工具提示的颜色、大小和透明度，如图 1-50 所示。
- 光线轮廓设置(L)...：单击该按钮，可以打开“光线轮廓外观”对话框，以调整光线轮廓的当前外观，如图 1-51 所示。
- 相机轮廓设置(A)...：单击该按钮，可以打开“相机轮廓外观”对话框，以设置相机轮廓的当前外观，以及轮廓的尺寸，如图 1-52 所示。

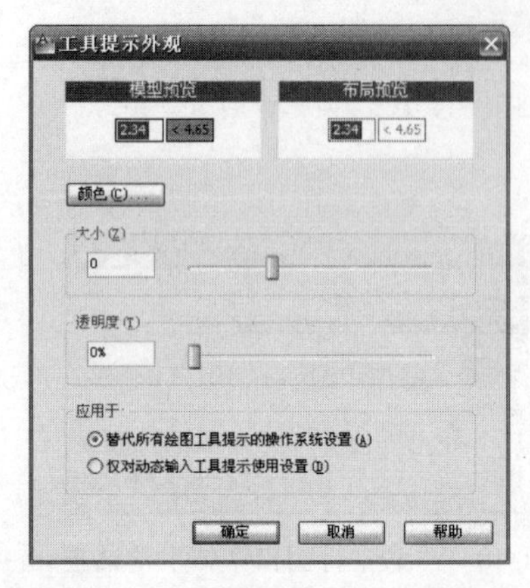

图 1-50 “工具提示外观”对话框　图 1-51 “光线轮廓外观”对话框　图 1-52 “相机轮廓外观”对话框

1.4.3 设置“选择集”选项

在“选择集”选项卡中，用户可以根据工作方式来调整应用程序界面和绘图区域，如图 1-53 所示。这里可以进行“拾取框大小”、“选择集预览”、“选择集模式”、“功能区选项”、“夹点尺寸”与“夹点”的相关设置。

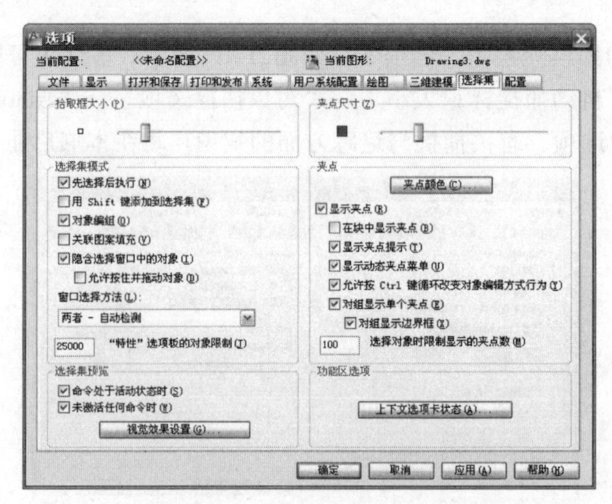

图 1-53 “选择集”选项卡

- 拾取框大小：用于控制拾取框的显示尺寸，拾取框是在编辑命令中出现的对象选择工具。
- 选择集模式：用于控制与对象选择方法相关的设置。

- 选择集预览：当拾取框光标滚动过对象时，亮显对象。单击“视觉效果设置”按钮，可打开如图 1-54 所示的“视觉效果设置”对话框，它主要用于控制预览的外观。
- 夹点尺寸：用于控制夹点的显示尺寸。
- 夹点：用于设置节点显示、控制与夹点相关的设置，单击 夹点颜色(C)... 按钮，可在打开的 1-55 所示的“夹点颜色”对话框中定义夹点显示的颜色。在对象被选中后，其上将显示夹点，即一些小方块。

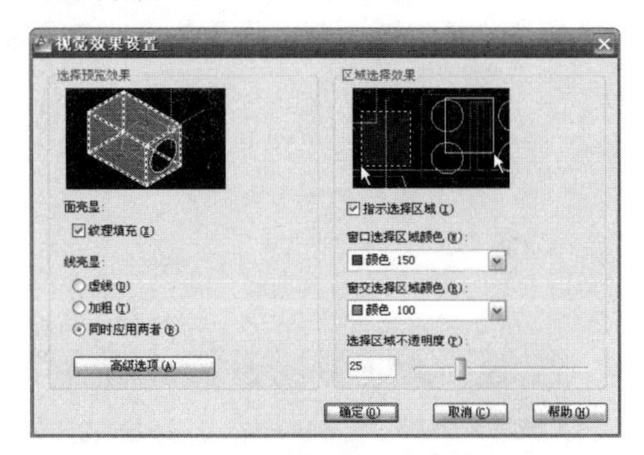

图 1-54 “视觉效果设置”对话框

图 1-55 “夹点颜色”对话框

- 功能区选项：单击 上下文选项卡状态(A)... 按钮，将显示“功能区上下文选项卡状态选项”对话框，用于控制单击或双击对象时功能区上下文选项卡的显示方式。

1.4.4 设置“用户系统配置”选项

切换到“用户系统配置”选项卡，可设置优化软件系统工作方式的各个选项，其中包括“Windows 标准操作”、“插入比例”、“字段”等设置，如图 1-56 所示。

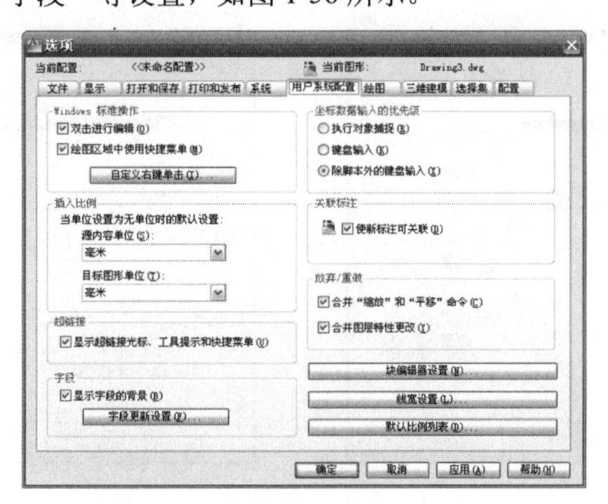

图 1-56 “用户系统配置”选项卡

- Windows 标准操作：用于控制双击和单击鼠标右键的操作。
- 插入比例：用于控制在图形中插入块和图形时使用的默认比例。
- 超链接：设置与超链接显示特性相关的设置。
- 字段：用于设置与字段相关的系统配置。
- 坐标数据输入的优先级：用于控制程序响应坐标数据输入的方式。

- 关联标注：用于选择是创建关联标注对象还是创建传统的非关联标注对象。关联标注的意义在于当与关联标注相关联的几何对象被修改时，关联标注会自动调整其位置、方向和测量值。
- 放弃/重做：用于控制“缩放”和“平移”命令及“合并图层特性更改”命令的“放弃”和“重做”。
- 块编辑器设置(N)...：单击该按钮，打开如图 1-57 所示的“块编辑器设置”对话框，用于定义块的参数颜色、约束状态、参数字体、参数和节点尺寸等块参数。
- 线宽设置(L)...：单击该按钮，打开如图 1-58 所示的“线宽设置“对话框，用于定义当前图层的线宽、单位和显示比例。

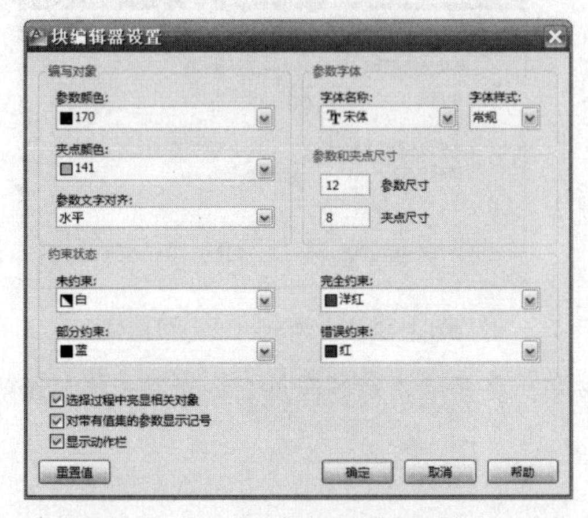

图 1-57 “块编辑器设置”对话框

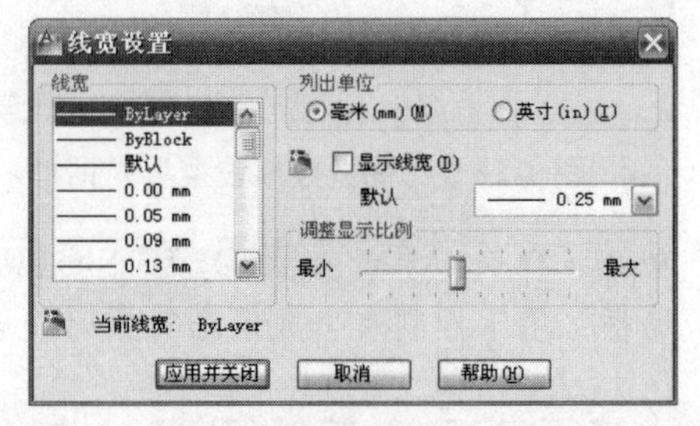

图 1-58 “线宽设置”对话框

- 默认比例列表(D)...：单击该按钮，打开如图 1-59 所示的“默认比例列表“对话框，用于定义工作环境中的默认比例。

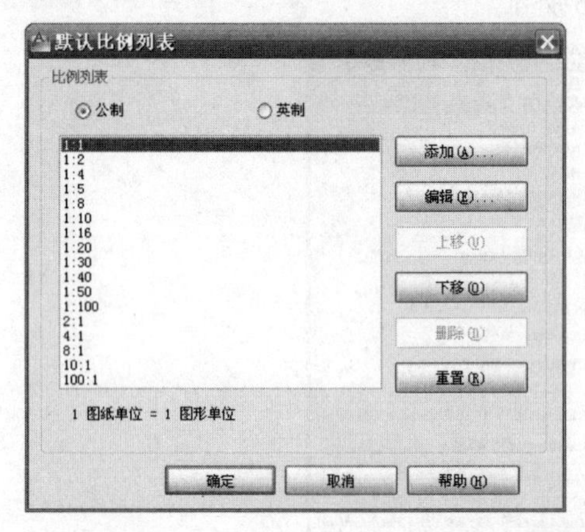

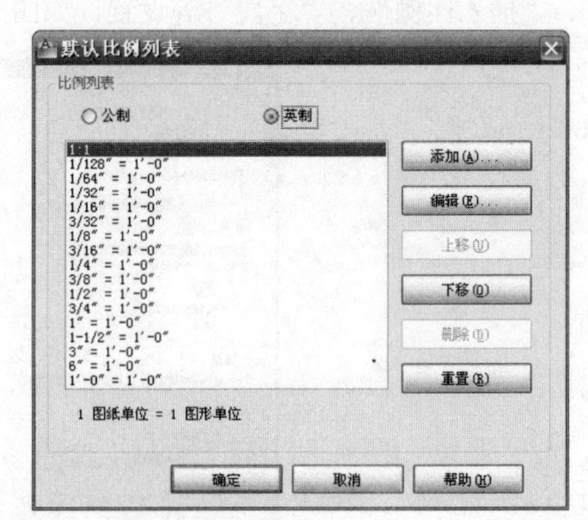

图 1-59 “默认比例列表”对话框

1.5 使用帮助系统

帮助系统中提供了相关功能使用方法的完整信息，对于初学者来说，掌握帮助系统的使用方法，将会受益匪浅。本节将介绍使用帮助系统查找信息与搜索相关知识点的方法。

在 AutoCAD 2012 中，用户可以通过以下 4 种方法打开程序提供的中文帮助系统。

- 在菜单栏中选择“帮助”→“帮助”命令。
- 按键盘上的 F1 功能键。
- 在信息中心单击“帮助”按钮?。
- 在命令行中输入 help，然后按 Enter 键。

使用上述的任意一种方法，都可以打开如图 1-60 所示的“AutoCAD 2012 帮助”窗口。

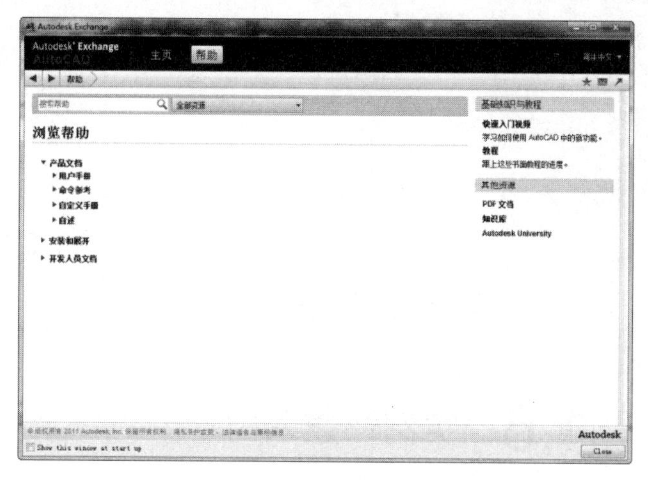

图 1-60 “AutoCAD 2012 帮助”窗口

在帮助窗口左侧的窗格中可以查找信息，该窗格上方提供了“浏览”和“搜索”两个选项卡，通过这两个选项卡，用户可以得到多种查看所需主题的方法。

- “浏览”选项卡：以主题和次主题列表的形式显示可用文档的概述，允许用户通过选择和打开主题进行浏览。目录结构非常清晰，它使用户清楚目前所处的位置，以便跳转至其他的主题。如图 1-61 所示为通过依次打开“产品文档”→“用户手册”→“创建和修改对象”→“创建对象”→“绘制曲线式对象”→“绘制圆”选项，得到的绘制圆的帮助信息。

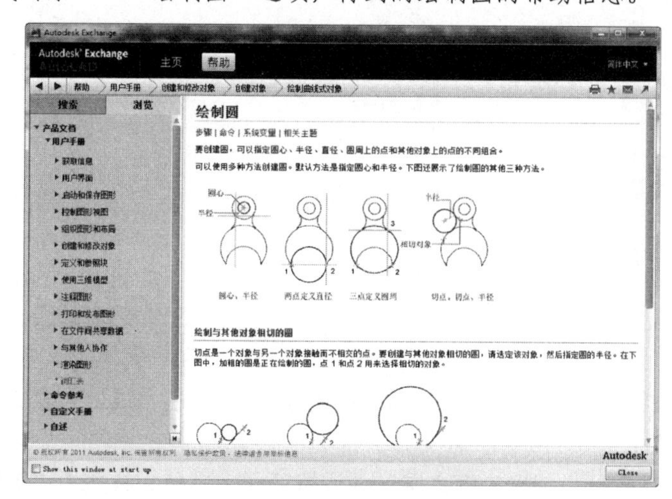

图 1-61 查看相关操作步骤

- “搜索”选项卡：允许用户输入日常用语来进行信息查找，根据用户输入的信息进行主题分类。如图 1-62 所示为通过搜索“绘制圆环”关键词，得到的帮助信息。

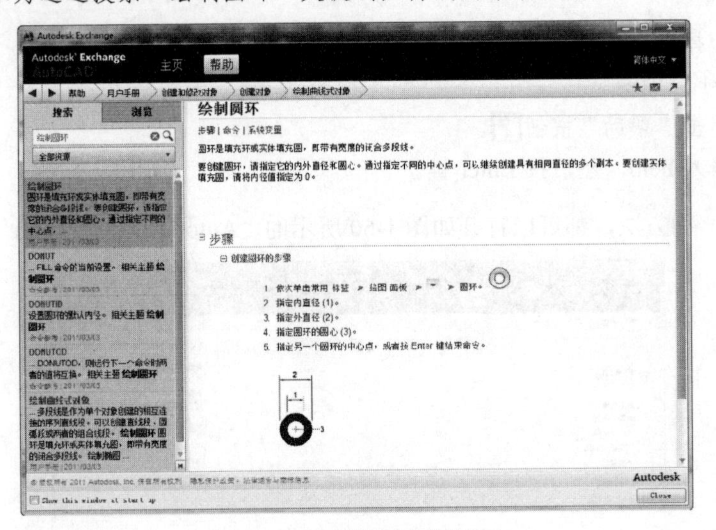

图 1-62　使用搜索得到的内容

1.6 实例快速入门

下面通过绘制正六边形和圆，介绍 AutoCAD 2012 的简单操作方法。

01 单击“快速访问”工具栏中的“新建”按钮，系统弹出“创建新图形”对话框。

02 单击“从草图开始”按钮，选中“公制”单选按钮，单击“确定”按钮，完成新文件的创建。

03 单击“常用”选项卡中“图层”面板中的“图层特性”按钮，打开如图 1-63 所示的“图层特性管理器”对话框。

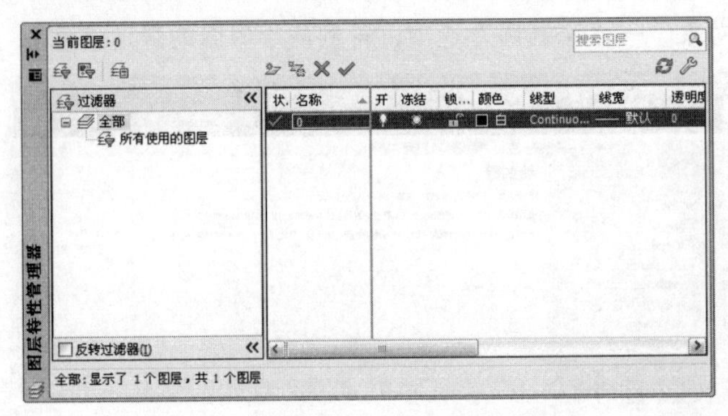

图 1-63　“图层特性管理器”对话框

04 单击“新建图层”按钮，创建中心线层，并设置颜色为黑色、线型为“CEnter”，单击“关闭”按钮完成图层的创建。

05 单击“新建图层”按钮，创建轮廓线层，并设置颜色为黑色、线宽为“0.3mm”，单击“关闭”按钮完成图层的创建。

06 单击“常用”选项卡中“图层”面板中的“图层”下拉列表框，如图 1-64 所示，选择中心线为当前图层。

07 单击功能区中的“常用”选项卡中“绘图”面板中的“直线”按钮╱，绘制如图 1-65 所示的垂直直线段。

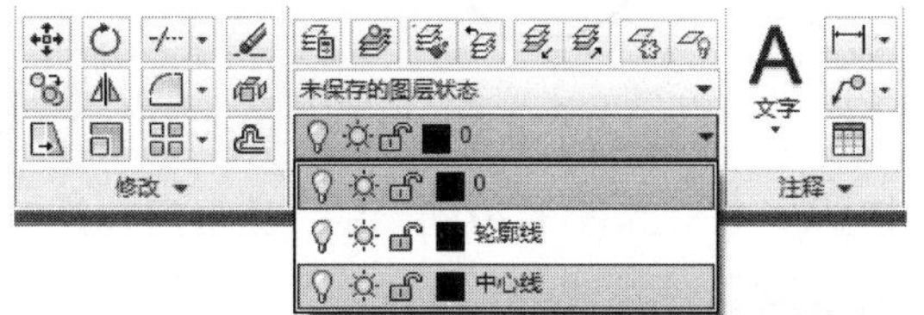
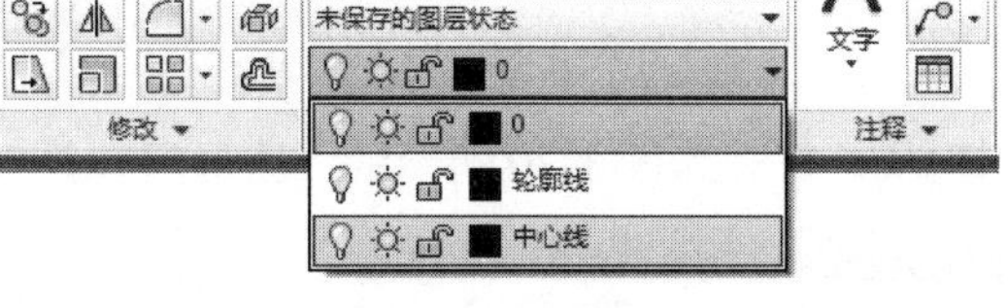

图 1-64　“图层”下拉列表框

图 1-65　绘制的垂直直线

08 单击“常用”选项卡中“图层”面板中的“图层”下拉列表框，选择轮廓线为当前图层。

09 单击“常用”选项卡中“绘图”面板中的“圆心,半径”按钮，命令行提示“命令: _circle 指定圆的圆心或 [三点(3P)/两点(2P)/切点、切点、半径(T)]:”。

10 捕捉垂直直线段的交点为圆心，命令行提示“命令: _circle 指定圆的圆心或 [三点(3P)/两点(2P)/切点、切点、半径(T)]:”。

11 在命令行中输入 50 并按 Enter 键，完成圆的绘制，效果如图 1-66 所示。

12 单击“常用”选项卡中“绘图”面板中的“圆心,半径”按钮，命令行提示“命令: _circle 指定圆的圆心或 [三点(3P)/两点(2P)/切点、切点、半径(T)]:”。

13 捕捉垂直直线段的交点为圆心，命令行提示“命令: _circle 指定圆的圆心或 [三点(3P)/两点(2P)/切点、切点、半径(T)]:”。

14 在命令行中输入 20 并按 Enter 键，完成圆的绘制，效果如图 1-67 所示。

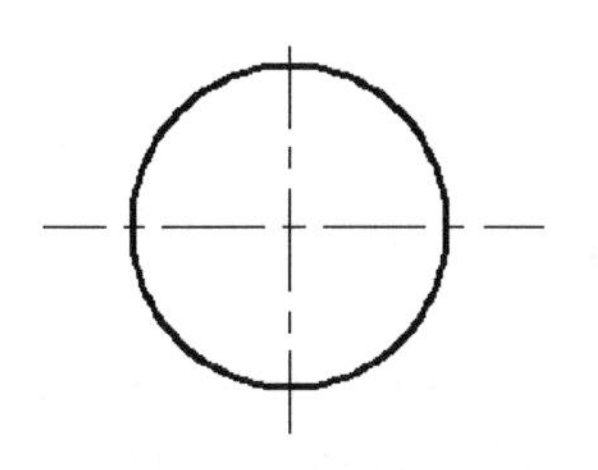

图 1-66　绘制圆 1

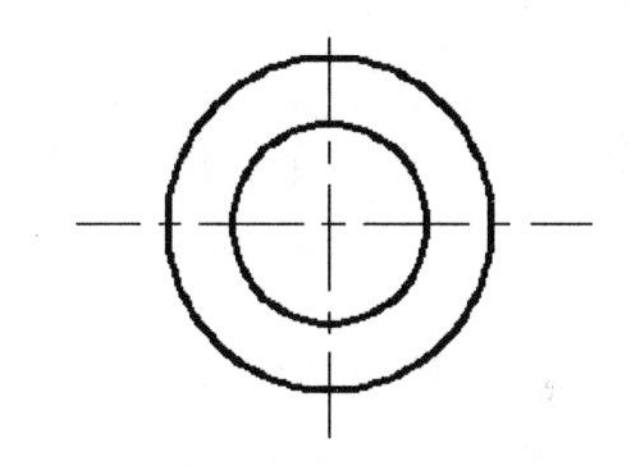

图 1-67　绘制圆 2

15 单击“常用”选项卡“修改”面板中的“复制”按钮，命令行提示“选择对象:”。

16 选择垂直中心线及上一步绘制的内圆，按 Enter 键，命令行提示“指定基点或 [位移(D)/模式(O)] <位移>:”。

17 捕捉垂直直线段的交点作为基点，命令行提示“指定第二个点或 [阵列(A)] <使用第一个点作为位移>:”。

18 在命令行中输入（@180,0），按 Enter 键完成复制，效果如图 1-68 所示。

19 单击“常用”选项卡“绘图”面板中的“多边形”按钮，命令行提示“命令: _polygon 输入侧面数<4>:”。

20 在命令行输入 6 并按 Enter 键，命令行提示“指定正多边形的中心点或 [边(E)]:”。

21 捕捉复制的垂直直线段的交点为中线点，命令行提示“输入选项 [内接于圆(I)/外切于圆(C)] <I>:”。

22 在命令行输入 C 并按 Enter 键，命令行提示“指定圆的半径:”。

23 在命令行中输入 30 并按 Enter 键，完成正六边形的绘制，效果如图 1-69 所示。

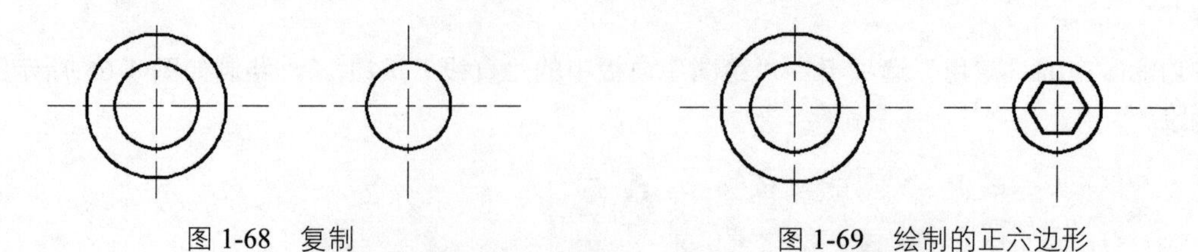

图 1-68　复制　　　　图 1-69　绘制的正六边形

24 单击“快速访问”工具栏中的“另存为”按钮，打开如图 1-70 所示的“图形另存为”对话框。

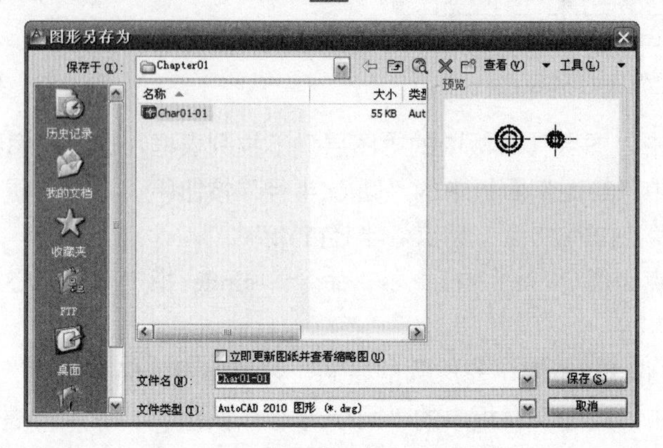

图 1-70　“图形另存为”对话框

25 选择 chapter01 文件夹为保存路径，在“文件名”文本框中输入 Char01-01，单击“保存”按钮，完成文件的保存。

1.7 知识回顾

AutoCAD 2012 的功能虽然强大，但也要通过实例的练习来熟练操作。在绘图过程中，一般使用功能区或工具栏中的按钮即可完成相关操作，但有的操作必须通过下拉菜单或命令来执行，特别是系统变量的设置，就必须在命令行中输入命令。

AutoCAD 2012 的界面变化比较大，功能区在绘图过程中的使用率很高，而状态区则显示作图过程中的各种信息，并提供给用户各种辅助绘图工具。另外，AutoCAD 2012 相对于旧版本增加了即时帮助系统，绘图过程中，对不熟悉的命令可随时通过帮助系统获得答案。

第 2 章

AutoCAD 绘图基础

通过第 1 章认识了 AutoCAD 2012 的一些基本模块。本章将介绍使用 AutoCAD 2012 绘图的一些基础知识，如熟悉基本图形对象、鼠标与键盘的基本操作、单位和图形界限的设置、选项板的使用方法、系统变量的设置，以及坐标系的创建和设置。通过本章的学习，掌握 Auto CAD 2012 的基础绘图操作和设置，方便后续绘图的顺利进行。

学习目标

- 了解绘图的基本常识
- 掌握单位和图形界限的设置方法
- 熟悉选项板的定义方法
- 掌握绘图方法
- 掌握使用命令与系统变量的方法
- 熟悉使用坐标系的技巧
- 熟悉管理命名对象方法

2.1 绘图常识

本节主要介绍组成图形的基本单元：点、线、块等的基本信息，以及绘制图形的基本操作，包括鼠标和键盘的基本操作方法。最后介绍了 AutoCAD 2012 软件系统参数的设置。

2.1.1 AutoCAD 基本图形元素

AutoCAD 2012 应用广泛，可用于机械制图、建筑设计、电气设计等领域。不管是什么类型的图纸，在 AutoCAD 2012 中，所有的图形均由点、线、面和块等基本图形元素构成。

1. 点

AutoCAD 2012 定义的特征点包括端点、中点等。如下表所示，这些特征点可以方便地通过“对象捕捉”来选择定位。打开对象捕捉后，当鼠标移动至某一特征点附近时，将显示表中第二列中的对象捕捉标记，单击则可选择或指定对应的特征点。

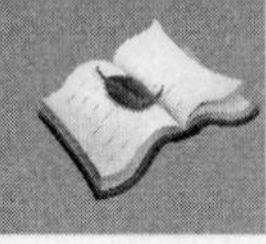

表　AutoCAD 2012定义的特征点

特征点	对象捕捉标记	特征点的含义
端点		圆弧、椭圆弧和直线等的端点，或者宽线、实体和三维面域的端点
中点		圆弧、直线、多线、面域、实体、样条曲线或参照线等的中点
圆心		圆弧、圆、椭圆或椭圆弧的圆心
节点		点对象、标注定义点或标注文字起点
象限点		圆弧、圆、椭圆或椭圆弧的象限点
交点		圆弧、圆、直线、多线、射线、面域或参照线等的交点
插入点		属性、块、图形或文字的插入点
垂足		弧、圆、直线、多线、射线、面域或参照线等的垂足
切点		圆弧、圆、椭圆、椭圆弧或样条曲线的切点
最近点		圆弧、椭圆、直线、多线、点、多段线、射线、样条曲线或参照线的最近点
外观交点		不在同一平面但是可能看起来在当前视图中相交的两个对象的外观交点

2．基本二维图形元素

AutoCAD 2012 中的基本二维图形元素包括直线、构造线、多段线、正多边形、圆、圆弧、椭圆、椭圆弧和样条曲线等。图形的绘制正是通过这些基本的二维图形元素而实现的，每个图形元素都有多个夹点，选择某个图形元素后，夹点将显示为小方格和三角形。如图 2-1 所示为基本二维图形圆、正六边形和样条曲线的夹点。

选择夹点后，可通过拖动夹点对所选对象进行编辑，而无须输入命令。

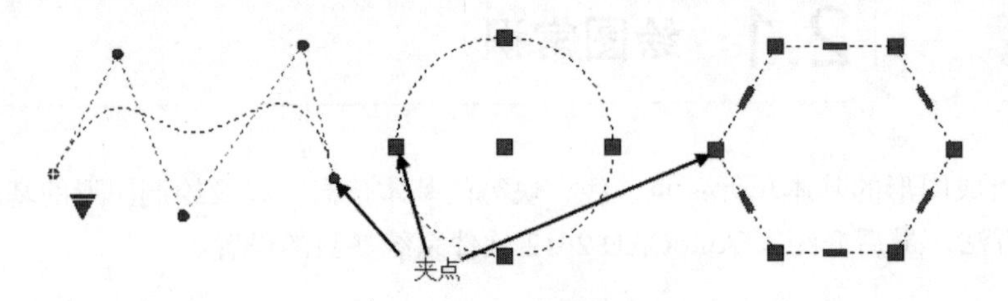

图 2-1　二维图形元素的夹点

3．基本三维图形元素

AutoCAD 2012 中基本的三维图形元素包括多段体、长方体、楔体、圆锥体、球体、圆柱体、圆环体、棱锥面和平面曲面等，与二维的图形元素一样，每个三维图形元素也有多个夹点。如图 2-2 所示为长方体、圆环体和棱锥体的夹点，可通过拖动夹点对所选对象进行编辑。

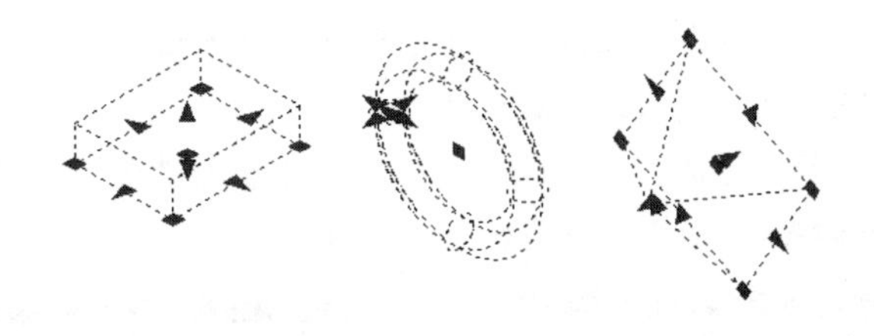

图 2-2　三维图形元素的夹点

4．块

块是一种特殊的图形对象，是多个图形对象的组合，也可以是绘制在几个图层上的不同颜色、线型和线宽特性对象的组合。尽管块总是在当前图层上，但块参照保存了包含在该块中的对象的原图层、颜色和线型特性的信息，可以设置块中的对象是保留其原特性还是继承当前的图层、颜色、线型或线宽设置。

2.1.2　鼠标与键盘基本操作

在绘图区，鼠标的光标通常是以十字形“╋”出现。当运行某一命令后，如果光标显示为“＋”，则表示此时应该用鼠标指定点；当需要选择对象时，光标变为方框形“□”。一般地，鼠标的左键用于拾取对象指定点；鼠标右键用于确认。例如，选择对象完毕后单击鼠标右键，表示选择结束，并提示系统进行下一步操作，等同于键盘上的 Enter 键。

键盘一般用于输入坐标值、输入命令和选择命令选项等。下面是一些基本功能键的作用。

- Enter 键：表示确认某一操作，提示系统进行下一步的操作。例如，输入命令结束后，需按 Enter 键。
- Esc 键：取消某一操作，恢复到无命令的状态，光标回复到“╋”形状。
- 在无命令的状态下，按 Enter 键或<空格>键表示重复上一次的命令。

2.2　设置系统参数选项

在使用 AutoCAD 2012 绘图之前，一般在其默认设置下就可以绘图了，但有时为了提高绘图效率或个人习惯，需要对 AutoCAD 2012 的绘图单位、绘图界面和工具栏等进行必要的设置。

AutoCAD 2012 的系统设置可通过“选项”对话框实现，如图 2-3 所示。可用以下 4 种方法打开该对话框。

- 经典模式：选择菜单栏中的“工具”→“选项”命令。
- 单击菜单浏览器▣最下方的“选项”按钮。
- 在命令行窗口或绘图区中单击鼠标右键，从弹出的快捷菜单中选择“选项”命令。
- 运行命令：OPTIONS。

“选项”对话框包括“文件”、“显示”等 10 个选项卡，其中“显示”、“绘图”、“选择集”和“用户系统配置”4 个选项卡的设置在前面章节中已经介绍，下面对其他 6 个选项卡的设置内容一一说明。

（1）“文件”选项卡：该选项卡主要用于设置 AutoCAD 2012 在搜索支持文件、驱动程序文件、菜单文件和其他文件的路径；还列出了用户可选设置，包括自定义文本编辑器、字体、字典、自动保存文件位置及样板图形位置等。一般将这个选项卡设为默认即可。

（2）“打开和保存”选项卡：包括“文件保存”、“文件安全措施”、“文件打开”、“应用程序菜单”、“外部参照”和“ObjectARX 应用程序”6 个选项组，如图 2-4 所示。

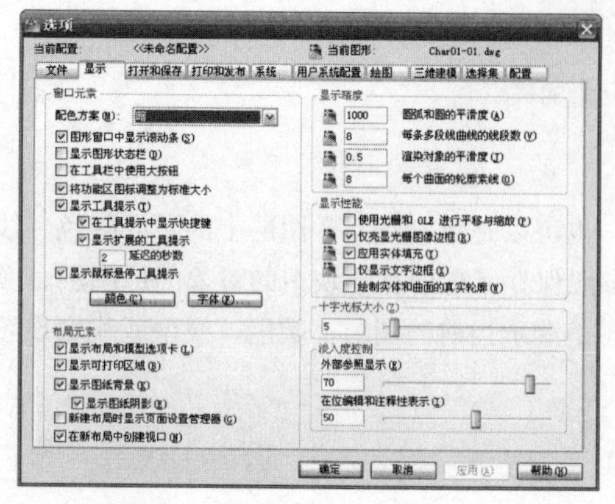

图 2-3 “选项”对话框

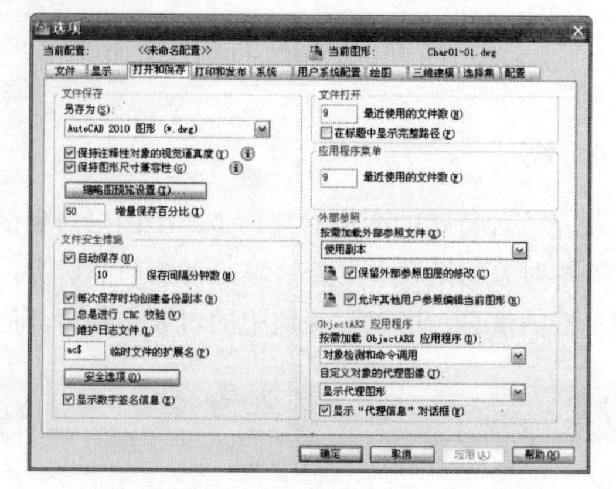

图 2-4 “打开和保存”选项卡

- 文件保存”选项组：设置保存文件的相关设置。
- “另存为”下拉列表框：设置在使用“文件”→“保存”或“另存为”命令中的默认文件格式。包括 AutoCAD 2012 图形文件格式（*.dwg）和之前版本的图形文件，AutoCAD 图形样板文件格式（*.dwt）等。
- “缩略图预览设置”按钮：单击“缩略图预览设置”按钮，将弹出“缩略图预览设置”对话框，此对话框用于设置保存图形时是否更新缩略图预览，以及缩略图的更新情况。
- “增量保存百分比”文本框：设置图形文件中潜在浪费空间的百分比。完全保存将消除浪费的空间；增量保存较快，但会增加图形的大小。如果将“增量保存百分比”设置为 0，则每次保存都是完全保存。若要优化性能，可将此值设置为 50。如果硬盘空间不足，可将此值设置为 25。如果将此值设置为 20 或更小，“保存”或“另存为”命令的执行速度将明显变慢。
- “文件安全措施”选项组：此区域用于帮助避免数据丢失以及检测错误。通过该选项组下的多个复选框，可选择是否“自动保存”、“每次保存时均创建备份副本”等选项；“临时文件的扩展名”文本框用于设置所保存临时文件的扩展名；安全选项(O)...按钮用于设置文件保存和修改的密码。
- “文件打开”选项组：设置最近使用过的文件及与打开的文件相关的数量和显示方式，默认为显示 9 个文件。这些设置可以在“文件”菜单下显示，可以设置 0～9，如图 2-5 所示。
- “应用程序菜单”选项组：文本框用于设置在应用程序菜单中显示的最近打开的文件数，默认为 9 个文件，可设置为 0～50，如图 2-6 所示。
- “外部参照”和“ObjectARX 应用程序”选项组：设置与加载外部参照和第三方程序有关的设置。

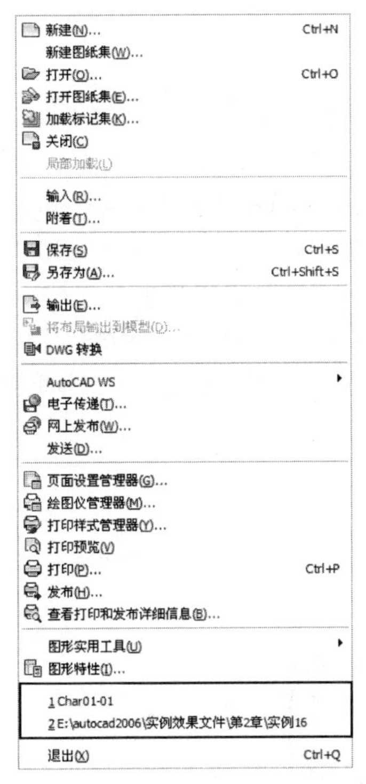

图 2-5　“文件”菜单的最近打开文件列表

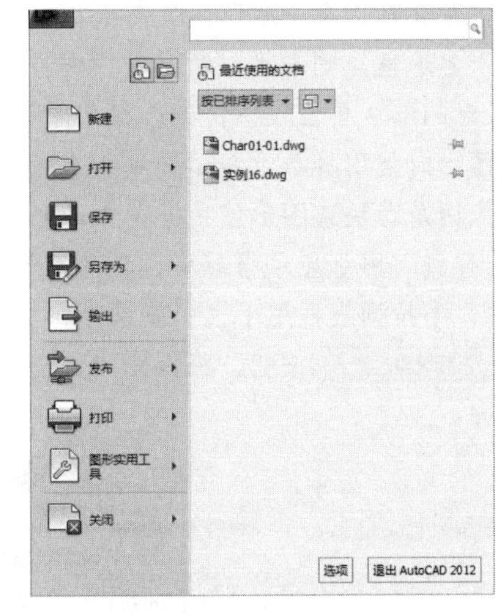

图 2-6　菜单浏览器中最近打开的文件和最近执行的命令

（3）“打印和发布”选项卡：控制与打印和发布相关的选项。

（4）“系统”选项卡：控制系统设置。

（5）“三维建模”选项卡：设置在三维建模中使用的实体和曲面的选项。

（6）“配置”选项卡：设置用户自定义配置的使用。

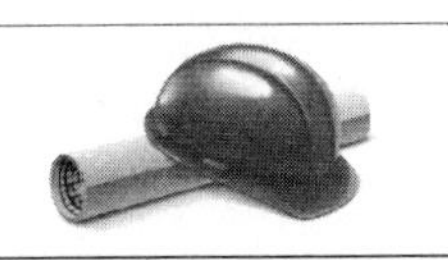

2.3　设置单位和图形界限

在绘图前，首要任务就是设置绘图单位和图形界限。绘图单位分为英制、米制等计量单位，米制单位中分为厘米、毫米、千米等单位，所以绘图前需要进行单位的设置。AutoCAD 2012 中绘图界限是无限大，为了使绘制的图形位于打印区域，需要设置图形界限。

2.3.1　设置单位

在使用 AutoCAD 2012 进行绘图之前，首先要确定一个图形单位代表的实际大小。创建的所有对象都是根据图形单位进行测量的，然后据此创建实际大小的图形。例如，一个图形单位的距离通常表示实际单位的 1mm、1cm 或 1 英寸、1 英尺。

通过以下 3 种方式，可打开“图形单位”对话框并对图形的单位进行设置。

- 经典模式：选择菜单栏中的“格式”→“单位”命令。
- 选择菜单浏览器→“图形实用工具”→“单位”命令。

- 运行命令：UNITS。

如图 2-7 所示，在“图形单位”对话框中可对图形的长度类型、精度与角度类型、精度进行设置。

- 长度类型包括“建筑”、“小数”、“工程”、“分数”和“科学”。其中，“工程”和“建筑”格式提供英尺和英寸显示，并假定每个图形单位表示 1 英寸。其他格式可使用任何实际单位。
- 角度类型包括“百分度”、“度/分/秒”、“弧度”、“勘测单位”、“十进制度数”。选择“顺时针”复选框，则表示以顺时针方向计算正的角度值，系统默认的正角度方向为逆时针方向。
- “插入时的缩放单位”下拉列表框用于设置插入到当前图形中的块和图形的测量单位。如果创建块或图形时使用的单位与该选项指定的单位不同，则在插入这些块或图形时，将其按比例缩放。插入比例是源块或图形使用的单位与目标图形使用的单位之比。
- “输出样例”用于显示当前单位和角度设置的例子。
- “光源”下拉列表框用于选择当前图形中控制光源强度的测量单位。
- 单击 方向(D)... 按钮，将弹出“方向控制”对话框，用于定义角度 0 的方向或指定测量角度的方向。

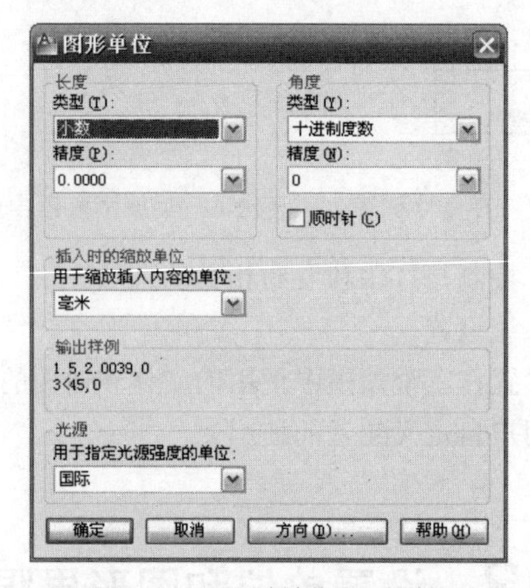

图 2-7 “图形单位”对话框

2.3.2 设置图形界限 

图形界限即绘图区域中用户定义的矩形边界，当栅格打开时，界限内部将被点覆盖。AutoCAD 2012 中通过指定绘图区域的左下角点和右上角点来确定图形界限，设置图形界限的方式如下。

- 经典模式：选择菜单栏中的“格式”→“图形界限”命令。
- 运行命令：LIMITS。

执行图形界限命令后，命令行提示：

```
指定左下角点或 [开(ON)/关(OFF)] <0.0000,0.0000>:
```

此时可利用鼠标指定绘图区域的左下角点，或者利用键盘输入左下角的点坐标值，默认为坐标原点。通过“开(ON)/关(OFF)”选项，可设置是否在图形界限以外指定或显示图形对象。

- “开(ON)”选项：打开界限检查。当界限检查打开时，将无法输入栅格界限外的点。因为界限检查只测试输入点，所以对象（例如圆）的某些部分可能会延伸出栅格界限。

- “关(OFF)”选项：关闭界限检查，可以在图形界限之外绘制或指定对象。

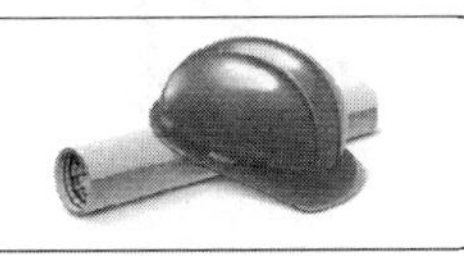

2.4 自定义选项板

选项板是 Auto CAD 中能够快速、方便地插入常用的图形工具栏。通常情况选项板为隐藏状态，在任何工作空间中按下 Ctrl+3 组合键，就可以调出和隐藏该工具栏。

2.4.1 创建选项板

选项板是常用图形的分类集合，Auto CAD 2012 系统提供了 21 个选项板，包括了所有常用的图形。根据实际需要也可以创建自己特定的选项板，创建选项板的方法有两种方法。

方法 1：通过“自定义”对话框创建选项板。打开“自定义”对话框的方法如下：

- 经典模式：选择菜单栏中的“工具”→“自定义”→“工具选项板”命令。
- 运行命令：customize。

执行上述命令，打开如图 2-8 所示的“自定义”对话，右键单击“选项板”列表框中任何位置，选择快捷菜单中“新建选项板”命令，如图 2-9 所示。在新建的选项板文本框中输入新建选项板的名称并按 Enter 键，完成选项板的创建。

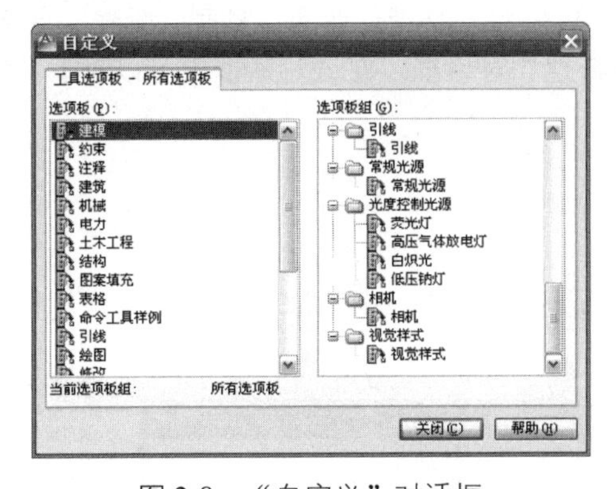

图 2-8　“自定义”对话框

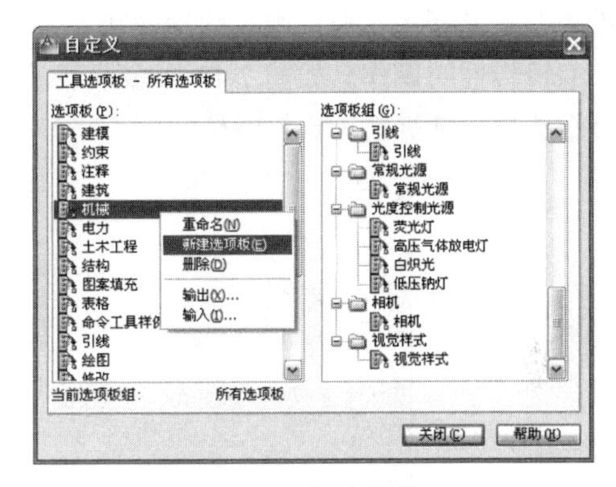

图 2-9　快捷菜单

方法 2：在工具选项板中单击鼠标右键，选择快捷菜单中的“新建选项板”命令，如图 2-10 所示。在新建的选项板文本框中输入新建选项板的名称并按 Enter 键，完成选项板的创建，效果如图 2-11 所示。

图 2-10 中的两图为在选项板中不同的位置的快捷菜单，左图为选项板中，右图为选项卡上。

完成选项板的创建后，将常用的图形拖拽到新建的选项板中，方便后续绘图中调用。

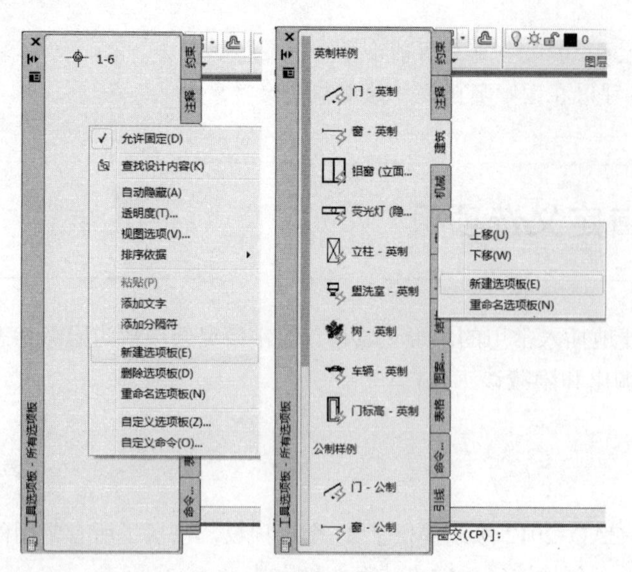

图 2-10　快捷菜单

图 2-11　创建的选项板

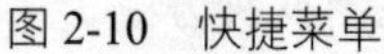

2.4.2　编辑选项板

选项板创建完成后，需要对其进行排序、重命名、删除等操作，方便绘图过程中使用。右键单击“工具选项板”中选项卡，在系统弹出的快捷菜单中选择命令，对选项板上移、下移和重命名。单击如图 2-12 所示的位置，打开选项板菜单。通过选择菜单栏中的选项板命令，即可将调用隐藏的选项板为当前活动选项板。

右键单击选项板中工具，弹出快捷菜单，通过该菜单可以对工具进行剪切、复制、删除、重命名、指定图像、编辑特性的操作。如图 2-13 为多段线的“工具特性”对话框，在该对话框中可以对工具的名称、说明、命令选项、常规选项进行编辑。

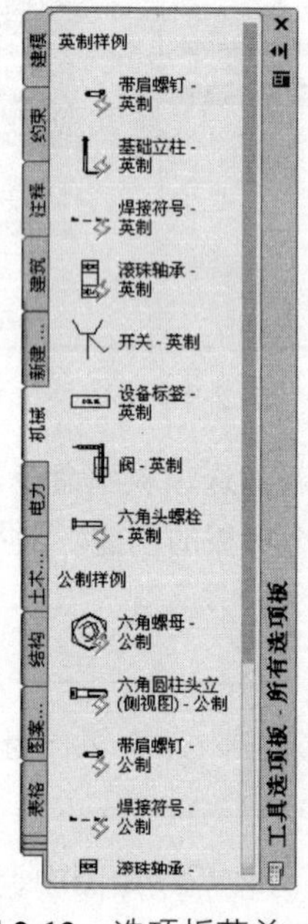

图 2-12　选项板菜单

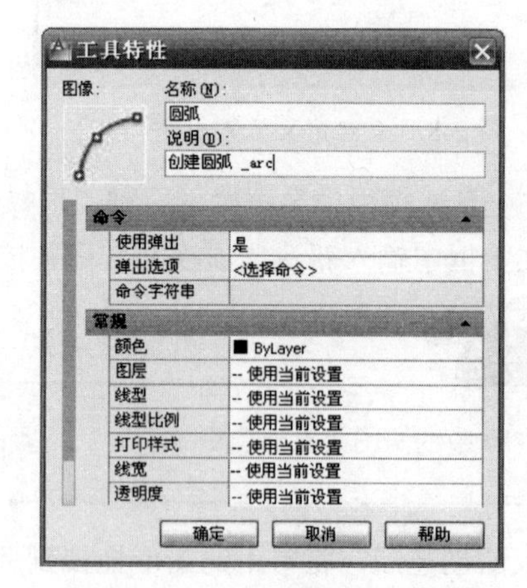

图 2-13　“工具特性”对话框

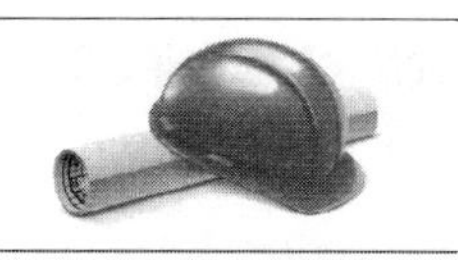

2.5　绘图方法

通常情况下，AutoCAD 2012 的绘图命令都集中于菜单栏、功能区及工具栏中（经典模式）。在绘图过程中，使用命令绘图与使用功能按钮绘图完全相同，只是根据自己的喜好选择最佳绘图方法。

2.5.1　使用命令

用户与 AutoCAD 2012 的通信是建立在“发出命令”这一操作上的。前面通过菜单或工具栏按钮执行某一操作时，在 AutoCAD 2012 内部实际上是以相应的命令格式执行。因此，通过命令行窗口输入命令，同样可以执行用户所需要的操作，而且更加直接和快速。

例如，在命令行输入 LINE 命令时，AutoCAD 2012 所执行的操作与使用菜单和工具栏一样，均为绘制一条直线，命令行均提示：

```
指定第一点：
指定下一点或 [放弃（U）]：
指定下一点或 [闭合（C）/放弃（U）]：
```

这与执行“绘图”→“直线”命令及单击“绘图”工具栏 按钮时，AutoCAD 2012 程序所执行的操作是一样的。

通过任意菜单或工具栏执行的操作，均有命令与之对应，在命令行均会显示。

2.5.2　使用功能区

AutoCAD 2012 的功能区集成了与当前工作空间相关的面板、控件等，在第 1 章已经有所介绍。功能区是与工作空间相关联的，不同工作空间为不同的任务种类而设立，不同工作空间的功能区内的面板和控件也不相同。在“二维草图与注释”、“三维建模”工作空间，全部绘图工具均集中在功能区，传统的下拉菜单和工具栏全部隐藏，如图 2-14（a）和图 2-14（b）所示。而在“AutoCAD 经典”工作空间，以功能区隐藏，下拉菜单和工具栏的形式显示。

（a）“二维草图与注释”工作空间的功能区

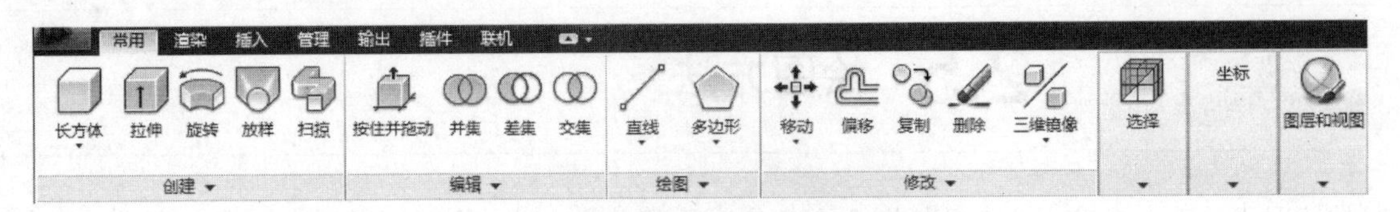

（b）“三维基础”工作空间的功能区

图 2-14　不同工作空间的功能区

如图 2-14（a）所示，“二维草图与注释”工作空间的功能区只集成了与二维绘图相关的工具，在“常用”选项卡中，按控件和按钮的功能分为“绘图”、“修改”、“图层”、“注释”、“块”、“特性”、“实用程序”和“剪贴板”7 个面板。“三维建模”工作空间的功能区也只显示了与三维绘图相关的工具，其默认选项卡包括“建模”、“绘图”、“网络”、“实体编辑”、“修改”、“截面”、“视图”、“子对象”和“剪贴板”8 个面板。带有符号的面板，表示可以扩展，单击面板的标题栏即可扩展面板，如图 2-15 所示。这使得界面更加简洁，绘图区可显示更大的区域。

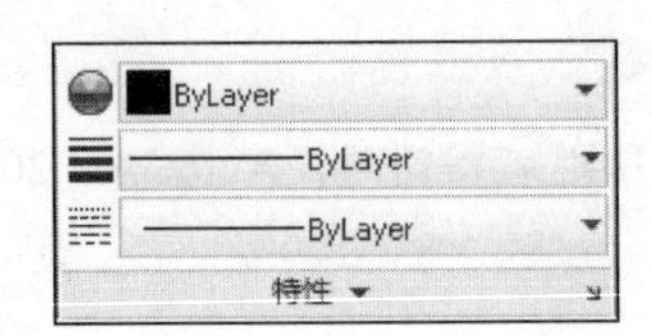

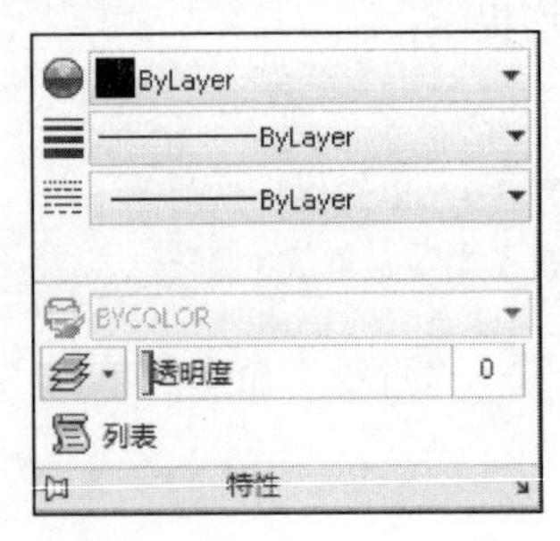

图 2-15　“特性”面板

2.6　使用命令与系统变量

如前面所述，AutoCAD 2012 是基于命令的软件，大多数的 AutoCAD 2012 命令都可以归为以下类型中的一种。

- 建立新实体的命令（绘图命令），如 LINE，BOX 等。
- 修改、处理、复制实体的命令（编辑命令），如 extend，array 等。
- 修改环境设置参数的命令，即系统变量，如 units，DIMADEC 等。

2.6.1　命令行和命令窗口

命令行和命令行窗口是用户和 AutoCAD 2012 交互的接口，位于界面的底部，如图 2-16 所示。

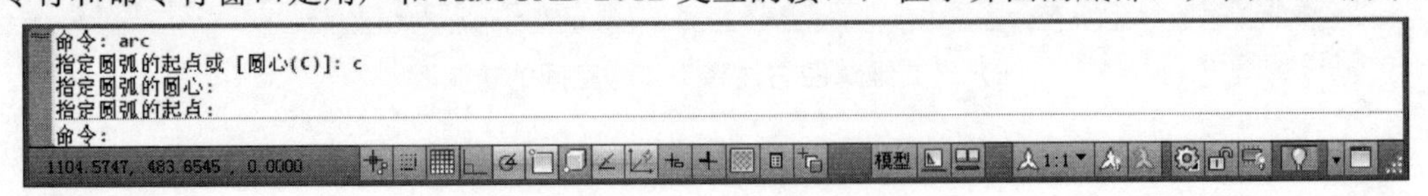

图 2-16　AutoCAD 2012 的命令行

图 2-16 所示为 AutoCAD 2012 默认的命令行，一般分为上、下两部分。一部分用于用户输入或提示；一部分用于显示已运行过的命令，为只读。鼠标移动到命令行时，光标形状变为“I”，此时可在“命令：”后输入相应的命令，然后按 Enter 键，可执行相应的操作。运行某一命令后，在命令行也会提示用户下一步的操作，用户可根据命令行提示进行鼠标的选取或键盘的输入。

在命令行的上部边界处移动鼠标，当光标变成÷形状时，可通过鼠标拖曳扩大命令行区域，如图 2-17 所示。通过鼠标拖曳命令行的边框，可使得命令行显示成面板，如图 2-18 所示。

```
命令: arc
指定圆弧的起点或 [圆心(C)]: c
指定圆弧的圆心:
指定圆弧的起点:
指定圆弧的端点或 [角度(A)/弦长(L)]: a
指定包含角: 90
命令:
2358.0898, 390.3749 , 0.0000                模型
```

图 2-17　鼠标拖曳扩大命令行

```
命令: arc
指定圆弧的起点或 [圆心(C)]: c
指定圆弧的圆心:
指定圆弧的起点:
指定圆弧的端点或 [角度(A)/弦长(L)]: a
指定包含角: 90
命令:
```

图 2-18　鼠标拖曳生成命令行面板

除了命令行以外，AutoCAD 2012 还提供了“AutoCAD 文本窗口”供用户输入命令和显示命令，如图 2-19 所示。“AutoCAD 文本窗口”在系统默认时是不显示的。如要显示，可以选择菜单栏中的“视图”→“显示”→“文本窗口”命令，或者运行命令 TEXTSCR。

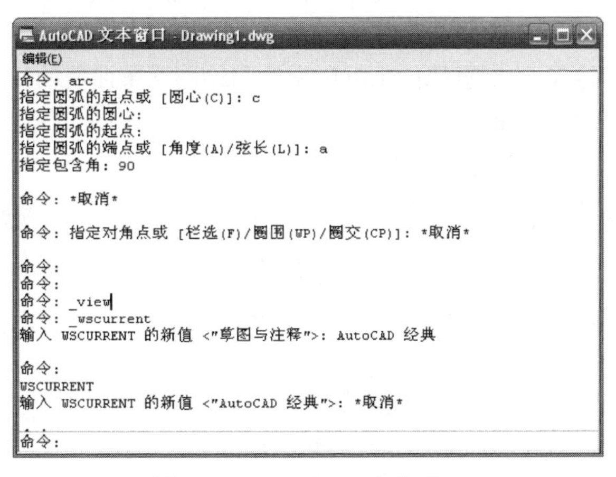

图 2-19　AutoCAD 文本窗口

2.6.2　命令的重复、终止和撤销

1．命令的重复

AutoCAD 2012 可以方便地使用重复的命令，命令的重复指的是执行已经执行过的命令。AutoCAD 2012 提供多种方法重复执行命令。

01　在无命令状态下按 Enter 键或空格键。在命令行无命令的状态下，即命令行显示“命令:”等待输入

时，按 Enter 键或空格键，即表示重复上一次执行的命令。

02 在绘图区中单击鼠标右键，通过弹出的快捷菜单执行重复命令。在无命执行的状态下，在绘图区单击鼠标右键，将弹出快捷菜单，如图 2-20 所示，选择其中的"重复"命令，即可重复上一次的命令。

03 在命令行上单击鼠标右键，在弹出的快捷菜单中选择 6 个最近使用命令之一。在命令行无命令执行的状态下，在命令行单击鼠标右键，将弹出快捷菜单，如图 2-21 所示，其中的"近期使用的命令"项，将显示最近执行的 6 个命令，由此用户可以方便地重复近期使用的 6 个命令之一。

图 2-20　绘图区右键快捷菜单

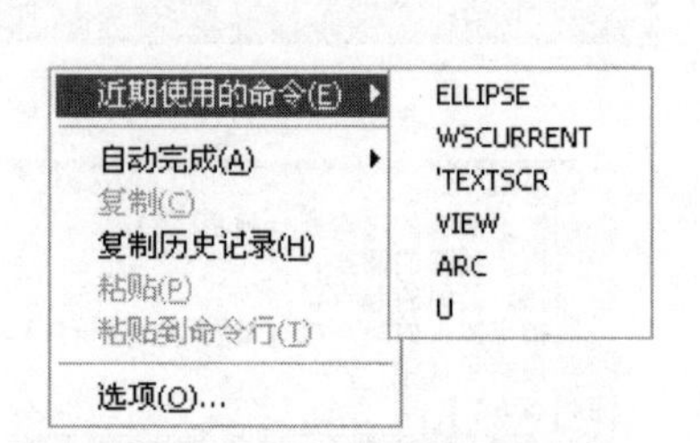

图 2-21　命令行右键快捷菜单

2．命令的终止

AutoCAD 2012 的命令执行大多需要一个过程，期间命令行将提示用户的下一步操作，在用户一步一步地选择或操作之后才能完成命令。其中一些命令，例如，绘制圆和圆弧的 CIRCLE 和 ARC 命令，在绘制出所需的圆和圆弧之后，命令也就随之而终止了；而对于另外一些命令，如果用户没有明确的结束命令的操作，命令将一直延续，例如，绘制直线的 LINE 命令和绘制样条曲线的 SPLINE 命令。对于后者，用户可以通过按 Enter 键或 Esc 键结束命令。

AutoCAD 2012 中，不管对于何种命令，在命令执行的过程当中，都可以通过以下两种方式终止命令：

01 按 Esc 键。在任何命令执行的过程中按 Esc 键，均将终止执行命令，鼠标光标回到十状态，命令行回到待命状态。

02 绘图区右键快捷菜单。在任何命令执行的过程中单击鼠标右键，将弹出快捷菜单，如图 2-22 所示。通过选择其中的"确认"或"取消"选项，均可终止命令：选择"确认"表示接受当前的操作并终止命令；选择"取消"表示取消当前操作并终止命令。

图 2-22　命令执行过程当中的右键快捷菜单

在不同状态下，同一区域的鼠标右键快捷菜单是不同的，图 2-20 所示为无命令的状态下绘图区的右键快捷菜单；而图 2-22 所示为命令执行过程中的右键快捷菜单。

3. 命令的撤销

AutoCAD 2012 一般都按命令正常进行。但有时用户的命令出错，需要恢复到上一步操作时的状态，AutoCAD 2012 为这种情况提供了方便的恢复命令，比较常用的有 U 和 UNDO 命令。

U 和 UNDO 命令所不同的是：每执行一次 U 命令，放弃一步操作，直到图形与当前编辑任务开始时相同为止；而 UNDO 命令可以一次取消数个操作。

AutoCAD 2012 还有其他的恢复按钮或工具，其功能与 U 命令相同。

- Ctrl+Z 组合键，等同于 U 命令。
- 经典模式：选择菜单栏中的“编辑”→“放弃”命令，等同于 U 命令。
- “快速访问”工具栏中的“放弃”按钮，等同于 UNDO 命令。

“快速访问”工具栏中的“重做”按钮与 U 命令操作相反，等同于 REDO 命令，恢复已经被放弃的操作，必须紧跟随在 U 或 UNDO 命令之后。

2.6.3 系统变量 

AutoCAD 2012 中，系统变量由变量名和变量值组成，用于存储操作环境中的选项值和某些命令的值。用户可以通过直接在命令提示下输入系统变量名来检查任意系统变量和修改任意可写的系统变量，也可以通过使用 SETVAR 命令来实现。大多数系统变量还可以通过对话框选项访问。若在命令行下输入某个系统变量名，一般命令行将接着提示设置该系统变量的值。

例如，TRAYICONS 是一个系统变量，用于设置是否在状态栏显示状态托盘。如果在命令行下输入 TRAYICONS，然后按 Enter 键，命令行将提示：

```
输入 TRAYICONS 的新值<0>:
```

此时命令行提示输入 TRAYICONS 系统变量的设置值，1 表示显示状态托盘，0 表示不显示状态托盘。读者可以在 AutoCAD 2012 中试一试 TRAYICONS 系统变量设置为 1 或 0 的显示效果。

2.7 使用坐标系

在 AutoCAD 2012 中，线段的端点、圆心等都要以在坐标网络上的 X、Y、Z 值来确定。用户在拾取点的位置绘制直线、圆等对象时，均要用到坐标系来精确定位。

2.7.1 世界坐标系与用户坐标系 

默认状态下，AutoCAD 2012 的坐标系是世界坐标系（WCS），包括 X 轴、Y 轴和 Z 轴，水平向右为 X 轴正方向，垂直向上为 Y 轴正方向。二维绘图模式下，隐藏 Z 轴，并默认 Z 值为 0。X 轴和 Y 轴的交汇处为坐标原点，有一个方框形标记“□”，如图 2-23（a）所示。

为了更高效并精确地绘图，可以创建用户坐标系（UCS）取代世界坐标系（WCS），如图 2-23（b）所示为用户坐标系（UCS）的原点。创建用户坐标系（UCS）时，可以移动原点，旋转 3 个坐标轴，比世界坐标系（WCS）灵活且方便。

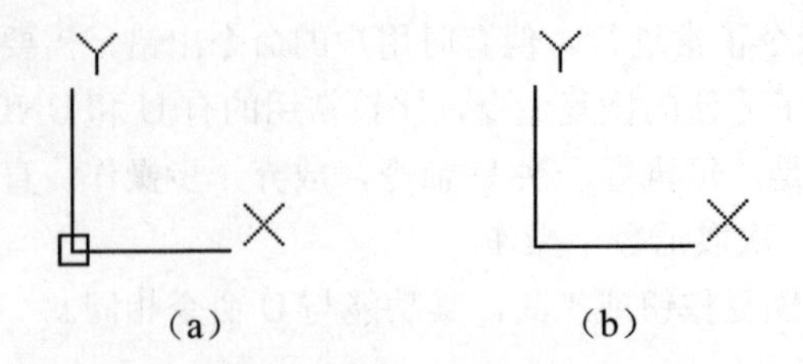

图 2-23　世界坐标系（WCS）与用户坐标系（UCS）

2.7.2　坐标格式与坐标显示

AutoCAD 2012 中的坐标分为 4 种格式，分别为绝对直角坐标、相对直角坐标、绝对极坐标和相对极坐标。在二维绘图中 Z 轴坐标值均可省略，系统默认为 0。

- 绝对直角坐标：绝对直角坐标是相对于坐标原点的坐标值，以分数、小数或科学计数表示点的 X、Y、Z 的坐标值，其间用逗号隔开，例如：（20,30）。
- 相对直角坐标：相对直角坐标是相对于某一点（可以不是原点）的直角坐标值，表示方法为在坐标值前加符号“@”，例如：（@20,30）。
- 绝对极坐标：绝对极坐标是用距离原点（0,0）或（0,0,0）的距离和与 X 轴的角度来表示点的位置，以分数、小数或科学计数表示距离，以在数字前加角度符号“<”表示角度，两者之间没有逗号，例如：（20<60）。
- 相对极坐标：与相对直角坐标类似，以在坐标值前加符号“@”表示相对极坐标，例如：@20<60。

在输入某点的坐标值时，必须按照上述的格式输入，否则 AutoCAD 2012 将提示出错。

在默认状态下，当在绘图区移动光标时，在状态栏左侧将显示光标的坐标值——一组被逗号隔开的数字，第 1 个数字是 X 轴坐标值，第 2 个数字是 Y 轴坐标值，第 3 个数字是 Z 轴坐标值。这个坐标显示格式即用户在输入坐标值时的坐标输入格式。

AutoCAD 2012 提供三种坐标的显示模式，用户可通过单击坐标状态栏切换。这三种模式的显示效果如图 2-24 所示。

272.1915, 119.5991, 0.0000

（a）动态直角坐标

272.1915, 119.5991, 0.0000

（b）静态直角坐标

252.1513<17 , 0.0000

（c）动态极坐标

图 2-24　坐标显示的三种模式

- 动态直角坐标：X,Y 坐标值随着光标的移动而不断修改。
- 静态直角坐标：只有在选择点即在绘图区单击鼠标时，坐标值才变化。
- 动态极坐标：与动态直角坐标类似，但以极坐标的格式显示。

在坐标状态栏上单击鼠标右键，将弹出快捷菜单，如图 2-25 所示。通过快捷菜单，用户可以设置坐标显示方式为“绝对”或“相对”。绝对坐标表示相对于坐标原点的坐标值，而相对坐标表示的是相对于上一点的坐标值。

图 2-25　坐标状态栏的右键快捷菜单

2.7.3　创建坐标系

在 AutoCAD 2012 中，可通过以下 4 种方式创建用户坐标系。

- 功能区：单击“视图”选项卡→“坐标”面板，如图 2-26 所示。（三维建模）
- 经典模式：选择菜单栏中的“工具”→“新建 UCS”命令，如图 2-27 所示。
- UCS 工具栏和 UCS II 工具栏，如图 2-28 所示。
- 运行命令：UCS。

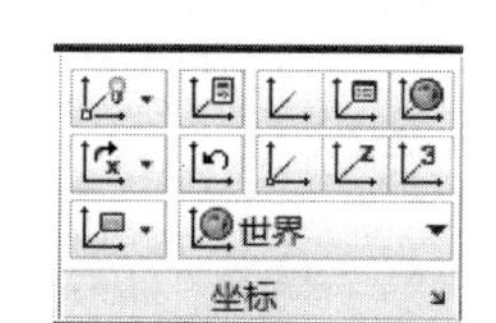

图 2-26　“坐标”面板

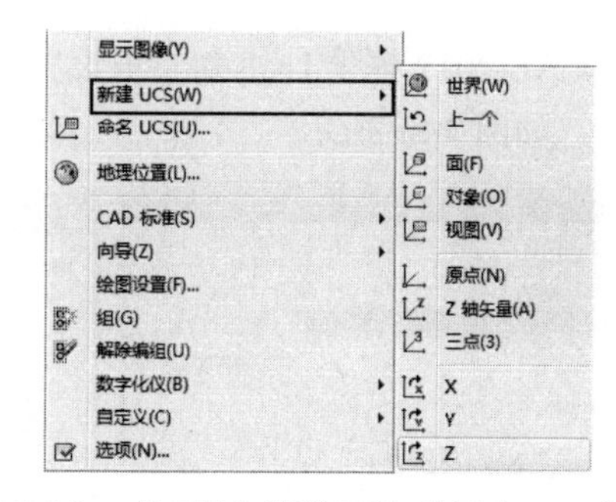

图 2-27　“工具”菜单下的“新建 UCS”命令

图 2-28　两个 UCS 工具栏

通过 4 种方式创建用户坐标系，其创建方式和实质是相同的，下面以“工具”菜单下的“新建 UCS”命令为例说明各个创建方式的含义。对于如图 2-27 所示的各个子菜单项，UCS 工具栏各个按钮以及 UCS 命令各个选项与其一一对应。

- “世界”：将当前用户坐标系设置为世界坐标系（WCS）。WCS 是所有用户坐标系的基准，不能被重新定义。
- “上一个”：恢复上一个 UCS。AutoCAD 2012 自动保存在图纸空间中创建的最后 10 个坐标系和在模型空间中创建的最后 10 个坐标系。重复该选项，将逐步返回一个集或其他集，这取决于哪一空间是当前空间。
- “面”：将 UCS 与三维实体的选定面对齐。选择该选项后，命令行将提示选择一个面，此时可在面的边界内或面的边上单击，被选中的面将亮显，UCS 的 X 轴将与找到的第一个面上最近的边对齐。
- “对象”：根据选定的三维对象定义坐标系，新建 UCS 的拉伸方向（Z 轴正方向）与选定对象的拉伸方向相同。对于大多数对象，新 UCS 的原点位于离选定对象最近的顶点处，并且 X 轴与一条边对齐或相切。对于平面对象，UCS 的 XY 平面与该对象所在的平面对齐。对于复杂对象，将重新定位原点，但是轴的当前方向保持不变。该选项不能是三维多段线、三维网格和构造线三个对象。

- “视图”：以垂直于观察方向（平行于屏幕）的平面为 XY 平面，建立新的坐标系。UCS 原点保持不变。
- “原点”：保持 X 轴、Y 轴和 Z 轴方向不变，移动当前 UCS 的原点以创建新的 UCS。
- “Z 轴矢量”：指定 Z 轴的正半轴定义 UCS。选择该选项后，命令行将依次提示指定新建 UCS 的原点和 Z 轴正半轴上的一点。
- “三点”：通过指定三个点创建坐标系。选择该选项后，命令行提示指定三点分别作为新建坐标系的原点、X 轴和 Y 轴的正方向。
- X、Y、Z：绕指定轴旋转当前 UCS。选择其中一个选项后，命令行将提示输入旋转的角度。

2.7.4 设置坐标系

AutoCAD 2012 提供 UCS 对话框设置 UCS，该对话框包含“命名 UCS”、“正交 UCS”和“设置”3 个选项卡，如图 2-29 所示。

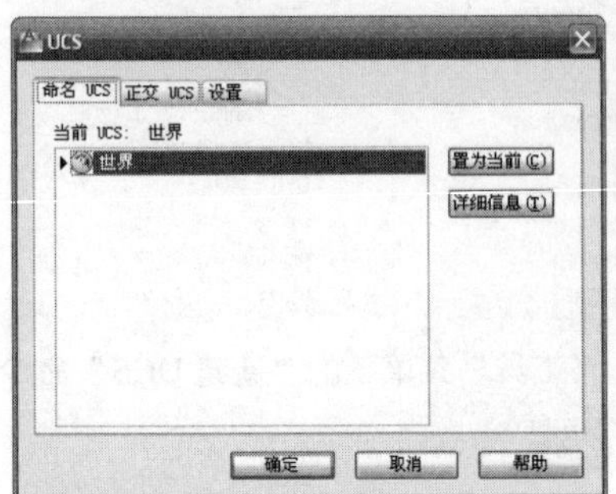

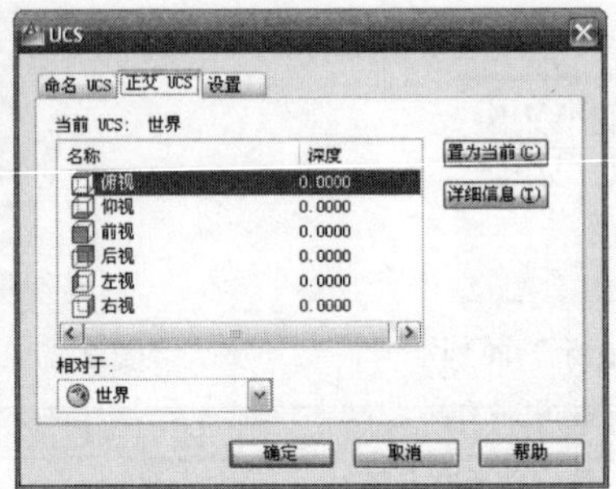

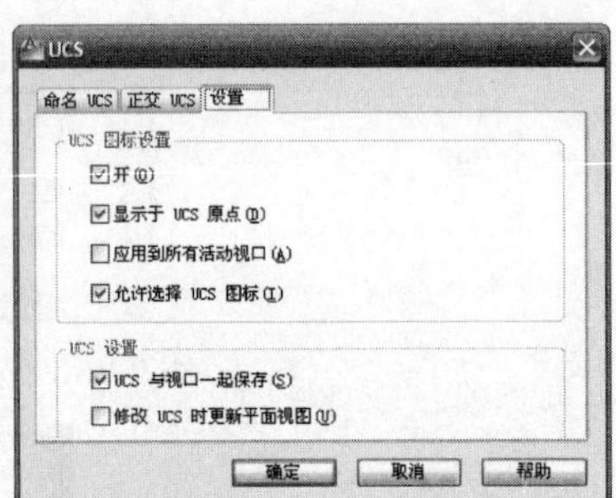

图 2-29　UCS 对话框的 3 个选项卡

用户可通过以下 4 种方式打开 UCS 对话框。

- 经典模式：选择菜单栏中的“工具”→“命名 UCS”命令。
- 功能区：单击“视图”选项卡→“坐标”面板→“命名 UCS”按钮。
- 经典模式：单击“UCS II”工具栏的“命名 UCS”按钮。
- 运行命令：UCSMAN。

（1）“命名 UCS”选项卡：列出当前图形中定义的坐标系。选择某一坐标系后，单击置为当前(C)按钮，可将选定坐标系置为当前；单击详细信息(T)按钮，可显示其 UCS 坐标详细数据。

（2）“正交 UCS”选项卡：列出当前图形中定义的 6 个正交坐标系。正交坐标系是根据“相对于”下拉列表框中指定的 UCS 定义的。

（3）“设置”选项卡：用于显示和修改 UCS 设置及 UCS 图标设置。

2.8 管理命名对象

大型图纸通常包含多个 UCS 和多个图层等 AutoCAD 对象。在 AutoCAD 2012 中，可通过“重命名”对话框来管理这些对象的命名，如图 2-30 所示。

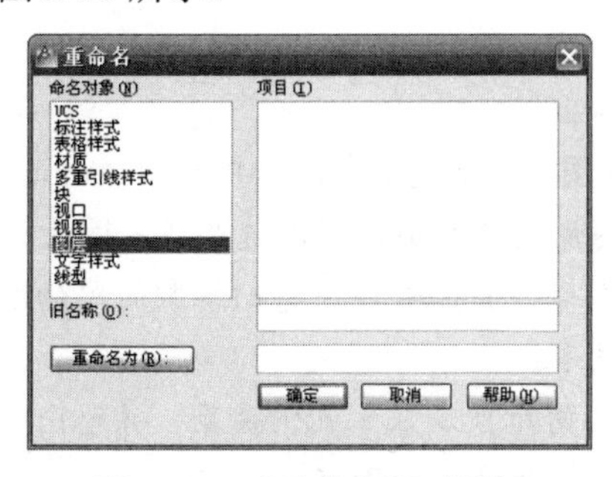

图 2-30　“重命名”对话框

AutoCAD 2012 中，打开“重命名”对话框的方式有以下两种。

- 经典模式：选择菜单栏中的“格式”→“重命名”命令。
- 运行命令：RENAME。

在“命名对象”列表框中选择要重命名的对象，然后在“项目”列表框中选择要命名的项目，“旧名称”文本框内将自动显示该项目的名称，在 重命名为(R): 后的文本框内输入新的名称后，单击 重命名为(R): 按钮，最后单击 确定 按钮。

2.9 知识回顾

本章介绍了 AutoCAD 2012 的一些基本绘图常识，包括基本的概念和术语等。通过对本章的学习，读者应该熟悉 AutoCAD 2012 的绘图环境并能对其进行设置，包括单位、比例、图形界限等。另外，还要熟练掌握 AutoCAD 2012 的命令系统，除了了解菜单及工具栏的使用外，还应该熟练掌握通过命令行方式进行操作，这是提高绘图效率的重要手段。

第3章

平面图形的绘制

AutoCAD 2012 的主要功能是绘图，本章就来介绍如何利用 AutoCAD 绘制基本的二维图形。平面图形由直线、圆、圆弧、多边形等基本图形元素组成，并以这些基本图素为基础完成更为复杂的设计。读者应首先掌握 AutoCAD 中基本的作图命令，并能够使用它们绘制简单的图形及常见的几何关系，然后才有可能不断扩展作图的技能，提高作图效率。

本章将主要讨论如何创建基本几何对象及基本几何关系，并给出一些简单图形的绘制实例。只有熟练掌握这些基本对象的绘制方法，才能高效地绘制图纸。

学习目标

- 学习基本二维图形的绘制
- 掌握基本图形的创建和编辑
- 熟练掌握各种基本图形的绘制方法

3.1 点对象

图纸绘制过程中，点是最基本的图形单元。AutoCAD 2012 中的点是没有大小的，它只是抽象地代表了坐标空间的一个位置。点的位置由 X、Y 和 Z 坐标值指定，可以设置点的不同显示方式。在实际的绘图中，点经常作为临时性的参考标记，供以后测量或校准用，可用 AutoCAD 2012 的对象捕捉功能在绘图过程中定位某点。

3.1.1 设置点样式

如上所述，AutoCAD 2012 中的点没有大小，这将给图纸绘制过程带来不便，但可以通过设置点的样式来使点以不同的形式显示出来。可通过以下两种方式打开如图 3-1 所示的“点样式”对话框，来设置点的显示外观和显示大小。

- 经典模式：选择菜单栏中的“格式”→“点样式”命令。
- 运行命令：DDPTYPE。

如图 3-1 所示，“点样式”对话框中显示了 20 种点样式，即绘制的点在绘图区显示的外观。默认的点样式为第一个，即显示为“•”。

“点大小”文本框用于设置点的显示大小，通过其下面的两个单选按钮可设置该大小是“相对于屏幕设置大小”还是“按绝对单位设置大小”。前者表示按屏幕尺寸的百分比设置点的显示大小，当进行缩放时，点的显示大小并不改变；后者表示按“点大小”文本框中指定的实际单位设置点显示的大小。进行缩放时，显示的点大小随之改变。

点的显示图像和显示大小分别存储在系统变量 PDMODE 和 PDSIZE 中，通过运行这两个命令设置这两个系统变量的值，也可设置点的样式。

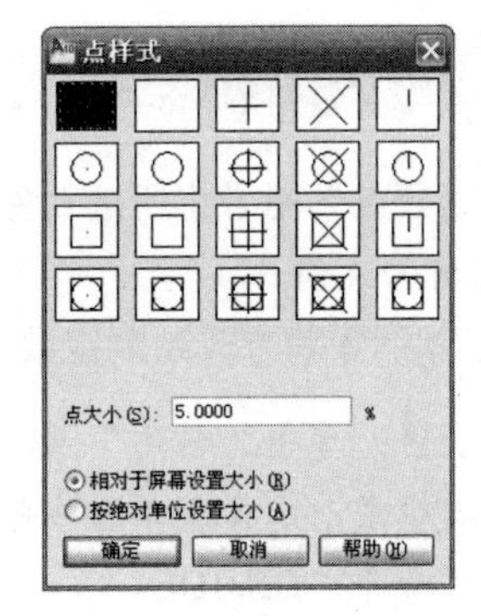

图 3-1　“点样式”对话框

3.1.2　绘制单点和多点

AutoCAD 2012 的功能区“常用”选项卡的“绘图”面板和菜单栏“绘图”→“点”子菜单提供了所有的绘制点的工具。“点”子菜单如图 3-2 所示。

图 3-2　“点”子菜单

由图 3-2 可知，AutoCAD 2012 可绘制点的类型包括“单点”、“多点”、“定数等分”和“定距等分”。

通过选择菜单栏中的“绘图”→“点”→“单点”命令，可绘制一个点，如图 3-3（a）所示。绘制多点操作是在绘图区一次绘制多个点，可通过以下 4 种方式执行。

- 功能区：单击“常用”选项卡→“绘图”面板→“多点”按钮 。
- 经典模式：选择菜单栏中的“绘图”→“点”→“多点”命令。
- 经典模式：单击“绘图”工具栏的“点”按钮 。
- 运行命令：POINT。

执行绘制“多点”命令后，命令行提示：

```
当前点模式：  PDMODE=35  PDSIZE=0.0000
指定点：
```

此时可用鼠标在绘图区单击指定点的位置，直到按 Enter 或 Esc 键结束。命令行中的 PDMODE 和 PDSIZE 显示了当前的点的外观和大小。如图 3-3（b）中的 A、B、C 三点，点的外观编号均为 35。

（a）单点　　（b）多点

图 3-3　单点与多点

3.1.3 绘制定数等分点

“定数等分点”用于将所选对象等分为指定数量的相同长度，如图 3-4 中的定数等分点分别将一条直线和圆弧等分为 4 份。

可通过以下 3 种方式绘制定数等分点。

- 功能区：单击“常用”选项卡→“绘图”面板→“定数等分”按钮。
- 经典模式：选择菜单栏中的“绘图”→“点”→“定数等分”命令。
- 运行命令：DIVIDE。

执行“定数等分点”命令后，命令行提示如下：

```
选择要定数等分的对象:
```

此时鼠标光标变为“□”状，单击选择要等分的对象，包括直线、圆、圆弧和样条曲线等，注意一次只能选择一个对象，选择后命令行提示：

```
输入线段数目或 [块(B)]:
```

此时，在命令行输入等分数并按 Enter 键，可实现对象的等分。输入 B，表示选择“块（B）”选项，可沿选定对象等间距放置块。

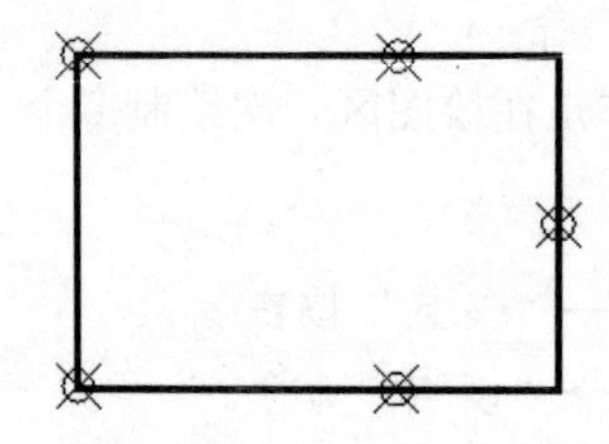
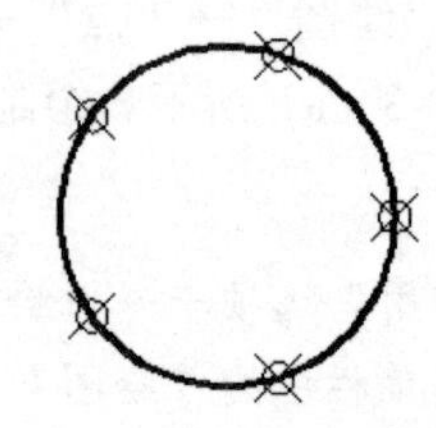

图 3-4　定数等分点

3.1.4 绘制定距等分点

“定距等分点”是指在对象按照指定长度处插入点或插入块。图 3-5 所示分别为在一条直线和圆弧 180mm 处插入定距等分点。

可通过以下 3 种方式绘制定距等分点。

- 功能区：单击“常用”选项卡→“绘图”面板→“定距等分”按钮。
- 经典模式：选择菜单栏中的“绘图”→“点”→“定距等分”命令。
- 运行命令：MEASURE。

执行“定距等分”命令后，命令行提示如下：

```
选择要定距等分的对象:
```

与定数等分操作相同，此时选择要定距等分的对象。选择后命令行提示：

```
指定线段长度或 [块(B)]:
```

此时输入的是插入点间的间隔距离，第一个点从最靠近用于选择对象的点的端点开始放置。

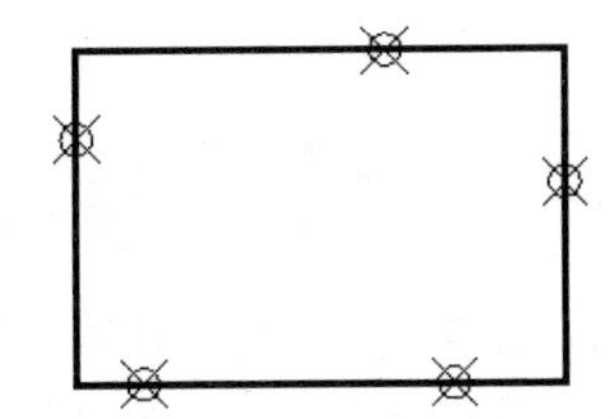
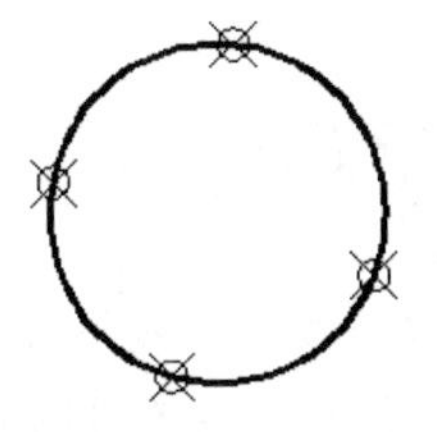

图 3-5　定距等分点

3.1.5　实例——绘制定数等分点和定距等分点

分别在长轴长为 100mm、短轴长为 60mm 的椭圆上绘制 8 等分点和 100mm 等距离点。

01 先设置点样式为“╳”。选择菜单栏中的“格式”→“点样式”命令，在弹出的“点样式”对话框里选择⊠，然后单击 确定 按钮。

02 单击“常用”选项卡→“绘图”面板→“定数等分”命令，命令行提示“选择要定数等分的对象:”。

03 在左边的椭圆上单击，命令行提示“输入线段数目或 [块（B）]:”。

04 输入 8 并按 Enter 键，完成绘制定数等分点，如图 3-6（a）所示。

05 选择菜单栏中的“绘图”→“点”→“定距等分”命令，命令行提示“选择要定距等分的对象:”。

06 用鼠标在右边的椭圆上单击，命令行提示“指定线段长度或[块（B）]:”。

07 输入 30，然后按 Enter 键。完成绘制定距等分点，如图 3-6（b）所示。

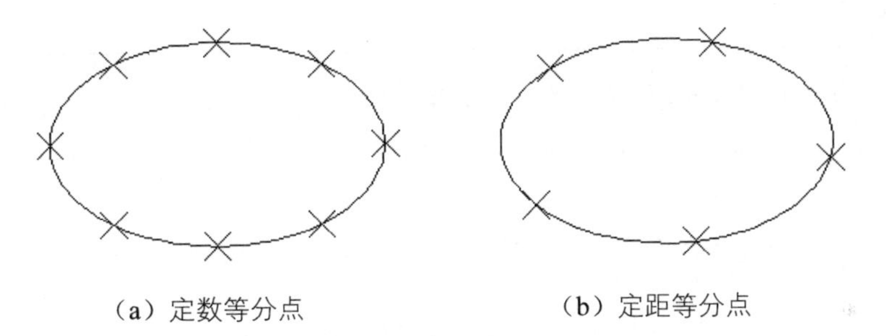

（a）定数等分点　　（b）定距等分点

图 3-6　绘制定数等分点和定距等分点实例

3.2　直线、射线和构造线

图形中最常见的实体就是直线型实体了。AutoCAD 2012 中，直线型的实体包括直线、射线和构造线 3 种。AutoCAD 2012 中的“直线”是指有两个端点的线段，这与数学中的直线定义不同；“射线”即在一个方向无限延伸的线；“构造线”是两端均无限延伸的线。通过数学知识我们知道，要确定一条直线、线段或射线，只需确定两点即可。同样，在 AutoCAD 2012 中绘制直线、射线和构造线，也是通过指定两点来确定的。

需要注意的是，在 AutoCAD 2012 中，每执行一次绘制直线、射线和构造线的操作，均能绘制一系列或一簇直线型对象。当需要停止时，用户可单击鼠标右键，在快捷菜单中选择“确定”命令或按 Enter 键、Esc 键退出。

3.2.1 绘制直线

直线在图形中用途广泛，绘制直线是 AutoCAD 2012 的最基本功能。直线一般可用于绘制轮廓线、中心线等。AutoCAD 2012 中的直线实体可包括多条线段，每条线段都是一个单独的直线对象，可以单独编辑而不影响其他线段。每执行一次绘制直线操作，可绘制一系列线段，这些线段的前一个端点与上一个线段的后一个端点相互连接。可闭合一系列线段，将第一条线段和最后一条线段连接起来。

AutoCAD 2012 通过指定直线的端点实现绘制，可通过以下 4 种方式绘制直线。

- 功能区：单击“常用”选项卡→“绘图”面板→“直线”按钮 ⁄。
- 经典模式：选择菜单栏中的“绘图”→“直线”命令。
- 经典模式：单击“绘图”工具栏的“直线”按钮 ⁄。
- 运行命令：LINE。

执行“直线”命令后，命令行提示：

```
_line 指定第一点:
```

此时指定直线绘制的起点。用户既可以通过在绘图区单击指定该点，也可以在命令行输入点的绝对坐标或相对坐标指定该点。

如果在命令行提示“_line 指定第一点:”时直接按 Enter 键，则从上一条绘制的直线或圆弧继续绘制。

指定第一点后，命令行提示：

```
指定下一点或 [放弃(U)]:
```

此时指定直线的第二点，通过该点与上一点，即完成一条线段的绘制。指定完这一点后，直线命令并不会自动结束，命令行继续提示：

```
指定下一点或 [放弃(U)]:
```

当绘制的线段超过 3 个以后，将提示如下：

```
指定下一点或 [闭合(C)/放弃(U)]:
```

- 选择“闭合(C)”，表示以第一条线段的起始点作为最后一条线段的端点，形成一个闭合的线段环；
- 选择“放弃(C)”，表示删除直线序列中最近一次绘制的线段，多次选择该选项可按绘制次序的倒序逐个删除线段。如果用户不终止绘制直线操作，命令行将一直提示“指定下一点或 [闭合(C)/放弃(U)]:”。

完成线段绘制后，可按 Enter 键或 Esc 键退出绘制直线操作，或者在绘图区单击鼠标右键，从弹出的快捷菜单中选择“确定”命令。

3.2.2　实例——绘制菱形

使用相对坐标和 LINE 命令绘制如图 3-7 所示的菱形。

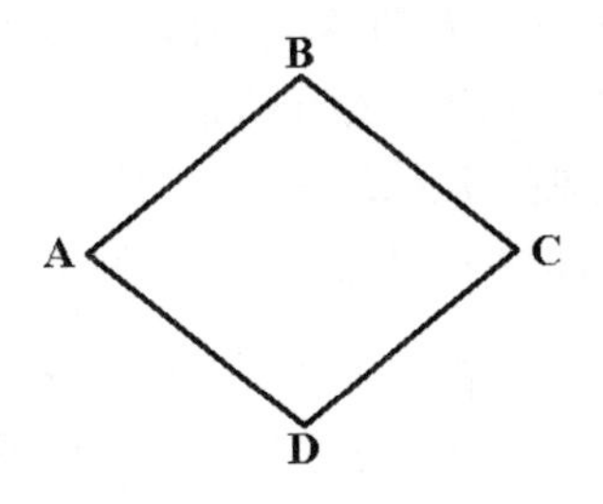

图 3-7　菱形

01 在命令行输入 LINE，然后按 Enter 键。

02 在命令行提示“_line 指定第一点:”，在绘图区中任意捕捉 A 点，然后按 Enter 键。

03 在命令行提示“指定下一点或 [放弃(U)]:”，垂直向上移动鼠标，输入@50,40 并按 Enter 键。

04 在命令行提示“指定下一点或 [放弃(U)]:”，水平向右移动鼠标，输入@50,-40 并按 Enter 键。

05 在命令行提示“指定下一点或 [闭合(C)/放弃(U)]:”，垂直向下移动鼠标，输入@-50,-40 并按 Enter 键。

06 在命令行提示“指定下一点或 [闭合(C)/放弃(U)]:”，输入 C 选择闭合，完成绘制。

3.2.3　绘制射线

射线一般用于辅助线。使用射线代替构造线，有助于降低视觉混乱。AutoCAD 2012 通过指定射线的起点和通过点绘制射线。每执行一次射线绘制命令，可绘制一簇射线，这些射线以指定的第一点为共同的起点，如图 3-8 所示。

AutoCAD 2012 中可通过以下 3 种方式绘制射线。

- 功能区：单击“常用”选项卡→“绘图”面板→“射线”按钮。
- 经典模式：选择菜单栏中的“绘图”→“射线”命令。
- 运行命令：RAY。

执行“射线”命令后，命令行提示：

```
_ray 指定起点:
```

此时用鼠标在绘图区单击或利用键盘输入坐标指定射线的起点，如图 3-8 所示。指定起点后，命令行提示：

```
指定通过点:
```

此时指定第一条射线的通过点，那么通过起点和该通过点就绘制了第一条射线。指定一个通过点后，命令行继续提示：

```
指定通过点:
```

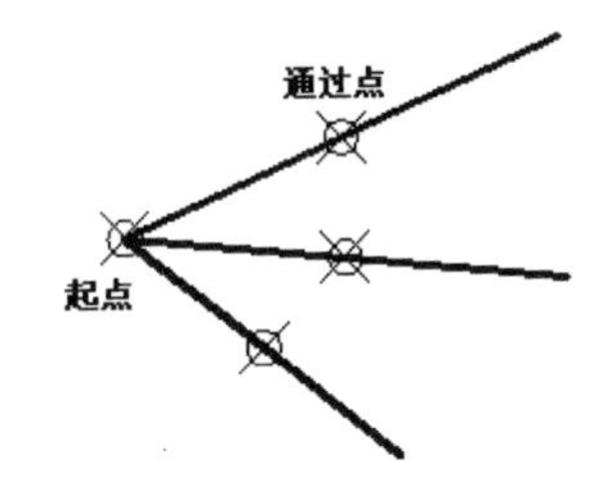

图 3-8　绘制的射线

可连续指定多个通过点以绘制一簇射线，这些射线拥有公共的起点，即命令执行后指定的第一点。同样，可按 Enter 键或 Esc

键退出绘制射线操作，或者在绘图区单击鼠标右键，从弹出的快捷菜单中选择“确定”命令。

3.2.4　绘制构造线

构造线一般用于辅助线，例如，可以用构造线查找三角形的中心、用于图纸中多个视图对齐，或者创建临时交点用于对象捕捉。AutoCAD 2012 是通过指定构造线的两点实现绘制：一为中心点，每执行一次绘制构造线操作可绘制一簇构造线；二为构造线的通过点，确定构造线的方向。典型的构造线如图 3-9 所示。

AutoCAD 2012 中可通过以下 4 种方式绘制构造线。

- 功能区：单击“常用”选项卡→“绘图”面板→“构造线”按钮。
- 经典模式：选择菜单栏中的“绘图”→“构造线”命令。
- 经典模式：单击“绘图”工具栏的“构造线”按钮。
- 运行命令：XLINE。

执行“构造线”命令后，命令行提示：

```
指定点或 [水平 (H) /垂直 (V) /角度 (A) /二等分 (B) /偏移 (O) ]:
```

此时用鼠标在绘图区单击或利用键盘输入坐标指定构造线的中心点。各个选项的含义如下：

- 水平(H)：表示绘制通过选定点的水平构造线，即平行于 X 轴。
- 垂直(V)：表示绘制通过选定点的垂直构造线，即平行于 Y 轴。
- 角度(A)：表示以指定的角度创建一条构造线。选择该选项后，命令行将提示输入所绘制构造线与 X 轴正方向的角度，然后提示指定构造线的通过点。
- 二等分(B)：表示绘制一条将指定角度平分的构造线。选择该选项后，命令行将提示指定要平分的角度。
- 偏移(O)：表示绘制一条平行于另一个对象的参照线。选择该选项后，命令行将提示指定要偏移的对象。

如果选择了指定第一点后，命令行继续提示：

```
指定通过点:
```

此时可指定构造线的通过点，完成一条构造线的绘制。与绘制射线一样，如果用户不终止，命令行将继续提示“指定通过点:”，以绘制一簇构造线。

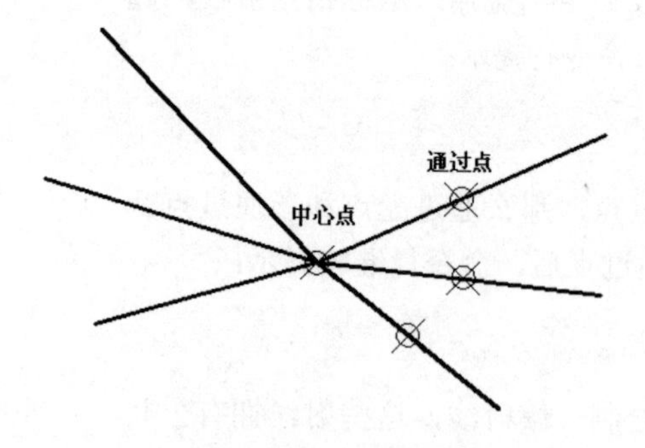

图 3-9　绘制的构造线

3.3 矩形和正多边形

矩形和正多边形是比直线、射线等要复杂的图形。虽然矩形和正多边形在图形上也是由若干条线段构成，但在 AutoCAD 2012 中，它们是单独的图形对象。

3.3.1 绘制矩形

AutoCAD 2012 的矩形是通过确定矩形的两个对角点而绘制，既可以通过鼠标拾取直接指定两个对角点，也可以通过指定矩形的长度、高度和面积等间接指定两个对角点。

AutoCAD 2012 中可通过以下 4 种方式执行绘制矩形操作。

- 功能区：单击“常用”选项卡→“绘图”面板→“矩形”按钮□。
- 经典模式：选择菜单栏中的“绘图”→“矩形”命令。
- 经典模式：单击“绘图”工具栏的“矩形”按钮□。
- 运行命令：RECTANG。

执行“矩形”命令后，命令行提示如下：

```
指定第一个角点或 [倒角（C）/标高（E）/圆角（F）/厚度（T）/宽度（W）]:
```

此时默认情况是“指定第一个角点”，该选项即表示指定矩形的第一个角点。指定第一个角点以后，命令行将提示“指定另一个角点或 [面积(A)/尺寸(D)/旋转(R)]:”。此时的提示默认为“指定另一个角点”，即用鼠标拾取或坐标指定矩形的另一个角点完成绘制矩形。

也可以根据不同的需要选择中括号中的选项来通过其他方式完成矩形绘制：输入 A，选择“面积(A)”选项，可指定矩形的面积；输入 D，选择“尺寸(D)”选项，可指定矩形的长度和宽度；输入 R，选择“旋转®”选项，可指定矩形的旋转角度。

其他各个选项用于绘制不同形式的矩形，但仍然需要指定两个对角点。选择这些选项中的任何一个并设置好参数后，命令行仍然返回到“指定第一个角点或 [倒角(C)/标高(E)/圆角(F)/厚度(T)/宽度(W)]:”，提示用户指定角点。

各个选项的含义如下。

- 倒角(C)：用于绘制带倒角的矩形，如图 3-10（a）所示。选择该选项后，命令行将提示指定矩形的两个倒角距离。
- 标高(E)：选择该选项可指定矩形所在的平面高度，如图 5-10（d）所示。默认情况下，所绘制的矩形均在 Z=0 平面内，通过该选项就绘制 Z 值的所在平面内。带标高的矩形一般用于三维制图。图 5-10（d）中的矩形处在 Z=5 的平面上。
- 圆角(F)：用于绘制带圆角的矩形，如图 5-10（b）所示。选择该选项后，命令行将提示指定圆角半径。
- 厚度(T)：用于绘制带厚度的矩形，如图 5-10（e）所示。选择该选项后，命令行将提示指定厚度。带厚度的矩形一般用于三维制图。图 5-10（e）中那条直线处在 Z=5 的平面上，带厚度矩形的厚度为 10。
- 宽度(W)：用于绘制带宽度的矩形，如图 5-10（c）所示。选择该选项后，命令行将提示指定宽度。

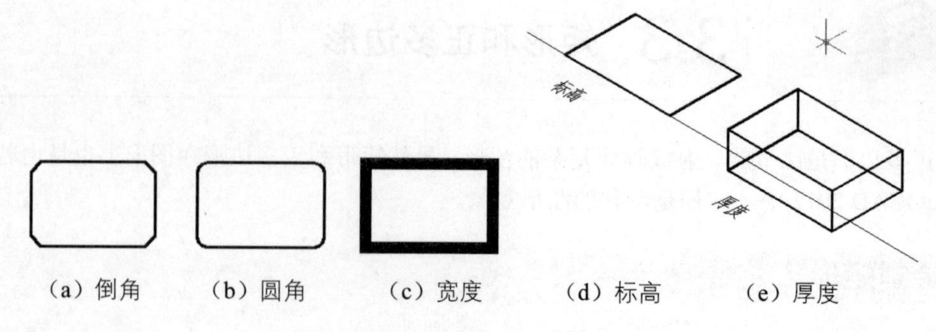

图 3-10　各种形式的矩形

3.3.2　实例——绘制圆角矩形

绘制一个圆角半径为 10mm 的 200mm×100mm 的矩形，如图 3-11 所示。

01 单击“常用”选项卡→“绘图”面板→“矩形”按钮，命令行提示“指定第一个角点或 [倒角(C)/标高(E)/圆角(F)/厚度(T)/宽度(W)]:”。

02 输入 f 并按 Enter 键，选择“圆角（F）”选项，命令行提示“指定矩形的圆角半径<0.0000>:”，输入 10 并按 Enter 键，命令行提示“指定第一个角点或 [倒角(C)/标高(E)/圆角(F)/厚度(T)/宽度(W)]:”。

03 鼠标拾取指定图 3-11 中的 A 点，命令行提示“指定另一个角点或 [面积(A)/尺寸(D)/旋转(R)]:”。

04 输入 d 并按 Enter 键，命令行提示“指定矩形的长度<0.0000>”，输入矩形的长度 100，然后按 Enter 键，命令行提示“指定矩形的宽度<0.0000>”；输入矩形的宽度 50，然后按 Enter 键。

05 命令行重新提示“指定另一个角点或 [面积(A)/尺寸(D)/旋转(R)]:”，此时用鼠标拾取指定图 3-11 中的 B 点，绘制矩形结束。

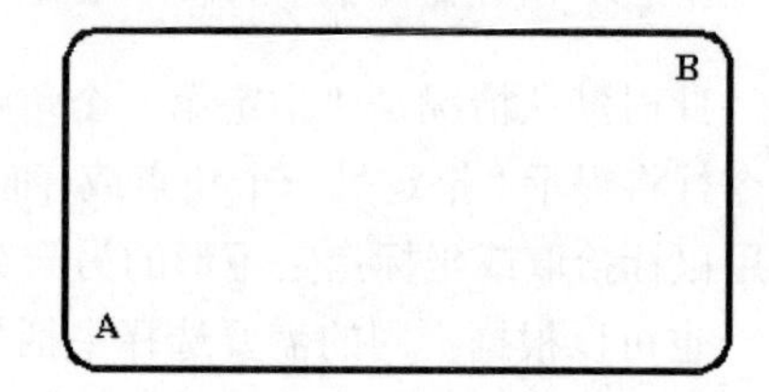

图 3-11　绘制的矩形

3.3.3　绘制正多边形

数学知识告诉我们，一个正多边形必有一个内切圆和外接圆，AutoCAD 2012 可间接通过圆来绘制正多边形，然后结合正多边形的边数、中心点等数据即可确定一个正多边形的位置和大小。另外，AutoCAD 2012 也可通过指定正多边形的一条边的位置和大小来确定正多边形。AutoCAD 2012 支持绘制边数 3～1024 的正多边形。

AutoCAD 2012 中可通过以下 4 种方式执行绘制正多边形操作。

- 功能区：单击“常用”选项卡→“绘图”面板→“正多边形”按钮。
- 经典模式：选择菜单栏中的“绘图”→“正多边形”命令。
- 经典模式：单击“绘图”工具栏的“正多边形”按钮。
- 运行命令：POLYGON。

执行“正多边形”命令后，命令行提示：

```
_Polygon 输入边的数目<6>:
```

此时输入介于 3～1024 之间的数字表示要绘制正多边形的边数，然后按 Enter 键。尖括号里面的数字表示上一次绘制正多边形时指定的边数，直接按 Enter 键表示指定尖括号里面的数字。

指定边数以后，命令行又提示指定正多边形的中心点：

```
指定多边形的中心点或 [边（E）]:
```

此时可选择两种方法绘制正多边形。

01 可用鼠标拾取或输入坐标值指定正多边形的中心点，然后命令行提示“输入选项 [内接于圆(I)/外切于圆(C)] <I>:”。输入 i 选择“内接于圆(I)”，如图 3-12（a）所示。此时移动鼠标，将动态显示其半径值，所绘制的正多边形内接于假想的圆，其所有的顶点均在圆上，圆的半径即中心点到多边形顶点的距离；输入 c 选择“外切于圆(C)”，如图 3-12（b）所示，表示绘制的正多边形外切于假想的圆，其所有的边均与圆相切，圆的半径即中心点到多边形边的距离。输入任意一个选项后，命令行均将提示“指定圆的半径:”，此时可以用鼠标拾取或键盘输入内切圆或外接圆的半径完成正多边形的绘制。

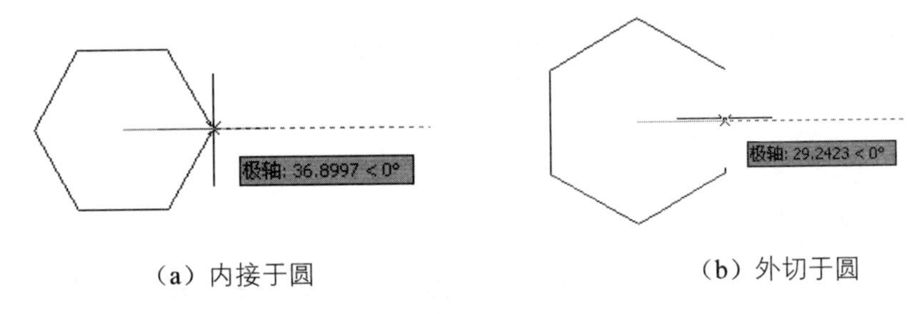

（a）内接于圆　　（b）外切于圆

图 3-12　通过“内接于圆(I)/外切于圆©”绘制正多边形

02 输入 e，选择“边(E)”选项指定正多边形的一条边的两个端点确定整个正多边形。

3.3.4 实例——绘制正六边形

通过指定一条边绘制一个正六边形，如图 3-13 所示。

01 单击“常用”选项卡→“绘图”面板→“正多边形”按钮⬠，命令行提示“_Polygon 输入边的数目<4>:”。

02 在命令行中输入 6 并按 Enter 键。

03 选择边数以后，命令行提示“指定正多边形的中心点或 [边(E)]:”，此时使用鼠标选择中间大圆的圆心，按 Enter 键。

04 命令行提示“输入选项 [内接于圆(I)/外切于圆(C)] <I>:”，按 Enter 键。

05 命令行提示“指定圆的半径:”，在命令行中输入 6，按 Enter 键完成绘制。

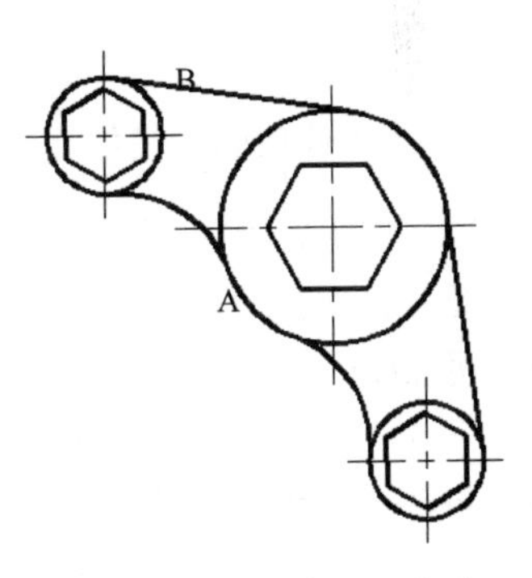

图 3-13　绘制的正六边形

3.4 圆、圆弧、椭圆和椭圆弧

圆、圆弧、椭圆和椭圆弧等都属于曲线对象，比上述的直线、矩形等对象又要复杂得多。因此，AutoCAD 2012 也提供更多的方法绘制这些曲线对象。

3.4.1 绘制圆

在 AutoCAD 2012 中，可以通过指定圆心、半径、直径、圆周上的点和其他对象上的点的不同组合来绘制圆。

在 AutoCAD 2012 中，可通过以下 4 种方式执行绘制圆操作。

- 功能区：单击“常用”选项卡→“绘图”面板→绘制圆的系列按钮，如图 3-14（a）所示。
- 经典模式：选择菜单栏中的“绘图”→“圆”子菜单，如图 3-14（b）所示。
- 经典模式：单击“绘图”工具栏的“圆”按钮。
- 运行命令：CIRCLE。

图 3-14 所示的子菜单上的每一项代表一种绘制圆的方法，比如“三点”即表示通过指定圆上的三个点绘制圆。

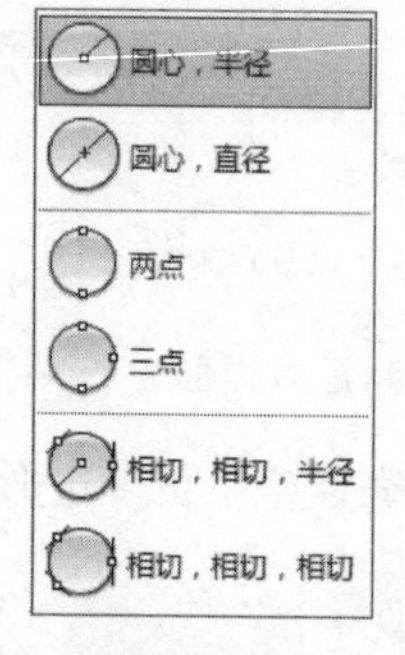

（a）绘制圆系列按钮

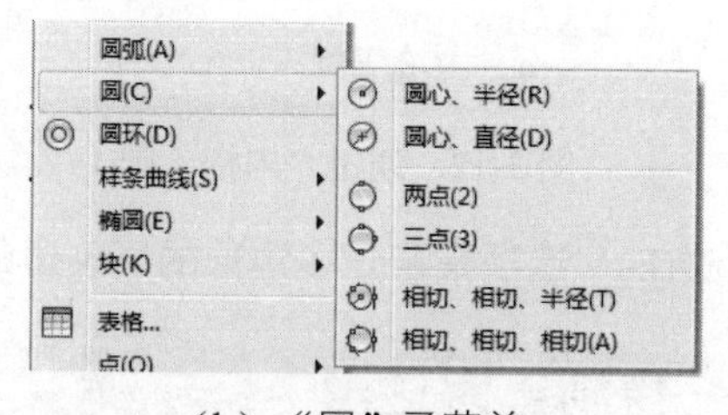

（b）“圆”子菜单

图 3-14　绘制圆按钮和“圆”子菜单

各个子菜单选项的含义如下。

- 圆心、半径(R)：通过指定圆的圆心位置和半径绘制圆，如图 3-15（a）所示。
- 圆心、直径(D)：通过指定圆的圆心位置和直径绘制圆，如图 3-15（b）所示。
- 两点(2)：通过指定圆直径上的两个端点绘制圆，如图 3-15（c）所示。
- 三点(3)：通过指定圆周上的三个点绘制圆，如图 3-15（d）所示。
- 相切、相切、半径(T)：通过指定圆的半径以及与圆相切的两个对象绘制圆。
- 相切、相切、相切(A)：通过指定与圆相切的三个对象绘制圆。

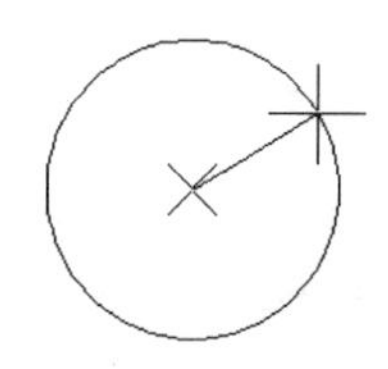

（a）圆心和半径绘圆

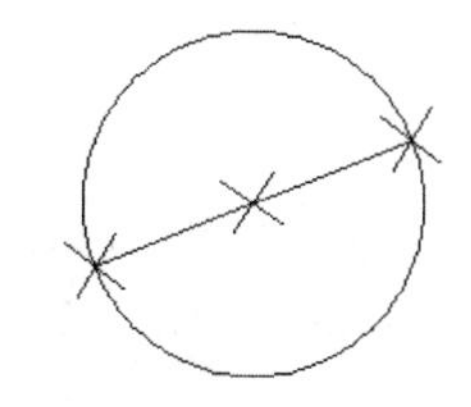

（b）圆心和直径绘圆

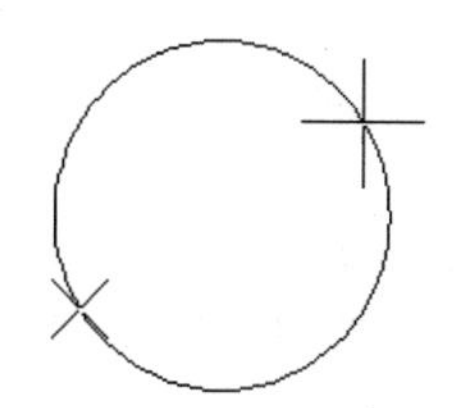

（c）两点绘圆

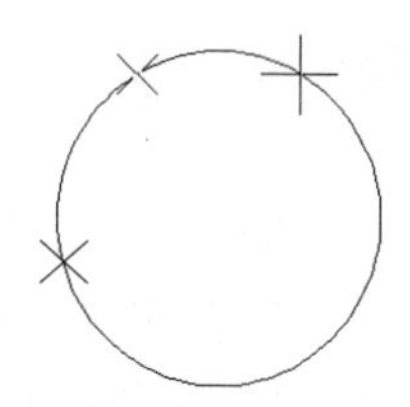

（d）三点绘圆

图 3-15　绘制圆的多种方式

单击“绘图”工具栏上的“圆”按钮或运行命令 circle 之后，命令行将提示：

```
指定圆的圆心或 [三点（3P）/两点（2P）/相切、相切、半径（T）]:
```

此时可指定圆的圆心，然后命令行将提示指定圆的半径或直径，完成圆的绘制。或者选择中括号中的选项采用其他的方法绘制圆，命令行的“三点(3P)”、“两点(2P)”和“相切、相切、半径(T)”分别对应于“圆”子菜单中的同名选项。

3.4.2　实例——绘制圆

通过“三点”和“相切、相切、相切(A)”的方法分别绘制如图 3-16 所示的两个圆。

01 先用 Polygon 命令绘制任意一个正六边形，如图 3-16（a）中所示。

02 单击“常用”选项卡→“绘图”面板→“圆”按钮→“三点”按钮，命令行提示“_circle 指定圆的圆心或 [三点(3P)/两点(2P)/相切、相切、半径(T)]: _3p 指定圆上的第一个点:”，此时用鼠标拾取正六边形的第一个顶点。

03 选择第一点后，命令行提示“指定圆上的第二个点:”，此时用鼠标拾取正六边形不相邻的第二个顶点。

04 指定两点后，命令行提示“指定圆上的第三个点:”，此时用鼠标拾取正六边形不相邻的第三个顶点。完成第一个圆的绘制，结果如图 3-16（b）所示。

05 单击“常用”选项卡→“绘图”面板→“圆”按钮→“相切、相切、相切”按钮，此时命令行提示“_circle 指定圆的圆心或 [三点(3P)/两点(2P)/相切、相切、半径(T)]: _3p 指定圆上的第一个点: _tan 到”，此时将鼠标放到三角形的第一条边上，鼠标指针变成捕捉切点的形状，在这条边上单击指定一点。

06 指定第一点之后，命令行提示“指定圆上的第二个点: _tan 到”，与步骤 05 同样的方法在第二条边上指定一点；然后命令行提示“指定圆上的第三个点: _tan 到”，此时指定第三点，完成第二个圆的绘制，结果如图 3-16（c）所示。

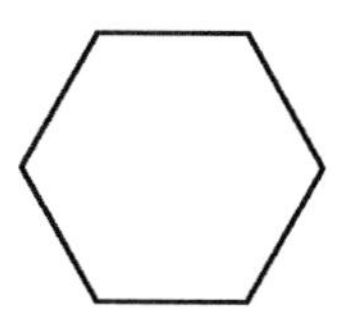

（a）绘制任意正六边形

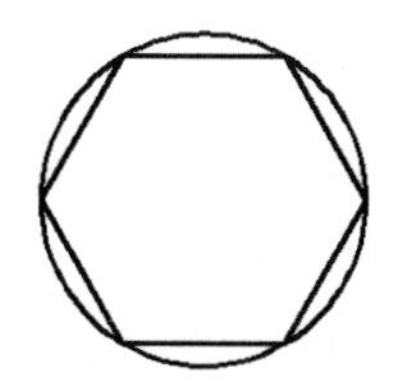

（b）完成一个圆的绘制

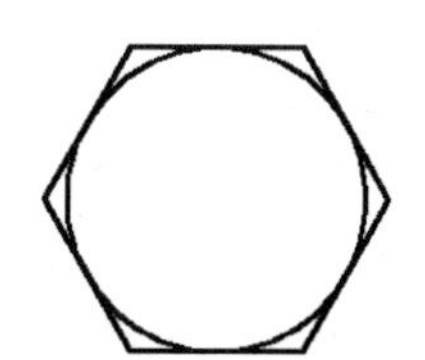

（c）完成第二个圆的绘制

图 3-16　绘制圆

3.4.3 绘制圆弧

AutoCAD 2012 提供了更多的方法用于绘制圆弧，可通过指定圆弧的圆心、端点、起点、半径、角度、弦长和方向值的各种组合形式。如图 3-17 所示为“绘图”面板和“绘图”菜单下的“圆弧”子菜单，提供了多达 11 种绘制圆弧的方法。

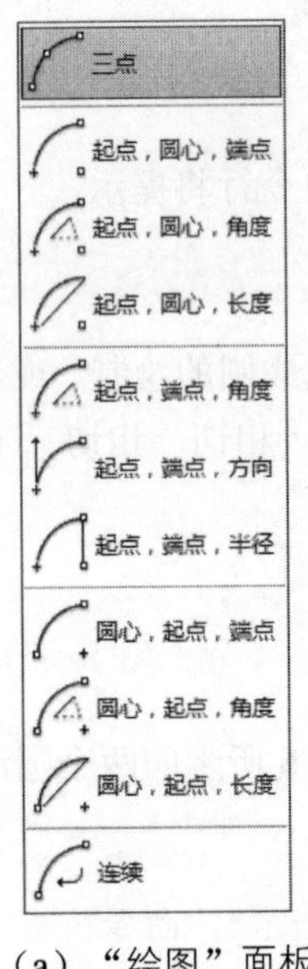

（a）“绘图”面板

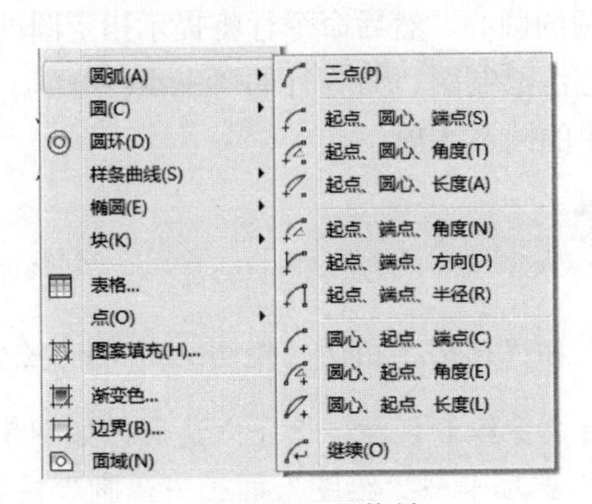

（b）“圆弧”子菜单

图 3-17　“绘图”面板和“圆弧”子菜单

由图 3-17 可知，绘制圆弧是通过按顺序指定圆弧的起点、圆心、端点、通过点、角度、长度和半径等元素来确定圆弧。在绘制过程中，这些元素既可以通过鼠标拾取来指定，也可以通过键盘输入点坐标或值的形式指定。

在绘图时，要注意配合使用鼠标和键盘。例如，指定圆心既可以用鼠标单击指定，也可以输入坐标值；指定角度，既可以通过鼠标指定，也可以通过键盘输入角度值。圆弧的绘制方法比较多，绘制时要根据实际绘图环境灵活掌握。

“圆弧”子菜单的各个绘制方法的含义如下。

- 三点(P)：通过指定圆弧上的三个点绘制一段圆弧。选择该操作后，命令行将依次提示指定起点、圆弧上的点、端点。
- 起点、圆心、端点(S)：通过依次指定圆弧的起点、圆心及端点绘制圆弧。
- 起点、圆心、角度(T)：通过依次指定圆弧的起点、圆心及包含的角度逆时针绘制圆弧。如果输入的角度为负，则顺时针绘制圆弧。
- 起点、圆心、长度(A)：通过依次指定圆弧的起点、圆心及弦长绘制圆弧。如果输入的弦长为正值，将从起点逆时针绘制劣弧。如果弦长为负值，将逆时针绘制优弧。
- 起点、端点、角度(T)：通过依次指定圆弧的起点、端点和角度绘制圆弧。
- 起点、端点、方向(D)：通过依次指定圆弧的起点、端点和起点的切线方向绘制圆弧。
- 起点、端点、半径(R)：通过依次指定圆弧的起点、端点和半径绘制圆弧。

- 圆心、起点、端点(C)：先指定圆弧的圆心，然后依次指定圆弧的起点和端点。
- 圆心、起点、角度(E)：通过依次指定圆弧的圆心、起点和角度绘制圆弧。
- 圆心、起点、长度(L)：通过依次指定圆弧的圆心、起点和长度绘制圆弧。
- 继续(O)：执行该命令后，命令行提示“指定圆弧的端点：”，此时直接按 Enter 键，将接着最后一次绘制的直线、圆弧或多段线绘制一段圆弧，即以上一次绘制对象的最后一点作为圆弧的起点，所绘制的圆弧与上一条直线、圆弧或多段线相切。

AutoCAD 小提示

这些方法的起点到端点方向均为逆时针方向。

3.4.4 实例——绘制圆弧图案

绘制如图 3-18 所示的图案。图中的圆和圆弧的半径均为 60。

01 以任一点为圆心绘制半径为 60 的圆。

02 单击“常用”选项卡→“绘图”面板→“定数等分”按钮，命令行提示“选择要定数等分的对象:”，选择上一步绘制的圆。

03 命令行提示“输入线段数目或 [块(B)]:”，输入 6 并按 Enter 键确认，如图 3-19 所示。

04 单击“常用”选项卡→“绘图”面板→“直线”按钮，依次绘制连接 AC、CE 和 EA 的直线。

05 单击“常用”选项卡→“绘图”面板→“直线”按钮，依次绘制连接 BD、DF 和 FB 的直线。

06 单击“常用”选项卡→“绘图”面板→“圆弧”按钮→“三点”，命令行提示“_arc 指定圆弧的起点或[圆心(C)]:”，然后利用鼠标指定图中的 A 点。

07 在命令行提示“指定圆弧的第二个点或 [圆心(C)/端点(E)]:”时，用鼠标指定图中的 O 点。

08 在命令行提示“指定圆弧的端点:”时，利用鼠标指定图中的 C 点，如图 3-20 所示。

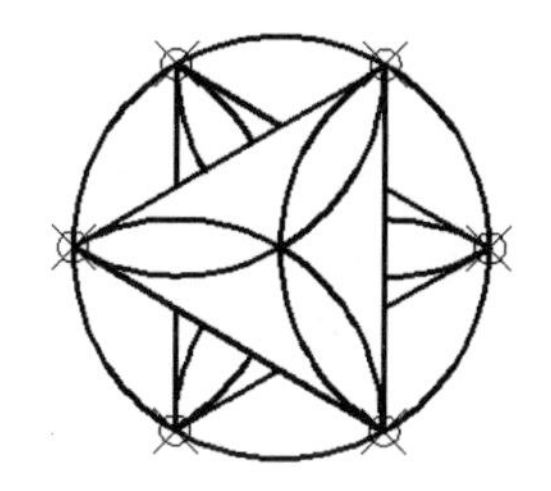

图 3-18 绘制圆弧实例

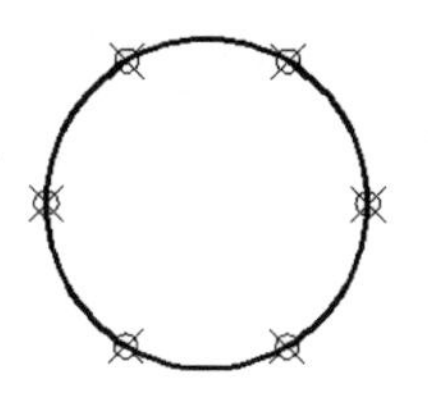

图 3-19 定数等分点

09 单击“常用”选项卡→“绘图”面板→“圆弧”按钮→“起点、圆心、端点”按钮，根据命令行的提示，依次指定 D 点、C 点和 B 点。

10 单击“常用”选项卡→“绘图”面板→“圆弧”按钮→“起点、圆心、角度”按钮，根据命令行提示，依次指定 E 点和 D 点，然后命令行提示“指定圆弧的端点或 [角度(A)/弦长(L)]: _a 指定包含角:”，此时输入 120 并按 Enter 键。

11 单击“常用”选项卡→“绘图”面板→“圆弧”按钮→“起点、端点、半径”按钮，根据命令行提示，依次指定 F 点和 D 点，然后命令行提示“指定圆弧的圆心或 [角度(A)/方向(D)/半径(R)]: _r 指定圆弧的半径:”，此时输入 60 并按 Enter 键。

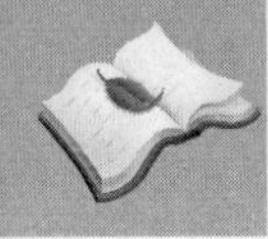

12 单击“常用”选项卡→“绘图”面板→“圆弧”按钮→“圆心、起点、端点”按钮，根据命令行提示，依次指定 F 点、A 点、E 点，绘制圆弧，如图 3-21 所示。

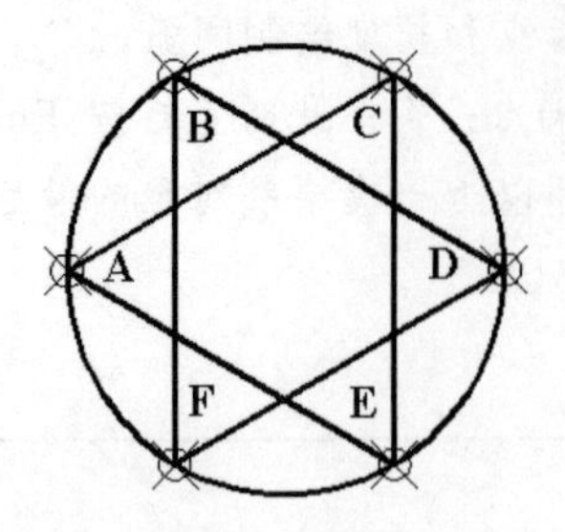

图 3-20　绘制直线

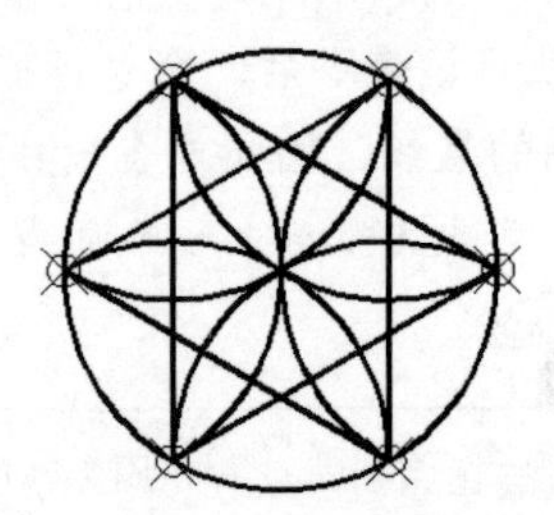

图 3-21　绘制圆弧

13 单击“常用”选项卡→“修改”面板→“修剪”按钮，根据命令行提示，选择 A、C、E 三点间的直线作为剪切边，剪切其内部的圆弧和直线段，完成绘制，如图 3-22 所示。

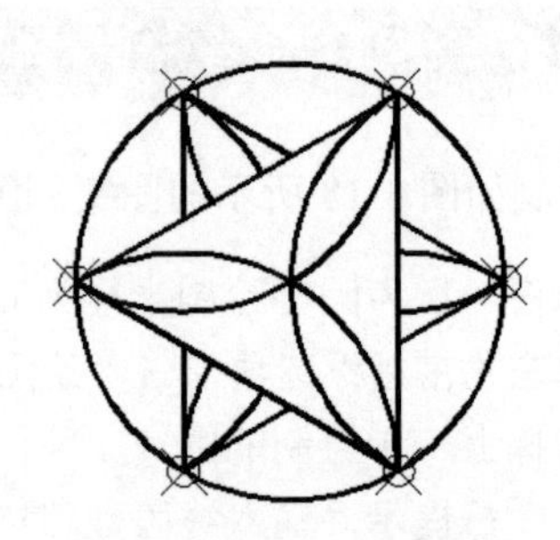

图 3-22　剪裁直线和圆弧

3.4.5　绘制椭圆

在 AutoCAD 2012 中椭圆是基于中心点、长轴及短轴绘制的。在功能区的“常用”选项卡的“绘图”面板下和“绘图”菜单下也有“椭圆”子菜单，如图 3-23 所示。

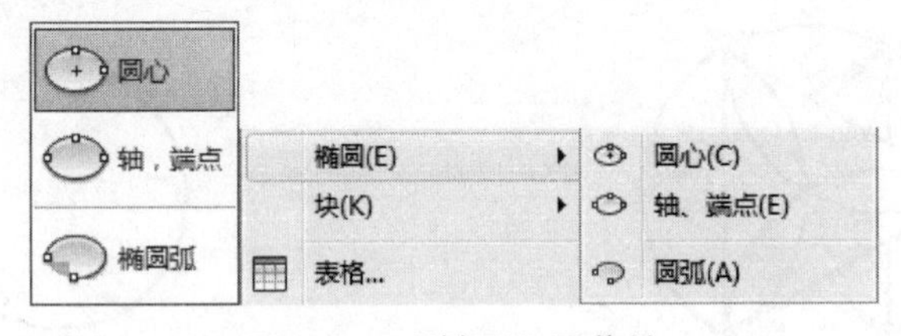

图 3-23　“椭圆”子菜单

由图 5-20 可知，绘制椭圆弧的命令也在“椭圆”子菜单中，有两种方法绘制椭圆。

01 单击“常用”选项卡→“绘图”面板→“椭圆”→“圆心”按钮。

命令行依次提示：

指定椭圆的中心点：

此时指定椭圆的中心点，即图 3-24 中的 A 点。

指定轴的端点：

此时指定椭圆的一个轴的端点，即图 3-24 中的 B 点。

```
指定另一条半轴长度或 [旋转 (R)]:
```

此时指定椭圆的另一个半轴的长度，随着鼠标的移动动态变化，会显示从中心点到光标的直线，表示半轴长度。可在需要的位置单击鼠标确定，比如在图 3-24 中的 C 点处单击，也可在命令行输入半轴长度的值。输入 r，选择“旋转(R)”选项，可通过绕第一条轴旋转圆弧来创建椭圆。

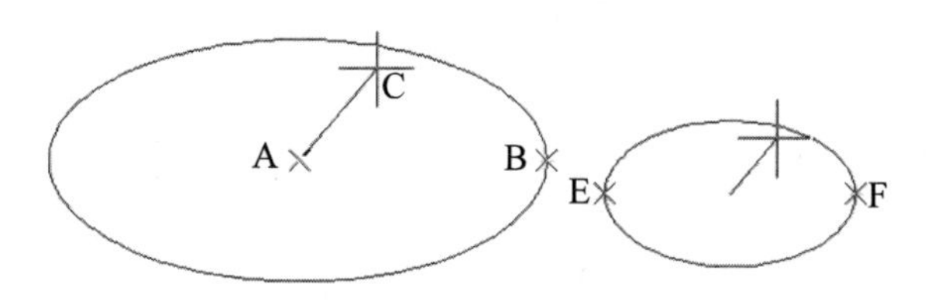

图 3-24　绘制椭圆

02 单击“常用”选项卡→“绘图”面板→“椭圆”→“轴、端点”按钮。

命令行依次提示如下：

```
指定椭圆的轴端点或 [圆弧 (A) /中心 (C)]:
```

此时指定椭圆的一个轴的端点，即图 3-24 中的 E 点。

```
指定轴的另一个端点:
```

此时指定椭圆一个轴的另一个端点，确定椭圆的一个轴，即指定图 3-24 中的 F 点。

```
指定另一条半轴长度或 [旋转 (R)]:
```

此时指定椭圆的另一个半轴的长度，绘制出椭圆。

3.4.6　绘制椭圆弧

AutoCAD 2012 绘制椭圆弧方法是先绘制出一个完整的椭圆，然后在椭圆上截取一部分实现椭圆弧的绘制。

AutoCAD 2012 中可通过以下 3 种方式执行绘制椭圆弧操作。

- 功能区：单击“常用”选项卡→“绘图”面板→“椭圆弧”按钮。
- 经典模式：选择菜单栏中的“绘图”→“椭圆”→“圆弧”命令。
- 经典模式：单击“绘图”工具栏的“椭圆弧”按钮。

AutoCAD 2012 绘制椭圆弧的命令和椭圆一样，也是 ellipse。执行绘制椭圆弧操作后，命令行将提示如下：

```
指定椭圆的轴端点或 [圆弧 (A) /中心 (C)]:_a
指定椭圆弧的轴端点或 [中心点 (C)]:
```

后面命令行将逐步提示绘制出一个完成的椭圆，其操作与绘制椭圆完全一样，然后提示：

```
指定起始角度或 [参数 (P)]:
```

此时可指定椭圆弧的起始点与长轴的角度，只需在起点方向上单击，就能指定起点角度，随后命令行将提示指定终止角度。如此绘制出一段在起始角度和终止角度之间的椭圆弧，其绘制过程如图 3-25 所示。"参数(P)" 选项用于通过以下的矢量参数方程式绘制椭圆弧：p(u)=c + a×cosu+ b×sinu，其中 u 是输入的参数，c 为椭圆的半焦距，a 和 b 分别是椭圆的长轴和短轴。

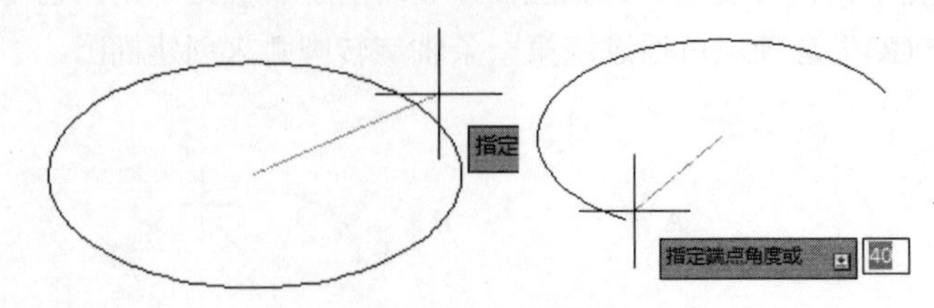

图 3-25　绘制椭圆弧

3.4.7　实例——绘制椭圆与椭圆弧

利用绘制椭圆和椭圆弧的方法绘制如图 3-26（a）所示的圆台。

01 单击"常用"选项卡→"绘图"面板→"直线"按钮，命令行提示"命令: _line 指定第一点:"，此时用鼠标在绘图区中任意指定一点，绘制垂直的中心线。

02 命令行提示"指定下一点或 [放弃(U)]:"，此时向下垂直移动鼠标，在命令行中输入 150，按 Enter 键。

03 命令行提示"指定下一点或 [放弃(U)]:"，此时单击鼠标右键，选择"确定"命令，完成直线段的绘制。

04 单击"常用"选项卡→"绘图"面板→"椭圆"→"圆心"按钮，命令行提示"指定椭圆的中心点:"，此时用鼠标在绘图区捕捉直线的上端点。

05 在命令行提示"指定轴的端点:"时，输入"@50<0"用相对极坐标指定椭圆的长轴端点。

06 命令行继续提示"指定另一条半轴长度或 [旋转(R)]:"，输入 15，此时绘制椭圆结束。

07 单击"常用"选项卡→"绘图"面板→"椭圆弧"按钮，命令行提示"指定椭圆弧的轴端点或 [中心点(C)]:"，此时输入 C，按 Enter 键。

08 命令行提示"指定椭圆弧的中心点:"，此时用鼠标在绘图区捕捉直线的下端点。

09 在命令行提示"指定轴的端点:"时，输入"@100<0"用相对极坐标指定椭圆的长轴端点。

10 命令行继续提示"指定另一条半轴长度或 [旋转(R)]:"，输入 30。

11 命令行提示"指定起点角度或 [参数(P)]:"，此时用鼠标在椭圆的长轴水平左侧单击，确定椭圆弧的起点。

12 命令行提示"指定起点角度或 [参数(P)]:"，此时用鼠标在椭圆的长轴右侧单击，确定椭圆弧的终点，结束椭圆弧的绘制，效果如图 3-26（b）所示。

13 单击"常用"选项卡→"绘图"面板→"直线"按钮。

14 命令行提示"_line 指定第一点:"，此时用鼠标捕捉椭圆弧的端点，随后命令行继续提示"指定下一点或 [放弃(U)]:"，此时鼠标捕捉椭圆的切点。

15 命令行提示"指定下一点或 [放弃(U)]:"，此时单击鼠标右键，选择"确定"命令，完成直线段的绘制。

16 利用步骤 14～15 的方法绘制另一侧直线，完成圆台的绘制。

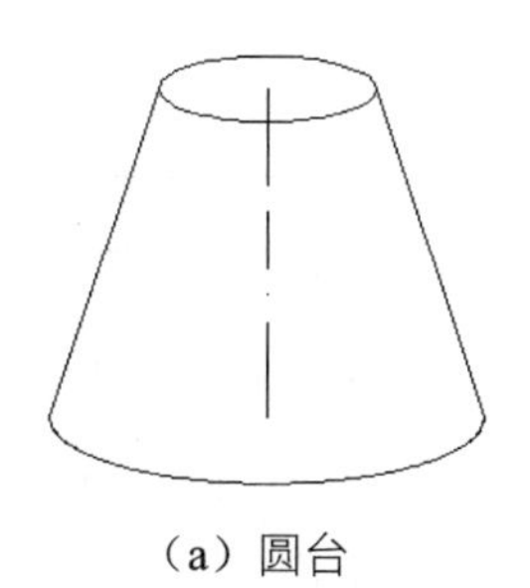

（a）圆台

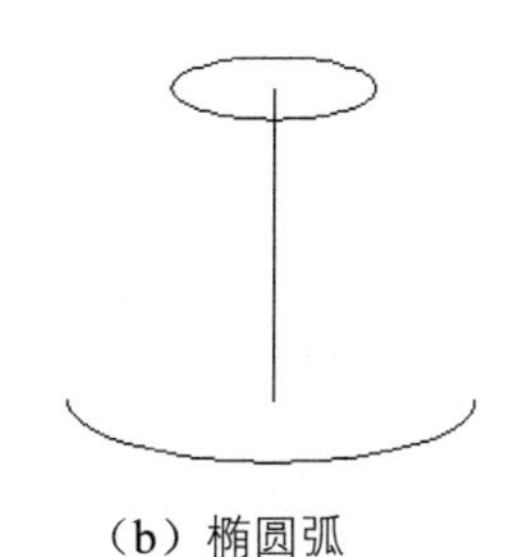

（b）椭圆弧

图 3-26　圆台

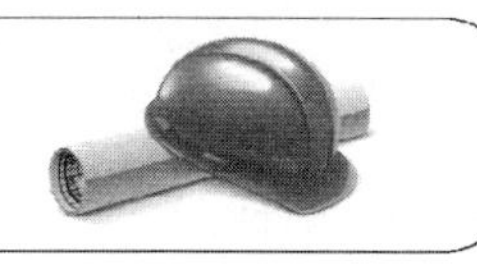

3.5 多线绘制与编辑

多线是由 1～16 条平行线组成，这些平行线称为元素。构成多线的元素既可以是直线，也可以是圆弧。通过多线样式，用户可以定义元素的类型及元素间的间距。AutoCAD 2012 默认的是包含两个元素的 STANDARD 样式，也可以创建用户样式。

多线一般用于建筑图的墙体、公路和电子线路图等平行线对象。

3.5.1 绘制多线

AutoCAD 2012 中可通过以下两种方式执行绘制多线操作。

- 经典模式：选择菜单栏中的“绘图”→“多线”命令。
- 运行命令：MLINE。

执行“多线”命令后，命令行提示如下：

```
当前设置：对正 = 上，比例 = 20.00，样式 = STANDARD
指定起点或 [对正（J）/比例（S）/样式（ST）]:
```

在该提示信息的第一行显示的是当前的多线设置；第二行提示指定起点。此时可指定多线的起点，这和绘制直线时的操作一样，随后命令行将提示“指定下一点”。选择中括号中的选项，表示设置多线的样式，各个选项的含义如下。

- 对正(J)：用于设置多线的对正方式。选择该选项后，命令行将提示“输入对正类型 [上(T)/无(Z)/下(B)] <上>:”。输入括号里的字母可选择相应的对正方式。“上(T)”选项表示在光标下方绘制多线；“无(Z)”选项表示绘制多线时光标位于多线的中心；“下(B)”选项表示在光标上方绘制多线。3 种对正方式如图 3-27 所示。
- 比例(S)：用于指定多线的元素间的宽度比例。选择该选项后，命令行将提示“输入多线比例 <20.00>：”，输入的比例因子是基于在多线样式定义中建立的宽度。比如，输入的比例因子为 2，那么在绘制多线时，其宽度是样式定义的宽度的两倍，其效果如图 3-28 所示。比例因子为 0 时，将使多线变为单一的直线。

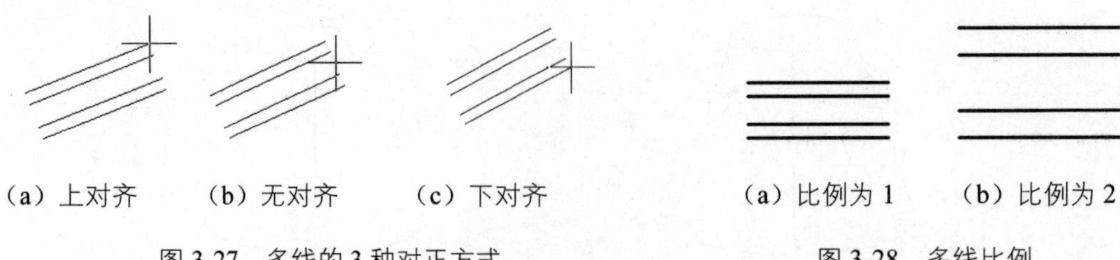

图 3-27　多线的 3 种对正方式　　　　图 3-28　多线比例

- 样式(ST)：用于设置多线的样式。选择该选项后，命令行将提示“输入多线样式名或 [?]:”，此时可直接输入已定义的多线样式名称。输入“?”将显示已定义的多线样式。

3.5.2　编辑多线

AutoCAD 2012 提供专门的多线样式编辑命令来编辑多线对象，其执行方式有如下两种。

- 经典模式：选择菜单栏中的“修改”→“对象”→“多线段”命令。
- 运行命令：MLEDIT。

执行多线编辑命令，将弹出“多线编辑工具”对话框，如图 3-29 所示。其中提供了 12 种多线编辑工具。

“多线编辑工具”对话框中的编辑工具一共分为 4 列，单击其中的一个工具图标，即可使用该工具，命令行将显示相应的提示信息。

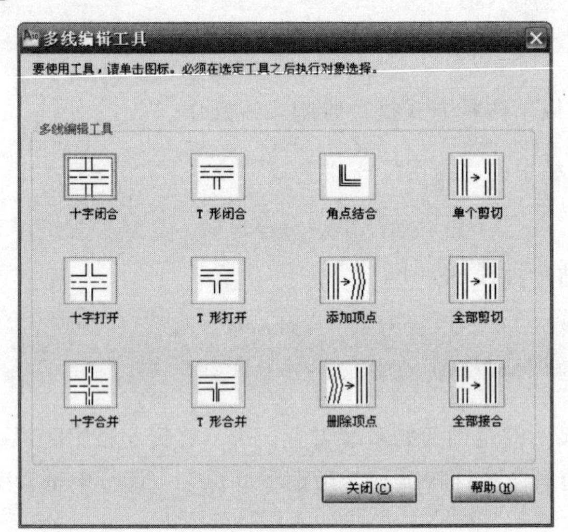

图 3-29　“多线编辑工具”对话框

- “十字闭合”、“十字打开”和“十字合并”：这 3 个工具用于消除十字交叉的两条多线的相交线。选择这 3 种工具后，命令行将依次提示“选择第一条多线:”、“选择第二条多线:”，按照命令行的提示信息选择要编辑的两条交叉多线。如图 3-30 中的（b）和（e）图都是用十字闭合工具，只是选择顺序不同，其编辑效果也不同。AutoCAD 2012 总是切断所选的第一条多线，并根据所选的编辑工具切断第二条多线。3 种十字交叉编辑的效果如图 3-30 所示。

（a）原多线 （b）十字闭合 （c）十字打开 （d）十字合并 （e）十字闭合

图 3-30 3 种十字交叉编辑工具

- “T 形闭合”、“T 形打开”和“T 形合并”：这 3 个工具用于消除 T 形交叉的两条多线的相交线。操作与第一列的 3 个工具相同。编辑效果如图 3-31 所示。

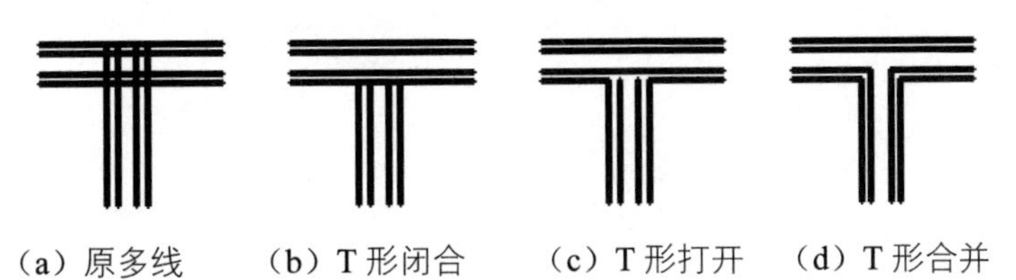

（a）原多线 （b）T 形闭合 （c）T 形打开 （d）T 形合并

图 3-31 3 种 T 字交叉编辑工具

- “角点结合”：该工具既可用于十字交叉的两条多线，也可用于 T 形交叉的两条多线，还可用于不交叉的两条多线。编辑效果如图 3-32 所示，左列为编辑前的多线，右列为编辑后的效果。
- “添加顶点”与“删除顶点”：这两个工具功能相反，均用于单个的多线对象。选择该工具后，命令行均只提示“选择多线:”，此时只需选择要编辑的单个多线对象即可。“添加顶点”工具用于在多线对象的指定处添加一个顶点，“删除顶点”用于删除多线对象的顶点。如图 3-33 所示，添加顶点后，多线在其编辑处显示了夹点，（c）图是删除一个顶点后的显示效果。

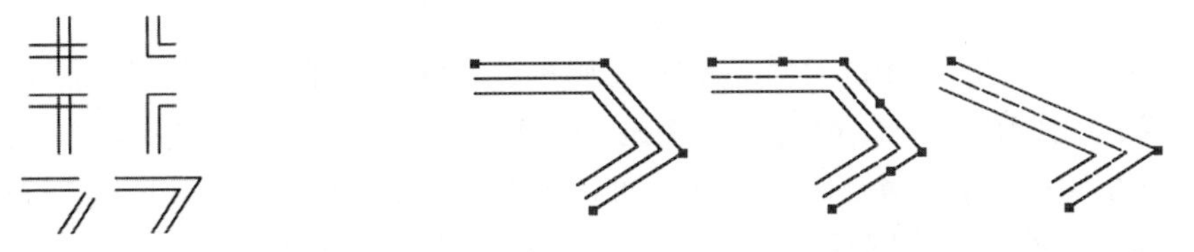

（a）原多线 （b）添加顶点 （c）删除顶点

图 3-32 角点结合编辑效果

图 3-33 “添加顶点”与“删除顶点”

- “单个剪切”、“全部剪切”：这两个工具也是用于对单个多线对象的编辑。“单个剪切”用于剪切多线对象中的某一个元素；“全部剪切”即剪切多线对象的全部元素，编辑效果如图 3-34 所示。
- “全部接合”：该工具用于将已被剪切的多线线段重新接合起来，效果如图 3-34（d）所示。

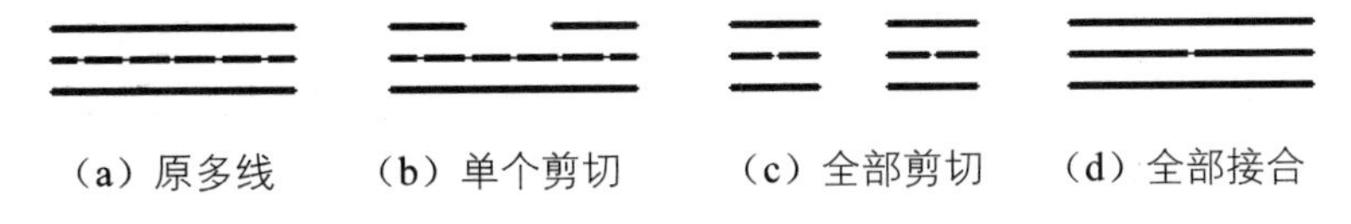

（a）原多线 （b）单个剪切 （c）全部剪切 （d）全部接合

图 3-34 “单个剪切”、“全部剪切”和“全部接合”工具

3.5.3 创建与修改多线样式

AutoCAD 2012 提供“多线样式”对话框来创建、修改和保存多线样式，如图 3-35 所示。多线样式包括多线元素的特性，或者是后来创建的多线的端点封口和背景填充，这些都可以在“多线样式”对话框中修改。

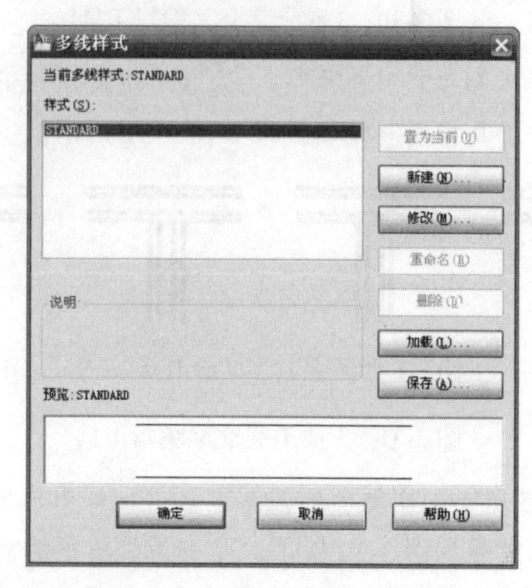

图 3-35 “多线样式”对话框

在 AutoCAD 2012 中打开“多线样式”对话框的方式有以下两种。

- 经典模式：选择菜单栏中的“格式”→“多线样式”命令。
- 运行命令：MLSTYLE。

默认的多线样式为 STANDARD 样式。单击 新建(N)... 按钮，可创建多线样式；单击 修改(M)... 按钮，可对所选样式进行修改；单击 置为当前(U) 按钮，可将所选多线样式置为当前样式，所绘制的多线将按照所选样式的定义绘制；单击 重命名(R) 按钮，可将所选多线样式重新命名；单击 删除(D) 按钮，可删除所选多线样式； 加载(L)... 按钮与 保存(A)... 按钮分别用于加载和保存多线样式。同时，预览窗口显示了所选样式的绘图效果。

AutoCAD 小提示

不能修改、删除或重命名默认的 STANDARD 多线样式，也不能删除或修改当前多线样式或正在使用的多线样式。

单击 新建(N)... 按钮，将弹出“创建新的多线样式”对话框，如图 3-36 所示。在“新样式名”文本框中输入新建样式的名称，如“我的多线样式”，然后单击 继续 按钮，可弹出“新建多线样式”对话框，如图 3-37 所示。

图 3-36　“创建新的多线样式”对话框

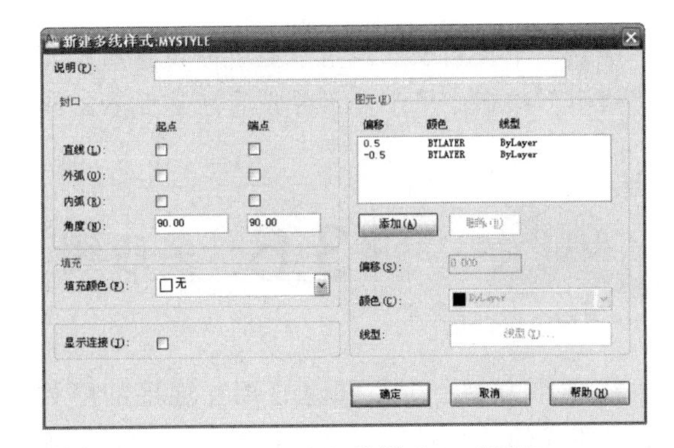

图 3-37　“新建多线样式”对话框

在“新建多线样式”对话框中，标题栏将显示出新建的多线样式的名称。对话框中各个选项的功能如下。

- “说明”文本框：用来为多线样式添加说明，最多可输入 255 个字符。
- “封口”选项组：用于设置多线起点和端点的封口形式。起点和端点都包括直线、外弧、内弧和角度 4 种封口形式。选择对应的复选框或在文本框中输入相应的角度，可设置起点和端点的不同封口形式。各种封口形式的效果如图 3-38 所示。

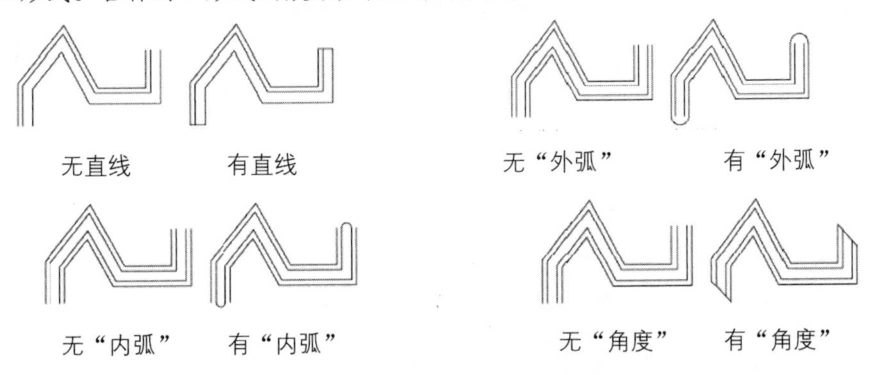

图 3-38　多线的各种封口形式

- “填充”选项组：用于设置多线的背景填充。可通过“填充颜色”下拉列表框选择多线背景的填充颜色。
- “显示连接”复选框：该复选框用于控制是否显示多线顶点处连接，其设置效果如图 3-39 所示。
- 添加(A) 和 删除(D) 按钮：分别用于添加和删除多线的元素。
- “偏移”文本框：用于设置所选元素的偏移量。偏移量即多线元素相对于 0 标准线的偏移距离，负值表示在 0 标准线的左方或下方，正值表示在 0 标准线的右方或上方，这与坐标的方向一致，新添加的元素的偏移量默认为 0。如图 3-40 所示为偏移的设置效果。

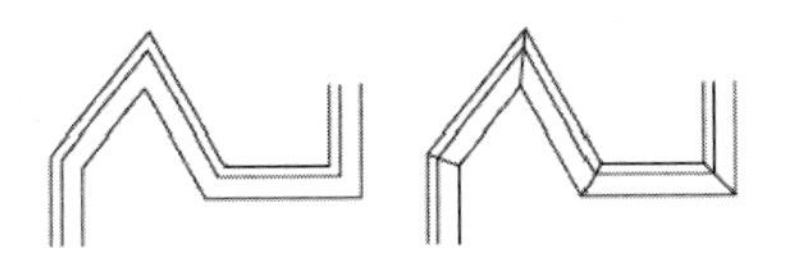

关闭“显示连接”　　打开“显示连接”

图 3-39　设置多线的显示连接

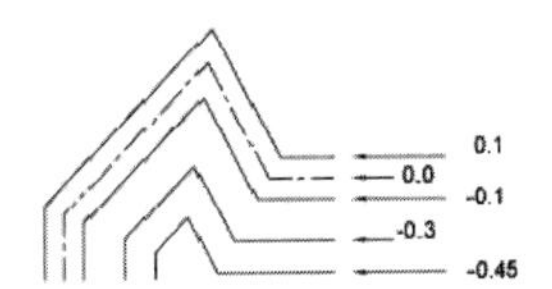

图 3-40　设置多线元素的偏移

- “颜色”下拉列表框：用于显示并设置所选元素的颜色。
- “线型”按钮：用于显示并设置所选元素的线型。

3.6 多段线

多段线是作为单个对象创建的相互连接的序列线段。组成多段线的单个对象可以是直线，可以是圆弧，也可以是两者的组合。多段线提供单个直线所不具备的编辑功能，例如，可以调整多段线的宽度和曲率。如图 3-41 所示为典型的多段线。

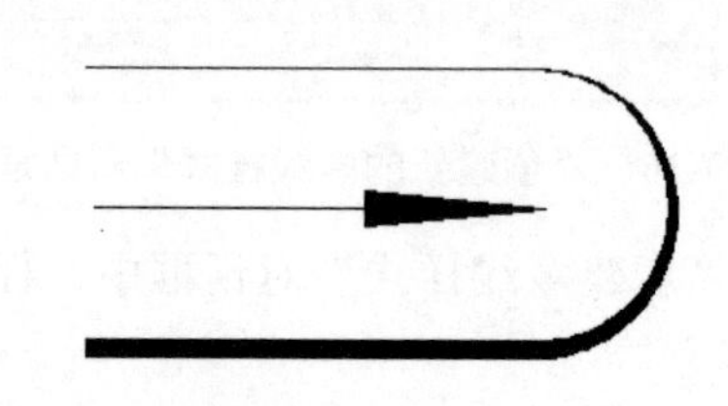

图 3-41　多段线

3.6.1 绘制多段线

在 AutoCAD 2012 中可通过以下 4 种方式执行绘制多段线操作。

- 功能区：单击“常用”选项卡→“绘图”面板→“多段线”按钮。
- 经典模式：选择菜单栏中的“绘图”→“多段线”命令。
- 经典模式：单击“绘图”工具栏的“多段线”按钮。
- 运行命令：PLINE。

执行“多段线”命令后，命令行提示：

```
指定起点：
```

此时可用鼠标拾取或输入起点坐标指定多段线的起点，然后命令行提示：

```
当前线宽为 0.0000
指定下一个点或 [圆弧（A）/半宽（H）/长度（L）/放弃（U）/宽度（W）]：
```

上一行显示当前的多段线宽度。此时可以指定下一点或输入对应的字母选择中括号中的选项。各个选项的含义如下。

- 圆弧(A)：用于将弧线段添加到多段线中。选择该选项后，将绘制一段圆弧，之后的操作与绘制圆弧相同。
- 半宽(H)：用于指定从宽多段线线段的中心到其一边的宽度。选择该选项后，将提示指定起点的半宽宽度和端点的半宽宽度。
- 长度(L)：在与上一线段相同的角度方向上绘制指定长度的直线段。如果上一线段是圆弧，程序将绘制与该弧线段相切的新直线段。
- 放弃(U)：删除最近一次绘制到多段线上的直线段或圆弧段。
- 宽度(W)：用于指定下一段多段线的宽度。注意“宽度(W)”选项与“半宽(H)”选项的区别，如图 3-42 所示。

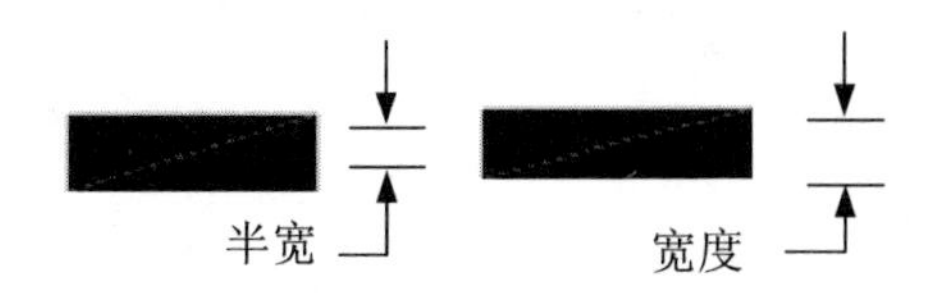

图 3-42　多段线的“半宽”与“宽度”

3.6.2　编辑多段线

AutoCAD 2012 也提供专门的多段线编辑工具，其执行方式有如下 4 种。

- 功能区：单击“常用”选项卡→“修改”面板→“编辑多段线”按钮。
- 经典模式：选择菜单栏中的“修改”→“对象”→“多段线”命令。
- 经典模式：单击“修改 II”工具栏的“编辑多段线”按钮。
- 运行命令：PEDIT。

执行编辑多段线操作后，命令行提示：

```
选择多段线或 [多条（M）]：
```

此时可用鼠标选择要编辑的多段线，如果所选择的对象不是多段线，命令行将提示“选定的对象不是多段线，是否将其转换为多段线？<Y>:”，输入 y 或 n 选择是否转换。“多条(M)”选项用于多个多段线对象的选择。

选择完多段线对象后，命令行提示如下：

```
输入选项 [打开（O）/合并（J）/宽度（W）/编辑顶点（E）/拟合（F）/样条曲线（S）/非曲线化（D）/线型生成（L）/放弃（U）]：
```

与编辑多线时弹出对话框不同，此时只能输入对应字母选择各个选项来编辑多段线。各个选项的功能如下。

- 打开(O)/闭合(C)：如果选择的是闭合的多段线，则此选项显示为“打开(O)”；如果选择的多段线是打开的，则此选项显示为“闭合(C)”。“打开(O)/闭合(C)”选项分别用于将闭合的多段线打开及将打开的多段线闭合。打开和闭合的效果如图 3-43 所示。

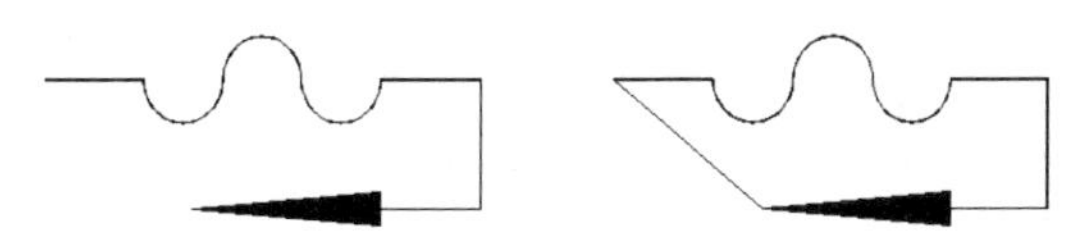

图 3-43　“打开”与“闭合”多段线

- 合并(J)：用于在开放的多段线的尾端点添加直线、圆弧或多段线。如果选择的合并对象是直线或圆弧，那么要求直线或圆弧与多段线是彼此首尾相连的，合并的结果是将多个对象合并为一个多段线对象，如图 3-44 所示；如果合并的是多个多段线，命令行将提示输入合并多段线的允许距离。

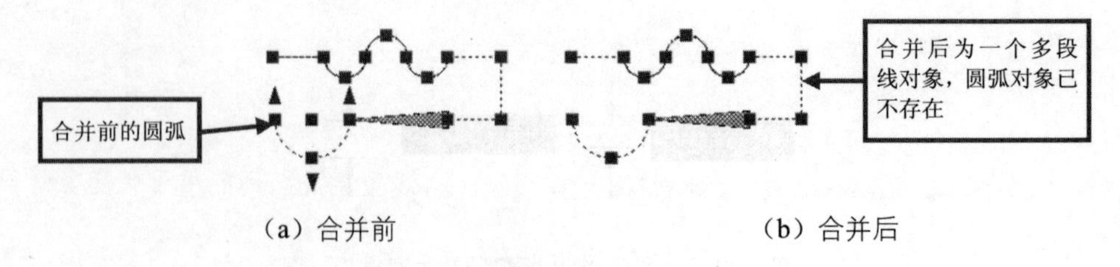

（a）合并前　　（b）合并后

图 3-44　多段线与圆弧的合并

- 宽度(W)：选择该选项可将整个多段线指定为统一宽度，如图 3-45 所示。

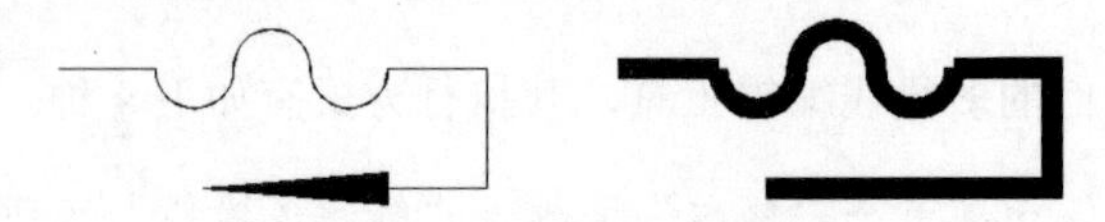

图 3-45　编辑多段线的宽度

- 编辑顶点(E)：该选项用于编辑多段线的每个顶点的位置。选择该选项后，会在正在编辑的位置显示“×”标记，并提示如下顶点编辑选项：“[下一个(N)/上一个(P)/打断(B)/插入(I)/移动(M)/重生成(R)/拉直(S)/切向(T)/宽度(W)/退出(X)] <N>:”。
  - “下一个(N)/上一个(P)”选项用于移动“×”标记的位置，也就是可以通过这两个选项选择要编辑的顶点。
  - “打断(B)”用于删除指定的两个顶点之间的线段。
  - “插入(I)”用于在标记顶点之后添加新的顶点。
  - “移动(M)”用于移动标记的顶点位置。
  - “重生成(R)”用于重生成多段线。
  - “拉直(S)”用于将两个指定顶点之间的多段线转换为直线。
  - “切向(T)”将切线方向附着到标记的顶点，以便用于以后的曲线拟合。
  - “宽度(W)”用于修改标记顶点之后线段的起点宽度和端点宽度。
  - “退出(X)”用于退出“编辑顶点”模式。
- 拟合(F)：表示用圆弧拟合多段线，即转化为由圆弧连接每对顶点的平滑曲线。转化后的曲线会经过多段线的所有顶点，如图 3-43（a）所示的多段线，其拟合效果如图 3-46（b）所示。
- 样条曲线(S)：用于将多段线用样条曲线拟合，执行该选项后对象仍然为多段线对象，其编辑效果如图 3-46（c）所示。

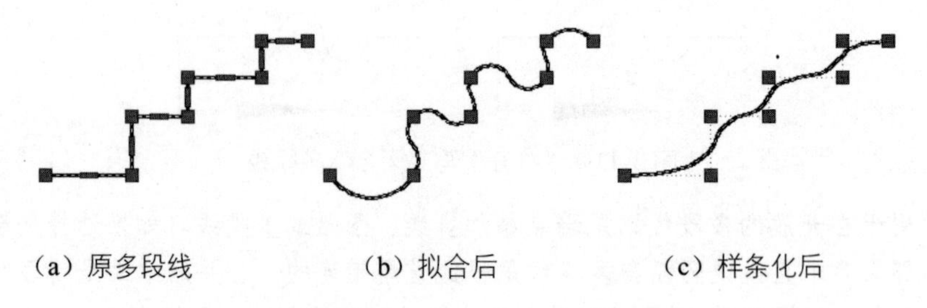

（a）原多段线　　（b）拟合后　　（c）样条化后

图 3-46　多段线的“拟合”与“样条曲线化”

- 非曲线化(D)：删除由拟合曲线或样条曲线插入的多余顶点，拉直多段线的所有线段。
- 线型生成(L)：用于生成经过多段线顶点的连续图案线型。选择该选项后，命令行将提示“输入多段线线型生成选项 [开(ON)/关(OFF)] <关>:”，输入 on 或 off 选项，可打开或关闭。关闭此选项，将在每个顶点处以点划线开始和结束生成线型。“线型生成”不能用于带变宽线段的多段线。
- 放弃(U)：还原操作，每选择一次“放弃(U)”选项，则取消上一次的编辑操作，可以一直返回到编辑任务开始时的状态。

3.6.3　实例——绘制和编辑多段线

使用多线命令和编辑多线命令绘制如图 3-47 所示的标识方向箭头。

01 单击“常用”选项卡→“绘图”面板→“直线”按钮，命令行提示“命令: _line 指定第一点:”，此时用鼠标在绘图区中任意指定一点。

02 命令行提示“指定下一点或 [放弃(U)]:”，向下垂直移动鼠标，在命令行输入 15 并按 Enter 键。

03 命令行提示“指定下一点或 [放弃(U)]:”，单击鼠标右键，在弹出的快捷菜单中选择“确定”命令，结束直线段的绘制。

04 单击“常用”选项卡→“绘图”面板→“多段线”按钮，命令提示“指定起点:”，此时鼠标捕捉直线段的下端点。

05 命令行提示“指定下一个点或 [圆弧(A)/半宽(H)/长度(L)/放弃(U)/宽度(W)]:”，输入 w，选择“宽度(W)”选项并按 Enter 键。

06 命令行提示“指定起点宽度<0.0000>:”时，输入 2 并按 Enter 键，随后命令行提示“指定端点宽度<2.0000>:”，直接按 Enter 键。

07 命令提示“指定下一个点或 [圆弧(A)/半宽(H)/长度(L)/放弃(U)/宽度(W)]:”，在命令行输入 30 并按 Enter 键。

08 命令行提示“指定下一点或 [圆弧(A)/闭合(C)/半宽(H)/长度(L)/放弃(U)/宽度(W)]:”，输入 w，选择“宽度(W)”选项并按 Enter 键。

09 命令行提示“指定起点宽度<2.0000>:”时，输入 8 并按 Enter 键，随后命令行提示“指定端点宽度<8.0000>:”，输入 0 并按 Enter 键。

10 命令行提示“指定下一点或 [圆弧(A)/闭合(C)/半宽(H)/长度(L)/放弃(U)/宽度(W)]:”，在命令行输入 30 并按 Enter 键。

11 命令行提示“指定下一点或 [圆弧(A)/闭合(C)/半宽(H)/长度(L)/放弃(U)/宽度(W)]:”，单击鼠标右键，选择“确定”命令，结束多段线的绘制，效果如图 3-48 所示。

12 开始编辑多段线。选择菜单栏中的“修改”→“对象”→“多段线”命令。

13 命令行提示“命令: _pedit 选择多段线或 [多条(M)]:”时，利用鼠标选择刚刚绘制的多段线。

14 命令行提示“输入选项 [闭合(C)/合并(J)/宽度(W)/编辑顶点(E)/拟合(F)/样条曲线(S)/非曲线化(D)/线型生成(L)/反转(R)/放弃(U)]:”时，输入 J，选择合并选项，按 Enter 键。

15 命令行提示“选择对象:”时，利用鼠标选择刚才绘制的直线段，按 Enter 键。

16 命令行提示“输入选项 [闭合(C)/合并(J)/宽度(W)/编辑顶点(E)/拟合(F)/样条曲线(S)/非曲线化(D)/线型生成(L)/反转(R)/放弃(U)]:”时，直接按 Enter 键，结束标识方向箭头的绘制。

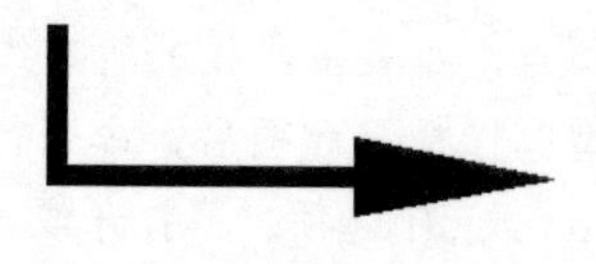

图 3-47　标识方向箭头

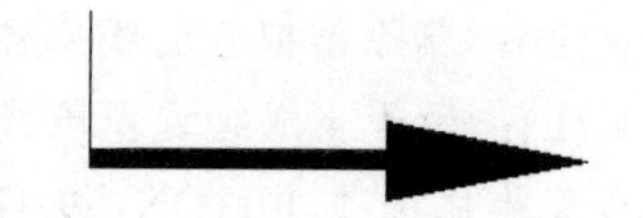

图 3-48　绘制的直线段和多段线

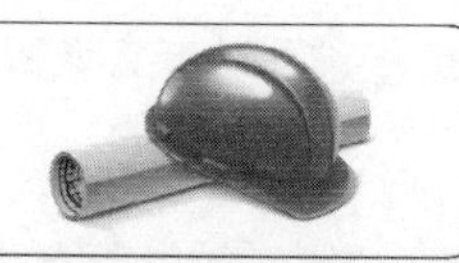

3.7 样条曲线

样条曲线是经过或接近一系列指定点的光滑曲线。在 AutoCAD 2012 中，就是通过指定一系列点来绘制样条曲线。指定的点不一定在绘制的样条曲线上，而是根据设定的拟合公差分布在样条曲线附近。样条曲线主要用于切断线、波浪线等。

3.7.1 绘制样条曲线

在 AutoCAD 2012 中，可通过以下 4 种方式执行绘制样条曲线操作。

- 功能区：单击“常用”选项卡→“绘图”面板→“样条曲线拟合点”按钮或者“样条曲线控制点”。
- 经典模式：选择菜单栏中的“绘图”→“样条曲线”→“拟合点/控制点“命令。
- 经典模式：单击“绘图”工具栏的“样条曲线”按钮。
- 运行命令：SPLINE。

执行绘制样条曲线操作后，命令行提示：

```
指定第一个点或 [方式(M)/节点(K)/对象 (O)]:
```

此时可利用鼠标拾取或输入起点坐标指定样条曲线的第一个点，“对象(O)”选项用于将多段线转换为等价的样条曲线。指定第一点之后，与绘制直线操作一样，命令行不断提示指定下一点：

```
指定下一点:
指定下一点或 [起点切向(T)/公差(L)]:
```

此时可指定下一点或输入 L，选择“拟合公差(L)”选项指定样条曲线的拟合公差。公差值必须为 0 或正值，如果公差设置为 0，则样条曲线通过拟合点，如图 3-49（a）所示。输入大于 0 的公差，将使样条曲线在指定的公差范围内通过拟合点，如图 3-49（b）所示。所有的点均指定完毕，可按 Enter 键结束命令。

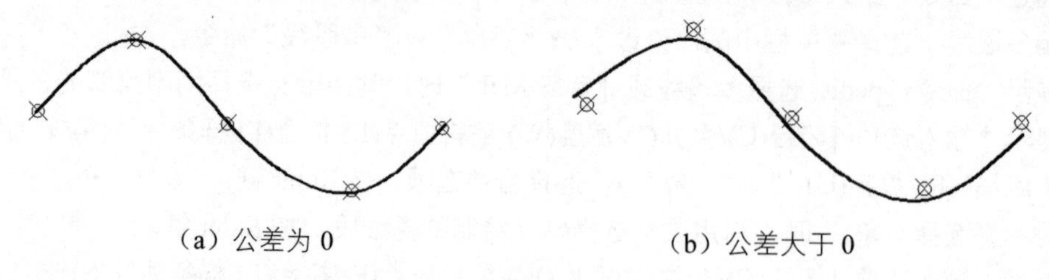

（a）公差为 0　　（b）公差大于 0

图 3-49　零公差与正公差

3.7.2　实例——绘制样条曲线

绘制如图 3-50 所示的轴线上的剖切线。

01 单击“常用”选项卡→“绘图”面板→“样条曲线拟合点”按钮。

02 在命令行提示“指定第一个点或 [方式(M)/节点(K)/对象(O)]:”时，依次指定图 3-50 中的 A、B、C、D、E 点。

03 按 Enter 键结束命令。

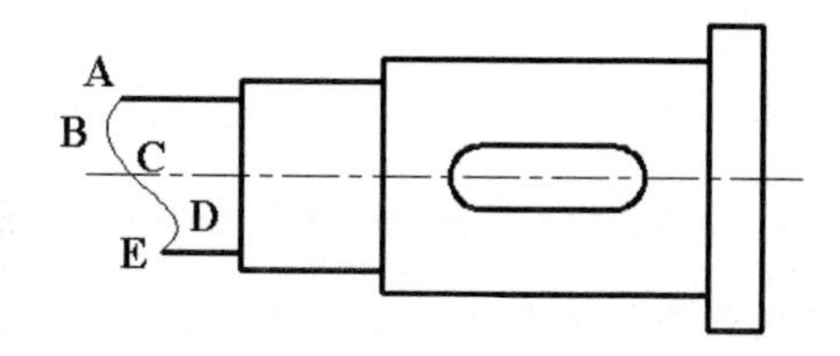

图 3-50　绘制样条曲线实例

3.7.3　编辑样条曲线

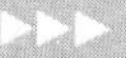

与多线、多段线一样，AutoCAD 2012 也提供了专门的编辑样条曲线的工具，其执行方式也有以下 4 种。

- 功能区：单击“常用”选项卡→“修改”面板→“编辑样条曲线”按钮。
- 经典模式：选择菜单栏中的“修改”→“对象”→“样条曲线”命令。
- 经典模式：单击“修改 II”工具栏中的“编辑样条曲线”按钮。
- 运行命令：SPLINEDIT。

执行编辑样条曲线操作后，命令行提示：

```
选择样条曲线:
```

选择要编辑的样条曲线，此时可选择样条曲线对象或样条曲线拟合多段线，选择后夹点将出现在控制点上。命令行继续提示：

```
输入选项 [闭合(C)/合并(J)/拟合数据(F)/编辑顶点(E)/转换为多段线(P)/反转(R)/放弃(U)/退出(X)]:
```

此时可输入对应的字母选择编辑工具，各个选项的功能如下。

- 闭合(C)：用于闭合开放的样条曲线。如果选定的样条曲线为闭合，则“闭合”选项将由“打开”选项替换。
- 合并(J)：用于将样条曲线的首尾相连。
- 拟合数据(F)：用于编辑样条曲线的拟合数据。拟合数据包括所有的拟合点、拟合公差及绘制样条曲线时与之相关联的切线。选择该选项后，命令行将提示：

```
输入拟合数据选项
[添加(A)/打开(O)/删除(D)/扭折(K)/移动(M)/清理(P)/相切(T)/公差(L)/退出(X)]
<退出>:
```

对应的选项表示各个拟合数据编辑工具，它们的功能如下。

- 添加(A)：用于在样条曲线中增加拟合点。
- 打开(O)：用于打开闭合的样条曲线。如果选定的样条曲线为开放，则“打开”选项将由“闭合”选项替换。样条曲线打开与闭合的编辑效果如图 3-51 所示。

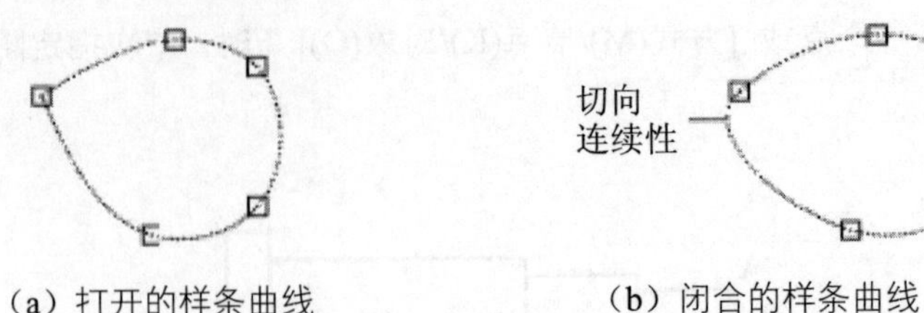

（a）打开的样条曲线　　（b）闭合的样条曲线

图 3-51　打开或闭合样条曲线

- 删除(D)：用于从样条曲线中删除拟合点并用其余点重新拟合样条曲线。
- 移动(M)：用于把指定拟合点移动到新位置。
- 清理(P)：从图形数据库中删除样条曲线的拟合数据。清理样条曲线的拟合数据，运行编辑样条曲线命令后，将不显示“拟合数据(F)”选项。
- 相切(T)：编辑样条曲线的起点和端点切向。
- 公差(L)：为样条曲线指定新的公差值并重新拟合。
- 退出(X)：退出拟合数据编辑，返回到“输入选项 [拟合数据(F)/闭合(C)/移动顶点(M)/精度(R)/反转(E)/放弃(U)]:”。
- 编辑顶点(E)：用于精密调整样条曲线顶点。选择该选项后，命令行将提示：

```
输入顶点编辑选项
[添加(A)/删除(D)/提高阶数(E)/移动(M)/权值(W)/退出(X)] <退出>:
```

顶点编辑包括多个选择工具，它们的功能如下。

- 添加(A)：增加控制部分样条的控制点数。
- 删除(D)：增加样条曲线的控制点。
- 提高阶数(E)：增加样条曲线上控制点的数目。
- 移动(M)：对样条曲线的顶点进行移动。
- 权值(W)：修改不同样条曲线控制点的权值。较大的权值会将样条曲线拉近其控制点。
- 退出(X)：退出顶点编辑。
- 转换为多段线(P)：用于将样条曲线转换为多段线。
- 反转(E)：反转样条曲线的方向。
- 放弃(U)：还原操作，每选择一次“放弃(U)”选项，则取消上一次的编辑操作，可一直返回到编辑任务开始时的状态。

3.8 徒手绘图

修订云线是由连续圆弧组成的多段线。修订云线的绘制过程不像绘制直线那样指定两个点就确定一条直线，或者像圆那样指定圆心或半径，修订云线实际上是用一段段的弧线记录光标走过的轨迹，相当于利用鼠标指针徒手绘图。修订云线主要用于在检查阶段提醒用户注意图形的某个部分。

AutoCAD 2012 中可通过以下 4 种方式执行绘制修订云线的操作。

- 功能区：单击“常用”选项卡→“绘图”面板→“修订云线”按钮。
- 经典模式：选择菜单栏中的“绘图”→“修订云线”命令。
- 经典模式：单击“绘图”工具栏的“修订云线”按钮。
- 运行命令：REVCLOUD。

执行“修订云线”命令后，命令行提示：

```
最小弧长: 15    最大弧长: 15    样式: 普通
指定起点或 [弧长(A)/对象(O)/样式(S)] <对象>:
```

第一行显示当前的修订云线绘制模式。“指定起点”即指定修订云线的起点，表示开始绘制修订云线。中括号中的各个选项用于设置修订云线，其功能如下。

- 弧长(A)：用于指定云线中弧线的最小长度和最大长度。最大弧长不能大于最小弧长的 3 倍。
- 对象(O)：用于将指定对象转换为云线，如图 3-52 所示。

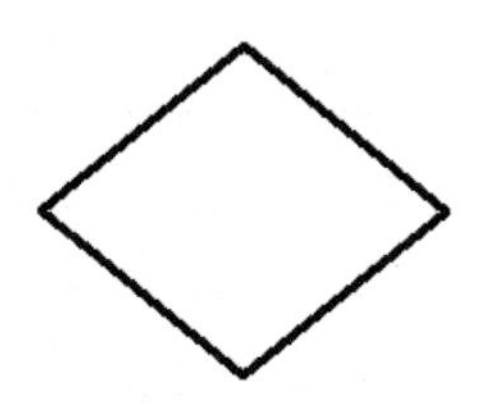

（a）转换前　（b）转换后（不反转方向）　（c）转换后（反转方向）

图 3-52　将对象转换为修订云线

- 样式(S)：用于设置修订云线的样式，可选择“普通(N)”或“手绘(C)”模式，其中“手绘(C)”模式的绘制效果更像画笔，如图 3-53（b）所示。

指定起点后，命令行提示“沿云线路径引导十字光标...”，移动鼠标就在绘图区显示鼠标所经过的轨迹。按 Enter 键完成修订云线的绘制，命令行提示“反转方向 [是(Y)/否(N)] <否>:”，表示是否将组成修订云线的小圆弧的方向反转，默认为不反转，其效果如图 5-53（c）所示；按 Esc 键取消所绘制的修订云线。

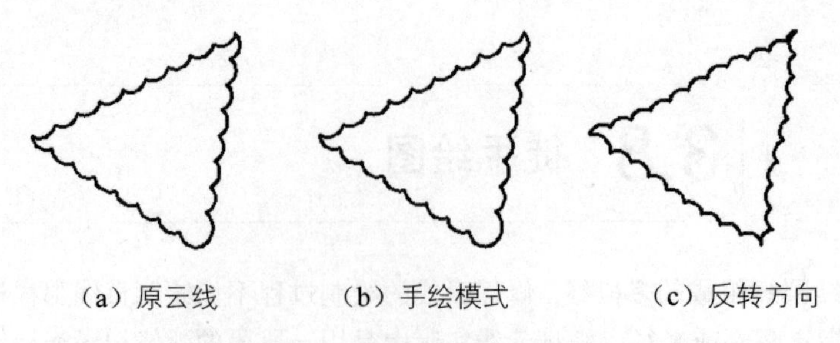

图 3-53　修订云线的反转方向

3.9 二维平面图形实例一

使用直线、圆、圆弧命令绘制如图 3-54 所示的装配板。

01 单击“常用”选项卡→“图层”面板→“图层特性”按钮，系统弹出“图层特性管理器”对话框，选择“轮廓线”为当前默认层。

02 单击“常用”选项卡→“绘图”面板→“圆”按钮，命令行提示“指定圆的圆心或 [三点(3P)/两点(2P)/切点、切点、半径(T)]:”，此时利用鼠标在绘图区中任意捕捉一点作为圆心。

03 命令行提示“指定圆的半径或 [直径(D)] <20.0000>:”，在命令行中输入 d 并按 Enter 键。

04 命令行提示“指定圆的直径 <40.0000>:”，在命令行中输入 24 并按 Enter 键，如图 3-55 所示。

05 按 Enter 键，命令行提示“指定圆的圆心或 [三点(3P)/两点(2P)/切点、切点、半径(T)]:，捕捉上一步绘制圆的圆心。

对象捕捉可以使用工具栏或 Shift+右键进行临时对象捕捉，也可以设置进行自动捕捉。

06 命令行提示“指定圆的半径或 [直径(D)] <12.0000>:”，在命令行中输入 d 并按 Enter 键。

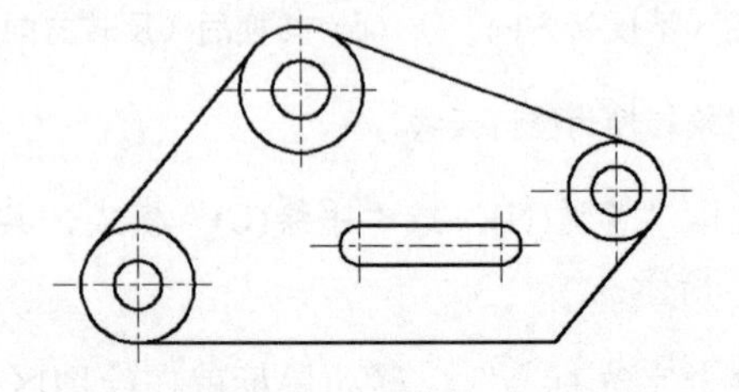

图 3-54　装配板

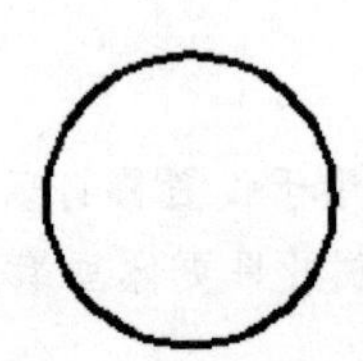

图 3-55　绘制圆 1

07 命令行提示“指定圆的直径 <40.0000>:”，在命令行中输入 10 并按 Enter 键，如图 3-56 所示。

08 单击“常用”选项卡→“图层”面板→“图层特性”按钮，系统弹出“图层特性管理器”对话框，选择“中心线”为当前默认层。

09 单击“常用”选项卡→“绘图”面板→“直线”按钮，命令行提示“指定第一点:”，此时利用鼠标捕捉圆心延长线左边的一点。

10 命令行提示“指定下一点或 [放弃(U)]:”，此时使用鼠标捕捉圆心延长线右边的一点并按 Enter 键。

11 单击“常用”选项卡→“绘图”面板→“直线”按钮，命令行提示“指定第一点:”，此时利用鼠标捕捉圆心延长线上边的一点。

12 命令行提示“指定下一点或 [放弃(U)]:”，此时利用鼠标捕捉圆心延长线下边的一点并按 Enter 键，如图 3-57 所示。

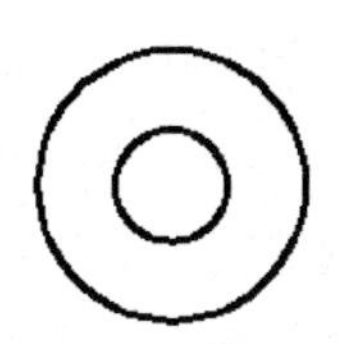

图 3-56　绘制圆 2

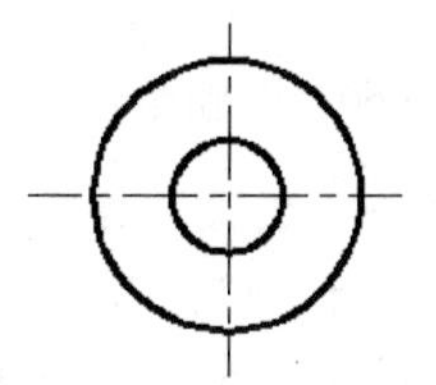

图 3-57　绘制中心线

13 单击“常用”选项卡→“修改”面板→“复制”按钮，命令行提示“选择对象:”，此时利用鼠标选择上一步绘制的中心线并按 Enter 键。

14 命令行提示“指定基点或 [位移(D)/模式(O)] <位移>:”，此时利用鼠标捕捉中心线交点作为基点并按 Enter 键。

15 命令行提示“指定第二个点或 <使用第一个点作为位移>:”，在命令行中输入@35,40 并按 Enter 键，如图 3-58 所示。

16 按 Enter 键，命令行提示“选择对象:”，此时利用鼠标选择上一步生成的中心线并按 Enter 键。

17 命令行提示“指定基点或 [位移(D)/模式(O)] <位移>:”，此时利用鼠标捕捉中心线交点作为基点并按 Enter 键。

18 命令行提示“指定第二个点或 <使用第一个点作为位移>:”，在命令行中输入@66,-21 并按 Enter 键，如图 3-59 所示。

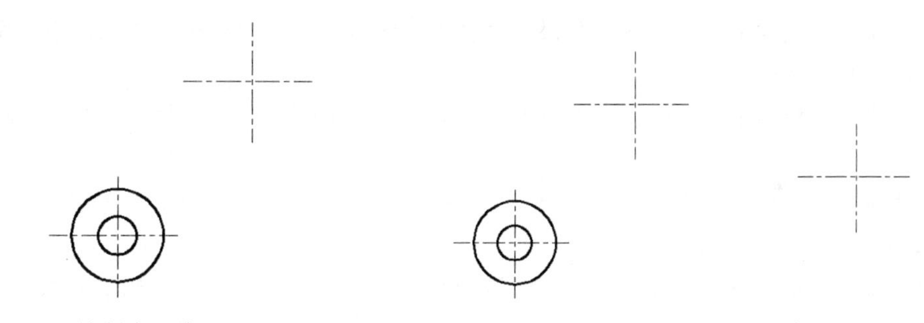

图 3-58　绘制中心线 2

图 3-59　绘制中心线 3

19 单击“常用”选项卡→“绘图”面板→“圆”按钮，命令行提示“指定圆的圆心或 [三点(3P)/两点(2P)/切点、切点、半径(T)]:”，此时利用鼠标在绘图区中捕捉上边中心线的交点作为圆心。

20 命令行提示“指定圆的半径或 [直径(D)] <5.0000>:”，在命令行中输入 d 并按 Enter 键。

21 命令行提示“指定圆的直径 <40.0000>:”，在命令行中输入 26 并按 Enter 键，如图 3-60 所示。

22 按 Enter 键，命令行提示“指定圆的圆心或 [三点(3P)/两点(2P)/切点、切点、半径(T)]:，捕捉上一步绘制圆的圆心。

23 命令行提示“指定圆的半径或 [直径(D)] <13.0000>:”，在命令行中输入 d 并按 Enter 键。

24 命令行提示“指定圆的直径 <26.0000>:”，在命令行中输入 12 并按 Enter 键，如图 3-61 所示。

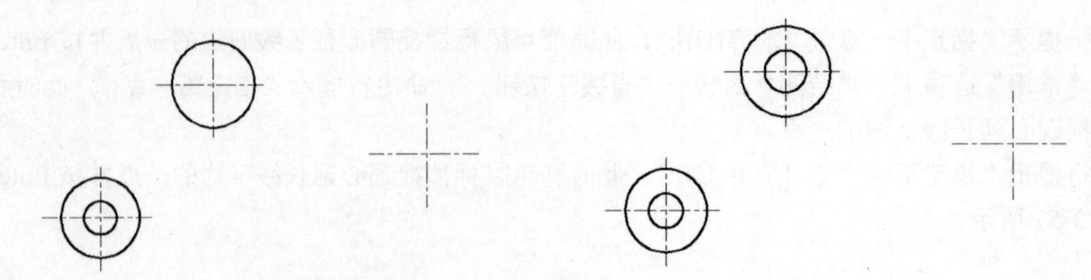

图 3-60　绘制圆 3　　　　图 3-61　绘制圆 4

25 单击“常用”选项卡→“绘图”面板→“圆”按钮，命令行提示“指定圆的圆心或 [三点(3P)/两点(2P)/切点、切点、半径(T)]:”，此时利用鼠标在绘图区中捕捉上边中心线的交点作为圆心。

26 命令行提示“指定圆的半径或 [直径(D)] <6.0000>:”，在命令行中输入 d 并按 Enter 键。

27 命令行提示“指定圆的直径 <12.0000>:”，在命令行中输入 20 并按 Enter 键，如图 3-62 所示。

28 按 Enter 键，命令行提示“指定圆的圆心或 [三点(3P)/两点(2P)/切点、切点、半径(T)]:，捕捉上一步绘制圆的圆心。

29 命令行提示“指定圆的半径或 [直径(D)] <5.0000>:”，在命令行中输入 d 并按 Enter 键。

30 命令行提示“指定圆的直径 <10.0000>:”，在命令行中输入 10 并按 Enter 键，如图 3-63 所示。

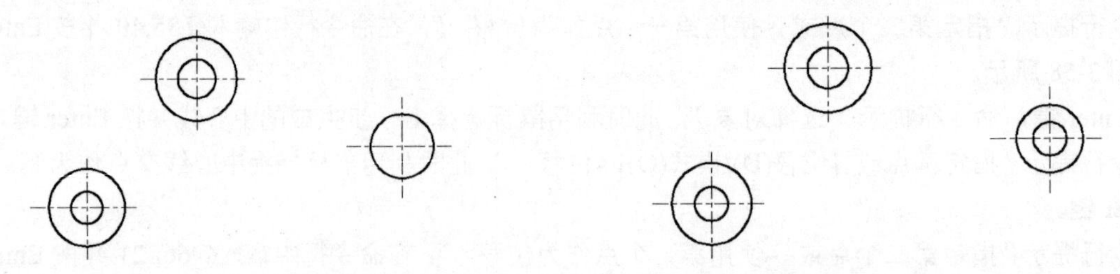

图 3-62　绘制圆 5　　　　图 3-63　绘制圆 6

31 单击“常用”选项卡→“绘图”面板→“直线”按钮，命令行提示“指定第一点:”，此时利用鼠标捕捉左侧外圆周的切点。

32 命令行提示“指定下一点或 [放弃(U)]:”，此时使用鼠标捕捉上边外圆周的切点并按 Enter 键，如图 3-64 所示。

33 单击“常用”选项卡→“绘图”面板→“直线”按钮，命令行提示“指定第一点:”，此时使用鼠标捕捉上边外圆周的切点。

34 命令行提示“指定下一点或 [放弃(U)]:”，此时使用鼠标捕捉右侧外圆周的切点并按 Enter 键，如图 3-65 所示。

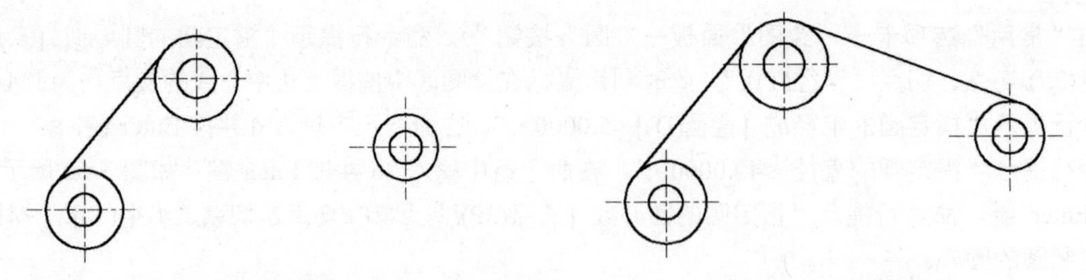

图 3-64　绘制切线 1　　　　图 3-65　绘制切线 2

35 命令行提示“指定下一点或 [放弃(U)]:”，在命令行中输入@88,0 并按 Enter 键。

36 命令行提示“指定下一点或 [放弃(U)]:”，此时使用鼠标捕捉右侧外圆周的切点并按 Enter 键，如图 3-66 所示。

37 单击“常用”选项卡→“绘图”面板→“直线”按钮，命令行提示“指定第一点:”，此时按住 Shift 键+单击鼠标右键，选择“自”。

38 命令行提示“from 基点:”，此时使用鼠标捕捉右侧外圆周的下象限点并按 Enter 键。

39 命令行提示“基点: <偏移>:”，在命令行中输入@47,30 并按 Enter 键。

40 命令行提示“指定下一点或 [放弃(U)]:”，在命令行中输入@30, 0 并按 Enter 键，如图 3-67 所示。

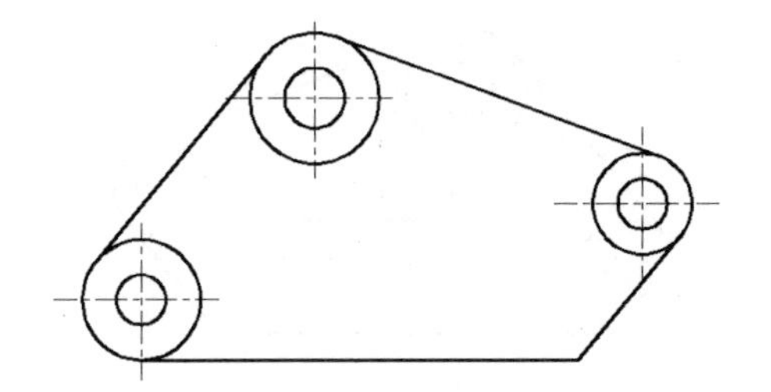

图 3-66　绘制直线 1

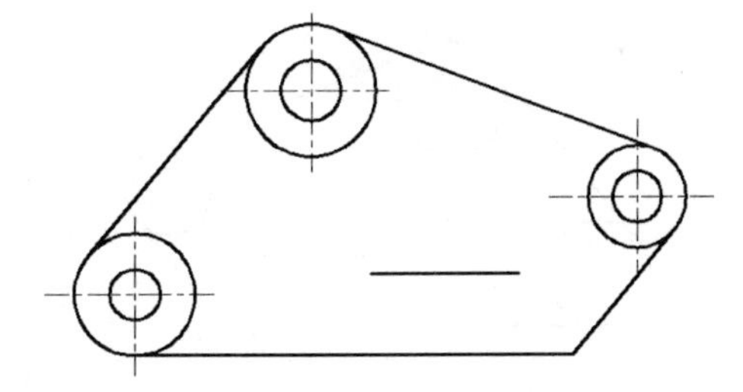

图 3-67　绘制直线 2

41 单击“常用”选项卡→“修改”面板→“复制”按钮，命令行提示“选择对象:”，此时使用鼠标选择上一步绘制的直线并按 Enter 键。

42 命令行提示“指定基点或 [位移(D)/模式(O)] <位移>:”，使用鼠标选择左侧端点并按 Enter 键。

43 命令行提示“指定第二个点或 <使用第一个点作为位移>:”，在命令行中输入@0,8 并按 Enter 键，如图 3-68 所示。

44 按 Enter 键，命令行提示“选择对象:”，此时使用鼠标选择上一步生成的中心线并按 Enter 键。

45 单击“常用”选项卡→“绘图”面板→“圆弧”按钮，命令行提示“指定圆弧的起点或 [圆心(C)]:”，此时使用鼠标捕捉上边直线的左端点并按 Enter 键。

46 命令行提示“指定圆弧的第二个点或 [圆心(C)/端点(E)]:”，在命令行中输入 e 并按 Enter 键。

47 命令行提示“指定圆弧的端点:”，此时使用鼠标捕捉下边直线的左端点并按 Enter 键。

48 命令行提示“指定圆弧的圆心或 [角度(A)/方向(D)/半径(R)]:”，在命令行中输入 r 并按 Enter 键。

49 命令行提示“指定圆弧的半径:”，在命令行中输入 4 并按 Enter 键，如图 3-69 所示。

50 按照上述步骤在右侧端点处绘制圆弧，如图 3-70 所示。

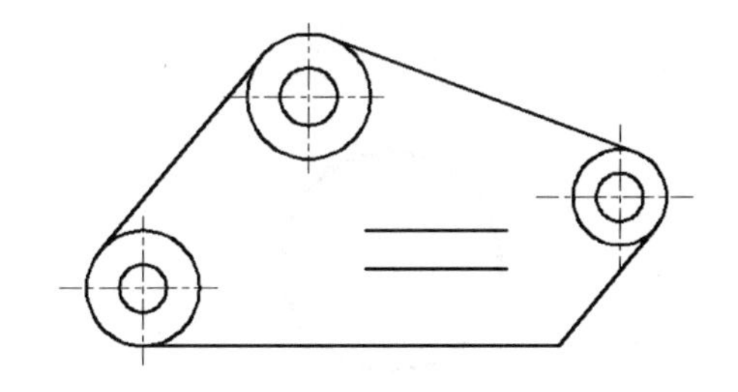

图 3-68　绘制直线 3

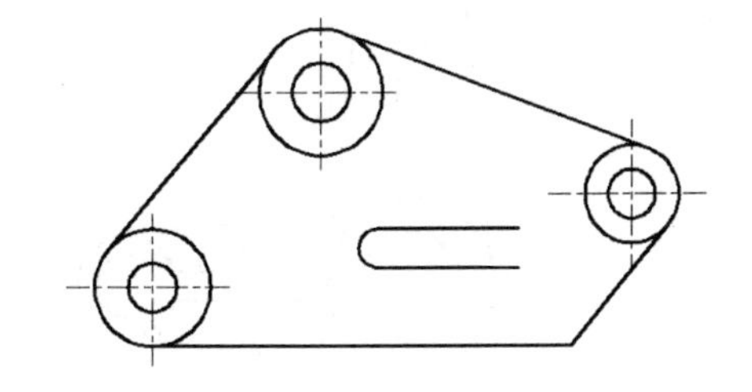

图 3-69　绘制圆弧 1

51 单击“常用”选项卡→“图层”面板→“图层特性”按钮，系统弹出“图层特性管理器”对话框，选择“中心线”为当前默认层。

52 单击“常用”选项卡→“绘图”面板→“直线”按钮，命令行提示“指定第一点:”，此时使用鼠标捕捉圆弧圆心延长线左边的一点。

53 命令行提示“指定下一点或 [放弃(U)]:”，此时使用鼠标捕捉圆弧圆心延长线右边的一点并按 Enter 键。

54 单击“常用”选项卡→“绘图”面板→“直线”按钮，命令行提示“指定第一点:”，此时使用鼠标捕捉左侧圆弧圆心延长线上边的一点。

55 命令行提示“指定下一点或 [放弃(U)]:”，此时使用鼠标捕捉左侧圆弧圆心延长线下边的一点并按 Enter 键。

56 按照上述步骤绘制右侧圆弧中心线，如图 3-71 所示。

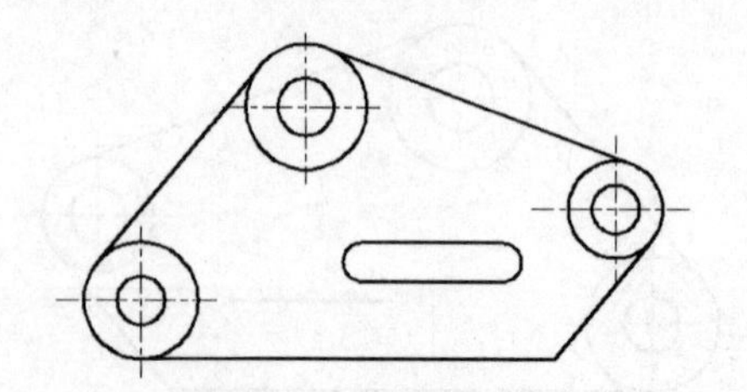

图 3-70 绘制圆弧 2

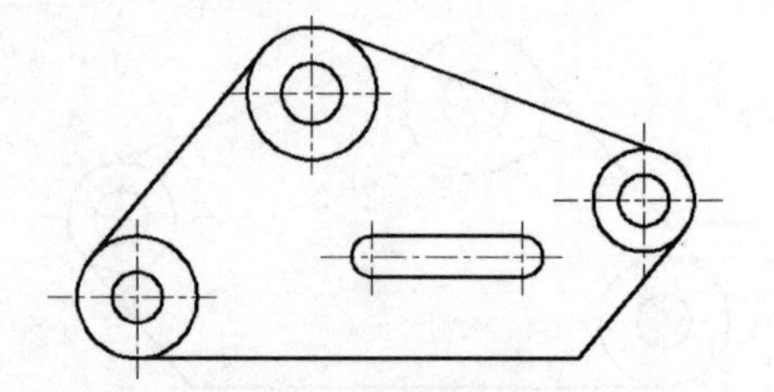

图 3-71 最终效果

3.10 二维平面图形实例二

使用直线、圆、倒角命令绘制如图 3-72 所示的换向器。

01 单击“常用”选项卡→“图层”面板→“图层特性”按钮，系统弹出“图层特性管理器”对话框，选择“轮廓线”为当前默认层。

02 单击“常用”选项卡→“绘图”面板→“圆”按钮，命令行提示“指定圆的圆心或 [三点(3P)/两点(2P)/切点、切点、半径(T)]:”，此时利用鼠标在绘图区中任意捕捉一点作为圆心。

03 命令行提示“指定圆的半径或 [直径(D)] <20.0000>:”，在命令行中输入 d 并按 Enter 键。

04 命令行提示“指定圆的直径 <40.0000>:”，在命令行中输入 31 并按 Enter 键，如图 3-73 所示。

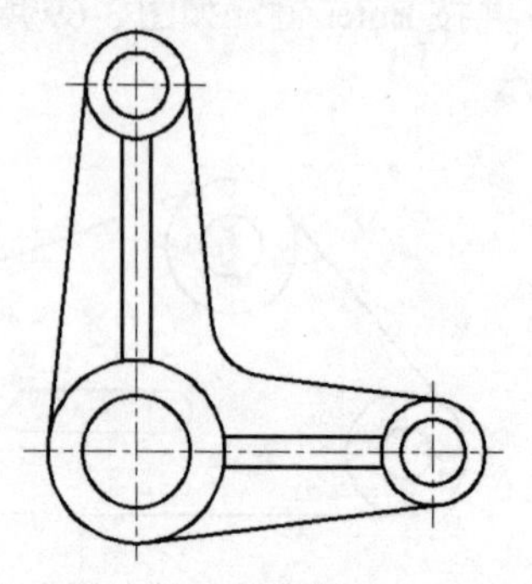

图 3-72 绘制换向器

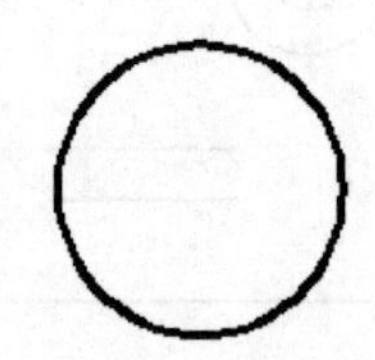

图 3-73 绘制圆 1

05 按 Enter 键，命令行提示“指定圆的圆心或 [三点(3P)/两点(2P)/切点、切点、半径(T)]:”，捕捉上一步绘制圆的圆心。

06 命令行提示“指定圆的半径或 [直径(D)] <31.0000>:”，在命令行中输入 d 并按 Enter 键。

07 命令行提示“指定圆的直径 <62.0000>:”，在命令行中输入 19 并按 Enter 键，如图 3-74 所示。

08 单击“常用”选项卡→“绘图”面板→“圆”按钮，命令行提示“指定圆的圆心或 [三点(3P)/两点(2P)/切点、切点、半径(T)]:”，此时按 Shift 键+单击鼠标右键，选择“自”。

09 命令行提示“_from 基点:，此时利用鼠标捕捉上一步绘制圆的圆心并按 Enter 键。

10 命令行提示“<偏移>:”，在命令行中输入@0,62 并按 Enter 键。

11 命令行提示“指定圆的半径或 [直径(D)] <9.5000>:”，在命令行中输入 d 并按 Enter 键。

12 命令行提示“指定圆的直径 <19.0000>:”，在命令行中输入 18 并按 Enter 键，如图 3-75 所示。

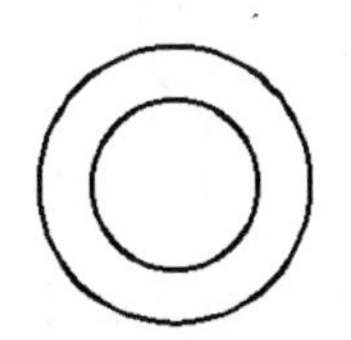

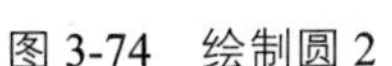

图 3-74　绘制圆 2

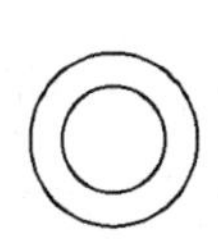

图 3-75　绘制圆 3

13 按 Enter 键，命令行提示“指定圆的圆心或 [三点(3P)/两点(2P)/切点、切点、半径(T)]:，捕捉上一步绘制圆的圆心。

14 命令行提示“指定圆的半径或 [直径(D)] <9.0000>:”，在命令行中输入 d 并按 Enter 键。

15 命令行提示“指定圆的直径 <18.0000>:”，在命令行中输入 8 并按 Enter 键，如图 3-76 所示。

16 按 Enter 键，命令行提示“指定圆的圆心或 [三点(3P)/两点(2P)/切点、切点、半径(T)]:，捕捉上一步绘制圆的圆心。

17 命令行提示“_from 基点:，此时利用鼠标捕捉步骤 07 绘制圆的圆心并按 Enter 键。

18 命令行提示“<偏移>:”，在命令行中输入@52,0 并按 Enter 键。

19 命令行提示“指定圆的半径或 [直径(D)] <4.0000>:”，在命令行中输入 d 并按 Enter 键。

20 命令行提示“指定圆的直径 <8.0000>:”，在命令行中输入 18 并按 Enter 键，如图 3-77 所示。

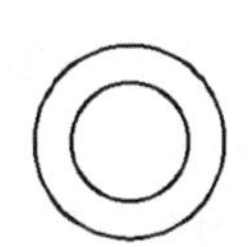

图 3-76　绘制圆 4

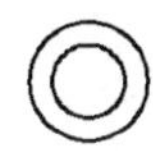

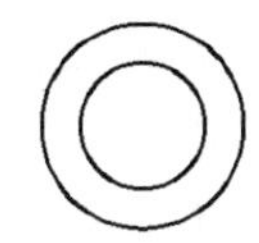

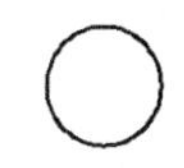

图 3-77　绘制圆 5

21 按 Enter 键，命令行提示“指定圆的圆心或 [三点(3P)/两点(2P)/切点、切点、半径(T)]:，捕捉上一步绘制圆的圆心。

22 命令行提示“指定圆的半径或 [直径(D)] <18.0000>:”，在命令行中输入 d 并按 Enter 键。

23 命令行提示“指定圆的直径 <9.0000>:”，在命令行中输入 8 并按 Enter 键，如图 3-78 所示。

24 单击“常用”选项卡→“绘图”面板→“直线”按钮，命令行提示“指定第一点:”，此时使用鼠标捕捉下边外圆周的切点。

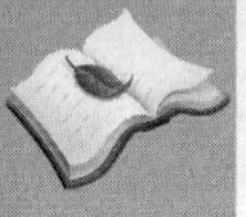

25 命令行提示“指定下一点或 [放弃(U)]:”，此时使用鼠标捕捉上边外圆周的切点并按 Enter 键，如图 3-79 所示。

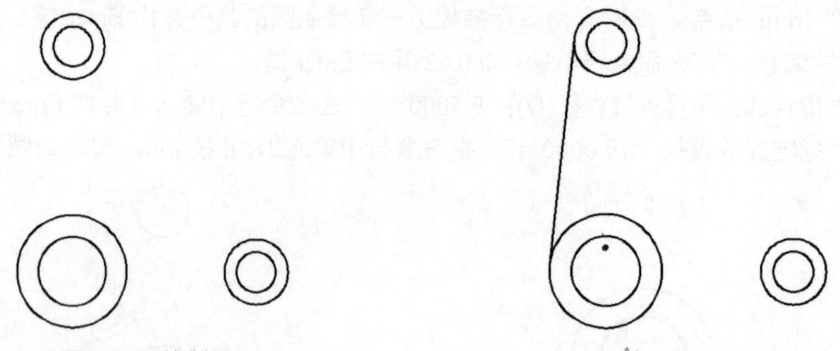

图 3-78　绘制圆 6　　　　图 3-79　绘制切线 1

26 按 Enter 键，命令行提示“指定第一点:”，此时使用鼠标捕捉上边外圆周的切点。

27 命令行提示“指定下一点或 [放弃(U)]:”，此时使用鼠标捕捉下边外圆周的切点并按 Enter 键，如图 3-80 所示。

28 按 Enter 键，命令行提示“指定第一点:”，此时使用鼠标捕捉下边外圆周的切点。

29 命令行提示“指定下一点或 [放弃(U)]:”，此时使用鼠标捕捉右侧外圆周的切点并按 Enter 键。

30 按 Enter 键，命令行提示“指定第一点:”，此时使用鼠标捕捉下边外圆周的切点。

31 命令行提示“指定下一点或 [放弃(U)]:”，此时使用鼠标捕捉右侧外圆周的切点并按 Enter 键，如图 3-81 所示。

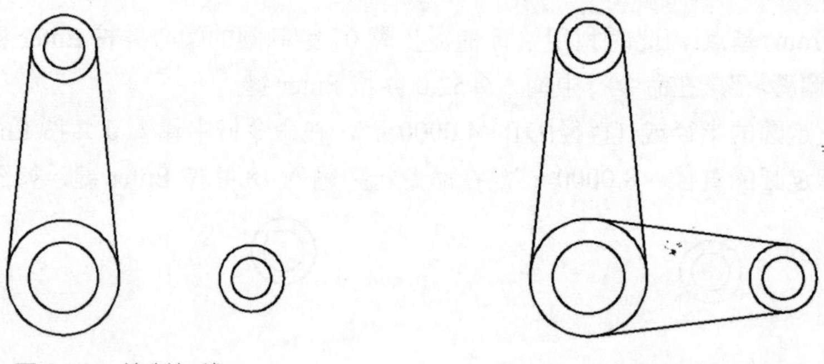

图 3-80　绘制切线 2　　　　图 3-81　绘制切线 3 和切线 4

32 单击“常用”选项卡→“修改”面板→“圆角”按钮，命令行提示“选择第一个对象或 [放弃(U)/多段线(P)/半径(R)/修剪(T)/多个(M)]:”，在命令行中输入 r 并按 Enter 键。

33 命令行提示“指定圆角半径 <0.0000>:”，在命令行中输入 10 并按 Enter 键。

34 命令行提示“选择第一个对象或 [放弃(U)/多段线(P)/半径(R)/修剪(T)/多个(M)]:”，此时使用鼠标选择上一步生成的两条切线并按 Enter 键，如图 3-82 所示。

35 单击“常用”选项卡→“图层”面板→“图层特性”按钮，系统弹出“图层特性管理器”对话框，选择“中心线”为当前默认层。

36 单击“常用”选项卡→“绘图”面板→“直线”按钮，命令行提示“指定第一点:”，此时使用鼠标捕捉左下圆心水平延长线左边的一点。

37 命令行提示“指定下一点或 [放弃(U)]:”，此时使用鼠标捕捉右侧圆心水平延长线右边的一点并按 Enter 键。

38 单击“常用”选项卡→“绘图”面板→“直线”按钮，命令行提示“指定第一点:”，此时使用鼠标捕捉上边圆心竖直延长线上边的一点。

39 命令行提示“指定下一点或 [放弃(U)]:”，此时使用鼠标捕捉左下圆心延长线下边的一点并按 Enter 键，如图 3-83 所示。

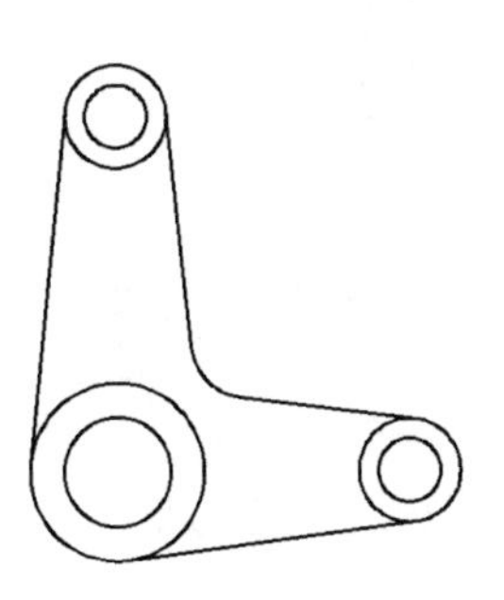
图 3-82　绘制圆角

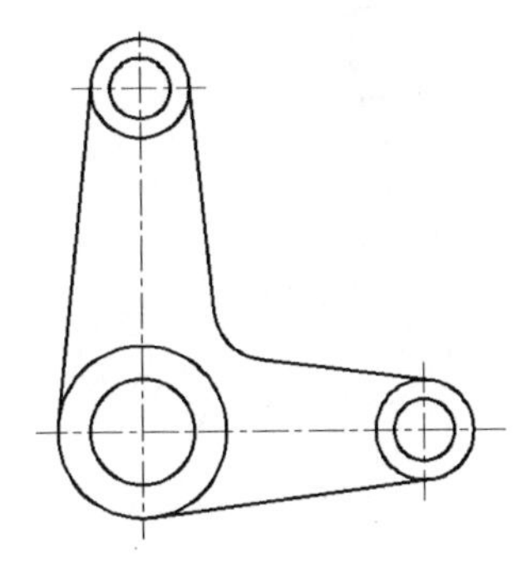
图 3-83　绘制中心线

40 单击“常用”选项卡→“图层”面板→“图层特性”按钮，系统弹出“图层特性管理器”对话框，选择“轮廓线”为当前默认层。

41 单击“常用”选项卡→“绘图”面板→“直线”按钮，命令行提示“指定第一点:”，此时按住 Shift 键+单击鼠标右键，选择“自”。

42 命令行提示“from 基点:”，此时使用鼠标捕捉左下圆周的圆心并按 Enter 键。

43 命令行提示“基点: <偏移>:”，在命令行中输入@2.5, 0 并按 Enter 键。

44 命令行提示“指定下一点或 [放弃(U)]:”，此时竖直向上移动鼠标，捕捉直线与上边外圆周的交点作为终点，如图 3-84 所示。

45 单击“常用”选项卡→“绘图”面板→“直线”按钮，命令行提示“指定第一点:”，此时按住 Shift 键+单击鼠标右键，选择“自”。

46 命令行提示“from 基点:”，此时使用鼠标捕捉左下圆周的圆心并按 Enter 键。

47 命令行提示“基点: <偏移>:”，在命令行中输入@-2.5, 0 并按 Enter 键。

48 命令行提示“指定下一点或 [放弃(U)]:”，此时竖直向上移动鼠标，捕捉直线与上边外圆周的交点作为终点，如图 3-85 所示。

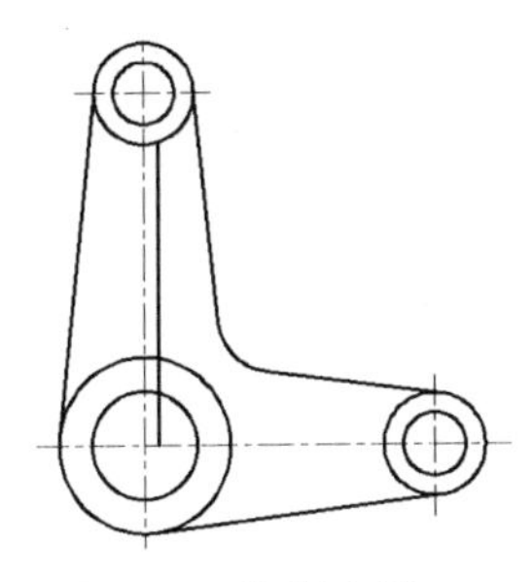
图 3-84　绘制直线 1

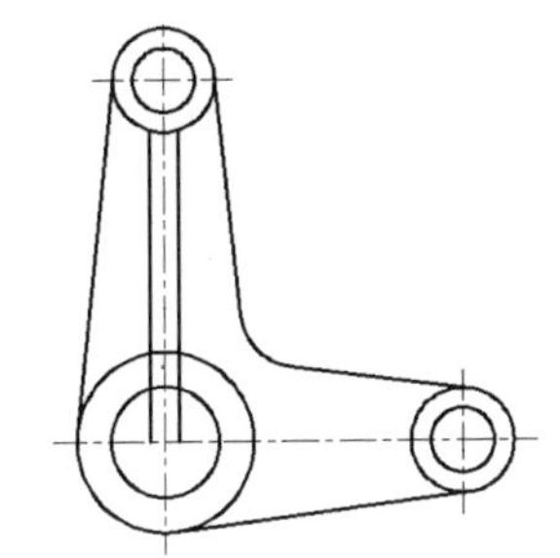
图 3-85　绘制直线 2

49 单击“常用”选项卡→“修改”面板→“修剪”按钮，命令行提示“选择对象:”，此时使用鼠标选择左下外圆周并按 Enter 键。

50 命令行提示“选择要修剪的对象，或按住 Shift 键选择要延伸的对象，或[栏选(F)/窗交(C)/投影(P)/

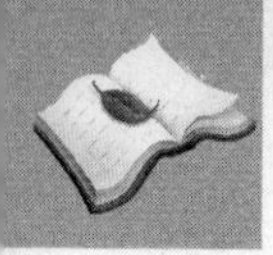

边(E)/删除(R)/放弃(U)]:”，此时使用鼠标选择两条直线在外圆周之内的部分并按 Enter 键，如图 3-86 所示。

51 按照上述步骤绘制水平直线，结果如图 3-87 所示。

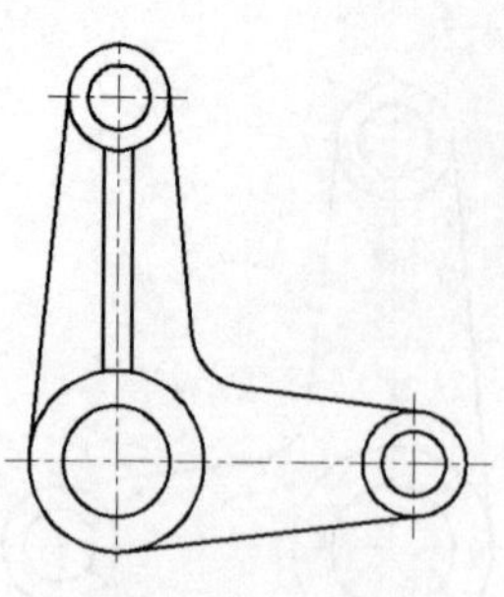

图 3-86　直线剪裁

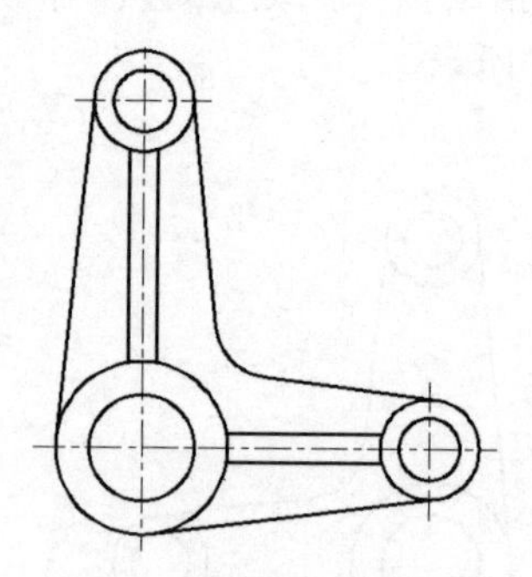

图 3-87　最终效果

3.11 知识回顾

本章主要介绍了如何创建直线、圆、椭圆、多边形等基本几何对象，并提供了一系列绘图实例供读者实战练习。

在 AutoCAD 中创建基本的几何对象是很简单的，但要真正地掌握 AutoCAD，需要将这些命令组合起来灵活地、准确地创建各种复杂图形。要达到这个目的，方法之一就是将单个命令与具体练习相结合，从练习过程中去巩固已学习的命令及体会作图的方法，只有这样才能全面、深入地掌握 AutoCAD。

第4章

选择并编辑图形对象

前面介绍了如何绘制简单的图形对象。如果要对所绘制的图形进行修改或删除，或者绘制较为复杂的图形时，我们还要借助图形编辑工具。对于一张图纸来说，编辑操作常常比绘制操作的工作量还多。

AutoCAD 2012 提供了强大的图形编辑工具，这些工具不仅能够修改已有图形元素的属性，还能够通过编辑生成新的对象，提高工作效率。另外，AutoCAD 2012 还提供夹点编辑模式，这就要求先选择对象，再在对象上显示夹点，才能使用夹点编辑模式。

在使用图形编辑工具的过程中，要注意各个编辑工具的适用对象，例如，复制和镜像命令通常是对所有对象都能适应，而倒角或修剪命令就只能针对特定对象。这些均需要在绘图的过程中不断实践，熟悉操作。

学习目标

- 熟悉各种选择图形对象的方法
- 学会使用夹点工具对对象进行编辑
- 熟练使用“修改”菜单和“修改”工具栏对图形对象进行编辑
- 熟练使用“特性”选项板编辑对象特性

4.1 选择对象

对图形对象的编辑，免不了要选择对象。一张大型图纸的对象成千上万，怎样在这些对象中找到并选择出要编辑的对象呢？这就需要借助 AutoCAD 2012 选择对象的工具或命令。

4.1.1 使用鼠标单击或矩形窗口选择

AutoCAD 2012 中最简单、最快捷的选择对象方法是使用鼠标单击，如图 4-1 所示，被选择的对象的组合叫做选择集。在无命令执行的状态下，对象选择后会显示其夹点。如果是执行命令过程中提示选择对象，此时光标显示为方框形状“□”，被选择的对象则亮显。

将光标置于对象上时，将亮显对象，单击则选择该对象。当某处对象排列比较密集或有重叠的对象时，可按住 Shift+Space 组合键在该处单击鼠标，以循环亮显在此处的对象，当切换到要选择的对象时，按 Enter 键即可选择。

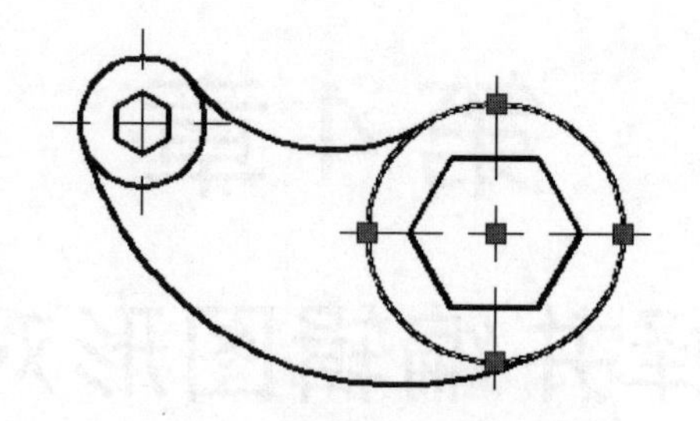

图 4-1 鼠标单击选择对象

如要一次选择多个对象，可按住鼠标左键不放并拖动鼠标，此时将显示一个蓝色或绿色的矩形窗口，在另一处释放鼠标左键后，将选择窗口内的对象。

用矩形窗口选择对象的时候，如果矩形窗口的角点是按从左到右的顺序构造的，那么矩形窗口将显示为蓝色，此时选择全部在矩形内部的对象，即只有对象全部都包含在矩形窗口中才会被选中，而不会选中只有一部分在矩形窗口中的对象；如果矩形窗口的角点是按从右到左的顺序构造的，则矩形窗口显示为绿色，此时选择与矩形窗口相交的对象，即不管对象是全部在窗口中还是只有一部分在窗口中，均会被选中。

例如，在图 4-2 中，同样是如图 4-2（a）所示的矩形窗口，如果先指定 A 点，按住鼠标不放，在 B 点处释放鼠标，那么选择的对象如图 4-2（b）所示。如果先指定 B 点，按住鼠标不放，在 A 点处释放鼠标，那么选择的对象如图 4-2（c）所示。

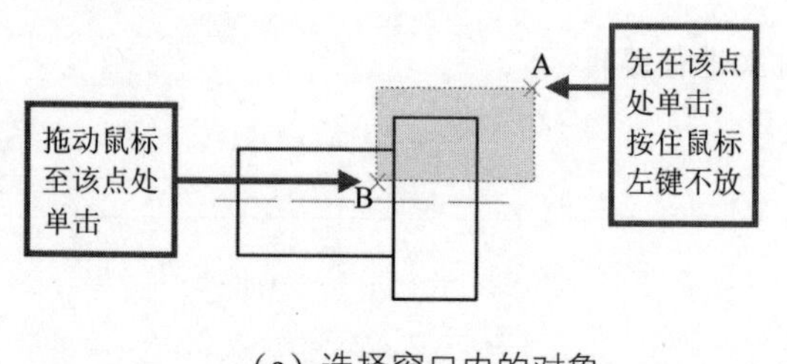

（a）选择窗口内的对象

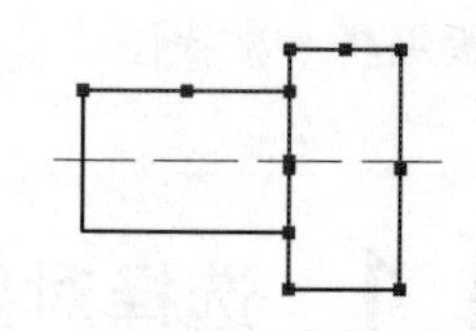

（b）从右向左选择对象

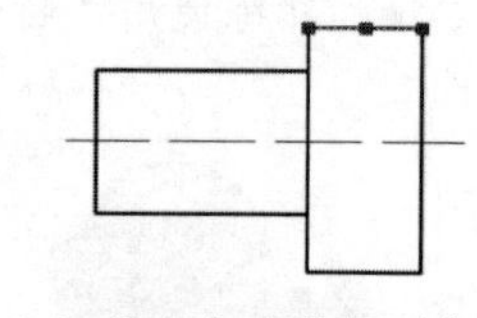

（c）从左向右选择对象

图 4-2 用矩形窗口选择对象

选择“工具”→“选项”命令，在弹出的“选项”对话框中，切换到“选择集”选项卡，可设置拾取框的大小，还可以设置与选择对象相关的选项。

4.1.2 快速选择

通过鼠标单击和构造矩形窗口选择对象是最简单，也是最快捷的。此外，AutoCAD 2012 也可以根据对象的类型和特性来选择对象。例如，只选择图形中所有红色的圆而不选择其他对象，或者选择除红色圆以外的所有其他对象。

使用“快速选择”功能可以根据指定的过滤条件快速定义选择集。如图 4-3 所示为“快速选择”对话框。AutoCAD 2012 中打开“快速选择”对话框的方法有如下 3 种。

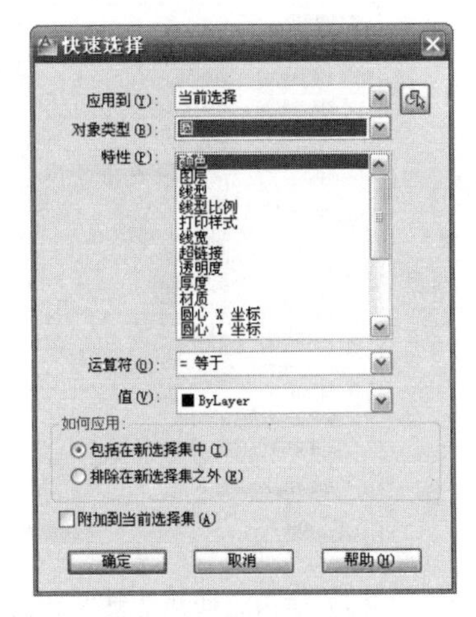

图 4-3　“快速选择”对话框

- 功能区：单击“常用”选项卡→“实用工具”面板→“快速选择”按钮。
- 经典模式：选择菜单栏中的“工具”→“快速选择”命令。
- 运行命令：QSELECT。

“快速选择”对话框中各选项的功能如下。

- “应用到”下拉列表框：用于选择过滤条件的应用范围。如果没有选择任何对象，则应用范围默认为“整个图形”，即在整个图形中应用过滤条件；如果选择了一定量的对象，则应用范围默认为“当前选择”，即在当前选择集中应用过滤条件，过滤后的对象必然为当前选择集中的对象。也可单击“选择对象”按钮来选择要对其应用过滤条件的对象。
- “对象类型”下拉列表框：用于指定要包含在过滤条件中的对象类型。如果过滤条件应用于整个图形，则“对象类型”下拉列表框包含全部的对象类型，包括自定义。否则，该列表只包含选定对象的对象类型。
- “特性”列表框：用于列出被选中对象类型的特性，单击其中的某个特性可指定过滤器的对象特性。
- “运算符”下拉列表框：用于控制过滤器中针对对象特性的运算，选项包括“等于”、“不等于”、“大于”和“小于”等。
- “值”下拉列表框：用于指定过滤器的特性值。“特性”、“运算符”和“值”这 3 个下拉列表框是联合使用的。
- “如何应用”选项组：该区域用于指定是将符合给定过滤条件的对象包括在新选择集内还是排除在新选择集之外。选择“包括在新选择集中”单选按钮，将创建其中只包含符合过滤条件的对象的新选择集。选择“排除在新选择集之外”单选按钮，将创建其中只包含不符合过滤条件的对象的新选择集，通过该单选按钮可排除选择集中的指定对象。
- “附加到当前选择集”复选框：用于指定是将创建的新选择集替换还是附加到当前选择集。

4.1.3　实例——选择直线

选择整个图形中所有宽度大于 0.3 的直线。

01 单击“常用”选项卡→“实用工具”面板→“快速选择”按钮，弹出“快速选择”对话框，如图 4-4（a）所示。

02 单击“应用到”下拉列表框，选择“整个图形”选项。

03 单击“对象类型”下拉列表框，选择“直线”选项。

04 在“特性”列表框中选择“线型”选项。

05 单击“值”下拉列表框，选择 CEnter2。最后单击 确定 ，所选择的对象如图 4-4（b）所示。

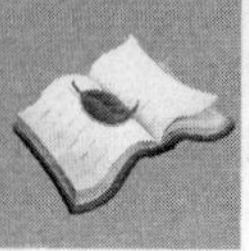

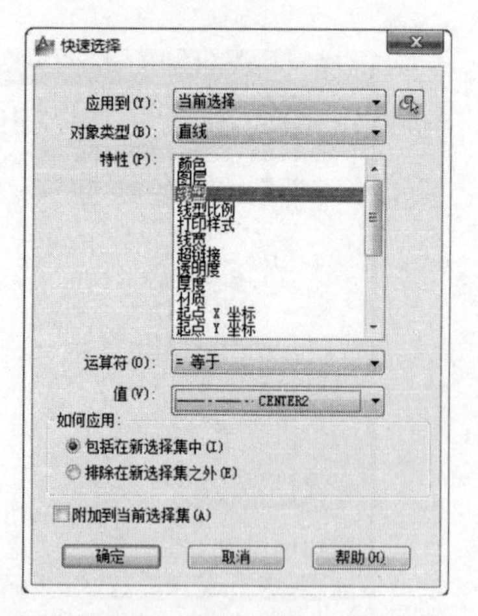

(a) 使用"快速选择"对话框

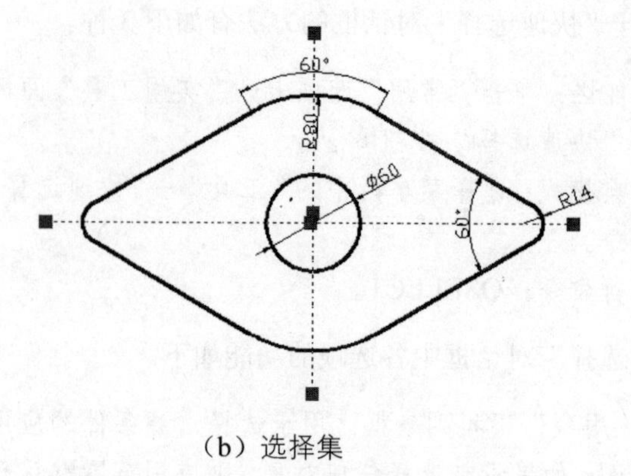

(b) 选择集

图 4-4 使用"快速选择"选择对象

4.1.4 过滤选择

除了"快速选择"之外，AutoCAD 2012 还提供"过滤选择"用于创建一个要求列表，对象必须符合这些要求才能包含在选择集中。"过滤选择"可通过"对象选择过滤器"定义，如图 4-5 所示。

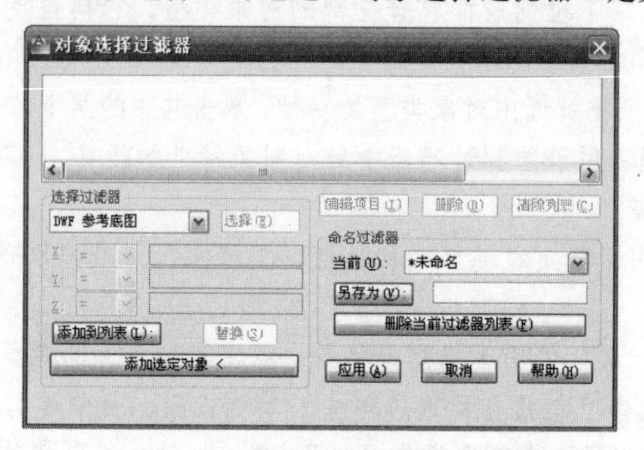

图 4-5 "对象选择过滤器"对话框

执行命令 FILTER，将打开"对象选择过滤器"对话框，对话框上部的列表框中列出了当前定义的过滤条件。

- "选择过滤器"选项组用于定义过滤器。
- "选择过滤器"下拉列表框用于选择过滤器所定义的对象类型及相关运算语句，选择其中的对象类型后，可在其下方的 X、Y、Z 3 个下拉列表框中定义对象类型的过滤参数及关系运算，有的对象类型的参数可在文本框中直接输入，有的需单击 选择(E)... 按钮选择。然后单击 添加到列表(L): 按钮，可将定义的过滤器添加至上方的列表框中显示。
- 添加选定对象 < 按钮用于将指定对象的特性添加到过滤器列表中。
- 编辑项目(I)、删除(D) 和 清除列表(C) 这 3 个按钮用于对上方列表框中的过滤条件进行编辑、删除和清除操作。
- "命名过滤器"选项组用于保存和删除过滤器。

在使用“选择过滤器”定义过滤器时，过滤的对象类型、对象参数及关系运算语句均在“选择过滤器”下拉列表框中。一般是先添加对象类型，然后再添加对象参数和关系运算语句。关系运算语句要成对使用，将运算对象置于“开始运算符”与“结束运算符”的中间，例如，以下过滤器选择了除半径大于或等于 1.0 之外的所有圆：

```
对象=圆
**开始 NOT
圆半径>= 1.00
**结束 NOT
```

下面通过一个实例说明“过滤选择”的用法，注意“过滤选择”与“快速选择”的区别。

4.1.5　实例——选择圆弧

选择图形中半径大于 60 的圆弧。

01 在命令行输入 filter 并按 Enter 键。

02 在“选择过滤器”下拉列表框中选择“圆弧”选项，然后单击 添加到列表(L): 按钮。

03 在“选择过滤器”下拉列表框中选择“**开始　AND”选项，然后单击 添加到列表(L): 按钮。

04 在“选择过滤器”下拉列表框中选择“圆弧半径”选项，此时 X 下拉列表框和文本框显示为可用，选择 X 下拉列表框为“>”，在 X 文本框中输入 60，然后单击 添加到列表(L): 按钮。

05 在“选择过滤器”下拉列表框中选择“**结束　AND”选项，然后单击 添加到列表(L): 按钮，如图 4-6（a）所示。

06 单击 应用(A) 按钮，光标变为选择对象的方框形状“□”。

07 在绘图区选择要应用过滤器的对象，然后按 Enter 键或单击鼠标右键完成过滤选择，选择结果如图 4-6（b）所示，选择了半径大于 60 的圆弧。

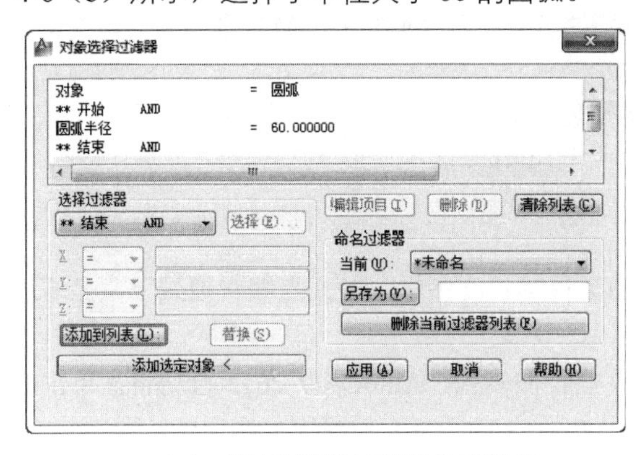

（a）“对象选择过滤器”对话框

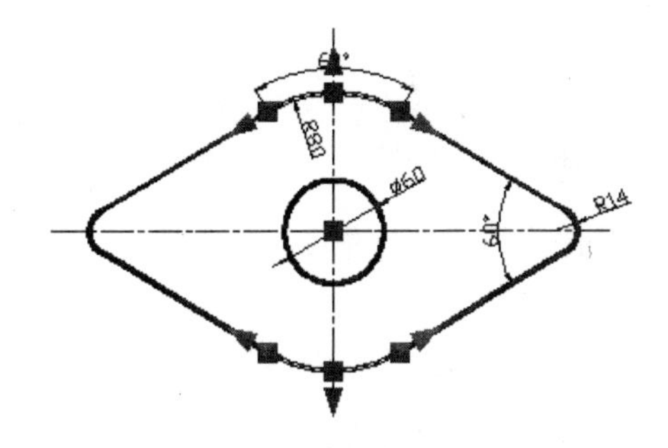

（b）选择集

图 4-6　使用“过滤选择”

4.2 使用夹点编辑图形

AutoCAD 2012 为每个图形对象均设置了夹点。夹点是一些实心的小方框，在无命令执行的状态下选择对象时，对象关键点上将出现夹点，如图 4-7 所示。需要注意的是，锁定图层上的对象不显示夹点。夹点编辑模式是一种方便快捷的编辑操作途径，可以拖动这些夹点快速拉伸、移动、旋转、缩放或镜像对象。

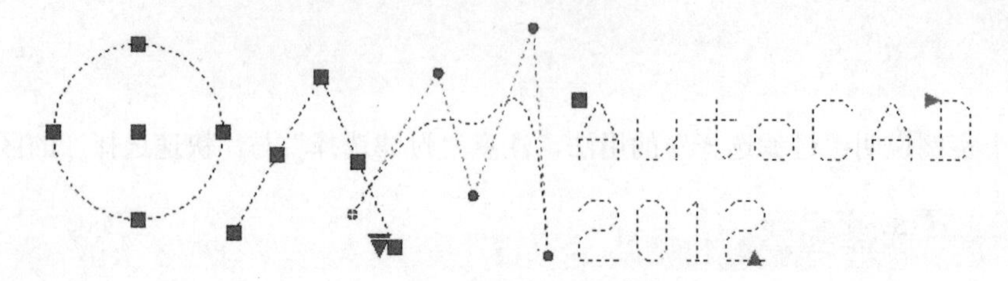

图 4-7 显示对象上的夹点

要进入夹点编辑模式，只需在无命令执行的状态下，鼠标光标为“┼”时选择对象，将显示其夹点，然后在任意一个夹点上单击即可。此时命令行提示：

```
** 拉伸 **
指定拉伸点或 [基点 (B) /复制 (C) /放弃 (U) /退出 (X) ]:
```

命令行的提示信息表明已进入夹点编辑模式。“** 拉伸 **”表示此时的夹点模式为拉伸模式。一共有 5 种夹点编辑模式，分别为“拉伸”、“移动”、“旋转”、“比例缩放”和“镜像”，按 Enter 或 Space 键可在这 5 种模式之间循环切换。

选择菜单栏中的“工具”→“选项”命令，在弹出的“选项”对话框中切换到“选择集”选项卡，可设置夹点的样式，包括颜色、大小等。

4.2.1 拉伸对象

拉伸操作指的是将长度拉长，如直线的长度、圆的半径等长度参量。在夹点编辑模式下，是通过移动夹点位置拉伸对象。

在无命令的状态下选择对象，单击其夹点即进入夹点拉伸模式，AutoCAD 2012 自动将被单击的夹点作为拉伸基点。此时命令行提示：

```
** 拉伸 **
指定拉伸点或 [基点 (B) /复制 (C) /放弃 (U) /退出 (X) ]:
```

此时可通过鼠标移动或在命令行输入数值指定拉伸点，该夹点就会移动到拉伸点的位置。对一般的对象，随着夹点的移动，对象会被拉伸；对于文字、块参照、直线中点、圆心和点对象，夹点将移动对象而不是拉伸对象，这是移动块参照和调整标注位置的好方法。中括号中其他选项的含义如下。

- 基点(B)：重新指定拉伸的基点。
- 复制(C)：选择该选项后，将在拉伸点位置复制对象，被拉伸的原对象将不会被删除。
- 放弃(U)：取消上一次的操作。
- 退出(X)：退出夹点编辑模式。

4.2.2　移动对象

移动是指对象位置的平移，而对象的方向和大小均不改变。在夹点编辑模式，可通过移动夹点位置移动对象。

单击夹点进入夹点编辑模式后，按 Enter 或 Space 键切换编辑模式至“移动”，或者在命令行下直接输入 mo 进入移动模式，AutoCAD 2012 自动将被单击的夹点作为移动基点。此时命令行提示：

```
** 移动 **
指定移动点或 [基点 (B) /复制 (C) /放弃 (U) /退出 (X) ]:
```

通过鼠标拾取或输入移动点的坐标指定移动点后，可将对象移动到移动点。

4.2.3　旋转对象

旋转对象是指对象绕基点旋转指定的角度。单击夹点进入夹点编辑模式后，按 Enter 或 Space 键切换编辑模式至“旋转”，或者在命令行下直接输入 ro 进入旋转模式，AutoCAD 2012 自动将被单击的夹点作为旋转基点。此时命令行提示：

```
** 旋转 **
指定旋转角度或 [基点 (B) /复制 (C) /放弃 (U) /参照 (R) /退出 (X) ]:
```

在某个位置上单击鼠标，即表示指定旋转角度为该位置与 X 轴正方向的角度，也可通过输入角度值指定旋转的角度。选择“参照(R)”选项，可指定旋转的参照角度。

4.2.4　比例缩放

比例缩放是指对象的大小按指定比例进行扩大或缩小。单击夹点进入夹点编辑模式后，按 Enter 或 Space 键切换编辑模式至“比例缩放”，或者在命令行下直接输入 sc 进入比例缩放模式，AutoCAD 2012 自动将被单击的夹点作为比例缩放基点。此时命令行提示：

```
** 比例缩放 **
指定比例因子或 [基点 (B) /复制 (C) /放弃 (U) /参照 (R) /退出 (X) ]:
```

输入比例因子，即可完成对象基于基点的缩放操作。比例因子大于 1 表示放大对象，小于 1 表示缩小对象。

4.2.5　镜像对象

镜像对象是指对象沿着镜像线进行轴对称操作。单击夹点进入夹点编辑模式后，按 Enter 或 Space 键

切换编辑模式至“镜像”，或者在命令行下直接输入 mi 进入镜像模式，AutoCAD 2012 自动将被单击的夹点作为镜像基点。此时命令行提示：

```
** 镜像 **
指定第二点或 [基点（B）/复制（C）/放弃（U）/退出（X）]:
```

此时指定的第二点与镜像基点构成镜像线，对象将以镜像线为对称轴进行镜像操作并删除原对象。

在使用夹点进行“移动”、“旋转”、“比例缩放”和“镜像”操作时，在命令行中输入 c 或按住 Ctrl 键，可使编辑操作完成后不删除原对象。

4.2.6 实例——夹点编辑

如图 4-8（a）所示为编辑前的图形，图形包括一个圆和圆上的一个棘齿，使用夹点将其编辑成图 4-8（b）所示的图形。编辑可分为 3 大步骤：首先将图形放大 2 倍；然后旋转并复制棘轮；最后对旋转后的棘轮进行镜像。

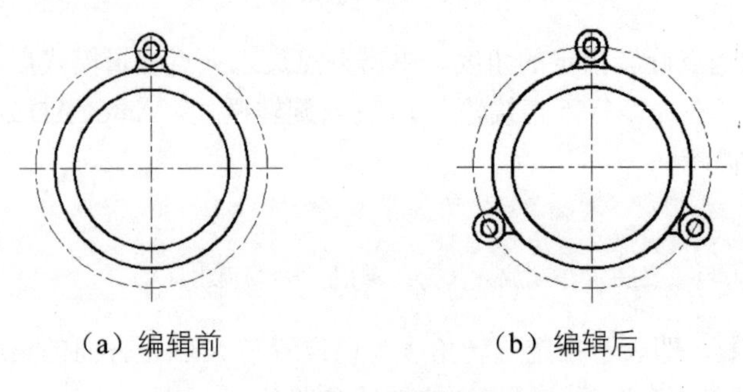

（a）编辑前　　（b）编辑后

图 4-8　使用夹点编辑图形实例

01 选择圆和棘轮，显示它们的夹点。单击圆的圆心进入夹点编辑模式。

02 在命令行输入 sc 进入比例缩放模式。

03 在命令行提示“指定比例因子或 [基点(B)/复制(C)/放弃(U)/参照(R)/退出(X)]:”下，输入 2 并按 Enter 键完成放大操作。

04 选择棘轮，单击其中的一个夹点进入夹点编辑模式，输入 ro 进入旋转模式。

05 在命令行提示“指定旋转角度或 [基点(B)/复制(C)/放弃(U)/参照(R)/退出(X)]:”下，输入 b 选择基点。

06 在命令行提示“指定基点:”时，鼠标拾取圆的圆心。

07 命令行回到提示“指定旋转角度或 [基点(B)/复制(C)/放弃(U)/参照(R)/退出(X)]:”，此时输入 c 并按 Enter 键。

08 命令行回到提示“指定旋转角度或 [基点(B)/复制(C)/放弃(U)/参照(R)/退出(X)]:”，此时输入 120，按 Enter 键完成旋转操作，或者将光标置于 120° 的方向上单击，指定旋转角度为 120°，此时原棘轮仍然保留，如图 4-9 所示。

09 旋转上一步骤生成的新棘轮，在其任意一个夹点上单击，进入夹点编辑模式。

10 在命令行输入 mi 进入镜像模式。

11 在命令行提示“指定第二点或 [基点(B)/复制(C)/放弃(U)/退出(X)]:”下，输入 b 选择基点。

12 在命令行提示“指定基点:”时，鼠标拾取圆的圆心。

13 命令行回到提示“指定第二点或 [基点(B)/复制(C)/放弃(U)/退出(X)]:”，此时用鼠标拾取圆心正下方 A 点，然后在按住 Ctrl 键的同时单击鼠标，完成镜像复制操作，如图 4-10 所示。注意，拾取 A 点之前要单击状态栏上的“对象捕捉”按钮与“对象捕捉追踪”按钮。

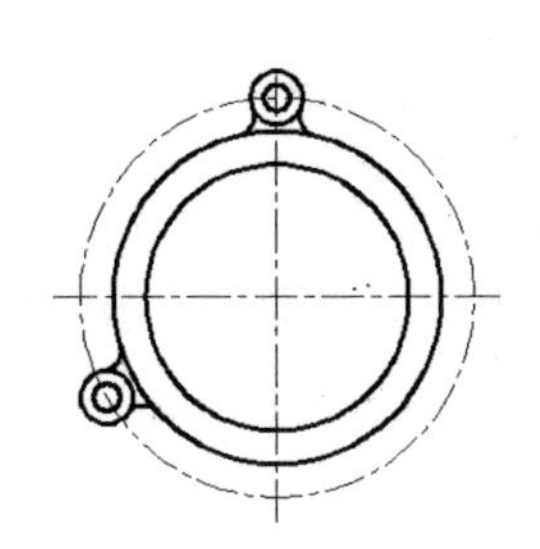

图 4-9　通过夹点旋转对象操作过程

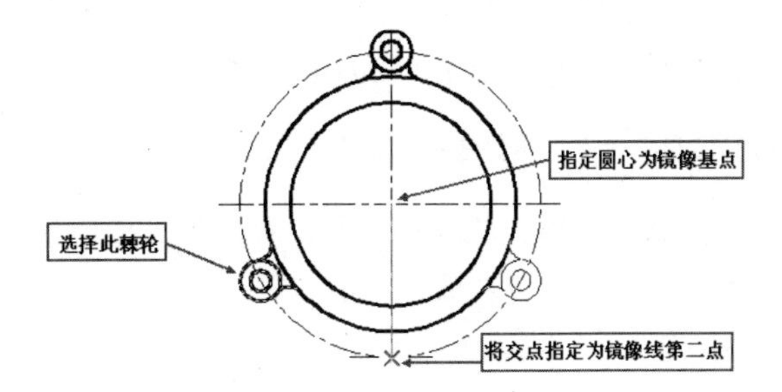

图 4-10　用夹点镜像对象

4.3 删除、移动、旋转和对齐对象

上节主要讲述了如何选择对象及如何利用夹点进行编辑，接下来将主要讲述如何利用“修改”菜单和“修改”工具栏中的编辑命令来编辑图形。

4.3.1 删除对象

删除操作可将对象从图形中清除。AutoCAD 2012 中删除对象的方法有以下 4 种。

- 功能区：单击“常用”选项卡→“修改”面板→“删除”按钮。
- 经典模式：选择菜单栏中的“修改”→“删除”命令。
- 经典模式：单击“修改”工具栏的“删除”按钮。
- 运行命令：ERASE。

执行“删除”命令后，命令行提示“选择对象:”，此时选择要删除的对象并按 Enter 键，将删除已选择的对象。

在使用删除命令的时候，要注意以下三点：

- 比删除命令更快捷的删除操作是选择对象后按 Delete 键。
- 运行 UNDO 命令可恢复上一次的操作，包括所有的操作。
- 运行 OOPS 命令可恢复由上一个 ERASE 命令删除的对象。

4.3.2 移动对象

移动对象是指对象位置的移动，而方向和大小不改变。AutoCAD 2012 可以将原对象以指定的角度和方向移动，配合坐标、栅格捕捉、对象捕捉和其他工具，可以精确移动对象。

AutoCAD 2012 中移动对象的方法有以下 4 种。

- 功能区：单击“常用”选项卡→“修改”面板→“移动”按钮。
- 经典模式：选择菜单栏中的“修改”→“移动”命令。
- 经典模式：单击“修改”工具栏的“移动”按钮。
- 运行命令：MOVE。

执行移动操作后，命令行提示“选择对象:”，此时选择要移动的对象并按 Enter 键，随后命令行提示：

```
指定基点或 [位移（D）] <位移>:
```

可通过基点方式或位移方式移动对象，默认为“指定基点”。此时可用鼠标单击绘图区某一点，即指定为移动对象的基点。基点可在被移动的对象上，也可不在对象上，坐标中的任意一点均可作为基点。指定基点后，命令行继续提示：

```
指定第二个点或<使用第一个点作为位移>:
```

此时可指定移动对象的第二个点，该点与基点共同定义了一个矢量，指示了选定对象要移动的距离和方向。指定该点后，将在绘图区显示基点与第二点之间的连线，表示位移矢量，如图 4-11 所示。

如果在命令行提示“指定基点或 [位移(D)] <位移>:”时不指定基点，而是直接按 Enter 键选择“位移(D)”选项，那么命令行将提示“指定位移 <0.0000, 0.0000, 0.0000>:”，输入的坐标值将指定相对距离和方向。

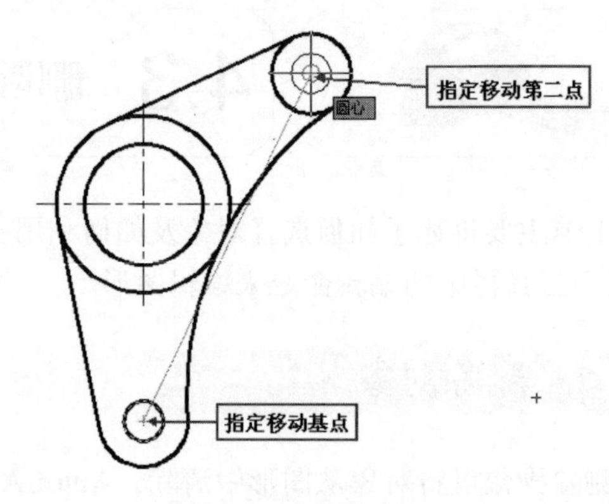

图 4-11　移动对象

虽然这里指的是一个相对位移，但在输入相对坐标时，无需像通常情况下那样包含@标记，因为这里的相对坐标是假设的。

4.3.3　旋转对象

旋转对象是指对象绕基点旋转指定的角度。

AutoCAD 2012 中旋转对象的方法有以下 4 种。

- 功能区：单击“常用”选项卡→“修改”面板→“旋转”按钮。
- 经典模式：选择菜单栏中的“修改”→“旋转”命令。
- 经典模式：单击“修改”工具栏中的“旋转”按钮。
- 运行命令：ROTATE。

执行旋转操作后，命令行提示“选择对象:”，选择要移动的对象并按 Enter 键，随后命令行提示：

```
指定基点:
```

此时指定对象旋转的基点，即对象旋转时所围绕的中心点，可利用鼠标拾取绘图区上的点，也可输入坐标值指定点。指定基点后，命令行继续提示：

```
指定旋转角度，或 [复制（C）/参照（R）] <0>:
```

此时可以利用鼠标在某角度方向上单击以指定角度，或者输入角度值指定角度。注意，利用鼠标单击指定的角度是该点与基点之间的连线与 X 轴正方向的夹角，其过程如图 4-12 所示。

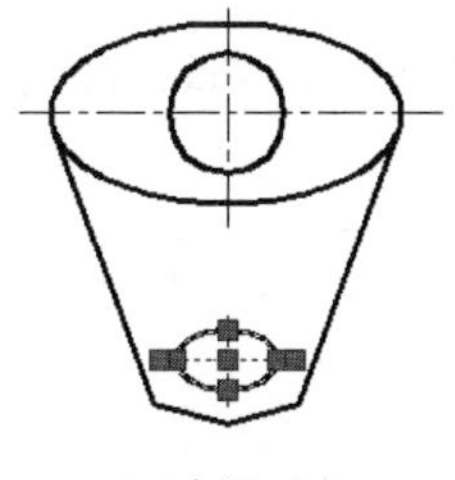

（a）选择对象

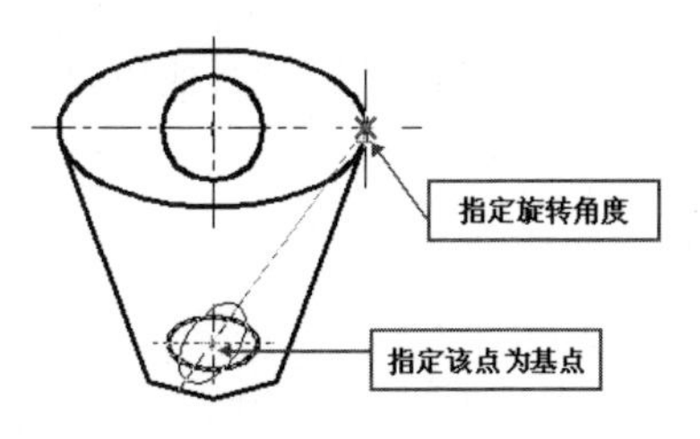

（b）指定基点与角度

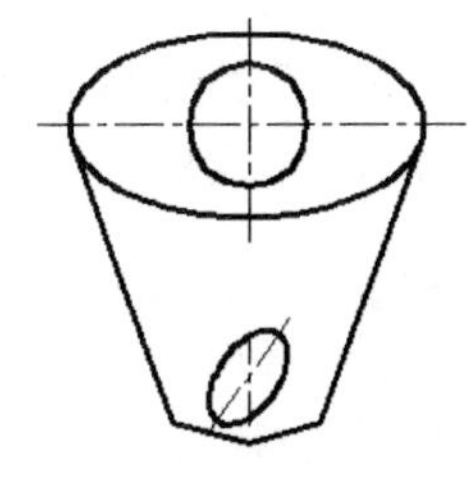

（c）旋转结果

图 4-12　旋转对象

其他选项的功能如下。

- 复制(C)：用于创建要旋转对象的副本，旋转后原对象不会被删除。
- 参照(R)：用于将对象从指定的角度旋转到新的绝对角度。

4.3.4　实例——旋转角度

将图 4-12（c）中的对象旋转回编辑前的角度。

01 单击“修改”工具栏中的“旋转”按钮，命令行提示“选择对象:”。

02 选择要旋转的图形后按 Enter 键，如图 4-13（a）所示。

03 在命令行提示“指定基点:”时，用鼠标拾取 A 点，指定其为旋转基点，如图 4-13（b）所示。

04 命令行继续提示“指定旋转角度，或[复制(C)/参照(R)] <0>:”，此时输入 r 并按 Enter 键。

05 命令行继续提示“指定参照角<0>:”，此时鼠标依次单击图 4-13 中的 A 点和 B 点。命令行提示“指定新角度或 [点(P)] <0>:”，输入 0 后按 Enter 键或者在 X 轴正方向上任意一点单击，可将对象按照 A，B 两点间的直线旋转到 0 角度方向。旋转过程如图 4-13 所示。

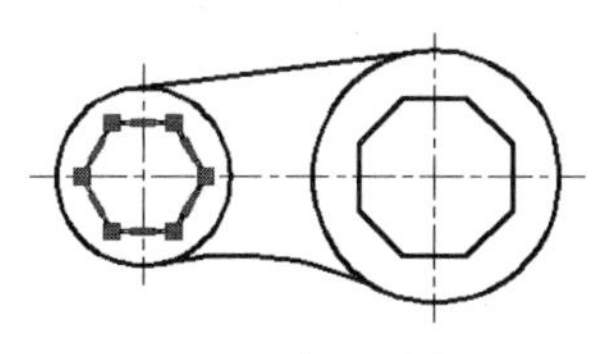

（a）选择对象

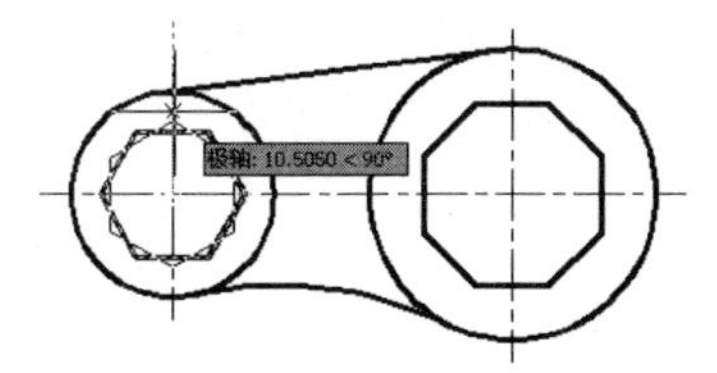

（b）指定参照角与新角度

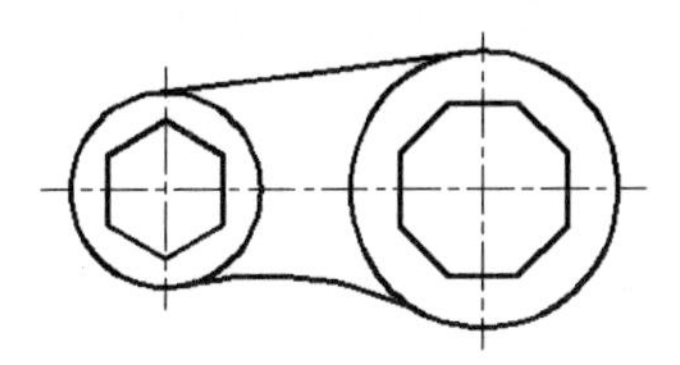

（c）旋转结果

图 4-13　按参照角度旋转对象

4.3.5 对齐对象

对齐操作用于将对象与另一个对象对齐，包括线与线之间的对齐及面与面之间的对齐。对齐操作实际上是集成了移动、旋转和缩放等操作。AutoCAD 2012 是通过指定一对或多对源点和目标点实现对象间的对齐。

在 AutoCAD 2012 中对齐对象的方法有以下两种。

- 经典模式：选择菜单栏中的“修改”→“三维操作”→“对齐”命令。
- 运行命令：ALIGN。

执行“对齐”命令后，命令行提示“选择对象:”，此时选择要对齐的对象后按 Enter 键完成对象的选择，随后命令行依次提示：

```
指定第一个源点：
指定第一个目标点：
指定第二个源点：
指定第二个目标点：
指定第三个源点或<继续>：
指定第三个目标点：
```

如果只需通过一对源点和目标点对齐对象，如图 4-14 所示。在命令行提示“指定第一个源点:”时指定 A 点，在提示“指定第一个目标点:”时指定 B 点，在命令行提示“指定第二个源点:”时按 Enter 键，这时对象将在二维或三维空间从源点移动到目标点。

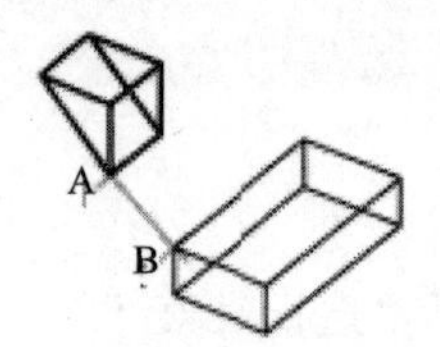

（a）指定一对源点和目标点

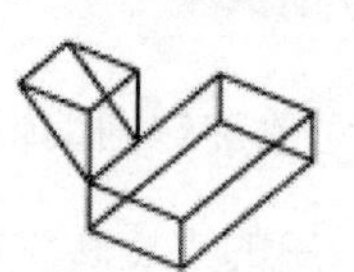

（b）对齐结果

图 4-14　使用一对源点和目标点对齐对象

如果通过两对源点和目标点对齐对象，如图 4-15 所示，可依次指定 A、B、C、D 四点作为两对源点和目标点。在提示“指定第三个源点或<继续>:”时按 Enter 键，此时命令行提示“是否基于对齐点缩放对象？[是(Y)/否(N)] <否>:”，如选择“是(Y)”则表示在对齐时将根据两个源点的距离和两个目标点的距离的比例来缩放对象，使得源点和目标点重合，如图 4-15（c）所示。由此可见，对齐操作同时包含移动、旋转和缩放操作。如果选择“否(N)”，将不进行缩放操作。

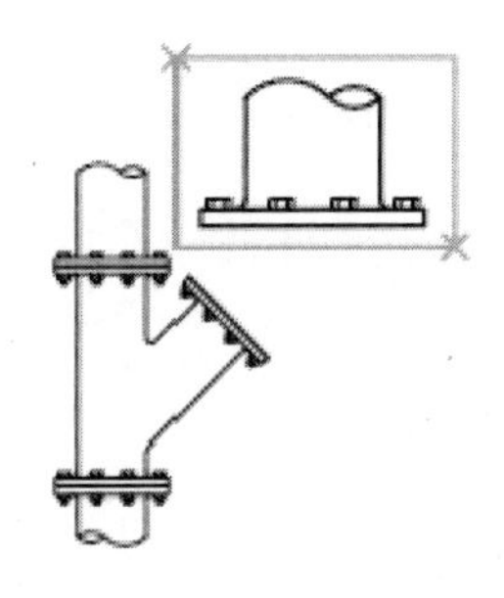

（a）选择对象

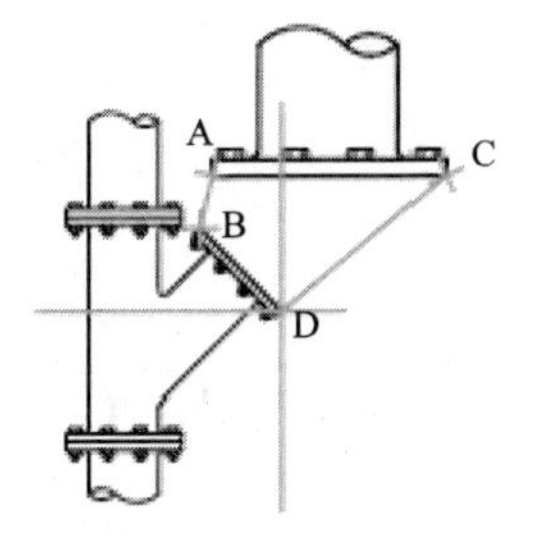

（b）指定两对源点和目标点

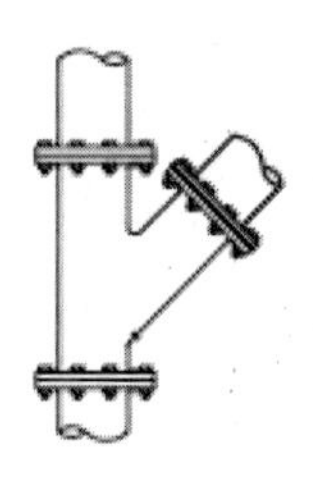

（c）对齐结果

图 4-15　使用两对源点和目标点对齐对象

4.4　复制、镜像、阵列和偏移对象

AutoCAD 2012 中，复制、镜像、阵列和偏移操作用来创建与原对象相同的副本。

4.4.1　复制对象

复制操作可以将原对象以指定的角度和方向创建对象的副本，配合坐标、栅格捕捉、对象捕捉和其他工具，可以精确复制对象。

AutoCAD 2012 中复制对象的方法有以下 4 种。

- 功能区：单击“常用”选项卡→“修改”面板→“复制”按钮。
- 经典模式：选择菜单栏中的“修改”→“复制”命令。
- 经典模式：单击“修改”工具栏中的“复制”按钮。
- 运行命令：COPY。

执行“复制”命令后，命令行提示“选择对象:”，此时选择要复制的对象并按 Enter 键，随后命令行提示：

```
当前设置:  复制模式 = 多个
指定基点或 [位移（D）/模式（O）] <位移>:
```

该提示信息的第一行显示了复制操作的当前模式为“多个”。复制的操作过程与移动的操作过程完全一致，也是通过指定基点和第二个点来确定复制对象的位移矢量。同样，也可通过鼠标拾取或输入坐标值指定复制的基点，随后命令行将提示“指定第二个点或<使用第一个点作为位移>:”，这与移动操作的过程完全相同，区别只是在复制过程中原来的对象不会被删除，而是创建一个对象副本到指定的第二点位置。默认情况下，copy 命令将自动重复，指定第二个点之后命令行重复提示“指定第二个点或<使用第一个点作为位移>:”，要退出该命令，可按 Enter 或 Esc 键。其操作过程如图 4-16 所示，在六边形的 3 个顶点处创建了圆的 3 个副本。

（a）选择对象

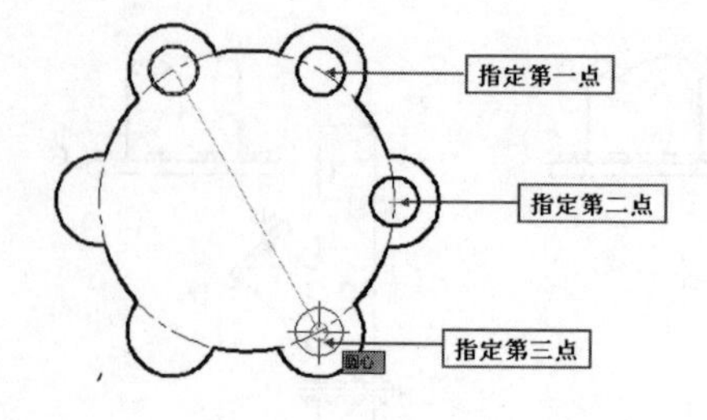

（b）指定基点和第二点

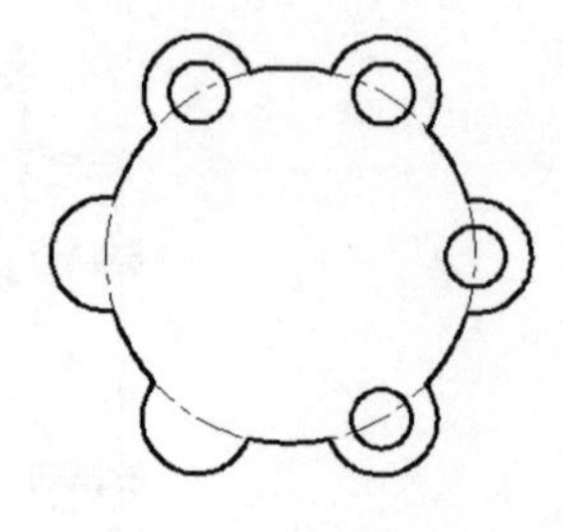

（c）复制结果

图 4-16　复制对象

其他两个选项的功能如下。

- 位移(D)：与移动操作中的“位移(D)”选项功能相同，可用坐标值指定复制的位移矢量。
- 模式(O)：用于控制是否自动重复该命令。选择该选项后，命令行将提示“输入复制模式选项 [单个(S)/多个(M)] <多个>:”，默认模式为“多个(M)”，即自动重复复制命令。若输入 s，选择“单个(S)”选项，则执行一次复制操作只创建一个对象副本。

“修改”菜单中的“复制”命令与“编辑”菜单中的“复制”命令的区别是：“编辑”菜单中的“复制”命令是将对象复制到系统剪贴板，当另一个应用程序要使用对象时，可将其从剪贴板粘贴。例如，可将选择的对象粘贴到 Microsoft Word 或另外一个 AutoCAD 2012 图形文件中。

4.4.2　镜像对象

镜像操作用于将对象绕指定轴（镜像线）翻转并创建对称的镜像图像。镜像对绘制对称的图形非常有用，可以先绘制半个图形，然后将其镜像，而不必绘制整个图形。AutoCAD 2012 通过指定临时镜像线镜像对象，镜像时可以选择删除原对象还是保留原对象。

AutoCAD 2012 中镜像对象的方法有以下 4 种。

- 功能区：单击“常用”选项卡→“修改”面板→“镜像”按钮。
- 经典模式：选择菜单栏中的“修改”→“镜像”命令。
- 经典模式：单击“修改”工具栏中的“镜像”按钮。
- 运行命令：MIRROR。

执行“镜像”命令后，命令行提示“选择对象:”，选择要镜像的对象并按 Enter 键，随后命令行依次提示：

```
指定镜像线的第一点：
指定镜像线的第二点：
```

此时可根据命令行的提示依次指定镜像线上的两点以确定镜像线，随后命令行提示：

```
要删除源对象吗？[是（Y）/否（N）] <N>:
```

此时可选择是否删除被镜像的源对象。选择“是(Y)”，将镜像的图像放置到图形中并删除原始对象；选择“否(N)”，将镜像的图像放置到图形中并保留原始对象。镜像操作过程如图 4-17 所示。

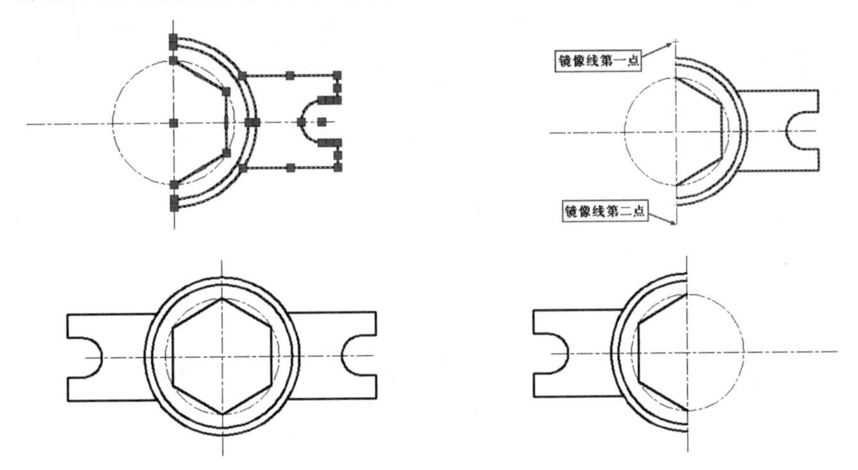

图 4-17　镜像对象

默认情况下，镜像文字对象时，不更改文字的方向。如果确实要反转文字，请将 mirrtext 系统变量设置为 1。

4.4.3　阵列对象 

1．矩形阵列

矩形阵列是按照矩形排列方式创建多个对象的副本。AutoCAD 2012 中矩形阵列对象的方法有以下 4 种。

- 功能区：单击“常用”选项卡→“修改”面板→“阵列”下拉列表→“矩形阵列”按钮 。
- 经典模式：选择菜单栏中的“修改”→“阵列”→“矩形阵列”命令。
- 经典模式：单击“修改”工具栏中的“阵列”下拉列表→“矩形阵列”按钮 。
- 运行命令：ARRAYRECT。

执行矩形阵列操作后，命令行提示“选择对象:”，此时选择要移动的对象并按 Enter 键，随后命令行提示：

```
为项目数指定对角点或 [基点(B)/角度(A)/计数(C)] <计数>:
```

此时默认情况是“为项目数指定对角点”，该选项即表示指定矩形阵列的数目。其他各个选项的含义如下。

- 基点(B)：用于指定矩形阵列的基点。
- 角度(A)：用于指定行轴的旋转角度，如图 4-18 所示。行和列轴保持相互正交。对于关联阵列，可以稍后编辑各个行和列的角度。
- 计数(C)：用于指定行和列的值，如图 4-19 所示。

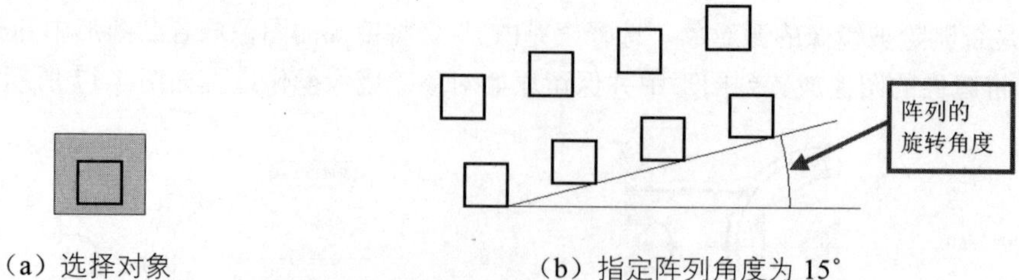

（a）选择对象　　（b）指定阵列角度为 15°

图 4-18　阵列的旋转角度

指定第一个对角点以后，命令行将提示：

```
指定对角点以间隔项目或 [间距(S)] <间距>:
```

此时的提示默认为“指定另一个对角点”，即用鼠标拾取或坐标指定矩形的另一个对角点完成间距的确定，或者输入间距，按 Enter 键即可完成间距的设置。

```
指定间距后，命令行将提示：
按 Enter 键接受或 [关联(AS)/基点(B)/行(R)/列(C)/层(L)/退出(X)] <退出>:
```

按 Enter 键完成矩形阵列操作。也可以根据不同的需要选择中括号中的选项来定义矩形阵列，其选项的含义如下。

- 关联(AS)：指定是否在阵列中创建项目作为关联阵列对象，或者作为独立对象。输入 AS 并按 Enter 键，命令行提示“创建关联阵列 [是(Y)/否(N)] <是>:”，选项的含义如下。
  - 是(Y)：包含单个阵列对象中的阵列项目，类似于块。可以通过编辑阵列的特性和源对象，快速传递修改。
  - 否(N)：创建阵列项目作为独立对象。更改一个项目不影响其他项目。
- 基点(B)：编辑阵列的基点。
- 行(R)：编辑阵列中的行数和行间距，以及它们之间的增量标高。输入 R 按 Enter 键后，命令行提示“输入行数或[表达式(E)]<2>：”；指定行数后，命令行提示“指定行数之间的距离或[总计(T)/表达式(E)] <-93.4754>:”；指定行间距后，命令行提示“指定行数之间的标高增量或[表达式(E)]<0>：”；指定增量后，完成阵列行数和间距的编辑。各选项的含义如下。
  - 表达式(E)：使用数学公式或方程式获取值。
  - 总计(T)：设置第一行和最后一行之间的总距离。
- 列(C)：编辑列数和列间距。输入 C 并按 Enter 键后，命令行提示“输入列数或[表达式(E)]<2>：”；指定列数后，命令行提示“指定列数之间的距离或 [总计(T)/表达式(E)] <304>:”；指定列间距后，命令行提示“指定列数之间的标高增量或 [表达式(E)] <0>：”；指定增量后完成列数和列间距的编辑。总计(T)指定第一列和最后一列之间的总距离。
- 层(L)：可以指定指定层数和层间距。输入 L 并按 Enter 键后，命令行提示“输入层数或 [表达式(E)] <1>:”；指定层数后，命令行提示“指定层之间的距离或 [总计(T)/表达式(E)] <1>:”，总计(T)指定第一层和最后一层之间的总距离。

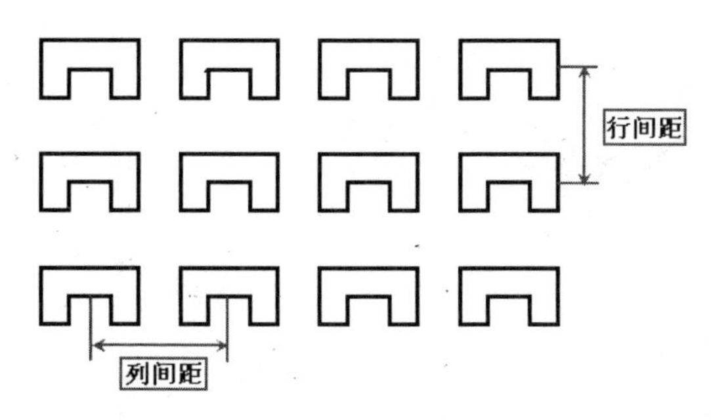

图 4-19　矩形阵列

2. 路径阵列

路径阵列是沿路径或部分路径均匀创建对象副本。AutoCAD 2012 中矩形阵列对象的方法有以下 4 种。

- 功能区：单击“常用”选项卡→“修改”面板→“阵列”下拉列表→“路径阵列”按钮。
- 经典模式：选择菜单栏中的“修改”→“阵列”→“路径阵列”命令。
- 经典模式：单击“修改”工具栏中的“阵列”下拉列表→“路径阵列”按钮。
- 运行命令：ARRAYPATH。

执行路径阵列操作后，命令行提示“选择对象：”，此时选择要移动的对象并按 Enter 键，随后命令行提示：

```
选择路径曲线：
```

此时选择阵列路径后，命令行提示：

阵列路径可以是直线、多段线、三维多段线、样条曲线、螺旋、圆弧、圆或椭圆。

```
输入沿路径的项数或 [方向(O)/表达式(E)] <方向>:
```

此时的提示默认为“输入沿路径的项数”，输入阵列数量，按 Enter 键即可完成阵列项目数的设置。也可以指定阵列项数方向和表达式，其选项含义如下。

- 方向(O)：控制选定对象是否将相对于路径的起始方向重定向（旋转），然后再移动到路径的起点。输入 O，按下 Enter 键，命令行提示“指定基点或 [关键点(K)] <路径曲线的终点>:”；选择基点或者输入 K，按 Enter 键，命令行提示“指定源对象上的关键点作为基点:”；选择如图 4-20 所示的关键点后，系统弹出如图 4-21 所示的“选择集”对话框，选择“阵列（路径）”选项后，命令行提示“指定与路径一致的方向或 [两点(2P)/法线(NOR)] <当前>:”；指定另一点定义方向。也可以选择两点或法线定义阵列项数方向。其他选项的含义如下。
  - ➢ 两点(2P)：指定两个点来定义与路径的起始方向一致的方向。
  - ➢ 法线(NOP)：对象对齐垂直于路径的起始方向。
- 表达式(E)：使用数学公式或方程式获取值，指定阵列项数。

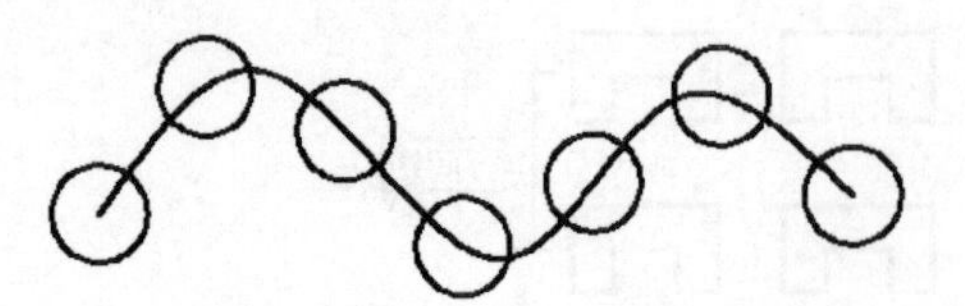

图 4-20　选择源对象上的关键点

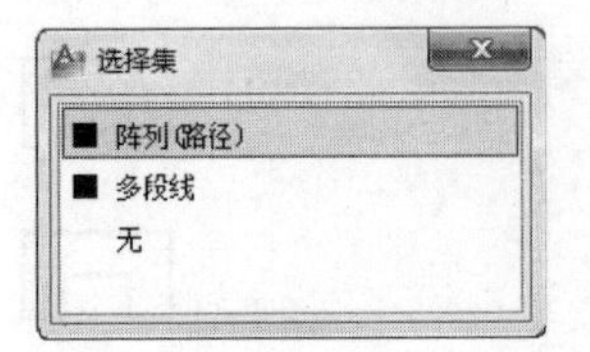

图 4-21　“选择集”对话框

指定项数后，命令行将提示：

```
指定沿路径的项目之间的距离或 [定数等分(D)/总距离(T)/表达式(E)] <沿路径平均定数等分(D)>:
```

此时的提示默认为“指定沿路径的项目之间的距离”，输入项目之间的距离，按 Enter 键完成间距的设置。也可以根据不同的需要选择其他选项定义阵列间距，其选项的含义如下。

- 定数等分(D)：沿整个路径长度平均定数等分项目。
- 总距离(T)：指定第一个和最后一个项目之间的总距离。

指定沿路径项目之间的距离之后，命令行提示：

```
按 Enter 键接受或 [关联(AS)/基点(B)/项目(I)/行(R)/层(L)/对齐项目(A)/Z 方向(Z)/退出(X)] <退出>:
```

此时的提示默认为“按 Enter 键接受”，按 Enter 键完成路径阵列的操作。也可以根据需要选择其他选项定义阵列参数。其选项的含义如下。

- 关联(AS)：指定是否在阵列中创建项目作为关联阵列对象，或者作为独立对象。
- 基点(B)：编辑阵列的基点。
- 项目(I)：编辑阵列中的项目数。
- 行(R)：指定阵列中的行数和行间距，以及它们之间的增量标高。
- 层(L)：指定阵列中的层数和层间距。
- 对齐项目(A)：指定是否对齐每个项目以与路径的方向相切，如图 4-20 所示。对齐相对于第一个项目的方向。

对齐选项控制是保持起始方向还是继续沿着相对于起始方向的路径重定向项目。

- Z 方向(Z)：控制是否保持项目的原始 Z 方向或沿三维路径自然倾斜项目。

3. 环形阵列

环形阵列是通过指定环形阵列的中心点、阵列数量和填充角度等来创建对象副本。AutoCAD 2012 中环形阵列对象的方法有以下 4 种。

- 功能区：单击“常用”选项卡→“修改”面板→“阵列”下拉列表→“环形阵列”按钮。
- 经典模式：选择菜单栏中的“修改”→“阵列”→“环形阵列”命令。
- 经典模式：单击“修改”工具栏中的“阵列”下拉列表→“环形阵列”按钮。
- 运行命令：ARRAYPOLAR。

执行环形阵列操作后，命令行提示“选择对象：”，此时选择要阵列的对象并按 Enter 键，随后命令行提示：

```
指定阵列的中心点或 [基点(B)/旋转轴(A)]:
```

此时的提示默认为“指定阵列的中心点”，选择环形阵列的中心点，完成环形阵列中心的定义。也可以根据需要指定阵列的基点或自定义旋转轴，其选项的含义如下。

- 基点(B)：指定阵列的基点。对于关联阵列，在源对象上指定有效的约束（或关键点）以用作基点。如果编辑生成的阵列的源对象，阵列的基点保持与源对象的关键点重合。
- 旋转轴(A)：指定由两个指定点定义的自定义旋转轴。

选择中心点后，命令行提示如下：

```
输入项目数或 [项目间角度(A)/表达式(E)] <4>:
```

此时的提示默认为“输入项目数”，输入阵列项目数，按 Enter 键完成项目数的设定。也可以根据需要定义项目间角度，如图 4-22 所示，或者使用数学公式或方程式获取值。

指定项目数后，命令行提示如下：

```
指定填充角度(+=逆时针、-=顺时针)或[表达式(EX)] <360>:
```

此时的提示默认为“指定填充角度(+=逆时针、-=顺时针)”，输入填充角度（正数表示逆时针填充；负数表示顺时针填充），按 Enter 键完成填充角度的设置，效果如图 4-23 所示。或者使用数学公式或方程式获取值。

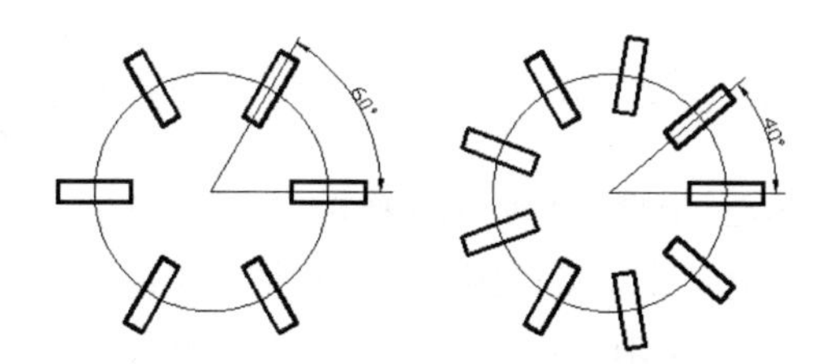

图 4-22　设置环形阵列的项目间角度

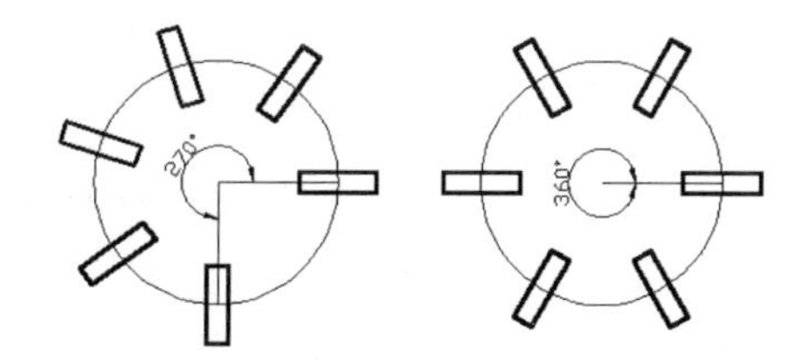

图 4-23　设置环形阵列的填充角度

```
按 Enter 键接受或 [关联(AS)/基点(B)/项目(I)/项目间角度(A)/填充角度(F)/行(ROW)/层(L)/旋转项目(ROT)/退出(X)]
```

此时的提示默认为“按 Enter 键接受”，按 Enter 键完成环形阵列的创建。也可以根据需要选择其他选择编辑环形阵列参数，其选项的含义如下。

- 关联(AS)：指定是否在阵列中创建项目作为关联阵列对象，或作为独立对象。
- 基点(B)：编辑阵列的基点。
- 项目(I)：编辑阵列中的项目数。
- 项目间角度(I)：编辑项目之间的角度。
- 填充角度(F)：编辑阵列中第一个和最后一个项目之间的角度。
- 行(ROW)：编辑阵列中的行数和行间距，以及它们之间的增量标高。
- 层(L)：编辑阵列中的层数和层间距。

- 旋转项目（ROT）：控制在排列项目时是否旋转项目，效果如图 4-24 所示。

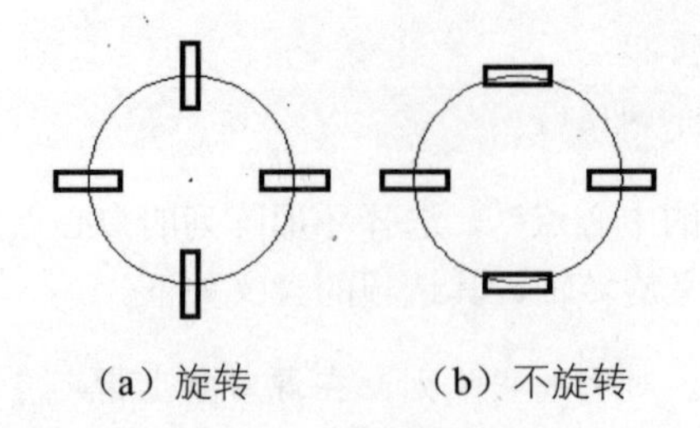

图 4-24　阵列时旋转项目

4.4.4　偏移对象

偏移用于创建其造型与原始对象造型平行的新对象，可以用偏移命令来创建同心圆、平行线和平行曲线等。

AutoCAD 2012 中偏移对象的方法有以下 4 种。

- 功能区：单击“常用”选项卡→“修改”面板→“偏移”按钮。
- 经典模式：选择菜单栏中的“修改”→“偏移”命令。
- 经典模式：单击“修改”工具栏中的“偏移”按钮。
- 运行命令：OFFSET。

执行“偏移”命令后，命令行提示：

```
当前设置：删除源=否图层=源　OFFSETGAPTYPE=0
指定偏移距离或 [通过（T）/删除（E）/图层（L）] <1.0000>:
```

该信息的第一行显示了当前的偏移设置为“不删除偏移源、偏移后对象仍在原图层，OFFSETGAPTYPE 系统变量的值为 0”。第二行提示如何进行下一步操作，此时可指定偏移距离或选择括号中的选项。

“指定偏移距离”即指定偏移后的对象与现有对象的距离，如图 4-25 所示。输入距离的数值后，命令行将继续提示“选择要偏移的对象，或 [退出(E)/放弃(U)] <退出>:”，此时可选择要偏移的对象，按 Enter 键或单击鼠标右键完成选择。偏移操作只允许一次选择一个对象，但是偏移操作会自动重复，可以偏移一个对象后再选择另一个对象。选择偏移对象后，命令行继续提示“指定要偏移的那一侧上的点，或 [退出(E)/多个(M)/放弃(U)] <退出>:”，此时在对象一侧的任意一点单击即可完成偏移操作。偏移距离如图 4-25 所示。

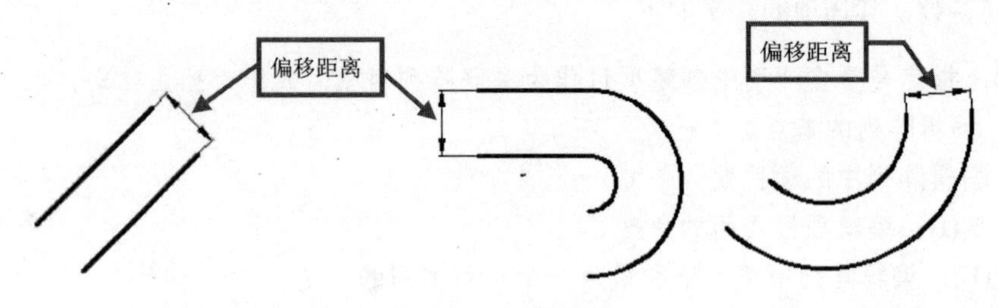

图 4-25　偏移距离

其他选项的含义如下。

- 通过(T)：通过指定通过点来偏移对象。选择该选项后，命令行将提示“选择要偏移的对象，或 [退出(E)/放弃(U)] <退出>:”，选择对象后将提示“指定通过点或 [退出(E)/多个(M)/放弃(U)] <退出>:”，此时可在要通过的点上单击，即完成偏移操作。通过指定通过点偏移对象的操作过程如图 4-26 所示。

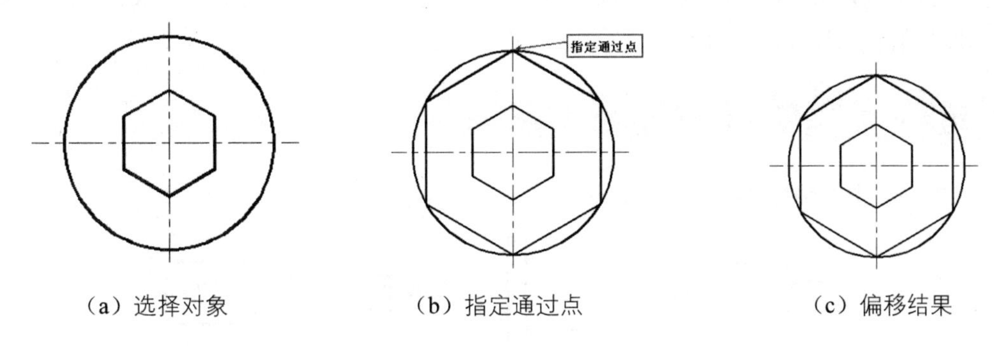

（a）选择对象　（b）指定通过点　（c）偏移结果

图 4-26　通过指定通过点偏移对象

- 删除(E)：用于设置是否在偏移源对象后将其删除。
- 图层(L)：用于设置将偏移对象创建在当前图层上还是源对象所在的图层上。

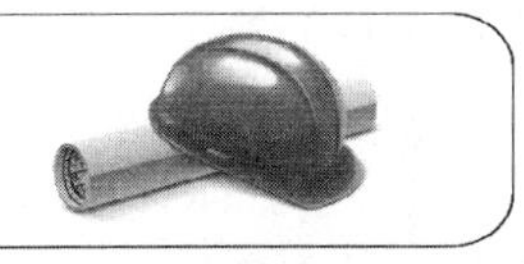

4.5 缩放、拉伸、修剪和延伸对象

前面的编辑操作用于对象位置的平移或创建对象副本，编辑前后对象的形状和大小均未改变。本节将介绍的 4 种编辑操作主要用于修改对象的形状和大小。缩放操作用于修改对象的大小；拉伸、修剪、延伸操作用于修改对象的形状。

4.5.1 缩放对象

在前面已经介绍了使用夹点进行比例缩放，这一节将介绍使用“修改”菜单和“修改”工具栏中的“缩放”命令对对象进行缩放操作。

在 AutoCAD 2012 中缩放对象的方法有以下 4 种。

- 功能区：单击“常用”选项卡→“修改”面板→“缩放”按钮。
- 经典模式：选择菜单栏中的“修改”→“缩放”命令。
- 经典模式：单击“修改”工具栏中的“缩放”按钮。
- 运行命令：SCALE。

执行“缩放”命令后，命令行提示“选择对象:”，选择要缩放的对象并按 Enter 键，随后命令行提示：

```
指定基点:
```

此时指定缩放操作的基点，基点即选定对象的大小发生改变（从而远离静止基点）时位置保持不变的

点。基点可以在选定对象上，也可不在选定对象上。指定基点后，命令行提示：

```
指定比例因子或 [复制(C)/参照(R)] <1.0000>:
```

此时可指定缩放的比例因子，大于 1 表示放大，0～1 之间表示缩小。输入比例因子后按 Enter 键，即完成比例缩放操作。选择“复制(C)”选项，表示对象缩放后不删除原始对象，将创建要缩放的选定对象的副本。选择“参照(R)”选项，表示按参照长度和指定的新长度缩放所选对象，AutoCAD 2012 将根据参照长度与新长度的值自动计算比例因子。

4.5.2 实例——缩放螺栓外径

将图 4-27（a）中的轴外径缩放到 20mm。

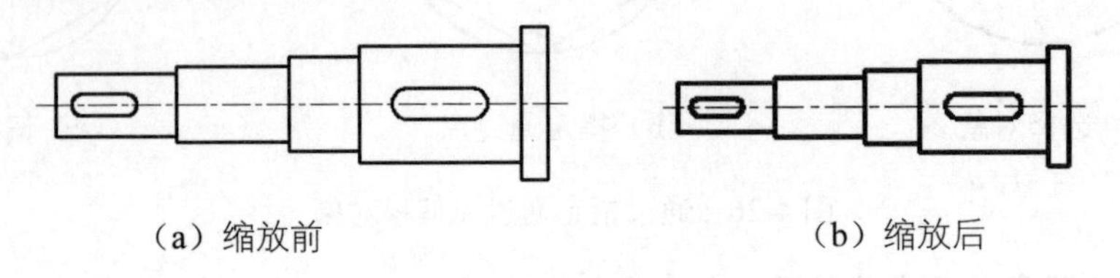

（a）缩放前　　（b）缩放后

图 4-27　参照缩放实例

01 单击“常用”选项卡→“修改”面板→“缩放”按钮。

02 命令行提示“选择对象:”选择整个轴，然后单击鼠标右键完成选择，如图 4-28（a）所示。

03 命令行继续提示“指定基点:”，此时单击轴上的 A 点为缩放的基点，如图 4-28（b）所示。

04 命令行继续提示“指定比例因子或 [复制(C)/参照(R)] <1.0000>:”，输入 r，选择“参照(R)”选项。

05 选择“参照(R)”选项后，命令行提示“指定参照长度<1.0000>:”。此时利用鼠标拾取轴的 B 点，然后命令行提示“指定第二点:”，此时再拾取 C 点。B 点和 C 点之间的距离，即轴的外径参照长度，如图 4-28（c）所示。

06 命令行继续提示“指定新的长度或 [点(P)] <1.0000>:”，此时输入缩放后的尺寸 20，按 Enter 键，螺栓根据外径的缩放比例缩放成外径为 20 的轴。结果如图 4-28（b）所示。

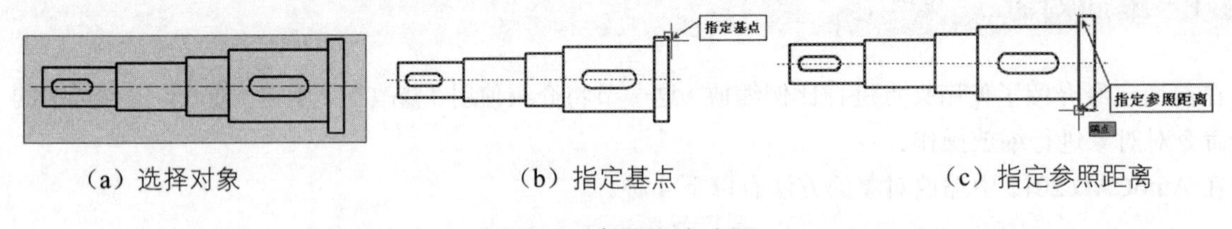

（a）选择对象　　（b）指定基点　　（c）指定参照距离

图 4-28　参照缩放过程

4.5.3 拉伸对象

拉伸操作用于重新定位交叉选择窗口部分的对象的端点。拉伸操作根据对象在选择窗口内状态的不同而进行不同的操作：被交叉窗口部分包围的对象将进行拉伸操作，对完全包含在交叉窗口中的对象或单独选定的对象将进行移动操作而不是拉伸。

在 AutoCAD 2012 中，拉伸对象的方法有以下 4 种。

- 功能区：单击“常用”选项卡→“修改”面板→“拉伸”按钮。
- 经典模式：选择菜单栏中的“修改”→“拉伸”命令。
- 经典模式：单击“修改”工具栏中的“拉伸”按钮。
- 运行命令：STRETCH。

执行“拉伸”命令后，命令行提示：

```
以交叉窗口或交叉多边形选择要拉伸的对象...
选择对象:
```

选择要拉伸的对象后按 Enter 键。第一行的提示“以交叉窗口或交叉多边形选择”，如果以窗口形式选择或直接用鼠标单击选择，则意味着所选择的对象全部在选择窗口内，那么拉伸操作所执行的实际上是对所选对象的移动。选择要拉伸的对象后，命令行提示：

```
指定基点或 [位移（D）]:
```

此时指定拉伸的基点，随后命令行提示“指定第二个点或<使用第一个点作为位移>:”，指定拉伸的第二个点以完成对象从基点到第二个点之间的拉伸。

拉伸仅移动位于交叉选择内的顶点和端点，不更改那些位于交叉选择外的顶点和端点。

4.5.4　实例——拉伸对象

拉伸如图 4-29 所示图形中的右边部分。

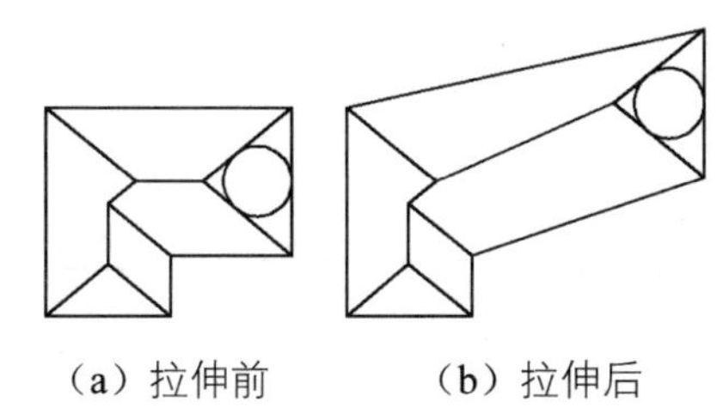

（a）拉伸前　　（b）拉伸后

图 4-29　拉伸对象实例

01 单击“常用”选项卡→“修改”面板→“拉伸”按钮。

02 在命令行提示“选择对象:”时，如图 4-30（a）所示，指定 A 点和 B 点，选择整个对象的右半部分为拉伸对象。注意从 A 点到 B 点选择为从右到左确定选择窗口，即交叉窗口选择。确定选择窗口后，单击鼠标右键完成对象的选择。

03 在命令行提示“指定基点或 [位移(D)] <位移>:”时，指定 C 点为基点，如图 4-30（b）所示。

04 命令行继续提示“指定第二个点或<使用第一个点作为位移>:”，此时指定拉伸的第二点 D 点，如图 4-30（c）所示。

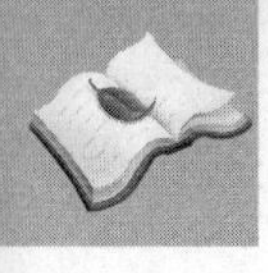

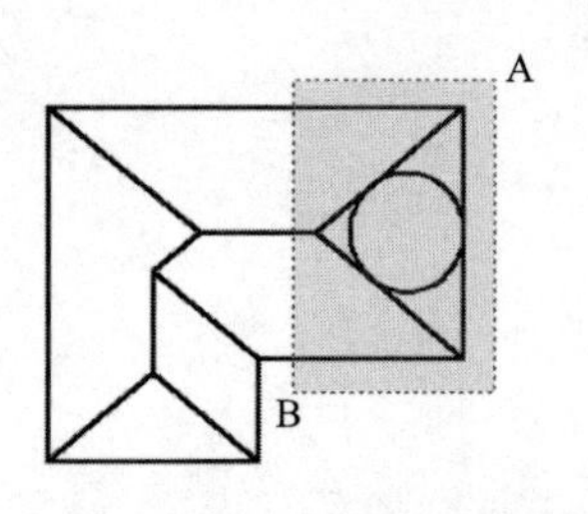

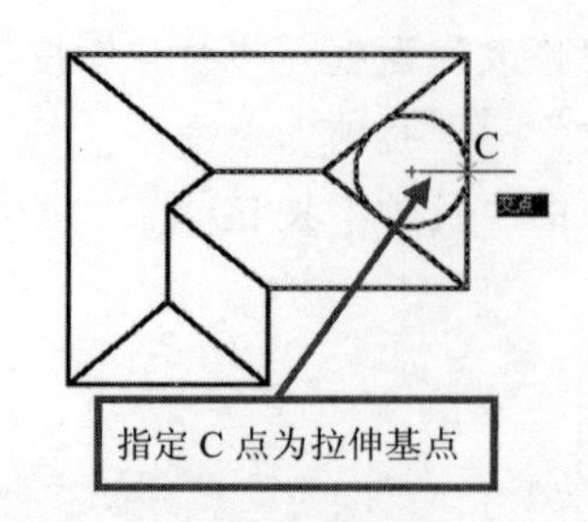

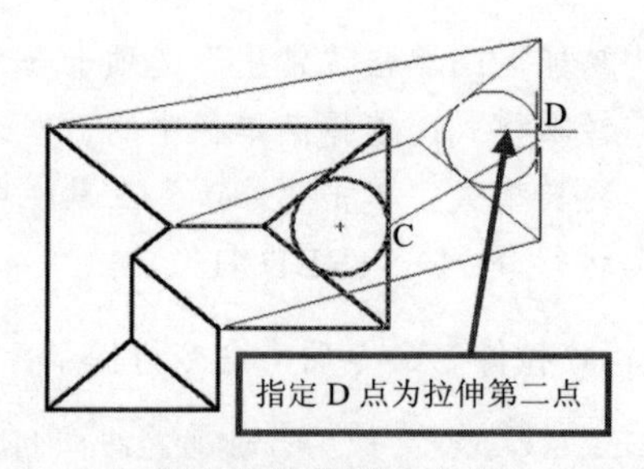

（a）用交叉窗口选择对象　　（b）指定拉伸基点　　（c）指定拉伸的第二个点

图 4-30　拉伸操作过程

从上面这个拉伸实例来看，在图 4-30（a）中，交叉对象包括全部在其中的三角形和圆，以及与之相交的 3 条平行线。三角形和圆均全部在交叉窗口中，因此在拉伸以后形状和大小均没有发生改变，只是位置上的移动；而 3 条平行线均与交叉窗口相交，只有一部分在窗口中，因此拉伸以后在窗口中的 3 个端点（即三角形的 3 个顶点）位置发生改变，而不在窗口中的 3 个端点位置不变。如图 4-29 所示为两个图形的对比。

4.5.5　修剪对象

修剪可以使对象精确地终止于由其他对象定义的边界。剪切边定义了被修剪对象的终止位置。注意，什么是剪切边，什么是被剪切的对象。在图 4-31 中，样条曲线是剪切边，而被剪切的是轴的两条轮廓线。

AutoCAD 2012 中修剪对象的方法有以下 4 种。

- 功能区：单击“常用”选项卡→“修改”面板→“修剪”按钮。
- 经典模式：选择菜单栏中的“修改”→“修剪”命令。
- 经典模式：单击“修改”工具栏的“修剪”按钮。
- 运行命令：trim。

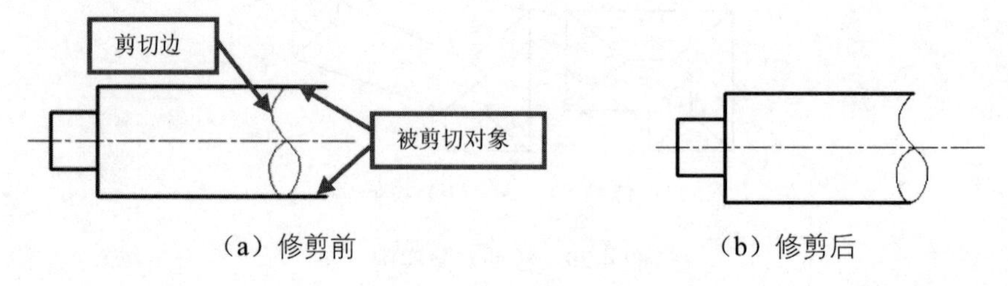

（a）修剪前　　（b）修剪后

图 4-31　修剪对象

执行“修剪”命令后，命令行提示：

```
当前设置:投影=UCS，边=无
选择剪切边...
选择对象或<全部选择>:
```

该信息第一行提示当前的修剪设置；第二行提示现在选择的对象是剪切边；第三行提示选择对象。因为在 AutoCAD 2012 中，对象既可以作为剪切边，也可以是被修剪的对象，因此直接按 Enter 键表示全部选择。对于一些较复杂或对象排列比较密集的图形，可快速选择。选择剪切边之后，命令行继续提示：

```
选择对象或<全部选择>:
选择要修剪的对象，或按住 Shift 键选择要延伸的对象，或
[栏选（F）/窗交（C）/投影（P）/边（E）/删除（R）/放弃（U）]:
```

此时选择的是要修剪的对象，由于选择对象的不同部位，其修剪效果不同。选择修剪对象时会重复提示，因此可以选择多个修剪对象，按 Enter 键退出修剪命令。其他选项的功能如下。

- 栏选(F)：选择与选择栏相交的所有对象。
- 窗交(C)：选择矩形区域（由两点确定）内部或与之相交的对象。
- 投影(P)：指定修剪对象时使用的投影方式。
- 边(E)：用于设置对象是在另一对象的延长边处进行修剪，还是仅在三维空间中与该对象相交的对象处进行修剪。
- 删除(R)：删除选定的对象。此选项提供了一种用来删除不需要的对象的简便方式，而无需退出修剪命令。
- 放弃(U)：撤销由修剪命令所做的最近一次修改。

在选择被剪切对象时，按住 Shift 键可在修剪和延伸两种操作之间切换。

4.5.6 实例——修剪线条

如图 4-32 所示，用修剪命令清除绘图过程中多余的线条。

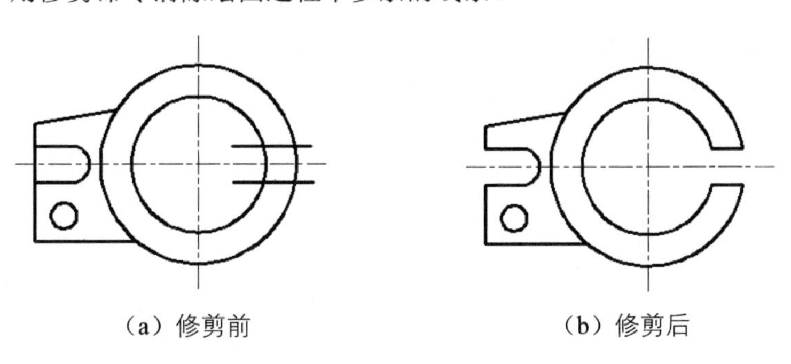

（a）修剪前　　（b）修剪后

图 4-32　修剪对象实例

01 单击“常用”选项卡→“修改”面板→“修剪”按钮。

02 选择剪切边。命令行提示“选择对象或<全部选择>:”，此时选择剪切边。依次选择两条直线 a，b，两个圆 c，d，以及另外两条直线 e，f 为剪切边，如图 4-33（a）所示。被选择的对象亮显，对象选择完后单击鼠标右键或按 Enter 键完成选择。

03 选择被剪切对象。选择剪切边后命令行提示“选择对象:选择要修剪的对象，或按住 Shift 键选择要延伸的对象，或[栏选(F)/窗交(C)/投影(P)/边(E)/删除(R)/放弃(U)]:”，此时依次在 A、B、C、D、E、F、G 点单击指定要剪切的对象及剪切部位，如图 4-33（b）所示。最后按 Enter 键完成修剪操作，修剪效果如图 4-32（b）所示。

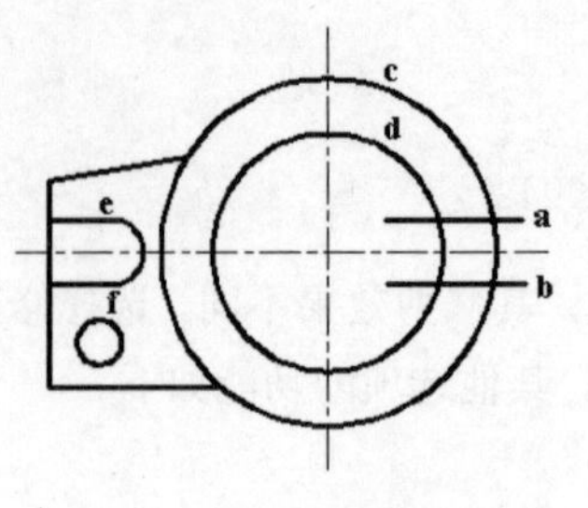

（a）选择剪切边

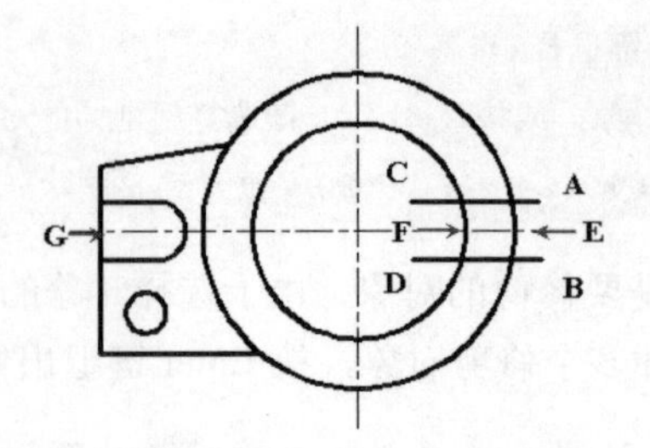

（b）选择被剪切对象

图 4-33　修剪对象操作过程

在本例的步骤 03 中，A 点和 C 点都在对象 a 上，同样，B 点和 D 点都在对象 b 上，但是修剪的效果不同。被剪切对象的被剪切边相交并截取成多段，鼠标单击在哪一段上，就剪切哪一段，对象的其他部分不剪切。

4.5.7　延伸对象

延伸是与修剪相对的操作，延伸是使对象精确地延伸至由其他对象定义的边界。同样，在使用延伸时，也要注意什么是延伸边界，什么是被延伸的对象。

在 AutoCAD 2012 中延伸对象的方法有以下 4 种。

- 功能区：单击"常用"选项卡→"修改"面板→"延伸"按钮--/。
- 经典模式：选择菜单栏中的"修改"→"延伸"命令。
- 经典模式：单击"修改"工具栏中的"延伸"按钮--/。
- 运行命令：EXTEND。

执行"延伸"命令后，命令行提示：

```
当前设置:投影=UCS，边=无
选择边界的边...
选择对象或<全部选择>:
```

延伸的操作过程与修剪相同，也是先选择延伸边界的边，然后选择要延伸的对象。因此在选择延伸边界之后，命令行提示：

```
选择对象:
选择要延伸的对象，或按住 Shift 键选择要修剪的对象，或
[栏选（F）/窗交（C）/投影（P）/边（E）/放弃（U）]:
```

此时选择的是要延伸的对象。同样，按住 Shift 键选择将执行修剪操作。中括号中的各个选项的含义与修剪命令相同。

4.5.8 实例——延伸多段线

如图 4-34 所示的两条多段线和一条直线，用延伸命令使两条多段线均与直线对齐。

01 单击“常用”选项卡→“修改”面板→“延伸”按钮--/。

02 选择延伸边界的边。在命令行提示“选择对象或<全部选择>:”时，选择直线为延伸边界的边，如图 4-35（a）所示。对象被选择后亮显，单击鼠标右键或按 Enter 键完成选择。

03 选择被延伸的对象。指定了延伸边界后，命令行提示“选择对象:选择要延伸的对象，或者按住 Shift 键选择要修剪的对象，或[栏选(F)/窗交(C)/投影(P)/边(E)/放弃(U)]:”。此时单击 A、B 两点，选择两条多段线为要延伸的对象及延伸的位置，如图 4-35（b）所示。最后按 Enter 键完成修剪操作，效果如图 4-34（b）所示。

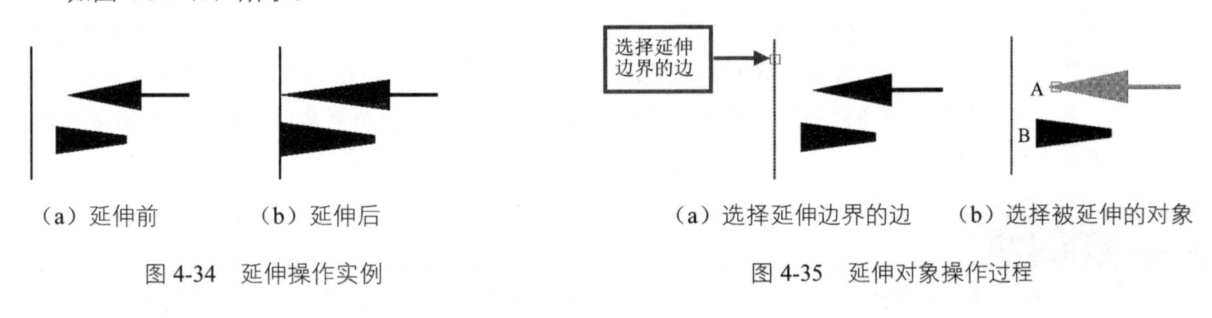

（a）延伸前　（b）延伸后

图 4-34　延伸操作实例

（a）选择延伸边界的边　（b）选择被延伸的对象

图 4-35　延伸对象操作过程

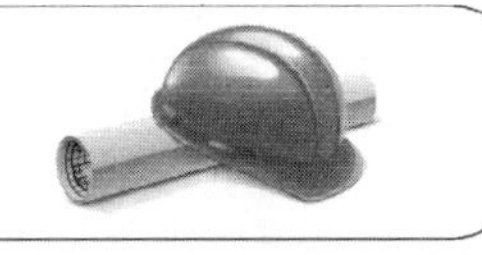

4.6 倒角、圆角、打断、合并及分解

4.6.1 倒角

倒角操作可以连接两个对象，使它们以平角或倒角相接。AutoCAD 2012 中，能被倒角的对象一般为直线型对象，包括直线、多段线、射线、构造线和三维实体。在 AutoCAD 2012 中，是通过指定两个被倒角的对象来绘制倒角。

在 AutoCAD 2012 中倒角对象的方法有以下 4 种。

- 功能区：单击“常用”选项卡→“修改”面板→“圆角”下拉列表→“倒角”按钮。
- 经典模式：选择菜单栏中的“修改”→“倒角”命令。
- 经典模式：单击“修改”工具栏中的“倒角”按钮。
- 运行命令：CHAMFER。

执行“倒角”命令后，命令行依次提示：

```
_chamfer（“修剪”模式）当前倒角距离 1 = 0.0000，距离 2 = 0.0000
选择第一条直线或 [放弃（U）/多段线（P）/距离（D）/角度（A）/修剪（T）/方式（E）/多个（M）]:
```

第一行显示了当前的倒角设置。用鼠标拾取指定倒角的第一条直线，完成后命令行继续提示“选择第二条直线，或按住 Shift 键选择要应用角点的直线:”，此时指定第二条直线即可完成倒角操作，其过程如

图 4-36 所示。

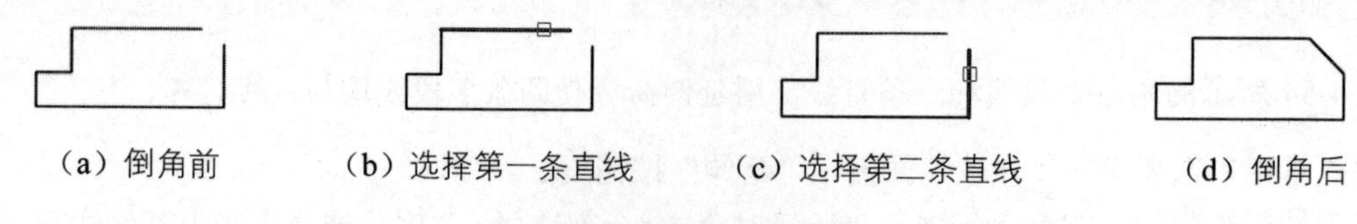

（a）倒角前　（b）选择第一条直线　（c）选择第二条直线　（d）倒角后

图 4-36　倒角操作过程

选择第一条直线时，命令行提示信息中括号中的选项主要用于倒角设置，它们的功能如下。

- 放弃(U)：恢复在命令中执行的上一个操作。
- 多段线(P)：用于对整个二维多段线倒角。选择该选项后，可以一次对每个多段线顶点倒角。倒角后的多段线成为新线段。
- 距离(D)：设置倒角至选定边端点的两个距离。选择该选项后，命令行将依次提示指定两个倒角距离："指定第一个倒角距离<0.0000>:\指定第二个倒角距离<0.0000>:"。这里的"第一个倒角距离"和"第二个倒角距离"对应于倒角操作过程中选择的第一个倒角对象和第二个倒角对象，如图 4-37 所示。

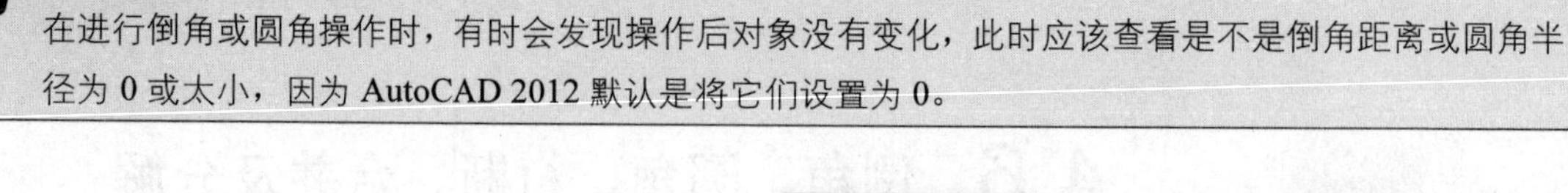

在进行倒角或圆角操作时，有时会发现操作后对象没有变化，此时应该查看是不是倒角距离或圆角半径为 0 或太小，因为 AutoCAD 2012 默认是将它们设置为 0。

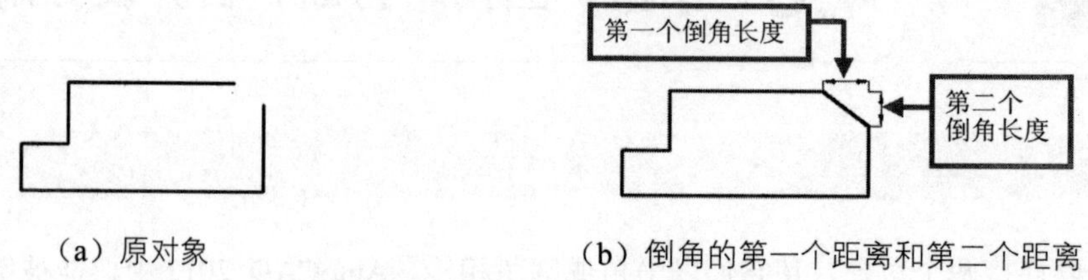

（a）原对象　（b）倒角的第一个距离和第二个距离

图 4-37　设置倒角的第一个距离和第二个距离

- 角度(A)：用第一条线的倒角距离和第一条线的角度来设置倒角角度，如图 4-38 所示。选择该选项后，命令行将依次提示："指定第一条直线的倒角长度 <0.0000>: \指定第一条直线的倒角角度 <0>:"。

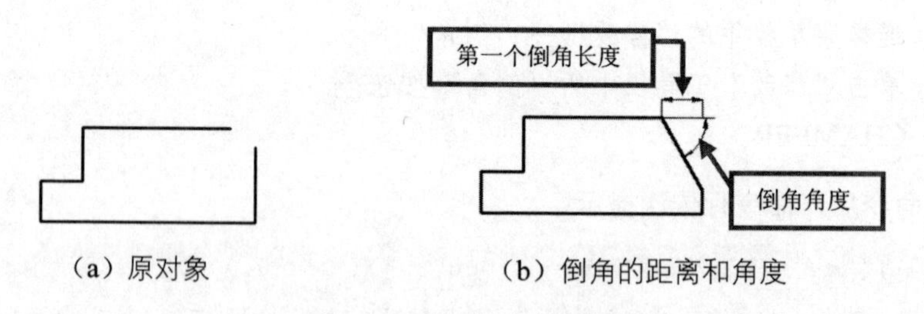

（a）原对象　（b）倒角的距离和角度

图 4-38　设置倒角的距离和角度

- 修剪(T)：用于设置倒角是否将选定的边修剪到倒角直线的端点，如图 4-39 所示。
- 方式(E)：用于设置是使用两个距离还是一个距离和一个角度来创建倒角。

- 多个(M)：用于为多组对象的边倒角。选择该选项后，倒角命令将重复，直到用户按 Enter 键结束。

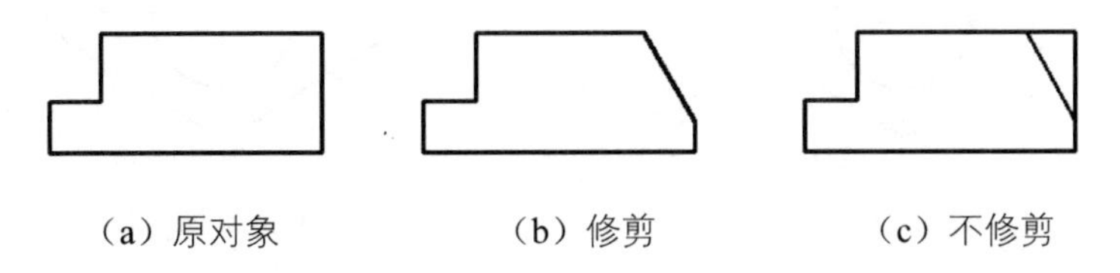

（a）原对象　　（b）修剪　　（c）不修剪

图 4-39　设置倒角是否修剪

在使用倒角的过程中，要注意以下两点：

（1）倒角的两个对象可以相交也可以不相交。如果不相交，AutoCAD 2012 自动将对象延伸并用倒角相连接，但不能对两个相互平行的对象进行倒角操作。

（2）如果对象过短无法容纳倒角距离，则不能对这些对象倒角。

4.6.2　倒圆角

圆角可以用与对象相切并且具有指定半径的圆弧连接两个对象。AutoCAD 2012 中，可以被圆角的对象包括圆和圆弧、椭圆和椭圆弧、直线、多段线、射线、样条曲线、构造线和三维实体，既可以创建内圆角，也可以创建外圆角。

圆角一般应用于相交的圆弧或直线等对象。与倒角的操作相同，在 AutoCAD 2012 中也是通过指定圆角的两个对象来绘制圆角。

在 AutoCAD 2012 中圆角对象的方法有以下 4 种。

- 功能区：单击“常用”选项卡→“修改”面板→“圆角”按钮。
- 经典模式：选择菜单栏中的“修改”→“圆角”命令。
- 经典模式：单击“修改”工具栏中的“圆角”按钮。
- 运行命令：FILLET。

执行“圆角”命令后，命令行依次提示：

```
_fillet 当前设置: 模式 = 修剪, 半径 = 0.0000
选择第一个对象或 [放弃 (U) /多段线 (P) /半径 (R) /修剪 (T) /多个 (M) ]:
```

第一行显示了当前的圆角设置为修剪模式，圆角半径为 0.0000。圆角的操作过程与倒角相同，此时也是选择圆角的第一个对象，随后命令行将提示“选择第二个对象，或按住 Shift 键选择要应用角点的对象:”。中括号中的选项的意义基本上与倒角的相同，区别只是“半径(R)”选项用于设置圆角的半径。

在使用圆角的过程中，也要注意以下两点：

（1）圆角的两个对象可以相交也可以不相交。与倒角不同，圆角可以用于两个相互平行的对象。圆角在用于两个相互平行的对象时，无论圆角半径设置的是何值，都是用半圆弧将两个平行对象连接起来，如图 4-40 所示。

（2）如果对象过短无法容纳圆角半径，则不能对这些对象圆角。

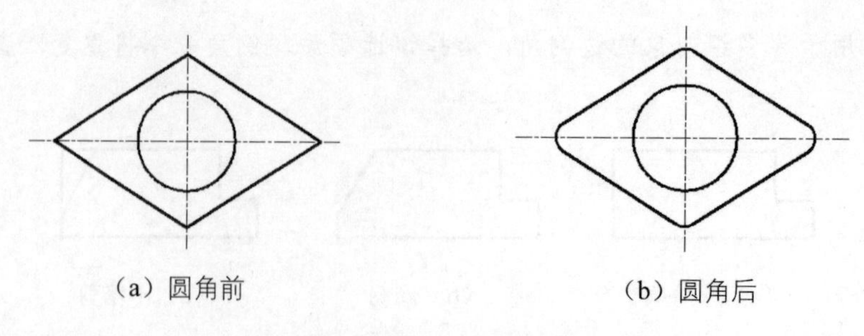

图 4-40 对相交直线进行圆角

4.6.3 打断对象

打断操作可以将一个对象打断为两个对象。对象之间可以有间隙，也可以没有间隙。AutoCAD 2012 可以对几乎所有的对象进行打断，但不包括块、标注、多行和面域。

在 AutoCAD 2012 中打断对象的方法有以下 4 种。

- 功能区：单击“常用”选项卡→“修改”面板→“修改”下拉列表→“打断”按钮。
- 经典模式：选择菜单栏中的“修改”→“打断”命令。
- 经典模式：单击“修改”工具栏中的“打断”按钮。
- 运行命令：BREAK。

执行“打断”命令后，命令行提示：

```
_break 选择对象:
```

选择要打断的对象，命令行继续提示：

```
指定第二个打断点或 [第一点 (F) ]:
```

此时提示的是指定第二个打断点。AutoCAD 2012 默认第一个打断点为选择对象时所拾取的点，此时也可以选择“第一点(F)”重新选择第一个打断点。打断的操作过程如图 4-41 所示。

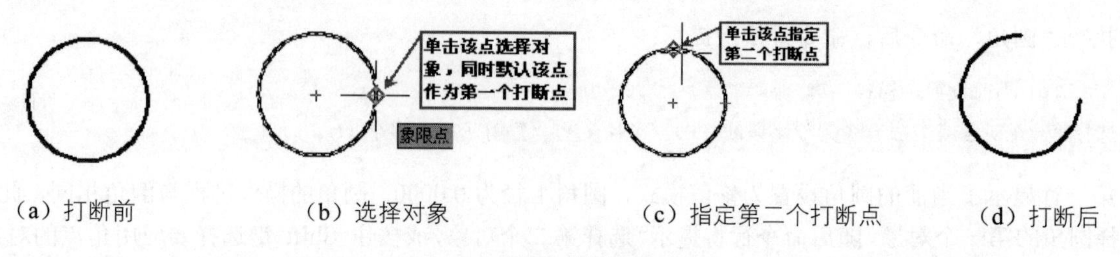

图 4-41 打断对象操作过程

实际上，没有间隙的打断称为“打断”，有间隙的打断称为“打断于点”。在“修改”工具栏中有两个相应的按钮和，但是在“修改”菜单只有一个“打断”命令。“打断于点”按钮是打断的一个派生按钮，即两个打断点重合的打断。其操作过程如图 4-42 所示。

单击“修改”工具栏的“打断于点”按钮后，命令行提示“_break 选择对象:”，此时选择要打断的对象，如图 4-42（b）所示。随后命令行继续提示：

```
指定第二个打断点或 [第一点 (F) ]: _f
```

```
指定第一个打断点:
```

命令行自动输入 f，此时只需指定一个打断点，如图 4-42（c）所示。打断前后的对象分别如图 4-42（a）和图 4-42（d）所示，由夹点可以看出直线在打断点处被打断成了两条直线。

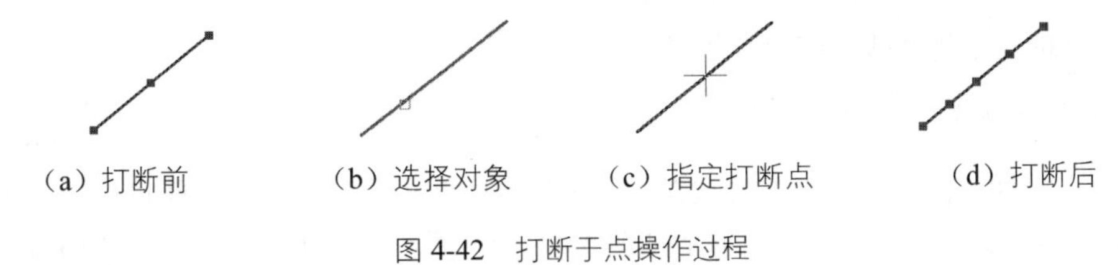

（a）打断前　（b）选择对象　（c）指定打断点　（d）打断后

图 4-42　打断于点操作过程

4.6.4　合并对象

合并可以将相似的对象合并为一个对象。例如，将两条直线合并为一条，将多个圆弧合并成一个圆。合并可用于圆弧、椭圆弧、直线、多段线和样条曲线，但是合并操作对对象也有诸多限制。

在 AutoCAD 2012 中合并对象的方法有以下 4 种。

- 功能区：单击“常用”选项卡→“修改”面板→“修改”下拉列表→“合并”按钮 。
- 经典模式：选择菜单栏中的“修改”→“合并”命令。
- 经典模式：单击“修改”工具栏的“合并”按钮 。
- 运行命令：join。

执行“合并”命令后，命令行提示：

```
_join 选择源对象:
```

此时可选择一条直线、多段线、圆弧、椭圆弧、样条曲线或螺旋作为合并操作的源对象。选择完成后，根据选择对象的不同，命令行的提示也不同，并且对所选择的合并到源的对象也有限制，否则合并操作不能进行。

（1）如果所选的对象为直线，则命令行提示：

```
选择要合并到源的直线:
```

此时要求参与合并的直线对象必须共线（位于同一无限长的直线上），但是它们之间可以有间隙。如图 4-43 所示，图 4-43（a）中的 3 个直线对象位于同一条无限长的直线上，且它们有间隙。将它们合并成一个对象后，如图 4-43（b）所示。而像 4-43（c）这种不在同一条无限长直线上的直线对象就不能合并。

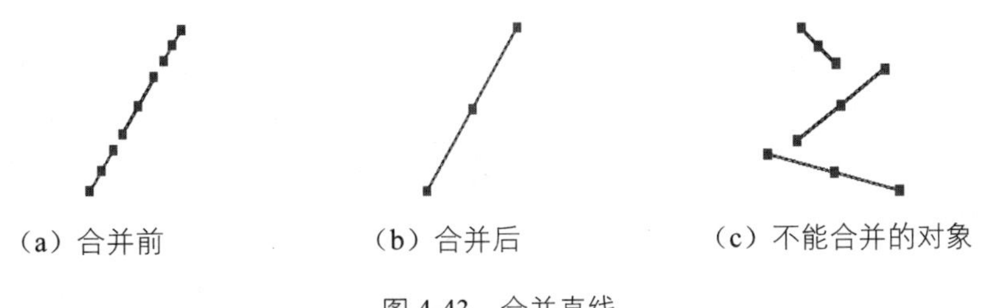

（a）合并前　（b）合并后　（c）不能合并的对象

图 4-43　合并直线

（2）如果所选的对象为多段线，则命令行提示：

```
选择要合并到源的对象:
```

可以将直线、多段线或圆弧等合并为多段线，要求对象之间不能有间隙，并且必须位于与 UCS 的 XY 平面平行的同一平面上。

（3）如果所选的对象为圆弧，则命令行提示：

```
选择圆弧，以合并到源或进行 [闭合（L）]:
```

和直线的要求一样，被合并的圆弧要求在同一个假想的圆上，但是它们之间可以有间隙。如图 4-44（a）所示的圆弧可以合并成一条圆弧，合并后如图 4-44（b）所示，而如图 4-44（c）所示的圆弧则不能合并。“闭合(L)”选项可将源圆弧转换成圆。

（4）如果所选的对象为椭圆弧，则命令行提示：

```
选择椭圆弧，以合并到源或进行 [闭合（L）]:
```

椭圆弧必须位于同一椭圆上，但是它们之间可以有间隙。“闭合”选项可将源椭圆弧闭合成完整的椭圆。

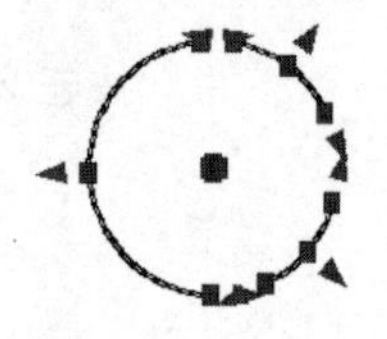

（a）合并前

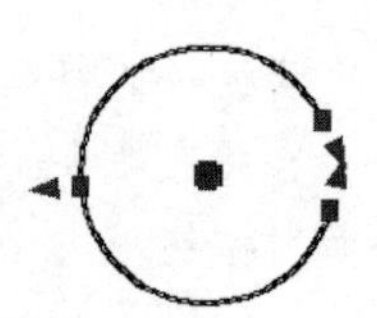

（b）合并后

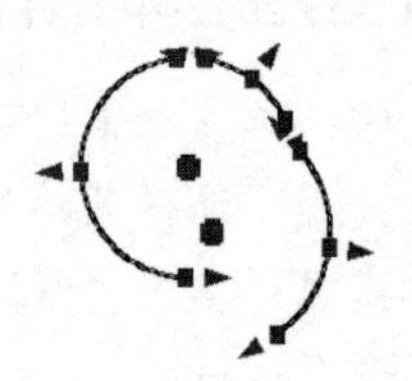

（c）不能合并的对象

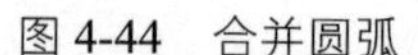

图 4-44　合并圆弧

合并两条或多条圆弧、椭圆弧时，将从源对象开始按逆时针方向合并。

（5）如果所选的对象为样条曲线或螺旋对象，则命令行提示：

```
选择要合并到源的样条曲线或螺旋:
```

样条曲线和螺旋对象必须相接（端点对端点），结果对象为单个样条曲线。

4.6.5　分解对象

分解可以将合并对象分解为其部件对象，与合并对象应用的诸多限制条件不同，任何合并的对象均可以被分解。例如：可将块分解为单独的对象；可将多线分解成直线和圆弧；可将标注分解成直线、多段线、文字等。对象分解后，其颜色、线型和线宽会根据分解的合成对象类型的不同而有所不同。

在 AutoCAD 2012 中分解对象的方法有以下 4 种。

- 功能区：单击“常用”选项卡→“修改”面板→“修改”下拉列表→“分解”按钮。
- 经典模式：选择菜单栏中的“修改”→“分解”命令。
- 经典模式：单击“修改”工具栏中的“分解”按钮。

- 运行命令：EXPLODE。

执行“分解”命令后，命令行提示：

```
选择对象：
```

选择要分解的对象，然后按 Enter 键或单击鼠标右键，即完成分解操作。如图 4-45 所示，从其夹点来看，可见直径标注分解后变成了文字、直线等对象，多线则分解成了直线和圆弧。

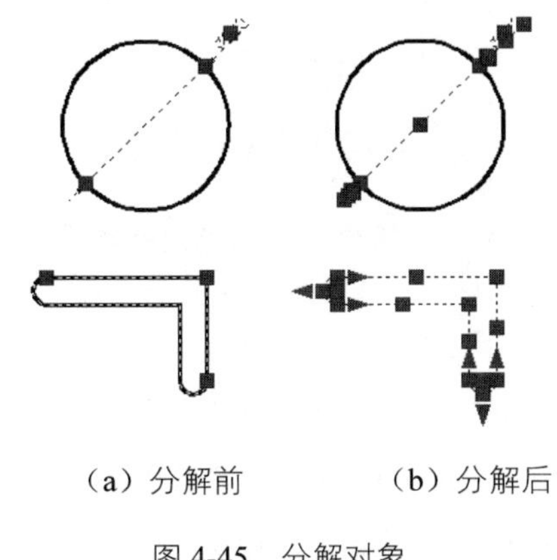

（a）分解前　　（b）分解后

图 4-45　分解对象

4.7 编辑对象特性

AutoCAD 2012 中的每个图形对象均有其特有的属性，一般包括颜色、线型和线宽等，特殊的属性包括圆的圆心、直线的端点等。

4.7.1 “特性”选项板

AutoCAD 2012 中所有对象的特性均可以通过打开“特性”选项板来查看并编辑，如图 4-46 所示为选择对象情况不同时显示不同的“特性”选项板。

在 AutoCAD 2012 中，可通过多种方式打开“特性”选项板。

- 经典模式：选择菜单栏中的“修改”→“特性”命令。
- 经典模式：单击“标准”工具栏的“特性”按钮。
- 运行命令：PROPERTIES。
- 选择要查看或修改其特性的对象，在绘图区单击鼠标右键，从弹出的快捷菜单中选择“特性”命令。
- 选择要查看或修改其特性的对象后，利用鼠标双击。

“特性”选项板根据当前选择的对象的不同而不同。

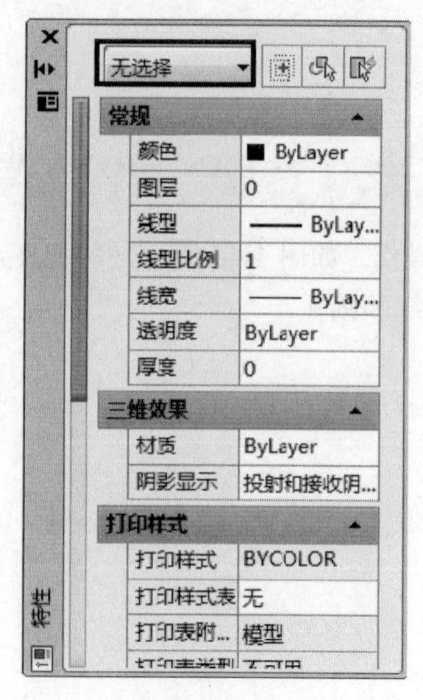

（a）没有选择对象

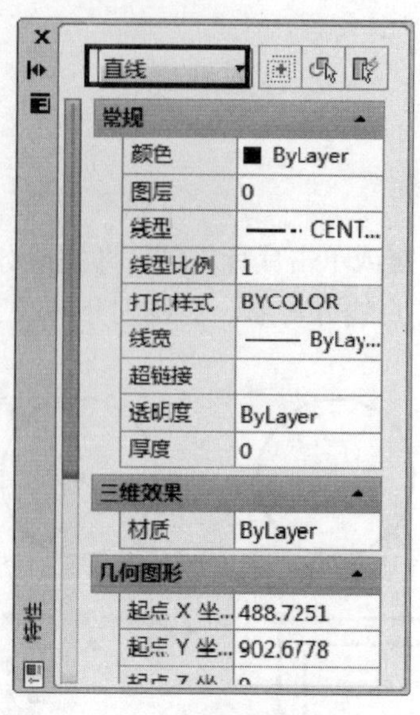

（b）选择单个对象

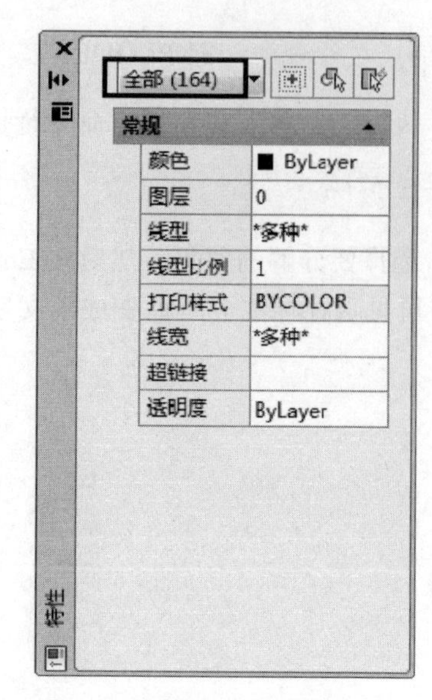

（c）选择多个对象

图 4-46 “特性”选项板

如果未选择对象，“特性”选项板只显示当前图层的基本特性、图层附着的打印样式表的名称、查看特性及有关 UCS 的信息，如图 4-46（a）所示。选择单个对象时，选项板中显示该对象的所有特性，包括基本特性、几何位置等信息；如图 4-46（b）所示，当前选择的对象是直线，那么在“特性”选项板顶部的下拉列表框内显示为“直线”。选择多个对象时，“特性”选项板只显示选择集中所有对象的公共特性；如图 4-46（c）所示，下拉列表框中显示为“全部（164）”，括号内的数字表示所选对象的数量，单击该下拉列表框，可选择某一类型的所有对象，如图 4-47 所示。选择某类型后，将显示该类型的所有特性，这样可编辑同一类型的所有对象。

图 4-47 用下拉列表框选择对象类型

“特性”选项板中其他各个部分的功能如下。

- 按钮：用于改变 PICKADD 系统变量的值。打开 PICKADD 时，每个选定对象（无论是单独选择还是通过窗口选择的对象）都将添加到当前选择集中。关闭 PICKADD 时，选定对象将替换当前选择集。
- 按钮：用于选择对象。
- 按钮：单击该按钮，将弹出“快速选择”对话框，用于快速选择对象。

在“特性”选项板中显示的特性大多数均可编辑。在要编辑的特性上单击后，有的显示出文本框，有的显示为拾取按钮，有的显示为下拉列表框。如此，可在文本框中输入新值或单击拾取按钮指定新的坐标，或者在下拉列表框中选择新的选项。

4.7.2　特性匹配

AutoCAD 2012 提供特性匹配工具来复制特性，特性匹配可将选定对象的特性应用到其他对象。默认情况下，所有可应用的特性都自动从选定的第一个对象复制到其他对象。如果不希望复制特定的特性，可以在执行该命令的过程中随时选择“设置”选项禁止复制该特性。

在 AutoCAD 2012 中指定特性匹配的方法有以下 3 种。

- 经典模式：选择菜单栏中的“修改”→“特性匹配”命令。
- 经典模式：单击“标准”工具栏的“特性匹配”按钮。
- 运行命令：MATCHPROP。

执行“特性匹配”命令后，命令行提示：

```
选择源对象：
```

此时选择要复制其特性的对象，且只能选择一个对象。选择完成后，命令行继续提示：

```
当前活动设置： 颜色图层线型线型比例线宽厚度打印样式标注文字填充图像多段线视口表格材质阴影显示多重引线
选择目标对象或 [设置（S）]：
```

第一行显示了当前要复制的特性，默认是所有特性均复制。此时可选择要应用源对象特性的对象，可选择多个对象，直到按 Enter 键或 Esc 键退出命令。输入 s，选择“设置(S)”选项，弹出“特性设置”对话框，如图 4-48 所示，从中可以控制要将哪些对象特性复制到目标对象。默认情况下，将选择“特性设置”对话框中的所有对象特性进行复制。

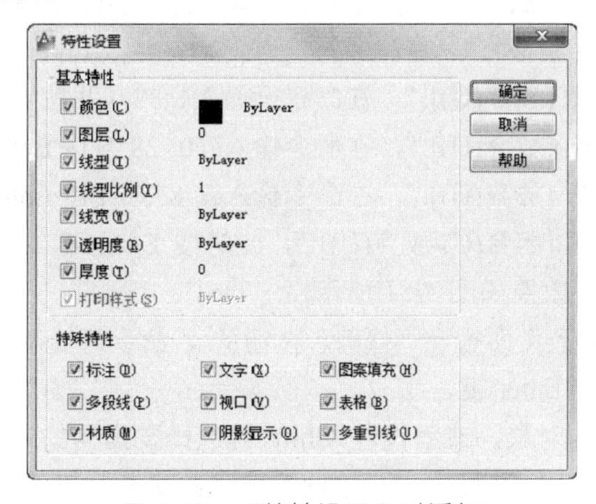

图 4-48　“特性设置”对话框

4.8　图形编辑实例一

使用直线、倒角、阵列等命令绘制如图 4-49 所示的零件。

01 单击“常用”选项卡→“绘图”面板→“圆”按钮，命令行提示“_CIRCLE 指定圆的圆心或 [三

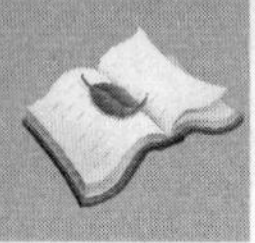

点(3P)/两点(2P)/切点、切点、半径(T)]:”，此时使用鼠标捕捉任意点单击确定圆心。

02 命令行提示“指定圆的半径或 [直径(D)]:”，在命令行输入 d 并按 Enter 键。

03 命令行提示“指定圆的直径:”，在命令行输入 27 并按 Enter 键。

04 再次按 Enter 键，命令行提示“_CIRCLE 指定圆的圆心或 [三点(3P)/两点(2P)/切点、切点、半径(T)]:”，此时使用鼠标捕捉上一步的圆心。

05 命令行提示“指定圆的半径或 [直径(D)]:”，在命令行输入 d 并按 Enter 键。

06 命令行提示“指定圆的直径:”，在命令行输入 65 并按 Enter 键。

07 单击“常用”选项卡→“图层”面板，选择 “中心线”图层。

08 单击“常用”选项卡→“绘图”面板→“直线”按钮，命令行提示“命令: _line 指定第一点:”，绘制如图 4-50 所示的相互垂直的中心线。

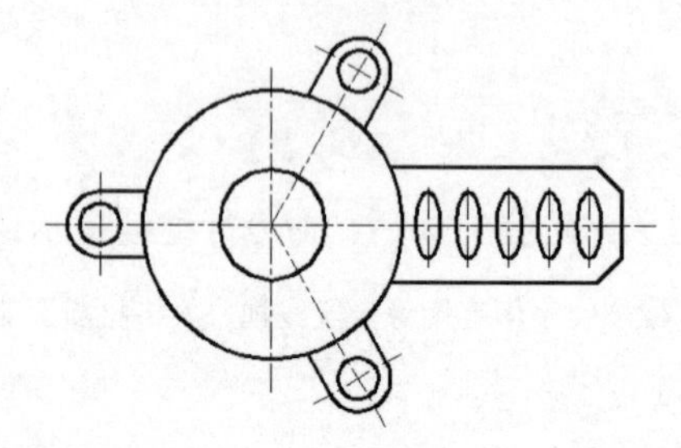
图 4-49 零件

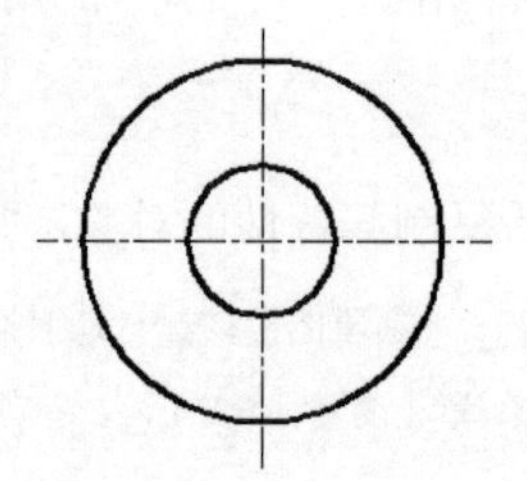
图 4-50 绘制的圆

09 单击“常用”选项卡→“图层”面板，选择 “轮廓线”图层。

10 单击“常用”选项卡→“绘图”面板→“直线”按钮，命令行提示“命令: _line 指定第一点:”，此时按住 Shift 键+单击鼠标右键，在弹出的快捷菜单中选择“自”，捕捉上一步圆的圆心。

11 命令行提示“_from 基点: <偏移>:”，在命令行输入@0,14 并按 Enter 键。

12 命令行提示“指定下一点或 [放弃(U)]:”，在命令行输入@87,0 并按 Enter 键。

13 命令行提示“指定下一点或 [放弃(U)]:”，在命令输入@0,-28 并按 Enter 键。

14 命令行提示“指定下一点或 [放弃(U)]:”，在命令输入@-87,0 并按 Enter 键。

15 命令行提示“指定下一点或 [闭合(C)/放弃(U)]:”，此时按 Enter 键或选择右键快捷菜单中“确定”命令，完成直线段的绘制，效果如图 4-51 所示。

16 单击“常用”选项卡→“修改”面板→“修剪”按钮，命令行提示“选择对象或 <全部选择>:”，选择外侧圆作为剪切边并按 Enter 键。

17 命令行提示“选择要修剪的对象，或者按住 Shift 键选择要延伸的对象，或者[栏选(F)/窗交(C)/投影(P)/边(E)/删除(R)/放弃(U)]:”，选择上一步绘制的直线在圆内的部分并按 Enter 键，如图 4-52 所示。

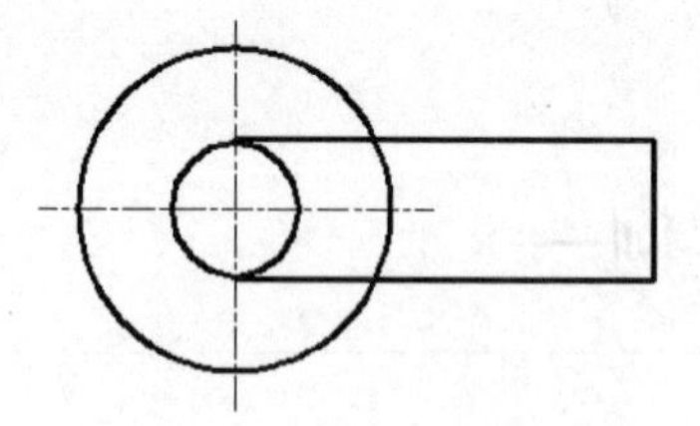
图 4-51 绘制直线段

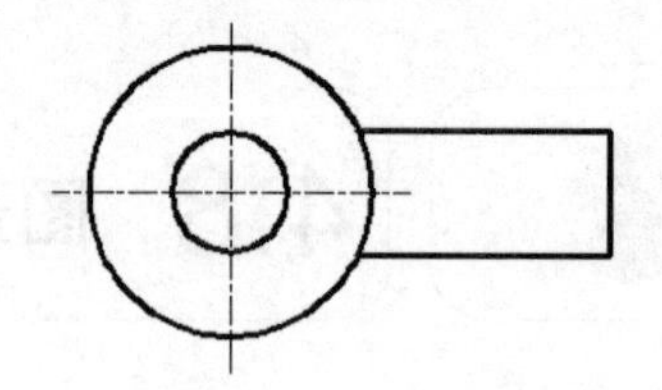
图 4-52 修剪直线段

18 单击“常用”选项卡→“绘图”面板→“圆”按钮，命令行提示“_CIRCLE 指定圆的圆心或 [三点(3P)/两点(2P)/切点、切点、半径(T)]:”，此时按住 Shift 键+单击鼠标右键，在弹出的快捷菜单中选择“自”，捕捉外圆的圆心。

19 命令行提示“_from 基点: <偏移>:”，在命令行输入@-43,0 并按 Enter 键。

20 命令行提示“指定圆的半径或 [直径(D)]:”，在命令行输入 d 并按 Enter 键。

21 命令行提示“指定圆的直径:”，在命令行输入 10 并按 Enter 键。

22 再次按 Enter 键，命令行提示“_CIRCLE 指定圆的圆心或 [三点(3P)/两点(2P)/切点、切点、半径(T)]:”，此时使用鼠标捕捉上一步的圆心。

23 命令行提示“指定圆的半径或 [直径(D)]:”，在命令行输入 d 并按 Enter 键。

24 命令行提示“指定圆的直径:”，在命令行输入 16 并按 Enter 键，如图 4-53 所示。

25 单击“常用”选项卡→“图层”面板，选择 “中心线”图层。

26 单击“常用”选项卡→“绘图”面板→“直线”按钮，命令行提示“命令: _line 指定第一点:”，绘制如图 4-50 所示的相互垂直的中心线，如图 4-53 所示。

27 单击“常用”选项卡→“图层”面板，选择 “轮廓线”图层。

28 单击“常用”选项卡→“绘图”面板→“直线”按钮，命令行提示“_line 指定第一点:”，捕捉上一步绘制的大圆的上象限点。

29 命令行提示“指定下一点或 [放弃(U)]:”，向右移动鼠标，捕捉直线与外圆的交点并按 Enter 键。

30 按 Enter 键重复执行直线命令，命令行提示“_line 指定第一点:”，捕捉上一步绘制的大圆的下象限点。

31 命令行提示“指定下一点或 [放弃(U)]:”，向右移动鼠标，捕捉直线与外圆的交点并按 Enter 键，如图 4-54 所示。

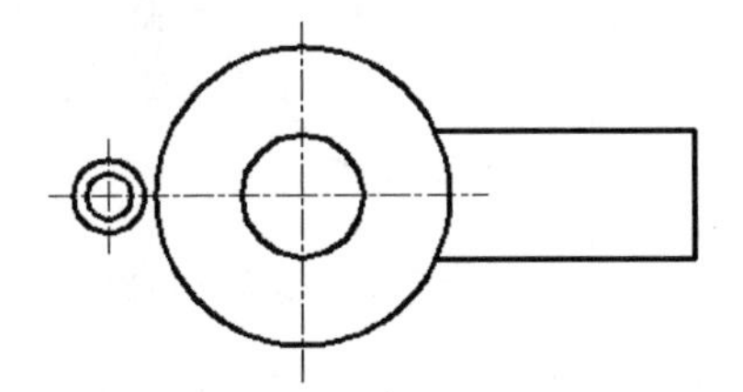

图 4-53　绘制圆

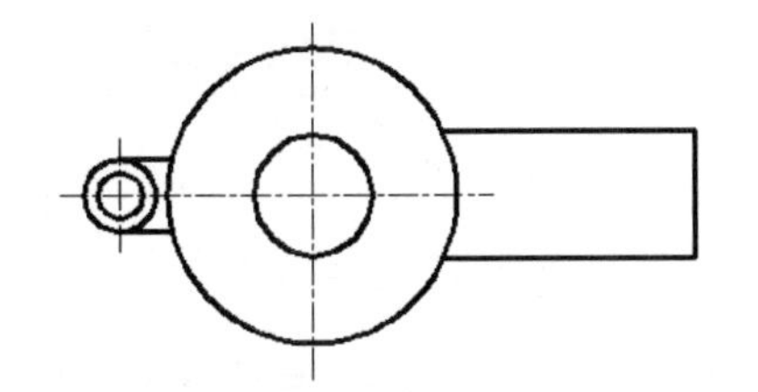

图 4-54　绘制直线段

32 单击“常用”选项卡→“修改”面板→“修剪”按钮，命令行提示“选择对象或 <全部选择>:”，选择上一步绘制的两条直线作为剪切边并按 Enter 键。

33 命令行提示“选择要修剪的对象，或者按住 Shift 键选择要延伸的对象，或者[栏选(F)/窗交(C)/投影(P)/边(E)/删除(R)/放弃(U)]:”，选择外圆在直线内侧的部分并按 Enter 键。如图 4-55 所示。

34 单击“常用”选项卡→“绘图”面板→“椭圆”按钮，命令行提示“指定椭圆的轴端点或 [圆弧(A)/中心点(C)]:”，在命令行中输入 C 并按 Enter 键。

35 命令行提示“指定椭圆的中心点:”，此时按住 Shift 键+单击鼠标右键，在弹出的快捷菜单中选择“自”，捕捉第一步绘制的外圆的圆心。

36 命令行提示“_from 基点: <偏移>:”，在命令行输入@79,0 并按 Enter 键。

37 命令行提示“指定轴的端点:”，在命令行输入@3,0 并按 Enter 键。

38 命令行提示“指定另一条半轴长度或 [旋转(R)]:”，在命令行输入 8 并按 Enter 键。

39 单击“常用”选项卡→“图层”面板，选择 “中心线”图层。

40 单击“常用”选项卡→“绘图”面板→“直线”按钮，命令行提示“命令: _line 指定第一点:”，

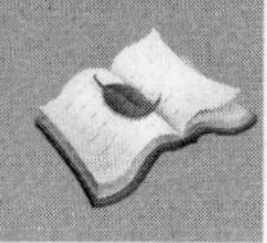

绘制如图 4-50 所示的相互垂直的中心线，如图 4-56 所示。

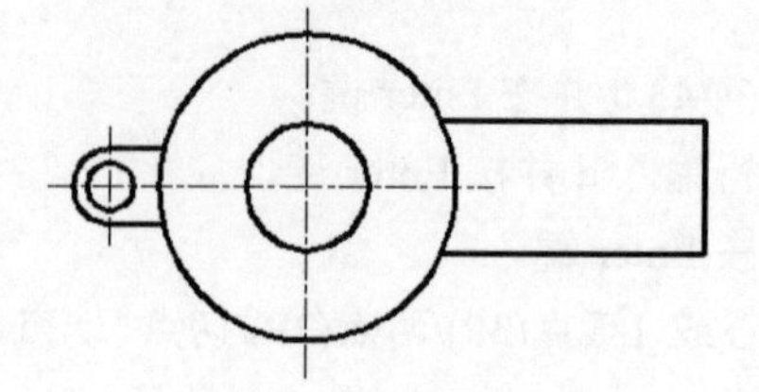

图 4-55　修剪圆

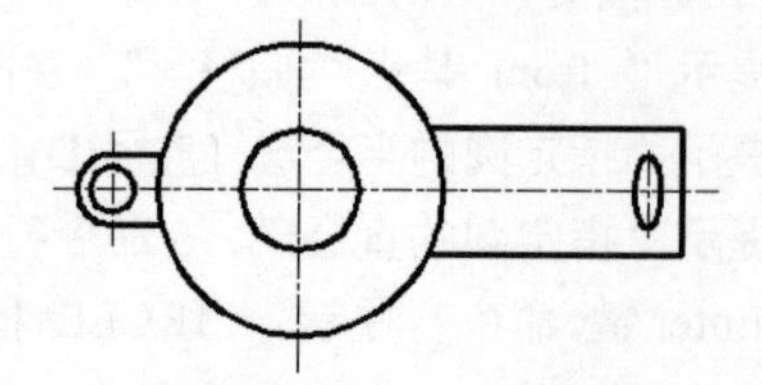

图 4-56　绘制椭圆

41 单击“常用”选项卡→“修改”面板→“矩形阵列”按钮，命令行提示“选择对象:”，选择上一步绘制的椭圆并按 Enter 键。

42 命令行提示“为项目数指定对角点或 [基点(B)/角度(A)/计数(C)] <计数>:”，按 Enter 键。

43 命令行提示“输入行数或 [表达式(E)] <4>: ”，在命令行中输入 1 按 Enter 键。

44 命令行提示“输入列数或 [表达式(E)] <4>:”，在命令行输入 5，按 Enter 键。

45 命令行提示“指定对角点以间隔项目或 [间距(S)] <间距>:”，按 Enter 键。

46 命令行提示“指定列之间的距离或 [表达式(E)] <9>:”，在命令输入-10 并按 Enter 键，如图 4-57 所示。

47 单击“常用”选项卡→“修改”面板→“环形阵列”按钮，命令行提示“选择对象:”，选择外圆上突出部分并按 Enter 键，如图 4-58 所示。

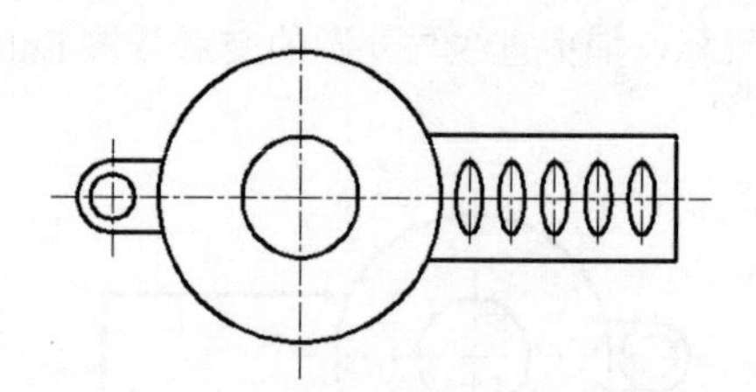

图 4-56　矩形阵列

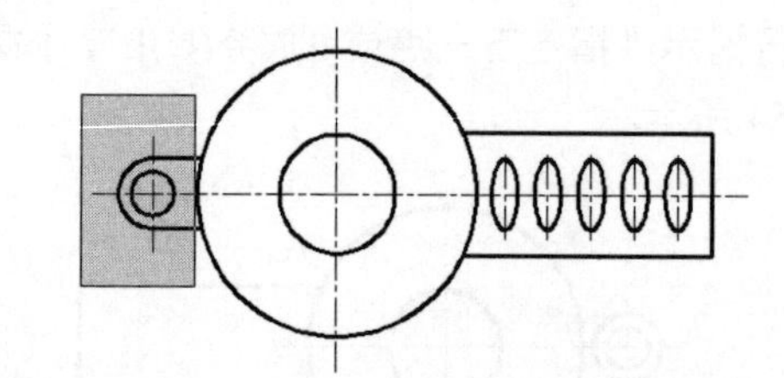

图 4-57　选择环形阵列对象

48 命令行提示“指定阵列的中心点或 [基点(B)/旋转轴(A)]:”，选择第一步绘制的外圆圆心，按 Enter 键。

49 命令行提示“输入项目数或 [项目间角度(A)/表达式(E)] <3>:”，按 Enter 键。

50 命令行提示“指定填充角度(+=逆时针、-=顺时针)或 [表达式(EX)] <360>:”，按 Enter 键。

51 命令行提示“按 Enter 键接受或 [关联(AS)/基点(B)/项目(I)/项目间角度(A)/填充角度(F)/行(ROW)/层(L)/旋转项目(ROT)/退出(X)] <退出>:”，按 Enter 键，如图 4-58 所示。

52 单击“常用”选项卡→“修改”面板→“倒角”按钮，命令行提示“选择第一条直线或 [放弃(U)/多段线(P)/距离(D)/角度(A)/修剪(T)/方式(E)/多个(M)]:”，此时在命令行输入 a 并按 Enter 键。

53 命令行提示“指定第一条直线的倒角长度<0.0000>:”，此时在命令行输入 6 并按 Enter 键。

54 命令行提示“指定第一条直线的倒角角度 <0>:”，此时在命令行输入 45 并按 Enter 键。

55 命令行提示“选择第一条直线或 [放弃(U)/多段线(P)/距离(D)/角度(A)/修剪(T)/方式(E)/多个(M)]:”，此时选择如图 4-59 所示的直线，按 Enter 键。

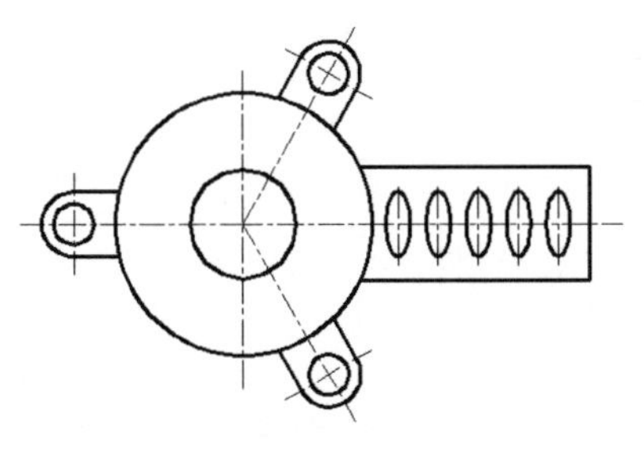

图 4-58　环形阵列

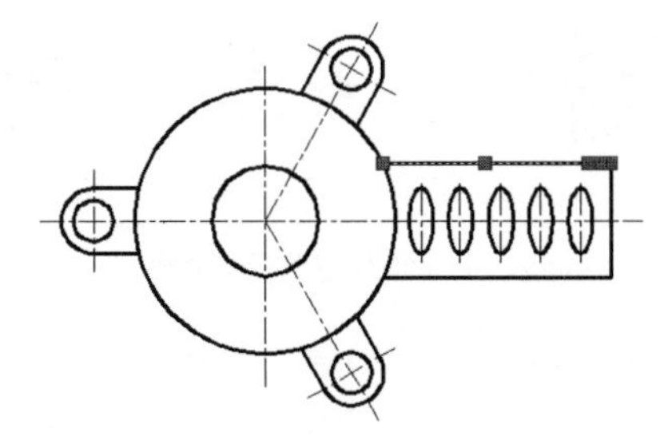

图 4-59　选择直线

56 命令行提示“选择第二条直线，或者按住 Shift 键选择直线以应用角点或 [距离(D)/角度(A)/方法(M)]:”，此时选择右侧的直线，按 Enter 键，结果如图 4-60 所示。

57 重复执行步骤 51~55 的操作，绘制下方的倒角，结果如图 4-61 所示。

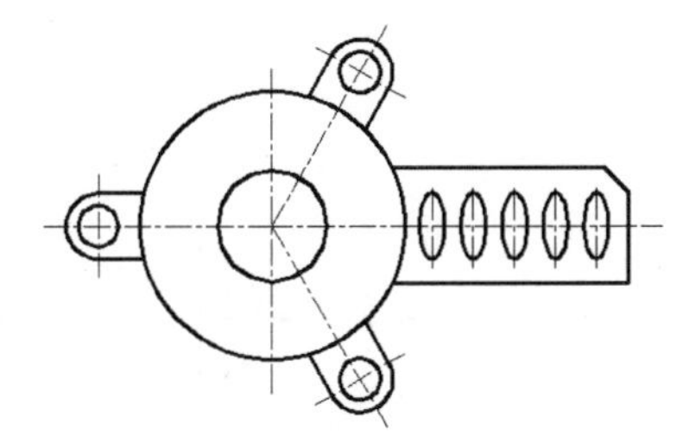

图 4-60　倒角 1

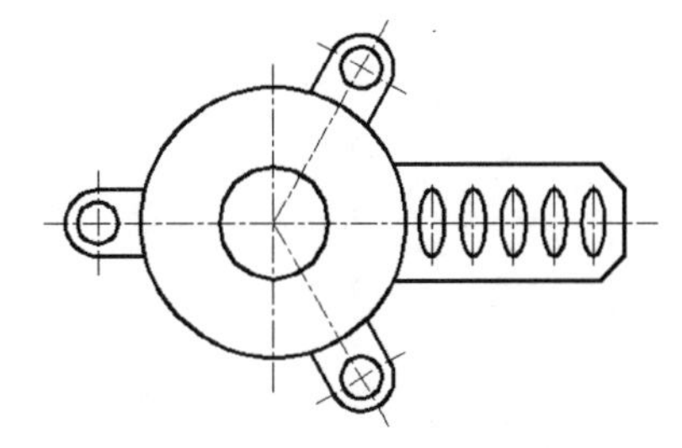

图 4-61　倒角 2

58 单击“常用”选项卡→“绘图”面板→“圆”按钮，命令行提示“_CIRCLE 指定圆的圆心或 [三点(3P)/两点(2P)/切点、切点、半径(T)]:”，此时按住 Shift 键+单击鼠标右键，在弹出的快捷菜单中选择“自”，捕捉第一步绘制的外圆的圆心。

59 命令行提示“_from 基点: <偏移>:”，在命令行输入@18,0 并按 Enter 键。

60 命令行提示“指定圆的半径或 [直径(D)]:”，在命令行输入 d 并按 Enter 键。

61 命令行提示“指定圆的直径:”，在命令行输入 10 并按 Enter 键，如图 4-62 所示。

62 单击“常用”选项卡→“修改”面板→“环形阵列”按钮，命令行提示“选择对象:”，选择上一步绘制的圆并按 Enter 键。

63 命令行提示“指定阵列的中心点或 [基点(B)/旋转轴(A)]:”，选择第一步绘制的外圆圆心按 Enter 键。

64 命令行提示“输入项目数或 [项目间角度(A)/表达式(E)] <3>:”，在命令行中输入 4 并按 Enter 键。

65 命令行提示“指定填充角度(+=逆时针、-=顺时针)或 [表达式(EX)] <360>:”，按 Enter 键。

66 命令行提示“按 Enter 键接受或 [关联(AS)/基点(B)/项目(I)/项目间角度(A)/填充角度(F)/行(ROW)/层(L)/旋转项目(ROT)/退出(X)] <退出>:”，按 Enter 键，如图 4-63 所示。

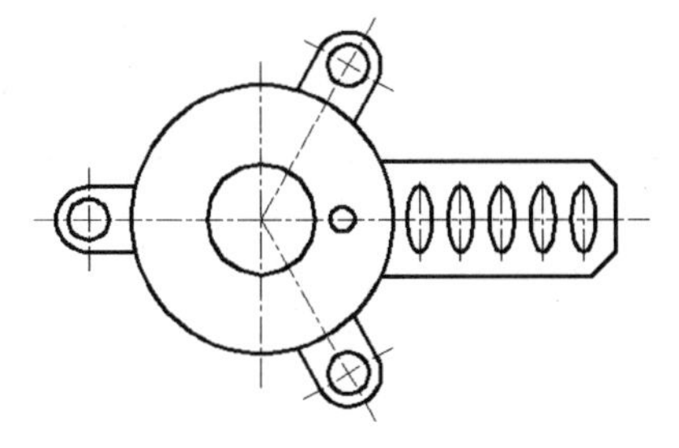

图 4-62　绘制圆

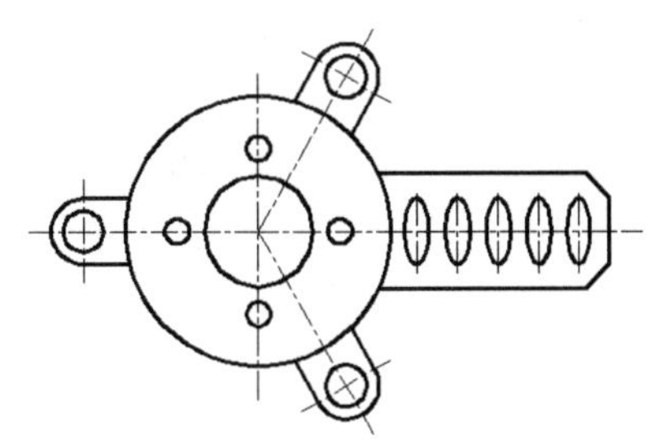

图 4-63　环形阵列

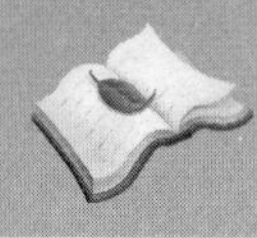

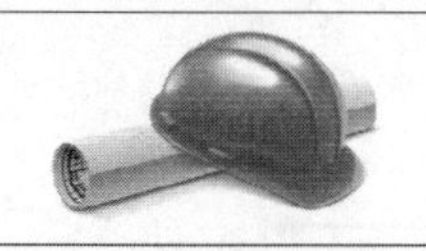

4.9 图形编辑实例二

使用矩形、直线、阵列、复制等命令绘制如图 4-64 所示的零件。

01 在“常用”选项卡→“图层”面板中设置“中心线”层为当前层。

02 单击“常用”选项卡→“绘图”面板→“直线”按钮，绘制如图 4-65 所示的中心线。

03 在“常用”选项卡→“图层”面板中设置“轮廓线”层为当前层。

04 单击“常用”选项卡→“绘图”面板→“圆心,半径”按钮，命令行提示“命令: _circle 指定圆的圆心或 [三点(3P)/两点(2P)/切点、切点、半径(T)]:”，此时使用鼠标捕捉中间两条中心线的交点。

05 命令行提示“指定圆的半径或 [直径(D)]:”，此时在命令行输入 5.5 并按 Enter 键完成圆的绘制，如图 4-65 所示。

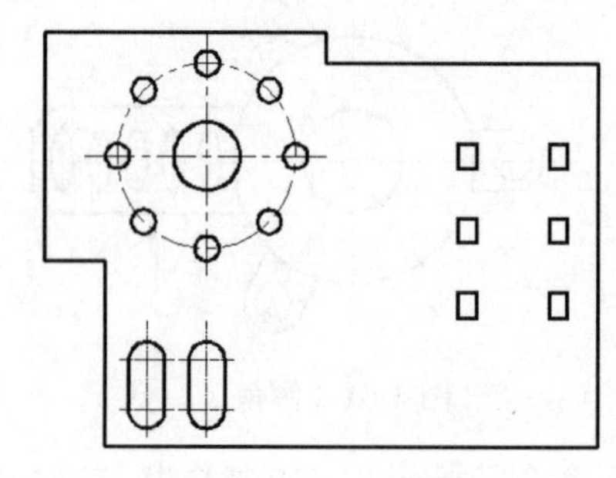

图 4-64 绘制零件

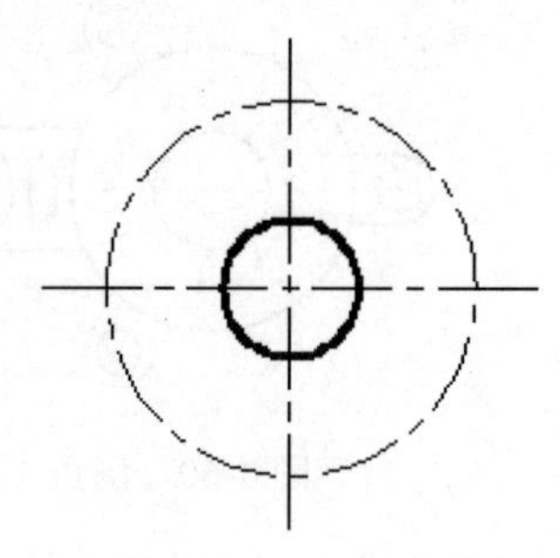

图 4-65 中心线

06 单击“常用”选项卡→“绘图”面板→“直线”按钮，命令行提示“命令: _line 指定第一点:”，此时按住 Shift 键+单击鼠标右键，在弹出的快捷菜单中选择“自”，捕捉上一步的圆心。

07 命令行提示“_from 基点: <偏移>:”，在命令行输入@-27,20 并按 Enter 键。

08 命令行提示“指定下一点或 [放弃(U)]:”，在命令行输入@47,0 并按 Enter 键。

09 命令行提示“指定下一点或 [放弃(U)]:”，在命令行输入@0,-5 并按 Enter 键。

10 命令行提示“指定下一点或 [放弃(U)]:”，在命令行输入@45,0 并按 Enter 键。

11 命令行提示“指定下一点或 [放弃(U)]:”，在命令行输入@0,-62 并按 Enter 键。

12 命令行提示“指定下一点或 [放弃(U)]:”，在命令行输入@-82,0 并按 Enter 键。

13 命令行提示“指定下一点或 [放弃(U)]:”，在命令行输入@0,30 并按 Enter 键。

14 命令行提示“指定下一点或 [放弃(U)]:”，在命令行输入@-10,0 并按 Enter 键。

15 命令行提示“指定下一点或 [闭合(C)/放弃(U)]:”，此时在命令行输入 C，完成直线段的绘制，效果如图 4-66 所示。

16 单击“常用”选项卡→“绘图”面板→“矩形”按钮，命令行提示“指定第一个角点或 [倒角(C)/标高(E)/圆角(F)/厚度(T)/宽度(W)]:”，此时按住 Shift 键+单击鼠标右键，在弹出的快捷菜单中选择“自”，捕捉上一步直线段的右上角交点。

17 命令行提示“_from 基点: <偏移>:”，在命令行输入@-5,-13 并按 Enter 键。

18 命令行提示“指定另一个角点或 [面积(A)/尺寸(D)/旋转(R)]:”，在命令行输入@-3,-4 并按 Enter 键，如图 4-67 所示。

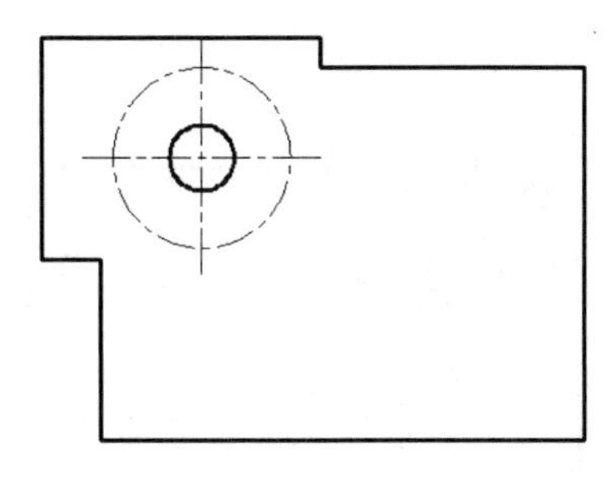

图 4-66　边框

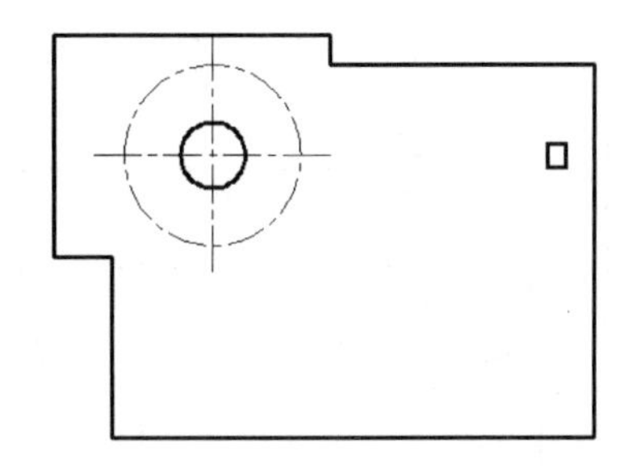

图 4-67　绘制矩形

19 单击“常用”选项卡→“修改”面板→“矩形阵列”按钮，命令行提示“选择对象:”，选择上一步绘制的矩形，并按 Enter 键。

20 命令行提示“为项目数指定对角点或 [基点(B)/角度(A)/计数(C)] <计数>:”并按 Enter 键。

21 命令行提示“输入行数或 [表达式(E)] <4>: ”，在命令行中输入 3 并按 Enter 键。

22 命令行提示“输入列数或 [表达式(E)] <4>:”，在命令行输入 2 并按 Enter 键。

23 命令行提示“指定对角点以间隔项目或 [间距(S)] <间距>:”，按 Enter 键。

24 命令行提示“指定行之间的距离或 [表达式(E)] <9>:”，在命令行输入-12 并按 Enter 键。

25 命令行提示“指定列之间的距离或 [表达式(E)] <-12>:”，在命令行输入-15 并按 Enter 键，如图 4-68 所示。

26 单击“常用”选项卡→“绘图”面板→“圆”按钮，命令行提示“_CIRCLE 指定圆的圆心或 [三点(3P)/两点(2P)/切点、切点、半径(T)]:”，此时捕捉圆形中心线与竖直中心线的交点。

27 命令行提示“指定圆的半径或 [直径(D)]:”，在命令行输入 2 并按 Enter 键，如图 4-69 所示。

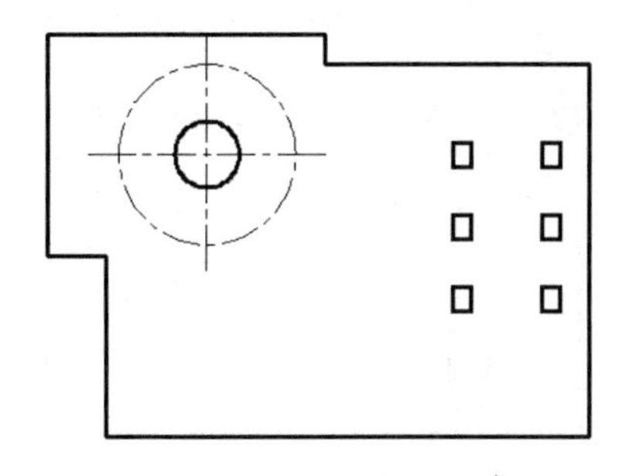

图 4-68　矩形阵列

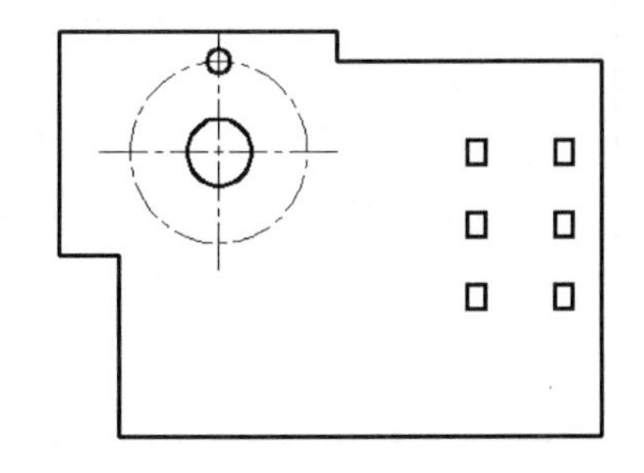

图 4-69　绘制圆

28 单击“常用”选项卡→“修改”面板→“环形阵列”按钮，命令行提示“选择对象:”，选择上一步绘制的圆并按 Enter 键。

29 命令行提示“指定阵列的中心点或 [基点(B)/旋转轴(A)]:”，选择第一步绘制圆的圆心并按 Enter 键。

30 命令行提示“输入项目数或 [项目间角度(A)/表达式(E)] <3>:”，在命令行中输入 8 并按 Enter 键。

31 命令行提示“指定填充角度(+=逆时针、-=顺时针)或 [表达式(EX)] <360>:”，按 Enter 键。

32 命令行提示“按 Enter 键接受或 [关联(AS)/基点(B)/项目(I)/项目间角度(A)/填充角度(F)/行(ROW)/层(L)/旋转项目(ROT)/退出(X)] <退出>:”，按 Enter 键，如图 4-70 所示。

33 单击“常用”选项卡→“绘图”面板→“圆”按钮，命令行提示“_CIRCLE 指定圆的圆心或 [三点(3P)/两点(2P)/切点、切点、半径(T)]:”，此时按住 Shift 键+单击鼠标右键，在弹出的快捷菜单中选择“自”，捕捉第一步绘制圆的圆心。

34 命令行提示“_from 基点: <偏移>:”，在命令行输入@0,-33 并按 Enter 键。

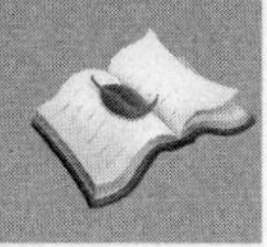

35 命令行提示“指定圆的半径或 [直径(D)]:”，在命令行输入 3 并按 Enter 键，如图 4-71 所示。

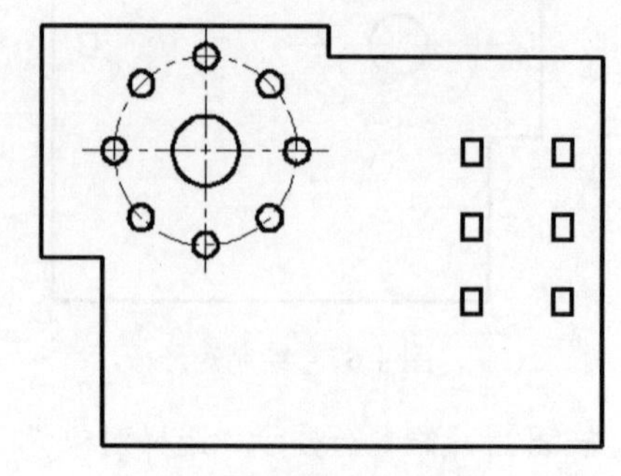
图 4-70　矩形阵列

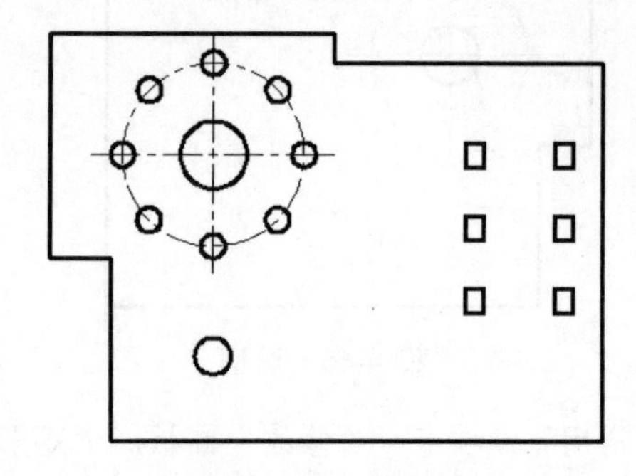
图 4-71　绘制圆

36 单击“常用”选项卡→“绘图”面板→“复制”按钮，命令行提示“选择对象:”，选择上一步绘制的圆并按 Enter 键。

37 命令行提示“指定基点或 [位移(D)/模式(O)] <位移>:”，选择圆心作为基点并按 Enter 键。

38 命令行提示“指定第二个点或 [阵列(A)] <使用第一个点作为位移>:”，在命令行中输入@0,-8 并按 Enter 键，如图 4-72 所示。

39 单击“常用”选项卡→“绘图”面板→“直线”按钮，命令行提示“命令: _line 指定第一点:”，捕捉上边圆的左象限点并按 Enter 键。

40 命令行提示“指定下一点或 [放弃(U)]:”，捕捉下边圆的左象限点并按 Enter 键。

41 按照步骤 34~37 的操作绘制连接两个圆右象限点的直线，如图 4-73 所示。

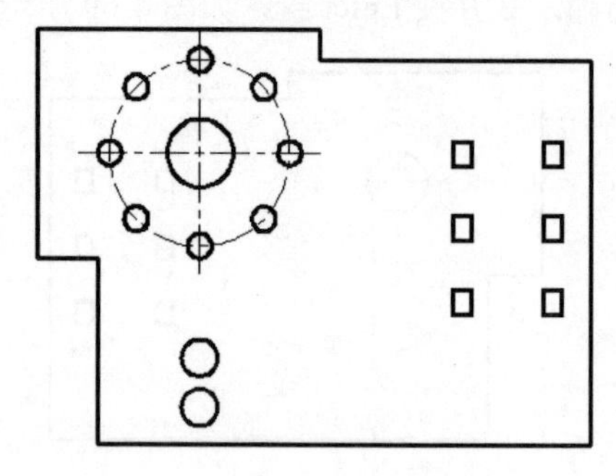
图 4-72　复制圆

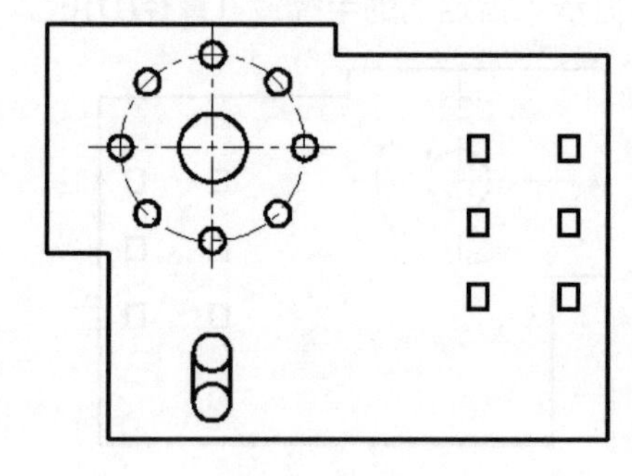
图 4-73　绘制直线

42 单击“常用”选项卡→“绘图”面板→“修剪”按钮，命令行提示“选择对象:”，选择上一步绘制的两条直线并按 Enter 键。

43 命令行提示“选择要修剪的对象，或按住 Shift 键选择要延伸的对象，或[栏选(F)/窗交(C)/投影(P)/边(E)/删除(R)/放弃(U)]:”，选择圆在直线内的部分并按 Enter 键，如图 4-74 所示。

44 在“常用”选项卡→“图层”面板中设置“中心线”层为当前层。

45 单击“常用”选项卡→“绘图”面板→“直线”按钮，绘制如图 4-75 所示的中心线。

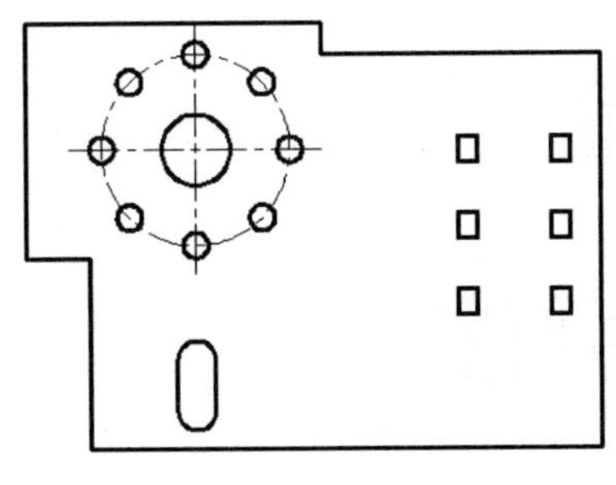

图 4-74　修剪圆

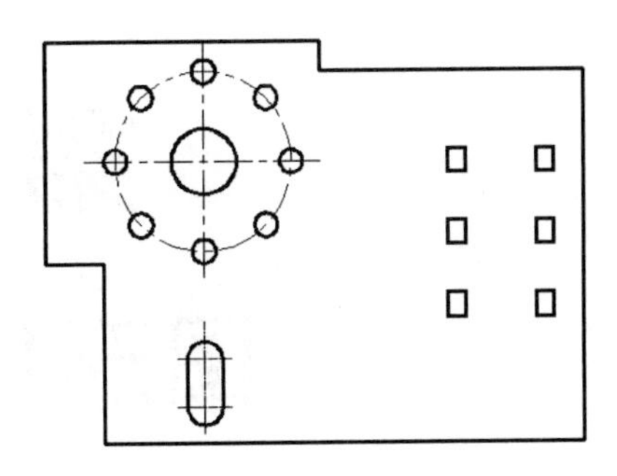

图 4-75　绘制中心

46 单击“常用”选项卡→“绘图”面板→“复制”按钮，命令行提示“选择对象:”，选择上一步如图 4-76 所示的图形并按 Enter 键。

47 命令行提示“指定基点或 [位移(D)/模式(O)] <位移>:”，选择中心线交点作为基点并按 Enter 键。

48 命令行提示“指定第二个点或 [阵列(A)] <使用第一个点作为位移>:”，在命令行中输入@-10,0 并按 Enter 键，效果如图 4-77 所示。

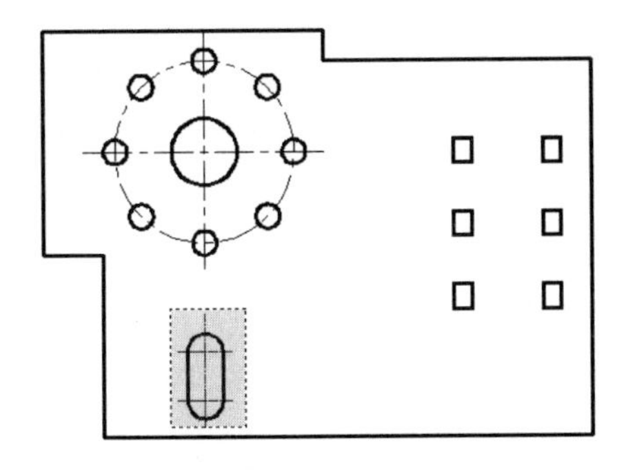

图 4-76　选择对象

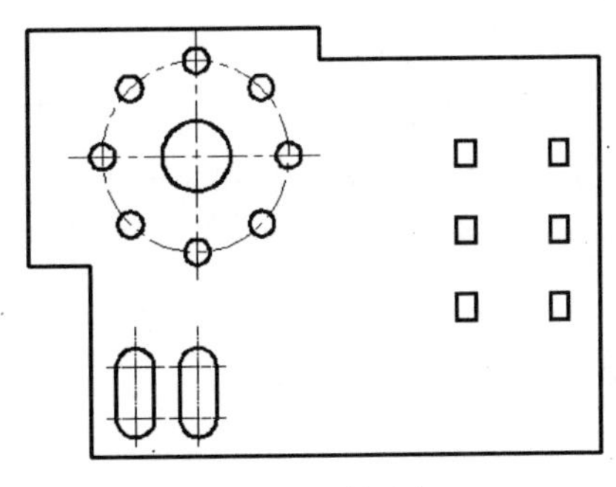

图 4-77　复制对象

4.10 知识回顾

本章主要介绍了如何对二维图形进行编辑操作。AutoCAD 2012 的编辑功能非常强大，主要命令集中在“修改”子菜单中。由本章的一些实例操作可以看出，灵活编辑已有的图形元素而不是按部就班的绘制每一个对象通常能够极大地提高绘图效率。AutoCAD 提供了移动、复制、旋转、缩放、拉伸等丰富的编辑命令，熟练掌握这些命令是今后绘制复杂图形对象的基础。

第5章

图形尺寸标注

标注是图形中不可缺少的一部分，本章主要介绍标注样式、尺寸标注，以及形位公差标注等方面的内容。AutoCAD尺寸标注的内容很丰富，用户可以轻松创建出各种类型的尺寸，所有类型的尺寸都与尺寸样式相关。通过本章学习，读者要掌握标注样式的设置，以及长度、半径、直径、角度等的标注方法，并掌握公差、粗糙度、形位公差等尺寸特征的标注。

学习目标

- 标注样式的创建和修改
- 熟练掌握各种尺寸标注的标注方法
- 掌握形位公差的标注方法
- 使用多重引线标注和设置多重引线样式
- 熟悉各种编辑标注的方法

5.1 尺寸标注的规则与组成

5.1.1 尺寸标注基本规则

图形绘制完成后，需要进行相应的尺寸标注，尺寸标注时需要遵循以下几个基本规则。

（1）机件的真实大小应以图样上所注的尺寸数值为依据，与图形的大小及绘图的准确度无关。

（2）图样中（包括技术要求和其他说明）的尺寸，以mm为单位时，不需标注单位符号（或名称）；如采用其他单位，则应注明相应的单位符号。

（3）图样中所标注的尺寸，为该图样所示机件的最后完工尺寸，否则应另行说明。

（4）机件的每一尺寸，一般只标注一次，并应标注在反映该结构最清晰的图形上。

GB/T 4458.4－2003《机械制图尺寸标注》规定了图样中的尺寸标注基本规则。

5.1.2　尺寸标注的组成

在机械制图或其他工程制图中，尺寸标注必须采用细实线绘制，一个完整的尺寸标注应该包括以下几个部分（如图 5-1 所示）。

（1）尺寸界线。从标注端点引出的标明标注范围的直线。尺寸界线可由图形轮廓线、轴线或对称中心线引出，也可直接利用轮廓线、轴线或对称中心线作为尺寸界线。

（2）尺寸线。尺寸线与尺寸界线垂直，其终端一般采用箭头形式。

（3）标注文字。标出图形的尺寸值，一般标在尺寸线的上方，对非水平方向的尺寸，其文字也可水平标在尺寸线的中断处。

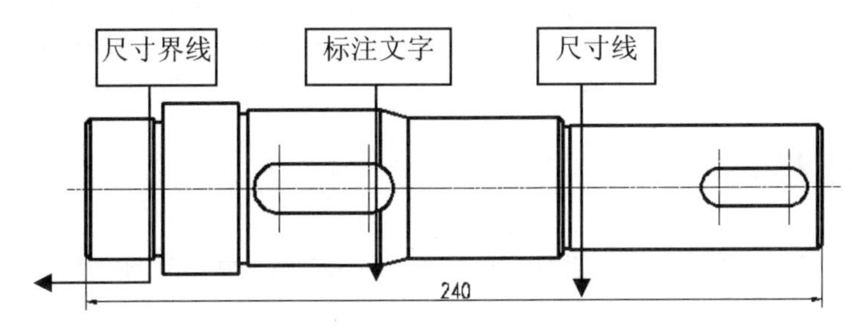

图 5-1　尺寸标注的组成

5.2　创建与设置标注样式

在 AutoCAD 2012 中，可通过标注样式控制标注格式，包括尺寸线线型、尺寸线箭头长度、标注文字的高度，以及排列方式等。

5.2.1　打开标注样式管理器

AutoCAD 2012 利用“标注样式管理器”对话框设置标注样式，如图 5-2 所示。用户可以利用下面 5 种方法打开“标注样式管理器”对话框。

- 功能区：单击“常用”选项卡→“注释”面板→“标注样式”按钮。
- 功能区：单击“注释”选项卡→“标注”面板→“标注样式”按钮。
- 经典模式：选择菜单栏中的“格式”→“标注样式”命令。
- 经典模式：经典模式：单击“标注”工具栏的“标注样式”按钮。
- 运行命令：DIMSTYLE。

AutoCAD 2012 系统提供公制或英制的标注样式，这取决于初次启动时的设置和新建图形所选用的模板，见“标注样式管理器”的左侧。

单击 新建(N)... 按钮创建新的标注样式，也可单击 修改(M)... 按钮对所选的标注样式进行修改，新建与修改标注样式所设置的选项相同； 替代(O)... 按钮用来设置标注样式的临时替代，其设置的样式将作为未保存的更改结果显示在“样式”列表中的标注样式下；单击比较(C)...按钮，可弹出“比较标注样式”对话框，如图 5-3 所示。从中可以比较两个标注样式或列出一个标注样式的所有特性。

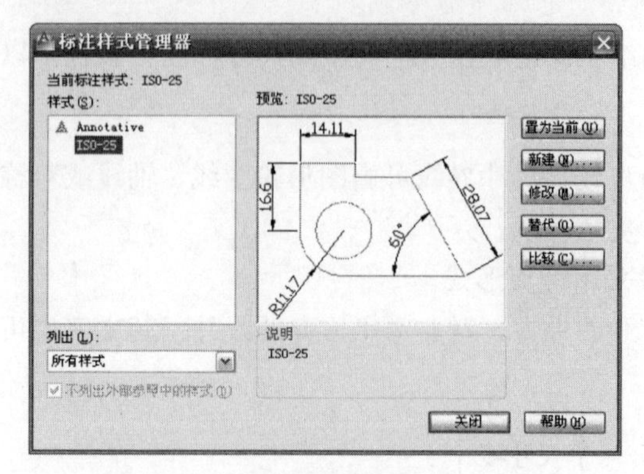

图 5-2　“标注样式管理器”对话框

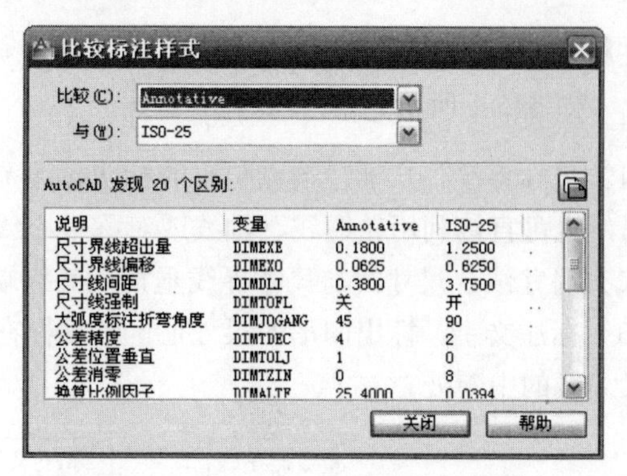

图 5-3　“比较标注样式”对话框

5.2.2　设置标注样式

单击“标注样式管理器”对话框右侧的新建(N)...按钮，打开“创建新标注样式”对话框，如图 5-4 所示。

在“新样式名”文本框中输入新建的样式名称，默认为“副本 MEP（公制）”；在“基础样式”下拉列表框中选择新建样式的基础样式，新建样式即在该基础样式的基础上进行修改而成，默认为“MEP（公制）”样式；“用于”下拉列表框指的是新建标注的应用范围，可以是“所有标注”、“线形标注”、“角度标注”、“半径标注”、“直径标注”、“坐标标注”和“引线与公差”等，默认为“所有标注”；“注释性”复选框是 AutoCAD 2012 的一个新功能，使用此特性，可以自动完成缩放注释的过程，从而使注释能够以正确的大小在图纸上打印或显示。

单击“创建新标注样式”对话框右侧的继续按钮，可弹出“新建标注样式”对话框，如图 5-5 所示。该对话框包括“线”、“符号和箭头”等 7 个选项卡，可设置标注的一系列元素的属性，在对话框右侧有所设置内容的预览。

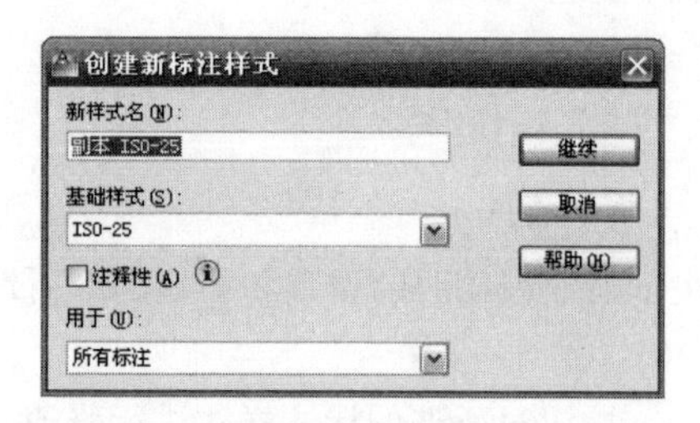

图 5-4　“创建新标注样式”对话框

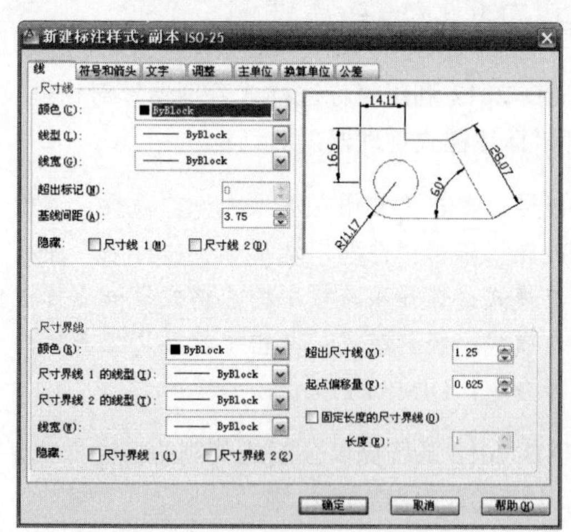

图 5-5　“新建标注样式”对话框

1. “线”选项卡

“线”选项卡包含“尺寸线”和“延伸线”两个选项，分别用于设置尺寸线、尺寸界线的格式和特性。

（1）“尺寸线”选项组

- “颜色”、“线型”、“线宽”3 个下拉列表框：分别用于设置尺寸线的颜色、线型和线宽。
- “超出标记”调整框：指定当箭头使用倾斜、建筑标记和无标记时尺寸线超过尺寸界线的距离。
- “基线间距”调整框：设置基线标注的尺寸线之间的距离。
- “隐藏”复选框：选择某一复选框表示不显示该尺寸线，可用于半剖视图中的标注。

（2）“尺寸界线”选项组

“颜色”、“尺寸界线 1 的线型”、“尺寸界线 2 的线型”、“线宽”、“隐藏”与“尺寸线”选项组的对应选项含义相同。

- “超出尺寸线”调整框：设置尺寸界线超出尺寸线的距离。
- “起点偏移量”调整框：设置自图形中定义标注的点到尺寸界线的偏移距离。
- “固定长度的尺寸界线”复选框：选择该复选框后将启用固定长度的尺寸界线，其长度可在“长度”调整框中设置。

2. “符号和箭头”选项卡

“符号和箭头”选项卡包含“箭头”、“圆心标记”和“弧长符号”等多个选项组，用于设置箭头、圆心标记、弧长符号和折弯半径标注等的格式和位置。

（1）“箭头”选项组

- “第一个”、“第二个”、“引线”3 个下拉列表框：分别用于设置第一个尺寸线箭头、第二个尺寸线箭头及引线箭头的类型。
- “箭头大小”调整框：设置箭头的大小。

（2）“圆心标记”选项组

- “无”单选按钮：如选择该选项，表示不创建圆心标记或中心线。
- “标记”单选按钮：表示创建圆心标记。
- “直线”单选按钮：创建中心线。

如图 5-6 所示为对直径 40 的圆，大小设置为 2.5 的“圆心标记”和“中心线”。

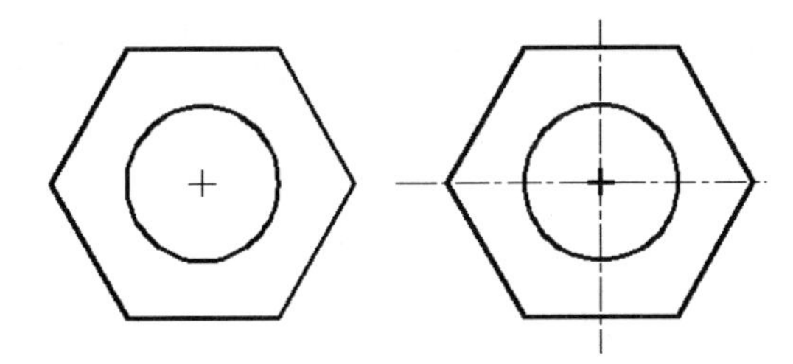

图 5-6 “圆心标记”和“中心线”

（3）“折断标注”选项组

“折断大小”调整框：设置折断标注的间距大小。

（4）“弧长符号”选项组

“标注文字的前缀”、“标注文字的上方”和“无”3 个单选按钮：用于设置弧长符号“⌒”在尺寸线上的位置，即在标注文字的前方、上方或者不显示。

（5）“半径折弯标注”选项组

“折弯角度”文本框：设置折弯半径标注中尺寸线的横向线段的角度。

（6）“线性折弯标注”选项组

“折弯高度因子”调整框：设置“折弯高度”表示形成折弯角度的两个顶点之间的距离。

3. “文字”选项卡

“文字”选项卡用于设置标注文字的格式、放置和对齐。

（1）“文字外观”选项组

- “文字样式”、“文字颜色”、“填充颜色”3 个下拉列表框：分别用于选择标注文字的样式、颜色和填充的颜色。
- “文字高度”调整框：设置当前标注文字样式的高度。
- “分数高度比例”调整框：仅当在“主单位”选项卡上选择“分数”作为“单位格式”时，此选项才可用。这个调整框用于设置相对于标注文字的分数比例。在此处输入的值乘以文字高度，可确定标注分数相对于标注文字的高度。
- “绘制文字边框”复选框：用于设置是否在标注文字周围绘制一个边框。

（2）“文字位置”选项组

- “垂直”和“水平”下拉列表框：分别用于设置标注文字相对尺寸线的垂直位置和标注文字在尺寸线上相对于尺寸界线的水平位置。
- “观察方向”下拉列表框：控制标注文字的观察方向，即按从左到右阅读的方式放置文字，还是按从右到左阅读的方式放置文字。
- “从尺寸线偏移”调整框：设置当尺寸线断开以容纳标注文字时，标注文字周围的距离。

（3）“文字对齐”选项组

该区域包括“水平”、“与尺寸线对齐”和“ISO 标准”3 个单选按钮。选择 3 个单选按钮的效果如图 5-7 所示。

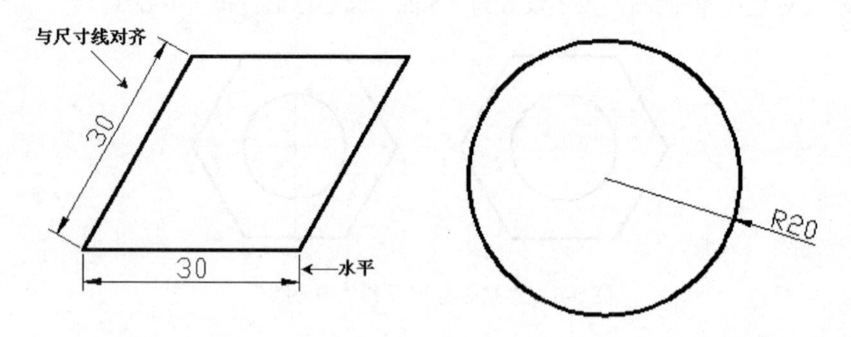

图 5-7 “水平”、“与尺寸线对齐”和“ISO 标准”的标注文字

4. “调整”选项卡

“调整”选项卡包含“调整选项”、“文字位置”等多个选项组，用于控制没有足够空间时的标注文字、箭头、引线和尺寸线的放置。

如果有足够大的空间，文字和箭头都将放在尺寸界线内。否则，将按照“调整选项”中的设置放置文字和箭头。

5. “主单位”选项卡

“主单位”选项卡用于设置主标注单位的格式和精度，并设置标注文字的前缀和后缀。

（1）“线性标注”选项组

- “单位格式”下拉列表框：设置除角度之外的所有标注类型的当前单位格式，包括“科学”、“小数”、“工程”、“建筑”、“分数”和“Windows 桌面”6 种格式。用户可根据自己的行业类别和标注需要选择。在预览窗口可以预览标注效果。
- “精度”下拉列表框：设置标注文字中的小数位数。
- “分数格式”下拉列表框：设置分数格式。只有当“单位格式”设为“分数”格式时才可用。
- “小数分隔符”下拉列表框：设置用于十进制格式的分隔符。只有当“单位格式”设为“小数”格式时才可用。
- “舍入”调整框：为除“角度”之外的所有标注类型设置标注测量值的舍入规则。如果输入 0.25，则所有标注距离都以 0.25 为单位进行舍入。如果输入 1.0，则所有标注距离都将舍入为最接近的整数。小数点后显示的位数取决于“精度”设置。
- “前缀”文本框：在标注文字中包含前缀，可以输入文字或使用控制代码显示特殊符号。例如，若输入控制代码%%c 显示直径符号，则当输入前缀时，将覆盖在直径和半径等标注中使用的任何默认前缀。
- “后缀”文本框：在标注文字中包含后缀，同样可以输入文字或使用控制代码显示特殊符号。例如，在标注文字中输入 mm，表示在所有标注文字的后面加上 mm。输入的后缀将替代所有默认后缀。
- “比例因子”调整框：设置线性标注测量值的比例因子，该值不应用到角度标注。例如，如果输入 2，则 1mm 直线的尺寸将显示为 2mm。建议不要更改此项的默认值 1。
- “消零”：不显示前导零和后续零。如勾选“前导”复选框，则不输出所有十进制标注中的前导零。例如，0.5000 变成.5000；如勾选“后续”复选框，则不输出所有十进制标注中的后续零。例如，12.5000 将变成 12.5。

（2）“角度标注”选项组

各个选项的含义与“线性标注”选项组对应选项相同。

6. “换算单位”选项卡

“换算单位”选项卡用于指定标注测量值中换算单位的显示并设置其格式和精度。

7. “公差”选项卡

“公差”选项卡用于控制标注文字中尺寸公差的格式及显示。

（1）“公差格式”选项组

- “方式”下拉列表框：设置计算公差的方法，包括“无”、“对称”、“极限偏差”、“极限尺寸”和“基本尺寸”5 个选项，默认为“无”。各个公差的方式如图 5-8 所示。
- “公差对齐”：当堆叠时，设置上偏差值和下偏差值的对齐方式。

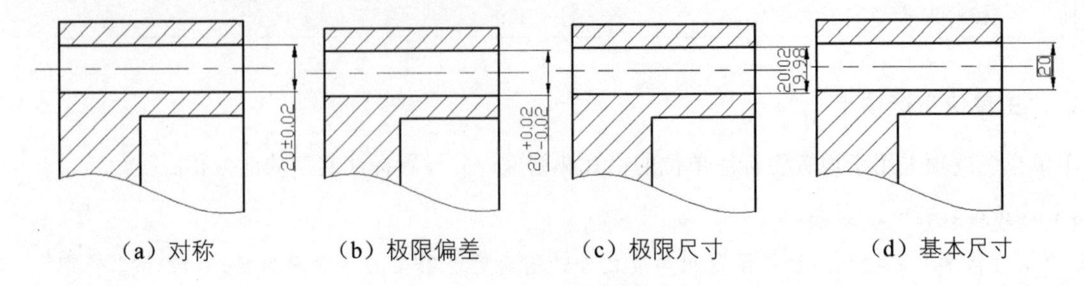

（a）对称　（b）极限偏差　（c）极限尺寸　（d）基本尺寸

图 5-8　各种尺寸公差表示方式

设置公差时，注意将“精度”的小数点位数设置为等于或高于公差值的小数点位数，否则将会使所设的公差与预期的不相符。

（2）“换算单位公差”选项组

用于设置换算公差单位的格式。只有当“换算单位”选项卡中的“显示换算单位”复选框被选上后才可用。

所有的选项卡都设置完成后，单击 确定 按钮回到“标注样式管理器”对话框。

5.2.3 将标注样式置为当前

完成新建标注样式之后，在“标注样式管理器”对话框左侧会显示标注样式列表，包括新建的标注样式。选择其中一个标注样式，单击右侧的 置为当前(U) 按钮，可将该样式置为当前。AutoCAD 2012 默认将新建的标注样式置为当前样式。

5.2.4 实例——新建尺寸公差标注样式

新建一个尺寸公差标注样式，标注文字高度为 1、箭头大小为 1.5 的对称公差，如图 5-9 所示。

01 单击“常用”选项卡→“注释”面板→“标注样式”按钮，打开“标注样式管理器”对话框，单击 新建(N)... 按钮，打开“创建新标注样式”对话框，在“新样式名”文本框中输入“尺寸公差”，其余选项默认，如图 5-10 所示。然后单击 继续 按钮，弹出“新建标注样式”对话框。

02 切换到“符号和箭头”选项卡，在“箭头大小”调整框中输入 1.5，如图 5-11（a）所示。

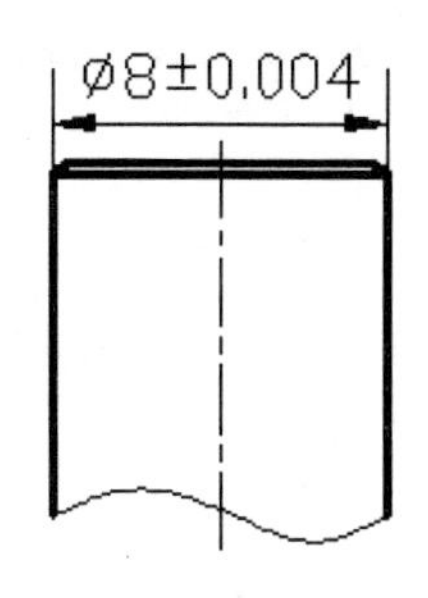

图 5-9　标注样式设置实例

图 5-10　设置“创建新标注样式”对话框

03 切换到“文字”选项卡，在“文字高度”调整框中输入 1，“文字对齐”选择“与尺寸线对齐”，如图 5-11（b）所示。

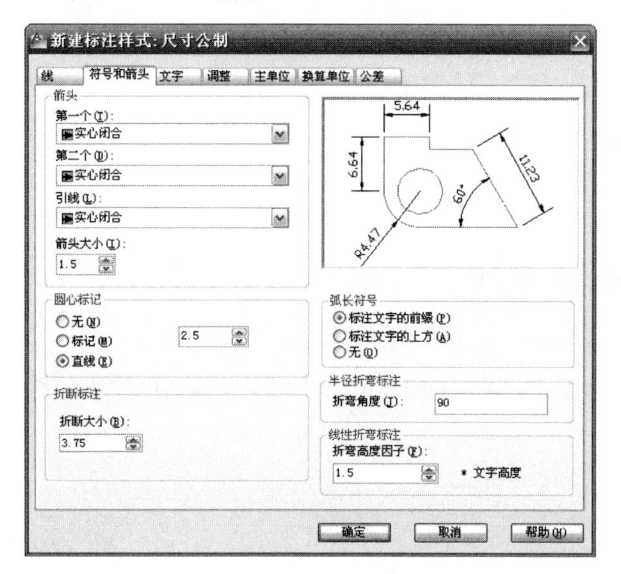

（a）“符号和箭头”选项卡

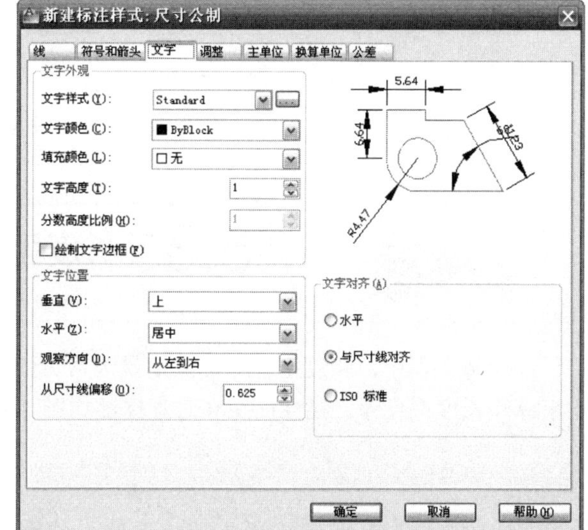

（b）“文字”选项卡

图 5-11　设置“符号和箭头”和“文字”选项卡

04 切换到“主单位”选项卡，在“前缀”文本框中输入“%%c”，表示直径符号Φ，如图 5-12（a）所示。

05 切换到“公差”选项卡，在“方式”下拉列表框中选择“对称”，在“精度”下拉列表框选择 0.000，在“上偏差”调整框中输入 0.004。单击 确定 完成设置，标注效果如图 5-9 所示。

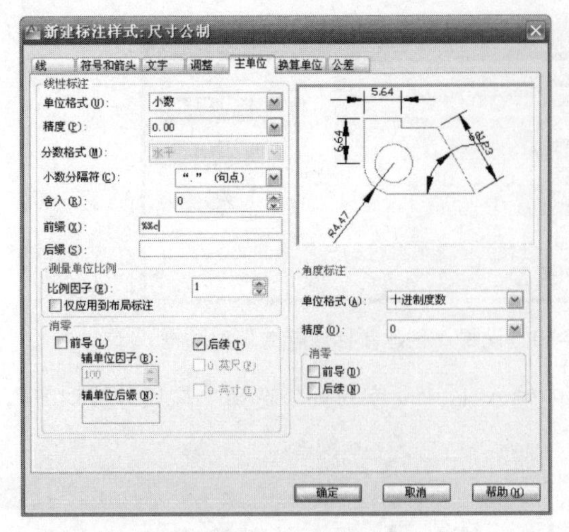

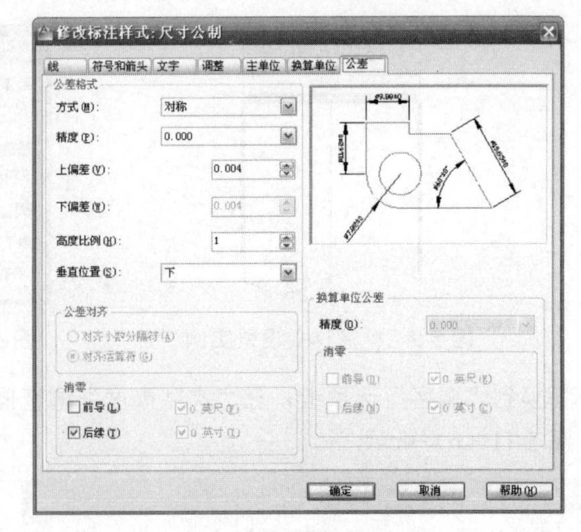

（a）“主单位”选项卡（b）“公差”选项卡

图 5-12　设置“主单位”和“公差”选项卡

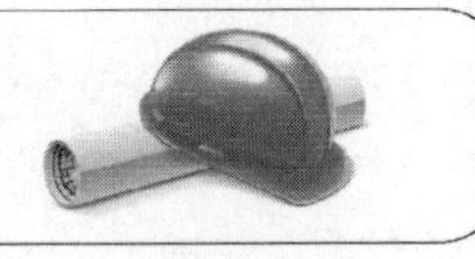

5.3 长度型尺寸标注

在机械制图中，长度型尺寸标注是最为常见的标注形式。AutoCAD 2012 中提供了线性标注和对齐标注来标注长度型尺寸。线性标注和对齐标注如图 5-13 所示。

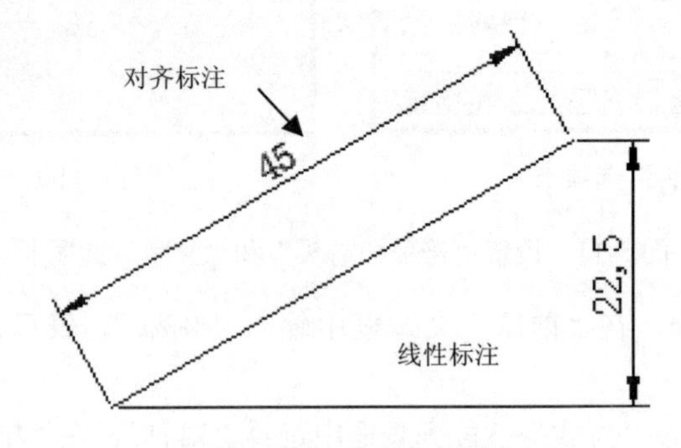

图 5-13　线性标注与对齐标注

5.3.1 线性标注

线性标注一般指的是尺寸线为垂直和水平的长度尺寸标注。在 AutoCAD 2012 中，可通过 5 种方式执行线性标注。

- 功能区：单击“常用”选项卡→“注释”面板→“线性”标注按钮。
- 功能区：单击“注释”选项卡→“标注”面板→“线性”标注按钮。
- 经典模式：选择菜单栏中的“标注”→“线性”命令。
- 经典模式：单击“标注”工具栏中的“线性”标注按钮。

- 运行命令：DIMLINEAR。

通过以上 5 种方式中的任何一种执行“线性标注”命令后，命令行提示如下：

```
指定第一条尺寸界线原点或<选择对象>:
```

可按以下步骤完成线性标注。

01 指定标注的尺寸界线。一般指定标注的尺寸界线原点时，可利用“对象捕捉”功能。如要实现图 5-13 中的标注，可先利用鼠标指定第一条尺寸界线的原点，即选择图 5-13 中的 A 点，随后命令行将提示指定第二条尺寸界线的原点，即利用鼠标指定图 5-13 中的 B 点。

02 指定标注的尺寸线和标注文字。两条尺寸界线的原点都指定后，命令行提示：

```
指定尺寸线位置或[多行文字（M）/文字（T）/角度（A）/水平（H）/垂直（V）/旋转（R）]:
```

此时在屏幕上显示系统测得的两个尺寸界线原点之间的水平/垂直距离，可利用鼠标单击确定尺寸线的位置或在命令行输入相应字母选择命令行提示的选项，各个选项功能如下。

- 多行文字(M)：选择该选项后进入多行文字编辑器，可用它来编辑标注文字。
- 文字(T)：在命令提示下，自定义标注文字。生成的标注测量值显示在尖括号中。
- 角度(A)：用于修改标注文字的旋转角度。例如，要将文字旋转 90°，请输入 90。
- 水平(H)/垂直(V)：这两项用于选择尺寸线是水平的或是垂直的。
- 旋转(R)：用于创建旋转线性标注。这一项用于旋转标注的尺寸线，而不同于“角度(A)”中的旋转标注文字。

“多行文字（M）”、“文字（T）”和“角度（A）”3 个选项存在于大多数标注中，其意义相同。

03 确定线性标注。确定了标注的尺寸线和文字之后，用鼠标在图形上指定标注的具体位置，单击后将生成线性标注。

如在步骤 01 中不用鼠标指定尺寸界线的原点，而是直接按 Enter 键，则表示选择命令行提示中的<选择对象>，此时可利用鼠标在图形中选择要标注的对象，在本例中即图 5-13 中的直线，也可完成对直线的标注。

5.3.2　对齐标注

在对齐标注中，尺寸线平行于尺寸界线原点连成的直线（如图 5-13 所示）。在 AutoCAD 2012 中，可通过 5 种方式执行对齐标注命令。

- 功能区：单击“常用”选项卡→“注释”面板→“对齐”标注按钮。
- 功能区：单击“注释”选项卡→“标注”面板→“对齐”标注按钮。
- 经典模式：选择菜单栏中的“标注”→“对齐”命令。
- 经典模式：单击“标注”工具栏的“对齐”标注按钮。

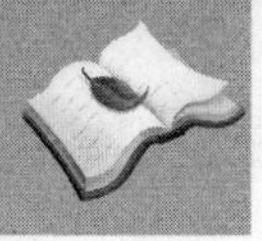

- 运行命令：DIMALIGNED。

通过以上 5 种方式中的任何一种执行“对齐标注”命令后，命令行提示如下：

```
指定第一条尺寸界线原点或<选择对象>:
```

利用鼠标指定尺寸界线或按 Enter 之后，命令行提示：

```
指定尺寸线位置或[多行文字（M）/文字（T）/角度（A）]:
```

命令行提示的选项与线性标注意义相同，其标注步骤也基本相同，可参照线性标注方法完成标注。

5.4 半径、直径、折弯、弧长和圆心标注

对于圆和圆弧的相关属性，AutoCAD 2012 提供了半径标注、直径标注、圆心标注和弧长标注等几种标注工具，如图 5-14 所示。

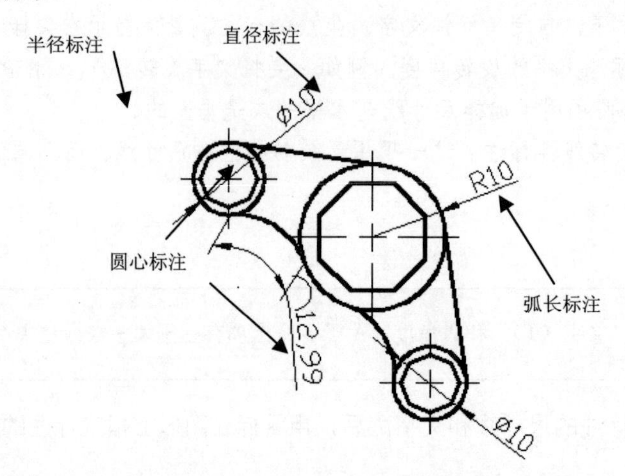

图 5-14　圆、圆弧的相关标注

5.4.1　半径标注

半径标注用于标注圆或圆弧的半径，在标注文字前加半径符号 R 表示，如图 5-14 所示。在 AutoCAD 2012 中可通过以下 5 种方式执行半径标注命令。

- 功能区：单击“常用”选项卡→“注释”面板→“半径”标注按钮。
- 功能区：单击“注释”选项卡→“标注”面板→“半径”标注按钮。
- 经典模式：选择菜单栏中的“标注”→“半径”命令。
- 经典模式：单击“标注”工具栏中的“半径”标注按钮。
- 运行命令：DIMRADIUS。

执行半径标注命令后，命令行提示：

```
选择圆弧或圆:
```

此时，AutoCAD 2012 的光标变成选择对象时的方框形“□”，鼠标单击要标注的圆或圆弧之后，如图 5-14 中的内圆或者圆角，系统会自动测出圆或圆弧的半径，命令行提示：

```
指定尺寸线位置或 [多行文字(M)/文字(T)/角度(A)]:
```

- 默认选项：“指定尺寸线位置”即表示默认系统测得的半径值，可直接单击“半径标注”位置后完成标注，如图 5-15 中的半径标注。
- 其他选项：如要更改标注文字的属性，可选择相应的选项“多行文字(M)”、“文字(T)”或“角度(A)”，然后输入属性值，比如选择“文字(T)”，输入 T 后按 Enter 键，再输入 R10，完成的标注如图 5-15 所示。

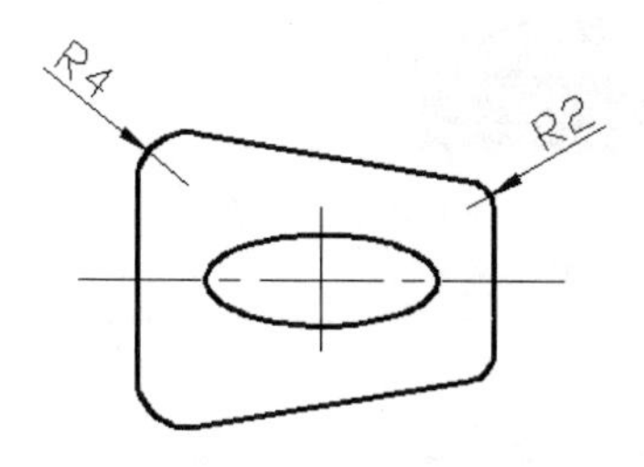

图 5-15　“半径标注”实例

5.4.2　直径标注

直径标注用于标注圆或圆弧的直径，在标注文字前加直径符号 φ 表示，如图 5-14 中所示。在 AutoCAD 2012 中，可通过以下 5 种方式执行直径标注命令。

- 功能区：单击“常用”选项卡→“注释”面板→“直径”标注按钮。
- 功能区：单击“注释”选项卡→“标注”面板→“直径“标注按钮。
- 经典模式：选择菜单栏中的“标注”→“直径”命令。
- 经典模式：单击“标注”工具栏中的“直径”标注按钮。
- 运行命令：DIMDIAMETER。

执行直径标注命令后，命令行提示和操作与半径标注大部分相同。

当选择“多行文字(M)”或“文字(T)”选项输入直径值时，要在数字前输入控制字符“%%c”代替直径符号“φ”。比如选择要标注的圆或圆弧后，选择“文字(T)”，即输入 t 后按 Enter 键，然后输入“%%c20”，则完成的标注如图 5-16（a）中所示。在机械制图中，有时需要对直线元素进行直径的标注，比如图 5-16（b）中的圆柱，此时需要借助线性标注来实现标注直径，其步骤为：执行线性标注→指定标注的两个尺寸界线原点→选择“文字(T)”选项→输入“%%c22”→完成标注。其他控制字符见表 5-1 所示。

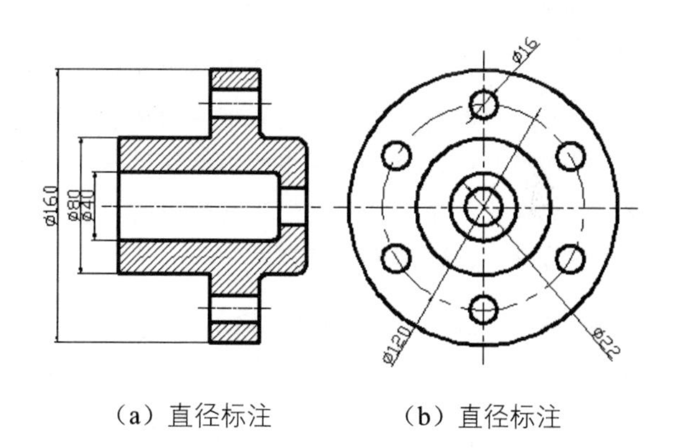

（a）直径标注　　（b）直径标注

图 5-16　直径标注示例

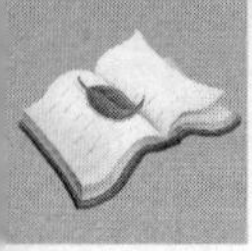

表5-1　具有标准 AutoCAD 文字字体的控制代码

控制代码	输出符号
%%d	角度符号（°）
%%p	正/负符号（±）
%%c	直径符号（φ）

AutoCAD 小提示

在机械制图中，一般对圆角、圆弧等用半径来标注，而对于完整的圆，一般用直径来标注，这样便于零件的加工。

5.4.3　折弯标注

当圆弧或圆的中心位于布局之外并且无法在其实际位置显示时，使用折弯标注可以创建折弯半径标注，也称为“缩放的半径标注”，如图 5-17 所示。这种方法可以在更方便的位置指定标注的“原点”，这称为“中心位置替代”。

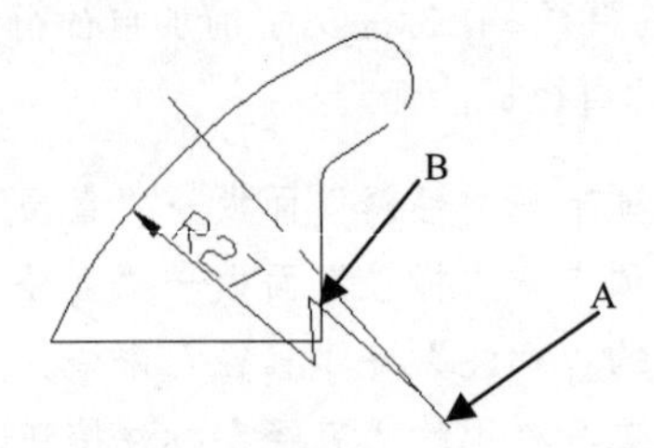

图 5-17　折弯标注示例

在 AutoCAD 2012 中可通过以下 5 种方式执行折弯标注命令。

- 功能区：单击“常用”选项卡→“注释”面板→“折弯“标注按钮。
- 功能区：单击“注释”选项卡→“标注”面板→“折弯“标注按钮。
- 经典模式：选择菜单栏中的“标注”→“折弯”命令。
- 经典模式：单击“标注”工具栏中的“折弯”标注按钮。
- 运行命令：DIMJOGGED。

执行折弯标注命令后，命令行提示：

```
选择圆弧或圆：
```

此时 AutoCAD 2012 的光标变成选择对象时的方框形“□”，利用鼠标单击要标注的圆或圆弧之后，命令行提示：

```
指定图示中心位置：
```

“中心位置”即折弯标注的尺寸线起点，如图 5-17 中的 A 点。利用鼠标选择中心位置后，命令行提示：

```
指定尺寸线位置或 [多行文字（M）/文字（T）/角度（A）]：
```

利用鼠标指定尺寸线的位置或选择括号中的选项配置标注文字，其中“多行文字(M)”、“文字(T)”和“角度(A)”选项的意义同前。完成后命令行提示：

```
指定折弯位置：
```

利用鼠标指定折弯的位置，即图 5-17 中的 B 点，完成标注。

5.4.4　圆心标注

圆心标注用于圆和圆弧的圆心标记，如图 5-14 所示。在 AutoCAD 2012 中可通过以下 3 种方式执行圆心标注命令。

- 经典模式：选择菜单栏中的“标注”→“圆心标记”命令。
- 经典模式：单击“标注”工具栏中的“圆心标记”按钮⊕。
- 运行命令：DIMCEnter。

执行圆心标注命令后，命令行提示：

```
选择圆弧或圆：
```

此时 AutoCAD 2012 的光标变成选择对象时的方框形“□”，利用鼠标单击要标注的圆或圆弧，完成圆心标注。

圆心标注的外观可以通过“新建/修改标注样式”对话框中的“符号和前头”选项卡设置。

5.4.5　弧长标注

弧长标注用于标注圆弧的长度，在标注文字前方或上方用弧长标记“⌒”表示，如图 5-14 所示。在 AutoCAD 2012 中可通过以下 5 种方式执行弧长标注命令。

- 功能区：单击“常用”选项卡→“注释”面板→“弧长”标注按钮。
- 功能区：单击“注释”选项卡→“标注”面板→“弧长”标注按钮。
- 经典模式：选择菜单栏中的“标注”→“弧长”命令。
- 经典模式：单击“标注”工具栏中的“弧长”标注按钮。
- 运行命令：DIMARC。

执行弧长标注命令后，命令行提示：

```
选择弧线段或多段线弧线段：
```

此时 AutoCAD 2012 的光标变成选择对象时的方框形“□”，利用鼠标单击要标注的圆弧（注意，“弧长标注”只能对“弧”进行标注，而不能对“圆”进行标注），命令行提示如下：

```
指定弧长标注位置或 [多行文字(M)/文字(T)/角度(A)/部分(P)/引线(L)]：
```

- “指定弧长标注位置”：即利用鼠标选择弧长标注的位置完成标注。
- “多行文字(M)”、“文字(T)”和“角度(A)”：意义同前。
- “部分(P)”：用于指定弧长中某段的标注。

● “引线(L)”：用于对弧长标注添加引线。“引线(L)”选项只有当圆弧大于 90° 时才会出现，弧长的引线按径向绘制，指向所标注圆弧的圆心，如图 5-18 所示。

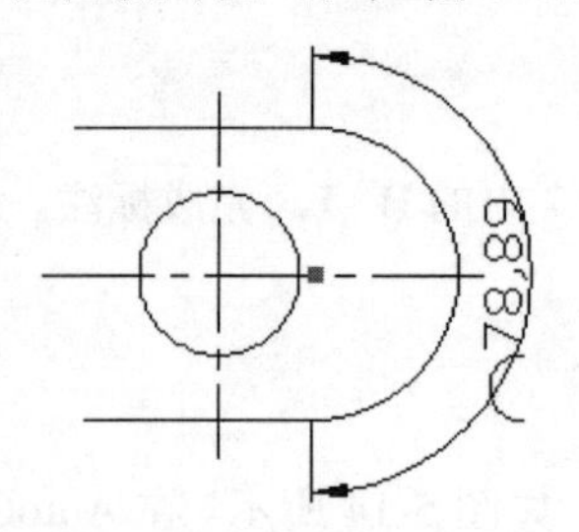

图 5-18　带引线的弧长标注

5.5 角度标注与其他类型的标注

Auto CAD 2012 提供了角度、基准、连续、坐标及多重引线标注。角度标注是针对两条直线或三点。对于一些特殊情况，如需要坐标、倒角、件号等，也可以通过坐标标注、多重引线标注轻松完成。

5.5.1 角度标注

角度标注用于标注两条直线或三个点之间的角度，可应用于两直线间、圆弧或圆等图形对象。角度标注在标注文字后加“°”表示，角度标注的尺寸线是一段圆弧，如图 5-19 所示。

可以相对于现有角度标注创建基线和连续角度标注。基线和连续角度标注小于或等于 180°。如要获得大于 180° 的基线和连续角度标注，可使用夹点编辑拉伸现有基线或连续标注的尺寸界线的位置。

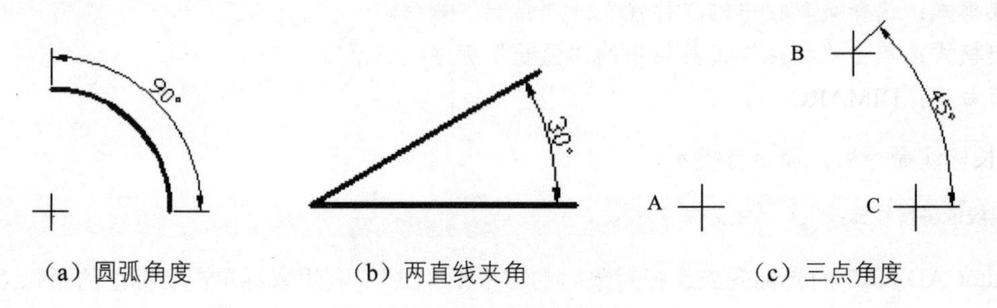

（a）圆弧角度　（b）两直线夹角　（c）三点角度

图 5-19　角度标注的多种形式

在 AutoCAD 2012 中可通过以下 5 种方式执行角度标注命令。

● 功能区：单击“常用”选项卡→“注释”面板→“角度”标注按钮。
● 功能区：单击“注释”选项卡→“标注”面板→“角度”标注按钮。
● 选择“标注”→“角度”命令。

- 经典模式：单击“标注”工具栏中的“角度”标注按钮△。
- 运行命令：DIMANGULAR。

执行角度标注命令后，命令行提示：

```
选择圆弧、圆、直线或<指定顶点>:
```

此时可利用鼠标单击选择多种对象标注角度，分为以下几种情况。

1. 选择圆弧

如果鼠标单击的对象是一段圆弧，那么圆弧的圆心是角度的顶点，圆弧的两个端点作为角度标注的尺寸界线原点，如图 5-19（a）所示。命令行提示如下：

```
指定标注弧线位置或［多行文字（M）/文字（T）/角度（A）/象限点（Q）]:
```

- “指定标注弧线位置”：即利用鼠标选择角度标注的位置。
- “多行文字(M)”、“文字(T)”和“角度(A)”：意义同前。
- “象限点(Q)”：用于将角度标注锁定在指定的象限。比如一个 120° 的圆弧，随着鼠标位置的改变，可能标注是 120° 或 240° ，而正确的是 120° 。打开象限行为后，将标注文字放置在角度标注外时，尺寸线会延伸超过尺寸界线，其效果如图 5-20 所示。

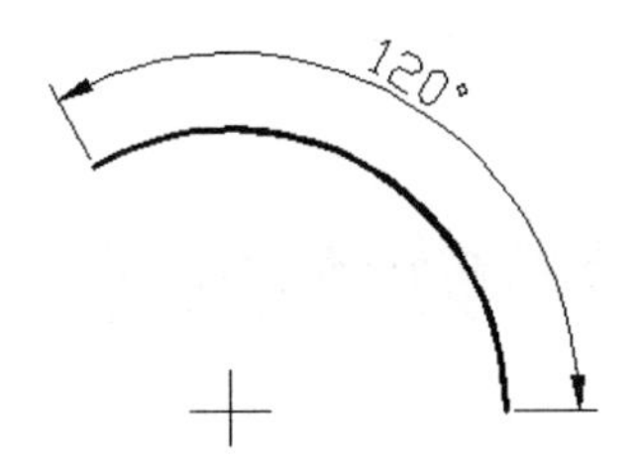

图 5-20　选择“象限点(Q)”后的角度标注效果

当选择“多行文字(M)”或“文字(T)”选项，输入角度值时，要在数字后输入“%%d”代替角度符号“°”。

2. 选择圆

如果鼠标单击的对象是圆，那么角度标注第一条尺寸界线的原点即选择圆时鼠标所单击的那个点，而圆的圆心是角度的顶点。命令行提示如下：

```
指定角的第二个端点:
```

鼠标单击任意一点作为角度标注的第二条尺寸界线的原点，这一点可以不在圆上。完成后命令行提示：

```
指定标注弧线位置或［多行文字（M）/文字（T）/角度（A）/象限点（Q）]:
```

利用鼠标选择位置完成角度标注，各个选项的意义与“选择圆弧”相同。

3. 选择直线

如果鼠标单击的对象是直线，那么将用两条直线定义角度，如图 5-19（b）所示。选择直线后，命令行提示为：

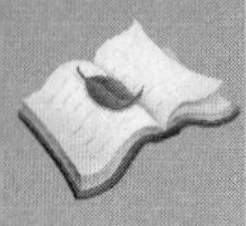


```
选择第二条直线：
```

选择另外一条直线后，命令行提示：

```
指定标注弧线位置或 [多行文字（M）/文字（T）/角度（A）/象限点（Q）]：
```

利用鼠标选择位置完成角度标注，各个选项的意义与“选择圆弧”相同。完成后的角度标注如图 5-19（b）所示。

4. 直接按 Enter 键

如果直接按 Enter 键，则创建基于指定三点的标注，如图 5-19（c）所示。命令行依次提示为：

```
指定角的顶点：
指定角的第一个端点：
指定角的第二个端点：
指定标注弧线位置或 [多行文字（M）/文字（T）/角度（A）/象限点（Q）]：
```

鼠标依次单击图 5-19（c）中的 A、B、C 点指定为角度标注的顶点和两个端点，则可完成图 5-19（c）中的角度标注。

5.5.2 基线标注和连续标注

AutoCAD 2012 为批量标注提供了基线标注和连续标注工具。基线标注是指从上一个标注或选定标注的基线处创建线性标注、角度标注或坐标标注；连续标注是指从上一个标注或选定标注的第二条尺寸界线处创建线性标注、角度标注或坐标标注。两者的区别如图 5-21 所示，图中（a）、（b）为基线标注，（c）、（d）为连续标注。

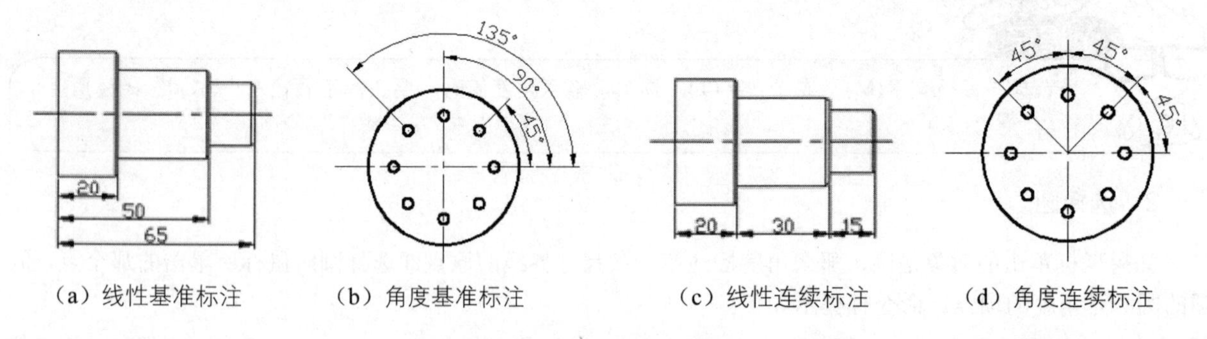

（a）线性基准标注　（b）角度基准标注　（c）线性连续标注　（d）角度连续标注

图 5-21　基线标注与连续标注

基线标注和连续标注都要求以一个现有的线性标注、角度标注或坐标标注为基础。如果当前任务中未创建任何标注，将提示用户选择线性标注、坐标标注或角度标注，以用作连续标注的基准。

在 AutoCAD 2012 中可通过以下 3 种方式执行基线标注命令。

- 经典模式：选择菜单栏中的“标注”→“基线”命令。
- 经典模式：单击“标注”工具栏中的“基线”标注按钮。
- 运行命令：DIMBASELINE。

同样，在 AutoCAD 2012 中也可通过以下 4 种方式执行连续标注命令。

- 功能区：单击“注释”选项卡→“标注”面板→“连续”标注按钮。
- 经典模式：选择菜单栏中的“标注”→“连续”命令。
- 经典模式：单击“标注”工具栏中的“连续”标注按钮。
- 运行命令：DIMCONTINUE。

如果任务中存在标注操作，执行基线标注和连续标注命令后，命令行提示：

```
指定第二条尺寸界线原点或 [放弃（U）/选择（S）] <选择>:
```

- “指定第二条尺寸界线原点”：即利用鼠标单击第二个点进行基线标注或连续标注。
- “放弃(U)”：放弃基线标注或连续标注。
- “选择(S)”：重新选择基准标注。

完成基线标注或连续标注，也可通过按 Esc 或按两次 Enter 键实现。

5.5.3　坐标标注

坐标标注测量基准点到特征点（例如部件上一个孔的中心）的垂直距离，默认的基准点为当前坐标的原点。

坐标标注由 X 或 Y 值和引线组成：X 基准坐标标注沿 X 轴测量特征点与基准点的距离，尺寸线和标注文字为垂直方向；Y 基准坐标标注沿 Y 轴测量距离，尺寸线和标注文字为水平放置，其示例如图 5-22 所示。

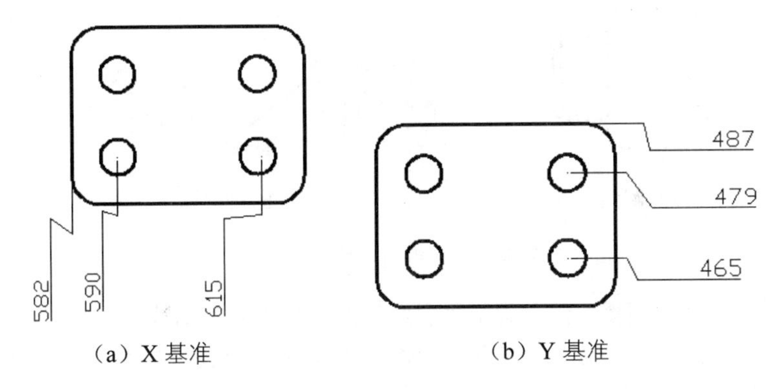

（a）X 基准　　（b）Y 基准

图 5-22　坐标标注示例

AutoCAD 2012 中可通过以下 5 种方式执行坐标标注命令。

- 功能区：单击“常用”选项卡→“注释”面板→“坐标”标注按钮。
- 功能区：单击“注释”选项卡→“标注”面板→“坐标”标注按钮。
- 经典模式：选择菜单栏中的“标注”→“坐标”命令。
- 经典模式：单击“标注”工具栏中的“坐标”标注按钮。
- 运行命令：DIMORDINATE。

执行坐标标注命令后，命令行提示：

```
指定点坐标:
```

“指定点坐标”即利用鼠标选择要标注的点。选择后，命令行提示：

```
指定引线端点或 [X 基准 (X) /Y 基准 (Y) /多行文字 (M) /文字 (T) /角度 (A) ]:
```

- “指定引线端点”：即指定标注文字的位置。AutoCAD 2012 通过自动计算点坐标和引线端点的坐标差确定它是 X 坐标标注还是 Y 坐标标注。如果 Y 坐标的坐标差较大，标注就测量 X 坐标，否则就测量 Y 坐标。
- “X 基准(X)”：确定为测量 X 坐标并确定引线和标注文字的方向。
- “Y 基准(Y)”：确定为测量 Y 坐标并确定引线和标注文字的方向。
- “多行文字(M)”、“文字(T)”和“角度(A)”：意义同前。

5.5.4 多重引线标注

在机械制图中，一些注释性的文字（比如倒角）或装配图中的零件序号标注，通常需要借助于引线的标注。引线对象通常包含箭头、可选的水平基线、引线或曲线、多行文字对象或块。可以从图形中的任意点或部件创建引线并在绘制时控制其外观。引线可以是直线段或平滑的样条曲线。多重引线标注是 AutoCAD 2012 的新增功能之一，其示例如图 5-23 所示。

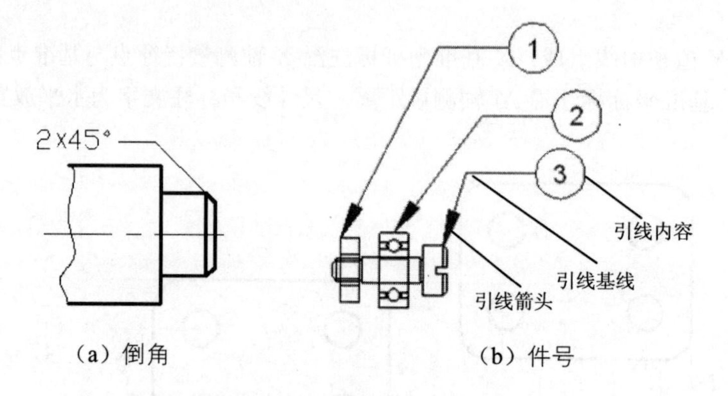

图 5-23 多重引线标注示例

AutoCAD 2012 在“注释”面板专门设置了“引线”面板和“多重引线”工具栏，如图 5-24 所示。在“标注”菜单中有“多重引线”标注命令，但是在“标注”工具栏没有“多重引线”标注按钮，“多重引线”标注按钮在“多重引线”工具栏中。

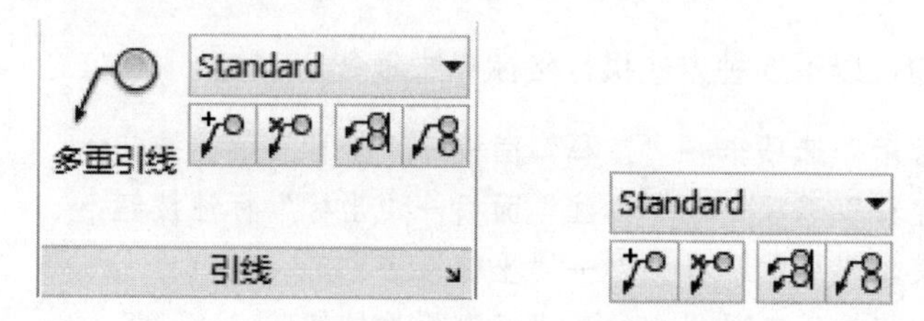

图 5-24 “引线”面板“多重引线”工具栏

1. 设置多重引线标注

在 AutoCAD 2012 中可通过以下 5 种方式设置多重引线标注。

- 功能区：单击“常用”选项卡→“注释”面板→“多重引线样式”按钮。

- 功能区：单击“注释”选项卡→“引线”面板→“多重引线样式”按钮↘。
- 经典模式：选择“格式”→“多重引线样式”命令。
- 经典模式：单击“多重引线”工具栏中的“多重引线样式”按钮。
- 运行命令：MLEADERSTYLE。

执行多重引线标注设置命令后，将弹出“多重引线样式管理器”对话框，如图 5-25 所示。

“多重引线样式管理器”对话框与“标注样式管理器”对话框类似，可单击 新建(N)... 按钮新建一个多重引线样式，或单击 修改(M)... 按钮修改已有的多重引线样式。单击 新建(N)... 按钮，弹出“创建新多重引线样式”对话框，如图 5-26 所示。

在“新样式名”文本框中输入新建的样式名称，默认为“副本 Standard”；在“基础样式”下拉列表框中选择新建样式的基础样式，新建样式即在该基础样式的基础上进行修改而成，默认为 Standard 样式；“注释性”复选框的意义同“标注样式”。完成后单击 继续(O) 按钮，弹出“修改多重引线样式”对话框，如图 5-27 所示。

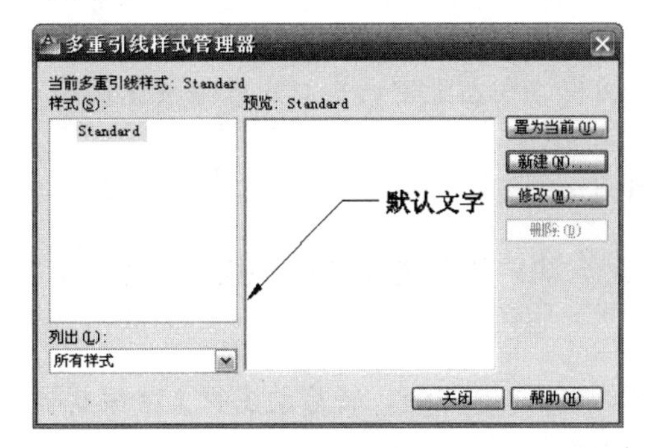

图 5-25 “多重引线样式管理器”对话框

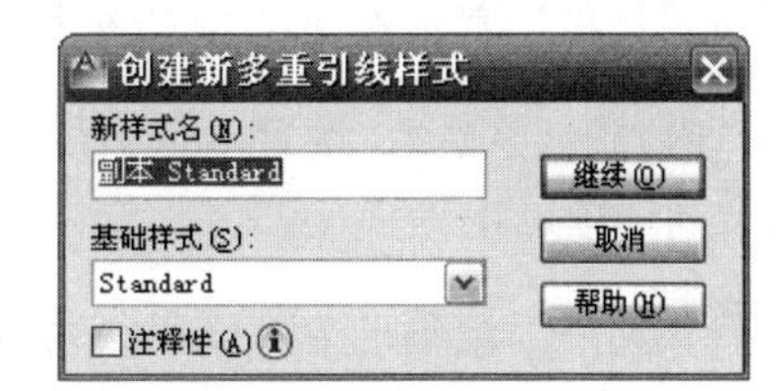

图 5-26 “创建新多重引线样式”对话框

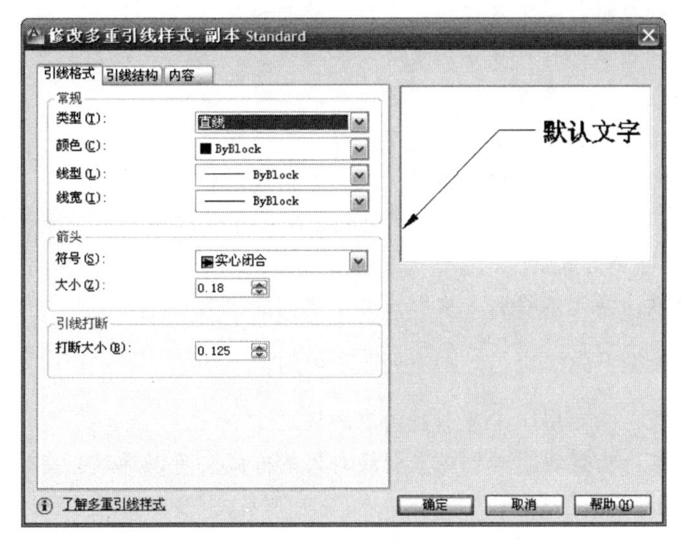

图 5-27 “修改多重引线样式”对话框

“修改多重引线样式”对话框中各个选项卡中的设置如下。

（1）“引线格式”选项卡：设置多重引线基本外观和引线箭头的类型和大小，以及执行“标注打断”命令后引线打断的大小。

- “类型”、“颜色”、“线型”、“线宽”下拉列表框：分别用于设置引线类型、颜色、线型和线宽。
- “符号”下拉列表框：设置多重引线的箭头符号。
- “大小”调整框：设置箭头的大小。
- “打断大小”调整框：设置选择多重引线后用于“折断标注“（DIMBREAK）命令的折断大小。

（2）“引线结构”选项卡：用以设置引线的结构，包括最大引线点数、第一段角度、第二段角度及引线基线的水平距离。

- “最大引线点数”复选框：指定引线的最大点数。
- “第一段角度”复选框：指定多重引线基线中的第一个点的角度。
- “第二段角度”复选框：指定多重引线基线中的第二个点的角度。
- “自动包含基线”复选框：将水平基线附着到多重引线内容。
- “设置基线距离”调整框：为多重引线基线确定固定距离。
- “注释性”复选框：指定多重引线为注释性。
- “将多重引线缩放到布局”单选按钮：根据模型空间视口和图纸空间视口中的缩放比例确定多重引线的比例因子。
- “指定比例”单选按钮：指定多重引线的缩放比例。

（3）“内容”选项卡：设置多重引线是包含文字还是包含块。如果选择“多重引线类型”为“多行文字”，则下列选项可用。

- “默认文字”选项：为多重引线内容设置默认文字。单击[...]按钮，将启动多行文字编辑器。
- “文字样式”下拉列表框：指定属性文字的预定义样式。
- “文字角度”下拉列表框：指定多重引线文字的旋转角度。
- “文字颜色”下拉列表框：指定多重引线文字的颜色。
- “文字高度”调整框：指定多重引线文字的高度。
- “始终左对齐”复选框：指定多重引线文字始终左对齐。
- “文字加框”复选框：使用文本框对多重引线文字内容加框。
- “连接位置 - 左”和“连接位置 - 右”下拉列表框：用于控制文字位于引线左侧和右侧时基线连接到多重引线文字的方式。
- “基线间隙”调整框：指定基线和多重引线文字之间的距离。

如果选择“多重引线类型”为“块”，则下列选项可用。

- “源块”下拉列表框：指定用于多重引线内容的块。
- “附着”下拉列表框：指定块附着到多重引线对象的方式。可以通过指定块的范围、块的插入点或块的中心点来附着块。
- “颜色”下拉列表框：指定多重引线块内容的颜色。
- “比例”调整框：设置比例。

下面通过一个实例来设置多重引线样式。设置如图 5-23（b）所示的多重引线标注样式，操作步骤如下：

01 通过上述方法打开“多重引线样式管理器”对话框。

02 单击 新建(N)... 按钮，在弹出的“创建新多重引线样式”对话框中的“新样式名”文本框中输入“零件序号标注样式”。单击“继续”按钮打开“修改多重引线样式”对话框。

03 切换到“内容”选项卡，选择“多重引线类型”为“块”，选择“源块”为“圆”，如图 5-28 所示。

04 单击 确定 按钮，回到“多重引线样式管理器”对话框。系统默认将新建的“零件序号标注样式”置为当前，单击 确定 按钮，返回绘图窗口。

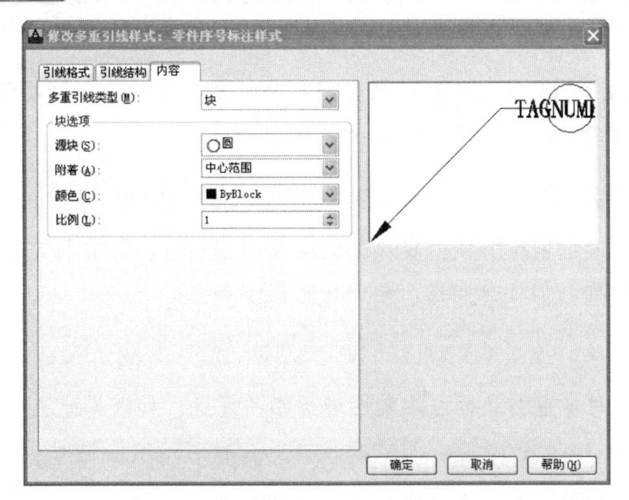

图 5-28　设置“内容”选项卡

2．创建多重引线标注

下面以图 5-29 为例，说明 AutoCAD 2012 多重引线标注工具的使用。要实现图 5-29 中的标注样式，步骤如下：

01 设置当前标注样式。在功能区“常用”选项卡的“注释”面板中将“零件序号标注样式”设为当前样式，如图 5-30 所示。

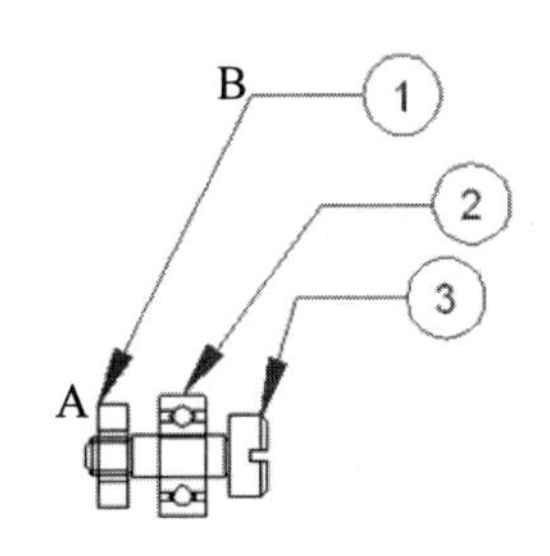

图 5-29　多重引线标注实例

图 5-30　设置当前多重引线标注样式

02 执行多重引线标注命令。在 AutoCAD 2012 中可通过以下 5 种方式执行多重引线标注命令。

- 功能区：单击“常用”选项卡→“注释”面板→“多重引线”标注按钮。
- 功能区：单击“注释”选项卡→“引线”面板→“多重引线”标注按钮。
- 经典模式：选择菜单栏中的“标注”→“多重引线”命令。
- 经典模式：单击“多重引线”工具栏的“多重引线”标注按钮。

- 运行命令：MLEADER。

03 指定引线箭头位置。执行多重引线标注命令后，命令行提示：

```
指定引线箭头的位置或 [引线基线优先（L）/内容优先（C）/选项（O）] <选项>:
```

提示默认为“指定引线箭头的位置”，即利用鼠标单击选择引线箭头的位置。本例利用鼠标单击图 5-29 中的 A 点。其他选项的含义如下。

- “引线基线优先(L)”：表示创建引线基线优先的多重引线标注，即先指定引线基线位置（见图 5-23（b）中的引线基线。如选择此项，命令行将提示如下：

```
指定引线基线位置:
```

- “内容优先(C)”：表示创建引线内容优先的多重引线标注，即先指定引线内容位置（见图 5-23（b））中的引线内容。如选择此项，命令行将提示如下：

```
指定文字的第一个角点:
```

- “选项(O)”：表示对多重引线标注的属性进行相关设置。如选择此选项，命令行将提示如下：

```
输入选项 [引线类型（L）/引线基线（A）/内容类型（C）/最大节点数（M）/
第一个角度（F）/第二个角度（S）/退出选项（X）] <退出选项>:
```

04 指定引线基线位置。指定引线箭头的位置后，命令行提示：

```
指定引线基线的位置:
```

本例利用鼠标单击图 5-29 中的 B 点。

05 指定标注文字编号。指定引线基线后，由于本例设置的是标注文字为块，因此命令行提示如下：

```
输入标记编号<TAGNUMBER>:
```

此时输入零件的编号 1，按 Enter 键后，完成 1 号零件的标注。2 号零件和 3 号零件的标注与 1 号的类似。

3．编辑多重引线标注

AutoCAD 2012 的“注释”选项卡的“多重引线”面板和“多重引线”工具栏中提供了“添加引线”、“删除引线”、“对齐引线”和“合并引线”4 个编辑工具，如图 5-31 所示。

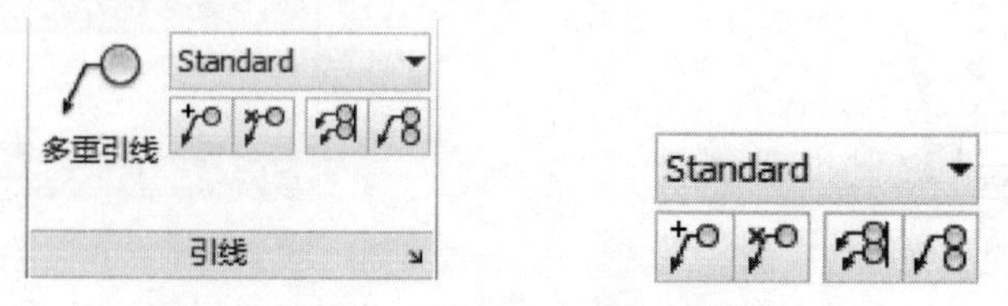

图 5-31 “多重引线”工具栏

各按钮的功能如下（括号内为相应的命令格式）。

- “添加引线”（mleaderedit）：将一个或多个引线添加至选定的多重引线对象。
- “删除引线”（mleaderedit）：从选定的多重引线对象中删除引线。
- “对齐引线”（mleaderalign）：将各个多重引线对齐。对齐效果如图 5-32（a）、图 5-32（b）所示。

- “合并引线”（mleadercllect）：将内容为块的多重引线对象合并到一个基线。合并效果如图 5-32（c）、图 5-32（d）所示。

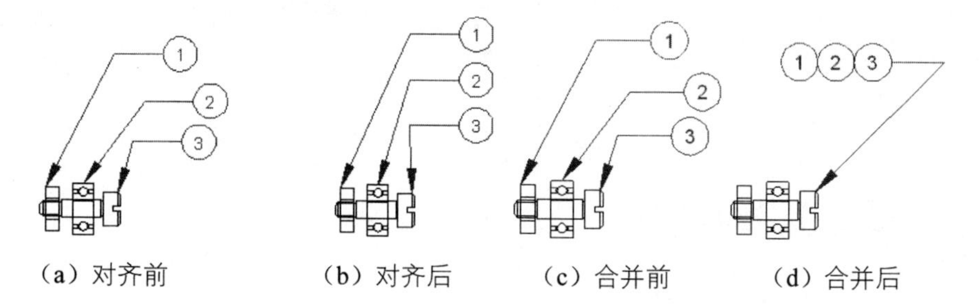

（a）对齐前　（b）对齐后　（c）合并前　（d）合并后

图 5-32　“对齐引线”与“合并引线”

5.5.5　实例——设置多重引线样式

创建一种多重标注样式，在如图 5-33（a）所示的图形中标注零件件号，效果如图 5-33（b）所示。

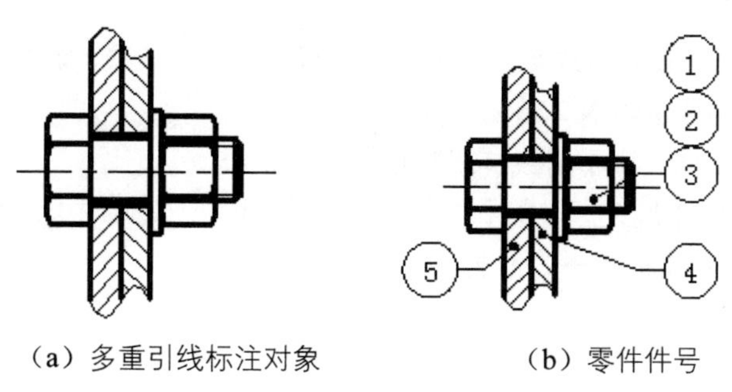

（a）多重引线标注对象　（b）零件件号

图 5-33　多重标注样式

1．创建多重引线标注样式

01 单击“注释”选项卡→“引线”面板→“多重引线样式管理器”按钮，系统弹出如图 5-34 所示的“多重引线样式管理器”对话框。

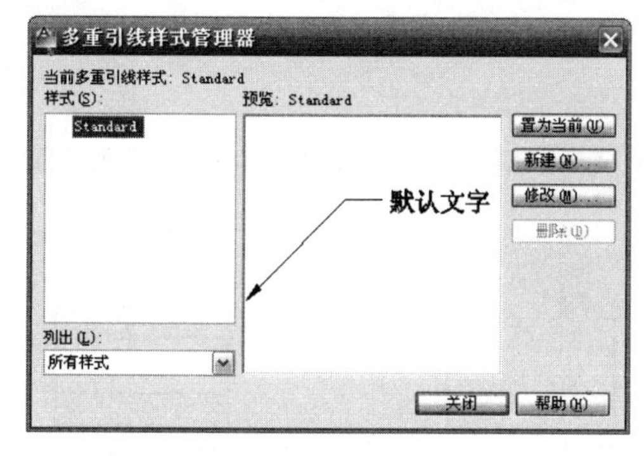

图 5-34　“多重引线样式管理器”对话框

02 单击 新建(N)... 按钮，系统弹出如图 5-35 所示的“创建新多重引线样式”对话框。

03 在“新样式名”文本框中输入“多重引线标注样式”，选择“基础样式”下拉列表框中的“Standard”选项。

04 单击 继续(O) 按钮，系统弹出如图 5-36 所示的“修改多重引线样式：多重引线标注样式”对话框。

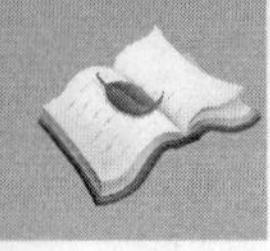

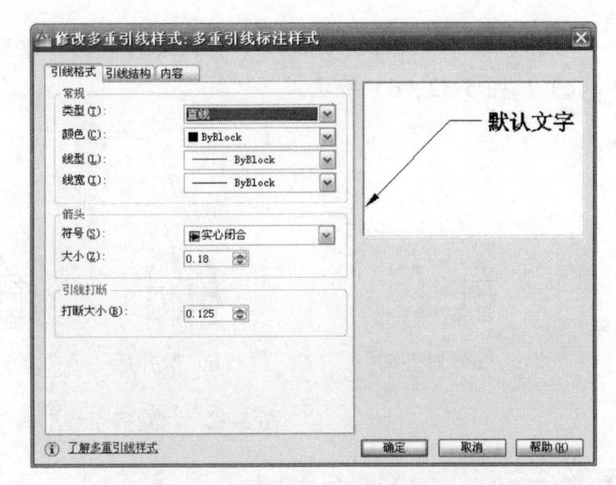

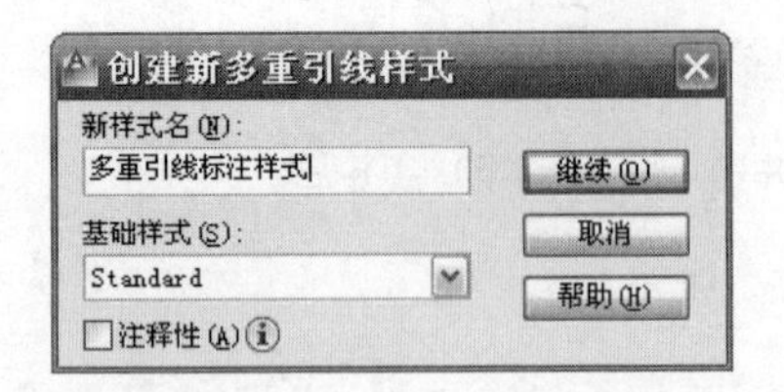

图 5-35 “创建新多重引线样式”对话框　　图 5-36 “修改多重引线样式：多重引线标注样式”对话框

05 选择“引线格式”选项卡→“箭头”选项组→“符号”下拉列表框→“点”选项，在“大小”微调框中输入 2。

06 选择“内容”选项卡→“多重引线类型”下拉列表框→“块”选项，选择“块选项”选项组→“圆”选项，在“比例”微调框中输入 2。

07 单击 确定 按钮，返回“多重引线样式管理器”对话框。

08 选中“样式”列表框中的“多重引线标注样式”选项，单击 置为当前(U) 按钮。

09 单击 关闭 按钮，完成新样式的创建。

2．标注零件序号

01 单击“注释”选项卡→“引线”面板→“多重引线”按钮，命令行提示“指定引线箭头的位置或 [引线基线优先(L)/内容优先(C)/选项(O)] <选项>:”，此时使用鼠标在如图 5-37 所示的 A 区单击，确定标注箭头的位置。

02 命令行提示“指定引线基线的位置:”，此时移动鼠标到放置标注的位置并单击，确定序号的放置位置。命令行提示：

```
输入属性值
输入标记编号<TAGNUMBER>:
```

03 此时，在命令行输入 1 并按 Enter 键，完成件号 1 的标注，效果如图 5-37（b）所示。

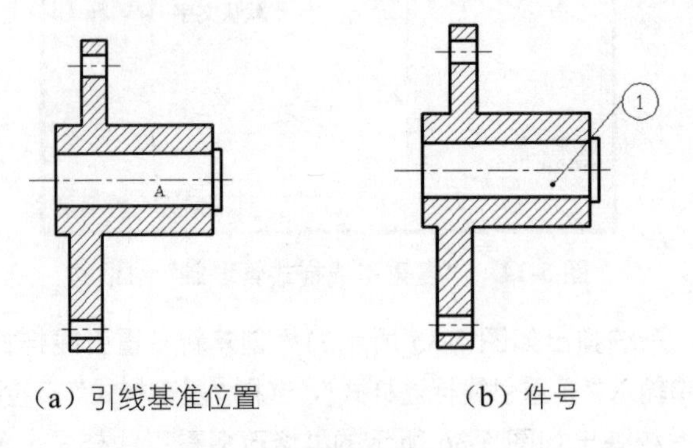

（a）引线基准位置　　（b）件号

图 5-37　多重标注过程

04 重复步骤 01～03 的操作，标注其他零件的件号，效果如图 5-38 所示。

3．整理零件序号

01 单击“注释”选项卡→“引线”面板→“合并”按钮，命令行提示“选择多重引线:”，此时依次选中件号 1、2，并单击鼠标右键完成件号的选取。

02 命令行提示“指定收集的多重引线位置或 [垂直(V)/水平(H)/缠绕(W)] <水平>:”，此时在命令行输入 V 并按 Enter 键。

03 移动鼠标到合适位置单击确定放置位置，效果如图 5-39 所示。

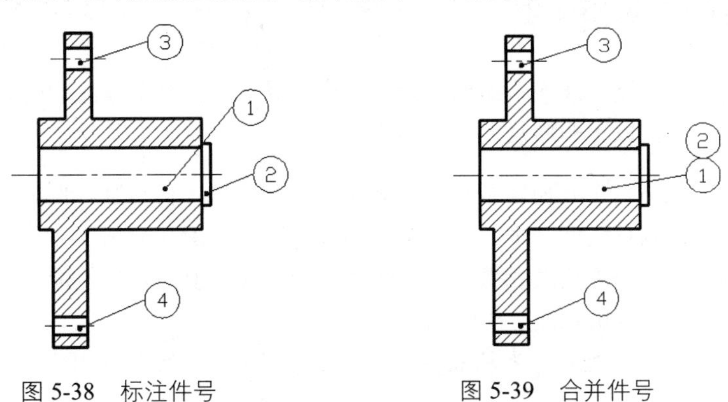

图 5-38　标注件号　　　　图 5-39　合并件号

04 单击“注释”选项卡→“引线”面板→“对齐”按钮，命令行提示“选择多重引线:”，此时选择件号 2、3，单击鼠标右键完成件号的选取。

05 按下 F8 功能键，打开正交功能，垂直移动鼠标到合适位置上单击，确定件号 3 的放置位置，效果如图 5-40（a）所示。

06 重复步骤 04～05 的操作，将件号 4 与件号 1 对齐，效果如图 5-40（b）所示。

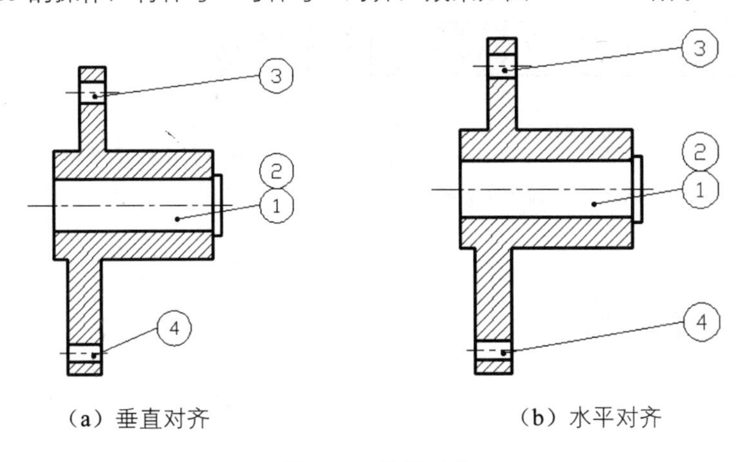

（a）垂直对齐　　　　（b）水平对齐

图 5-40　件号对齐

5.6 形位公差标注

形位公差表示特征的形状、轮廓、方向、位置和跳动的允许偏差。在机械制图中，使用形位公差能保证加工零件之间的装配精度。

5.6.1 形位公差的组成和类型

AutoCAD 2012 通过特征控制框来添加形位公差，这些框中包含单个标注的所有公差信息。特征控制框至少由两个组件组成，其按以下顺序从左至右填写：

（1）第一个特征控制框为一个几何特征符号，表示应用公差的几何特征，例如位置、轮廓、形状、方向或跳动，形状公差可以控制直线度、平面度、圆度和圆柱度，在图 5-41 中，特征符号表示位置；

（2）第二个特征控制框为公差值及相关符号。公差值使用线性值，如公差带是圆形或圆柱形的则在公差值前加注“ф”，如是球形的则加注“Sф”；

（3）第三个及以后多个特征控制框为基准参照，由参考字母和包容条件组成。图 5-41 中的形位公差共标注了三个基准参照。

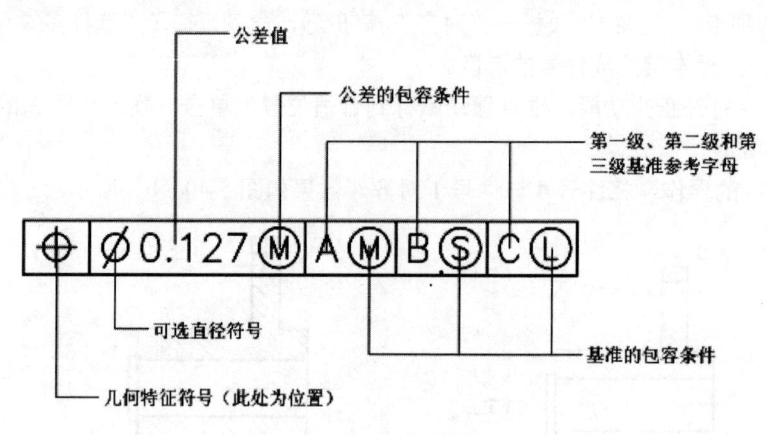

图 5-41　形位公差的组成

5.6.2 标注形位公差

在 AutoCAD 2012 中，能标注带有或不带引线的形位公差。可通过以下 4 种方式执行形位公差标注命令。

- 功能区：单击“注释”选项卡→“标注”面板→“公差”标注按钮。
- 经典模式：选择菜单栏中的“标注”→“公差”命令。
- 经典模式：单击“标注”工具栏中的“公差”标注按钮。
- 运行命令：TOLERANCE。

执行形位公差标注命令后，可打开“形位公差”对话框，如图 5-42 所示。

通过“形位公差”对话框，可添加特征控制框里的各个符号及公差值等。各个区域的含义如下。

- “符号”区域：单击“■”框，将弹出“特征符号”对话框，如图 5-43 所示，选择表示位置、方向、形状、轮廓和跳动的特征符号。各个符号的意义和类型如表 5-2 所示。单击“□”框，表示清空已填入的符号。

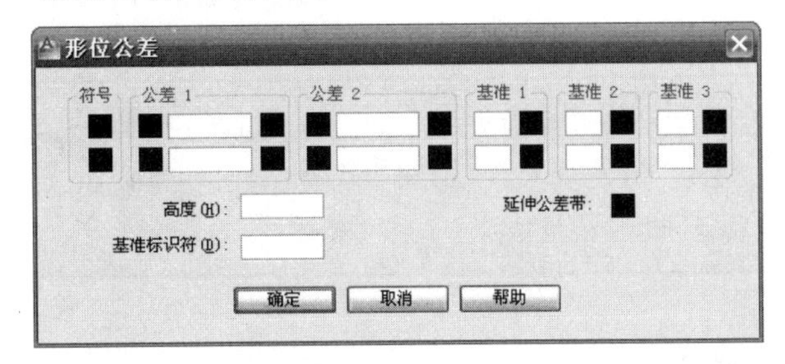

图 5-42　“形位公差”对话框

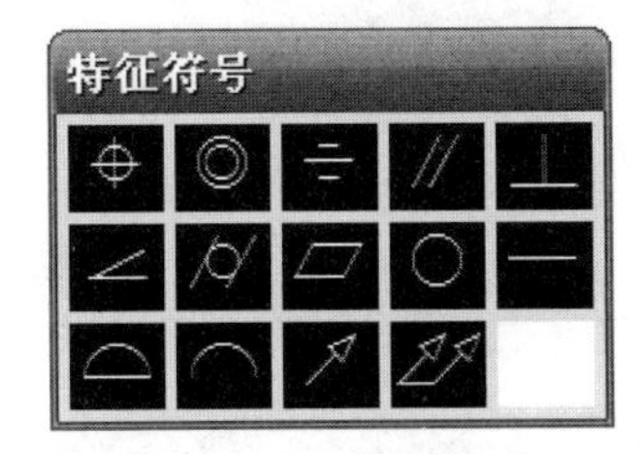

图 5-43　“特征符号”对话框

表5-2　特征符号的意义和类型

符号	特征	类型	符号	特征	类型
⌖	位置	位置	▱	平面度	形状
◎	同轴（同心）度	位置	○	圆度	形状
⌯	对称度	位置	—	直线度	形状
//	平行度	方向	⌓	面轮廓度	轮廓
⊥	垂直度	方向	⌒	线轮廓度	轮廓
∠	倾斜度	方向	↗	圆跳动	跳动
⌭	圆柱度	形状	⌰	全跳动	跳动

- “公差 1”和“公差 2”区域：每个“公差”区域包含三个框。第一个为“■”框，单击插入直径符号；第二个为文本框，可在框中输入公差值；第三个框也是“■”框，单击弹出“附加符号”对话框，用来插入公差的包容条件。“附加符号”对话框如图 5-44 所示。

图 5-44　“附加符号”对话框

- “基准 1”、“基准 2”和“基准 3”区域：这三个区域用来添加基准参照，三个区域分别对应于第一级、第二级和第三级基准参照。每一个区域包含一个文本框和一个“■”框。在文本框中输入形位公差的基准代号，单击“■”框，弹出如图 5-44 所示的“附加符号”对话框，选择包容条件的表示符号。
- “高度”文本框：输入特征控制框中的投影公差零值。
- “基准标识符”文本框：输入由参照字母组成的基准标识符。基准是理论上精确的几何参照，用于建立其他特征的位置和公差带。点、直线、平面、圆柱或其他几何图形都能作为基准，在该框中输入字母。
- “延伸公差带”选项：在延伸公差带值的后面插入延伸公差带符号。

设置完“形位公差”对话框后，单击 确定 按钮关闭该对话框，同时命令行提示：

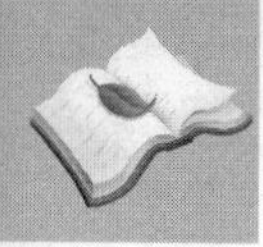

输入公差位置：

利用鼠标指定公差的标注位置，完成形位公差标注。

按上述步骤所标注的形位公差为不带引线。如要标注带引线的形位公差，可通过以下两种方法实现：①首先执行 leader 命令，然后选择其中的“公差（T）”选项，实现带引线的形位公差并标注。②执行多重引线标注命令，不输入任何文字，然后运行形位公差并标注于引线末端。

5.6.3 实例——形位公差标注

下面以图 5-45 中一段轴的形位公差的标注实例，来说明对 AutoCAD 2012 形位公差标注功能的应用。

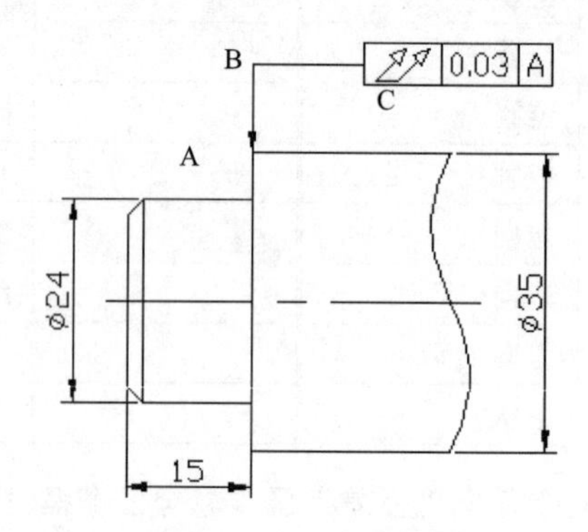

图 5-45 形位公差标注示例

01 运行 leader 命令。在命令行中输入 leader 命令并按 Enter 键，系统提示指定引线起点、下一点。此时，利用鼠标依次选取图 5-45 中的 A、B 和 C 点。

02 指定引线文字为形位公差。选取 A、B 和 C 点后，在命令行中依次选择选项“注释(A)”（输入 a 选择）→“<选项>”（直接按 Enter 键选择）→“公差(T)”（输入 t 选择），弹出“形位公差”对话框。

03 完成“形位公差”标注。单击“形位公差”对话框中“符号”区域的“■”框，在弹出的“特征符号”对话框中选择“全跳动”符号，在“公差 1”文本框中输入 0.03，在“基准 1”文本框中输入 A。单击“形位公差”对话框中 确定 按钮，完成标注，效果如图 5-45 所示。

5.7 编辑标注对象

在 AutoCAD 2012 中，对标注对象的编辑一般可通过以下 3 种方法：

- “标注”工具栏提供的编辑标注工具。
- 通过“特性”选项板修改标注特性。
- 通过右键快捷菜单对标注进行编辑。

本节将详细讲述这 3 种编辑方法的应用。

5.7.1　“标注”工具栏提供的编辑标注工具

1. 编辑标注

在 AutoCAD 2012 中，可通过两种方式执行“编辑标注”命令。

- 经典模式：单击“标注”工具栏中的“编辑标注”按钮。
- 运行命令：DIMEDIT。

执行“编辑标注”命令后，命令行提示：

```
输入标注编辑类型 [默认(H)/新建(N)/旋转(R)/倾斜(O)] <默认>:
```

此时鼠标不能操作，要求输入相应字母选择中括号中的选项，各个选项的含义如下。

- “默认(H)”选项：选定的标注文字移回到由标注样式指定的默认位置和旋转角。
- “新建(N)”选项：重新设定标注文字。选择该选项后，将弹出“在位文字编辑器”。
- “旋转(R)”选项：旋转标注文字。选择该选项后，命令行将提示输入旋转的角度。
- “倾斜(O)”选项：调整线性标注尺寸界线的倾斜角度。选择该选项后，命令行将提示输入尺寸界线倾斜的角度。

完成某个选项的选择后，命令行提示“选择对象”，利用鼠标选择要编辑的标注后，单击鼠标右键或按 Enter 键完成编辑标注。

2. 编辑标注文字

在 AutoCAD 2012 中可通过以下 3 种方式执行“编辑标注文字”命令。

- 经典模式：选择菜单栏中的“标注”→“对齐文字”子菜单。
- 经典模式：单击“标注”工具栏中的“编辑标注文字”按钮。
- 运行命令：DIMTEDIT。

执行“编辑标注文字”命令后，命令行提示：

```
选择标注:
```

利用鼠标单击要编辑的标注对象，完成后命令行提示：

```
指定标注文字的新位置或 [左(L)/右(R)/中心(C)/默认(H)/角度(A)]:
```

- “指定标注文字的新位置”：表示利用鼠标拖曳来动态更新标注文字的位置。
- “左(L)”：沿尺寸线左对正标注文字。
- “右(R)”：沿尺寸线右对正标注文字。
- “中心(C)”：将标注文字放在尺寸线的中间。
- “默认(H)”：将标注文字移回标注样式的默认位置。
- “角度(A)”：修改标注文字的角度。

5.7.2 通过“特性”选项板修改标注对象特性

AutoCAD 2012 的“特性”选项板可以编辑任意图形对象的属性，标注对象也不例外。选择“修改”→“特性”命令或在任意一个或多个标注对象上单击鼠标右键，就可弹出其“特性”选项板，如图 5-46（a）所示。在“特性”选项板中，可对任意一个“标注样式管理器”中的属性进行修改。

这种方法既适用于修改单个标注对象，也适合对批量的标注对象进行修改。

（a）“特性”选项板

（b）转角标注

图 5-46　标注对象“特性”选项板

批量修改标注对象的方法如下：如果对图纸中的所有同一类型的标注进行修改，可以按 Ctrl+A 组合键全选后，选择“修改”→“特性”命令，然后在下拉列表框中选择要编辑的标注类型，如图 5-46（b）所示。随后可对该标注类型进行修改。

5.7.3 通过右键菜单对标注对象进行编辑

1. 右键快捷菜单

选择任意一个标注对象后单击鼠标右键，将弹出如图 5-47 所示的右键快捷菜单，通过其中的编辑标注选项，可方便地对所选标注进行修改，修改内容包括标注精度、标注样式、样式的替代及标注对象比例等。

这种方法方便快捷，适合对单个标注对象进行修改。

2. 夹点快捷菜单

选择任意标注后，对象的控制点上出现一些小的蓝色正方框（这些正方框被成为夹点），鼠标移动到编辑的夹点上，这个夹点显示为红色实心正方形，且显示快捷菜单。通过选择快捷菜单中的命令，对标注进行编辑，如图 5-48 所示为选择不同夹点的快捷菜单。

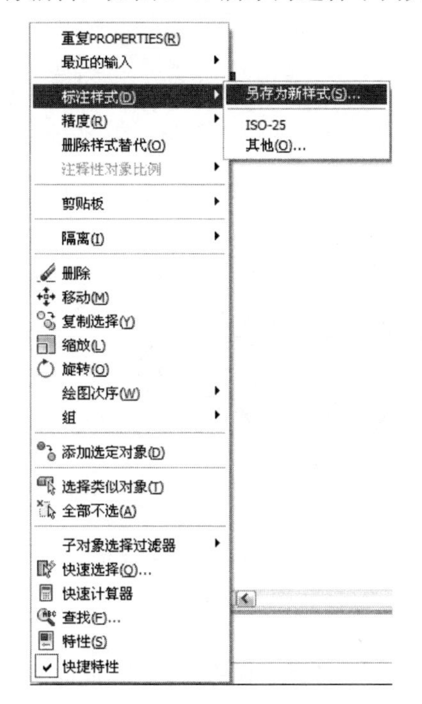

图 5-47　标注对象的右键快捷菜单

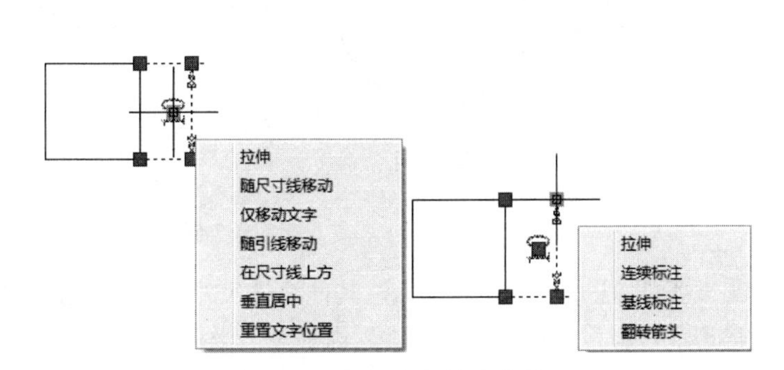

图 5-48　夹点快捷菜单

5.8 标注图形尺寸实例一

在如图 5-49（a）所示的图形标注线性尺寸、半径尺寸和直径尺寸，效果如图 5-49（b）所示。

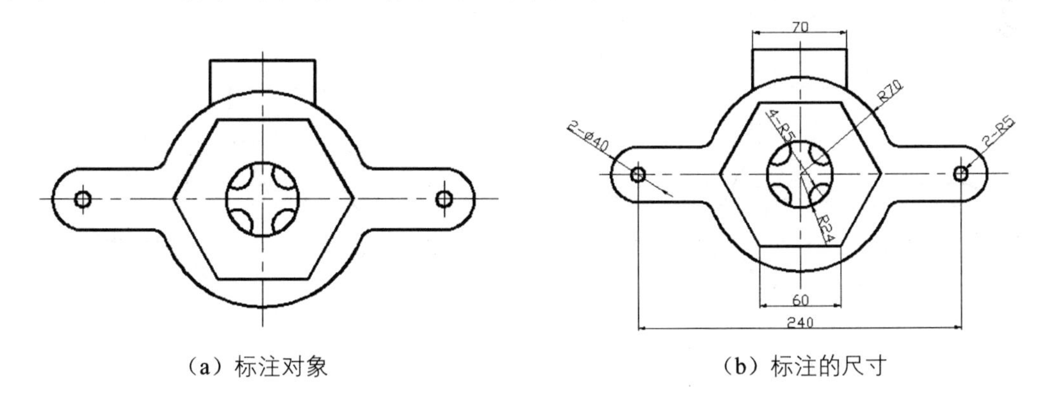

（a）标注对象　　（b）标注的尺寸

图 5-49　标注图形尺寸

01 单击“快速访问”工具栏→“打开”按钮，系统弹出“选择文件”对话框。

02 选择素材文件“Char05-04.dwg”，单击“打开”按钮，图形加载到绘图区。

03 单击“注释”选项卡→“标注”面板→“线性”按钮，命令行提示“指定第一个尺寸界线原点或<选择对象>:”，此时使用鼠标捕捉如图 5-50（a）所示的 A 点。

04 命令行提示“指定第二条尺寸界线原点:”，此时使用鼠标捕捉如图 5-50（a）所示的 B 点。命令行提示：

```
指定尺寸线位置或
[多行文字(M)/文字(T)/角度(A)/水平(H)/垂直(V)/旋转(R)]:
```

05 此时，移动鼠标到标注尺寸位置单击，完成尺寸的标注，效果如图 5-50（b）所示。

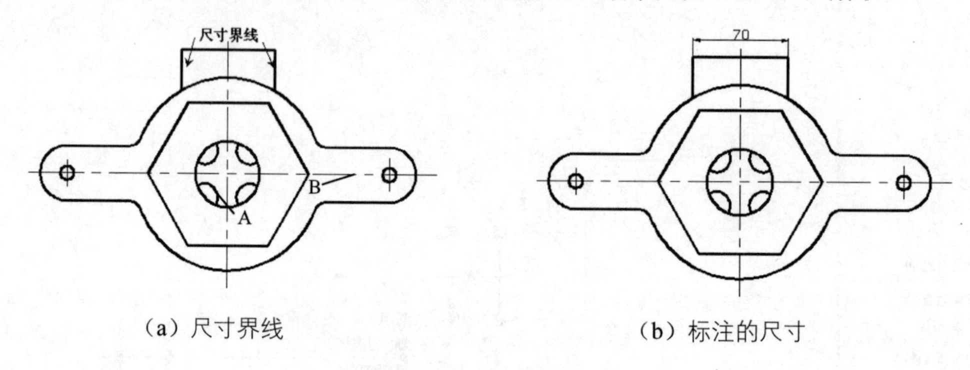

（a）尺寸界线　　（b）标注的尺寸

图 5-50　标注尺寸

06 重复步骤 03～05 的操作，标注其他线性尺寸，效果如图 5-51 所示。

07 单击“注释”选项卡→“标注”面板→“半径”按钮，命令行提示“选择圆弧或圆:”，此时使用鼠标选择如图 5-51 所示的 A 圆弧。命令行提示：

```
标注文字 = 10
指定尺寸线位置或 [多行文字(M)/文字(T)/角度(A)]:
```

08 此时，在命令行输入 T 并按 Enter 键。

09 命令行提示“输入标注文字<10>:”，此时在命令行输入 2-R10 并按 Enter 键。

10 命令行提示“指定尺寸线位置或 [多行文字(M)/文字(T)/角度(A)]:”，此时，移动鼠标到标注尺寸位置单击，完成尺寸的标注，效果如图 5-52 所示。

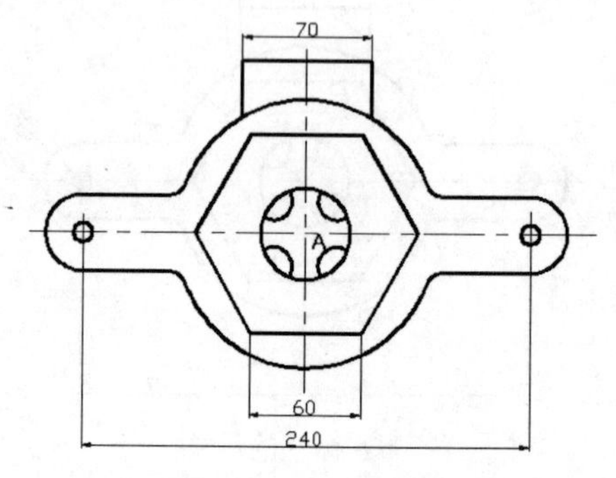

图 5-51　标注的线性尺寸

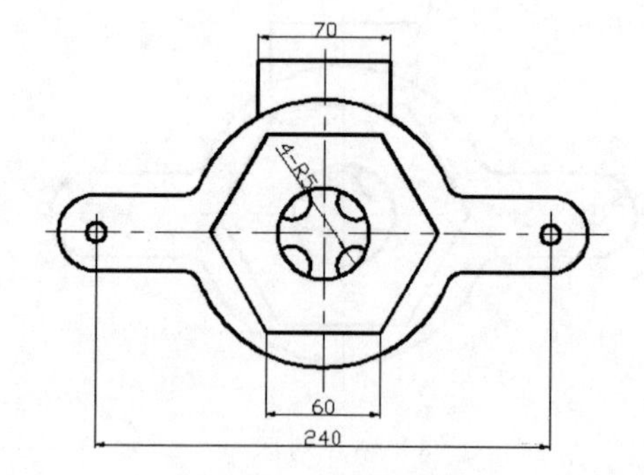

图 5-52　标注的半径

11 单击“注释”选项卡→“标注”面板→“直径”按钮，命令行提示“选择圆弧或圆:”，此时使用鼠标选择如图 5-53（a）所示的 A 圆。命令行提示：

```
标注文字 = 7
指定尺寸线位置或 [多行文字(M)/文字(T)/角度(A)]:
```

12 此时，在命令行输入 T 并按 Enter 键。

13 命令行提示“输入标注文字<7>:”，此时在命令行输入 2-%%c7 并按 Enter 键。

14 命令行提示“指定尺寸线位置或 [多行文字(M)/文字(T)/角度(A)]:”，此时，移动鼠标到标注尺寸位置单击完成尺寸的标注，效果如图 5-53（b）所示。

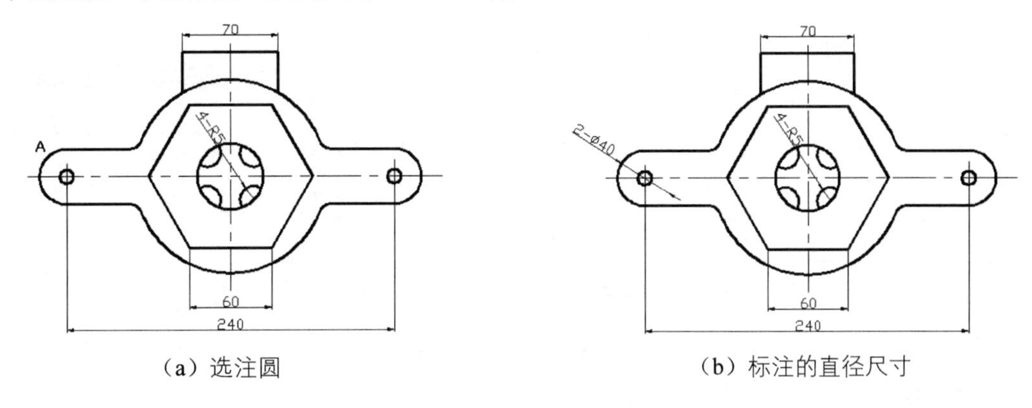

（a）选注圆　　　　（b）标注的直径尺寸

图 5-53　标注的直径

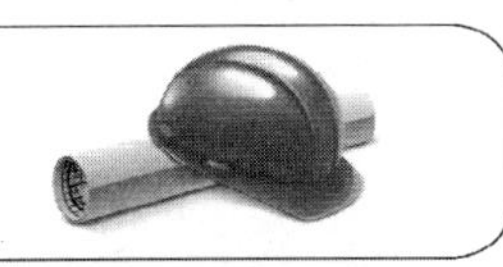

5.9 标注图形尺寸实例二

在如图 5-54（a）所示的图形标注线性尺寸、半径尺寸和直径尺寸，效果如图 5-54（b）所示。

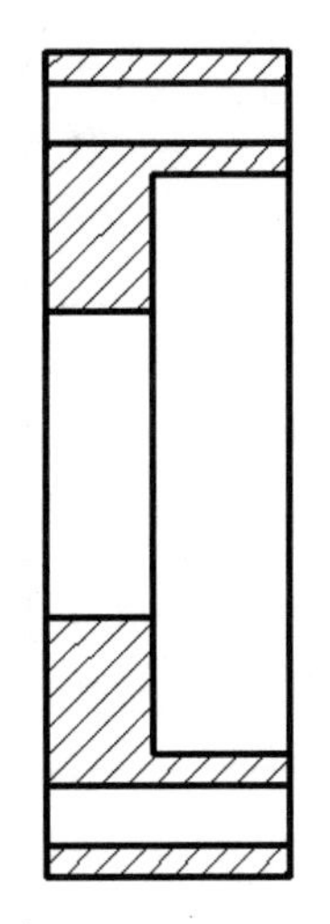

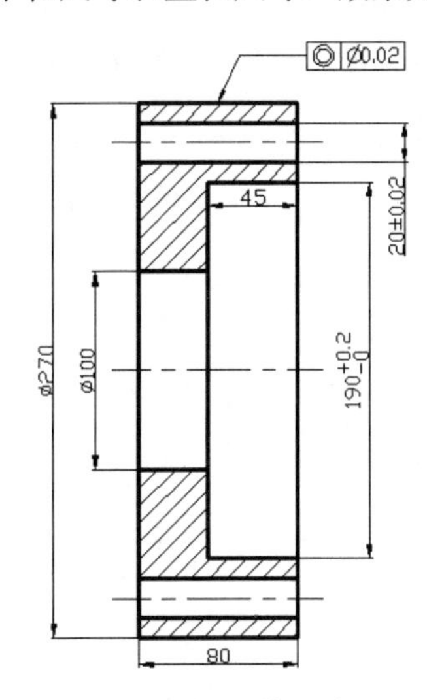

（a）标注尺寸对象　　　　（b）标注的尺寸

图 5-54　标注图形尺寸

1．创建标注样式

01 单击“注释”选项卡→“标注”面板→“标注样式”按钮，系统弹出如图5-55所示的“标注样式管理器”对话框。

02 单击 新建(N)... 按钮，系统弹出如图5-56所示的“创建新标注样式”对话框。

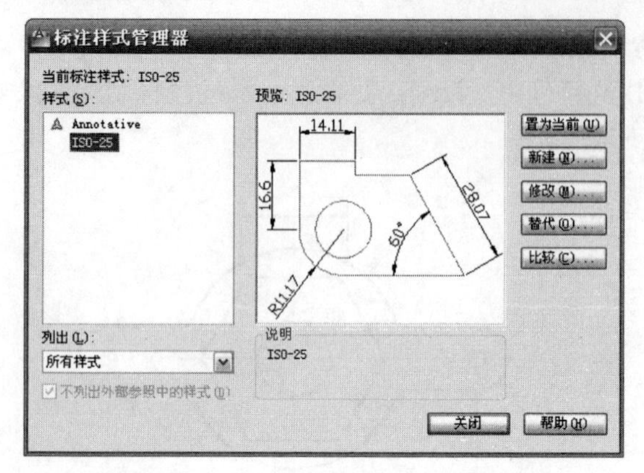

图 5-55 “标注样式管理器”对话框

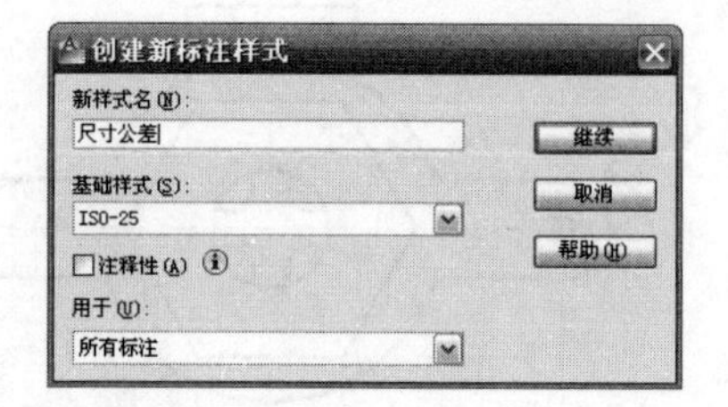

图 5-56 “创建新标注样式”对话框

03 单击 继续 按钮，系统弹出“新建标注样式：尺寸公差”对话框，单击“公差”标签，切换到如图5-57所示的“公差”选项卡。

04 选择“公差格式”选项组→“方式”下拉列表框→“极限偏差”选项，在“精度”下拉列表框中选择“0.0”选项，在“上偏差”文本框中输入0.2，在“垂直位置”下拉列表框中选择“中”选项。

05 单击“确定”按钮返回“标注样式管理器”对话框，完成尺寸公差样式的创建。

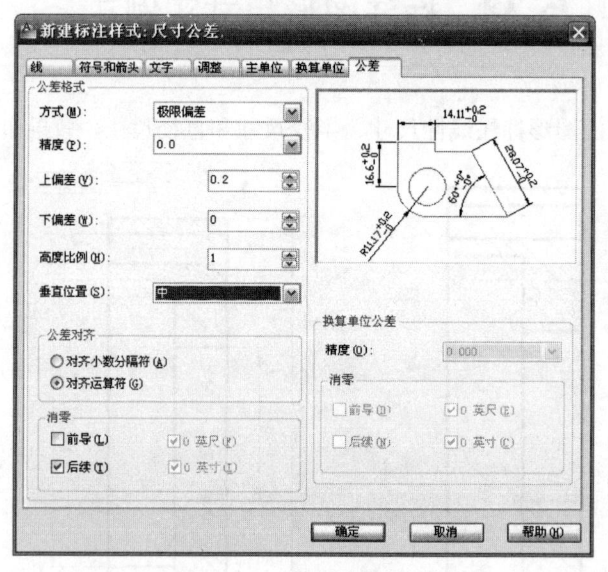

图 5-57 “公差”选项卡

06 选择“样式”列表框中的“ISO-25”选项，单击 置为当前(U) 按钮设置ISO-25标注样式为当前。

07 单击 关闭 按钮，完成标注样式的设置。

2．标注一般尺寸

01 单击“注释”选项卡→“标注”面板→“线性”按钮，命令行提示“指定第一个尺寸界线原点或<选择对象>:”，此时使用鼠标捕捉如图 5-58（a）所示的 A 点。

02 命令行提示“指定第二条尺寸界线原点:”，此时使用鼠标捕捉如图 5-58（a）所示的 B 点。命令行提示：

```
指定尺寸线位置或
[多行文字(M)/文字(T)/角度(A)/水平(H)/垂直(V)/旋转(R)]:
```

03 此时，移动鼠标到标注尺寸位置单击，完成尺寸的标注。

04 重复步骤 01～03 的操作，在如图 5-58（a）所示 C、D 点之间标注水平尺寸，效果如图 5-58（b）所示。

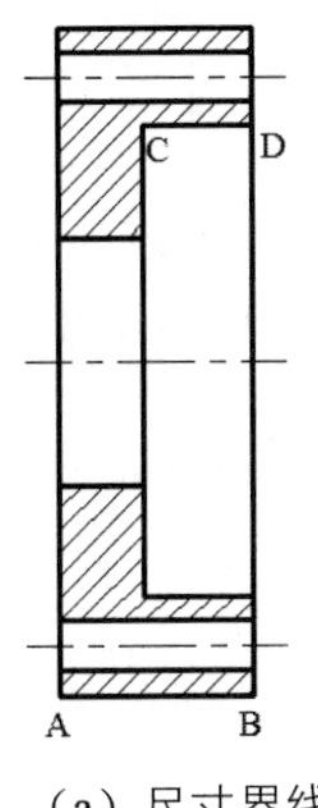

（a）尺寸界线

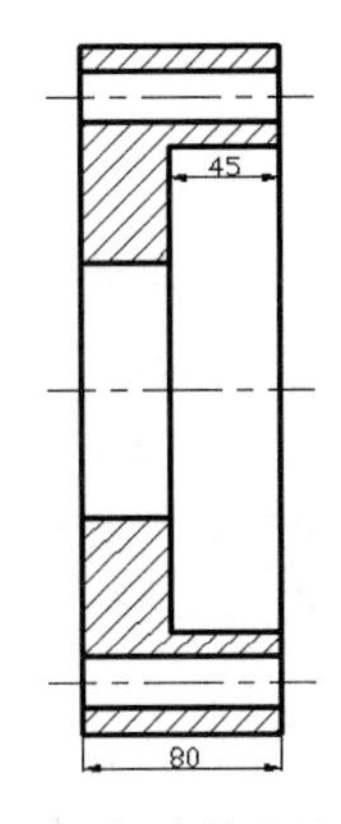

（b）标注的尺寸

图 5-58　标注线性尺寸

05 单击“注释”选项卡→“标注”面板→“线性”按钮，命令行提示“指定第一个尺寸界线原点或<选择对象>:”，此时使用鼠标捕捉如图 5-58（a）所示的 A 点。

06 命令行提示“指定第二条尺寸界线原点:”，此时使用鼠标捕捉如图 5-58（a）所示的上端点。命令行提示：

```
指定尺寸线位置或
[多行文字(M)/文字(T)/角度(A)/水平(H)/垂直(V)/旋转(R)]:
```

07 此时，在命令行输入%%C270 并按下 Enter 键。

08 移动鼠标到标注尺寸位置单击，完成尺寸的标注，效果如图 5-59（a）所示。

09 重复步骤 05～08 的操作，标注内孔直径，效果如图 5-59（b）所示。

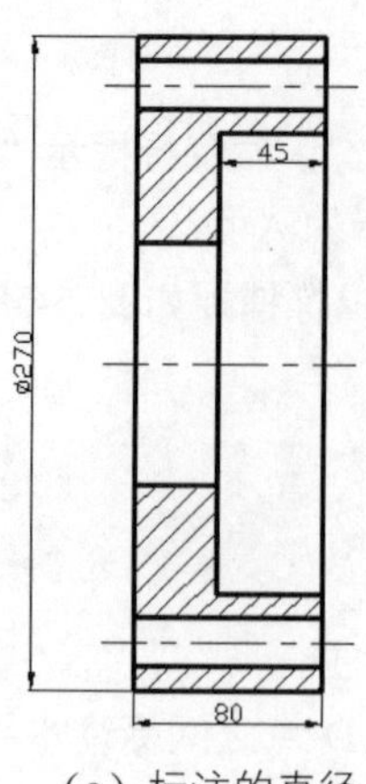

（a）标注的直径

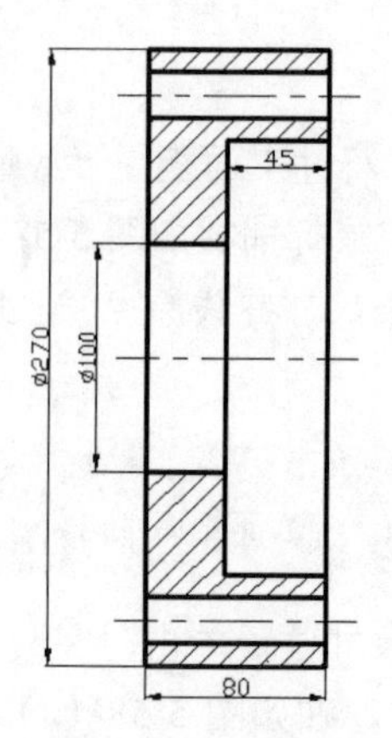

（b）标注的直径

图 5-59　标注的直径

3．标注公差尺寸

01 单击“注释”选项卡→“标注”面板→“标注样式”按钮，系统弹出“标注样式管理器”对话框。

02 选择“样式”列表框中的“公差标注”选项，单击置为当前(U)按钮设置“公差标注”标注样式为当前。

03 单击关闭按钮，完成标注样式的设置。

04 单击“注释”选项卡→“标注”面板→“线性”按钮，命令行提示“指定第一个尺寸界线原点或<选择对象>:”，此时使用鼠标捕捉如图 5-60（a）所示的 A 点。

05 命令行提示“指定第二条尺寸界线原点:”，此时使用鼠标捕捉如图 5-60（a）所示的 B 点。

命令行提示：

```
指定尺寸线位置或
[多行文字(M)/文字(T)/角度(A)/水平(H)/垂直(V)/旋转(R)]:
```

06 此时，移动鼠标到标注尺寸位置单击，完成尺寸的标注。

07 单击“注释”选项卡→“标注”面板→“线性”按钮，命令行提示“指定第一个尺寸界线原点或<选择对象>:”，此时使用鼠标捕捉如图 5-60（a）所示的 D 点。

08 命令行提示“指定第二条尺寸界线原点:”，此时使用鼠标捕捉如图 5-60（a）所示的 C 点。命令行提示：

```
指定尺寸线位置或
[多行文字(M)/文字(T)/角度(A)/水平(H)/垂直(V)/旋转(R)]:
```

09 此时，在命令行输入 20%%P0.02 并按 Enter 键。

10 移动鼠标到标注尺寸位置单击，完成尺寸的标注，效果如图 5-60（b）所示。

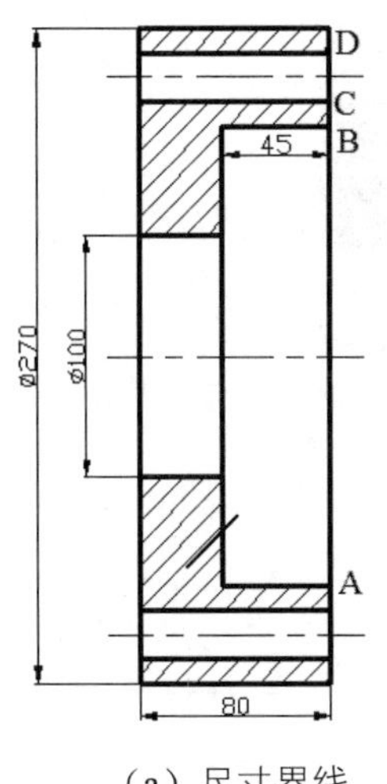

（a）尺寸界线

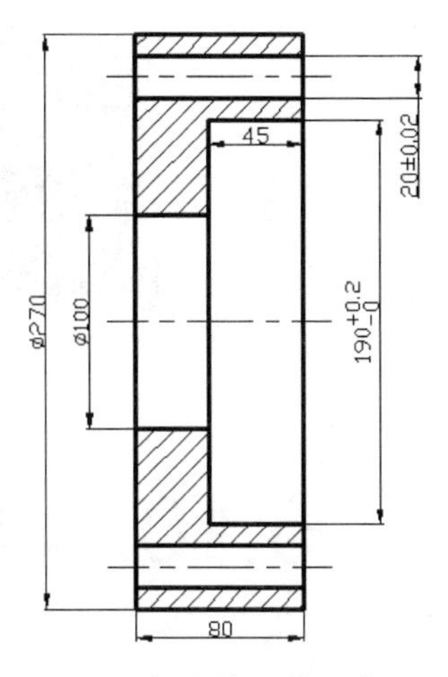

（b）标注的公差尺寸

图 5-60　标注的尺寸公差

11 在命令行下输入 leader 并按 Enter 键，命令行提示“指定引线起点:”，此时使用鼠标捕捉如图 5-60（b）所示的直线 AB 上任意一点。

12 命令行提示“指定下一点:”，向上移动鼠标到合适位置单击。

13 命令行提示“指定下一点或 [注释(A)/格式(F)/放弃(U)] <注释>:”，此时向右移动鼠标到合适位置单击。

14 命令行提示“指定下一点或 [注释(A)/格式(F)/放弃(U)] <注释>:”，此时按 Enter 键。

15 命令行提示“输入注释文字的第一行或<选项>:”，此时继续按 Enter 键。

16 命令行提示“输入注释选项 [公差(T)/副本(C)/块(B)/无(N)/多行文字(M)] <多行文字>:”，此时在命令行输入 T 并按 Enter 键，系统弹出如图 5-61 所示“形位公差”对话框。

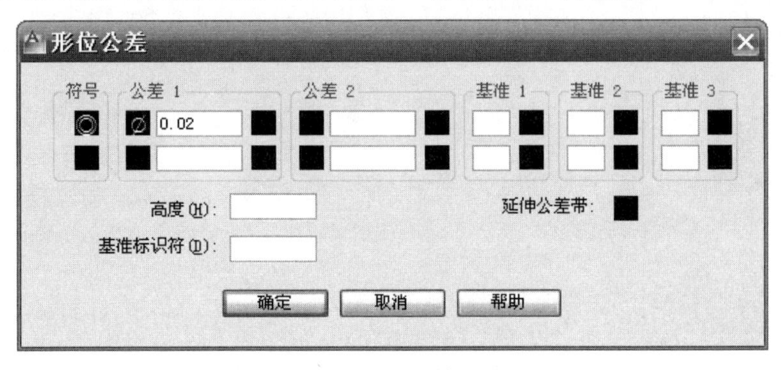

图 5-61　“形位公差”对话框

17 单击“符号”选项组中的■按钮，系统弹出如图 5-62 所示的“特殊符号”对话框。

18 单击“圆度”符号◎，返回“形位公差”对话框。

19 单击其后的■按钮，使其变为Ø按钮，在其后的文本框中输入 0.02。

20 单击 确定 按钮，完成行为公差的标注，效果如图 5-54（b）所示。

图 5-62 “特殊符号”对话框

5.10 知识回顾

本章主要介绍的是 AutoCAD 2012 的标注功能，包括尺寸标注、形位公差标注、多重引线标注等。此外，还通过实例讲述了怎样创建和编辑各种类型的尺寸。在学习标注图形之前要了解图形标注的基本要素，如什么是尺寸界线、尺寸线等，不然将混淆本章中的一些内容。

标注样式可以控制标注对象的样式，针对不同类型的标注，可以设置不同的标注样式。另外，针对不同行业的图纸，其标注方法往往有国标规定，图形标注应遵照国标正确标注。

第6章

创建面域与填充图案

面域是具有物理特性的二维封闭区域。面域可由线段、多段线、圆弧或样条曲线等对象围成，可用于应用填充和着色，使用 MASSPROP 分析特性（例如面积），提取设计信息等。

图案填充是指使用预定义图案填充区域，可以使用当前线型定义简单的线图案，也可以创建更复杂的填充图案。图案填充经常用于绘制机械图中的剖面以区分不同的零件，还可用于建筑图或地质图中以区分不同的材料或地层。

另外，还有两种特殊的图案填充。有一种图案类型叫做实体，它使用实体颜色填充区域；另一种是渐变色填充，它是在一种颜色的不同灰度之间或两种颜色之间使用过渡。渐变色填充能模拟光源反射到对象上的外观，可用于增强演示图形。

学习目标

- 了解面域和图案填充两类图形对象
- 掌握创建面域的两种方法并能对面域进行逻辑运算
- 熟练掌握图案填充和渐变色填充的绘制和编辑
- 学会绘制圆环、宽线和二维填充图形

6.1 将图形转换为面域

面域是使用形成闭合环的对象创建的二维闭合区域。用于创建面域的闭合环可以是直线、多段线、圆、圆弧、椭圆、椭圆弧和样条曲线的组合，但要求组成闭合环的对象必须闭合或是通过与其他对象共享端点而形成的闭合区域。

6.1.1 创建面域

在第 4 章中介绍的一些绘图方法中，绘制出的对象大多属于一维对象，如直线、圆和多段线等。面域属于二维对象，不但包括构成面域的边界，而且还包括了边界内的区域。所以，面域的创建必须依赖于一维闭合对象。

AutoCAD 2012 中一般可以通过两种方法创建面域，但都是基于闭合的一维对象组合。

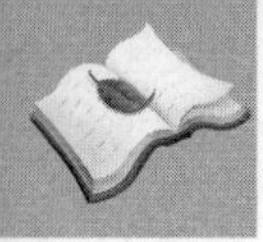

1．通过 REGION 命令创建面域

REGION 命令用于将闭合环转换为面域。在 AutoCAD 2012 中执行 REGION 命令的方法有以下 4 种。

- 功能区：单击“常用”选项卡→“绘图”面板→“面域”按钮。
- 经典模式：选择菜单栏中的“绘图”→“面域”命令。
- 经典模式：单击“绘图”工具栏中的“面域”按钮。
- 运行命令：REGION。

执行“REGION”命令后，命令行提示：

```
选择对象:
```

此时可选择有效的对象，然后按 Enter 键或单击鼠标右键，即可将所选对象转换为面域。能够转换为面域的有效对象包括闭合的多段线、直线、圆弧、椭圆弧和样条曲线，以及本身就是闭合对象的圆、椭圆和多边形等，如图 6-1 所示。有效对象不包括通过开放对象内部相交构成的闭合区域，例如，相交圆弧或自相交曲线，如图 6-2 所示。

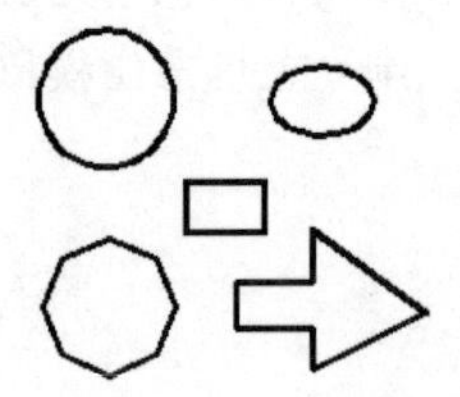

图 6-1　转换为面域的有效对象

图 6-2　无效的转换为面域的对象

2．通过 BOUNDARY 命令创建面域

除了 REGION 命令，通过 BOUNDARY 命令也可以创建面域。BOUNDARY 命令可以由对象封闭的区域内的指定点来创建面域或者边界。

在 AutoCAD 2012 中执行 BOUNDARY 命令的方法有以下 3 种。

- 功能区：单击“常用”选项卡→“绘图”面板→“边界”按钮。
- 经典模式：选择菜单栏中的“绘图”→“边界”命令。
- 运行命令：BOUNDARY。

执行 BOUNDARY 命令后，将弹出“边界创建”对话框。要创建面域，需在其中的“对象类型”下拉列表框选择为“面域”，如图 6-3 所示。

图 6-3　“边界创建”对话框

在“边界创建”对话框中单击“拾取点“按钮，可以拾取闭合边界内的一点，AutoCAD 2012 会根据点的位置自动判断该点周围构成封闭区域的现有对象来确定面域的边界。“孤岛检测”复选框用于设置创建面域或边界时是否检测内部闭合边界，即孤岛。

只要对象间存在闭合的区域，就可以通过 BOUNDARY 命令创建面域。如图 6-2 所示的不能用

REGION 命令转换为面域的对象，通过 BOUNDARY 命令拾取内部点，也能创建基于闭合区域的面域。

3．设置 DELOBJ 系统变量

如上所述，面域的创建必须基于闭合环或者闭合的区域，DELOBJ 系统变量用于设置在对象转换为面域之后是否将原对象删除。如果 DELOBJ 设置为 1，那么 AutoCAD 2012 在创建面域之后将删除原对象；如果 DELOBJ 设置为 0，那么 AutoCAD 2012 在创建面域之后将保留原对象，创建的面域覆盖原对象之后，将面域移动到其他位置，可见其原对象仍然保留着。

6.1.2　实例——将闭合区域转换为面域

如图 6-4 所示为两个相交的菱形，它们之间存在一个闭合的区域，现在将其闭合区域转换为面域。

01 单击“常用”选项卡→“绘图”面板“图案填充”下拉列表→“边界”按钮，在弹出的“边界创建”对话框中，将“对象类型”下拉列表框设置为“面域”。

02 单击“拾取点”按钮，此时临时退出“边界创建”对话框回到绘图区。单击两菱形相交的区域，如图 6-5 所示。

03 按 Enter 键或单击鼠标右键，在弹出的快捷菜单中选择“确定”命令，命令行提示：

```
已提取 1 个环。
已创建 1 个面域。
BOUNDARY 已创建 1 个面域
```

04 提示说明创建面域成功，如图 6-6 所示为将面域移除以后的两个菱形和创建的面域。

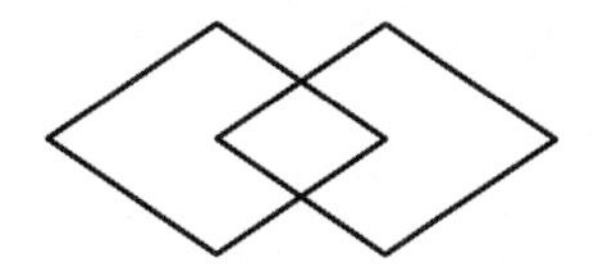

图 6-4　存在闭合区域的相交菱形

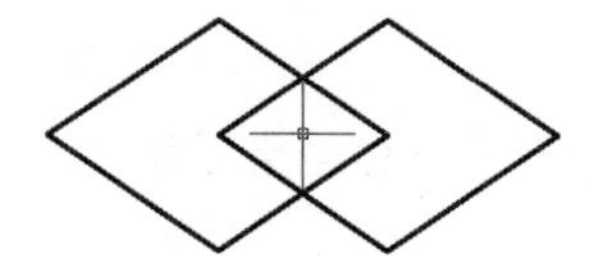

图 6-5　拾取内部点

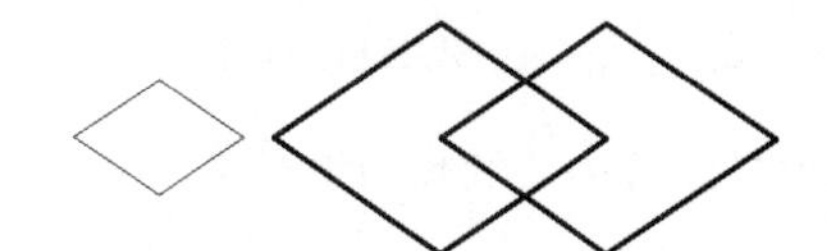

图 6-6　创建面域之后

6.1.3　对面域进行逻辑运算

在 AutoCAD 2012 中绘制面域时，对于复杂的面域，可以通过简单面域的并集、差集，以及交集等逻辑运算创建组合面域，如图 6-7 所示。

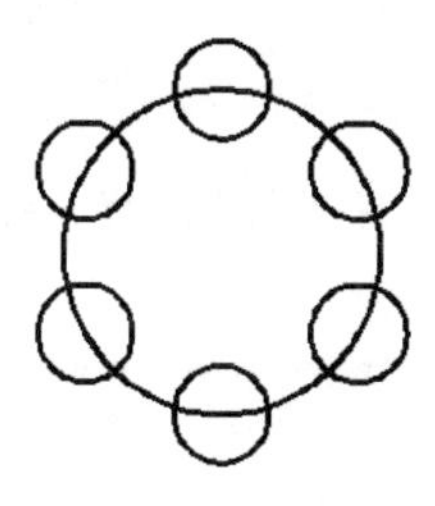

（a）原面域

（b）并集运算后

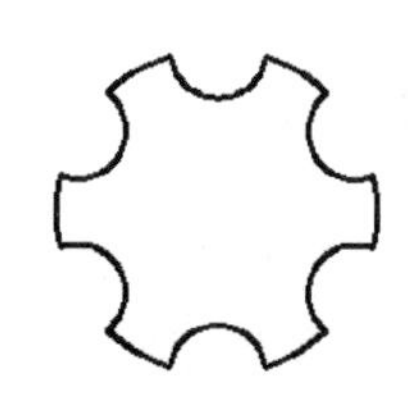

（c）差集运算后

（d）交集运算后

图 6-7　面域的逻辑运算

1. 并集运算

面域的并集运算用于将指定的面域合并为一个面域。AutoCAD 2012 中执行并集运算的方法有以下 4 种。

- 经典模式：选择菜单栏中的“修改”→“实体编辑”→“并集”命令。
- 功能区：单击“实体”选项卡→“布尔值”面板→“并集”按钮，或者“常用”选项卡→“实体编辑”面板→“并集”按钮。（三维建模模式）
- 经典模式：单击“建模”工具栏中的“并集”按钮。
- 运行命令：UNION。

执行并集运算后，命令行提示：

```
选择对象：
```

此时选择参与并集运算的所有面域之后，AutoCAD 2012 自动计算出所选面域的并集，并创建一个合并后的面域。

2. 差集运算

面域的差集运算用于从一个面域中减去另一个面域或与另一个面域相交的部分区域。AutoCAD 2012 中执行差集运算的方法有以下 4 种。

- 经典模式：选择菜单栏中的“修改”→“实体编辑”→“差集”命令。
- 功能区：单击“实体”选项卡→“布尔值”面板→“差集”按钮，或者“常用”选项卡→“实体编辑”面板→“差集”按钮。（三维建模模式）
- 经典模式：单击“建模”工具栏中的“差集”按钮。
- 运行命令：SUBTRACT。

差集运算需要选择两组对象，然后对两组对象进行差集运算。

AutoCAD 小提示

差集运算的结果与选择对象的顺序有关，正如数学算术中减法运算与两个参与运算的数字位置有关一样。

执行差集运算后，命令行提示：

```
subtract 选择要从中减去的实体或面域...
选择对象：
```

此时选择的是要从其中减去的实体或面域，选择后按 Enter 键或单击鼠标右键完成选择，命令行继续提示：

```
选择要减去的实体或面域...
选择对象：
```

此时选择的对象是从第一个对象中要减去的对象，选择后按 Enter 键或单击鼠标右键完成差集运算。

3. 交集运算

面域的交集运算用于将指定面域之间的公共部分创建为新的面域。在 AutoCAD 2012 中执行交集运算的方法有以下 4 种。

- 经典模式：选择菜单栏中的“修改”→“实体编辑”→“交集”命令。
- 功能区：单击“实体”选项卡→“布尔值”面板→“差集”按钮，或者“常用”选项卡→“实体编辑”面板→“差集”按钮。（三维建模模式）
- 经典模式：单击“建模”工具栏中的“交集”按钮。
- 运行命令：INTERSECT。

执行交集运算后，命令行提示：

```
选择对象:
```

此时选择参与交集运算的所有面域之后，AutoCAD 2012 自动计算出所选面域的交集，并创建一个新的面域。

并集、差集及交集等逻辑运算的操作对象为二维实体对象，只能应用于面域或二维实体，对于一维对象不能使用。

6.1.4 实例——差集运算

不同选择顺序的差集运算操作步骤如下：

01 选择菜单栏中的“修改”→“实体编辑”→“差集”命令。

02 命令行提示“选择要从中减去的实体或面域...选择对象:”，此时选择 6 个较小的面域 a，如图 6-8（a）所示，然后按 Enter 键。

03 在命令行提示“_subtract 选择要减去的实体或面域...选择对象:”，此时选择中间较大的面域 b，如图 6-8（b）所示，然后按 Enter 键，完成差集运算，结果如图 6-8（c）所示。

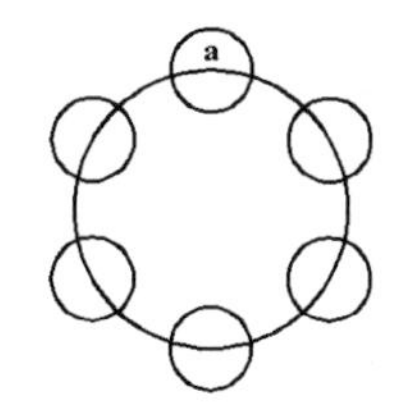

（a）选择要从中减去的面域

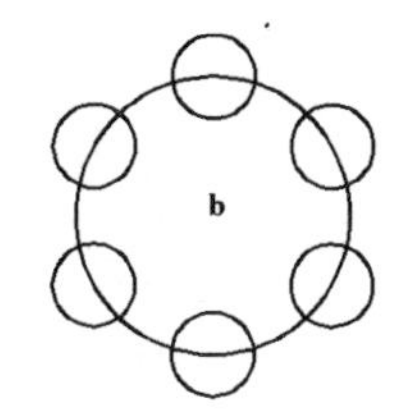

（b）选择要减去的面域

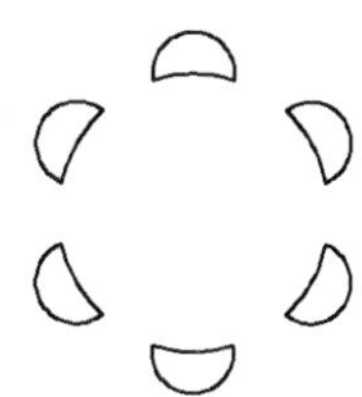

（c）运算结果

图 6-8　第 1 种选择顺序下的差集运算

04 重复步骤 01 的操作。

05 命令行提示“_subtract 选择要从中减去的实体或面域... 选择对象:”，此时选择面域 b，如图 6-9（a）所示，然后按 Enter 键。

06 命令行提示“_subtract 选择要减去的实体或面域...选择对象:”，此时选择面域 a，如图 6-9（b）所示，然后按 Enter 键，完成差集运算，结果如图 6-9（c）所示。

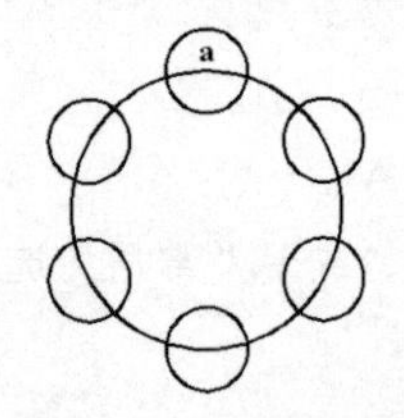

（a）选择要从中减去的面域

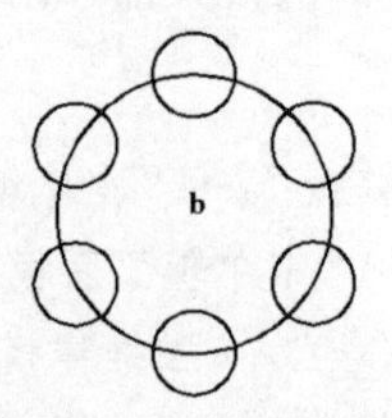

（b）选择要减去的面域

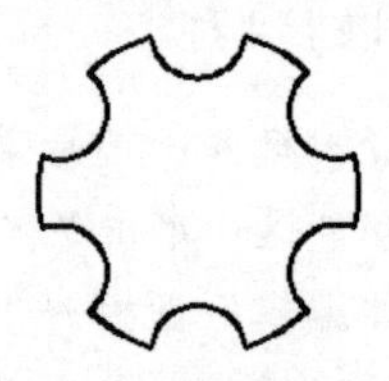

（c）运算结果

图 6-9　第 2 种选择顺序下的差集运算

6.1.5　使用 MASSPROP 提取面域质量特性

从表面上看面域和一般的闭合对象没什么区别，然而，实际上面域不但包含边界，还包含边界内的区域，属于二维对象。提取设计信息是面域的一大应用。

AutoCAD 2012 提供 massprop 命令来提取面域的质量特性，可通过以下 3 种方法执行。

- 经典模式：选择菜单栏中的“工具”→“查询”→“面域/质量特性”命令。
- 经典模式：单击“查询”工具栏中的“面域/质量特性”按钮。
- 运行命令：MASSPROP。

执行 massprop 命令后，命令行提示：

```
选择对象:
```

此时选择要提取数据的面域对象，然后按 Enter 键或单击鼠标右键完成，系统自动弹出“AutoCAD 文本窗口”显示面域对象的质量特性，如图 6-10 所示，给出的质量特性包括面积、周长、边界框、质心、惯性矩、惯性积和旋转半径等信息。同时，命令行提示“是否将分析结果写入文件？[是(Y)/否(N)] <否>:”，输入 y 后可以将数据保存为文件。

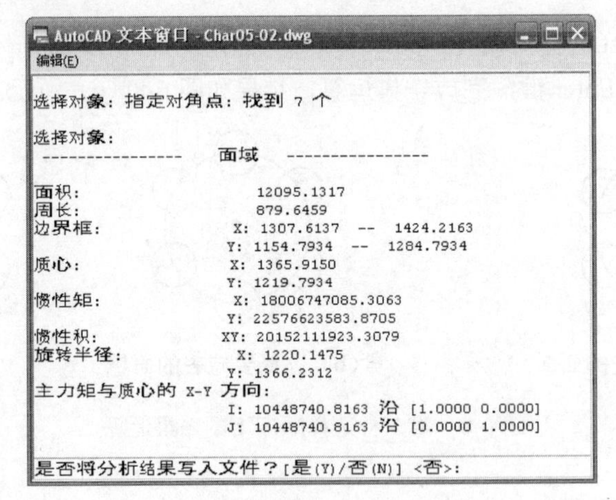

图 6-10　“AutoCAD 文本窗口”显示面域对象的质量特性

6.2 图案填充

AutoCAD 2012 的图案填充是绘图中的一个重要组成部分，其应用十分广泛。在机械制图中，可以用来绘制剖面图；在建筑制图中，不同的填充图案可以表达不同的材料种类；在地质制图中，可以用来区分不同的地层结构等。

6.2.1 使用图案填充

本节首先介绍使用图案来填充区域或者闭合对象，这些图案被称为填充图案。填充图案可以使用 AutoCAD 2012 预设的图案，也可以用当前线型定义简单的线图案，甚至可以自定义复杂的填充图案。

在 AutoCAD 2012 中执行图案填充的方法有以下 4 种。

- 功能区：单击“常用”选项卡→“绘图”面板→“图案填充”按钮。
- 经典模式：选择菜单栏中的“绘图”→“图案填充”命令。
- 经典模式：单击“绘图”工具栏中的“图案填充”按钮。
- 运行命令：HATCH。

执行图案填充命令后，命令行提示如下：

```
拾取内部点或 [选择对象(S)/设置(T)]:
```

此时提示默认为“拾取内部点”，拾取闭合区域的内部点，AutoCAD 2012 自动根据所拾取的点判断围绕该点构成封闭区域的现有对象确定填充边界。如图 6.11 所示，确定了的填充边界将预览填充效果。

拾取内部点后，命令行提示如下：

```
正在选择所有可见对象...
正在分析所选数据...
正在分析内部孤岛...
拾取内部点或 [选择对象(S)/设置(T)]:
```

此时提示继续选择填充图形的内部点，按 Enter 键完成图案的填充。也可以根据需要选择中括号中的其他选项定义选择对象或者设置填充图案，其选项的含有如下。

- 选择对象(S)：根据构成封闭区域的选定对象确定边界。可通过选择封闭对象的方法确定填充边界，但并不自动检测内部对象。如图 6-12 所示，通过选择对象确定的填充边界将亮显。

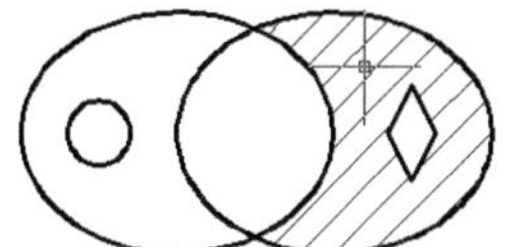

（a）拾取内部点

（b）填充结果

图 6-11　拾取内部点创建图案填充

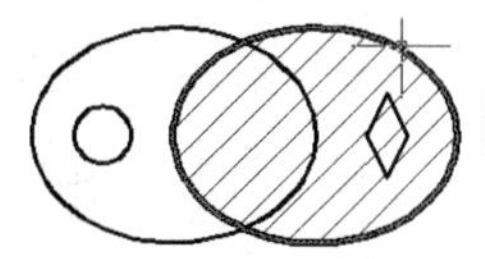

（a）选择对象

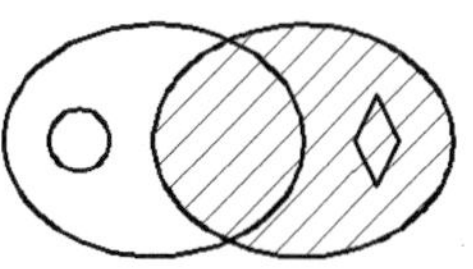

（b）填充结果

图 6-12　选择对象创建图案填充

- 设置(T)：用于设置填充的图案和渐变色。输入 T 并按 Enter 键，将弹出“图案填充和渐变色”对话框，如图 6-13 所示。该对话框主要包括“类型和图案”、“角度和比例”、“图案填充原点”、“边界”和“选项”5 个选项组。

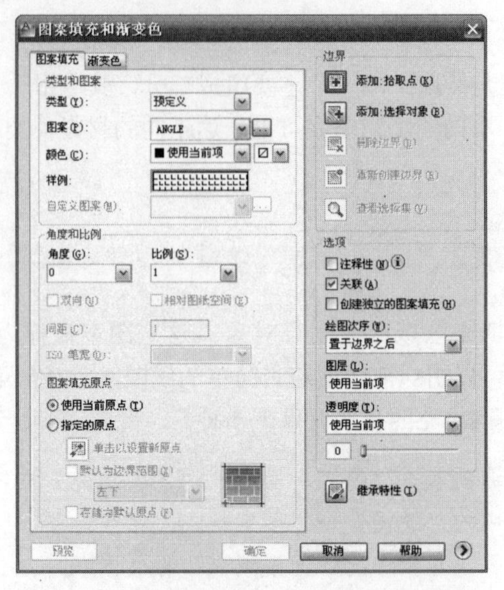

图 6-13 “图案填充和渐变色”对话框

（1）“类型和图案”选项组：可以设置图案的类型。

- “类型”下拉列表框：用于设置填充图案的类型，包括“预定义”、“用户定义”和“自定义”3 个选项。如果选择“预定义”选项，可使用 AutoCAD 2012 附带的 ISO 标准和 ANSI 标准填充图案，以及其他 AutoCAD 2012 附带的图案；如果选择“用户定义”选项，则允许用户基于当前线型定义填充图案，如使用一组平行线或两组相交的平行线；如果选择“自定义”选项，则可以使用已添加到搜索路径（在“选项”对话框的“文件”选项卡上设置）中的自定义 PAT 文件列表。
- “图案”下拉列表框：列出可用的预定义图案，用于选择具体的填充图案。单击...按钮，将弹出“填充图案选项板”对话框，如图 6-14 所示。通过该对话框，可直观地选择填充图案的具体种类。通过切换其上方的选项卡，可以选择不同类别的填充图案。

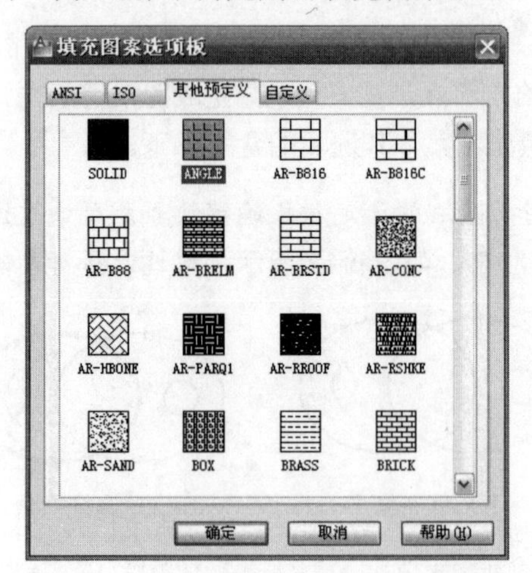

图 6-14 “填充图案选项板”对话框

- “颜色”下拉列表框：使用填充图案和实体填充的指定颜色替代当前颜色。
- “样例”：用于显示所选择填充图案的预览。也可单击“样例”预览图像，显示“填充图案选项板”对话框，重新选择填充图案。
- “自定义图案”下拉列表框：用于选择自定义图案。只有在“类型”下拉列表框中选择了“自定义”选项，此选项才可用。

SOLID 图案没有预览图像，并且也不能设置角度和比例，但可以选择填充颜色。

（2）“角度和比例”选项组：可以设置图案填充的旋转角度和缩放比例。各个选项的功能如下。

- “角度”下拉列表框：用于设置填充图案的角度（相对当前坐标系的 X 轴），也可在文本框中直接输入角度值。如图 6-15 所示为角度设置分别为 0° 和 90° 时的显示效果。
- “比例”下拉列表框：用于设置缩放预定义或自定义图案的比例，也可在文本框中直接输入比例值。只有将“类型”设置为“预定义”或“自定义”，此选项才可用。如图 6-16 所示为比例设置分别为 1 和 2 时的显示效果。在机械图中，经常通过设置填充图案的不同角度和比例来区分不同的零件或材料。
- “双向”复选框：只有在“图案填充”选项卡上将“类型”设置为“用户定义”时，此选项才可用。选择该复选框后，将绘制两组相互成 90° 的直线填充图案，从而构成交叉线填充图案。

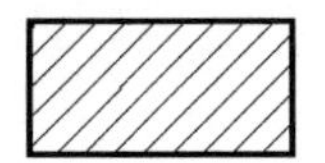
（a）角度为 0°

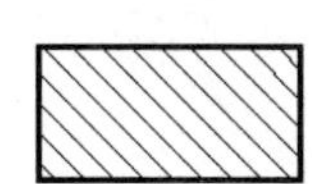
（b）角度为 90°

图 6-15　设置图案填充的角度

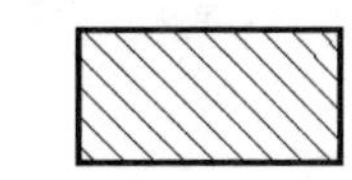
（a）比例为 1

（b）比例为 2

图 6-16　设置图案填充的比例

- “相对图纸空间”复选框：该选项仅适用于布局。用于设置相对于图纸空间单位缩放填充图案。使用此选项，可以很容易地以适合于布局的比例显示填充图案。
- “间距”文本框：只有将“类型”设置为“用户定义”，此选项才可用。用于输入平行线之间的间距，此文本框和“双向”复选框联合使用共同设置用户定义图案。
- “ISO 笔宽”下拉列表框：设置基于选定笔宽缩放 ISO 预定义图案。只有将“类型”设置为“预定义”，并将“图案”设置为可用的 ISO 图案的一种，此选项才可用。

（3）“图案填充原点”选项组：可以设置填充图案生成的起始位置。因为某些图案填充（例如砖块图案）需要与图案填充边界上的一点对齐。默认情况下，所有图案填充原点都对应于当前的 UCS 原点。选择“指定的原点”单选按钮之后，其他的选项变得可用。单击“单击以设置新原点”按钮之后，可设置新的原点，如图 6-17 所示。选定原点后，还可通过“默认为边界范围”下拉列表框设置原点的位置，此时需选择边界范围的 4 个角点及其中心。选中“存储为默认原点”复选框后可将新图案填充原点指定为默认的图案填充原点。

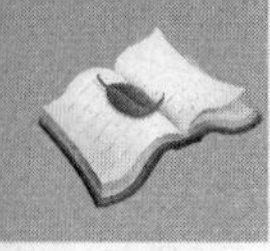

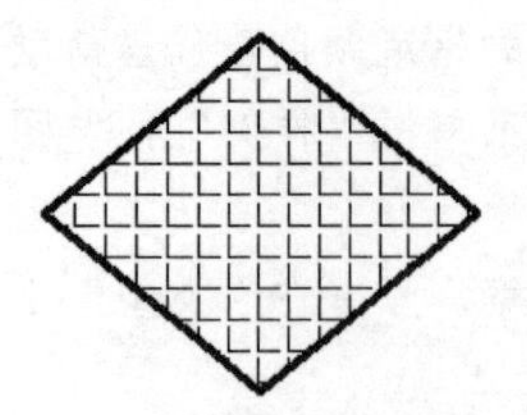

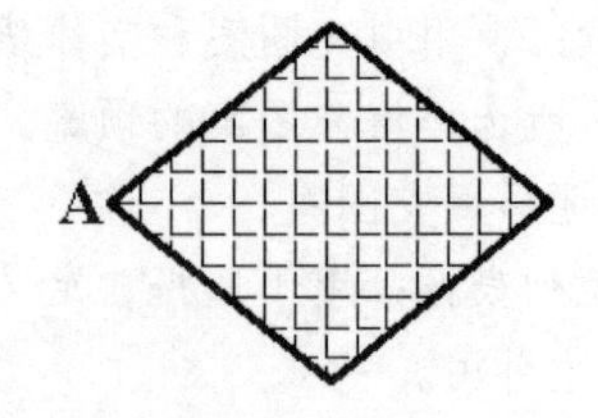

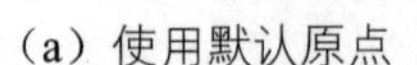

（a）使用默认原点　　　　（b）指定 A 点为原点

图 6-17　设置图案填充的原点

（4）“边界”选项组：可以定义图案填充的边界。

- “添加：拾取点”按钮：单击该按钮可拾取闭合区域的内部点，AutoCAD 2012 自动根据所拾取的点判断围绕该点构成封闭区域的现有对象确定填充边界。单击该按钮后将回到绘图区，命令行提示“拾取内部点或 [选择对象(S)/设置(T)]:”，可连续选择多个填充区域。
- “添加：选择对象”按钮：同样，单击该按钮将回到绘图区，可通过选择封闭对象的方法确定填充边界，但并不自动检测内部对象。

使用“添加：选择对象”按钮一般选择闭合对象，如果选择多个对象组合，将出现意想不到的填充效果。如图 6-18 所示，（a）图是选择矩形时的填充效果，由于矩形是闭合对象，AutoCAD 2012 将填充其内部；而（b）图是选择 4 条直线的填充效果，AutoCAD 2012 并不像预想中的那样填充 4 条直线构成的闭合区域。

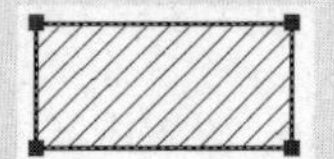

（a）选择矩形的填充效果　　　　（b）选择 4 条直线的填充效果

图 6-18　选择对象时的注意事项

- “删除边界”按钮：从定义的边界中删除以前添加的对象。只有在拾取点或者选择对象创建了填充边界后才可用。如图 6-19 所示，通过删除边界可删除拾取点时自动生成的孤岛边界。

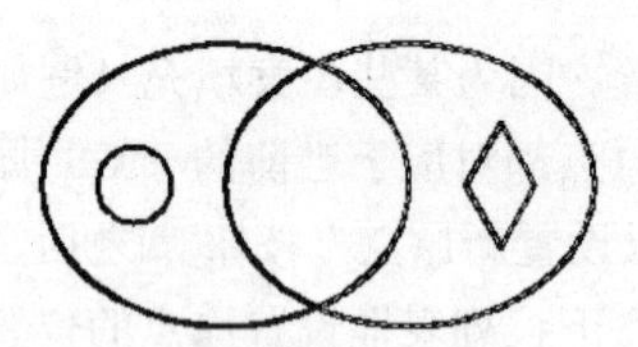

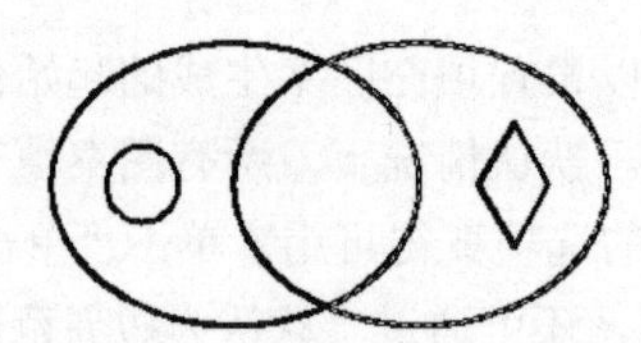

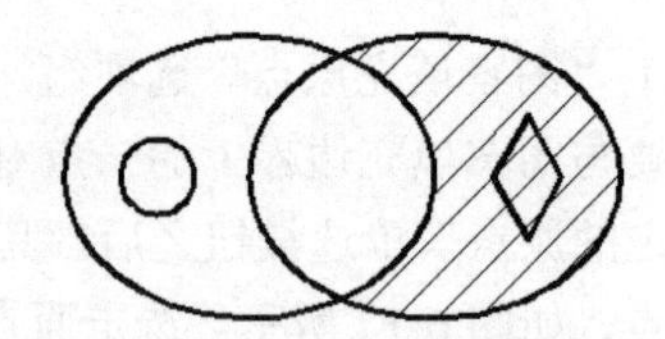

（a）拾取内部点　　　　（b）删除边界　　　　（c）填充结果

图 6-19　删除填充边界

- “重新创建边界”按钮：用于重新创建填充边界，只有在编辑填充边界时才可用。
- “查看选择集”按钮：单击该按钮可回到绘图区查看已定义的填充边界，该边界将亮显。只有在拾取点或者选择对象创建了填充边界后才可用。

（5）“选项”选项组：可设置其他的相关选项，如关联性等。

- “注释性”复选框：选择该复选框，可将填充图案指定为注释性对象。
- “关联”复选框：用于控制图案填充的关联性。关联的图案填充在用户修改其边界时将自动更新，如图 6-20 所示。

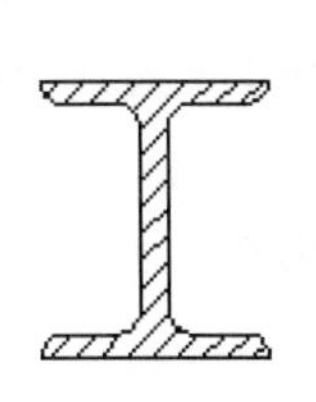

（a）原图案填充

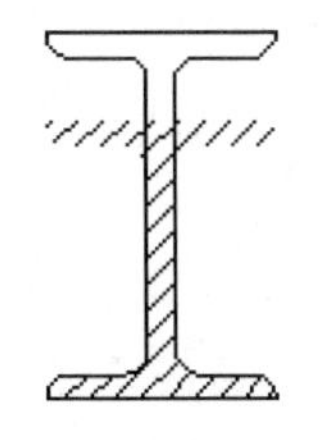

（b）编辑非关联图案填充后的结果

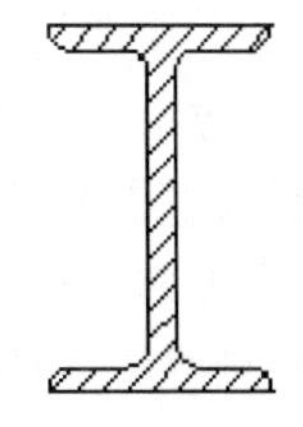

（c）编辑关联图案填充后的结果

图 6-20　图案填充的关联性

- “创建独立的图案填充”复选框：用于设置当指定了几个单独的闭合边界时，是创建单个图案填充对象，还是创建多个图案填充对象。
- “绘图次序”下拉列表框：用于为图案填充指定绘图次序。图案填充可以放在所有其他对象之后、所有其他对象之前、图案填充边界之后或图案填充边界之前。
- “继承特性”按钮：相当于图案填充对象之间的特性匹配，可以使用选定对象的图案填充或填充特性来对指定的边界进行图案填充。

单击“图案填充和渐变色”对话框右下角的“扩展”按钮，将扩展该对话框，如图 6-21 所示。

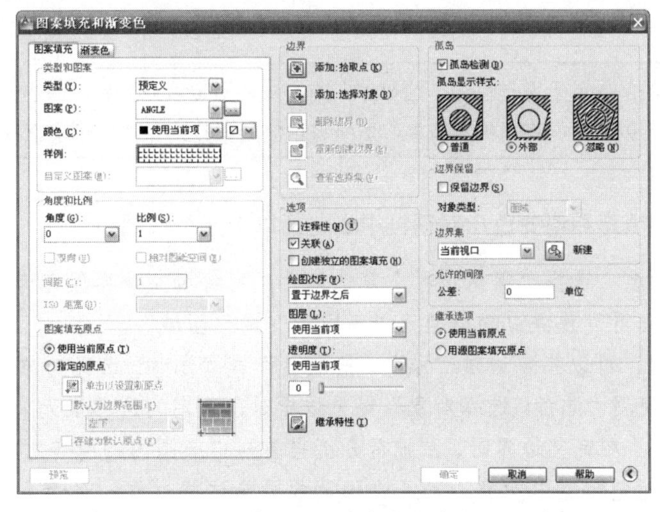

图 6-21　扩展的“图案填充和渐变色”对话框

（6）孤岛是在闭合区域内的另一个闭合区域。在“孤岛”选项组选择“孤岛检测”复选框后，其下方的 3 个单选按钮变成可用状态，代表了 3 种孤岛检测方式，其设置效果如图 6-22 所示。

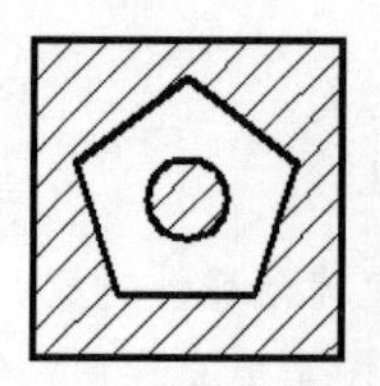
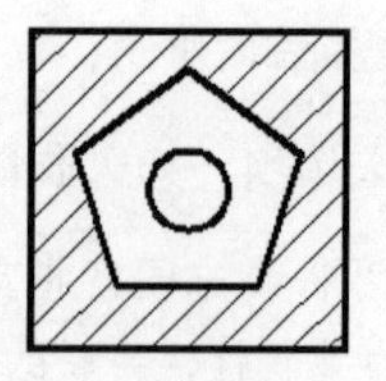
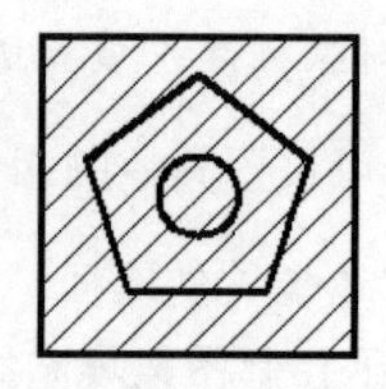

（a）普通方式　　（b）外部方式　　（c）忽略方式

图 6-22　孤岛的 3 种检测方式

- “普通”方式：从外部边界向内填充。如果遇到内部孤岛，将关闭图案填充，遇到该孤岛内的另一个孤岛后再继续填充。
- “外部”方式：从外部边界向内填充。如果遇到内部孤岛，将关闭图案填充。也就是只对结构的最外层进行图案填充或填充，而结构内部保留空白。
- “忽略”方式：忽略所有内部的对象，填充图案时将通过这些对象。

当指定的填充边界内存在文本、属性或实体填充对象时，AutoCAD 2012 将按照孤岛的检测方法来处理它们，如图 6-23 所示。

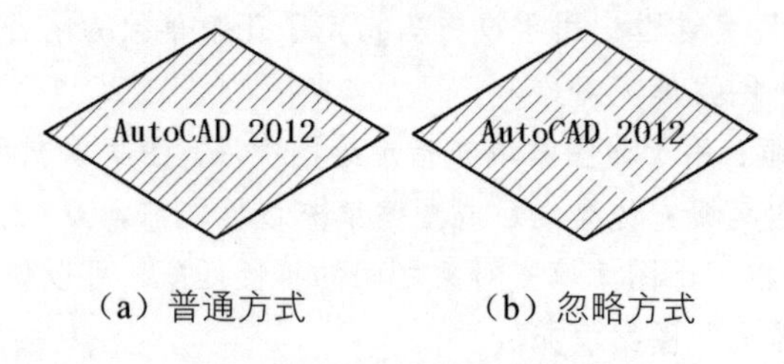

（a）普通方式　　（b）忽略方式

图 6-23　对文字对象的处理方式

小提示

孤岛检测方式仅仅适用于用“添加：拾取点”的方法来指定填充边界。而当使用“添加：选择对象”的方法指定填充边界时，将不检测孤岛，系统将填充所指定对象内的所有区域。

另外，扩展的“图案填充和渐变色”对话框中还包括以下几个选项组。

- “边界保留”选项组：选择“保留边界”复选框后，可将填充边界保存为指定对象，通过“对象类型”下拉列表框可设置保留的类型为“多段线”或“面域”。
- “边界集”选项组：可以指定通过“添加：拾取点”或“添加：选择对象”定义填充边界时要分析的对象集。当使用“添加：选择对象”定义边界时，选定的边界集无效。但在默认情况下，使用“添加：拾取点”来定义边界时，系统将分析当前视口范围内的所有对象。通过重定义边界集，可以在定义边界时忽略某些对象，而不必隐藏或删除这些对象。对于大图形，定义边界集可以加快生成边界的速度，因为系统只需检查边界集内的对象。
- “允许的间隙”选项组：可以通过“公差”文本框设置将对象用作图案填充边界时可以忽略的最大间隙。默认值为 0，此值指定对象必须是封闭的区域而没有间隙。可以设置 0～5000 之间的数值。
- “继承选项”选项组：两个单选按钮用于选择使用“继承特性”创建图案填充时，图案填充原点的位置。

6.2.2　实例——使用图案填充绘制图形

使用图案填充绘制如图 6-24 所示的图形。

本实例讲述填充一个管件和一个封口法兰，管件上带有内螺纹以紧固法兰。

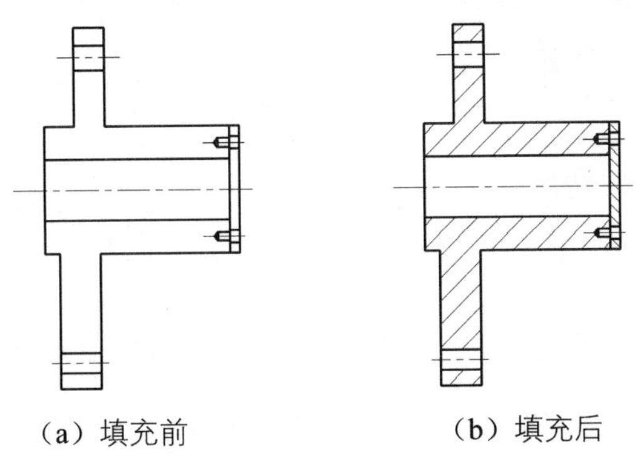

（a）填充前　　　　（b）填充后

图 6-24　图案填充实例

01 利用图案填充基于图 6-24（a）中的图形。单击“常用”选项卡→“绘图”面板→“图案填充”按钮。

02 命令行提示“拾取内部点或 [选择对象(S)/设置(T)]:”，输入 T 并按 Enter 键，弹出如图 6-25（a）所示的“填充图案和渐变色”对话框。

03 单击“类型和图案”选项组中的按钮，将弹出如图 6-25（b）所示的“填充图案选项板”对话框，切换到 ANSI 选项卡，选择 ANSI31 填充图案，再单击确定按钮回到“图案填充和渐变色”对话框。

04 在“图案填充和渐变色”对话框的“角度和比例”选项组，将“角度”设置为 0，“比例”设置为 0.5，如图 6-25 所示。其他选项保持默认。

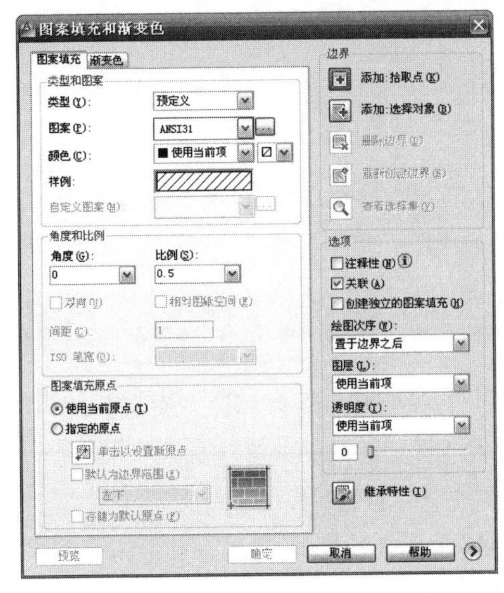

（a）“填充图案和渐变色”对话框

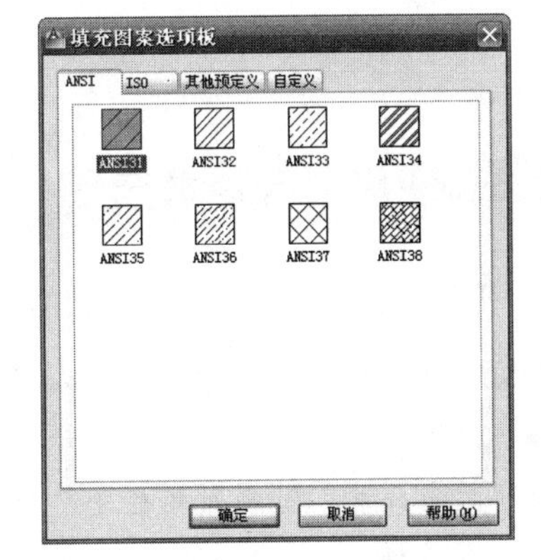

（b）“填充图案选项板”对话框

图 6-25　设置“图案填充和渐变色”对话框

05 单击“边界”选项组的“添加：拾取点”按钮，回到绘图区，选择第一个零件填充区域，即左侧的带内螺纹的管件。拾取过程如图 6-26 所示，依次单击 A、B、C、D 四点。注意，对内螺纹填充时的拾取，可滚动鼠标滚轮放大后按图 6-26（b）所示拾取。单击 E 点和 F 点，指定的填充边界将亮显。

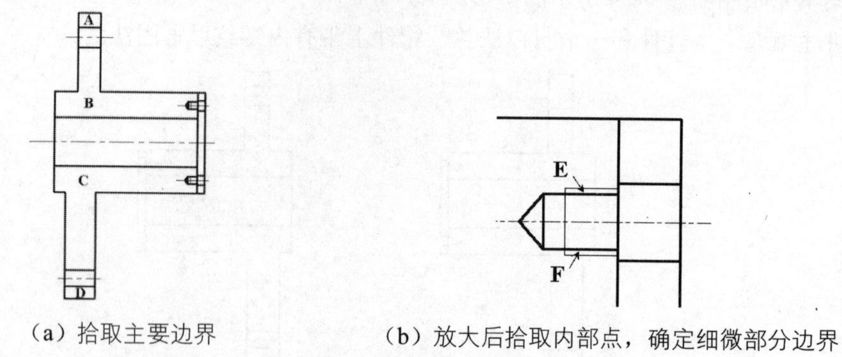

（a）拾取主要边界　　（b）放大后拾取内部点，确定细微部分边界

图 6-26　拾取内部点指定填充边界

06 拾取内部点，按 Enter 键完成第一个零件的填充，填充效果如图 6-27 所示。

07 重复步骤 01 和步骤 02 的操作。

08 在弹出的“图案填充和渐变色”对话框中，此时默认的填充图案为 ANSI31。只需在“角度和比例”选项组将“角度”设置为 90，“比例”设置为 0.5。

09 单击“添加：拾取点”按钮回到绘图区。拾取第二个零件的内部点，确定填充边界后按 Enter 键，完成整个图案填充。最终的填充效果如图 6-27（b）所示。

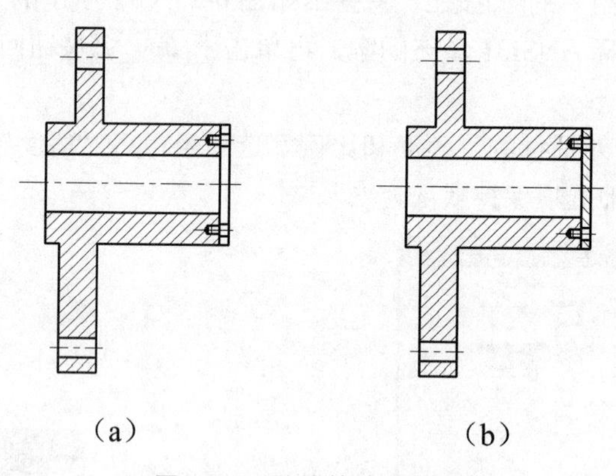

（a）　　（b）

图 6-27　零件的填充效果

6.2.3 使用渐变色填充

渐变色填充实际上是一种特殊的图案填充，一般用于绘制光源反射到对象上的外观效果，可用于增强演示图形。在 AutoCAD 2012 中执行渐变色填充的方法有以下 4 种。

- 功能区：单击“常用”选项卡→“绘图”面板→“渐变色”按钮。
- 经典模式：选择菜单栏中的“绘图”→“渐变色”命令。
- 经典模式：单击“绘图”工具栏的“渐变色”按钮。
- 运行命令：GRADINT。

执行渐变色命令后，命令行提示如下：

```
拾取内部点或 [选择对象(S)/设置(T)]:
```

在命令行输入 T 后并按 Enter 键，将弹出“图案填充和渐变色”对话框，切换到“渐变色”选项卡，如图 6-28 所示。

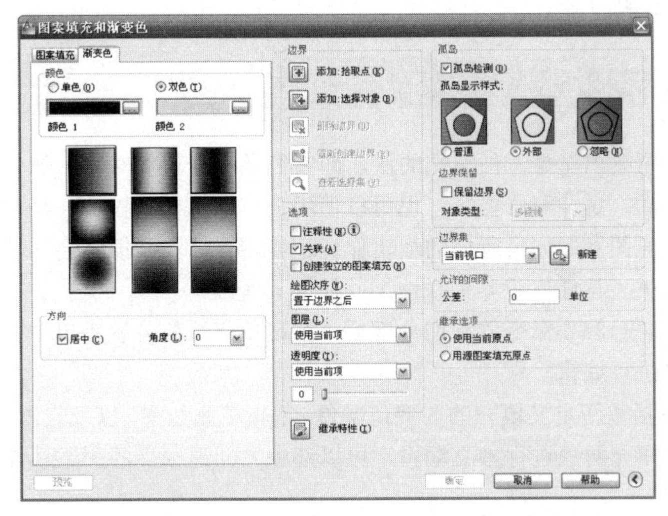

图 6-28　“图案填充和渐变色”对话框

同样，该对话框中的“边界”、“选项”、“孤岛”、“边界保留”、“边界集”、“允许的间隙”、“继承选项”选项组的设置方法和含义与“图案填充”选项卡相同。所不同的是“渐变色”选项卡可以设置单色或双色渐变，有 9 种渐变样式可供选择，并且不能自定义颜色渐变样式。下面将一一介绍。

（1）“颜色”选项组：“单色”和“双色”单选按钮用于选择单色填充还是双色填充。单色填充是指从较深着色到较浅色调平滑过渡的填充；双色填充是指在两种颜色之间平滑过渡的填充。

- 选择“单色”单选按钮后，可以单击[...]按钮，在“选择颜色”对话框中选择填充颜色。通过“暗——明”滑块，可以设置单色填充的渐浅（选定颜色与白色的混合）或着色（选定颜色与黑色的混合）程度，暗与明设置效果如图 6-29 所示。
- 选择“双色”单选按钮后，将出现两个颜色样本。分别单击后面的[...]按钮，可选择两种填充颜色。

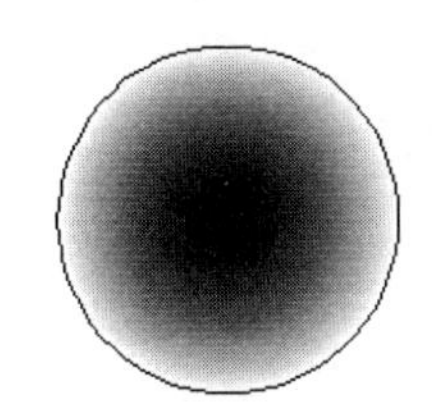

（a）将滑块拖动至“明”端

（b）将滑块拖动至“暗”端

图 6-29　设置单色填充的明与暗

（2）“颜色”选项组的中部是 9 种固定样式，包括线性扫掠状、球状和抛物面状图案等。这些图案随着上述两个单选按钮的选择及颜色的选取而即时显示预览效果。单击其中的某一种图案，表示选择该渐变样式。

（3）“方向”选项组：可设置填充的对称性及旋转角度。在此选项组的设置内容也会在 9 种渐变样式

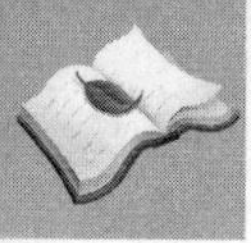

上即时显示。

- “居中”复选框：用于指定对称的渐变配置。如果没有选定此选项，渐变填充将朝左上方变化，在对象左边的图案创建光源。
- “角度”下拉列表框：用于选择或直接输入渐变填充相对当前 UCS 的角度。此选项与指定给图案填充的角度互不影响。

6.2.4 编辑图案填充和渐变色填充

AutoCAD 2012 中的图案填充是一种特殊的块，即它们是一个整体对象。像处理其他对象一样，图案填充边界可以被复制、移动、拉伸和修剪等，也可以使用夹点编辑模式拉伸、移动、旋转、缩放和镜像填充边界及和它们关联的填充图案。如果所做的编辑保持边界闭合，关联填充会自动更新；如果编辑中生成了开放边界，图案填充将失去与任何边界关联性，并保持不变。

用“修改”菜单下的“分解”命令将它们分解后，图案填充对象分解为单个直线、圆弧等对象，就不能用图案填充的编辑工具进行编辑。

对图案填充的编辑包括重新定义填充的图案或颜色、编辑填充边界，以及设置其他图案的填充属性等。如果要对多个填充区域的填充对象进行独立编辑，可以选中“创建独立的图案填充”复选框，这样可以对单个填充区域进行编辑。

在 AutoCAD 2012 中编辑图案填充的方法有以下 5 种。

- 功能区：单击“常用”选项卡→“修改”面板→“编辑图案填充”按钮。
- 经典模式：选择菜单栏中的“修改”→“对象”→“图案填充”命令。
- 经典模式：单击“修改 II”工具栏中的“编辑图案填充”按钮。
- 运行命令：HATCHEDIT。
- 在图案填充对象上双击，然后单击“图案填充编辑器”选项卡→“选项”面板→“图案填充设置”按钮。

执行图案填充编辑命令后，命令行提示“选择图案填充对象:”后（注意必须选择图案填充对象，否则命令无法进行），将弹出“图案填充编辑”对话框，如图 6-30 所示。

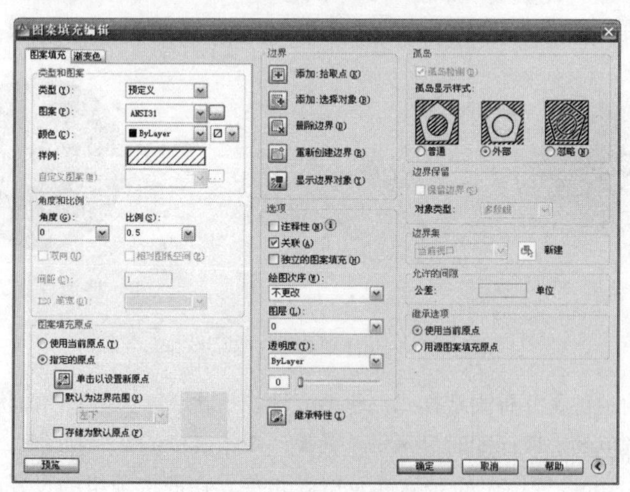

图 6-30 “图案填充编辑”对话框

由图 6-30 可知，“图案填充编辑”对话框与“图案填充和渐变色”对话框内容相同，但有的选项已不可用，如“孤岛检测”复选框、“边界保留”复选框、“边界集”下拉列表等。因此，只能编辑“图案填充编辑”对话框可用的选项，比如图案类型、角度、比例、关联性等，还可以通过“添加：拾取点”按钮和“删除边界”按钮等编辑填充边界，其设置方法与创建图案填充相同，这里不再重复。

取消图案填充与边界的关联性后，将不可重建。要恢复关联性，必须重新创建图案填充或者创建新的图案填充边界，并将边界与此图案填充关联。

6.3　绘制圆环和二维填充图形

AutoCAD 2012 中的圆环、宽线与二维填充图形是一种特殊的二维对象，也属于填充型对象的范畴，可以使用 FILL 系统变量控制其显示特性。

6.3.1　绘制圆环

圆环是填充的环或实体填充圆，实际上是带有宽度的闭合多段线。圆环在电气设计中使用较多，如图 6-31（a）所示；如图 6-31（b）所示为实体填充圆。

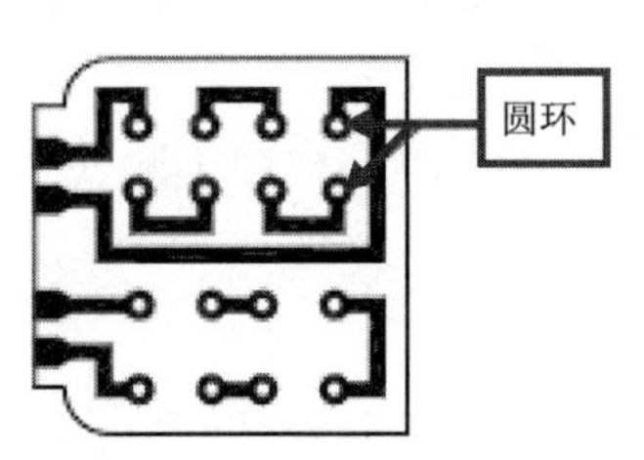

（a）圆环对象在电气设计中的应用

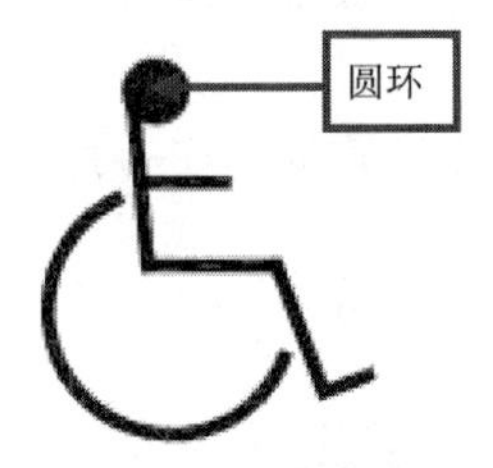

（b）实体填充圆

图 6-31　圆环对象

AutoCAD 2012 通过指定内、外直径和圆心来绘制圆环。如果要绘制实体填充圆，可将内径值指定为 0。绘制圆环可通过以下 3 种方法。

- 功能区：单击“常用”选项卡→“绘图”面板→“圆环”按钮。
- 经典模式：选择菜单栏中的“绘图”→“圆环”命令。
- 运行命令：DONUT。

执行绘制圆环命令后，命令行依次提示：

```
指定圆环的内径<10.0000>:
指定圆环的外径<20.0000>:
指定圆环的中心点或<退出>:
```

按照上述提示依次指定圆环的内径值、外径值和中心点。运行一次绘制圆环命令，可以绘制多个圆环，只需指定多个中心点即可，绘制出来的一组圆环具有相同的内径和外径，直到按 Enter 键或 Esc 键退出。

在绘制圆环过程中，命令行提示指定的内径或外径均指直径值，而非半径值。

6.3.2 实例——绘制一组圆环

绘制如图 6-32 所示的一组圆环。

图 6-32 绘制圆环实例

01 单击“常用”选项卡→“绘图”面板→“绘图”下拉列表→“圆环”按钮◎。

02 在命令行提示“指定圆环的内径<10.0000>:”时，输入内径值 10。

03 在命令行提示“指定圆环的外径<20.0000>:”时，输入外径值 20，或直接按 Enter 键。

04 在命令行提示“指定圆环的中心点或<退出>:”时，输入第一个圆环的中心点 A 点的坐标（0,0）。

05 命令行继续提示“指定圆环的中心点或<退出>:”，此时输入第二个圆环的中心点 B 点的相对坐标（@25<180）。

06 命令行继续提示“指定圆环的中心点或<退出>:”，此时输入第三个圆环的中心点 C 点相对坐标（@25<90）。

07 命令行继续提示“指定圆环的中心点或<退出>:”，此时输入第四个圆环的中心点 D 点相对坐标（@25<0）。

08 按 Enter 键退出命令，绘制完成。

6.3.3 绘制二维填充图形 

除了上述的实体圆环外，AutoCAD 2012 还支持绘制填充型的三角形和四边形，这时用到的是 solid 命令。下面以图 6-33 中的 3 个图形绘制实例来说明 SOLID 命令的用法。

执行 solid 命令后，命令行提示：

```
solid 指定第一点:
```

此时可指定二维填充图形的第一点，如果要绘制图 6-33（a）中的图形，此时指定 A 点。随后命令行继续提示：

```
指定第二点:
```

此时指定第二点，即如图 6-33（a）中的 B 点，命令行继续提示：

```
指定第三点:
```

此时指定第三点，如图 6-33（a）中的 C 点，命令行继续提示：

指定第四点或<退出>:

此时按 Enter 键可完成绘制图 6-33（a）。按 Enter 键后，命令行继续提示“指定第三点:”，如要继续，可再指定点继续绘制二维填充图形；如要结束，可按 Esc 键。

如果要绘制如图 6-33（b）所示的图形，运行 solid 命令后，命令行提示“_solid 指定第一点:”时指定 D 点，命令行提示“指定第二点:”时指定 E 点，命令行提示“指定第三点:”时，指定 F 点，此时不按 Enter 键，命令行提示“指定第四点或<退出>:”时指定 G 点。注意绘制二维填充四边形时，指定第三点和第四点的顺序不同将导致不同的绘制效果。如图 6-33（b）与（c）图所示，它们之间的 4 个点位置完全相同，只是在绘制（c）图时，是按照 H、I、J、K 的顺序绘制的。

如上所述，绘制一个三角形或四边形后，命令并不会自动终止，而是继续提示“指定第三点:”，如继续指定“第三点”和“第四点”，将继续绘制三角形和四边形。例如，要绘制图 6-34 中的图形，只需在执行 SOLID 命令后按照字母顺序指定这 8 个点即可。（当然，如果要绘制如此规则的图形，可先选择“绘图”→“点”→“多点”，先绘制出 8 个点，然后在绘制二维填充图形时依次拾取即可。）最后按 Enter 键或 Esc 键完成。

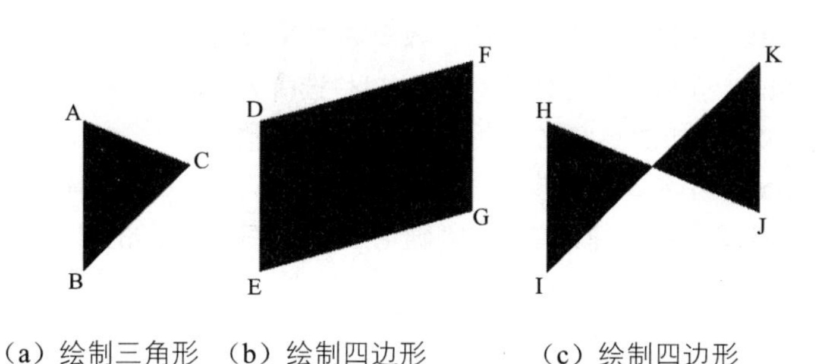

（a）绘制三角形　（b）绘制四边形　（c）绘制四边形

图 6-33　使用 SOLID 绘制二维填充图形

图 6-34　连续绘制二维填充图形

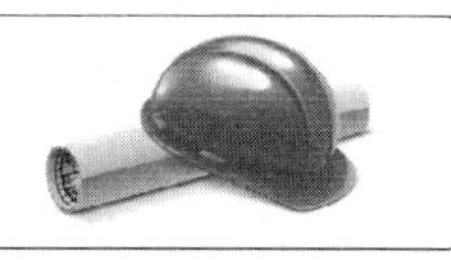

6.4 创建面域实例

使用直线、圆、阵列等命令绘制如图 6-35 所示的面域。

01 单击“常用”选项卡→“绘图”面板→“直线”按钮，命令行提示“命令: _line 指定第一点:”，此时使用鼠标捕捉任意点单击确定直线段的起点。

02 命令行提示“指定下一点或 [放弃(U)]:”，此时向右水平移动鼠标，在命令行输入 100 并按 Enter 键。

03 命令行提示“指定下一点或 [放弃(U)]:”，此时按 Enter 键或选择右键快捷菜单中的“确定”命令，完成直线段的绘制。

04 单击“常用”选项卡→“绘图”面板→“圆心,半径”按钮，命令行提示“命令: _circle 指定圆的圆心或 [三点(3P)/两点(2P)/切点、切点、半径(T)]:”，此时使用鼠标捕捉直线段的左端点。

05 命令行提示“指定圆的半径或 [直径(D)]: ”，此时在命令行输入 65 并按 Enter 键完成圆的绘制。

06 重复步骤 05 的操作，以直线段的另一端点为圆心绘制半径为 65 的圆，效果如图 6-36 所示。

图 6-35　面域

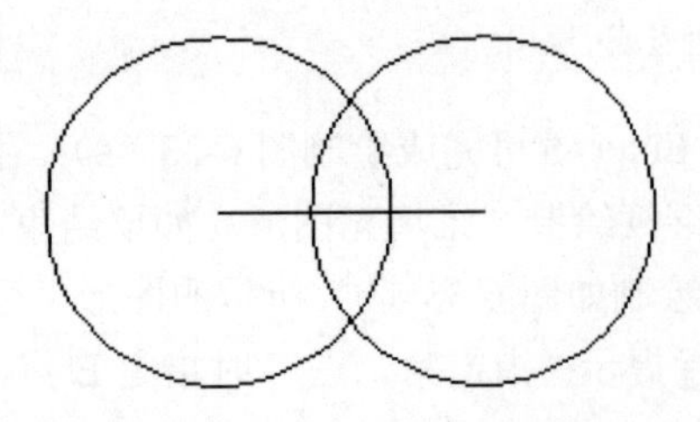

图 6-36　绘制的直线段和圆

07 单击“常用”选项卡→“修改”面板→“删除”按钮，命令行提示“单选择对象:”，从绘图区中选择直线段，单击鼠标右键完成直线段的删除。

08 单击“常用”选项卡→“修改”面板→“修剪”按钮，命令行提示：

```
当前设置:投影=UCS，边=无
选择剪切边...
选择对象或<全部选择>:
```

09 此时，使用窗选法选择两个圆并单击鼠标右键完成修剪对象的选择，效果如图 6-37（a）所示。

10 命令行提示“选择要修剪的对象，或按住 Shift 键选择要延伸的对象，或[栏选(F)/窗交(C)/投影(P)/边(E)/删除(R)/放弃(U)]:”，此时使用鼠标依次选择如图 6-37（a）所示的 A、B 圆弧段。

11 命令行提示“选择要修剪的对象，或按住 Shift 键选择要延伸的对象，或[栏选(F)/窗交(C)/投影(P)/边(E)/删除(R)/放弃(U)]:”，此时按 Enter 键或选择右键快捷菜单中的“确定”命令，完成图形的修剪，效果如图 6-37（b）所示。

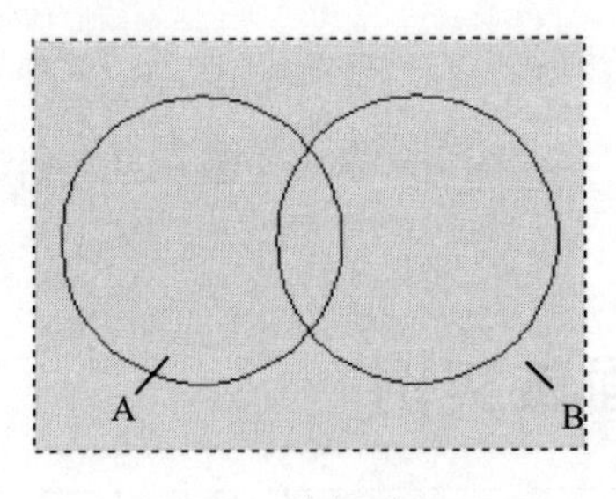

（a）选择对象

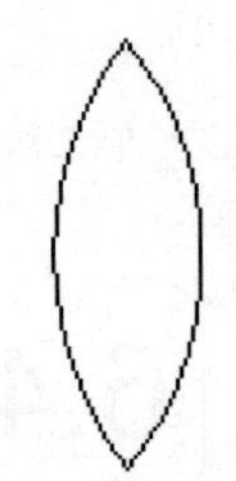

（b）修剪后的效果

图 6-37　修剪过程

12 单击“常用”选项卡→“修改”面板→“环行阵列”按钮，命令行提示“选择对象:”，此时使用鼠标选择如图 6-37（b）所示的图形并单击鼠标右键完成阵列对象的选取。命令行提示：

```
类型 = 极轴关联 = 否
指定阵列的中心点或 [基点(B)/旋转轴(A)]:
```

13 此时，使用鼠标捕捉如图 6-37（b）所示的下端点。

14 命令行提示“输入项目数或 [项目间角度(A)/表达式(E)] <4>:”，在命令行输入 6 并按 Enter 键。

15 命令行提示“指定填充角度(+=逆时针、-=顺时针)或 [表达式(EX)] <360>:”，此时按 Enter 键。

16 命令行提示“按 Enter 键接受或 [关联(AS)/基点(B)/项目(I)/项目间角度(A)/填充角度(F)/行(ROW)/层(L)/旋转项目(ROT)/退出(X)] <退出>:”，此时按 Enter 键，完成环行阵列的操作，效果如图 6-38 所示。

17 单击“常用”选项卡→“绘图”面板→“圆心,半径”按钮，命令行提示“命令: _circle 指定圆的圆心或 [三点(3P)/两点(2P)/切点、切点、半径(T)]:”，此时使用鼠标捕捉如图 6-38 所示的中心点。

18 命令行提示“指定圆的半径或 [直径(D)]<65.0000>: ”，此时在命令行输入 25 并按 Enter 键完成圆的绘制，效果如图 6-39 所示。

图 6-38　创建的环形阵列

图 6-39　绘制的圆

19 单击“常用”选项卡→“修改”面板→“删除”按钮，选择如图 6-39 所示的图形并单击鼠标右键，然后选择内部的圆弧线段进行修剪，效果如图 6-40 所示。

20 单击“常用”选项卡→“绘图”面板→“面域”按钮，命令行提示“选择对象:”，此时选择如图 6-40 所示的图形，单击鼠标右键，命令行提示：

```
选择对象:
已提取 1 个环。
已创建 1 个面域。
```

21 此时，完成面域的创建。鼠标移动到图形上，效果如图 6-41 所示。

图 6-40　修剪后的图形

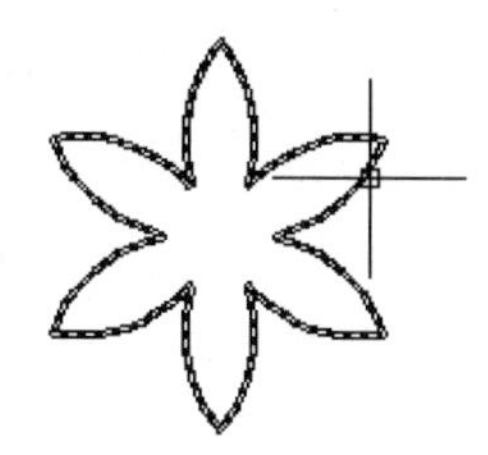

图 6-41　面域的选择效果

6.5 图案填充实例

对如图 6-42 所示的图形进行图案填充。

01 单击“快速访问”工具栏→“打开”按钮，系统弹出“选择文件”对话框，如图 6-43 所示。

02 选择“Char06-05.dwg”，单击“打开”按钮，打开填充图形。

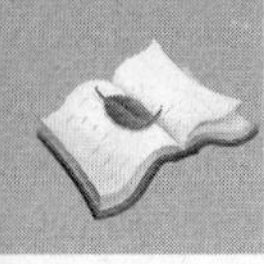

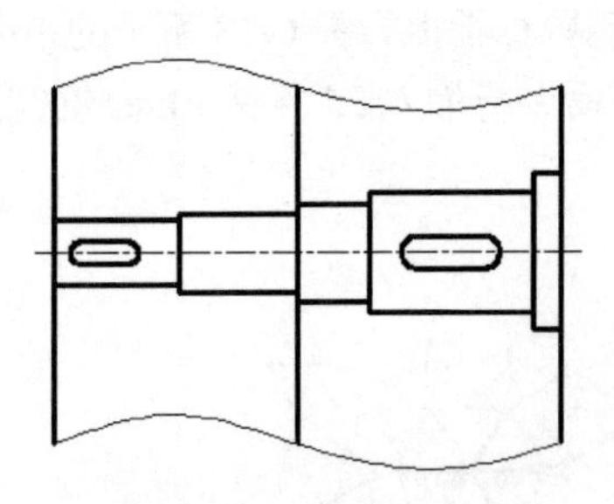

图 6-42　图案填充对象

图 6-43　“选择文件”对话框

03 单击“常用”选项卡→“绘图”面板→“图案填充”按钮，命令提示“拾取内部点或 [选择对象(S)/设置(T)]:”，此时使用鼠标选择如图 6-44（a）所示的 A 区域内单击，命令行提示：

```
正在选择所有对象...
正在选择所有可见对象...
正在分析所选数据...
正在分析内部孤岛...
拾取内部点或 [选择对象(S)/设置(T)]:
```

04 接着使用鼠标选择如图 6-44（a）所示的 B 区域内单击，命令行提示：

```
正在选择所有对象...
正在选择所有可见对象...
正在分析所选数据...
正在分析内部孤岛...
拾取内部点或 [选择对象(S)/设置(T)]:
```

05 此时，按 Enter 键或单击“图案填充创建”选项卡→“关闭”面板→“关闭图案填充创建”按钮，完成图案填充的创建，效果如图 6-44（b）所示。

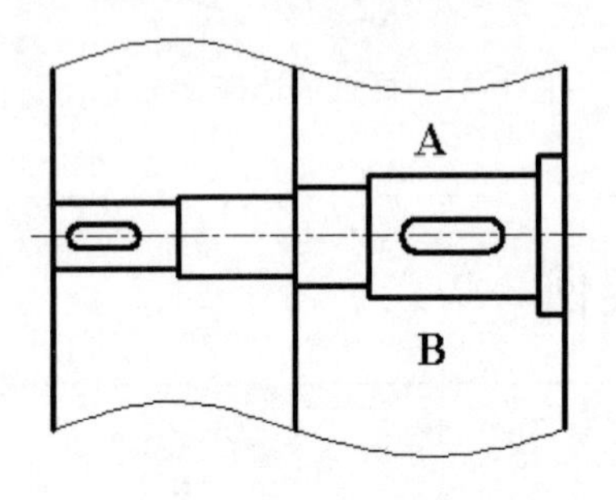

（a）剖面线填充对象

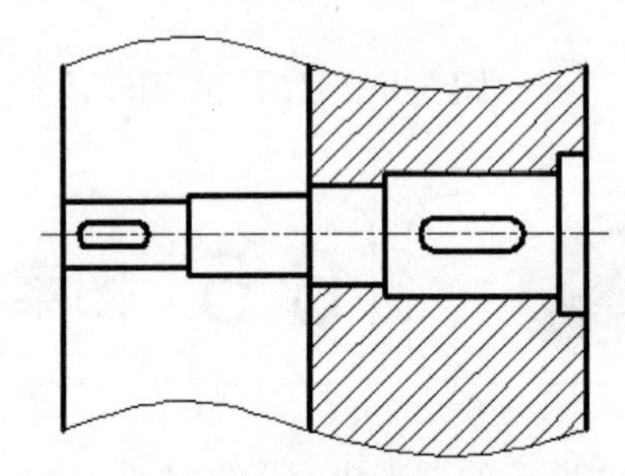

（b）填充的剖面线

图 4-44　图案填充过程

06 重复步骤 03～05 的操作，对如图 4-45（a）所示的 C、D 区域填充角度为 90° 的剖面线，效果如图 4-45（b）所示。

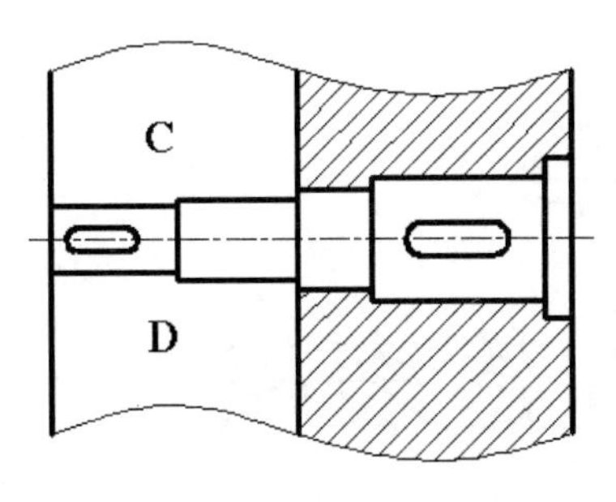

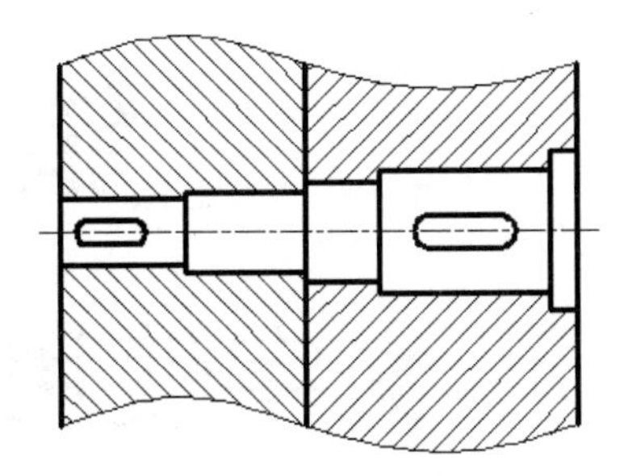

（a）剖面线填充对象　　（b）填充的剖面线

图 6-45　图案填充过程

6.6 知识回顾

面域和图案填充与前面介绍的二维图形对象相比有很大区别，它们依赖于其他的二维封闭图形对象而生成。面域是一个单独的实体对象，具有质量特性，可以对其进行逻辑运算；图案填充在机械制图、建筑制图和电气制图中均有广泛地应用，主要用于剖面的绘制。由于行业的差别，图案填充的类型和比例要求均不一样，在相关标准中规定了各种材料的剖面图案类型，在绘图过程中要根据不同的图纸类型选择合适的图案填充图样。

第 7 章 文字使用和创建表格

图纸的标题栏、技术性说明等注释性文字对象是组成图纸不可或缺的部分。在 AutoCAD 2012 中，可创建单行文字和多行文字对象，这些文字对象可以表达多种非图形重要信息，既可以是复杂的技术要求、标题栏信息、标签，也可以是图形的一部分。另外，在“绘图”工具栏中也提供了绘制表格的命令，AutoCAD 2012 支持表格链接至 Microsoft Excel 电子表格中的数据。

学习目标

- 文字样式的设置
- 单行文字和多行文字的创建和编辑
- 表格样式的设置
- 表格的创建及编辑
- 了解可注释性对象的概念和应用

7.1 创建文字样式

在为图形添加文字对象之前，应先设置好当前的文字样式。AutoCAD 2012 默认的文字样式为 Standard。通过“文字样式”对话框（如图 7-1 所示），用户可以自行定制文字样式。

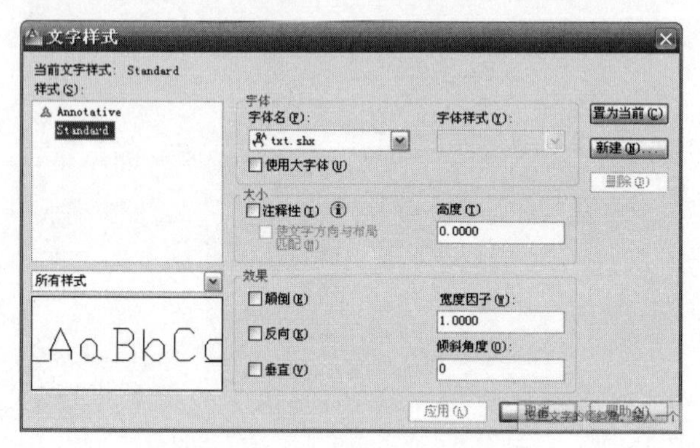

图 7-1 “文字样式”对话框

打开“文字样式”对话框的方法有以下 5 种。

- 功能区：单击“常用”选项卡→“注释”面板→“文字样式”按钮。
- 功能区：单击“注释”选项卡→“文字”面板→“文字样式”按钮。
- 经典模式：选择菜单栏中的“格式”→“文字样式”命令。
- 经典模式：单击“文字”工具栏中的“文字样式”按钮。
- 运行命令：STYLE。

如图 7-1 所示，“文字样式”对话框的“样式”列表框内列出了所有的文字样式，包括系统默认的 Standard 样式及用户自定义的样式。在“样式”列表框下方是文字样式预览窗口，可对所选择的样式进行预览。“文字样式”对话框主要包括“字体”、“大小”和“效果”3 个选项组，分别用于设置文字的字体、大小和显示效果。单击置为当前(C)按钮，可将所选择的文字样式置为当前；单击新建(N)...按钮，用于新建文字样式，新建的文字样式将显示在“样式”列表框内；删除(D)按钮用于删除文字样式，不能删除 Standard 文字样式、当前文字样式，以及已经使用的文字样式。

要创建新的文字样式，可单击新建(N)...按钮，在弹出的“新建文字样式”对话框的“样式名”文本框内输入样式名称（如图 7-2 所示）。单击“确定”按钮后，新建的文字样式将显示在“样式”列表框内并自动置为当前。如图 7-1 所示，为新建了一个样式名为“样式 1”的文字样式，列在 Standard 文字样式的下面。在“样式”列表框内选择要设置的文字样式后，可对所选文字样式进行设置。

图 7-2　“新建文字样式”对话框

（1）“字体”选项组：可设置文字样式的字体。通过“字体名”下拉列表框可选择文字样式的字体。如果选中“使用大字体”复选框，可通过“SHX 字体”和“大字体”下拉列表框选择 shx 文件作为文字样式的字体，选择后可在预览窗口预览显示效果。AutoCAD 2012 的大字体是指专门为亚洲语言设计的特殊类型的定义。“大字体”下拉列表框中的 gbcbig.shx 为简体中文字体，chineset.shx 为繁体中文字体。

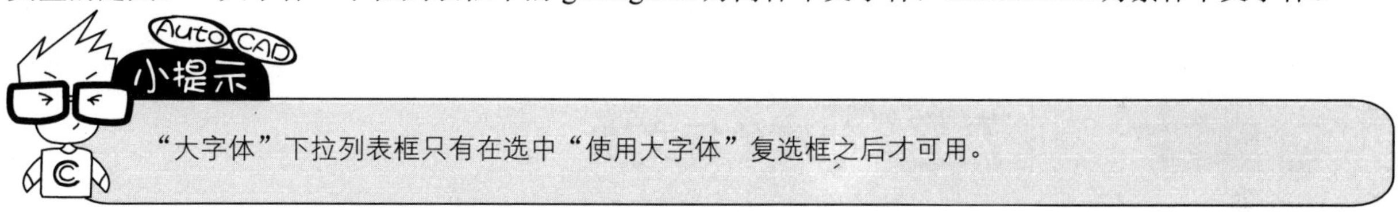

“大字体”下拉列表框只有在选中“使用大字体”复选框之后才可用。

（2）“大小”选项组：可设置文字的大小。文字大小通过“高度”文本框设置。默认为 0.0000。如果设置“高度”为 0.0000，则每次用该样式输入文字时，文字高度默认值为 0.2；如果输入大于 0.0000 的高度值则为该样式设置固定的文字高度。

（3）“效果”选项组：可设置文字的显示效果，如图 7-3 所示。

AutoCAD 2012文字样式

AutoCAD 2012文字样式

AutoCAD 2012文字样式

AutoCAD 2012文字样式

图 7-3 设置文字样式的效果

- “颠倒”复选框：颠倒显示字符，相当于沿纵向的对称轴镜像处理。
- “反向”复选框：反向显示字符，相当于沿横向的对称轴镜像处理。
- “垂直”复选框：显示垂直对齐的字符，这里的“垂直”指的是单个文字的方向垂直于整个文字的排列方向。只有在选定字体支持双向时，“垂直”才可用。
- “宽度因子”文本框：设置字符间距。输入小于 1.0 的值将压缩文字；输入大于 1.0 的值则扩大文字，可参见图 7-3 中两个宽度因子分别设置为 0.5 与 2 的显示效果。
- “倾斜角度”文本框：设置文字的倾斜角。输入一个-85~85 之间的值，将使文字倾斜。

在“效果”选项组设置的效果是可以叠加的，例如，将“颠倒”和“反向”两个复选框都选中后，文字既做纵向对称也做横向对称，如图 7-4 所示。要使所设置的文字样式生效，可执行“绘图”→“重生成”命令。

AutoCAD 2012文字样式

图 7-4 文字效果的叠加

7.2 创建单行文字

对于不需要多种字体或多线的简短项，可以创建单行文字。单行文字对于标签非常方便。虽然名称为单行文字，但是在创建过程中仍然可以用 Enter 键来换行，“单行”的含义是每行文字都是独立的对象，可对其进行重定位、调整格式或进行其他修改。

在 AutoCAD 2012 中可通过以下 4 种方式创建单行文字。

- 功能区：单击“常用”选项卡→“注释”面板→“单行文字”按钮A|。
- 经典模式：选择菜单栏中的“绘图”→“文字”→“单行文字”A|命令。
- 经典模式：单击“文字”工具栏中的“单行文字”按钮A|。
- 运行命令：TEXT。

执行单行文字命令后，命令行提示：

```
当前文字样式： "standard" 文字高度： 2.5000 注释性： 否
指定文字的起点或 [对正 (J) /样式 (S) ]:
```

此提示信息的第一行显示当前的文字样式，根据第二行提示，此时可以指定单行文字对象的起点或选择中括号内的选项。“对正(J)”选项用于控制文字的对齐方式；“样式(S)”选项用于指定文字样式。指定了单行文字的起点后，命令行继续提示（如果当前文字样式中的文字高度设置为 0，那么此时将提示“指定高度<0.0000>:”，此时可输入数字指定文字高度）：

```
指定文字的旋转角度<0>:
```

此时可设置文字的旋转角度，既可以在命令行直接输入角度值，也可以将鼠标置于绘图区，将显示光标到文字起点的橡皮筋线，在相应的角度位置单击后可指定角度。注意，此时设置的是文字的旋转角度，即文字对象相对于 0° 方向的角度，要与设置文字样式时所设置的文字倾斜角度区分开来，如图 7-5 所示。

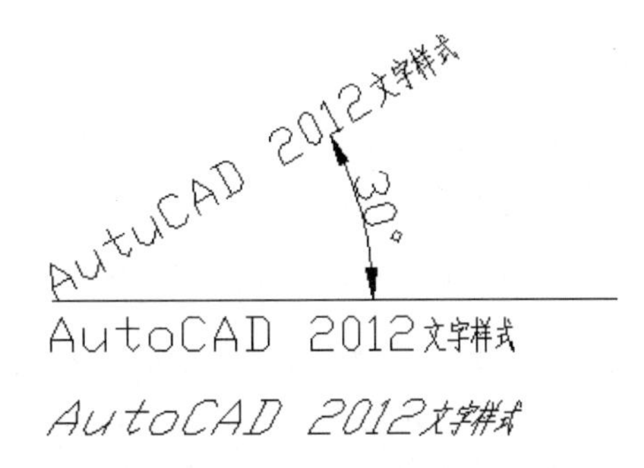

图 7-5　文字的旋转角度与倾斜角度

指定文字的起点、旋转角度之后，进入单行文字编辑器，光标变为 I 型，如图 7-6（a）所示；可按 Enter 键换行，如图 7-6（b）所示；完成文字输入后，每一行都是一个单独的对象，如图 7-6（c）所示。按 Esc 键可退出单行文字编辑器。

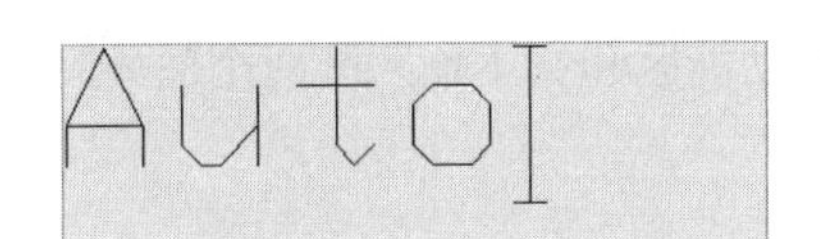

（a）单行文本输入器

（b）Enter 键换行

AutoCAD
按<ENTER>键换行

（c）单行文本

图 7-6　单行文字编辑器

7.3 创建多行文字

对于较长、较为复杂的内容，可以创建多行文字。多行文字是由任意数目的文字行或段落组成，布满指定的宽度，还可以沿垂直方向无限延伸。与单行文字不同的是，无论行数是多少，一个编辑任务中创建的每个段落集都是单个对象，用户可对其进行移动、旋转、删除、复制、镜像或缩放操作。

另外，多行文字的编辑选项比单行文字多。例如，可以将对下划线、字体、颜色和文字高度的修改应用到段落中的单个字符、单词或短语。

7.3.1 使用多行文字编辑器

在 AutoCAD 2012 中可通过以下 4 种方式创建多行文字。

- 功能区：单击“常用”选项卡→“注释”面板→“多行文字”按钮**A**。
- 经典模式：选择菜单栏中的“绘图”→“文字”→“多行文字”命令。
- 经典模式：单击“绘图”或“文字”工具栏的“多行文字”按钮**A**。
- 运行命令：MTEXT。

执行创建多行文字命令后，命令行提示：

```
指定第一角点:
```

AutoCAD 2012 根据两个对角点确定多行文字对象，就像矩形一样。此时可指定多行文字的第一个角点，随后命令行继续提示：

```
指定对角点或 [高度(H)/对正(J)/行距(L)/旋转(R)/样式(S)/宽度(W)/栏(C)]:
```

此时可指定第二个角点或选择中括号内的选项设置多行文字。指定对角点之后，将显示多行文字编辑器，如图 7-7 所示，可见多行文字编辑器比单行文字编辑器复杂，实现的功能也较多，包括给文字添加上划线、下划线和设置行距等。如图 7-7（a）所示为“二维草图与注释”工作空间的多行文字编辑器，可见其已经集成在功能区，当执行“MTEXT”命令后，功能区最右侧多出一个名称为“多行文字”的选项卡，其下即为“多行文字编辑器”；如在“AutoCAD 经典”工作空间，多行文字编辑器仍然以 AutoCAD 经典的界面出现，如图 7-7（b）所示。

如图 7-7（a）所示，多行文字编辑器主要分为“多行文字”功能区和文本输入区两个部分。

1. 使用“多行文字”功能区编辑文字

“多行文字”功能区主要用于设置多行文字的格式，主要包括“样式”、“设置格式”、“段落”、“插入点”、“选项”和“关闭”6 个面板。各个面板上的控件既可以在输入文本之前设置新输入文本的格式，也可以设置所选择文本的格式。

（1）“样式”面板

- “样式”下拉列表框：用于向多行文字对象应用文字样式。下拉列表框将列出所有的文字样式，包括系统默认的样式和用户自定义的样式。

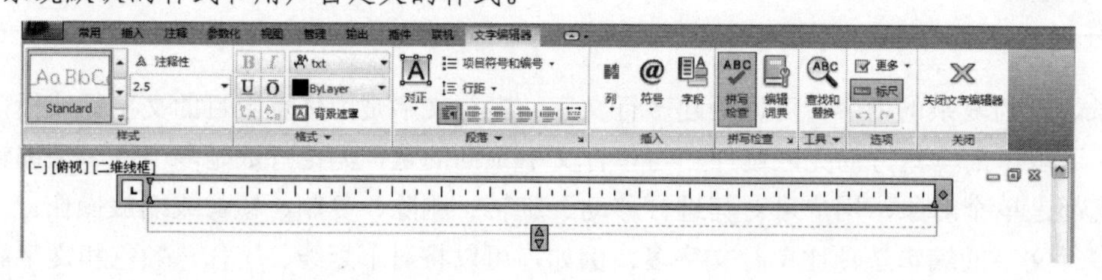

（a）“二维草图与注释”工作空间

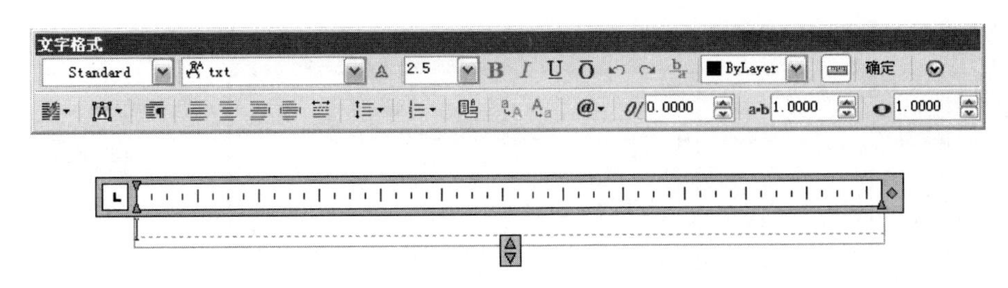

（b）“AutoCAD 经典”工作空间

图 7-7　多行文字编辑器

- “选择或输入文字高度”下拉列表框：按图形单位设置多行文字的高度。可以从列表中选取，也可以直接输入数值指定高度。

（2）“格式”面板
- “字体”下拉列表框：设置多行文字的字体。
- “粗体”按钮**B**、“斜体”按钮*I*、“下划线”按钮U、“上划线”按钮Ō：分别用于设置多行文字的粗体、斜体、下划线和上划线格式。
- “颜色”下拉列表框：用于指定多行文字的颜色。
- “倾斜角度”调整框：确定文字是向前倾斜还是向后倾斜。倾斜角度表示的是相对于 90° 方向的偏移角度。输入一个-85~85 之间的数值，使文字倾斜。倾斜角度的值为正时，文字向右倾斜；倾斜角度的值为负时，文字向左倾斜。
- “追踪”调整框：用于增大或减小选定字符之间的间距。1.0 是常规间距。设置大于 1.0 可增大间距，设置小于 1.0 可减小间距。
- “宽度因子”调整框：扩展或收缩选定字符。设置 1.0 代表此字体中的字母是常规宽度。可以增大该宽度（例如，设置宽度因子为 2 使宽度加倍）或减小该宽度（例如，设置宽度因子为 0.5 将宽度减半）。注意，该调整框调整的是字符的宽度，而“追踪”调整框调整的是字符间距的值。

（3）“段落”面板
- “对正”按钮：单击该按钮将显示多行文字“对正”菜单，如图 7-8 所示，并且有 9 个对齐选项可用。
- “段落”面板按钮：单击该按钮，显示“段落”对话框，可设置段落格式，如图 7-9 所示。
- “默认”按钮、“左对齐”按钮、“居中”按钮、“右对齐”按钮、“两端对齐”按钮和“分散对齐”按钮：设置当前段落或选定段落的左、中或右文字边界的对正和对齐方式。设置对齐方式时，包含一行末尾输入的空格，并且这些空格会影响行的对正。
- “行距”按钮：单击该按钮，将显示“行距”菜单，其中显示了建议的行距选项，如图 7-10 所示。如 1.0x 即表示 1.0 倍行距；如选择“其他”选项，则弹出“段落”对话框，可在当前段落或选定段落中设置行距。行距是多行段落中文字的上一行底部和下一行顶部之间的距离。

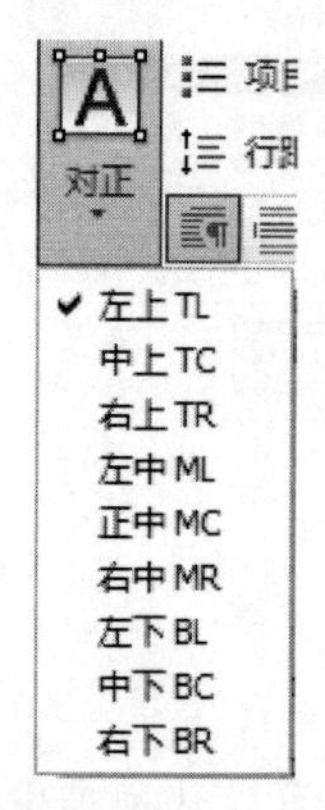

图 7-8　多行文字“对正”菜单

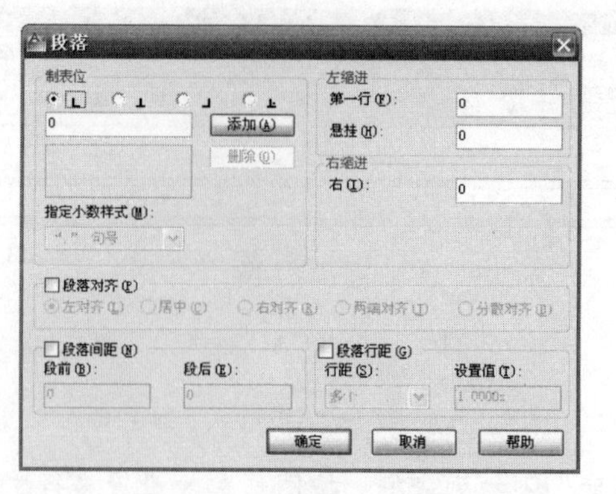

图 7-9　“段落”对话框

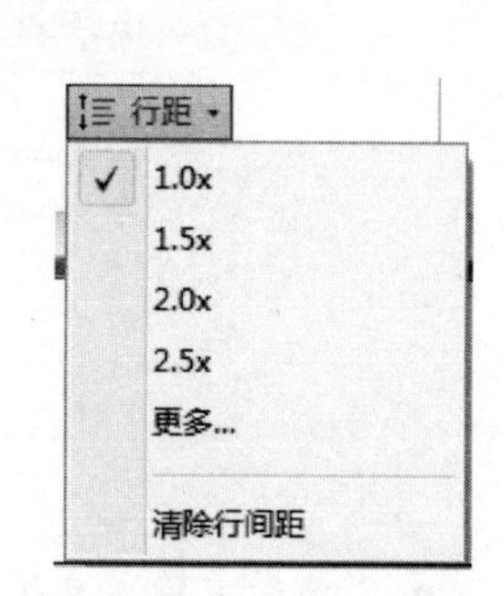

图 7-10　“行距”菜单

- “项目符号和编号”按钮：单击该按钮，将显示“项目符号和编号”菜单，如图 7-11 所示，用于创建项目符号或列表。可以选择“以字母标记”、“以数字标记”和“以项目符号标记”3 个选项，如图 7-12 所示为使用数字作为项目符号。

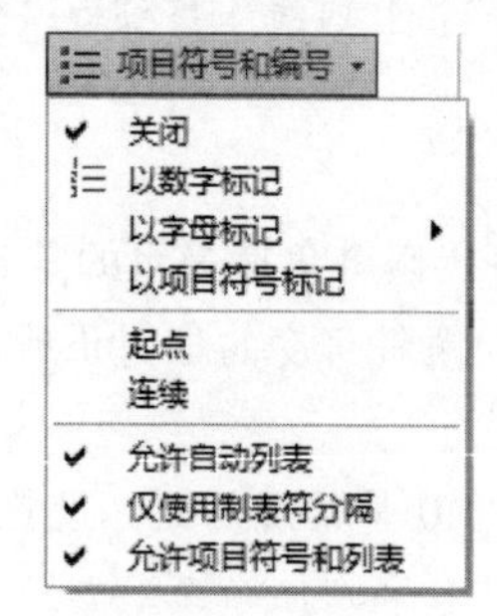

图 7-11　“项目符号和编号”菜单

图 7-12　使用数字作为项目符号

（4）“插入”面板

- “符号”按钮@：单击该按钮，将显示“符号”菜单，如图 7-13 所示，可用于在光标位置插入符号或不间断空格。菜单中列出了常用符号及其控制代码或 Unicode 字符串，例如，度数符号、直径符号等。如果在“符号”菜单中没有要输入的符号，还可选择菜单的“其他”选项，利用“字符映射表”来插入所有的 Unicode 字符。
- “插入字段”按钮：单击该按钮，将弹出“字段”对话框，如图 7-14 所示，从中可以选择要插入文字中的特殊字段，例如，创建日期、打印比例等。
- “栏”按钮：单击该按钮，将显示“栏”菜单，如图 7-15 所示。该菜单提供 “不分栏”、“静态栏”和“动态栏”3 个栏选项。如图 7-16 所示为一个语句分为两个静态栏显示。

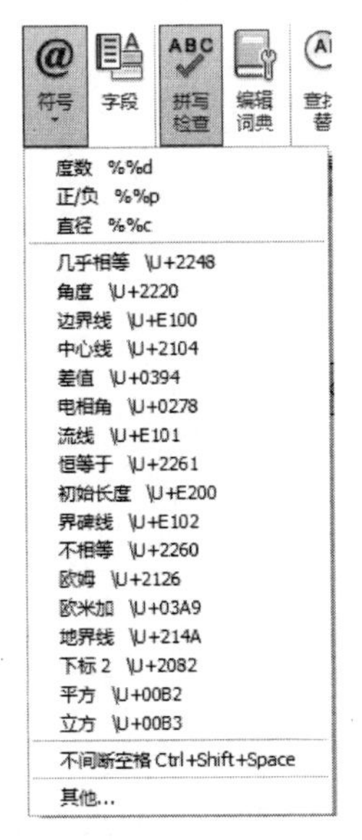

图 7-13　“符号”菜单

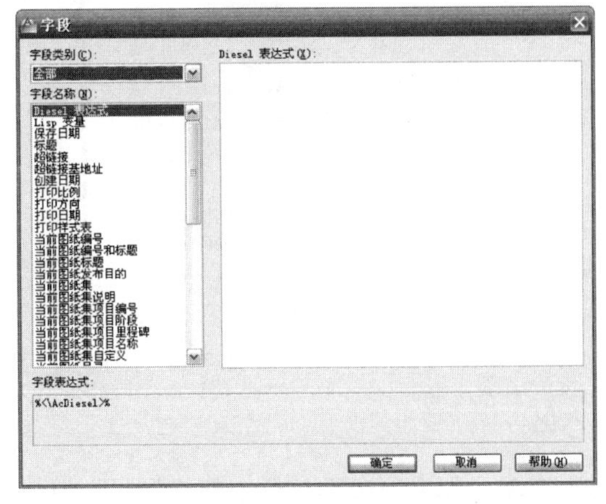

图 7-14　“字段”对话框

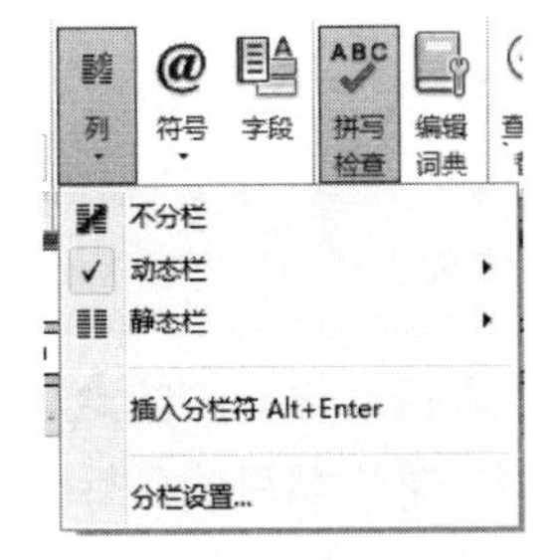

图 7-15　“栏”菜单

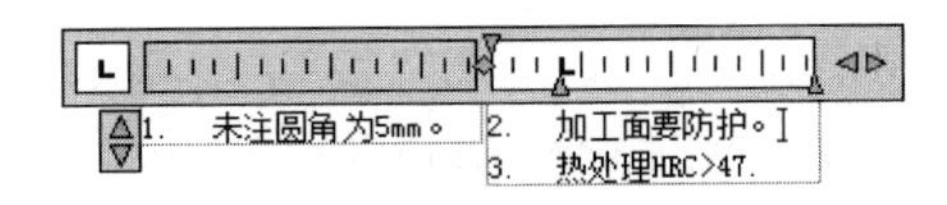

图 7-16　分栏显示

(5)“选项”面板

- “放弃”按钮与“重做”按钮：分别用于放弃和重做在多行文字编辑器中的操作，包括对文字内容或文字格式所做的修改。也可以使用 Ctrl+Z 和 Ctrl+Y 组合键。
- “标尺”按钮：单击该按钮，可在编辑器顶部显示标尺，如图 7-17 所示。拖动标尺上的箭头和，可以改变文字输入框的大小，还可通过标尺上的制表位控制符设置制表位。

1. 未注圆角为5mm。
2. 加工面要防护。
3. 热处理HRC>47。

图 7-17　标尺

- “选项”按钮 更多：用于显示其他文字选项列表。单击该按钮，可弹出如图 7-18 所示的菜单，插入符号、删除格式和编辑器设置等。

(6)“关闭”面板

该面板只有一个“关闭文字编辑器”按钮。单击该按钮，将关闭编辑器并保存所做的所有更改。

在按钮后面带有符号，表示单击该按钮后将弹出菜单。

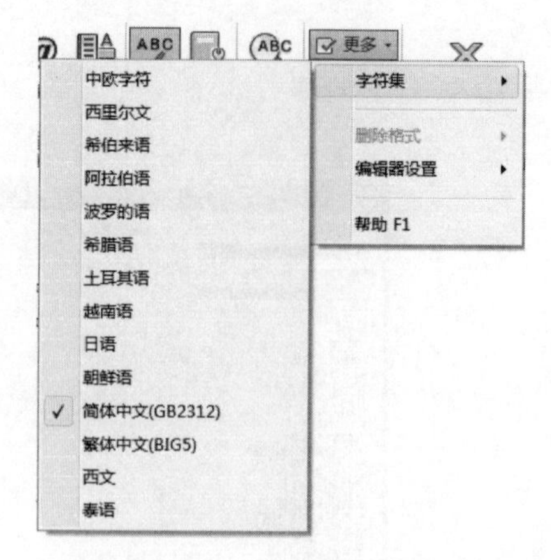

图 7-18 “选项”菜单

2. 文本输入区

主要用于输入文本，如果单击工具栏中的“标尺”按钮，将显示标尺以辅助文本输入。通过拖动标尺上的箭头，还可调整文本输入框的大小，通过制表符可以设置制表位。

7.3.2 实例——创建多行文字

使用多行文字编辑器创建以下文字，如图 7-19 所示。

01 执行创建多行文字命令。单击“常用”选项卡→“注释”面板→“多行文字”按钮A。

02 指定多行文字对象的大小。在命令行提示“指定第一角点:”时，输入第一角点的坐标(0,0)，随后命令行继续提示“指定对角点或 [高度(H)/对正(J)/行距(L)/旋转(R)/样式(S)/宽度(W)/栏(C)]:”，此时输入对角点坐标（150,80）。

03 设置“文字格式”。指定两个角点后启动多行文字编辑器，在“多行文字”功能区，在“选择文字的字体”下拉列表框选择“楷体”，在“选择或输入文字高度”下拉列表框输入 12，其余选项保持默认，如图 7-20 所示。

04 输入文本。单击文本输入区，然后输入 4 行文本，按 Enter 键换行，如图 7-21 所示。

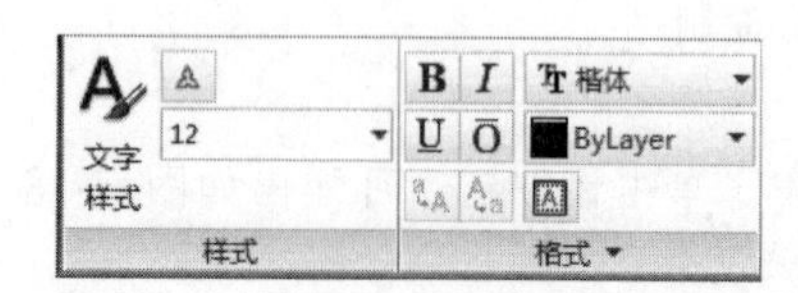

图 7-20 设置“文字格式”工具栏

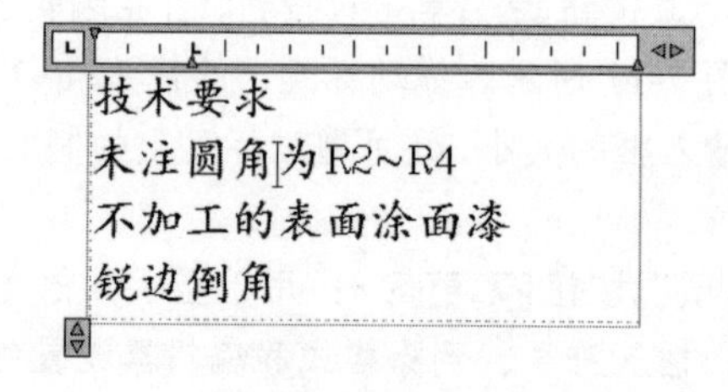

图 7-21 输入文本

05 设置居中格式。选择第一行文本，单击“多行文字”功能区的“段落”面板下的“居中”按钮，如图 7-22 所示。

06 设置项目符号。选择后 3 行文本，然后单击“多行文字”功能区的“段落”面板下的“编号”按钮，选择“以数字标记”命令，如图 7-23 所示。

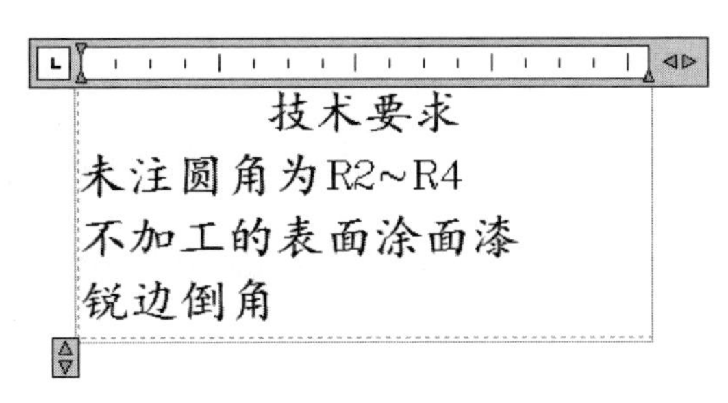

图 7-22　设置居中格式

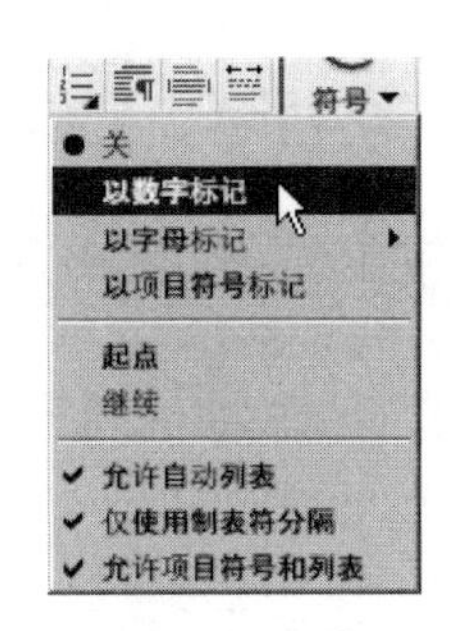

图 7-23　设置编号

07 调整多行文字对象大小。由于多行文字对象的宽度设置不够，第二行文字分为了两行，此时可通过拖动标尺的横向箭头和纵向箭头进行调整。调整后效果如图 7-24 所示。

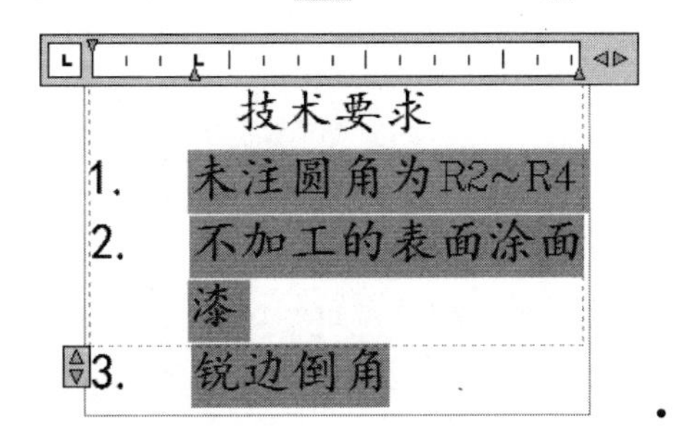

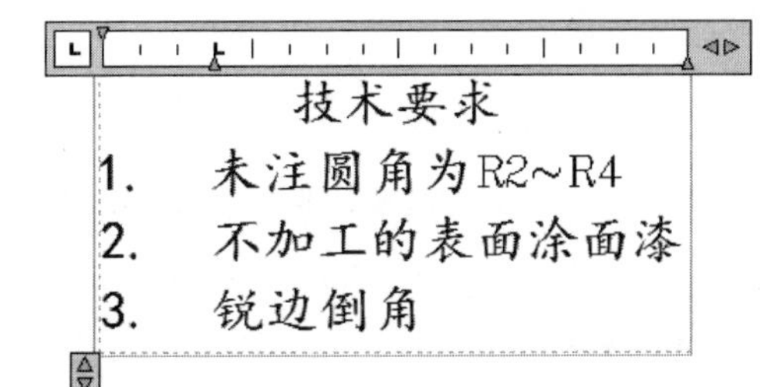

图 7-24　调整大小

08 完成创建多行文字对象。单击“关闭”面板中的“关闭文字编辑器”按钮，关闭编辑器并保存所做的所有更改。

7.4 编辑文字对象

如在创建文字对象（包括单行文字和多行文字）后，要对文字对象的特性进行修改，可使用 AutoCAD 2012 的文字对象编辑工具。

对文字对象的编辑包括修改内容和格式，对文字对象进行缩放、改变对正方式，以及使用夹点编辑。

7.4.1 编辑文字内容和格式

要编辑已有文字对象的内容和格式，可通过以下 4 种方法实现。

- 经典模式：选择菜单栏中的“修改”→“对象”→“文字”→“编辑”命令。
- 经典模式：单击“文字”工具栏中的“编辑”按钮。
- 双击要编辑的文字对象。
- 运行命令：ddedit。

执行文字编辑命令后，命令行提示“选择注释对象或 [放弃(U)]:”，此时只能选择文字对象、表格或其他注释性对象，单击后即弹出单行文字编辑器或多行文字编辑器。在编辑器中，即可编辑文字的内容，

也可重新设置文字的格式。其操作与创建文字对象时基本相同。

7.4.2 缩放文字对象

对文字对象的缩放操作，除了“修改”菜单的通用缩放功能以外，AutoCAD 2012 针对文字对象还有专门的缩放工具。可通过以下 4 种方式执行文字缩放命令。

- 功能区：单击“注释”选项卡→“文字”面板→“缩放”按钮。
- 经典模式：选择菜单栏中的“修改”→“对象”→“文字”→“比例”命令。
- 经典模式：单击“文字”工具栏中的“缩放”按钮。
- 运行命令：SCALETEXT。

执行缩放文字命令后，命令行提示：

```
选择对象:
```

此时选择要缩放的文字对象，然后按 Enter 键或单击鼠标右键，命令行继续提示：

```
输入缩放的基点选项[现有（E）/左（L）/中心（C）/中间（M）/右（R）/左上（TL）/中上（TC）/右上（TR）/左中（ML）/正中（MC）/右中（MR）/左下（BL）/中下（BC）/右下（BR）] <现有>:
```

该信息提示指定文字对象上的某一点作为缩放的基点，可以从中括号中选择选项。这些选项与文字对正时的选项一致，但是即使所选择的选项与对正选项不同，文字对象的对正也不受影响。指定基点后，命令行继续提示：

```
指定新模型高度或 [图纸高度（P）/匹配对象（M）/缩放比例（S）]<2.5>:
```

这里的新模型高度即为文字高度，此时可输入新的文字高度。中括号内其他选项的含义如下。

- “图纸高度(P)”选项：根据注释特性缩放文字高度。
- “匹配对象(M)”选项：选择该选项，可以使两个文字对象的大小匹配。
- “缩放比例(S)”选项：可指定比例因子或参照缩放所选文字对象。

7.4.3 编辑文字对象的对正方式

AutoCAD 2012 还提供了专门的编辑文字对象对正方式的工具，可通过以下 4 种方式编辑文字对正。

- 功能区：单击“注释”选项卡→“文字”面板→“对正”按钮。
- 经典模式：选择菜单栏中的“修改”→“对象”→“文字”→“对正”命令。
- 经典模式：单击“文字”工具栏中的“对正”按钮。
- 运行命令：JUSTIFYTEXT。

执行文字对正编辑命令后，命令行提示：

```
选择对象:
```

此时选择要缩放的文字对象，然后按 Enter 键或单击鼠标右键，命令行继续提示：

输入对正选项[左（L）/对齐（A）/调整（F）/中心（C）/中间（M）/右（R）/左上（TL）/中上（TC）/右上（TR）/左中（ML）/正中（MC）/右中（MR）/左下（BL）/中下（BC）/右下（BR）] <左>:

此时可选择某个位置作为对正点。这些对正选项实际上是指定了文字对象上的某个点作为其对齐的基准点。对于 XxYy 的文字，各个选项对应的点如图 7-25 所示。

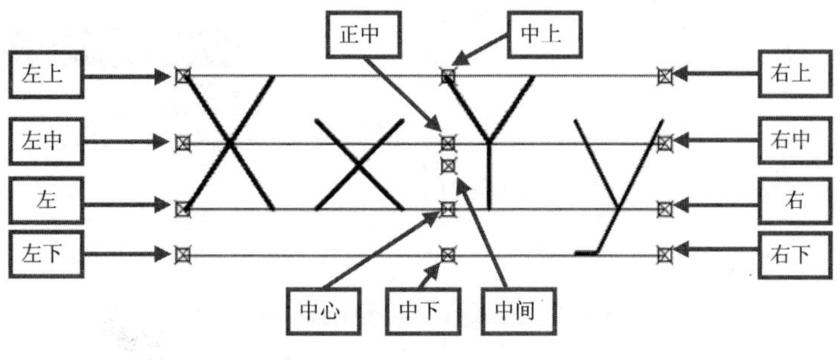

图 7-25　设置文字对正

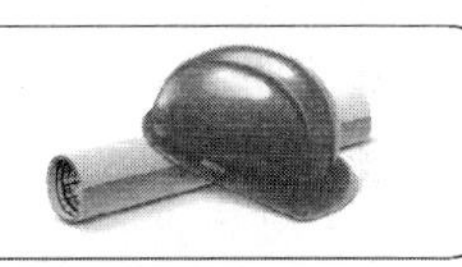

7.5 创建表格样式

表格是在行和列中包含数据的对象。AutoCAD 2012 通过空表格或表格样式创建表格对象，也支持将表格链接至 Microsoft Excel 电子表格中的数据。

表格创建完成后，用户可以单击该表格上的任意网格线以选中该表格，然后使用“特性”选项板或夹点来修改该表格。

7.5.1　定义样式

在创建表格之前，应该先定义表格的样式，包括表格的字体、颜色和填充等。AutoCAD 2012 默认的表格样式为 Standard 样式。通过“表格样式”对话框（如图 7-26 所示），用户可以自己定制表格样式。打开“表格样式”对话框的方法如下。

- 功能区：单击“注释”选项卡→“表格”面板→“表格样式”按钮↘
- 经典模式：选择菜单栏中的“格式”→“表格样式”命令。
- 经典模式：单击“样式”工具栏中的“表格样式”按钮。
- 运行命令：TABLESTYLE。

如图 7-26 所示，“表格样式”对话框的“样式”列表框内列出了所有的表格样式，包括系统默认的 Standard 样式及用户自定义的样式。在“预览”窗口，可对所选择的表格样式进行预览。单击[置为当前(U)]按钮，可将所选择的表格样式置为当前；单击[新建(N)...]按钮，可新建表格样式，新建的表格样式将显示在“样式”列表框内；[删除(D)]按钮，可删除表格样式，但不能删除 Standard 表格样式、当前表格样式及已经使用的表格样式；单击[修改(M)...]按钮，可修改所选表格样式。

要创建新的表格样式，可单击[新建(N)...]按钮，在弹出的“创建新的表格样式”对话框的“新样式名”文本框中输入样式名称（如图 7-27 所示），并选择基础样式。单击[继续]按钮，可弹出“新建表格样

式”对话框，可对新建的表格样式各个属性进行设置，如图 7-28 所示。

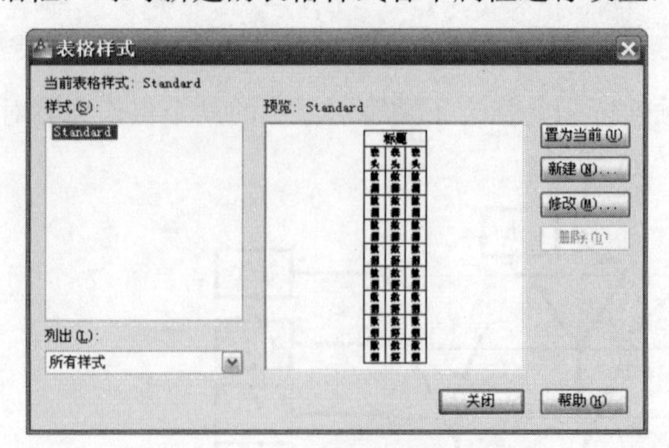

图 7-26 “表格样式”对话框

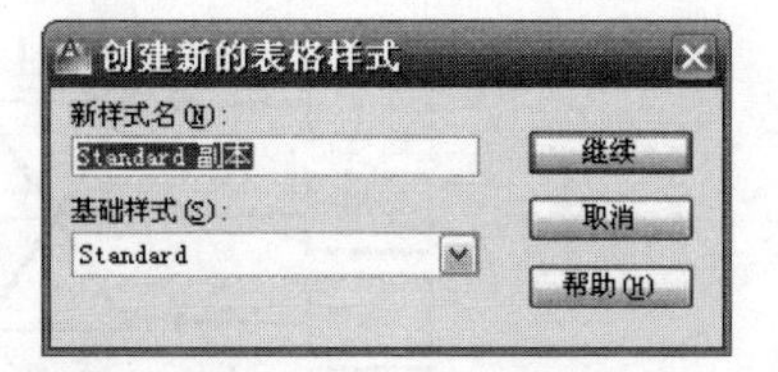

图 7-27 “创建新的表格样式”对话框

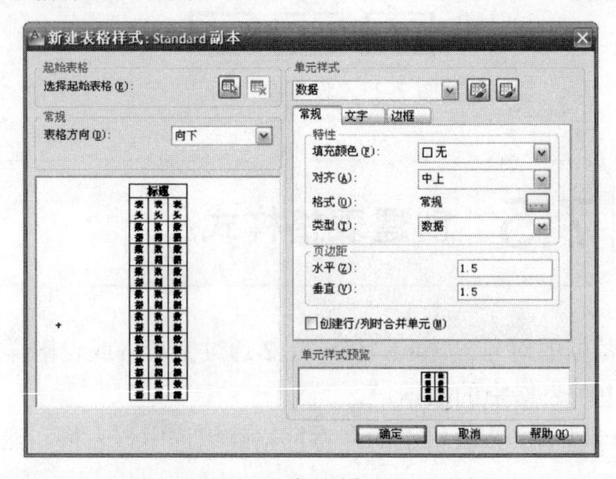

图 7-28“新建表格样式”对话框

“新建表格样式”对话框也有一个表格样式的预览窗口，并且包括一个单元样式预览窗口。下面将介绍如何通过“新建表格样式”对话框设置表格的特性。

7.5.2 选择单元类型

AutoCAD 2012 的表格包括 3 种单元类型，分别为标题单元、表头单元和数据单元。在“新建表格样式”对话框的“单元样式”选项组的下拉列表框中可选择要设置的单元类型，如图 7-29 所示。

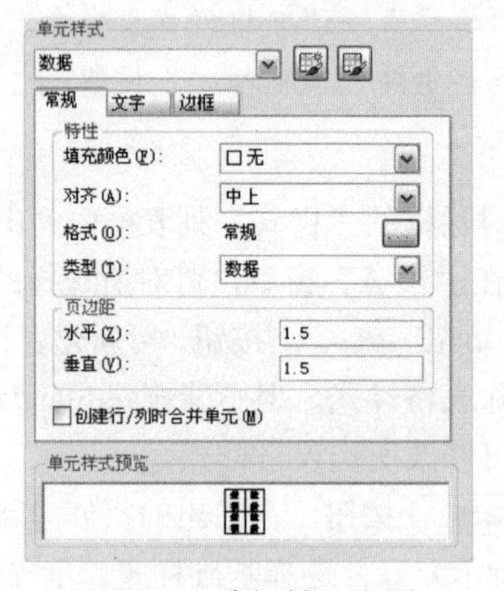

图 7-29 选择单元类型

7.5.3　设置表格方向

在“新建表格样式”对话框的“常规”选项组，可通过“表格方向”下拉列表框选择表格的方向。“向下”表示创建的表格由上而下排列“标题”、“表头”和“数据”；“向上”则相反，如图 7-30 所示。“标题”和“表头”为标签类型单元，“数据”单元存放具体数据。

标题		
表头	表头	表头
数据	数据	数据
数据	数据	数据
数据	数据	数据

（a）向下

数据	数据	数据
数据	数据	数据
数据	数据	数据
表头	表头	表头
标题		

（b）向上

图 7-30　设置表格方向

7.5.4　设置单元特性

AutoCAD 2012 表格单元特性的定义包括“常规”、“文字”和“边框”3 个选项卡，如图 7-31 所示。

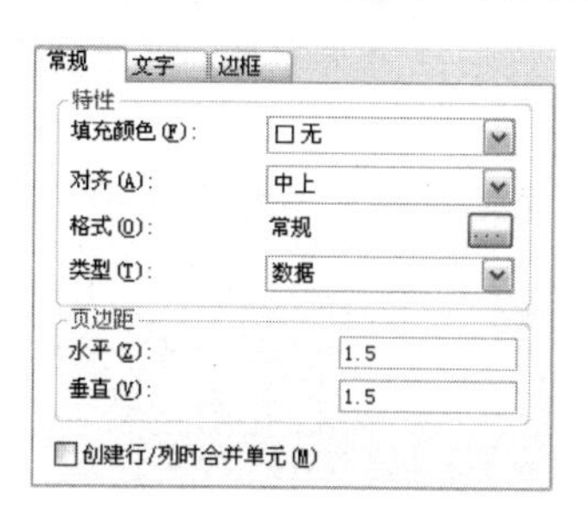

（a）“常规”选项卡

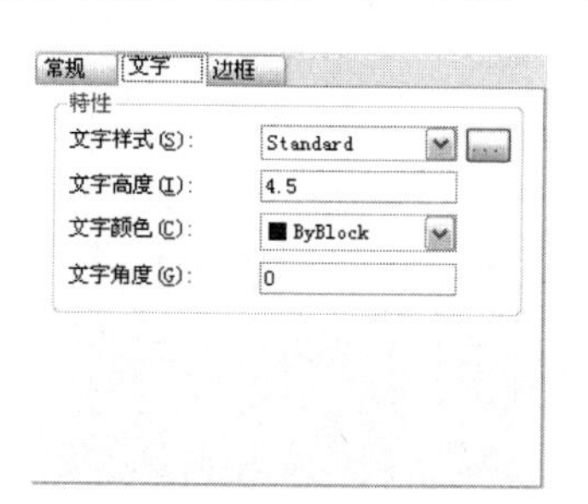

（b）“文字”选项卡

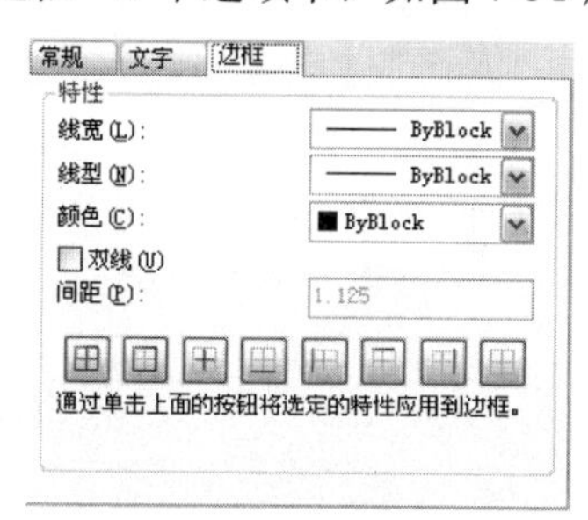

（c）“边框”选项卡

图 7-31　设置单元特性

（1）“常规”选项卡：可设置单元的一些基本特性，如颜色、格式等。

- “填充颜色”下拉列表框：用于指定单元的背景色，默认值为“无”。可在下拉列表中选取颜色，也可选择“选择颜色”选项，以显示“选择颜色”对话框来指定。
- “对齐”下拉列表框：用于设置表格单元中文字的对正和对齐方式。文字可相对于单元的顶部边框和底部边框进行居中对齐、上对齐或下对齐，也可相对于单元的左边框和右边框进行居中对正、左对正或右对正。这些对齐方式的含义基本上与文字对象的相同。
- “格式”按钮[...]：为表格中的“数据”、“列标题”或“标题”行设置数据类型和格式。单击该按钮，将显示“表格单元格式”对话框，从中可以进一步定义格式选项，如图 7-32 所示。

图 7-32　“表格单元格式”对话框

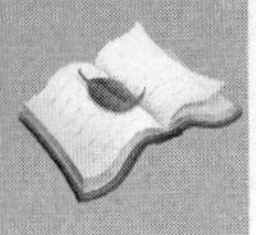

- “类型”下拉列表框：选择单元的类型，可选择为标签或数据。
- “水平”文本框：设置单元中的文字或块与左右单元边界之间的距离。
- “垂直”文本框：设置单元中的文字或块与上下单元边界之间的距离。
- “创建行/列时合并单元”复选框：将使用当前单元样式创建的所有新行或新列合并为一个单元。该选项一般用于在表格中创建标题行。

（2）“文字”选项卡：可设置单元内文字的特性，如颜色、高度等。

- “文字样式”下拉列表框：列出图形中的所有文字样式。单击“文字样式”按钮，将显示“文字样式”对话框，从中可以创建新的文字样式。
- “文字高度”文本框：设置文字高度。数据和列标题单元的默认文字高度为 0.1800，表标题的默认文字高度为 0.2500。
- “文字颜色”下拉列表框：指定文字颜色。选择列表底部的“选择颜色”选项，可显示“选择颜色”对话框。
- “文字角度”文本框：设置文字旋转角度。默认的文字角度为 0°。

（3）“边框”选项卡：可设置表格的边框格式。

- “线宽”、“线型”和“颜色”下拉列表框：分别用来设置表格边框的线宽、线型和颜色。
- “双线”复选框：选择该复选框，可将表格边界显示为双线。通过“间距”文本框，可设置双线边界的间距。
- 边框按钮：用于控制单元边框的外观。单击其中的某一按钮，即表示将在“边框”选项卡中定义的线宽、线型等特性应用到对应的边框，如图 7-33 所示。

图 7-33 边框按钮

7.5.5 实例——创建表格样式

创建符合国标的明细栏表格样式，操作步骤如下：

01 单击“注释”选项卡→“表格”面板→“表格样式”按钮。

02 单击新建(N)...按钮，弹出“创建新的表格样式”对话框，在“新样式名”文本框中输入样式名称“明细表”，如图 7-34 所示。选择基础样式为 Standard，单击继续按钮，弹出“新建表格样式”对话框。

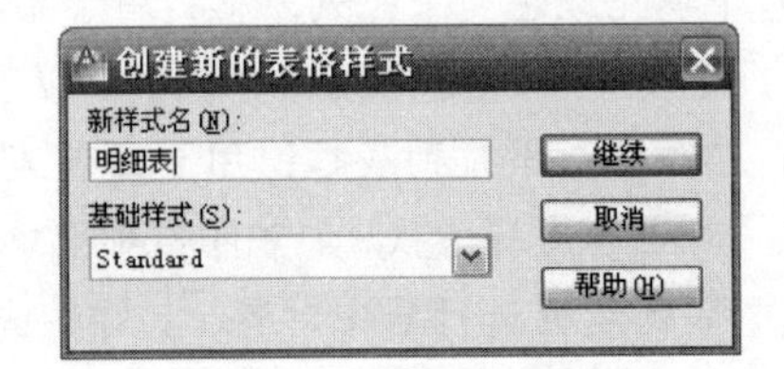

图 7-34 输入样式名称

03 定义表格方向。在“新建表格样式”对话框的“常规”选项组，选择“表格方向”为“向上”。

04 定义表格标题样式。选择单元类型为“标题”，切换到“边框”选项卡，将“线宽”设置为“0.50mm”，然后单击按钮，如图 7-35（a）所示。

05 定义表格表头样式。选择单元类型为“表头”，切换到“边框”选项卡，将“线宽”设置为 0.50mm，然后单击按钮，如图 7-35（b）所示。

06 定义表格数据样式。选择单元类型为“数据”，切换到“边框”选项卡，将“线宽”下拉列表框设置为 0.5mm，然后依次单击和按钮，如图 7-35（c）所示。完成单元格式设置后，可随时在预览窗口预览样式，如图 7-36 所示。从中可见，表格方向为向上，标题和表头的边框均为粗实线。

（a）设置“标题”

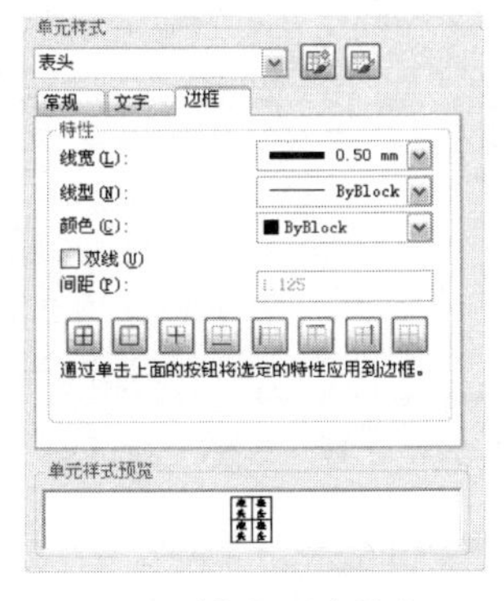

（b）设置“表头”

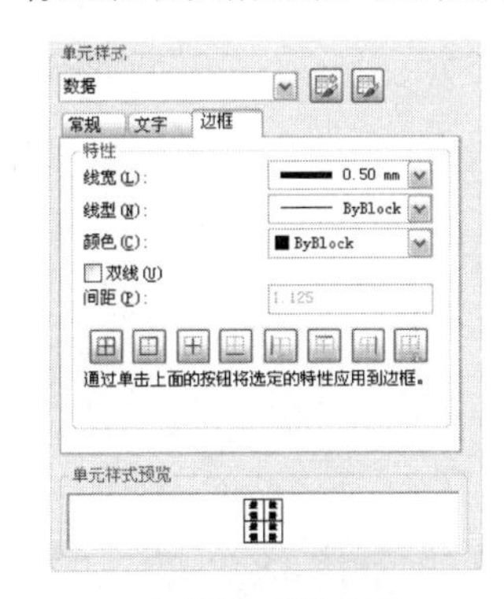

（c）设置“数据”

图 7-35　设置单元格式

07 单击确定按钮完成设置，回到“表格样式”对话框，可见“明细表”样式列在了“样式”列表框内，选择“明细表”样式，然后单击置为当前(U)按钮，最后单击关闭按钮关闭该对话框回到绘图区。

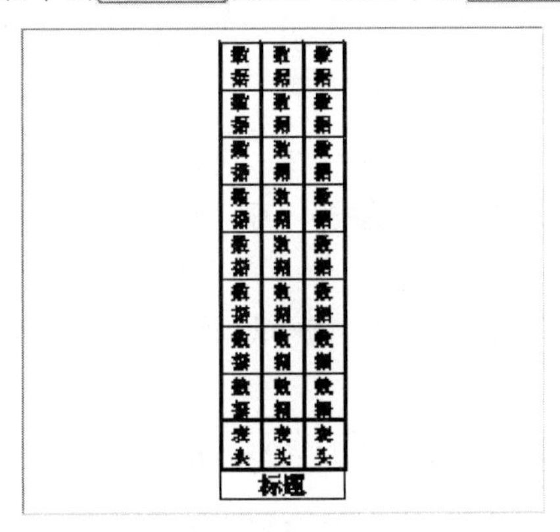

图 7-36　表格样式预览

7.6 创建表格

本节将介绍如何在图形中插入表格。AutoCAD 2012 中插入表格可通过以下 4 种方法实现。

- 功能区：单击“常用”选项卡→“注释”面板→“表格”按钮。
- 经典模式：选择菜单栏中的“绘图”→“表格”命令。
- 经典模式：单击“绘图”工具栏中的“表格”按钮。
- 运行命令：TABLE。

执行插入表格命令后，将弹出“插入表格”对话框，如图 7-37 所示。表格的插入操作一般包括两个操作步骤：一为设置插入表格的插入格式，即设置“插入表格”对话框；二为选择插入点及输入表格数据。

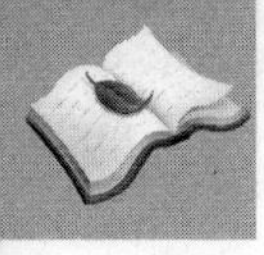

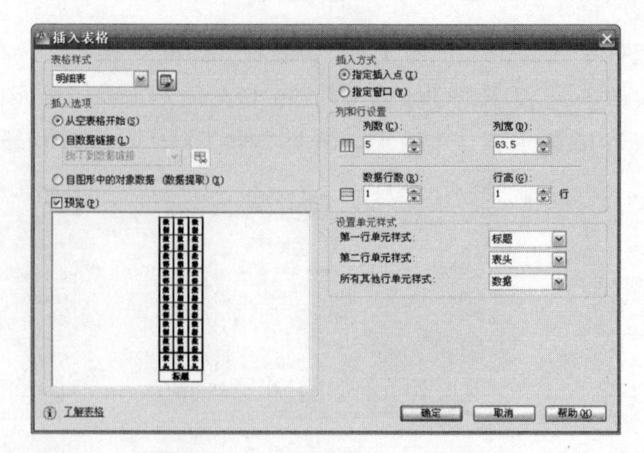

图 7-37 “插入表格”对话框

7.6.1 设置表格的插入格式

“插入表格”对话框主要包括“表格样式”、“插入选项”、“插入方式”等选项组，还包含一个预览窗口。

（1）“表格样式”选项组：可选择插入表格要应用的样式。下拉列表框内显示的是在“表格样式”对话框内置为当前的表格样式。单击按钮，还可打开“表格样式”对话框以定义新的表格样式。

（2）“插入选项”选项组：指定插入表格的方式。

- “从空表格开始”单选按钮：选择该单选按钮，表示创建空表格，然后手动输入数据。
- “自数据链接”单选按钮：选择该单选按钮，可以从外部电子表格（如 Microsoft Excel）中的数据创建表格。
- “自图形中的对象数据（数据提取）”单选按钮：选择该单选按钮，然后单击 确定 按钮，将启动“数据提取”向导。

（3）“插入方式”选项组：指定表格插入的方式为“指定插入点”还是“指定窗口”。

- “指定插入点”单选按钮：该选项表示通过指定表格左上角的位置插入表格。
- “指定窗口”单选按钮：该选项表示通过指定表格的大小和位置插入表格。选定此选项时，行数、列数、列宽和行高取决于窗口的大小，以及“列和行设置”。

（4）“列和行设置”选项组：可以设置列和行的数目和大小。

- “列数”调整框：用于指定列数。
- “列宽”调整框：用于指定列的宽度。
- “数据行数”调整框：指定行数。注意这里设置的是“数据行”的数目，不包括“标题”和“表头”。
- “行高”调整框：按照行数指定行高。文字行高基于文字高度和单元边距，这两项均在表格样式中设置。

当在“插入方式”选项组中选择“指定窗口”时，对列只能设置“列数”和“列宽”中的一个；对行也只能设置“数据行数”和“行高”中的一个，通过单选按钮选择要设置的选项；另外一个选项为“自动”，即由表格的宽度和高度确定。

（5）“设置单元样式”选项组：可选择标题、表头和数据行的相对位置。

- “第一行单元样式”下拉列表框：用于指定表格中第一行的单元样式。默认情况下，使用“标题”单元样式。
- “第二行单元样式”下拉列表框：指定表格中第二行的单元样式。默认情况下，使用“表头”单元样式。
- “所有其他行单元样式”下拉列表框：用于指定表格中其他行的单元样式。默认情况下，使用“数据”单元样式。

7.6.2　选择插入点及输入表格数据

1．选择插入点

如果在“插入表格”对话框对“插入方式”选项组选择为“指定插入点”，那么命令行将提示“指定插入点:”并在光标处动态显示表格，此时只需在绘图区指定一个插入点即可完成空表格的插入。如图 7-38 所示为插入一个 3 行 5 列表格的情况。

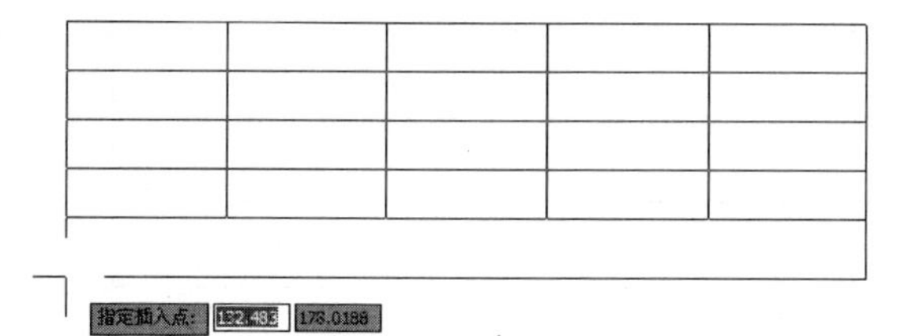

图 7-38　3 行 5 列表格的插入

如果在“插入表格”对话框的“插入方式”选项组选择为“指定窗口”，则命令行依次提示：

```
指定第一个角点:
指定第二角点:
```

此时的操作如同绘制矩形，可通过指定两个对角点插入表格。系统将自动根据“插入表格”对话框的设置配置行和列。

2．输入表格数据

表格插入后，将自动打开多行文字编辑器，编辑器的文字输入区默认为表格的标题，如图 7-39 所示。此时可使用多行文字编辑器输入并设置文字格式。

图 7-39　输入表格数据

按 Tab 键可切换表格中文字的输入点。

7.6.3　编辑表格

1．使用夹点编辑表格

和其他对象一样，在表格上单击即可显示出表格对象的夹点。通过表格的各个夹点可实现表格的拉伸、移动等操作。各个夹点的功能如图 7-40 所示。

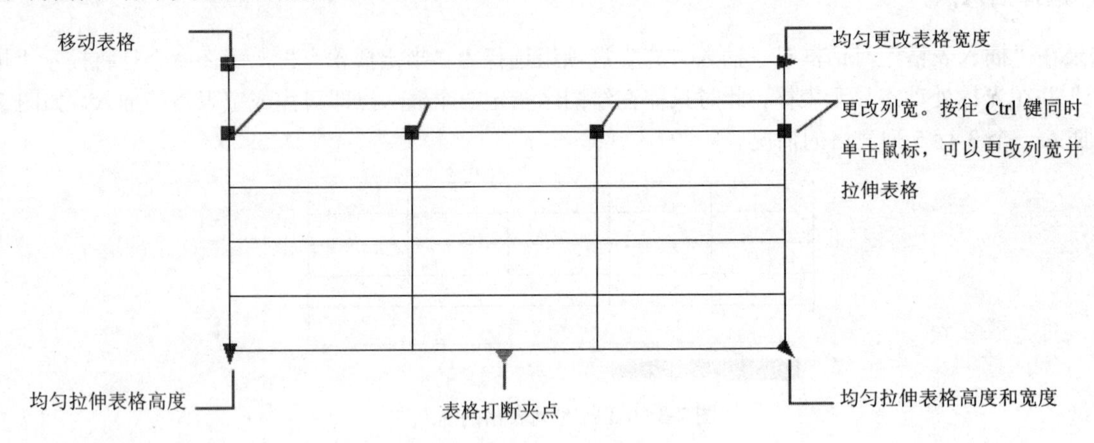

图 7-40　使用夹点编辑表格

2．使用“表格”工具栏

AutoCAD 2012 提供专门的“表格单元”选项卡和“表格”工具栏来编辑表格，如图 7-41 所示。

（a）“二维草图与注释”工作空间的“表格单元”选项卡

（b）“AutoCAD 经典”工作空间的“表格”工具栏

图 7-41　“表格单元”选项卡和“表格”工具栏

“表格单元”选项卡在默认情况下为关闭状态。要打开“表格单元”选项卡，可按以下步骤执行。

01 单击要编辑的表格，显示出夹点，如图 7-42 所示。

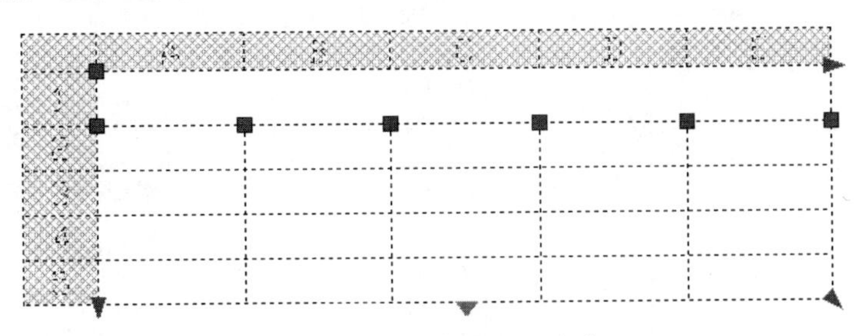

图 7-42　单击表格显示夹点

02 然后在表格的任意一个单元格内单击，即可显示“表格单元”选项卡，如图 7-43 所示。

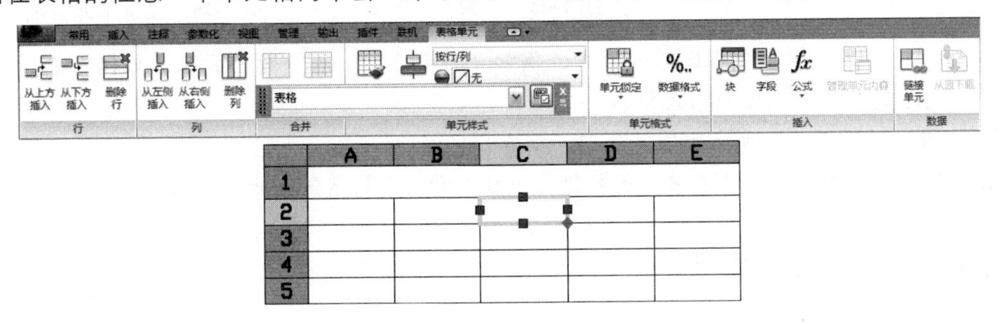

图 7-43　显示“表格单元”选项卡

通过“表格单元”选项卡，可添加行或列、删除行或列等。各个按钮的功能如下。

- 和按钮：这两个按钮分别用于在所选单元格的上方、下方添加行。
- 按钮：单击该按钮，可删除所选单元格所在的行。
- 和按钮：这两个按钮分别用于在所选单元格的左边、右边添加列。
- 按钮：单击该按钮，可删除所选单元格所在的列。
- 和按钮：这两个按钮分别用于合并单元格和取消单元格的合并。合并单元格按钮在选择多个单元格时才可用。按住 Shift 键单击可选择多个单元格。
- 田按钮：单击该按钮，弹出“单元边框特性”对话框，可设置单元格的边框，如图 7-44 所示。
- 按钮：用于设置单元格的对齐方式。单击可弹出下拉菜单，如图 7-45 所示，可设置对齐方式为“左上”、“中上”等 9 种方式。
- 按钮：用于锁定单元格的内容或格式。通过其下拉菜单（如图 7-46 所示），可选择锁定单元格的内容或格式，或者两者均锁定。锁定内容后，则单元格的内容不能更改。

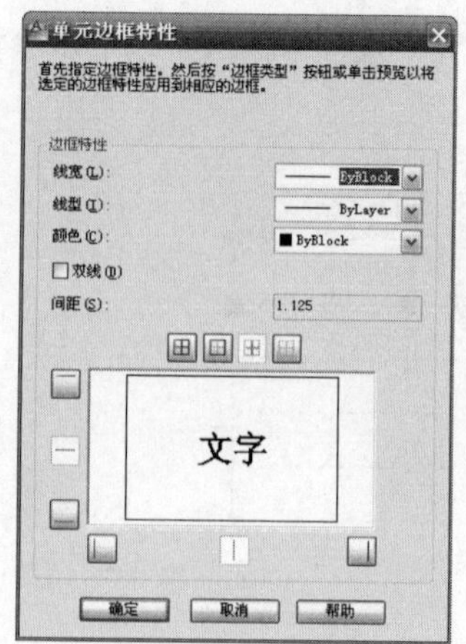

图 7-44 "单元边框特性"对话框

图 7-45 设置对齐方式

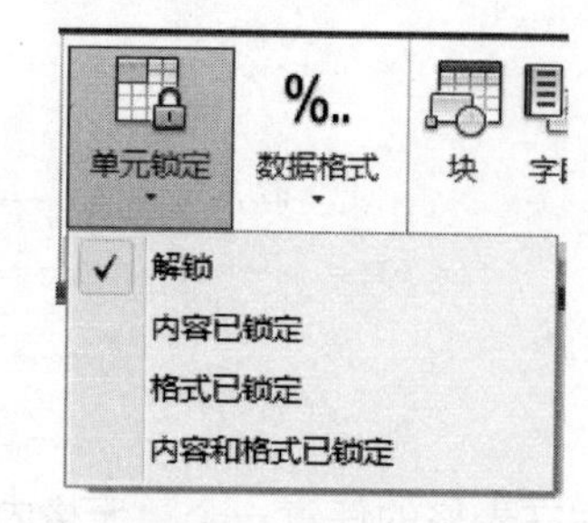

图 7-46 设置单元锁定

- %..按钮：用于设置单元格数据的格式，例如，日期格式、百分数公式等，如图 7-47 所示。
- 按钮：用于在单元格内插入块。
- 按钮：用于插入字段，如创建日期、保存日期等。
- fx按钮：用于使用公式计算单元格数据，包括求和、求均值等。如图 7-48 所示，选择"方程式"选项可输入公式。
- 按钮：用于单元格的格式匹配。

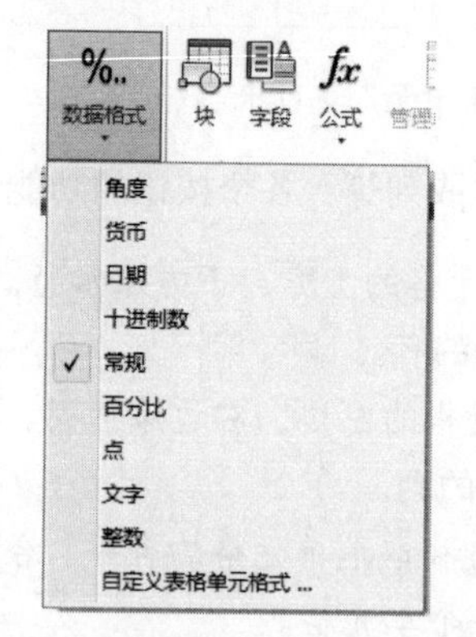

图 7-47 设置单元格数据格式

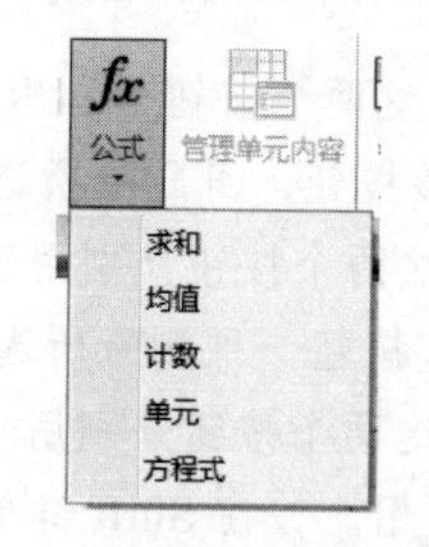

图 7-48 使用公式

7.6.4 实例——插入表格 

本实例接前面小节实例进行操作，插入符合国标的明细表，操作步骤如下：

01 单击"注释"选项卡→"表格"面板→"表格"按钮，弹出"插入表格"对话框。

02 设置"插入表格"对话框。由于在"表格样式"对话框中已经把"明细表"样式置为当前，所以这里默认即为该样式；选择"插入选项"为"从空表格开始"；选择"插入方式"为"指定插入点"；将"列数"设置为 5，将"列宽"设置为 40；将"数据行数"设置为 1；将"行高"设置为 1。设置完成后，单击 确定 按钮，如图 7-49 所示。

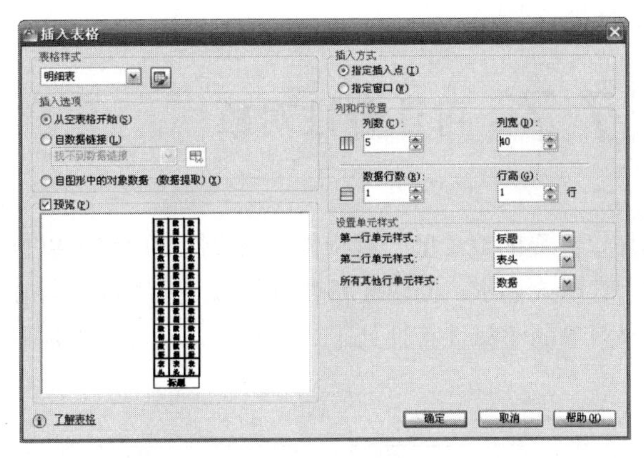

图 7-49　设置“插入表格”对话框

03 命令行提示“指定插入点:”，此时输入插入点的坐标（0,0）。

04 输入表格文本。指定插入点后，自动弹出多行文字编辑器。此时文本插入点在标题处，可输入表格的标题“明细表”；然后按 Tab 键切换插入点，依次输入表头数据，如图 7-50 所示。

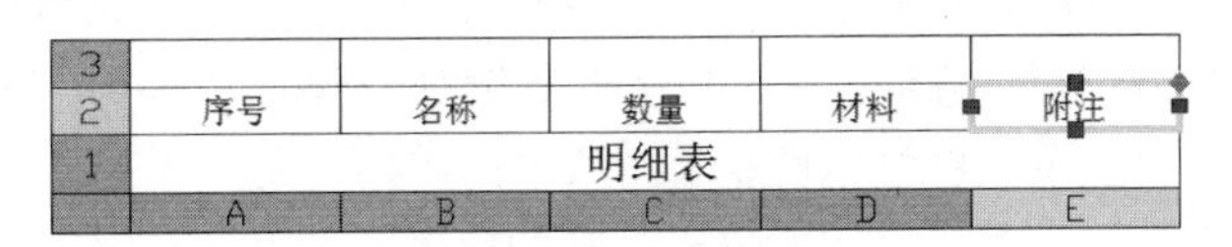

	A	B	C	D	E
3					
2	序号	名称	数量	材料	附注
1	明细表				

图 7-50　输入表格文本

05 选择列。单击“序号”单元格，按住 Shift 键单击其上方的单元格，即可选中该列，如图 7-51 所示。

06 改变列宽。选择“序号”列后单击鼠标右键，在弹出的快捷菜单中选择“特性”命令，弹出“特性”面板，在“单元宽度”文本框内输入 20，如图 7-52 所示。

图 7-51　选择列

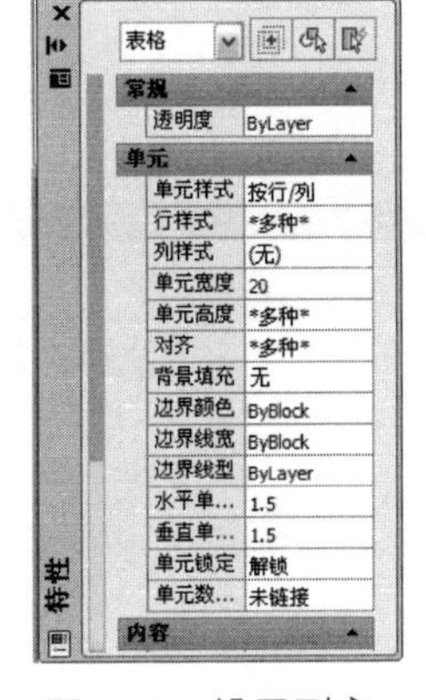

图 7-52　设置列宽

07 参考步骤 05 和步骤 06 的方法将“数量”列的宽度也设置为 20。完成后的表格如图 7-53 所示。

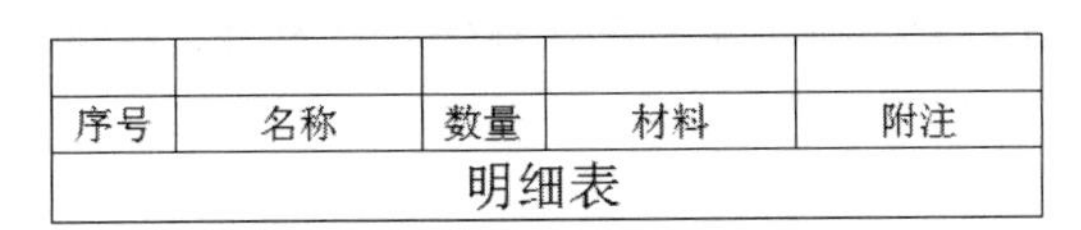

序号	名称	数量	材料	附注
明细表				

图 7-53　完成表格的插入

7.7 可注释性对象

对象的注释性是对图形加以注释的对象的一种特性，该特性使用户可以自动完成注释缩放，从而使注释能够以正确的大小在图纸上打印或显示。创建注释性对象后，系统根据当前注释比例设置对对象进行缩放并自动正确显示大小。如果对象的注释性特性处于启用状态（设置为“是”），则其称为注释性对象。

文字、标注、图案填充、公差、多重引线、块和属性等对象通常用于注释图形，并包含注释性特性。

创建注释性对象，可按以下步骤执行：

01 创建注释性样式。在创建注释性样式时，选择“注释性”复选框，即表示创建注释性样式。例如，在创建文字样式时，“注释性”复选框在“文字样式”对话框的“大小”选项组，设置为注释性的样式后，在其样式名前将显示注释性的图标，如图 7-54 所示。

02 在模型空间中，将注释比例设置为打印或显示注释的比例。设置注释比例工具在状态栏上。单击注释比例按钮，即可弹出注释比例菜单，通过它可选择打印或显示注释的比例，如图 7-55 所示。

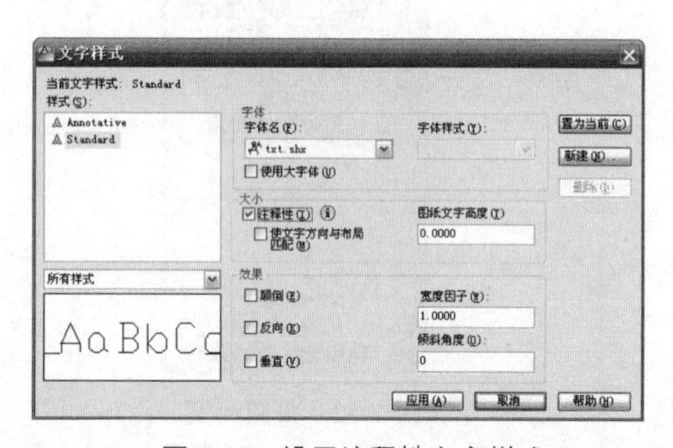

图 7-54　设置注释性文字样式

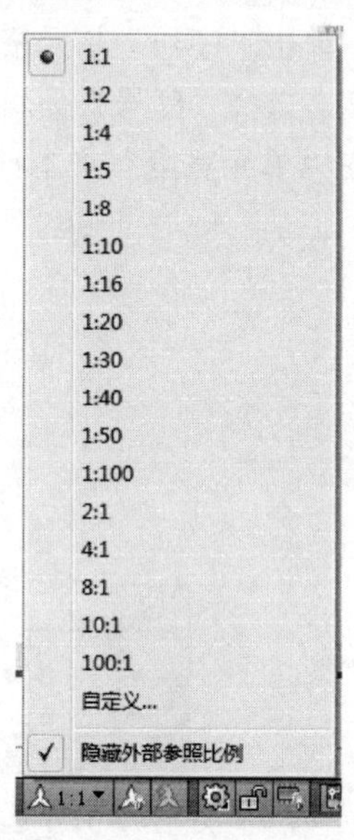

图 7-55　注释比例菜单

03 使用注释性样式创建注释性对象。将创建的注释性样式置为当前，那么创建出来的对象即为注释性对象。

7.8 文字和表格实例一

创建如图 7-56 所示的标题栏。

（校名、班号）			（图　　号）	
校核	（姓名）	（日期）	（零件名称）	（材料）
制图	（姓名）	（日期）		（比例）

图 7-56　标题栏

01 单击“注释”选项卡→“表格”面板→“表格”按钮，系统弹出如图 7-57 所示的“插入表格”对话框。

02 在“列和行设置”选项组中“列数”微调框中输入 5，在“列宽”微调框中输入 30，在“数据行数”微调框中输入 1，在“行高”微调框中输入 1。

03 在“设置单元样式”选项组中“第一行单元样式”下拉列表框中选择“数据”选项，在“第二行单元样式”下拉列表框中选择“数据”选项。

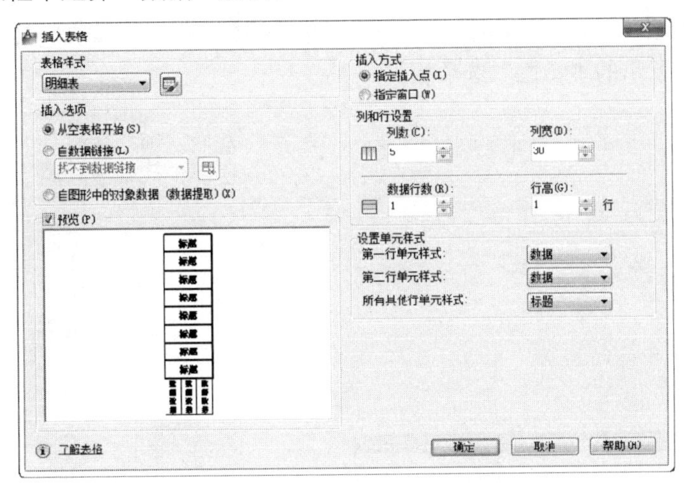

图 7-57　“插入表格”对话框

04 单击“确定”按钮，一表格附着于鼠标，效果如图 7-58 所示，在绘图区中任意单击确定表格插入点，完成表格的插入。

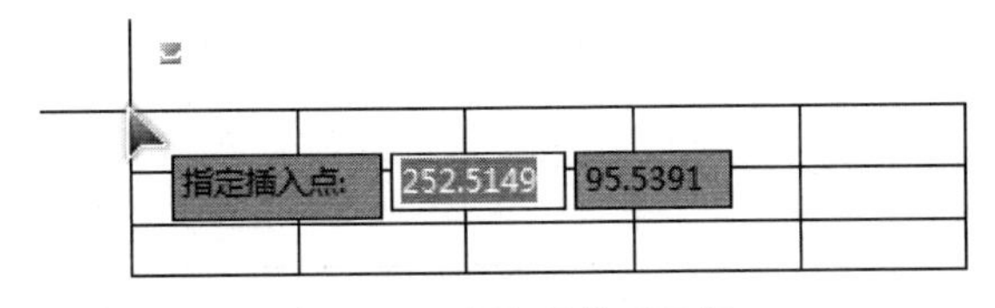

图 7-58　表格附着于鼠标

05 单击第一行第一列表格，进入表格单元编辑状态。

06 按住 Shift 键，选择如图 7-59（a）所示的三个单元格。

07 单击“表格单元”选项卡→“合并”面板→“按行合并”按钮，完成表格的合并，效果如图 7-59（b）所示。

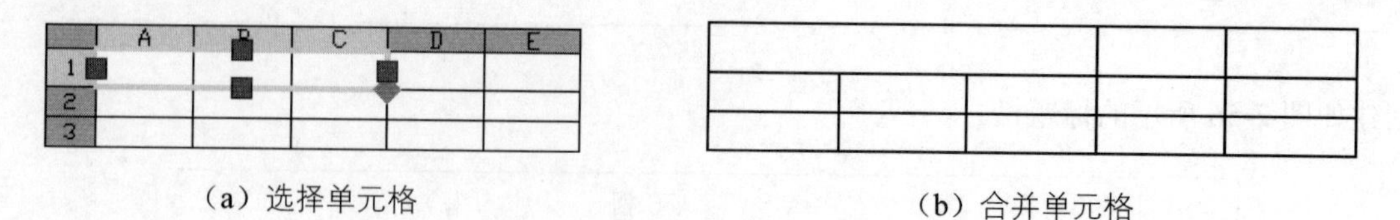

（a）选择单元格　　（b）合并单元格

图 7-59　合并单元

08 重复步骤 05～07 的操作，将第一行中的第四、五单元格合并，效果如图 7-60（a）所示。

09 重复步骤 05～07 的操作，将第四列中的第二、三单元格合并，效果如图 7-60（b）所示。

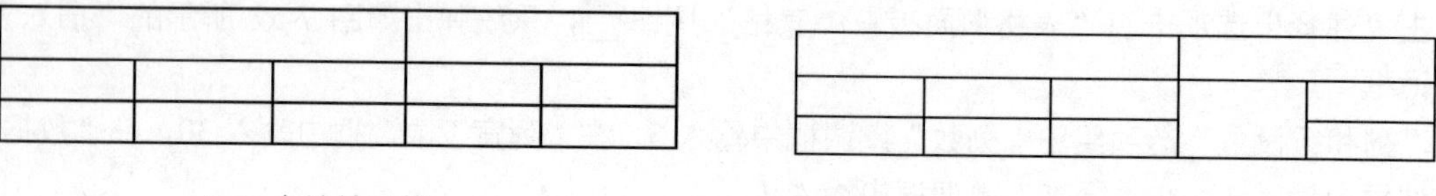

（a）合并单元格　　（b）合并单元格

图 7-60　合并的表格图

10 单击第一列，使用鼠标右键单击蓝色方块，效果如图 7-61 所示，选择快捷菜单中的“特性”命令，系统弹出如图 7-62 所示的“特性”选项板。

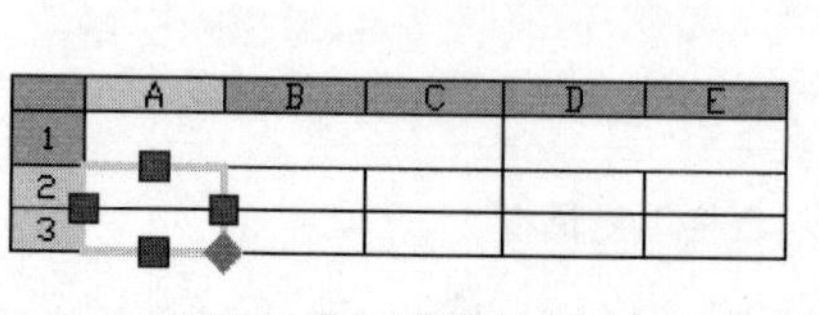

图 7-61　选择的列

图 7-62　“特性”选项板

11 在“单元宽度”文本框中输入 10 并按 Enter 键，在“单元高度”文本框中输入 8 并按 Enter 键。

12 重复步骤 10～11 的操作，设置其他列的宽度为 20，20，90，40，效果如图 7-63 所示。

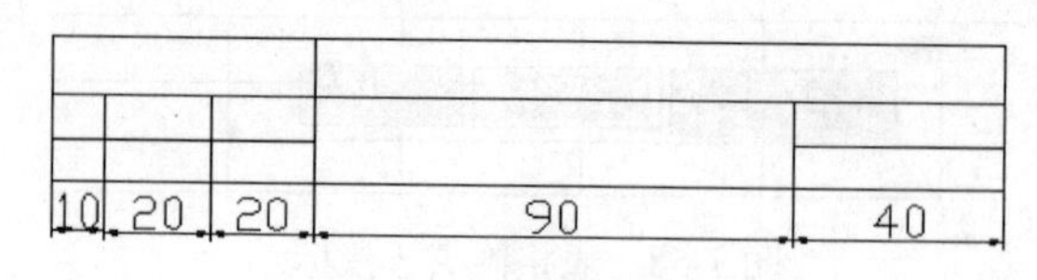

图 7-63　设置的列宽

13 双击如图 7-64 所示的单元格，输入“(校名、班号)”，效果如图 7-64 所示。

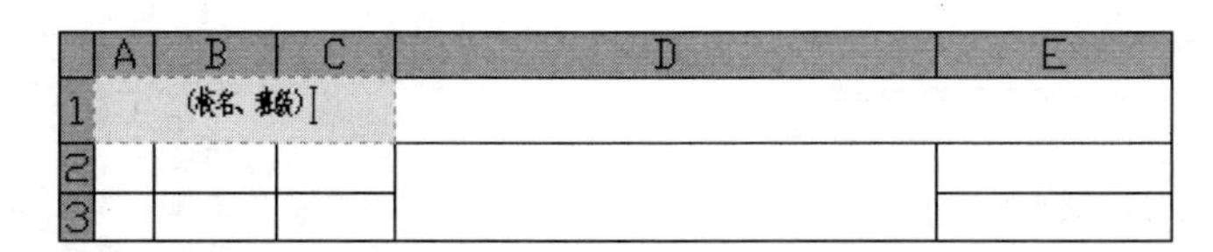

	A	B	C	D	E
1	(校名、班级)				
2					
3					

图 7-64　在单元格输入文字

14 重复步骤 13 的操作，对表格的其他单元格输入相应文字，效果如图 7-65 所示。

（校名、班号）			（图　　号）	
校核	（姓名）	（日期）	（零件名称）	（材料）
制图	（姓名）	（日期）		（比例）

图 7-65　输入的文字

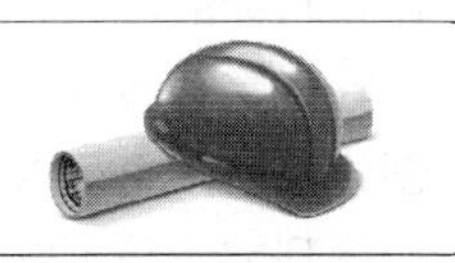

7.9 文字和表格实例二

创建如图 7-66 所示的技术要求。

01 单击“常用”选项卡→“注释”面板→“多行文本”按钮A，命令行提示“指定第一角点:”，使用鼠标单击如图 7-67 所示的 A 点，确定多行文本框的起点。

02 命令行提示“定对角点或 [高度(H)/对正(J)/行距(L)/旋转(R)/样式(S)/宽度(W)/栏(C)]:”，使用鼠标单击如图 7-67 所示的 B 点，确定多行文本框的角点。

技术要求

1. 未注圆角为R1
2. 表面不得有裂纹、缺陷
3. 去除毛刺、鳞片
4. 表面发蓝处理

图 7-66　技术要求

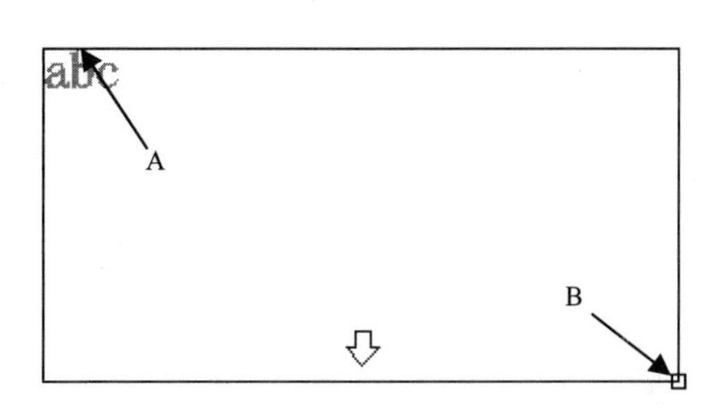

图 7-67　多行文本框

03 在文本框中输入技术要求，如图 7-68 所示。

04 选择第一行文本，单击“文字编辑器”选项卡→“段落”面板→“居中”按钮，完成文本居中设置。

05 选择第二、三、四行文本，单击“文字编辑器”选项卡→“段落”面板→“以数字标记”按钮，完成文本项目编号的设置，效果如图 7-69 所示。

06 单击“文字编辑器”选项卡→“关闭”面板→“关闭文字编辑器”按钮，完成多行文本的创建。

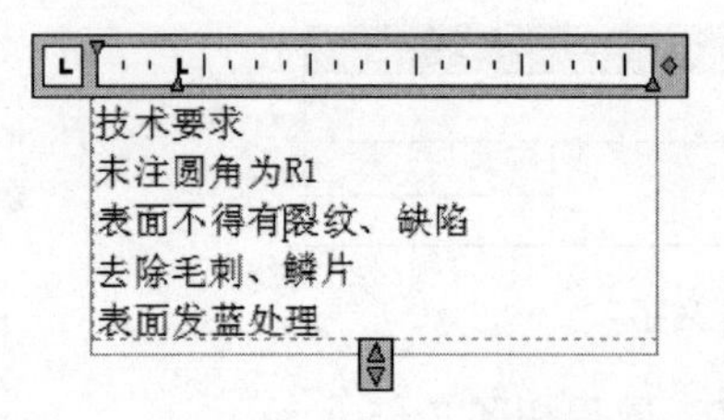

图 7-68　多行文本框

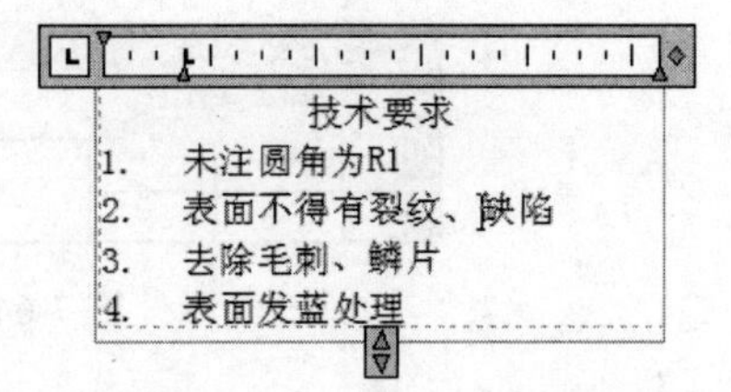

图 7-69　文本格式的设置

7.10 知识回顾

本章介绍了 AutoCAD 2012 的文字和表格功能。文字和表格主要用于添加一些注释功能的对象。用户可根据实际应用情况选择使用单行文字还是多行文字，一般多行文字的应用较多。单行文字和多行文字都可以进行复制、移动、旋转和改变外观等操作。AutoCAD 2012 既可以从空白开始创建表格，也可以将表格链接至 Microsoft Excel 电子表格中的数据。表格的行数、列数及行列的数据类型、排列方式等可以通过表格的样式控制。在创建文字或表格样式对象之前，一般先对其样式进行设置。

第 8 章
AutoCAD 图块操作

块是 AutoCAD 2012 组织对象的工具，是多个对象的组合，组合后的块是一个独立的块对象。对于组成块的各个对象，可以绘制在不同图层上，具有不同的颜色、线型和线宽等特性。虽然块总是在当前图层上，但块参照保存了包含在该块中的对象的原图层、颜色和线型特性的信息，当使用块时，可以控制块中的对象是保留其原特性，还是继承当前的图层、颜色、线型或线宽设置。另外，还可以在创建块时将数据附着到块上，以便于以后提取。

块的定义和使用可提高绘制重复图形的效率，大大减少重复工作。例如，要在图形中的不同位置绘制相同的标准件，只需将此标准件定义为块，然后在不同的位置插入块即可。当然，使用复制方法也可以在多个位置绘制相同的图形，但是，使用块与使用复制的区别在于，块只需保存一次图形信息，而复制时在多个位置均要保存图形信息。显然使用块更加节省资源。

学习目标

- 了解 AutoCAD 2012 中“块”的概念
- 学会创建、插入和编辑块
- 掌握块属性的应用
- 学会在图形中插入外部参照
- 了解 AutoCAD 设计中心的应用

8.1 创建与插入块

使用块可提高绘图效率，典型的步骤是先将要重复绘制的对象集合创建为块，然后在需要的位置处插入所定义的块。

8..1.1 创建块

AutoCAD 2012 只能将已经绘制好的对象创建为块。每个块定义都包括块名、一个或多个对象、插入块的基点坐标值和所有相关的属性数据。在 AutoCAD 2012 中可通过以下 5 种方式来定义或创建块。

- 功能区：单击“常用”选项卡→“块”面板→“创建”按钮。
- 功能区：单击“插入”选项卡→“块”面板→“创建”按钮。

- 经典模式：选择菜单栏中的“绘图”→“块”→“创建”命令。
- 经典模式：单击“绘图”工具栏中的“创建块”按钮。
- 运行命令：BLOCK。

执行块定义命令后，将弹出“块定义”对话框，如图 8-1 所示。

在“块定义”对话框中定义了块名、基点，并指定组成块的对象后，就可完成块的定义。“块定义”对话框各部分的功能如下。

（1）“名称”下拉列表框：用于指定块的名称。

（2）“基点”选项组：用于指定块的插入基点。基点的用途在于插入块时，将基点作为放置块的参照，此时块基点与指定的插入点对齐。基点的默认坐标为（0,0,0），可通过“拾取点”按钮指定基点，也可通过 X、Y 和 Z 3 个文本框来输入坐标值。

如选中“在屏幕上指定”复选框，那么在关闭对话框时，将提示用户指定基点。

图 8-1 “块定义”对话框

（3）“对象”选项组：用于指定新块中要包含的对象，以及创建块之后如何处理这些对象，是保留，是删除，或者是转换成块实例。

- “在屏幕上指定”复选框：选择该复选框后，关闭对话框时，将提示用户指定对象。
- “选择对象”按钮：单击该按钮将回到绘图区，此时可用选择对象的方法选择组成块的对象。完成选择对象后，按 Enter 键返回。
- “快速选择”按钮：单击该按钮将弹出“快速选择”对话框，可通过快速选择来定义选择集指定对象。
- “保留”单选按钮：创建块以后，将选定对象保留在图形中作为区别对象。
- “转换为块”单选按钮：创建块以后，将选定对象转换成图形中的块实例。
- “删除”单选按钮：创建块以后，从图形中删除选定的对象。

（4）“方式”选项组：用于指定块的定义方式。

- “注释性”复选框：将块定义为注释性对象。
- “使块方向与布局匹配”复选框：选择该复选框，表示在图纸空间视口中的块参照方向与布局的方向匹配。如果未选择“注释性”复选框，则该选项不可用。

- “按统一比例缩放”复选框：用于指定是否阻止块参照不按统一比例缩放。
- “允许分解”复选框：用于指定块参照是否可以被分解。如选中，则表示插入块后，可用 explode 命令将块分解为组成块的单个对象。

（5）“设置”选项组：用于设置块的其他设置。

- “块单位”下拉列表框：用于指定块参照插入单位。
- “超链接” 超链接(L)... 按钮：单击该按钮可打开“插入超链接”对话框，使用该对话框可将某个超链接与块定义相关联。

8.1.2　插入块

在创建了块之后，就可以使用插入块命令将创建的块插入到多个位置，达到重复绘图的目的。在 AutoCAD 2012 中可通过以下 5 种方式来插入块。

- 功能区：单击“常用”选项卡→“块”面板→“插入块”按钮。
- 功能区：单击“插入”选项卡→“块”面板→“插入块”按钮。
- 选择“插入”→“块”命令。
- 经典模式：单击“绘图”工具栏中的“插入块”按钮。
- 运行命令：INSERT。

执行“插入块”命令后，将弹出“插入”对话框，如图 8-2 所示。通过“插入”对话框，可以对插入块的位置、比例及旋转等特性进行设置。

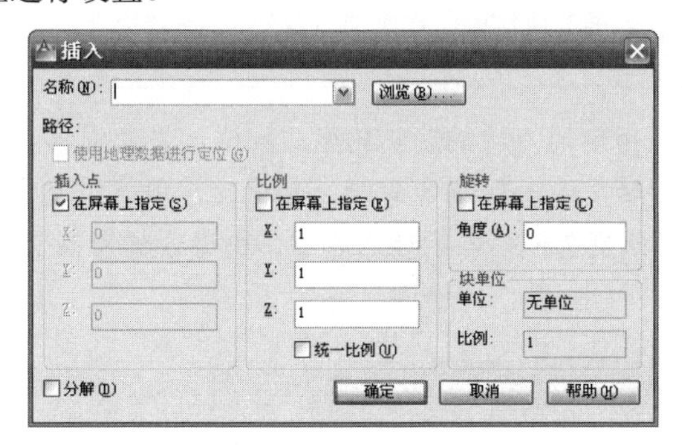

图 8-2　“插入”对话框

“插入”对话框中各选项含义如下。

（1）“名称”下拉列表框：在“块定义”对话框中创建块的名称将显示在该下拉列表框内。通过该下拉列表框可以指定要插入块的名称，或者指定要作为块插入的文件名称。单击 浏览(B)... 按钮还可以通过“选择图形文件”对话框将外部图形文件插入图形中。

块的名称应该从下拉列表框中选取。如果下拉列表框为空，则说明该图形没有定义块。

（2）“插入点”选项组：可分别指定插入块的位置等。该点的位置与创建块时所定义的基点对齐。“在屏幕上指定”复选框，如选择该复选框，将在单击 确定 按钮关闭“插入”对话框后提示指定插入点，可利用鼠标拾取或使用键盘输入插入点的坐标；如没有选择“在屏幕上指定”复选框，那么X、Y和Z文本框将变为可用，可在其中输入插入点的坐标值。

（3）“比例”选项组：可设置插入块时的缩放比例。同样，该区域也包含一个“在屏幕上指定”复选框，意义同前。

- X、Y和Z文本框：可分别指定3个坐标方向的缩放比例因子，如图8-3（a）所示为创建的块；图8-3（b）为将X方向比例设置为1、Y方向比例设置为2的显示效果。可见在Y方向的长度放大了两倍，而X方向的长度仍然不变。
- “统一比例”复选框：为X、Y和Z坐标指定同一比例值，如图8-3（c）所示为设置统一比例为2插入的块。

（a）创建的块

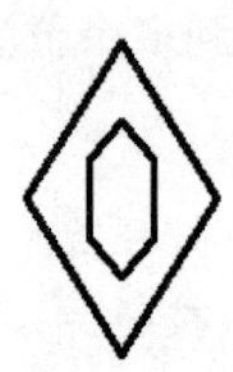
（b）X方向比例为1、Y方向比例为2

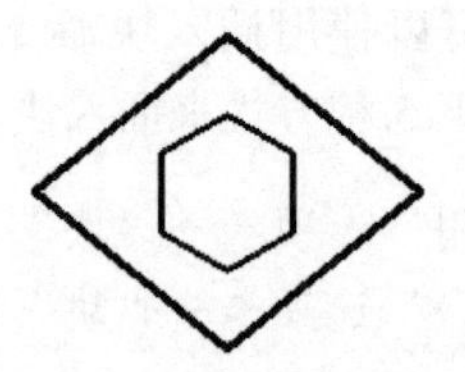
（c）统一比例为2

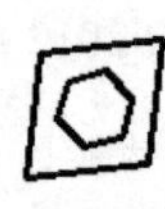
（d）旋转角度45°

图8-3　设置插入比例和旋转角度提示

如果指定负的X、Y和Z缩放比例因子，则插入块的镜像图像。

（4）“旋转”选项组：可以指定插入块的旋转角度。同样，“在屏幕上指定”复选框意义同前。“角度”文本框用于指定插入块的旋转角度，如图8-3（d）是将旋转角度设置为45°时的显示效果。

（5）“分解”复选框：选择该复选框，表示插入块后，块将分解为各个部分。选择“分解”复选框时，只可以指定统一比例因子。

8.1.3　实例——创建与插入块 

将机械图中螺栓图形创建为块，并插入到不同的位置。操作步骤如下：

01 先绘制用于创建块的图形，如图8-4所示。

02 单击“常用”选项卡→“块”面板→“创建块”按钮，弹出“块定义”对话框。

03 在“名称”文本框内输入块的名称“螺栓”；将“基点”和“对象”选项组中的“在屏幕上指定”复选框均取消勾选，此时，“拾取点”按钮和“选择对象”按钮均变为可用；单击“拾取点”按钮回到绘图区，单击螺栓中心线的端点，如图8-5所示；单击“选择对象”按钮，回到绘图区，用窗口选择的方法选择整个螺栓，如图8-6所示。然后按Enter键回到“块定义”对话框，其他选项保持默认，单击 确定 按钮，即完成块的定义，如图8-7所示。

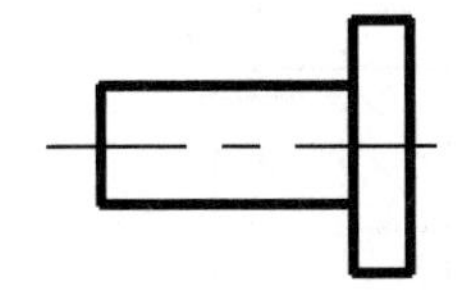

图 8-4　用于创建块的螺栓图形

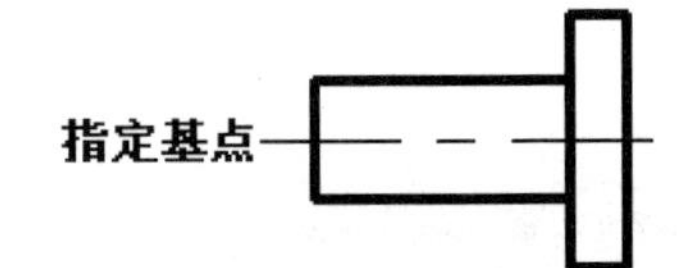

图 8-5　拾取基点

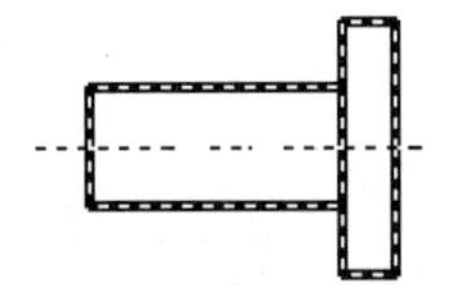

图 8-6　选择对象

图 8-7　设置“块定义”对话框

通过步骤 02 和步骤 03 将步骤 01 里绘制的门的符号转换为块，由于在设置“块定义”对话框时，在“对象”选项组选择了默认的“转换为块”创建方式，因此创建块后，原来的图形文件已经不存在，转换为一个单独的整体对象－块。

04 单击“常用”选项卡→“块”面板→“插入块”按钮，弹出“插入”对话框。

05 设置“插入”对话框。在“名称”下拉列表框选择“螺栓”；在“插入点”选项组中选中“在屏幕上指定”复选框；其他选项保持默认值，单击 确定 按钮，如图 8-8 所示。

06 指定基点。由于在 05 中选择了“插入点”选项组中的“在屏幕上指定”复选框，因此单击 确定 按钮后，提示“指定插入点或 [基点（B）/比例（S）/旋转（R）]:”，此时在绘图区指定 A 点为第一个插入点，如图 8-9 所示。

07 在第二个位置插入块。重复 04，弹出“插入”对话框，然后重复 05 设置“插入点”区域，“比例”选项组保持默认，如图 8-10 所示。单击 确定 按钮后，指定 B 点为第二个插入点，如图 8-11 所示。此时完成在两个不同的位置插入块。

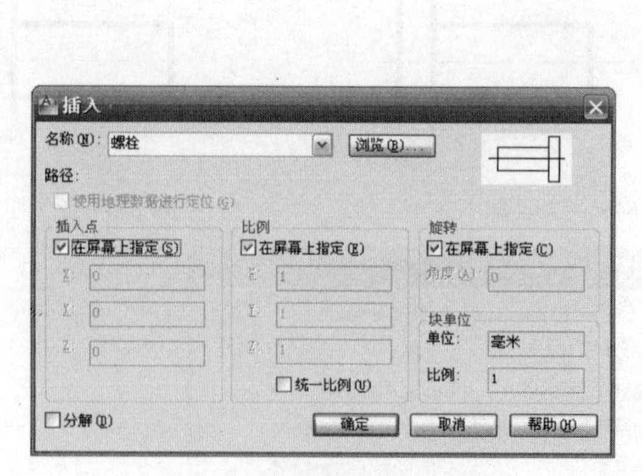

图 8-8　设置第 1 个块插入

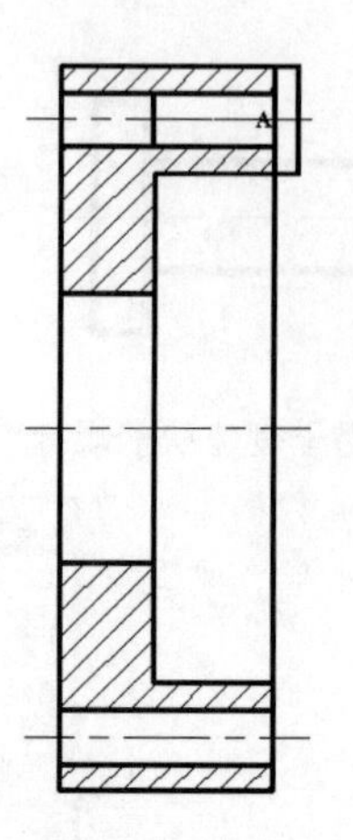

图 8-9　指定第一个块的基点

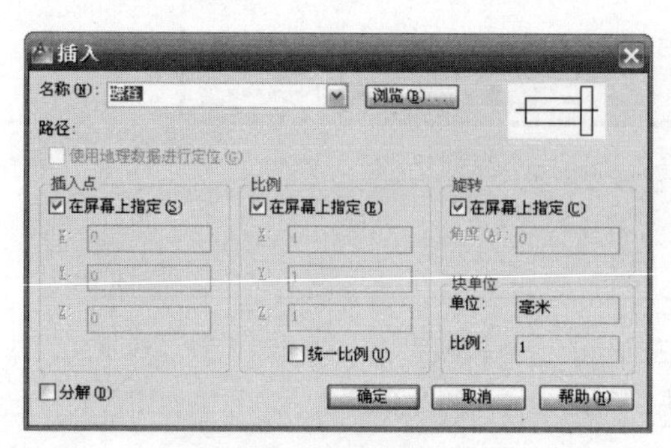

图 8-10　设置第二个块插入

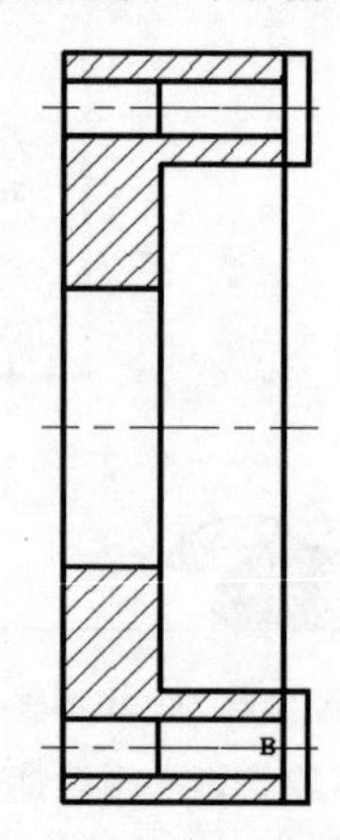

图 8-11　指定第二个块的基点

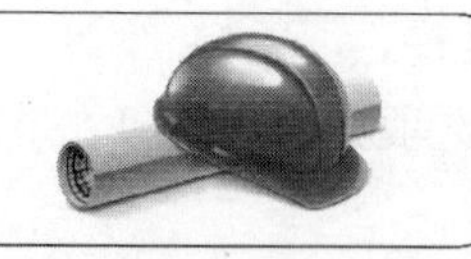

8.2 块属性

块属性是指将数据附着到块上的标签或标记，被附着的数据包括零件编号、价格、注释和物件的名称等。附着的属性可以提取出来用于电子表格或数据库，以生成零件列表或材质清单等。如果已将属性定义附着到块中，则插入块时将会用指定的文字串提示输入属性。该块后续的每个参照可以使用为该属性指定的不同的值。

8.2.1 定义块属性 

创建块属性的一般步骤如下：

01 先定义属性。

02 创建块时，将属性定义选为对象，这样的块称为“块属性”。

步骤 01 是对属性进行定义，步骤 03 是在定义块时引用该属性，即将属性附着到块。步骤 02 的操作与块定义的基本上一样，只需在块定义时将属性定义选择为对象即可。因此，本节只介绍属性的定义。

在 AutoCAD 2012 中可通过以下 4 种方式来定义属性。

- 功能区：单击“常用”选项卡→“块”面板→“定义属性”按钮。
- 功能区：单击“插入”选项卡→“块定义”面板→“定义属性”按钮。
- 经典模式：选择菜单栏中的“绘图”→“块”→“定义属性”命令。
- 运行命令：ATTDEF。

执行定义属性命令后，将弹出“属性定义”对话框，如图 8-12 所示。

图 8-12　“属性定义”对话框

通过“属性定义”对话框，可完成对属性的定义。该对话框包括“模式”、“插入点”、“属性”和“文字设置”4 个选项组，各个选项的功能如下。

（1）“模式”选项组：可设置与块关联的属性值选项。该选项组的设置决定了属性定义的基本特性，且将影响到其他区域的设置情况。

- “不可见”复选框：指定插入块时不显示或不打印属性值。选择该选项后，当插入该属性块时，将不显示属性值，也不会打印属性值。
- “固定”复选框：在插入块时赋予属性固定值。选择该选项并创建块定义后，当插入块时将不提示指定属性值，而是使用属性定义时在“默认”文本框中所输入的值，并且该值在定义后不能被编辑。
- “验证”复选框：在插入块时将提示验证属性值是否正确。
- “预设”复选框：插入包含预置属性值的块时，将属性设置为默认值。
- “锁定位置”复选框：用于锁定块参照中属性的相对位置。解锁后，属性可以相对于使用夹点编辑的块的其他部分移动，并且可以调整多行属性的大小。
- “多行”复选框：表示属性值可以包含多行文字。选定此选项后，可以指定属性的边界宽度。

AutoCAD 小提示

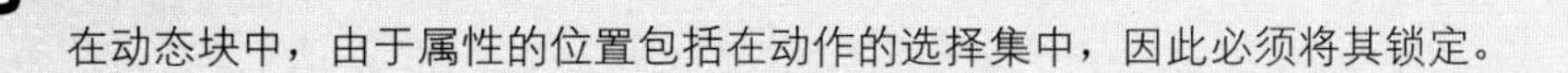

在动态块中，由于属性的位置包括在动作的选择集中，因此必须将其锁定。

（2）“属性”选项组：可设置属性数据。

- “标记”文本框：标识图形中每次出现的属性。可使用任何字符组合（空格除外）作为属性标记，小写字母会自动转换为大写字母。
- “提示”文本框：指定在插入包含该属性定义的块时显示的提示。如果不输入提示，属性标记将用作提示。如果在“模式”选项组选择“固定”模式，“提示”选项将不可用。
- “默认”文本框：指定默认属性值。
- “插入字段”按钮：显示“字段”对话框。可以插入一个字段作为属性的全部或部分值。如果在“模式”选项组中选择属性为“多行”，那么该按钮将变为“多行编辑器”按钮，单击将弹出文字编辑器。

（3）“插入点”选项组：可以指定属性的位置。

（4）“文字设置”选项组：可设置属性文字的对正、样式、高度和旋转等属性。

- “对正”下拉列表框：指定属性文字的对正。
- “文字样式”下拉列表框：指定属性文字的预定义样式。默认为当前加载的文字样式。
- “注释性”复选框：指定属性为注释性对象。
- “文字高度”文本框：指定属性文字的高度。
- “旋转”文本框：指定属性文字的旋转角度。
- “边界宽度”文本框：指定多行属性中文字行的最大长度。
- 文字高度、旋转角度和边界宽度也可以通过对应文本框后的拾取按钮在绘图区拾取。

（5）“在上一个属性定义下对齐”复选框：将属性标记直接置于定义的上一个属性下面。如果之前没有创建属性定义，则此选项不可用。

8.2.2 实例——创建粗糙度块

创建一个剖视图块属性的操作步骤如下：

01 先利用绘图工具绘制剖视图符号，如图 8-13 所示。该图是代表剖切面的剖视图符号。

02 定义属性。单击“常用”选项卡→“块”面板→“定义属性”按钮，弹出“属性定义”对话框。选中“锁定位置”复选框；在“标记”文本框里输入属性的标记“PST”；在“提示”文本框内输入插入块时的提示信息“请输入剖切线符号”；在“默认”文本框内输入默认的符号 A；在“文字高度”文本框内输入文字的高度 5，如图 8-14 所示。

03 完成属性定义。单击 确定 按钮，退出“属性定义”对话框。由于在步骤 02 中勾选了“插入点”选项组中的“在屏幕上指定”复选框，因此，在退出“属性定义”对话框时命令行将提示“指定起点:”，此时指定箭头的端点为插入点，如图 8-15 所示。完成属性的定义。

图 8-13　绘制粗糙度符号

图 8-14　定义属性

图 8-15　指定 A 点为插入点

04 定义块属性。单击“常用”选项卡→“块”面板→“创建”按钮，弹出“块定义”对话框，在块的“名称”文本框中输入“剖切线符号”；单击“选择对象”按钮，然后将步骤 02 和步骤 03 中定义的属性和步骤 01 中绘制的剖切线符号选择为组成块的对象；指定剖切线符号的端点 B 为块的基点，如图 8-16 所示。最后，单击 确定 按钮，弹出“编辑属性”对话框，可见在“编辑属性”对话框内显示了“提示”文本框和“默认文本框”中所输入的文字，如图 8-17 所示。

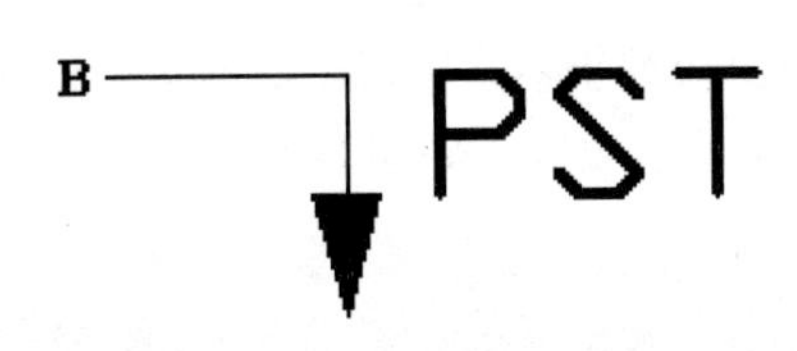

图 8-16　块定义时指定对象和基点

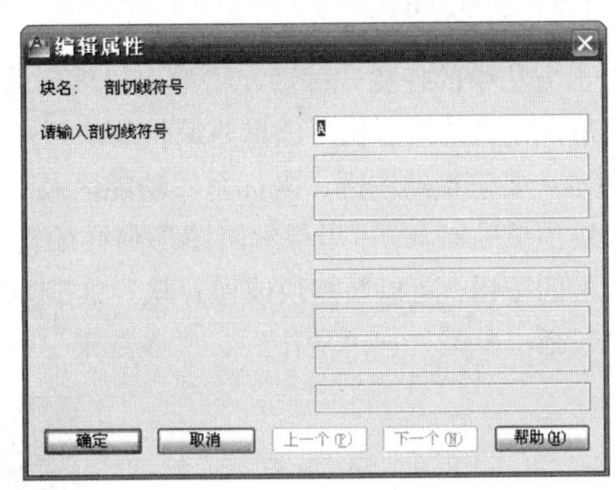

图 8-17　“编辑属性”对话框

05 完成定义块属性。单击“编辑属性”对话框中的 确定 按钮，即可完成块属性的定义，其结果如图 8-18 所示。

06 插入块属性。在步骤 01～05 中完成了名称为“粗糙度”的块属性的定义，在以后的绘图过程中就可以插入粗糙度块。选择“插入”→“块”命令，选择插入名称为“剖切线符号”的块时，命令行将提示“请输入剖切线符号 <A>:”，如输入 B，那么所插入的块如图 8-19 所示。

图 8-18　块属性

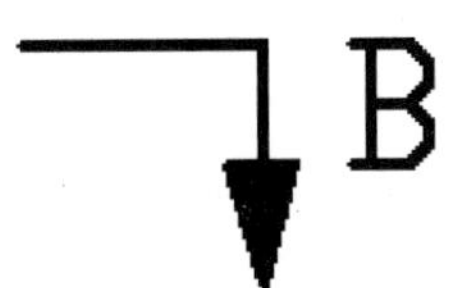

图 8-19　插入块属性

本实例介绍了如何定义属性、创建块属性，以及如何插入块属性。就本例所介绍的剖切线符号的块属性来说，可以通过它来对不同剖视图标注不同的剖切线，应用起来很方便。

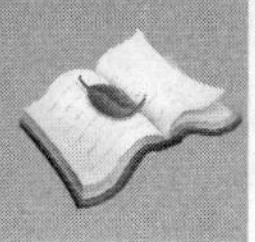

8.3 使用块编辑器

对于已经插入到图形中的块，因为块是一个独立的对象，如果要在不分解块的情况下修改组成块的某个对象，那么唯一的方法就是使用块编辑器。

8.3.1 打开块编辑器

在 AutoCAD 2012 中激活块编辑器的方法有以下 6 种。

- 功能区：单击“常用”选项卡→“块”面板→“编辑”按钮。
- 功能区：单击“插入”选项卡→“块”面板→“块编辑器”按钮。
- 经典模式：选择菜单栏中的“工具”→“块编辑器”命令。
- 经典模式：单击“标准”工具栏中的“块编辑器”按钮。
- 快捷菜单：选择一个块参照，然后在绘图区单击鼠标右键，从弹出的快捷菜单中选择“块编辑器”命令。
- 运行命令：BEDIT。

执行以上方法中的任意一种后，将弹出“编辑块定义”对话框，如图 8-20 所示。在该对话框的列表中列出了图形中定义的所有块，选择要编辑的块后单击确定按钮，将进入块编辑器，如图 8-21 所示。

块编辑器主要包括绘图区、坐标系、功能区及选项板 4 个部分。在绘图区，是所编辑的块，此时显示为各个组成块的单独对象，可以像编辑图形那样编辑块中的组成对象；块编辑器中的坐标原点为块的基点；通过功能区上的按钮，可以新建块或保存块，单击按钮可退出块编辑器；块编辑器的选项板专门用于创建动态块，包括“参数”、“动作”、“参数集”和“约束”4 个选项板，如图 8-22 所示。

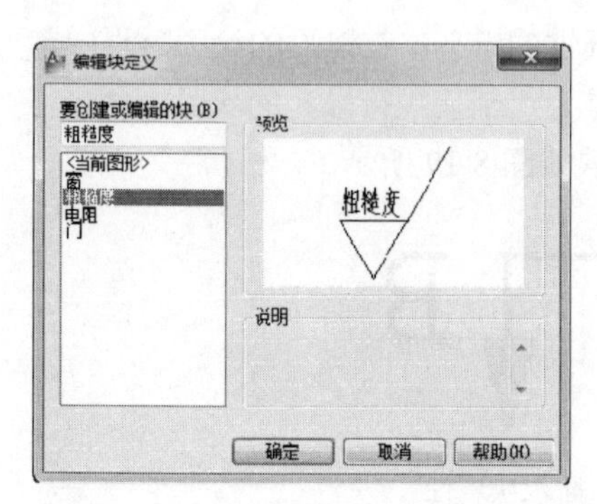

图 8-20 “编辑块定义”对话框

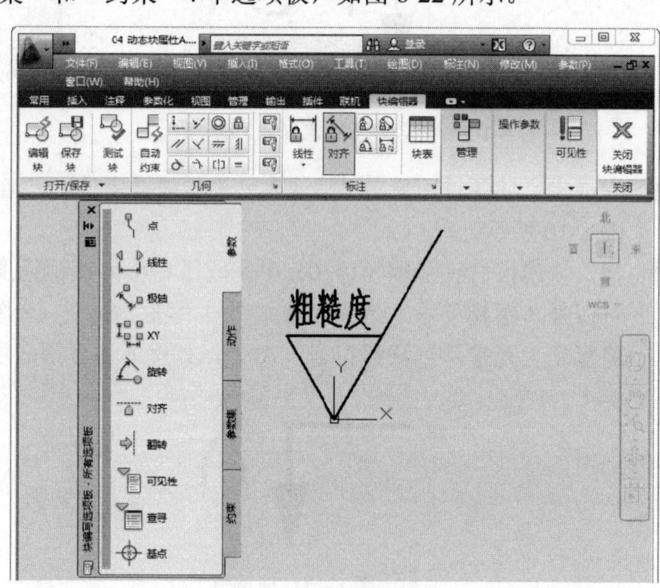

图 8-21 块编辑器

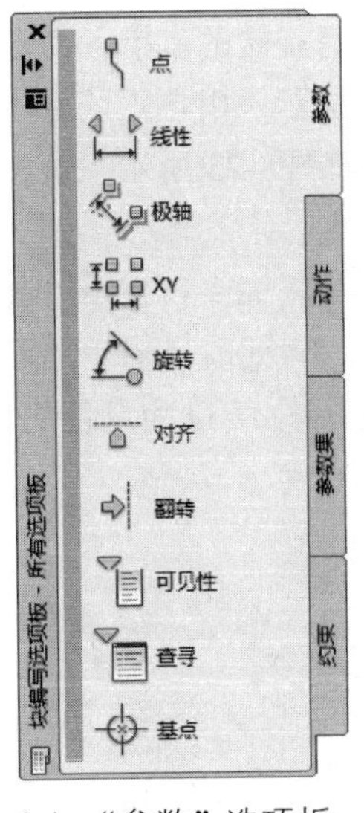

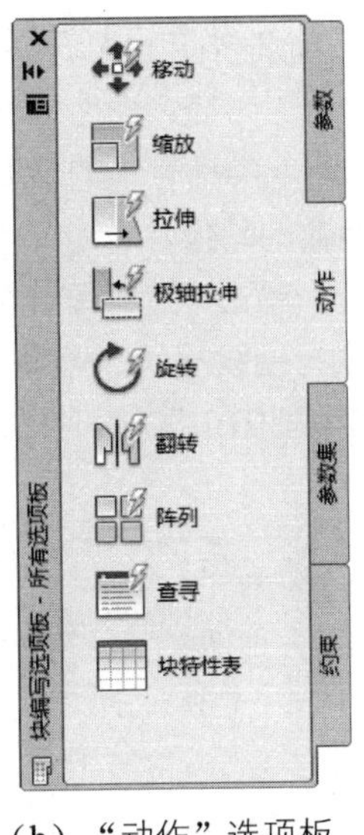

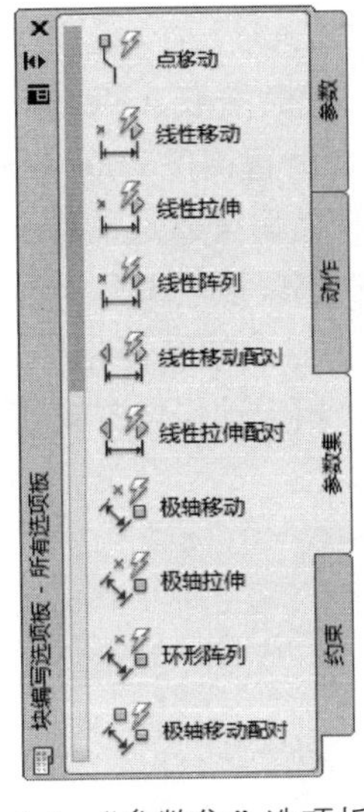

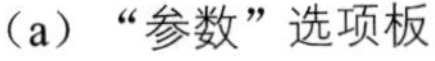

（a）“参数”选项板　（b）“动作”选项板　（c）“参数集”选项板　（d）“约束”选项板

图 8-22　块编辑器中的选项板

8.3.2　创建动态块

动态块是一种特殊的块。除几何图形外，动态块中通常还包含一个或多个参数和动作，它具有灵活性和智能性。动态块允许用户在操作时通过自定义夹点或自定义特性来操作几何图形。这使得用户可以根据需要在线调整块参照，而不用搜索另一个块以插入或重定义现有的块。例如，如果在图形中插入一个“门”块参照，在编辑图形时可能需要更改门的开角。这种情况下，就可将该块定义为动态的，并定义为可调整大小，那么只需拖动自定义夹点或在“特性”选项板中指定不同的尺寸。

动态块包括两个基本特性：参数和动作。参数是指通过指定块中几何图形的位置、距离和角度来定义动态块的自定义特性；动作是指在图形中操作动态块参照时，定义该块参照中的几何图形将如何移动或修改。向动态块定义中添加动作后，必须将这些动作与对应的参数相关联。当然，动态块的定义也是通过动态块的参数和动作实现的，只能通过“块编辑器”实现。因此，定义动态块的一般步骤如下：

01 使用块定义的方法定义一个普通的块。

02 使用块编辑器在普通块中添加参数。

03 使用块编辑器在普通块中添加动作。

例如，在使用粗糙度符号的过程中，对于不同角度的表面，粗糙度符号必须与该表面垂直。那么，使用动态块无疑是最好的选择。

8.3.3　实例——创建粗糙度符号

创建粗糙度符号的动态块操作步骤如下：

01 接前面一节实例。单击“常用”选项卡→“块”面板→“编辑器”按钮，在弹出的“编辑块定义”对话框的列表中选择“剖切线符号”，进入块编辑器。

02 添加参数。在块编辑器中单击“参数”选项板上的“旋转参数”按钮，命令行提示“指定基点或［名称(N)/标签(L)/链(C)/说明(D)/选项板(P)/值集(V)]:”，此时指定坐标原点 O 为旋转的基点；命令行继续提示“指定参数半径:”，此时拾取 A 点，指定 OA 为半径；命令行继续提示“指定默认旋转角度或 [基准角度(B)] <0>:”，此时直接按 Enter 键表示输入尖括号中的值 0，如图 8-23 所示。这一步完成了对动态块的参数定义，然后可以定义基于该参数的动作。

03 添加动作。切换到“动作”选项板，如图 8-24 所示。单击“旋转动作”按钮，命令行提示“选择参数:”，此时选择在步骤 02 中定义的旋转参数；命令行继续提示“选择对象:”，此时选择粗糙度符号及文字；命令行继续提示“指定动作位置或 [基点类型(B)]:”，此时指定坐标原点 O 为动作的位置。完成动作的添加。

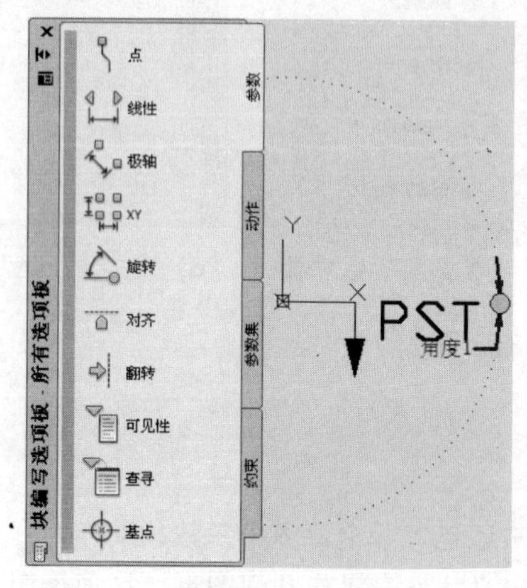

图 8-23　添加参数

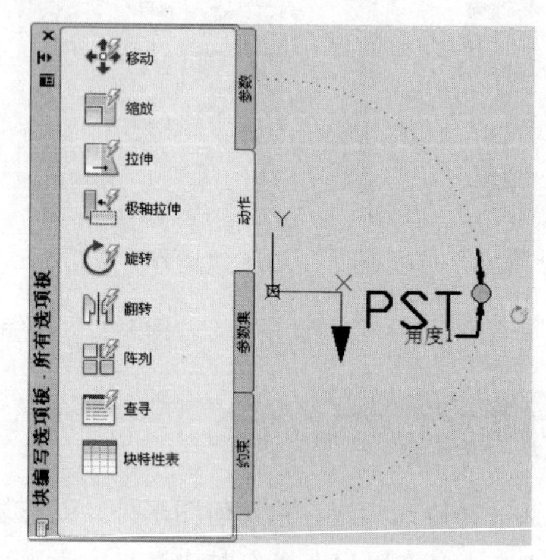

图 8-24　添加动作

04 保存动作块。以上 3 个步骤分别完成了为块添加参数和动作的操作，单击按钮后，将弹出确认对话框询问是否保存编辑结果，单击“将更改保存到 粗糙度(S)”按钮进行保存，如图 8-25 所示。然后退出块编辑器回到绘图区。

05 使用动态块。定义动态块后，该块将具有特殊的夹点，如图 8-26 所示，通过该夹点可完成在块编辑器中所定义的动作。例如，可拖动该夹点将块旋转 90º，如图 8-27 所示。

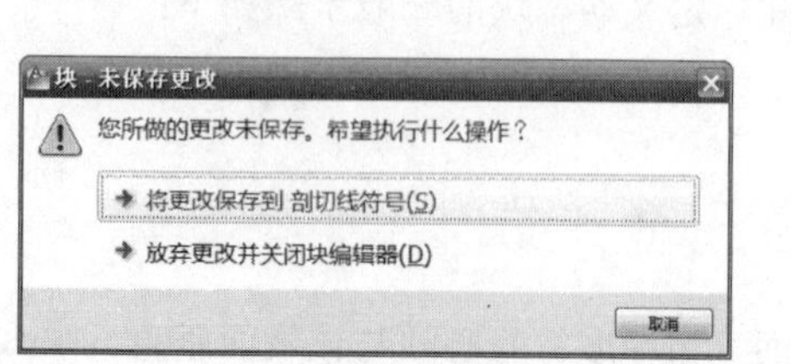

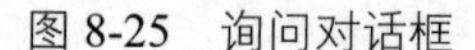
图 8-25　询问对话框

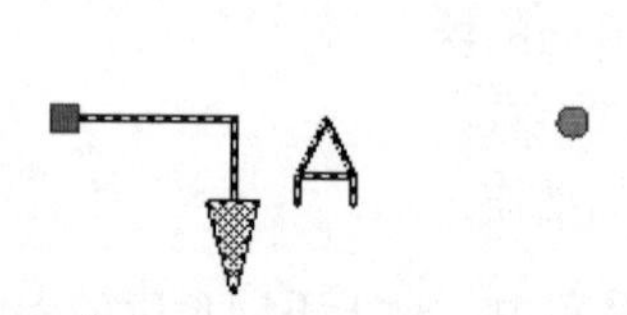

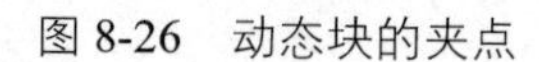
图 8-26　动态块的夹点

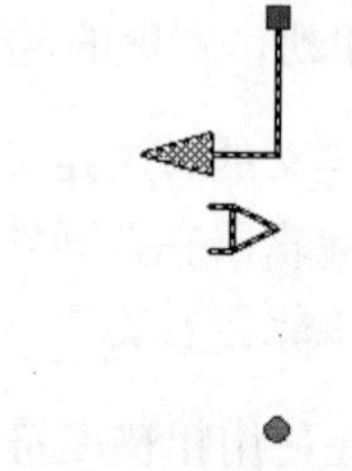
图 8-27　使用动态块完成旋转动作

由图 8-26 可知，动态块包含有特殊的夹点，默认显示为绿色，不同于一般对象的蓝色。不同的动态块的夹点显示也不同，如表 8-1 所示。

表8-1　不同类型动态块的夹点

夹点类型	显示	夹点在图形中的操作方式	关联参数
标准		平面内的任意方向	基点、点、极轴和 XY
线性		按规定方向或沿某一条轴往返移动	线性

（续表）

夹点类型	显示	夹点在图形中的操作方式	关联参数
旋转	●	围绕某一条轴旋转	旋转
翻转	➡	单击以翻转动态块参照	翻转
对齐	▶	平面内的任意方向；如果在某个对象上移动，则使块参照与该对象对齐	对齐
查寻	▼	单击以显示项目列表	可见性、查寻

8.3.4　动态块的参数和动作

在块编辑器的选项板中还包括其他一些参数和动作，它们的功能如表 8-2 所示。注意，每个参数都有其所支持的动作。在定义动态块的动作时，需对参数和动作联合定义。例如，先定义参数，然后定义基于该参数的动作。也可以使用块编辑器选项板上的“参数集”选项卡，它提供了用于在块编辑器中向动态块定义中添加一个参数和至少一个动作的工具。将参数集添加到动态块中时，动作将自动与参数关联。

表8-2　动态块的参数和动作

参数类型	说明	支持的动作
点	在图形中定义一个 X 和 Y 位置。在块编辑器中，外观类似于坐标标注	移动、拉伸
线性	可显示出两个固定点之间的距离，约束夹点沿预置角度移动。在块编辑器中，外观类似于对齐标注	移动、缩放、拉伸和阵列
极轴	可显示出两个固定点之间的距离并显示角度值。可以使用夹点和“特性”选项板来共同更改距离值和角度值。在块编辑器中，外观类似于对齐标注	移动、缩放、拉伸、极轴拉伸和阵列
XY	可显示出距参数基点的 X 距离和 Y 距离。在块编辑器中，显示为一对标注（水平标注和垂直标注）	移动、缩放、拉伸和阵列
旋转	用于定义角度。在块编辑器中显示为一个圆	旋转
翻转	可用于翻转对象。在块编辑器中显示为一条投影线。可以围绕这条投影线翻转对象。将显示一个值，该值表示块参照是否已被翻转	翻转
对齐	可定义 X 和 Y 位置及一个角度。对齐参数总是应用于整个块，并且无须与任何动作相关联。对齐参数允许块参照自动围绕一个点旋转，以便与图形中的另一对象对齐。对齐参数会影响块参照的旋转特性。在块编辑器中，外观类似于对齐线	无（此动作隐含在参数中）
可见性	可控制对象在块中的可见性。可见性参数总是应用于整个块，并且无须与任何动作相关联。在图形中单击夹点，可以显示块参照中所有可见性状态的列表。在块编辑器中显示为带有关联夹点的文字	无（此动作是隐含的，并受可见性状态的控制）
查寻	定义一个可以指定或设置为计算用户定义的列表或表中值的自定义特性。该参数可以与单个查寻夹点相关联。在块参照中单击该夹点可以显示可用值的列表。在块编辑器中显示为带有关联夹点的文字	查寻
基点	在动态块参照中相对于该块中的几何图形定义一个基点。无法与任何动作相关联，但可以归属于某个动作的选择集。在块编辑器中显示为带有十字光标的圆	无

8.4 外部参照

外部参照是将整个图形作为参照图形附着到当前图形中。通过外部参照，参照图形中所做的修改将反映在当前图形中。附着的外部参照链接至另一图形，而不是真正插入。因此，使用外部参照可以生成图形而不会显著增加图形文件的大小，可以节省资源。

外部参照的主要作用如下：

- 通过在图形中参照其他用户的图形协调用户之间的工作，从而与其他设计师所做的修改保持同步。用户也可以使用组成图形装配一个主图形，主图形将随工程的开发而被修改。
- 确保显示参照图形的最新版本。打开图形时，将自动重载每个参照图形，从而反映参照图形文件的最新状态。
- 当工程完成并准备归档时，将附着的参照图形和当前图形永久合并（绑定）到一起。

与块参照相同，外部参照在当前图形中以单个对象的形式存在。与块参照不同的是，块参照仅限于在本图形内部使用，而外部参照是调用或附着本图形之外的文件，可加强各程序之间的交流和数据共享。

8.4.1 参照工具栏

AutoCAD 2012 为管理外部参照，在“插入”选项卡专门配置了“参照”面板，并设置了“参照”工具栏和“参照编辑”工具栏，分别如图 8-28～图 8-30 所示。

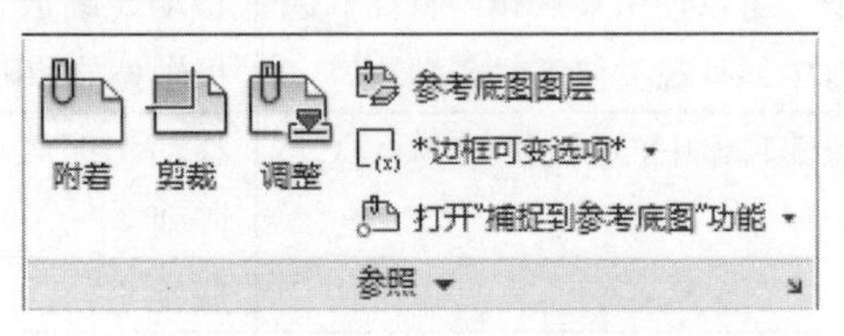

图 8-28 “插入”选项卡“参照”面板

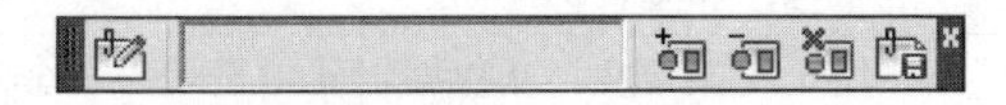

图 8-29 “参照编辑”工具栏

图 8-30 “参照”工具栏

“参照”工具栏主要用于插入图形文件参照和图像文件参照，并对它们进行剪裁或绑定等操作。“参照编辑”工具栏主要用于对参照图形进行编辑，类似于块编辑器对块的编辑。

8.4.2 插入外部参照

附着外部参照又称为插入外部参照，是将参照图形附着到当前图形中。AutoCAD 2012 通过“外部参照”选项板管理外部参照，如图 8-31 所示。要打开“外部参照”选项板可通过以下 5 种方法。

- 功能区：单击“插入”选项卡→“参照”面板→“外部参照”按钮 。
- 经典模式：选择菜单栏中的“插入”→“外部参照”命令。
- 经典模式：选择菜单栏中的“工具”→“选项板”→“外部参照”命令。
- 经典模式：单击“参照”工具栏中的“外部参照”按钮。

- 运行命令：EXTERNALREFERENCES。

执行插入外部参照命令，将弹出“选择参照文件”对话框（Windows 标准文件选择对话框），指定要插入的参照文件后，将弹出“外部参照”选项板。

单击“外部参照”选项板中的“附着”按钮，可附着 DWG、图像、DWF、DGN 和 PDF 5 种格式的外部参照，如图 8-31 所示。单击其中一种格式后，将弹出 Windows 标准打开对话框，选择文件后将弹出“附着外部参照”对话框，如图 8-32 所示。

“随着外部参照”对话框与插入块时使用的“插入”对话框相似，其插入的方法也相似。“插入点”、“比例”和“旋转”选项组分别用于设置插入外部参照的位置、比例和旋转角度。其他各个选项的功能如下。

- “名称”下拉列表框：附着了一个外部参照之后，该外部参照的名称将出现在下拉列表框里。
- 浏览(B)... 按钮：单击可重新打开“选择参照文件”对话框。
- “附着型”和“覆盖型”单选按钮：用于指定外部参照为附着型还是覆盖型。与附着型的外部参照不同，当覆盖型外部参照的图形作为外部参照附着到另一图形时，将忽略该覆盖型外部参照。
- “路径类型”下拉列表框：用于指定外部参照的保存路径是“完整路径”、“相对路径”或“无路径”。将“路径类型”设置为“相对路径”之前，必须保存当前图形。对于嵌套的外部参照，相对路径始终参照其主机的位置，并不一定参照当前打开的图形。

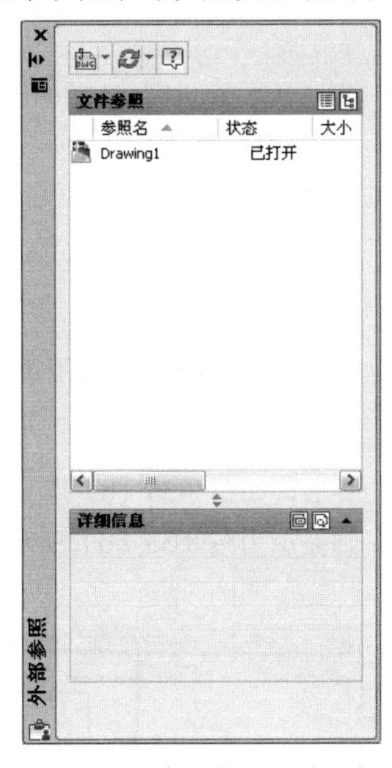

图 8-31　“外部参照”选项板

图 8-32　“附着外部参照”对话框

8.4.3　剪裁外部参照

剪裁是指定义一个剪裁边界以显示外部参照和块插入的有限部分。剪裁既可以用于外部参照，也可以用于块。在 AutoCAD 2012 中，剪裁外部参照的方法有以下 3 种。

- 功能区：单击“插入”选项卡→“参照”面板→“剪裁”按钮。
- 经典模式：单击“参照”工具栏中的“剪裁外部参照”按钮。
- 运行命令：XCLIP。

执行剪裁外部参照命令后，命令行将提示：

```
选择对象:
```

此时使用对象选择方法并在结束选择时按 Enter 键。命令行继续提示：

```
输入剪裁选项 [开（ON）/关（OFF）/剪裁深度（C）/删除（D）/生成多段线（P）/新建边界（N）] <新建>:
```

此时可输入剪裁的选项。

- “开(ON)”和“关(OFF)”选项用于选择在当前图形中显示或隐藏外部参照或块的被剪裁部分；
- “剪裁深度(C)”选项用于在外部参照或块上设置前剪裁平面和后剪裁平面，系统将不显示由边界和指定深度所定义的区域外的对象；
- “删除(D)”选项用于删除前剪裁平面和后剪裁平面；
- “生成多段线(P)”选项用于自动绘制一条与剪裁边界重合的多段线；
- “新建边界(N)”选项用于新建剪裁边界。

“剪裁深度(C)”、“删除(D)”和“生成多段线(P)”选项均只能用于已存在剪裁边界的情况下，因此第一次剪裁时一般选择“新建边界(N)”选项，新建剪裁边界。选择“新建边界(N)”选项后，命令行继续提示：

```
[选择多段线（S）/多边形（P）/矩形（R）/反向剪裁（I）] <矩形>:
```

此时可选择剪裁边界的定义方式。

- “选择多段线(S)”选项：以选定的多段线定义边界。
- “多边形(P)”选项：指定多边形顶点定义多边形边界。
- “矩形(R)”选项：使用指定的对角点定义矩形边界。
- “反向剪裁(I)”选项：剪裁命令默认为隐藏边界外的对象，而“反向剪裁(I)”选项用于反转剪裁边界的模式，即隐藏边界外（默认）或边界内的对象。

如图 8-33（a）所示为附着了一个外部参照到当前图形；指定剪裁边界后，如图 8-33（b）所示；使用矩形边界剪裁之后，显示为图 8-33（c）所示；如选择“反向剪裁(I)”选项，则显示为图 8-33（d）所示。

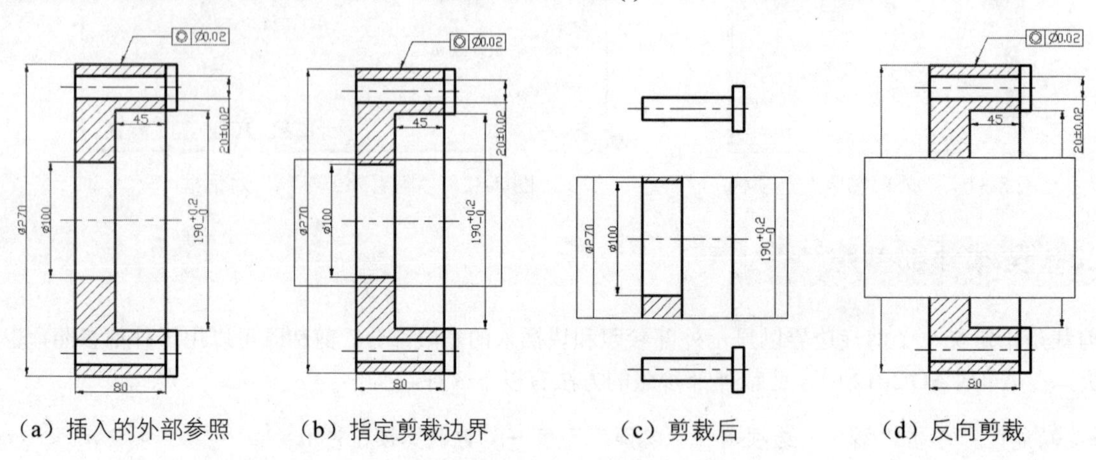

图 8-33　剪裁外部参照

8.4.4　更新和绑定外部参照

当图形打开时，所有的外部参照将自动更新。如要确保图形中显示外部参照的最新版本，可以使用“外部参照”选项板中的“重载”选项更新外部参照，选择要重载的外部参照后，单击鼠标右键，在弹出的快捷菜单中选择“重载”命令即可，如图 8-34 所示。

“外部参照”选项板显示了当前图形中所有的已附着的外部参照。单击“参照”工具栏中的“外部参照”按钮，可打开或关闭“外部参照”选项板。

默认情况下，如果修改了参照文件，则应用程序窗口右下角（状态栏托盘）的“管理外部参照”图标旁将显示一个气泡信息，如图 8-35 所示。单击气泡中的链接，可以重载所有修改过的外部参照。

图 8-34　“外部参照”选项板

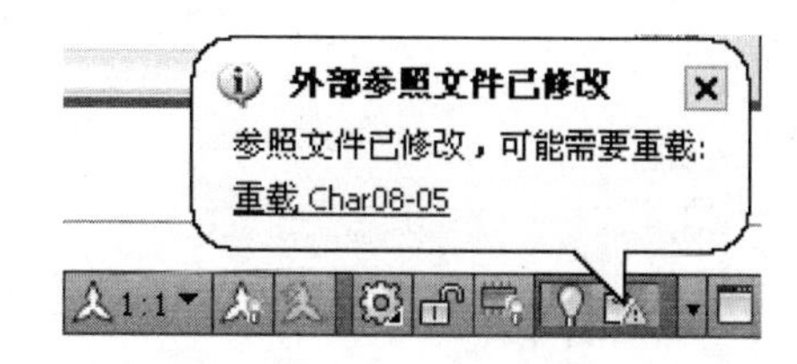

图 8-35　外部参照更新提示

如附着的外部参照已是最终版本，也就是说，不希望外部参照的修改再反映到当前图形中，可以将外部参照与当前图形进行绑定。外部参照绑定到图形后，可使外部参照成为图形中的固有部分，而不再是外部参照文件。

小提示

绑定外部参照，可在“外部参照”选项板中选择要绑定的参照名称，然后单击鼠标右键，在弹出的快捷菜单中选择“绑定”命令。

8.4.5　编辑外部参照

外部参照在插入后也是一个整体的独立的对象。如要对外部参照中的单个对象进行编辑，与块编辑相似，外部参照编辑也需要使用“在位参照编辑器”，打开方法是单击“参照编辑”工具栏中的“在位编辑参照”按钮。进入在位参照编辑器后，界面上并没有不同，只是被编辑的外部参照不再显示为单独的对象，从而可以对它们进行编辑操作。编辑完成后，单击“保存参照编辑”按钮，即可保存编辑结果。

8.5 AutoCAD 设计中心

利用 AutoCAD 设计中心，使用户可以组织对图形、块、图案填充和其他图形内容的访问，可以将源图形中的任何内容拖动到当前图形中。源图形可以位于用户的计算机上、网络位置或网站上。另外，如果打开了多个图形，则可以通过设计中心在图形之间复制和粘贴其他内容（如图层定义、布局和文字样式）来简化绘图过程。

在 AutoCAD 2012 中访问设计中心的方法如下。

- 经典模式：选择菜单栏中的“工具”→“选项板”→“设计中心”命令。
- 经典模式：单击“标准”工具栏中的“设计中心”按钮▦。
- 运行命令：ADCEnter。

执行设计中心命令后，将弹出“设计中心”窗口，如图 8-36 所示。

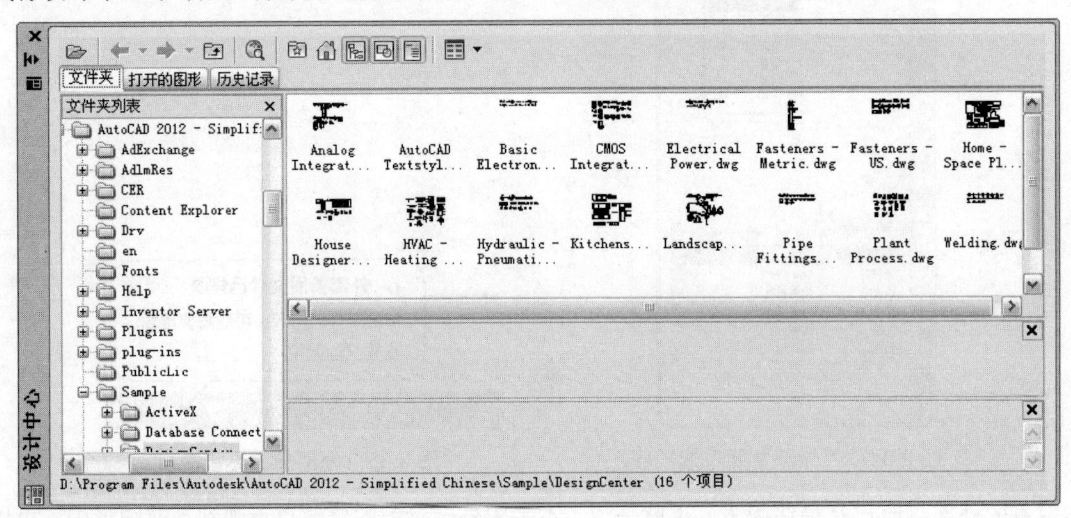

图 8-36 “设计中心”窗口

“设计中心”窗口分为两部分：左边为树状图；右边为内容区。在树状图中可以浏览内容的源，在内容区中显示内容。

8.5.1 利用设计中心与其他文件交换数据

如图 8-36 所示，当在左侧的树状图中选择了一个.dwg 图形文件（该文件称为源文件）之后，在右侧的内容区中显示了该图形所包含的内容。这些内容均可以插入或应用到当前图形中，包括标注样式、表格样式、布局、块、图层、外部参照、文字样式和线型等。

在内容区中双击某个内容图标或在树状图中选择某个内容后，将在内容区显示该内容下所包含的元素。例如，双击“标注样式”图标后，将显示源文件中所定义的所有标注样式，如图 8-37 所示；双击“块”图标后，将显示源文件中所定义的所有块，如图 8-38 所示。如图 8-37 所示，在要应用的标注样式上单击鼠标右键，从弹出的快捷菜单中选择“添加标注样式”命令，就可以将该标注样式应用到当前图形。同样，如图 8-37 所示，在要插入的块上单击鼠标右键，然后选择“插入块”命令，就可以将该块插入到当前图形中。

因此，在利用设计中心进行图形间数据交流的典型步骤如下所示：

01 打开“设计中心”窗口。

02 在左侧的树状图中找到源图形。

03 选择要插入的内容。

04 在要应用或要插入的元素上单击鼠标右键，从弹出的快捷菜单中选择“添加× ×”或“插入× ×”命令。这一步骤也可以用将该元素拖动到绘图区代替。

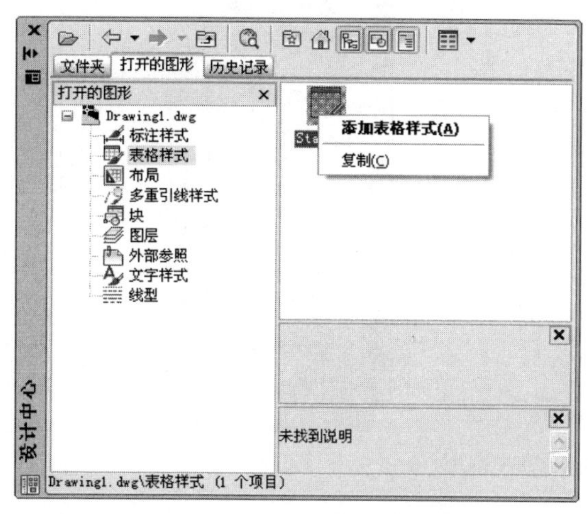

图 8-37　源图形中的标注样式

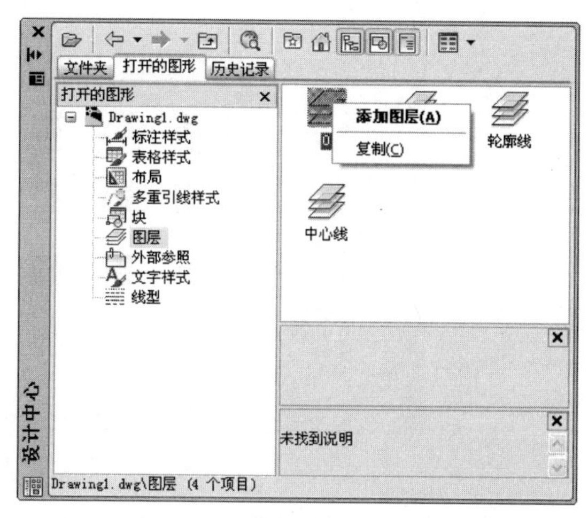

图 8-38　源图形中的块

8.5.2　利用设计中心添加工具选项板

设计中心还有一个重要的作用是可以将图形、块和图案填充添加到当前的工具选项板中，以便以后快速访问。操作方法如下：

01 同时打开“设计中心”窗口和工具选项板。

02 将设计中心中的图形、块和图案填充拖曳到工具选项板上。

例如，要将 AutoCAD 2012 安装目录的\Sample\ Database Connectivity\db_samp.dwg 里的名称为“DR-69P”的块添加到工具选项板，可以先打开“设计中心”窗口和“工具选项板”，在“设计中心”窗口左侧树状图中定位到 AutoCAD 2012 安装目录的\Sample\ Database Connectivity\db_samp.dwg 文件，选择“块”，然后将“DR-69P”块拖曳到工具选项板，如图 8-39 所示。以后只需单击工具选项板上的“DR-69P”按钮即可插入该块。

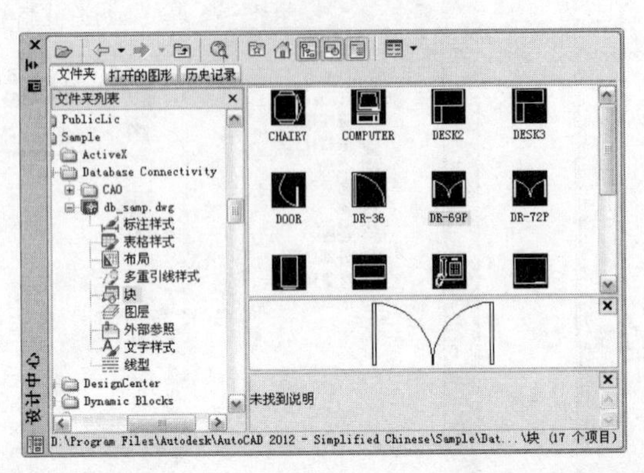

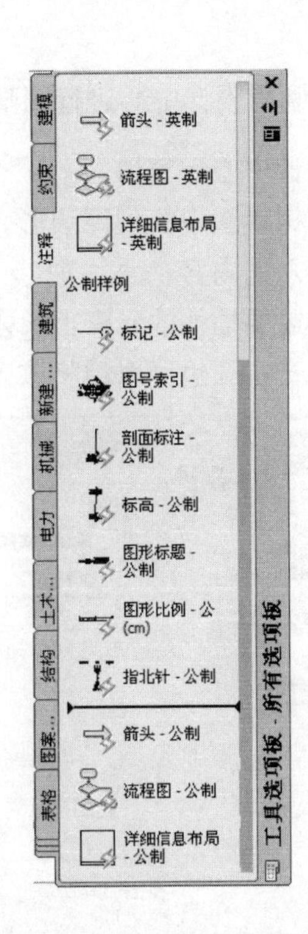

图 8-39　将块添加到工具选项板

8.5.3　使用联机设计中心

如果连接了 Internet，可以使用联机设计中心。要访问联机设计中心，单击“设计中心”的“联机设计中心”选项卡。“联机设计中心”窗口打开后，可以在其中浏览、搜索并下载在图形中使用的内容。

联机设计中心的内容分为以下几类。

- 标准部件：设计中常用的一般标准部件，包括建筑、机械和 GIS 应用中使用的块。
- 制造商：块和三维模型，可以通过单击指向制造商网站的链接进行定位和下载。
- 集成商：来自商业目录提供商的库列表，可以在其中搜索部件和块。

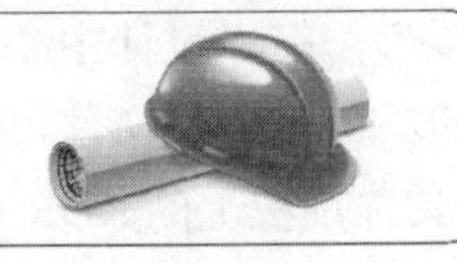

8.6　图块操作实例一

01 单击“常用”选项卡→“绘图”面板→“直线”按钮，命令行提示“line 指定第一点:”，此时使用鼠标捕捉任意点为起点。

02 命令行提示“指定下一点或 [放弃(U)]:”，此时水平向右移动鼠标，在命令行输入 16 并按 Enter 键。

03 命令行提示“指定下一点或 [放弃(U)]:”，此时垂直向下移动鼠标，在命令行输入 14 并按 Enter 键。

04 命令行提示“指定下一点或 [闭合(C)/放弃(U)]:”，此时水平向左移动鼠标，在命令行输入 16 并按 Enter 键。

05 命令行提示“指定下一点或 [闭合(C)/放弃(U)]:”，输入 C，按 Enter 键或选择右键快捷菜单中“确定”命令，完成闭合直线段的绘制，如图 8-40（a）所示。

06 单击“常用”选项卡→“修改”面板→“偏移”按钮，命令行提示：

```
当前设置：删除源=否图层=源　OFFSETGAPTYPE=0
指定偏移距离或 [通过(T)/删除(E)/图层(L)] <通过>:
```

07 此时，在命令行输入 32 并按 Enter 键。

08 命令行提示“选择要偏移的对象，或 [退出(E)/放弃(U)] <退出>:”，此时使用鼠标选择刚才绘制的右侧的竖直直线段。

09 命令行提示“指定要偏移的那一侧上的点，或 [退出(E)/多个(M)/放弃(U)] <退出>:”，在竖直直线段的右侧单击，如图 8-40（b）所示。

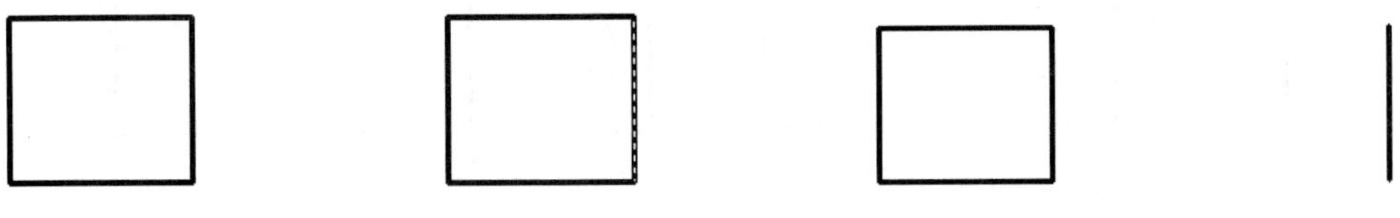

（a）绘制的直线段　　（b）选择直线段　　（c）偏移直线

图 8-40　编辑直线段

10 单击“常用”选项卡→“绘图”面板→“直线”按钮，命令行提示“line 指定第一点:”，此时使用鼠标捕捉端点 A。

11 命令行提示“指定下一点或 [放弃(U)]:”，此时水平向右移动鼠标，捕捉端点 B 并按 Enter 键，如图 8-41（a）所示。

12 重复步骤 09 和步骤 10 的操作，绘制另一条直线，如图 8-41（b）所示。

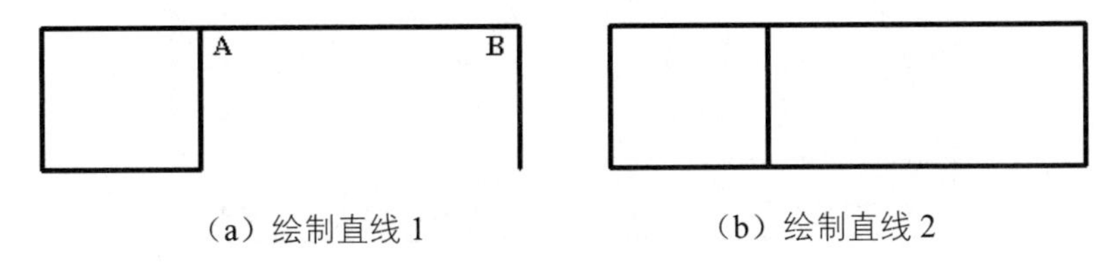

（a）绘制直线 1　　（b）绘制直线 2

图 8-41　绘制直线段

13 单击“常用”选项卡→“绘图”面板→“圆”按钮，命令行提示“CIRCLE 指定圆的圆心或 [三点(3P)/两点(2P)/切点、切点、半径(T)]:”，此时使用鼠标捕捉左侧矩形的中心，如图 8-42（a）所示。

14 命令行提示“指定圆的半径或 [直径(D)] <5.2227>:”，在命令行输入 3 并按 Enter 键。

15 重复步骤 13 和步骤 14 的操作，再次绘制一个半径为 5 的圆，如图 8-42（b）所示。

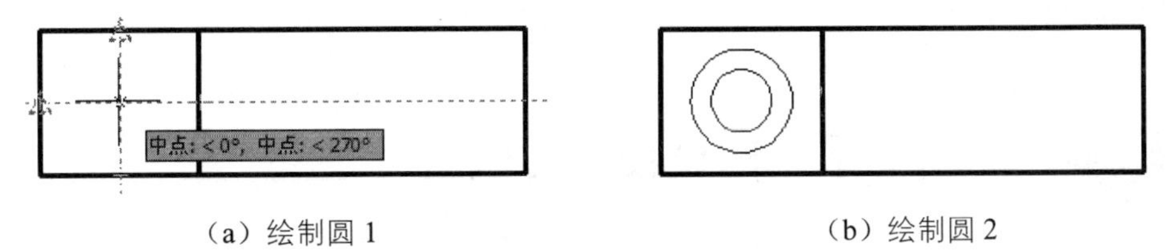

（a）绘制圆 1　　（b）绘制圆 2

图 8-42　绘制圆

16 单击“常用”选项卡→“修改”面板→“复制”按钮，命令行提示：“选择对象:”，此时使用鼠标选择刚才绘制的同心圆中内侧的圆并按 Enter 键。

17 命令行提示“指定基点或 [位移(D)/模式(O)] <位移>:”，此时使用鼠标选择的同心圆的圆心并按 Enter 键。

18 命令行提示“指定第二个点或 [阵列(A)] <使用第一个点作为位移>:”，在命令行中输入@16,0 并按 Enter 键确认，如图 8-43（a）所示。

19 单击“常用”选项卡→“绘图”面板→“直线”按钮，命令行提示“line 指定第一点:”，此时使用鼠标捕捉右侧圆心 A。

20 命令行提示“指定下一点或 [放弃(U)]:”，绘制如图 8-43（b）所示的直线。

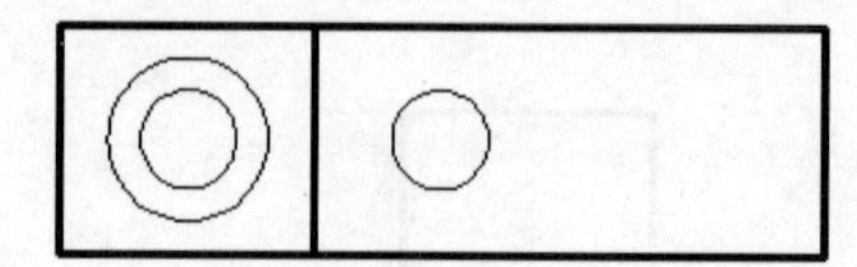

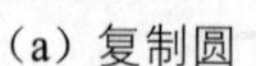

（a）复制圆

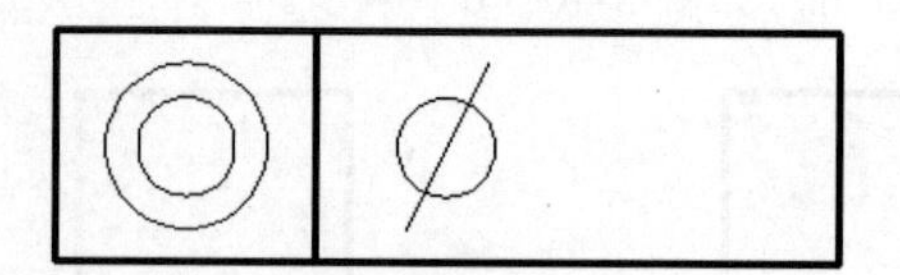

（b）绘制直线

图 8-43　绘制直线和圆

21 单击“常用”选项卡→“块”面板→“创建”按钮，系统弹出如图 8-44 所示的“块定义”对话框。

图 8-44　“块定义”对话框

22 在“名称”文本框中输入“形位公差”。

23 单击“对象”选项组中的“选择对象”按钮，返回绘图区，选择如图 8-43（b）所示的图形。

24 单击“基点”选项组中的“拾取点”按钮，返回绘图区，选择如图 8-43（b）所示图形的引线上端点。

25 单击 确定 按钮，完成块的创建。

8.7 图块操作实例二

01 单击“快速访问”工具栏→“打开”按钮，系统弹出“选择文件”对话框。

02 选择素材文件“形位公差.dwg”，单击“打开”按钮，图形加载到绘图区，效果如图 8-45（a）所示。

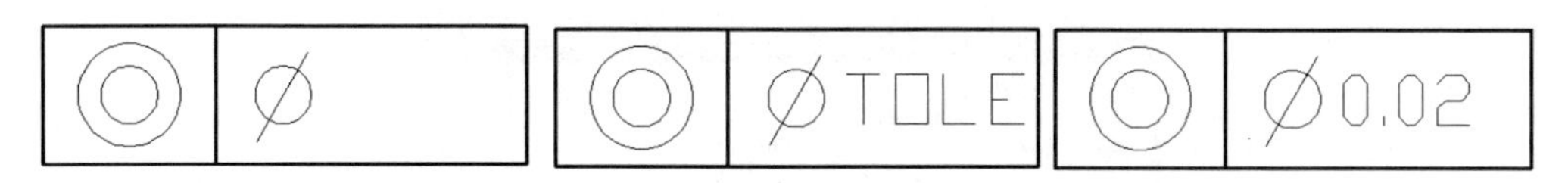

（a）基准图形　　（b）块属性　　（c）基准符号

图 8-45　基准创建过程

03 单击“插入”选项卡→“块定义”面板→“定义属性”按钮，系统弹出如图 8-46 所示的“属性定义”对话框。

04 在“属性”选项组中的“标记”文本框中输入“Tole”，在“提示”文本框中输入“请输入同心度？”，在“默认”文本框中输入“0.02”。

05 选择“文字位置”选项组中“对正”下拉列表框中的“居中”选项，在“文字高度”文本框中输入 5。

06 单击 确定 按钮返回绘图区。移动鼠标到圆的中心单击确定文字位置，效果如图 8-47（b）所示。

07 单击“插入”选项卡→“块定义”面板→“创建块”按钮，系统弹出如图 8-47 所示的“块定义”对话框。

图 8-46　“属性定义”对话框

图 8-47　“块定义”对话框

08 在“名称”文本框中输入“形位公差”。

09 单击“对象”选项组中的“选择对象”按钮，返回绘图区，选择如图 8-45（b）所示的图形。

10 单击“基点”选项组中的“拾取点”按钮，返回绘图区，选择如图 8-45（b）所示图形的引线中点。

11 单击 确定 按钮，系统弹出如图 8-48 所示的“编辑属性”对话框。

12 单击 确定 按钮，完成基准符号块的创建。

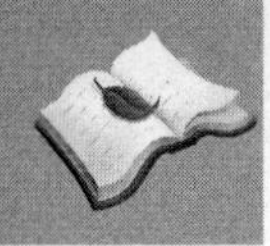

图 8-48 “编辑属性”对话框

8.8 知识回顾

本章主要介绍了块的应用，内容涉及到块的创建于插入、定义块的属性、使用块编辑器等内容，同时利用外部参照和设计中心可以加强图纸之间的交流，并有效管理多个图形。在本章的最后还给出了图块操作的几个案例，帮助读者尽快掌握快的相关操作，提供工作效率。

当然，使用复制命令也可以在多个位置绘制相同的图形，但是，使用块与使用复制的区别在于，块只需保存一次图形信息，而复制时在多个位置均要保存图形信息。显然，使用块更加节省资源。利用外部参照和设计中心可以加强图纸之间的交流，并有效管理多个图形。

第9章
图层的规划与管理

在使用 AutoCAD 2012 绘图过程中，图层相当于一组透明的重叠图纸，可以使用图层将图形对象按功能编组，并对每组设置相同的线型、颜色和线宽等。

在 AutoCAD 2012 中，任何对象都必须存在于一个图层上。使用图层是管理图形强有力的工具，对象的颜色有助于辨认图形中的相似实体；线型、线宽等特性可以轻易区分不同的图形。例如，在绘制建筑制图时，可以将墙归为一层，电气归为一层，家具归为一层等；在绘制机械制图时，可以将轮廓线、中心线、文字、标注和标题栏等置于不同的图层，然后可以方便地控制颜色、线型、线宽和是否打印等。

学习目标

- 使用图层特性管理器新建、删除和编辑图层特性
- 使用图层状态管理器管理图层状态
- 在绘图过程中灵活使用“图层”工具栏

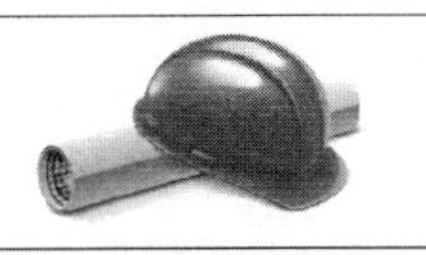

9.1 规划图层

为了能够清除表达图形和管理图形，可以通过规划合理的图层有效地控制图形几何元素的显示，以及变更等操作。图层的规划要符号国家标准，如基本线型的结构、尺寸、标记和绘制规则应符号 GB/T 17450，细实线应用于过渡线、尺寸线、尺寸界线、指引线和基准线、剖面线、重合断面的轮廓线、短中心线、螺纹牙底线等。

9.1.1 图层工具栏

AutoCAD 2012 在“二维草图与注释”工作空间的“常用”选项卡中提供了“图层”面板，如图 9-1 所示。

AutoCAD 还提供了两个图层相关的工具栏，分别为“图层”工具栏和“图层 II”工具栏。“图层”工具栏用于图层的一般性操作，包括打开图层特性管理器、将图层置为当前等。“图层 II”工具栏主要用于对图层的管理，包括图层隔离、图层冻结等操作。两个工具栏上面的按钮名称如图 9-2 所示。

图 9-1 “常用”选项卡中的“图层”面板

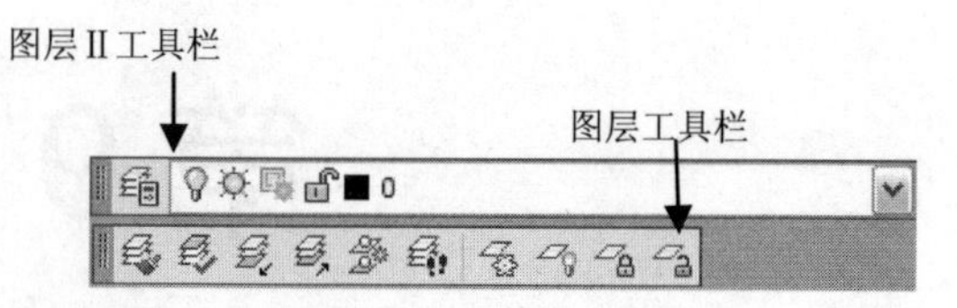

图 9-2 “图层”工具栏和“图层 II”工具栏

9.1.2 图层特性管理器 

AutoCAD 2012 通过“图层特性管理器”对话框规划与管理图层，如图 9-3 所示。用户可以通过以下 4 种方式打开图层特性管理器。

- 功能区：单击“常用”选项卡→“图层”面板→“图层特性”按钮。
- 经典模式：选择菜单栏中的“格式”→“图层”命令。
- 经典模式：单击“图层”工具栏中的“图层特性管理器”按钮。
- 运行命令：LAYER。

如图 9-3 所示，图层特性管理器包括“新建特性过滤器”按钮、“新建图层”按钮等 7 个功能按钮。

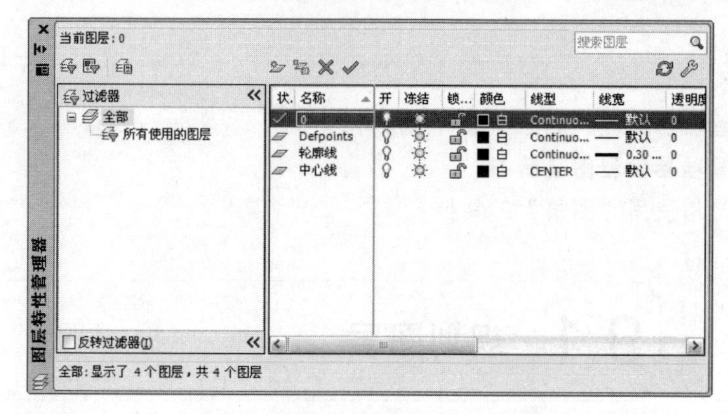

图 9-3 “图层特性管理器”对话框

- 新建特性过滤器：单击可显示“图层过滤器特性”对话框，从中可以根据图层的一个或多个特性创建图层过滤器。
- 新建组过滤器：创建图层过滤器，其中包含选择并添加到该过滤器的图层。
- 图层状态管理器：显示“图层状态管理器”对话框，从中可以将图层的当前特性设置保存到一个命名图层状态中，以后可以再恢复这些设置。
- 新建图层：单击该按钮，可以创建新图层。
- 新建冻结图层：创建新图层，然后在所有现有布局视口中将其冻结。
- 删除图层：将选定图层标记为要删除的图层。

小提示

只能删除未被参照的图层。参照的图层包括图层 0 和 DEFPOINTS、包含对象（包括块定义中的对象）的图层、当前图层以及依赖外部参照的图层。

- 置为当前✔：将选定图层设置为当前图层。将在当前图层上绘制创建的对象。

“图层特性管理器”对话框其他各个部分的功能如下。

- “搜索图层”文本框：在该文本框中输入关键字，可按图层名称搜索匹配图层，搜索结果将即时显示在图层列表中。默认状态下，文本框内保留通配符“*”。
- 左边的树状图窗格：用于显示图形中图层和过滤器的层次结构列表。
- 右边的列表视图窗格：用于显示图层和图层过滤器及其特性和说明。
- “设置”按钮：单击可弹出“图层设置”对话框，从中可以设置新图层通知设置、是否将图层过滤器更改应用于“图层”工具栏及更改图层特性替代的背景色。

图层 0 是 AutoCAD 2012 系统保留图层，每个图形都包括名为 0 的图层，该图层不能删除或重命名。该图层的作用：首先是确保每个图形至少包括一个图层；其次是提供与块中的控制颜色相关的特殊图层。

9.1.3　创建图层

在 AutoCAD 2012 中，用户可以为在设计概念上相关的每一组对象（例如墙或标注）创建和命名新图层，并为这些图层指定特性。通过将对象组织到图层中，可以分别控制大量对象的可见性和对象特性并进行快速更改。

AutoCAD 2012 通过“图层特性管理器”对话框中的“新建图层”按钮创建新图层。单击“新建图层”按钮，将在右侧的窗格中显示新建的图层，默认的名称为“图层 1”，其他的图层特性与上一个图层相同。如图 9-4 所示，“图层 1”除了名称外，其余的特性如颜色、线型和线宽等均与上一个图层——图层 0 相同。

图 9-4　创建图层

创建图层之后，应该对图层的各个特性进行设置，以发挥图层的作用，提高绘图效率与图纸的可读性。通过单击各个特性列上的图标，可以设置各个特性。图层的名称、颜色、线型和线宽是图层的 4 个最基本特性，下面详细阐述这 4 个特性的设置。

1. 指定图层名称

图层名称是图层唯一的标识，在默认状态下，系统给定新建图层的名称为“图层 N”，N 为 1、2、3……。

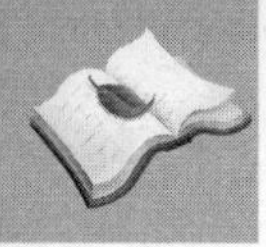

图层的名称应该根据图层定义的功能、用途或者由企业、行业或客户标准规定来命名。使用共同的前缀名来命名相关图形部件的图层，可以在需要快速查找那些图层时，在图层名过滤器中使用通配符。

AutoCAD 2012 的图层名最多可以包含 255 个字符（双字节或字母数字），但不能包含以下字符：<> / \ " : ; ? * | = '。

单击图层特性管理器“名称”列下的图标，新建图层的名称变为可写，在此处输入新建图层的名称，如“轮廓线层”。

2. 设置图层颜色

单击图层特性管理器“颜色”列下的图标，将弹出“选择颜色”对话框，如图 9-5 所示，通过它可设置新建图层的颜色。

“选择颜色”对话框有 3 个选项卡，分别是“索引颜色”、“真彩色”和“配色系统”，都用来设置图层的颜色。每个选项卡都有颜色选择的预览。

在“索引颜色”选项卡中，可使用 255 种 AutoCAD 颜色索引（ACI）颜色。鼠标单击某种颜色即可为图层指定该颜色，此时在“颜色”文本框内将显示所选颜色的 ACI 编号，将光标悬停在某种颜色上时，会指示其索引编号以及 RGB 值。如果熟悉某些常用颜色的 ACI 编号，可在“颜色”文本框内输入某颜色的 ACI 编号直接指定某颜色。例如，粉红色的 ACI 编号为 210，可在“颜色”文本框内输入 210 快速指定。

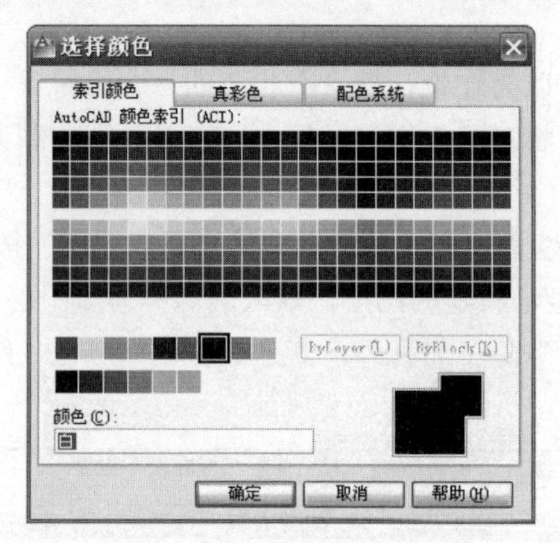

图 9-5　“选择颜色”对话框的“索引颜色”选项卡

在“真彩色”选项卡中，可使用 HSL 颜色模式或 RGB 颜色模式来设置图层的颜色，如图 9-6 所示。HSL 颜色模式是指通过色调、饱和度和亮度来选择颜色；RGB 颜色模式是指通过红、绿和蓝 3 种基色来选择颜色。“真彩色”选项卡中的“颜色模式”下拉列表框用于选择颜色模式。如选择 HSL 颜色模式，则可通过“色调”、“饱和度”和“亮度”这 3 个调整框来精确调整参数选择颜色，也可通过单击颜色区域和上下滑动颜色滑块指定颜色。如选择 RGB 颜色模式，则通过“红”、“绿”和“蓝”3 个调整框调整三基色的颜色分量，同样，也可通过对应的滑块调整。

在“配色系统”选项卡中，可使用第三方配色系统（例如，DIC COLOR GUIDE(R)）或用户定义的配色系统来指定颜色，如图 9-7 所示。“配色系统”下拉列表框指定用于选择颜色的配色系统，列表中包括在“配色系统位置”（在“选项”对话框的“文件”选项卡上指定）中找到的所有配色系统。

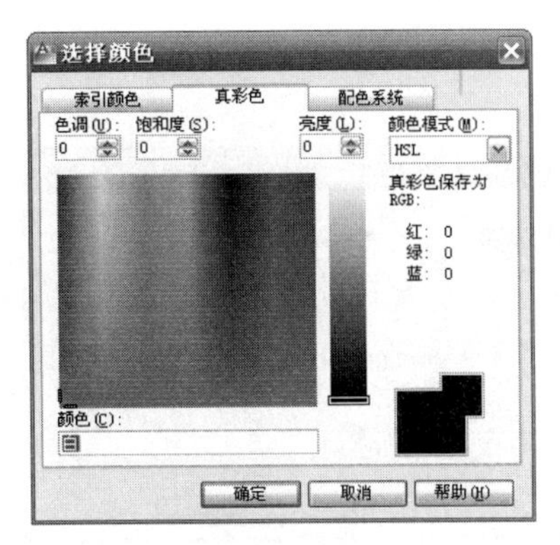

图 9-6　“真彩色”选项卡

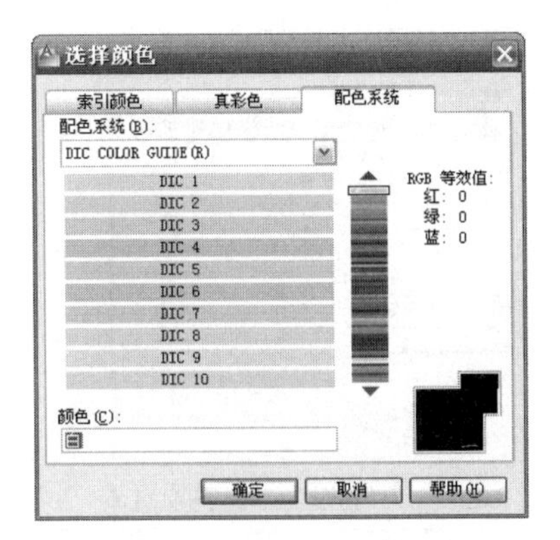

图 9-7　“配色系统”选项卡

3．设置图层线型

单击图层特性管理器“线型”列下的图标，将弹出“选择线型”对话框，如图 9-8 所示。“已加载的线型”列表框内列出了已经加载的线型，单击该列表框内的线型，然后单击[确定]按钮，可设置图层线型。系统默认只加载了 Continuous 一种线型。如要将图层设置为其他的线型，需先将其他线型加载到“已加载的线型”列表框中。单击[加载(L)...]按钮，将弹出“加载或重载线型”对话框，如图 9-9 所示，在其“可用线型”列表框内列出了所有的可用线型，从中选择要加载的线型，然后单击[确定]按钮，则该线型加载到“选择线型”对话框中的“已加载的线型”列表框中。

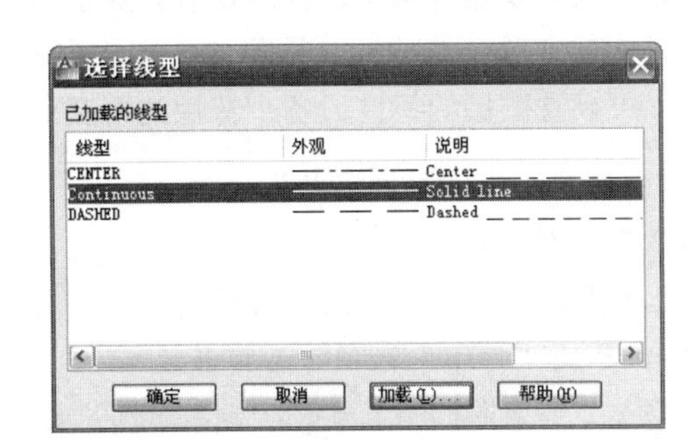

图 9-8　“选择线型”对话框

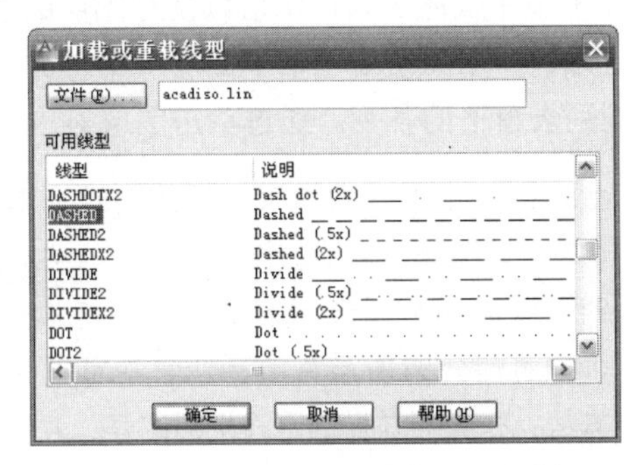

图 9-9　“加载或重载线型”对话框

通过“格式”→“线型”命令，打开“线型管理器”对话框，也可将线型加载到“已加载的线型”列表框中。

4．设置图层线宽

单击图层特性管理器“线宽”列下的图标，将弹出“线宽”对话框，如图 9-10 所示。

AutoCAD 2012 提供 0～2.11mm 的 20 多种规格的线宽。选择“线宽”列表框内的某一种线宽，然后单击[确定]按钮，即可为图层设置线宽。通过“格式”→“线宽”命令，打开“线宽设置”对话框，可设置线型的宽度，如图 9-11 所示。

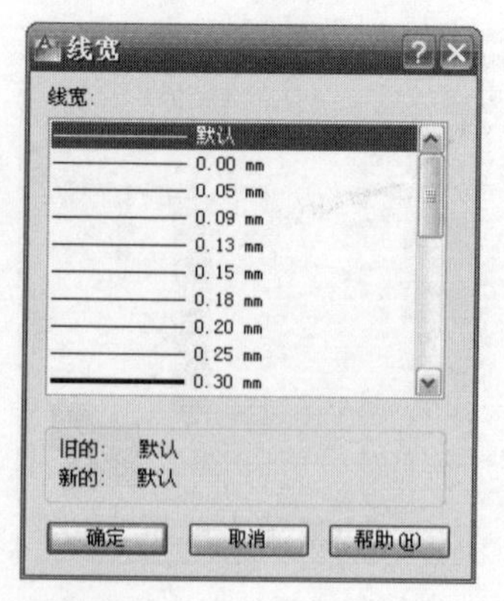

图 9-10 “线宽”对话框

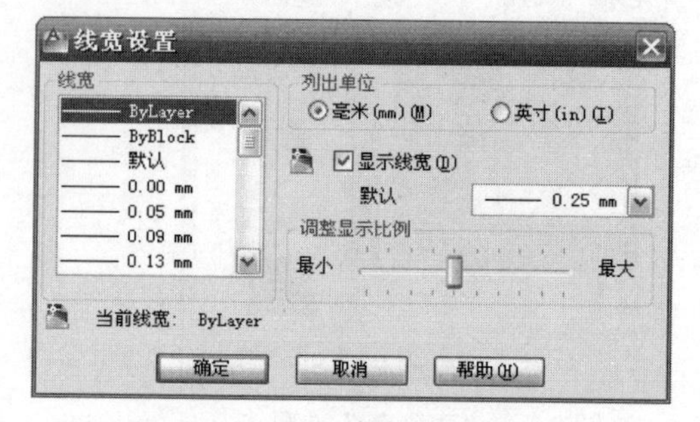

图 9-11 “线宽设置”对话框

设置了图层线宽以后，可单击状态栏上的按钮，控制是否显示线宽。

9.1.4 设置图层特性

前面小节中叙述了新建图层以及对图层的名称、颜色、线型和线宽等基本特性的设置。除了这些基本的特性之外，一个图层还包括了图层状态、冻结、锁定和打印样式等其他特性，见图 9-3“图层特性管理器”右侧列表窗格的各列。通过单击图层对应列上的图标，可设置图层的特性。各个特性的含义如下。

- 状态：显示项目的类型，即图层过滤器、正在使用的图层、空图层或当前图层。
- 名称：显示图层或过滤器的名称。按 F2 键，可输入新名称。
- 开：打开和关闭选定图层。如果灯泡为黄色，则表示图层已打开。当图层打开时，它可见并且可以打印。当图层关闭时，它不可见并且不能打印，不论“打印”选项是否打开。
- 冻结：冻结所有视口中选定的图层，包括“模型”选项卡。如果图标显示为，则表示图层被冻结，被冻结的图层上的对象不能显示、打印、消隐、渲染或重生成，因此可以通过冻结图层来提高 ZOOM、PAN 和其他若干命令的运行速度，提高对象选择性能并减少复杂图形的重生成时间。
- 锁定：锁定和解锁选定图层。如果图标显示为，则表示图层被锁定。被锁定的图层上的对象不能被修改，但可以显示、打印和重生成。
- 颜色：更改与选定图层关联的颜色。单击颜色名，可以显示“选择颜色”对话框。
- 线型：更改与选定图层关联的线型。单击线型名称可以显示“选择线型”对话框。
- 线宽：更改与选定图层关联的线宽。单击线宽名称可以显示“线宽”对话框。
- 打印样式：更改与选定图层关联的打印样式。单击打印样式，可以显示“选择打印样式”对话框。
- 打印：控制是否打印选定图层。即使关闭图层的打印，仍将显示该图层上的对象。不管“打印”列的设置如何，都不会打印已关闭或冻结的图层。
- 新视口冻结：在新布局视口中冻结选定图层。例如，在所有新视口中冻结 DIMENSIONS 图层，将在所有新创建的布局视口中限制该图层上的标注显示，但不会影响现有视口中的 DIMENSIONS 图层。如果以后创建了需要标注的视口，则可以通过更改当前视口设置来替代默认设置。
- 说明：用于描述图层或图层过滤器。

9.1.5　实例——创建图层

创建两个图层，第一个名称为“轮廓线层”，颜色为“白色”，线型为“实线”，线宽为“0.35mm”；第二个图层名称为“中心线层”，颜色为“红色”，线型为“点划线”，线宽为“默认”。

01 单击“常用”选项卡→“图层”面板→“图层特性”按钮，打开图层特性管理器。

02 单击图层特性管理器的“新建图层”按钮，在右侧窗格显示新建的图层。

03 新建的图层默认名称为“图层 1”。单击“名称”列下的图标图层1，输入新图层名称“轮廓线层”。

04 单击“线宽”列的图标—— 默认，弹出“线宽”对话框，选择“0.35mm”的线宽，然后单击确定按钮，如图 9-12 所示。至此第一个图层设置完毕。

05 在图层特性管理器中重复步骤 02 的操作。

06 仿照步骤 03 的操作，输入新图层名称“中心线层”。

07 单击“颜色”列的图标■ 白，弹出“选择颜色”对话框，选择“红色”后单击确定按钮，如图 9-13 所示。

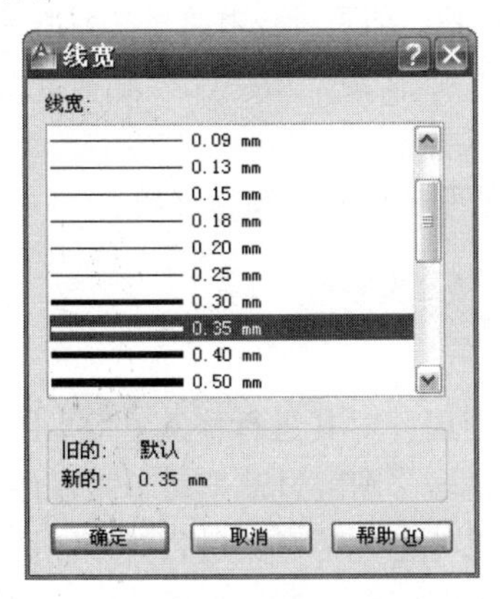

图 9-12　设置线宽

图 9-13　设置颜色

08 单击“线型”列的图标Continuous，弹出如图 9-14（a）所示的“选择线型”对话框。单击加载(L)...按钮，弹出如图 9-14（b）所示的“加载或重载线型”对话框，在“可用线型”列表框内选择 CENTER 线型，然后单击确定按钮回到“选择线型”对话框，选择 CENTER 线型后单击确定按钮，如图 9-14 所示。至此第二个图层设置完毕。

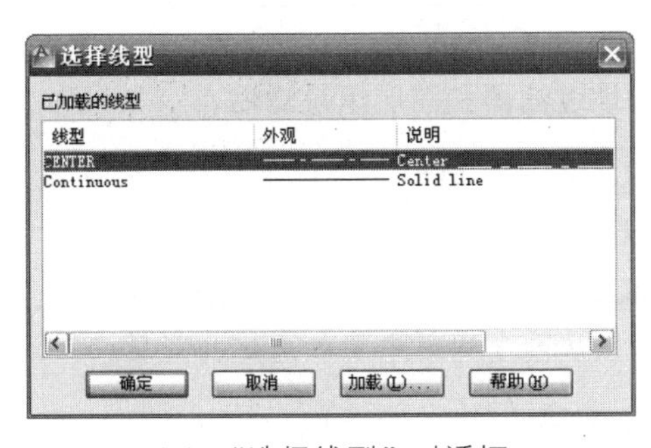

（a）“选择线型”对话框

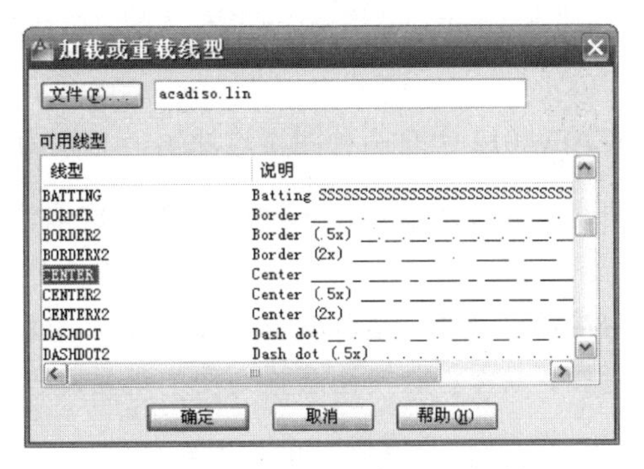

（b）“加载或重载线型”对话框

图 9-14　设置线型

9.2 管理图层

一张大的图纸一般包括十多个图层，大型图纸甚至包括上百个图层。因此，对这么多图层的管理也显得尤为重要。

9.2.1 将图层置为当前 

将某一图层置为当前，意为所绘制的对象均存在于该图层中，所绘制对象的特性与图层设置的特性一致。置为当前的图层，将显示在“图层”工具栏中的“应用的过滤器”下拉列表框。

要将某一图层置为当前，AutoCAD 2012 中有以下 4 种方法。

- 在功能区的“常用”选项卡→“图层”面板或“图层”工具栏上（见图 9-2），单击“应用的过滤器”下拉列表框，可快速将某一图层置为当前。
- 选择某一对象，单击“图层”工具栏上的“置为当前”按钮，即可将该对象所在的图层置为当前。
- 在“图层特性管理器”对话框（见图 9-3）的图层列表中选择某一图层，然后单击上方的“置为当前”按钮。
- 运行命令：CLAYER，然后在命令行输入图层名称，即可将该图层置为当前。

9.2.2 使用图层特性过滤器和图层组过滤器 

如果图纸的图层较少，可以在图层列表中很容易找到某一图层并对其进行修改。但当图纸包含的图层较多时，要修改一个图层就变得很困难，这时就会用到图层过滤器。图层过滤器可以控制图层特性管理器中列出的图层名，并且可以按图层名或图层特性（例如，颜色或可见性）对其进行排序。图层过滤器可限制图层特性管理器和“图层”工具栏上的“图层”控件中显示的图层名。在大型图形中，利用图层过滤器可以仅显示要处理的图层。

图层特性管理器中的树状图显示了图层过滤器列表，包括默认的过滤器和当前图形中创建并保存的过滤器。图层过滤器旁边的图标表明过滤器的类型。

AutoCAD 2012 中有两种图层过滤器，分别为图层特性过滤器和图层组过滤器。

- 图层特性过滤器：用于过滤名称或其他特性相同的图层。例如，可以定义一个过滤器，其中包括图层颜色为“红色”并且名称中含有字符 mech 的所有图层。
- 图层组过滤器：这种过滤器不是基于图层的名称或特性，而是用户将指定的图层划入图层组过滤器，只需将选定图层拖到图层组过滤器，就可以从图层列表中添加选定的图层。

打开图层特性管理器后，单击“新建特性过滤器”按钮，将弹出“图层过滤器特性”对话框，通过它可新建图层特性过滤器并设置过滤特性，如图 9-15 所示。

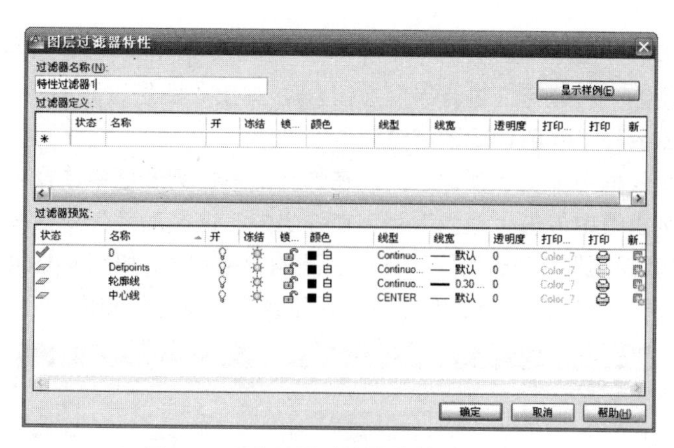

图 9-15　“图层过滤器特性”对话框

在“过滤器名称”文本框内可输入新建特性过滤器的名称，默认为“特性过滤器 1”。在“过滤器定义”列表中列出了图层的特性，与图层特性管理器中一一对应，可使用一个或多个特性来定义过滤器，定义时只需单击对应状态列下的图标即可。如定义一个过滤器，显示名称尺寸线、处于打开状态、被锁定且颜色为“绿色”的特性过滤器，如图 9-16 所示。

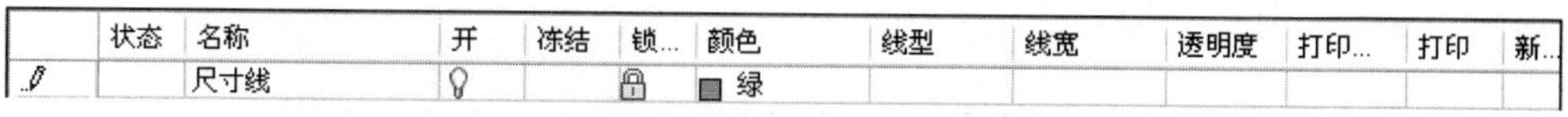

	状态	名称	开	冻结	锁...	颜色	线型	线宽	透明度	打印...	打印	新...
		尺寸线				绿						

图 9-16　定义图层特性过滤器

在“过滤器预览”列表框中列出过滤器显示的所有图层。

在图层特性管理器中单击“新建组过滤器”按钮，可创建图层组过滤器，并显示在图层特性管理器的树状图中，默认的名称为“组过滤器 1”，单击可输入组过滤器名称。在右边的图层列表框中选定图层后将其拖到组过滤器上，即可将这些图层加入到该组过滤器中。如图 9-17 所示为将“标注层”、“辅助线层”和“剖面层”加入到“组过滤器 1”中。

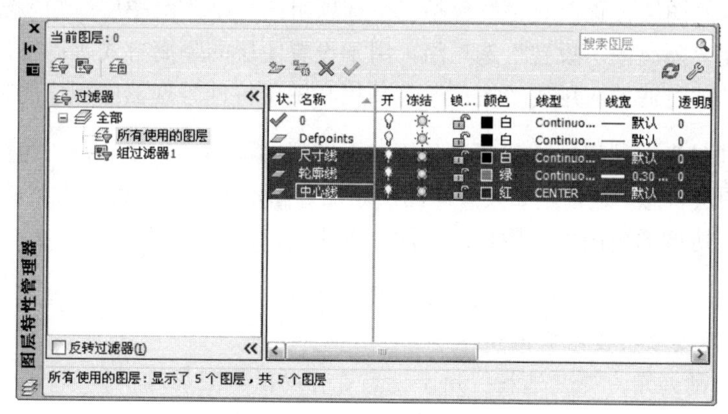

图 9-17　将图层加入到组过滤器

在“图层特性管理器”对话框中，左侧的树状图显示了默认的用户创建的过滤器，包括图层特性过滤器和组过滤器。单击任何一个过滤器，在右侧的图层列表内将显示符合过滤器设置的图层列表。选中下方的“反转过滤器”复选框（见图 9-3），表示显示与过滤器设置相反的图层。

下面通过一个实例说明创建图层特性过滤器的操作步骤。

创建一个名称为“红色锁定图层过滤”的图层特性过滤器，要求过滤颜色为“红色”且被锁定的图层。

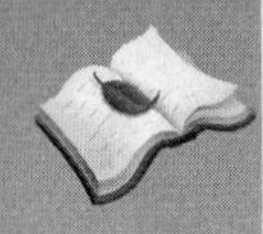

01 单击“常用”选项卡→“图层”面板→“图层特性”按钮，打开图层特性管理器。

02 单击图层特性管理器的“新建特性过滤器”按钮，弹出“图层过滤器特性”对话框。

03 输入图层特性过滤器名称“红色锁定图层过滤”。

04 在“过滤器定义”列表框中单击“锁定”列，在弹出的下拉列表框中选择锁定图标。

05 在“过滤器定义”列表框中单击“颜色”列，在弹出的“选择颜色”对话框中选择红色。

06 设置完成后，在“过滤器预览”列表里将列出所过滤的图层列表，如图 9-18 所示。然后单击 确定 按钮，“红色锁定图层过滤”将显示在图层特性管理器的左侧树状图内。

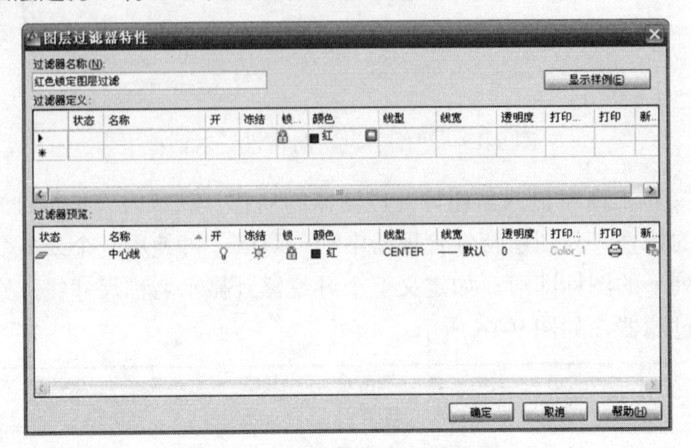

图 9-18　创建图层特性过滤器

9.2.3　修改图层设置

单击“图层特性管理器”对话框（见图 9-3）中的“设置”按钮，弹出“图层设置”对话框，可对与图层相关的一些参数进行设置。

如图 9-19 所示，“图层设置”对话框包括三个选项组：一是“新图层通知”选项组，主要控制何时发出新图层通知；二是“隔离图层设置”选项组，用于设置图层的隔离方式等；三是“对话框设置”选项组，用于设置是否将图层过滤器应用到“图层”工具栏和图层特性管理器中视口的替代背景色。

（1）在“新图层通知”选项组中选择“评估添加至图形的新图层”复选框，这样在执行某些任务（例如打印、保存或恢复图层状态）之前，如果有新图层添加到图形中，用户将会收到通知。图层通知打开后，将在状态栏上显示“未协调的新图层”图标，如图 9-20 所示。

- “仅评估新外部参照图层”和“评估所有新图层”两个单选按钮：用于选择检查已添加至附着的外部参照的新图层或检查所有的新图层。
- “存在新图层时通知用户”复选框：用于设置是否发出新图层通知。
- “打开”、“保存”、“附着/重载外部参照”、“插入”和“恢复图层状态”5 个复选框：分别用于设置在进行这 5 种操作时是否发出新图层通知。

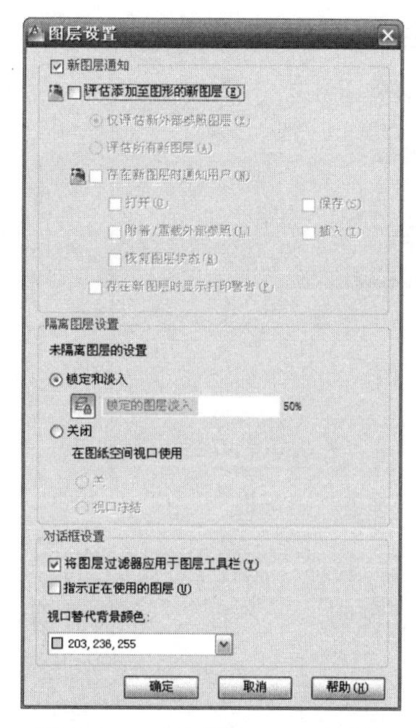

图 9-19　“图层设置”对话框

图 9-20　图层通知

（2）在“隔离图层设置”选项组可选择图层隔离的方式为“锁定和淡入”或者“关闭”，分别通过单击对应的单选按钮实现。如果选择“关闭”，那么在执行隔离图层操作时，其他图层将关闭；如果选择“锁定和淡入”，那么在执行隔离图层操作时，其他图层将以淡入的形式隔离。

9.2.4　使用图层状态管理器管理图层状态

图层状态用于保存当前图形中的图层设置，以后可恢复图层的设置。图层设置包括图层状态（如开或锁定）和图层特性（如颜色或线型）。如果在绘图的不同阶段或打印的过程中需要恢复所有图层的特定设置，保存图形设置会带来很大的方便。

在 AutoCAD 2012 中，可通过“图层状态管理器”管理、保存和恢复图层设置，有以下 4 种方式可打开图层状态管理器。

- 功能区：单击“常用”选项卡→“图层”面板→“图层状态”按钮。
- 经典模式：选择菜单栏中的“格式”→“图层状态管理器”命令。
- 经典模式：单击“图层”工具栏中的“图层状态管理器”按钮。
- 运行命令：LAYERSTATE。

如图 9-21 所示，图层状态管理器包括“图层状态”列表，中间一列为图层状态操作按钮，右侧显示图层特性。

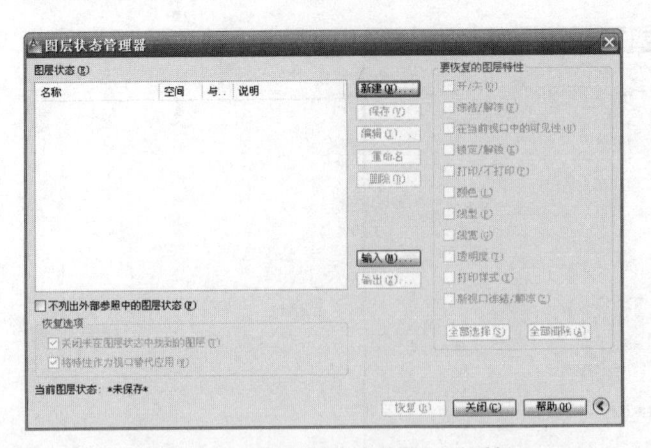

图 9-21 “图层状态管理器”对话框

“图层状态”列表框中列出已保存在图形中的命名图层状态、保存它们的空间（模型空间、布局或外部参照）、图层列表是否与图形中的图层列表相同及可选说明，下方的“不列出外部参照中的图层状态”复选框用于控制是否显示外部参照的图层状态。

中间一列各个操作按钮的功能如下。

- 新建(N)...：单击该按钮，弹出“要保存的新图层状态”对话框，从中可以输入新命名图层状态的名称和说明。
- 保存(V)：用于保存选定的命名图层状态。
- 编辑(I)...：弹出“编辑图层状态”对话框，从中可以修改选定的命名图层状态。
- 重命名：单击该按钮，修改图层状态名。
- 删除(D)：删除选定的图层状态。
- 输入(M)...：单击该按钮，将弹出 Windows 标准文件选择对话框，从中可以将先前输出的图层状态（LAS）文件加载到当前图形，也可输入 DWG、DWS 或 DWT 文件格式中的图层状态。如果选定 DWG、DWS 或 DWT 文件，将显示“选择图层状态”对话框，从中可以选择要输入的图层状态。
- 输出(X)...：单击该按钮，将弹出 Windows 标准文件选择对话框，从中可以将选定的命名图层状态保存到图层状态（LAS）文件中。

图层状态管理器右侧的一系列复选框对应图层的一系列特性。在命名图层状态中，可以选择要在以后恢复的图层状态和图层特性。例如，可以选择只恢复图形中图层的“冻结/解冻”设置，而忽略所有其他设置。恢复该命名图层状态时，除了每个图层的冻结或解冻设置以外，其他设置都保持当前设置。

用 恢复(R) 按钮可将图形中所有图层的状态和特性设置恢复为先前保存的设置，但仅恢复使用复选框指定的图层状态和特性设置。

单击 关闭(C) 按钮，关闭图层状态管理器并保存更改。

9.2.5 转换图层

在使用 AutoCAD 2012 时，如果收到某些图形文件不符合用户定义的标准，比如说，每个公司可能定义的图层标准不一样。在这种情况下，可以使用图层转换器将收到图形的图层名称和特性转换为该公司的标准，实际上是将当前图形中使用的图层映射到其他图层，然后使用这些映射转换当前图层；也可以将图层转换映射保存在文件中，以便日后在其他图形中使用。

在 AutoCAD 2012 中打开图层转换器的方式有以下 4 种。

- 功能区：单击“管理”选项卡→“CAD 标准”面板→“图层转换器”按钮。
- 经典模式：选择菜单栏中的“工具”→“CAD 标准”→“图层转换器”命令。
- 经典模式：单击“CAD 标准”工具栏中的“图层转换器”按钮。
- 运行命令：LAYTRANS。

“图层转换器”对话框如图 9-22 所示。该对话框包括如下几个部分。

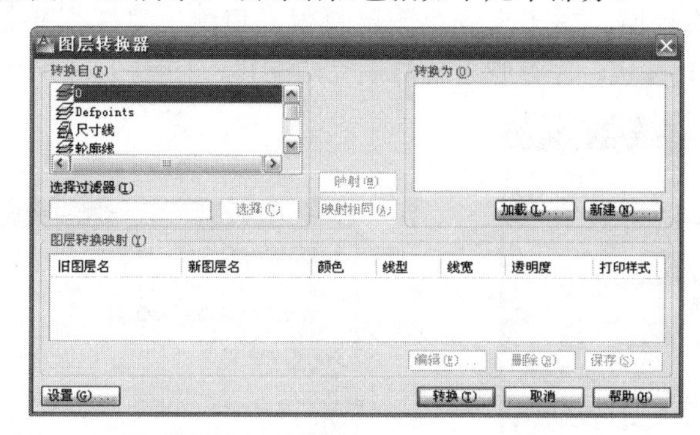

图 9-22　“图层转换器”对话框

- “转换自”列表框：列出当前图形中所包含的图层，在这里选择要转换的图层。如果图层数量较多，可以在下方的“选择过滤器”文本框中输入通配符选择图层。
- “转换为”列表框：列出可以将当前图形的图层转换为哪些图层。单击 加载(L)... 按钮，可以加载图形文件、图形样板文件和图层标准文件中的图层至“转换为”列表。单击 新建(N)... 按钮可创建图层的转换格式。
- 映射(M) 按钮：用于将“转换自”列表框中选定的图层映射到“转换为”列表框中选定的图层。结果将显示在“图层转换映射”列表框内。
- 映射相同(A) 按钮：用于映射在两个列表中具有相同名称的所有图层。
- “图层转换映射”列表框：列出要转换的所有图层以及图层转换后所具有的特性。单击下方的 编辑(E)... 按钮，弹出“编辑图层”对话框，可编辑转换后的图层特性，也可修改图层的线型、颜色和线宽；单击 删除(R) 按钮，将从“图层转换映射”列表中删除选定的映射；单击 保存(S)... 按钮，可将当前图层保存为一个文件以便日后使用。
- 设置(G)... 按钮：用于自定义图层转换的过程，单击可打开“设置”对话框。

单击 转换(T) 按钮，开始对已映射图层进行图层转换。注意，转换之前要先将“转换自”和“转换为”列表框内的图层映射好，即通知“图层转换器”要转换的图形文件中的图层转换为怎么样的目标图层。

如果未保存当前图层转换映射，程序将在转换开始之前提示保存。

下面通过图层转换的实例说明图层转换操作。

通过图层转换器，将“轮廓线层”图层的线宽转换为 0.5mm，图层名称不变。

01 在命令行输入 LAYTRANS 并按 Enter 键，弹出“图层转换器”对话框。

02 单击“转换自”列表框内的“轮廓线层”，选定该层。

03 单击“转换为”列表框下的 新建(N)... 按钮，弹出“新图层”对话框，并在其“名称”文本框内输入“轮廓线层”，然后选择线宽为 0.5mm，最后单击 确定 按钮，如图 9-23 所示。

04 选定“转换为”列表框下的“轮廓线层”，单击 映射(M) 按钮。

05 单击 转换(T) 按钮开始转换。由于未保存图层映射，将弹出“图层转换器警告”对话框，单击 ➔ 转换并保存映射信息(T)按钮，保存映射信息后完成转换，如图 9-24 所示。

图 9-23 “新图层”对话框

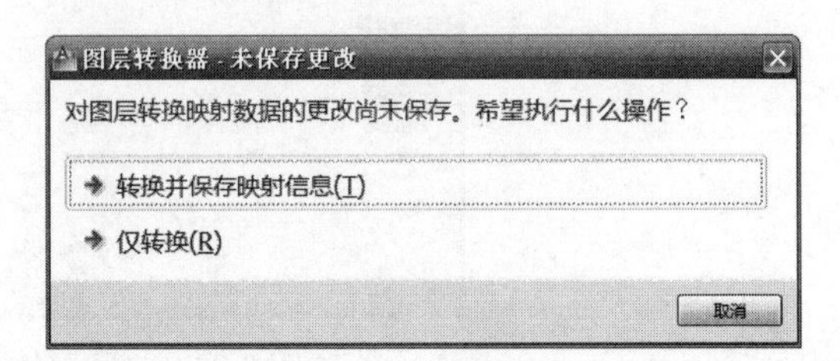

图 9-24 “图层转换器警告”对话框

9.2.6 图层匹配

图层匹配操作用于将一个图层上的对象的特性与目标图层匹配。在 AutoCAD 2012 中，可通过以下 4 种方式执行该项操作。

- 功能区：单击“常用”选项卡→“图层”面板→“匹配”按钮。
- 经典模式：选择菜单栏中的“格式”→“图层工具”→“图层匹配”命令。
- 经典模式：单击“图层 II”工具栏中的“图层匹配”按钮。
- 运行命令：LAYMCH。

该操作需拾取两组对象，执行该操作后，命令行将提示拾取第一组对象（即要更改的对象）：

```
选择要更改的对象:
```

此时得用鼠标拾取要更改的对象，选择完成后单击鼠标右键或按 Enter 键，命令行提示拾取目标对象：

```
选择目标图层上的对象或 [名称 (N)]:
```

此时拾取一个目标图层上的对象，选择完成后单击鼠标右键或按 Enter 键，则要更改的对象被移动到目标对象所在的图层。

小提示

图层匹配与图层转换的区别是：图层匹配是同一个图纸内部两个图层之间的操作，而图层转换是两个不同图形上图层之间的映射。

9.2.7　图层漫游与图层隔离

图层漫游用于动态显示图形中的图层，可在“图层漫游”对话框中选择需要临时显示的图层，其余图层将被暂时隐藏，图层漫游操作结束后，被隐藏的图层将重新显示，即图层漫游是一种临时的操作；图层隔离用于隐藏或锁定除选定对象所在图层外的所有图层，图层隔离操作结束后，其余图层仍然处于锁定状态。如图 9-25（a）所示，操作之前，红色的六边形在图层 1 上，蓝色的圆在图层 2 上，黑色的圆在图层 3 上。对六边形执行图层漫游操作时，其他的图层将被隐藏，如图 9-25（b）所示。对六边形执行图层隔离操作后，其他的两个图层被锁定，如图 9-25（c）所示。

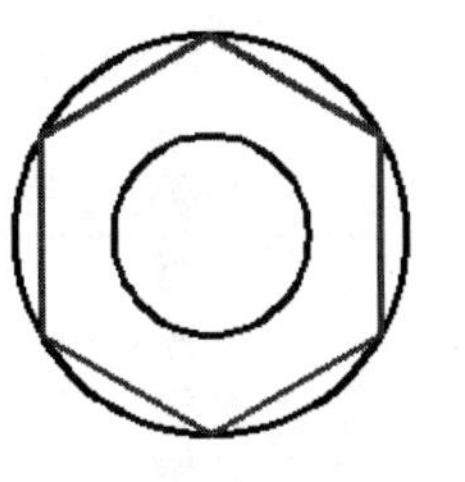

（a）操作之前

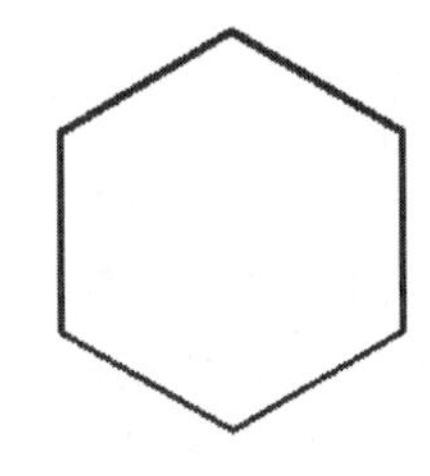

（b）图层漫游

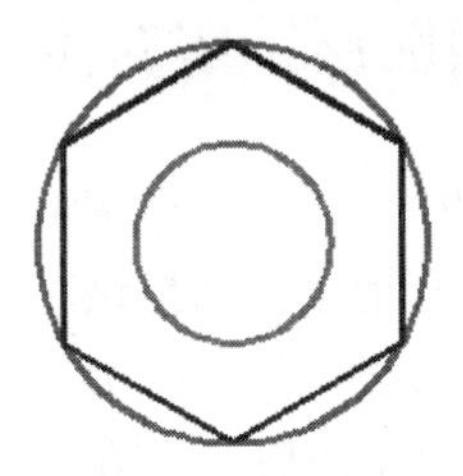

（c）图层隔离

图 9-25　图层漫游与图层隔离

在 AutoCAD 2012 中有以下 4 种方法执行层漫游操作。

- 功能区：单击“常用”选项卡→“图层”面板→“图层漫游”按钮。
- 经典模式：选择菜单栏中的“格式”→“图层工具”→“图层漫游”命令。
- 经典模式：单击“图层 II”工具栏中的“图层漫游”按钮。
- 运行命令：LAYWALK。

执行图层漫游操作后，将弹出“图层漫游”对话框，如图 9-26 所示。对话框内列出了图形中的所有图层，选择其中的某些图层，即可对它们进行层漫游。或者单击其中的选择对象按钮，可对某对象所在的图层进行漫游。单击关闭(C)按钮，退出层漫游。

图 9-26　“图层漫游”对话框

同样，也有 4 种方法执行图层隔离操作。

- 功能区：单击“常用”选项卡→“图层”面板→“隔离”按钮。
- 经典模式：选择菜单栏中的“格式”→“图层工具”→“图层隔离”命令。

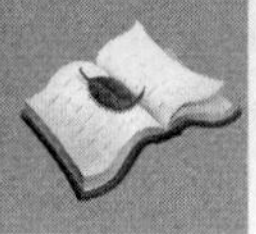

- 经典模式：单击“图层 II”工具栏中的“图层隔离”按钮。
- 运行命令：LAYISO。

执行图层隔离操作以后，命令行将提示：

```
选择要隔离的图层上的对象或 [设置（S）]：
```

此时利用鼠标拾取一个或多个对象后，按 Enter 键完成拾取。根据当前设置，除选定对象所在图层之外的所有图层均将关闭、在当前布局视口中冻结或锁定。输入 S 选择[设置(S)]项对图层隔离进行设置，可控制是否关闭、在当前布局视口中冻结或锁定图层。

9.2.8 使用图层组织对象

在绘图过程中，如果一个图形绘制在了一个错误的图层上，这时可以先利用鼠标选择该对象，然后单击“图层”面板或“图层”工具栏中的“图层”下拉列表框，即可快速地将该对象转移到指定图层，如图 9-27 所示。

如果未选取任何对象，而是直接在“应用的过滤器”下拉列表框选择某一图层，即表示将该图层置为当前。

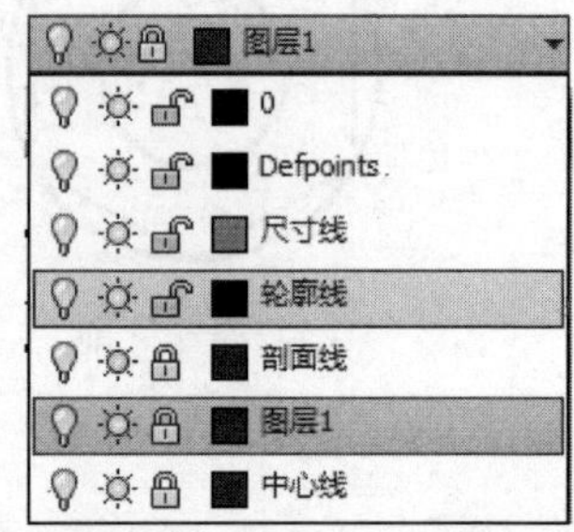

图 9-27　改变对象所在的图层

9.2.9 使用图层工具管理图层

AutoCAD 2012 中，除了两个图层工具栏以及与图层相关的命令外，在“格式”菜单中还专门提供了“图层工具”子菜单来执行与图层相关的操作，比如图层漫游、图层匹配和图层锁定等，如图 9-28 所示。

图 9-28　“图层工具”子菜单

9.3 工程中常用图层的设置

在不同的工程环境中，图层也不同。下面以最直观的方式设置图层，设置的图层如图 9-29 所示。

名称	颜色	线型	线宽	透明度	打印样式
粗实线层	白	Continuous	0.30 ...	0	Color_7
点划线层	红	CENTER	0.25 ...	0	Color_1
双点划线	9	Continuous	0.25 ...	0	Color_9
细实线层	8	Continuous	0.25 ...	0	Color_8
虚线层	蓝	DASHED	0.25 ...	0	Color_5

图 9-29　设置的图层

01 单击“常用”选项卡→“图层”面板→“图层特性”按钮，系统弹出如图 9-30 所示的“图层特性管理器”对话框。

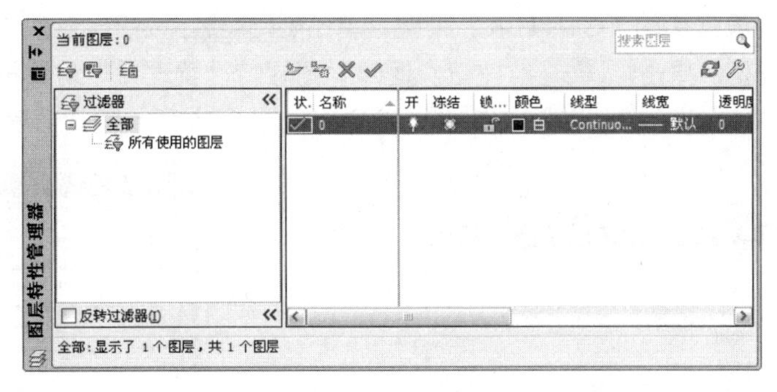

图 9-30　“图层特性管理器”对话框

02 单击“新建图层”按钮，一个图层生成并显示在列表框中，效果如图 9-31 所示。

03 在“名称”列表框中的“图层 1”文本框中输入“中心线”并按 Enter 键。

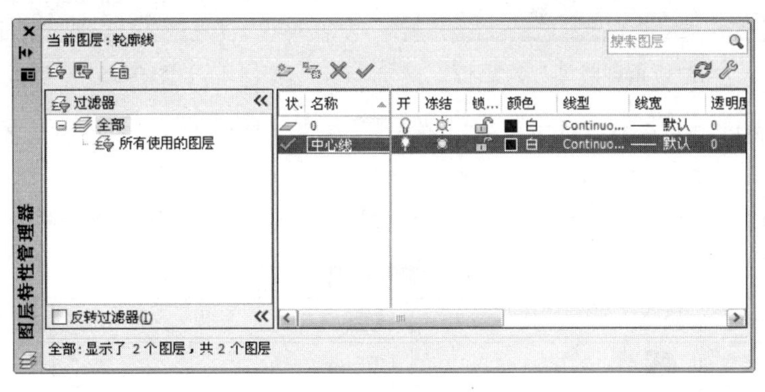

图 9-31　新建图层

04 双击“颜色”列表框中白色，系统弹出如图 9-32 所示的“选择颜色”对话框，选择“索引颜色”选项卡中的“索引颜色 9”按钮，单击 确定 按钮返回“图层特性管理器”对话框。

05 单击“线型”列表框中的 Continuous 按钮，系统弹出如图 9-33 所示的“选择线型”对话框。

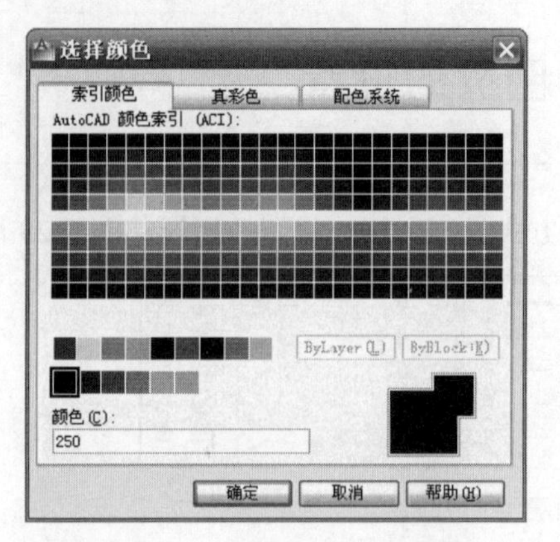

图 9-32 “选择颜色”对话框

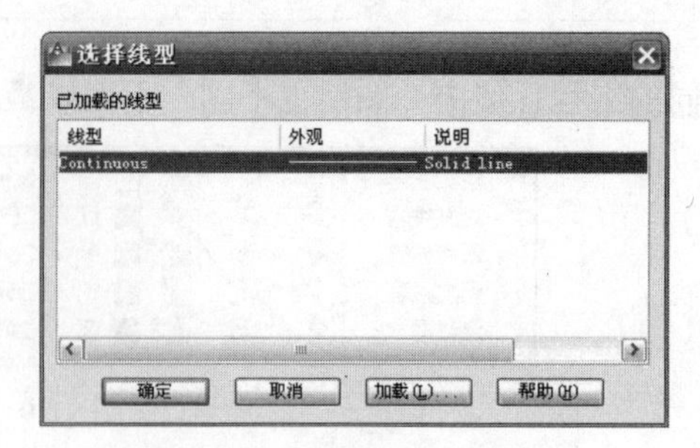

图 9-33 “选择线型”对话框

06 单击加载(L)...按钮，系统弹出如图 9-34 所示的“加载或重载线型”对话框。

07 选择“可用线型”列表框中的“CENTER”线型，单击确定按钮，返回“选择线型”对话框。

08 选择“CENTER”线型，单击确定按钮，返回“图层特性管理器”对话框。

09 单击“线宽”列表框中的——默认按钮，系统弹出如图 9-35 所示的“线宽”对话框。

图 9-34 “加载或重载线型”对话框

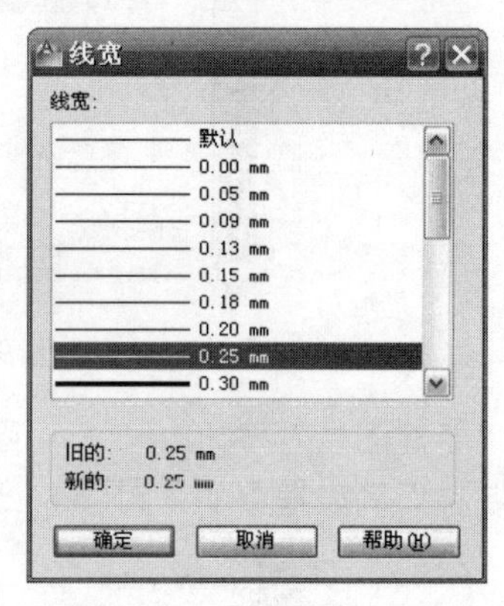

图 9-35 “线宽”对话框

10 选择“线宽”列表框中的 0.25，单击单击确定按钮，返回“图层特性管理器”对话框，完成双点划线的设置。

11 重复步骤 02～10 的操作，创建粗实线层、点划线层、细实线层、虚线层。设置参数如下表所示。

表 图层参数

名称	颜色	线型	线宽
中心线层		CEnter	0.25
轮廓线层		Continuous	0.3
尺寸线层		Continuous	0.25
剖面线层		Continuous	0.25
虚线层		DASHED	0.25

12 选择“名称”列表框中的“点划线层”图层，单击“置为当前”按钮✔，将点划线层设置为当前活动层。

13 单击“关闭”按钮✖，完成图层的创建。

9.4 知识回顾

与手工绘图相比，图层可以说是计算机绘图中最强大的组织工具，对这一工具的熟练与掌握，将大大提高图形绘制和修改的效率。本章虽然介绍了各种图层工具的运用，但要真正掌握只有通过多多练习。在 AutoCAD 2012 安装目录下的 Help 目录中有很多图形文件，在本书配套光盘中也有很多图形实例，只要多对这些实例进行图层工具的练习，就能合理地组织图层。

第 10 章

图形的显示控制

本章主要讲述如何在 AutoCAD 2012 中控制图形的显示。在绘图过程中，有时我们绘制的是一张 A0 号图纸，这样在显示器上完全显示出来也许是个小图像，如果要查看某些图形细节，就需要将图纸放大或缩小。当然，在对 AutoCAD 2012 视图进行缩放的时候，实际的图纸大小没有变化，打印出来仍然是 A0 号图纸，只是观察者转换了位置或角度，这样显示出来就是不同的比例。

AutoCAD 2012 的控制图形显示功能远不止于此。例如，我们可以放大复杂图形中的某个部分以查看细节，或者同时在一个屏幕上显示几个视口，每个视口显示整个图形中的不同部分，并且为每个视口设置不同的放大倍数。

学习目标

- 熟练掌握各种视图缩放和平移的方法
- 使用视图管理器管理、命名视图
- 学会使用平铺视口查看图形
- 了解 ViewCube、SteeringWheels 与 ShowMotion 3 种导航工具的运用

10.1 重画与重生成图形

在使用 AutoCAD 2012 绘制或编辑图形时，执行某些操作之后，会在绘图窗口显示一些残余的标记，要删除这些残余标记，就要用到重画和重生成命令。

10.1.1 重画图形

重画是指快速刷新或清除当前视口中的点标记，而不更新图形数据库。

在 AutoCAD 2012 中执行重画操作的方法有以下两种。

- 经典模式：选择菜单栏中的“视图”→“重画”命令。
- 运行命令：REDRAWALL。

执行重画命令后，AutoCAD 2012 会刷新显示所有视口，当 BLIPMODE 系统变量设置为打开时，将从所有视口中删除编辑命令留下的点标记，如图 10-1（a）所示。

另外，还有一个 REDRAW 命令，执行后刷新当前视口的显示，如图 10-1（b）所示，REDRAWALL 命令则刷新全部视口的显示。

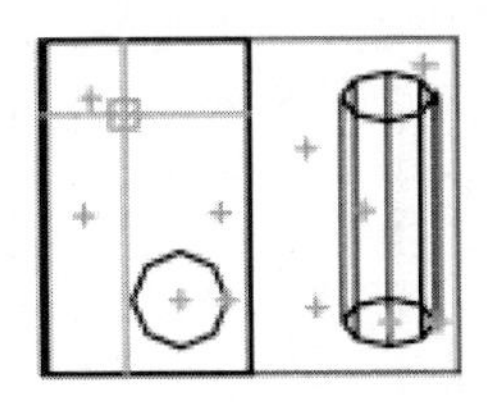
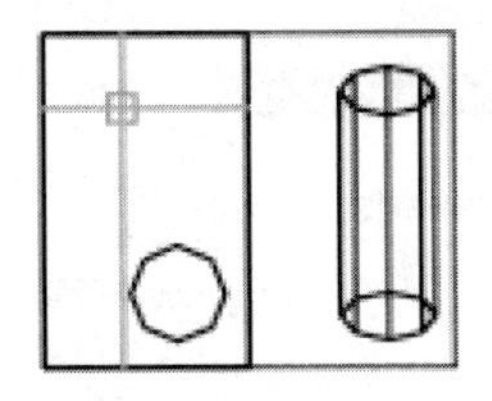

（a）执行 REDRAWALL 命令前后

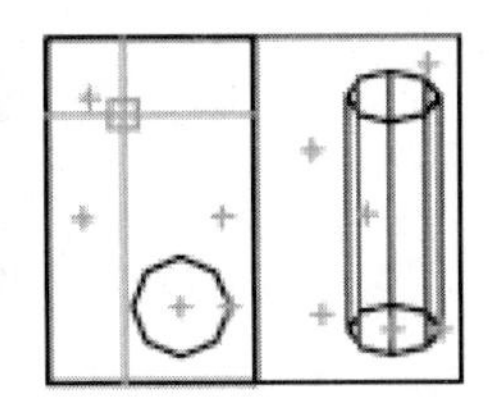
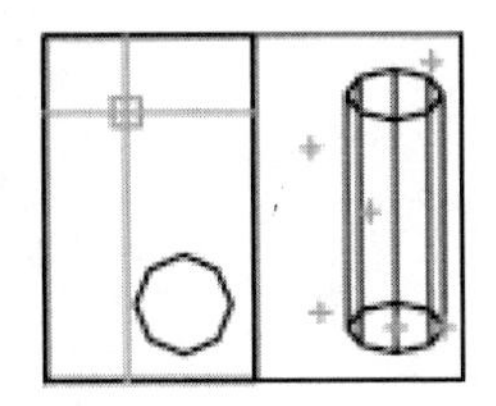

（b）执行 REDRAW 命令前后

图 10-1　重画命令

10.1.2　重生成图形

重生成是通过从数据库中重新计算屏幕坐标来更新图形的屏幕显示，这与重画命令是不同的。重生成不单只是刷新显示，还需要重新计算所有对象的屏幕坐标，重新创建图形数据库索引，从而优化显示和对象选择的性能。因此，重生成比重画命令执行速度要慢，刷新屏幕的时间更长。AutoCAD 2012 中有些操作只有在重生成之后才能生效，比如，新对象自动使用当前设置显示实体填充和文字。要使用这些设置更新现有对象的显示，除线宽外，必须使用重生成。

AutoCAD 2012 中执行重生成操作的方法有以下两种。

- 经典模式：选择菜单栏中的"视图"→"重生成"命令。
- 运行命令：REGEN。

执行"视图"→"重生成"命令后，将重生成当前视口。还有一个命令是重生成全部视口，方法是选择菜单栏中的"视图"→"全部重生成"命令，对应的命令为 REGENALL。

10.2　缩放视图

对一些比较复杂的图形，如果在屏幕中全部显示出来的话，也许什么也看不见。因此，时常需要将图形某部分进行放大以查看细节；而当在图形中进行局部特写时，可能经常需要将图形缩小以观察总体布局。注意，对视图的缩放并不改变图形中对象的绝对大小，只改变视图的比例，打印出来仍然是设置的大小。

10.2.1　缩放子菜单和缩放工具栏

与其他的操作一样，对图纸的缩放操作可以通过以下 4 种方式执行。

- 功能区：单击"视图"选项卡→"二维导航"面板→"缩放"系列按钮，如图 10-2（a）所示。
- 经典模式：选择菜单栏中的"视图"→"缩放"命令，如图 10-2（b）所示。

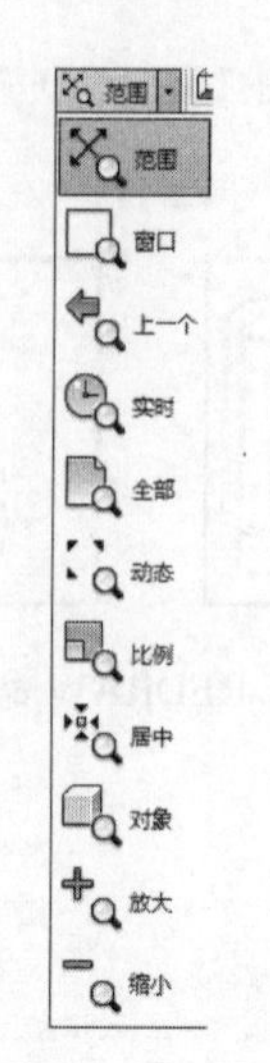

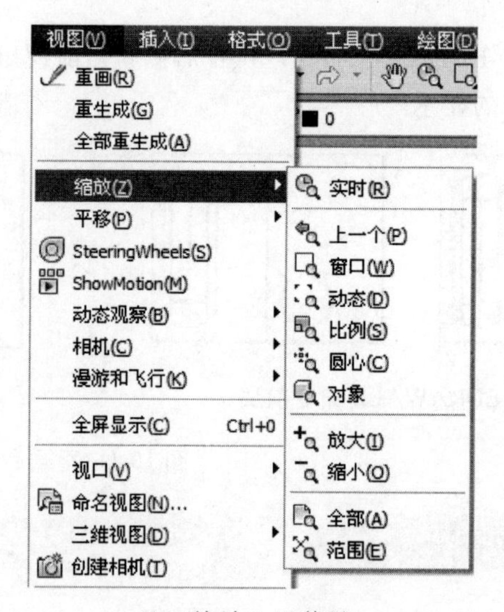

(a)“缩放”系列按钮　　(b)缩放”子菜单

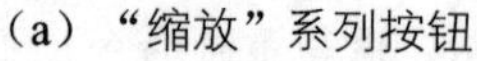

图 10-2 “缩放”系列按钮和“缩放”子菜单

- 经典模式：“缩放”工具栏，如图 10-3 所示。
- 运行命令：ZOOM。

图 10-3 “缩放”工具栏

小提示

在“草图与注释”模式下，“缩放” 系列按钮位于“视图”选项卡→“二维导航”面板中；在“三维建模”模式下，“缩放” 系列按钮位于“视图”选项卡→“二维导航”面板中。

在“缩放”子菜单和“缩放”工具栏中有各种缩放的工具。运行 ZOOM 以后，在命令行也会提示相应的信息：

```
指定窗口的角点，输入比例因子（nX 或 nXP），或者
[全部（A）/中心（C）/动态（D）/范围（E）/上一个（P）/比例（S）/窗口（W）/对象（O）]
<实时>:
```

这些选项和“缩放”子菜单及“缩放”工具栏上的缩放工具一一对应。下面将对这些缩放工具的功能和用法进行详细地介绍。

10.2.2 实时缩放

运行实时缩放后，鼠标光标变为带有“+”和“-”的放大镜形状。鼠标向上移动，将放大图形；向下移动，将缩小图形。按 Enter 或 Esc 键，退出实时缩放。

在 AutoCAD 2012 中执行实时缩放的方法有以下 4 种。

- 功能区：单击“视图”选项卡→“二维导航”面板→“缩放”系列按钮的“实时”按钮。
- 经典模式：选择菜单栏中的“视图”→“缩放”→“实时”命令。
- 经典模式：单击“标准”工具栏中的“实时缩放”按钮。
- 运行 ZOOM 命令，然后按 Enter 键。

实时缩放最快捷的方法是滚动鼠标的滚轮。向前滚动放大，向后滚动缩小，视图将以鼠标所在位置点为中心进行缩放。

“实时缩放”按钮是在“标准”工具栏上而不是在“缩放”工具栏上。

10.2.3　窗口缩放

窗口缩放是指缩放显示的区域由两个角点定义的矩形窗口所定。

在 AutoCAD 2012 中执行窗口缩放的方法有以下 4 种。

- 功能区：单击“视图”选项卡→“二维导航”面板→“缩放”系列按钮的“窗口”按钮。
- 经典模式：选择菜单栏中的“视图”→“缩放”→“窗口”命令。
- 经典模式：单击“缩放”工具栏中的“窗口缩放”按钮。
- 运行 ZOOM 命令，然后输入 w 选择“窗口(W)”选项。

执行窗口缩放命令后，命令行将依次提示：

```
指定第一个角点：
指定对角点：
```

根据命令行的提示，指定两个点后，AutoCAD 2012 将把两个点确定的矩形内的对象完全显示在整个视口。例如，在图 10-4（a）中，依次指定 A 点和 B 点之后，整个视口将显示 A、B 两点为对角点的矩形范围，如图 10-4（b）所示。

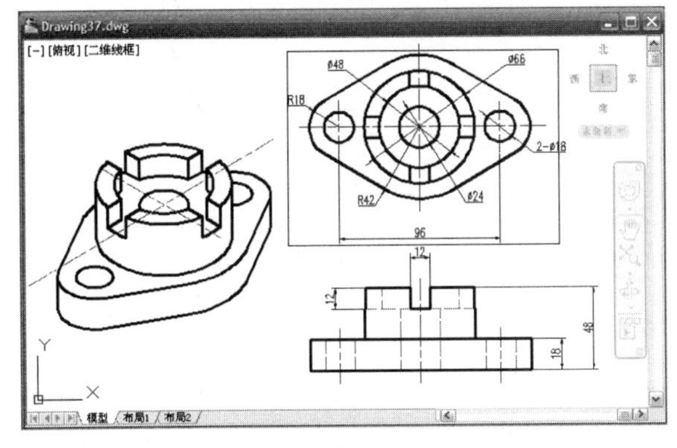

（a）指定两个对角点

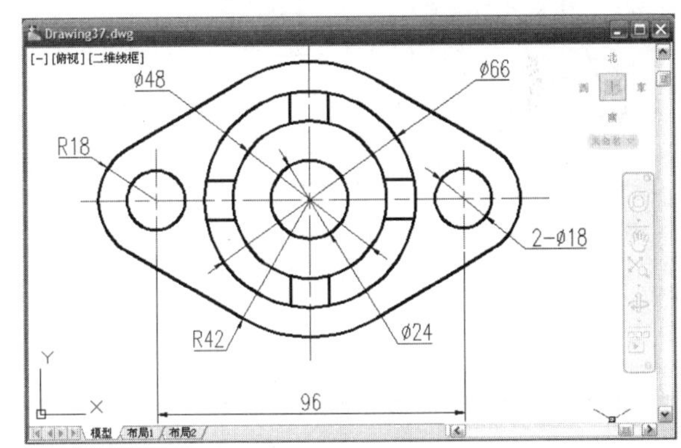

（b）窗口缩放之后

图 10-4　窗口缩放

10.2.4 动态缩放

在运行动态缩放后，将显示视图框，动态缩放是指将视图框中的部分图形充满整个视口。AutoCAD 2012 中执行动态缩放的方法有以下 4 种。

- 功能区：单击“视图”选项卡→“二维导航”面板→“缩放”系列按钮的“动态”按钮。
- 经典模式：选择菜单栏中的“视图”→“缩放”→“动态”命令。
- 经典模式：单击“缩放”工具栏中的“动态缩放”按钮。
- 运行 ZOOM 命令，然后输入 d，选择“动态(D)”选项。

执行动态缩放命令后，AutoCAD 2012 自动将图纸的所有对象全部显示在视口，并在绘图区显示一个蓝色虚线框和一个实线矩形方框。蓝色虚线框内是图纸上的所有对象，矩形方框是动态缩放的视图框，其中心位置是鼠标光标，显示为交叉形“×”，这表示现在是平移视图框模式，通过移动光标来移动视图框。单击可转换到缩放视图框模式，此时鼠标光标显示为箭头形“→”。在缩放视图框模式，鼠标上下移动仍然可移动视图框，鼠标向右移动表示放大视图框，鼠标向左移动表示缩小视图框。在缩放视图框模式下单击，又将切换到平移视图框模式。如此，经过几次切换之后，可使要缩放的对象呈现在视图框内，然后按 Enter 键或单击鼠标右键完成动态缩放。

下面通过一个实例说明动态缩放的操作过程。通过动态缩放显示图 10-5（a）中左上部分图形。

01 打开图形。图 10-5（a）位于光盘目录\素材文件\第 10 章\Char10-01.dwg 文件中，选择菜单“文件”→“打开”命令，然后找到该文件并打开。

02 单击“视图”选项卡→“二维导航”面板→“动态”按钮，此时视口显示如图 10-6（a）所示，可以看到有一个蓝色虚线方框内显示所有对象，还有一个实线矩形方框，其中央显示光标为交叉形“×”。

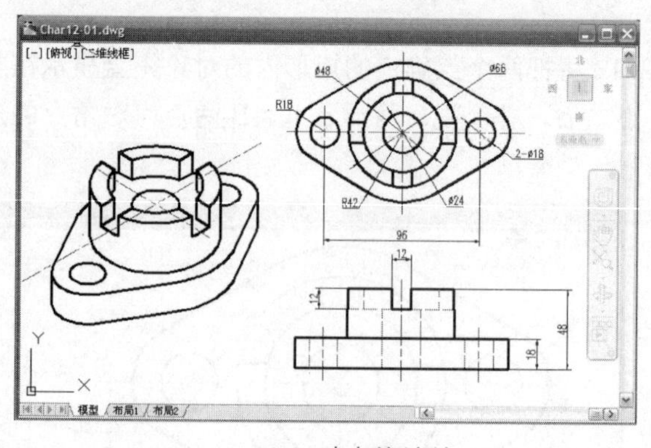

（a）动态缩放前

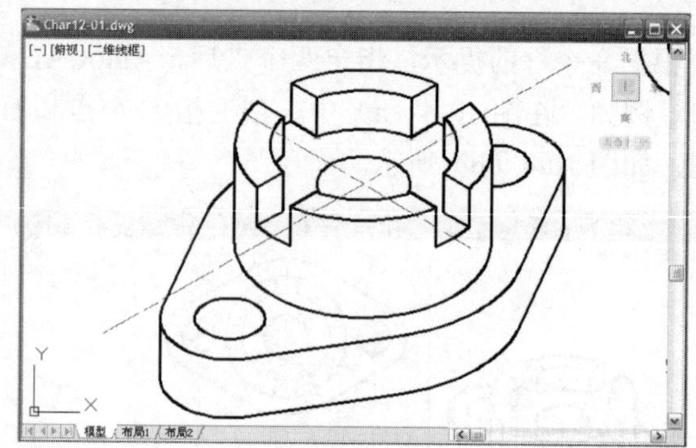

（b）动态缩放后

图 10-5 动态缩放实例

03 单击鼠标转换到缩放视图框模式，此时光标显示为箭头形“→”，此时左右移动光标调整视图框大小，上下移动光标调整视图框位置。不断单击鼠标可在缩放模式和平移模式下切换，直到视图框将左上部的图形全部框住，如图 10-6（b）所示。

04 按 Enter 键或单击鼠标右键完成动态缩放，缩放结果如图 10-5（b）所示。

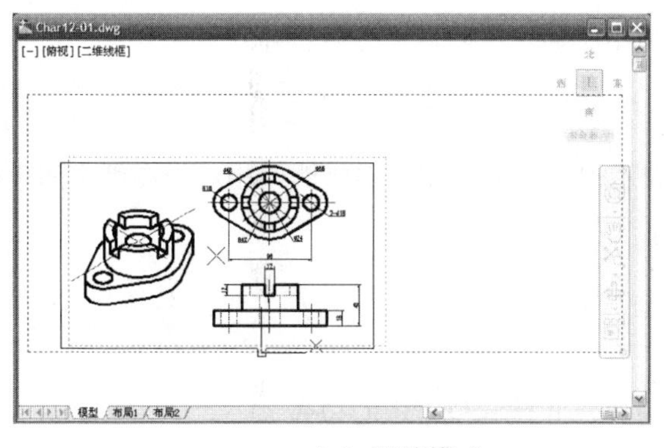

（a）平移模式

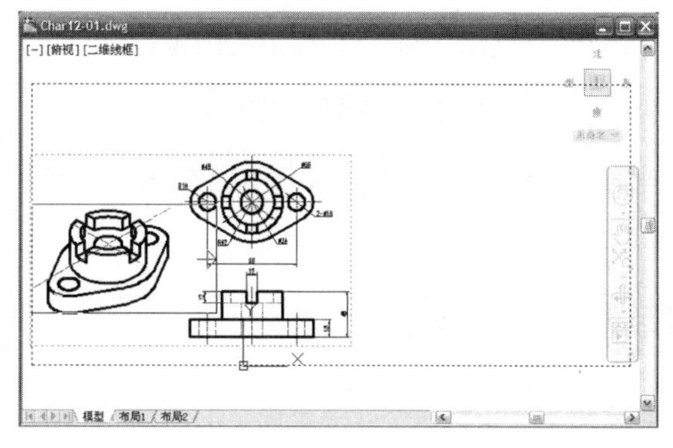

（b）缩放模式

图 10-6　动态缩放过程

10.2.5　比例缩放

比例缩放是指以指定的比例因子缩放显示图形。

AutoCAD 2012 中执行比例缩放的方法有以下 4 种。

- 经典模式：选择菜单栏中的“视图”→“缩放”→“比例”命令。
- 功能区：单击“视图”选项卡→“二维导航”面板→“缩放”系列按钮中的“比例缩放”按钮。
- 经典模式：单击“缩放”工具栏的“比例缩放”按钮。
- 运行 ZOOM 命令，然后输入 s，选择“比例(S)”选项。

执行比例缩放命令后，命令行提示：

```
输入比例因子（nX 或 nXP）：
```

此时输入缩放的比例因子。在输入值后跟 x，表示根据当前视图指定比例，例如，输入 0.5x，使屏幕上的每个对象显示为原大小的二分之一。在输入值后跟 xp，表示指定相对于图纸空间单位的比例，例如，输入 0.5xp，按图纸空间单位的二分之一显示模型空间。如果在输入值后没有 x 或 xp，那么将指定相对于图形界限的比例，这种情况使用很少，一般均跟 x 或 xp。

10.2.6　中心点缩放

中心点缩放是指缩放显示的窗口由中心点和放大比例（或高度）所定义。

AutoCAD 2012 中执行中心点缩放的方法有以下 4 种。

- 功能区：单击“视图”选项卡→“二维导航”面板→“缩放”系列按钮的“居中”按钮。
- 经典模式：选择菜单栏中的“视图”→“缩放”→“圆心”命令。
- 经典模式：单击“缩放”工具栏中的“中心缩放”按钮。
- 运行 ZOOM 命令，然后输入 c，选择“中心(C)”选项。

执行中心点缩放命令后，命令行提示：

```
指定中心点：
```

此时指定缩放的中心点，缩放后的视口将以该点为中心显示。随后命令行提示：

```
输入比例或高度<28'-11 15/16">:
```

此时仍然可以将 x 和 xp 后缀跟在输入值之后，表示根据当前视图指定比例或相对于图纸空间单位的比例。

10.2.7 对象缩放

对象缩放是指将一个或多个选定的对象充满整个视口，并使其位于中心位置。

AutoCAD 2012 中执行对象缩放的方法有以下 4 种。

- 功能区：单击“视图”选项卡→“二维导航”面板→“缩放”系列按钮中的“对象”按钮。
- 经典模式：选择菜单栏中的“视图”→“缩放”→“对象”命令。
- 经典模式：单击“缩放”工具栏中的“对象缩放”按钮。
- 运行 ZOOM 命令，然后输入 o，选择“对象(O)”选项。

执行对象缩放命令后，命令行提示：

```
选择对象:
```

此时可选择要缩放的对象，然后按 Enter 键或单击鼠标右键完成对象的缩放。如图 10-7（a）所示为选择的对象；图 10-7（b）所示为对象缩放后的显示效果。

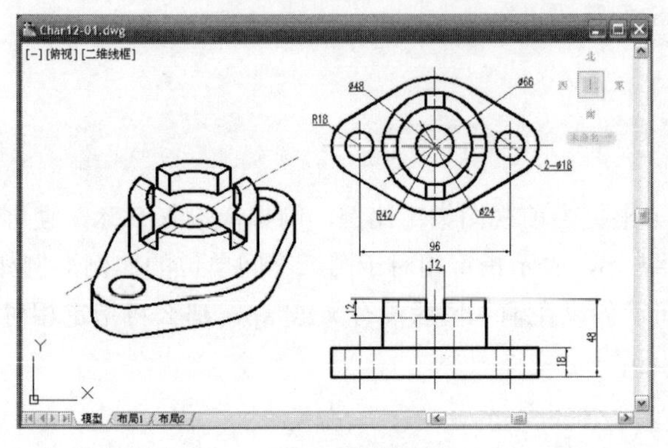

（a）选择对象

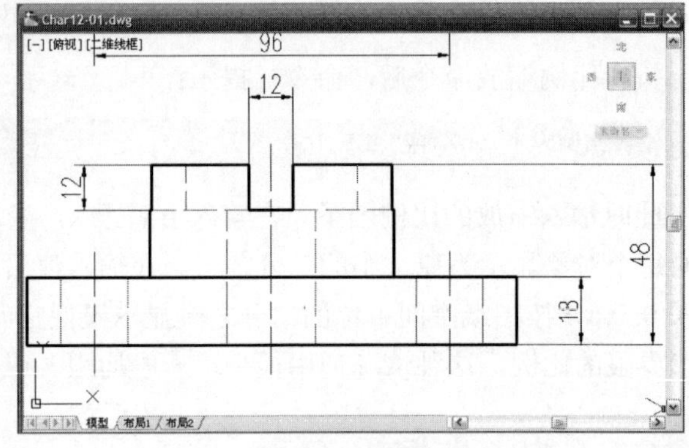

（b）对象缩放后

图 10-7　对象缩放过程

10.2.8 上一个缩放 

上一个缩放用于缩放显示上一个视图。连续执行“上一个缩放”，可依次恢复以前的视图，最多可恢复此前的 10 个视图。

在 AutoCAD 2012 中执行上一个缩放的方法有以下 4 种。

- 功能区：单击“视图”选项卡→“二维导航”面板→“缩放”系列按钮中的“上一个”按钮。
- 经典模式：选择菜单栏中的“视图”→“缩放”→“上一个”命令。

- 经典模式：单击“标准”工具栏中的“缩放上一个”按钮。
- 运行 ZOOM 命令，然后输入 p，选择“上一个(P)”选项。

“缩放上一个”缩放按钮是在“标准”工具栏而不是“缩放”工具栏。

10.2.9　全部缩放和范围缩放

全部缩放是指在当前视口中缩放显示整个图形。范围缩放是指缩放以显示图形范围并使所有对象最大显示。

在平面视图中，全部缩放可将所有图形缩放到栅格界限和当前范围两者中较大的区域中。在三维视图中，“全部缩放”选项与“范围缩放”选项等效，即使图形超出了栅格界限，也能显示所有对象。

AutoCAD 2012 中执行全部缩放的方法有以下 4 种。

- 功能区：单击“视图”选项卡→“二维导航”面板→“缩放”系列按钮中的“全部”按钮。
- 经典模式：选择菜单栏中的“视图”→“缩放”→“全部”命令。
- 经典模式：单击“缩放”工具栏中的“全部缩放”按钮。
- 运行 ZOOM 命令，然后输入 a，选择“全部(A)”选项。

AutoCAD 2012 中执行范围缩放的方法有以下 3 种。

- 功能区：单击“视图”选项卡→“二维导航”面板→“缩放”系列按钮中的“范围”按钮。
- 经典模式：选择菜单栏“视图”→“缩放”→“范围”命令。
- 经典模式：单击“缩放”工具栏中的“范围缩放”按钮。
- 运行 ZOOM 命令，然后输入 e，选择“范围(E)”选项。

10.3　平移视图

视图的平移是指在当前视口中移动视图。可以将视图比喻成放在整个图纸上的一个镜头，这个镜头可能没有图纸那么大，这时可以通过移动镜头来查看图纸中的不同部分。缩放视图的操作相当于调整镜头与图纸之间的高度，而平移视图只改变镜头在一定高度上的位置。对视图的平移操作不会改变对象在图纸中的位置。

10.3.1　平移工具栏

AutoCAD 2012 的平移操作均可以通过菜单栏“视图”→“平移”子菜单实现，如图 10-8 所示。

在“平移”子菜单中，“实时”和“定点”命令将在后面的章节中进行详细的介绍。“左”、“右”、“上”、“下”分别表示将视图向左、右、上、下 4 个方向移动。

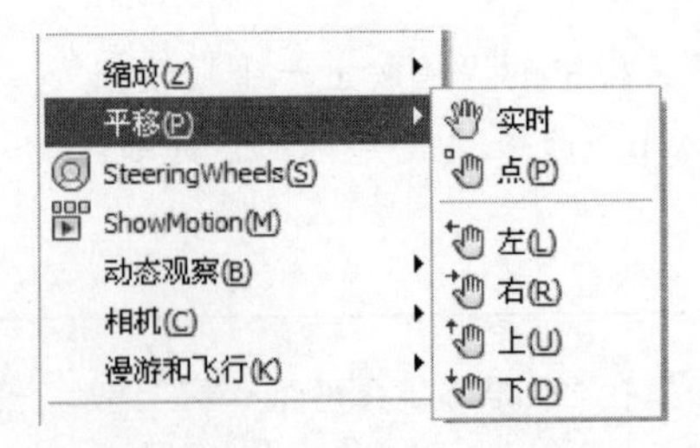

图 10-8 “平移”子菜单

10.3.2 实时平移

实时平移是指利用鼠标拖曳移动视图。

AutoCAD 2012 中执行实时平移的方法有以下 5 种。

- 功能区：单击“视图”选项卡→“二维导航”面板→“平移”按钮。
- 经典模式：选择菜单栏中的“视图”→“平移”→“实时”命令。
- 经典模式：单击“标准”工具栏中的“实时平移”按钮。
- 单击导航控制盘的“平移”按钮。
- 运行命令：PAN。

执行实时平移后，鼠标光标变成一个小手形状，此时按住鼠标不放拖曳鼠标，视图会随着鼠标的移动而移动。按 Enter 或 Esc 键，可退出实时平移。

最快捷的实时平移方法是在绘图区按住鼠标滚轮，然后拖曳鼠标。

10.3.3 定点平移

定点平移是指通过基点和位移来移动视图。

AutoCAD 2012 中执行实时平移的方法有以下两种。

- 经典模式：选择菜单栏中的“视图”→“平移”→“点”命令。
- 运行命令：-PAN。

在命令前输入连字符“-”，表示禁止显示对话框，而代之以命令行提示。

执行定点平移后，命令行将提示：

```
指定基点或位移：
```

此时可以利用鼠标拾取或键盘输入坐标值指定一点。这一步指定的点表示图形要移动的位移量或要移到的位置。指定一个点后，命令行提示：

```
指定第二点：
```

此时如果按 Enter 键，则以“指定基点或位移：”提示中指定的坐标值移动视图。例如，如果在第一个提示下指定的点坐标为（2, 2），并在第二个提示下按 Enter 键，则视图将在 X 方向移动 2 个单位，在 Y 方向移动 2 个单位。如果在“指定第二点：”提示下指定一个点，则基点位置将移动到第二点的位置，如图 10-9 所示。

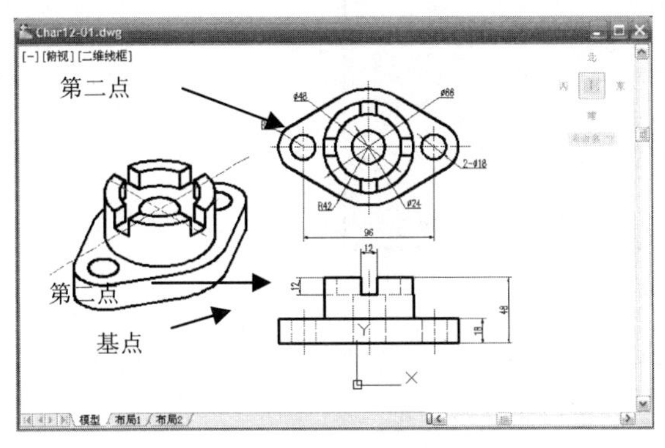

（a）指定基点和第二点

（b）定点平移结果

图 10-9　定点平移过程

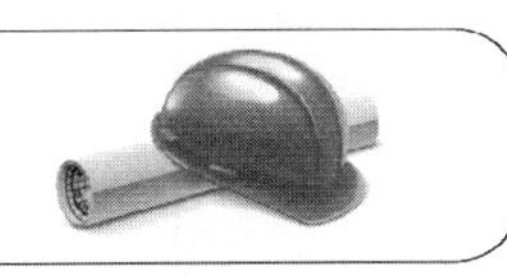

10.4 命名视图

通过 AutoCAD 2012 的命名视图，可以保存多个视图，如果要查看或修改值时恢复相应的视图即可。这对于管理大型图纸来说相当有效，可以将对应的图纸部件命名为视图，然后在查看或修改该部分时恢复视图即可。命名视图保存的是视图，即屏幕的显示；对命名视图的恢复，即将屏幕显示恢复到命名视图所定义的样式。

10.4.1 视图管理器

AutoCAD 2012 的创建、设置、重命名、修改和删除命名视图均可在视图管理器中进行，如图 10-10 所示。要打开视图管理器，可用以下 3 种方法。

- 经典模式：选择菜单栏中的“视图”→“命名视图”命令。
- 经典模式：单击“视图”工具栏中的“命名视图”按钮。
- 运行命令：VIEW。

在“视图管理器”对话框中，左侧的树状结构列出了当前的所有视图，包括模型视图、布局视图及一些预设视图。模型视图是几何定义的组合，它定义了视图及其他可选的元素，例如图层快照、视觉样式等。布局视图是图纸空间视图，它是包含模型的不同视图的二维空间。

通过视图管理器创建的命名视图为模型视图，创建后将显示在模型视图下。

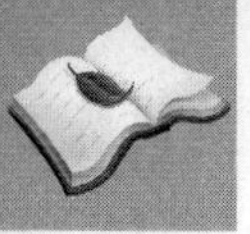

图 10-10 “视图管理器”对话框

10.4.2 新建命名视图

AutoCAD 2012 的命名视图可以保存以下设置：比例、中心点和视图方向，指定给视图的视图类别（可选），视图的位置（模型空间或特定的布局空间），保存视图时图形中图层的可见性，用户坐标系，三维透视，活动截面，视觉样式和背景等。

单击视图管理器中的 新建(N)... 按钮，将弹出“新建视图/快照特性”对话框，如图 10-11 所示。

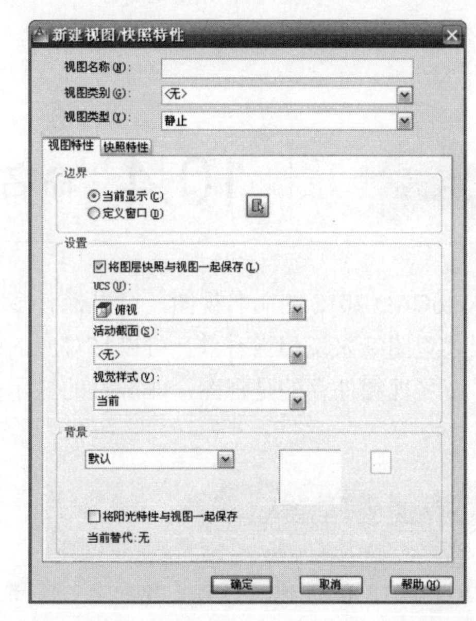

图 10-11 “新建视图/快照特性”对话框（“视图特性”选项卡）

“新建视图/快照特性”对话框中的各个元素用来定义保存的视图，其含义如下。

- “视图名称”文本框：用来输入所保存视图的名称。
- “视图类别”下拉列表框：指定命名视图的类别，可以从列表中选择一个视图类别、输入新的类别或保留此选项为空。
- “视图类型”下拉列表框：指定命名视图的视图类型。可以从“电影式”、“静止”或“录制的漫游”中选择。“电影式”是指使用一个相机位置，并应用其他电影式相机移动；“静止”仅仅包含一个已存储的相机位置；“录制的漫游”允许用户单击并沿所需动画的路径拖动。“录制的漫游”仅适用于模型空间视图。
- “当前显示”与“定义窗口”单选按钮：选择“当前显示”，表示使用当前显示作为新视图的显示范围；选择“定义窗口”或单击选择对象按钮，将自动跳出“新建视图”对话框回到绘图区，此时可指定两个角点定义一个矩形区域，指定其为命名视图的显示范围，如图 10-12 所示。指定两个角点后，按 Enter 键表示接受所选的矩形区域，并回到“新建视图”对话框继续设置。

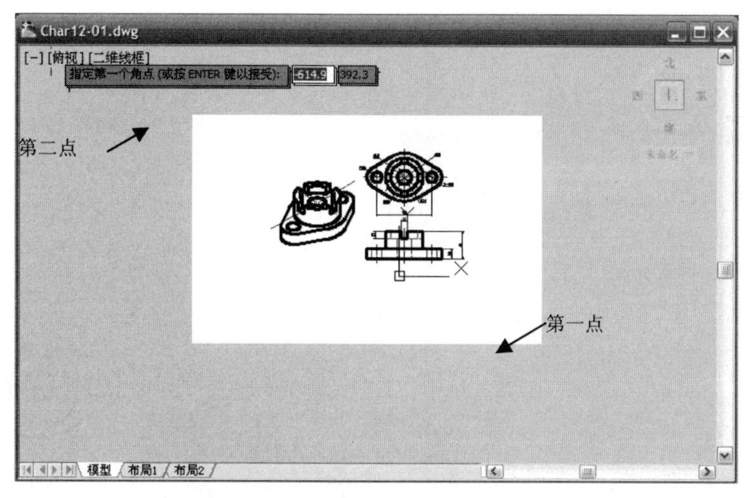

图 10-12　在新建视图时定义窗口

- UCS 下拉列表框：用于选择与新视图一起保存的坐标系。
- “活动截面”下拉列表框：（仅适用于模型视图）指定恢复视图时应用的活动截面。
- “视觉样式”下拉列表框：（仅适用于模型视图）指定要与视图一起保存的视觉样式。
- “背景”下拉列表框：用于选择视图的背景，可选择“纯色”、“渐变色”和“图像”、“阳光与无光”。背景设置仅适用于视觉样式未设置为“二维线框”的模型视图。

10.4.3　实例——创建命名视图

创建一个名称为“右上”的命名视图，视图显示 Arbor.dwg 中的右上部分图形。

01 打开光盘目录\素材文件\第 10 章\Char10-02.dwg 文件。

02 单击“视图”选项卡→“视图”面板→“视图管理器”按钮，在弹出的“视图管理器”对话框中单击 新建(N)... 按钮。

03 在弹出的“新建视图/快照特性”对话框中，在“视图名称”文本框中输入“右上”，如图 10-13（a）所示。

04 单击“边界”区域的选择对象按钮，在绘图区选择右上部分的图形，如图 10-13（b）所示，指定两个对角点后按 Enter 键，表示接受并回到“新建视图/快照特性”对话框。

05 单击 确定 按钮，完成新建视图，回到“视图管理器”对话框，如图 10-14 所示。可见刚才新建的视图“右上”显示在“模型视图”目录下，在对话框中部显示了所选视图（即刚才新建的视图）的信息，包括名称、UCS 信息等。单击 确定 按钮，回到绘图区。

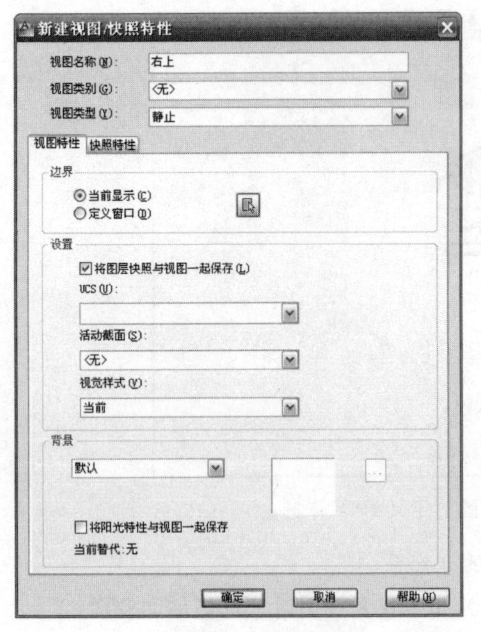

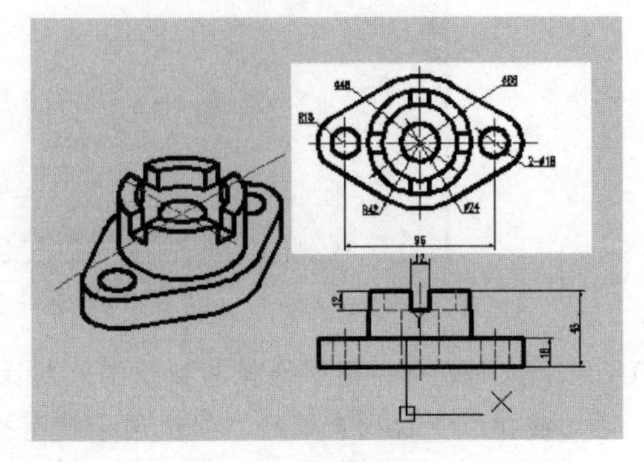

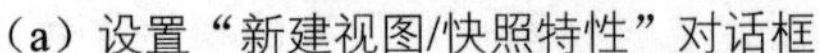
（a）设置“新建视图/快照特性”对话框　　　　（b）定义窗口

图 10-13　新建命名视图

图 10-14　视图管理器

10.4.4　编辑命名视图

用户可以在视图管理器中对已定义的命名视图进行编辑。在视图管理器中选择要编辑的命名视图后，将在对话框中部的信息区域显示视图所保存的信息，单击其中的某项目即可对其进行编辑，如“名称”、“UCS”等。

单击 更新图层(L) 按钮，可更新与选定的视图一起保存的图层信息，使其与当前模型空间和布局视口中的图层可见性相匹配；单击 编辑边界(B)... 按钮，可以重新定义命名视图的边界；单击 删除(D) 按钮可将命名视图删除。

10.4.5　恢复命名视图

AutoCAD 2012 允许一次命名多个视图，需要时可将它们恢复到当前视口显示。恢复视图时，将恢复命名视图时所保存的所有元素，如比例、中心点和视图位置等，如果定义了 UCS，会恢复 UCS。

使用恢复命名视图可进行如下操作。

- 恢复在模型空间工作时经常使用的视图。
- 在布局空间的视口中恢复命名视图。

要恢复视图，只需在视图管理器中将其置为当前即可。如恢复前的视图如图 10-15（a）所示，如果要恢复前面小节中创建的视图，可先在视图管理器左侧的树状结构中选择要恢复的视图，然后单击 置为当前(C) 按钮，再单击 确定 按钮即可，恢复过程如图 10-15（c）所示。恢复后的视图如图 10-15（b）所示。

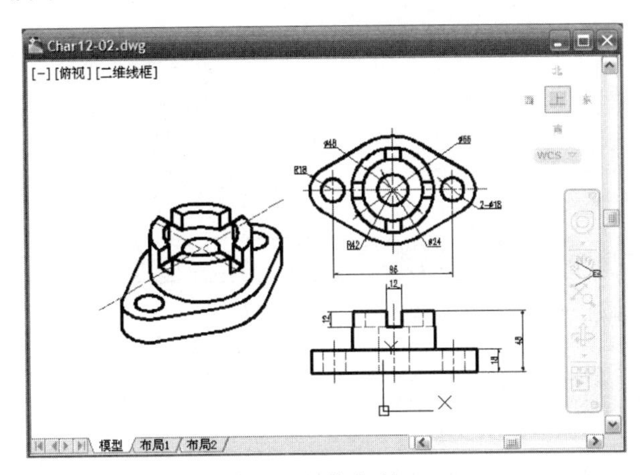

（a）恢复前

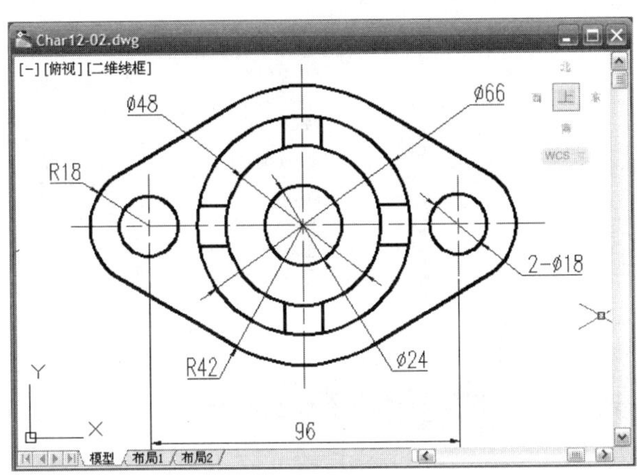

（b）恢复后

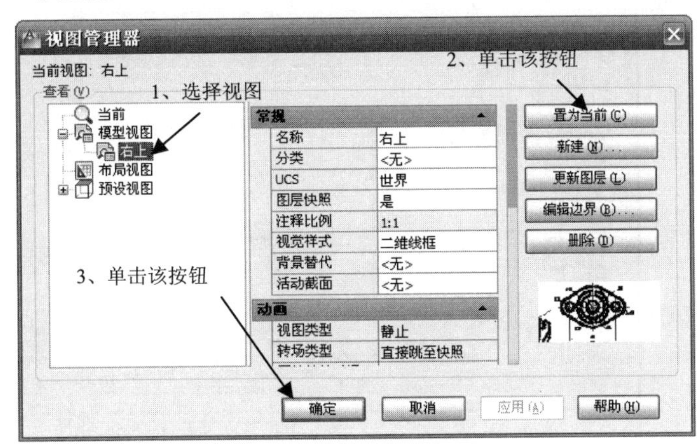

（c）恢复视图过程

图 10-15　恢复命名视图

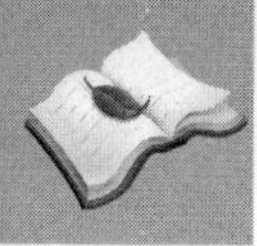

10.5 平铺视口

通过对视图的缩放和平移，可以在任何地方选择并以任意尺寸显示图形的任何部分。通过命名视图，可以保存和恢复多个指定的视图。但是，一次只能显示一个图形，如果想同时观察几个图形，要用到 AutoCAD 2012 的平铺视口功能。

在模型空间中，可将绘图区域拆分成一个或多个相邻的矩形视图，称为平铺视口。在模型空间上创建的视口充满整个绘图区域并且相互之间不重叠，可对每个视口单独进行缩放和平移操作，而不影响其他视口的显示。在一个视口中对图形做出修改后，其他视口也会立即更新。

AutoCAD 2012 中通过功能区的“视口”面板、“视图”菜单下的“视口”子菜单和“视口”工具栏创建和管理平铺视口，如图 10-16 所示。其中的“多边形视口”选项、“将对象转换为视口”选项以及“剪裁当前视口”选项只能应用于“布局”而不能应用于“模型”。

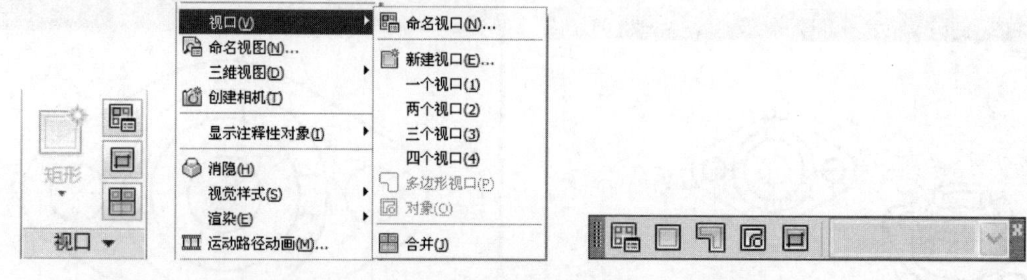

图 10-16 “视口”子菜单和“视口”工具栏

10.5.1 创建平铺视口

AutoCAD 2012 在“模型”中创建平铺视口需要在“视口”对话框中进行，如图 10-17 所示。

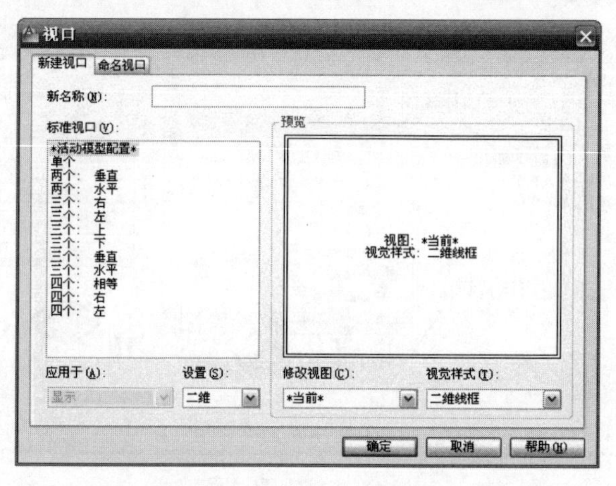

图 10-17 “视口”对话框（“新建视口”选项卡）

打开“视口”对话框，可利用以下 4 种方法。

- 功能区：单击“视图”选项卡→“视口”面板→“命名”按钮。
- 经典模式：选择菜单栏中的“视图”→“视口”→“新建视口”命令。

- 经典模式：单击“视口”工具栏中的“显示视口对话框”按钮。
- 运行命令：VPORTS。

在“视口”对话框中，“新建视口”选项卡用来创建平铺视口；“命名视口”选项卡用来恢复保存的平铺视口。

如果选择“新建视口”选项卡，可在“新名称”文本框中输入新建平铺视口的名称。如果不输入名称，则新建的视口配置只能应用而不保存。如果视口配置未保存，将不能在“布局”中使用。保存了的视口将显示在“命名视口”选项卡中的列表内。

- “标准视口”列表：列出了可用的平铺视口配置，选择其中一个后，将在“预览”区域显示所选视口配置的预览。
- “应用于”下拉列表框：将平铺视口配置应用到整个显示窗口或当前视口，包括“显示”和“当前视口”两个选项。“显示”选项为默认设置，表示将视口配置应用到所有显示窗口；“当前视口”选项表示仅将视口配置应用到当前视口。如图 10-18（a）所示为创建视口前的视口配置，左边的视口有个实线矩形方框，为当前视口。图 10-18（b）和 10-18（c）为分别将“两个：水平”视口配置应用于“显示”和“当前视口”以后的显示效果。比较图 10-18（a）和图 10-18（c），可见应用于“当前视口”只将图 10-18（a）中的左边的视口分为了水平的两个视口。如要将某视口设为当前视口，只需在视口上单击，当前视口就会有一个实线矩形框。

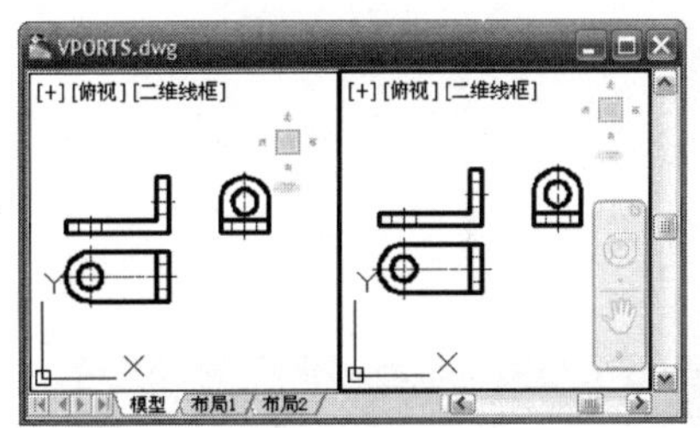

（a）创建平铺视口前

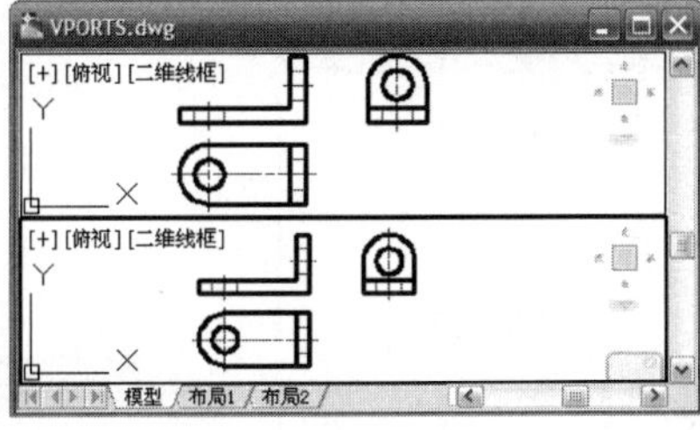

（b）应用“显示”

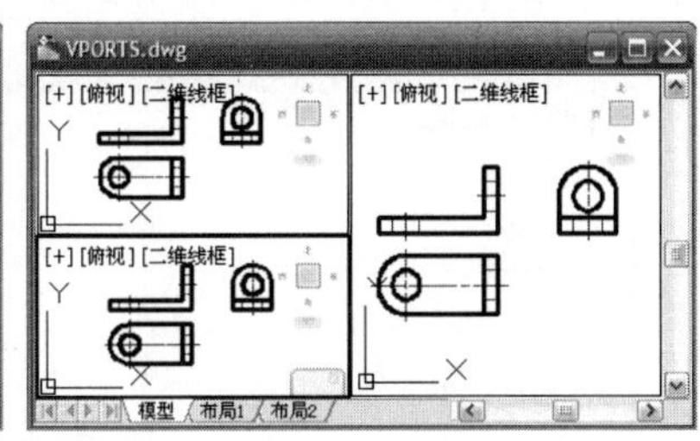

（c）应用“当前视口”

图 10-18　设置应用于“显示”和“当前视口”

- “设置”下拉列表框：指定二维或三维设置。如果选择“二维”选项，新的视口配置将通过当前视图来创建；如果选择“三维”选项，一组标准正交三维视图将被应用到配置中的视口。
- “修改视图”下拉列表框：用从列表中选择的视图替换选定视口中的视图。可以选择命名视图，如果在“设置”下拉列表框中选择“三维”选项，可以从“标准视口”列表中选择。
- “视觉样式”下拉列表框：将视觉样式应用到视口。

10.5.2　实例——新建平铺视口

新建平铺视口，将绘图窗口分为 3 个视口并将其分别缩放，如图 10-19 所示。

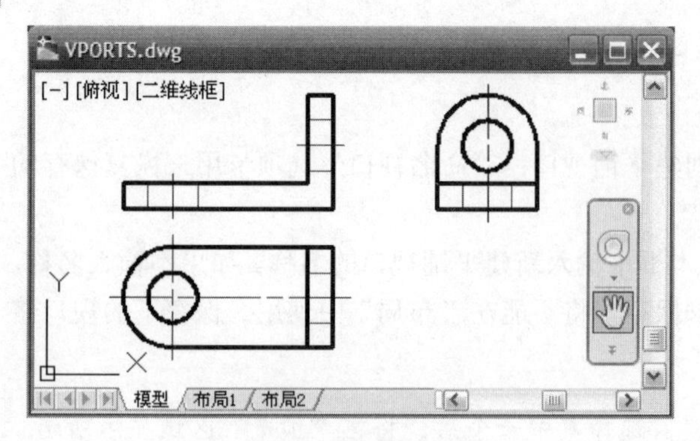

（a）新建视口前

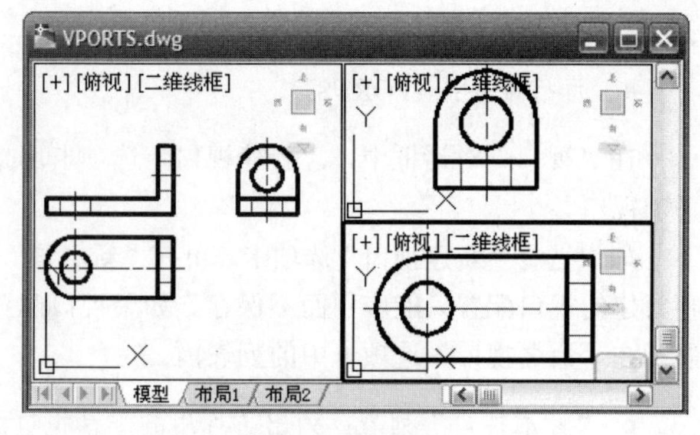

（b）新建视口并缩放后

图 10-19　新建平铺视口实例

01 打开光盘目录\素材文件\第 10 章\Char10-03.dwg 文件。

02 选择菜单栏中的“视图”→“视口”→“新建视口”命令，弹出“视口”对话框。

03 在“新名称”文本框内输入新建视口的名称“三个视口”，在“标准视口”列表中选择“三个：左”选项。此时可在其右侧的“预览”窗口中预览设置后的显示效果，如图 10-20 所示。其他选项保持默认，最后单击 确定 按钮。新建平铺视口后，此时绘图窗口的显示如图 10-21 所示，下面对 3 个视口进行缩放操作，使其显示如图 10-19（b）所示。

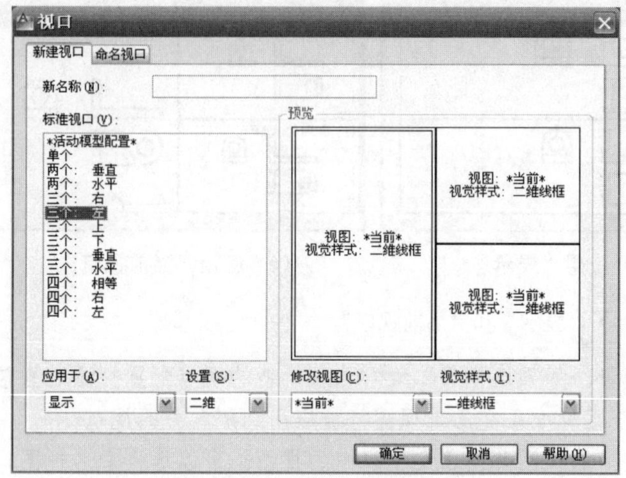

图 10-20　新建平铺视口过程

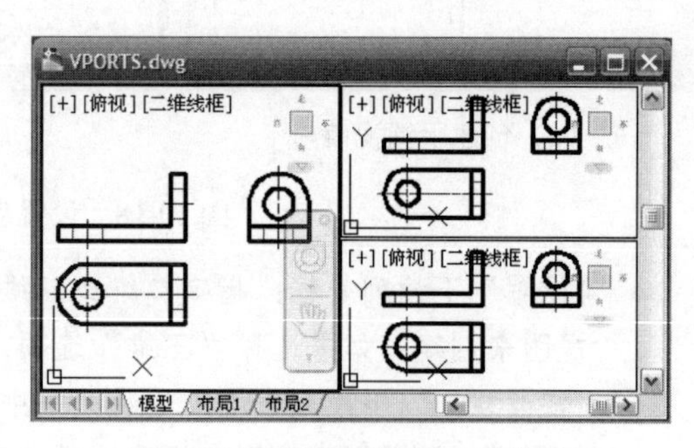

图 10-21　新建平铺视口后的显示

04 在左边的视口内单击，使其为当前视口，然后选择菜单栏中的“视图”→“缩放”→“全部”命令。

05 在右上视口内单击，使其为当前视口，然后选择菜单栏中的“视图”→“缩放”→“窗口”命令，然后按照图 10-22（a）指定缩放窗口。

06 在右下视口内单击，使其为当前视口，然后选择菜单栏中的“视图”→“缩放”→“窗口”命令，然后按照图 10-22（b）指定缩放窗口。

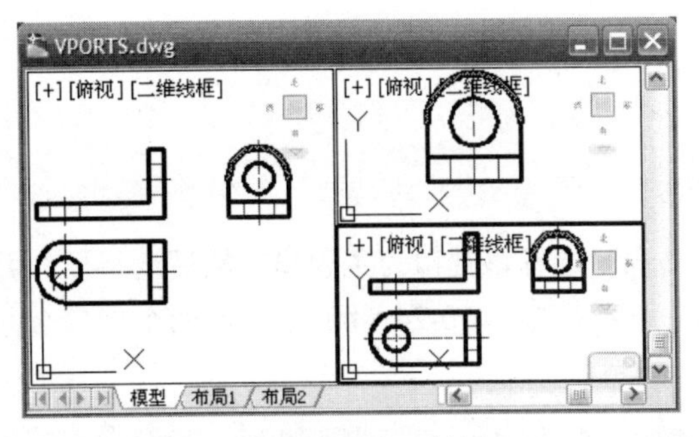

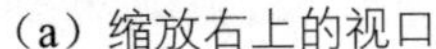
(a) 缩放右上的视口

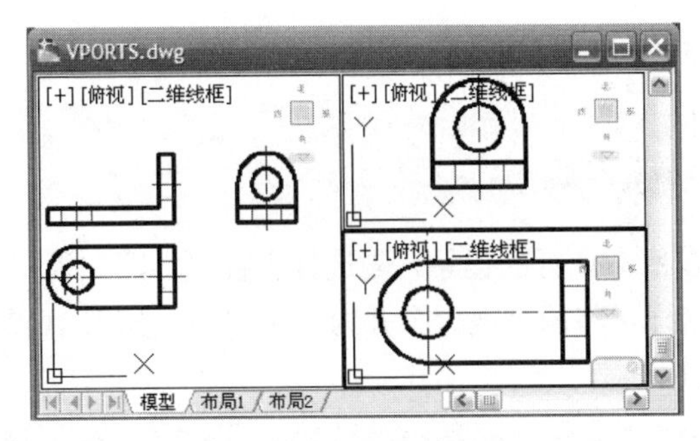

(b) 缩放右下的视口

图 10-22　对视口进行缩放操作

10.5.3　恢复平铺视口

通过“视口”对话框中的“命名视口”选项卡，可恢复已保存的平铺视口配置。如图 10-23 所示，左侧的“命名视口”列表中列出了所保存的平铺视口配置，选择其中的某个视口后，将在“预览”窗口显示其预览图像。在“命名视口”列表中选择要恢复的视口后，单击 确定 按钮，即可将保存的视口恢复，在绘图区显示出来。

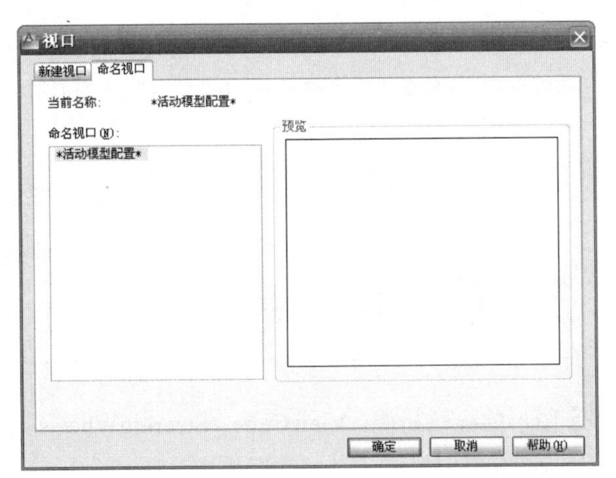

图 10-23“视口”对话框（“命名视口”选项卡）

10.5.4　分割与合并视口

1. 分割视口

在“视图”→“视口”子菜单中，“两个视口”、“三个视口”和“四个视口”这 3 个菜单项分别用于将当前视口分割成 2 个、3 个和 4 个视口。合并视口是指将两个邻接的视口合并为一个较大的视口，得到的视口将继承主视口的视图。例如，当前视口显示如图 10-24（a）所示，执行“视图”→“视口”→“四个视口”命令后，绘图窗口显示为如图 10-24（b）所示。

2. 合并视口

AutoCAD 2012 中执行合并视口的操作是：选择菜单栏中的“视图”→“视口”→“合并”命令，命

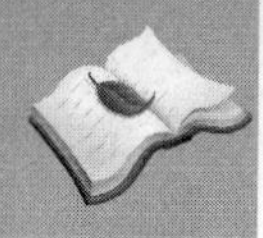

令行依次提示：

```
选择主视口<当前视口>:
选择要合并的视口:
```

按照命令行的提示，先选择主视口，即在视口上单击表示选择该视口为主视口。然后选择要合并的视口，这样可将两个视口合并为一个视口。如图 10-24（c）所示是将图 10-24（b）中下面两个视口合并为一个视口。

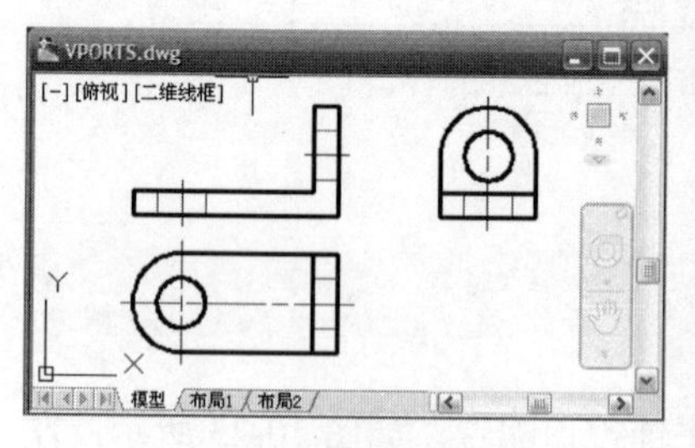

（a）原绘图窗口

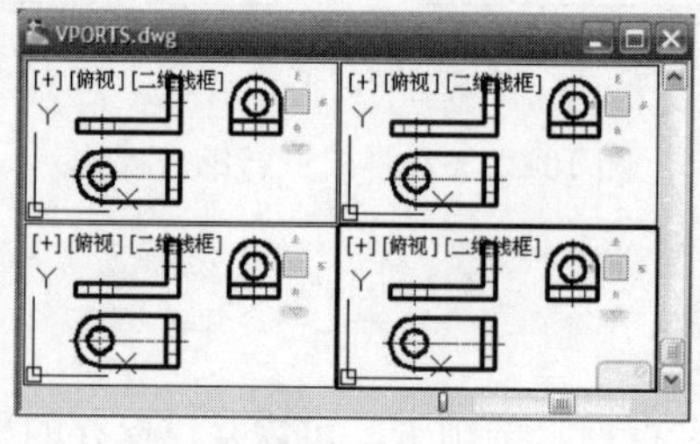

（b）分割为 4 个视口之后

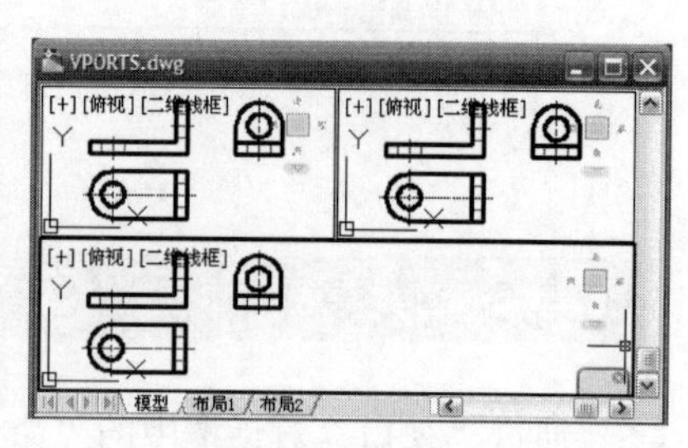

（c）合并 2 个视口之后

图 10-24　分割与合并视口

选择“视图”→“视口”→“一个视口”命令或单击“视口”工具栏中的“单个视口”按钮，可一次将视图上的所有视口合并成一个视口。

只能合并相邻的两个视口，并且要求合并后的视口能形成矩形。

10.6 导航工具

AutoCAD 2012 大大加强了图形的导航功能，ViewCube、SteeringWheels 与 ShowMotion 均是新增的图形导航工具，可快速在各个图形视图间切换。

10.6.1 ViewCube

ViewCube 应用于三维模型的导航工具，当打开三维模型或进入三维绘图模式后，将在绘图区的右上角自动显示，如图 10-25 所示。

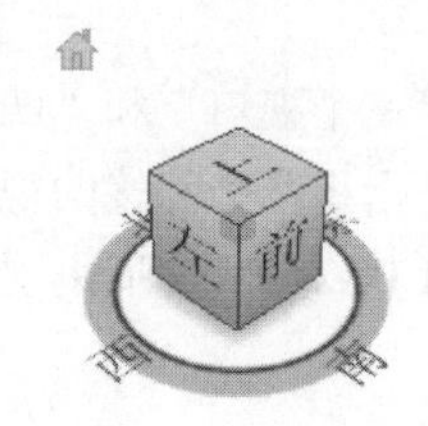

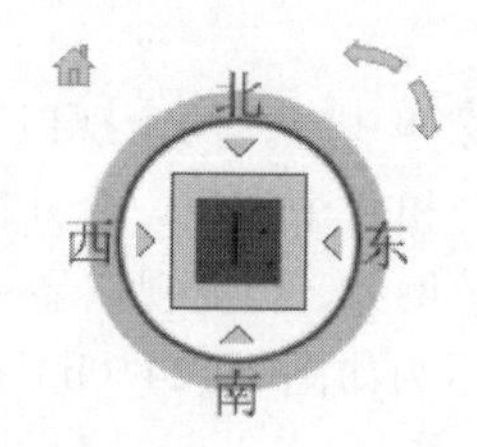

图 10-25　ViewCube 显示

打开 ViewCube 的方法如下。

- 功能区：勾选“视图”选项卡→“视图”面板→“用户界面”→“ViewCube”复选框。
- 经典模式：选择菜单栏中的“视图”→“显示”→ViewCube→“开”命令。

通过 ViewCube，用户可以在标准视图和等轴测视图间快速切换。ViewCube 可处于活动状态或不活动状态。在不活动状态时，ViewCube 显示为半透明，将光标移至 ViewCube 上方即可将其转至活动状态。如图 10-25 所示，ViewCube 显示为六面体形状，该六面体代表三维模型所处的六面体空间。单击六面体的顶点，即切换到对应的等轴测视图；单击六面体的面，即可切换到对应的标准视图；单击六面体的边，则切换到对应的侧视图。例如，在图 10-26（a）中单击顶点，显示如图 10-26（b）所示的东南等轴测视图。在 ViewCube 上拖动即可旋转模型，相当于自由动态观察。

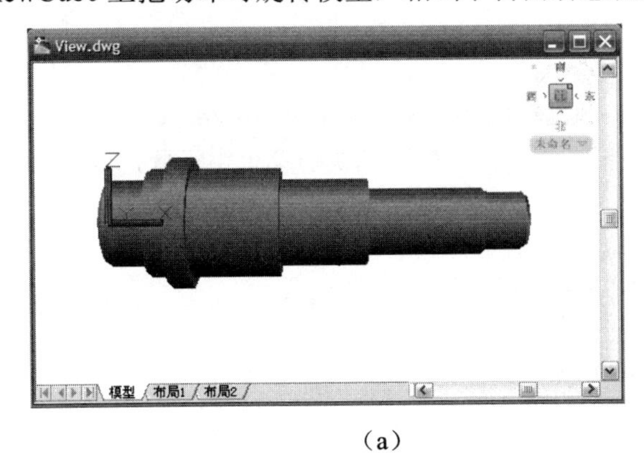

（a）

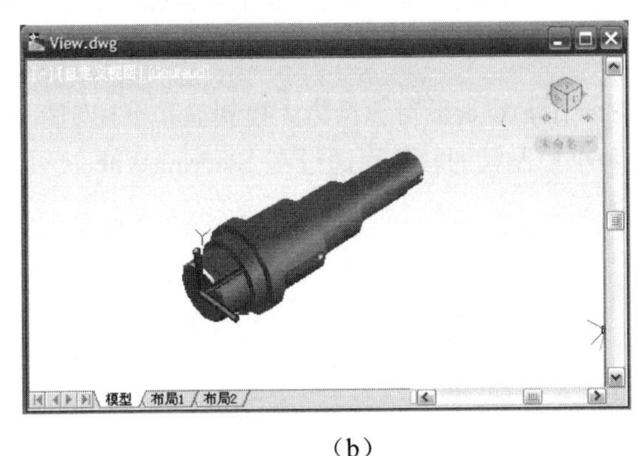

（b）

图 10-26　显示东南等轴测视图

AutoCAD 2012 通过“ViewCube 设置”对话框对 ViewCube 进行设置，如图 10-27 所示。AutoCAD 2012 打开“ViewCube 设置”对话框的方法如下。

- 经典模式：选择菜单栏中的“视图”→“显示”→ViewCube→“设置”命令。
- 在 ViewCube 上单击鼠标右键，在弹出的快捷菜单中选择“ViewCube 设置”命令。
- 运行命令：NAVVCUBE。

“ViewCube 设置”对话框主要用于控制 ViewCube 的可见性和显示特性。

在“显示”选项组，“屏幕位置”下拉列表框可设置 ViewCube 显示在视口的哪个角，可选择为右上、右下、左上和左下；调整“ViewCube 大小”滑块，可控制 ViewCube 的显示尺寸；调整“不活动时的不透明度”滑块，可控制 ViewCube 处于不活动状态时的不透明度级别；如果选择“显示 UCS 菜单”复选框，那么在 ViewCube 下还将显示 UCS 的下拉菜单。

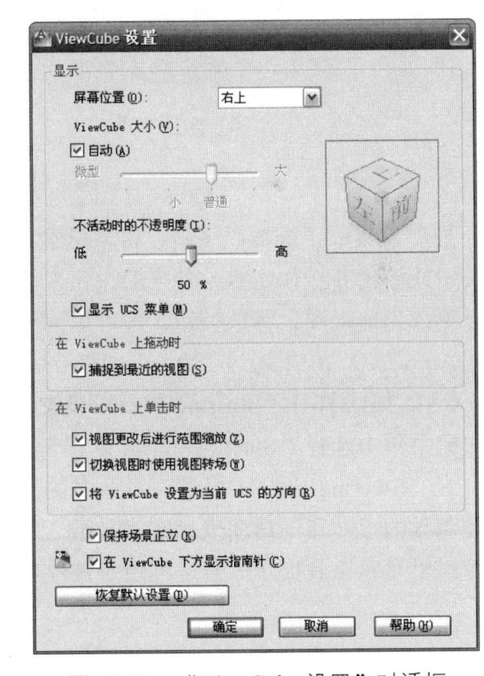

图 10-27　“ViewCube 设置”对话框

“ViewCube 设置”对话框的其他复选框可定义鼠标在 ViewCube 上拖动或单击的动作。

10.6.2 SteeringWheels

SteeringWheels（也称作控制盘）是划分为不同部分（称作按钮）的追踪菜单。控制盘上的每个按钮代表一种导航工具，可以以不同的方式平移、缩放或操作模型的当前视图。SteeringWheels 将多个常用导航工具组合到一个单一界面中，从而为用户节省了空间（如图 10-28 所示）。

要显示 SteeringWheels，可按照以下 4 种方法。

- 功能区：单击“视图”选项卡→“导航”面板→SteeringWheels 按钮（“三维建模”工作空间）。
- 经典模式：选择菜单栏中的“视图”→SteeringWheels 命令。
- 单击导航控制盘的 SteeringWheels 按钮。
- 运行命令：NAVSWHEEL。

SteeringWheels 可显示为大控制盘和小控制盘两种，分别如图 10-28（a）和图 10-28（c）所示。大控制盘和小控制盘的转换可通过在 SteeringWheels 上单击鼠标右键，从弹出的快捷菜单中设置，如图 10-28（b）所示。

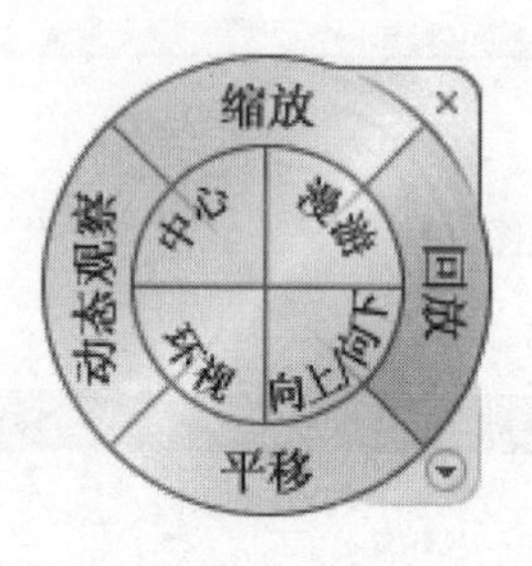

（a）大控制盘

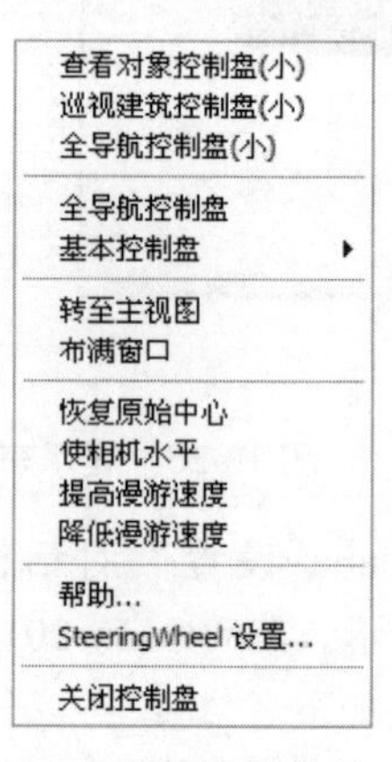

（b）右键快捷菜单

（c）小控制盘

图 10-28　SteeringWheels

控制盘集成了缩放、平移、动态观察和回放等视图工具。显示控制盘后，可以通过单击控制盘上的一个按钮或单击并按住定点设备上的按钮来激活其中一种可用的导航工具。按住按钮后，在图形窗口上拖动，可以更改当前视图；释放按钮，即可返回至控制盘。

AutoCAD 2012 通过“SteeringWheels 设置”对话框对 SteeringWheels 进行设置，如图 10-29 所示。AutoCAD 2012 打开“SteeringWheels 设置”对话框的方法为：在 SteeringWheels 上单击鼠标右键，在弹出的快捷菜单中选择“SteeringWheel 设置”命令。

在“SteeringWheels 设置”对话框的“大控制盘”和“小控制盘”选项组中，可分别设置大控制盘和小控制盘的尺寸和不透明度。在“显示”选项组中“显示工具消息”复选框用于控制当前工具的消息显示与否；“显示工具提示”复选框用于控制控制盘上按钮的工具提示的显示。

图 10-29　“SteeringWheels 设置”对话框

“SteeringWheels 设置”对话框的其他选项组分别用于定义漫游、缩放及回放缩略图等。

10.6.3　ShowMotion

AutoCAD 2012 的 ShowMotion 可以将定义的命名视图组织为动画序列，这些动画序列可用于创建演示和检查设计。视图只是静态的图像，通过 ShowMotion 将其组织成动画。另外，ShowMotion 也可以直接创建动画，或者称为快照。如图 10-30 所示，如果图形中定义了命名视图，那么单击状态栏上的 ShowMotion 按钮，打开 ShowMotion 后将显示各个视图的缩略图。

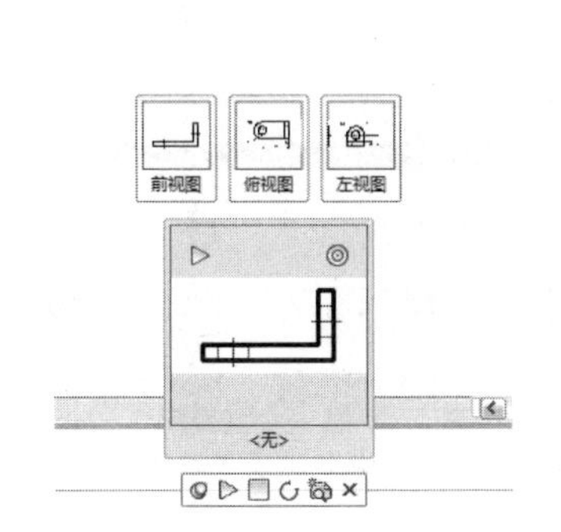

（a）ShowMotion 工具栏与视图缩略图

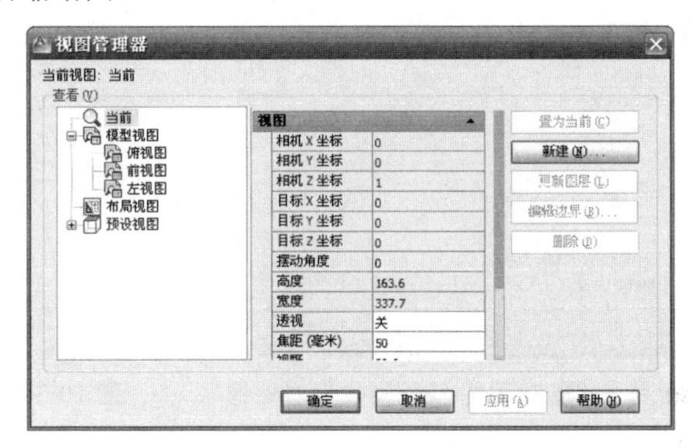

（b）视图管理器中保存的命名视图

图 10-30　ShowMotion

1. 创建 ShowMotion 快照

如前所述，ShowMotion 可以播放视图序列或快照，视图序列为命名视图排成的序列。本节将介绍如何创建 ShowMotion 快照。

AutoCAD 2012 中创建 ShowMotion 快照可以通过“新建视图/快照特性”对话框实现，如图 10-31 所示。“新建视图/快照特性”对话框包括两个选项卡，分别为“视图特性”和“快照特性”。“视图特性”选项卡主要用于创建静态的命名视图，前面已经介绍。下面介绍“快照特性”选项卡。

“新建视图/快照特性”对话框可通过单击 ShowMotion 工具栏中的“新建快照”按钮打开。

“快照特性”选项卡主要用于定义使用 ShowMotion 回放的视图的转场和运动。“快照特性”选项卡包括“转场”和“运动”两个选项组。

（1）“转场”选项组用于定义回放视图时使用的转场，即两个动作之间的连接部分。

- “转场类型”下拉列表框：用于定义回放视图时使用的转场类型。
- “转场持续时间”文本框：用于设定转场的时间。

（2）“运动”选项组用于定义回放视图时的动作，该区域的左侧窗口为视图的预览。

- “移动类型”下拉列表框：用于定义快照的移动类型。只有在将命名视图指定为“电影式”视图类型后，才能定义移动类型。对于模型空间，可以使用“放大”、“缩小”、“向左追踪”、“向右追踪”、“升高”、“降低”、“环视”和“动态观察”；对于布局视图，则只能使用“平移”和“缩放”。选择了“移动类型”后，则会有相应的定义选项列出。如图 10-32 所示，选择了“动态观察”之后，会出现定义“持续时间”等控件。“持续时间”调整框用于设置动画回放的时间；“向左/向右度数”调整框可设置相机可以围绕 Z 轴旋转的角度；“向上/向下度数”调整框可设置相机可以围绕 XY 平面旋转的角度。

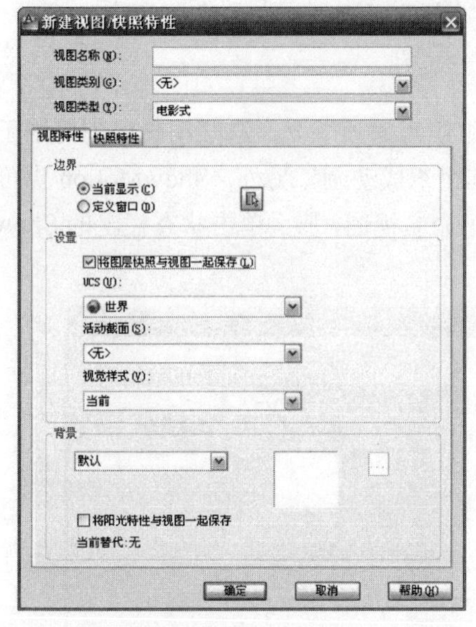

图 10-31 “新建视图/快照特性”对话框

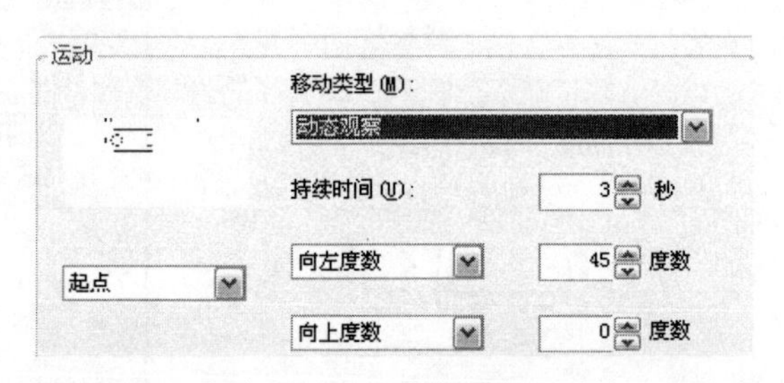

图 10-32 移动类型为“动态观察”时的设置选项

2. 播放 ShowMotion 动画

ShowMotion 工具栏中的“播放”按钮▷、“停止”按钮□和“循环”按钮↻分别用于控制 ShowMotion 动画的播放、停止和循环。

打开 ShowMotion 后，在视图缩略图中选择要播放的快照，然后单击“播放”按钮▷可播放动画；单击“停止”按钮□即停止播放；单击“循环”按钮↻则将该动画循环播放。

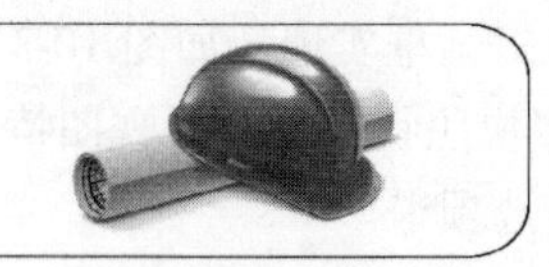

10.7 打开或关闭可见元素

在使用 AutoCAD 2012 的过程中，有时候所绘制的图形较复杂，这时系统将耗费大量资源用于显示图形，而处理命令的资源相对减少。为了加快处理命令的速度，提高程序的性能，可设置一些可见元素的显示方式，例如，当多段线和圆环、实体填充多边形（二维填充）、图案填充、渐变填充和文字以简化格式显示时，显示性能将得到提高，并且简化显示也可以提高测试打印的速度。

对可见元素的显示进行设置后，必须使用重生成命令才能显示出设置结果。

10.7.1　打开或关闭实体填充显示

使用 FILL 命令可打开或关闭实体填充。当关闭“填充”模式时，多段线、实体填充多边形、渐变填充和图案填充以轮廓的形式显示，而且不打印填充。如图 10-33 所示为实体填充显示打开和关闭时所显示的多段线和圆环。

（a）打开实体填充（FILL 设置为 ON）

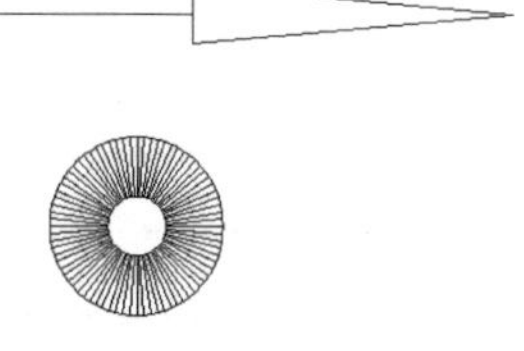

（b）关闭实体填充（FILL 设置为 OFF）

图 10-33　打开和关闭实体填充显示

AutoCAD 2012 有以下两种方法设置实体填充显示。

- 经典模式：选择菜单栏中的“工具”→“选项”命令，弹出“选项”对话框，切换到“显示”选项卡，在“显示性能”选项组中勾选“应用实体填充”复选框。
- 运行命令：FILL。

运行 FILL 命令后，命令行将提示如下：

```
输入模式 [开(ON)/关(OFF)] <开>:
```

输入 on 或 off 即可完成 FILL 系统变量的设置。

10.7.2　打开或关闭文字显示

如果在包含使用复杂字体的大量文字图形中打开“快速文字”模式，将仅显示或打印定文字的矩形框，如图 10-34 所示。

AutoCAD 2012 有以下两种方法设置文字显示。

- 经典模式：选择菜单栏中的“工具”→“选项”命令，弹出“选项”对话框，切换到“显示”选项卡，在“显示性能”选项组中选择“仅显示文字边框”复选框。
- 运行命令：QTEXT。

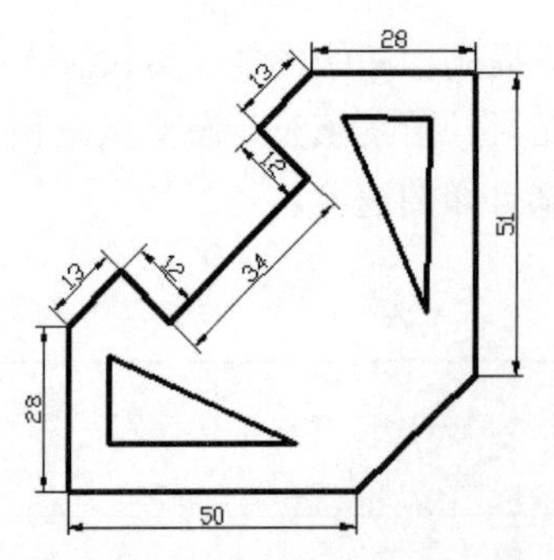

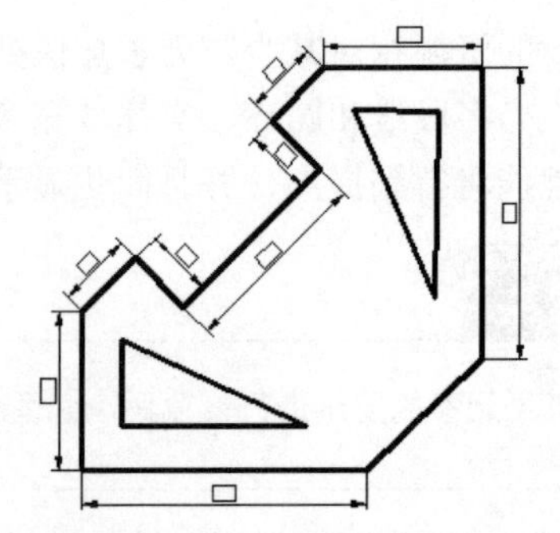

（a）打开文字显示（QTEXT 设置为 ON）　　（b）关闭文字显示（QTEXT 设置为 OFF）

图 10-34　打开或关闭文字显示

10.7.3　打开或关闭线宽显示

任何线的宽度如果超过了一个像素，就有可能降低 AutoCAD 的性能。如果要改善显示性能，可以关闭线宽，如图 10-35 所示。与实体填充和文字显示的设置不同，无论打开还是关闭线宽显示，线宽总是以其真实值打印。

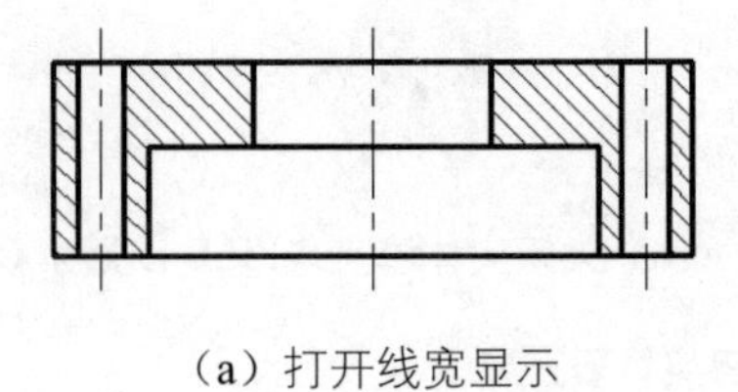

（a）打开线宽显示　　（b）关闭线宽显示

图 10-35　打开或关闭线宽显示

AutoCAD 2012 有以下 3 种方法设置线宽显示。

- 经典模式：选择菜单栏中的“格式”→“线宽”命令
- 运行 lweight 命令，在弹出的“线宽设置”对话框中选择“显示线宽”复选框。
- 单击状态栏上的“线宽”按钮，设置显示或隐藏线宽。

10.8　知识回顾

本章介绍了各种视图和视口工具，一定要区分这两个概念。视图是指在整个绘图区显示的图像，用户可以放大图形中的细节以便仔细查看，或者将视图移动到图形的其他部分；视口将模型空间的绘图区域拆分成多个单独的查看区域，这些区域称为模型空间视口。同样，用户也可以在布局空间上创建视口，这些视口称为布局视口，通过它们可以在图纸上排列图形的视图。常用的视图工具均有快捷操作方式，随着绘图练习的增多，自然会熟练掌握这些快捷的操作方式。

第 11 章

精确绘制图形

AutoCAD 系列软件最重要的特点之一，就是提供了相当多的工具，使用户能很容易绘制极其精确的图形。虽然输入点的坐标值可以精确地定位，但是坐标值的计算和输入有时候却是件很麻烦的事情。AutoCAD 2012 的精确绘图工具可以让大部分的坐标输入工作转移到鼠标单击上来。虽然精确绘图工具不能直接绘制图形，但是通过这些工具，不但可以精确地定位所绘制实体之间的位置和连接关系，还可以显著地提高绘图效率。

另外，在进行图形设计时往往要用到图解法解析某些几何问题，而精确绘图工具既能快速且又精确地解决这些问题，比如切点的确定等。

AutoCAD 2012 的精确绘图工具主要包括捕捉、栅格和正交、对象捕捉和对象追踪、极轴追踪及动态输入等。

学习目标

- 各种精确绘图工具的使用
- 使用“草图设置”对话框设置精确绘图工具
- 学会使用“动态宏”
- 了解 CAL 命令和快速计算器
- 使用“查询”子菜单查询图形信息

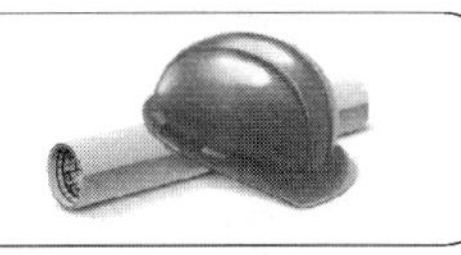

11.1 捕捉与栅格

在使用 AutoCAD 2012 绘图的过程中，要提高绘图的速度和效率，可以显示并捕捉矩形栅格，还可以定义其间距、角度和对齐。

使用“正交”模式可将光标限制在水平或垂直方向上移动，配合直接距离输入方法可以创建指定长度的正交线或将对象移动指定的距离。

11.1.1 使用捕捉与栅格

捕捉模式用于限制十字光标，使其只按照定义的间距移动。当捕捉模式打开时，光标附着或捕捉到不可见的栅格。捕捉模式有助于使用方向键或定点设备来精确地定位点。

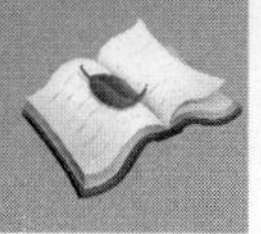

要打开或关闭捕捉模式，可使用以下 3 种方法。

- 单击状态栏的“捕捉模式”按钮。
- 按 F9 键。
- 经典模式：选择菜单栏中的“工具”→“绘图设置”命令（或者右键单击状态栏的“捕捉模式”按钮，选择“设置”命令），弹出“草图设置”对话框，切换到“捕捉和栅格”选项卡，勾选“启用捕捉”复选框。

栅格是点或线的矩阵，遍布指定为栅格界限的整个区域。如图 11-1 所示为栅格的两种类型：点栅格与线栅格。如果用 vscurrent 命令将视觉样式设置为“二维线框”，则显示为点栅格，如设置为其他样式，则显示为线栅格。使用栅格相当于在图形下放置一张坐标纸，利用栅格可以对齐对象并直观显示对象之间的距离。

栅格只在屏幕上显示，不打印输出。

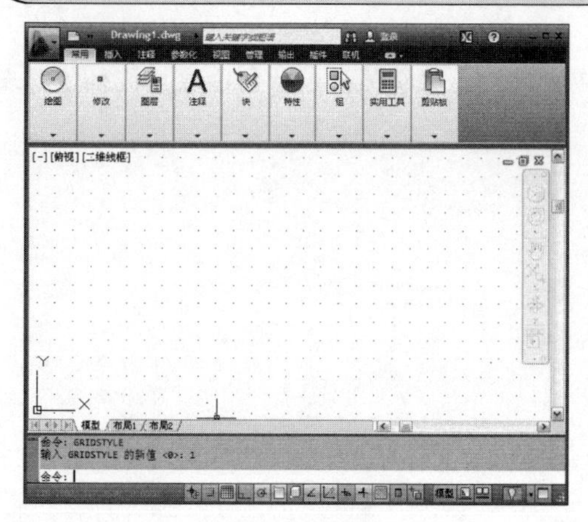

（a）点栅格

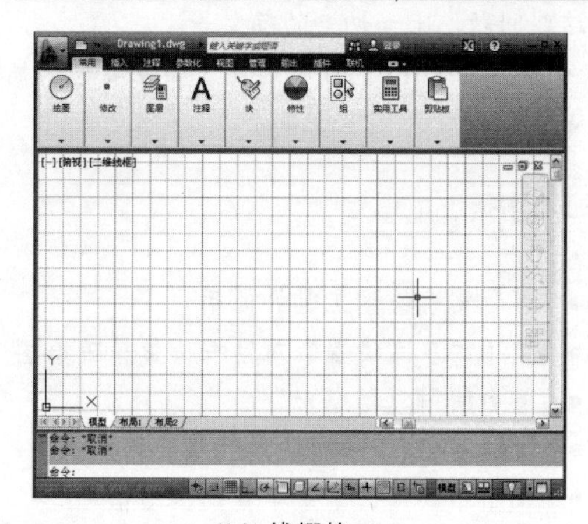

（b）线栅格

图 11-1　使用“栅格”模式

要打开或关闭栅格模式，可使用以下 3 种方法。

- 单击状态栏的“栅格显示”按钮。
- 按 F7 键。
- 经典模式：选择菜单栏中的“工具”→“绘图图设置”命令（或者右键单击状态栏的“捕捉模式”按钮，选择“设置”命令），弹出“草图设置”对话框，切换到“捕捉和栅格”选项卡，选择“启用栅格”复选框。

栅格模式和捕捉模式各自独立。“独立”的意思是捕捉模式和栅格模式可以独立打开和关闭；捕捉模式打开时并不一定捕捉的就是定义的栅格上的点，而是根据捕捉模式的设置来捕捉。但是，这两者经常同时打开，配合使用。例如，可以设置较大的栅格间距用作参照，但使用较小的捕捉间距以保证定位点时的精确性。

11.1.2　设置栅格与捕捉

AutoCAD 2012 还可设置栅格间距，捕捉间距、角度和对齐。对栅格和捕捉的设置可以通过“草图设置”对话框的“捕捉和栅格”选项卡来实现，如图 11-2 所示。

在 AutoCAD 2012 中打开“草图设置”对话框的方法如下。

- 经典模式：选择菜单栏中的“工具”→“绘图设置”命令。
- 在状态栏的精确绘图工具按钮上单击鼠标右键，在弹出的快捷菜单中选择“设置”命令。
- 运行命令：DSETTINGS。

图 11-2　“草图设置”对话框中的“捕捉和栅格”选项卡

“启用捕捉”和“启用栅格”复选框分别用于打开和关闭捕捉模式和栅格模式，括号内的 F9 和 F7 分别代表它们的快捷键。由图 11-2 可知，“草图设置”对话框主要分为两个部分，左侧用于捕捉设置，右侧用于栅格设置。

1. 捕捉设置

“草图设置”对话框左侧的捕捉设置部分主要包括“捕捉间距”、“极轴间距”和“捕捉类型”3 个选项组。

（1）“捕捉间距”选项组：可设置捕捉在 X 轴和 Y 轴方向的间距。如果勾选“X 轴间距和 Y 轴间距相等”复选框，可以强制 X 轴和 Y 轴间距相等。

（2）“极轴间距”选项组：“极轴距离”文本框用于设置极轴捕捉增量距离，必须在“捕捉类型”选项组中选择 PolarSnap（极轴捕捉），该文本框才可用。如果该值为 0，则极轴捕捉距离采用“捕捉 X 轴间距”的值。“极轴距离”设置与极坐标追踪、对象捕捉追踪结合使用。如果两个追踪功能都未启用，则“极轴距离”设置无效。

（3）“捕捉类型”选项组：可以通过 3 个单选按钮分别选择“矩形捕捉”、“等轴测捕捉”与“极轴捕捉”3 种捕捉类型。

- “矩形捕捉”是指捕捉矩形栅格上的点，即捕捉正交方向上的点，如图 11-3（a）所示；
- “等轴测捕捉”用于将光标与 3 个等轴测轴中的两个轴对齐，并显示栅格，从而使二维等轴测图形的创建更加轻松；
- “极轴捕捉”需与“极轴追踪”一起使用，当两者均打开时，光标将沿在“极轴追踪”选项卡上相对于极轴追踪起点设置的极轴对齐角度进行捕捉，如图 11-3（b）所示。

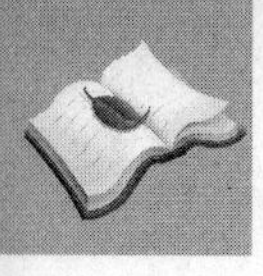

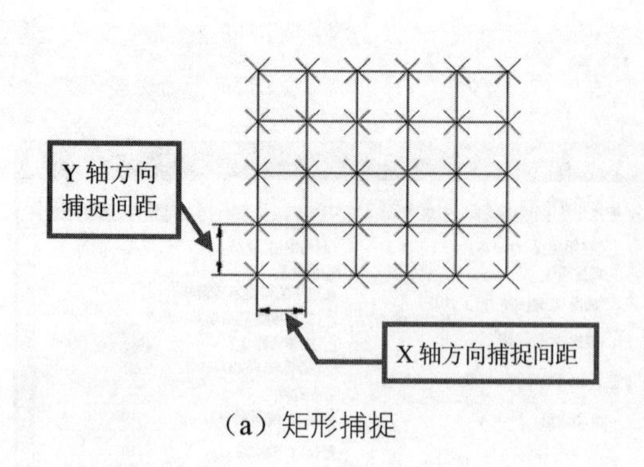

（a）矩形捕捉

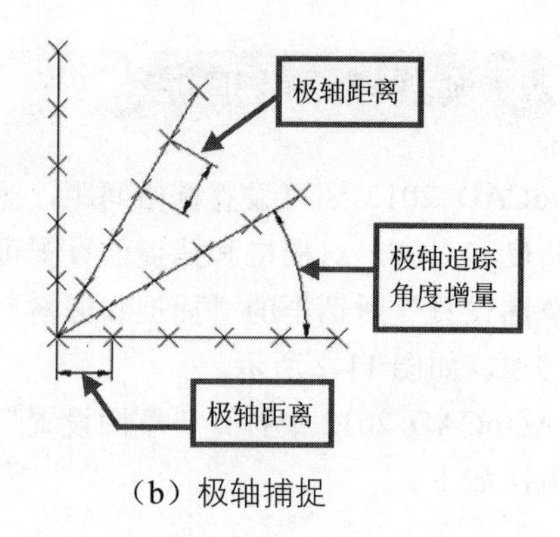

（b）极轴捕捉

图 11-3　捕捉类型

2．栅格设置

“草图设置”对话框右侧的栅格设置部分主要包括“栅格样式”、“栅格间距”和“栅格行为”3 个选项组。

（1）“栅格样式”选项组：通过选择“二维空间”、“块编辑器”和“图纸/布局”复选框，设置点栅格显示的位置。即点栅格可以显示在二维空间、块编辑器和图纸/布局中。

（2）“栅格间距”选项组：通过“栅格 X 轴间距”和“栅格 Y 轴间距”文本框，设置栅格在 X 轴、Y 轴方向上的显示间距，如果它们设置为 0，那么栅格采用捕捉间距的值。“每条主线之间的栅格数”调整框用于指定主栅格线相对于次栅格线的频率，只有当栅格显示为线栅格时才有效，如图 11-4 所示。

（3）“栅格行为”选项组：勾选“自适应栅格”复选框后，在视图缩小和放大时，自动控制栅格显示的比例。“允许以小于栅格间距的间距再拆分”复选框用于控制在视图放大时是否允许生成更多间距更小的栅格线。“显示超出界线的栅格”复选框用于设置是否显示超出 LIMITS 命令指定的图形界限之外的栅格。“遵循动态 UCS”复选框可更改栅格平面，以跟随动态 UCS 的 XY 平面。

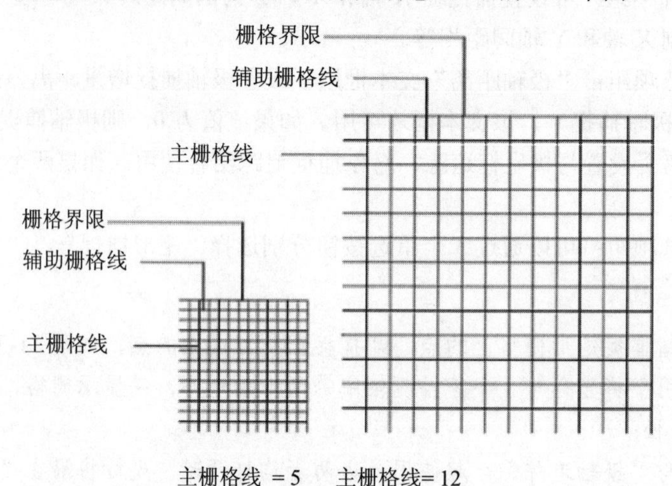

图 11-4　主栅格线相对于次栅格线

除了“草图设置”对话框，还可以使用 snap 和 grid 命令设置捕捉和栅格。另外，在“选项”对话框中的“绘图”选项卡中单击 颜色(C)... 按钮，可设置栅格线的颜色。

11.2 正交模式与极轴追踪

11.2.1 使用正交模式

使用正交模式可以将光标限制在水平或垂直方向上移动，以便于精确地创建和修改对象。打开正交模式后，移动光标时，不管是水平轴还是垂直轴，哪个离光标最近，拖动引线时将沿着该轴移动。这种绘图模式非常适合绘制水平或垂直的构造线以辅助绘图。如图 11-5 所示，在绘制直线时，如果不打开正交模式，可以通过指定 A 点和 B 点绘制一条如图 11-5（a）所示的直线；但是如果打开正交模式，再通过 A 点和 B 点绘制直线时，将绘制水平方向的直线，如图 11-5（b）所示。

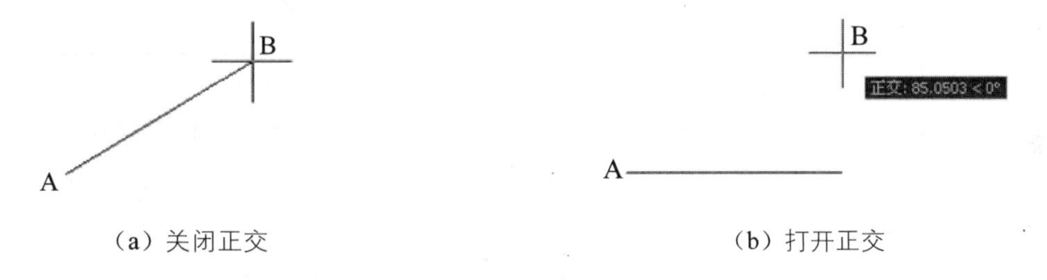

（a）关闭正交　　　　（b）打开正交

图 11-5　使用正交模式绘制直线

正交模式对光标的限制仅仅限于在命令的执行过程中，比如绘制直线时。在无命令的状态下，鼠标仍然可以在绘图区自由移动。

打开或关闭正交模式有以下 3 种方法。

- 单击状态栏上的“正交模式”按钮。
- 按 F8 键。
- 运行命令：ORTHO。

使用正交模式时，要注意以下两点：

- 在命令执行过程中可随时打开或关闭正交，输入坐标或使用对象捕捉时将忽略正交。要临时打开或关闭正交，可按住临时替代键 Shift。
- 正交模式和极轴追踪不能同时打开，打开正交将关闭极轴追踪。

11.2.2 使用极轴追踪

在绘图过程中，使用 AutoCAD 2012 的极轴追踪功能，可以绘制由指定的极轴角度所定义的临时对齐路径，显示为一条橡皮筋线。

打开或关闭极轴追踪有以下 3 种方法。

- 单击状态栏上的“极轴追踪”按钮。
- 按 F10 键。
- 经典模式：选择菜单栏中的“工具”→“草图设置”命令，弹出“草图设置”对话框，切换到“极轴追踪”选项卡，选择“启用极轴追踪”复选框。

打开极轴追踪之后，在绘制或编辑图形的过程中，当光标移动时，如果接近极轴角，将显示对齐路径和工具提示。

11.2.3 实例——极轴追踪

利用极轴追踪绘制相互成 60° 的两条直线，如图 11-6 所示。

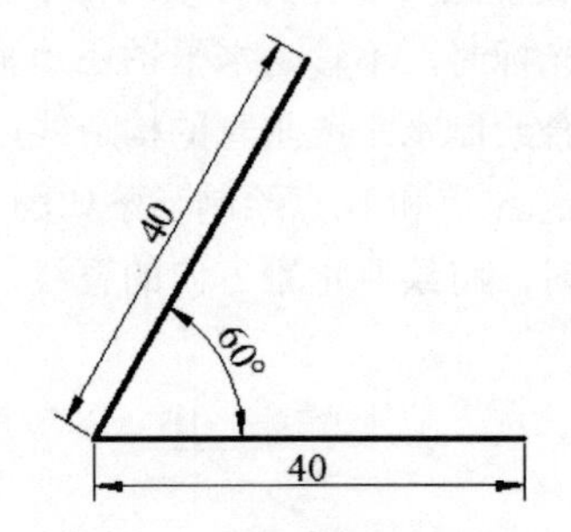

图 11-6 极轴追踪绘制实例

1．打开极轴追踪

单击状态栏上的“极轴追踪”按钮，使其处于选中状态。

2．设置极轴追踪

01 在状态栏“极轴追踪”按钮上单击鼠标右键，从弹出的快捷菜单中选择“设置”命令，打开“草图设置”对话框。

02 默认打开的是“极轴追踪”选项卡，单击“增量角”下拉列表框，选择 30。

03 单击 确定 按钮，完成极轴追踪的设置。

3．绘制直线 AB

01 单击“常用”选项卡→“绘图”面板→“直线”按钮，在命令行提示“_line 指定第一点:”时，指定 A 点为直线的起点。

02 命令行继续提示“指定下一点或 [放弃(U)]:”时，将光标移动到 A 点的 0° 方向，此时将显示一条 0° 方向上的橡皮筋线，在橡皮筋线上停留几秒后将显示该橡皮筋线的方向及在该方向上的距离，如图 11-7（a）所示。

03 此时输入 40 后按 Enter 键，指定直线的长度为 40，而橡皮筋线的方向表示直线的方向即为 0° 方向。这一步通过极轴追踪绘制了一条 0° 方向的直线 AB，完成后可按 Enter 键或 Esc 键退出直线命令。

4．绘制直线 AC

01 单击“常用”选项卡→“绘图”面板→“直线”按钮，在命令行提示“_line 指定第一点:”时，仍然指定 A 点为直线的起点。

02 命令行继续提示“指定下一点或 [放弃(U)]:”时，将光标移动到 A 点的 60° 方向，此时将显示一条该方向上的橡皮筋线，如图 11-7（b）所示。如同步骤 03 的操作，输入 40 后按 Enter 键指定直线长度为 40，然后按 Enter 键或 Esc 键退出直线命令。

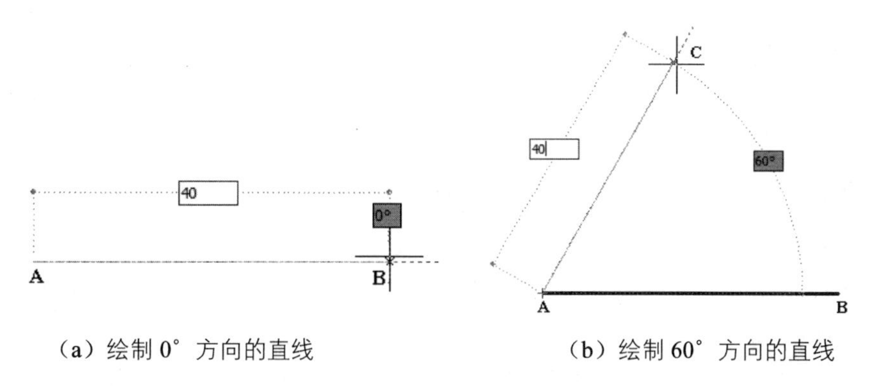

（a）绘制 0° 方向的直线　　（b）绘制 60° 方向的直线

图 11-7 使用极轴追踪

11.2.4 设置极轴追踪

极轴追踪也是在“草图设置”对话框中设置，可以打开“草图设置”对话框，切换到“极轴追踪”选项卡，可设置极轴追踪的选项，如图 11-8 所示。

图 11-8“草图设置”对话框中的“极轴追踪”选项卡

（1）“极轴角设置”选项组：可设置极轴追踪的增量角与附加角。

- “增量角”下拉列表框：用来选择极轴追踪对齐路径的极轴角增量。可输入任何角度，也可以从下拉列表中选择 90、45、30、22.5、18、15、10 或 5 这些常用角度。注意，这里设置的是增量角，即选择某一角度后，将在这一角度的整数倍数角度方向显示极轴追踪的对齐路径。
- “附加角”复选框：勾选该复选框后，可指定一些附加角度。单击 新建(N) 按钮，新建增量角度，新建的附加角度将显示在左侧的列表框内；单击 删除 按钮，将删除选定的角度。最多可以添加 10 个附加极轴追踪对齐角度。注意，附加角设置的是绝对角度，即如果设置 28°，那么除了在增量角的整数倍数方向上显示对齐路径外，还将在 28° 方向显示，如图 11-9 所示。

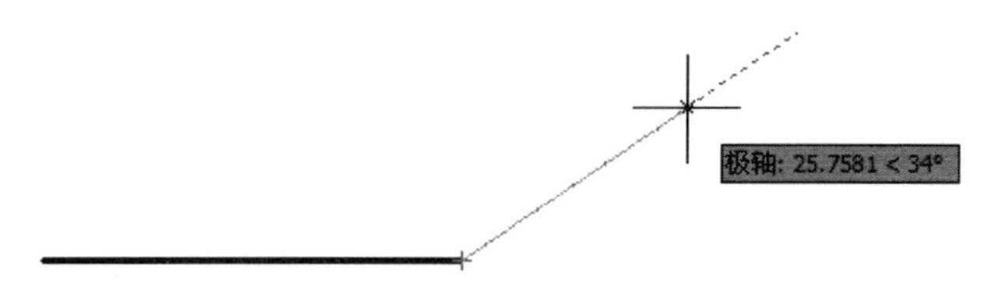

图 11-9　设置附加角

（2）“对象捕捉追踪设置”选项组：可设置对象捕捉和追踪的相关选项。这一选项组的设置选项，要求打开对象捕捉和追踪才能生效，这将在下一节详细介绍。

- “仅正交追踪”单选按钮：当对象捕捉追踪打开时，仅显示已获得的对象捕捉点的正交（水平/

垂直）对象捕捉追踪路径。

- “用所有极轴角设置追踪”单选按钮：将极轴追踪设置应用于对象捕捉追踪。使用对象捕捉追踪时，光标将从获取的对象捕捉点起沿极轴对齐角度进行追踪。

（3）“极轴角测量”选项组：可设置测量极轴追踪对齐角度的基准。

- “绝对”单选按钮：选中该单选按钮，表示根据当前用户坐标系（UCS）确定极轴追踪角度。如图 11-10（a），在绘制完一条与 UCS 的 0° 方向成一定角度的直线后，极轴追踪的对齐角度仍然以 UCS 的 0° 方向为 0° 方向。
- “相对上一段”单选按钮：选中该单选按钮，表示根据上一个线段确定极轴追踪角度。如图 11-10（b）所示，在绘制完一条与 UCS 的 0° 方向成一定角度的直线后，极轴追踪的对齐角度以上一条直线的方向为 0° 方向。

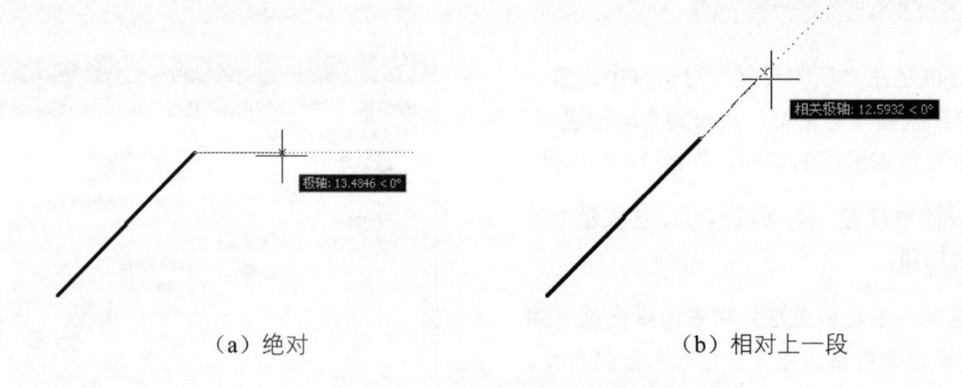

（a）绝对　　（b）相对上一段

图 11-10　设置极轴角的测量基准

11.3 对象捕捉与对象追踪

对象捕捉和对象追踪都是针对指定对象上的特征点的精确定位工具。

AutoCAD 2012 的对象捕捉功能可指定对象上的精确位置。例如，使用对象捕捉可以绘制到圆心或多段线中点的直线。而使用对象捕捉追踪，可以沿着基于对象捕捉点的对齐路径进行追踪。

使用对象捕捉和追踪可以快速而准确地捕捉到对象上的一些特征点，或捕捉到根据特征点偏移出来的一系列的点。另外，还可以很方便地解决绘图过程中的一些解析几何问题，而不必一步步地计算和输入坐标值。

11.3.1 使用对象捕捉

只要命令行提示输入点，都可以使用对象捕捉。默认情况下，当光标移动到对象的捕捉位置时，光标将显示为特定的标记和工具栏提示。如图 11-11 所示分别为捕捉到直线的端点和椭圆的圆心，只需在命令行提示指定点时将光标移动到特征点附近即可。

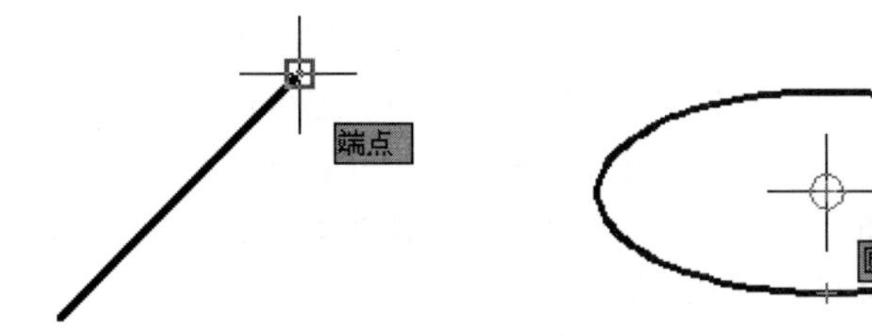

图 11-11 使用对象捕捉

打开或关闭对象捕捉有以下 5 种方法。

- 单击状态栏上的“对象捕捉”按钮。
- 按 F3 键。
- 经典模式：选择菜单栏中的“工具”→“草图设置”命令，弹出“草图设置”对话框，切换“对象捕捉”选项卡，选择“启用对象捕捉”复选框。
- 经典模式：单击“对象捕捉”工具栏中的“对象捕捉设置”按钮，弹出“草图设置”对话框，切换“对象捕捉”选项卡，勾选“启用对象捕捉”复选框。
- 在命令行提示指定点时，按住 Shift 键后在绘图区单击鼠标右键，选择快捷菜单中的“对象捕捉设置”命令，弹出“草图设置”对话框，切换到“对象捕捉”选项卡，勾选“启用对象捕捉”复选框。

另外，AutoCAD 2012 还专门提供了“对象捕捉”工具栏和“对象捕捉”快捷菜单，以方便绘图过程中使用，如图 11-12 和图 11-13 所示。

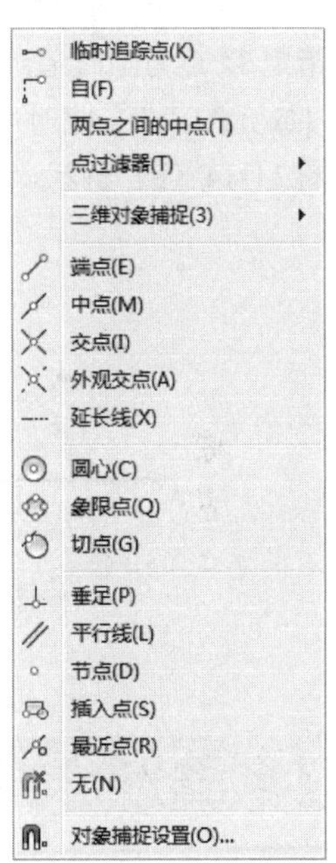

图 11-12 “对象捕捉”工具栏

图 11-13 “对象捕捉”快捷菜单

“对象捕捉”工具栏在默认情况下不显示，可以在任意工具栏上单击鼠标右键，从弹出的快捷菜单中选择“对象捕捉”命令，打开该工具栏；“对象捕捉”快捷菜单是在命令行提示指定点时，按住 Shift 键后在绘图区单击鼠标右键打开。

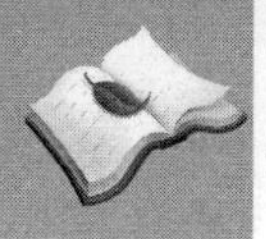

"对象捕捉"工具栏和"对象捕捉"快捷菜单一般在下面的情况中使用：

对象分布比较密集或者特征点分布比较密集。这时打开对象捕捉后，捕捉到的可能不是用户需要的特征点，例如，本想要捕捉的是中点，但是由于对象太密集，有可能捕捉到的是另一个交点。这时，如果单击"对象捕捉"工具栏的中点按钮或选择"对象捕捉"快捷菜单中的"中点"命令，则可只捕捉对象的中点，从而避免捕捉到错误的特征点而导致绘图误差。

利用对象捕捉可方便地捕捉到 AutoCAD 2012 所定义的特征点，比如端点、中点、象限点、切点和垂足等，在图 11-12 和图 11-13 所示的"对象捕捉"工具栏和快捷菜单中可以看到分别有对应的按钮或菜单项与之对应。

如在绘图过程中要指定这些特征点，可利用"对象捕捉"工具栏和快捷菜单选择要捕捉的特征点。不同的特征点，捕捉时将显示为不同的对象捕捉标记。例如，捕捉端点时显示为方块，而捕捉圆心时显示为圆形。

除了对象特征点之外，还有其他的对象捕捉方法，"对象捕捉"工具栏和快捷菜单上的第一项均为"临时追踪点"，第二项为"捕捉自"。这两种对象捕捉方法均要求与对象追踪联合使用。

"捕捉自"按钮用于基于某个基点的偏移距离来捕捉点；而临时追踪点是为对象捕捉而创建的一个临时点，该临时点的作用相当于使用"捕捉自"按钮时的捕捉基点，通过该点可在垂直和水平方向上追踪出一系列点来指定一点。

例如，图 11-14（a）中的一条直线 AB，如果要在其基础上绘制另一条直线 BC，C 点位置在 B 点的水平正方向 30 个单位，垂直位置正方向 60 个单位。在执行绘制直线命令后，命令行提示"_line 指定第一点:"时，指定 B 点，然后命令行提示"指定下一点或 [放弃(U)]:"，此时先不指定第二个点；单击"对象捕捉"工具栏的临时追踪点按钮，命令行将提示"_tt 指定临时对象追踪点:"，此时可利用对象追踪的方法指定 D 点为临时追踪点，显示为一个小加号"+"，指定临时追踪点后，命令行继续提示"指定下一点或 [放弃(U)]:"，此时可在使用 D 点作为临时追踪点指定其垂直方向上的 C 点为直线的第二点。绘制过程如图 11-14（b）所示，结果如图 11-14（c）所示。

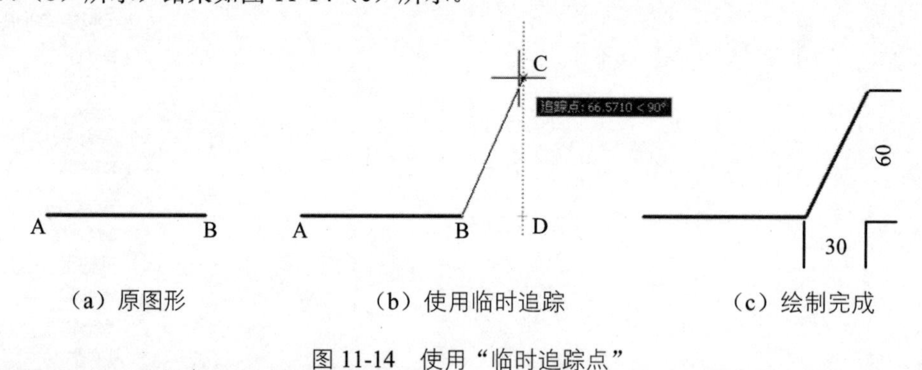

图 11-14 使用"临时追踪点"

11.3.2 实例——绘制垂线

过一点绘制到一条直线的垂线，如图 11-15 所示。

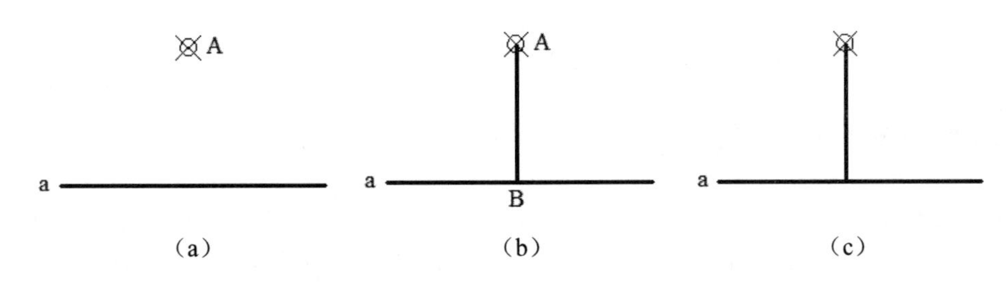

（a）　　（b）　　（c）

图 11-15　对象捕捉实例 1

如图 11-15（a）所示，已知直线 a 和直线外一点 A，要求过 A 点绘制一条直线垂直于直线 a，垂足为 B 点。可按以下步骤进行绘制。

01 单击“常用”选项卡→“绘图”面板→“直线”按钮。

02 当命令行提示“_line 指定第一点:”时，此时先不指定点。

03 单击“对象捕捉”工具栏的“捕捉到节点”按钮，然后将光标移至 A 点附近，光标自动磁吸 A 点并显示对象捕捉标记为，此时单击 A 点指定其为直线的第一点。

04 指定第一点后，命令行继续提示“指定下一点或 [放弃(U)]:”，此时也先不指定点。

05 单击“对象捕捉”工具栏的“捕捉到垂足”按钮，然后将光标移至直线 a 附近，光标自动磁吸并显示对象捕捉标记为，此时单击鼠标即可指定 B 点（即显示为的地方）为直线的第二点，如图 11-15（b）所示，按 Enter 键或 Esc 键完成垂线绘制。绘制结果如图 11-15（c）所示。

11.3.3　实例——绘制公切线

绘制两个圆的公切线，如图 11-16 所示。

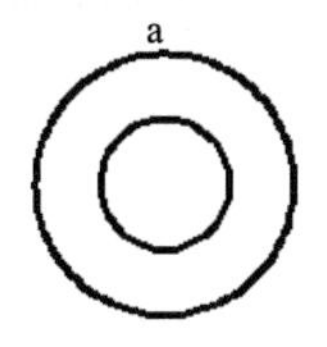

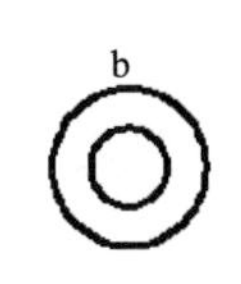

（a）原图形

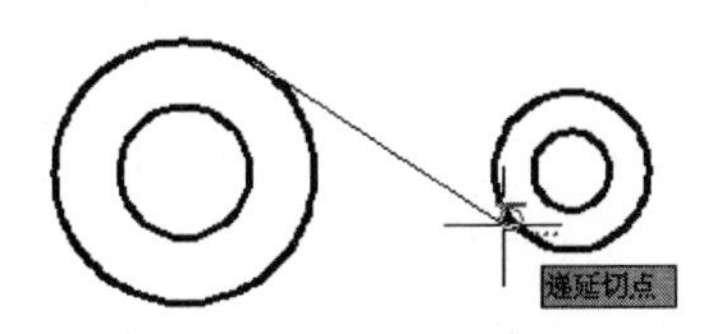

（b）捕捉切点

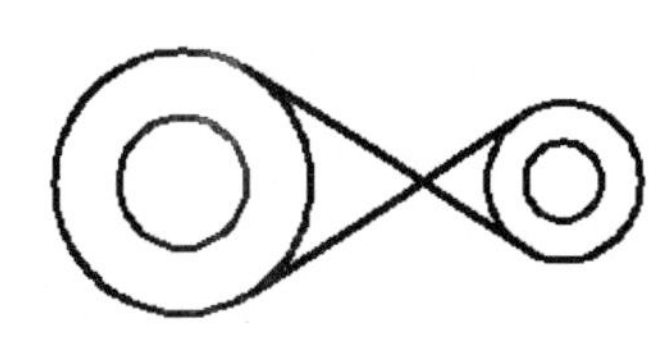

（c）绘制结果

图 11-16　对象捕捉实例 2

如图 11-16（a）所示，两个相邻的圆 a 与圆 b，它们的直径不相同，要求绘制它们的两条公切线。此时可利用捕捉切点的功能，按以下步骤进行绘制。

01 单击“常用”选项卡→“绘图”面板→“直线”按钮。

02 当命令行提示“_line 指定第一点:”时，先不指定点。

03 单击“对象捕捉”工具栏的“捕捉到切点”按钮，然后将光标移至圆 a 附近，光标自动磁吸到圆 a 上并显示对象捕捉标记为，此时单击即可指定切点为直线的第一点。

04 指定第一点后，命令行继续提示“指定下一点或 [放弃(U)]:”，也先不指定点。

05 单击“对象捕捉”工具栏的“捕捉到切点”按钮，然后将光标移至圆 b 附近，光标自动磁吸到圆 b 上并显示对象捕捉标记为，此时单击即可指定切点为直线的第二点，如图 11-16（b）所示。

06 按 Enter 键或 Esc 键完成垂线绘制。

07 利用同样的方法绘制第二条公切线，绘制结果如图 11-16（c）所示。

11.3.4 使用对象追踪

AutoCAD 2012 的对象追踪又称为自动追踪，该功能可以帮助用户按照指定的角度或按照与其他对象的特定关系绘制对象。当自动追踪打开时，临时对齐路径可以以精确的位置和角度创建对象。自动追踪经常与对象捕捉功能联合使用。

默认情况下极轴追踪项是不打开的，即只追踪对象点在垂直和水平方向上的点。要打开该选项，可在“草图设置”对话框的“极轴追踪”选项卡中选中“用所有极轴角设置追踪”单选按钮。

打开或关闭自动追踪有以下 3 种方法。

- 单击状态栏上的“对象捕捉追踪”按钮∠。
- 按 F11 键。
- 经典模式：选择菜单栏中的“工具”→“草图设置”命令，弹出“草图设置”对话框，切换到“对象捕捉”选项卡，勾选“启用对象捕捉追踪”复选框。

启用自动追踪后，当绘图过程中命令行提示指定点时，可将光标移动至对象的特征点上（类似于对象捕捉），但无需单击该特征点指定对象，只需将光标在特征点上停留几秒使光标显示为特征点的对象捕捉标记。

然后移动鼠标至其他位置，将显示到特征点的橡皮筋线，表示追踪该特征点（如打开极轴追踪，将在各个极轴角度方向上显示）；显示橡皮筋线后，即可单击或输入坐标值指定点。例如，要在点 A 的 45°方向上距离 90 个单位的地方为圆心绘制一个半径为 50 个单位的圆，可按以下步骤绘制。

01 单击状态栏中的极轴按钮、对象捕捉按钮和对象追踪按钮∠，打开这 3 种功能。

02 在“草图设置”对话框的“极轴追踪”选项卡中，将“增量角”设置为 45，并选中“用所有极轴角设置追踪”单选按钮。

03 在“草图设置”对话框的“对象捕捉”选项卡中，勾选“节点”复选框。

04 选择菜单栏中的“绘图”→“圆”→“圆心、半径”命令。

05 在命令行提示“_circle 指定圆的圆心或 [三点(3P)/两点(2P)/相切、相切、半径(T)]:”时，将光标移至 A 点附近，捕捉到 A 点，但是不要单击 A 点。

06 当光标显示为⊠时，再将光标移动至 A 点 45°方向上，此时对象追踪功能启用，显示一条从 A 点向 45°方向上的橡皮筋线，如图 11-17（a）所示。

07 此时可在命令行输入 90，表示圆心到 A 点的距离，按 Enter 键指定圆心。

08 当命令行提示“指定圆的半径或 [直径(D)]:”时，输入 50 为圆的半径，完成绘制，结果如图 11-17（b）所示。

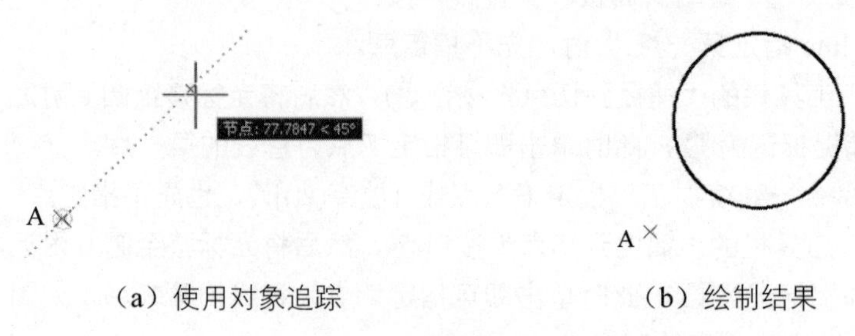

（a）使用对象追踪　　（b）绘制结果

图 11-17 使用对象追踪在指定位置绘制圆

由以上的绘图步骤可知，在绘制圆的过程中并没有绘制相关的辅助线。在步骤 03 中利用了对象追踪功能指定圆心，使用的是极轴角度追踪。

11.3.5　设置对象捕捉和追踪

对象捕捉和追踪的设置也可以在“草图设置”对话框的“对象捕捉”选项卡中设置，如图 11-18 所示。“启用对象捕捉”和“启用对象捕捉追踪”复选框分别用于打开和关闭对象捕捉与对象追踪功能。

在“对象捕捉模式”选项组中，列出了可以在执行对象捕捉时捕捉的特征点，各个复选框前的图标显示的是捕捉该特征点时的对象捕捉标记。单击 全部选择 按钮，可以选择全部的复选框；单击 全部清除 按钮，则可清除全部。

在“草图设置”对话框中设置捕捉到的特征点后，绘图过程中如果要捕捉特征点，则不需要单击“对象捕捉”工具栏上相应的按钮，AutoCAD 2012 会根据“草图设置”对话框中的设置自动捕捉相应的特征点。

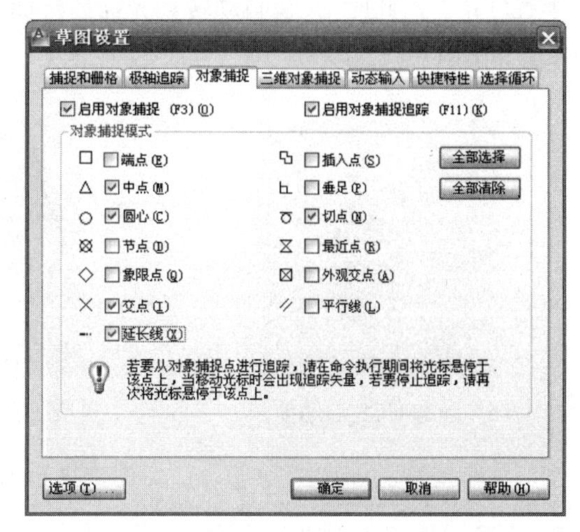

图 11-18　“草图设置”对话框的“对象捕捉”选项卡

选择“工具”→“选项”命令，在弹出的“选项”对话框中切换到“草图”选项卡，可设置对象捕捉和追踪有关的选项，包括设置标记、磁吸的打开和关闭，以及标记的大小等。单击 颜色(C)... 按钮，还可以设置自动捕捉标记的颜色。

11.4　动态 UCS 与动态输入

AutoCAD 2012 中“动态”的含义为跟随光标。例如，动态 UCS 是指 UCS 自动移动到光标处，结束命令后又回到上一个位置；“动态输入”是指在光标附近显示一个动态的命令界面，可显示和输入坐标值等绘图信息。不管是动态 UCS 还是动态输入，均随着光标的移动而即时更新信息。

11.4.1　使用动态 UCS

AutoCAD 2012 的动态 UCS 功能，可以在创建对象时使 UCS 的 XY 平面自动与实体模型上的平面临时对齐，而无需使用 UCS 命令。结束该命令后，UCS 将恢复到其上一个位置和方向。

打开或关闭动态 UCS 有以下两种方法。

- 单击状态栏上的“允许/禁止动态 UCS”按钮。
- 按 F6 键。

例如，一个楔形体，如果要在楔形体的斜面上绘制一个圆，可打开动态 UCS。在图 11-19（a）中，UCS 还是在原点处；执行绘制圆的命令后，命令行提示“_circle 指定圆的圆心或 [三点(3P)/两点(2P)/相切、相切、半径(T)]:”，此时 UCS 自动转到光标处，如图 11-19（b）所示。绘制圆完成后，UCS 又自动恢复到原点处，如图 11-19（c）所示。

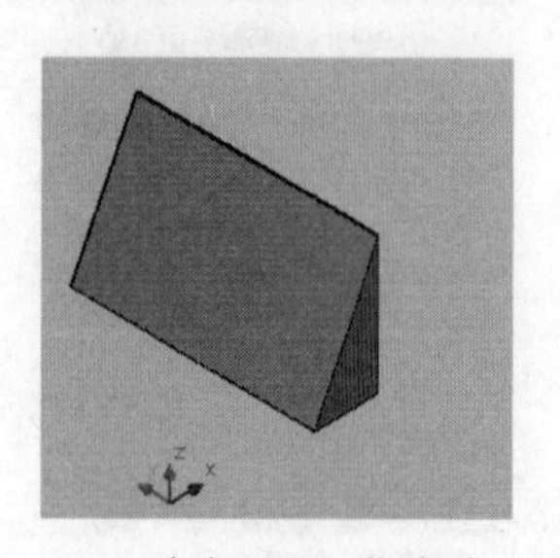

（a）动态 UCS 启动前

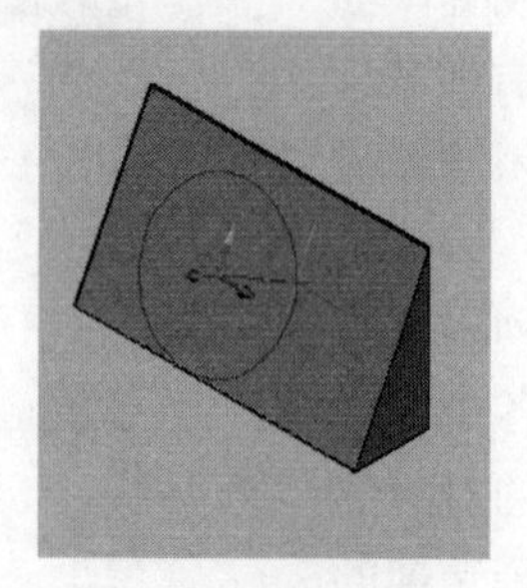

（b）显示动态 UCS

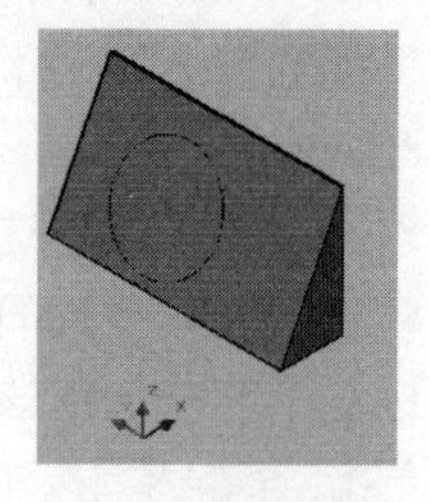

（c）UCS 恢复

图 11-19　使用动态 UCS

动态 UCS 一般用于创建三维模型，可以使用动态 UCS 的命令类型如下。

- 简单几何图形：直线、多段线、矩形、圆弧和圆。
- 文字：文字、多行文字和表格。
- 参照：插入和外部参照。
- 实体：原型和 POLYSOLID。
- 编辑：旋转、镜像和对齐。
- 其他：UCS、区域和夹点工具操作。

11.4.2　使用动态输入

启用动态输入后，将在光标附近显示工具提示信息，该信息会随着光标的移动而动态更新。动态输入信息只有在命令执行过程中显示，包括绘图命令、编辑命令和夹点编辑等。

打开或关闭动态输入有以下 3 种方法。

- 单击状态栏上的“动态输入”按钮。
- 按 F12 键。
- 经典模式：选择菜单栏中的“工具”→“草图设置”命令，在弹出的“草图设置”对话框中切换到“动态输入”选项卡。

动态输入有指针输入、标注输入和动态提示 3 个组件，如图 11-20 所示为绘制圆的过程中显示的动态输入信息。在“草图设置”对话框的“动态输入”选项卡中，可以设置启用动态输入时每个组件所显示的内容。

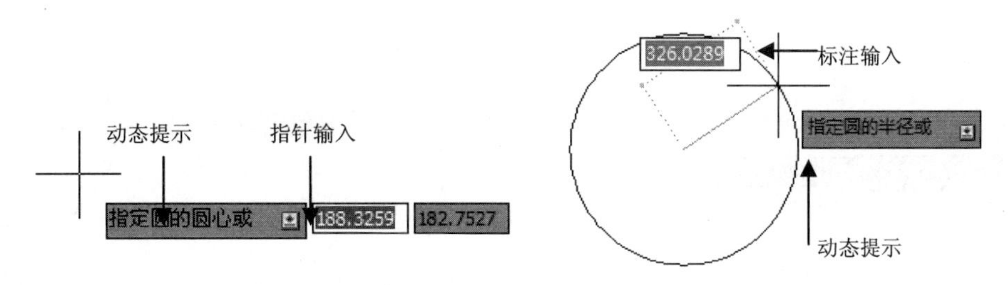

图 11-20 动态输入时的 3 个组件

- 指针输入：当启用指针输入且有命令在执行时，将在光标附近的工具提示中显示坐标。这些坐标值随着光标的移动自动更新，并可以在此输入坐标值，而不用在命令行中输入。按 Tab 键，可以在两个坐标值之间切换。
- 标注输入：启用标注输入，当命令提示输入第二点时，工具提示将显示距离和角度值，且该值随着光标移动而改变。一般地，指针输入是在命令行提示“指定第一个点”时显示，而标注输入是在命令行提示“指定第二个点时”显示。例如，执行绘制圆的命令时，当命令行提示“_circle 指定圆的圆心或 [三点(3P)/两点(2P)/相切、相切、半径(T)]:”时显示指针输入，此时可输入圆心的坐标值；而当命令行提示“指定圆的半径或 [直径(D)] <0.0000>:”时，此时显示的是标注输入。此即所谓的命令行提示的“第一个点”和“第二个点”，实际上是命令执行过程中的指定点的顺序。要注意的是，第二个点和后续点的默认设置为相对极坐标（对于 rectang 命令，为相对笛卡尔坐标），不需要输入“@”符号。如果需要使用绝对坐标，使用“#”为前缀。例如，要将对象移到原点，在提示输入第二个点时，需输入（#0, 0）。
- 动态提示：启用动态提示后，命令行的提示信息将在光标处显示。用户可以在工具提示（而不是在命令行）中输入响应。按下箭头键“↓”，可以查看和选择选项。按上箭头键“↑”，可以显示最近的输入。

11.4.3 实例——绘制圆的外切正六边形

利用动态输入绘制一个圆，其圆心为（0,0），半径为 50，然后绘制该圆的外切正六边形。

01 单击状态栏上的“动态输入”按钮，打开动态输入功能。

02 单击“常用”选项卡→“绘图”面板→“圆”→“圆心、半径”按钮。

03 命令行提示“_circle 指定圆的圆心或 [三点(3P)/两点(2P)/相切、相切、半径(T)]:”时，可见到光标处显示“动态提示”和“指针输入”，如图 11-21（a）所示，此时可直接输入 0。按 Tab 键，切换到 Y 坐标，也输入 0，然后按 Enter 键。这一步完成了圆心坐标的指定。

04 命令行提示“指定圆的半径或 [直径(D)] <0.0000>:”时，在光标处显示动态提示和“标注输入”，如图 11-21（b）所示，此时可直接输入 50 并按 Enter 键，指定圆的半径。完成圆的绘制，如图 11-21（c）所示。

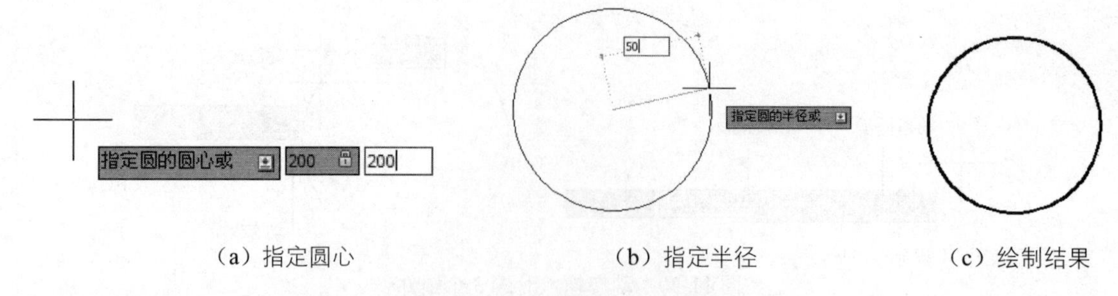

(a) 指定圆心　　(b) 指定半径　　(c) 绘制结果

图 11-21　利用动态输入绘制圆

05 单击“常用”选项卡→“绘图”面板→“圆”→“正多边形”按钮。

06 命令行提示“_polygon 输入边的数目<4>:”的同时，光标处也显示提示信息，如图 11-22（a）所示，此时输入多边形的边数 6 并按 Enter 键。

07 命令行提示“指定正多边形的中心点或 [边(E)]:”的同时，光标处也显示动态提示与指针输入，如图 11-22（b）所示，此时可参照步骤 03 的操作指定其中心点坐标为(0,0)。

08 命令行提示“输入选项 [内接于圆(I)/外切于圆(C)] <I>:”的同时，光标处也显示动态提示，此时可利用鼠标单击“外切于圆”，如图 11-22（c）所示。

09 命令行提示“指定圆的半径:”时，光标处也显示动态提示与标注输入，如图 11-22（d）所示。此时可直接输入外接圆的半径 50 并按 Enter 键，完成绘制正六边形。绘制结果如图 11-22（e）所示。

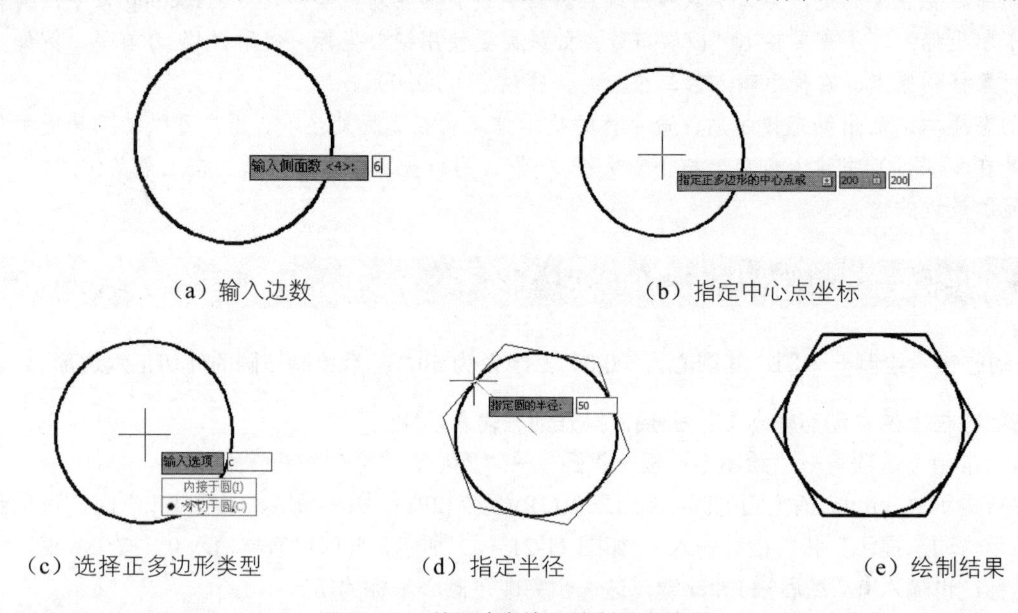

(a) 输入边数　　(b) 指定中心点坐标

(c) 选择正多边形类型　　(d) 指定半径　　(e) 绘制结果

图 11-22　利用动态输入绘制正多边形

11.4.4　设置动态输入

动态输入也可以通过“草图设置”对话框来设置，切换到“动态输入”选项卡即可，如图 11-23 所示。

“启用指针输入”、“可能时启用标注输入”和“在十字光标附近显示命令提示和命令输入”3 个复选框分别用于开启和关闭动态输入的 3 个组件。“动态输入”选项卡包括“指针输入”、“标注输入”和“动态提示”3 个选项组。

如果同时打开指针输入和标注输入，则标注输入在可用时将取代指针输入。

（1）单击“指针输入”选项组的“设置”按钮，可弹出“指针输入设置”对话框，如图 11-24 所示。通过该对话框可以设置输入坐标的格式和可见性。格式包括极坐标与笛卡尔坐标（即直角坐标），还有绝对坐标和相对坐标。可见性是指在什么样的命令状态下显示指针输入，可设置 3 种情况：“输入坐标数据时”，即仅当开始输入坐标数据时才显示工具提示；“命令需要一个点时”，即只要命令提示输入点就显示工具提示；“始终可见—即使未执行命令”，即不管有无命令请求，始终显示工具提示。

Auto CAD 小提示

在“指针输入设置”对话框中，所设置的坐标格式为第二个点及后继点的坐标格式，第一点将仍然使用默认的笛卡尔坐标格式。而且，当选择“可能时启用标注输入”复选框后，第二个点的坐标值往往被标注输入所代替。

（2）单击“标注输入”选项组的“设置”按钮，可弹出“标注输入的设置”对话框，如图 11-25 所示。通过该对话框，可设置标注输入的显示特性。可通过“每次仅显示 1 个标注输入字段”和“每次显示 2 个标注输入字段”单选按钮选择显示 1 个或 2 个标注输入字段。如果选择“同时显示以下这些标注输入字段”单选按钮，则其下方的多个复选框变为可用，可通过它们选择要显示的标注字段，包括“长度修改”和“圆弧半径”等。

图 11-23　“草图设置”对话框的“动态输入”选项卡

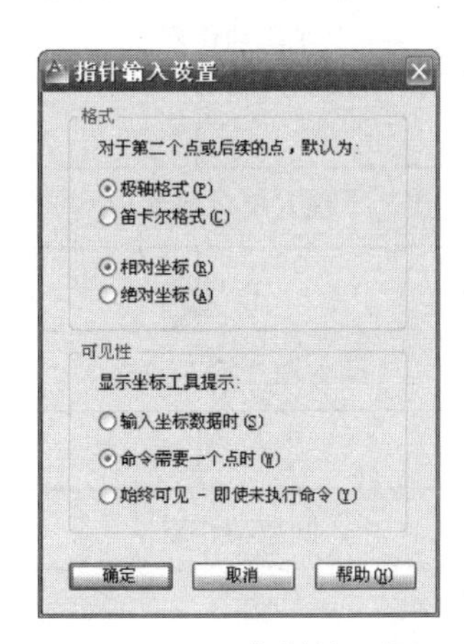

图 11-24　“指针输入设置”对话框

（3）单击“草图工具提示外观”按钮，可弹出“工具提示外观”对话框，如图 11-26 所示，设置动态输入的外观显示。单击 颜色(C)... 按钮，可弹出“图形窗口颜色”对话框，从中可设置动态输入的颜色；在“大小”和“透明度”选项组，通过文本框和滑块可设置动态输入的大小和透明度；如果选中“替代所有绘图工具提示的操作系统设置”单选按钮，设置将应用于所有的工具提示，从而替代操作系统中的设置；如果选择“仅对动态输入工具提示使用设置”单选按钮，那么这些设置仅应用于动态输入中使用的绘图工具提示。

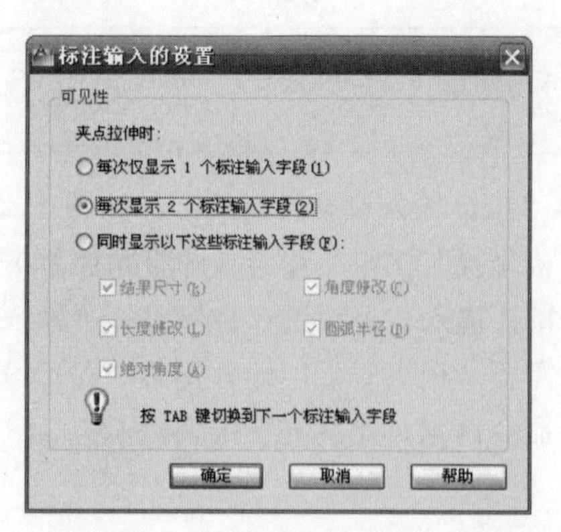

图 11-25 “标注输入的设置”对话框

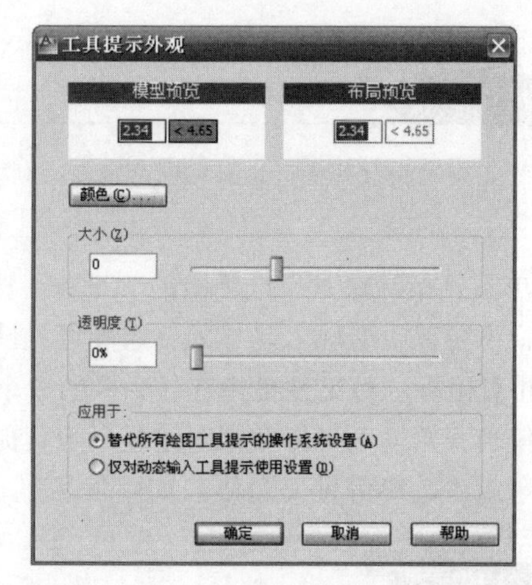

图 11-26 “工具提示外观”对话框

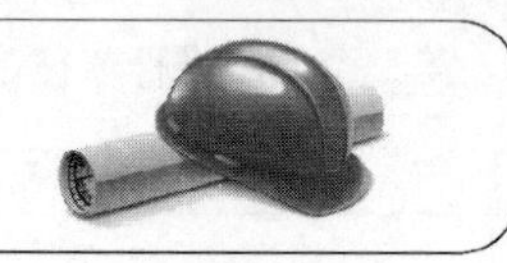

11.5 动作宏

AutoCAD 2012 的动作宏通过录制过程中输入的一系列命令和输入值，来自动执行重复的任务。一般地，动作宏的使用过程如图 11-27 所示。录制动作时，将捕捉命令和输入值，并将其显示在“动作树”中。停止录制后，可以将捕捉的命令和输入值保存到动作宏文件中，然后进行回放，回放过程即重复完成录制的动作。保存动作宏后，可以插入用户消息，或者将录制的输入值的行更改为在回放过程中请求输入的新值。

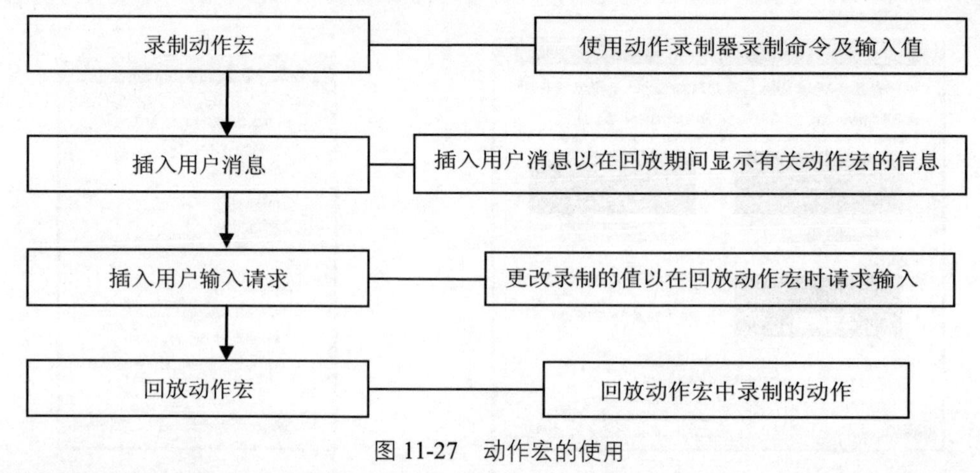

图 11-27 动作宏的使用

11.5.1 录制动作宏

AutoCAD 2012 使用动作录制器来录制动作宏，如图 11-28 所示。“动作录制器”面板位于功能区的“管理”选项卡中，单击其“首选项”按钮，将弹出“动作录制器首选项”对话框，如图 11-29 所示。通过“动作录制器首选项”对话框中的 3 个复选框，可以设置在录制或回放动作宏时“动作录制器”面板是否展开，以及在录制停止时是否提示用户为动作宏提供命令和文件名。

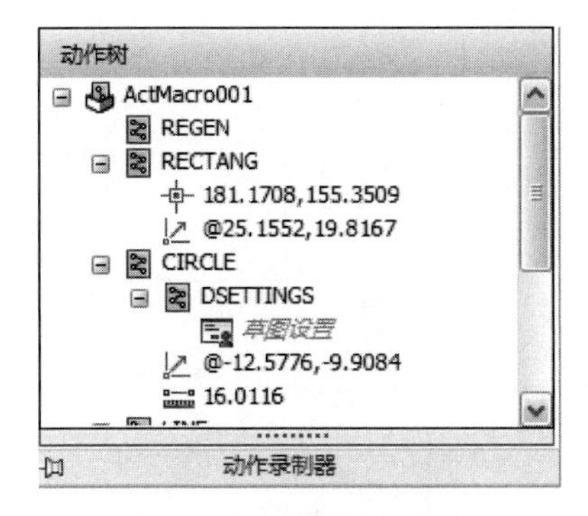

图 11-28　动作录制器

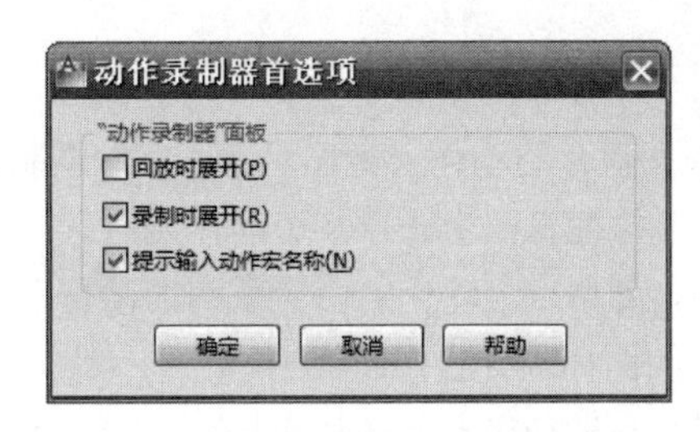

图 11-29　“动作录制器首选项”对话框

通过以下 3 种方法开始录制动作。

- 功能区：单击“管理”选项卡→“动作录制器”面板→“录制”按钮。
- 经典模式：选择菜单栏中的“工具”→“动作录制器”→“记录”命令。
- 运行命令：ACTRECORD。

开始录制动作宏后，将有一个红色的圆形录制图标显示在十字光标附近，表示动作录制器处于活动状态，且指示正在录制命令和输入，如图 11-30 所示。

动作录制器将录制在命令行中输入的命令和输入值，但用于打开或关闭图形文件的命令除外。如果在录制动作宏时显示一个对话框，则仅录制显示的对话框而不录制对该对话框所做的更改，因此在录制动作宏时最好不要使用对话框，而使用其对应的命令行。例如，使用“-HATCH”命令，而不是使用可显示“图案填充和渐变色”对话框的 HATCH 命令。

动作宏录制完成之后，可单击“动作录制器”面板的“停止”按钮，此时将弹出“动作宏”对话框以保存动作宏，如图 11-31 所示。

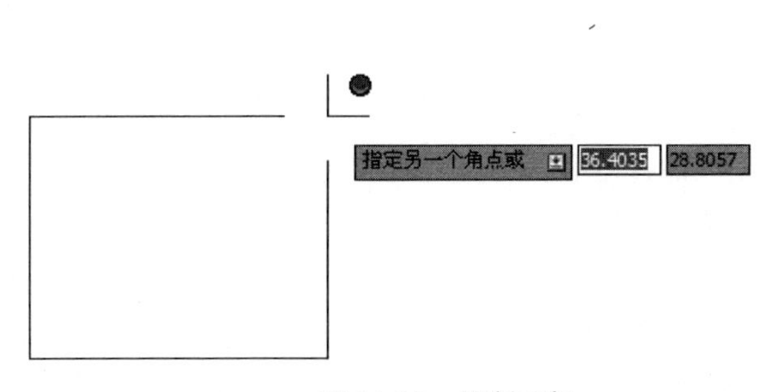

图 11-30　录制图标

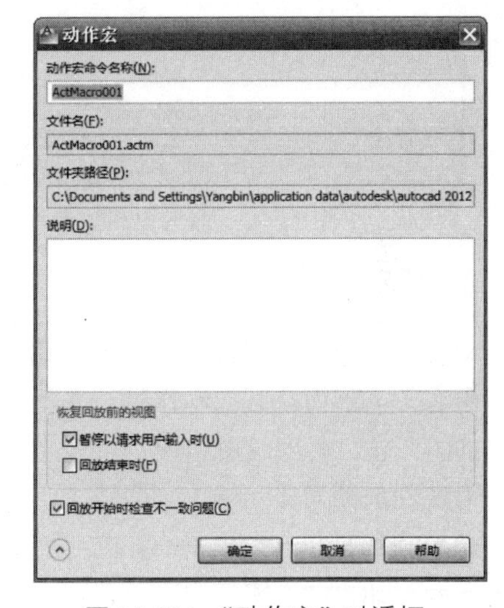

图 11-31　“动作宏”对话框

如果要保存动作宏，则必须在“动作宏命令名称”文本框中输入动作宏的名称；在“说明”文本框中，可输入动作宏的说明，当光标悬停在动作树中的顶层节点上方时，这些说明将显示在工具提示中；在“恢复回放前的视图”选项组，可以设置“暂停以请求用户输入时”或“回放结束时”，确定是否恢复回放动作宏之前的视图。设置完成之后，单击 确定 按钮保存动作宏，单击 取消 按钮放弃保存。

11.5.2 修改动作宏

录制并保存的动作宏将显示在“动作录制器”的下拉列表框内。当从下拉列表框中选择某个动作宏时，在动作树中将显示其动作序列，可见一个动作宏由一系列的动作节点构成，可以通过这些节点的图标区分它们的类别。

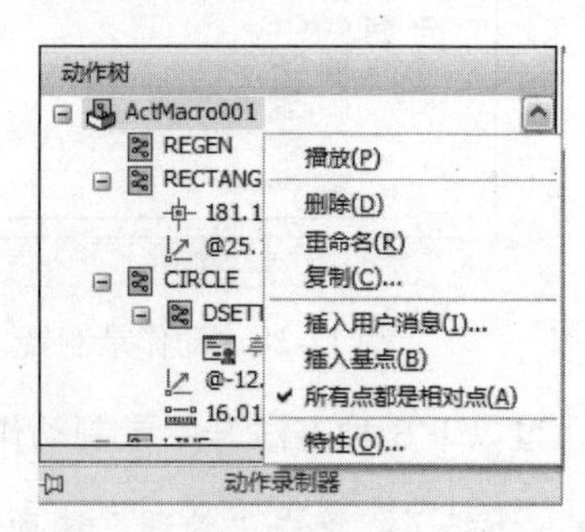

图 11-32 编辑动作宏的快捷菜单

在动作树的动作宏名称上单击鼠标右键，通过快捷菜单可对动作宏进行编辑，包括重命名、复制或删除动作宏，如图 11-32 所示。除了这些基本的编辑操作之外，比较重要的操作还有插入用户消息、请求用户输入等。

1. 插入用户消息

录制动作宏时，可以将用户消息插入到在回放期间显示的动作宏中。用户消息主要起到提示的作用，它概述了动作宏的作用或回放动作宏之前所需的设置。用户消息可插入到动作宏中的任何动作之前或之后。

要插入用户消息，只需在动作树中要插入消息的节点位置单击鼠标右键，从弹出的快捷菜单中选择“插入用户消息”命令，之后将弹出“插入用户消息”对话框，以供用户输入消息内容，如图 11-33 所示。用户消息在回放动作时将以对话框的形式提示用户下一步操作，如图 11-34 所示。

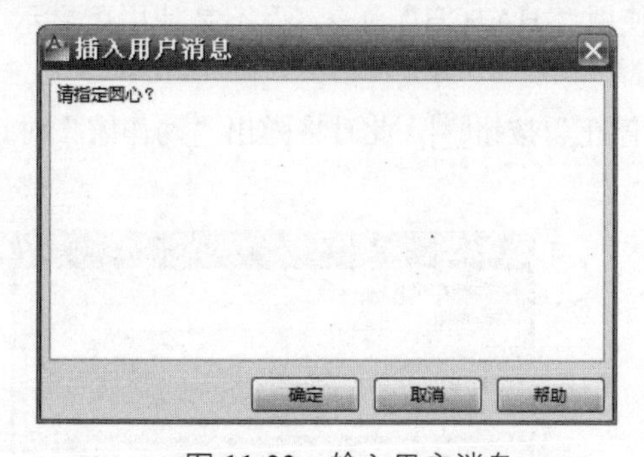

图 11-33 输入用户消息

图 11-34 回放时显示用户消息

2. 请求用户输入

录制动作宏时，可能会录下一些输入值，如圆心坐标、多行文字内容等。然而在回放动作时，并不是每一次回放都会使用录制时的输入值。针对这种情况，可将当前动作宏中值节点的行为切换为在回放期间提示输入，即请求用户输入。

值节点可能包含获取的点、文字字符串、数字、命令选项或对象选择。如果动作宏包含输入请求，则在回放期间提示用户输入新值或使用所录制的值。

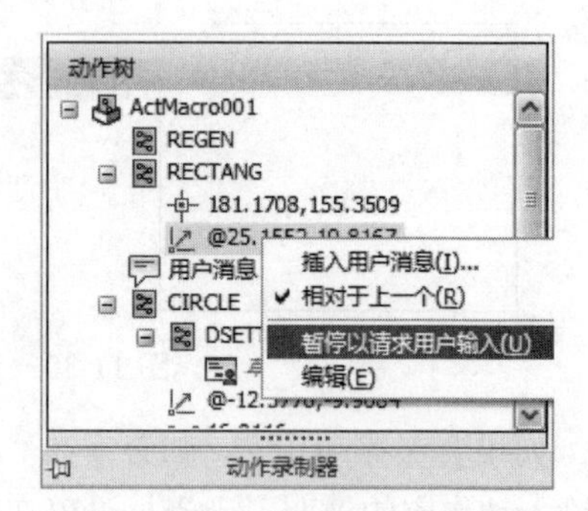

图 11-35 请求用户输入

要请求用户输入，可在动作树值节点处单击鼠标右键，从弹出的快捷菜单中选择“暂停以请求用户输入”命令，如图 11-35 所示。如果在录制动作宏时使用了“暂停以请求用户输入”命令，那么在回放动作时会提示用户输入新值或使用所录制的值。

请求用户输入只有在动作树的值节点处才能插入，如录制点的坐标值、输入多边形的边数和选择集等。而不能像用户消息一样在任何节点的位置处插入。

11.5.3　回放动作宏

回放动作宏将执行动作宏记录的所有操作，以达到自动执行重复任务的目的。回放动作宏时，可通过以下 3 种方法执行。

- 功能区：单击“管理”选项卡→“动作录制器”面板→“播放”按钮▷（该操作播放“动作录制器”面板的下拉列表框中选择的动作宏，即动作树中显示的动作宏）。
- 经典模式：选择菜单栏中的“工具”→“动作录制器”→“播放”命令，在子菜单中选择动作宏。
- 运行命令：在命令行输入保存动作宏的名称。

如果动作宏中插入了用户消息或请求用户输入，那么回放动作宏时，系统会提示用户进行输入或请求用户对消息做出响应。

11.5.4　实例——使用动作宏

本实例插入一个圆和正六边形，并提示用户输入圆心。

01 在功能区单击“管理”选项卡→“动作录制器”面板→“录制”按钮◯，十字光标右上角显示红色图标，表示启动动作录制器。

02 选择菜单栏中的“绘图”→“圆”→“圆心、半径”命令，在命令行提示下，输入圆心坐标为(0,0)，半径为 50。

03 选择菜单栏中的“绘图”→“正多边形”命令，在命令行提示下，输入多边形的边数为 6，并指定为正多边形的类型为“内接于圆”。然后指定步骤 02 中绘制的圆的圆心及半径，绘制结果如图 11-36 所示。

04 单击“动作录制器”面板的“停止”按钮□，在弹出的“动作宏”对话框中输入动作宏的名称为“绘制圆和正六边形”，然后单击“确定”按钮保存动作宏。此时在“动作录制器”面板的动作树中显示为如图 11-37 所示的界面。

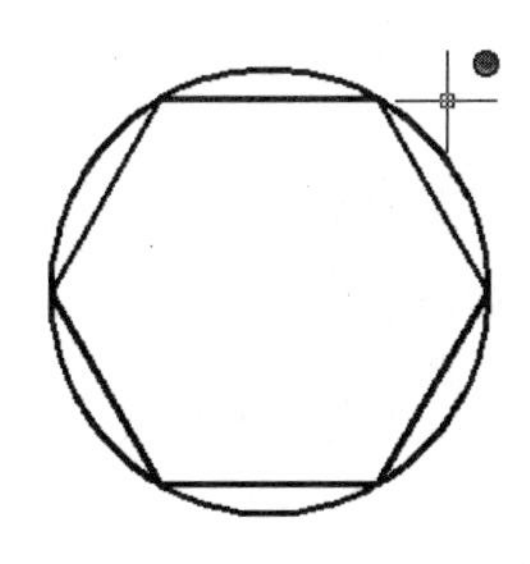

图 11-36　录制过程中绘制的图形

图 11-37　录制的动作宏

05 在动作树的 CIRCLE 动作节点下的输入坐标值项上单击鼠标右键，从弹出的快捷菜单中选择“插入用户消息”命令，打开“插入用户消息”对话框，输入“请指定圆心”，如图 11-38 所示。

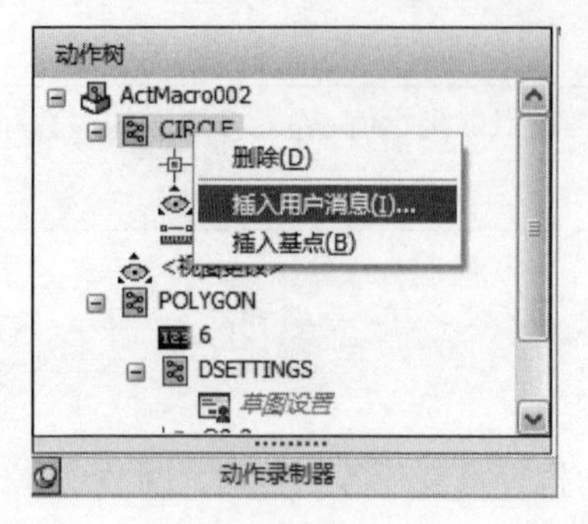

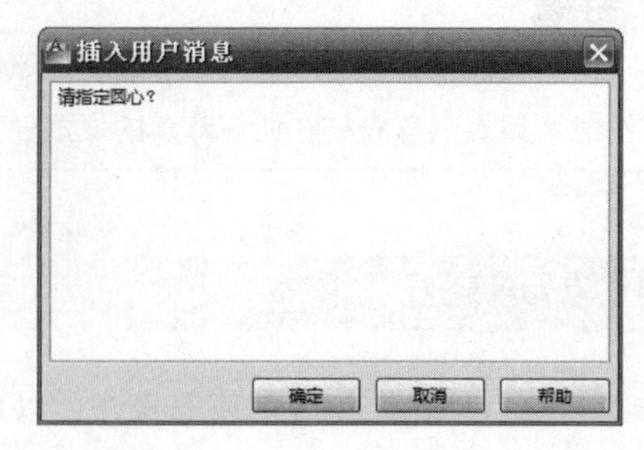

图 11-38　插入用户消息

06 在动作树的 CIRCLE 动作节点下的输入坐标值项上单击鼠标右键，从弹出的快捷菜单中选择“暂停以请求用户输入”命令，如图 11-39 所示。

07 在“动作录制器”面板的下拉列表框中选择上述录制的动作宏，然后单击“播放”按钮▷回放动作宏，在回放的过程中，将显示用户信息并提示请求用户输入，如图 11-40 所示。

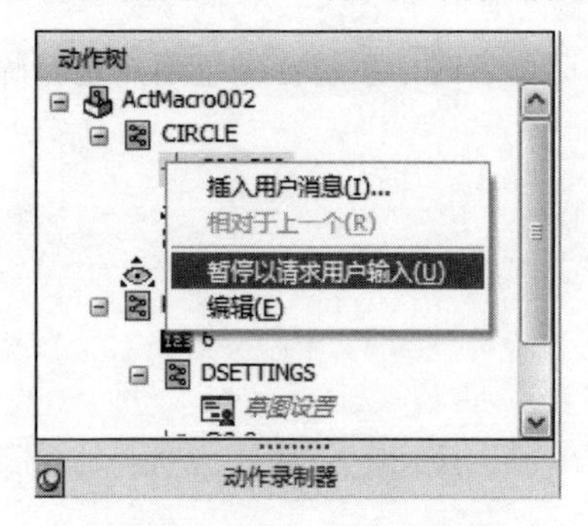

图 11-39　请求用户输入

图 11-40　显示用户消息

11.6 CAL 命令计算值和点

CAL 命令可调用联机几何计算器，用于计算点（矢量）、实数或整数表达式的值。这些表达式可通过对象捕捉函数（例如 CEN、END 和 INS）获取现有的几何图形。

11.6.1 CAL 命令作用

通过使用 CAL 命令，在命令行计算器中输入表达式，可快速解决数学问题或定位图形中的点，它不但包含标准数学的功能，还包含一组特殊的函数。通过 CAL 命令可解决以下问题。

- 计算两点的矢量、矢量的长度、法向矢量（垂直于 XY 平面）或直线上的点。
- 计算距离、半径或角度。
- 用定点设备指定点。

- 指定上一个指定点或交点。
- 将对象捕捉的信息作为表达式中的变量。
- 在 UCS 和 WCS 之间转换点。
- 过滤矢量中的 X、Y 和 Z 分量。
- 绕轴旋转一点。

无论是命令执行过程中还是在无命令的状态下，都可以在命令行中使用 CAL 命令计算点或数值。在 CAL 命令前加上单引号“'”表示使用透明命令。

11.6.2　实例——用 CAL 命令作为构造工具

如图 11-41（a）所示，已知一个圆和圆上的一条弦，要在弦的中点和圆心连线的中点位置绘制一个圆，该圆的半径为大圆半径的 1/5。具体绘制步骤如下：

01 单击“常用”选项卡→“绘图”面板→“圆”→“圆心、半径”按钮。

02 命令行提示“_circle 指定圆的圆心或 [三点(3P)/两点(2P)/相切、相切、半径(T)]:”时，输入“'cal”启动计算器，前面的单引号表示透明命令。

03 启动计算器后，命令行提示“>>>>表达式:”，此时输入“（mid+cen）/2”，其中 mid 和 cen 为对象捕捉函数，分别用于捕捉弦的中点和圆的中心点的坐标，按 Enter 键。

04 命令行继续提示“>>>>选择图元用于 MID 捕捉:”，此时选择弦，如图 11-42（a）所示。

05 命令行继续提示“>>>>选择图元用于 CEN 捕捉:”，此时选择圆，如图 11-42（b）所示。

06 已完成透明命令'CAL，回到绘制圆命令。命令行提示“指定圆的半径或 [直径(D)] <0.0000>:”，此时也输入“'cal”启动计算器。

07 命令行提示“>>>>表达式:”，此时输入“（1/5）*rad”，rad 函数表示取得圆的半径。

08 命令行继续提示“>>>>给函数 RAD 选择圆、圆弧或多段线:”，此时再次捕捉圆，如图 11-42（b）所示。捕捉圆后就完成了小圆的绘制，结果如图 11-41（b）所示。

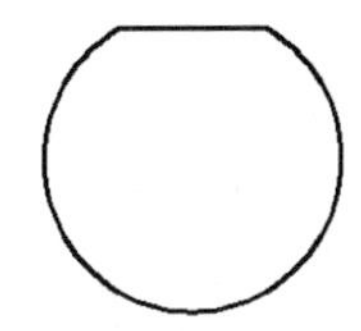

（a）原图形

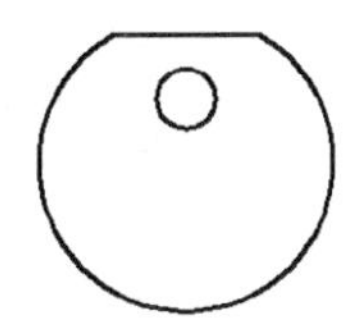

（b）绘制结果

图 11-41　使用 CAL 命令实例

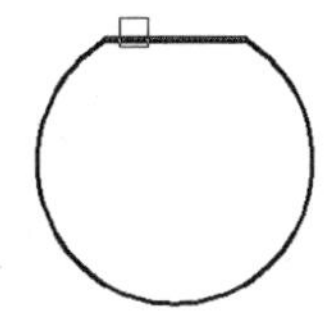

（a）捕捉 mid 函数的图元

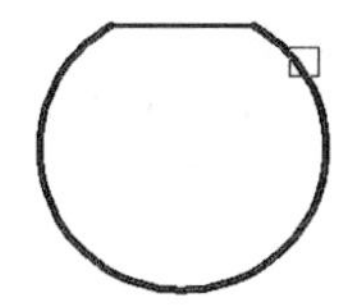

（b）捕捉 cen 函数的图元

图 11-42　捕捉 mid 和 cen 函数的图元

11.6.3　对象捕捉函数

在上述实例中使用了对象捕捉函数用于输入计算器的数值，例如，MID 函数和 CEN 函数。表 11-1 中列出了其他的一些对象捕捉模式；表 11-2 中列出了一些常用函数。

表11-1　cal捕捉模式

缩写	捕捉模式	缩写	捕捉模式
END	端点捕捉	NEA	最近点捕捉
INS	插入点捕捉	NOD	节点捕捉
INT	交点捕捉	QUA	象限点捕捉
MID	中点捕捉	PER	垂足捕捉
CEN	圆心捕捉	TAN	切点捕捉

表11-2　cal常用函数

函数	快捷方式	说明
dee	dist(end,end)	两端点之间的距离
ille	ill(end,end,end,end)	4 个端点确定的两条直线的交点
mee	(end+end)/2	两端点的中点
nee	nor(end,end)	XY 平面内的单位矢量，与两个端点连线垂直
pldee(d)	pld(d,end,end)	两端点确定的直线上某一距离处的点
pltee(t)	plt(t,end,end)	两点确定的直线上某一参数化位置处的点
vee	vec(end,end)	两个端点所确定的矢量
vee1	vec1(end,end)	两个端点所确定的单位矢量

11.7 “快速计算器”选项板

AutoCAD 2012 的快速计算器提供一个外观和功能与手持计算器相似的界面，可以执行数学、科学和几何计算，转换测量单位、操作对象的特性，以及计算表达式等操作。如图 11-43 所示为扩展的快速计算器选项板，可通过单击⊙按钮扩展。

打开“快速计算器”选项板有以下 4 种方法。

- 功能区：单击“常用”选项卡→“实用工具”面板→“快速计算器”按钮▦。
- 经典模式：选择菜单栏中的“工具”→“选项板”→“快速计算器”命令。
- 经典模式：单击“标准”工具栏的“快速计算器”按钮▦。
- 运行命令：QUICKCALC。

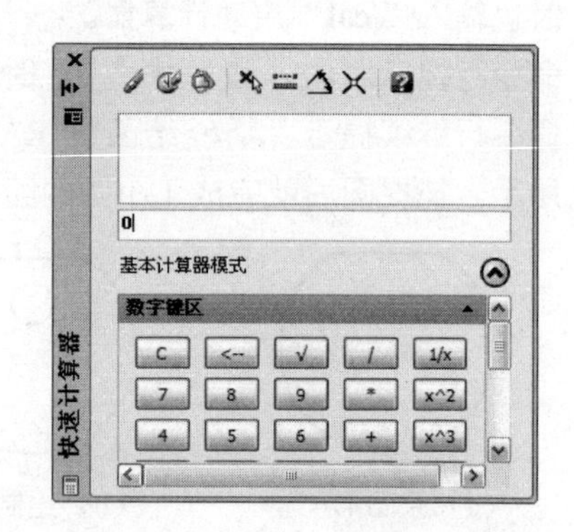

图 11-43　“快速计算器”选项板

由图 11-43 可知，“快速计算器”选项板包括“工具栏”、“计算历史记录”、“输入框”等几个区域。可在“输入框”中直接输入数字或运算符，也可以使用“数字键区”和“科学计算相关键区”的按键输入，但生成的运算表达式均将在“输入框”中显示。按 Enter 键即可得到计算结果，整个计算的历史过程均会在“计算历史记录”内保存。

“快速计算器”选项板顶部的工具栏可执行一些常用函数的快速计算。

- “清除”按钮：用于清除输入框。
- “清除历史记录”按钮：用于清除历史记录区域。
- “将值粘贴到命令行”按钮：用于在命令提示下将值粘贴到“输入框”中。
- “获取坐标”按钮：用于获取用户在图形中单击的某个点位置的坐标。单击该按钮，将回到绘图区，选择一点后，将把该点的坐标值返回到“输入框”。
- “两点之间的距离”按钮：用于计算用户在对象上单击的两个点位置之间的距离。单击该按钮将回到绘图区，指定两个点后，将把两个点之间的距离返回到“输入框”。
- “由两点定义的直线的角度”按钮：用于计算用户在对象上单击的两个点的连线与 X 轴的夹角。
- “由四点定义的两条直线的交点”按钮：计算用户在对象上单击的 4 个点位置的交点。

单位转换是快速计算器的一个重要功能之一。在“单位转换”区域，通过“单位类型”下拉列表框可选择单位转换的类型，包括长度、面积、体积和角度值；在“转换自”和“转换到”下拉列表框中可选择转换的源测量单位和目标测量单位；“要转换的值”文本框，用于输入要转换的值；“已转换的值”文本框，用于显示转换后的值。

例如，要计算 180° 为多少弧度，可选择“单位类型”为“角度”，“转换自”为“角度”，“转换到”为“弧度”；然后在“要转换的值”文本框中输入 360 并按 Enter 键，将在“已转换的值”文本框内显示结果，如图 11-44 所示。单击“已转换的值”一行将显示一个计算器图标，单击它即可将转换的值返回到输入框中。

在“快速计算器”选项板的“变量”区域，还提供了一些预定义常量和常用函数。例如，Phi 变量用于提供黄金比例，Dee 变量用于计算两个端点之间距离等，双击变量名称，即可应用该变量。通过“变量”区域的工具按钮，还可以新建、编辑和删除变量。

单位转换	
单位类型	角度
转换自	角度
转换到	弧度
要转换的值	360
已转换的值	6.28318531

图 11-44　使用快速计算器转换单位

11.8 点过滤器

AutoCAD 2012 的点过滤器又称为坐标过滤器，通过它可以从不同的点提取单独的 X、Y 和 Z 坐标值以创建新的组合点。例如，可以用一个位置的 X 值、第二个位置的 Y 值和第三个位置的 Z 值来指定新的坐标位置。当坐标过滤器与对象捕捉一起使用时，坐标过滤从现有对象提取坐标值。

要在命令提示下指定过滤器，可以在命令行输入一个英文句号“.”及一个或多个 X、Y 和 Z 字母，那么下一项输入将限定于特定的坐标值。例如，可输入.x、.y、.xy、.xz 或.yz。

使用点过滤器定位多边形的中心于矩形的中心，如图 11-45 所示。

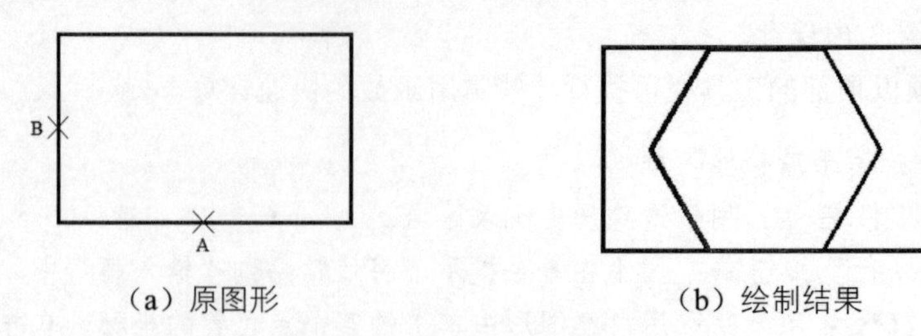

（a）原图形　　（b）绘制结果

图 11-45　使用点过滤器实例

01 单击“常用”选项卡→“绘图”面板→“多边形”按钮⬠。

02 命令行提示“输入侧面数 <4>:”，输入“6”。

03 命令行提示“指定正多边形的中心点或 [边(E)]:”时，输入“.x”。

04 此时提取点的 X 轴坐标值。命令行接上一步提示“于”，此时输入 mid 用于捕捉对象中点。

05 按 Enter 键，命令行继续提示“于”，此时利用鼠标选择矩形的一条底边捕捉其中点 A 点，如图 11-45（a）所示。

06 完成 X 轴坐标值的过滤后，命令行接着提示“于(需要 YZ):”，此时再次输入 mid 后按 Enter 键。“(需要 YZ)”表示此时需要 Y 轴和 Z 轴的坐标值。

07 命令行继续提示“于”，此时利用鼠标选择矩形的另一条边指定其中 B 点。

08 命令行继续提示“输入选项 [内接于圆(I)/外切于圆(C)]:”，此时输入 I。

09 以上步骤通过点过滤器完成了多边形中心的坐标值指定。此时命令行回到绘制多边形命令“指定圆的半径或 [直径(D)] <0.0000>: ”，此时输入圆的半径 20。完成绘制，结果如图 11-45（b）所示。

11.9 查询图形对象信息

前面介绍过用 massprop 命令来提取面域的质量特性，实际上，AutoCAD 2012 的提取图形对象信息功能远不止于此。通过“工具”菜单下的“查询”子菜单（如图 11-46 所示）和“查询”工具栏（如图 11-47 所示）可提取一些图形对象的相关信息，包括两点之间的距离、对象的面积等。

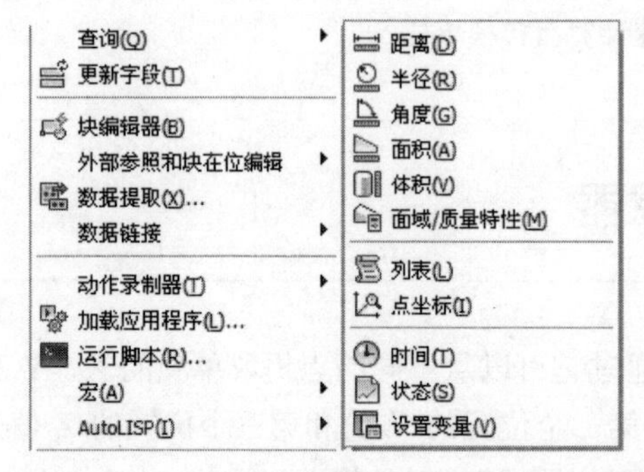

图 11-46　“工具”菜单下的“查询”子菜单

图 11-47　“查询”工具栏

11.9.1　查询距离

使用 AutoCAD 2012 的查询距离功能，可以获得两点之间的距离。可通过以下 4 种方法执行查询距离命令。

- 功能区：单击“常用”选项卡→“实用工具”面板→“距离”按钮。
- 经典模式：选择菜单栏中的“工具”→“查询”→“距离”命令。
- 经典模式：单击“查询”工具栏的“距离”按钮。
- 运行命令：DIST。

执行查询距离命令后，命令行依次提示如下：

```
dist 指定第一点:
指定第二点:
```

按照提示信息指定两个点，既可以利用鼠标拾取也可以输入点的坐标值。指定两点之后，命令行将显示出两点之间的距离及其他信息。例如，在输入两个点坐标分别为(0, 0, 0)和(30, 30, 40)，即图 11-48 中的 O 点和 C 点。命令行给出的距离信息如下：

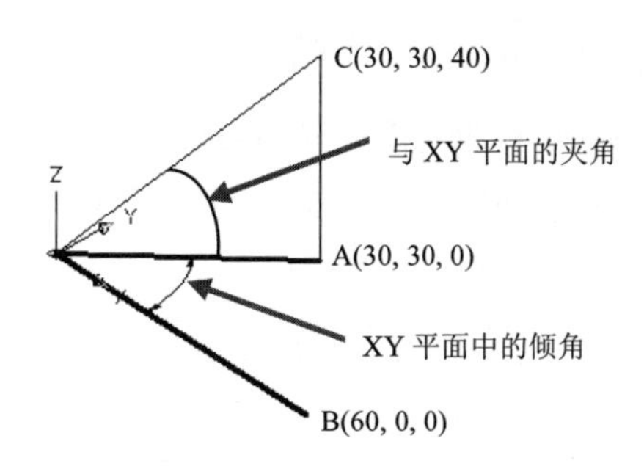

图 11-48　“XY 平面中的倾角”和“与 XY 平面的夹角”

```
距离 = 58.3095, XY 平面中的倾角 = 45, 与 XY 平面的夹角 = 43
X 增量 = 30.0000,   Y 增量 = 30.0000,    Z 增量 = 40.0000
```

在以上的显示信息中，“距离”表示两点之间的绝对距离；“XY 平面中的倾角”是指第一点和第二点之间的矢量在 XY 平面的投影与 X 轴的夹角，例子中的两点均在 XY 平面上，所以该值即为两点构成的矢量与 X 轴的夹角；“与 XY 平面的夹角”是指两点构成的矢量与 XY 平面的夹角。如图 11-48 所示，O 为坐标原点，A、B 两点在 XY 平面上，C 点坐标为（30, 30, 40），OB 方向为 X 轴方向，OA 为 OC 在 XY 平面内的投影。那么 OA 与 OC 形成的夹角为 OC 矢量“与 XY 平面的夹角”，而 OA 与 OB 的夹角为 OC 矢量“XY 平面中的倾角”。“X 增量”、“Y 增量”和“Z 增量”分别是指两点的 X、Y 和 Z 坐标值的增量，即第二点的坐标值减去第一点的对应坐标值。

AutoCAD 小提示

在图纸空间中的布局上绘图时，通常以图纸空间单位表示距离。但是，如果将 DIST 命令与显示在单个视口内的模型空间对象上的对象捕捉一起使用，则将以二维模型空间单位表示距离。在使用 DIST 命令测量三维距离时，建议切换到模型空间。

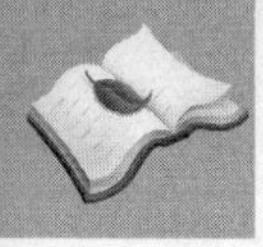

11.9.2 查询面积

使用 AutoCAD 2012 的查询面积功能可以计算由指定点定义的面积和周长。可通过以下 4 种方法执行查询面积命令。

- 功能区：单击“常用”选项卡→“实用工具”面板→“面积”按钮。
- 经典模式：选择菜单栏中的“工具”→“查询”→“面积”命令。
- 单击“查询”工具栏的“查询面积”按钮。
- 运行命令：area。

执行查询面积命令后，命令行提示如下：

```
指定第一个角点或 [对象(O)/增加面积(A)/减少面积(S)] <对象(O)>:
```

此时可指定计算面积的第一个角点。选择“对象(O)”选项可以计算圆、椭圆、样条曲线、多段线、多边形、面域和实体的面积和周长。“增加面积(A)”和“减少面积(S)”选项分别用于从总面积中加上或减去指定面积。指定第一个角点之后，命令行继续提示：

```
指定下一个点或 [圆弧(A)/长度(L)/放弃(U)/总计(T)] <总计>:
```

此时可指定下一个角点，直到完成所有角点的选择后按 Enter 键。

例如，如图 11-49（a）所示，依次指定 A、B、C、D 点后，将计算这 4 个点所构成的区域的面积和周长，如图 11-49（b）中的阴影部分。命令行给出如下信息：

```
面积 = 694.4409, 周长 = 113.5417
```

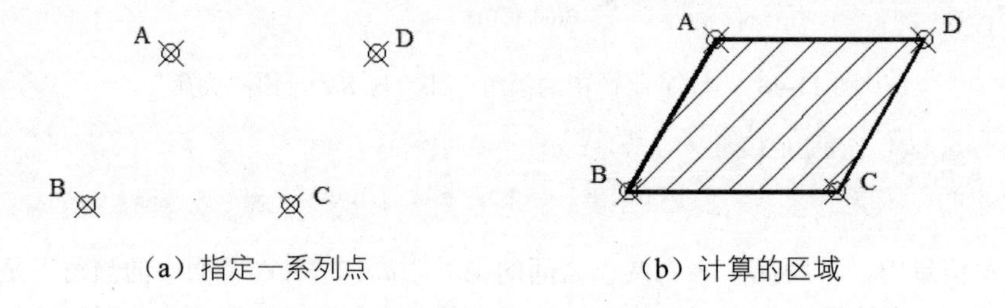

（a）指定一系列点　　（b）计算的区域

图 11-49　计算指定区域的面积

在指定点时，如果所选择的点不构成闭合多边形，那么系统将假设从最后一点到第一点绘制了一条直线，然后计算所围区域中的面积。计算周长时，该直线的长度也会计算在内。同样，当所选择的对象为不闭合对象时，例如，开放的样条曲线或多段线，也做同样的处理。

11.9.3 列表显示

使用 AutoCAD 2012 的列表显示功能可以显示所选对象的类型、所在图层、相对于当前用户坐标系（UCS）的 X、Y、Z 位置，以及对象是位于模型空间还是图纸空间等信息。如果颜色、线型和线宽没有设置为“随层”，则还显示这些项目的相关信息。

可通过以下 3 种方法执行列表显示命令。

- 经典模式：选择菜单栏中的“工具”→“查询”→“列表”显示命令。
- 经典模式：单击“查询”工具栏中的“列表”按钮。
- 运行命令：LIST。

执行列表显示命令后，命令行提示如下：

```
选择对象:
```

此时可选择一个或多个对象后按 Enter 键或单击鼠标右键，系统将自动弹出文本窗口显示所选对象的信息。如图 11-50 所示显示了所选的一条直线和一个点对象的相关信息。

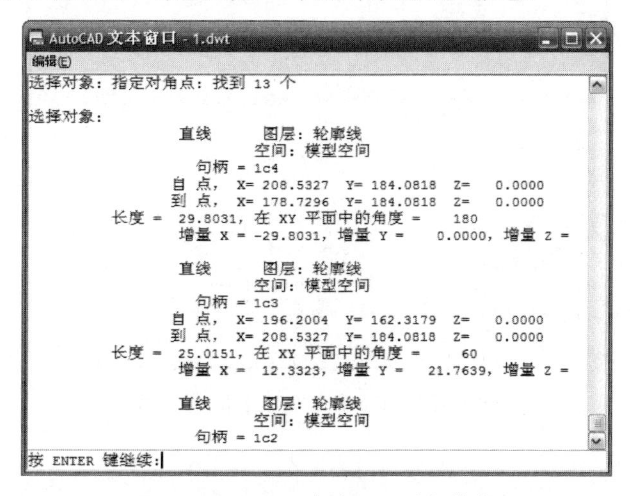

图 11-50　LIST 命令显示对象信息

11.9.4　查询点坐标

使用 AutoCAD 2012 的查询点坐标功能可查看指定点的 UCS 坐标。可通过以下 3 种方法执行查询点坐标命令。

- 经典模式：选择菜单栏中的“工具”→“查询”→“点坐标”命令。
- 经典模式：单击“查询”工具栏中的“点坐标”按钮。
- 运行命令：id。

执行查询点坐标命令后，命令行提示如下：

```
_id 指定点:
```

此时利用鼠标拾取一个点后，将在命令行显示该点在当前 UCS 的 X、Y、Z 坐标值。

11.9.5　查询时间

AutoCAD 2012 的查询时间命令用于查询时间信息，包括当前时间、使用计时器等。可通过以下两种方法执行查询时间命令。

- 经典模式：选择菜单栏中的“工具”→“查询”→“时间”命令。
- 运行命令：TIME。

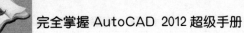

执行查询时间命令后，将自动弹出文本窗口显示时间信息，如图 11-51 所示，同时在命令行显示如下提示：

```
>>输入选项 [显示（D）/开（ON）/关（OFF）/重置（R）]:
```

此时可选择中括号内的选项：“显示(D)”选项，用于显示更新的时间；“开(ON)”和“关(OFF)”选项，分别用于启动和停止计时器；“重置(R)”选项，用于将计时器清零。

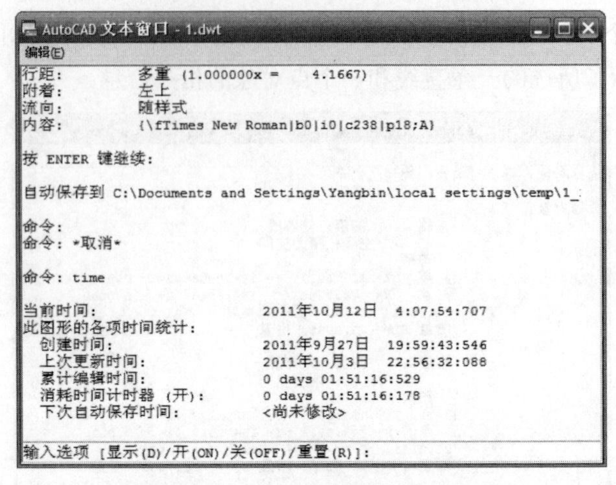

图 11-51　TIME 命令查看时间信息

11.9.6　查询状态

通过 AutoCAD 2012 的查询状态功能可以查看图形的统计信息、模式和范围。可通过以下两种方法查询图纸状态。

- 经典模式：选择菜单栏中的“工具”→“查询”→“状态”命令。
- 运行命令：STATUS。

执行查询状态命令后，系统将自动弹出文本窗口显示状态信息，如对象总数、模型空间或图纸空间的图形界限等。status 命令查看的信息相当丰富，如图 11-52 所示为所显示的一页信息，按 Enter 键继续显示其他信息。

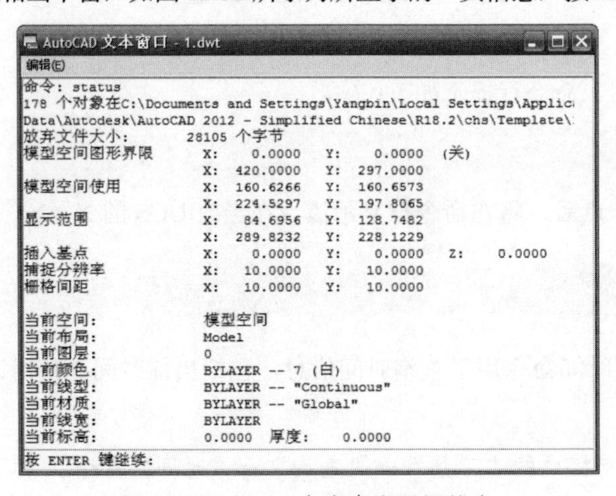

图 11-52　status 命令查询图纸状态

11.9.7　查询系统变量

使用 AutoCAD 2012 的查询系统变量功能，可以列出或修改系统变量值。可通过以下两种方法查询系统变量。

- 经典模式：选择菜单栏中的“工具”→“查询”→“设置变量”命令。
- 运行命令：SETVAR。

执行查询系统变量命令后，命令行将提示：

```
输入变量名或 [?]:
```

此时输入需要查看或修改的系统变量名称，即可对该系统变量进行操作。如要显示所有的系统变量，可输入“?”或直接按 Enter 键，然后命令行将继续提示：

```
输入要列出的变量<*>:
```

此时可使用通配符指定要列出的系统变量，如要列出所有的系统变量，可直接按 Enter 键或者输入“*”。

11.10　精确绘制图形实例一

使用直线命令，通过极轴追踪绘制如图 11-53 所示的图形。

01 右键单击状态栏上的“极轴追踪”按钮，选择快捷菜单中的“设置”命令，系统弹出如图 11-54 所示的“草图设置”对话框。

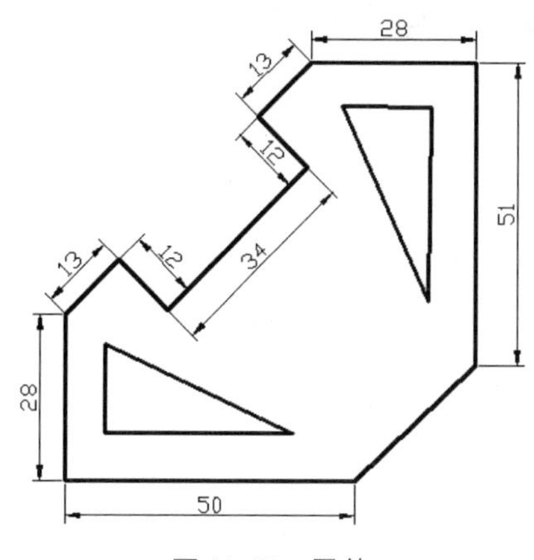

图 11-53　零件

图 11-54　“草图设置”对话框

02 单击 新建(N) 按钮，一个文本框添加到“附加角”列表框中，在文本框中输入 45。

03 单击 确定 按钮，完成角度追踪的设置。

04 单击状态栏上的“极轴追踪”按钮，使其处于激活状态。

05 单击“常用”选项卡→“绘图”面板→“直线”按钮，此时使用鼠标在绘图区中任意捕捉一点单击确定直线段的起点。

06 命令行提示“指定下一点或 [放弃(U)]:”，此时向上移动鼠标捕捉 90°，效果如图 11-55（a）所示。

07 在动态输入框输入 28 并按 Enter 键，命令行提示“指定下一点或 [闭合(C)/放弃(U)]:”，此时移动鼠标到右上部捕捉 45°，在动态输入框输入 13 并按 Enter 键，效果如图 11-55（b）所示。

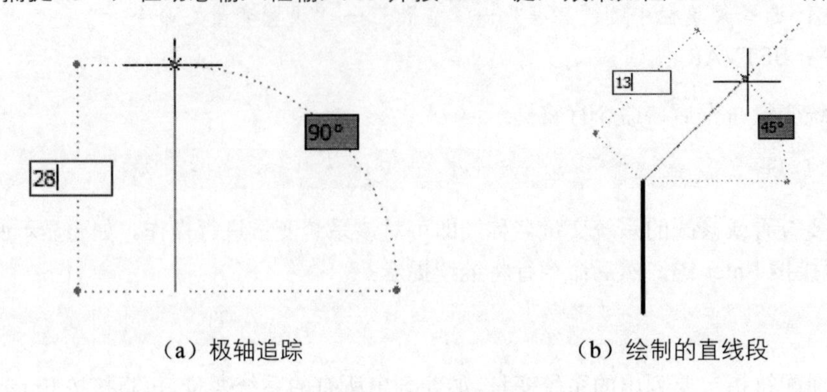

（a）极轴追踪　　（b）绘制的直线段

图 11-55　绘制直线段

08 命令行提示“指定下一点或 [放弃(U)]:”，此时移动鼠标到右下部捕捉 45°，效果如图 11-56（a）所示。

09 在动态输入框输入 12 并按 Enter 键，命令行提示“指定下一点或 [闭合(C)/放弃(U)]:”，此时移动鼠标到右上部捕捉 45°，在动态输入框输入 34 并按 Enter 键，效果如图 11-56（b）所示。

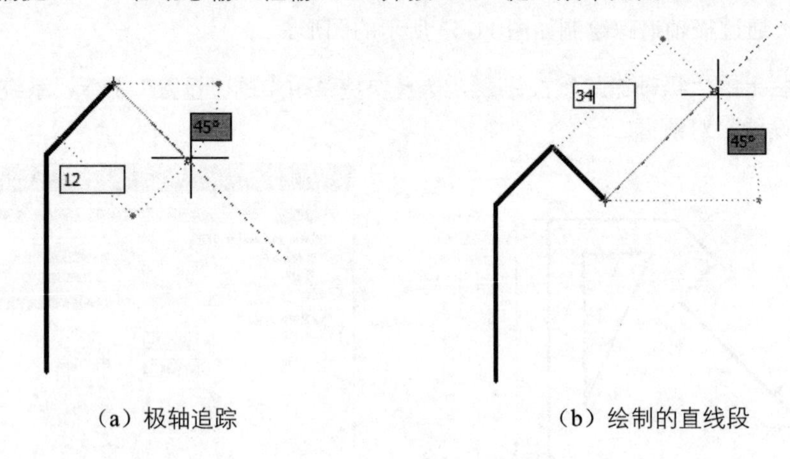

（a）极轴追踪　　（b）绘制的直线段

图 11-56　绘制直线段

10 重复以上步骤，绘制尺寸如图 11-57 所示的图形。

11 右键单击状态栏上的“极轴追踪”按钮，选择快捷菜单中的“设置”命令，在弹出如图 11-58 所示的“草图设置”对话框，设置“增量角”及“附加角”为 30。

12 单击“常用”选项卡→“绘图”面板→“直线”按钮，按住 Shift 键+单击鼠标右键，在弹出的快捷菜单中选择“自”。

13 命令行提示“_from 基点: <偏移>:”，此时向右移动鼠标，在命令行输入@7,8 并按 Enter 键。

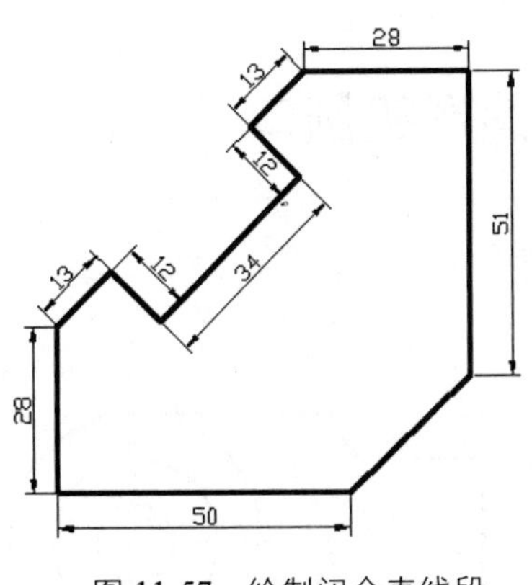

图 11-57　绘制闭合直线段

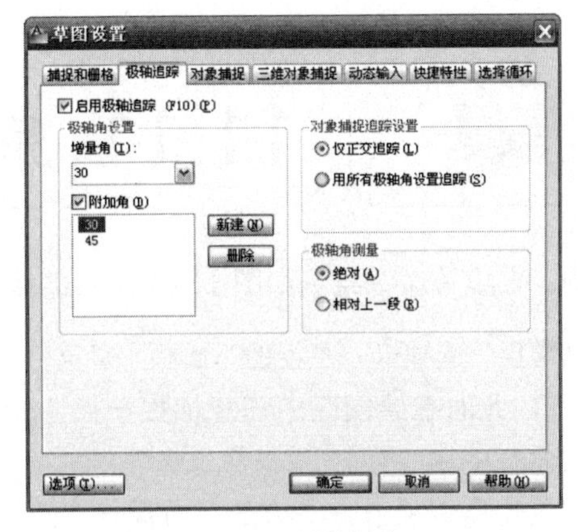

图 11-58　设置附加角

14 命令行提示“指定下一点或 [放弃(U)]:”，此时向上移动鼠标，在命令行输入 15 并按 Enter 键。

15 命令行提示“指定下一点或 [闭合(C)/放弃(U)]:”，此时向右下移动鼠标，捕捉 330° 延长线与水平线的交点，效果如图 11-59（a）所示。

16 命令行提示“指定下一点或 [放弃(U)]:”，此时向上移动鼠标，在命令行输入 15 并按 Enter 键。

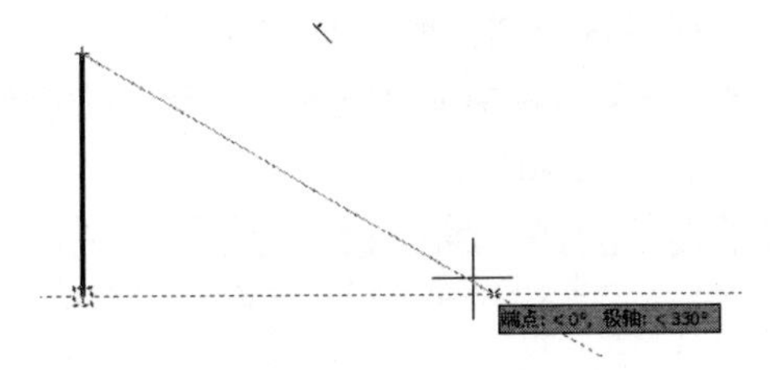

（a）绘制的 330° 的直线段

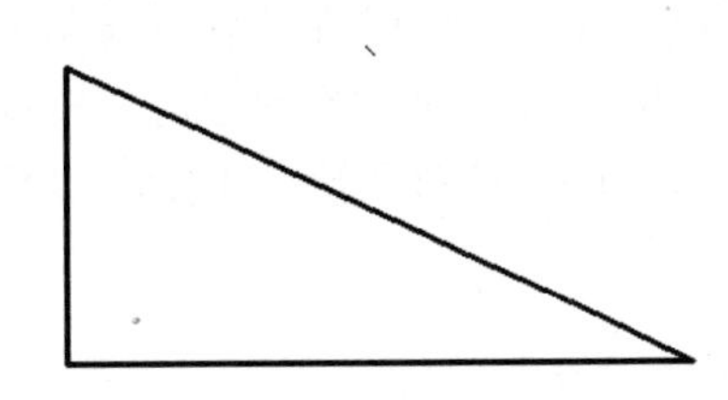

（b）绘制的水平直线段

图 11-59　绘制直线段

17 单击“常用”选项卡→“修改”面板→“镜像”按钮。

18 命令行提示“选择对象:”，此时使用鼠标选择上一步绘制的三角形，并按 Enter 键，命令行提示“指定镜像线的第一点:”，选择倾斜直线的中点，如图 11-60（a）所示。

19 命令行提示“指定镜像线的第二点:”，此时使用鼠标选择相对直线的中点，完成镜像，如图 11-60（b）所示。

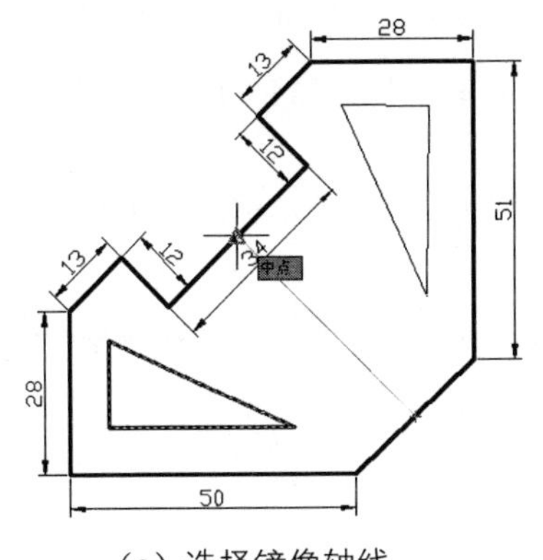

（a）选择镜像轴线

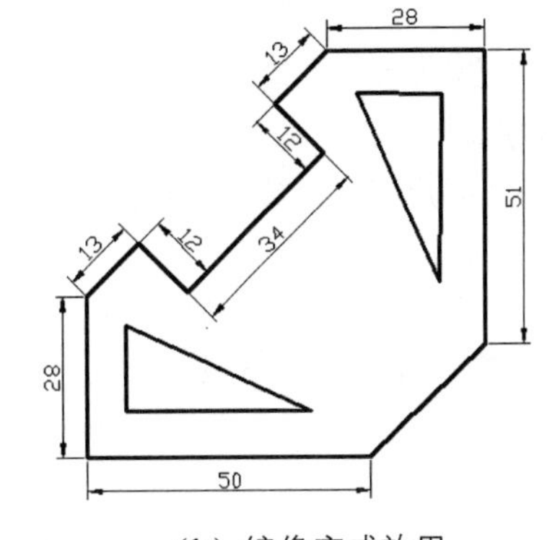

（b）镜像完成效果

图 11-60　绘制直线段和删除直线段

11.11 精确绘制图形实例二

使用圆、直线等命令绘制如图 11-61 所示的截面轮廓。

01 单击“常用”选项卡→“绘图”面板→“直线”按钮，此时在绘图区中任意捕捉一点，绘制相互垂直的中心线。

02 单击“常用”选项卡→“绘图”面板→“圆”按钮，命令行提示“指定圆的圆心或 [三点(3P)/两点(2P)/切点、切点、半径(T)]:”，此时在绘图区中捕捉中心线交点。

03 命令行提示“指定圆的半径或 [直径(D)]:”，此时在命令行输入 13 并按 Enter 键。

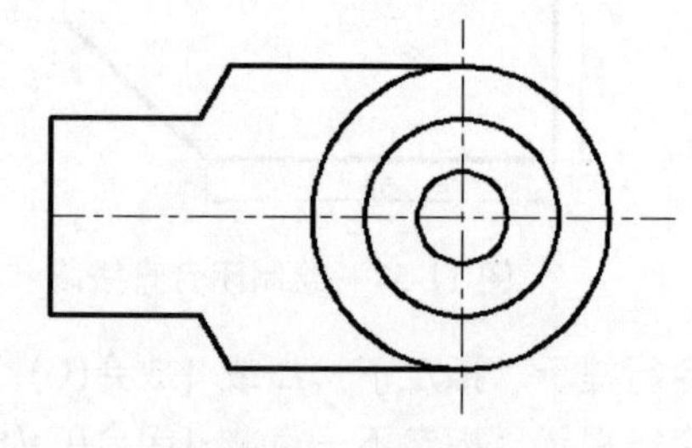

图 11-61　截面轮廓

04 重复步骤 02 和步骤 03 的操作，绘制半径分别为 6 和 26 的同心圆，如图 11-62 所示。

05 右键单击状态栏中的“极轴追踪”按钮，选择右键快捷菜单栏中的“设置”命令，系统弹出如图 11-63 所示的“草图设置”对话框，将增量角和附加角设置为 40°。

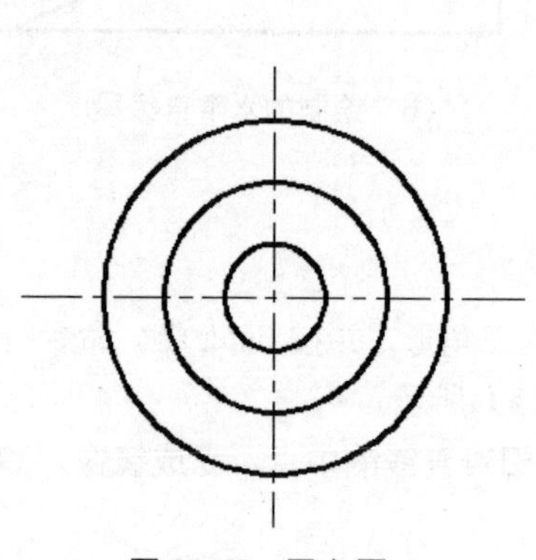

图 11-62　同心圆

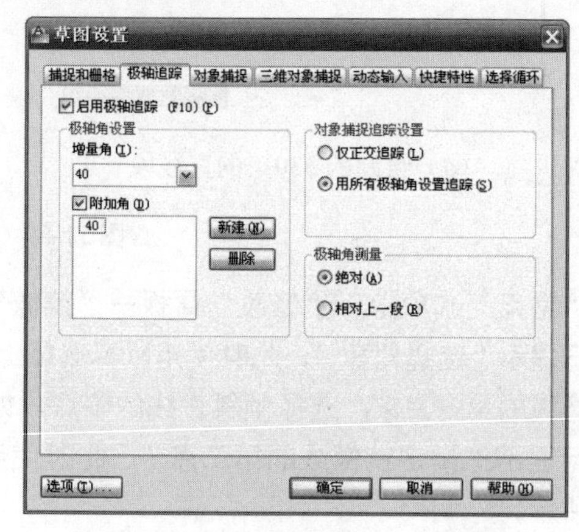

图 11-63　“草图设置”对话框

06 单击“常用”选项卡→“绘图”面板→“直线”按钮，此时使用鼠标在绘图区中任意捕捉最外侧圆的下象限点。

07 命令行提示“指定下一点或 [放弃(U)]:”，此时向左移动鼠标，在动态输入框中输入 31，效果如图 11-64（a）所示。

08 命令行提示“指定下一点或 [放弃(U)]:”，向左上移动鼠标捕捉 120°，在动态输入框输入 8 并按 Enter 键，如图 11-64（b）所示。

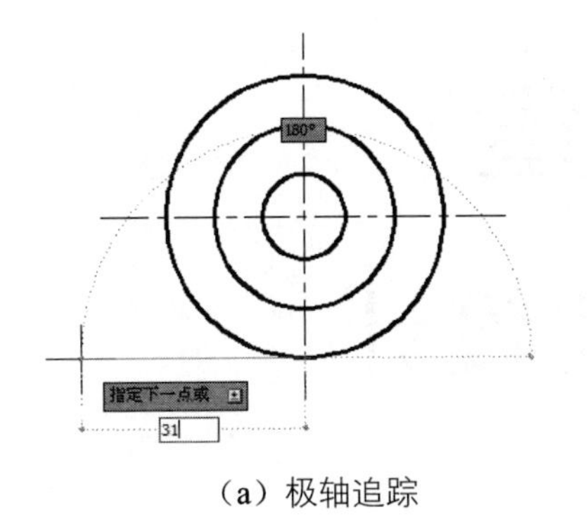

（a）极轴追踪

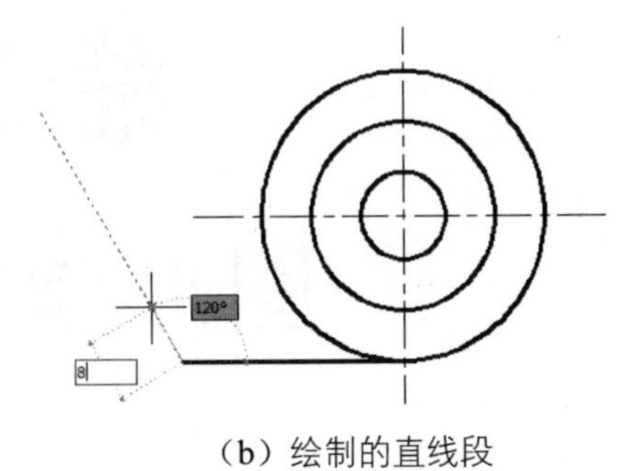

（b）绘制的直线段

图 11-64　绘制直线

09 重复步骤 06~08 的操作，捕捉右下顶点，绘制长度 31 与水平成 30° 的直线段，效果如图 11-65 所示。

10 单击“常用”选项卡→“修改”面板→“镜像”按钮，此时使用鼠标选取上一步绘制的直线。

11 命令行提示“指定镜像线的第一点:”，此时使用鼠标捕捉水平中心线的左端点。

12 命令行提示“指定镜像线的第二点:”，此时使用鼠标捕捉水平中心线的右端点，此时按 Enter 键或选择右键快捷菜单中“确定”命令，完成镜像，如图 11-66 所示。

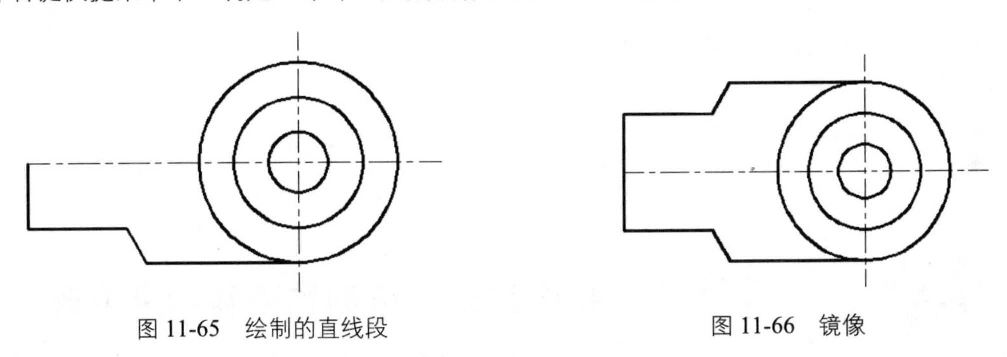

图 11-65　绘制的直线段　　图 11-66　镜像

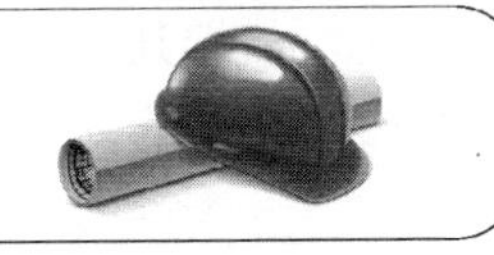

11.12 知识回顾

本章主要介绍了 AutoCAD 2012 中的精确绘图工具。各种精确绘图工具可以借助光标实现点的精确定位，从而免去了通过坐标值的计算和输入来精确定位某点。用户甚至可以利用精确绘图工具生成一些复杂线条，解决解析几何问题。每个精确绘图工具均有相对应的功能键控制其开关，如 F3 键控制对象捕捉工具的开关，利用这些功能键，可以很方便地在命令执行过程中切换精确绘图工具的状态。

第12章 图形参数化设计

在图形初期设计中，参数化能够控制图形几何、尺寸之间的关系，方便用户对图形的多次修改。通过参数化设计可以将几何关系固定化、尺寸关系化，让初期的设计修改不会影响太深，能够控制图形中的各种参数。

本章介绍了约束设置、推断约束设置、自动约束的创建，标注几何约束和标注尺寸约束的操作步骤以及几何约束、尺寸约束的显示设置等图形参数化。

学习目标

- 熟练掌握各种几何约束、标注约束的标注方法
- 掌握推断约束、自动约束的设置方法
- 学会各种约束的显示和隐藏方法
- 掌握删除约束、约束转换、参数管理器的使用

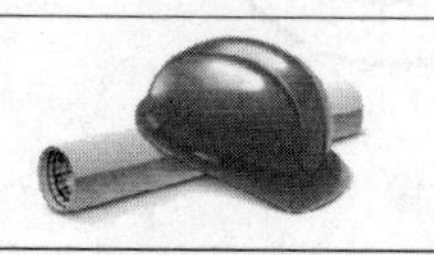

12.1 推断约束、自动约束和约束设置

AutoCAD 2012 提供了推断约束和自动约束，方便用户在图形设计中自动创建约束。而且通过约束设置对推断约束、自动约束和几何约束进行设置，能够控制几何约束的显示、标注约束的格式、自动约束的优先顺序等。

12.1.1 约束设置

通过约束设置，用户可以控制几何约束、标注约束和自动约束设置。进行约束设置，可以通过以下 4 种方法。

- 经典模式：选择菜单栏中的“参数”→“约束设置”命令。
- 右键单击状态栏上的“自动推断”按钮，选择“设置”命令。
- 经典模式：单击“参数化”工具栏中的“约束设置”按钮。
- 运行命令：ConstraintSettings。

执行约束设置命令后，系统弹出如图 12-1 所示的“约束设置”对话框。

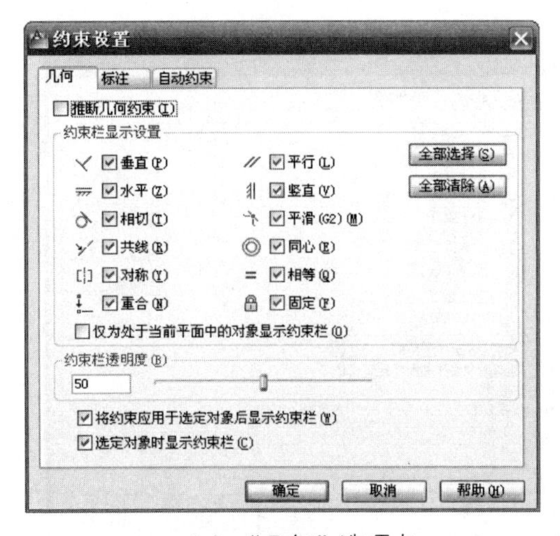

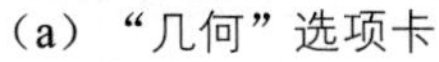
（a）“几何”选项卡

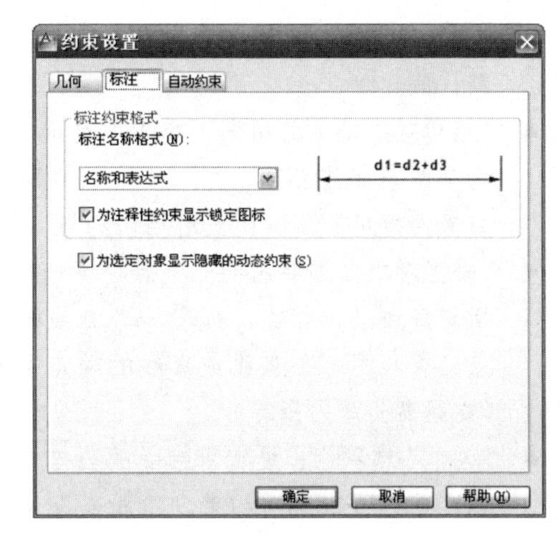

（b）“标注”选项卡

图 12-1　“约束设置”对话框

（1）“几何”选项卡，如图 12-1（a）所示，用于控制约束栏上约束类型的显示。

- “推断几何约束”复选框：用于创建和编辑几何图形时推断几何约束。
- “约束栏显示设置”选项组：用于控制图形编辑器中是否为对象显示约束栏或约束点标记。例如，可以为水平约束和竖直约束隐藏约束栏的显示。
- “全部选择”按钮：选择几何约束类型。
- “全部清除”按钮：清除选定的几何约束类型。
- “仅显示当前平面中的对象的约束栏”复选框：仅为当前平面上受几何约束的对象显示约束栏。
- “约束栏透明度”选项组：设定图形中约束栏的透明度。
- “将约束应用于选定对象后显示约束栏”复选框：手动应用约束后或使用 AUTOCONSTRAIN 命令时显示相关约束栏。
- “选定对象时临时显示约束栏”复选框：临时显示选定对象的约束栏。

（2）“标注”选项卡，如图 12-1（b）所示，显示标注约束时设定行为中的系统配置。

- “标注约束格式”选项组：设定标注名称格式和锁定图标的显示。
- “标注名称格式”下拉列表框：为应用标注约束时显示的文字指定格式，可以设定名称值或名称和表达式。
- “为注释性约束显示锁定图标”复选框：针对已应用注释性约束的对象显示锁定图标。
- “为选定对象显示隐藏的动态约束”复选框：显示选定时已设定为隐藏的动态约束。

（3）“自动约束”选项卡，如图 12-2 所示，控制应用于选择集的约束，以及使用 AUTOCONSTRAIN 命令时约束的应用顺序。

- [上移(U)]按钮：通过在列表中上移选定项目来更改其顺序。
- [下移(D)]按钮：通过在列表中下移选定项目来更改其顺序。
- [全部选择(S)]按钮：选择所有几何约束类型以进行自动约束。
- [全部清除(C)]按钮：清除所有几何约束类型以进行自动约束。

- 重置(R) 按钮：将自动约束设置重置为默认值。
- “相切对象必须共用同一交点”复选框：指定两条曲线必须共用一个点（在距离公差内指定），以便应用相切约束。
- “垂直对象必须共用同一交点”复选框：指定直线必须相交，或者一条直线的端点必须与另一条直线或直线的端点重合（在距离公差内指定）。
- “公差”选项组：设定可接受的公差值以确定是否可以应用约束。“距离”文本框用于设置距离公差应用于重合、同心、相切和共线约束；“角度”文本框用于设置角度公差应用于水平、竖直、平行、垂直、相切和共线约束。

图 12-2　“自动约束”选项卡

12.1.2　推断约束

推断约束是指在创建和编辑几何对象时自动应用几何约束。启用推断约束，在创建几何图形时指定的对象捕捉将用于推断几何约束。

启动和关闭推断约束模式可利用以下 3 种方法。

- 单击状态栏上的“推断约束”按钮。
- 按 Ctr+Shift+I 组合键。
- 运行命令：CONSTRAINTINFER。

在执行推断约束时，注意以下两点：

（1）不支持下列对象捕捉：交点、外观交点、延长线和象限点；

（2）无法通过推荐创建的约束：固定、平滑、对称、同心、等于、共线约束。

12.1.3　实例——推断约束 

启动推断约束，在如图 12-3（a）所示的直线段之间创建倒圆角。

01 单击状态栏上的“推断约束”按钮，使其处于开启状态。

02 单击“常用”选项卡→“修改”面板→“圆角”按钮，命令行提示：

```
当前设置：模式 = 修剪，半径 = 50.0000
选择第一个对象或 [放弃(U)/多段线(P)/半径(R)/修剪(T)/多个(M)]:
```

此时，利用鼠标选择图 12-3 所示的两条直线段，完成倒圆角的创建。

（a）标注对象　　　　（b）倒圆角并标注相切约束

图 12-3　倒圆角

12.1.4　自动约束

根据选择对象相对于彼此的方向将几何约束应用于对象的选择集。应用多个几何约束之前检查以下条件：对象是否在“自动约束”选项卡中指定的公差内彼此垂直或相切；在指定的公差内，它们是否也相交？如果满足第一个条件，则将始终应用相切约束和垂直约束。

如果选择其他复选框，则会将距离公差作为相交对象的考虑因素。如果对象不相交，但是这些对象之间的最短距离在指定的位置公差内，则会应用约束（即使复选框处于勾选状态）。

可通过以下 4 种方式执行自动约束。

- 功能区：单击“参数化”选项卡→“几何”面板→“自动约束”按钮。
- 经典模式：选择菜单栏中的“参数”→“自动约束”命令。
- 经典模式：单击“参数化”工具栏中的“自动约束”按钮。
- 运行命令：AutoConstrain。

执行自动约束命令，使用鼠标选择需要标注约束的对象，按 Enter 键即可完成约束的标注。

12.1.5　实例——自动约束

对如图 12-4（a）所示的图形创建约束。

01 单击“参数化”选项卡→“几何”面板→“自动约束”按钮。

02 命令行提示“选择对象或 [设置(S)]:”，此时使用鼠标框选图 12-4（a）所示的图形，并单击鼠标右键或按 Enter 键，完成自动约束的创建，效果如图 12-4（b）所示。

（a）标注对象　　　　（b）自动标注的相切和水平垂直约束

图 12-4　自动约束

12.2 标注几何约束

几何约束指在二维对象或对象上的点之间的几何关系。在编辑受约束的几何图形时，约束保留不变。因此，通过使用几何约束，用户可以在图形中包括设计要求。

例如，在如图 12-5 所示的图形中，为几何图形应用了以下约束。

- 每个端点都约束为与每个相邻对象的端点保持重合。
- 垂直线约束为保持相互平行且长度相等。
- 左侧的垂直线被约束为与水平线保持垂直。
- 水平线被约束为保持水平。
- 圆和水平线的位置约束为保持固定距离。

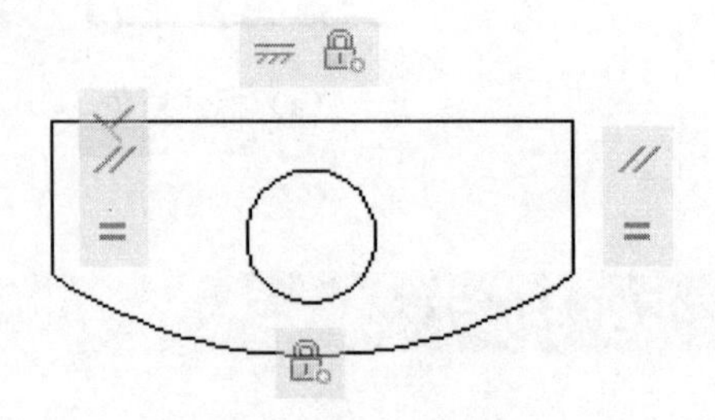

图 12-5　创建的约束

这些约束显示为锁定图标。

锁定的几何图形与其他未链接几何约束的几何图形不关联。

但是，几何图形并未被完全约束。通过夹点，用户仍然可以更改圆弧的半径、圆的直径、水平线的长度及垂直线的长度。要指定这些距离，需要应用标注约束。

可以向多段线中的线段添加约束，就像这些线段为独立的对象一样。

12.2.1　重合

重合是可以使对象上的约束点与某个对象重合，也可以使其与另一对象上的约束点重合。有效的约束对象和约束点为直线、多段线、圆、圆弧、多段线圆弧、椭圆、样条曲线、两个有效约束点。

创建重合约束时，可以通过以下 4 种方法。

- 功能区：单击“参数化”选项卡→“几何”面板→“重合”按钮。
- 经典模式：选择菜单栏中的“参数”→“几何约束”→“重合”命令。
- 经典模式：单击“几何约束”工具栏中的“重合”按钮。
- 运行命令：GcCoincident。

执行重合命令后，命令行提示：

```
选择第一个点或 [对象(O)/自动约束(A)] <对象>:
```

此时，使用鼠标选择如图 12-6（a）所示的 A 约束的点，命令行提示：

```
选择第二个点或 [对象(O)] <对象>:
```

此时，在命令行输入 O 并按 Enter 键，使用鼠标选择如图 12-6（a）所示的 B 直线段，即可完成重合约束的创建，效果如图 12-6（b）所示。

命令行中各个选项的含义如下。

- 点：指定要约束的点。
- 对象(O)：选择要约束的对象。在命令行输入 O 并按 Enter 键，选择一个点后，命令行提示“选择点或 [多个(M)]:”，此时选择 M，即可选择多个点。
- 自动约束(A)：选择多个对象。重合约束将通过未受约束的相互重合点应用于选定对象。

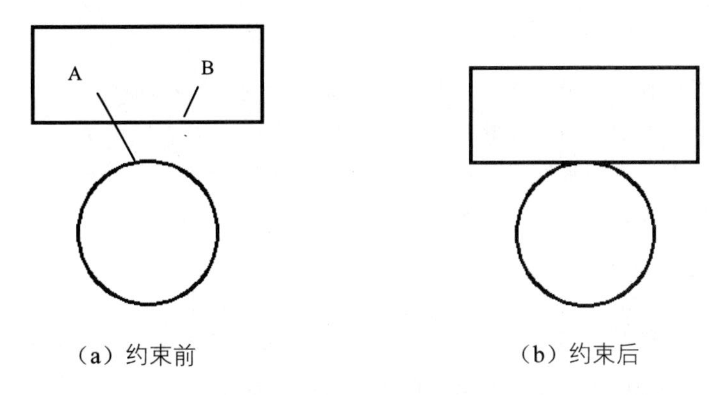

（a）约束前　　（b）约束后

图 12-6　重合约束过程

12.2.2　共线

使两条或多条直线段沿同一直线方向。有效的约束对象和约束点为直线、多段线、椭圆、多行文字。创建共线约束时，可以通过以下 4 种方法。

- 功能区:单击“参数化”选项卡→“几何”面板→“共线”按钮。
- 经典模式:选择菜单栏“参数”→“几何约束”→“共线”命令。
- 经典模式：单击“几何约束”工具栏中的“共线”按钮。
- 运行命令：GcCollinear。

执行“共线”命令后，命令行提示：

```
选择第一个对象或 [多个(M)]:
```

此时，从绘图区中依次选择两条直线，即可完成共线的约束，如图 12-7 所示。如果在命令行输入 M 并按 Enter 键，执行多条直线段共线。

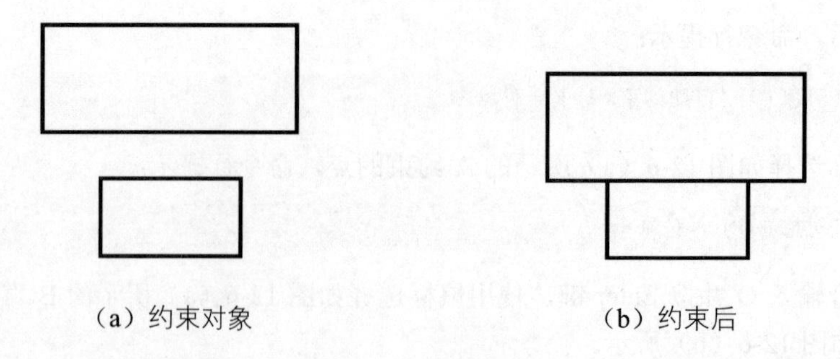

（a）约束对象　　（b）约束后

图 12-7　共线约束

12.2.3　同心

将两个圆弧、圆或椭圆约束到同一个中心点。对于同心有效的约束对象和约束点为圆、圆弧、多段线圆弧、椭圆。

创建同心约束可以通过以下 4 种方法。

- 功能区：单击“参数化”选项卡→“几何”面板→“同心”按钮。
- 经典模式：选择菜单栏中的“参数”→“几何约束”→“同心”命令。
- 经典模式：单击“几何约束”工具栏中的“同心”按钮。
- 运行命令：GcConcentric。

执行“同心”命令后，命令行提示：

```
选择第一个对象：
```

此时，使用鼠标选择如图 12-8（a）所示的椭圆，命令行提示：

```
选择第二个对象：
```

此时，使用鼠标选择如图 12-8（a）所示的圆，即可完成同心约束的创建，效果如图 12-8（b）所示。

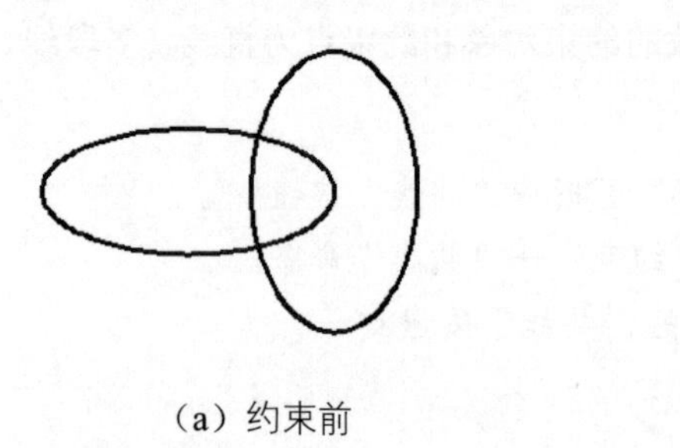

（a）约束前　　（b）约束后

图 12-8　同心约束

12.2.4　固定

将点和曲线锁定在位。将固定约束应用于对象上的点时，会将节点锁定在位。可以围绕锁定节点移动对象。将固定约束应用于对象时，该对象将被锁定且无法移动。对于固定有效的对象和约束点为直线、多段线线段、圆、圆弧、多段线圆弧、椭圆和样条曲线。

创建固定约束可以通过以下 4 种方法。

- 功能区：单击“参数化”选项卡→“几何”面板→“固定”按钮。
- 经典模式：选择菜单栏中的“参数”→“几何约束”→“固定”命令。
- 经典模式：单击“几何约束”工具栏中的“固定”按钮。
- 运行命令：GcFix。

执行“固定”命令后，命令行提示：

```
选择点或［对象(O)］<对象>：
```

此时，使用鼠标选择需要固定的点，或者在命令行输入 O 并按 Enter 键，使用鼠标选择固定对象，即可完成固定约束的创建，效果如图 12-9 所示。

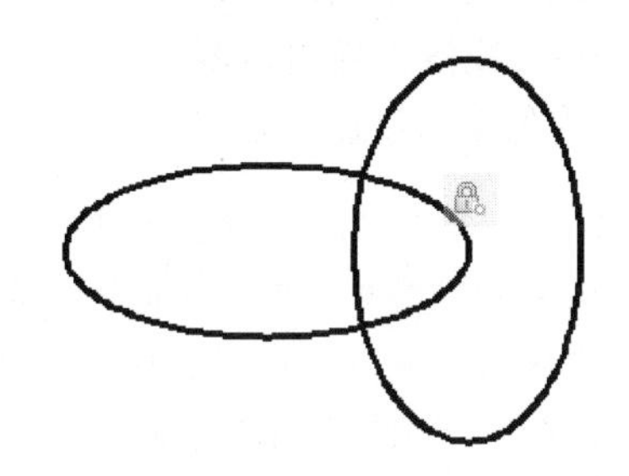

图 12-9　固定约束

12.2.5　平行

使选定的直线彼此平行。对于平行约束有效的约束对象和约束点为直线、多段线线段、椭圆和多行文字。

创建平行约束可以通过以下 4 种方法。

- 功能区：单击“参数化”选项卡→“几何”面板→“平行”按钮。
- 经典模式：选择菜单栏中的“参数”→“几何约束”→“平行”命令。
- 经典模式：单击“几何约束”工具栏中的“平行”按钮。
- 运行命令：GcParallel。

执行“平行”命令后，命令行提示：

```
选择第一个对象：
```

此时，使用鼠标选择创建平行约束的基准对象，命令行提示：

```
选择第二个对象：
```

此时，使用鼠标选择第二约束对象，即可完成平行约束的创建，效果如图 12-10 所示。

在创建平行约束的两对象无其他约束，以选择的第一对象为基准，即第二选择对象平行与第一对象。如图 12-10 所示的（b）、（c）为不同的选择顺序生成的不同结果。

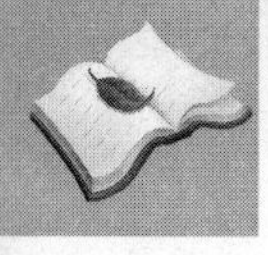

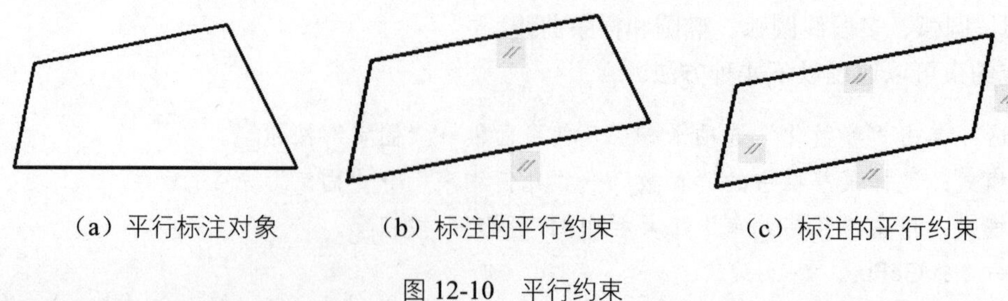
（a）平行标注对象　（b）标注的平行约束　（c）标注的平行约束

图 12-10　平行约束

12.2.6　垂直

使选定的直线位于彼此垂直的位置，直线无需相交即可垂直。对于垂直约束有效的约束对象和约束点为直线、多段线线段、椭圆和多行文字。

创建垂直约束可以通过以下 4 种方法。

- 功能区：单击“参数化”选项卡→“几何”面板→“垂直”按钮。
- 经典模式：选择菜单栏中的“参数”→“几何约束”→“垂直”命令。
- 经典模式：单击“几何约束”工具栏中的“垂直”按钮。
- 运行命令：GcPerpendicular。

执行“垂直”命令后，命令行提示：

```
选择第一个对象:
```

此时，使用鼠标选择创建垂直约束的基准对象，命令行提示：

```
选择第二个对象:
```

此时，使用鼠标选择第二约束对象，即可完成垂直约束的创建，效果如图 12-11 所示。

在创建垂直约束的两对象无其他约束，以选择的第一对象为基准，即第二选择对象垂直与第一对象。如图 12-11 所示的（b）、（c）为不同的选择顺序生成的不同结果。

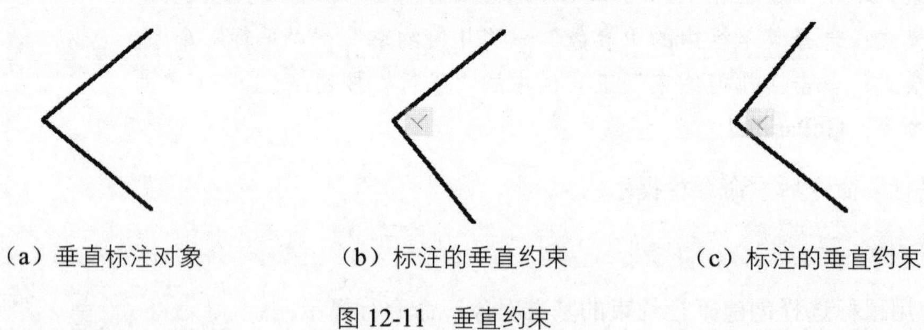
（a）垂直标注对象　（b）标注的垂直约束　（c）标注的垂直约束

图 12-11　垂直约束

12.2.7　水平

使直线或点对位于与当前坐标系的 X 轴平行的位置，可以选择同一对象或不同对象上的不同约束点。对于水平约束有效的约束对象和约束点为直线、多段线线段、椭圆、多行文字和两个有效约束点。

创建水平约束可以通过以下 4 种方法。

- 功能区：单击“参数化”选项卡→“几何”面板→“水平”按钮。
- 经典模式：选择菜单栏中的“参数”→“几何约束”→“水平”命令。
- 经典模式：单击“几何约束”工具栏中的“水平”按钮。
- 运行命令：GcHorizontal。

执行“水平”命令后，命令行提示：

```
选择对象或 [两点(2P)] <两点>:
```

此时，使用鼠标选择平行约束对象，即可完成平行约束的创建。如果在命令行输入 2P 并按 Enter 键，使用鼠标选择亮点，即完成两点连线水平的约束。如图 12-12（b）所示为在样条曲线两端点平行约束。

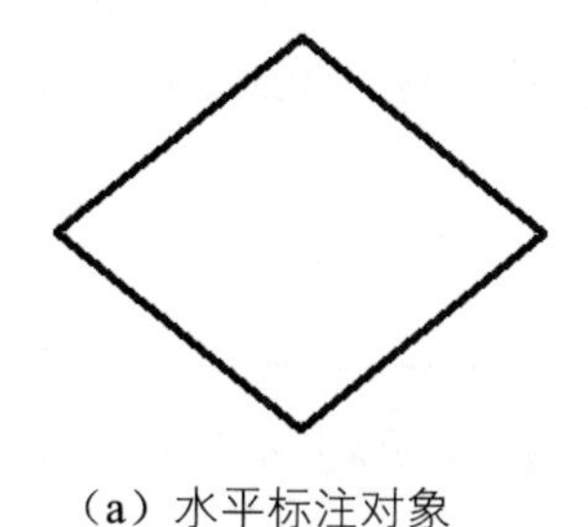

（a）水平标注对象

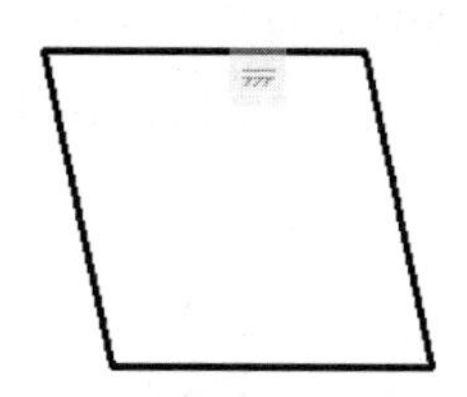

（b）标注的水平约束

图 12-12　水平约束

12.2.8　竖直

使直线或点对位于与当前坐标系的 Y 轴垂直的位置。对于竖直约束有效的约束对象和约束点为直线、多段线线段、椭圆、多行文字和两个有效约束点。

创建竖直约束可以通过以下 4 种方法。

- 功能区：单击“参数化”选项卡→“几何”面板→“竖直”按钮。
- 经典模式：选择菜单栏中的“参数”→“几何约束”→“竖直”命令。
- 经典模式：单击“几何约束”工具栏中的“竖直”按钮。
- 运行命令：GcVertical。

执行“竖直”命令后，命令行提示：

```
选择对象或 [两点(2P)] <两点>:
```

此时，使用鼠标选择对象，即可完成竖直约束的创建。也可以选择“两点(2P)”选项，在两点的连线上创建竖直约束。

12.2.9　相切

将两条曲线约束为保持彼此相切或其延长线保持彼此相切。圆可以与直线相切，即使该圆与该直线不相交。一条曲线可以与另一条曲线相切，即使它们实际上并没有公共点。对于相切约束有效的约束对象和约束点为直线、多段线线段、圆、圆弧、多段线圆弧和椭圆。

创建相切约束可以通过以下 4 种方法。

- 功能区：单击“参数化”选项卡→“几何”面板→“相切”按钮。
- 经典模式：选择菜单栏中的“参数”→“几何约束”→“相切”命令。
- 经典模式：单击“几何约束”工具栏中的“相切”按钮。
- 运行命令：GcTangent。

执行“相切”命令后，命令行提示：

```
选择第一个对象:
```

此时，使用鼠标选择约束的第一对象，可以是直线、圆弧、椭圆等，命令行提示：

```
选择第二个对象:
```

此时，使用鼠标选择约束的第二对象，将相切于第一对象，第一选择对象保持不变。如图 12-13 所示为依次选择大圆和直线、直线和小圆创建的两个相切约束。

在创建相切约束时，需要对圆的半径和圆心进行尺寸标注，否则圆心和半径会发生改变。

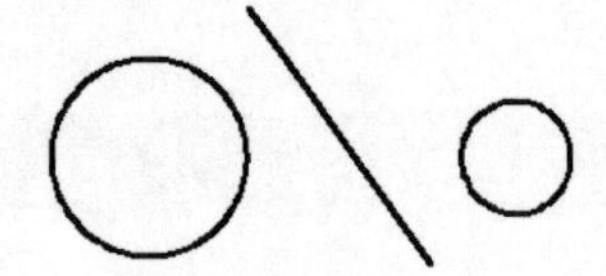

（a）相切标注对象

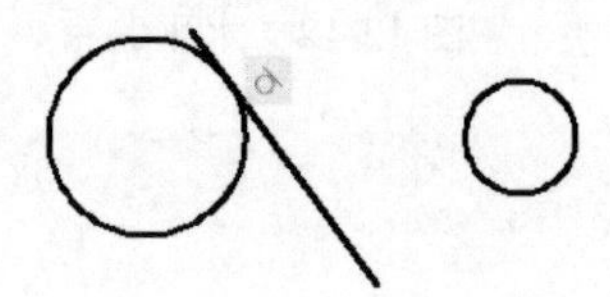

（b）标注的相切约束

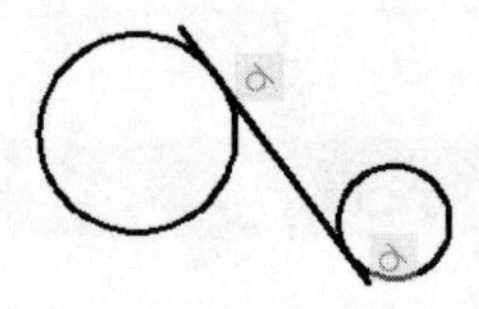

（c）标注的相切约束

图 12-13　相切约束

12.2.10　平滑

将样条曲线约束为连续，并与其他样条曲线、直线、圆弧或多段线保持 G2 连续性。对于平滑约束有效的约束对象和约束点为样条曲线、直线、多段线线段、圆弧和多段线圆弧。

应用了平滑约束的曲线的端点将设为重合。

创建平滑约束可以通过以下 4 种方法。

- 功能区:单击“参数化”选项卡→“几何”面板→“平滑”按钮。
- 经典模式:选择菜单栏中的“参数”→“几何约束”→“平滑”命令。
- 经典模式：单击“几何约束”工具栏中的“平滑”按钮。
- 运行命令：GcSmooth。

执行“平滑”命令后，命令行提示：

```
选择第一条样条曲线:
```

此时，使用鼠标选择样条曲线，命令行提示：

```
选择第二条曲线:
```

此时，使用鼠标选择曲线，曲线可以是样条曲线、直线、圆弧等，即可完成平滑约束的创建。如图 12-14 所示为两条样条曲线平滑的结果。

图 12-14　平滑约束

12.2.11　对称

使选定对象受对称约束，相对于选定直线对称。对于直线，将直线的角度设为对称（而非使其端点对称）；对于圆弧和圆，将其圆心和半径设为对称（而非使圆弧的端点对称）。对于对称约束有效的约束对象和约束点为直线、多段线线段、圆、圆弧、多段线圆弧和椭圆。

必须具有一个轴，从而将对象或点约束为相对于此轴对称，该轴即为对称线。

创建对称约束可以通过以下 4 种方法。

- 功能区：单击“参数化”选项卡→“几何”面板→“对称”按钮[¦]。
- 经典模式：选择菜单栏中的“参数”→“几何约束”→“对称”命令。
- 经典模式：单击“几何约束”工具栏中的“对称”按钮[¦]。
- 运行命令：GcSymmetric。

执行“对称”命令后，命令行提示：

```
选择第一个对象或 [两点(2P)] <两点>:
```

此时，使用鼠标选择如图 12-15（a）所示的圆 A，命令行提示：

```
选择第二个对象:
```

此时，使用鼠标选择如图 12-15（a）所示的圆 D，命令行提示：

```
选择对称直线:
```

此时，使用鼠标选择直线段 BC，即可完成对称操作，效果如图 12-15（b）所示。

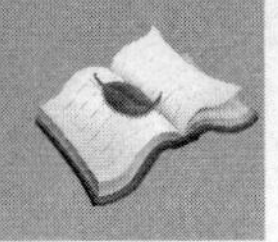

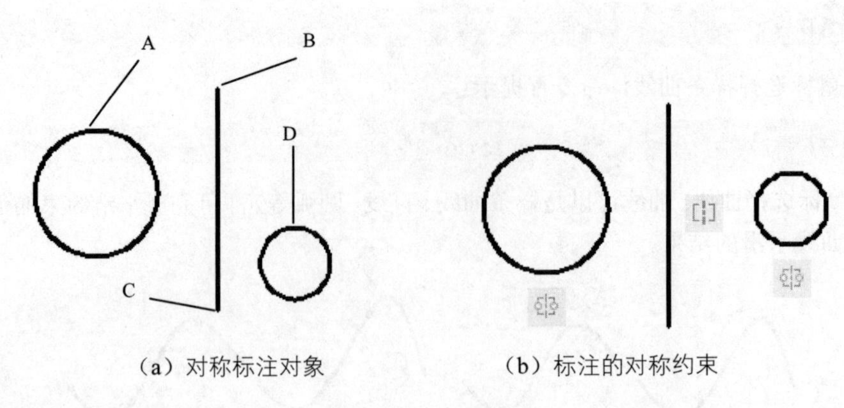

（a）对称标注对象　　　　（b）标注的对称约束

图 12-15　对称约束

12.2.12　相等

将选定圆弧和圆的尺寸重新调整为半径相同，或者将选定直线的尺寸重新调整为长度相同。对于相等约束有效的约束对象和约束点为直线、多段线线段、圆、圆弧和多段线圆弧。

创建相等约束可以通过以下 4 种方法。

- 功能区：单击“参数化”选项卡→“几何”面板→“相等”按钮。
- 经典模式：选择菜单栏中的“参数”→“几何约束”→“相等”命令。
- 经典模式：单击“几何约束”工具栏中的“相等”按钮。
- 运行命令：GcEqual。

执行“相等”命令后，命令行提示：

```
选择第一个对象或 [多个(M)]:
```

此时，使用鼠标选择如图 12-16（a）所示的圆，命令行提示：

```
选择第二个对象:
```

此时，使用鼠标选择如图 12-16（a）所示的圆弧，即可完成相等约束的创建，效果如图 12-16（b）所示。

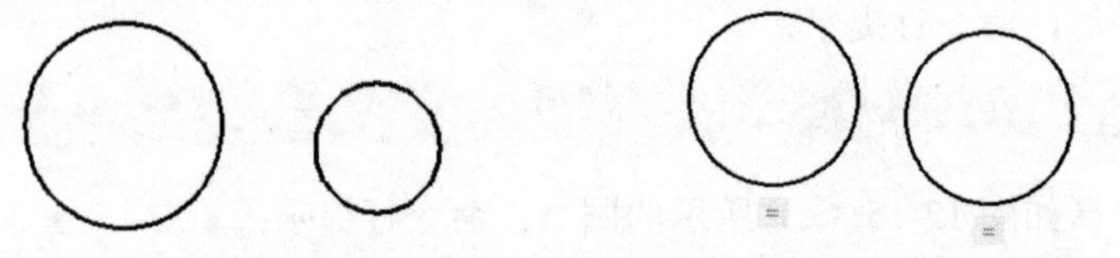

（a）相等标注对象　　　　（b）标注的相等约束

图 12-16　相等约束

12.3　显示和验证几何约束

可以从视觉上确定与任意几何约束关联的对象，也可以确定与任意对象关联的约束。约束栏提供了有关如何约束对象的信息。约束栏显示一个或多个图标，这些图标表示已应用于对象的几何约束。需要移走约束栏时，可以进行拖动，还可以控制约束栏是处于显示还是隐藏状态。

12.3.1　显示几何约束

可以通过显示几何约束的控制，以方便对复杂图形的设计和观察。用户可以将几何约束暂时显示、暂时隐藏或仅显示某种约束等。对设计进行分析并希望过滤几何约束的显示时，隐藏几何约束会非常有用。例如，用户可以选择仅显示平行约束，下一步可以选择只显示垂直约束。

1．显示/隐藏约束

显示或隐藏几何约束可以通过以下 4 种方法。

- 功能区：单击“参数化”选项卡→“几何”面板→“显示/隐藏”按钮。
- 经典模式：选择菜单栏中的“参数”→“约束栏”→“选择对象”命令。
- 经典模式：单击“参数化”工具栏中的“显示约束”按钮。
- 运行命令：ConstraintBar。

执行显示/隐藏约束命令后，命令行提示：

```
选择对象:
```

此时，使用鼠标选择需要隐藏的几何约束的对象，单击鼠标右键完成选取，命令行提示：

```
输入选项 [显示(S)/隐藏(H)/重置(R)]<显示>:s
```

此时，在命令行输入相应选项并按 Enter 键，即可执行相应选项。各项内容的含义如下：

- 显示(S)：为应用了几何约束的选定对象显示约束栏。
- 隐藏(H)：为应用了几何约束的选定对象隐藏约束栏。
- 重置(R)：为应用了几何约束的所有对象显示约束栏，并将这些约束栏重置为其默认位置（相对于其所关联的参数）。

为减少混乱，重合约束默认显示为蓝光小正方形。如果需要，可以使用“约束设置”对话框中的某个选项将其关闭。

2．全部显示

显示当前绘图区中的所有几何约束可以通过以下 4 种方法。

- 功能区：单击“参数化”选项卡→“几何”面板→“全部显示”按钮。
- 经典模式：选择菜单栏中的“参数”→“约束栏”→“全部显示”命令。
- 经典模式：单击“参数化”工具栏中的“全部显示”按钮。
- 运行命令：ConstraintBar→Showall。

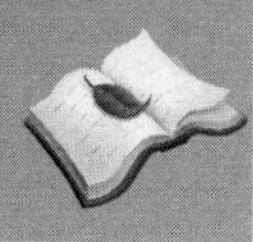

3．全部隐藏

隐藏当前绘图区中的所有几何约束可以通过以下 4 种方法。

- 功能区：单击“参数化”选项卡→“几何”面板→“全部隐藏”按钮。
- 经典模式：选择菜单栏中的“参数”→“约束栏”→“全部隐藏”命令。
- 经典模式：单击“参数化”工具栏中的“全部隐藏”按钮。
- 运行命令：ConstraintBar→hideall。

12.3.2 验证几何约束

对于复杂的几何图形应用了多个约束时，验证约束与对象之间的关联尤为重要，可通过两种方式确认几何约束与对象的关联。

- 选择约束栏中的约束时，将高亮显示与该几何约束关联的对象，如图 12-17（a）所示。
- 将鼠标悬停在已应用几何约束的对象上时，会高亮显示与该对象关联的所有约束栏，如图 12-17（b）所示。

这些高亮显示约束特征简化了约束的使用，尤其是当图形中应用了多个约束时。

（a）选择相合约束　　（b）选择直线几何元素

图 12-17　验证几何约束

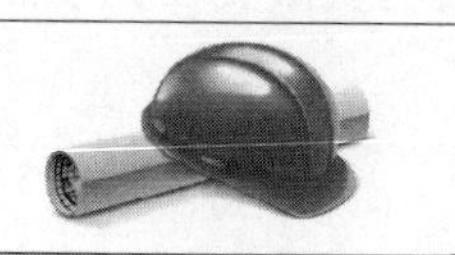

12.4 标注尺寸约束

标注约束可以控制设计的大小和比例，它们可以约束对象之间或对象上的点之间的距离、对象之间或对象上的点之间的角度，以及圆弧和圆的大小。如果更改标注约束的数值，系统会计算对象上的所有约束，并自动更新受影响的对象。另外，可以向多段线中的线段添加约束，就像这些线段为独立的对象一样。标注约束与标注对象有着本质的区别，主要表现在以下几个方面：

- 标注约束用于图形的设计阶段，而标注通常在文档阶段进行创建。
- 标注约束驱动对象的大小或角度，而标注由对象驱动。
- 默认情况下，标注约束并不是对象，仅以一种标注样式显示，在缩放操作过程中保持相同大小，且不能输出到设备。
- 如果需要输出具有标注约束的图形或使用标注样式，可以将标注约束的形式从动态更改为注释性。

12.4.1　标注线性约束

线性约束是根据尺寸界线原点和尺寸线的位置创建水平、垂直或旋转约束。对于线性约束有效对象或有效的点为直线、多段线线段、圆弧、对象上的两个约束点。如果选择直线或圆弧对象后，端点之间的水平或垂直距离将受到约束。

标注线性约束可以通过以下两种方法。

- 功能区：单击“参数化”选项卡→“标注”面板→“线性”按钮。
- 运行命令：DcLinear。

执行“线性”命令后，命令行提示：

```
指定第一个约束点或 [对象(O)] <对象>:
```

此时，使用鼠标选择要约束对象的第一个点，命令行提示：

```
指定第二个约束点:
```

此时，使用鼠标选择要约束对象的第二个点，命令行提示：

```
指定尺寸线位置:
```

此时，移动鼠标到尺寸线放置的位置并单击确定，效果如图 12-18（a）所示。然后在动态输入框输入驱动尺寸并按 Enter 键，完成线性约束，效果如图 12-18（b）所示。如果执行命令后，在命令行输入 O 并按 Enter 键，选择直线或圆弧对象进行线性约束。

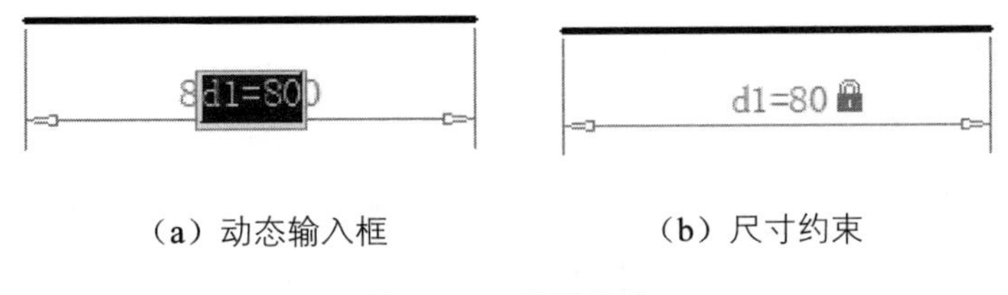

（a）动态输入框　　（b）尺寸约束

图 12-18　线性约束

12.4.2　标注水平约束

水平约束是约束对象上的点或不同对象上两个点之间的 X 距离。对于水平约束的有效约束对象和约束点为直线、多段线线段、圆弧、对象上的两个约束点。如果选择直线或圆弧对象后，对象的端点之间的水平距离将受到约束。

标注水平约束可以通过以下 4 种方法。

- 功能区：单击“参数化”选项卡→“标注”面板→“水平”按钮。
- 经典模式：选择菜单栏中的“参数”→“标注约束”→“水平”命令。
- 经典模式：单击“标注约束”工具栏中的“水平”按钮。
- 运行命令：DcHorizontal。

执行“水平”命令后，就可以进行水平约束。约束的方法与进行线性约束完全相同，其约束效果如图12-19所示。

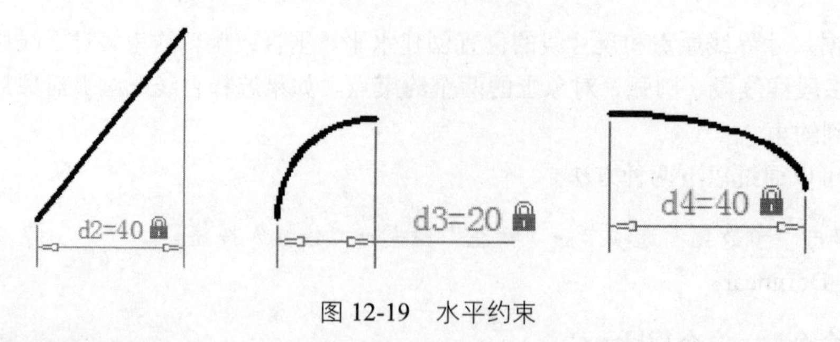

图 12-19　水平约束

12.4.3　标注竖直约束

竖直约束是约束对象上的点或不同对象上两个点之间的 Y 距离。有效的约束对象和约束点为线、多段线线段、圆弧、对象上的两个约束点。选定直线或圆弧后，对象的端点之间的垂直距离将受到约束。

标注竖直约束可以通过以下 4 种方法。

- 功能区：单击“参数化”选项卡→“标注”面板→“竖直”按钮。
- 经典模式：选择菜单栏中的“参数”→“标注约束”→“竖直”命令。
- 经典模式：单击“标注约束”工具栏中的“竖直”按钮。
- 运行命令：DcVertical。

执行“竖直”命令后，就可以进行竖直约束。约束的方法与进行线性约束完全相同，其约束效果如图12-20所示。

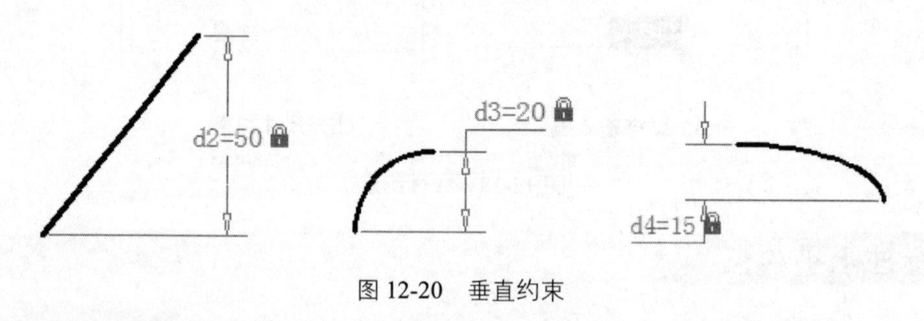

图 12-20　垂直约束

12.4.4　标注对齐约束

对齐约束是约束不同对象上两个点之间的距离。对于对齐约束有效的约束对象和约束点为多段线线段、圆弧、对象上的两个约束点、直线和约束点、两条直线。如果选择直线或圆弧对象后，对象的端点之间的距离将受到约束；如果选择直线和约束点后，直线上的点与最近的点之间的距离将受到约束；如果选择两条直线后，直线将设为平行并且直线之间的距离将受到约束。

标注对齐约束可以通过以下 4 种方法。

- 功能区：单击“参数化”选项卡→“标注”面板→“对齐”按钮。
- 经典模式：选择菜单栏中的“参数”→“标注约束”→“对齐”命令。

- 经典模式：单击“标注约束”工具栏中的“对齐”按钮。
- 运行命令：DcAligned。

执行“对齐”命令后，命令行提示：

```
指定第一个约束点或 [对象(O)/点和直线(P)/两条直线(2L)] <对象>:
```

此时，使用鼠标选择两点，即可完成对齐约束。对齐约束的效果如图 12-21 所示。
命令行中各选项的含义如下。

- 约束点：指定对象的约束点。使用鼠标依次选择两个约束点，确定标注尺寸放置位置。
- 对象(O)：选择对象而非约束点。
- 点和直线(P)：选择一个点和一个直线对象。对齐约束可控制直线上的某个点与最接近的点之间的距离。
- 两条直线(2L)：选择两个直线对象。这两条直线将被设为平行，对齐约束可控制它们之间的距离。

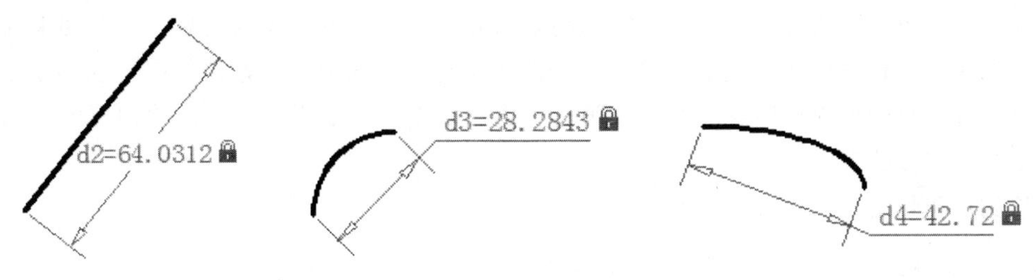

图 12-21　对齐约束

12.4.5　标注半径约束

半径约束是约束圆或圆弧的半径。
标注半径约束可以通过以下 4 种方法。

- 功能区：单击“参数化”选项卡→“标注”面板→“半径”按钮。
- 经典模式：选择菜单栏中的“参数”→“标注约束”→“半径”命令。
- 经典模式：单击“标注约束”工具栏中的“半径”按钮。
- 运行命令：DcRadius。

执行“半径”命令后，使用鼠标选择圆或圆弧，确定标注半径约束的放置位置，即可完成半径约束的标注，效果如图 12-22 所示。

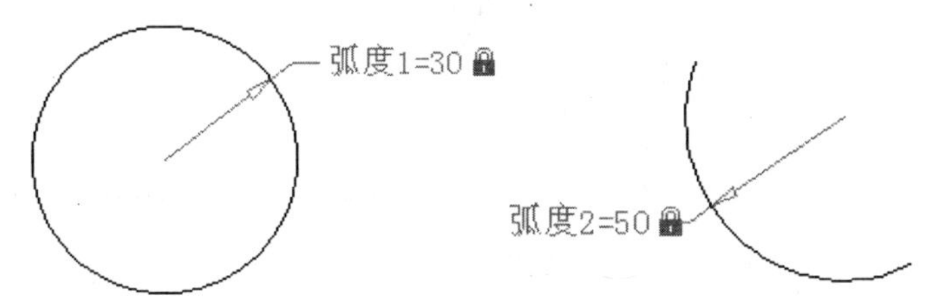

图 12-22　半径约束

12.4.6　标注直径约束

直径约束是约束圆或圆弧的直径。标注直径约束可以通过以下 4 种方法。

- 功能区：单击“参数化”选项卡→“标注”面板→“直径”按钮。
- 经典模式：选择菜单栏中的“参数”→“标注约束”→“直径”命令。
- 经典模式：单击“标注约束”工具栏中的“直径”按钮。
- 运行命令：DcDiameter。

执行“直径”命令后，就可以标注直径约束。标注的方法与标注半径约束完全相同。

12.4.7　标注角度约束

角度约束是约束直线段或多段线之间的角度、由圆弧或多段线圆弧扫掠得到的角度，或者对象上三个点之间的角度。对于角度约束有效的约束对象和约束点为直线对、多段线线段对、三个约束点、圆弧。

标注角度约束时，选择两条直线后，直线之间的角度将受到约束，初始值始终默认为小于 180º 的值；选择三个约束点时，第一点为角顶点，第二和第三点为角的端点；选择圆弧时，角顶点位于圆弧的中心，圆弧的角端点位于圆弧的端点处。

标注角度约束可以通过以下 4 种方法。

- 功能区：单击“参数化”选项卡→“标注”面板→“角度”按钮。
- 经典模式：选择菜单栏中的“参数”→“标注约束”→“角度”命令。
- 经典模式：单击“标注约束”工具栏中的“角度”按钮。
- 运行命令：DcAngular。

执行“角度”命令后，命令行提示：

```
选择第一条直线或圆弧或 [三点(3P)] <三点>:
```

此时，选择直线或圆弧，如果选择直线，命令行提示“选择第二条直线:”，确定标注角度约束的位置，即可完成角度约束的标注，效果如图 12-23 所示。选择三点(3P)选项，通过选择对象上的三个有效约束点，即可标注角度约束。

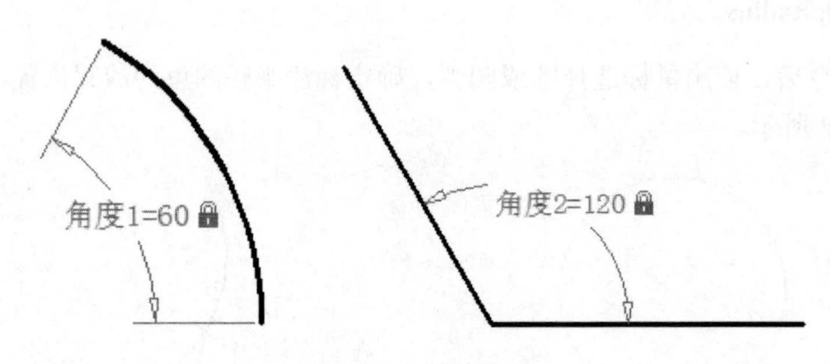

图 12-23　角度约束

12.5 显示和转换标注约束

在图形中标注多个约束，可以对某些约束显示或隐藏，让用户以更加简洁、方便地进行图形设计。也可以通过转换将关联约束转换为标注约束，还可以将标注约束转换为注释性约束，方便各种使用。

12.5.1 显示标注约束

1. 显示/隐藏约束

显示/隐藏约束用于显示或隐藏所选择对象的动态约束。

显示/隐藏动态约束可以通过以下 4 种方法。

- 功能区：单击“参数化”选项卡→“标注”面板→“显示/隐藏约束”按钮。
- 经典模式：选择菜单栏中的“参数”→“动态标注”→“选择对象”命令。
- 经典模式：单击“参数化”工具栏中的“显示约束”按钮。
- 运行命令：dcdisplay。

执行上述命令后，命令行提示：

```
选择对象:
```

此时，使用鼠标选择隐藏约束的对象并按 Enter 键，命令行提示：

```
输入选项 [显示(S)/隐藏(H)]<显示>:
```

此时，按 Enter 键即可显示选择对象的约束；在命令行输入 H 并按 Enter 键即可隐藏所选择对象的约束。

2. 全部显示

显示当前绘图区中的所有的标注约束，可以通过以下 4 种方法。

- 功能区：单击“参数化”选项卡→“标注”面板→“全部显示”按钮。
- 经典模式：选择菜单栏中的“参数”→“动态标注”→“选择全部”命令。
- 经典模式：单击“参数化”工具栏中的“全部显示”按钮。
- 运行命令：dcdisplay→Showall。

执行上述命令，即可显示当前绘图区中所有的标注约束。

3. 全部隐藏

隐藏当前绘图区中的所有标注约束，可以通过以下 4 种方法。

- 功能区：单击“参数化”选项卡→“标注”面板→“全部隐藏”按钮。
- 经典模式：选择菜单栏中的“参数”→“动态标注”→“选择隐藏”命令。
- 经典模式：单击“参数化”工具栏中的“全部隐藏”按钮。
- 运行命令：dcdisplay→Hideall。

执行上述命令，即可隐藏当前绘图区中所有的标注约束。

12.5.2 转换约束 

转换约束是将关联标注转换为标注约束。

转换约束可以通过以下两种方法执行。

- 功能区：单击“参数化”→“标注”→“转换”按钮。
- 运行命令：DcConvert。

执行上述命令后，命令行提示：

```
选择要转换的关联标注：
```

此时，使用鼠标选择需要转换的关联标注，如图 12-24（a）所示，按 Enter 键即可完成标注的转换，效果如图 12-24（b）所示。

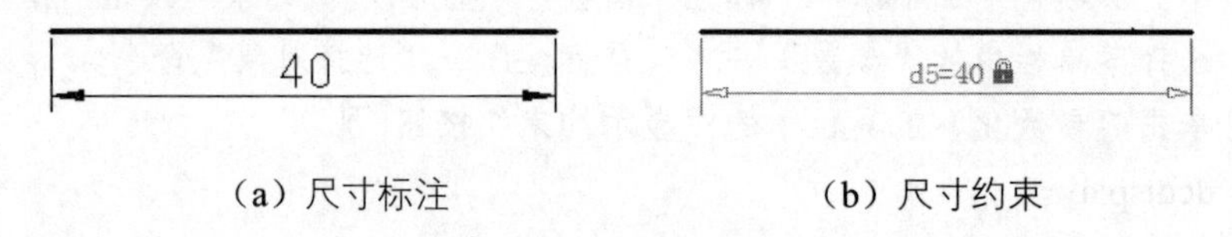

（a）尺寸标注　　（b）尺寸约束

图 12-24　转换约束

12.5.3 约束模式 

通过标注约束可以创建两种形式，即动态约束和注释性约束，这两种形式用途不同。另外，可以将所有动态约束或注释性约束转换为参照参数。

1. 动态约束

默认情况下，标注约束为动态约束。它们对于常规参数化图形和设计任务来说非常理想。

动态约束具有以下特征：

- 缩小或放大时保持大小相同；
- 可以在图形中轻松全局打开或关闭；
- 使用固定的预定义标注样式进行显示；
- 自动放置文字信息，并提供三角形夹点，可以使用这些夹点更改标注约束的值；
- 打印图形时不显示。

在需要控制动态约束的标注样式时，或者需要打印标注约束时，可以使用“特性”选项板将动态约束更改为注释性约束。

2. 注释性约束

希望标注约束具有以下特征时，注释性约束会非常有用：

- 缩小或放大时大小发生变化；

- 随图层单独显示；
- 使用当前标注样式显示；
- 提供与标注上的夹点具有类似功能的夹点功能；
- 打印图形时显示。

要以标注中使用的相同格式显示注释性约束中使用的文字，请将 CONSTRAINTNAMEFORMAT 系统变量设定为 1。

打印后，可以使用“特性”选项板将注释性约束转换回动态约束。

3．参照参数

参照参数是一种从动标注约束（动态或注释性），它并不控制关联的几何图形，但是会将类似的测量报告给标注对象。可以将参照参数用作显示可能必须要计算的测量结果的简便方式。

可将“特性”选项板中的“参照”特性设定为将动态或注释性约束转换为参照参数。

4．模式切换

在执行标注约束时，标注的约束是动态约束还是注释性约束。需要通过以下方法切换。

- 功能区：单击“参数化”→“标注”面板→“动态约束模式”按钮。
- 功能区：单击“参数化”→“标注”面板→“注释性约束模式”按钮。
- 运行命令：CCONSTRAINTFORM。

执行 CCONSTRAINTFORM 命令，命令行提示：

```
输入 CCONSTRAINTFORM 的新值<0>:
```

此时，在命令行输入 1 并按 Enter 键，表示进行注释性标注，相当于单击“参数化”→“标注”面板→“注释性约束模式”按钮；在命令行输入 0 并按 Enter 键，表示进行动态标注，相当于单击“参数化”→“标注”面板→“动态约束模式”按钮。

12.6 管理约束

在标注多个约束时，可以出现某些约束不合理或多余，可以通过删除约束和约束管理器对标注的约束进行删除、编辑等操作。

12.6.1 删除约束

删除约束是删除所选择的对象中的所有几何约束和标注约束，删除的约束数量将显示在命令行中。

执行删除约束可以通过以下 4 种方法。

- 功能区：单击“参数化”选项卡→“管理”面板→“删除约束”按钮。
- 经典模式：选择菜单栏中的“参数”→“删除约束”命令。
- 经典模式：单击“参数化”工具栏中的“删除约束”按钮。
- 运行命令：DelConstraint。

执行上述命令，命令行提示：

```
将删除选定对象的所有约束...
选择对象:
```

此时，使用鼠标选择删除约束的对象并按 Enter 键完成约束的删除。

12.6.2 参数管理器

参数管理器是将显示当前图形中的所有标注约束参数、参照参数和用户变量。进行参数管理的方法有两种：“参数管理器”选项板和命令行。

1. “参数管理器”选项板

访问“参数管理器”选项板可以通过以下 4 种方法。

- 功能区：单击“参数化”选项卡→“管理”面板→“参数管理器”按钮。
- 经典模式：选择菜单栏中的“参数”→“参数管理器”命令。
- 经典模式：单击“参数化”工具栏中的“参数管理器”按钮。
- 运行命令：parameters。

执行上述命令，系统弹出如图 12-25 所示的“参数管理器”选项板。选项板中显示相关参数信息，如果从图形编辑器中访问，则“参数管理器”选项板如图 12-25（a）所示；如果从块编辑器中访问，则“参数管理器”选项板如图 12-25（b）所示。

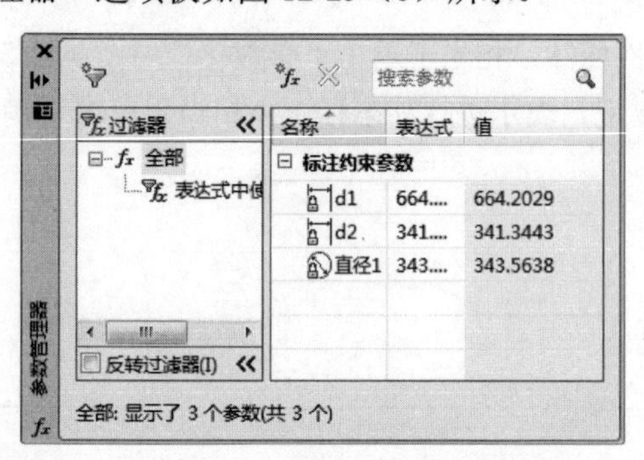

（a）从图形编辑器访问

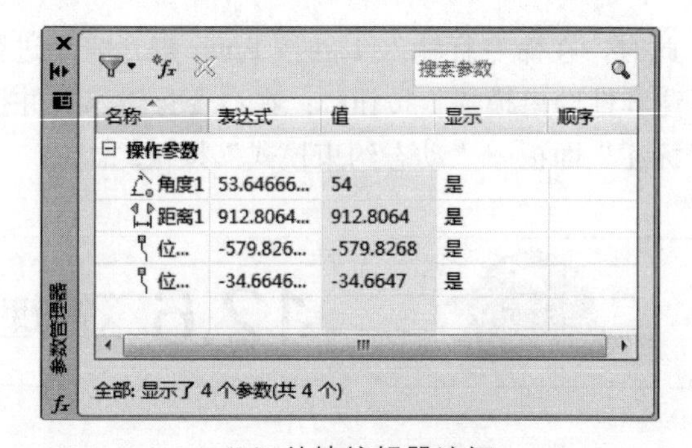

（b）从块编辑器访问

图 12-25 “参数管理器”面板

在图形编辑器中，“参数管理器”选项板将显示图形中可以使用的所有标注约束变量和用户定义变量。可以创建、编辑、重命名、编组和删除变量。默认情况下，包括三列栅格控件，也可以使用快捷菜单添加说明和类型两列。

在块编辑器中，“参数管理器”选项板将显示块定义的所有参数及用户定义特性的合并视图。默认情况下，包括“名称”、“表达式”、“值”三列栅格控件，也可以使用快捷菜单添加其他列，如类型、顺序、显示或说明。在“参数管理器”选项板中，可以重命名参数、输入或修改方程式和值，对参数名所做的更改将立即通过表格更新，同时也在块编辑器中进行更新。块定义的参数按照动作参数、标注约束参数、参照参数、用户参数、属性组织排列。仅将用户参数添加到表格中，从表格中删除任何项目时，该项目将自动从块定义中删除。

2. 命令行

通过执行-parameters 命令，可以新建、编辑、重命名、删除用户变量，也可以显示图形中的用户变量。

AutoCAD 小提示

不能在块编辑器中使用 -PARAMETERS 命令。

在命令行输入-parameters 并按 Enter 键后，命令行提示：

```
输入参数选项 [新建(N)/编辑(E)/重命名(R)/删除(D)/?]:
```

此时，输入选项执行相应操作。各选项含义如下。

- 新建(N)：创建用户变量。在命令行输入 N 并按 Enter 键，命令行提示“输入新用户参数的名称:”，输入参数名称并按 Enter 键，命令行提示“输入表达式:”，输入表达式并按 Enter 键，即可完成参数的新建。
- 编辑(E)：编辑指定用户变量的表达式。在命令行输入 E 并按 Enter 键，命令行提示“输入参数名:”，输入编辑的参数名并按 Enter 键，命令行提示“旧 表达式 =341.344286976, 值 =341.3443，输入表达式:” 此时，输入新表达式并按 Enter 键完成参数的编辑。
- 重命名(R)：重命名用户变量。在命令行输入 R 并按 Enter 键，命令行提示“输入旧参数名:”，输入需要重命名的参数名并按 Enter 键；命令行提示“输入新参数名:”，输入新参数名并按 Enter 键完成重命名操作。
- 删除(D)：从列表中删除用户变量。在命令行输入 D 并按 Enter 键，命令行提示“输入要删除的参数名:”，在命令行输入需要删除的参数名并按 Enter 键完成参数的删除。
- ？：列出图形中可用的用户变量。在命令行输入？并按 Enter 键，命令行提示：

```
--------------------------------------------------------------------------
参数: 直径 1          表达式: 343.563752145          值: 343.5638
参数: d1              表达式: 664.202911815          值: 664.2029
参数: d2              表达式: 341.344286976          值: 341.3443
--------------------------------------------------------------------------
```

显示当前的参数。

12.7 知识回顾

本章介绍了推断约束、自动约束、约束的设置的方法，并详细讲解了标注各种几何约束、标注约束及显示/隐藏方法。最后介绍了删除约束和参数管理器的使用方法。

第 13 章

绘制三维图形

前述各个章节主要介绍 AutoCAD 2012 在二维绘图领域的应用。实际上，AutoCAD 2012 在三维绘图领域的功能也一样强大。本章及第 14 章将介绍如何使用 AutoCAD 2012 绘制和编辑三维图形。

因为二维绘图与三维绘图中有些概念不同，在使用 AutoCAD 2012 绘图的时候，一定要先将这些基本概念理解清楚。在 AutoCAD 2012 中可以创建线框模型、表面模型和实体模型三类。三维实体间可以进行布尔运算，通过求并、求差或求交操作，以创建更复杂的三维模型。另外，在三维绘图过程中，如果想通过鼠标定位或拾取三维空间中的点时，并不像在二维平面中那么方便，这就需要灵活运用三维导航工具和三维坐标系。

学习目标

- 了解 AutoCAD 2012 中三维模型的构建方法
- 了解三维实体图元的绘制方法
- 了解 AutoCAD 2012 中网络的概念和绘制方法

13.1 三维绘图基础

13.1.1 建模子菜单和建模工具栏

AutoCAD 2012 为绘制三维图形，在“绘图”菜单中专门提供了“建模”子菜单，如图 13-1 所示；并配置了一个“建模”工具栏，如图 13-2 所示。通过“建模”子菜单和“建模”工具栏及相对应的命令，可完成三维图形对象的绘制、编辑等操作。

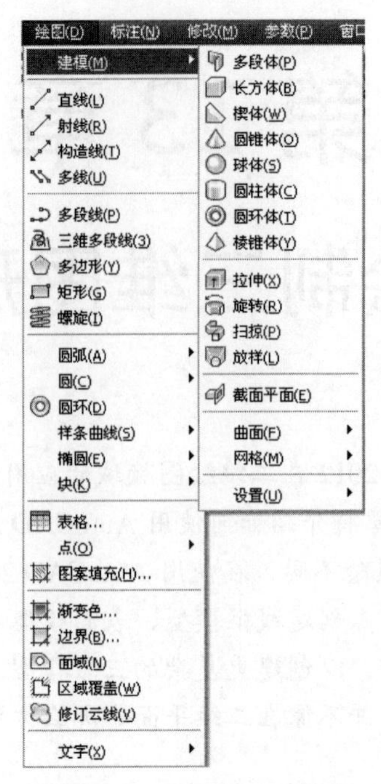

图 13-1　“建模”子菜单

图 13-2　“建模”工具栏

13.1.2　3 种三维模型

AutoCAD 2012 包括 3 种三维模型，分别为实体模型、线框模型和网格模型。例如，同样是一个长方体三维模型，线框模型、网格模型、实体模型分别如图 13-3（a）、图 13-3（b）和图 13-3（c）所示。确切地说，线框模型是一种线的模型，网格模型是一种面的模型，而实体模型是一种实体模型，它们所属的维数不同。

线框模型是使用直线和曲线表示真实三维对象的边缘或骨架，仅由描述对象边界的点、直线和曲线组成。由于构成线框模型的每个对象都必须单独绘制和定位，因此，这种建模方式可能最耗时。但线框模型也有其优势，例如，使用线框模型可以从任何有利位置查看模型，还可以自动生成标准的正交和辅助视图或生成分解视图和透视图等。

实体模型指的是整个对象，既包括体积，也包括各个表面，还包括构成实体的线框。实体模型可以用来分析质量特性（体积、惯性矩和重心等）或其他数据，可供数控铣床使用或进行 FEM（有限元法）分析；通过分解实体，还可以将其分解为面域、体、曲面和线框对象。

如果需要使用消隐、着色和渲染功能，而线框模型无法提供这些功能，但又不需要实体模型提供的物理特性（质量、体积、重心和惯性矩等），则可以使用网格模型。

在各类三维建模中，实体的信息最完整，歧义最少。而且，对复杂的三维模型，实体比线框和网格更容易构造和编辑。

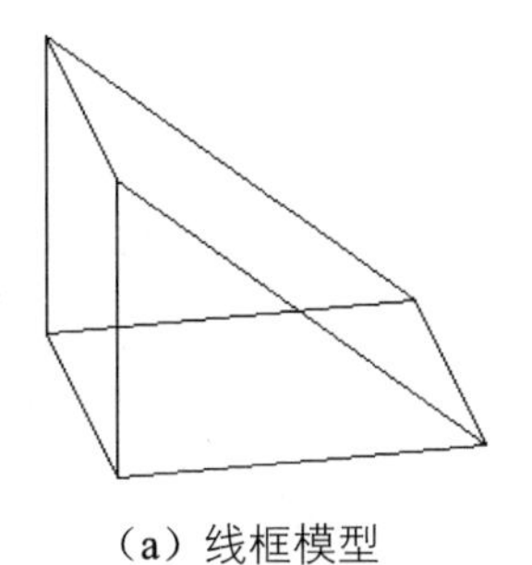

（a）线框模型

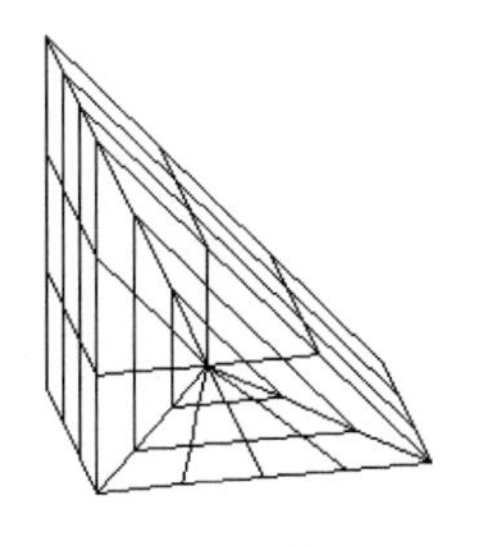

（b）网格模型

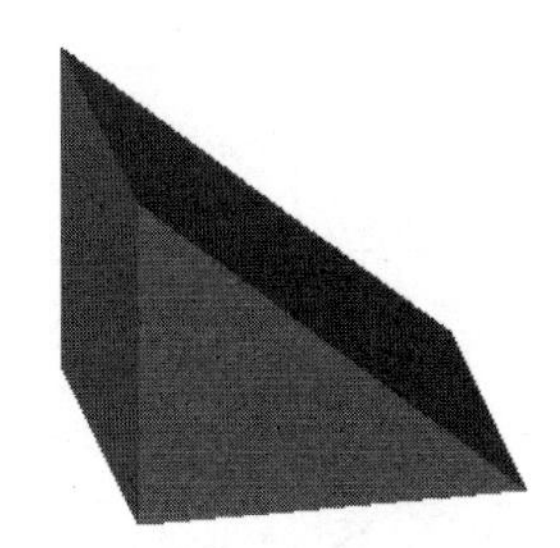

（c）实体模型

图 13-3　3 种三维模型

13.1.3　三维坐标系

前面介绍了二维的坐标系，三维坐标系与二维相似，只是多了一个 Z 轴坐标值。如图 13-4 所示为二维和三维的 UCS 图标。

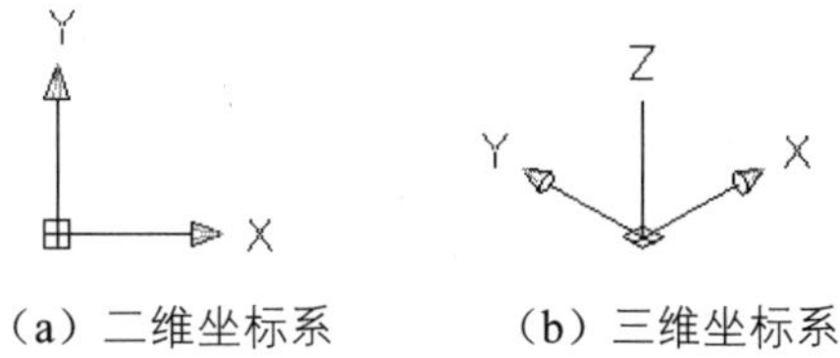

（a）二维坐标系　　（b）三维坐标系

图 13-4　AutoCAD 2010 的 UCS 图标

在二维坐标系中，有笛卡尔坐标系和极坐标系；在三维坐标系中，包括笛卡尔坐标系、柱坐标系和球坐标系。

三维柱坐标通过点在 XY 平面中的投影与 UCS 原点之间的距离、点在 XY 平面中的投影与 X 轴的角度及 Z 轴坐标值来描述精确的位置，如图 13-5 所示。柱坐标中的角度输入相当于三维空间中的二维极坐标输入，使用以下语法指定绝对柱坐标系下的点：

```
X<[与 X 轴所成的角度],Z
```

例如，在图 13-6 中，(5<30,6)表示该点在 XY 平面中的投影与 UCS 原点的距离为 5 个单位，与 X 轴的角度为 30°，Z 轴坐标值为 6。

三维球坐标通过指定某个位置距当前 UCS 原点的距离、在 XY 平面中的投影与 X 轴所成的角度，以及与 XY 平面所成的角度来指定该位置，如图 13-6 所示。三维球坐标的角度输入与二维中的极坐标输入类似，每个角度前面加了一个左尖括号“<”，可使用以下语法指定绝对球坐标系下的点：

```
X<[与 X 轴所成的角度]<[与 XY 平面所成的角度]
```

例如，在图 13-6 中，(5<45<15)表示该点与 UCS 原点的距离为 5 个单位，在 XY 平面中的投影与 X 轴所成的角度为 45°，与 XY 平面所成的角度为 15°。

与二维空间中的坐标格式相同，在坐标值前加“@”符号表示相对坐标。

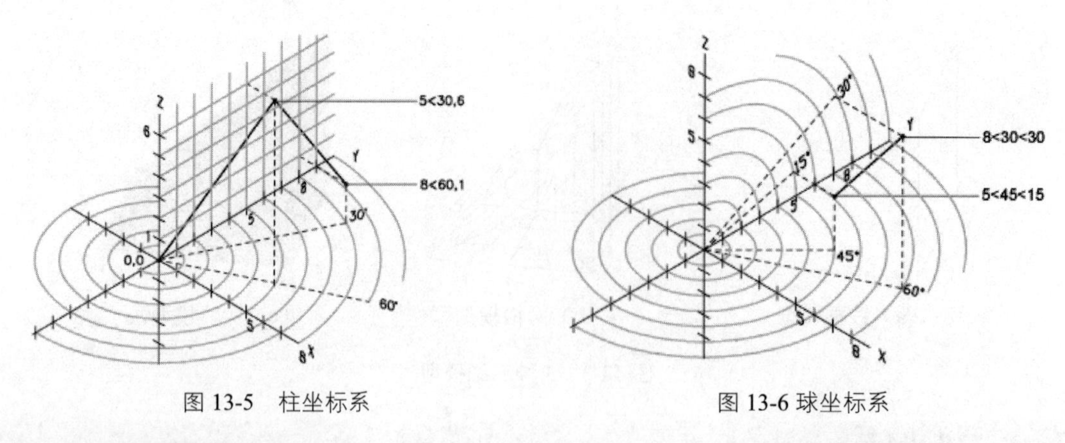

图 13-5　柱坐标系　　　　图 13-6 球坐标系

13.1.4　三维视图

AutoCAD 2012 预定义的视图包括正交视图和等轴测视图，使用功能区“视图”选项卡中的“视图”面板、“视图”菜单的“三维视图”子菜单和“视图”工具栏，可以快速切换到预定义视图，如图 13-7 和图 13-8 所示。

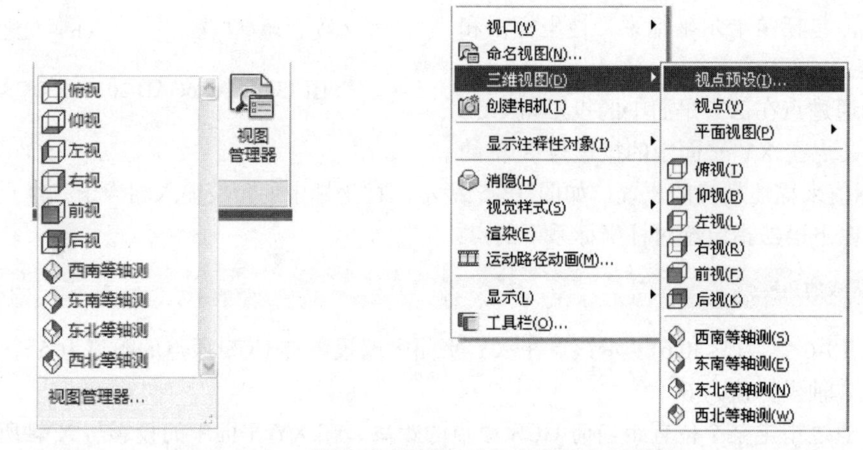

图 13-7　“视图”面板和“三维视图”子菜单

图 13-8　“视图”工具栏

要查看三维图形每个部分的细节，就必须在不同的视图之间切换。预定义的 6 种正交视图为俯视、仰视、前视、左视、右视和后视，这 6 种正交视图显示的是三维图形在平面上（上、下、左、右、前和后 6 个面）的投影，也可以理解为从上、下、前、后、左和右 6 个方向观察三维图形所得的影像，如图 13-9 所示。等轴测视图显示的三维图形具有最少的隐藏部分。预定义的等轴测视图有西南等轴测、东南等轴测、东北等轴测和西北等轴测。

可以这样理解等轴测视图的表现方式：想象正在俯视三维图形的顶部，如果朝图形的左下角移动，可以从西南等轴测视图观察图形；如果朝图形的右上角移动，可以从东北等轴测视图观察图形，如图 13-10 所示。

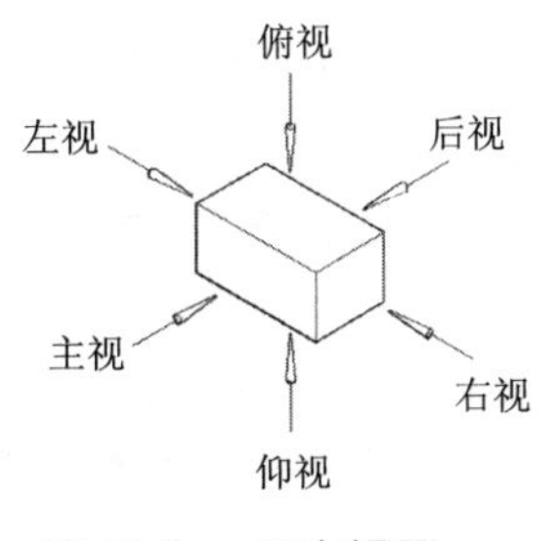

图 13-9　正交视图

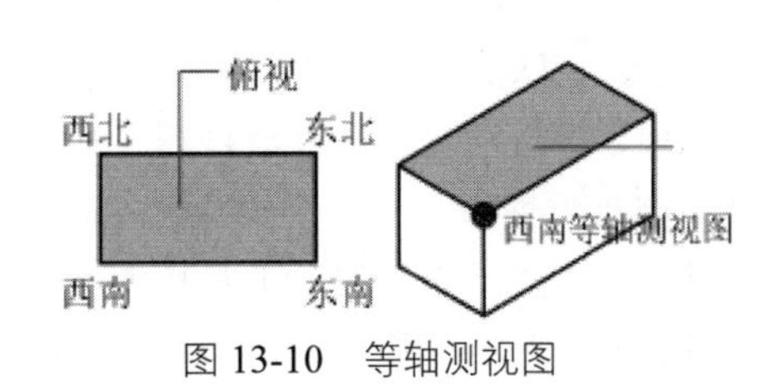

图 13-10　等轴测视图

13.1.5　三维观察

在二维绘图过程中，只需平移和缩放即可查看图形的各个部分。但是对于三维图形，仅仅平移和缩放不能查看各个部分，还需要其他的三维观察工具。如图 13-11 和图 13-12 所示为 AutoCAD 2012 功能区“视图”选项卡的“导航”面板和“三维导航”工具栏，“导航”面板集成了 SteeringWheels 工具、“动态观察”系列按钮及“缩放”系列按钮，用户可方便快捷地在三维视图中进行动态观察、回旋、调整距离、缩放和平移，进而从不同的角度、高度和距离查看图形中的对象。“三维导航”工具栏集成了平移和缩放工具，还有三维动态观察工具、相机工具，以及三维漫游和飞行。另外，Auto CAD 还单独提供了“动态观察”工具栏、“相机调整”工具栏及“漫游和飞行”工具栏，分别如图 13-13、图 13-14 和图 13-15 所示。这 3 个工具栏分别与“视图”菜单下的 3 个同名子菜单相对应。

图 13-11 功能区的“导航”面板

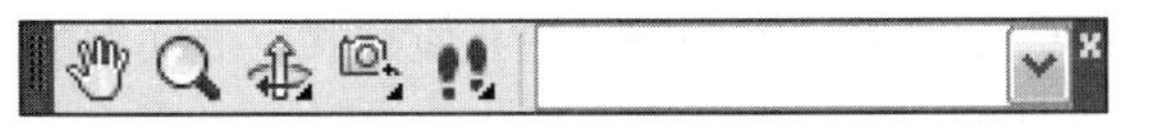

图 13-12　“三维导航”工具栏

图 13-13　“动态观察”工具栏

图 13-14　“相机调整”工具栏

图 13-15　“漫游和飞行”工具栏

下面详细介绍各种三维导航工具的功能和用法（括号内为对应的命令）。

- “三维平移”按钮：与在二维绘图时使用的平移相似。“平移”是指在水平和垂直方向拖动视图（3DPAN）。
- “三维缩放”按钮：与在二维绘图时使用的缩放工具相似。“缩放”是指模拟移动相机靠近或远离对象（3DZOOM）。
- 三维动态观察工具：定义一个视点围绕目标移动，视点移动时，视图的目标保持静止。三维动态观察工具包括“受约束的动态观察”、“自由动态观察”和“连续动态观察”，这 3 个观察工具集成在“三维导航”工具栏的一个可扩展的按钮内。

从视点看过去的目标点是视口的中心，而不是正在查看对象的中心。

- “受约束的动态观察”按钮：只能沿 XY 平面或 Z 轴约束三维动态观察（3DORBIT）。
- “自由动态观察”按钮：视点不受约束，在任意方向上进行动态观察（3DFORBIT）。
- “连续动态观察”按钮：连续地进行动态观察。在要连续动态观察移动的方向上单击并拖动，然后释放鼠标，轨道沿该方向继续移动（3DCORBIT）。
- 相机工具：相机位置相当于一个视点。在模型空间中放置相机，就可以根据需要调整相机设置来定义三维视图。“三维导航”工具栏提供的相机工具包括“回旋”和“调整距离”。
- “回旋”按钮：单击“回旋”按钮后，可在任意方向上拖动光标，系统将在拖动方向上模拟平移相机，平移过程中所看到的对象将更改。可以沿 XY 平面或 Z 轴回旋视图（3DSWIVEL）。
- “调整距离”按钮：垂直移动光标时，将更改相机与对象间的距离，显示效果为对象的放大和缩小（3DDISTANCE）。
- 三维漫游和飞行：使用漫游和飞行，可使用户看起来像“飞”过模型中的区域。在图形中漫游和飞行，需要键盘和鼠标交互使用，使用 4 个方向键或 W 键、A 键、S 键和 D 键来向上、向下、向左或向右移动，拖动鼠标即可指定该方向为运动方向。要在漫游模式和飞行模式之间切换，按 F 键。漫游和飞行的区别在于漫游模型时，将沿 XY 平面行进；而飞行模型时，将不受 XY 平面的约束，所以看起来像“飞”过模型中的区域。

以上对各种三维导航工具的介绍均比较抽象，只给出了操作方法，而无法给出具体的例子，读者可自行试用。

13.1.6 视觉样式

在 AutoCAD 2012 中默认有 5 种视觉样式，分别为二维线框、三维线框、三维隐藏、真实和概念。

- 二维线框：显示用直线和曲线表示边界的对象。光栅和 OLE 对象、线型和线宽都是可见的。
- 三维线框：显示用直线和曲线表示边界的对象，并显示一个已着色的三维 UCS 图标。
- 三维隐藏：显示用三维线框表示的对象并隐藏表示后向面的直线。
- 真实：着色多边形平面间的对象，并使对象的边平滑。将显示已附着到对象的材质。
- 概念：着色多边形平面间的对象，并使对象的边平滑。着色使用冷色和暖色之间的过渡，效果缺乏真实感，但是可以更方便地查看模型的细节。

如图 13-16 所示为一个酒瓶模型在这 5 种视觉样式下的显示效果。

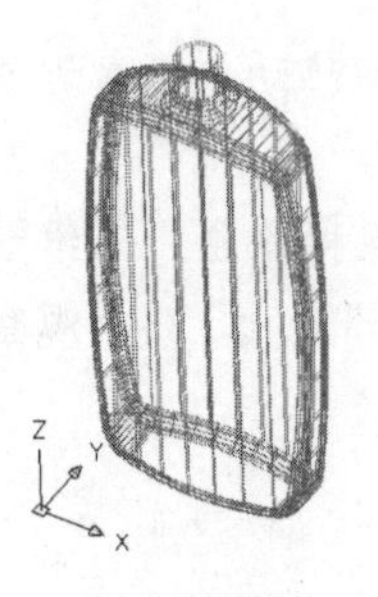
（a）二维线框

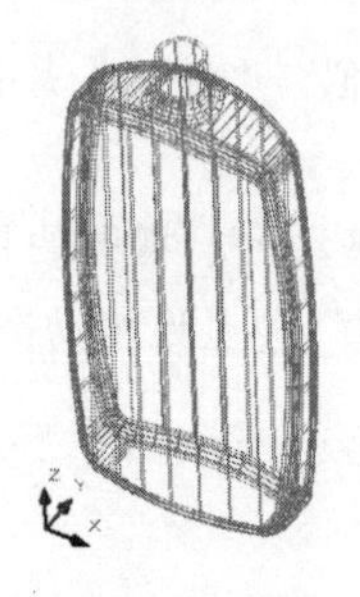
（b）三维线框

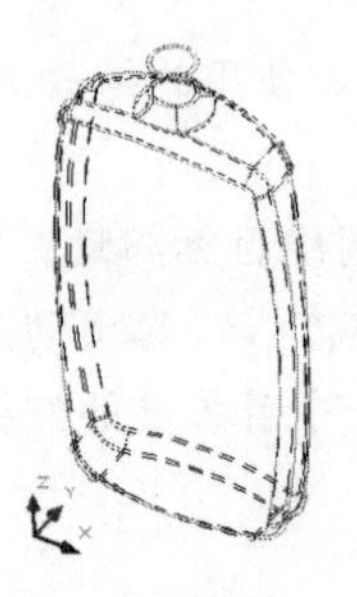
（c）三维隐藏

（d）真实

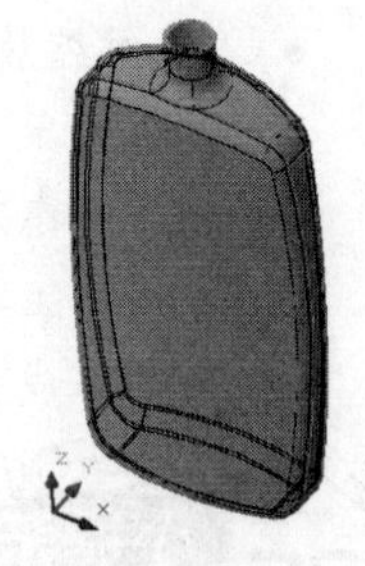
（e）概念

图 13-16　5 种视觉样式

可以根据不同的显示需求设置不同的视觉样式。在 AutoCAD 2012 中，视觉样式可通过以下 4 种方式切换。

- 功能区：单击“视图”选项卡→“视觉样式”面板，如图 13-17 所示。
- 经典模式：选择菜单栏中的“视图”→“视觉样式”子菜单，如图 13-18 所示。
- 经典模式：“视觉样式”工具栏，如图 13-19 所示。
- 运行命令：VSCURRENT。

图 13-17　“视觉样式”面板

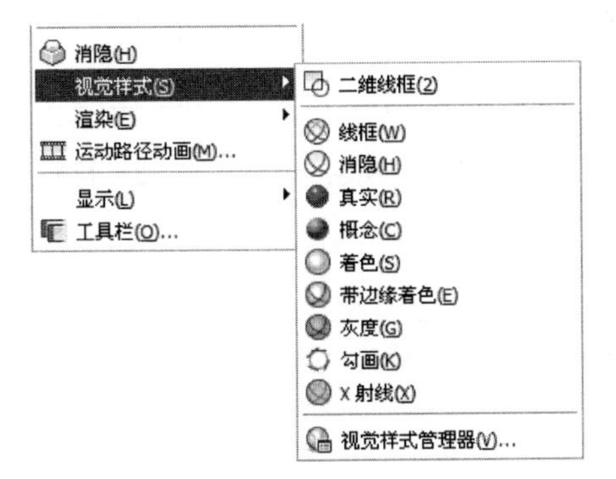

图 13-18　“视觉样式”子菜单

图 13-19　“视觉样式”工具栏

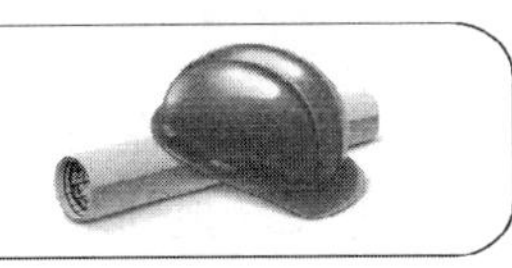

13.2 绘制三维点和线

从本节开始，将陆续介绍如何在三维空间内绘制点、线、面和体。本节先介绍如何在三维空间中绘制点和线。

13.2.1　三维空间的点

三维空间中点的绘制方法和在二维绘图时一样，也是使用“绘图”菜单的“点”子菜单。但是，三维空间中点的绘制比二维空间要复杂，因为三维空间更加难于定位。要精确地在三维空间某个位置上绘制点，有以下两种方法：

- 输入该点的绝对或相对坐标值，可以使用笛卡尔坐标、柱坐标和球坐标。
- 切换到二维视图，在二维空间内绘制。

13.2.2　实例——三维空间中绘制点

如图 13-20 所示的一个楔体，要求在其斜面的中心点上绘制一个点。可按以下步骤进行绘制。

01 设置点样式。选择菜单栏中的“格式”→“点样式”命令，在弹出的“点样式”对话框中选择“×”。

02 将视图转换到上平面。选择菜单栏中的“视图”→“三维视图”→“俯视”命令，显示俯视的正交视图。如图 13-21 所示，俯视图显示为一个矩形。

03 选择菜单栏中的“绘图”→“点”→“单点”命令，然后使用对象捕捉和对象追踪在俯视图的矩形

中心绘制一个单点，如图 13-22 所示。

04 选择菜单栏中的“视图”→“三维视图”→“东南等轴测”命令，查看步骤 03 中绘制的点在长方体中的位置，如图 13-23 所示。

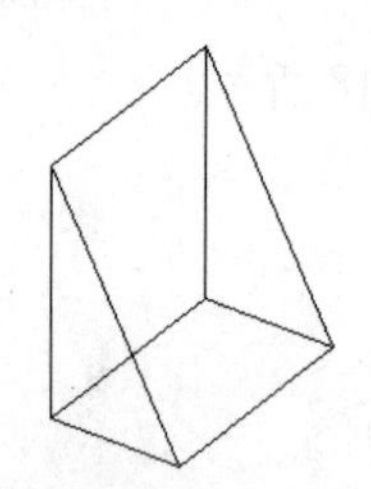

图 13-20　楔体

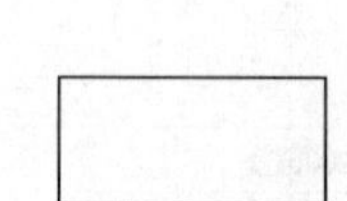

图 13-21 切换到俯视图

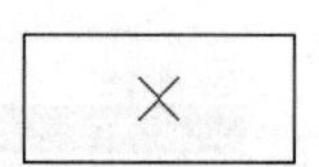

图 13-22　绘制点

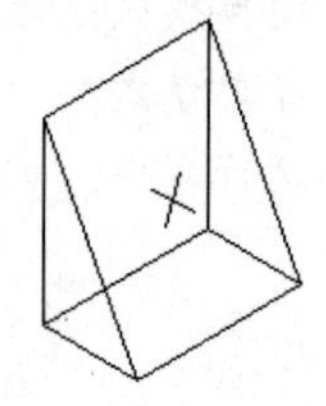

图 13-23　绘制结果

在三维空间中绘制点或平面曲线等一维或二维对象，比较容易操作：先在 XY 平面内绘制图形，然后将其移动到三维空间位置。

13.2.3　三维空间的线

三维空间中的线分为两种：平面曲线和空间曲线。平面曲线是指曲线上的任意一个点均处在同一个平面内，因此，平面曲线的绘制方法与前面章节介绍的各种曲线绘制方法相同，只需将视图转换到平面视图即可。

空间曲线是指曲线上的点并不是在同一个平面内，包括三维样条曲线和三维多段线，本节将主要介绍这两种空间曲线的绘制。

1．绘制三维样条曲线

三维样条曲线的绘制方法和二维中的相同，也是使用 SPLINE 命令，通过指定一系列控制点和拟合公差来绘制。如图 13-24 所示为指定长方体的 4 条边上 4 个中点为控制点绘制的三维样条曲线。

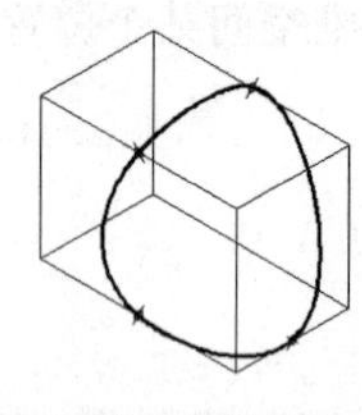

（a）等轴测视图

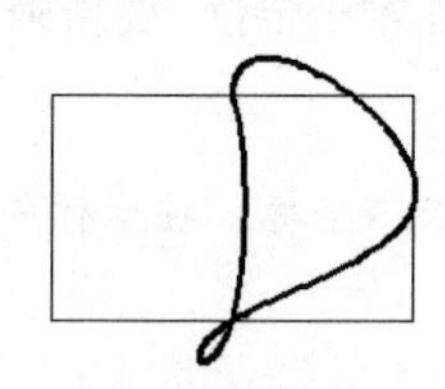

（b）俯视图

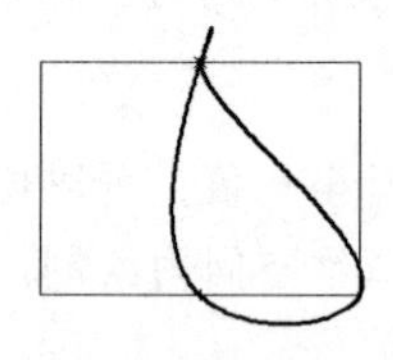

（c）前视图

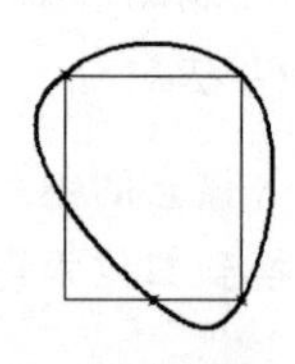

（d）左视图

图 13-24　三维样条曲线

2．绘制三维多段线

三维多段线是作为单个对象创建的直线段相互连接而成的序列。AutoCAD 2012 中的三维多段线可以不共面，且不能包括圆弧段。三维多段线的绘制也和二维绘图中介绍的相似，但 AutoCAD 2012 提供了专门的三维多段线绘制命令——3DPOLY。

AutoCAD 2012 中有 3 种方法绘制三维多线段。

- 功能区：单击“常用”选项卡→“绘图”面板→“三维多线段”按钮。
- 经典模式：选择菜单栏中的“绘图”→“三维多线段”命令。
- 运行命令：3DPOLY。

执行 3DPOLY 命令之后，命令行将依次提示：

```
指定多段线的起点：
指定直线的端点或 [放弃（U）]：
指定直线的端点或 [闭合（C）/放弃（U）]：
```

根据以上提示，可指定多段线的各个端点。由以上的提示也可了解到，三维多段线不像二维多段线那样可以为其每一段设置线宽、线型等。

例如，对一个长方体，指定其 4 条边的 4 个中点为三维多段线的端点，绘制的三维多段线如图 13-25 所示。

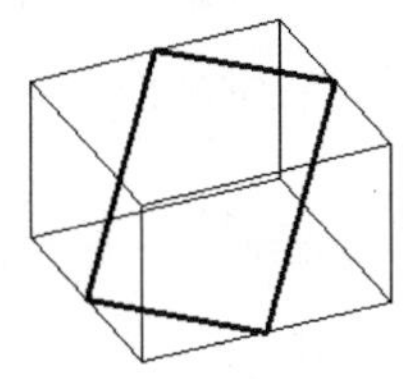

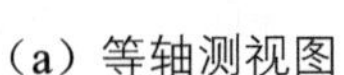

（a）等轴测视图

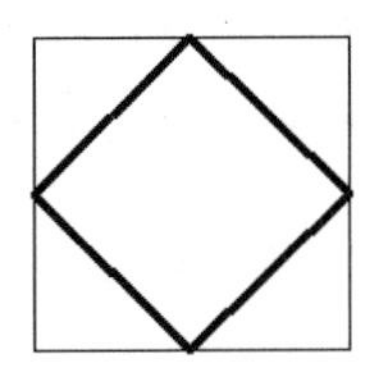

（b）俯视图

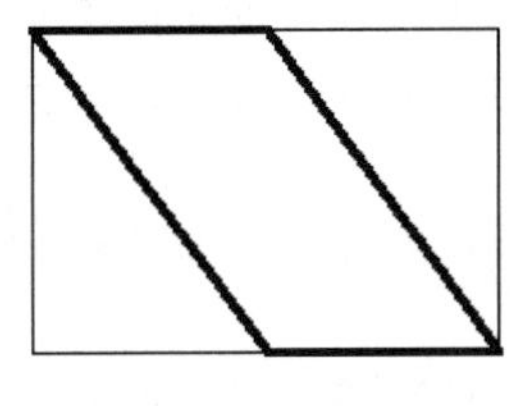

（c）前视图

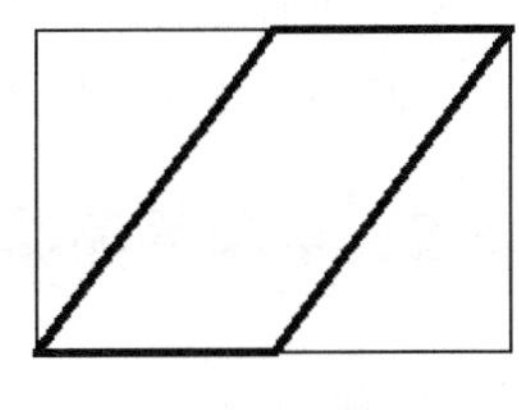

（d）左视图

图 13-25　三维多段线

13.3 绘制三维曲面

前面两节介绍了如何在三维空间绘制点和线对象，本节将主要介绍三维空间中面对象的绘制。绘制面对象的方法一般包括以下 3 种类型：

- 将现有的具有二维特征的对象转换为曲面。
- 直接绘制平面曲面。
- 使用分解（explode）命令分解三维实体生成曲面对象。

13.3.1 将对象转换为曲面

在 AutoCAD 2012 中，有 3 种方法可以将对象转换为曲面。

- 功能区：“常用”选项卡→“实体编辑”→“转换为曲面”按钮。
- 经典模式：选择菜单栏中的“修改”→“三维操作”→“转换为曲面”命令。
- 运行命令：CONVTOSURFACE。

执行转换为曲面命令之后，命令行将提示：

选择对象：

此时只需选择要转换为曲面的对象，然后单击鼠标右键或按 Enter 键，就可以将对象转换为曲面。如图 13-26（a）所示为一个矩形，图 13-26（b）为将其转换成的曲面，图 13-26（c）为将 3 个三维平面中的 2 个转换成的曲面。

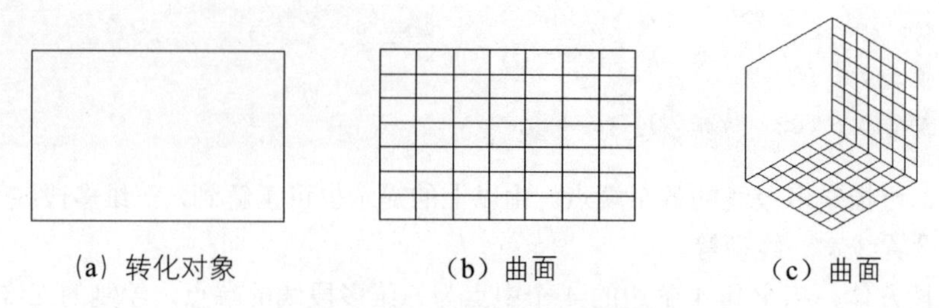

图 13-26　将对象转换为曲面

并不是所有的对象都可以转换为三维曲面。使用 convtosurface 命令，只能将以下对象转换为曲面：二维实体、面域、开放的具有厚度的零宽度多段线、具有厚度的直线、具有厚度的圆弧和三维平面。

13.3.2 绘制平面曲面

三维曲面虽是面对象，不具有体积等体对象的属性，但并不是一个平面就能容纳三维曲面，三维曲面有可能同时要占据多个平面。平面曲面指的是处在一个平面上的曲面对象。

AutoCAD 2012 中有 4 种方法创建平面曲面。

- 功能区：单击“曲面”选项卡→“创建”→“平面”按钮。
- 经典模式：单击“建模”工具栏中的“平面曲面”按钮。
- 经典模式：选择菜单栏中的“绘图”→“建模”→“曲面“→“平面”命令。
- 运行命令：PLANESURF。

执行平面曲面命令后，命令行提示：

指定第一个角点或［对象（O）］ <对象>：

平面曲面的绘制过程与矩形的绘制过程相似，但是比矩形绘制命令简单。指定第一个角点之后，命令行将继续提示：

指定其他角点：

此时可指定另一个角点。平面曲面的绘制就是通过指定两个对角点来绘制的。如图 13-27 所示为在三维坐标系下绘制的一个平面曲面，该曲面在 XY 平面内。在“指定第一个角点或 [对象(O)] <对象>:”提示信息中，如选择“对象(O)”选项，可选择构成封闭区域的一个闭合对象或多个对象来将其转换为曲面，这一点和 convtosurface 相似，有效对象包括闭合的多条直线、圆、圆弧、椭圆、椭圆弧、闭合的二维多段线、平面三维多段线和平面样条曲线。如图 13-28 所示为将一条二维的闭合多段线转换成了平面曲面。

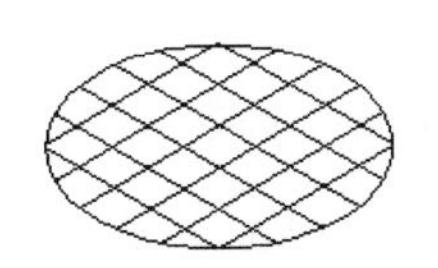

图 13-27　绘制平面曲面

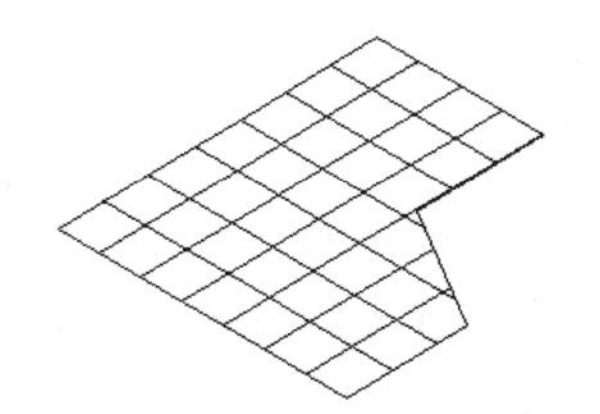

图 13-28　将二维多段线转换为平面曲面

13.3.3　分解实体生成曲面

实体是三维对象，将实体分解后将得到构成实体的表面。例如，将长方体分解后得到的是 6 个面，将圆锥体分解后得到的是一个锥面和底面。

在 AutoCAD 2012 中有 4 种方法分解对象。

- 功能区：单击“常用”选项卡→“修改”面板→“分解”按钮。
- 经典模式：选择“修改”→“分解”命令。
- 经典模式：单击“修改”工具栏的“分解”按钮。
- 运行命令：EXPLODE。

如图 13-29 所示，（a）图为分解前的圆锥体，（b）图为分解后生成的一个圆锥面和一个圆形底面；同样，如图 13-30 所示，（a）图为分解前的圆柱体，（b）图为分解后生成的一个圆柱面和两个圆形底面。

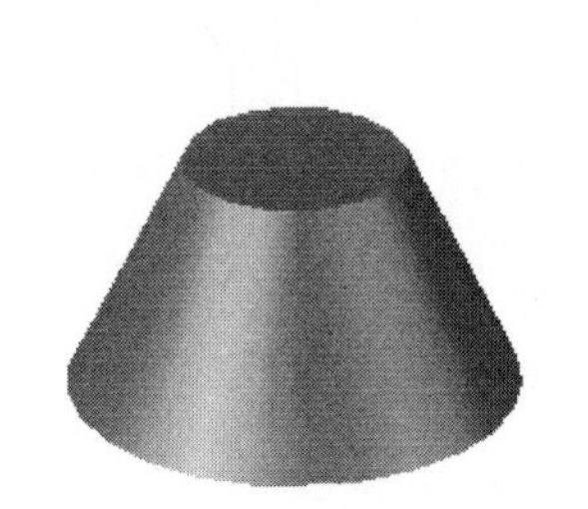

（a）分解前

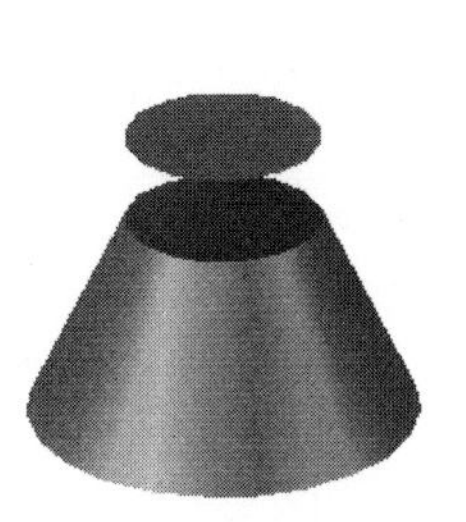

（b）分解后

图 13-29　分解圆台

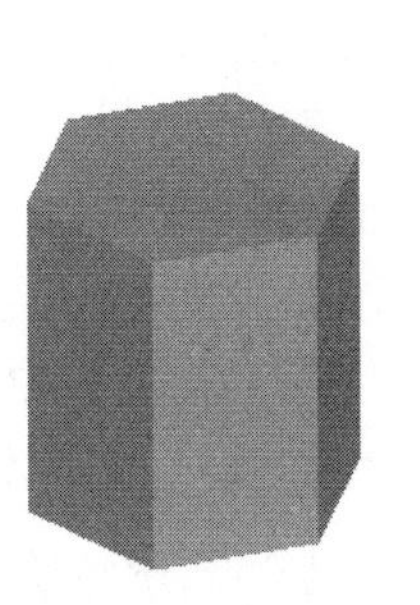

（a）分解前

（b）分解后

图 13-30　分解棱柱体

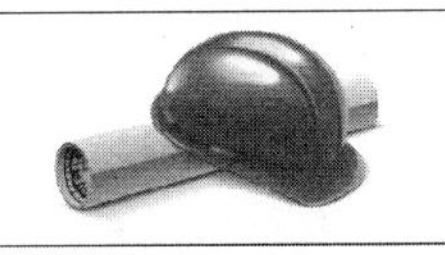

13.4　绘制三维实体图元

前面介绍了如何绘制三维空间中的点、线和面，本节将介绍如何创建基本三维实体，包括长方体、楔体、圆锥体、球体、圆柱体、圆环体、棱锥体及多段体等。这些三维实体也被称为基本实体图元。通过对这些基本实体图元的组合、剪切等编辑操作，将绘制出复杂的三维图形。

13.4.1　绘制长方体

AutoCAD 2012 所绘制长方体的底面始终与当前 UCS 的 XY 平面（工作平面）平行。

在 AutoCAD 2012 中有以下 4 种方法绘制长方体。

- 功能区：单击”常用”选项卡→“建模”面板→“长方体”按钮。
- 经典模式：选择菜单栏中的“绘图”→“建模”→“长方体”命令。
- 经典模式：单击“建模”工具栏的“长方体”按钮。
- 运行命令：BOX。

使用 box 命令绘制长方体有 3 种方法：通过指定第一个角点、另一个角点和高度来绘制；通过指定中心点、角点和高度绘制；通过指定长方体的长度、宽度和高度绘制。

1．通过指定第一个角点、另一个角点和高度绘制

执行长方体绘制命令之后，命令行提示：

```
指定第一个角点或［中心（C）］:
```

此时可指定一个点作为长方体的第一个角点。随后命令行继续提示：

```
指定其他角点或［立方体（C）/长度（L）］:
```

此时指定长方体底面的另一个角点，然后命令行继续提示：

```
指定高度或［两点（2P）］:
```

此时可输入高度值，或者选择“两点(2P)”选项指定高度为两个指定点之间的距离。

这种绘制方法中，命令行提示的“第一个角点”和“其他角点”是指底面的两个对角点，例如图 13-31 中的 A 点和 B 点，通过这两点确定了底面的大小和位置。然后输入高度值（即图 13-31 中 BC 两点间的距离）即可绘制出整个长方体。

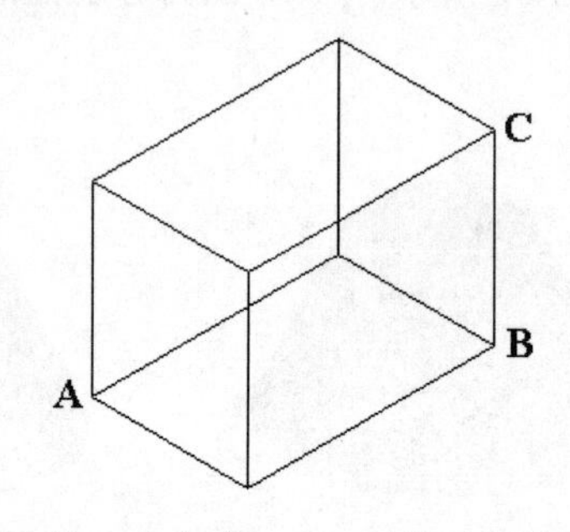

图 13-31　指定第一个角点、另一个角点和高度绘制长方体

2．通过指定中心点、角点和高度绘制

在执行长方体绘制命令之后，命令行提示：

```
指定第一个角点或［中心（C）］:
```

此时输入 c 选择“中心(C)”选项，命令行将继续依次提示：

```
指定中心:
指定角点或［立方体（C）/长度（L）］:
指定高度或［两点（2P）］:
```

根据命令行的提示依次指定长方体的中心点、角点和高度后即可完成绘制，如图 13-32 所示。中心点即长方体中心所在位置，中心点 A 和角点 B 确定了长方体在高度方向上的截面尺寸。然后指定长方体的高度，即可完成长方体的绘制。如图 13-33 所示为通过以下命令绘制的长方体，斜体表示输入值。

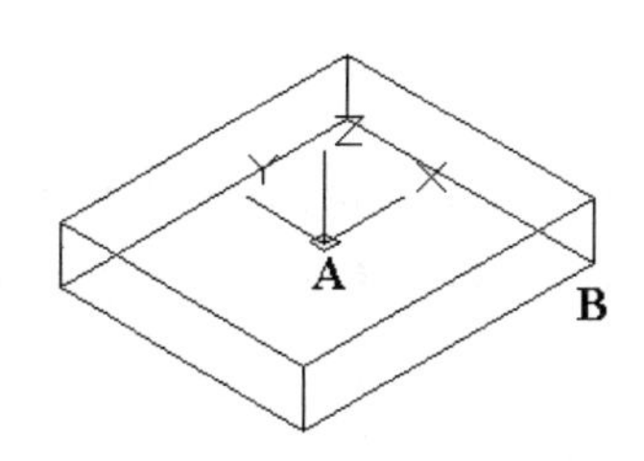

图 13-32　通过指定中心点、角点和高度绘制长方体

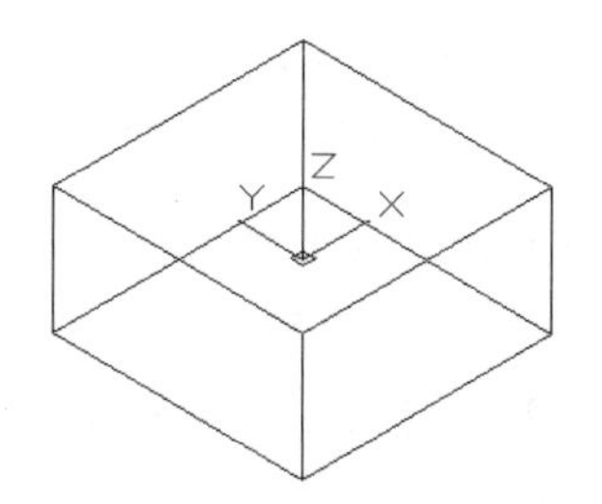

图 13-33　长方体

```
命令：box
指定第一个角点或 [中心（C）]：c
指定中心：0,0,0
指定角点或 [立方体（C）/长度（L）]：200,200,0
指定高度或 [两点（2P）] <0.0000>：200
```

3．通过指定长方体的长度、宽度和高度绘制

在执行长方体绘制命令之后，命令行提示：

```
指定第一个角点或 [中心（C）]：
```

此时指定一个点为长方体的一个角点，如图 13-34 所示的 A 点，然后命令行提示：

```
指定角点或 [立方体（C）/长度（L）]：
```

此时输入 l 选择“长度(L)”选项，然后命令行依次提示：

```
指定长度<0.0000>：
指定宽度：
指定高度或 [两点（2P）] <0.0000>：
```

根据命令行提示分别输入长方体的长度、宽度和高度，再结合角点就可确定长方体的位置和大小，完成长方体的绘制，如图 13-34 所示。

如果在命令行提示“指定角点或[立方体(C)/长度(L)]:”时，输入 c 选择“立方体(C)”选项，则可以绘制长度、宽度和高度相等的长方体，即立方体。

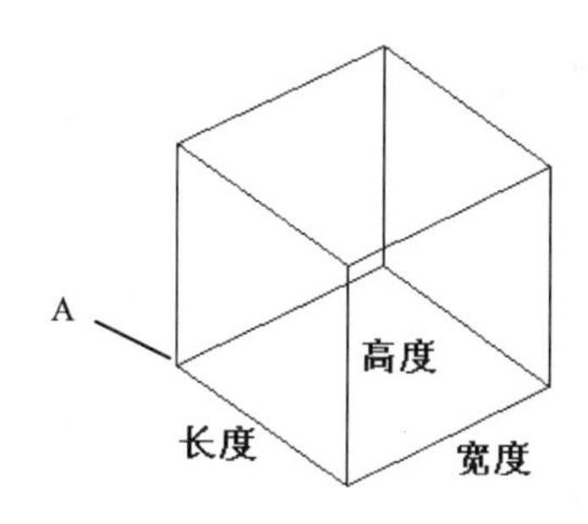

图 13-34　通过指定长方体的长度、宽度和高度绘制长方体

在 AutoCAD 2012 中，指定的长度一般指 X 轴方向的距离，宽度一般指 Y 轴方向的距离，高度一般指 Z 轴方向的距离。

13.4.2 绘制楔体

在 AutoCAD 2012 中绘制楔体时，先确定楔体的底面，然后确定楔体的高度，所绘制的楔体的底面总是与当前 UCS 的 XY 平面平行，绘制时斜面正对的为第一个角点，楔体的高度与 Z 轴平行。

在 AutoCAD 2012 中有以下 4 种方法绘制楔体。

- 功能区：单击“常用”选项卡→“建模”面板→“楔体”按钮。
- 经典模式：选择菜单栏中的“绘图”→“建模”→“楔体”命令。
- 经典模式：单击“建模”工具栏中的“楔体”按钮。
- 运行命令：WEDGE。

执行楔体绘制命令之后，命令行提示：

```
指定第一个角点或 [中心(C)]:
指定其他角点或 [立方体(C)/长度(L)]:
指定高度或 [两点(2P)] <0.0000>:
```

楔体绘制的操作与长方体的相同，其命令行提示信息也相同，也可以使用 3 种方式来绘制，这里不再重复叙述。实际上，楔体可看作一个长方体沿着其对角面将其一分为二得到的图形。绘制时，命令行提示的“第一个角点”是指斜面正对的那个点，如图 13-32 所示中的 A 点，“其他角点”是指底面的另一个角点，即 B 点，A 点和 B 点即确定了底面的位置和大小。然后再指定高度即可完成整个楔体的绘制，如图 13-35 所示。

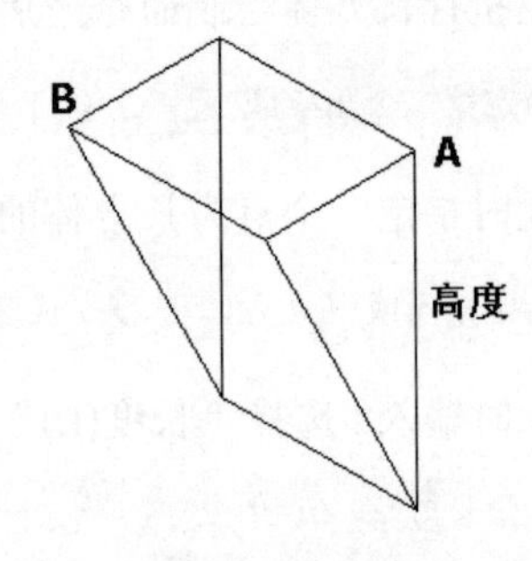

图 13-35 绘制楔体

13.4.3 绘制圆锥体

默认情况下，AutoCAD 2012 所绘制圆锥体的底面位于当前 UCS 的 XY 平面上，并且其高度与 Z 轴平行。绘制圆锥体时，是通过先确定一个圆或椭圆为底面，然后确定高度来绘制圆锥体。利用绘制圆锥体的命令还可以绘制圆台。

在 AutoCAD 2012 中有以下 4 种方法绘制圆锥体。

- 功能区：单击“常用”选项卡→“建模”面板→“圆锥体”按钮。
- 经典模式：选择菜单栏中的“绘图”→“建模”→“圆锥体”命令。
- 经典模式：单击“建模”工具栏的“圆锥体”按钮。
- 运行命令：cone。

执行圆锥体绘制命令后，命令行提示：

```
指定底面的中心点或 [三点(3P)/两点(2P)/相切、相切、
半径(T)/椭圆(E)]:
```

这一提示信息用于选择各种方法绘制底面的圆，与第 5 章所介绍的各种绘制圆的方法相同，例如，可

以使用“圆心、半径”绘制，或者使用“两点(2P)”的方法绘制。选择“椭圆(E)”，可以绘制底面为椭圆，如图 13-36 所示。

完成底面的圆或椭圆的绘制后，命令行将提示：

```
指定高度或 [两点 (2P) /轴端点 (A) /顶面半径 (T) ] <0.0000>:
```

此时可输入高度值完成圆锥体的绘制，或者选择中括号中的选项。

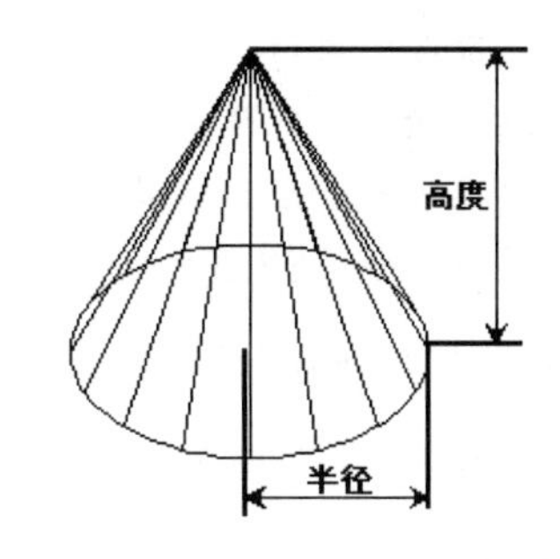

图 13-36　绘制圆锥体

- “两点(2P)”选项：指定圆锥体的高度为两个指定点之间的距离。
- “轴端点(A)”选项：指定圆锥体轴的端点位置。轴端点是圆锥体的顶点，或圆台的顶面中心点（“顶面半径”选项）。轴端点可以位于三维空间的任何位置。轴端点定义了圆锥体的长度和方向。
- “顶面半径(T)”选项：用于设置创建圆台时圆台的顶面半径。

13.4.4　实例——绘制圆台

绘制一个顶面半径为 40，底面半径为 60，高度为 80 的圆台。其操作步骤如下：

01 单击“常用”选项卡→“建模”面板→“圆锥体”按钮。

02 命令行提示“指定底面的中心点或 [三点(3P)/两点(2P)/相切、相切、半径(T)/椭圆(E)]:”，此时输入中心点的坐标值为(0,0,0)，然后按 Enter 键。

03 命令行接着提示“指定底面半径或 [直径(D)] <0.0000>:”，此时输入底面半径 60。

04 命令行接着提示“指定高度或 [两点(2P)/轴端点(A)/顶面半径(T)] <0.0000>:”，此时输入 t 选择“顶面半径(T)”选项。

05 命令行接着提示“指定顶面半径<0.0000>:”，此时输入顶面的半径 40。

06 命令行接着提示“指定高度或 [两点(2P)/轴端点(A)] <0.0000>:”，此时输入高度值 80。完成绘制，如图 13-37 所示。

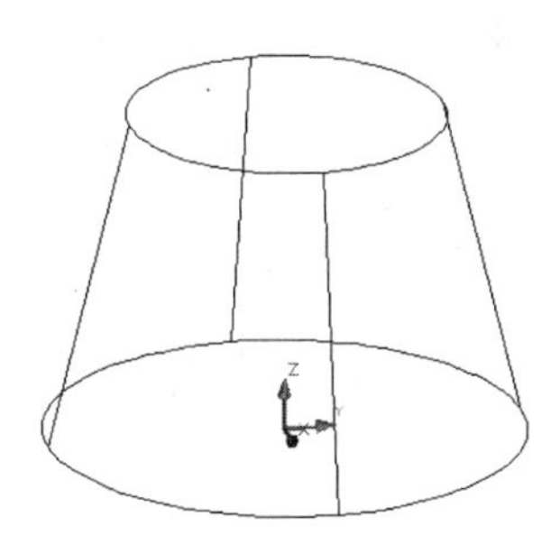

图 13-37　绘制圆台

绘制成圆锥体后，也可通过拖动夹点将其编辑为圆台。

13.4.5　绘制球体

在 AutoCAD 2012 中，球体的绘制与二维绘图中圆的绘制方法相同，因为只要球体的圆周（是一个二维的圆对象）确定了，那么该球的大小和位置也就确定了。

在 AutoCAD 2012 中有以下 4 种方法绘制球体。

- 功能区：单击“常用”选项卡→“建模”面板→“球体”按钮。
- 经典模式：选择菜单栏中的“绘图”→“建模”→“球体”命令。
- 经典模式：单击“建模”工具栏中的“球体”按钮。
- 运行命令：SPHERE。

执行球体绘制命令之后，命令行提示：

```
指定中心点或 [三点(3P)/两点(2P)/相切、相切、半径(T)]:
```

根据此提示信息，可选择绘制圆的方法绘制圆。默认的是通过“中心点、半径”的方法绘制圆，也可以选择“三点(3P)”、“两点(2P)”、“相切、相切、半径(T)”选项的方法绘制圆。所绘制的圆即球体的圆周，圆绘制完成，那么球体也绘制完成。

13.4.6 绘制圆柱体

圆柱体的绘制过程与圆锥体的绘制相似，但比圆锥体简单。同样，AutoCAD 2012 绘制圆柱体也是先指定底面圆的大小和位置，再指定圆柱体的高度，即可完成圆柱体的绘制。

在 AutoCAD 2012 中有以下 4 种方法绘制圆柱体。

- 功能区：单击“常用”选项卡→“建模”面板→“圆柱体”按钮。
- 经典模式：选择菜单栏中的“绘图”→“建模”→“圆柱体”命令。
- 经典模式：单击“建模”工具栏的“圆柱体”按钮。
- 运行命令：CYLINDER。

执行圆柱体绘制命令之后，命令行提示：

```
指定底面的中心点或 [三点(3P)/两点(2P)/相切、相切、半径(T)/椭圆(E)]:
```

此时该信息与绘制圆锥体时相同。根据该信息，可选择一种方法绘制底面的圆，底面圆的绘制完成后，命令行接着提示：

```
指定高度或 [两点(2P)/轴端点(A)]:
```

此时，再指定圆柱体的高度即可完成圆柱体的绘制，如图 13-38 所示。中括号中的选项的含义与圆锥体绘制时的含义相同。

图 13-38　绘制圆柱体

13.4.7　绘制圆环体

圆环体的形状与轮胎内胎相似。在 AutoCAD 2012 中，圆环体由两个半径值定义：一个是圆管半径；另一个是圆环半径，即从圆环体中心到圆管中心的距离，如图 13-39 所示。AutoCAD 2012 绘图圆环体时，所定义的圆环半径总是处在与当前 UCS 的 XY 平面平行的平面内，圆环体被该平面平分（如果使用 TORUS 命令的“三点”选项，此结果可能不正确）。

在 AutoCAD 2012 中有以下 4 种方法绘制圆环体。

圆环半径

圆管半径

图 13-39　绘制圆环体

- 功能区：单击“常用”选项卡→“建模”面板→“圆环体”按钮◎。
- 经典模式：选择菜单栏中的“绘图”→“建模”→“圆环体”命令。
- 经典模式：单击“建模”工具栏中的“圆环体”按钮◎。
- 运行命令：TORUS。

执行绘制圆环体命令之后，命令行提示：

```
指定中心点或 [三点（3P）/两点（2P）/相切、相切、半径（T）]:
```

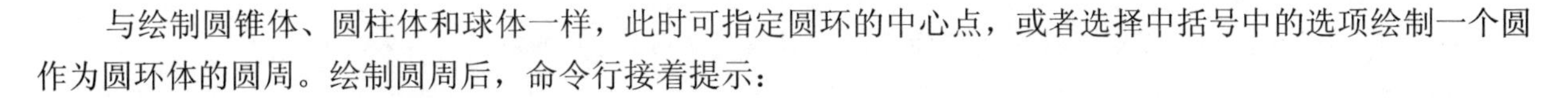

与绘制圆锥体、圆柱体和球体一样，此时可指定圆环的中心点，或者选择中括号中的选项绘制一个圆作为圆环体的圆周。绘制圆周后，命令行接着提示：

```
指定圆管半径或 [两点（2P）/直径（D）]:
```

此时再指定圆管半径即可完成圆环的绘制。

- “两点(2P)”选项：指定圆环体的圆管半径为两个指定点之间的距离。
- “直径(D)”选项：该选项可以定义圆管直径。

在使用 TORUS 命令绘制圆环体时，要注意以下两点。

- AutoCAD 2012 允许圆管半径大于圆环半径，圆管半径大于圆环半径的圆环成为自交圆环，绘制出来的圆环体如图 13-40 所示，它没有中心孔。
- 如圆环半径为负，那么绘制出来的圆环体形状类似于橄榄球，如图 13-41 所示。

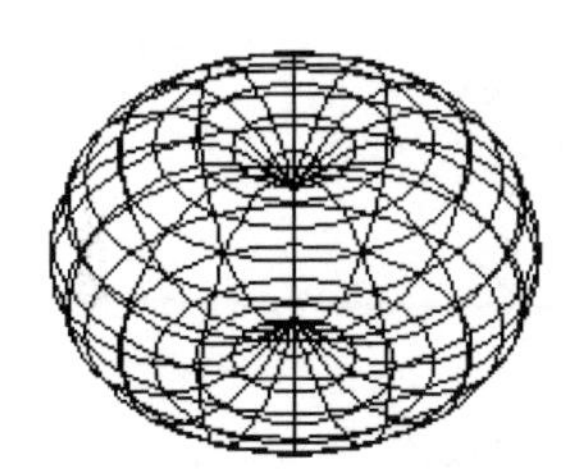
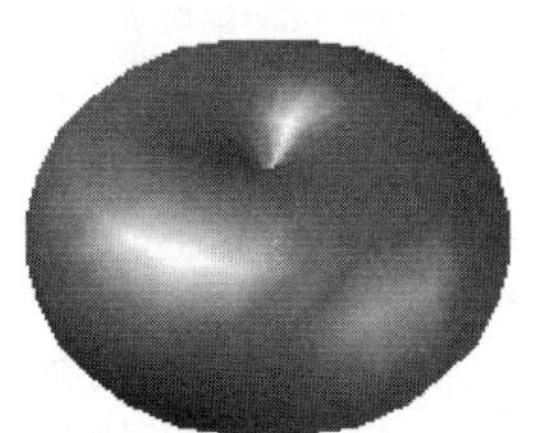

图 13-40　自交圆环

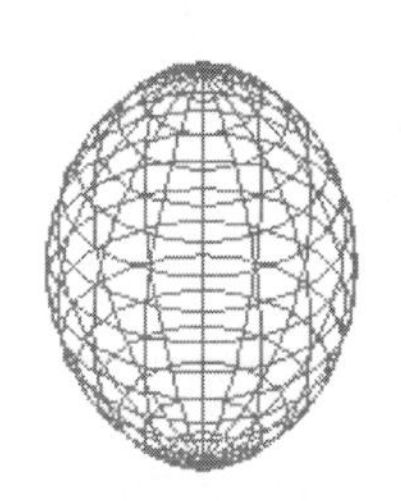

图 13-41　圆环半径为负

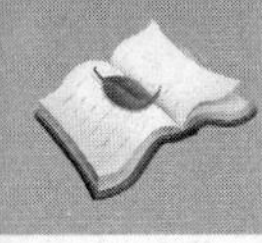

13.4.8 绘制棱锥体

AutoCAD 2012 的棱锥体看起来像是一个金字塔，由底面和侧面构成，底面是一个正多边形，底面的边数决定了侧面数，侧面数可以定义为 3~32 之间。在绘制时，也是先绘制底面正多边形，然后确定高度即可完成棱锥体的绘制，如图 13-42 所示。

在 AutoCAD 2012 中有以下 4 种方法绘制棱锥体。

- 功能区：单击“常用”选项卡→“建模”面板→“棱锥体”按钮。
- 经典模式：选择菜单栏中的“绘图”→“建模”→“棱锥体”命令。
- 经典模式：单击“建模”工具栏中的“棱锥体”按钮。
- 运行命令：PYRAMID。

执行绘制棱锥体命令之后，命令行提示：

```
4 个侧面外切
指定底面的中心点或 [边（E）/侧面（S）]:
```

该提示信息第一行显示了当前的棱锥体绘制模式为 4 个侧面，底面多边形绘制模式为外切。此时可指定底面的中心点，绘制底面的多边形。中括号中的选项的含义如下。

- “边(E)”选项：使用绘制边的方法绘制正多边形。
- “侧面(S)”选项：指定棱锥面的侧面数，可以输入 3~32 之间的数。

指定底面中心点后，和绘制正多边形的过程一样，命令行接着提示：

```
指定底面半径或 [内接（I）] <0.0000>:
```

此时指定底面的内切圆半径，完成棱锥体底面正多边形的绘制。选择“内接（I）”选项，可以使用内接模式绘制正多边形，即指定正多边形的外接圆。

到这时完成了底面正多边形的绘制，命令行会继续提示：

```
指定高度或 [两点（2P）/轴端点（A）/顶面半径（T）] <0.0000>:
```

此时可输入棱锥体的高度完成棱锥体的绘制，或者选择中括号内的选项，这些选项和绘制圆锥体时相同。选择“顶面半径(T)”选项，也可以绘制棱台，如图 13-43 所示。

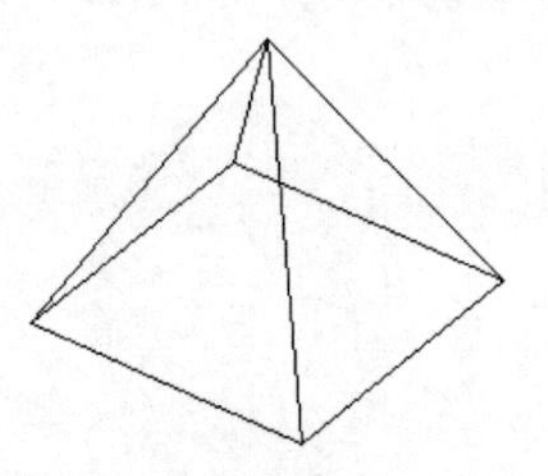

图 13-42　绘制棱锥体

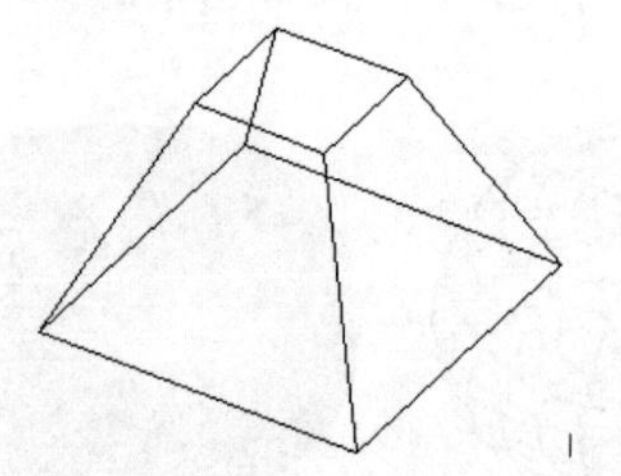

图 13-43　绘制棱台体

13.4.9　绘制多段体

绘制多段体与绘制多段线的方法相同。默认情况下，多段体始终带有一个矩形轮廓，也可以从现有的直线、二维多段线、圆弧或圆创建多段体。多段体通常用于绘制建筑图的墙体。

AutoCAD 2012 中有以下 4 种方法绘制多段体。

- 功能区：单击“常用”选项卡→“建模”面板→“多段体”按钮。
- 经典模式：选择菜单栏中的“绘图”→“建模”→“多段体”命令。
- 经典模式：单击“建模”工具栏中的“多段体”按钮。
- 运行命令：POLYSOLID。

执行绘制多段体命令之后，命令行提示：

```
指定起点或 [对象(O)/高度(H)/宽度(W)/对正(J)]
<对象>:
```

此时可指定多段体的起点。命令行中的选项含义如下。

- “对象(O)”选项：用于将二维对象转换为多段体。可以转换的对象包括直线、圆弧、二维多段线和圆，如图 13-44 所示为将一段圆弧和二维多段线转换为多段体。
- “高度(H)”选项：指定多段体的高度，如图 13-45 所示。
- “宽度(W)”选项：指定多段体的宽度，如图 13-45 所示。
- “对正(J)”选项：使用命令定义轮廓时，可以将实体的宽度和高度设置为左对正、右对正或居中。

指定多段体的起点之后，命令行会继续提示指定下一个点，直到按 Enter 键完成多段体的绘制，这一过程与绘制多段线相同。

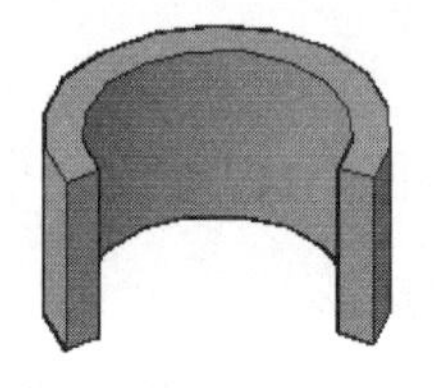

图 13-44　将二维对象转换为多段体

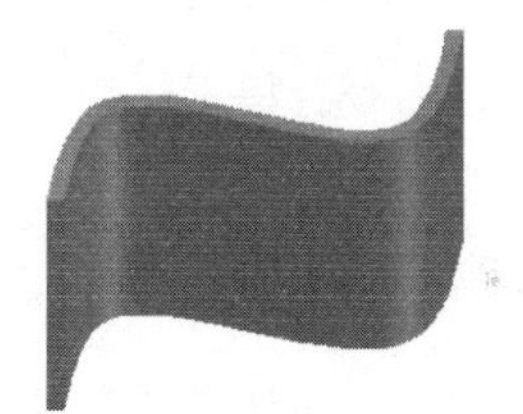

图 13-45　绘制多段体

13.5　从直线和曲线创建实体和曲面

前面一节介绍了如何创建基本的三维实体对象，这一节将介绍另一种创建实体的方法，即从直线和曲线这样的线对象或者曲面对象来生成曲面或实体对象。通过拉伸、旋转等操作，可将线对象生成面对象，或者将面对象生成实体对象。

13.5.1 拉伸

拉伸操作即通过沿指定的方向将对象或平面拉伸出指定距离来创建三维实体或曲面。如图 13-46 所示，（a）图为将一条开放曲线拉伸为曲面，（b）图为将一个闭合曲线拉伸为实体。一般地，对开放的曲线，可以拉伸成曲面，对闭合的曲线或者曲面对象，可以拉伸成实体。

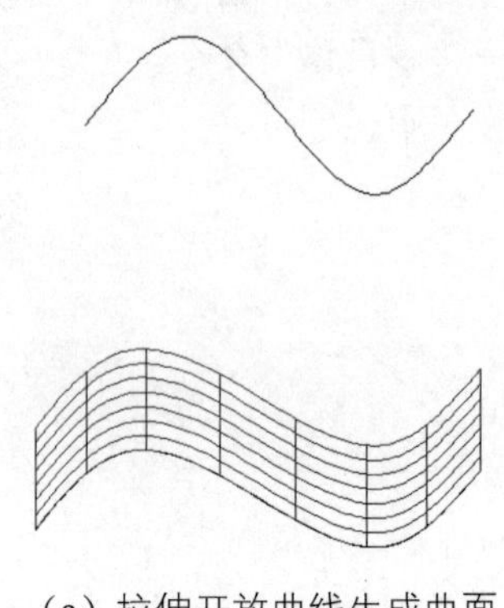

（a）拉伸开放曲线生成曲面　　（b）拉伸封闭曲线生成实体

图 13-46　拉伸曲线或曲面

在 AutoCAD 2012 中，可以使用以下 4 种方法执行拉伸命令。

- 功能区：单击“常用”选项卡→“建模”面板→“拉伸”按钮。
- 经典模式：选择菜单栏中的“绘图”→“建模”→“拉伸”命令。
- 经典模式：单击“建模”工具栏中的“拉伸”按钮。
- 运行命令：EXTRUDE。

执行拉伸操作后，命令行提示：

```
当前线框密度: ISOLINES=4
选择要拉伸的对象:
```

选择要拉伸的对象后，所选择的对象被称为拉伸轮廓。按 Enter 键，命令行继续提示：

```
指定拉伸的高度或 [方向（D）/路径（P）/倾斜角（T）] <0.0000>:
```

此时可指定拉伸的高度，或者选择中括号内的选项。如果输入的高度值为正值，将沿坐标系的 Z 轴正方向拉伸对象；如果输入的高度值为负值，将沿 Z 轴负方向拉伸对象。其他各选项的含义如下。

- “方向(D)”选项：使用该选项，可以通过指定两个点来指定拉伸的长度和方向，如图 13-47 所示。
- “路径(P)”选项：用于选择基于指定曲线对象的拉伸路径。选择该选项后，命令行将提示选择作为路径的对象。可以作为路径的对象有直线、圆、圆弧、椭圆、椭圆弧、二维多段线、三维多段线、二维样条曲线、三维样条曲线、实体的边、曲面的边和螺旋，如图 13-48 所示。

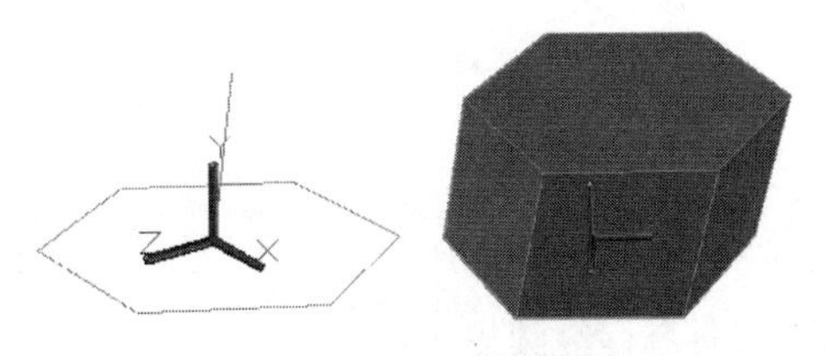

图 13-47　拉伸方向

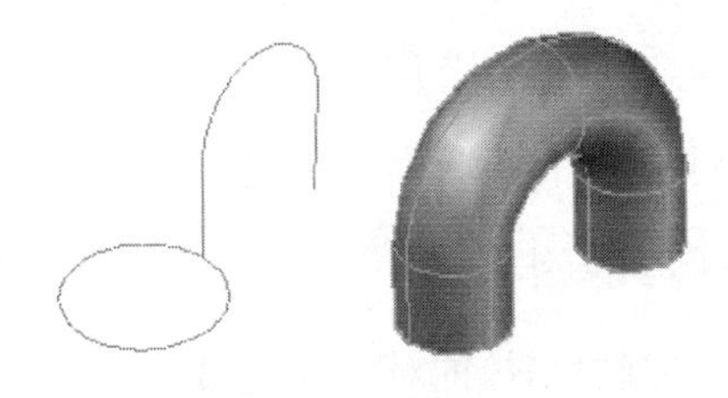

图 13-48　按路径拉伸

- “倾斜角(T)”选项：选择该选项，输入拉伸过程的倾斜角。正角度表示从基准对象逐渐变细的拉伸，而负角度则表示从基准对象逐渐变粗的拉伸。默认角度 0 表示在与二维对象所在平面垂直的方向上进行拉伸，如图 13-49 所示。

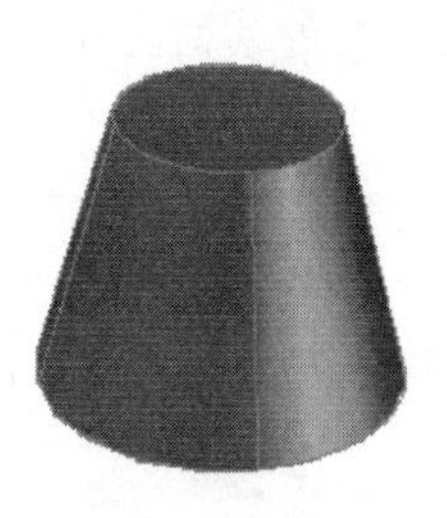

（a）正 15°

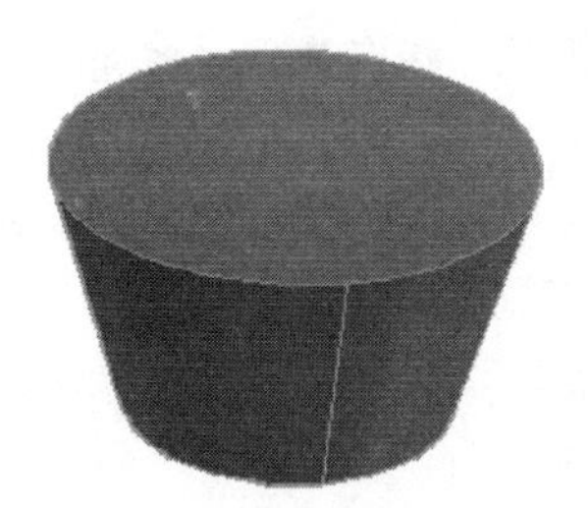

（b）负 15°

图 13-49　拉伸的倾斜角

13.5.2　扫掠

使用 AutoCAD 2012 的扫掠操作，可以沿指定路径（扫掠路径）以指定轮廓的形状（扫掠对象）绘制实体或曲面。扫掠路径可以是开放或闭合的二维或三维路径；扫掠对象可以是开放或闭合的平面曲线。同样，如果沿一条路径扫掠闭合的曲线，则生成实体；如果沿一条路径扫掠开放的曲线，则生成曲面。如图 13-50 所示，将一个圆作为扫掠轮廓，以一条样条曲线为扫掠路径，扫掠的结果如图 13-50 右图所示。从图中的扫掠图形可以看出，扫掠与拉伸不同，沿路径扫掠轮廓时，轮廓将被移动并与路径垂直对齐，然后沿路径扫掠该轮廓。

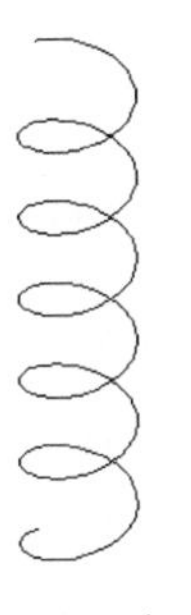

图 13-50　扫掠

在 AutoCAD 2012 中，可以使用以下 4 种方法执行扫掠命令。

- 功能区：单击“常用”选项卡→“建模”面板→“扫掠”按钮。
- 经典模式：选择菜单栏中的“绘图”→“建模”→“扫掠”命令。
- 经典模式：单击“建模”工具栏中的“扫掠”按钮。

- 运行命令：SWEEP。

执行扫掠操作后，命令行提示：

```
选择要扫掠的对象：
```

此时选择要扫掠的对象（轮廓），完成后按 Enter 键。命令行继续提示：

```
选择扫掠路径或 [对齐（A）/基点（B）/比例（S）/扭曲（T）]：
```

此时选择要作为扫掠路径的对象。在选择扫掠对象和扫掠路径的时候，应该注意哪种对象可以作为扫掠对象，哪种对象可以作为扫掠路径，如下表所示。中括号中的选项用于设置扫掠。

- “对齐(A)”选项：指定是否对齐轮廓以使其作为扫掠路径切向的法向。默认情况下，轮廓是对齐的。
- “基点(B)”选项：指定要扫掠对象的基点。如果指定的点不在选定对象所在的平面上，则该点将被投影到该平面上。
- “比例(S)”选项：指定比例因子以进行扫掠操作。从扫掠路径开始到结束，比例因子将统一应用到扫掠的对象。
- “扭曲(T)”选项：设置被扫掠对象的扭曲角度。扭曲角度指定沿扫掠路径全部长度的旋转量。

表　可以用作扫掠轮廓和扫掠路径的对象

扫掠对象（轮廓）	扫掠路径	扫掠对象（轮廓）	扫掠路径
直线	直线	三维面	二维样条曲线
圆弧	圆弧	二维实体	三维多段线
椭圆弧	椭圆弧	宽线	螺旋
二维多段线	二维多段线	面域	实体或曲面的边
二维样条曲线	二维样条曲线	平曲面	
圆	圆	实体的平面	
椭圆	椭圆		

13.5.3　旋转

AutoCAD 2012 的旋转操作可以通过绕轴旋转开放或闭合对象来创建实体或曲面。如果旋转闭合对象，则生成实体；如果旋转开放对象，则生成曲面。可旋转下列对象：直线、圆弧、椭圆弧、二维多段线、二维样条曲线、圆、椭圆、三维平面、二维实体、宽线、面域、实体或曲面上的平面。如图 13-51 所示，是以一个矩形为旋转对象，以直线为旋转轴，旋转生成了一个圆筒。

在 AutoCAD 2012 中，可以使用以下 4 种方法旋转。

- 功能区：单击“常用”选项卡→“建模”面板→“旋转”按钮。
- 经典模式：选择菜单栏中的“绘图”→“建模”→“旋转”命令。
- 经典模式：单击“建模”工具栏中的“旋转”按钮。
- 运行命令：REVOLVE。

执行旋转操作后，命令行提示：

```
选择要旋转的对象:
```

选择要旋转的对象，完成后按 Enter 键。命令行继续提示：

```
指定轴起点或根据以下选项之一定义轴 [对象（O）/X/Y/Z] <对象>:
```

这一步提示指定旋转轴，可以指定轴的起点和端点来指定旋转轴，也可以选择中括号内的选项。“对象(O)”选项用于选择一个现有的对象作为旋转轴；X、Y 和 Z 选项用于选择 X、Y 和 Z 轴作为旋转轴。

选定旋转轴后，命令行提示：

```
指定旋转角度或 [起点角度（ST）] <360>:
```

此时可指定旋转的角度，如图 13-52 所示，（a）图旋转角度为 180°，（b）图旋转角度为 360°。在指定旋转角度时，正角度表示按逆时针方向旋转对象，负角度表示按顺时针方向旋转对象。

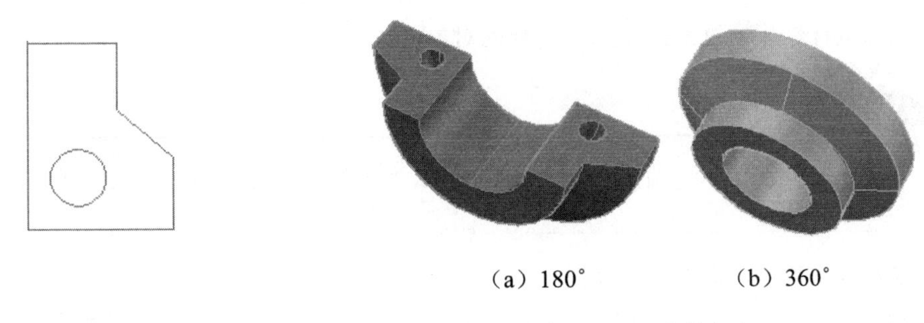

（a）180°　（b）360°

图 13-51　旋转

图 13-52　旋转角度

13.5.4　放样

使用 AutoCAD 2012 的放样操作，可以通过对包含两条或两条以上横截面曲线的一组曲线进行放样来创建三维实体或曲面。一系列的横截面定义了放样后实体或曲面的轮廓形状。横截面（通常为曲线或直线）可以是开放的（例如圆弧），也可以是闭合的（例如圆），但至少必须指定两个横截面。同样，如果对一组闭合的横截面曲线进行放样，则生成实体；如果对一组开放的横截面曲线进行放样，则生成曲面。

如图 13-53 所示，（a）图为选择圆和五角星，（b）图为放样结果，可见，放样的结果使得实体的横截面从六边形逐渐过渡到三角形。

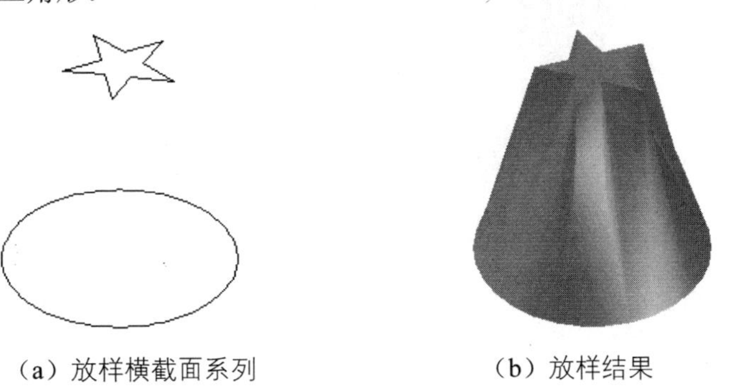

（a）放样横截面系列　（b）放样结果

图 13-53　放样

放样时所选择的横截面必须全部开放或全部闭合，而不能使用既包含开放曲线又包含闭合曲线的选择集。

在 AutoCAD 2012 中，可以使用以下 4 种方法放样。

- 功能区：单击“常用”选项卡→“建模”面板→“放样”按钮。
- 经典模式：选择菜单栏中的“绘图”→“建模”→“放样”命令。
- 经典模式：单击“建模”工具栏中的“放样”按钮。
- 运行命令：LOFT。

执行放样操作后，命令行提示：

```
按放样次序选择横截面:
```

此时按照放样结果通过的次序选择放样的对象。

必须按顺序选择，否则系统报错，无法放样。而且，必须选择两个或两个以上的横截面才能放样。

选择横截面系列后，命令行继续提示：

```
输入选项 [引导(G)/路径(P)/仅横截面(C)] <仅横截面>:
```

此时可选择放样的方式。

- “导向(G)”选项：该选项用于指定控制放样实体或曲面形状的导向曲线，如图 13-54 所示。导向曲线是直线或曲线。导向曲线的另一个作用是控制如何匹配相应的横截面以防止出现不希望看到的效果（例如，结果中实体或曲面的皱褶）。要求导向曲线必须满足与每个横截面相交，并且始于第一个横截面，止于最后一个横截面。
- “路径(P)”选项：该选项用于指定放样实体或曲面的单一路径。选择该选项后，命令行会继续提示“选择路径：”，此时选择的路径曲线必须与横截面的所有平面相交，如图 13-55 所示。

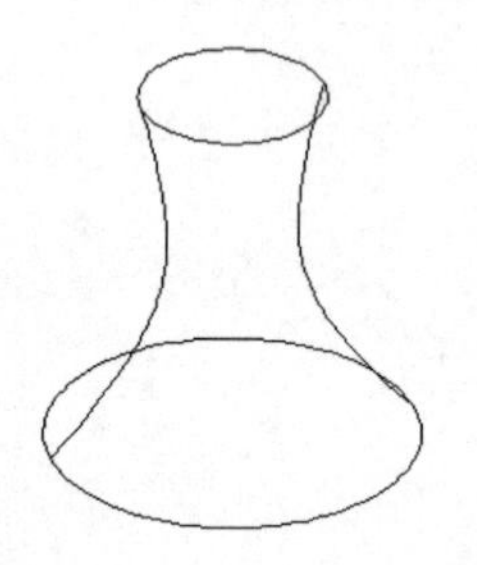
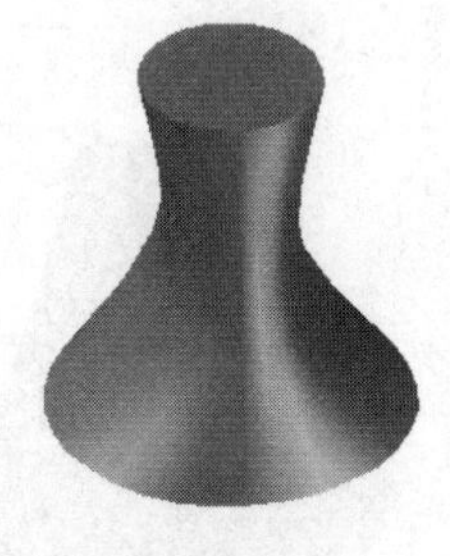

图 13-54　指定导向曲线放样

放样路径

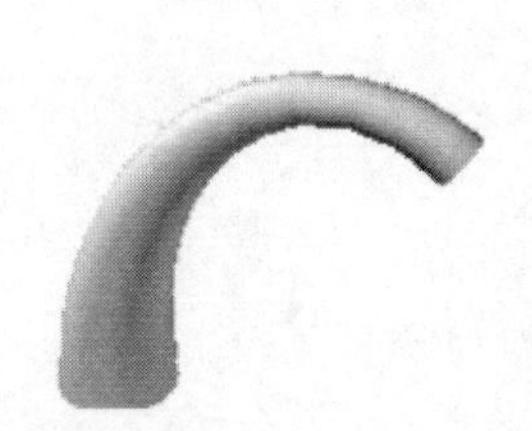

图 13-55　指定放样路径

- “设置(S)”选项：选择该选项，将弹出“放样设置”对话框，如图 13-56 所示。通过“放样设置”对话框，可以设置放样得到的曲面或实体的形状。“直纹”单选按钮是指放样实体的生成方式为以直线连接各个横截面，即轮廓线为直线，如图 13-57（a）所示；“平滑拟合”单选按钮是指放样的生成方式为以平滑的曲线连接各个横截面，即轮廓线为平滑曲线，如图 13-57（b）所示；“法线指向”下拉列表框可以设置放样后实体的轮廓线与横截面的相交状态，如图 13-57（c）所示；“拔模斜度”单选按钮是指轮廓线与横截面之间的角度。

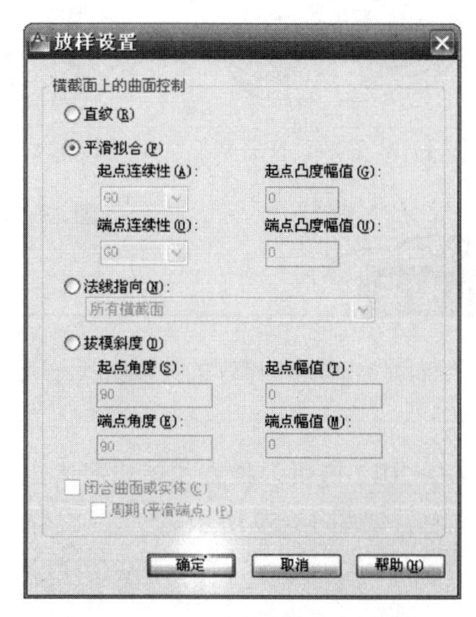

图 13-56　“放样设置”对话框

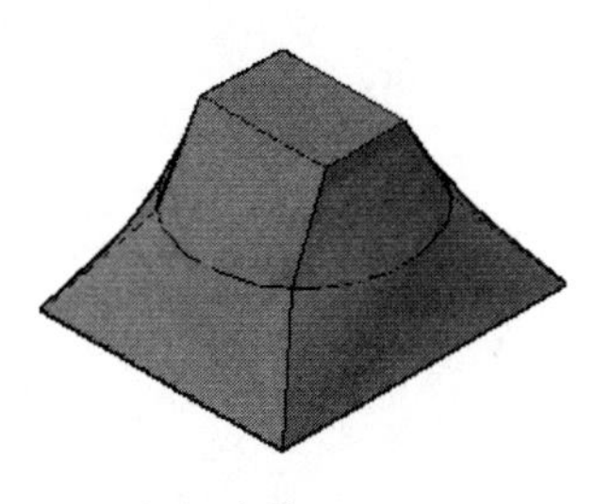

（a）直纹

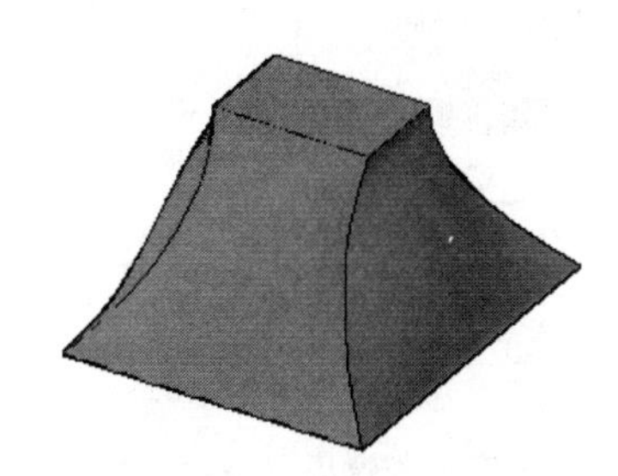

（b）平滑拟合

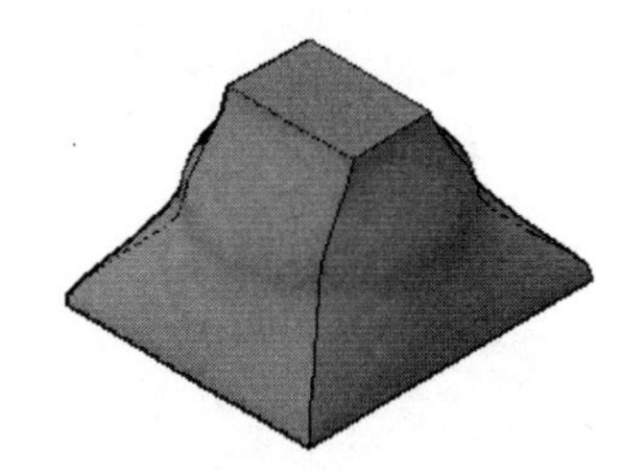

（c）法线指向“所有横截面”

图 13-57　放样设置

13.6 绘制网格

13.6.1　网格的概念

如果需要使用消隐、着色和渲染功能，线框模型无法提供这些功能，但又不需要实体模型提供的物理特性（质量、体积、重心和惯性矩等），则可以使用网格。另外，也可以使用网格创建不规则的几何体，如山脉的三维地形模型。

网格属于面的范畴，也就是二维的对象。但网格与三维曲面的概念不一样，网格只是近似曲面。AutoCAD 2012 的网格由两个维度的网格数量定义，分别记为 M 和 N，相当于包含 M×N 个顶点的矩阵，类似于由行和列组成的栅格。网格可以是开放的，也可以是闭合的。如果在某个方向上网格的起始边和终止边没有接触，则网格就是开放的，如图 13-58 所示。

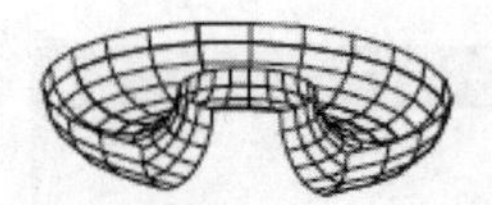
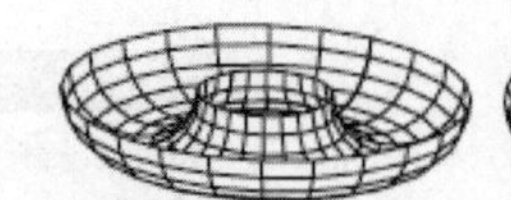
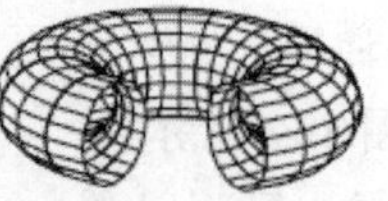
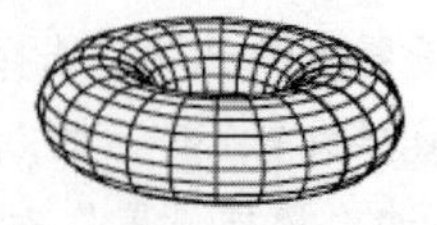

（a）M 开放，N 开放　（b）M 闭合，N 开放　（c）M 开放，N 闭合　（d）M 闭合，N 闭合

图 13-58　网格的开放与闭合

绘制网格时，M 和 N 的数量可以分别通过 SURFTAB1 和 SURFTAB2 系统变量来定义。

AutoCAD 2012 提供多种方式创建网格，并专门提供“网格建模”选项卡以及“绘图”→“建模”→“网格”子菜单，如图 13-59 所示。

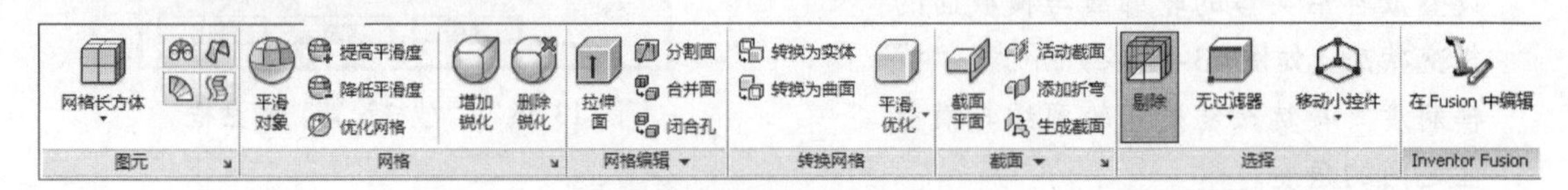

（a）“网格建模”选项卡

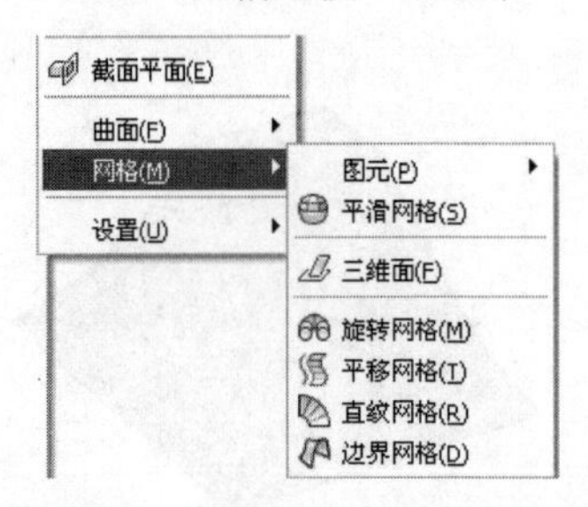

（b）绘图”→“建模”→“网格”子菜单

图 13-59　创建网格的方式

13.6.2　绘制旋转网格

旋转网格是指通过将路径曲线或轮廓（直线、圆、圆弧、椭圆、椭圆弧、闭合多段线、多边形、闭合样条曲线或圆环）绕指定的轴旋转创建一个近似于旋转曲面的多边形网格。

在 AutoCAD 2012 中，可以使用以下 3 种方法绘制旋转网格。

- 功能区：单击“网格”选项卡→“图元”面板→“旋转曲面”按钮。
- 经典模式：选择菜单栏中的“绘图”→“建模”→“网格”→“旋转网格”命令。
- 运行命令：REVSURF。

AutoCAD 2012 绘制旋转网格和前面小节中介绍的旋转绘制实体的操作类似，也是先指定旋转轮廓对象，然后选择旋转轴，最后指定旋转角度完成绘制旋转网格。

执行绘制旋转网格命令后，命令行提示：

```
当前线框密度: SURFTAB1=5  SURFTAB2=6
选择要旋转的对象:
```

该提示信息的第一行显示了 SURFTAB1 和 SURFTAB2 系统变量的值，即网格在 M 方向和 N 方向的数量。如图 13-60 所示，由于当前 SURFTAB1 和 SURFTAB2 系统变量的值分别为 6 和 8，所旋转的网格如图 13-60（b）所示。

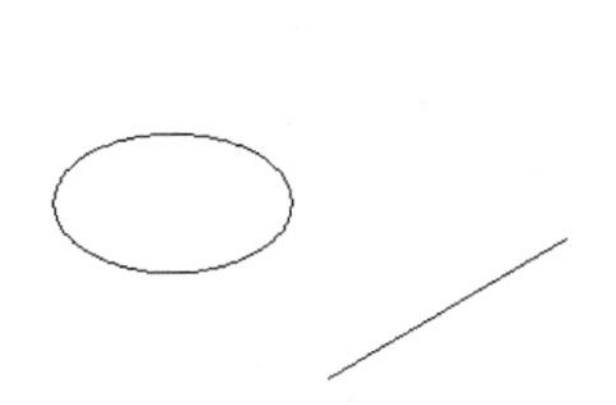

（a）旋转轮廓与旋转轴

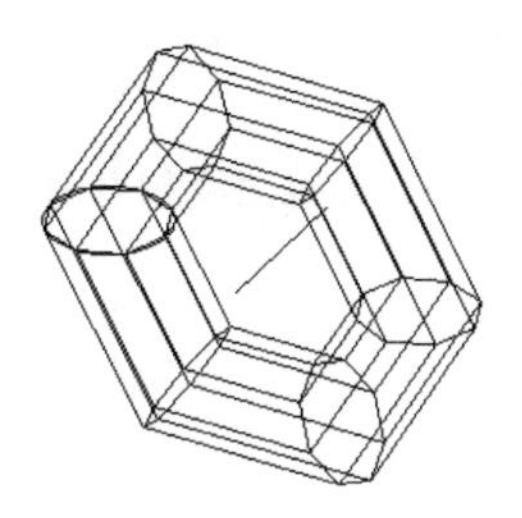

（b）旋转结果

图 13-60　旋转网格

此时可以选择要旋转的对象，即旋转轮廓。可以作为旋转轮廓的对象有直线、圆弧、圆、二维和三维多段线。选择一个旋转对象后，命令行提示：

```
选择定义旋转轴的对象:
```

此时选择旋转轴，可以作为旋转轴的对象有直线或开放的二维和三维多段线。选择一个旋转轴后，命令行提示：

```
指定起点角度<0>:
指定包含角（+=逆时针，-=顺时针）<360>:
```

此时可依次指定旋转的起点角度和旋转的角度。旋转角度的含义和前面小节定义的相同。

13.6.3　绘制平移网格

平移网格是创建一个多边形网格，该网格表示通过指定的方向和距离（称为方向矢量）拉伸直线或曲线（称为路径曲线）定义的常规平移曲面。

在 AutoCAD 2012 中，可以使用以下 3 种方法绘制平移网格。

- 功能区：单击“网格建模”选项卡→“图元”面板→“平移曲面”按钮。
- 经典模式：选择菜单栏中的“绘图”→“建模”→“网格”→“平移网格”命令。
- 运行命令：TABSURF。

执行绘制平移网格命令后，命令行提示：

```
当前线框密度: SURFTAB1=6
选择用作轮廓曲线的对象:
选择用作方向矢量的对象:
```

根据命令行的提示，分别选择轮廓曲线对象和方向矢量对象，即可完成平移网格的绘制，如图 13-61 所示。

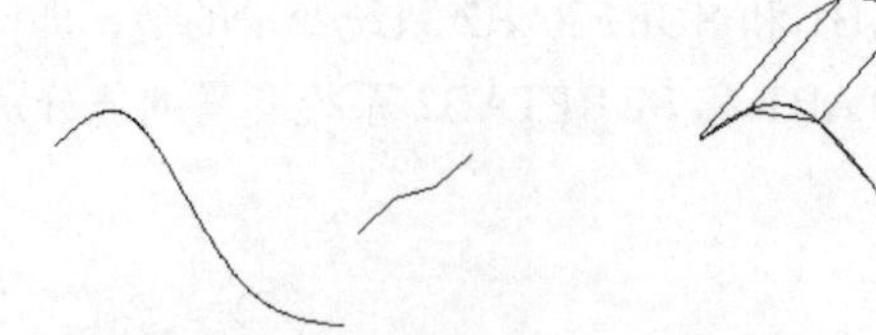

（a）轮廓曲线和方向矢量　　（b）平移结果

图 13-61　平移网格

平移网格构造的总是一个 2×N 的多边形网格，网格的 M 方向始终为 2 并且沿着方向是矢量的方向。N 的数量由 SURFTAB2 系统变量确定。

13.6.4　绘制直纹网格

直纹网格是指在两条直线或曲线之间创建一个表示直纹曲面的多边形网格。

在 AutoCAD 2012 中，可以使用以下 3 种方法绘制直纹网格。

- 功能区：单击"网格建模"选项卡→"图元"面板→"直纹曲面"按钮。
- 经典模式：选择菜单栏中的"绘图"→"建模"→"网格"→"直纹网格"命令。
- 运行命令：RULESURF。

AutoCAD 2012 绘制直纹网格时与放样的操作过程类似，但是只能定义两个面之间的网格。

执行绘制直纹网格命令后，命令行提示：

```
当前线框密度: SURFTAB1=12
选择第一条定义曲线:
选择第二条定义曲线:
```

根据命令行的提示，分别选择绘制直纹网格时的第一条定义曲线和第二条定义曲线，如图 13-62 所示。

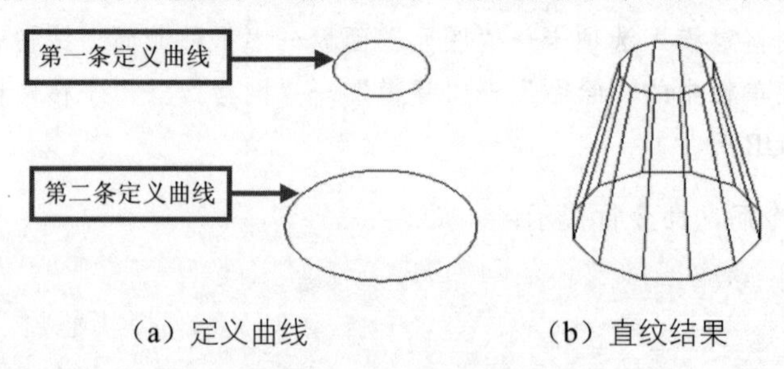

（a）定义曲线　　（b）直纹结果

图 13-62　直纹网格

13.6.5　绘制边界网格

边界网格将创建一个多边形网格，此多边形网格近似于一个由 4 条邻接边定义的孔斯曲面片网格。孔斯曲面片网格是一个在 4 条邻接边（这些边可以是普通的空间曲线）之间插入的双三次曲面。

在 AutoCAD 2012 中，可以使用以下 3 种方法绘制边界网格。

- 功能区：单击“网格建模”选项卡→“图元”面板→“边界曲面”按钮。
- 经典模式：选择菜单栏中的“绘图”→“建模”→“网格”→“边界网格”。
- 运行命令：EDGESURF。

执行绘制边界网格命令后，命令行提示：

```
当前线框密度：SURFTAB1=10  SURFTAB2=16
选择用作曲面边界的对象 1:
选择用作曲面边界的对象 2:
选择用作曲面边界的对象 3:
选择用作曲面边界的对象 4:
```

此时可根据命令行的提示选择定义网格片的 4 条邻接边。AutoCAD 2012 要求邻接边必须为 4 条，而且这些边必须在端点处相交以形成一个拓扑形式的矩形闭合路径。邻接边可以是直线、圆弧、样条曲线和开放的二维和三维多段线。

AutoCAD 2012 绘制边界网络时，可以用任何次序选择 4 条邻接边。第一条边决定了生成网格的 M 方向（SURFTAB1），该方向是从距选择点最近的端点延伸到另一端；与第一条边相接的两条边形成了网格的 N 方向（SURFTAB2）的边，如图 13-63 所示。

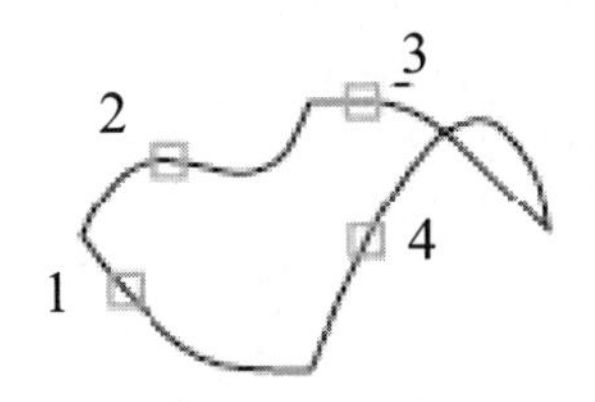

（a）4 条邻接边

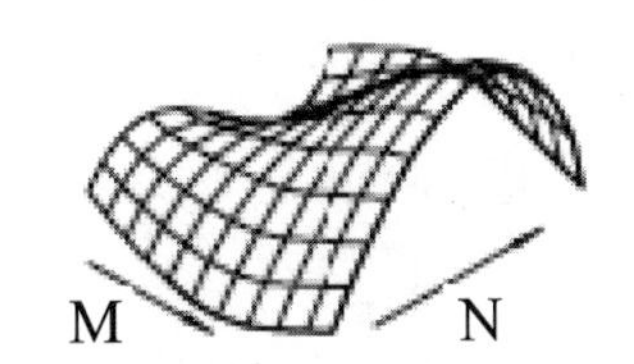

（b）边界网络的 M 和 N 方向

图 13-63　边界网络

13.7 绘制三维图形实例一

使用二维、三维命令绘制如图 13-64 所示的支座。具体操作步骤如下：

01 单击“常用”选项卡→“视图”面板→“俯视”视图方式。

02 单击“常用”选项卡→“绘图”面板→“直线”按钮及“绘图”面板→“圆”按钮，绘制如图 13-65 所示的轮廓。

03 单击“常用”选项卡→“绘图”面板→“面域”按钮。

04 命令行提示“选择对象:”，此时使用鼠标选择刚才绘图的图形，并按 Enter 键完成面域的创建。

图 13-64　支座

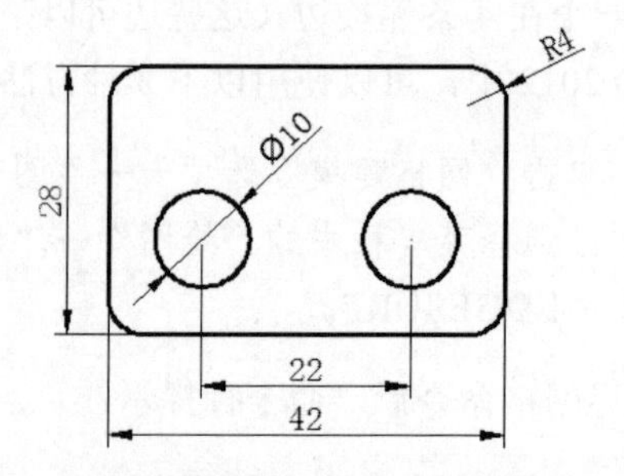

图 13-65　轮廓

05 单击“常用”选项卡→“建模”面板→“拉伸”按钮，命令行提示：

```
前线框密度： ISOLINES=4，闭合轮廓创建模式 = 实体
选择要拉伸的对象或 [模式(MO)]: _MO 闭合轮廓创建模式 [实体(SO)/曲面(SU)] <实体>: _SO
选择要拉伸的对象或 [模式(MO)]:
```

06 此时，使用鼠标选择刚才创建的面域并按 Enter 键。

07 命令行提示“指定拉伸的高度或 [方向(D)/路径(P)/倾斜角(T)/表达式(E)] <50.0000>:”，此时在命令行输入 7 并按 Enter 键完成拉伸的创建，效果如图 13-66（a）所示。

08 拖动坐标系到模型的交点，并将 X、Y、Z 分别与边线相合，效果如图 13-66（b）所示。

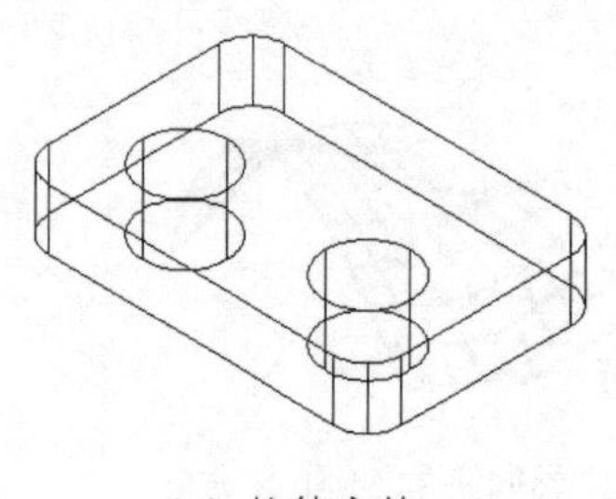

（a）拉伸实体

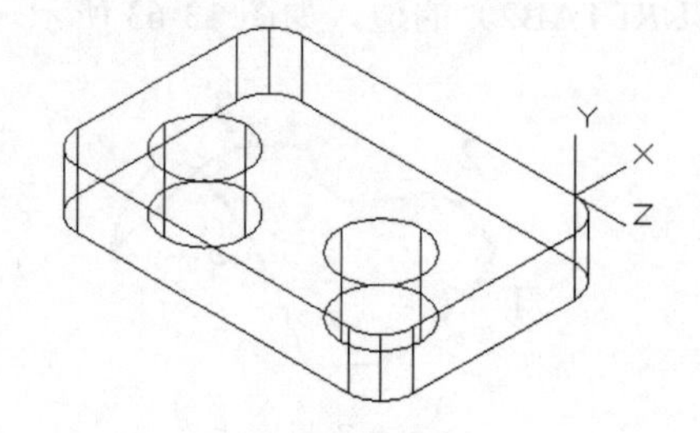

（b）拖动坐标系

图 13-66　创建的拉伸体和坐标系

09 单击“常用”选项卡→“视图”面板→“前视”视图方式。

10 重复步骤 02~05 的操作，绘制如图 13-67（a）的轮廓，并转换成面域。

11 单击“常用”选项卡→“建模”面板→“拉伸”按钮，命令行提示：

```
前线框密度： ISOLINES=4，闭合轮廓创建模式 = 实体
选择要拉伸的对象或 [模式(MO)]: _MO 闭合轮廓创建模式 [实体(SO)/曲面(SU)] <实体>: _SO
选择要拉伸的对象或 [模式(MO)]:
```

12 此时，使用鼠标选择刚才创建的面域并按 Enter 键。

13 命令行提示“指定拉伸的高度或 [方向(D)/路径(P)/倾斜角(T)/表达式(E)] <50.0000>:”，此时在命令行输入 22 并按 Enter 键完成拉伸的创建，效果如图 13-67（b）所示。

14 单击“常用”选项卡→“修改”面板→“移动”按钮，命令行提示：“选择对象:”，此时选择上一步拉伸的实体，将其底面边线的中点与底座边线中点对齐，效果如图 13-67（c）所示。

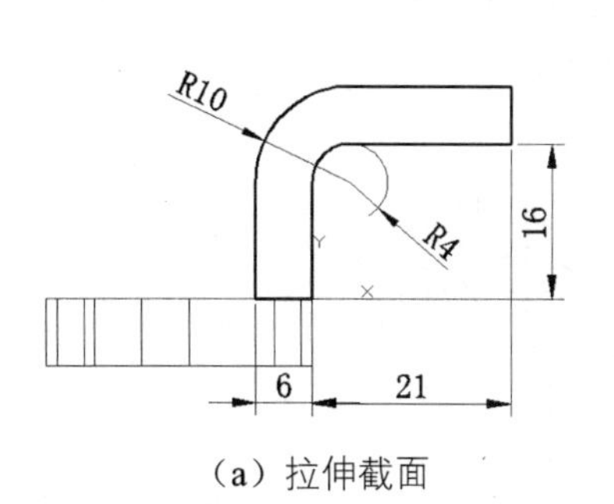

（a）拉伸截面

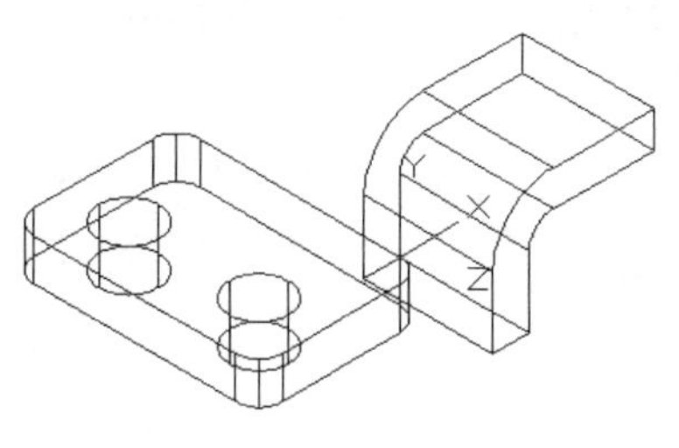
（b）拉伸实体

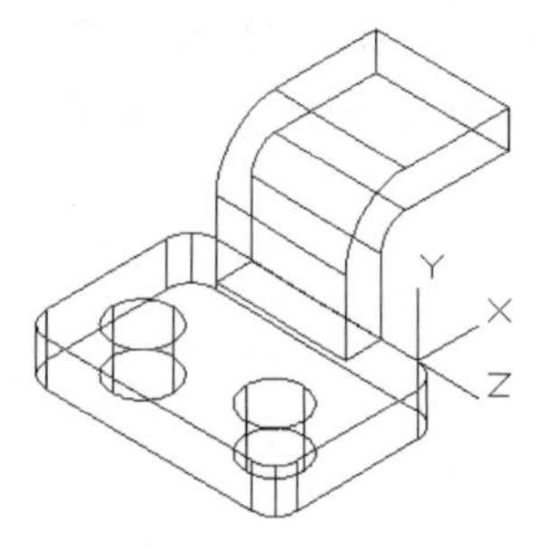
（c）移动实体

图 13-67　创建拉伸实体

15 单击“常用”选项卡→“视图”面板→“前视”视图方式。

16 重复步骤 02~05 的操作，绘制如图 13-68（a）所示的轮廓，并转换成面域。

17 单击“常用”选项卡→“建模”面板→“拉伸”按钮，命令行提示：

```
前线框密度： ISOLINES=4，闭合轮廓创建模式 = 实体
选择要拉伸的对象或 [模式(MO)]： _MO 闭合轮廓创建模式 [实体(SO)/曲面(SU)] <实体>： _SO
选择要拉伸的对象或 [模式(MO)]：
```

18 此时，使用鼠标选择刚才创建的面域并按 Enter 键。

19 命令行提示“指定拉伸的高度或 [方向(D)/路径(P)/倾斜角(T)/表达式(E)] <50.0000>:”，此时在命令行输入 6 并按 Enter 键完成拉伸的创建，效果如图 13-68（b）所示。

20 单击“常用”选项卡→“修改”面板→“移动”按钮，命令行提示：“选择对象:”，此时选择上一步拉伸的实体，将其底面边线的中点与底座边线中点对齐，效果如图 13-68（c）所示。

21 单击“常用”选项卡→“视图”面板→“前视”视图方式。

22 单击“常用”面板→“绘图”面板→“圆”按钮，绘制如图 13-69（a）所示的轮廓，并转换成面域。

23 单击“常用”选项卡→“建模”面板→“拉伸”按钮，命令行提示：

```
前线框密度： ISOLINES=4，闭合轮廓创建模式 = 实体
选择要拉伸的对象或 [模式(MO)]： _MO 闭合轮廓创建模式 [实体(SO)/曲面(SU)] <实体>： _SO
选择要拉伸的对象或 [模式(MO)]：
```

24 此时，使用鼠标选择刚才创建的面域，并按 Enter 键。

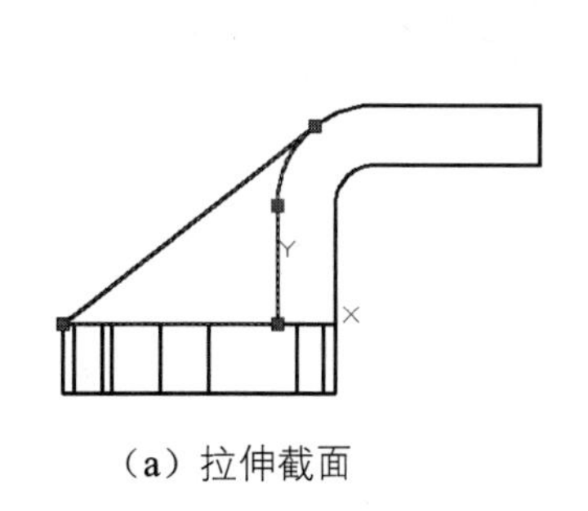
（a）拉伸截面

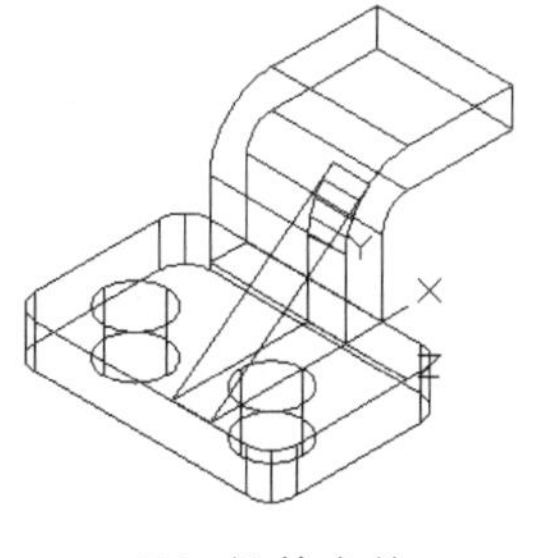
（b）拉伸实体

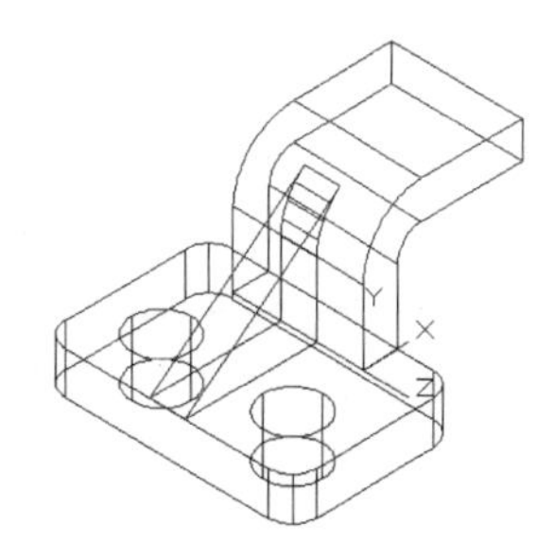
（c）移动实体

图 13-68　创建拉伸实体

25 命令行提示“指定拉伸的高度或 [方向(D)/路径(P)/倾斜角(T)/表达式(E)] <50.0000>:”，此时在命令行输入 16 并按 Enter 键完成拉伸的创建，效果如图 13-69（b）所示。

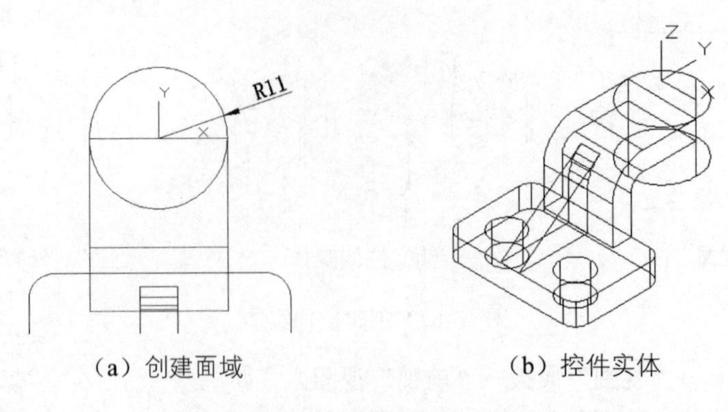

（a）创建面域　　（b）控件实体

图 13-69　创建控件实体

26 单击“实体”选项卡→“布尔运算”面板→“并集”按钮，命令行提示“选择对象:”，此时使用鼠标依次选择刚才创建的拉伸实体并按 Enter 键，完成并集布尔运算。

27 单击“实体”选项卡→“图元”面板→“圆柱体”按钮，命令行提示“指定底面的中心点或 [三点(3P)/两点(2P)/切点、切点、半径(T)/椭圆(E)]:”，此时移动鼠标到如图 13-70（a）所示的平面，平面变成虚线。

28 在平面内移动鼠标捕捉圆心并选取该点。

29 命令行提示“指定底面半径或 [直径(D)]: ”，此时在命令行输入 12 并按 Enter 键。

30 命令行提示“指定高度或 [两点(2P)/轴端点(A)]:”，此时在命令行输入 16 并按 Enter 键完成圆柱体的创建，效果如图 13-70（b）所示。

31 单击“实体”选项卡→“布尔运算”面板→“差集”按钮，命令行提示：

```
命令: _subtract 选择要从中减去的实体、曲面和面域...
选择对象:
```

32 此时，使用鼠标选取如图 13-71 所示的 A 几何体，按 Enter 键。命令行提示：

```
选择要减去的实体、曲面和面域...
选择对象:
```

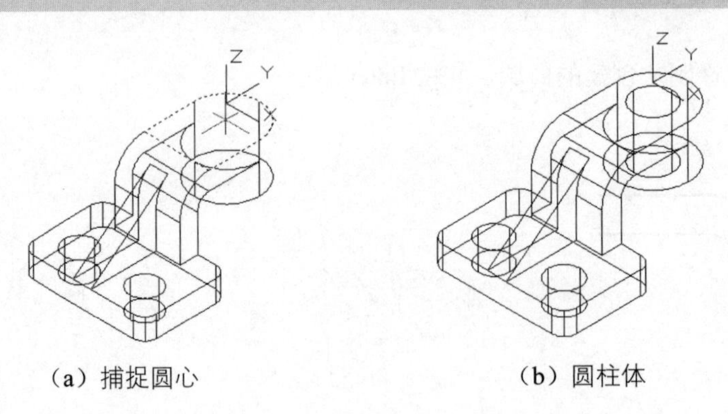

（a）捕捉圆心　　（b）圆柱体

图 13-70　绘制圆柱体过程

33 此时，使用鼠标选择如图 13-71 所示的 B 几何体，按 Enter 键完成差集布尔运算的操作，效果如图 13-71（b）所示。

34 选择“视图”选项卡→“视觉样式”面板→“灰度”选项，效果如图 13-64 所示。

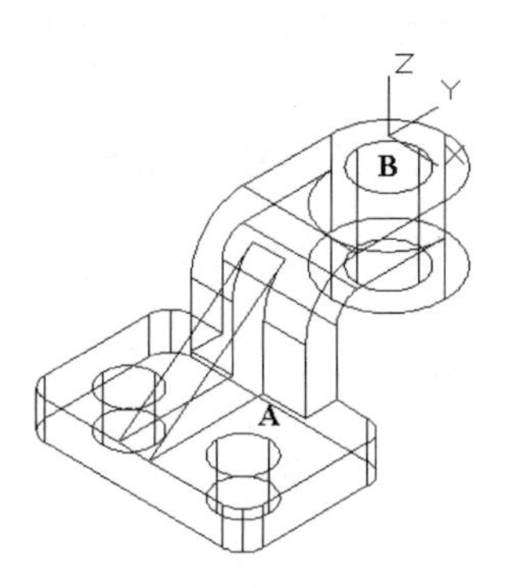

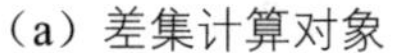
（a）差集计算对象

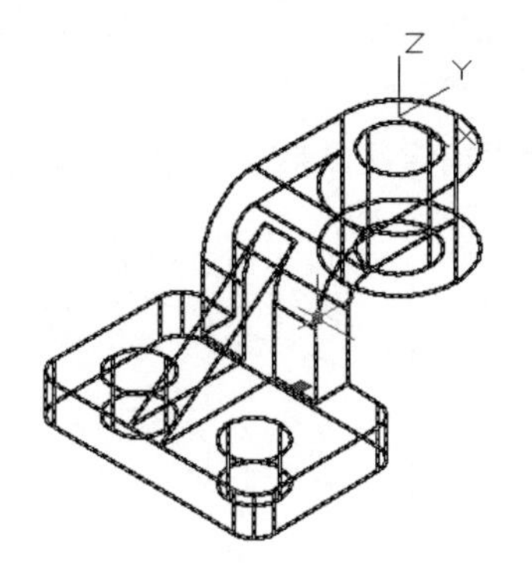

（b）差集布尔运算

图 13-71　差集布尔运算

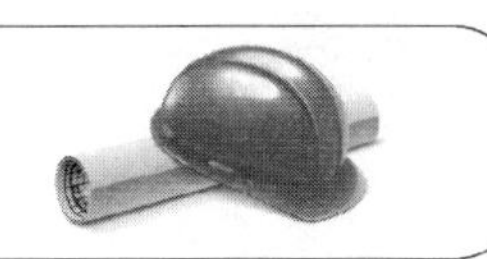

13.8 绘制三维图形实例二

使用多边形、拉伸、旋转和布尔运算命令绘制如图 13-72 所示的零件。具体操作步骤如下：

01 单击“常用”选项卡→“视图”面板→“俯视”视图方式。

02 单击“常用”选项卡→“绘图”面板→“直线”按钮及“绘图”面板→“圆”按钮，绘制如图 13-73 所示的轮廓。

03 单击“常用”选项卡→“绘图”面板→“面域”按钮。

04 命令行提示“选择对象:”，此时使用鼠标选择刚才绘图的图形并按 Enter 键，完成面域的创建。

图 13-72　零件

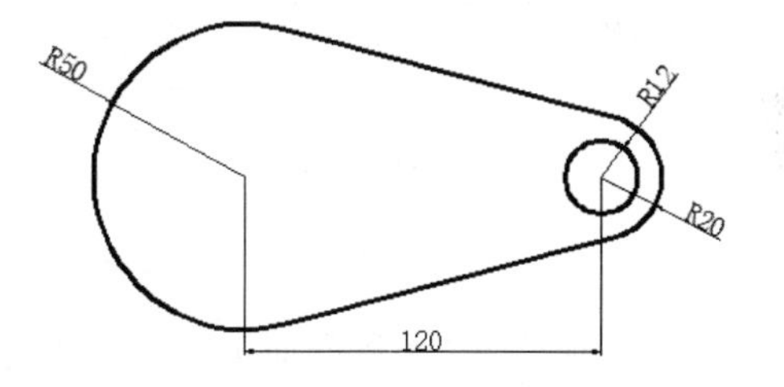

图 13-73　绘制截面

05 单击“常用”选项卡→“建模”面板→“拉伸”按钮，命令行提示：

```
前线框密度： ISOLINES=4，闭合轮廓创建模式 = 实体
选择要拉伸的对象或 [模式(MO)]: _MO 闭合轮廓创建模式 [实体(SO)/曲面(SU)] <实体>: _SO
选择要拉伸的对象或 [模式(MO)]:
```

06 此时，使用鼠标选择刚才绘制的截面并按 Enter 键。

07 命令行提示“指定拉伸的高度或 [方向(D)/路径(P)/倾斜角(T)/表达式(E)]:”，此时在命令行输入 20 并按 Enter 键完成拉伸的创建，效果如图 13-74（a）所示。

08 单击“实体”选项卡→“图元”面板→“圆柱体”按钮，命令行提示“指定底面的中心点或 [三点(3P)/两点(2P)/切点、切点、半径(T)/椭圆(E)]:”，此时使用鼠标捕捉如图 13-74（b）所示的圆心，并选取该点。

09 命令行提示“指定底面半径或 [直径(D)]:”，此时在命令行输入 50 并按 Enter 键。

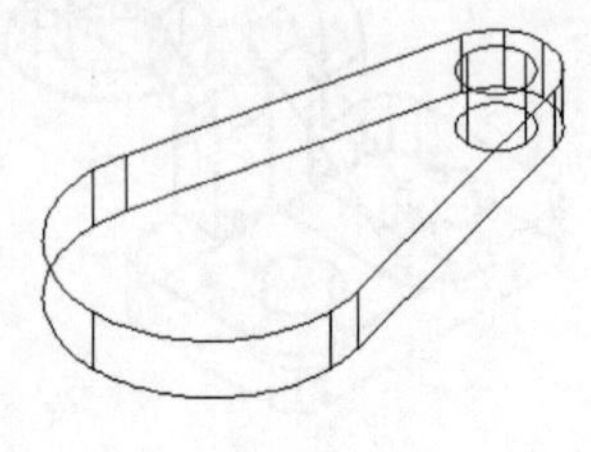

（a）拉伸体

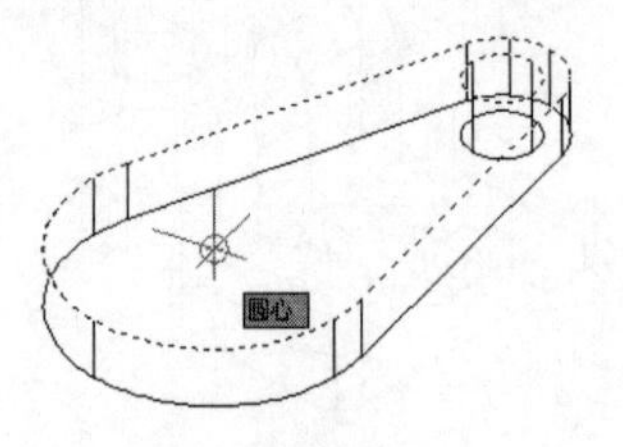

（b）捕捉圆心

图 13-74　绘制的拉伸实体和捕捉的中点

10 命令行提示“指定高度或 [两点(2P)/轴端点(A)] <7.5000>:，此时在命令行输入 8 并按 Enter 键，效果如图 13-75 所示

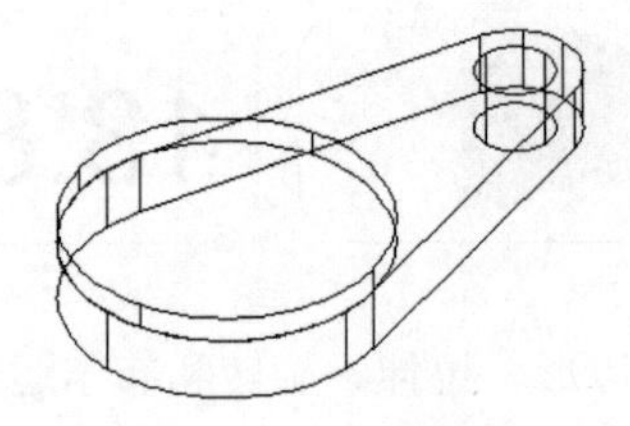

图 13-75　创建圆柱体

11 单击“实体”选项卡→“布尔运算”面板→“并集”按钮，命令行提示“选择对象:”，此时使用鼠标依次选择刚才创建的两集合体，并按 Enter 键完成并集布尔运算。

12 选择“视图”选项卡→“视图”面板→“前视”选项，切换到前视图效果，如图 13-76（a）所示。

13 单击“常用”选项卡→“绘图”面板→“矩形”按钮，绘制如图 13-76（b）所示的轮廓。

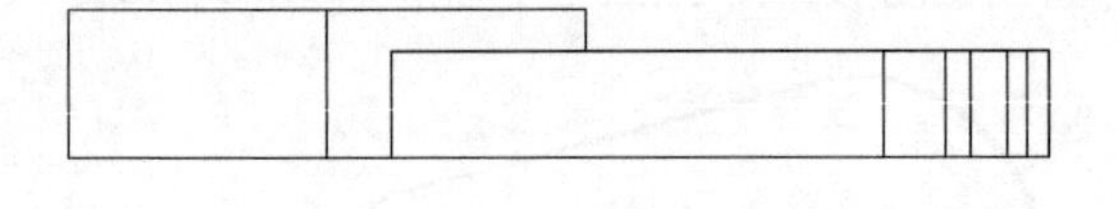

（a）前视图

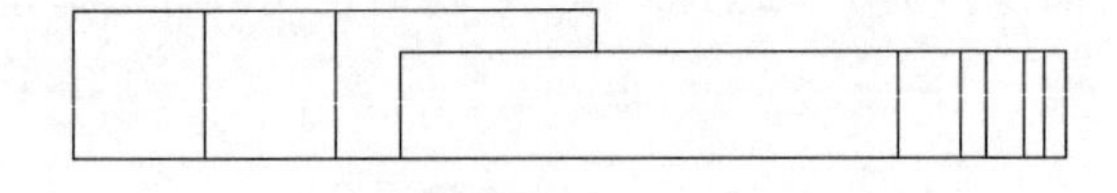

（b）截面轮廓

图 13-76　绘制截面轮廓

14 单击“常用”选项卡→“绘图”面板→“面域”按钮。

15 命令行提示“选择对象:”，此时使用鼠标选择如图 13-76（b）所示的图形，并按 Enter 键完成面域的创建。

16 单击“实体”选项卡→“实体”面板→“旋转”按钮，命令行提示：

```
当前线框密度： ISOLINES=4，闭合轮廓创建模式 = 实体
选择要旋转的对象或 [模式(MO)]: _MO 闭合轮廓创建模式 [实体(SO)/曲面(SU)] <实体>: _SO
选择要旋转的对象或 [模式(MO)]:
```

17 此时，使用鼠标选取刚才创建的面域，并按 Enter 键。

18 命令行提示“指定轴起点或根据以下选项之一定义轴 [对象(O)/X/Y/Z] <对象>:”，此时使用鼠标选取如图 13-77（a）所示的 A 端点。

19 命令行提示“指定轴端点:”，使用鼠标选取如图 13-77（a）所示的 B 端点。

20 命令行提示“指定旋转角度或 [起点角度(ST)/反转(R)/表达式(EX)] <360>:”，此时按 Enter 键完成旋转体的创建，效果如图 13-77（b）所示。

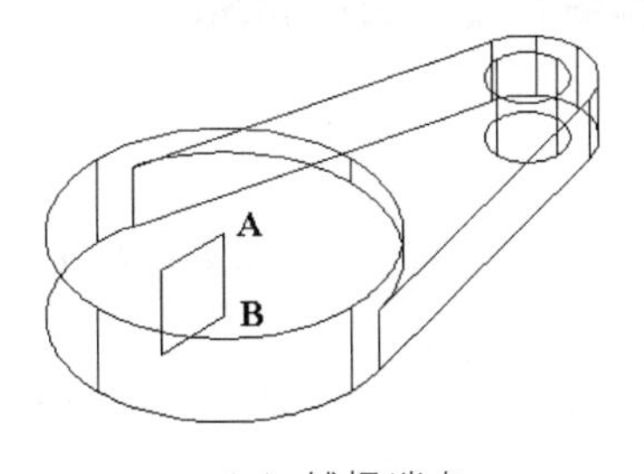

（a）捕捉端点

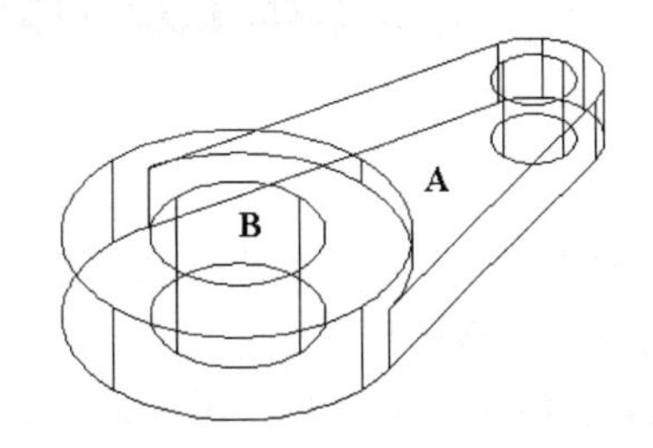

（b）差集布尔运算对象

图 13-77　创建旋转体过程

21 单击“实体”选项卡→“布尔运算”面板→“差集”按钮，命令行提示：

```
命令: _subtract 选择要从中减去的实体、曲面和面域...
选择对象:
```

22 此时，使用鼠标选取如图 13-77（b）所示的 A 几何体，按 Enter 键。

23 命令行提示：

```
选择要减去的实体、曲面和面域...
选择对象:
```

24 此时，使用鼠标选择如图 13-77（b）所示的 B 旋转体，按 Enter 键完成差集布尔运算的操作。

25 选择“视图”选项卡→“视觉样式”面板→“灰度”选项，效果如图 13-72 所示。

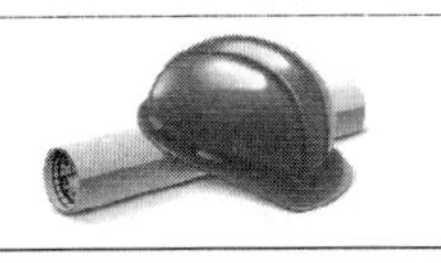

13.9 知识回顾

本章主要介绍三维图形的绘制。有了二维图形的绘制基础，三维图形的绘制是很好掌握的，只是有些概念要与二维图形相区分。同样，三维图形也是通过基本的三维实体构建而成的，因此，应熟练掌握基本三维实体的绘制和编辑命令，并了解利用布尔运算构建复杂模型的方法。

第 14 章
三维图形的编辑与渲染

在前面一章中介绍了绘制三维对象的各种方法，并绘制了简单的三维图形。如要绘制复杂的三维图形，还需用到三维图形的编辑工具。

AutoCAD 2012 专门为三维实体提供了编辑命令，如三维旋转、镜像、阵列、三维实体的逻辑运算。还可以对实体本身进行压印、抽壳等操作，改变实体特征的外观，调整实体特征的位置。

学习目标

- 掌握三维子对象的选择和编辑
- 学会如何对三维图形进行逻辑运算
- 掌握三维移动、三维旋转、三维镜像等三维编辑操作
- 熟悉三维实体的倒角、圆角、压边等操作
- 学会从三维模型创建截面和二维图形

14.1 三维子对象

三维实体属于体对象的范畴，其子对象包括面、边和顶点。AutoCAD 2012 可以单独选择并修改这些子对象。

14.1.1 三维实体夹点编辑

如图 14-1 所示，选择三维对象之后，可显示三维对象的夹点。三维对象的夹点和二维对象有不一样的地方，三维对象还包括一些三角形的夹点，通过移动这些夹点，可以对三维对象进行编辑，如拉伸、移动等。

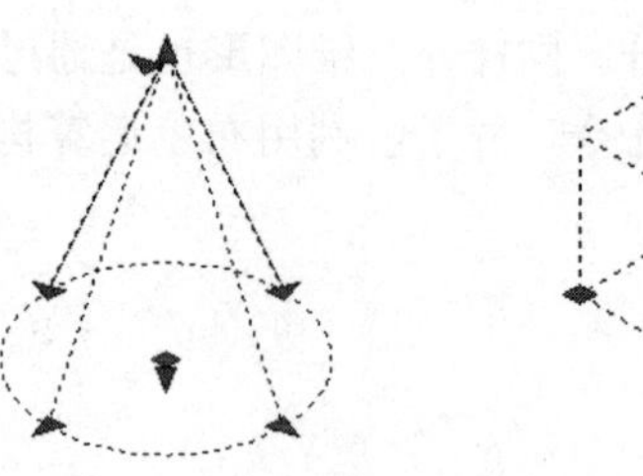

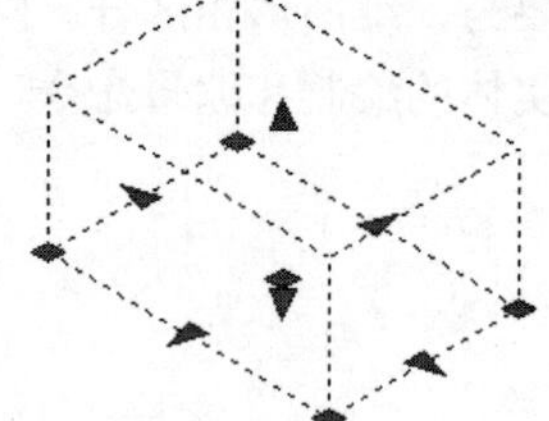

图 14-1 三维对象的夹点

三维对象的夹点编辑分为以下两种。

（1）如果单击三角形的夹点，命令行将提示：

```
指定点位置或 [基点（B）/放弃（U）/退出（X）]:
```

通过指定新的点位置即可完成夹点编辑。

（2）如果单击方形的夹点，命令行将提示：

```
** 拉伸 **
指定拉伸点或 [基点（B）/复制（C）/放弃（U）/退出（X）]:
```

这与前面介绍的编辑二维对象的夹点时的提示相同。同样，对三维对象也可以进行相同的操作。按 Enter 或 Space 键，即可在“拉伸”、“移动”、“旋转”、“比例缩放”和“镜像”等夹点编辑模式间切换。

下面主要介绍第一种情况。如图 14-2 所示，单击圆锥体的一个三角形夹点后，命令行提示：

```
指定点位置或 [基点（B）/放弃（U）/退出（X）]:
```

此时再指定一个新位置后，圆锥体可编辑成一个圆台，如图 14-2（b）所示。

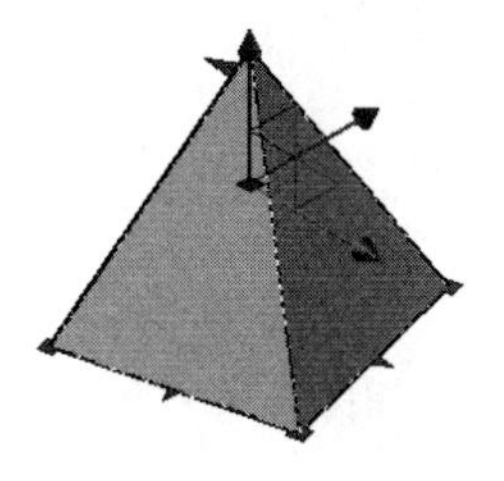

（a）移动夹点

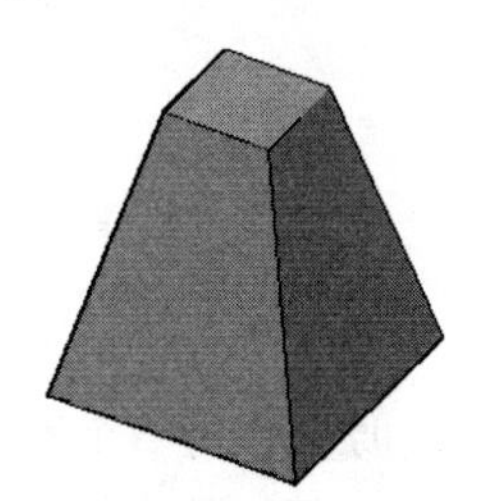

（b）编辑结果

图 14-2　夹点编辑

14.1.2　选择三维实体子对象

在三维实体上单击或用窗口来选择它时，选择的是三维实体对象。如果要选择三维实体的子对象，例如，三维实体的边或面，需要在选择时按住 Ctrl 键，选定面、边和顶点后，它们将分别显示不同类型的夹点，如图 14-3 所示。

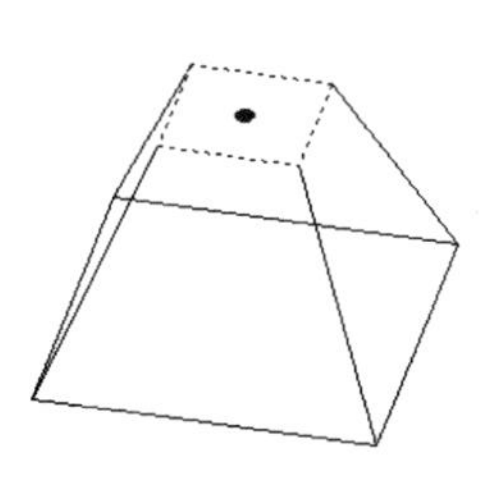

（a）选择面

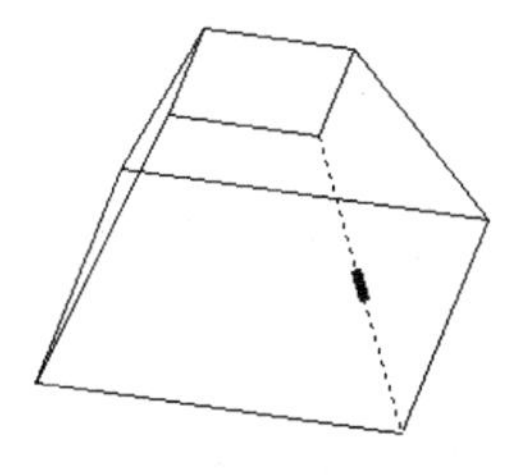

（b）选择线

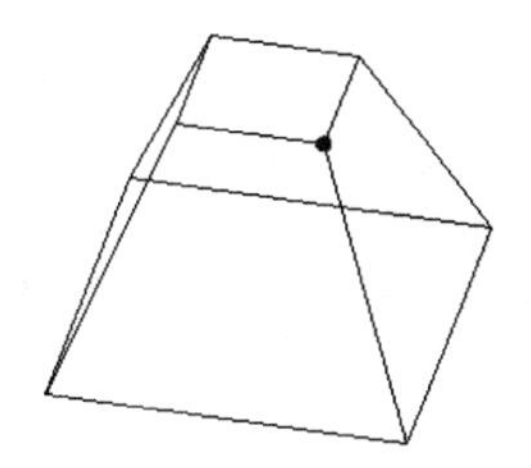

（c）选择点

图 14-3　选择三维子对象

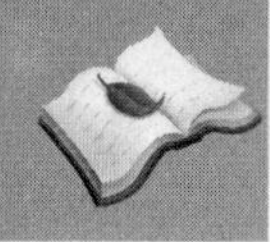

14.1.3 编辑三维子对象

选择了三维子对象后，就可以通过夹点、夹点工具和编辑命令（例如 move、rotate 和 scale）来修改三维实体上的点、边和面。或者，首先执行编辑命令，然后在命令行提示“选择对象:”时选择要编辑的子对象。对三维子对象的编辑结果实际上是作用在三维实体上。

下面仅举两个例子说明对三维子对象的编辑操作。

（1）如图 14-4 所示，对于（a）图中的棱锥体，可以移动其底面的一条边改变其底面的大小。

01 单击“常用”选项卡→“修改”面板→“移动”按钮。

02 命令行提示“选择对象:”时，按住 Ctrl 键，然后移动光标至要选择的边上，该边将亮显，单击该边并按 Enter 键，如图 14-4（b）所示。

03 然后按照移动对象的方法将该边移动到一个新位置，如图 14-4（c）所示。移动边后，实体的编辑结果如图 14-4（d）所示。可见移动边后棱锥体的底面边长变了。

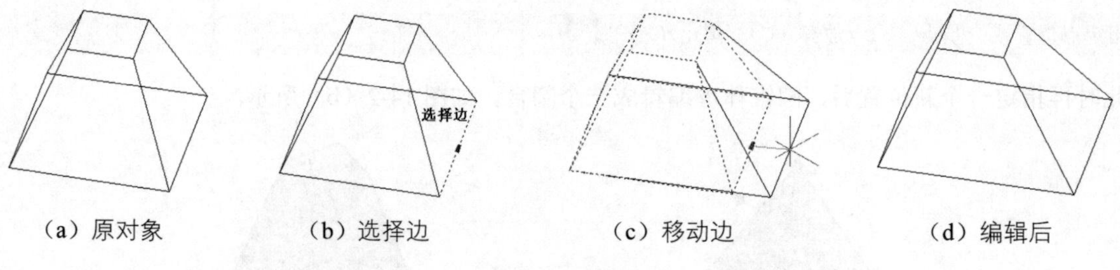

（a）原对象　（b）选择边　（c）移动边　（d）编辑后

图 14-4　编辑边

（2）如图 14-5 所示，原对象为一个圆锥体，选择其顶面后，如图 14-5（b）所示；单击其夹角，将顶面利用 scale 命令放大 2 倍，编辑结果如图 14-5（c）所示。

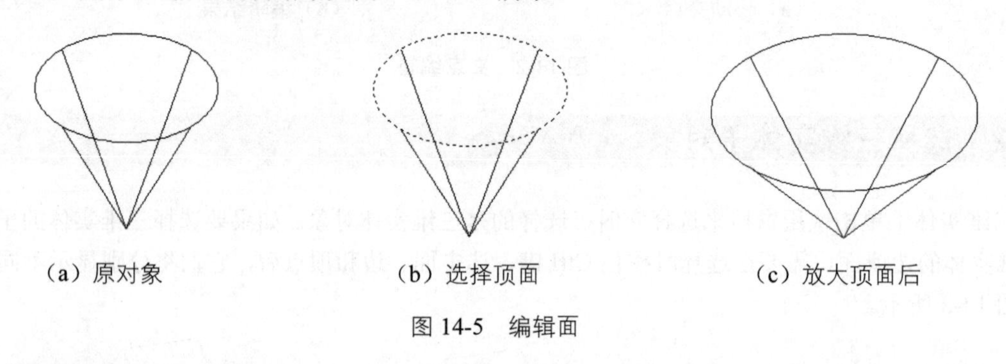

（a）原对象　（b）选择顶面　（c）放大顶面后

图 14-5　编辑面

14.2 三维编辑操作

前面一节中介绍的是针对三维实体对象的编辑，本节将介绍对象在三维空间中的编辑操作。前面章节介绍的并集、差集等只适用于实体对象（或面域对象），现在介绍的编辑命令适用于任何对象（不只是针对三维实体对象）在三维空间中的编辑。三维空间的编辑命令包括三维移动、三维旋转、三维对齐、三维镜像和三维阵列等。

14.2.1 三维移动

三维移动操作可将指定对象移动到三维空间中的任何位置，并且可以约束移动的轴和面。在 AutoCAD 2012 中，有以下 4 种方法执行三维移动命令。

- 功能区：单击“常用”选项卡→“修改”面板→“三维移动”按钮。
- 经典模式：选择菜单栏中的“修改”→“三维操作”→“三维移动”命令。
- 经典模式：单击“建模”工具栏中的“三维移动”按钮。
- 运行命令：3DMOVE。

执行三维移动命令后，命令行提示：

```
选择对象：
```

选择要移动的对象后，按 Enter 键或单击鼠标右键，命令行将提示：

```
指定基点或 [位移(D)] <位移>:
```

其后的操作方式与二维移动命令 MOVE 一样，此时可指定三维移动的基点，并且光标将显示彩色的移动夹点工具，如图 14-6 所示。

指定基点后，移动夹点工具将固定在基点处，命令行继续提示：

```
指定第二个点或<使用第一个点作为位移>:
```

图 14-6 移动夹点工具

此时可指定移动的第二个点，完成三维移动操作。指定基点后，若将光标悬停在夹点工具的轴句柄上，直到矢量显示为与该轴对齐，且该轴显示为黄色，此时单击轴句柄，可以将三维移动的方向约束在该轴的方向。如图 14-7 所示，三维移动的结果将只被限制在 X 轴的方向上，即仅沿着 X 轴移动。若将光标悬停在两条远离轴句柄（用于确定平面）的直线汇合处的点上，直到两条轴均变为黄色，此时单击就可将三维移动约束在平面上，如图 14-8 所示。

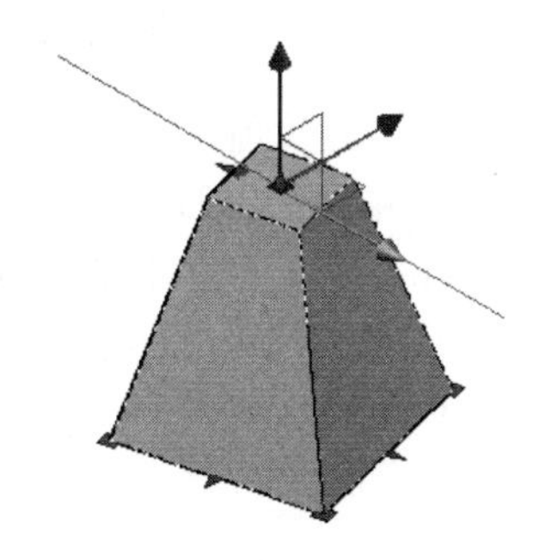

图 14-7 约束轴

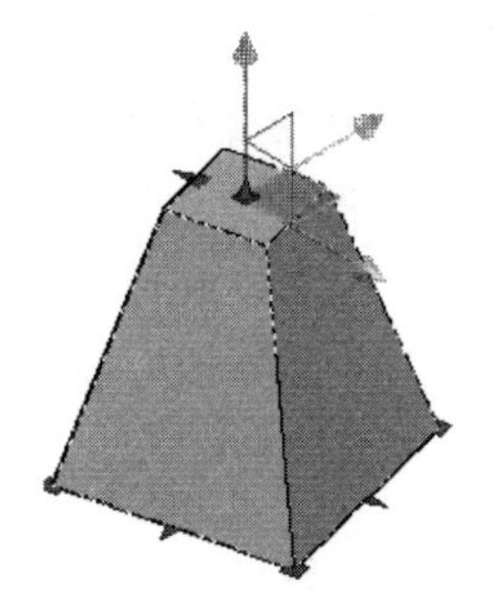

图 14-8 约束平面

14.2.2 三维旋转

三维旋转操作可自由旋转指定对象和子对象，并可以将旋转约束到轴。在 AutoCAD 2012 中有以下 4 种方法执行三维旋转命令。

- 功能区：单击“常用”选项卡→“修改”面板→“三维旋转”按钮。
- 经典模式：选择菜单栏中的“修改”→“三维操作”→“三维旋转”命令。
- 经典模式：单击“建模”工具栏中的“三维旋转”按钮。
- 运行命令：3DROTATE。

执行三维旋转命令后，命令行提示：

```
选择对象:
```

选择要旋转的对象，然后按 Enter 键或单击鼠标右键，将显示彩色的旋转夹点工具，如图 14-9 所示。显示了旋转夹点工具后，命令行继续提示：

```
指定基点:
```

此时可指定三维旋转的基点。指定基点后，旋转夹点工具将固定在基点处，命令行将继续提示：

```
拾取旋转轴:
```

拾取旋转轴的方法和约束移动夹点工具一样，即将光标悬停在旋转夹点工具的轴控制柄上，直到光标变为黄色，并且黄色矢量显示为与该轴对齐，此时单击轴线，如图 14-10 所示。指定旋转轴后，命令行继续提示：

```
指定角的起点或键入角度:
```

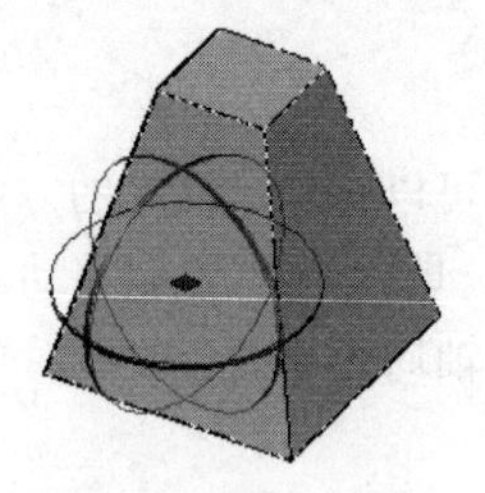

图 14-9　旋转夹点工具

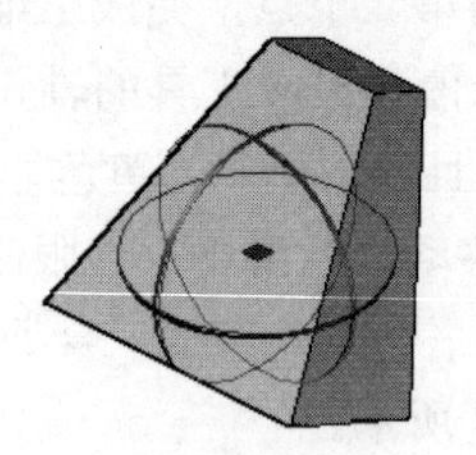

图 14-10　拾取旋转轴

此时可指定旋转角的起始角度和终点角度，或者直接输入一个角度值。

例如，图 14-11（a）中的两个实体为一个圆锥体置于一个棱锥体的斜面上。执行 3DROTATE 命令，然后选择两个实体对象后，显示出旋转夹点工具，如图 14-11（b）所示。此时指定棱锥体的顶点为旋转基点，随后根据命令行的提示拾取 Y 轴为旋转轴（见图 14-11（c）），指定 A 点为角的起点（见图 14-11（d）），再指定 B 点为角的终点（见图 14-11（e）），旋转结果如图 14-11（f）所示。

（a）原对象

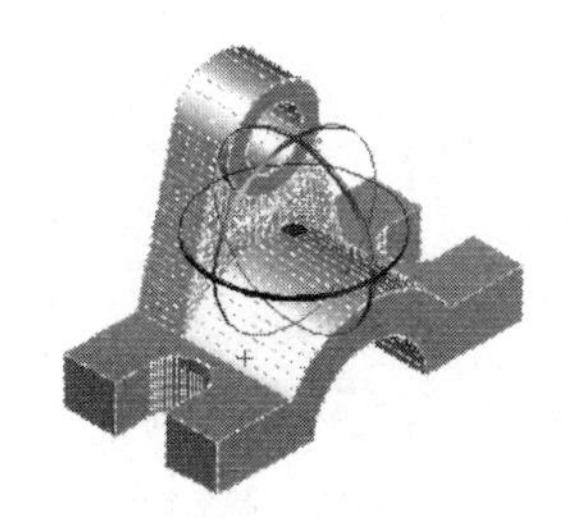

（b）指定基点

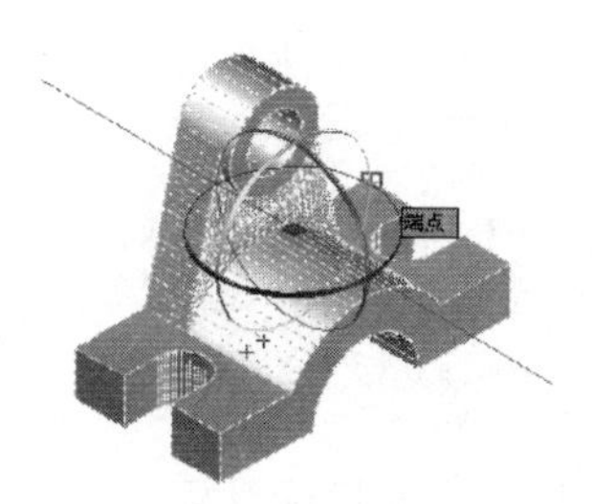

（c）拾取旋转轴

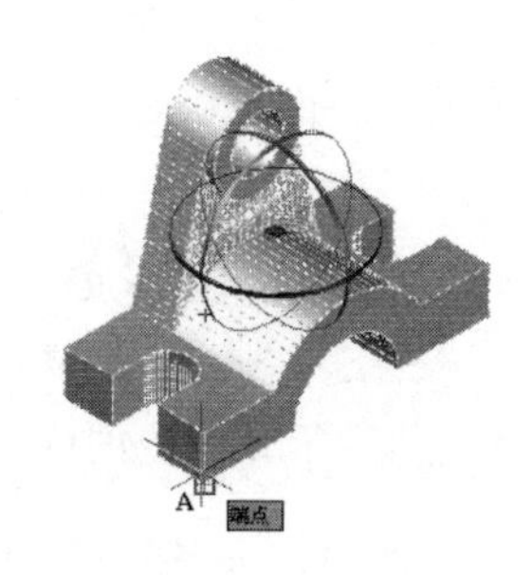

（d）指定角的起点

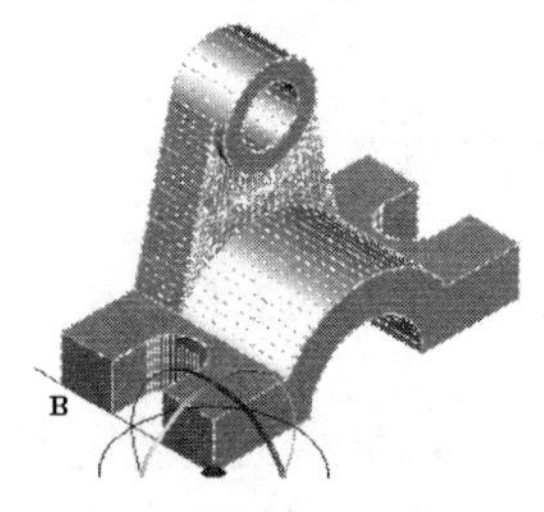

（e）指定角的终点

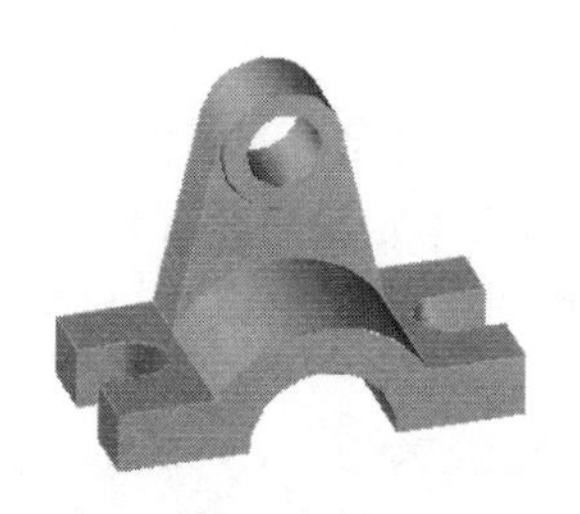

（f）旋转结果

图 14-11　三维旋转对象

14.2.3　三维对齐

三维对齐操作通过移动、旋转或倾斜对象（源对象）来使该对象与另一个对象（目标对象）在二维和三维空间中对齐。三维对齐通过指定两个对象的两个对齐面来对齐源对象和目标对象，对齐过程中，源对象将按照定义的对齐面移向固定的目标对象。在 AutoCAD 2012 中，有以下 4 种方法执行三维对齐命令。

- 选择“常用”选项卡→“修改”面板→“三维对齐”按钮。
- 经典模式：选择菜单栏中的“修改”→“三维操作”→“三维对齐”命令。
- 经典模式：单击“建模”工具栏中的“三维对齐”按钮。
- 运行命令：3DALIGN。

执行三维对齐命令后，命令行提示：

```
选择对象：
```

选择要对齐的对象，即源对象。可选择多个对象，选择完成后按 Enter 键，命令行继续提示：

```
指定源平面和方向 ...
指定基点或 [复制（C）]：
```

该提示的第一行表示以下指定的是源对象的对齐面。对齐面是通过依次指定面上的三个点来确定的。因此，此时可指定源对象的对齐基点，命令行将继续提示指定第二个点和第三个点：

```
指定第二个点或 [继续（C）] <C>：
指定第三个点或 [继续（C）] <C>：
```

此时，可根据命令行提示指定第二个点和第三个点。到此，源对象对齐面的三个点均确定，那么源对象的对齐面也确定了。因此，命令行将继续提示指定目标对象的对齐面：

```
指定目标平面和方向 ...
指定第一个目标点:
指定第二个目标点或［退出（X）］<X>:
指定第三个目标点或［退出（X）］<X>:
```

此时，可根据命令行提示指定目标对象对齐面上的第一个点、第二个点和第三个点。源对象和目标对象的对齐面均确定后，对象上的第一个点（即基点）将被移动到第一个目标点，然后根据将源对象和目标对象上的对齐面贴合。

如图 14-12 所示，（a）图为对齐前的两个对象，三维对齐将源对象的 a 面和 b 面贴合对齐两个对象。指定三维对齐命令后，依次指定源对象 a 面上的 A、B、C 点，其中 A 点为基点，并指定目标对象 b 面上的 D、E、F 点，如图 14-12（b）所示。三维对齐操作的效果如图 14-12（c）所示。

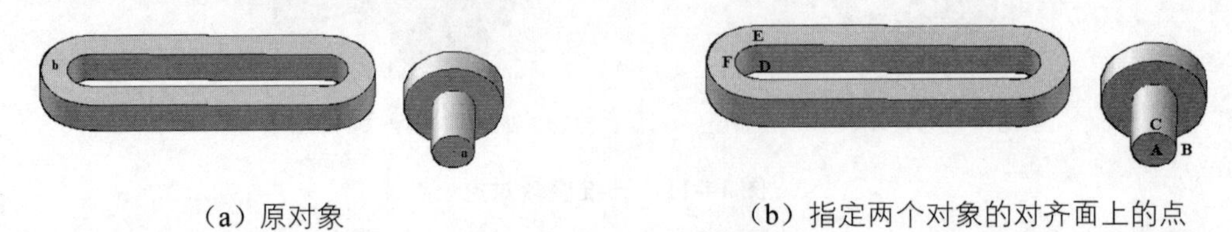

（a）原对象　　（b）指定两个对象的对齐面上的点

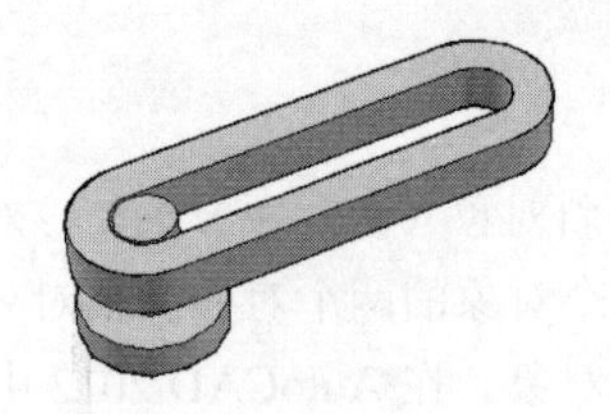

（c）对齐结果

图 14-12　三维对齐对象

14.2.4　三维镜像

在二维绘图中的二维镜像命令是绕指定轴（注意是轴，也就是线对象）翻转对象创建对称的镜像图形。对应的，三维镜像命令是通过指定镜像平面（面对象）来镜像对象。镜像平面可以是以下平面：平面对象所在的平面、通过指定点确定一个与当前 UCS 的 XY、YZ 或 XZ 平面平行的平面和由 3 个指定点定义的平面。

在 AutoCAD 2012 中，有以下 3 种方法执行三维镜像命令。

- 功能区：单击“常用”选项卡→“修改”面板→“三维镜像”按钮。
- 经典模式：选择菜单栏中的“修改”→“三维操作”→“三维镜像”命令。
- 运行命令：MIRROR3D。

执行三维镜像命令后，命令行提示：

```
选择对象:
```

此时用选择对象的方法选择要镜像的对象，然后按 Enter 键或单击鼠标右键，命令行提示：

```
指定镜像平面（三点）的第一个点或[对象（O）/最近的（L）/Z 轴（Z）/视图（V）/XY 平面（XY）/YZ 平面（YZ）/ZX 平面（ZX）/三点（03）]<三点>:
```

此时可指定三维镜像的镜像面。根据提示信息，镜像面的指定有多种方式，默认的选项“指定镜像平面（三点）的第一个点”为依次指定 3 个点指定镜像面。中括号内的选项含义如下。

- “对象(O)”选项：指定选定对象所在的平面作为镜像平面。所选的对象只能是圆、圆弧或二维多段线。
- “最近的(L)”选项：即选择上一次定义的镜像平面对选定的对象进行镜像处理。
- “Z 轴(Z)”选项：根据平面上的一个点和平面法线上的一个点定义镜像平面。
- “视图(V)”选项：将镜像平面与当前视口中通过指定点的视图平面对齐。
- “XY 平面(XY)”、“YZ 平面(YZ)”和“ZX 平面(ZX)”选项：将镜像平面与一个通过指定点的标准平面(XY、YZ 或 ZX)对齐。
- “三点(03)”选项：通过三个点定义镜像平面，即默认选项。

指定了镜像面以后，命令行将继续提示：

```
是否删除源对象？[是（Y）/否（N）] <否>:
```

该提示信息与二维镜像中的提示信息的含义一样，选择“是(Y)”选项将删除源对象，选择“否(N)”选项将保留源对象。

如图 14-13（a）所示，源对象为一个楔体，通过指定楔体斜面上的 A、B、C 三个点作为镜像面，镜像后的对象如图 14-13（b）所示。图 14-14 为通过指定与 ZX 平面平行的平面为镜像面的镜像结果。

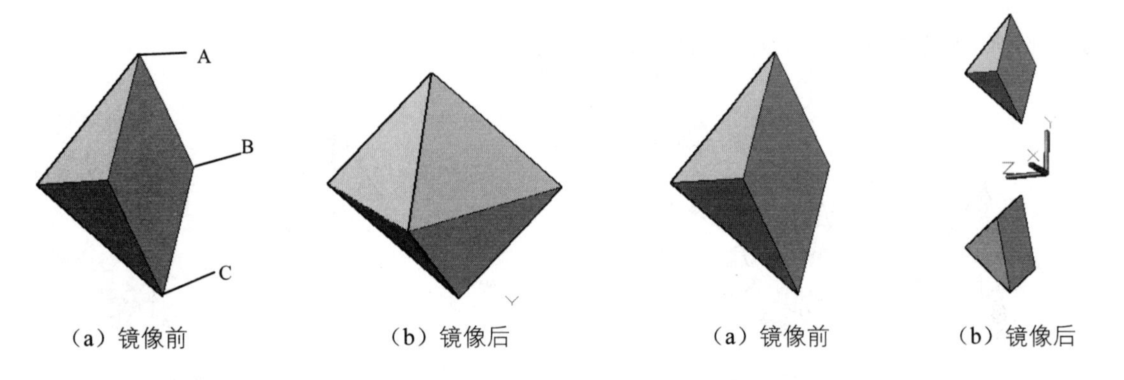

（a）镜像前　（b）镜像后

图 14-13　指定三个点指定镜像面

（a）镜像前　（b）镜像后

图 14-14　指定与 ZX 平面平行的平面为镜像面

14.2.5　三维阵列

与二维阵列类似，三维阵列也包括矩形阵列和环形阵列，只是三维阵列可以在三维空间中创建对象的矩形阵列或环形阵列。所以除了要指定列数（X 方向）和行数（Y 方向）以外，还要指定层数（Z 方向）。

在 AutoCAD 2012 中，有以下 3 种方法执行三维阵列命令。

- 经典模式：选择菜单栏中的“修改”→“三维操作”→“三维阵列”命令。
- 经典模式：单击“建模”工具栏中的“三维阵列”按钮。
- 运行命令：3DARRAY。

执行三维阵列命令后，命令行提示：

```
选择对象:
```

此时选择要阵列的对象，然后按 Enter 键或单击鼠标右键，命令行提示：

```
输入阵列类型 [矩形 (R) /环形 (P) ] <矩形>:
```

此时选择阵列的方式为“矩形(R)”或“环形(P)”。

1. 矩形阵列

矩形阵列即在行（X 轴）、列（Y 轴）和层（Z 轴）矩形阵列中复制对象，如图 14-15 所示。选择“矩形(R)”选项后，命令行将提示：

```
输入行数 (---) <1>:
输入列数 (|||) <1>:
输入层数 (...) <1>:
指定行间距 (---) :
指定列间距 (|||) :
指定层间距 (...) :
```

此时可指定矩形阵列和在行、列和层三个方向的阵列参数。如果指定层数为 1，则表示二维阵列。指定间距时，输入正值，将沿 X、Y、Z 轴的正向生成阵列；输入负值，将沿 X、Y、Z 轴的负向生成阵列。

2. 环形阵列

环形阵列即绕旋转轴复制对象，如图 14-16 所示。

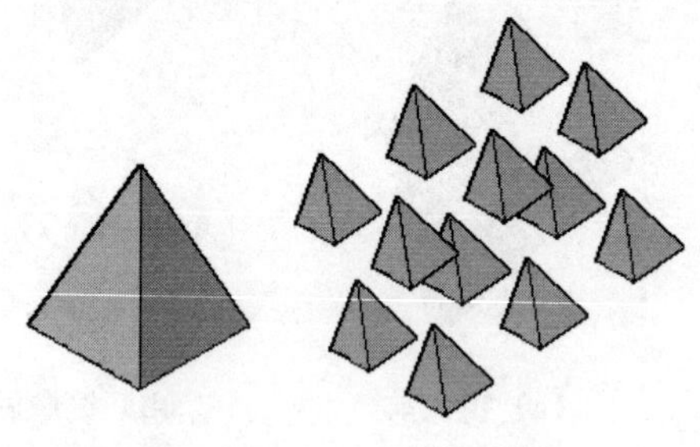

图 14-15　矩形阵列

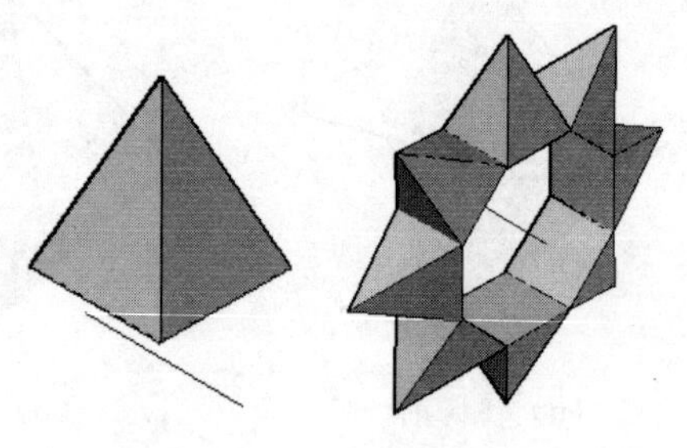

图 14-16　环形阵列

选择“环形(P)”选项后，命令行将提示：

```
输入阵列中的项目数目:
指定要填充的角度 (+=逆时针, -=顺时针) <360>:
```

以上两个命令行提示是提示指定环形阵列的项目数目和填充角度，正角度值表示沿逆时针方向旋转；负角度值表示沿顺时针方向旋转。然后命令行将提示：

```
是否旋转阵列中的对象? [是 (Y) /否 (N) ] <是>:
```

此时可选择是否旋转阵列对象，选择后命令行继续提示：

指定阵列的中心点：
指定旋转轴上的第二点：

此时可指定旋转轴的两个点确定旋转轴。

14.3 三维实体逻辑运算

通过三维实体的逻辑运算，可以将简单的三维实体绘制成复杂的三维实体。逻辑运算已经在前面章节中介绍面域时有所涉及，本节将介绍三维实体的逻辑运算，其概念与面域的逻辑运算相同，同样也包括并集、差集及交集 3 种运算。

14.3.1 并集运算

三维实体的并集运算可以合并两个或两个以上实体的总体积，成为一个复合对象。AutoCAD 2012 执行并集运算的方法有以下 4 种。

- 功能区：单击“常用”选项卡→“实体编辑”面板→“并集”按钮。
- 经典模式：选择菜单栏中的“修改”→“实体编辑”→“并集”命令。
- 经典模式：单击“建模”工具栏中的“并集”按钮。
- 运行命令：UNION。

执行并集命令后，在命令行提示下选择要合并的所有对象后按 Enter 键或单击鼠标右键。如图 14-17 所示，合并前，圆柱体和长方体是两个单独的对象；合并后，它们成为一个复合对象，如图 14-17（b）所示。

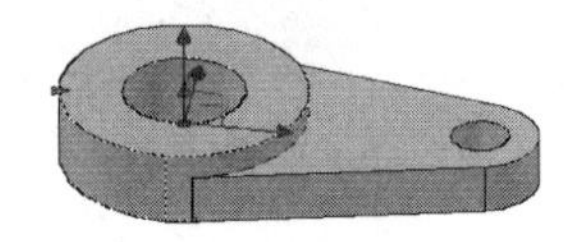

（a）合并前

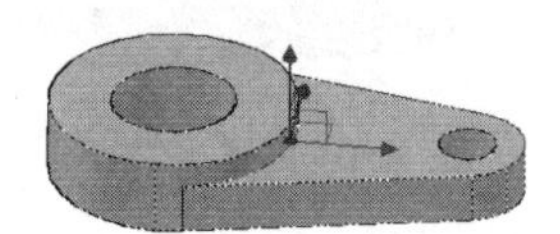

（b）合并后

图 14-17　合并三维实体

14.3.2 差集运算

三维实体的差集运算可以从一组实体中删除与另一组实体的公共区域。AutoCAD 2012 执行差集运算的方法有以下 4 种。

- 功能区：单击“常用”选项卡→“实体编辑”面板→“差集”按钮。
- 经典模式：选择菜单栏中的“修改”→“实体编辑”→“差集”命令。
- 经典模式：单击“建模”工具栏中的“差集”按钮。
- 运行命令：SUBTRACT。

执行差集命令后，命令行将提示选择被减去的对象及减去的对象。差集运算的结果与选择对象的顺序有关。

如图 14-18 所示为从长方体中减去其与圆柱体相交的部分。

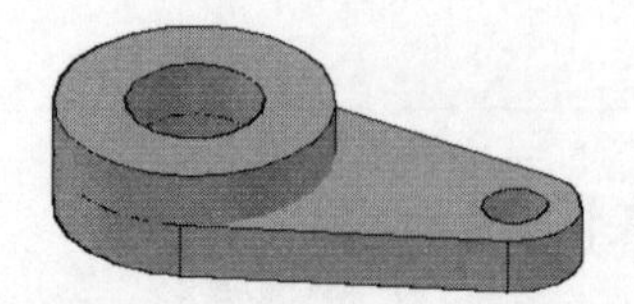

（a）差集运算前

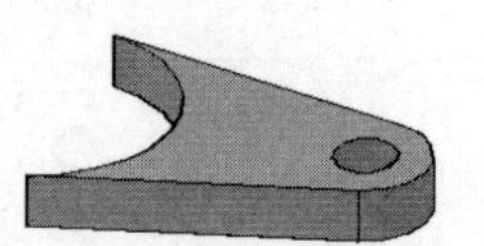

（b）差集运算后

图 14-18　合并三维实体

14.3.3　交集运算

交集运算可以从两个或两个以上重叠实体的公共部分创建复合实体。AutoCAD 2012 执行交集运算的方法有以下 4 种。

- 功能区：单击“常用”选项卡→“实体编辑”面板→“交集”按钮。
- 经典模式：选择菜单栏中的“修改”→“实体编辑”→“交集”命令。
- 经典模式：单击“建模”工具栏中的“交集”按钮。
- 运行命令：INTERSECT。

执行交集命令后，在命令行提示下选择要求交集的所有对象后按 Enter 键或单击鼠标右键即可。如图 14-19 所示为使用交集运算生成的复合实体，新实体为两者的公共部分。

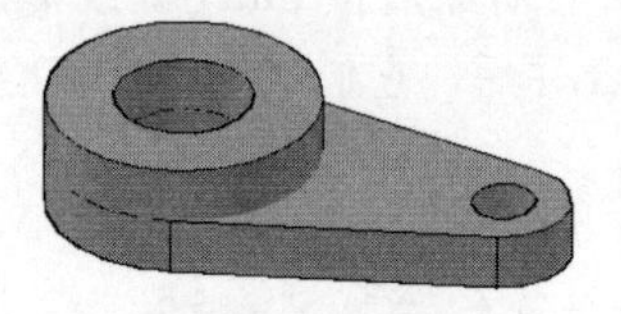

（a）交集运算前

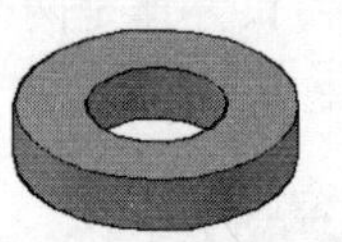

（b）交集运算后

图 14-19 合并三维实体

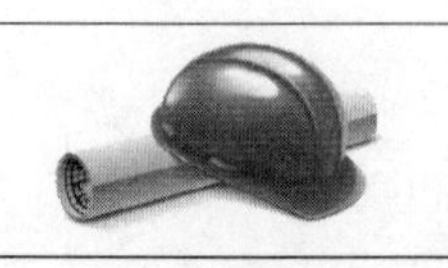

14.4　三维实体编辑

三维实体的倒角和圆角命令格式与二维倒角和圆角相同，都是 FILLET 和 CHAMFER。如果执行 FILLET 和 CHAMFER 命令时，选择三维实体的一条边，那么将自动进入三维倒角和圆角模式。二维倒角和圆角是针对两条边的操作，同样，三维倒角和圆角是针对两个面的操作。

14.4.1　三维实体倒角

三维倒角的执行方式和二维倒角相同。

- 功能区：单击“常用”选项卡→“修改”面板→“倒角”按钮。
- 经典模式：选择菜单栏中的“修改”→“倒角”命令。
- 经典模式：单击“修改”工具栏中的“倒角”按钮。
- 运行命令：CHAMFER。

执行倒角操作后，命令行依次提示：

```
(“修剪”模式）当前倒角距离 1 = 0.0000，距离 2 = 0.0000
选择第一条直线或 [放弃（U）/多段线（P）/距离（D）/角度（A）/修剪（T）/方式（E）/多个（M）]：
```

如果此时单击三维实体，那么命令行将提示：

```
基面选择...
输入曲面选择选项 [下一个（N）/当前（OK）] <当前（OK）>：
```

该提示信息表示下一步将选择三维倒角的基面。此时可选择“下一个(N)”选项，指定下一个面为基面；“当前(OK)”选项，表示选择当前的面为基面，如图 14-20（a）所示。指定了基面之后，命令行继续提示：

```
指定基面的倒角距离<0.0000>：
指定其他曲面的倒角距离<0.0000>：
```

此时可指定两个曲面的倒角距离，就像二维倒角过程中指定两条边的倒角距离一样。指定了两个倒角距离之后，命令行继续提示：

```
选择边或 [环（L）]：
```

此时可选择倒角的边，要求倒角的边必须在倒角的基面上，可以同时选择多个倒角边，如图 14-20（b）所示。选择边后，按 Enter 键即可完成三维倒角的操作，结果如图 14-20（c）所示。

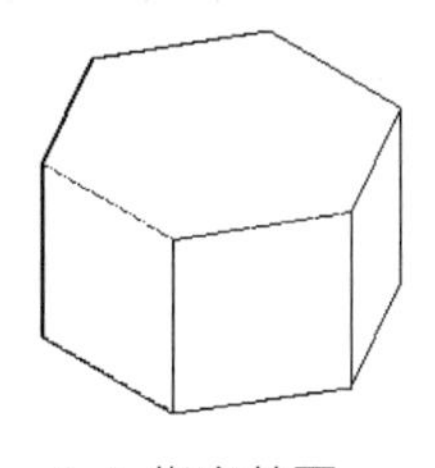

（a）指定基面

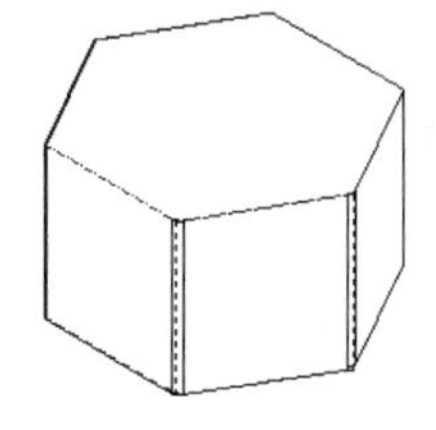

（b）选择倒角边

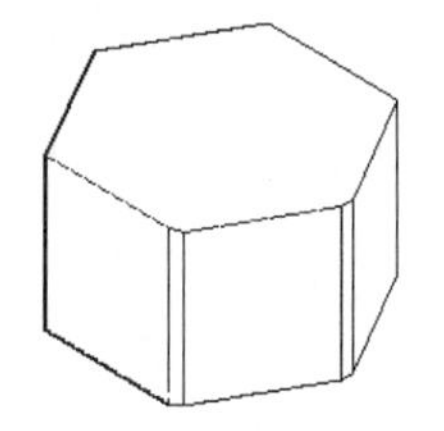

（c）倒角结果

图 14-20　三维倒角

14.4.2　三维实体圆角

三维圆角的执行方式和二维圆角相同。

- 功能区：单击“常用”选项卡→“修改”面板→“圆角”按钮。
- 经典模式：选择菜单栏中的“修改”→“圆角”命令。
- 经典模式：单击“修改”工具栏中的“圆角”按钮。
- 运行命令：FILLET。

执行圆角操作后，命令行依次提示：

```
当前设置：模式 = 修剪，半径 = 0.0000
选择第一个对象或 [放弃（U）/多段线（P）/半径（R）/修剪（T）/多个（M）]：
```

如果此时选择的是三维实体的边，那么命令行将继续提示：

```
输入圆角半径<0.0000>:
```

此时指定圆角的半径，命令行继续提示：

```
选择边或 [链（C）/半径（R）]：
```

此时选择三维圆角的边，可选择多条圆角边，完成后按 Enter 键即完成三维圆角的操作。如图 14-21 所示，（a）图为圆角前的三维实体；选择其中的 3 条边为圆角边，如（b）图所示；对其两条边进行圆角处理后，结果如（c）图所示。

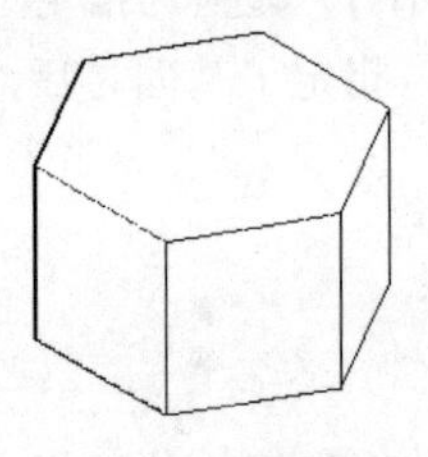

（a）三维圆角前

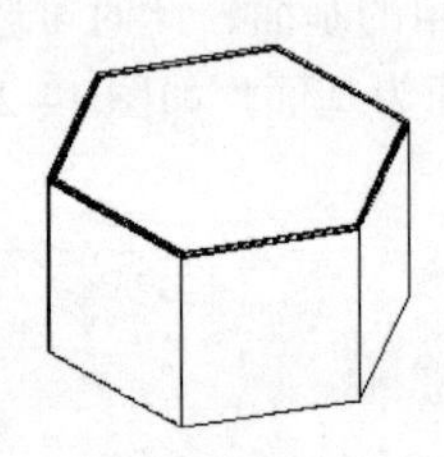

（b）选择圆角边

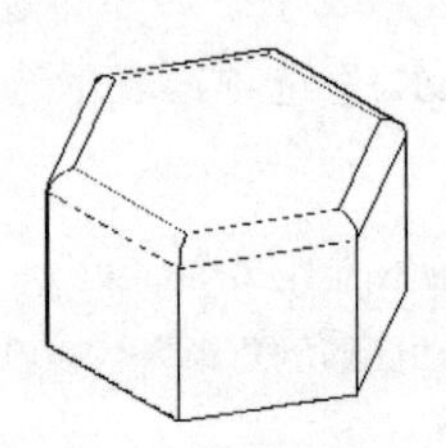

（c）三维圆角后

图 14-21　三维圆角

14.4.3　三维实体的压印

压印操作可以在选定的三维实体上压印一个对象。压印操作要求被压印的对象必须与选定对象的一个或多个面相交。

在 AutoCAD 2012 中，有以下 3 种方法执行压印操作命令。

- 功能区：单击“常用”选项卡→“实体编辑”面板→“压印”按钮。
- 经典模式：选择菜单栏中的“修改”→“实体编辑”→“压印边”命令。
- 运行命令：IMPRINT。

执行压印操作后，命令行提示：

```
选择三维实体:
```

此时可选择一个三维实体对象进行压印操作，如图 14-22（b）所示。选择完成后，命令行继续提示：

```
选择要压印的对象:
```

此时选择要压印的对象，这些对象可以是圆弧、圆、直线、二维和三维多段线、椭圆、样条曲线、面域、体或三维实体，如图 14-22（c）。然后命令行会继续提示是否删除要压印的源对象：

```
是否删除源对象 [是（Y）/否（N）] <N>:
```

选择“是(Y)”或“否(N)”选项后，可完成压印命令。如图 14-22（d）所示为在一个长方体中压印一个圆的显示效果。

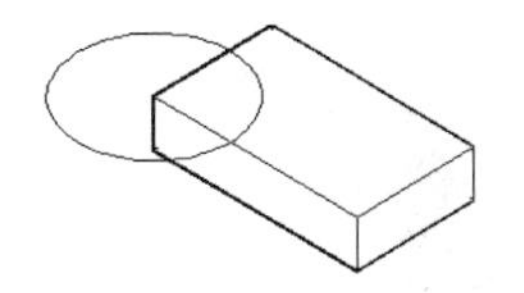

（a）原对象

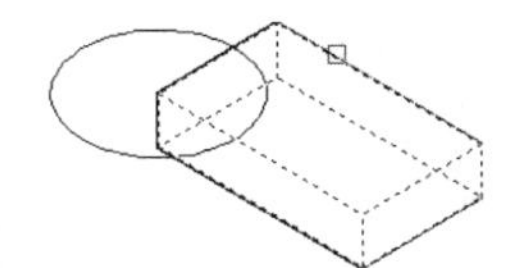

（b）选择三维实体

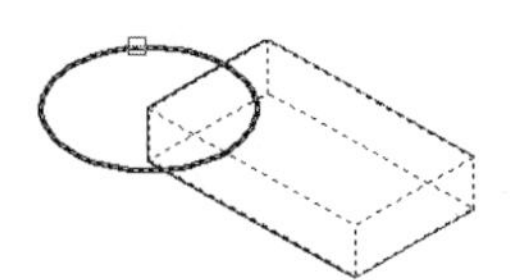

（c）选择要压印的对象

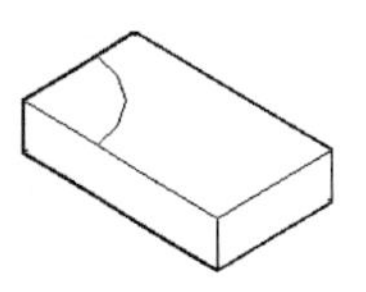

（d）压印后

图 14-22　压印

14.4.4　分割三维实体

分割操作是指将组合实体分割成零件。组合三维实体对象不能共享公共的面积或体积，将三维实体分割后，独立的实体将保留原来的图层和颜色，所有嵌套的三维实体对象都将分割成最简单的结构。

在 AutoCAD 2012 中有以下 3 种方法执行分割操作命令。

- 功能区：单击“常用”选项卡→“实体编辑”面板→“分割”按钮。
- 经典模式：选择菜单栏中的“修改”→“实体编辑”→“分割”命令。
- 运行命令：SOLIDEDIT，选择“体(B)”选项，然后选择“分割实体(P)”选项。

执行分割操作后，命令行提示：

```
选择三维实体:
```

此时选择要分割的三维实体，然后按 Enter 键或单击鼠标右键即可完成分割操作。

14.4.5　抽壳三维实体

抽壳是用指定的厚度创建一个空的薄层。AutoCAD 2012 通过将现有面偏移出其原位置来抽壳，只允许一个三维实体创建一个壳。

在 AutoCAD 2012 中有以下 3 种方法执行抽壳操作命令。

- 功能区：单击“常用”选项卡→“实体编辑”面板→“抽壳”按钮。
- 经典模式：选择菜单栏中的“修改”→“实体编辑”→“抽壳”命令。
- 运行命令：SOLIDEDIT，选择“体(B)”选项，然后选择“抽壳(S)”选项。

执行抽壳操作后，命令行提示：

```
选择三维实体:
```

此时选择要抽壳的三维实体对象，完成后命令行继续提示：

```
删除面或 [放弃 (U) /添加 (A) /全部 (ALL) ]:
```

此时可选择不抽壳的面，完成后命令行继续提示：

```
输入抽壳偏移距离:
```

此时可指定抽壳的偏移距离。因为抽壳是通过将三维实体现有的面偏移出一定的距离来创建其“空的薄层”。如图 14-23 所示，如指定正值，则从圆周外开始抽壳；指定负值，则从圆周内开始抽壳。

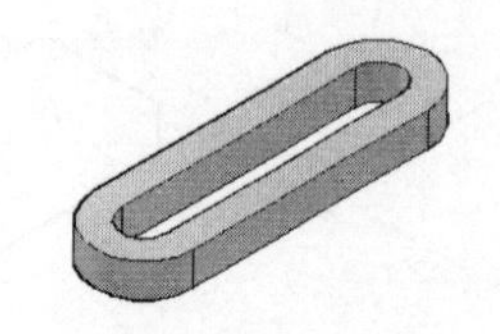
（a）抽壳的三维实体

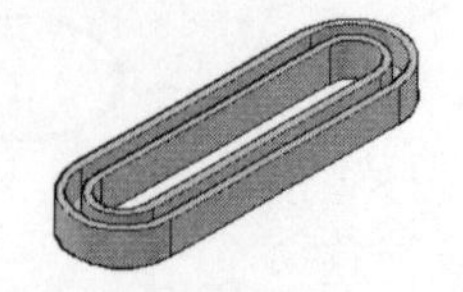
（b）抽壳的偏移为 5

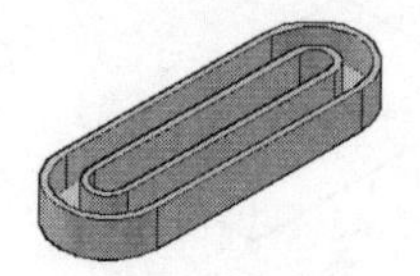
（c）抽壳的偏移为-5

图 14-23　抽壳

14.4.6　清除和检查三维实体

清除操作可以删除共享边，以及那些在边或顶点具有相同表面或曲线定义的顶点，即删除所有多余的边、顶点及不使用的几何图形，但是不删除压印的边。检查操作是检查三维对象是否是有效的实体。

AutoCAD 2012 中有以下 3 种方法执行清除操作。

- 功能区：单击“常用”选项卡→“实体编辑”面板→“清除”按钮。
- 经典模式：选择菜单栏中的“修改”→“实体编辑”→“清除”命令。
- 运行命令：SOLIDEDIT，选择“体(B)”选项，然后选择“清除(L)”选项。

同样，AutoCAD 2012 中有以下两种方法执行检查操作。

- 经典模式：选择菜单栏中的“修改”→“实体编辑”→“检查”命令。
- 运行命令：SOLIDEDIT，选择“体(B)”选项，然后选择“检查(C)”选项。

执行清除或检查操作后，命令行均提示：

```
选择三维实体：
```

此时选择要清除或检查的三维实体对象，即完成相应操作。

14.4.7　剖切三维实体

剖切操作即用平面或曲面来剖切实体，剖切后将产生新实体。

AutoCAD 2012 中有以下 3 种方法执行剖切操作。

- 功能区：单击“常用”选项卡→“实体编辑”面板→“剖切”按钮。
- 经典模式：选择菜单栏中的“修改”→“三维操作”→“剖切”命令。
- 运行命令：SLICE。

执行剖切操作后，命令行均提示：

```
选择要剖切的对象：
```

此时选择要剖切的实体对象，完成后按 Enter 键或单击鼠标右键。命令行将继续提示指定剖切面：

```
指定切面的起点或 [平面对象(O)/曲面(S)/Z 轴(Z)/视图(V)/XY(XY)/YZ(YZ)/ZX(ZX)/三点(03)]
<三点>：
```

此时指定剖切面。可通过指定 3 个点或者指定平面对象等方式指定，操作方式和中括号内选项的含义与三维镜像操作过程中指定镜像面相同。指定了剖切面后，命令行将继续提示：

```
在所需的侧面上指定点或 [保留两个侧面（B）] <保留两个侧面>:
```

剖切操作即根据剖切面将实体一分为二，此时可在要保留的一半实体的部分指定一个点，或者输入 b 选择“保留两个侧面(B)”选项保留两部分，即生成两个实体。如图 14-24 所示为对一个三维实体剖切的实例。

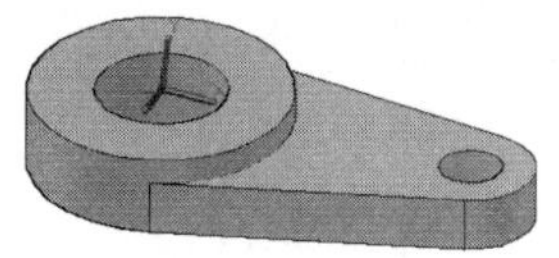

（a）原实体

（b）以 ZX 平面为剖切面

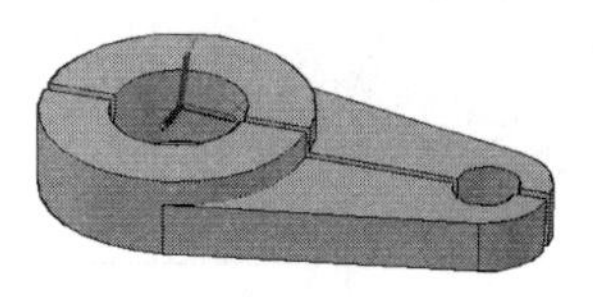

（c）保留两个侧面

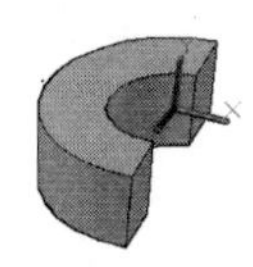

（d）以 YZ 平面为剖切面

图 14-24　剖切实体

14.5　从三维模型创建截面和二维图形

在绘制较复杂的三维图形时，经常要查看其内部的结构。如果是线框模型，大量线条容易使查看的对象混淆。AutoCAD 2012 的截面平面能剖开三维实体，并生成在该截面处的截面二维图形，类似于机械制图中的剖面图，这样就可以查看三维实体的内部结构或直接生成剖面图。

截面平面与剖切有区别：截面平面只是在三维空间穿过三维实体的某个位置创建一个平面；而剖切是将三维实体剖成两个实体或一个实体。

在 AutoCAD 2012 中操作时，必须先创建截面对象，然后才能使用该截面平面生成二维或三维截面图形。

14.5.1　创建截面对象

要创建截面平面，在 AutoCAD 2012 中有以下 3 种方法。

- 功能区：单击“常用”选项卡→“截面”面板→“截面平面”按钮。
- 经典模式：选择“绘图”→“建模”→“截面平面”命令。
- 运行命令：SECTIONPLANE。

执行截面平面命令行后，命令行将提示：

```
选择面或任意点以定位截面线或 [绘制截面（D）/正交（O）]:
```

此时可选择实体上的面，创建平行于该面的截面对象；或者选择屏幕上的任意点（不在面上），创建截面对象。指定一个点后，命令行会继续提示“指定通过点:”，用指定的两个点定义截面对象，第一点可建立截面对象旋转所围绕的点，第二点可创建截面对象。选择“绘制截面(D)”选项，可以定义具有多个点的截面对象，以创建带有折弯的截面线；选择“正交(O)”选项，可以将截面对象与相对于 UCS 的正交方向对齐。图 14-25 中，通过指定两个点定义了一个截面对象。图 14-26 中显示的是通过“绘制截面(D)”选项指定 3 个点定义了一个弯折的截面对象。

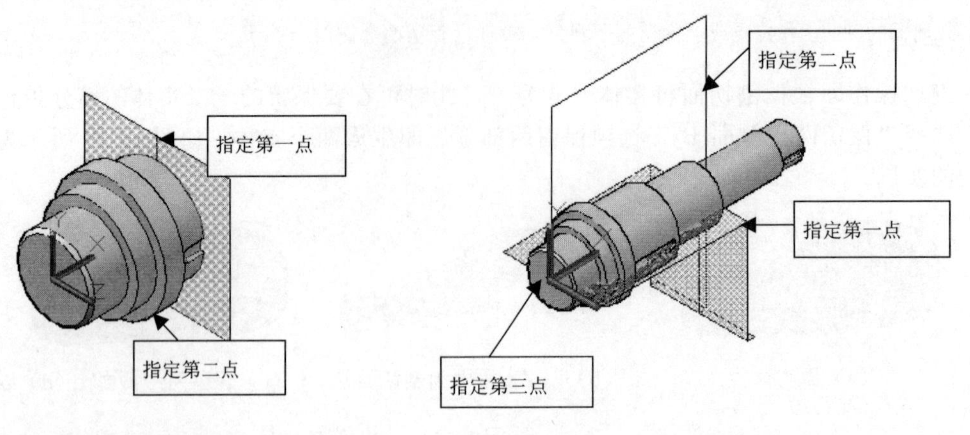

图 14-25　截面对象　　　　图 14-26　弯折的截面对象

14.5.2　生成二维或三维截面图形

在前面小节中创建了截面对象后，就可以使用该截面对象来生成在该截面处的二维或三维截面图形。二维截面图形即该截面对象处的剖面图，而三维截面图形生成的是一个三维实体，两者均是以块参照的形式插入到图形中。方法是选择该截面后单击鼠标右键，在弹出的快捷菜单中选择“生成二维/三维截面”命令，如图 14-27 所示；然后将弹出“生成截面/立面”对话框，如图 14-28 所示。

“生成截面/立面”对话框包括 3 个选项组：二维/三维、源几何体和目标。

- “二维/三维”选项组：可通过单选按钮选择生成的是二维还是三维截面图形。如图 14-29 所示为图 14-25 中的截面对象生成的二维截面图形；如图 14-30 所示为图 14-26 中的截面对象生成的三维截面图形。

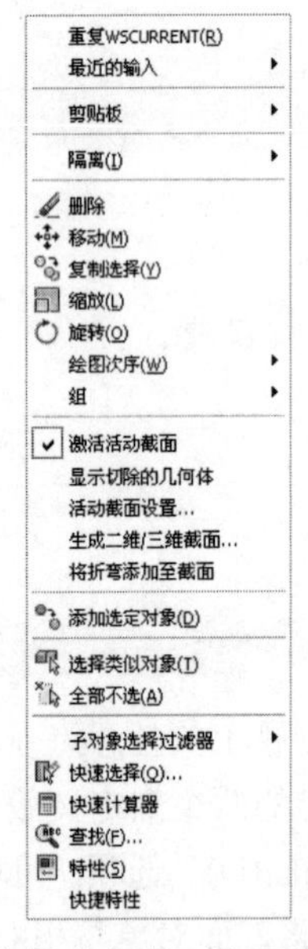

图 14-27　选择“生成二维/三维截面”命令

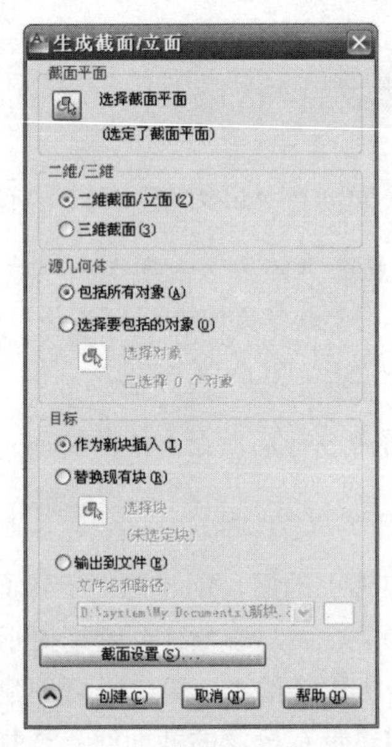

图 14-28　“生成截面/立面”对话框

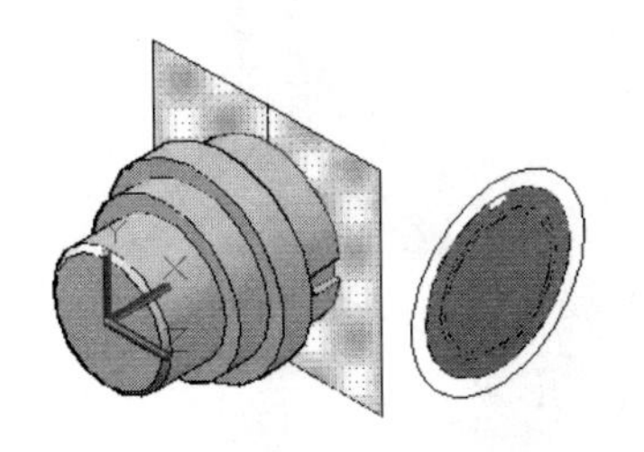

图 14-29　二维截面图形

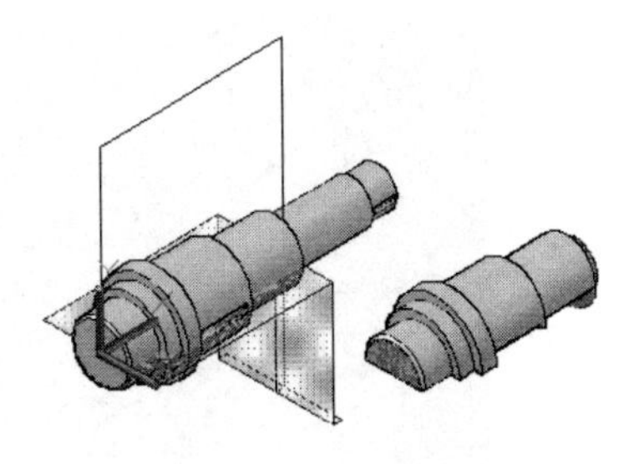

图 14-30　三维截面图形

- “源几何体”选项组：“包括所有对象”单选按钮，表示指定图形中的所有三维对象（三维实体、曲面和面域），包括外部参照和块中的三维对象；选择“选择要包括的对象”单选按钮，可以手动选择要从中生成截面的图形中的三维对象。
- “目标”选项组：“作为新块插入”单选按钮表示在当前图形中将生成的截面作为块插入；“替换现有的块”单选按钮是指使用新生成的截面替换图形中的现有块；“输出到文件”单选按钮可以将截面保存到外部文件。

设置“生成截面/立面”对话框后，单击 创建(C) 按钮，命令行将继续提示截面图形的插入点、比例因数和旋转角度等参数，命令行提示如下：

```
指定插入点或 [基点 (B) /比例 (S) /X/Y/Z/旋转 (R) ]:
输入 X 比例因子，指定对角点，或 [角点 (C) /XYZ (XYZ) ] <1>:
输入 Y 比例因子或<使用 X 比例因子>:
指定旋转角度<0>:
```

这些命令的含义与插入块时的含义一样，在这里不再重复叙述。读者可根据命令行的提示输入插入点等数值，即可指定生成的截面图形的位置和比例。

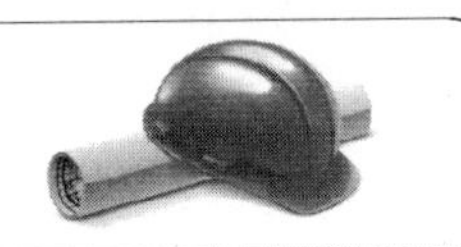

14.6 渲染三维实体

14.6.1 渲染概述

模型的真实感渲染往往可以为产品团队或潜在客户提供比打印图形更清晰的设计视觉效果。绘制图形时，所绘制的都是模型的线条，但有时也可能需要包含色彩和透视的更具有真实感的图像。例如，验证设计或提交最终设计时，就需要将绘制的模型渲染，以得到更接近真实的效果，如图 14-31 所示。

图 14-31　渲染

AutoCAD 2012 的渲染是基于三维场景来创建二维图像。它使用已设置的光源、已应用的材质和环境设置（例如背景和雾化），为场景的几何图形着色。为了更方便地设置光源、材质并渲染，AutoCAD 2012 专门提供了功能区的“渲染”工具栏和“渲染”选项卡，如图 14-32 和图 14-33 所示。

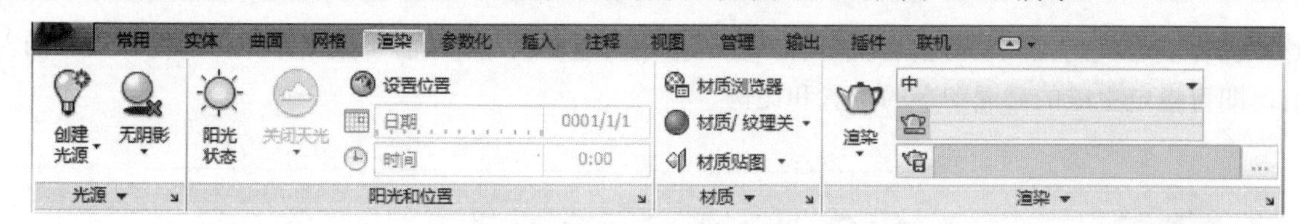

图 14-32　功能区“渲染”选项卡

图 14-33　“渲染”工具栏

14.6.2　材质和纹理

1. 材质浏览器

将材质附加到图形的对象上，可以使得渲染的图像更加真实。“材质浏览器”选项板为用户提供了大量的材质，还可以通过创建和添加为当前文档添加新的材质。

要打开“材质浏览器”选项板，在 AutoCAD 2012 中有以下 4 种方法。

- 功能区：单击“渲染”选项卡→“材质”面板→“材质浏览器”按钮。
- 经典模式：选择菜单栏中的“视图”→“渲染”→“材质浏览器”命令。
- 经典模式：单击“渲染”工具栏的“材质浏览器”按钮。

- 运行命令：MATBROWSEROPEN。（添加快捷方式）

执行命令后，弹出如图 14-34 所示的“材质浏览器”选项板，它是由创建材质、文档材质和系统库材质三部分组成。

各部分的含有如下所示。

- 创建材质：从创建材质下拉列表框中选择要创建的材质类型，系统弹出“材质编辑器“选项板。对创建的材质进行编辑。
- 文档材质：显示当前文档中所使用的材质。
- 系统库材质：显示 Autodesk 中系统默认的材质，单击材质图表将添加到文档列表框中。

2. 材质编辑器

“材质编辑器”选项板用于创建和编辑“文档材质”面板中选定的材质。“材质编辑器”选项板中提供了许多用于修改材质特性的设置，材质编辑器的配置将随选定材质和样板类型的不同而有所变化。

要打开“材质编辑器”选项板，在 AutoCAD 2012 中有以下 5 种方法。

- 功能区：单击“渲染”选项卡→“材质”面板→“材质编辑器”按钮。
- 经典模式：选择菜单栏中的“视图”→“渲染”→“材质编辑器”命令。
- 经典模式：单击“渲染”工具栏中的“材质编辑器”按钮。
- 选择“材质浏览器”选项板中“创建材质”下拉列表框中的任意命令。
- 运行命令：MATEDITOROPEN。

执行命令后，系统弹出如图 14-35 所示的“材质编辑器”选项板，“材质编辑器”选项板由外观、信息选项卡和几个面板组成。

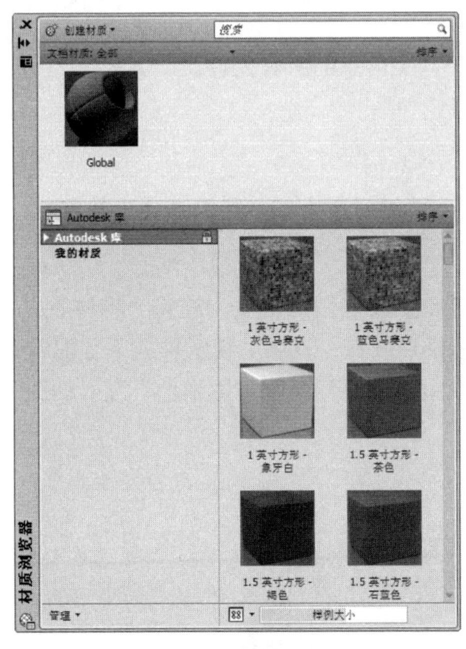

图 14-34　“材质浏览器”选项板

图 14-35　“材质”选项板

（1）“外观”选项卡：用于定义材质的特性，包括颜色、反射率、透明度、剪切等。

- “创建材质”下拉列表框用于定义创建和复制材质，如陶瓷、玻璃、金属、镜子等。
- “样例预览”窗口预览选定的材质，在“选项”下拉列表框中选择显示方式，如球体、正方体、圆柱、平面等。
- “名称”文本框：用于指定材质的名称。
- “材质预览器”按钮：可以在材质浏览器中管理材质库。使用该浏览器还可以在所有打开的库中和图形中对材质进行搜索和排序。
- “常规”选项：材质类型具有用于优化材质的颜色、图像、图像褪色、光泽度、高亮等特性。
- “反射率”复选框：“反射率”控制光线穿过材质时的弯曲度，因此可在对象的另一侧看到对象被扭曲。例如，折射率为 30 时，透明对象后面的对象不会失真。折射率为 100 时，对象将严重失真，就像通过玻璃球看对象一样。
- “透明度”复选框：控制材质的透明度级别。完全透明的对象允许光从中穿过。透明度值是一个百分比值，值为 100 表示材质完全透明；较低的值表示材质部分半透明；值为 0.0 表示材质完全不透明。
- “剪切”复选框：用于根据纹理灰度解释控制材质的穿孔效果。贴图的较浅区域渲染为不透明，较深区域渲染为透明。
- “自发光”复选框：用于推断变化的值。此特性可控制材质的过滤颜色、亮度和色温。“过滤颜色”可在照亮的表面上创建颜色过滤器的效果。亮度可使材质模拟在光度控制光源中被照亮的效果。在光度控制单位中，发射光线的多少是选定的值。
- “凹凸”复选框：用于打开或关闭使用材质的浮雕图案。对象看起来具有凹凸的或不规则的表面。使用凹凸贴图材质渲染对象时，贴图的较浅区域看起来升高，而较深区域看起来降低。“数量”用于调整凹凸的高度，较高的值渲染时凸出得越高；较低的值渲染时凸出得越低。灰度图像生成有效的凹凸贴图。

（2）“信息”选项卡：包含用于编辑和查看材质的关键字信息的所有控件。

- “名称”文本框：显示和编辑材质名称。
- “描述”文本框：提供材质外观的说明信息。
- “关键字”文本框：提供材质外观的关键字或标记。关键字用于在材质浏览器中搜索和过滤材质。
- “关于”选项：显示材质的类型、版本和位置。

设置完材质，在“材质浏览器”选项板中，鼠标右键单击要应用的材质，选择“将材质应用到对象”命令，才能将定义的材质应用到指定对象，并且只有在渲染后或在“真实”视觉样式下才能看到材质的不同显示效果。如图 14-36 所示，其中的长方体定义的是“屋面板-沥青深度阴影米色”漫射贴图，圆锥体定义的是“水磨石-白色”漫射贴图。

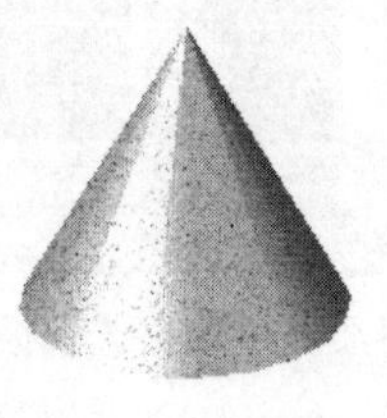

图 14-36　将材质应用到对象

14.6.3 添加光源

为模型添加光源可提供更加真实的外观效果，可增强场景的清晰度和三维性。

场景中没有光源时，将使用默认光源对场景进行着色或渲染。来回移动模型时，默认光源来自视点后面的两个平行光源，模型中所有的面均被照亮，以使其可见。插入自定义光源或启用阳光时，将会为用户提供禁用默认光源的选项。另外，用户可以仅将默认光源应用到视口，同时将自定义光源应用到渲染。

在 AutoCAD 2012 中，可以创建点光源、聚光灯和平行光以达到想要的效果，也可以使用夹点工具移动或旋转光源，还可以将光源打开或关闭，以及更改其特性（例如颜色和衰减）。

在 AutoCAD 2012 中添加光源的操作主要集中在功能区“渲染”选项卡→“光源”面板及菜单栏“视图”→“渲染”→“光源”子菜单中，如图 14-37 所示。

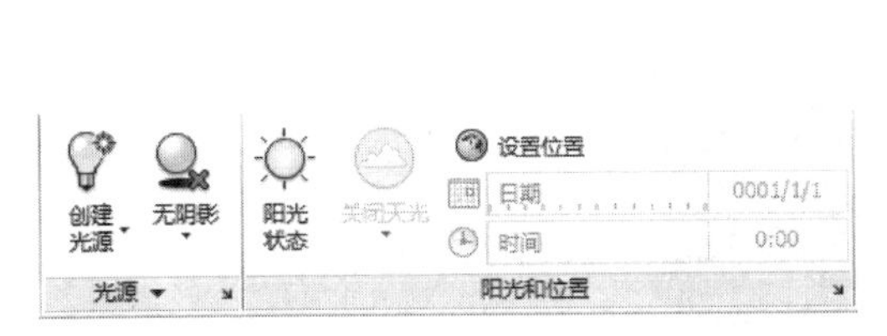

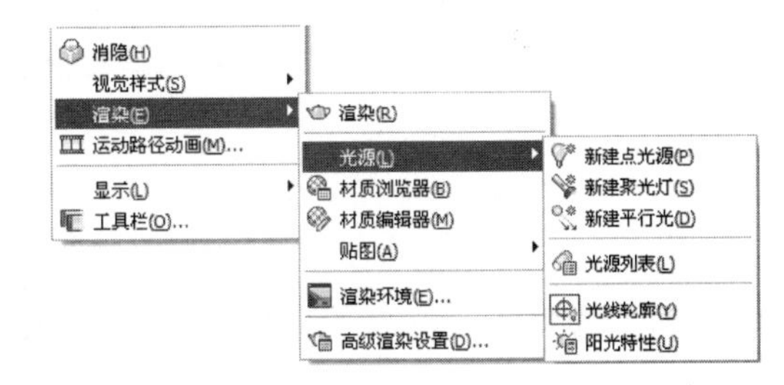

图 14-37　“光源”面板和“光源”子菜单

1. 创建点光源

点光源从其所在位置向四周发射光线。它并不以一个对象为目标，因此，只需要指定一个点就可以定义其位置。在 AutoCAD 2012 中，可通过以下 4 种方法创建点光源。

- 功能区：单击“渲染”选项卡→“光源”面板→“点光源“按钮。
- 经典模式：选择菜单栏中的“视图”→“渲染”→“光源”→“新建点光源”命令。
- 经典模式：单击“光源”工具栏中的“点光源”按钮。
- 运行命令：POINTLIGHT。

执行点光源命令后，命令行提示：

```
指定源位置<0,0,0>:
```

此时可指定点光源的位置，输入坐标值或利用鼠标拾取后，命令行提示如下：

```
输入要更改的选项 [名称（N）/强度因子（I）/状态（S）/光度（P）/阴影（W）/衰减（A）/过滤颜色（C）/退出（X）] <退出>:
```

此时输入选项来设置点光源的强度等参数，各个选项的含义如下。

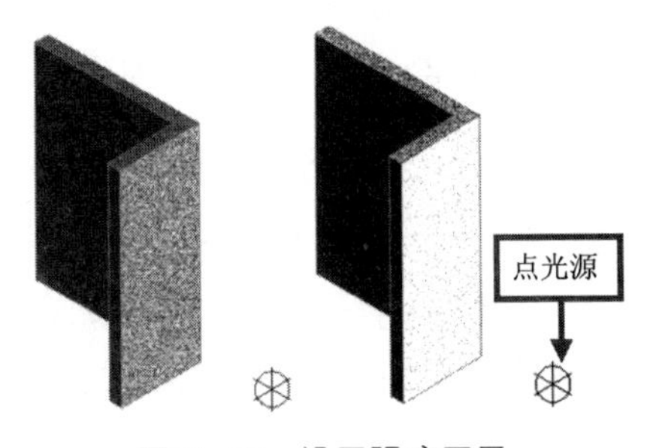

图 13-38　设置强度因子

- “名称(N)”选项：用于指定光源名称。
- “强度因子(I)”选项：用于设置光源的强度或亮度。取值范围为 0.00 到系统支持的最大值。如图 14-38 所示为设置不同的光源强度因子的显示效果。左图为

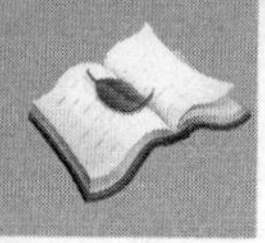

5，右图为 50。

- “状态(S)”选项：用于打开和关闭光源。
- “光度(P)”选项：光度是指测量可见光源的照度。在光度中，照度是指对光源沿特定方向发出的可感知能量的测量。
- “阴影(W)”选项：使光源投射阴影。
- “衰减(A)”选项：用于定义光的强度随着目标对象与光源的距离的远近而衰减。
- “过滤颜色(C)”选项：用于控制光源的颜色。
- “退出(X)”选项：完成光源参数设置。

2. 创建聚光灯

聚光灯分布投射一个聚焦光束，例如闪光灯、剧场中的跟踪聚光灯或前灯，如图 14-39 所示。聚光灯发射的光是定向锥形光，可以设置光源的方向和圆锥体的尺寸。

图 14-39 聚光灯

在 AutoCAD 2012 中可通过以下 4 种方法创建聚光灯。

- 功能区：单击“渲染”选项卡→“光源”面板→“聚光灯”按钮。
- 经典模式：选择菜单栏“视图”→“渲染”→“光源”→“新建聚光灯”命令。
- 经典模式：单击“光源”工具栏中的“聚光灯”按钮。
- 运行命令：SPOTLIGHT。

执行聚光灯命令后，命令行提示：

```
指定源位置<0,0,0>:
指定目标位置<0,0,-10>:
```

此时可指定聚光灯的源位置和目标位置，完成后命令行将提示与定义点光源时相同的提示信息，也可定义聚光灯的光源参数。需要注意的是，聚光灯不但可以定义在距离方向上的衰减，还可设置其在角度方向的衰减。

3. 创建平行光

平行光仅向一个方向发射统一的平行光光线。在 AutoCAD 2012 中可通过以下 4 种方法创建平行光。

- 功能区：单击“渲染”选项卡→“光源”面板→“平行光”按钮。
- 经典模式：选择“视图”菜单栏中的→“渲染”→“光源”→“新建平行光”命令。
- 经典模式：单击“光源”工具栏中的“平行光”按钮。
- 运行命令：DISTANTLIGHT。

执行创建平行光命令后，命令行提示：

```
指定光源来向<0,0,0>或 [矢量（V）]:
指定光源去向<1,1,1>:
```

此时可指定平行光的两个点，即定义了平行光的方向。然后命令行将提示定义光源参数的信息，只是其内容与定义点光源时稍有不同，但各个选项的含义相同。

在图形中，没有轮廓表示平行光，因为它们没有离散的位置并且也不会影响到整个场景。注意，平行光的强度并不随着距离的增加而衰减。对于每个照射的面，平行光的亮度都与其在光源处相同。因此，可以用平行光统一照亮对象或背景。

4．设置阳光

在 AutoCAD 2012 中可通过以下 4 种方法设置阳光。

- 功能区：单击“渲染”选项卡→“阳光和位置”面板→“阳光特性”按钮。
- 经典模式：选择菜单栏中的“视图”→“渲染”→“光源”→“阳光特性”命令。
- 经典模式：单击“光源”工具栏中的“阳光特性”按钮。
- 运行命令：SUNPROPERTIES。

执行设置阳光命令后，将弹出“阳光特性”选项板，如图 14-40 所示。

“阳光特性”选项板主要分为“常规”、“太阳角度计算器”、“渲染着色细节”及“地理位置”4 个面板。“常规”面板用于设置阳光的基本特性，如打开和关闭、强度因子等；“太阳角度计算器”面板用于根据日期计算阳光的角度；“地理位置”面板用于显示当前地理位置设置，为只读面板；“渲染着色细节”面板用于设置渲染时的阳光着色类型。

除了上述的几种光源外，通过运行 LIGHT 命令可以创建更多类型的光源，包括光域灯光、目标点光源、自由聚光灯和自由光域灯光。

5．光源列表

光源列表命令用于查看图形中的所有光源。在 AutoCAD 2012 中可通过以下 4 种方法打开光源列表。

- 功能区：单击“渲染”选项卡→“光源”面板→“模型中的光源”按钮。
- 经典模式：选择菜单栏中的“视图”→“渲染”→“光源”→“光源列表”命令。
- 经典模式：单击“光源”或“渲染”工具栏“光源列表”按钮。
- 运行命令：LIGHTLIST。

执行光源列表命令后，将弹出“模型中的光源”选项板。该选项板将列出图形中的光源，如图 14-41 所示。选择某个光源，然后单击鼠标右键，可以在弹出的快捷菜单中选择删除光源或对光源的特性进行修改。

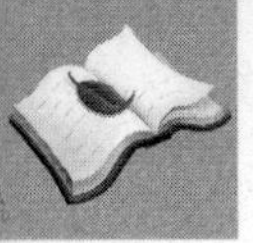

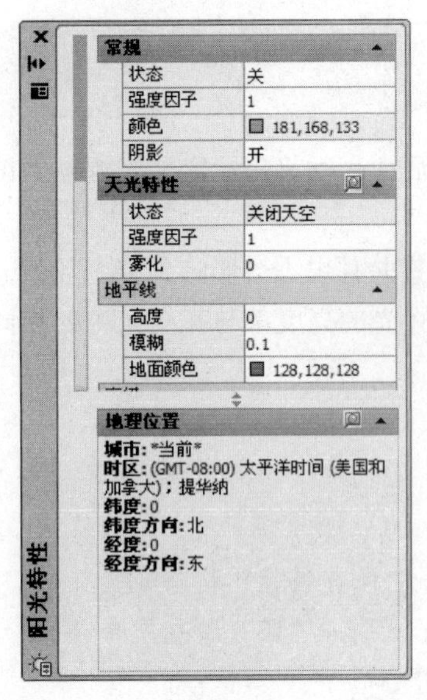

图 14-40 “阳光特性”选项板

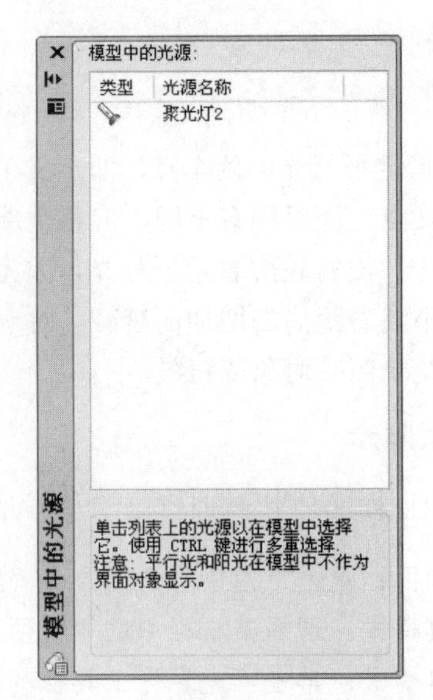

图 14-41 “模型中的光源”选项板

14.6.4 渲染三维对象

1. 使用 RENDER 命令

设置好对象的材质，并将光源应用到场景之后，就可以渲染图形获得真实的图像。

在 AutoCAD 2012 中可通过以下 4 种方法启动渲染过程。

- 功能区：单击“渲染”选项卡→“渲染”面板→“渲染”按钮。
- 经典模式：选择菜单栏中的“视图”→“渲染”→“渲染”命令。
- 经典模式：单击“渲染”工具栏中的“渲染”按钮。
- 运行命令：RENDER。

运行 RENDER 命令后，默认情况下命令行将提示如下：

```
拾取要渲染的修剪窗口:
```

此时在视口指定一个区域后，AutoCAD 将渲染该区域，如图 14-42 所示。这是因为在默认情况下，“高级渲染设置”选项板中的渲染过程设置为“修剪”。这种渲染过程只是暂时性的，在重画命令之后，渲染效果消失。

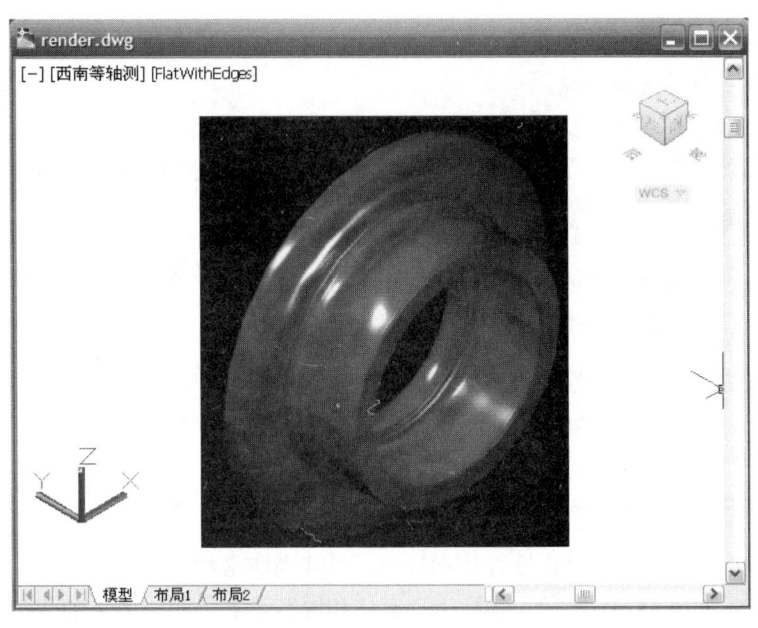

图 14-42　使用 RENDER 命令

2. 启动“渲染”窗口

在“高级渲染设置”选项板中指定渲染目标为窗口后，再执行 RENDER 命令，将弹出“渲染”窗口，并开始渲染过程，如图 14-43 所示。

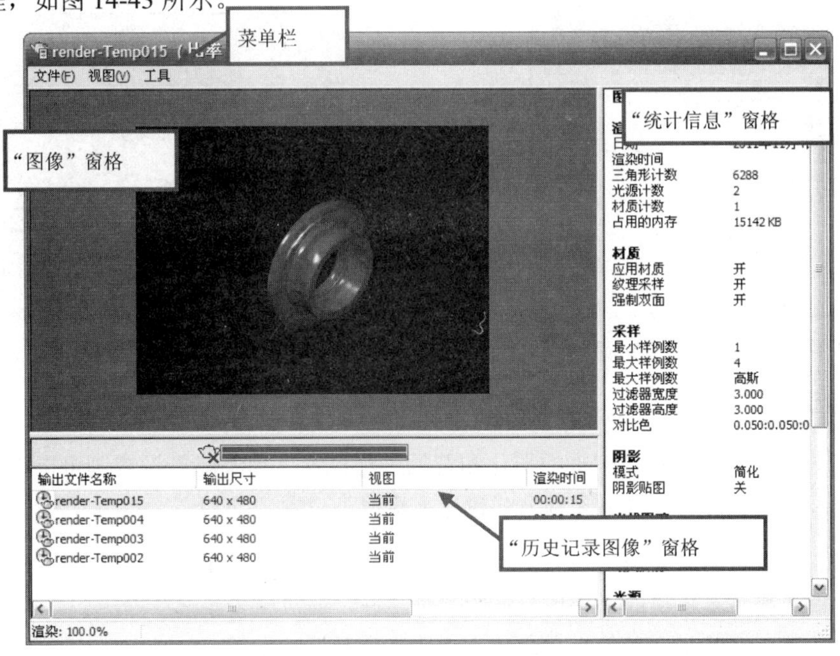

图 14-43　“渲染”窗口

“渲染”窗口包括 3 个下拉菜单和 3 个窗格。

- “文件”菜单：保存渲染图像。
- “视图”菜单：显示组成“渲染”窗口的各个元素。

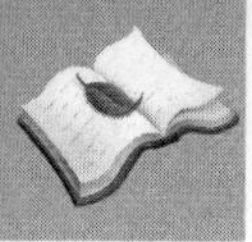

- “工具”菜单：提供用于放大和缩小渲染图像的命令。
- “图像”窗格：显示渲染图像。
- “统计信息”窗格：位于右侧，显示渲染的当前设置。
- “历史记录图像”窗格：位于底部，提供当前模型的渲染图像的近期历史记录及进度条。

3. 设置渲染环境

通过环境，可以设置雾化效果或背景图像。AutoCAD 2012 通过“渲染环境”对话框设置雾化和背景效果，如图 14-44 所示。要打开“渲染环境”对话框，可通过以下 4 种方式。

- 功能区：单击“渲染”选项卡→“渲染”面板→“环境”按钮。
- 经典模式：选择菜单栏中的“视图”→“渲染”→“渲染环境”命令。
- 经典模式：单击“渲染”工具栏的“渲染环境”按钮。
- 运行命令：RENDERENVIRONMENT。

通过“渲染环境”对话框，可以设置雾化和深度，以达到非常相似的大气效果，可以使对象随着距相机距离的增大而变浅，如图 14-45 所示。实际上，雾化和深度设置是同一效果的两个极端，雾化为白色，而传统的深度设置为黑色。通过“渲染环境”对话框中的“颜色”选项可以使用任意一种颜色。“启用雾化”选项用于启用或关闭雾化；“雾化背景”打开后，渲染时不仅对背景进行雾化，也对几何图形进行雾化。“近距离”和“远距离”分别用于指定雾化开始处和结束处到相机的距离。“近处雾化百分比”和“远处雾化百分比”分别用于指定近距离处和远距离处雾化的不透明度。

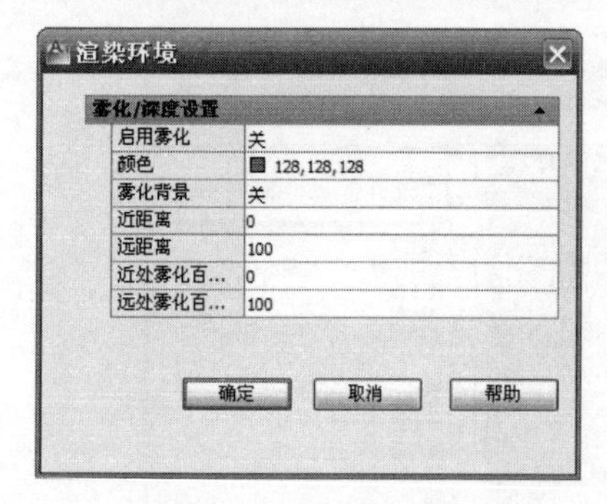

图 14-44 “渲染环境”对话框

图 14-45 设置雾化

4. 高级渲染设置

“渲染环境”选项板仅仅可以对渲染的雾化和背景进行设置，高级渲染设置则可以设置渲染时的每个具体参数。AutoCAD 2012 可通过以下 4 种方式进行高级渲染设置。

- 功能区：单击“渲染”选项卡→“渲染”面板→“高级渲染设置”按钮。
- 经典模式：选择菜单栏中的“视图”→“渲染”→“高级渲染设置”命令。
- 经典模式：单击“渲染”工具栏中的“高级渲染设置”按钮。
- 运行命令：RPREF。

执行高级渲染设置的命令后，将弹出“高级渲染设置”工具选项板，如图 14-46 所示。通过运行 renderpresets 命令打开的“渲染预设管理器”对话框也可设置渲染，两者的设置内容是一致的，但是“渲染预设管理器”对话框可以创建用户的渲染样式并将渲染样式置为当前，如图 14-47 所示。

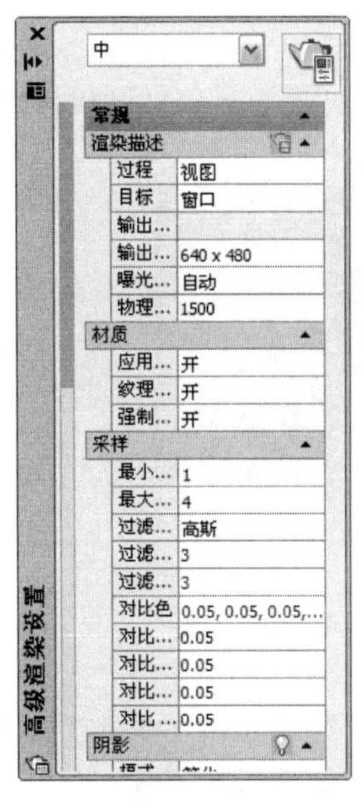

图 14-46　“高级渲染设置”选项板

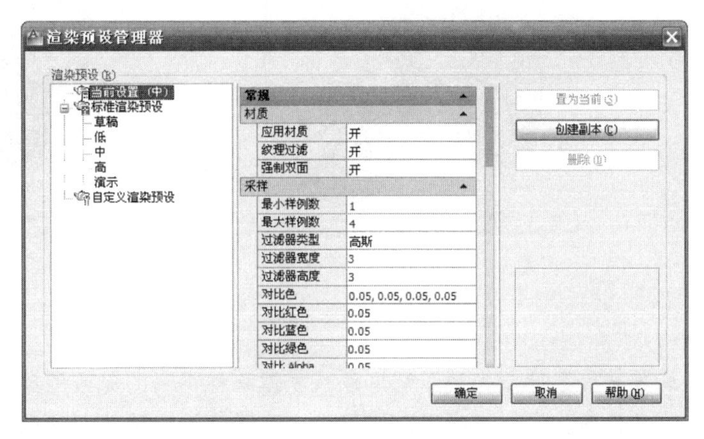

图 14-47　“渲染预设管理器”对话框

“高级渲染设置”选项板包括一个渲染预设列表，以及“常规”、“光线跟踪”、“间接发光”、“诊断”和“处理”5 个设置面板。

渲染预设列表从最低质量到最高质量列出 4 个标准渲染预设，单击“管理渲染预设”按钮，可以打开“渲染预设管理器”对话框。

通过 5 个面板可设置每一项渲染参数，下面仅举几个例子简单介绍。

- 设置渲染对象：“常规”面板→“渲染描述”子面板→“过程”下拉列表框，设置渲染的对象为整个视口、框选窗口或选定对象，如图 14-48 所示。
- 设置渲染目标：通过“常规”面板→“渲染描述”子面板→“目标”下拉列表框，设置渲染是在视口进行还是在“渲染”窗口进行。视口渲染是指在整个视口渲染模型；窗口渲染是指弹出一个窗口单独渲染。

（a）视口

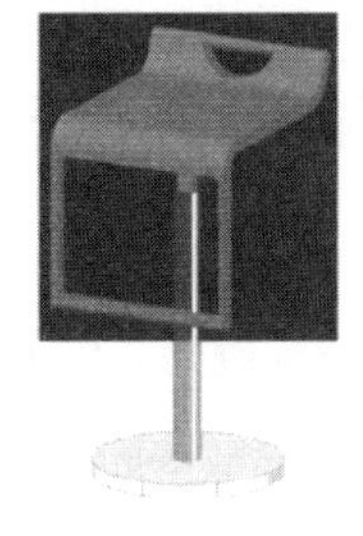

（b）窗口

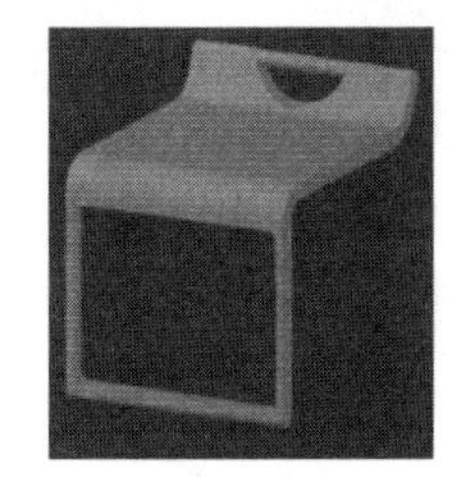

（c）对象

图 14-48　设置渲染对象

- 设置渲染输出尺寸：通过“常规”面板→“渲染描述”子面板→“输出尺寸”下拉列表框，默认的输出分辨率为 640×480，最高可设置为 4096×4096。分辨率越高，细节越清楚，但高分辨率图像花费的渲染时间也较长。
- 调整采样提高图像质量：在“常规”面板→“采样”子面板，通过设置采样率和过滤器，可消除对角线和曲线边显示的锯齿效果，提高图像质量。如图 14-49 所示，（a）图的最小样例数为 1/64，最大样例数为 1/4，图像质量不高，边角处有明显的锯齿；通过增加采样可以使边界平滑，如（b）图，图中最小样例数为 1，最大样例数为 16。

（a）

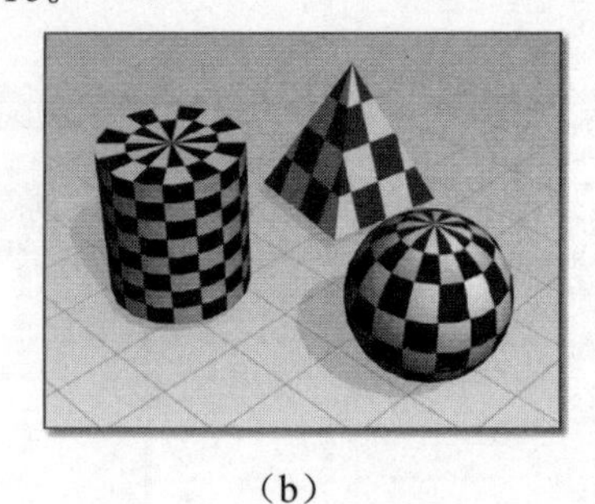
（b）

图 14-49　提高图像质量

- 设置光线跟踪：光线跟踪追踪从光源采样得到的光线的路径，通过这种方式生成的反射和折射非常精确。在“光线跟踪”面板中，通过设置跟踪深度的最大值、反射次数的最大值及折射次数的最大值来设置光的反射和折射。如图 14-50 所示，（a）图中的光线跟踪关闭，即单击该按钮，使其变为，此时没有光线的反射和折射；（b）图中的最大深度为 4，最大反射次数和折射次数为 2；（c）图中的最大深度为 8，最大反射次数和折射次数为 4，显示效果最为真实。

（a）

（b）

（c）

图 14-50　设置光线跟踪

14.7　编辑和渲染三维图形实例一

使用倒角命令对如图 14-51（a）所示的图形进行倒角，并对其进行渲染。具体操作步骤如下：

01 单击“实体”选项卡→“实体编辑”→“倒角边”按钮，命令行提示：

```
_CHAMFEREDGE 距离 1 = 1.0000，距离 2 = 1.0000
选择一条边或 [环(L)/距离(D)]:
```

02 此时，在命令行输入 D 并按 Enter 键。

03 命令行提示“指定距离 1 或 [表达式(E)] <1.0000>:”，在命令行输入 1.5 并按 Enter 键。

04 命令行提示“指定距离 2 或 [表达式(E)] <1.0000>:”，在命令行输入 1.5 并按 Enter 键。

05 命令行提示“选择一条边或 [环(L)/距离(D)]:”使用鼠标选取如图 14-51（a）所示的外侧边线，并按 Enter 键。

06 重复步骤 01～05 的操作，对其他内侧边线进行倒角，效果如图 14-51（b）所示。

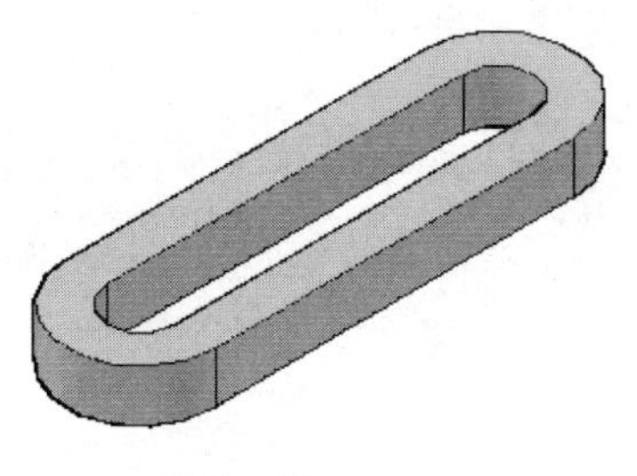

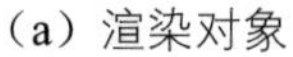

（a）渲染对象

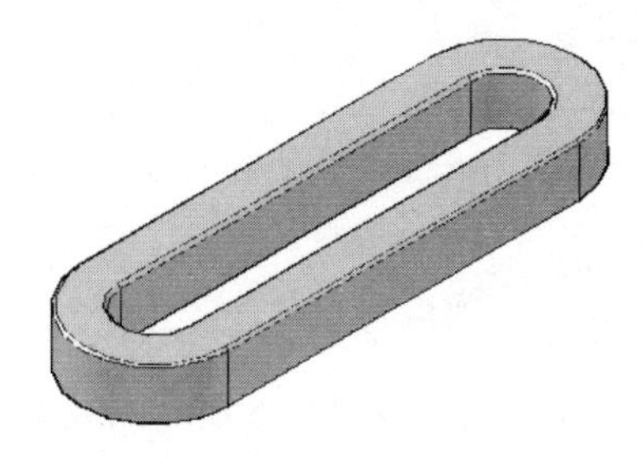

（b）创建的倒角

图 14-51　倒角过程

07 单击“渲染”选项卡→“材质”面板→“材质浏览器”按钮，系统弹出如图 14-52 所示的“材料浏览器”对话框。

08 单击“Autodesk 库”列表框中的“石料”材质，选中的被添加到“文档材质”列表框中。

09 从绘图区中选择如图 14-51（b）所示的图形，右键单击“文档材质”列表框中的“石料”材质，选择快捷菜单中的“指定给当前选择”命令，完成模型材质的赋予。

10 单击“渲染”选项卡→“渲染”面板→“渲染面域”按钮，从绘图区中框选如图 14-51（b）所示的图形，完成图形的渲染，效果如图 14-53 所示。

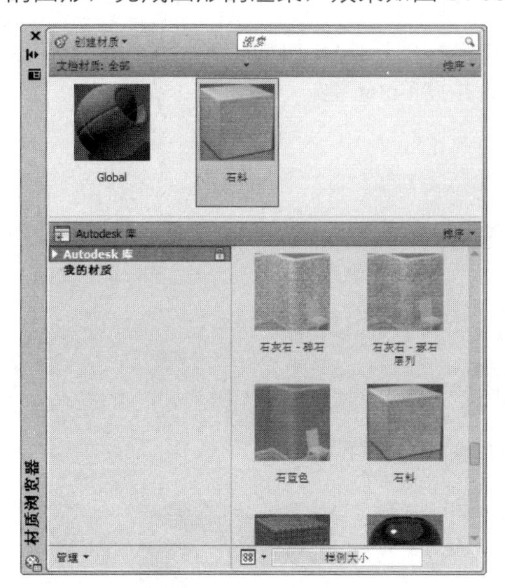

图 14-52　“材质浏览器”对话框

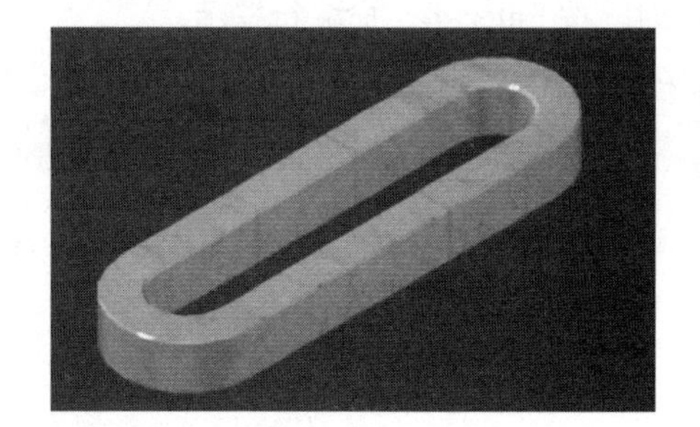

图 14-53　模型渲染

14.8　编辑和渲染三维图形实例二

对如图 14-54 所示的图形创建 5° 的拔模斜度，并对其进行渲染。具体操作步骤如下：

01 单击“实体”选项卡→“实体编辑”面板→“倾斜面”按钮，命令行提示：

```
实体编辑自动检查: SOLIDCHECK=1
输入实体编辑选项 [面(F)/边(E)/体(B)/放弃(U)/退出(X)] <退出>: _face
输入面编辑选项
[拉伸(E)/移动(M)/旋转(R)/偏移(O)/倾斜(T)/删除(D)/复制(C)/颜色(L)/材质(A)/放弃(U)/退出(X)] <退出>: _taper
选择面或 [放弃(U)/删除(R)]:
```

02 此时，使用鼠标选取如图 14-55 所示的拔模面。

图 14-54 模型

图 14-55 拔模面

03 按 Enter 键完成拔模面的选取，命令行提示“指定基点:”，此时使用鼠标选择如图 14-56（a）所示的 A 点。

04 命令行提示“指定沿倾斜轴的另一个点:”，此时使用鼠标选择如图 14-56（a）所示的 B 点。

05 命令行提示“指定倾斜角度:”，此时在命令行输入 5 并按 Enter 键。

06 命令行提示：

```
输入面编辑选项
[拉伸(E)/移动(M)/旋转(R)/偏移(O)/倾斜(T)/删除(D)/复制(C)/颜色(L)/材质(A)/放弃(U)/退出(X)] <退出>:
```

07 此时，按 Enter 键，命令行提示：

```
实体编辑自动检查: SOLIDCHECK=1
输入实体编辑选项 [面(F)/边(E)/体(B)/放弃(U)/退出(X)] <退出>:
```

08 此时，继续按 Enter 键完成拔模斜度的创建，效果如图 14-56（b）所示。

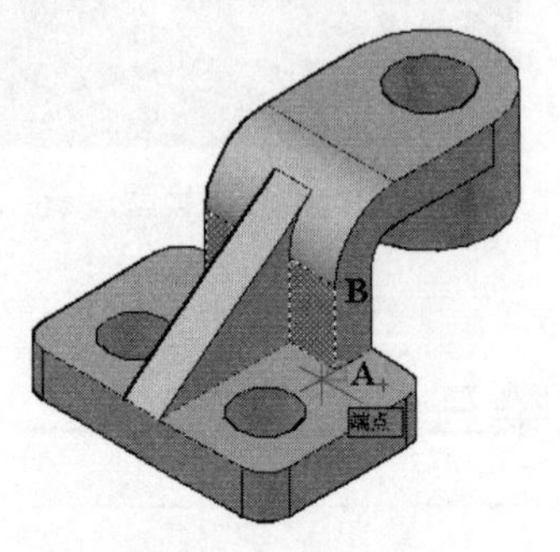

（a）两点确定拔模方向

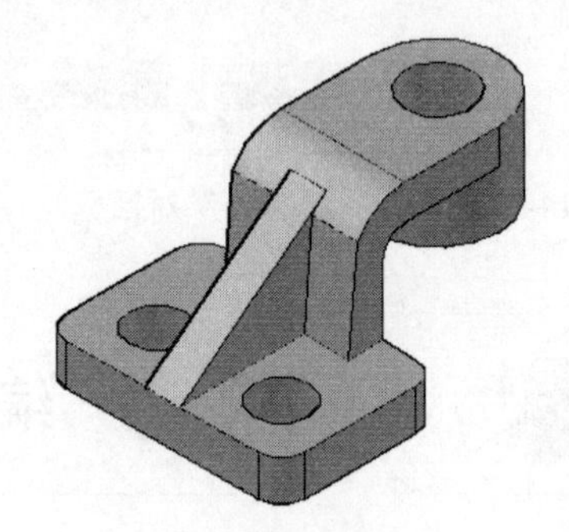

（b）创建的拔模

图 14-56 拔模过程

09 重复步骤 01～08 的操作，对如图 14-57 所示的拔模面创建 5°拔模，效果如图 14-57（b）所示。

（a）拔模面

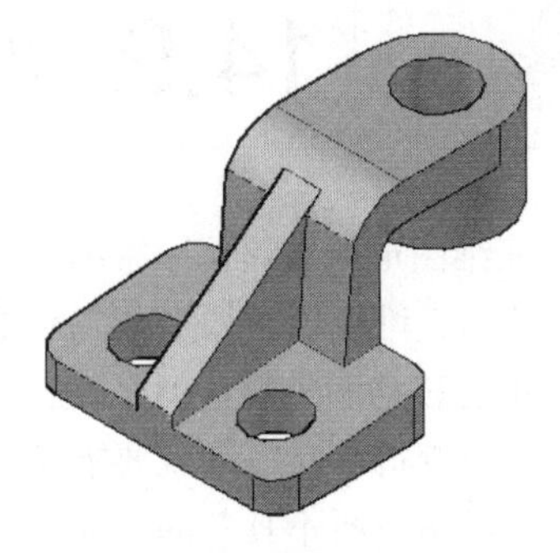

（b）创建的拔模

图 14-57　拔模过程

10 单击“渲染”选项卡→“材质”面板→“材质浏览器”按钮，系统弹出“材料浏览器”对话框。

11 单击“Autodesk 库”列表框中的“不锈钢-缎光-轻拉丝”材质，选中后被添加到“文档材质”列表框中。

12 从绘图区中选择如图 14-51（b）所示的图形，右键单击“文档材质”列表框中的“不锈钢-缎光-轻拉丝”材质，选择快捷菜单中的“指定给当前选择”命令，如图 14-58 所示，完成模型材质的赋予。

13 单击“渲染”选项卡→“渲染”面板→“渲染面域”按钮，从绘图区中框选如图 14-57（b）所示的图形，完成图形的渲染，效果如图 14-59 所示。

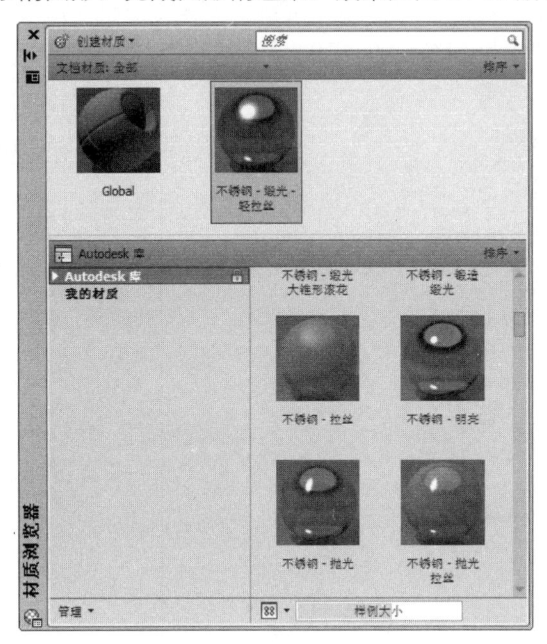

图 14-58　“材质浏览器”对话框

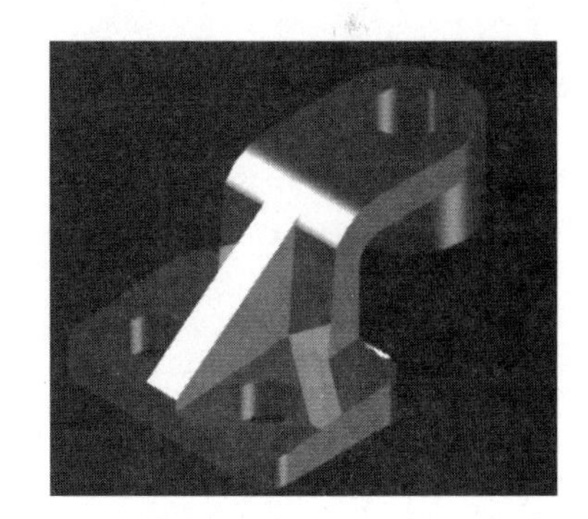

图 14-59　模型渲染

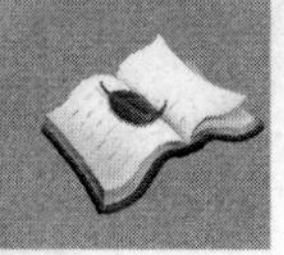

14.9 知识回顾

本章主要介绍三维图形的编辑。三维图形的编辑要比二维图形复杂得多，首先选择三维图形就有选择子对象的问题。另外，三维编辑有很多与二维编辑相似的操作，如移动、旋转、镜像和阵列等。

在二维编辑中也有移动和旋转，但是在三维编辑中，由于多了一个维度，移动和旋转的自由度要多得多，因此其操作过程也变得复杂。这就要求用户具有更好的三维空间想象力，并多加练习。除此之外，还有一些三维操作是二维图形所不具备的，如质量特性、压边、剖切、抽壳等。

第15章 图形的输入与输出

前面几章主要介绍了如何在AutoCAD 2012的平台下建立模型，即存在于计算机内的图形。本章将介绍如何将计算机内的模型通过打印、Web发布等方式输出，以及如何在AutoCAD 2012中输入其他格式的文件。

学习目标

- 学会在AutoCAD 2012中输入各种格式的文件
- 了解模型空间和布局空间
- 掌握布局的创建和管理
- 学会打印图形和打印预览
- 学会DWF文件和Web页面的发布

15.1 图形的输入

一般地，通过AutoCAD 2012创建的图形文件格式为DWG格式。除了DWG文件以外，AutoCAD 2012还支持用其他应用程序创建的文件在图形中输入、附着或打开。

AutoCAD 2012支持的输入格式如下（括号内为相应的命令格式）。

（1）3DS文件（3DSIN）：3DS文件由3D Studio创建。输入3DS文件时，将读取3D Studio几何图形和渲染数据，包括网格、材质、贴图、光源和相机。

（2）ACIS SAT文件（ACISIN）：使用ACISIN命令可以输入存储在SAT（ASCII）文件中的几何图形对象。输入时将模型转换为体对象或三维实体和面域（如果体是真正的实体或面域）。

（3）WMF图元文件（WMFIN）：WMF（Windows图元文件格式）文件经常用于生成图形所需的剪贴画和其他非技术性图像。AutoCAD 2012在输入WMF文件时是将其作为块插入到图形文件中的。与位图不同的是，输入WMF文件包含其矢量信息，该信息在调整大小和打印时不会造成分辨率下降。

（4）V8 DGN图形文件（DGNIMPORT）：V8 DGN图形文件由MicroStation创建。输入过程将基本DGN数据转换成相应的DWG数据，通过若干转换选项可以确定如何处理特定的数据（例如文字元素和外部参照）。交换和重复使用基本图形数据在进行工程协作时非常有用。例如，服务组织（如AEC和设计建造公司）可能需要将创建的贴图数据输入到基于AutoCAD产品创建的总设计图中。DGN数据可以作为创建总设计图时的精确参照。

对于每种文件的输入命令，对应的菜单位置为“插入”下的各项，如图 15-1 所示。除此之外，这些格式的文件还可以统一通过选择“文件”→“输入”命令，或者运行 IMPORT 命令，弹出“输入文件”对话框，在其中选择输入文件的类型，如图 15-2 所示。

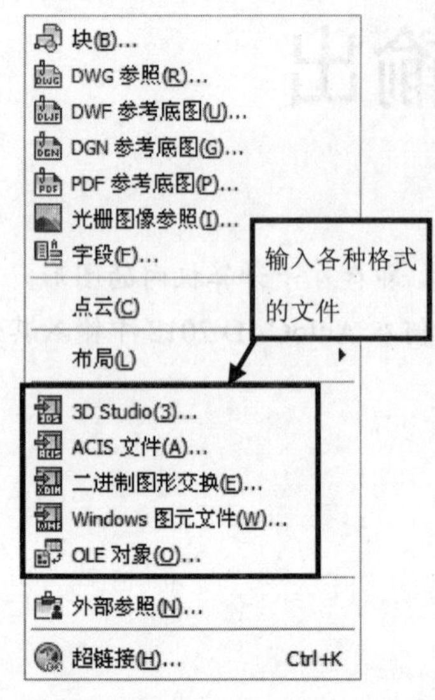

图 15-1 “插入”菜单中的输入文件菜单项

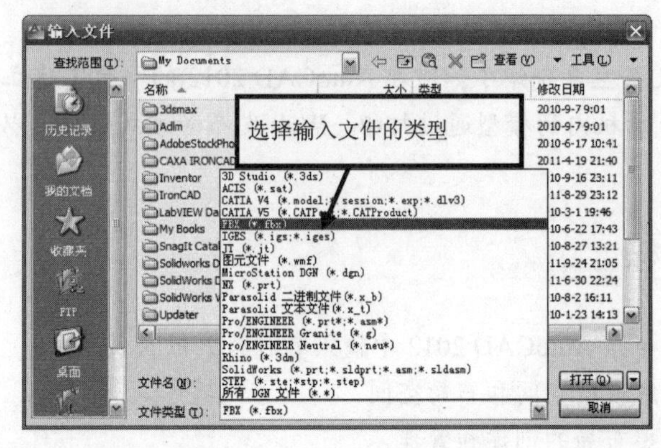

图 15-2 “输入文件”对话框

（5）嵌入 OLE 对象：与以上介绍的 AutoCAD 2012 文件输入不同，对象链接和嵌入（OLE）是 Windows 的一个功能，用于将不同应用程序的数据合并到一个文档中。例如，可以创建包含 AutoCAD 图形的 Adobe PageMaker 布局，或者创建包含全部或部分 Microsoft Excel 电子表格的 AutoCAD 图形。

利用 Microsoft Windows 的 OLE 功能，可以在应用程序之间复制或移动信息，同时不影响在原始应用程序中编辑信息。

在 AutoCAD 2012 中嵌入 OLE 对象的方法是选择“插入”→“OLE 对象”命令，其命令格式为 insertobj，运行插入 OLE 对象的命令后，将弹出“插入对象”对话框，如图 15-3 所示。通过“插入对象”对话框即可插入各种程序创建的文件，实现程序间的数据共享。

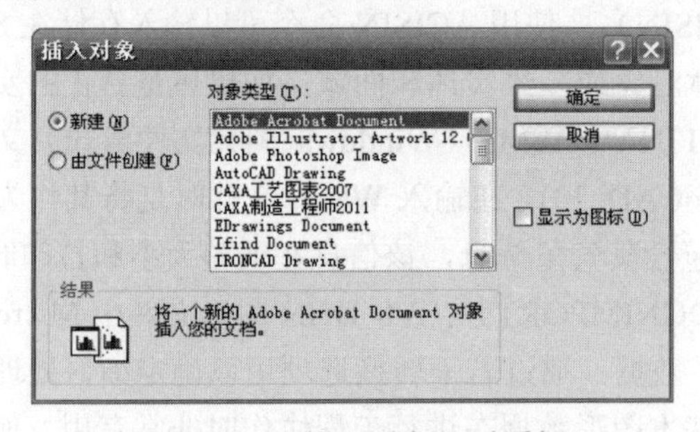

图 15-3 “插入对象”对话框

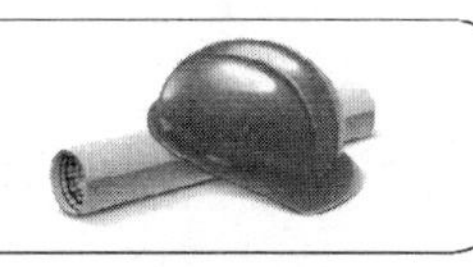

15.2 模型空间和图纸空间

AutoCAD 中有两种不同的工作环境，即“模型空间”和“图纸空间”。通过“模型”和“布局”选项卡，或者状态栏的“模型”和“布局”按钮，可以在不同的工作环境中切换。

“模型”和“布局”选项卡位于绘图区域底部附近的位置，如图 15-4 所示；“模型”和“布局”按钮则位于状态栏，如图 15-5 所示。单击状态栏上的“模型”和“布局”按钮，将显示模型或布局的缩略图。

图 15-4　“模型”和“布局”选项卡

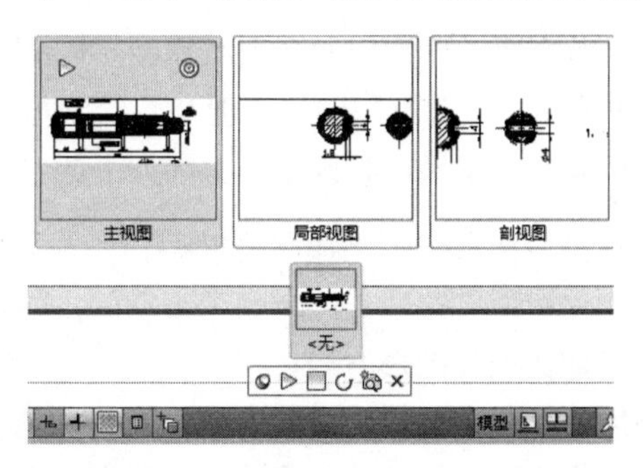

图 15-5　“模型”和“布局”按钮

AutoCAD 2012 启动后，会自动进入模型空间。在模型空间，可以完成图形的绘制及其注释。如果要创建具有一个视图的二维图形，则可以在模型空间中完整创建图形及其注释，而不使用“布局”选项卡。这是使用 AutoCAD 创建图形的传统方法。此方法虽然简单，但是却有很多局限：

- 它仅适用于二维图形；
- 它不支持多视图和依赖视图的图层设置；
- 缩放注释和标题栏需要计算，除非用户使用注释性对象。

使用此方法，通常以实际比例 1:1 绘制图形几何对象，并用适当的比例创建文字、标注和其他注释，以在打印图形时正确显示大小。

图纸空间是图纸布局环境，可以在这里指定图纸大小、添加标题栏、显示模型的多个视图，以及创建图形标注和注释。图纸空间通常是为了打印图纸而设置。

模型空间和图纸空间中的坐标系图标显示不同，如图 15-6 所示，模型空间的坐标系图标为十字形，图纸空间的坐标系图标为三角形。

通常先在模型空间按 1:1 的比例创建由几何对象组成的模型，然后在图纸空间创建一个或多个布局视口、标注、说明和一个标题栏，以表示图纸。

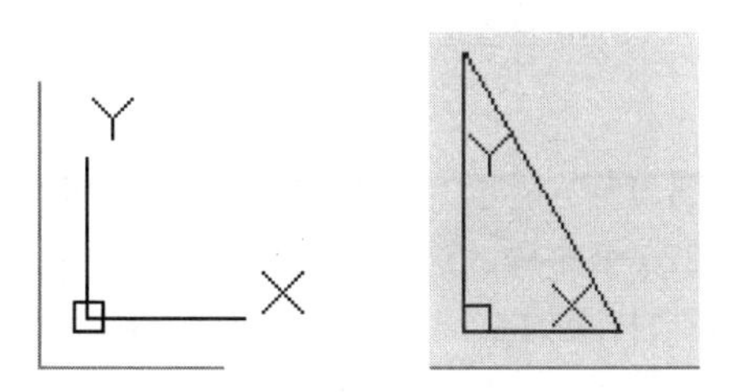

图 15-6　模型空间和图纸空间的坐标系图标

小提示

一个模型空间可以包含多个图纸空间即一个“模型”选项卡，多个“布局”选项卡，每个布局对应于一张可打印的图纸，每个布局都可以包含不同的打印设置和图纸尺寸。

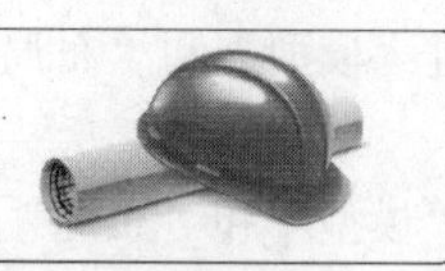

15.3 创建和管理布局

前面一节介绍了模型空间和图纸空间，本节将介绍如何创建和管理布局。模型空间主要用于绘制模型，图纸空间主要用于设置打印输出。但是，绘制与编辑图形的大部分命令在图纸空间中都可以使用。

使用布局打印图形，其典型的步骤如下：

01 在“模型”选项卡上创建主题模型。

02 切换到“布局”选项卡，转到图纸空间，指定布局页面设置，例如，打印设备、图纸尺寸、打印区域、打印比例和图形方向。

03 将标题栏插入布局中，或者使用已具有标题栏的图形样板。

04 创建要用于布局视口的新图层，然后创建布局视口并将其置于布局中。

05 在每个布局视口中设置视图的方向、比例和图层可见性。

06 根据需要在布局中添加标注和注释。

07 关闭包含布局视口的图层。

08 打印布局。

15.3.1 创建布局

通过“插入”菜单的“布局”子菜单和“布局”工具栏，可以以各种方式创建布局，如图 15-7 和图 15-8 所示。

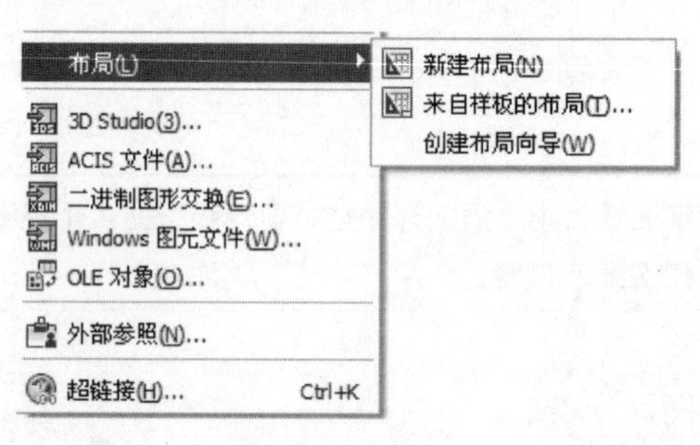

图 15-7　“布局”子菜单

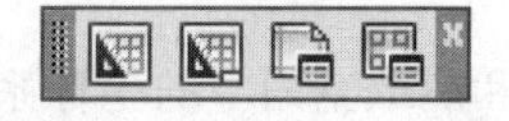

图 15-8　“布局”工具栏

如图 15-7 所示，“新建布局”命令用于新建一个布局，但不做任何设置。默认情况下，每个模型允许创建 225 个布局。选择该选项后，将在命令行提示中指定布局的名称，输入布局名称后即完成创建。

“来自样板的布局”命令用于将图形样板中的布局插入到图形中。选择该选项后，将弹出“从文件选择样板”对话框，默认为 AutoCAD 2012 安装目录下的 Template 子目录，如图 15-9 所示。在该对话框中选择要导入布局的样板文件后，将弹出“插入布局”对话框，如图 15-10 所示，该对话框将显示所选择样板文件中所包含的布局，选择一个布局后，单击 确定 按钮即可将布局插入。

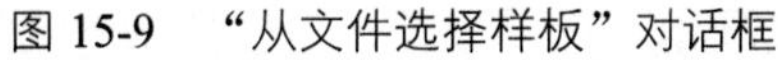
图 15-9　“从文件选择样板”对话框

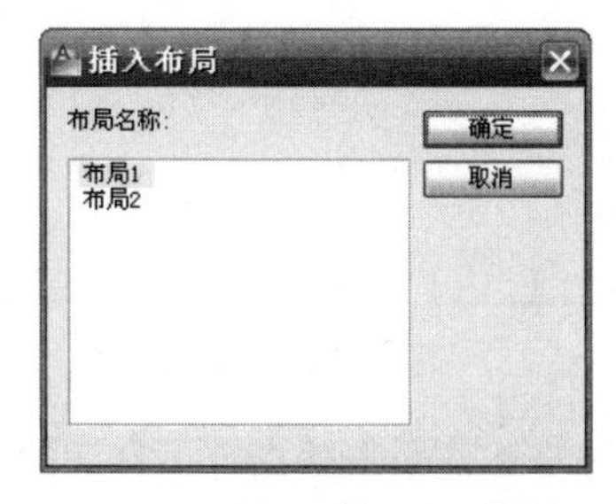

图 15-10　“插入布局”对话框

“创建布局向导”命令用于一步步引导用户创建布局。布局向导包含一系列页面，这些页面可以引导用户逐步完成新建布局的过程。AutoCAD 2012 可通过以下两种方式开始布局向导。

- 选择“插入”→“布局”→“创建布局向导”命令。
- 输入命令：LAYOUTWIZARD。

执行创建布局向导命令后，将弹出“创建布局”对话框，该对话框将一步步引导用户进行布局的创建和设置，如图 15-11～图 15-18 所示。如图 15-11 所示，第一步是为要创建的布局指定一个名称，例如“A4 横向”，该名称是布局的标识，将显示在布局选项卡上，然后单击 下一步(N)> 按钮，可转到图 15-12 所示的页面。

图 15-12 用于指定打印时的打印机；图 15-13 用于指定打印时的纸张大小及图形单位；图 15-14 用于指定打印时的方向为横向或纵向，可根据图形在图纸上的布置进行选择。

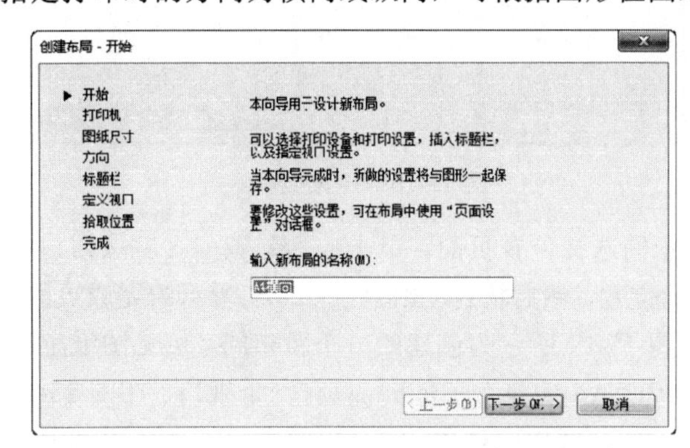

图 15-11　“创建布局”对话框（开始）

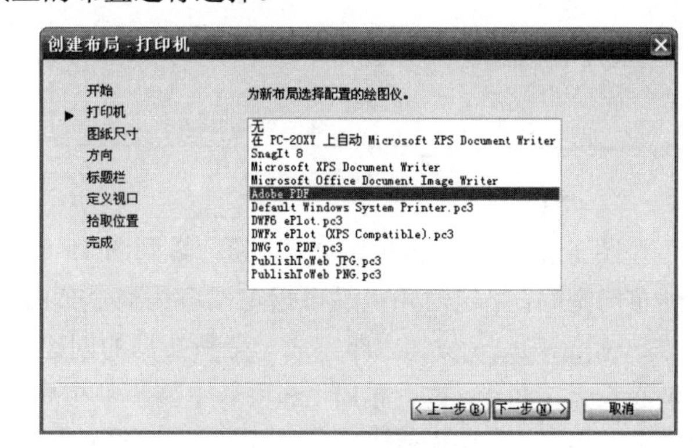

图 15-12　选择打印机

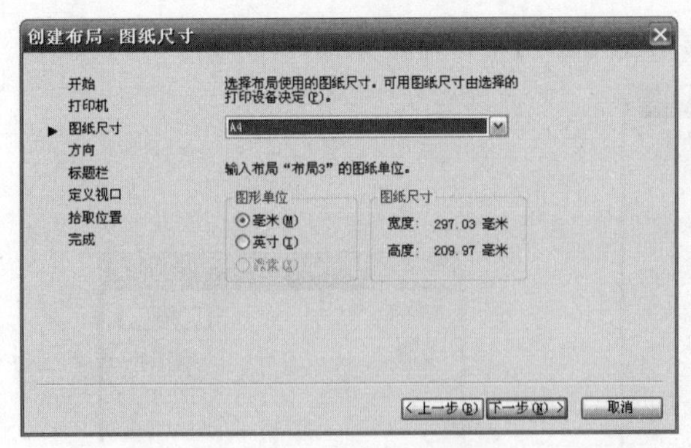

图 15-13　选择图纸尺寸

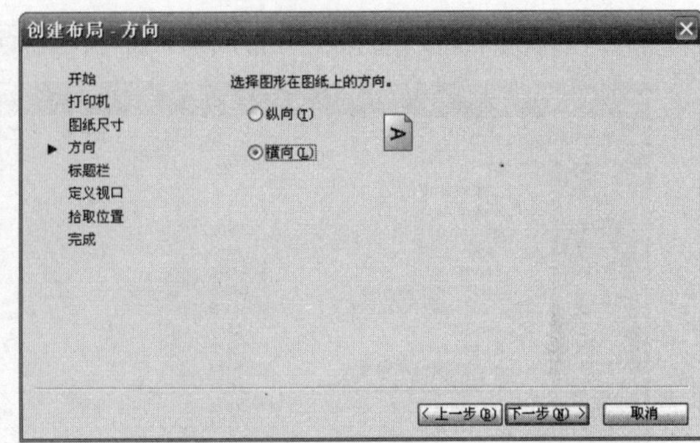

图 15-14　选择图纸方向

通过上述几个步骤指定了打印的图纸大小和方向后，以下将指定标题栏等信息。如图 15-15 所示，列表中列出了在设置路径下所提供的标题栏。在“类型”选项组，可以选择标题栏是以块或外部参照的方式插入图形中。

图 15-16 用于定义布局显示的视口，可选择单个或多个视口。多个视口提供“标准三维工程视图”视口和“阵列”视口。“标准三维工程视图”视口即 3 个视口，显示前视图、俯视图和左视图，另一个视口显示等轴测视图。“视口比例”下拉列表框可以选择视口的显示比例。“阵列”视口可通过行数、列数、行间距和列间距来定义视口阵列。

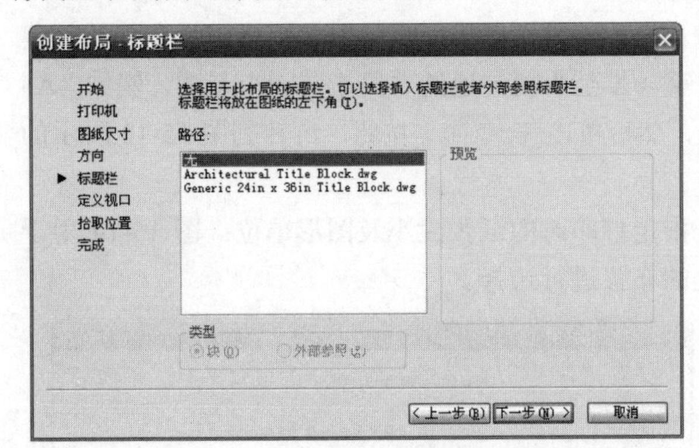

图 15-15　选择标题栏

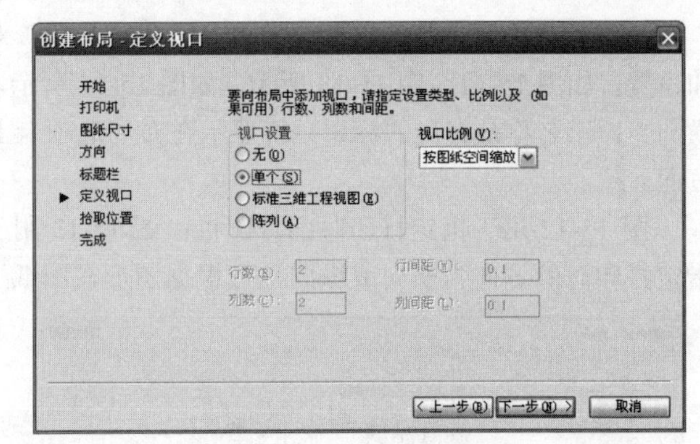

图 15-16　定义视口

在图 15-16 中单击下一步(N) >按钮，转到图 15-17 所示的选择位置页面。单击选择位置(L) <按钮，将回到布局空间，指定对角点后可指定视口在整个布局中的位置，然后将自动跳到图 15-18 所示的完成页面。

单击完成按钮，即完成一个新布局的创建。如图 15-19 所示为创建的一个新布局，可见图纸空间的坐标系为三角形，在“布局”选项卡中显示了布局名称为“A4 横向”，该布局只有一个视口。在图 15-17 中的页面中单击选择位置(L) <按钮后，指定 A 点和 B 点指定视口的位置。布局中的虚线框表示图纸中当前配置的图纸尺寸和绘图仪的可打印区域。

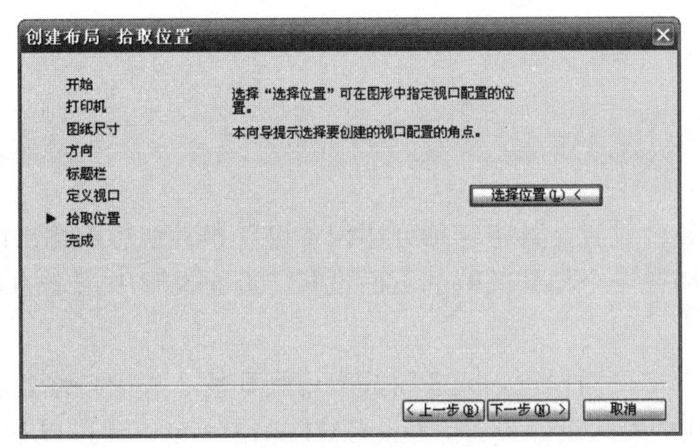

图 15-17　选择位置

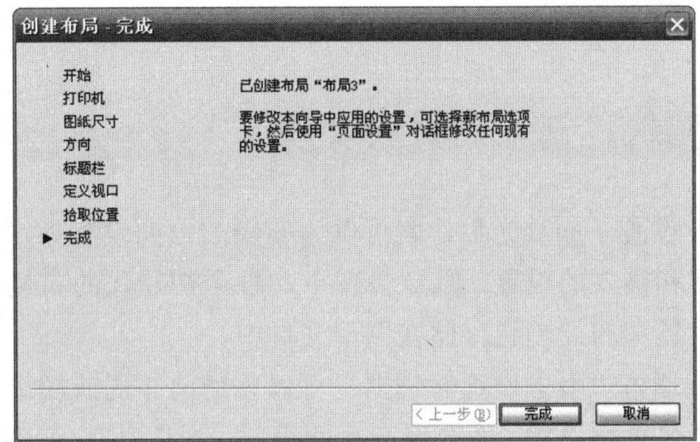

图 15-18　完成

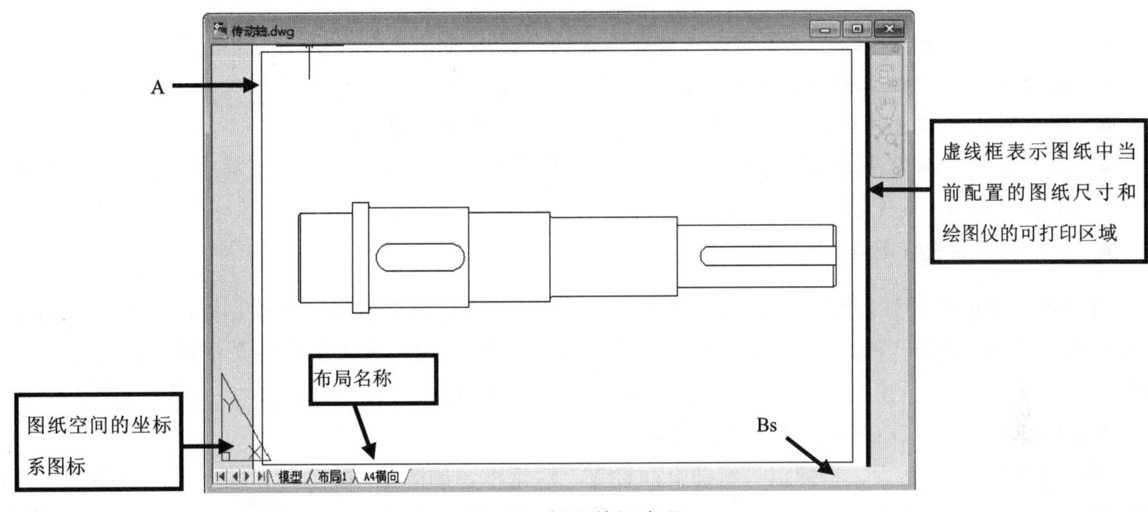

图 15-19　创建的新布局

15.3.2　管理布局

布局的管理可以通过两种方式实现，其一为"布局"选项卡上的右键快捷菜单，如图 15-20 所示；其二为 LAYOUT 命令。

在布局选项卡上单击鼠标右键，可弹出快捷菜单。通过该菜单，可对所选布局进行删除、重命名、移动或复制等操作。

同样，运行 LAYOUT 命令后，命令行提示：

```
输入布局选项 [复制（C）/删除（D）/新建（N）/样板（T）/重命名（R）/另存为（SA）/设置（S）/?] <设置>:
```

输入对应选项，可对布局进行复制、删除和重命名等操作。

图 15-20　"布局"选项卡上的右键快捷菜单

15.3.3 布局的页面设置

设置了布局之后，就可以为布局的页面设置指定各种设置，其中包括打印设备设置和其他影响输出的外观和格式的设置。默认情况下，每个初始化的布局都有一个与其关联的页面设置。页面设置中指定的各种设置和布局一起存储在图形文件中。

通过“页面设置管理器”可以为当前布局或图纸指定页面设置，或者将其应用到其他布局中，或者创建命名页面设置、修改现有页面设置，或者从其他图纸中输入页面设置。AutoCAD 2012 中可以通过以下 5 种方式打开“页面设置管理器”。

- 功能区：单击“输出”选项卡→“打印”面板→“页面设置管理器”按钮。
- 经典模式：选择菜单栏中的“文件”→“页面设置管理器”命令。
- 经典模式：单击“布局”工具栏中的“页面设置管理器”按钮。
- 在“模型”选项卡或某个布局选项卡上单击鼠标右键，从弹出的快捷菜单中选择“页面设置管理器”命令。
- 运行命令：PAGESETUP。

打开的“页面设置管理器”对话框如图 15-21 所示。“页面设置管理器”对话框的“当前页面设置”列表中列出了可应用于当前布局的页面设置。单击[置为当前(S)]按钮，可将所选的页面设置置为当前；单击[新建(N)...]按钮，可以新建页面设置；单击[修改(M)...]按钮，可对所选设置进行修改；单击[输入(I)...]按钮，可导入 DWG、DWT、DXF 文件中的页面设置。

单击[新建(N)...]按钮后，将弹出“新建页面设置”对话框，如图 15-22 所示。输入页面名称并选择好基础样式之后，单击[确定]按钮，将弹出“页面设置”对话框，如图 15-23 所示。“页面设置”对话框中有“页面设置”、“打印机/绘图仪”、“图纸尺寸”、“打印区域”、“打印偏移”、“打印比例”、“打印样式表（画笔指定）”、“着色视口选项”、“打印选项”和“图形方向”10 个选项组。下面详细介绍各个选项组的作用。

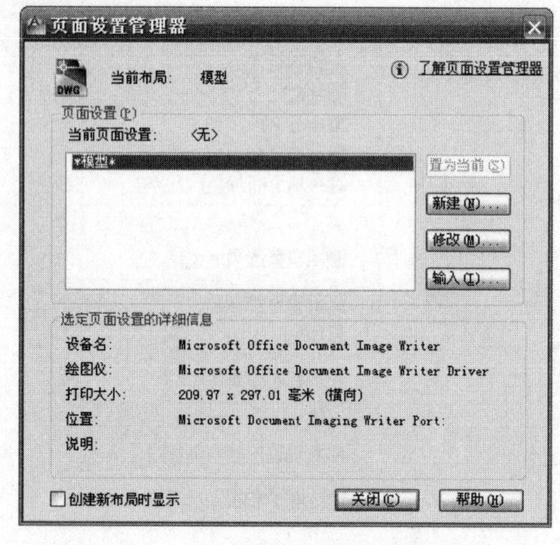

图 15-21 “页面设置管理器”对话框

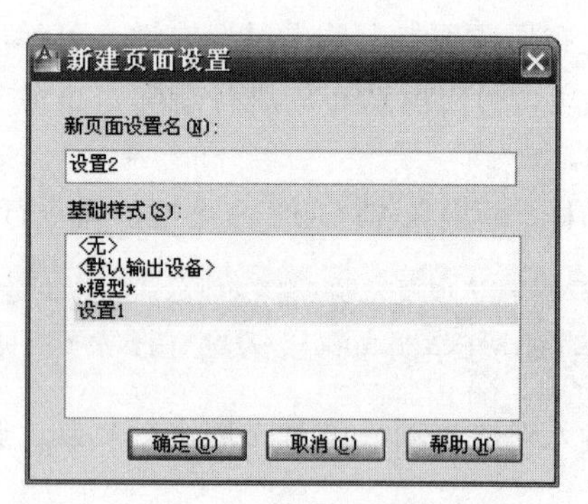

图 15-22 “新建页面设置”对话框

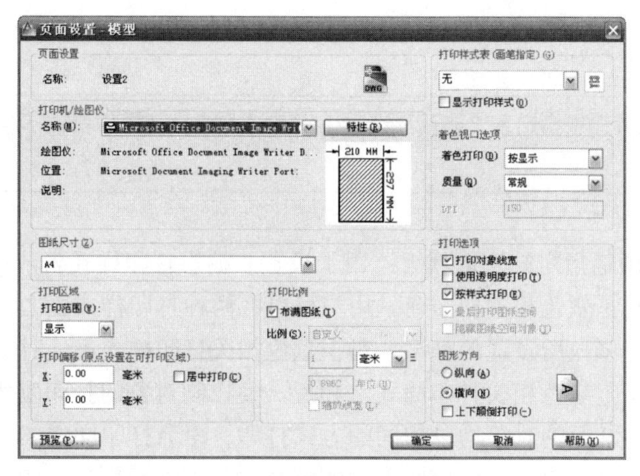

图 15-23　“页面设置”对话框

（1）“页面设置”选项组：显示当前的页面设置名称和图标。如果是从布局中打开“页面设置”对话框，将显示 DWG 图标；如果是从图纸集管理器中打开“页面设置”对话框，将显示图纸集图标，分别如图 15-24 所示。

图 15-24　页面图标

（2）“打印机/绘图仪”选项组：用于指定打印或发布布局或图纸时使用的已配置的打印设备。“名称”下拉列表框列出了可用的 PC3 文件或系统打印机，PC3 文件前的图标为，系统打印机的图标为。选择 PC3 文件，可将图纸打印到文件中，例如 DWF TO PDF.pc3；选择系统打印机，可将图纸通过打印机打印。

（3）“图纸尺寸”选项组：显示所选打印设备可用的标准图纸尺寸。如果所选绘图仪不支持布局中选定的图纸尺寸，将显示警告，用户可以选择绘图仪的默认图纸尺寸或自定义图纸尺寸。

（4）“打印区域”选项组：用于指定要打印的图形区域，通过“打印范围”下拉列表框可选择打印的范围，共有 4 个选项。

- “布局”选项：选择该选项将打印指定图纸尺寸的可打印区域内的所有内容，其原点从布局中的(0,0)点计算得出。从“模型”选项卡打印时，将打印栅格界限定义的整个图形区域。
- “窗口”选项：选择该选项可打印指定的图形部分，通过指定要打印区域的两个角点确定打印的图形部分。
- “范围”选项：选择该选项将打印包含对象的图形的部分当前空间，当前空间内的所有几何图形都将被打印。
- “显示”选项：选择该选项将打印“模型”选项卡当前视口中的视图，或者布局选项卡上当前图纸空间视图中的视图。

（5）“打印偏移”选项组：指定打印区域相对于“可打印区域”左下角或图纸边界的偏移。图纸的可打印区域由所选输出设备决定，在布局中以虚线表示。在“X”和“Y”文本框中输入正值或负值，可以偏移图纸上的几何图形。选择“居中打印”复选框，将自动计算 X 偏移和 Y 偏移值，在图纸上居中打印。

（6）“打印比例”选项组：控制图形单位与打印单位之间的相对尺寸。打印布局时，默认缩放比例设置为 1:1。从“模型”选项卡打印时，默认设置为“布满图纸”。

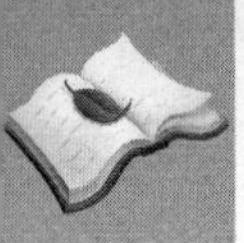

小提示

如果在“打印区域”中指定了“布局”选项，则无论在“比例”中指定了何种设置，都将以 1:1 的比例打印布局。

（7）“打印样式表（画笔指定）”选项组：用于设置、编辑打印样式表，或者创建新的打印样式表。打印样式有两种类型，分别是颜色相关和命名。用户可以在两种打印样式表之间转换，也可以在设置了图形的打印样式表类型之后，修改所设置的类型。对于颜色相关打印样式表，对象的颜色确定如何对其进行打印，但不能直接为对象指定颜色相关打印样式。相反，要控制对象的打印颜色，必须修改对象的颜色。例如，图形中所有被指定为红色的对象均以相同的方式打印。命名打印样式表使用直接指定给对象和图层的打印样式，使用这种打印样式表，可以使图形中的每个对象以不同颜色打印，与对象本身的颜色无关。

- 选择下拉列表框中的“新建”选项，将弹出“添加颜色相关打印样式表-开始”对话框，如图 15-25 所示，可选择通过 CFG 文件或其他方式创建新的打印样式。
- 如选择一个打印样式，然后单击编辑按钮，可在弹出的“打印样式表编辑器”对话框中对打印样式表进行编辑，如图 15-26 所示。可通过打印样式表编辑器设置打印样式，包括线条的颜色、线型等。

小提示

如果打印样式被附着到布局或“模型”选项卡，并且修改了打印样式，那么，使用该打印样式的所有对象都将受影响。大多数的打印样式均默认为“使用对象样式”。

- “显示打印样式”复选框：控制是否在屏幕上显示指定给对象的打印样式的特性。

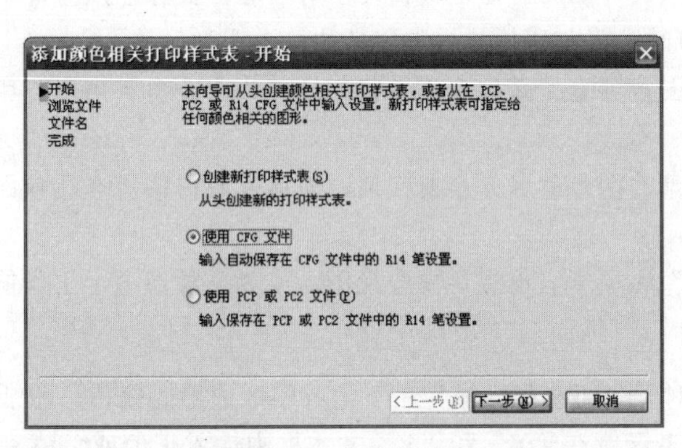

图 15-25　“添加颜色相关打印样式表-开始”对话框

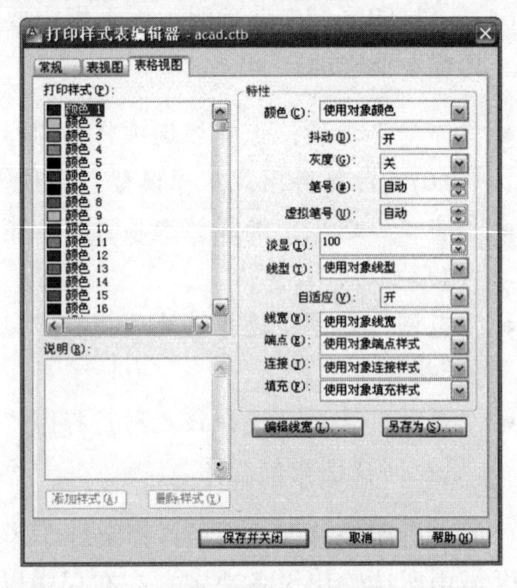

图 15-26　“打印样式表编辑器”对话框

（8）“着色视口选项”选项组：指定着色和渲染视口的打印方式，并确定它们的分辨率级别和每英寸点数（DPI）。

（9）“打印选项”选项组：用于指定线宽、打印样式、着色打印和对象的打印次序等选项。

- “打印对象线宽”复选框：指定是否打印指定给对象和图层的线宽。如果选择“按样式打印”复选框，则该选项不可用。

- “按样式打印”复选框：指定是否打印应用于对象和图层的打印样式。如果选择该选项，也将自动取消选择“打印对象线宽”复选框。
- “最后打印图纸空间”复选框：选择该复选框，表示首先打印模型空间几何图形。通常先打印图纸空间几何图形，然后打印模型空间几何图形。
- “隐藏图纸空间对象”复选框：设置 hide 命令是否应用于图纸空间视口中的对象。此选项仅在布局选项卡中可用。此设置的效果反映在打印预览中，而不反映在布局中。

（10）“图形方向”选项组：用于指定图形在图纸上的打印方向。

- “纵向”单选按钮：使图纸的短边位于图形页面的顶部。
- “横向”单选按钮：使图纸的长边位于图形页面的顶部。
- “上下颠倒打印”复选框：上下颠倒地放置并打印图形。

15.4 使用浮动视口

在构造布局时，可以将浮动视口视为图纸空间的图形对象，可通过夹点对其进行移动和调整大小等操作。在图纸空间中无法编辑模型空间中的对象，如果要编辑模型，必须激活浮动视口，进入浮动模型空间。激活浮动视口的方法有多种，如可执行 MSPACE 命令、单击状态栏上的“图纸”按钮或双击浮动视口区域中的任意位置。

15.4.1 新建、删除和调整浮动视口

新建浮动视口的操作在前面已经介绍。只需切换到布局窗口，然后执行“视图”菜单的“视口”子菜单下的相应命令即可。执行“视图”→“视口”→“三个视口”命令，然后在命令行提示下选择“右(R)”选项后，其创建的三个视口如图 15-27 所示。

在布局窗口，浮动视口被视为对象。选择浮动视口的边框后，将显示其夹点，拉伸其夹点，即可对视口的大小进行调整，如图 15-28 所示。如要删除浮动视口，按照删除对象的方法操作即可，例如，选择视口后按 Delete 键。

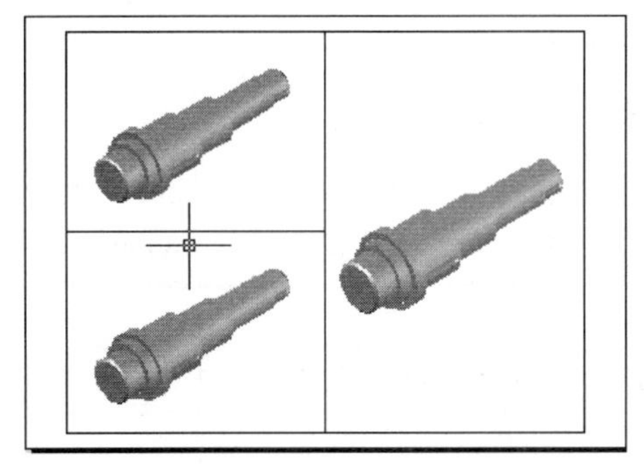

图 15-27　创建三个视口

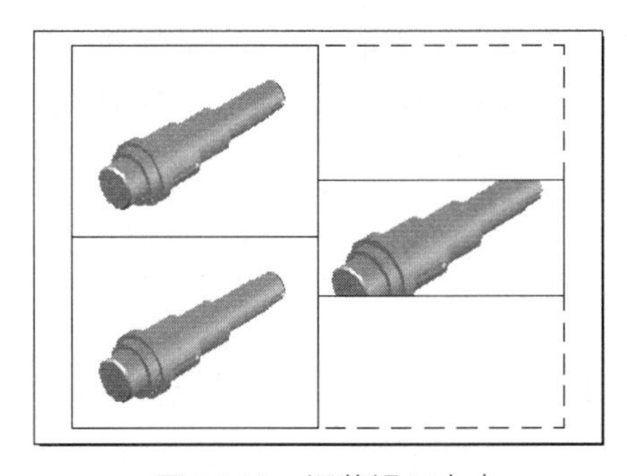

图 15-28　调整视口大小

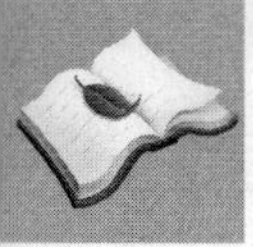

15.4.2　相对图纸空间比例缩放视图

如果在布局中定义了多个视口，可以对每个视口设置不同的缩放比例，以便通过多个视口来表达图纸的多个细节结果。如果要定义浮动视口的缩放比例，可选择该视口，然后单击状态栏右下方的“视口比例”按钮，如图 15-29 所示。

单击 添加(A)... 按钮，将弹出“添加比例”对话框，如图 15-31 所示，通过它可创建用户定义比例或设置在比例列表中的名称。在“图纸单位”和“图形单位”文本框中输入不同的值，缩放比例即定义为“图纸单位/图形单位”。

单击后将显示一系列的缩放比例，然后可为该浮动视口选择缩放比例。如选择“自定义”选项，将弹出如图 15-30 所示的“编辑图形比例”对话框，可对现有的缩放比例进行编辑。

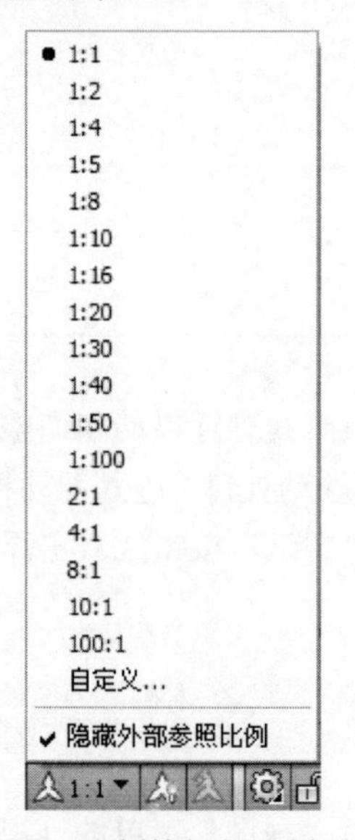

图 15-29　视口比例按钮与比例列表

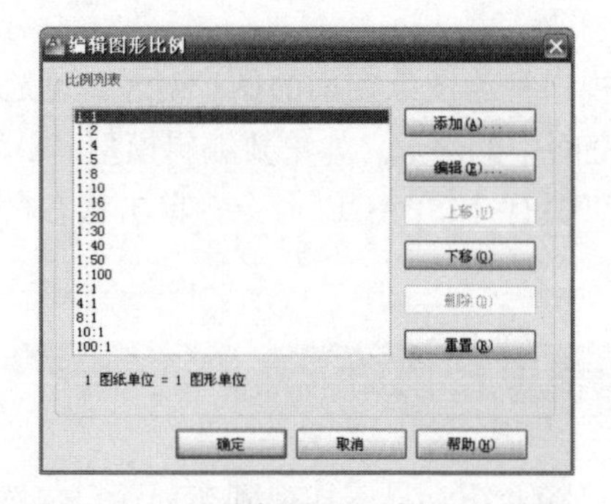

图 15-30　“编辑图形比例”对话框

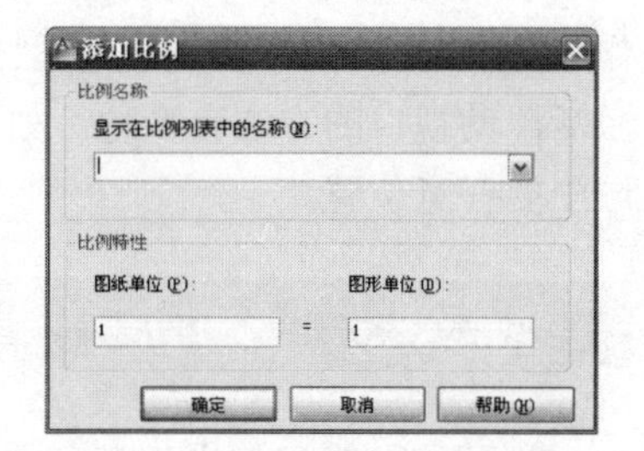

图 15-31　“添加比例”对话框

15.4.3　创建非矩形的浮动视口

除了矩形的视口，AutoCAD 2012 还支持创建多边形或其他形状的视口。这种不规则的视口只能在布局窗口创建，而不能在模型窗口创建。一般情况下，可以通过以下两种方式创建非矩形视口。

- 经典模式：选择菜单栏中的“视图”→“视口”→“多边形视口”命令。
- 运行 MVIEW 命令，将图纸空间中绘制的对象转换为布局视口。

对于第一种方式，选择“多边形视口”后，其命令提示与绘制多段线时相同，但最后如果多段线不闭合，系统会自动闭合，这种方法一般用于创建多边形的视口。对于第二种方式，运行 mview 命令后，命令行提示如下：

```
指定视口的角点或 [开(ON)/关(OFF)/布满(F)/着色打印(S)/锁定(L)/对象(O)/多边形(P)/恢复(R)/图层(LA)/2/3/4] <布满>:
```

输入 o 选择“对象(O)”选项，然后命令行继续提示：

选择要剪切视口的对象:

此时选择一个闭合的对象，例如，闭合的多段线、圆、椭圆和闭合的样条曲线等，按 Enter 键或单击鼠标右键即可完成创建视口，如图 15-32 所示。

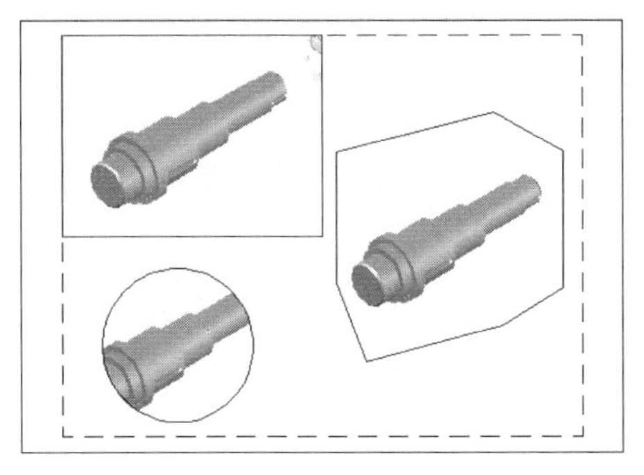

图 15-32　多边形视口与对象视口

将闭合对象创建为视口时，第一，对象必须是闭合的；第二，对象必须是绘制在图纸空间。在图纸空间，绘制和编辑图形的命令仍然是可用的。

15.5 打印图形

以上各节介绍的设置，包括布局和页面设置，均是为了图形的打印或输出。根据布局和页面设置，打印命令就可以将模型输出到文件，或者通过打印机和绘图仪打印成实体图纸。当然，在模型空间也可以打印，只是需对打印进行设置。

15.5.1 打印预览

在打印之前，可以先打印预览，即在预览窗口查看打印的效果，以便在打印前确定打印的视口是否正确，或是否有其他线型、线宽上的错误等。

在 AutoCAD 2012 中，可通过以下 4 种方法执行打印预览。

- 功能区：单击“输出”选项卡→“打印”面板→“预览”按钮。
- 经典模式：选择菜单栏中的“文件”→“打印预览”命令。
- 经典模式：单击“标准”工具栏中的“打印预览”按钮。
- 运行命令：PREVIEW。

执行打印预览命令后，将弹出打印预览窗口，如图 15-33 所示。

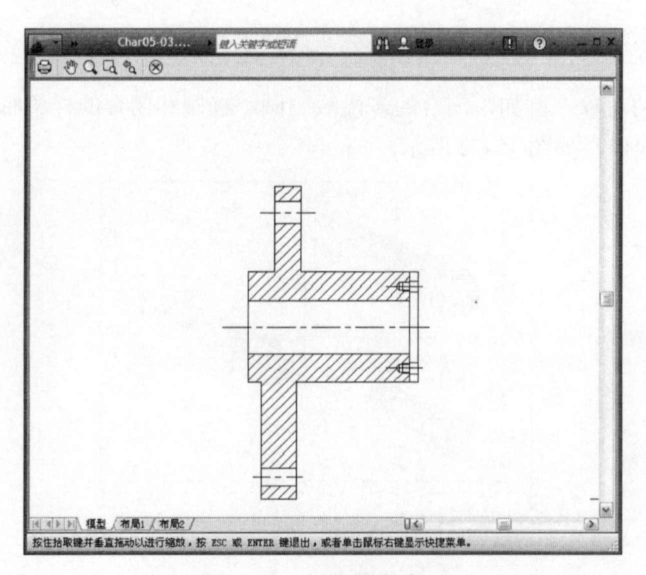

图 15-33　打印预览窗口

如果当前的页面设置没有指定绘图仪或打印机，那么命令行将提示：

```
未指定绘图仪。请用“页面设置”给当前图层指定绘图仪。
```

如提示该信息，可通过 PAGESETUP 命令打开“页面设置管理器”对话框，指定绘图仪或打印机，然后才能预览打印效果。

在打印预览窗口，光标的形状将变成Q+，向上移动光标将放大图形，向下移动光标将缩小图形。打印预览窗口显示当前图形的全页预览，还包括一个工具栏，通过该工具栏上的各个按钮，可进行打印、缩放等操作。各个按钮的作用如下。

- “打印”按钮：用于打印预览中显示的整张图形，然后退出“打印预览”。
- “平移”按钮：单击该按钮，将显示平移光标，即手形光标，可以用来平移预览图像。
- “缩放”按钮：单击该按钮，将显示缩放光标，即放大镜光标，可以用来放大或缩小预览图像。
- “窗口缩放”按钮：用于缩放以显示指定窗口。
- “缩放为原稿”按钮：单击该按钮，将恢复初始整张浏览。
- “关闭预览窗口”按钮：单击该按钮，将关闭“预览”窗口。

15.5.2　打印输出

如预览无误后，即可打印图形。AutoCAD 2012 中可通过以下 6 种方法打印图形。

- 功能区：单击“输出”选项卡→“打印”面板→“打印”按钮。
- 经典模式：选择菜单栏中的“文件”→“打印”命令。
- 经典模式：单击“标准”工具栏中的“打印”按钮。
- 快速访问工具栏的“打印”按钮。
- 运行命令：pLOT。
- 打印图形的快捷键 Ctrl+P。

执行打印命令后，将弹出“打印”对话框。如图 15-34 所示为单击扩展按钮扩展后的“打印”对话框。

图 15-34 “打印”对话框

“打印”对话框与图 15-23 所示的“页面设置”对话框相似。但通过“打印”对话框还可以设置其他的打印选项。

（1）在“页面设置”选项组，通过“名称”下拉列表框可以选择页面设置。因为对一张图纸可以有多个页面设置。选择下拉列表框的“上一个打印”选项可以导入上一次打印的页面设置；选择“输入”选项，可导入其他 DWG 文件中的页面设置。单击 添加()... 按钮，可以新建页面设置。

（2）在“打印机/绘图仪”选项组还有一个“打印到文件”复选框。如选择该复选框，那么将把图形打印输出到文件而不是绘图仪或打印机。如果已选择“打印到文件”复选框，单击“打印”对话框中的“确定”按钮，将显示“浏览打印文件”对话框（标准文件浏览对话框）。

AutoCAD 小提示

打印文件的默认位置是在菜单“工具”→“选项”→“打印和发布”选项卡→“打印到文件操作的默认位置”选项中指定的。

（3）在“图纸尺寸”选项组右边还有一个“打印份数”文本框。该文本框可以设置每次打印图纸的份数。

（4）在“打印选项”选项组中还多了“后台打印”、“打开打印戳记”和“将修改保存到布局”3 个复选框，它们的作用如下。

- “后台打印”复选框：选择该复选框，表示在后台处理打印。
- “打开打印戳记”复选框：选择该复选框，表示打开打印戳记，即在每个图形的指定角点处放置打印戳记并（或）将戳记记录到文件中。选择该复选框后，将显示设置“设置打印戳记”按钮，单击可打开“打印戳记”对话框，如图 15-35 所示，打印戳记的设置将在下面的小节中介绍。
- “将修改保存到布局”复选框：选择该复选框，会将在“打印”对话框中所做的修改保存到布局。

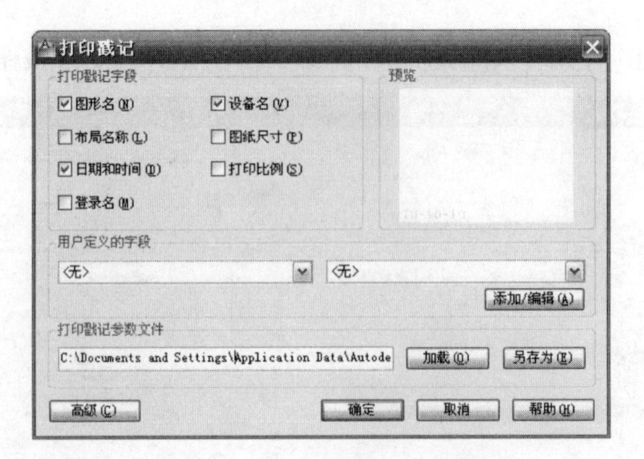

图 15-35 “打印戳记”对话框

15.5.3 打印戳记

上一小节提到可以在“打印”对话框中设置打印戳记。打印戳记是打印时在图纸上添加一些图纸信息。打印戳记只有在打印预览或打印的图形中才能看到，而不能在模型或布局中看到，如图 15-36 所示。

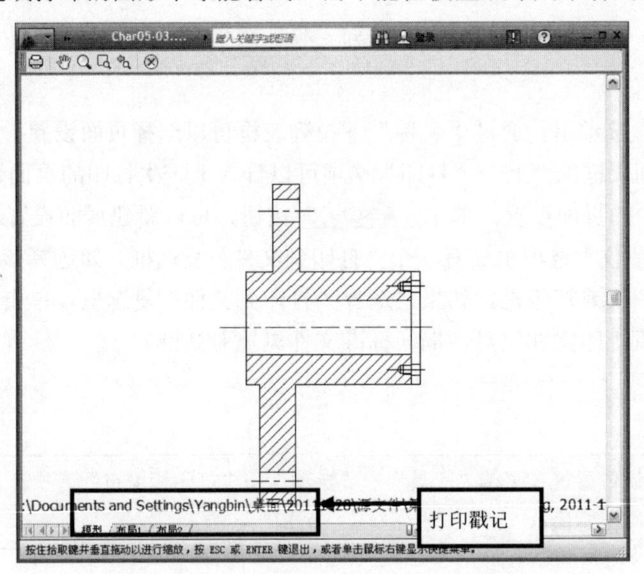

图 15-36 “打印预览”窗口可见打印戳记

如图 15-35 所示，在“打印戳记字段”选项组中，可通过各个复选框选择打印戳记包含的图形信息，包括图形名、布局名称、日期和时间、登录名、设备名、图纸尺寸和打印比例等。

在“用户定义的字段”选项组中单击 添加/编辑(A) 按钮，可以添加文本作为打印戳记的内容，例如，加工的价格、施工的周期等信息。

在“打印戳记参数文件”选项组，可设置打印戳记的保存和加载路径。

单击 高级(C) 按钮，可显示“高级选项”对话框，如图 15-37 所示，从中可以设置打印戳记的位置、文字特性和单位，也可以创建日志文件并指定它的位置。

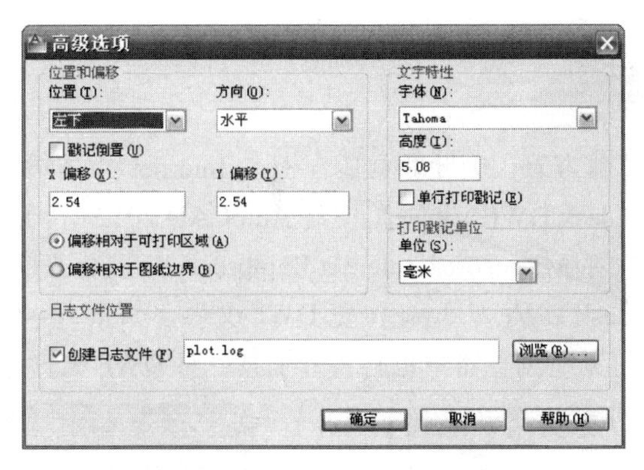

图 15-37　“高级选项”对话框

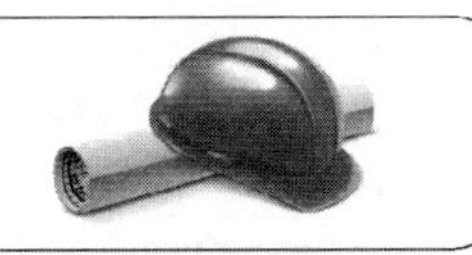

15.6 发布 DWF 文件

DWF 文件即 Design Web Format 文件，是一种二维矢量文件。在 Web 或 Intranet 网络上发布图形时，使用 DWF 文件可提高传输速度，节省下载时间。每个 DWF 文件可包含一张或多张图纸，它完整地保留了打印输出属性和超链接信息，支持实时平移和缩放，还可以控制图层和命名视图的显示，并且在进行局部放大时，基本能够保持图形的准确性。

15.6.1 输出 DWF 文件

DWF 文件的输出可通过两种途径。

- 在“打印”对话框“打印机/绘图仪”选项组的“名称”下拉列表框选择“DWF6 ePlot.pc3”选项，然后打印即可。
- 经典模式：选择菜单栏中的“文件”→“输出”命令，在弹出的“输出数据”对话框中的“文件类型”下拉列表框选择“三维 DWF”，如图 15-38 所示，然后选择路径保存即可。但是，这种方式只支持在“模型”选项卡输出。

图 15-38　输出 DWF 文件

15.6.2 浏览 DWF 文件

DWF 文件可用大多数浏览器查看，因此非常适合于在 Internet 上传播。要浏览 DWF 文件，可使用 Autodesk Design Review 或 Autodesk DWF Viewer，安装 AutoCAD 2012 时，系统默认安装了 Autodesk DWF Viewer。除此之外，用户还可以在 Microsoft® Internet Explorer 5.01 及更高版本中查看 DWF 文件。

如图 15-39 所示为用 Autodesk DWF Viewer 浏览 DWF 文件，如图 15-40 所示为用 Microsoft® Internet Explorer 6.0 浏览 DWF 文件，可见在浏览器中也有各种工具栏对 DWF 文件进行缩放、平移等操作。

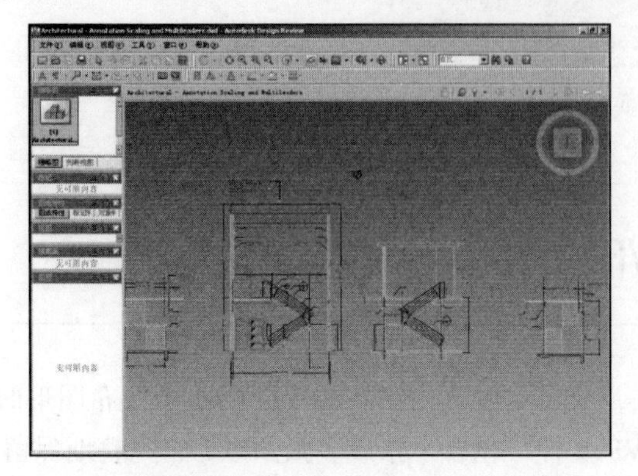

图 15-39 用 Autodesk DWF Viewer 浏览

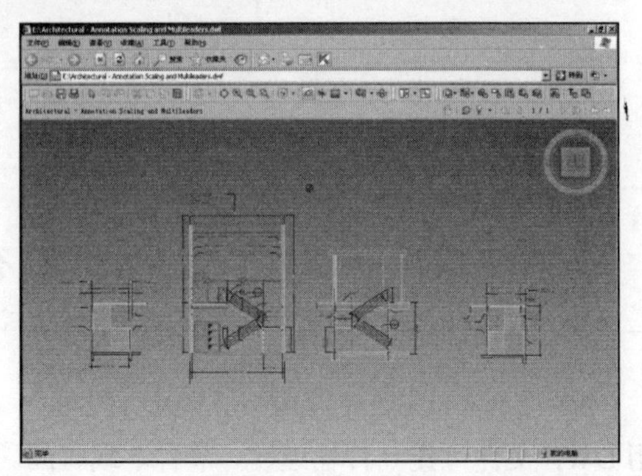

图 15-40 用 Microsoft® Internet Explorer 6.0 浏览

15.7 将图形发布到 Web 页

AutoCAD 2012 可以方便地将图形发布到 Web 页。使用“网上发布”向导，即使不熟悉 HTML 编码，也可以快速、轻松地创建出精彩的格式化网页。创建 Web 页后，可以将其发布到 Internet 或 Intranet 位置。

AutoCAD 2012 的网上发布可通过以下两种方式执行。

- 选择“文件”→“网上发布”命令。
- 运行命令：PUBLISHTOWEB。

执行网上发布命令后，将弹出“网上发布”对话框，如图 15-41～图 15-50 所示。“网上发布”向导提供了一个简化的界面，用于创建包含图形的 DWF、JPEG 或 PNG 图像的格式化 Web 页。

如图 15-41 所示，选择创建新的 Web 页或编辑现有的 Web 页后，单击下一步(N) >按钮，转到图 15-42 所示的页面。该页面用于输入 Web 页的名称和说明，并可指定 Web 页保存的本地路径。单击下一步(N) >按钮，转到如图 15-43 所示的页面。

图 15-43 所示用于选择图像类型，因为 Web 页中图形是采用图像格式来表示，在此页面中可选择图像的类型为包含图形的 DWF、JPEG 或 PNG 图像。它们的区别在于：DWF 格式不会压缩图形文件；JPEG 格式采用有损压缩，即丢弃一些数据以显著减小压缩文件的大小；PNG（便携式网络图形）格式采用无损压缩，即不丢失原始数据就可以减小文件的大小。单击下一步(N) >按钮，转到图 15-44 所示的页面，可以选择 Web 页的样板。单击“下一步”按钮，转到如图 15-45 所示的页面。

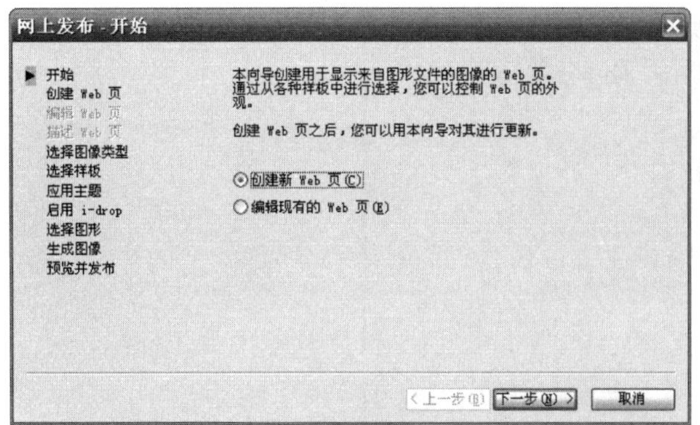

图 15-41　选择创建新 Web 页或编辑现有的 Web 页

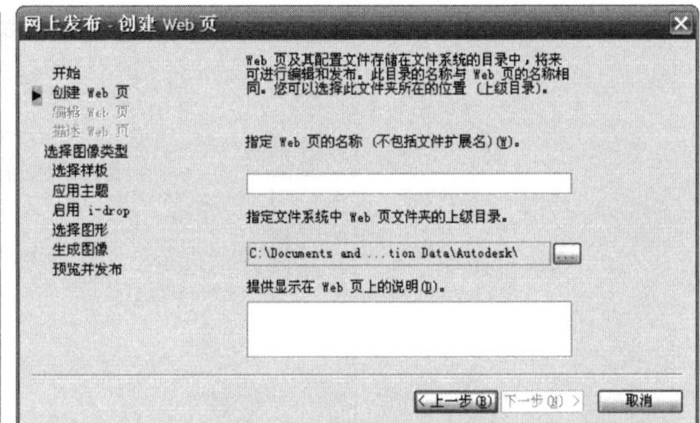

图 15-42　指定 Web 页的名称和路径

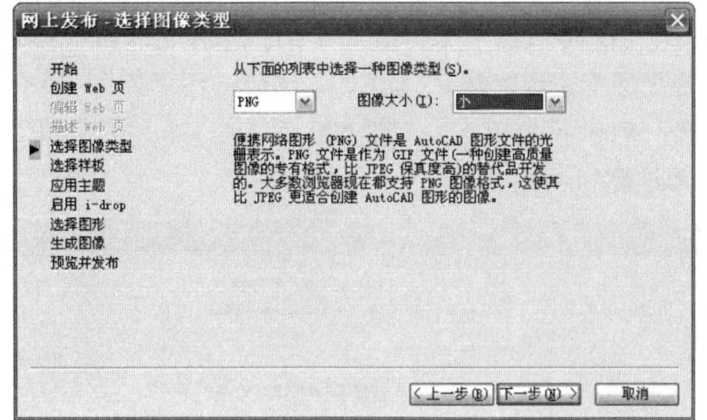

图 15-43　选择 Web 页中图形的图像类型

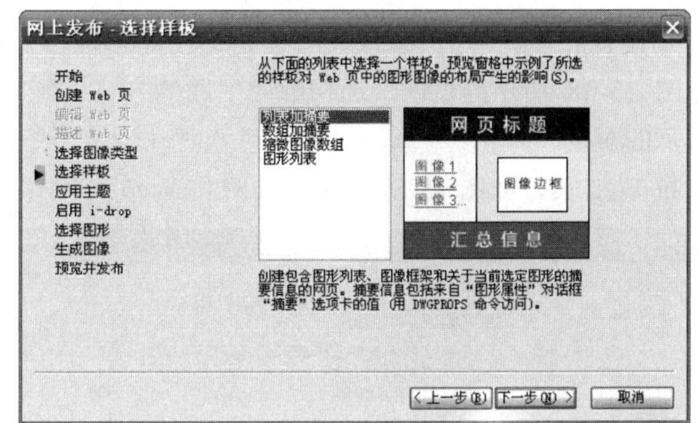

图 15-44　指定样板

在图 15-45 中可以选择 Web 页主题，即网页的配色方案；单击 下一步(N) > 按钮将转到如图 15-46 所示的页面，可选择是否启用 i-drop。如果启用 i-drop，那么在访问 Web 页时可以将图形文件拖放到 AutoCAD 的任务中。然后单击 下一步(N) > 按钮转到如图 15-47 所示的页面。

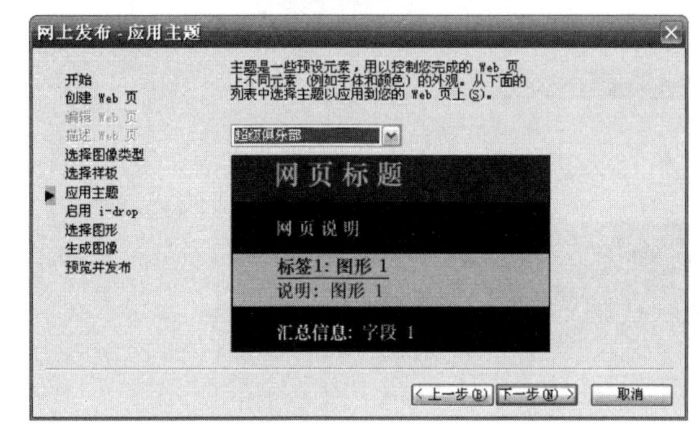

图 15-45　选择主题

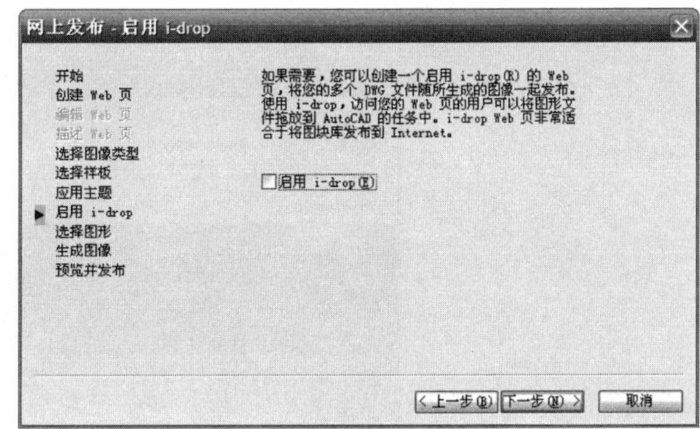

图 15-46　选择是否启用 i-drop

在图 15-47 中，可以选择 Web 页中包含的图像。“图形”下拉列表框可选择图像所对应的图形，相当于将图形打印到图像上；在“布局”下拉列表框中，可以选择图像所打印的布局；在“标签”和“描述”文本框中，可以输入在 Web 页中链接该图像的标签及说明文字。

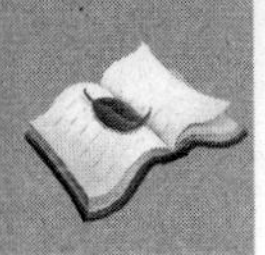

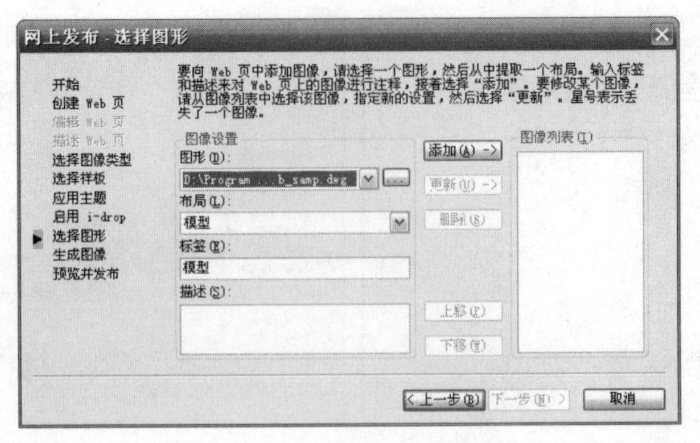

图 15-47　选择 Web 页中的图形

设置完后，单击添加(A) ->按钮，即可将该图形添加到“图像列表”中。然后单击下一步(N) >按钮，转到如图 15-48 所示的页面，选择图像生成的方式。到此设置基本完成，单击下一步(N) >按钮，转到如图 15-49 所示的页面。单击预览(P)按钮即时在浏览器中预览 Web 页，单击立即发布(N)或完成按钮即可发布 Web 页，如图 15-50 所示，同时将 Web 页保存到本地路径。

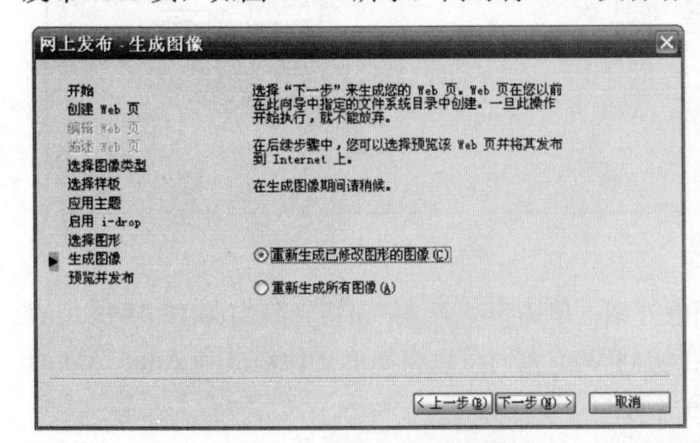

图 15-48　生成图像

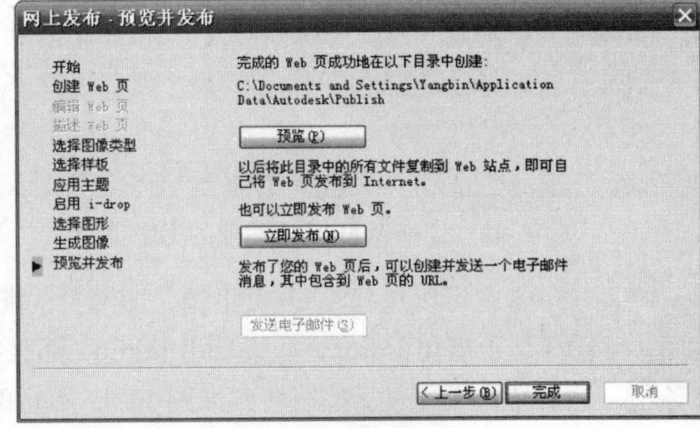

图 15-49　完成发布

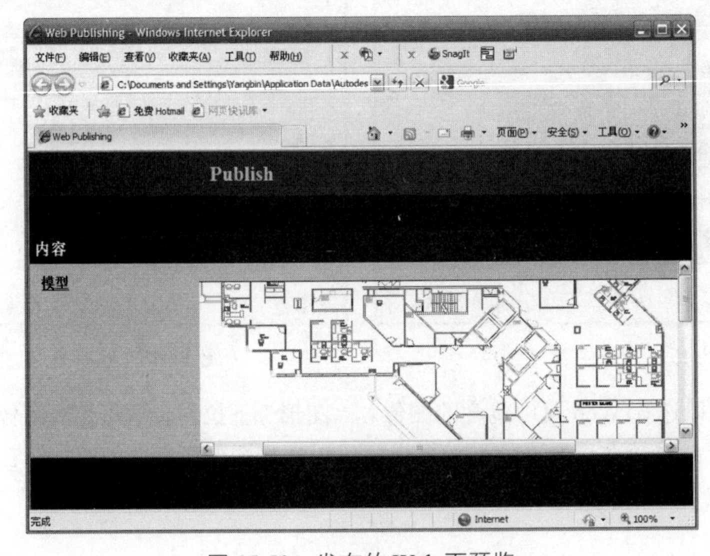

图 15-50　发布的 Web 页预览

15.8 知识回顾

本章主要介绍了 AutoCAD 2012 的图形输入/输出功能。AutoCAD 2012 的图形输入/输出功能比较强大，可以输入多种格式的文件，也可以输出除了 DWG 格式之外的各种格式的文件，并将图形发布到 Web 页面。在本章中，还应该了解模型空间和布局空间两者的区别，并掌握利用布局空间管理图纸的打印和输出。

第 16 章

AutoCAD 机械设计案例详解

机械设计是根据使用要求对机械的工作原理、结构、运动方式、力和能量的传递方式、各个零件的材料和形状尺寸、润滑方法等进行构思、分析和计算并将其转化为具体的描述以作为制造依据的工作过程。通过 Auto CAD 可以表达机械设计中涉及的零件、装配等各种图纸文件。

学习目标

- 绘图环境设置
- 绘制各种视图
- 标注尺寸
- 标注文字注释

16.1 设置绘图环境

设置绘图环境是绘制图形前的工作，主要包括新建文件、加载文件模板、填写标题中的名称、材料、图纸编号等内容。设置绘图环境的操作步骤如下：

01 单击“快速访问”工具栏中的“新建”按钮，系统弹出如图 16-1 所示的“创建新图形”对话框。

02 单击“使用样板”按钮，然后单击如图 16-1（b）所示的“浏览”按钮，系统弹出“选择样板文件”对话框。

（a）从草图开始

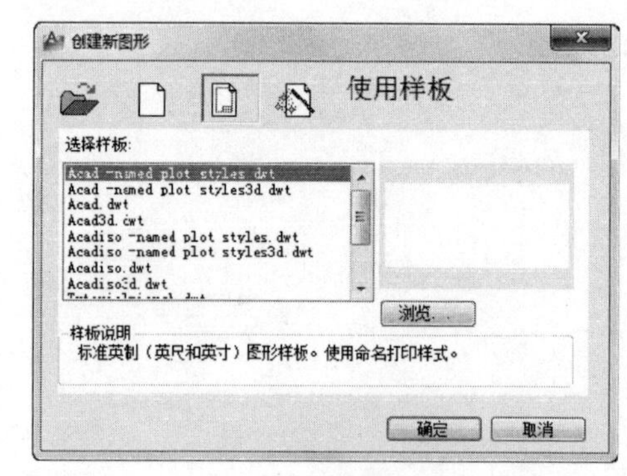

（b）使用样板

图 16-1 “创建新图形”对话框

03 在系统弹出的“选择样板文件”对话框中选择目录下的 A4.dwt 样板文件，单击“打开”按钮，完成样板文件的加载，效果如图 16-2 所示。

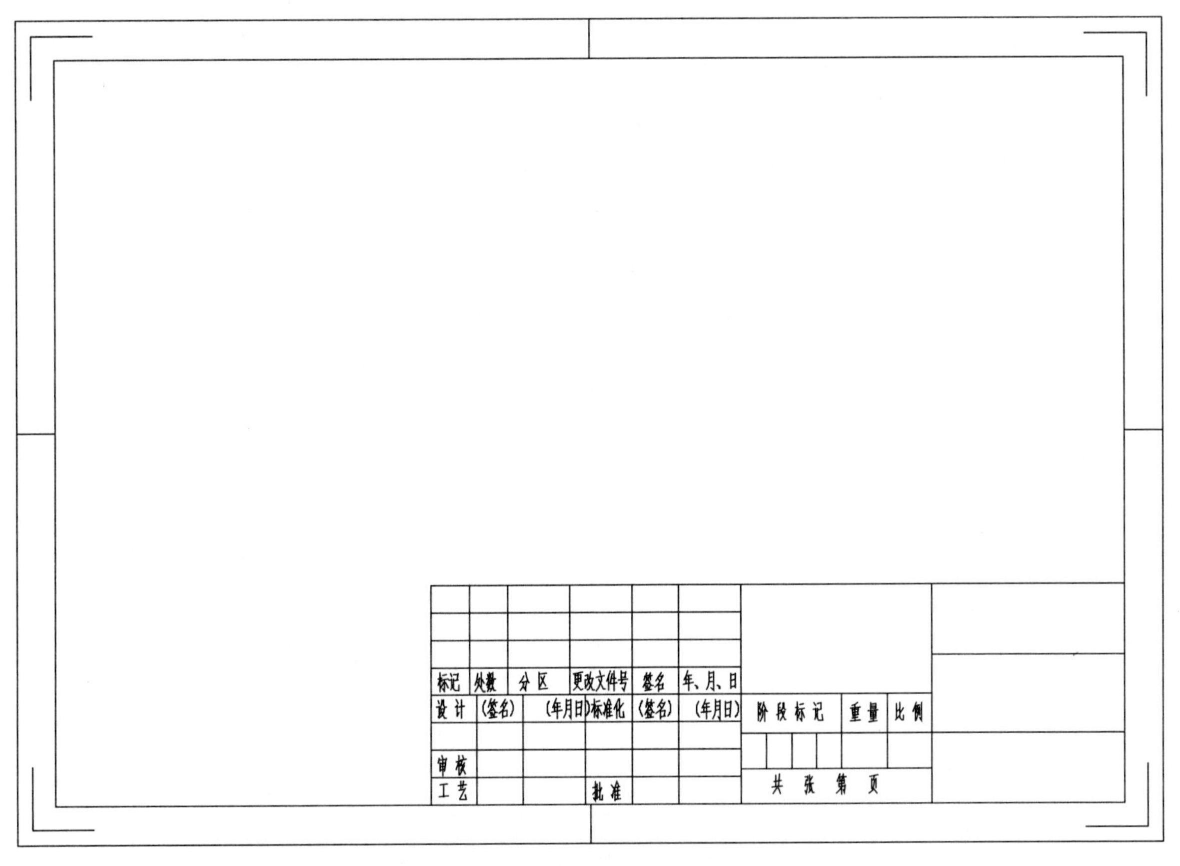

图 16-2　样板文件

04 双击右下角的标题栏，系统弹出如图 16-3 所示的“增强属性编辑器”对话框。

05 选择“属性”选项卡中列表框中的“单位名称”选项，在“值”文本框中输入“法兰盘”。

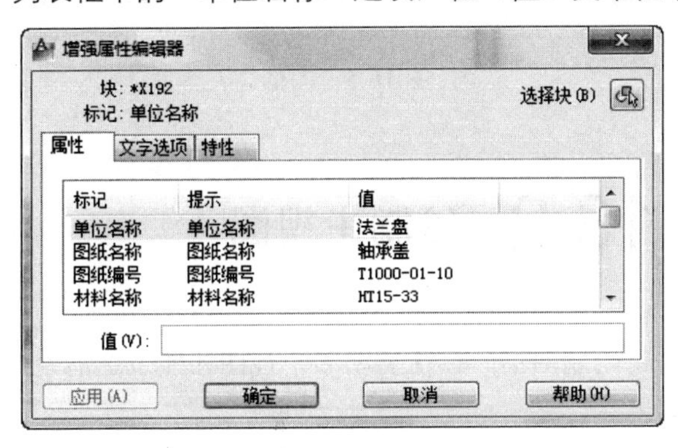

图 16-3　“增强属性编辑器”对话框

06 重复步骤 05 的操作，为图纸名称、图纸编号、材料名称等赋值，最后单击“确定”按钮，完成标题栏的填写，效果如图 16-4 所示。

						S355NL			XX股份有限公司
标记	处数	分区	更改文件号	签名	年、月、日				法兰盘
设计	(签名)	(年月日)	标准化	(签名)	(年月日)	阶段标记	重量	比例	
审核									TL-00-001
工艺			批准			共 张 第 页			

图 16-4　标题栏

07 重复步骤 04 和步骤 05，为左上角的图纸编号赋值，最终效果如图 16-5 所示。

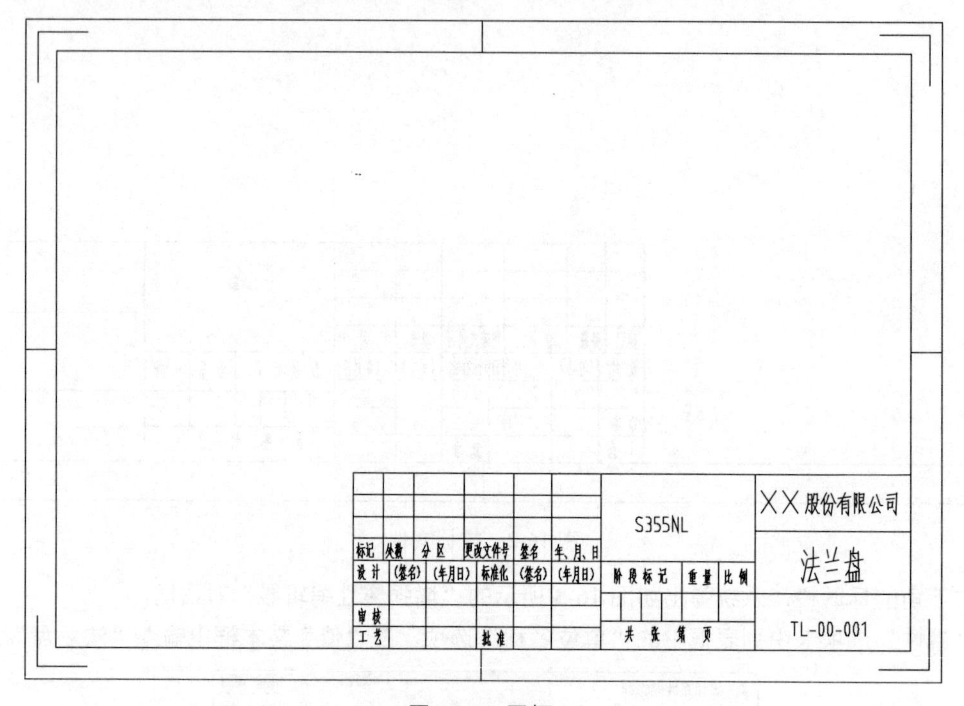

图 16-5　图框

16.2 绘制主视图

设置完绘图环境，接下来将绘制图形。往往需要多个视图才能表达清楚一个零部件，在众多视图中，首先绘制主视图是常见的绘图思路。

16.2.1 绘制图形

绘制图形的操作步骤如下：

01 选择“常用”选项卡→“图层”面板→“图层”下拉列表框→“中心线层”图层为当前绘图层。

02 单击“常用”选项卡→“绘图”面板→“直线”按钮，绘制如图 16-6 所示的中心线。

03 选择“常用”选项卡→“图层”面板→“图层”下拉列表框→“粗实线层”图层为当前绘图层。

04 单击“常用”选项卡→“绘图”面板→“圆心,半径”按钮，以左侧中心线的交点为圆心，绘制如图 16-7 所示的半径为 7、10、11、20、45 的圆。

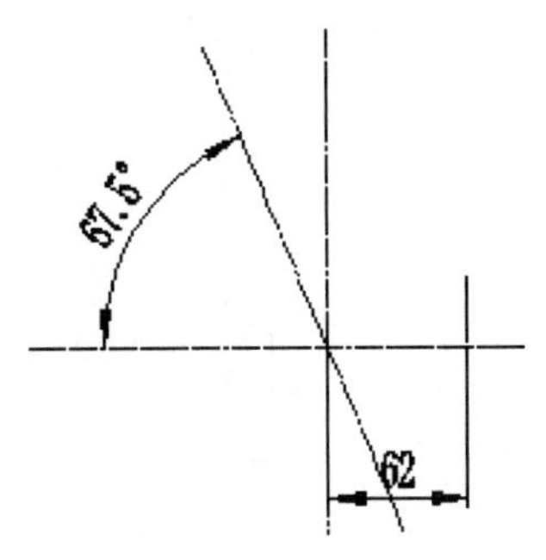

图 16-6　中心线

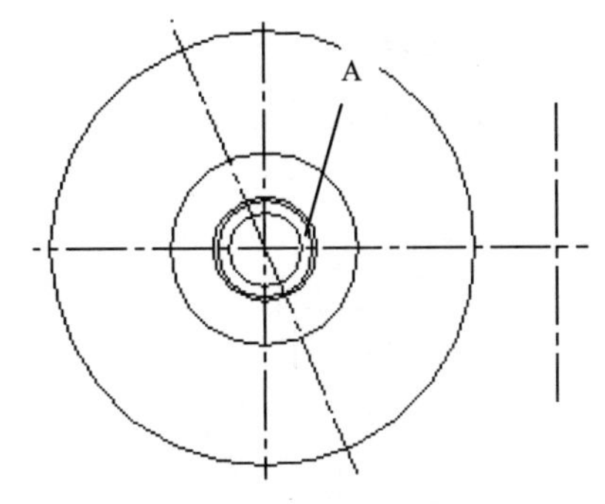

图 16-7　圆

04 单击“常用”选项卡→“绘图”面板→“直线”按钮，以图 16-7 所示的 A 点为起点，向下移动鼠标，输入 62 并按 Enter 键，向左移动鼠标，输入 40 并按下 Enter 键，向上移动鼠标捕捉圆与中心线的交点，绘制如图 16-8 所示的直线段。

05 单击“常用”选项卡→“修改”面板→“修剪”按钮，以中心线和刚才绘制的直线段为边界，修剪圆，效果如图 16-9 所示。

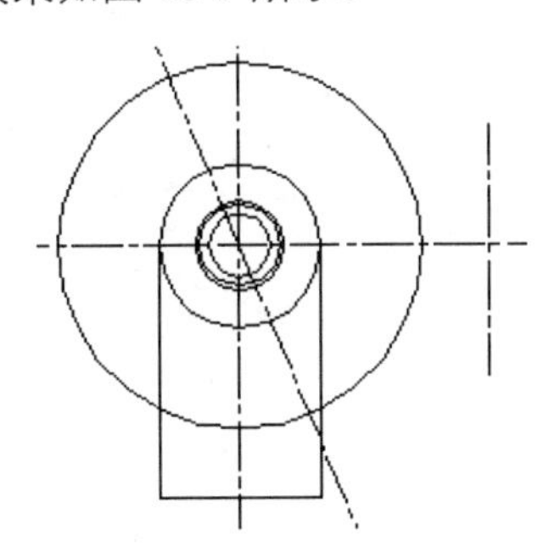

图 16-8　绘制的直线段

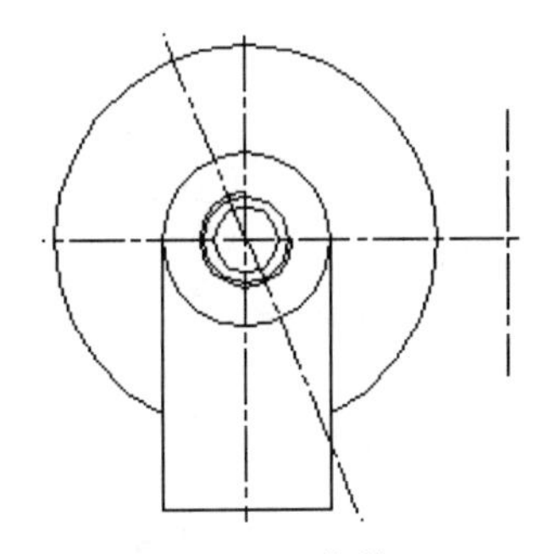

图 16-9　修剪圆

06 单击“常用”选项卡→“绘图”面板→“圆心,半径”按钮，以右侧中心线的交点为圆心，绘制如图 16-10 所示的半径为 11、17.5 的圆。

07 单击“常用”选项卡→“绘图”面板→“多边形”按钮，以右侧中心线的交点为内接圆心，绘制如图 16-11 所示的正四边形。

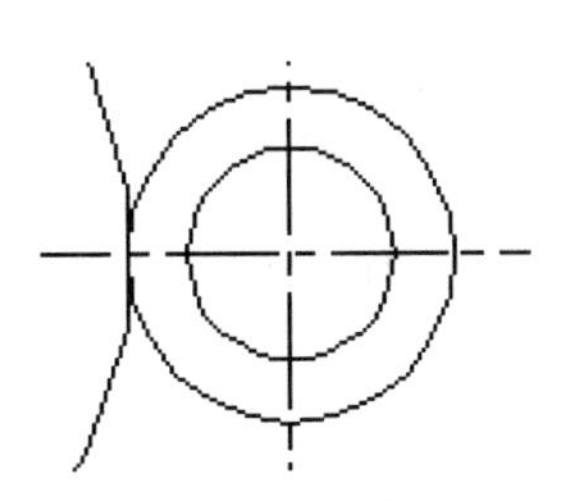

图 16-10　绘制的圆

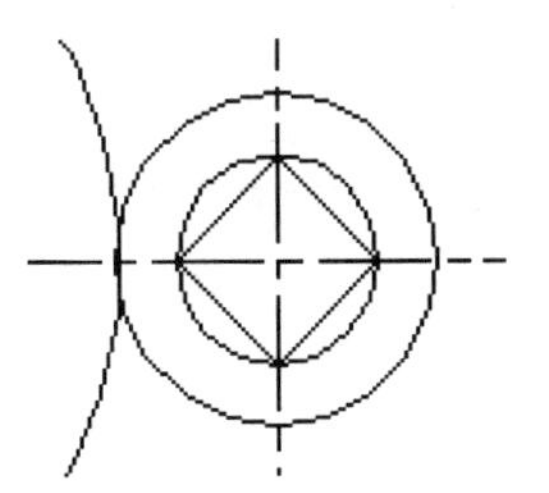

图 16-11　绘制的正四边形

08 单击“常用”选项卡→“绘图”面板→“圆心,半径”按钮，以左侧中心线交点为圆心，绘制如图 16-12 所示的半径为 105、127.5、142.5 的圆。

09 选择刚才绘制的半径为 127.5 的圆，将其转换为中心线层。

10 单击“常用”选项卡→“绘图”面板→“圆心,半径”按钮，以图 16-12 所示的 A 点为圆心，绘制如图 16-13 所示的半径为 6.5、12 的圆。

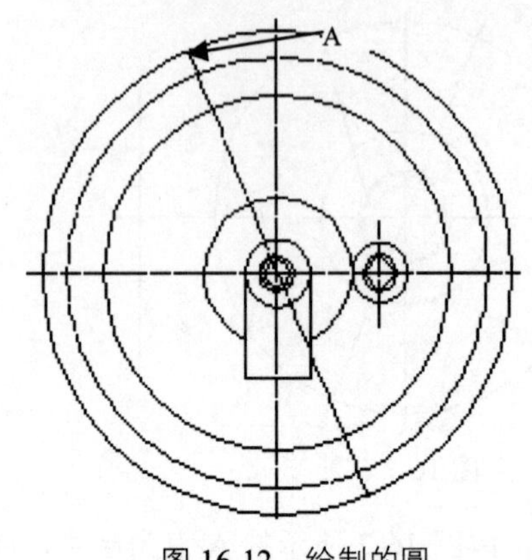

图 16-12　绘制的圆

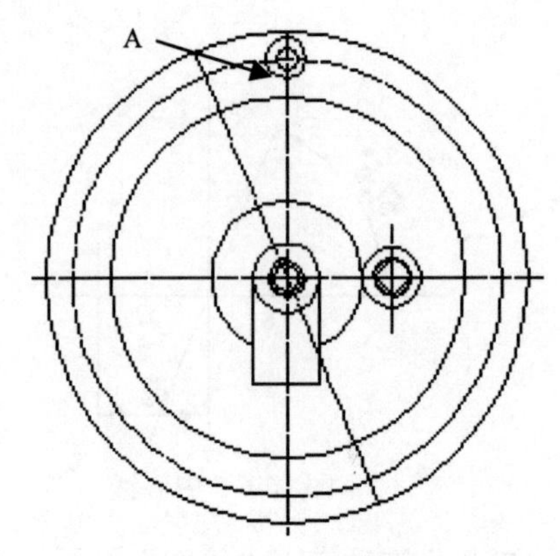

图 16-13　绘制的圆

11 重复步骤 10 的操作，以图 16-13 所示的 A 点为圆心，绘制如图 16-14 所示的半径为 5、6 的圆。

12 单击“常用”选项卡→“修改”面板→“打断”按钮，将半径为 6 的圆打断，效果如图 16-15 所示。

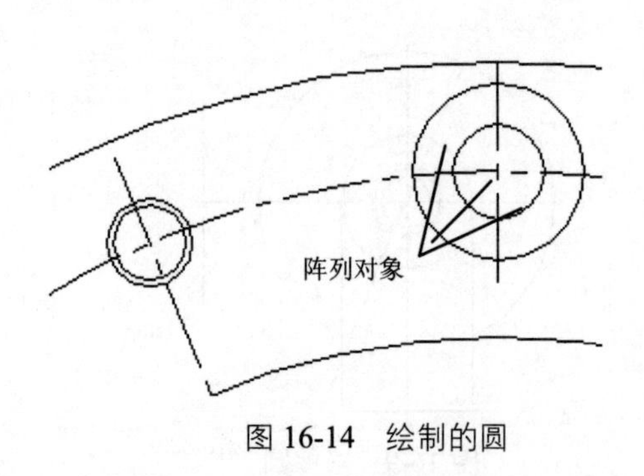

图 16-14　绘制的圆

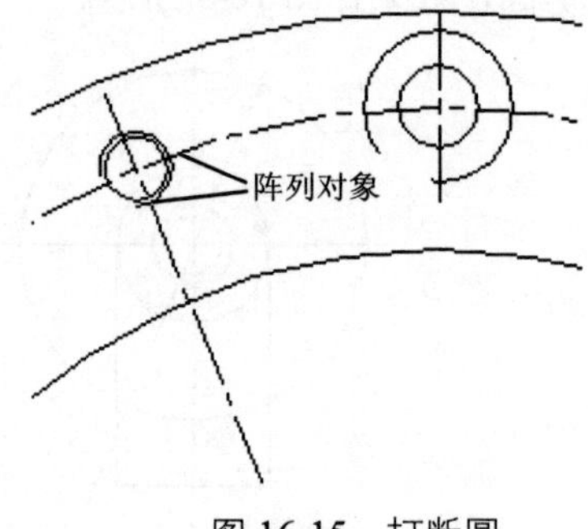

图 16-15　打断圆

13 重复步骤 12 的操作，将步骤 10 和步骤 11 所绘制的圆的中心线打断。

16.2.2　编辑图形

编辑图形的操作步骤如下：

01 单击“常用”选项卡→“修改”面板→“环形阵列”按钮，以左侧中心线的交点为环形阵列中心，将图 16-14 所示的圆及其中心线生成如图 16-16 所示的阵列。

02 重复步骤 01 的操作，将图 16-15 所示的圆及其中心线，创建如图 16-17 所示的环形阵列。

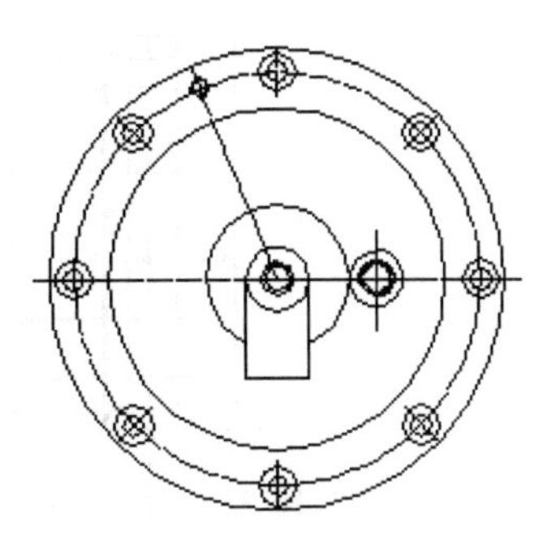

图 16-16　环形阵列

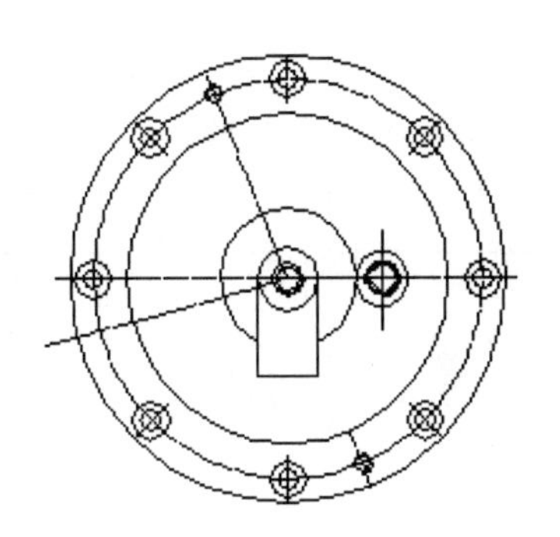

图 16-17　环形阵列

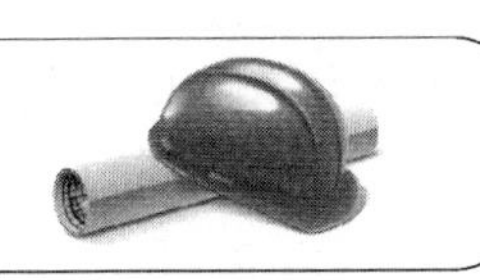

16.3 绘制投影视图

在绘制完成主视图后，需要通过主视图投影生成其他视图。下面通过刚才绘制的主视图为基准，绘制法兰盘的左视图。

16.3.1 绘制轮廓

绘制零件轮廓的操作步骤如下：

01 单击“常用”选项卡→“绘图”面板→“直线”按钮，以主视图为基准，绘制如图 16-18 所示的直线段。

02 重复步骤 01 的操作，捕捉上部水平直线段的任意点，向下移动鼠标捕捉下部水平直线段的垂足，绘制直线段。

03 单击“常用”选项卡→“修改”面板→“偏移”按钮，将刚才绘制的直线段向右偏移 163，效果如图 16-19 所示。

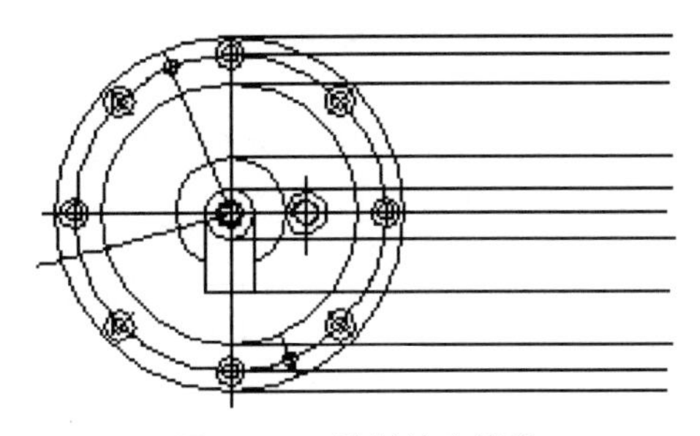

图 16-18　绘制的直线段

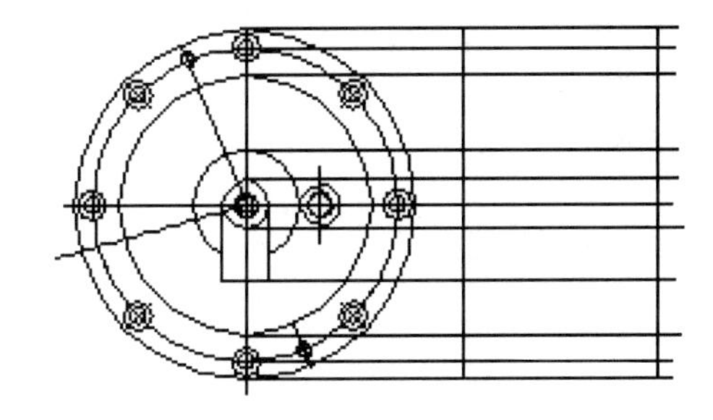

图 16-19　偏移直线段

04 单击“常用”选项卡→“修改”面板→“修剪”按钮，以垂直直线段为边界，将水平直线段修剪，效果如图 16-20 所示。

05 单击“常用”选项卡→“修改”面板→“偏移”按钮，将左侧水平直线段向右水平分别偏移 43、63、77、95、97，效果如图 16-21 所示。

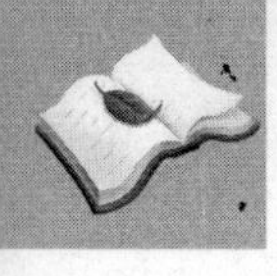

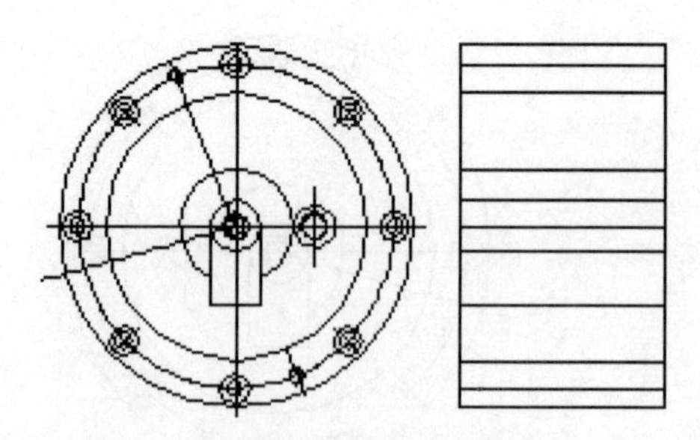
图 16-20　修剪水平直线段

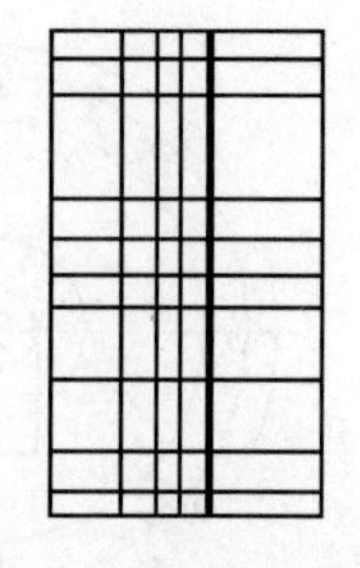
图 16-21　偏移垂直直线段

06 单击“常用”选项卡→“修改”面板→“修剪”按钮-/--，将图形中的线段进行修剪，效果如图 16-22 所示。

07 单击“常用”选项卡→“修改”面板→“偏移”按钮，将图 16-22 所示的 A 中心线向上、下分别偏移 85、95、110，效果如图 16-23 所示。

08 选择偏移的直线段，将其转换为粗实线层。

09 单击“常用”选项卡→“修改”面板→“修剪”按钮-/--，将图形进行修剪，效果如图 16-24 所示。

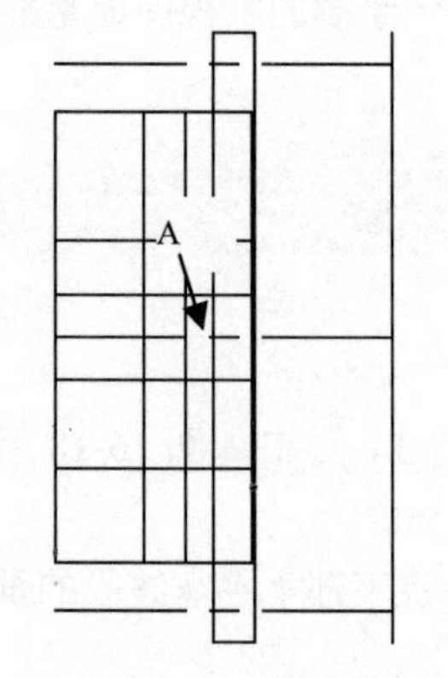

图 16-22　修剪后的图形

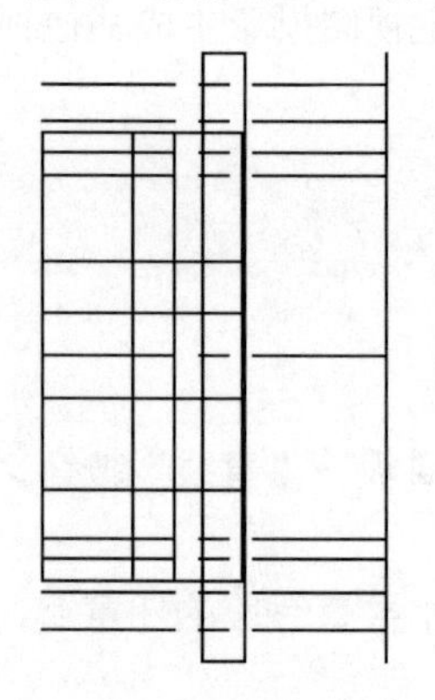
图 16-23　偏移直线段

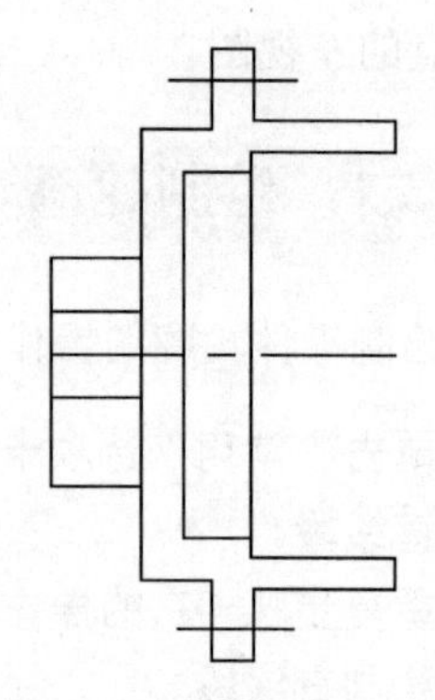
图 16-24　修剪后的图形

10 单击“常用”选项卡→“绘图”面板→“直线”按钮，绘制如图 16-25 所示的直线段。

11 单击“常用”选项卡→“修改”面板→“偏移”按钮，将左侧的垂直直线段向右偏移 3，效果如图 16-26 所示。

12 单击“常用”选项卡→“修改”面板→“修剪”按钮-/--，将图形进行修剪，效果如图 16-27 所示。

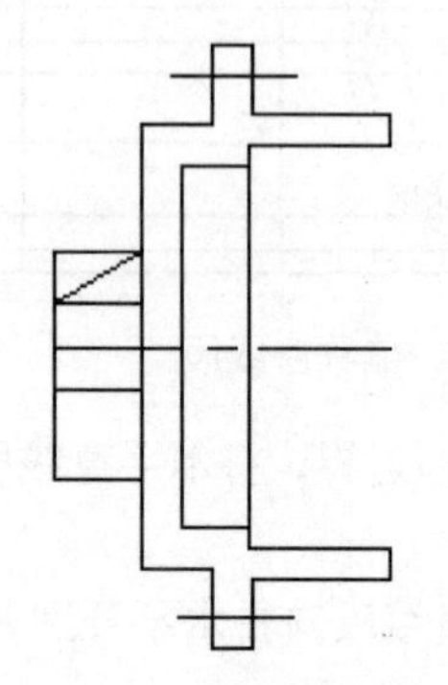
图 16-25　绘制的直线段

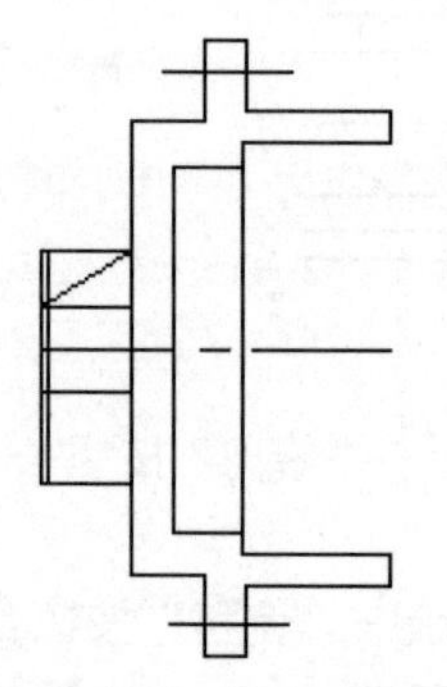
图 16-26　偏移直线段

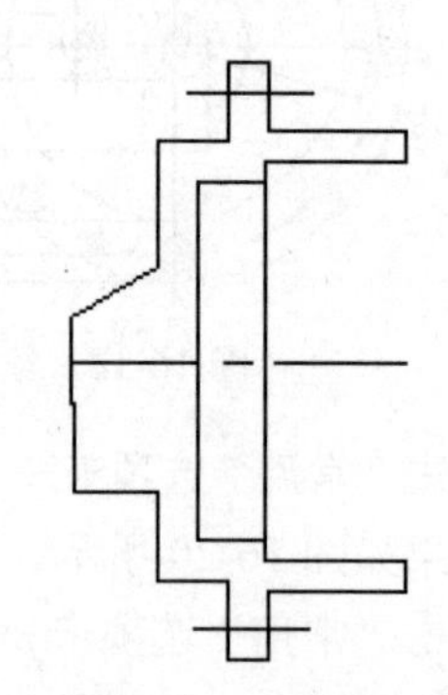
图 16-27　修剪后的图形

13 单击“常用”选项卡→“修改”面板→“圆角”按钮，建立如图 16-28 所示的半径为 35 的不修剪边线倒圆角。

14 重复步骤 13 的操作，建立如图 16-29 所示的半径为 5、15 的倒圆角。

15 单击“常用”选项卡→“修改”面板→“修剪”按钮，将图形进行修剪，效果如图 16-30 所示。

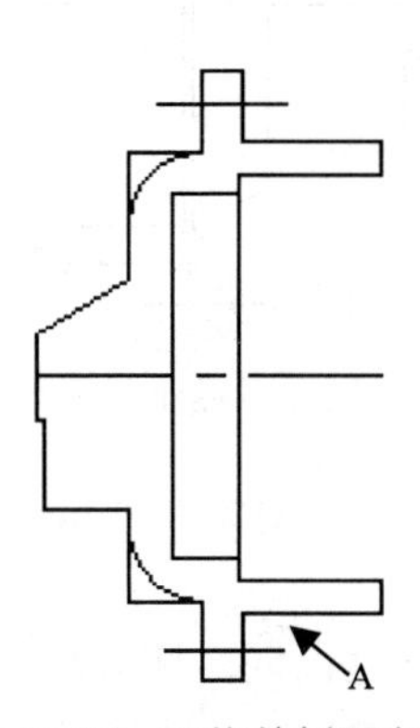

图 16-28　不修剪倒圆角

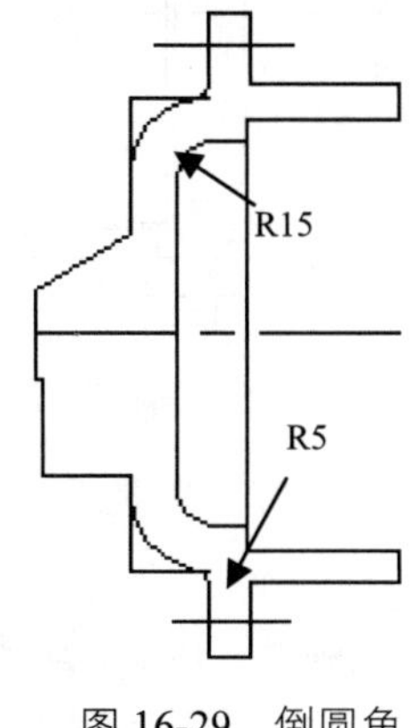

图 16-29　倒圆角

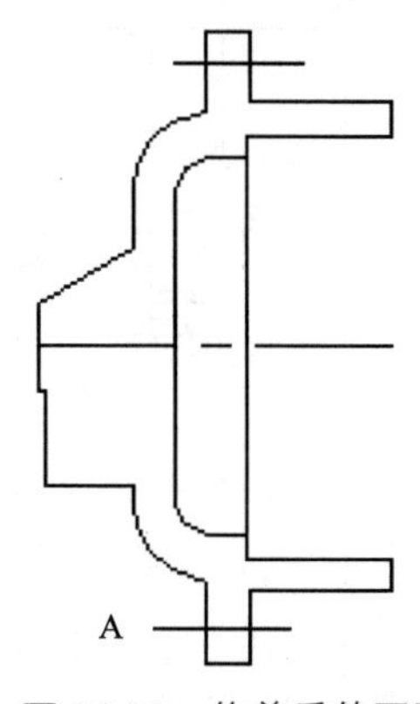

图 16-30　修剪后的图形

16.3.2　绘制安装孔

绘制安装孔的操作步骤如下：

01 单击“常用”选项卡→“修改”面板→“偏移”按钮，将图 16-30 所示的 A 直线段向右偏移 2，效果如图 16-31 所示。

02 重复步骤 01 的操作，将图 16-31 所示的 A 中心线向上下分别偏移 6.5、12，效果如图 16-32 所示。

03 单击“常用”选项卡→“修改”面板→“修剪”按钮，将图形中偏移的直线段进行修剪，效果如图 16-33 所示。

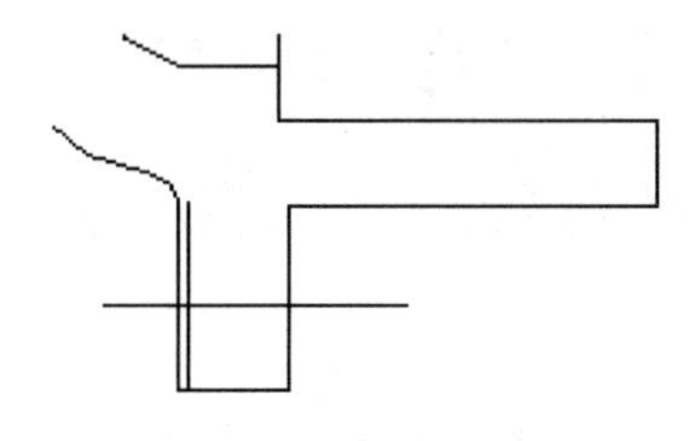

图 16-31　偏移垂直直线段

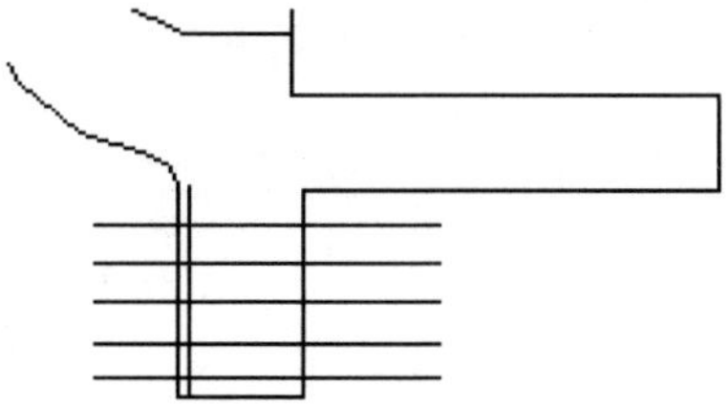

图 16-32　偏移水平直线段

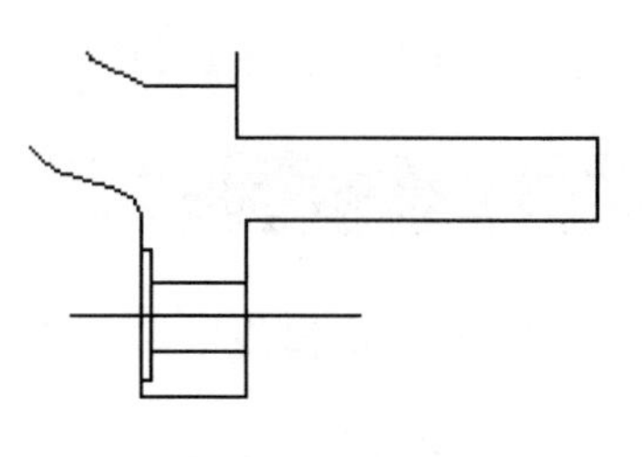

图 16-33　修剪后的图形

04 单击“常用”选项卡→“修改”面板→“偏移”按钮，将图 16-34 所示的 A 直线段向右偏移 4，将 B 直线段向上偏移 2，将 C 直线段向下偏移 2，效果如图 16-35 所示。

05 单击“常用”选项卡→“修改”面板→“延伸”按钮，将刚才偏移的直线段延伸相交。

06 单击“常用”选项卡→“修改”面板→“修剪”按钮，将图形进行修剪，效果如图 16-36 所示。

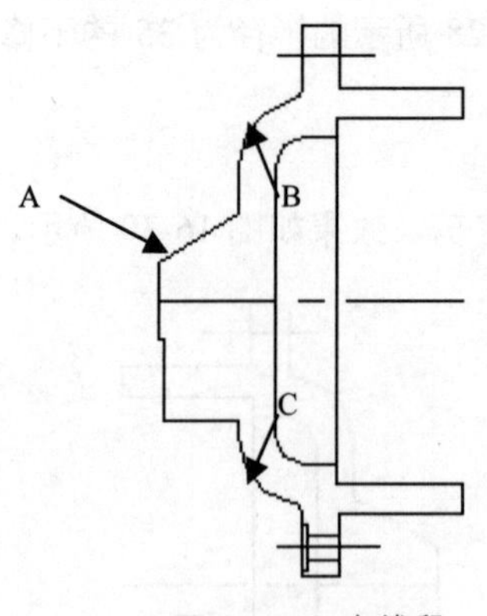

图 16-34 直线段

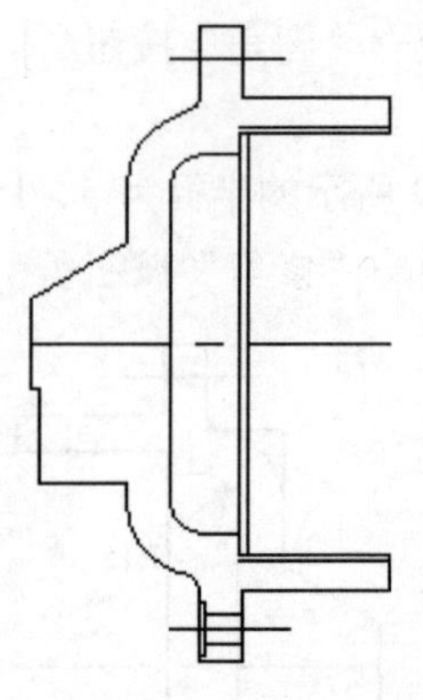
图 16-35 偏移直线段

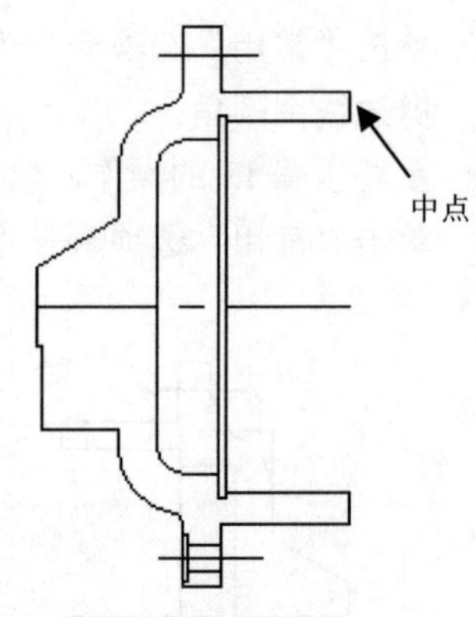

图 16-36 修剪后的图形

07 单击“常用”选项卡→“绘图”面板→“直线”按钮，捕捉图 16-36 所示的中点为起点，绘制长度为 15 与水平成 75°的直线段。

08 单击“常用”选项卡→“修改”面板→“偏移”按钮，将刚才绘制的直线段向两侧偏移 2，效果如图 16-37 所示。

09 重复步骤 08 的操作，将图 16-37 所示的 A 直线段向下偏移 3，将 B 直线段向左偏移 30，效果如图 16-38 所示。

10 单击“常用”选项卡→“修改”面板→“修剪”按钮，将图形进行修剪，效果如图 16-39 所示。

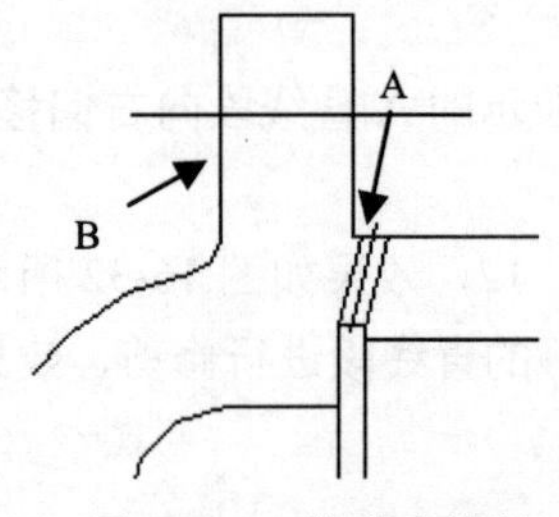

图 16-37 偏移直线段

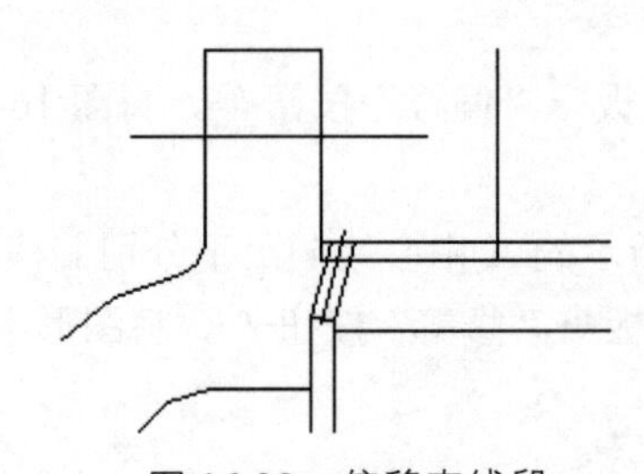
图 16-38 偏移直线段

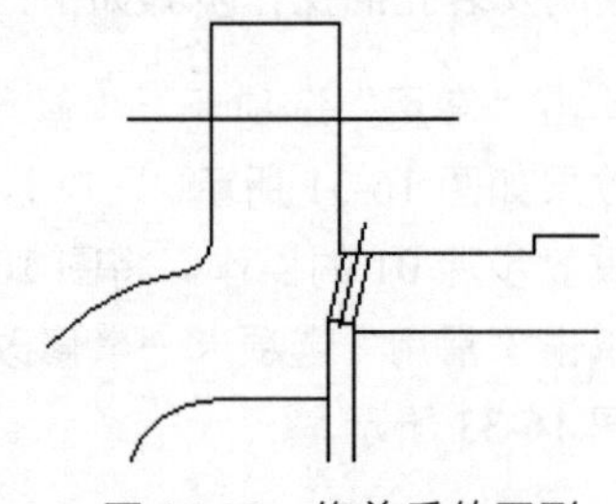
图 16-39 修剪后的图形

16.3.3 绘制注油孔

绘制注油孔的操作步骤如下：

01 单击“常用”选项卡→“修改”面板→“偏移”按钮，将水平中心线向上、下分别偏移 4.9、5.2、9.5、11、25，效果如图 16-40 所示。

02 选择刚才偏移的直线段，将其转换为粗实线层。

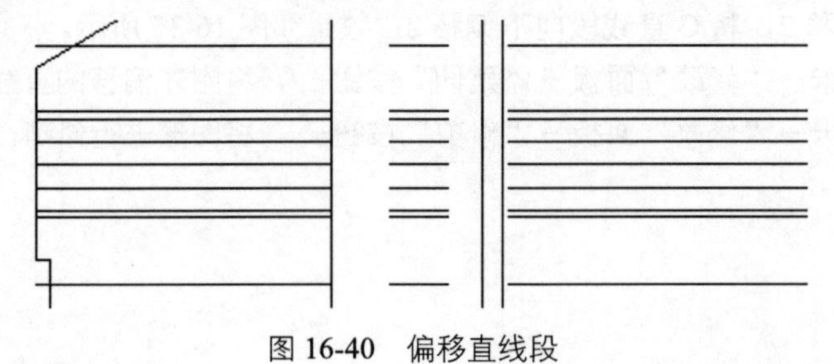
图 16-40 偏移直线段

03 单击“常用”选项卡→“修改”面板→“偏移”按钮，将左侧垂直直线段水平向左分别偏移 16、30、32.5、53。

04 单击“常用”选项卡→“修改”面板→“延伸”按钮，将偏移的距离为 53 的垂直直线段延伸至最上水平直线段和最下水平直线段，效果如图 16-41 所示。

05 单击“常用”选项卡→“修改”面板→“修剪”按钮，将图形进行修剪，效果如图 16-42 所示。

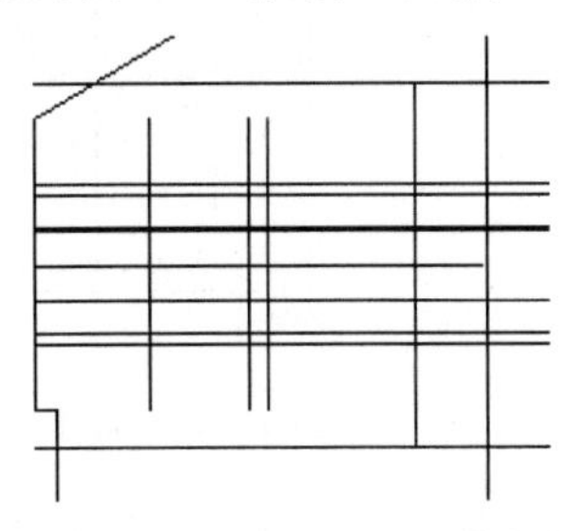

图 16-41　偏移垂直直线段

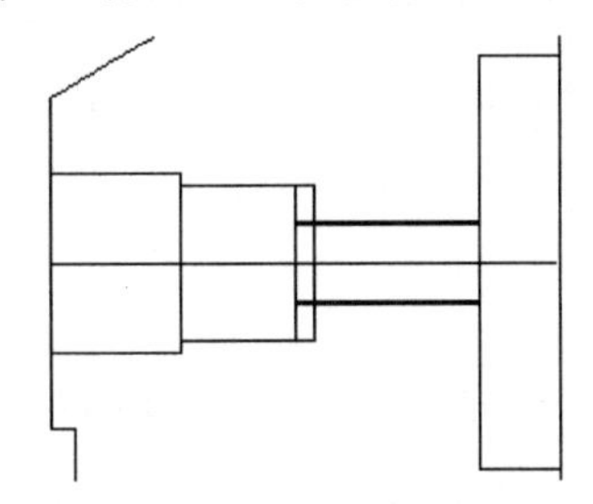

图 16-42　修剪后的图形

06 单击“常用”选项卡→“绘图”面板→“直线”按钮，绘制如图 16-43 所示的直线段。

07 单击“常用”选项卡→“修改”面板→“修剪”按钮，将图形进行修剪，效果如图 16-44 所示。

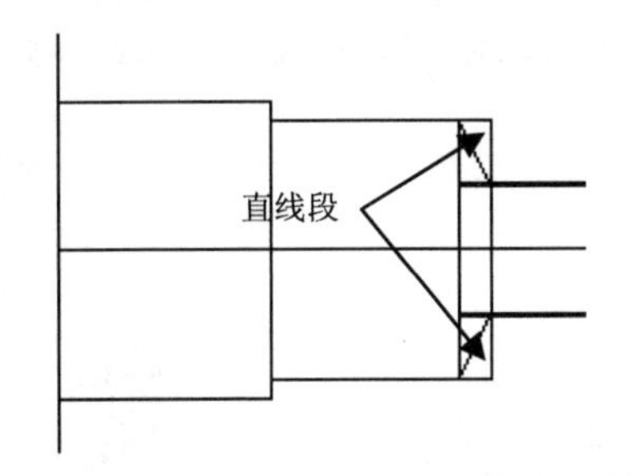

图 16-43　绘制的直线段

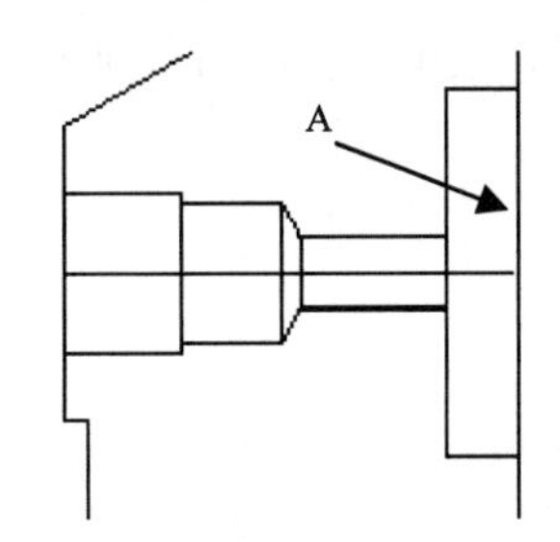

图 16-44　修剪后的图形

08 单击“常用”选项卡→“修改”面板→“偏移”按钮，将图 16-44 所示的 A 直线段向左偏移 40，效果如图 16-45 所示。

09 重复步骤 08 的操作，将偏移的直线段向左、右分别偏移 6、9.4、11、25，效果如图 16-46 所示。

10 重复步骤 08 的操作，将图 16-46 所示的 A 直线段向上分别偏移 2、17、20、22，效果如图 16-47 所示。

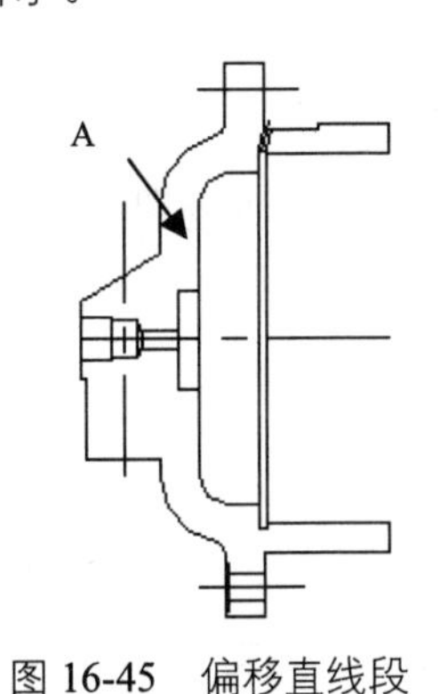

图 16-45　偏移直线段

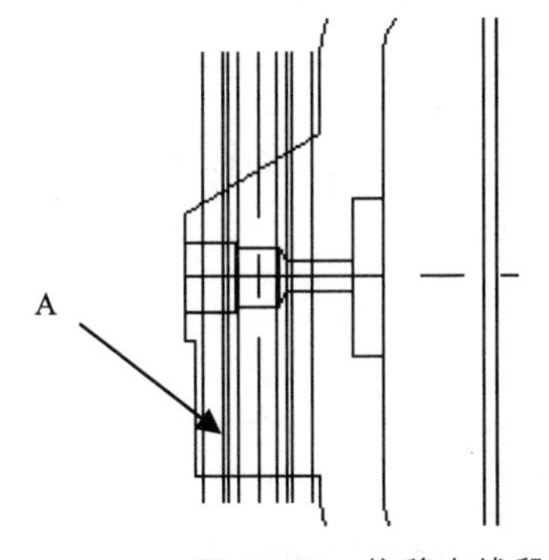

图 16-46　偏移直线段

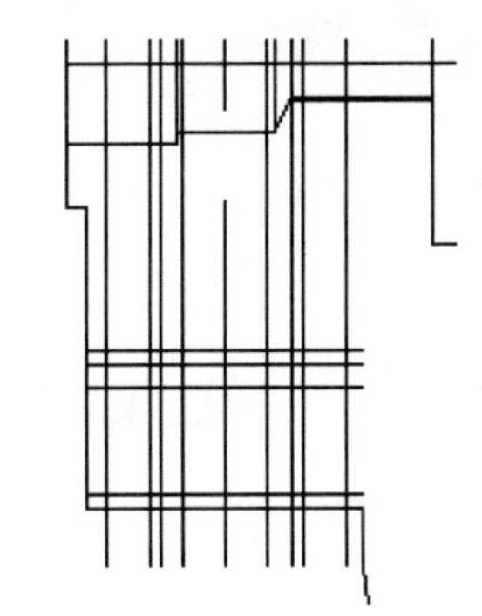

图 16-47　偏移水平直线段

11 单击“常用”选项卡→“修改”面板→“修剪”按钮，将偏移的直线段进行修剪，效果如图 16-48 所示。

12 单击“常用”选项卡→“绘图”面板→“直线”按钮╱，绘制如图 16-49 所示的直线段。

13 单击“常用”选项卡→“修改”面板→“修剪”按钮-/--，以绘制的直线段为边界修剪图形，效果如图 16-50 所示。

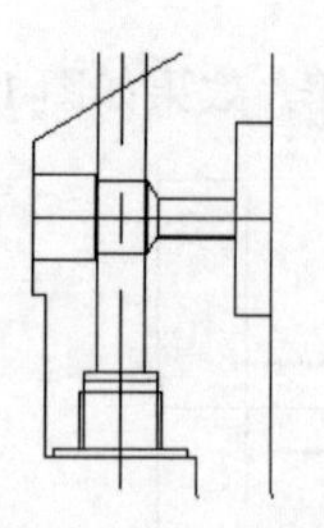
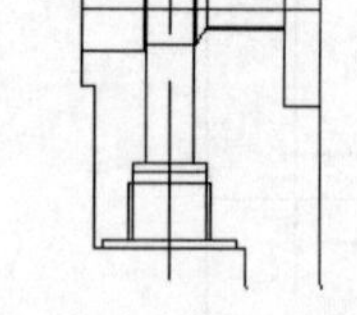

图 16-48　修剪后的图形

图 16-49　绘制的直线段

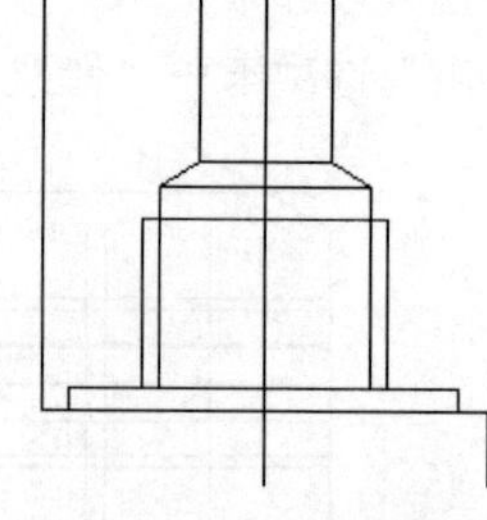

图 16-50　修剪后的图形

14 单击“常用”选项卡→“绘图”面板→“起点,端点,半径”按钮╭，绘制如图 16-51 所示的半径为 9.5 的圆弧。

15 单击“常用”选项卡→“修改”面板→“修剪”按钮-/--，以绘制的圆弧为边界修剪图形，效果如图 16-52 所示。

16 单击“常用”选项卡→“绘图”面板→“图案填充”按钮▧，填充图形，效果如图 16-53 所示。

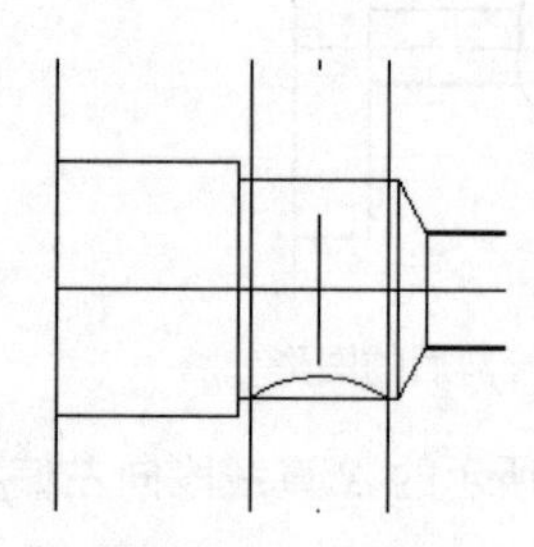

图 16-51　绘制的圆弧

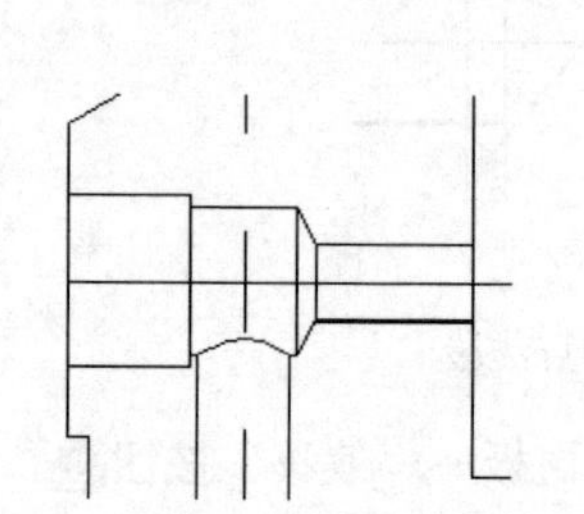

图 16-52　修剪后的图形

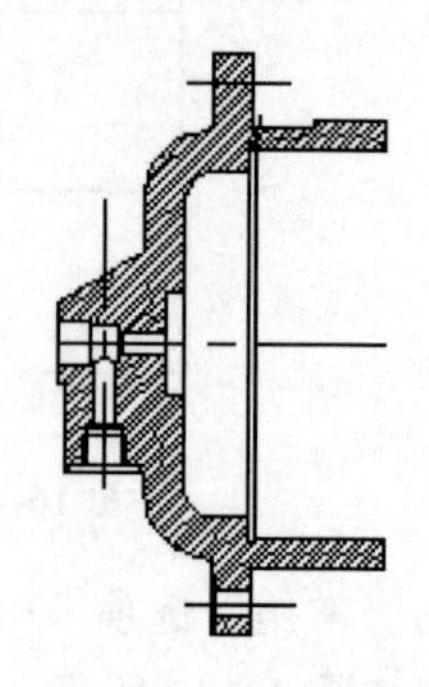

图 16-53　填充图形

16.4 标注尺寸

完成各视图的绘制，标注尺寸成为下一步任务。尺寸的标注遵循尺寸均匀分布到各视图中，且表达一个部位的尺寸尽量放置在一个视图的同一位置。

16.4.1　标注线性尺寸

标注线性尺寸的操作步骤如下：

01 单击“常用”选项卡→“注释”面板→“线性”按钮├┤，选择如图 16-54 所示的两条边界线，拖动尺寸到合适位置并单击，完成线性尺寸的标注，效果如图 16-55 所示。

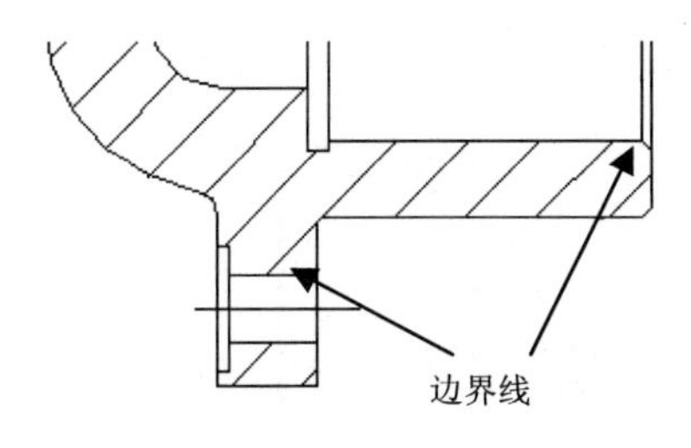

图 16-54　边界线

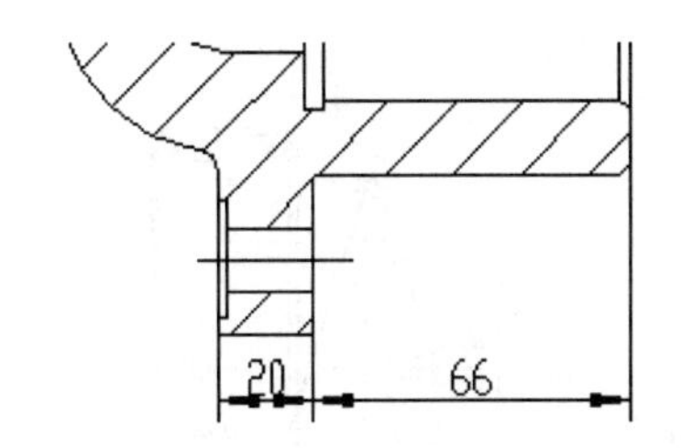

图 16-55　标注的尺寸

02 重复步骤 01 的操作，标注其他的水平和垂直尺寸。

03 单击“常用”选项卡→“注释”面板→“半径”按钮，从图中选择标注的圆，命令行提示“指定尺寸线位置或 [多行文字(M)/文字(T)/角度(A)]:”，此时输入 T 并按下 Enter 键。

04 命令行提示“输入标注文字<6.5>:”，此时输入 8-R6.5 并按下 Enter 键，拖动尺寸到合适位置并单击，完成半径的标注，效果如图 16-56 所示。

05 单击“常用”选项卡→“注释”面板→“直径”按钮，从图中选择标注的圆，命令行提示“指定尺寸线位置或 [多行文字(M)/文字(T)/角度(A)]:”，此时输入 T 并按下 Enter 键。

06 命令行提示“输入标注文字<24>:”，此时输入 8-%%c24 并按下 Enter 键，拖动尺寸到合适位置并单击，完成直径的标注，效果如图 16-57 所示。

07 单击“常用”选项卡→“注释”面板→“直径”按钮，从图中选择标注的圆，命令行提示“指定尺寸线位置或 [多行文字(M)/文字(T)/角度(A)]:”，此时输入 T 并按下 Enter 键。

08 命令行提示“输入标注文字<12>:”，此时输入 2×M12-H7 并按下 Enter 键，拖动尺寸到合适位置并单击，完成螺纹孔的标注，效果如图 16-58 所示。

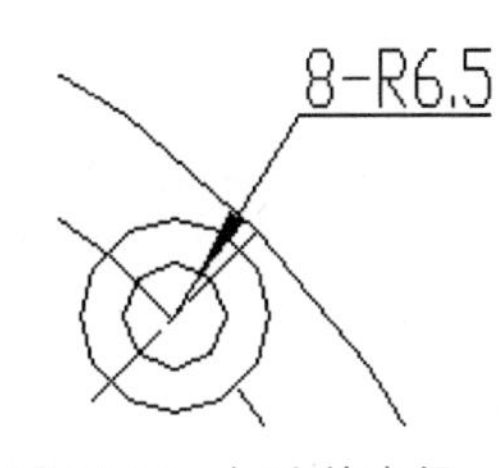

图 16-56　标注的半径

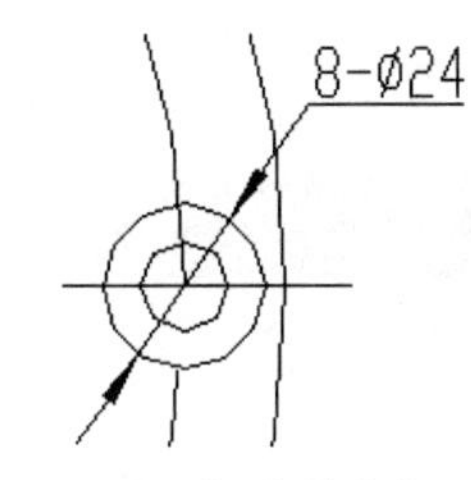

图 16-57　标注的直径

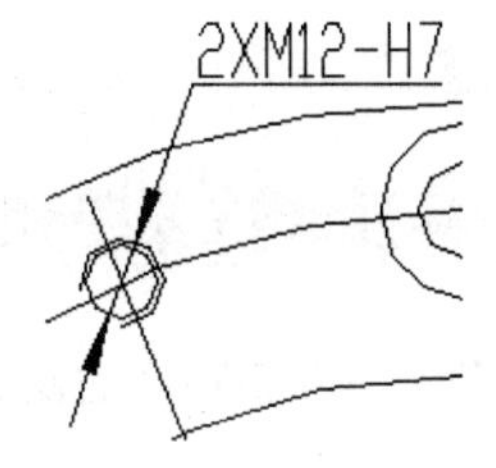

图 16-58　标注的螺纹孔

09 重复步骤 03～09 的操作，标注其他半径、直径、螺纹孔的尺寸。

10 单击“常用”选项卡→“注释”面板→“直径”按钮，从图形中选择如图 16-59 所示的边界线，命令行提示“指定尺寸线位置或[多行文字(M)/文字(T)/角度(A)/水平(H)/垂直(V)/旋转(R)]:”，此时输入 T 并按下 Enter 键。

11 命令行提示“输入标注文字<220>:”，此时输入%%c220 并按下 Enter 键，拖动尺寸到合适位置并单击，完成直径的标注，效果如图 16-60 所示。

12 重复步骤 10～11 的操作，标注其他的直径尺寸。

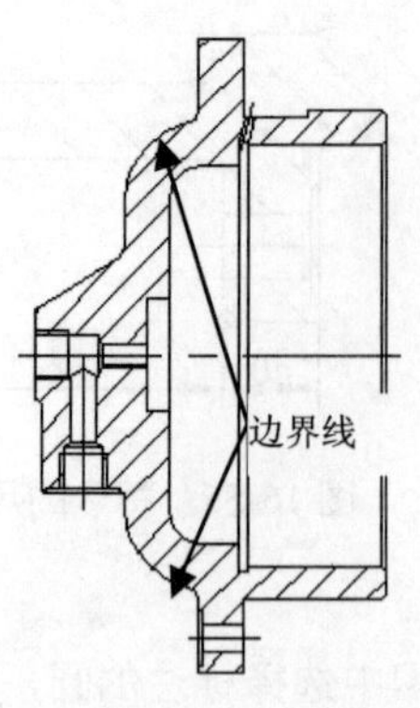

图 16-59　边界线

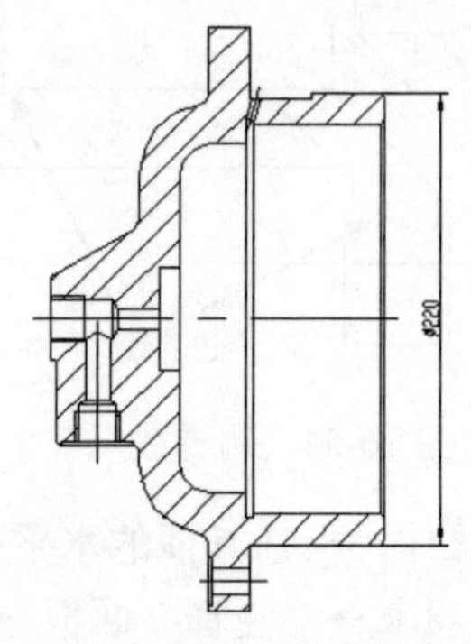

图 16-60　标注的直径

13 单击“常用”选项卡→“注释”面板→“角度”按钮，选择图 16-61 所示的边界线，拖动尺寸到合适位置并单击，完成角度尺寸的标注，效果如图 16-62 所示。

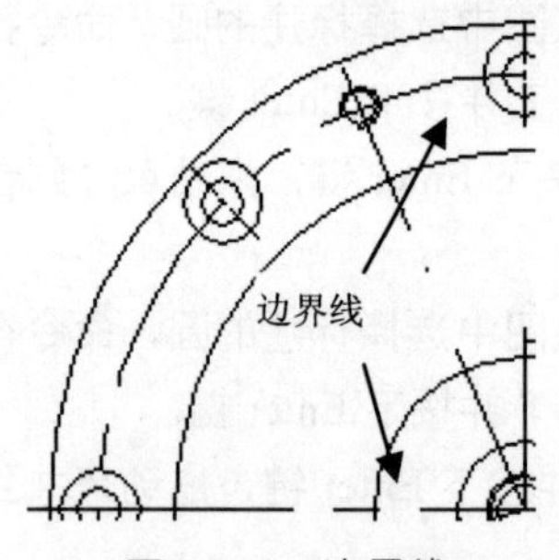

图 16-61　边界线

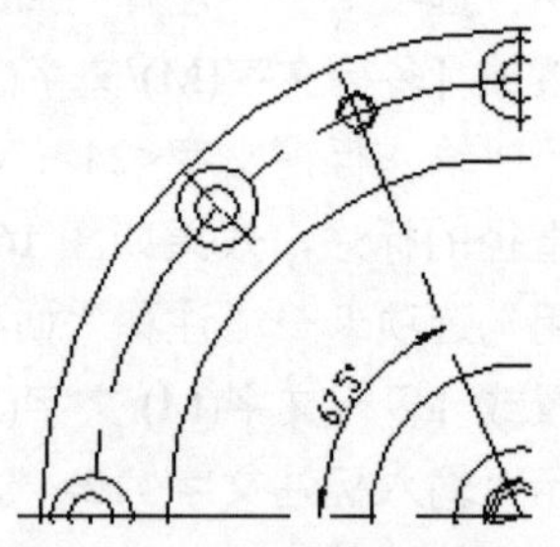

图 16-62　标注的角度尺寸

14 重复步骤 13 的操作，标注其他角度尺寸。

16.4.2　标注形位公差和粗糙度

标注形位公差和粗糙度的操作步骤如下：

01 单击“常用”选项卡→“块”面板→“插入”按钮，在系统弹出的“插入”对话框中选择“基准符号”块，插入到如图 16-63 所示的尺寸线位置。

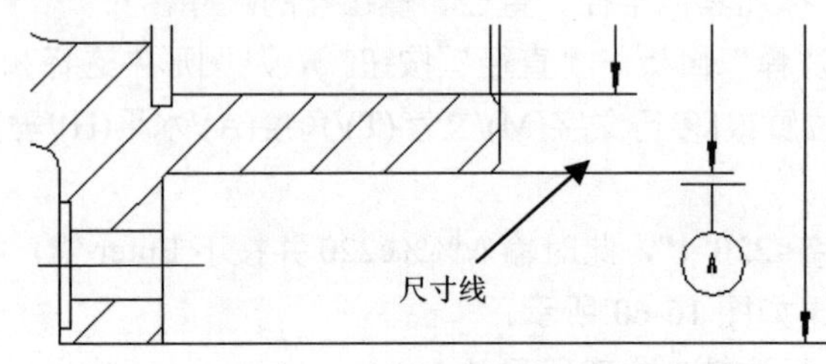

图 16-63　标注的基准符号

02 单击“常用”选项卡→“注释”面板→“引线”按钮，标注如图 16-64 所示的多重引线。

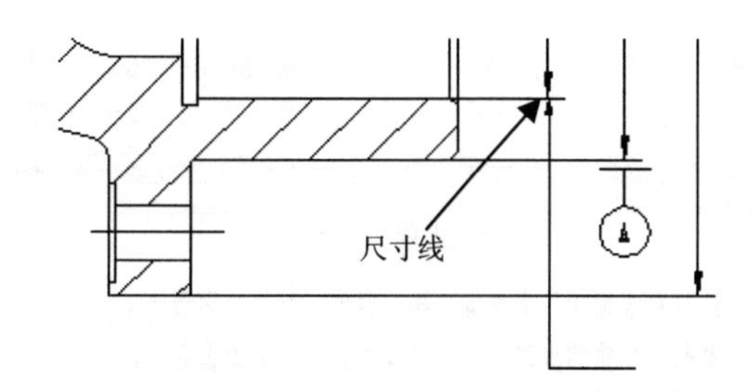

图 16-64　多重引线

03 单击“注释”选项卡→“标注”面板→“公差”按钮，在弹出的“形位公差”对话框中选择特征“符号”为同轴度符号“◎”，选择“公差 1”的直径符号，然后输入公差 1 的值为 0.03，在“基准 1”文本框中输入 A，如图 16-65 所示。

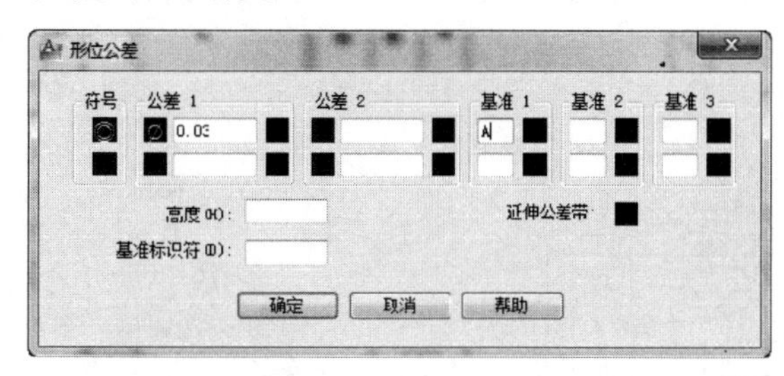

图 16-65　设置形位公差

04 单击“确定”按钮，插入形位公差到多重引线的末端，效果如图 16-66 所示。

05 单击“常用”选项卡→“块”面板→“插入”按钮，在系统弹出的“插入”对话框中选择“粗糙度”块，插入到如图 16-67 所示的尺寸线位置，在命令行输入 3.2 并按下 Enter 键。

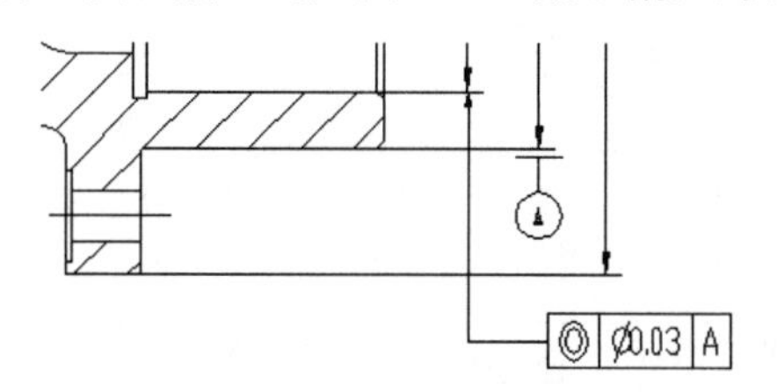

图 16-66　形位公差

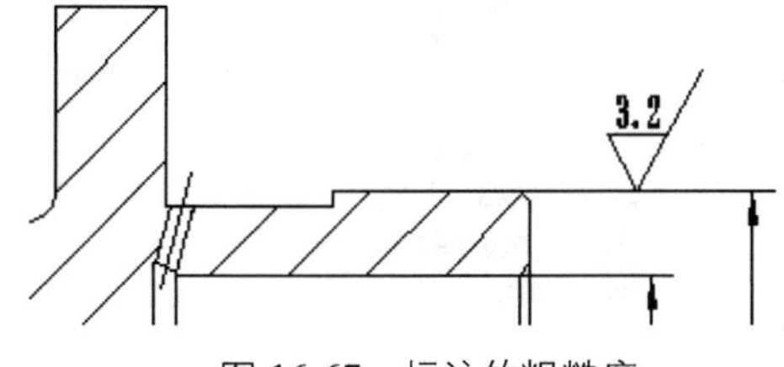

图 16-67　标注的粗糙度

06 重复步骤 05 的操作，插入其他的粗糙度符号。

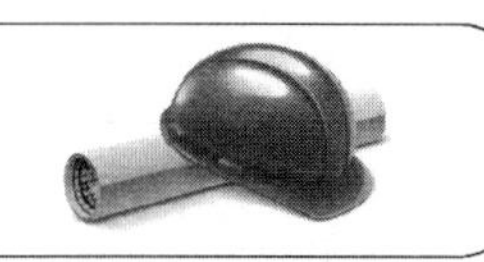

16.5 标注文字注释

标注文字注释也是绘制图形的必要任务，下面为法兰盘标注文字注释。具体操作步骤如下：

01 单击“常用”选项卡→“绘图”面板→“多行文字”按钮A，在打开的多行文字编辑器中选择文字格式为“仿宋”，然后输入如图 16-68 所示的文字。

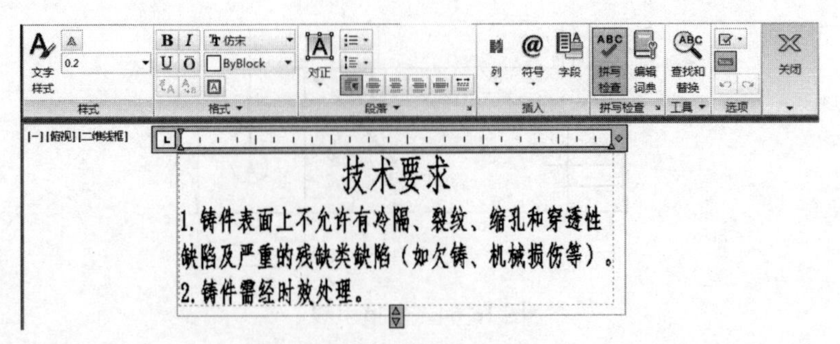

图 16-68　多行文本

02 单击“文字编辑器”选项卡→“关闭文字编辑器”按钮，完成文字的输入。

03 重复步骤 01 和步骤 02，输入其他的文本文字，完成图形的绘制，效果如图 16-69 所示。

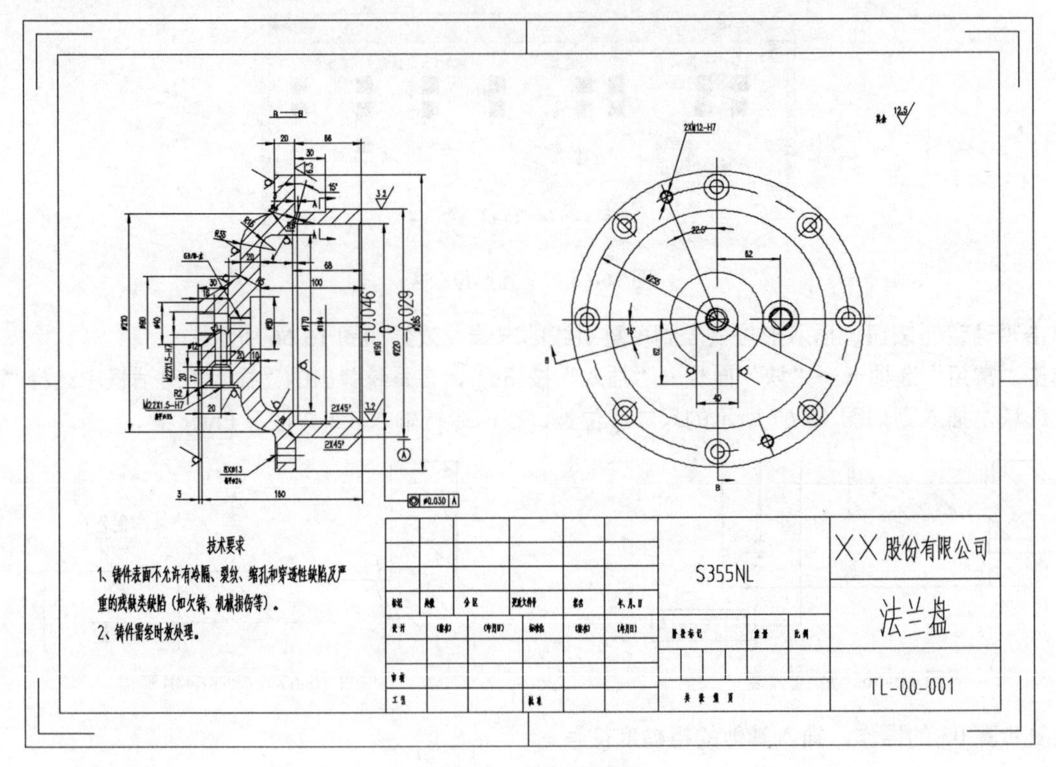

图 16-69　绘制的图形

16.6 知识回顾

本章主要介绍轴承盖的绘制方法，主要包括主视图和投影视图的绘制。通过本章的学习，让读者掌握机械设计的绘制步骤和方法。

第 17 章

AutoCAD 建筑设计案例详解

建筑设计是指建筑物在建造之前，设计者按照建设任务，把施工过程和使用过程中所存在的或可能发生的问题，事先作好通盘的设想，拟定好解决这些问题的办法、方案，利用图纸和文件表达出来。Auto CAD 2012 也是表达建筑图纸文件的最佳软件之一。在进行建筑设计中，主要包括建筑元件的绘制、房屋框架的设计，然后将各种元件组合生成建筑图纸。

学习目标

- 绘制各种元件
- 绘制建筑框架
- 绘制建筑图
- 标注尺寸

17.1 绘制元件

在进行建筑设计过程中，沙发、电视机、餐桌等元件经常使用且多处使用，所以提前将这些元件绘制生成块，方便后续进行调用，提高绘图效率。

17.1.1 绘制沙发

绘制沙发的操作步骤如下：

01 单击“常用”选项卡→“绘图”面板→“直线”按钮，绘制如图 17-1 所示的构造线。

02 单击“常用”选项卡→“块”面板→“插入”按钮，插入沙发各部件到合适的位置，效果如图 17-2 所示。

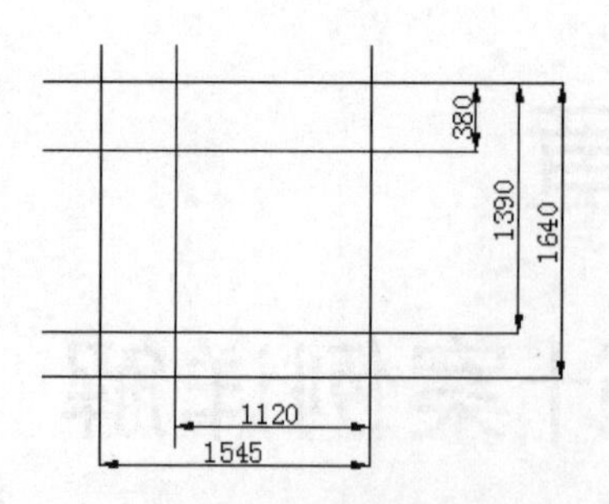

图 17-1　绘制的构造线

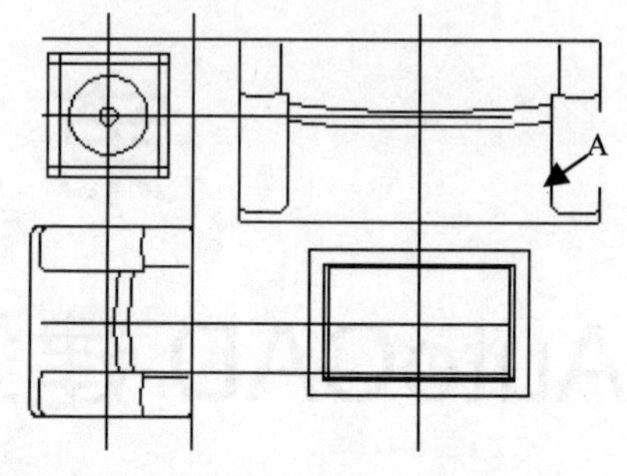

图 17-2　插入部件

03 单击“常用”选项卡→“修改”面板→“镜像”按钮，以图 17-2 所示的 A 直线段为镜像轴线，将左侧的部件进行到右侧，效果如图 17-3 所示。

04 单击“常用”选项卡→“修改”面板→“偏移”按钮，将图 17-3 所示的 A 直线段向左右偏移 1550，效果如图 17-4 所示。

05 重复步骤 04 的操作，将图 17-3 所示的 B 直线段向上、下分别偏移 515、1500，效果如图 17-4 所示。

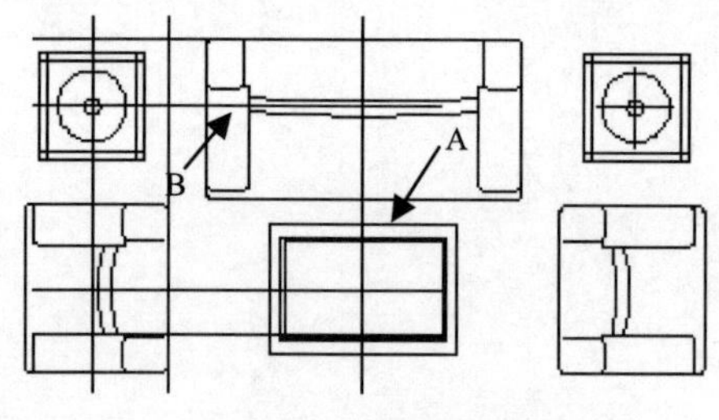

图 17-3　镜像部件

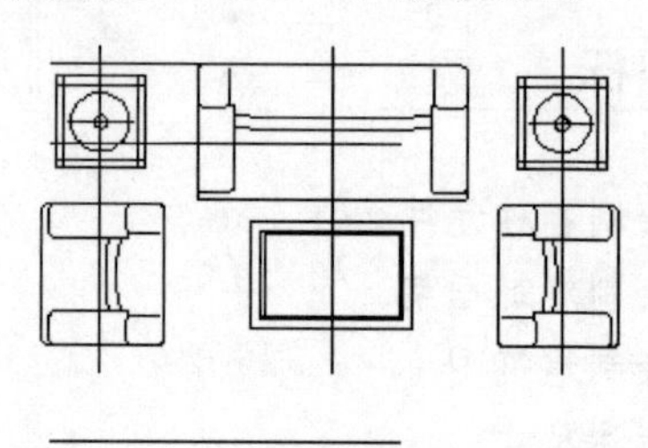

图 17-4　偏移直线段

06 单击“常用”选项卡→“修改”面板→“圆角”按钮，创建如图 17-5 所示的半径为 300 的倒圆角。

07 单击“常用”选项卡→“修改”面板→“修剪”按钮，将刚才偏移的直线段进行修剪，效果如图 17-6 所示。

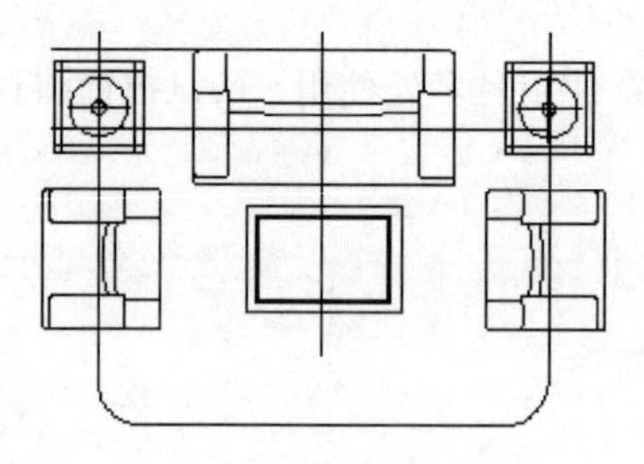

图 17-5　倒圆角

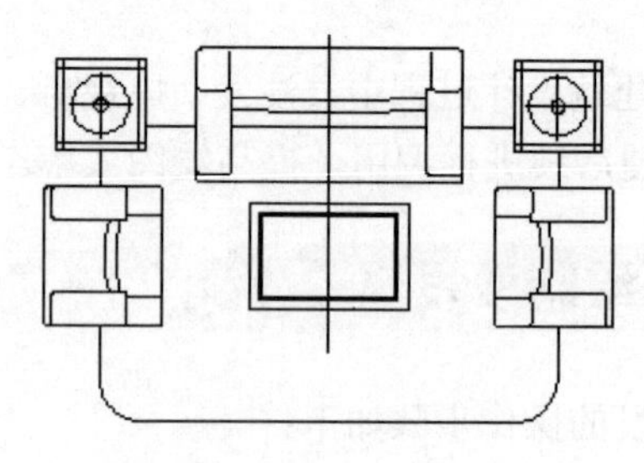

图 17-6　修剪后的图形

08 单击“常用”选项卡→“绘图”面板→“图案填充”按钮，填充图形，效果如图 17-7 所示。

09 单击“常用”选项卡→“块”面板→“创建”按钮，以图 17-7 所示的上边线的中点为基点，将该图形创建为“沙发”块。

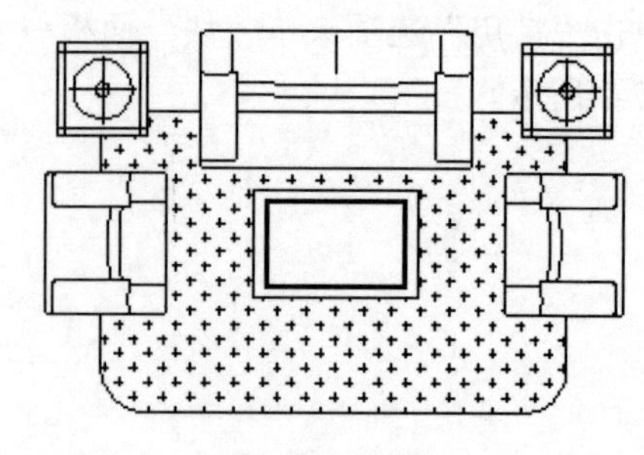

图 17-7　沙发

17.1.2 绘制电视柜

绘制电视柜的操作步骤如下：

01 单击“常用”选项卡→“绘图”面板→“矩形”按钮，在绘图区中任意捕捉一点为起点，绘制3500×80 的矩形。

02 单击“常用”选项卡→“绘图”面板→“直线”按钮，捕捉矩形下边线中点为起点，向下绘制任意长度直线段。

03 单击“常用”选项卡→“修改”面板→“偏移”按钮，将刚才绘制的直线段向左、右两侧分别偏移 1150、1200、1660，效果如图 17-8 所示。

04 重复步骤 03 的操作，将矩形的下边线向下分别偏移 400、420、640，效果如图 17-9 所示。

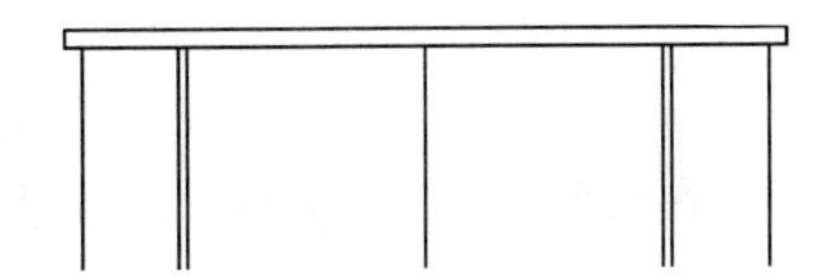

图 17-8 偏移直线段

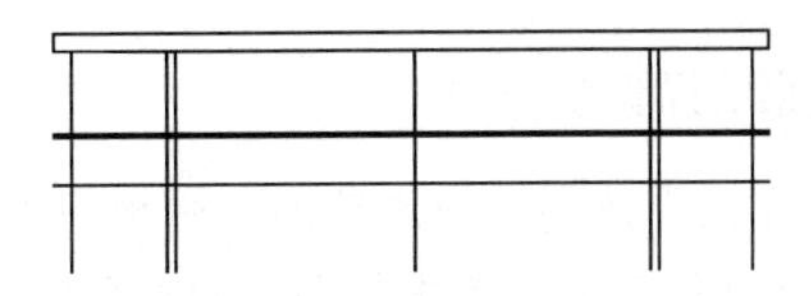

图 17-9 偏移水平直线段

05 单击“常用”选项卡→“绘图”面板→“三点”按钮，绘制如图 17-10 所示的圆弧。

06 单击“常用”选项卡→“修改”面板→“修剪”按钮，将图形进行修剪，效果如图 17-11 所示。

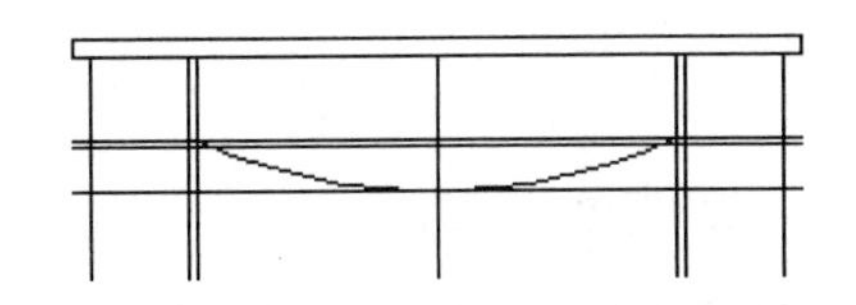

图 17-10 绘制的圆弧

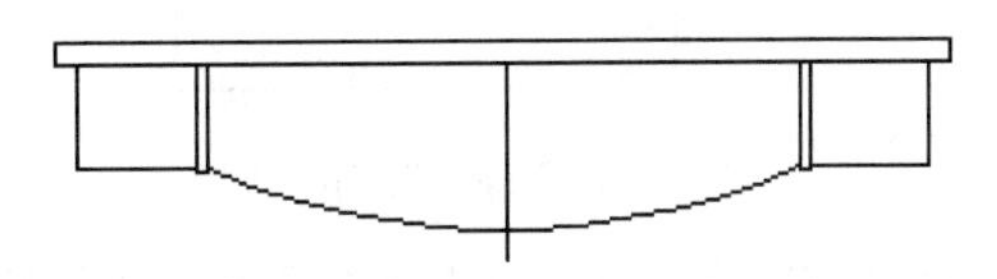

图 17-11 修剪后的图形

07 单击“常用”选项卡→“修改”面板→“偏移”按钮，将中间垂直直线段向左、右分别偏移 200、345、405，效果如图 17-12 所示。

08 重复步骤 07 的操作，将矩形下边线向下分别偏移 20、280、560、620，效果如图 17-13 所示。

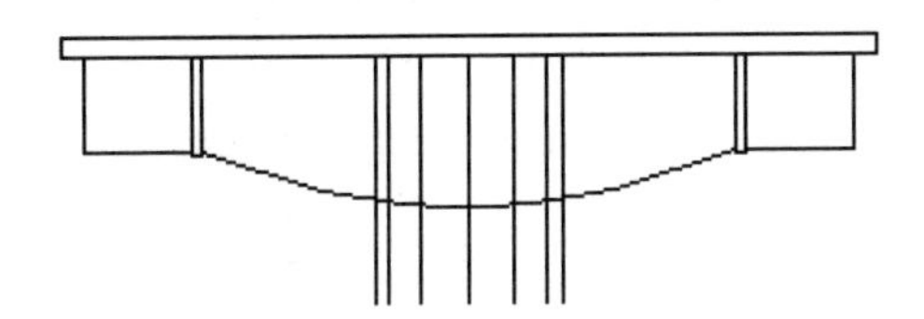

图 17-12 偏移垂直直线段

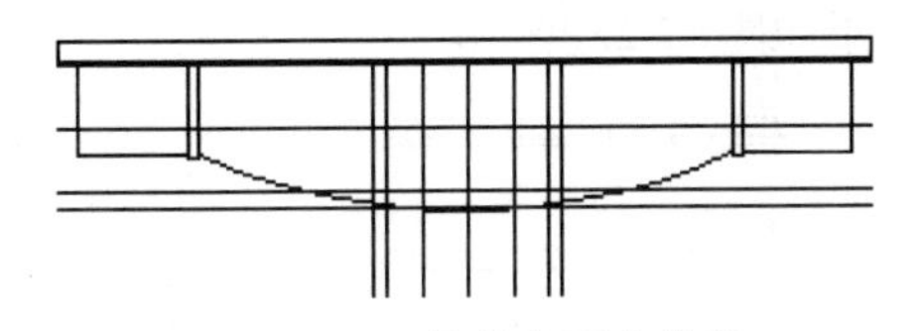

图 17-13 偏移水平直线段

09 单击“常用”选项卡→“修改”面板→“修剪”按钮，将图形进行修剪，效果如图 17-14 所示。

10 单击“常用”选项卡→“绘图”面板→“直线”按钮，绘制如图 17-15 所示的直线段。

11 单击“常用”选项卡→“绘图”面板→“三点”按钮，绘制如图 17-15 所示的圆弧。

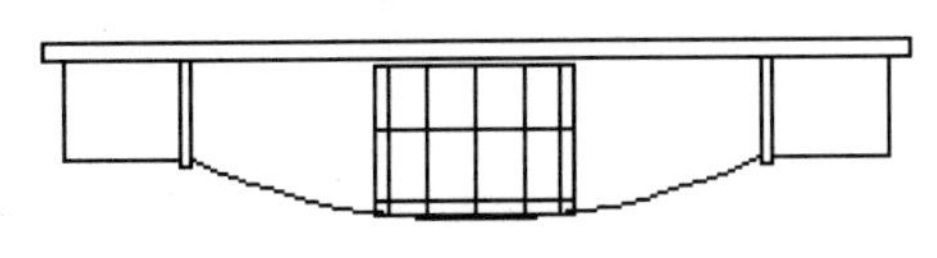

图 17-14 修剪后的图形

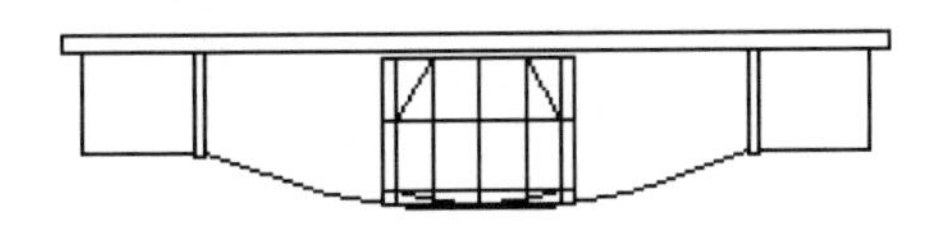

图 17-15 绘制的直线段和圆弧

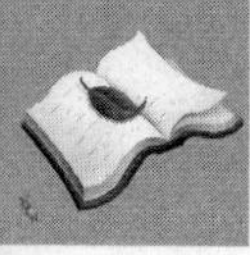

12 单击“常用”选项卡→“修改”面板→“修剪”按钮，将图形进行修剪，效果如图 17-16 所示。

13 单击“常用”选项卡→“绘图”面板→“直线”按钮，绘制如图 17-17 所示的两条直线段。

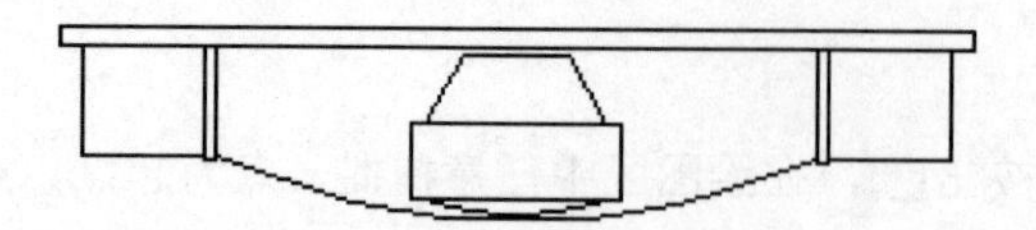

图 17-16　修剪后的图形

图 17-17　绘制的直线段

14 单击“常用”选项卡→“块”面板→“创建”按钮，以矩形的上边线中点为基点，将图 17-17 所示的图形创建为“电视柜”块。

17.1.3　绘制餐桌

绘制餐桌的操作步骤如下：

01 单击“常用”选项卡→“绘图”面板→“矩形”按钮，在绘图区中任意捕捉一点为起点，绘制 1500×750 的矩形，效果如图 17-18 所示。

02 单击“常用”选项卡→“修改”面板→“圆角”按钮，创建如图 17-19 所示的半径为 50 的倒圆角。

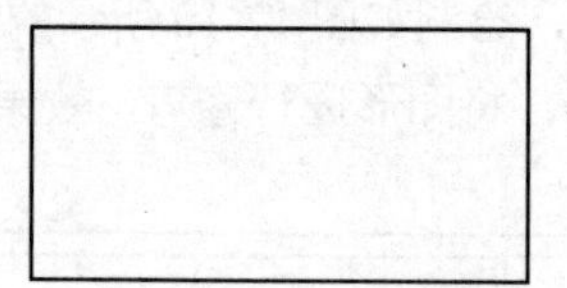

图 17-18　绘制的矩形

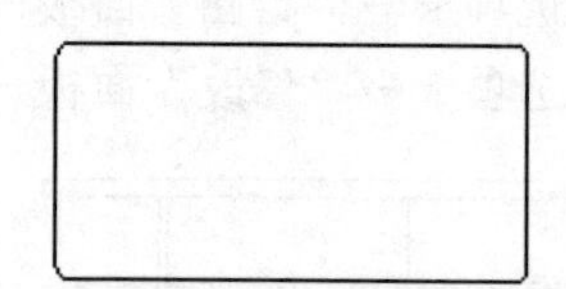

图 17-19　倒圆角

03 单击“常用”选项卡→“修改”面板→“偏移”按钮，将矩形的上边线向上分别偏移 70、430、465、500、530，效果如图 17-20 所示。

04 重复步骤 07 的操作，将矩形右侧边线向左分别偏移 105、180、355、455、630、707，效果如图 17-21 所示。

05 单击“常用”选项卡→“修改”面板→“延伸”按钮，将偏移的直线段延伸到最顶端水平直线段，效果如图 17-22 所示。

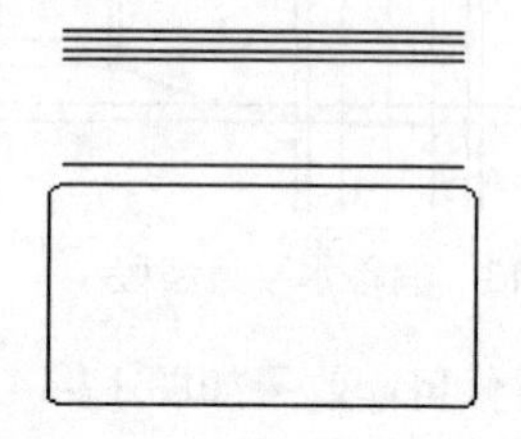

图 17-20　偏移水平直线段

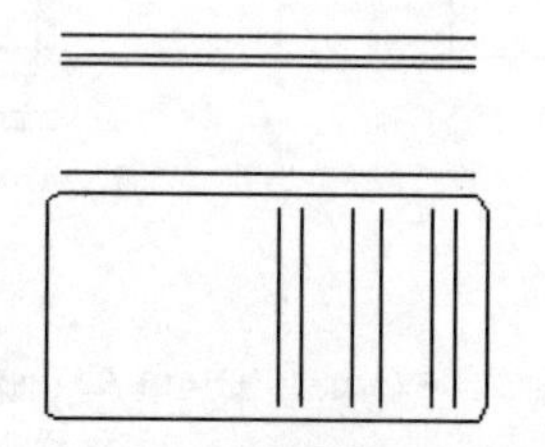

图 17-21　偏移垂直直线段

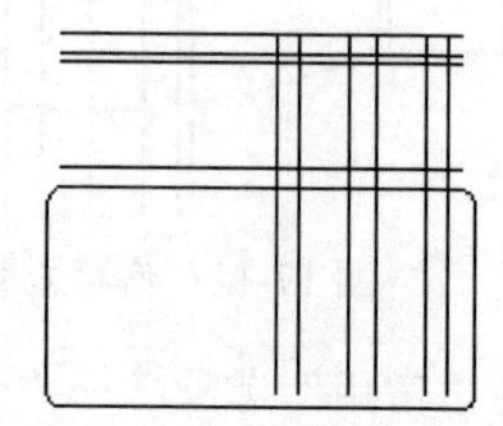

图 17-22　延伸直线段

06 单击“常用”选项卡→“绘图”面板→“三点”按钮，绘制如图 17-23 所示的圆弧。

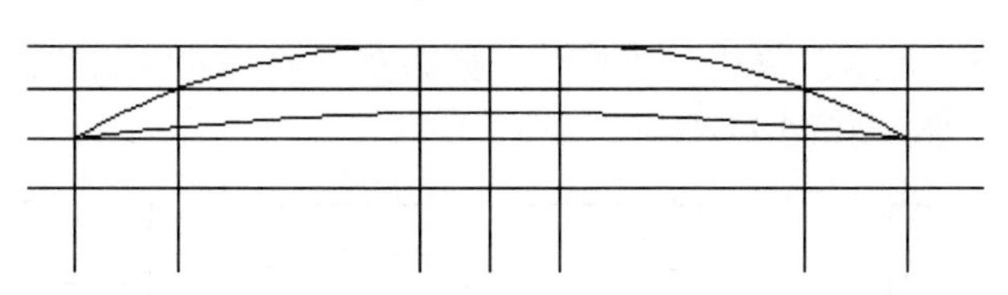

图 17-23　绘制的圆弧

07 单击“常用”选项卡→“修改”面板→“修剪”按钮-/--，将图形中的线段进行修剪，效果如图 17-24 所示。

08 单击“常用”选项卡→“修改”面板→“圆角”按钮，创建如图 17-25 所示的半径为 70 的倒圆角。

09 单击“常用”选项卡→“修改”面板→“延伸”按钮--/，将倒圆角修剪后的图形延伸到两侧，效果如图 17-26 所示。

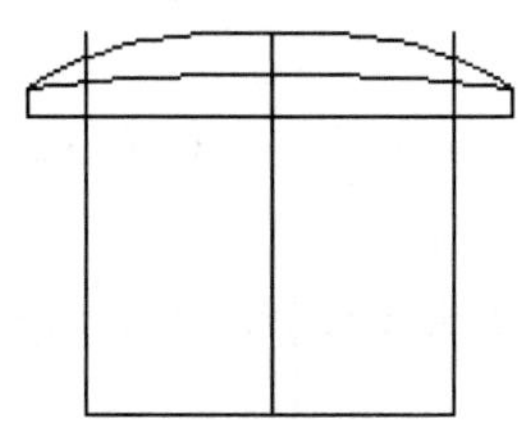

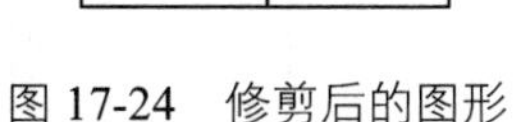

图 17-24　修剪后的图形

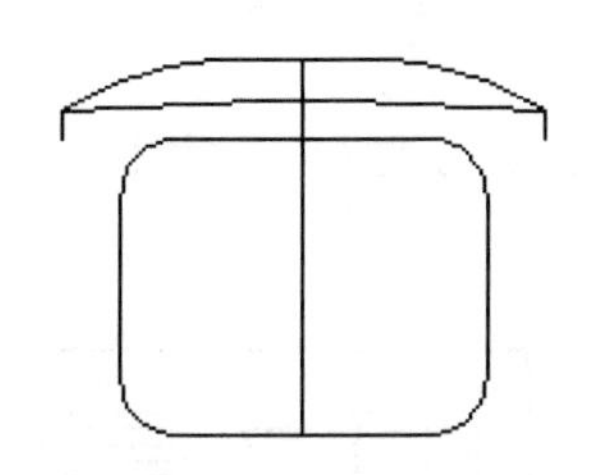

图 17-25　倒圆角

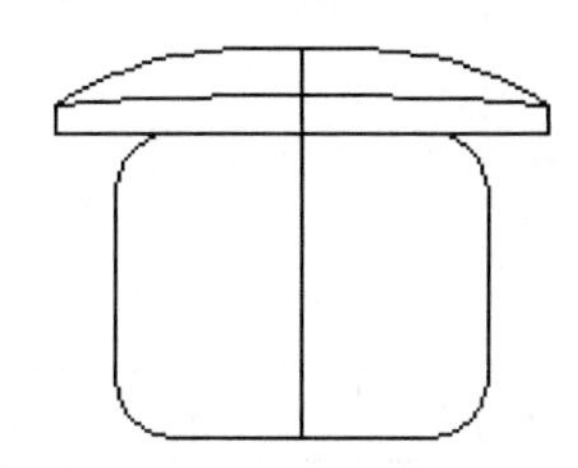

图 17-26　延伸边线

10 单击“常用”选项卡→“修改”面板→“镜像”按钮，以图 17-27 所示的 A、C 直线段的中点连线为镜像轴线，将图 17-26 所示的图形镜像到左侧，效果如图 17-27 所示。

11 重复步骤 10 的操作，以图 17-27 所示的 B、D 直线段的中点连线为镜像轴线，将图 17-26 所示的图形和步骤 10 生成的图形镜像下部，效果如图 17-28 所示。

12 单击“常用”选项卡→“块”面板→“创建”按钮，以中部矩形的中心为基点，将图 17-28 所示的图形创建为“餐桌”块。

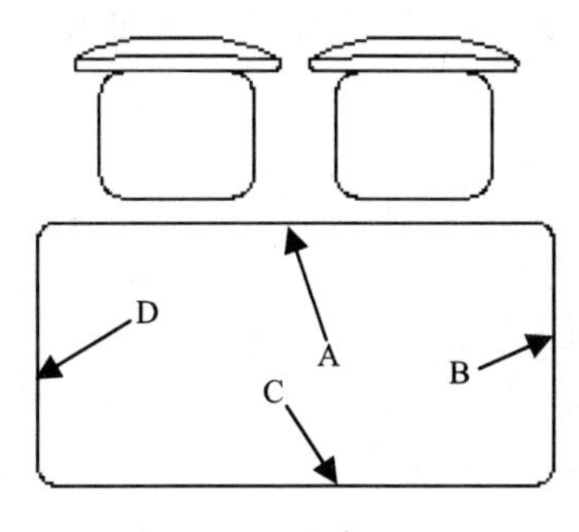

图 17-27　镜像图形

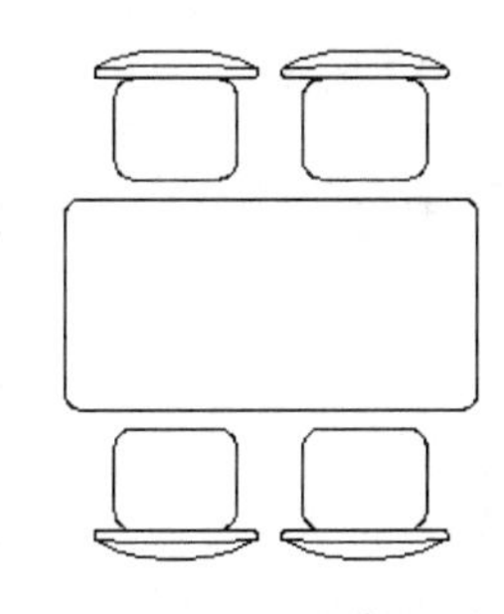

图 17-28　镜像图形

17.1.4　绘制洗菜盆

绘制洗菜盆的操作步骤如下：

01 单击“常用”选项卡→“绘图”面板→“矩形”按钮，绘制如图 17-29 所示的 900×470 的矩形。

02 单击“常用”选项卡→“绘图”面板→“直线”按钮，捕捉矩形的左右边线的中点，绘制如图 17-30 所示的直线段。

03 单击“常用”选项卡→“修改”面板→“偏移”按钮，将刚才绘制的直线段向上、下分别偏移20、40、60、80、100，效果如图 17-31 所示。

图 17-29　绘制的矩形　　图 17-30　绘制直线段　　图 17-31　偏移水平直线段

04 重复步骤 03 的操作，将矩形的右边线向左分别偏移 115、385、460、640、820，效果如图 17-32 所示。

05 单击“常用”选项卡→“修改”面板→“修剪”按钮，将偏移的直线段进行修剪，效果如图 17-33 所示。

06 单击“常用”选项卡→“修改”面板→“圆角”按钮，建立如图 17-34 所示的半径为 12 的倒圆角。

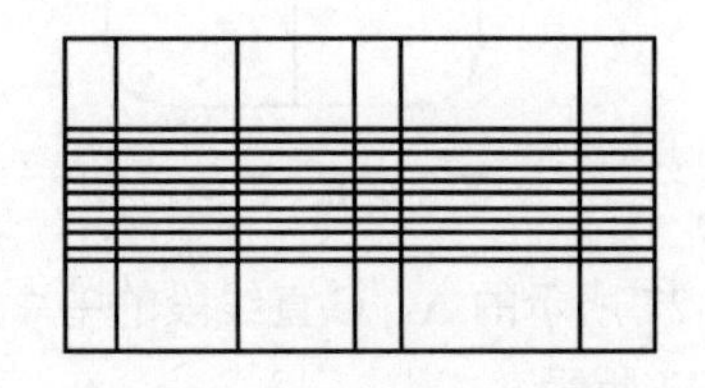

图 17-32　偏移矩形右边线

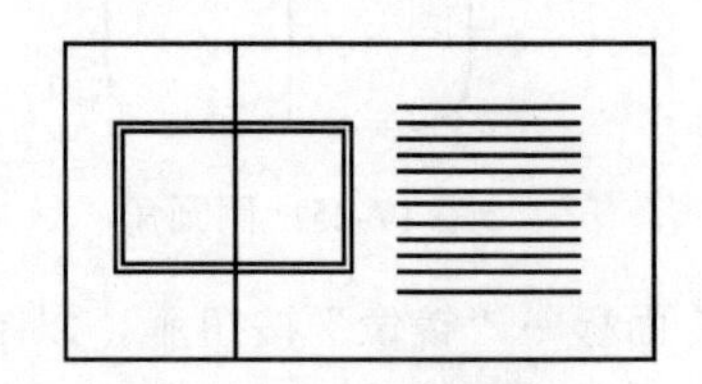

图 17-33　修剪后的图形

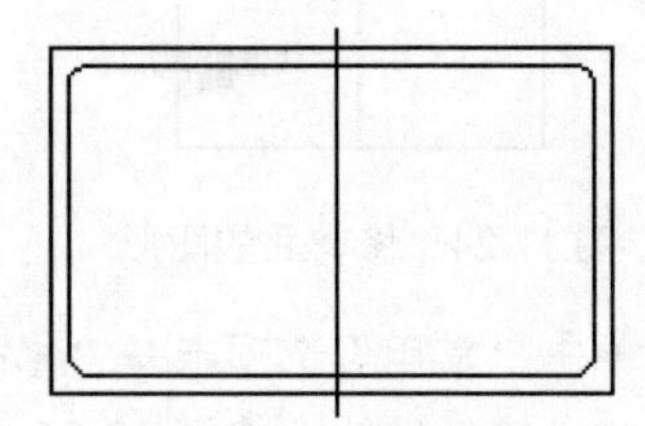

图 17-34　倒圆角

07 单击“常用”选项卡→“修改”面板→“倒角”按钮，建立如图 17-35 所示的 15°×45° 的倒角。

08 单击“常用”选项卡→“绘图”面板→“圆心,半径”按钮，捕捉图 17-35 所示的垂直中心线的中点为圆心，绘制半径为 20、30 的圆，效果如图 17-36 所示。

09 单击“常用”选项卡→“修改”面板→“删除”按钮，将图 17-35 所示的垂直中心线删除掉，最终效果如图 17-37 所示。

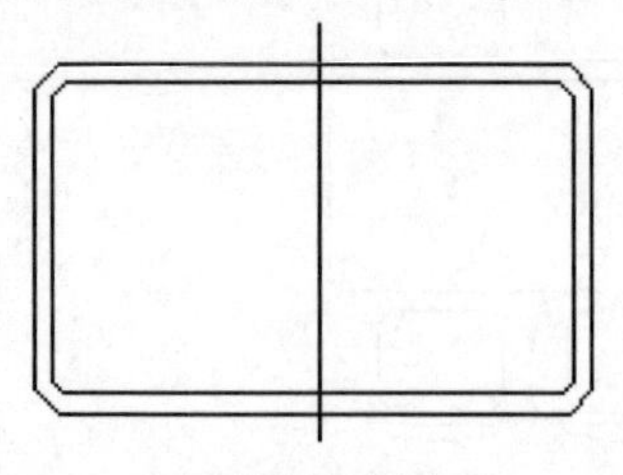

图 17-35　倒角

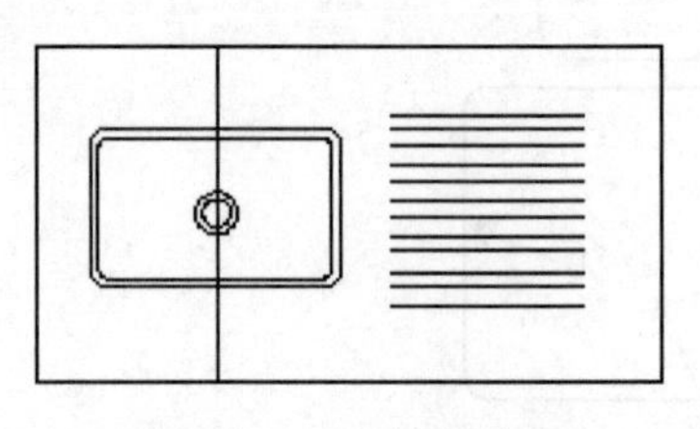

图 17-36　绘制的圆

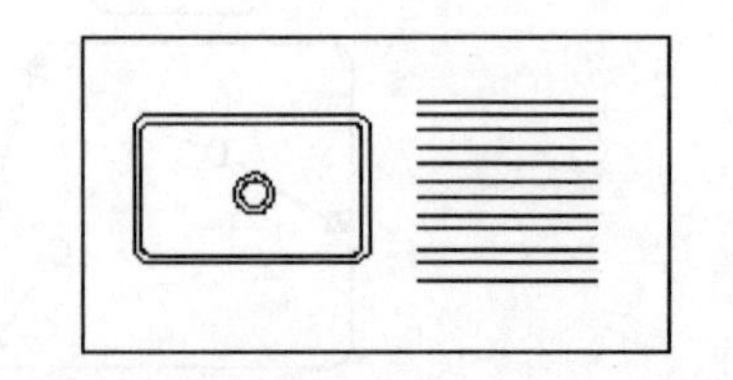

图 17-37　洗菜盆

10 单击“常用”选项卡→“块”面板→“创建”按钮，以矩形的上边线中点为基点，将图 17-37 所示的图形创建为“洗菜盆”块。

17.1.5　绘制煤气灶

绘制煤气灶的操作步骤如下：

01 单击“常用”选项卡→“绘图”面板→“直线”按钮，绘制如图 17-38 所示的 700×500 的矩形。

02 单击“常用”选项卡→“修改”面板→“偏移”按钮，将矩形上边线向下偏移 115，将下边线向上分别偏移 45、100，将左边线向右偏移 50，将右边线向左偏移 25，效果如图 17-39 所示。

03 单击“常用”选项卡→“修改”面板→“修剪”按钮，将偏移的直线段进行修剪，效果如图 17-40 所示。

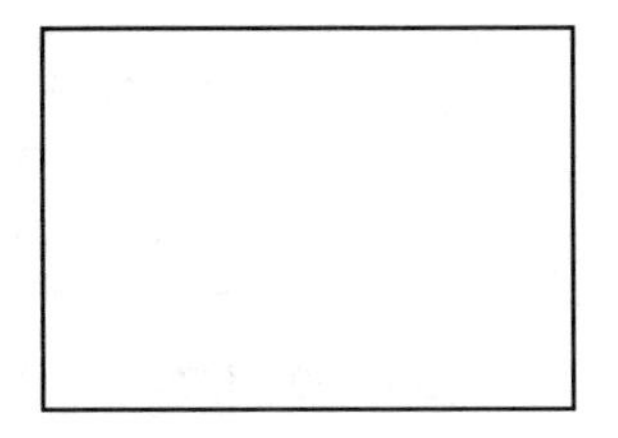

图 17-38　绘制的矩形

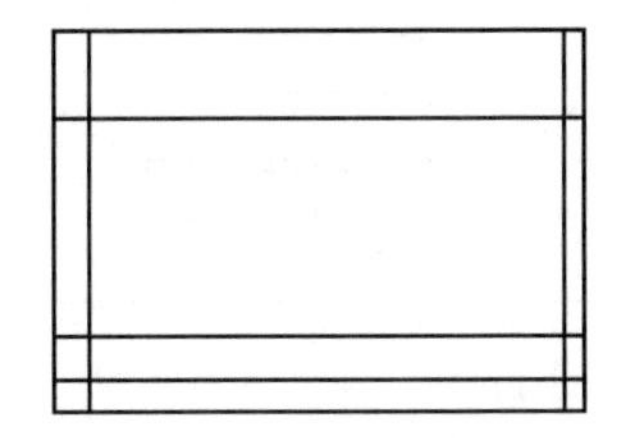

图 17-39　偏移矩形边线

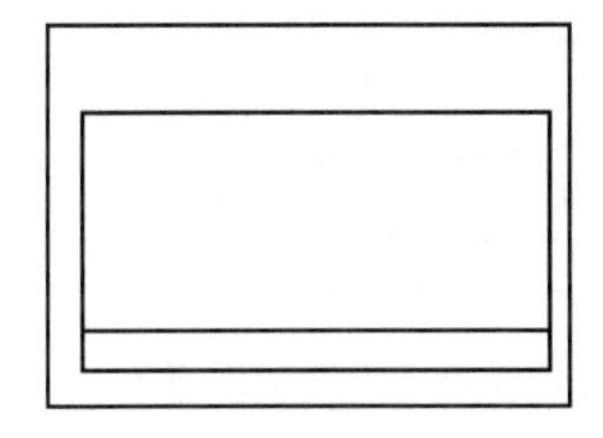

图 17-40　修剪偏移直线段

04 单击“常用”选项卡→“修改”面板→“偏移”按钮，将矩形的下边线向上偏移 240，将右边线左边线向右分别偏移 200、500，效果如图 17-41 所示。

05 单击“常用”选项卡→“绘图”面板→“圆心,半径”按钮，以偏移直线段的相交点为圆心，绘制如图 17-42 所示的半径为 30、80 的圆。

06 单击“常用”选项卡→“修改”面板→“删除”按钮，将偏移的直线段删除掉，效果如图 17-43 所示。

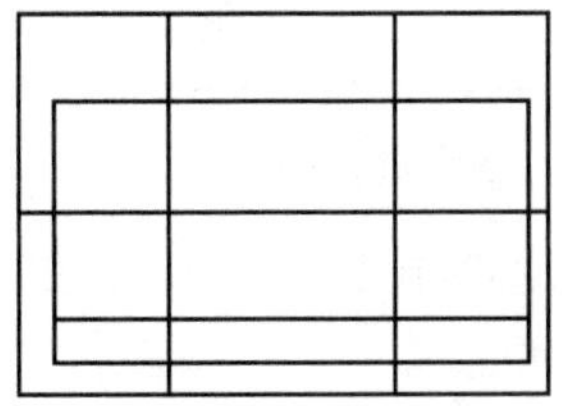

图 17-41　偏移直线段

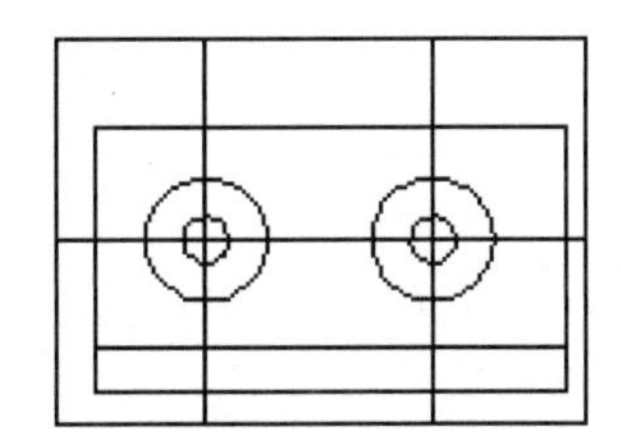

图 17-42　绘制的圆

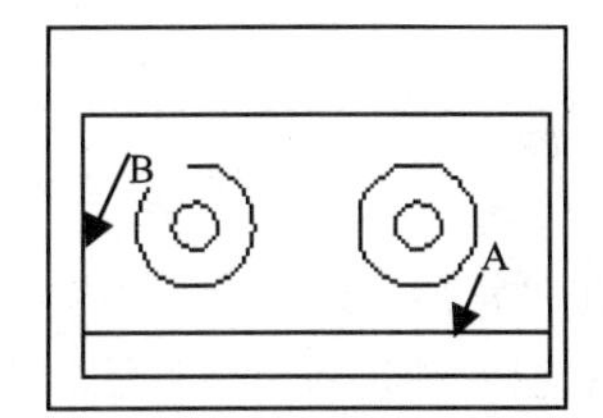

图 17-43　删除直线段

07 单击“常用”选项卡→“修改”面板→“偏移”按钮，将图 17-43 所示的 A 直线段向上分别偏移 9、25，将 B 直线段向右分别偏移 50、80、110，效果如图 17-44 所示。

08 单击“常用”选项卡→“修改”面板→“修剪”按钮，将偏移的直线段进行修剪，效果如图 17-45 所示。

09 单击“常用”选项卡→“绘图”面板→“圆心”按钮，绘制如图 17-46 所示的长轴长为 90、短轴长为 22 的椭圆。

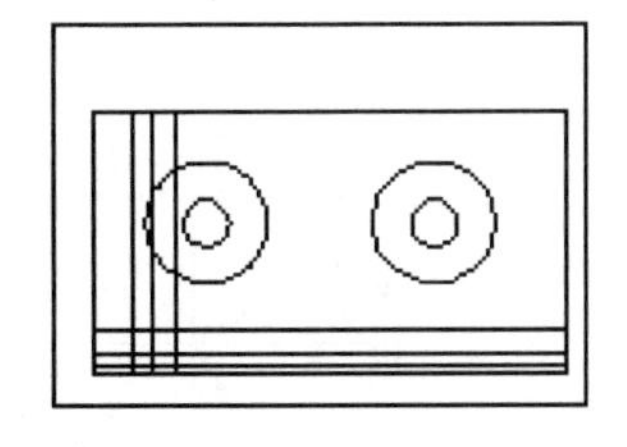

图 17-44　偏移直线段

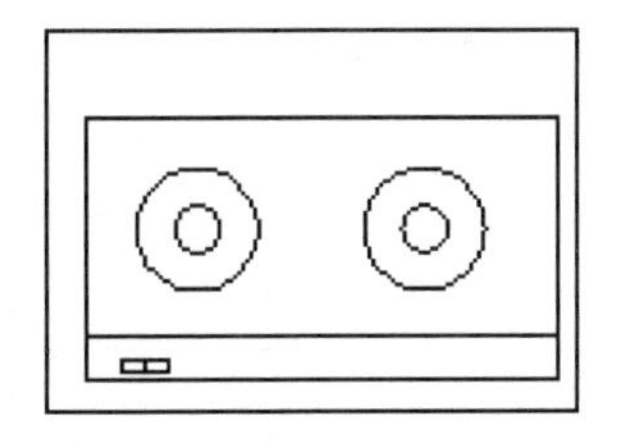

图 17-45　修剪偏移直线段

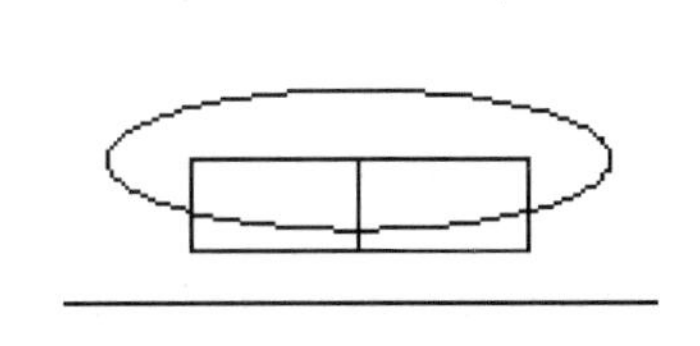

图 17-46　绘制的椭圆

10 单击“常用”选项卡→“修改”面板→“复制”按钮，选择刚才绘制的椭圆，向上移动鼠标，在命令行输入 10 并按下 Enter 键，效果如图 17-47 所示。

11 单击“常用”选项卡→“绘图”面板→“直线”按钮，绘制如图 17-48 所示的两条连接椭圆长轴端点直线段。

12 单击“常用”选项卡→“修改”面板→“修剪”按钮，将图形进行修剪，效果如图 17-49 所示。

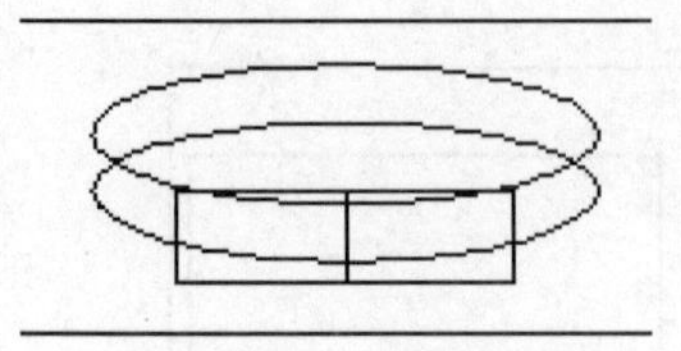
图 17-47　复制的椭圆

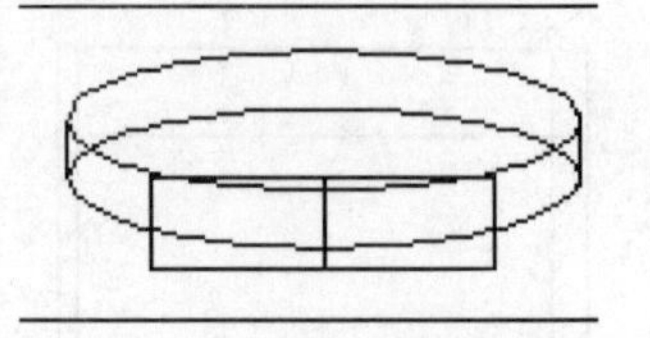
图 17-48　绘制的直线段

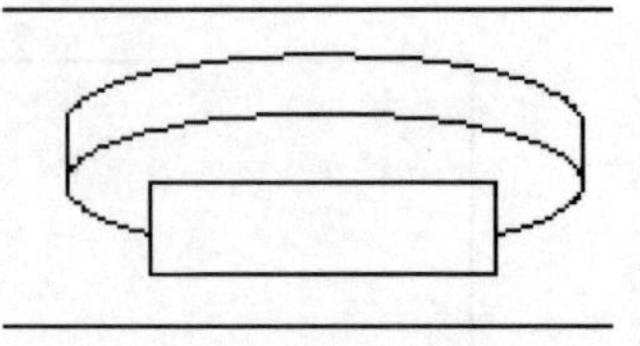
图 17-49　修剪后的图形

13 单击“常用”选项卡→“修改”面板→“镜像”按钮，以图 17-50 所示的 A、B 直线段的中点连线为镜像轴线，将镜像图形镜像到右侧，效果如图 17-51 所示。

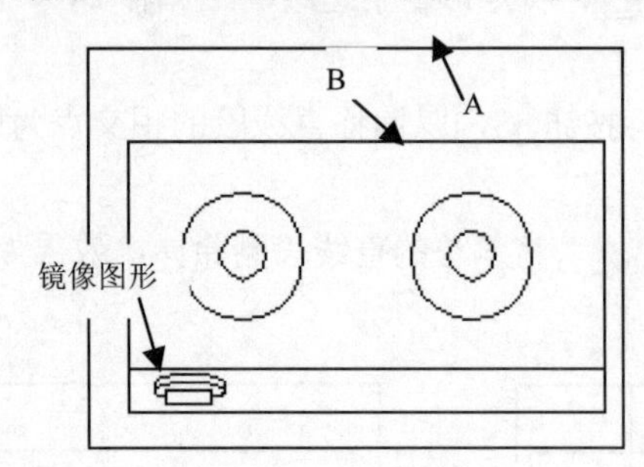

图 17-50　镜像元素

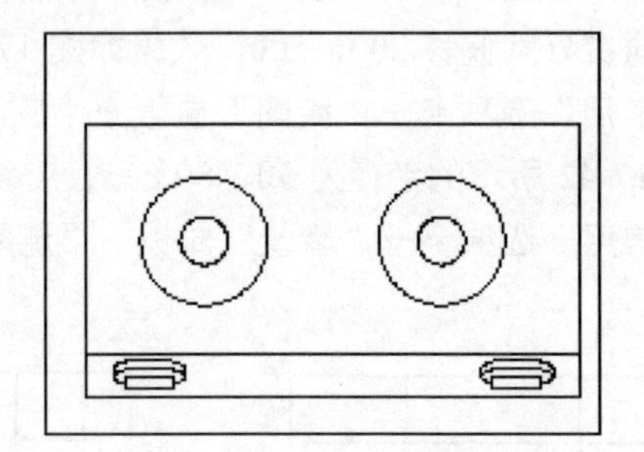
图 17-51　镜像后的图形

14 单击“常用”选项卡→“块”面板→“创建”按钮，以矩形的上边线中点为基点，将图 17-51 所示的图形创建为“煤气灶”块。

17.1.6　绘制圆桌

绘制圆桌的操作步骤如下：

01 单击“常用”选项卡→“绘图”面板→“直线”按钮，绘制如图 17-52 所示的两条垂直的直线段。

02 单击“常用”选项卡→“绘图”面板→“圆心,半径”按钮，绘制如图 17-53 所示的半径为 210、250、280 的圆。

03 单击“常用”选项卡→“绘图”面板→“直线”按钮，绘制如图 17-54 所示长度为 300 的直线段，直线段与水平夹角为 27°、30°、57°、60°。

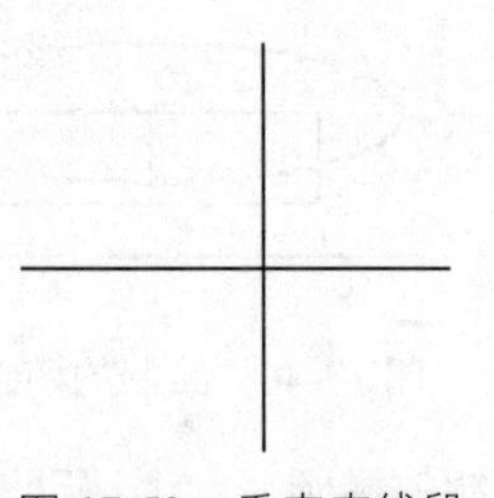
图 17-52　垂直直线段

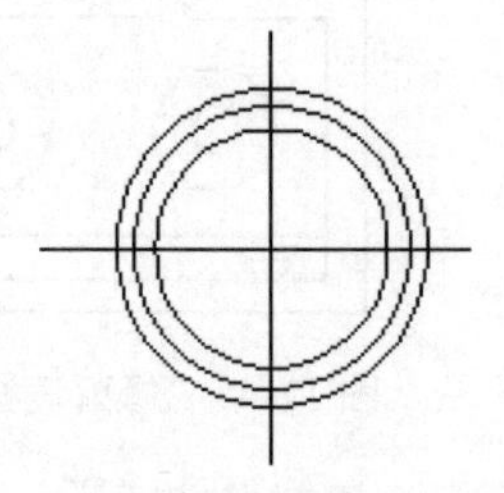
图 17-53　绘制的圆

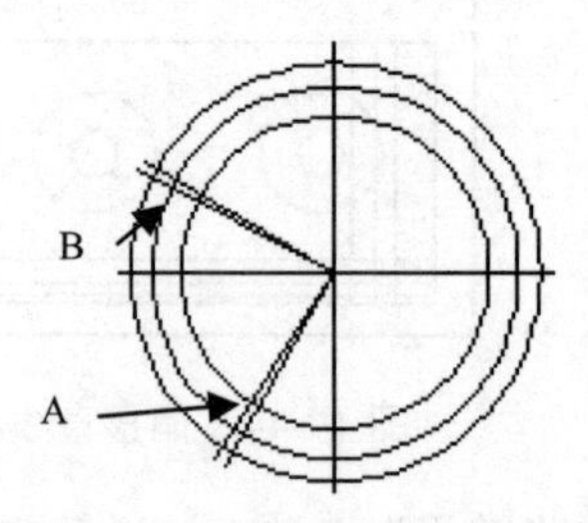

图 17-54　绘制的直线段

04 单击“常用”选项卡→“修改”面板→“偏移”按钮，将图 17-54 所示的 A 直线段向上方偏移 15，将 B 直线段向下方偏移 15，效果如图 17-55 所示。

05 单击“常用”选项卡→“修改”面板→“修剪”按钮，将直线段进行修剪，效果如图 17-56 所示。

06 单击“常用”选项卡→“修改”面板→“删除”按钮，将垂直直线段删除掉，效果如图 17-57 所示。

07 单击“常用”选项卡→“块”面板→“创建”按钮，以圆心为基点，将图 17-57 所示的图形创建为“圆桌”块。

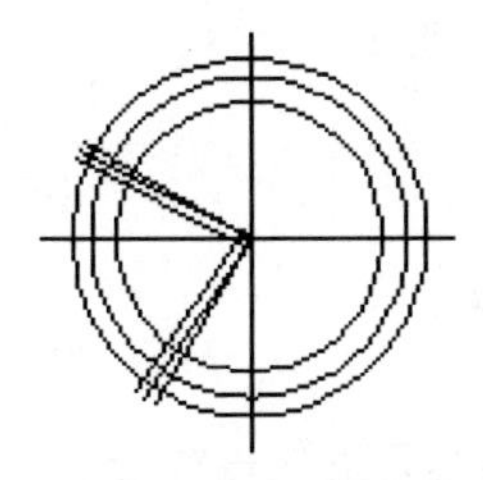

图 17-55　偏移直线段

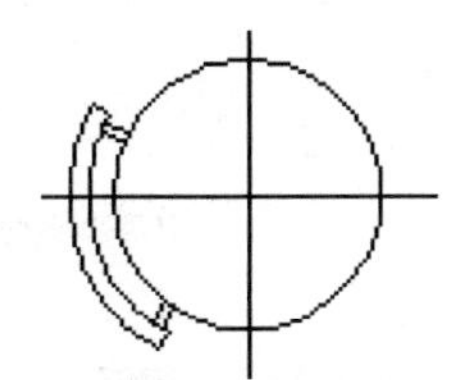

图 17-56　修剪后的图形

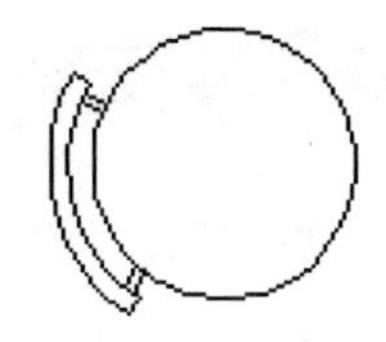

图 17-57　圆桌

17.1.7　绘制双人床

绘制双人床的操作步骤如下：

01 单击“常用”选项卡→“绘图”面板→“直线”按钮，绘制如图 17-58 所示的 1500×2000 的矩形。

02 单击“常用”选项卡→“修改”面板→“偏移”按钮，将矩形的上边线向下偏移 80，效果如图 17-59 所示。

03 单击“常用”选项卡→“修改”面板→“圆角”按钮，建立如图 17-60 所示的半径为 80 的倒圆角。

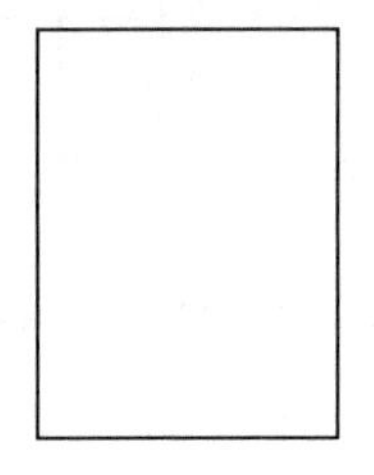

图 17-58　矩形

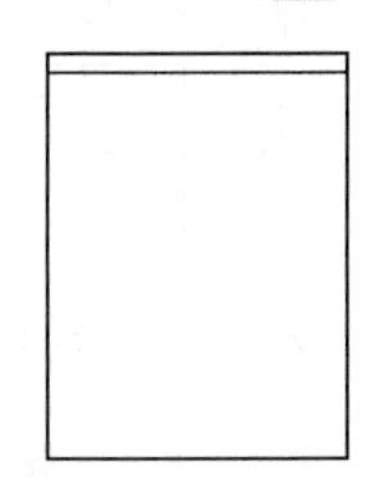

图 17-59　偏移边线

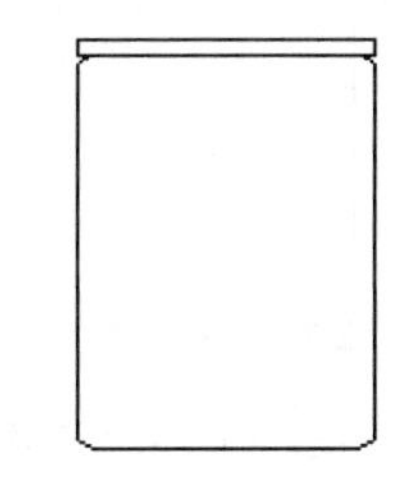

图 17-60　倒圆角

04 单击“常用”选项卡→“块”面板→“插入”按钮，插入“枕头”块到图形中，效果如图 17-61 所示。

05 重复步骤 04 的操作，插入床头柜到图形中，效果如图 17-62 所示。

06 单击“常用”选项卡→“修改”面板→“镜像”按钮，将床头柜镜像左侧，效果如图 17-63 所示。

07 单击“常用”选项卡→“块”面板→“创建”按钮，以矩形上边线的中点为基点，将图 17-63 所示的图形创建为“双人床”块。

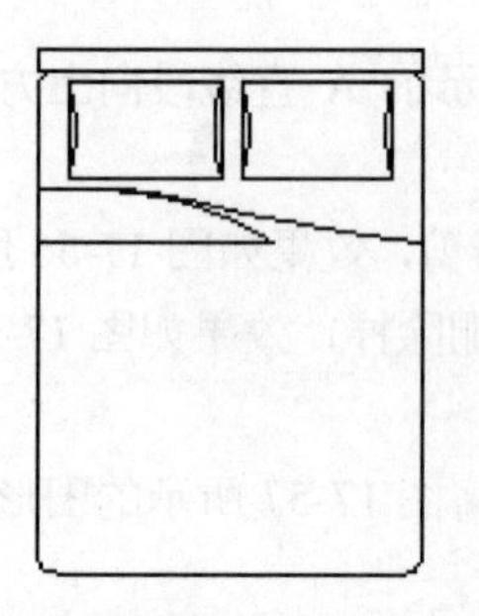
图 17-61　插入枕头

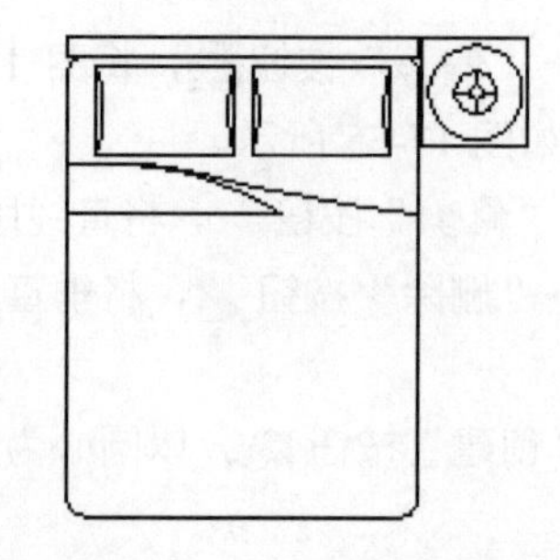
图 17-62　插入床头柜

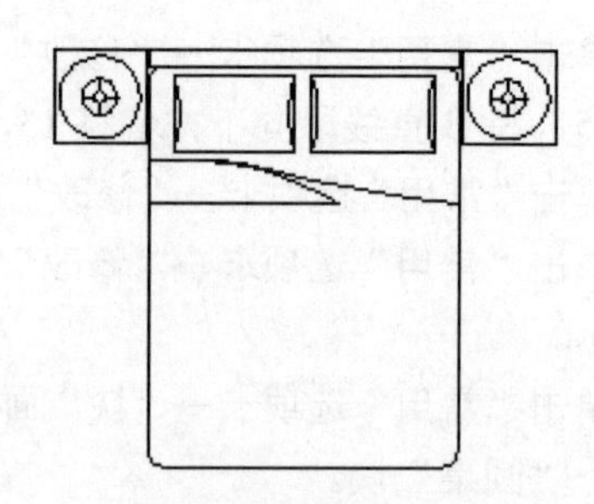
图 17-63　双人床

17.1.8 绘制坐便池

绘制坐便池的操作步骤如下：

01 单击“常用”选项卡→“绘图”面板→“直线”按钮，绘制两条互相垂直的直线段。

02 单击“常用”选项卡→“修改”面板→“偏移”按钮，将水平直线段向上偏移 155，效果如图 17-64 所示。

03 单击“常用”选项卡→“绘图”面板→“圆心”按钮，以下部直线段的交点为椭圆的焦点，绘制长轴长为 360，短轴长度为 270 的椭圆，效果如图 17-65 所示。

04 单击“常用”选项卡→“修改”面板→“偏移”按钮，将刚才绘制的椭圆向外侧偏移 50，效果如图 17-66 所示。

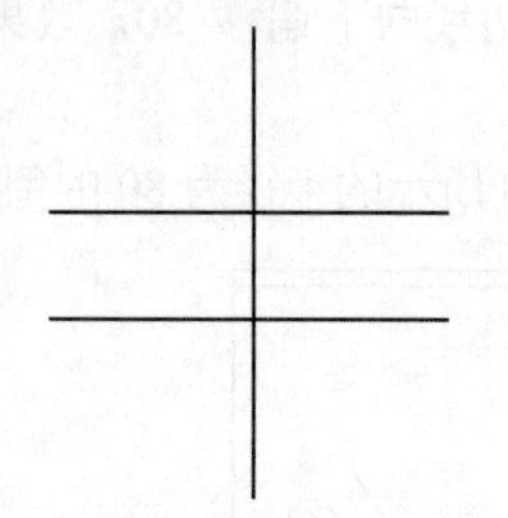
图 17-64　绘制的直线段

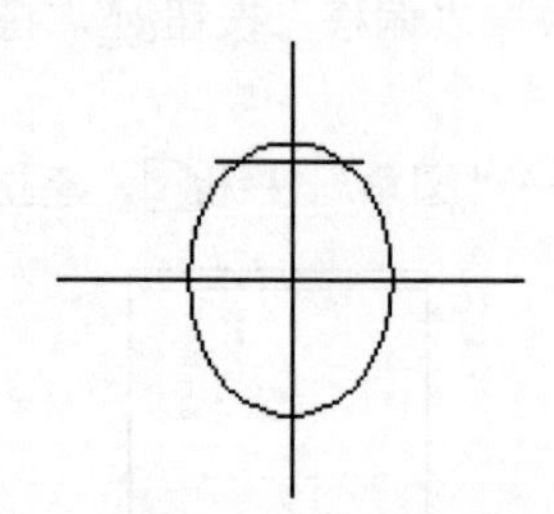
图 17-65　绘制的椭圆

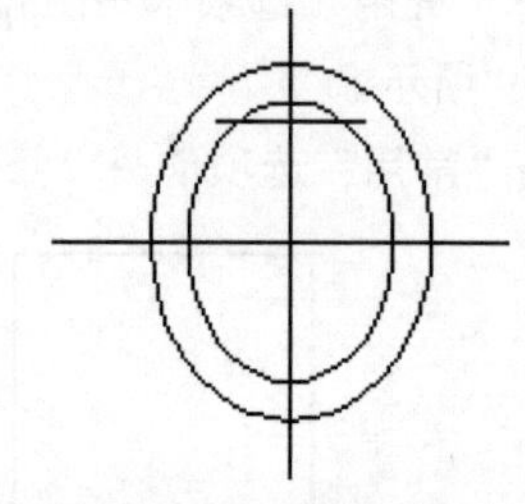
图 17-66　偏移椭圆

05 单击“常用”选项卡→“绘图”面板→“圆心”按钮，以上部直线段的交点为椭圆的焦点，绘制长轴长为 115，短轴长度为 75 的椭圆，效果如图 17-67 所示。

06 单击“常用”选项卡→“修改”面板→“偏移”按钮，将下部水平直线段向上分别偏移 240、470，将垂直直线段向左、右偏移 210，效果如图 17-68 所示。

07 单击“常用”选项卡→“修改”面板→“修剪”按钮，将偏移的直线段进行修剪。

08 单击“常用”选项卡→“修改”面板→“圆角”按钮，创建半径为 50 的倒圆角，效果如图 17-69 所示。

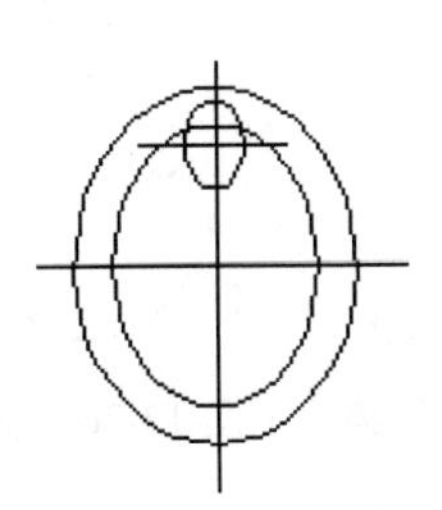

图 17-67 绘制的椭圆

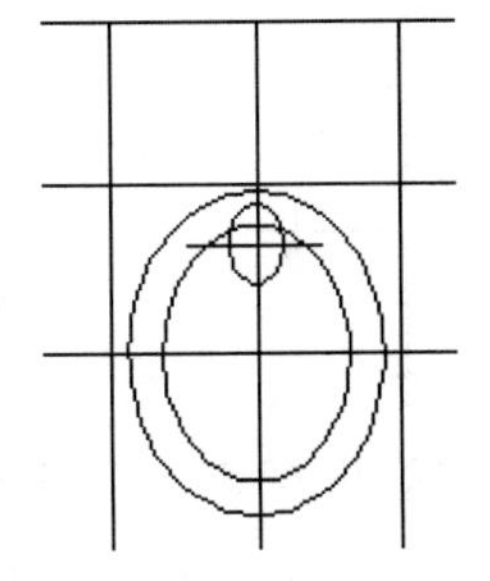

图 17-68 偏移直线段

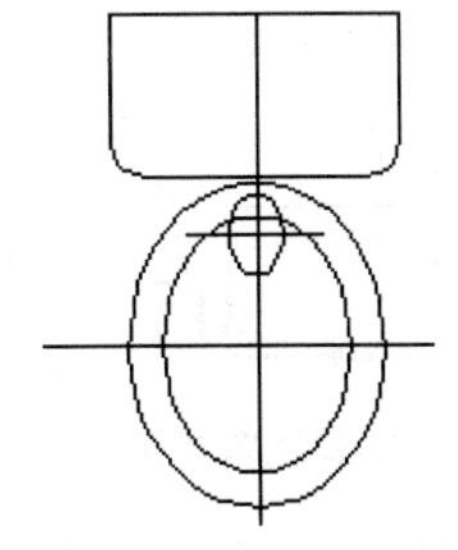

图 17-69 倒圆角

09 单击“常用”选项卡→“修改”面板→“偏移”按钮，将垂直直线段向左、右偏移 100，效果如图 17-70 所示。

10 单击“常用”选项卡→“修改”面板→“修剪”按钮，将偏移的直线段进行修剪，效果如图 17-71 所示。

11 单击“常用”选项卡→“修改”面板→“删除”按钮，将步骤 01 和步骤 02 创建的直线段删除掉。

12 单击“常用”选项卡→“修改”面板→“圆角”按钮，建立如图 17-72 所示的半径为 50 的倒圆角。

13 单击“常用”选项卡→“块”面板→“创建”按钮，以矩形上边线的中点为基点，将图 17-72 所示的图形创建为“便池”块。

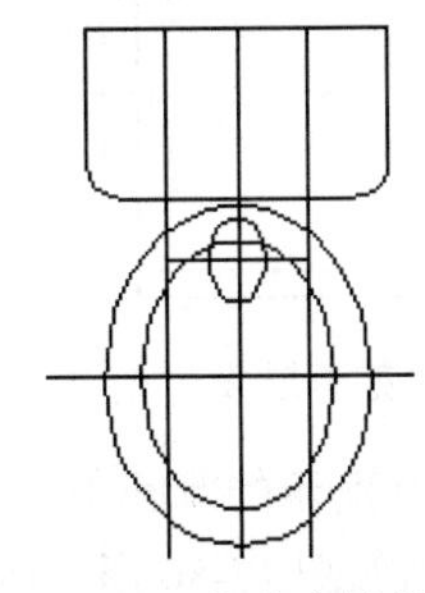

图 17-70 偏移直线段

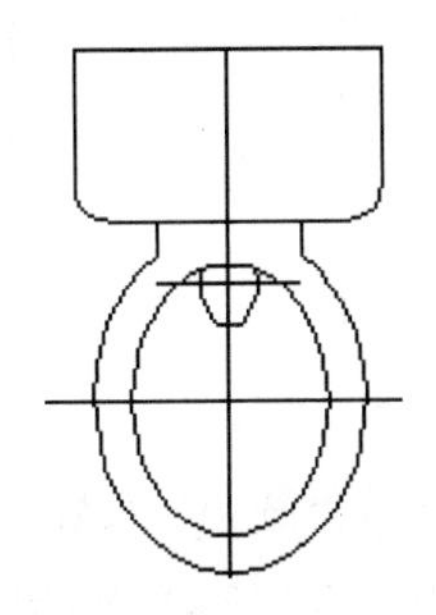

图 17-71 修剪后的图形

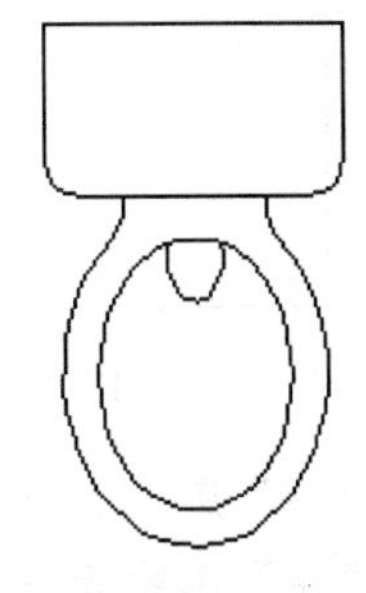

图 17-72 倒圆角

17.1.9 绘制洗脸盆

绘制洗脸盆的操作步骤如下：

01 单击“常用”选项卡→“绘图”面板→“直线”按钮，绘制如图 17-73 所示的直线段。

02 单击“常用”选项卡→“绘图”面板→“圆心”按钮，以右侧直线段的交点为椭圆焦点，绘制长轴长为 470，短轴长度为 370 的椭圆，效果如图 17-74 所示。

03 单击“常用”选项卡→“绘图”面板→“圆心,半径”按钮，绘制如图 17-75 所示的半径为 20 的圆。

04 单击“常用”选项卡→“修改”面板→“删除”按钮，删除步骤 01 绘制的直线段，效果如图 17-76 所示。

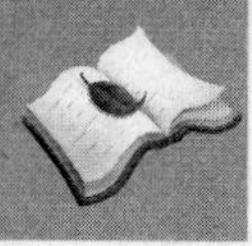

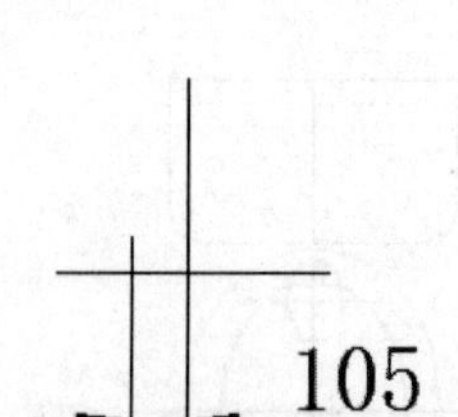

图 17-73　绘制的直线段

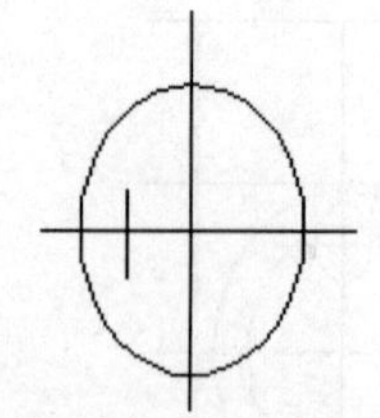

图 17-74　绘制的椭圆

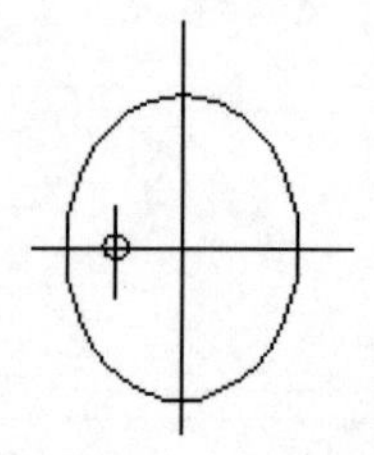

图 17-75　绘制的圆

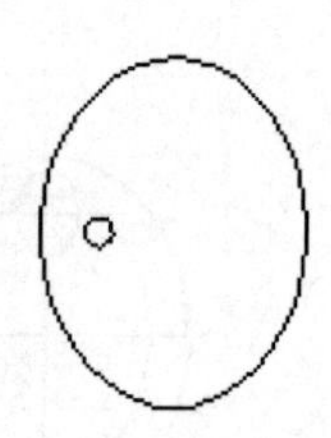

图 17-76　洗脸盆

05 单击“常用”选项卡→“块”面板→“创建”按钮，以椭圆的焦点为基点，将图 17-76 所示的图形创建为“洗脸盆”块。

17.1.10　绘制浴盆

绘制浴盆的操作步骤如下：

01 单击“常用”选项卡→“绘图”面板→“直线”按钮，绘制如图 17-77 所示的 1500×650 的矩形。

02 单击“常用”选项卡→“修改”面板→“偏移”按钮，将矩形的右边线向矩形内部偏移 80，其他边线向内部偏移 50，效果如图 17-78 所示。

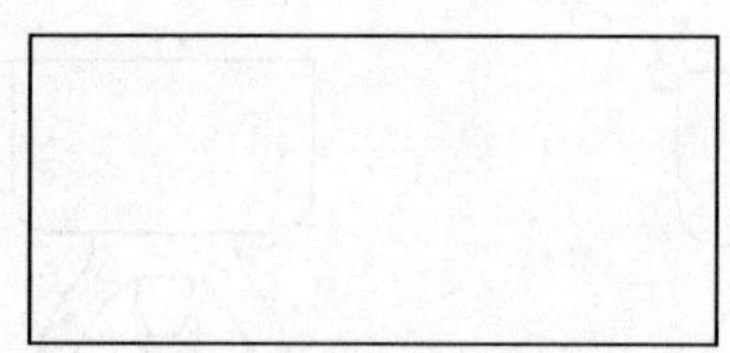

图 17-77　绘制的矩形

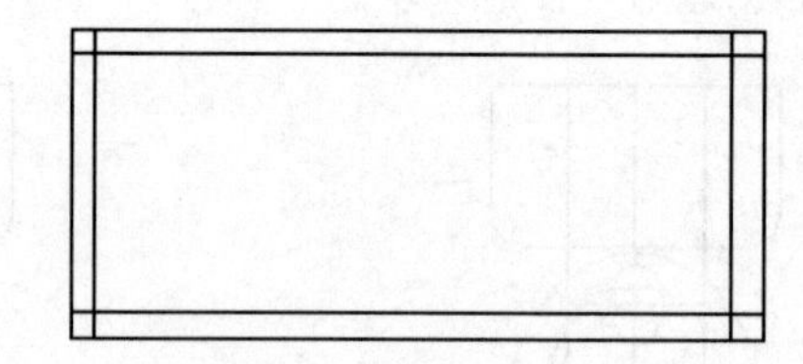

图 17-78　偏移的直线段

03 单击“常用”选项卡→“修改”面板→“圆角”按钮，建立如图 17-79 所示的倒圆角。

04 单击“常用”选项卡→“绘图”面板→“相切,相切,相切”按钮，绘制如图 17-80 所示的圆。

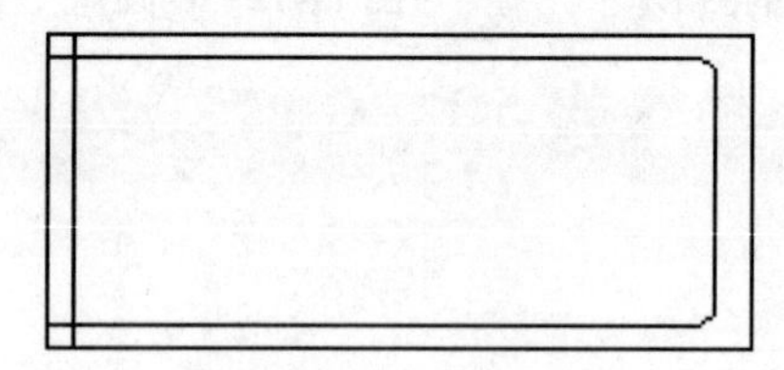

图 17-79　倒圆角

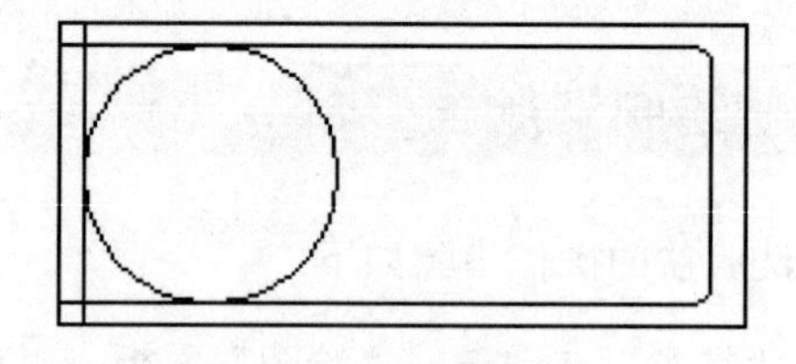

图 17-80　绘制的圆

05 单击“常用”选项卡→“修改”面板→“修剪”按钮，将偏移的直线段和绘制的圆进行修剪，效果如图 17-81 所示。

06 击“常用”选项卡→“绘图”面板→“圆心,半径”按钮，以矩形右边线的中点为圆心，绘制直径为 50 的圆。

07 单击“常用”选项卡→“修改”面板→“移动”按钮，将刚才绘制的圆水平向左偏移 180，效果如图 17-82 所示。

图 17-81　修剪后的图形

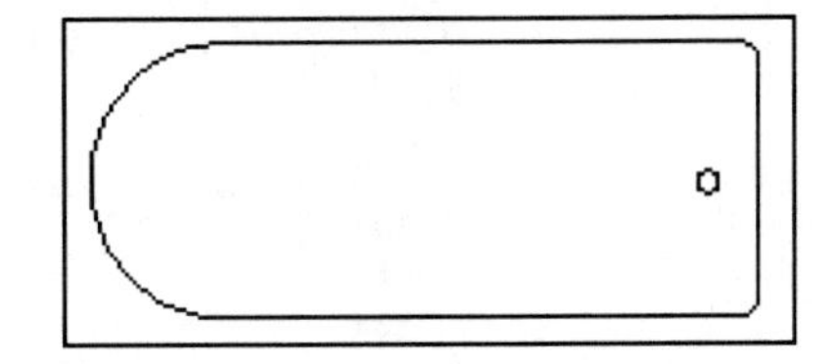

图 17-82　偏移的圆

17.2 绘制建筑框架

建筑框架是通过 Auto CAD 中的多线命令完成。执行多线命令前，需要设置多线样式，下面通过绘制某建筑的框架架构介绍多线样式的设置和多线命令的使用方法。

17.2.1 设置多线格式

设置多线样式的具体操作步骤如下：

01 选择菜单栏中的“格式”→“多线样式”命令，系统弹出如图 17-83 所示的“多线样式”对话框。

02 单击“新建”按钮，系统弹出“创建新的多线样式”对话框。

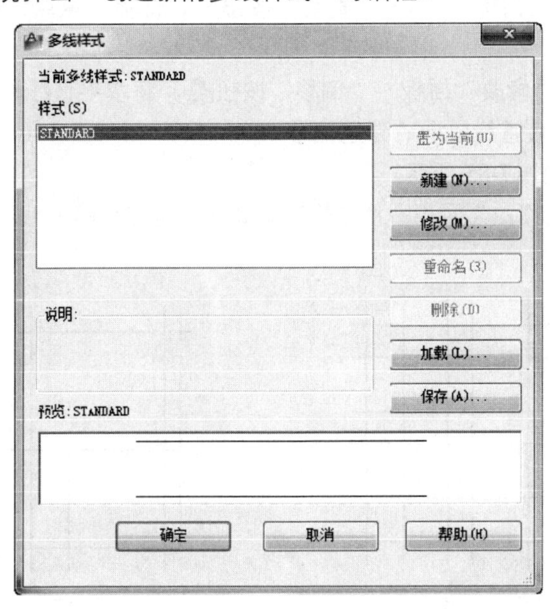

图 17-83　“多线样式”对话框

03 在“新样式名”文本框中输入 50，单击“继续”按钮，系统弹出如图 17-84 所示的“新建多线样式：50”对话框。

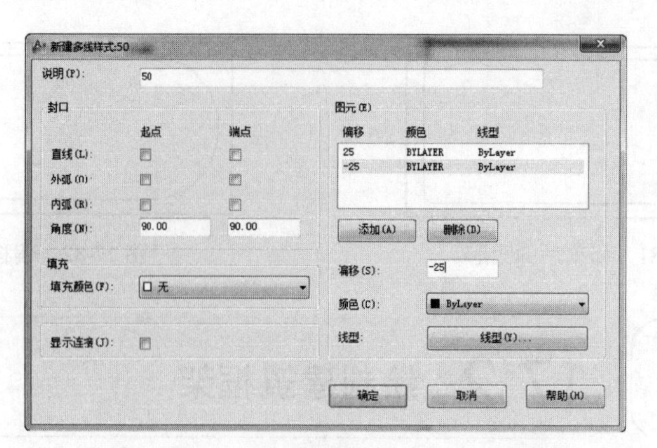

图 17-84 “新建多线样式：50”对话框

04 添加两个偏移量为 25、-25 的图元，单击“确定”按钮，返回“多线样式”对话框。

05 重复步骤 02～04 的操作，建立 130、240、360、3×120、3×80 的多线样式，单击“确定”按钮，完成多线样式的创建。

17.2.2 建立框架架构

绘制建筑框架架构的操作步骤如下：

01 单击“常用”选项卡→“绘图”面板→“直线”按钮，捕捉任意点为起点绘制两条互相垂直的直线段。

02 单击“常用”选项卡→“修改”面板→“偏移”按钮，将水平直线段向下分别偏移 1300、3500、4800、6900、8700，将垂直直线段向右分别偏移 600、4500、6000、6600、7900、8400、10800、11700、13500、15000，效果如图 17-85 所示。

03 单击“常用”选项卡→“修改”面板→“修剪”按钮，将偏移的直线段进行修剪，效果如图 17-86 所示。

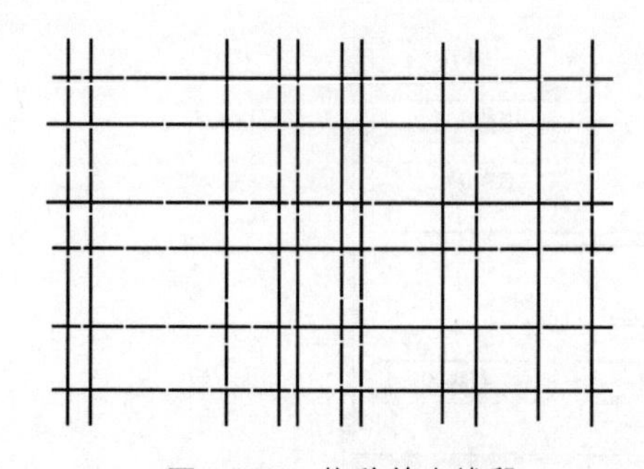

图 17-85 偏移的直线段

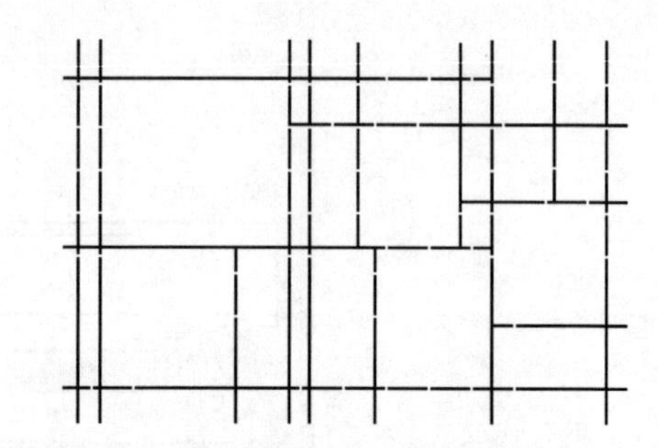

图 17-86 修剪后的图形

04 选择菜单栏中的“格式”→“多线样式”命令，系统弹出“多线样式”对话框，选择“样式”列表框中的“360”多线样式，单击“置为当前”按钮，将“360”多线样式设置为当前，单击“确定”按钮。

05 选择菜单栏中的“绘图”→“多线”命令，绘制如图 17-87 所示的多线。

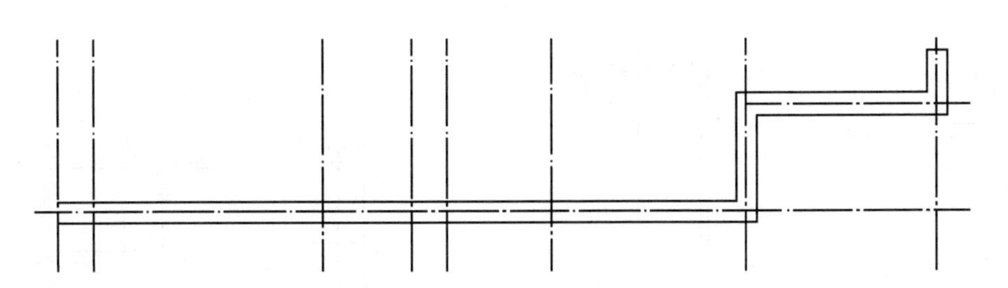

图 17-87　绘制的多线

06 重复步骤 05 的操作，绘制其他的多线，效果如图 17-88 所示。

07 选择菜单栏中的“修改”→“对象”→“多线”命令，系统弹出“多线编辑工具”对话框。

08 单击“多线编辑工具”选项组中“角点结合”按钮，在绘图区中选择需要结合角点的两条多线，单击鼠标右键完成多线角点的编辑，效果如图 17-89 所示。

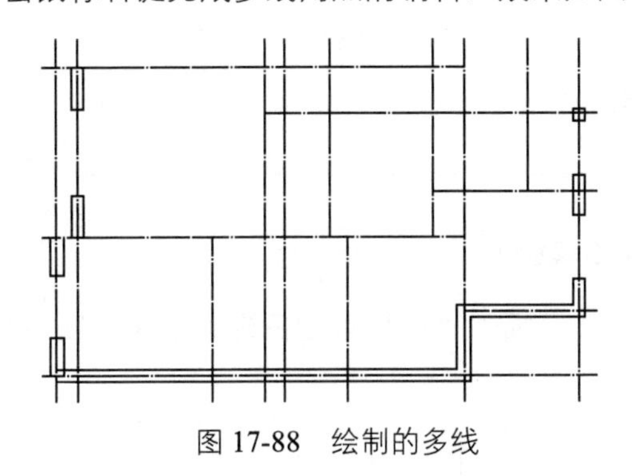

图 17-88　绘制的多线

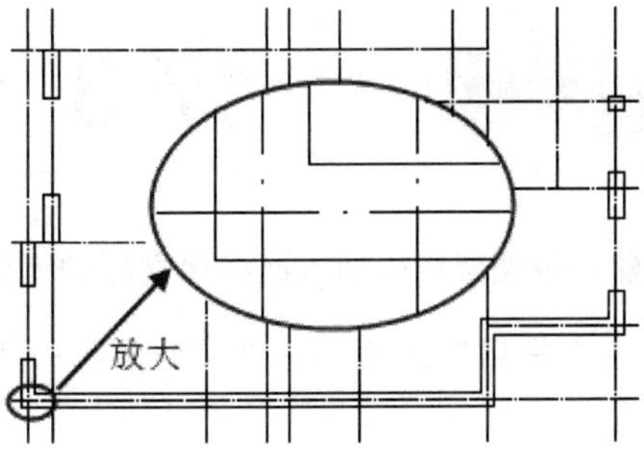

放大

图 17-89　编辑多线角点

09 选择菜单栏中的“格式”→“多线样式”命令，系统弹出“多线样式”对话框，选择“样式”列表框中的“240”多线样式，单击“置为当前”按钮，将“240”多线样式设置为当前，单击“确定”按钮。

10 选择菜单栏中的“绘图”→“多线”命令，绘制如图 17-90 所示的多线。

11 选择菜单栏中的“修改”→“对象”→“多线”命令，系统弹出“多线编辑工具”对话框，对刚才绘制的多线进行编辑，效果如图 17-91 所示。

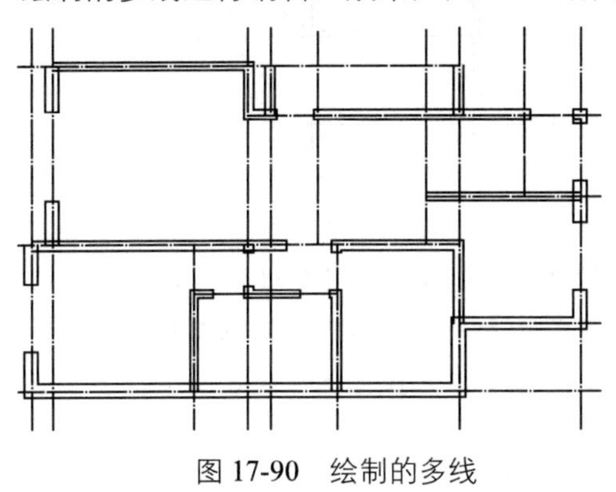

图 17-90　绘制的多线

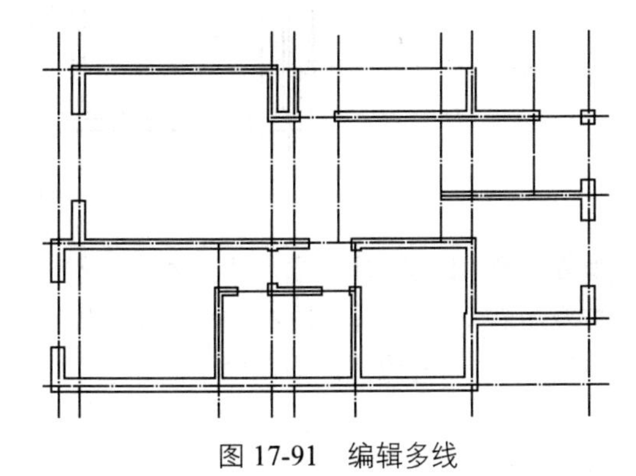

图 17-91　编辑多线

12 重复步骤 09～11 的操作，绘制其他多线，效果如图 17-92 所示。

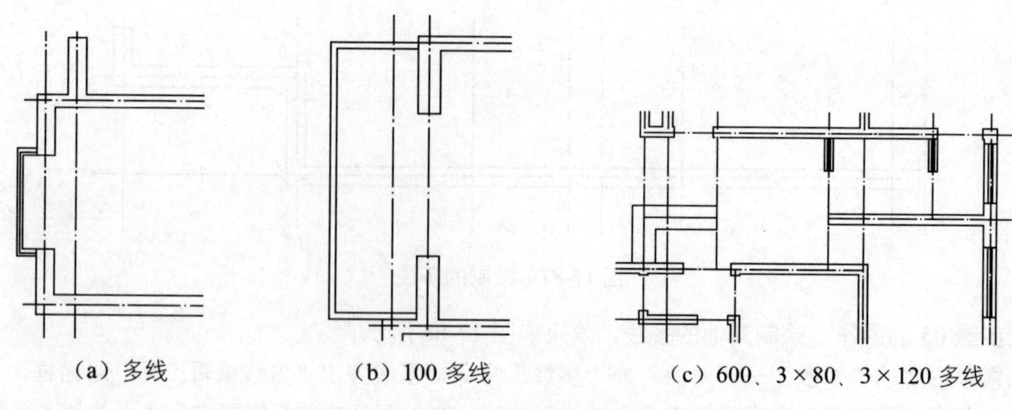

（a）多线　（b）100 多线　（c）600、3×80、3×120 多线

图 17-92　绘制其他的多线

17.3 插入元件

在建筑框架架构中插入已经建立好的元件，具体操作步骤如下：

01 单击“常用”选项卡→“块”面板→“插入”按钮，插入“门”块到图形，效果如图 17-93 所示。

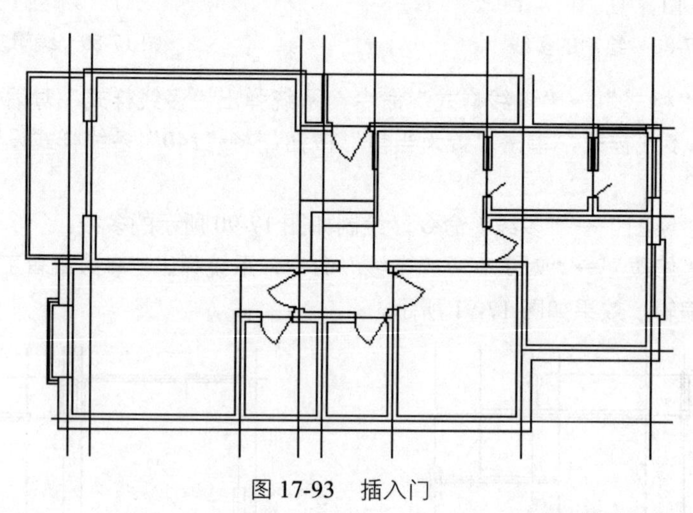

图 17-93　插入门

02 重复步骤 01 的操作，插入“沙发”块和“电视柜”块到客厅，效果如图 17-94 所示。

03 重复步骤 01 的操作，插入“餐桌”、“煤气灶”、“洗菜盆”块到餐厅和厨房中，效果如图 17-95 所示。

04 重复步骤 01 的操作，插入“单人床”和“圆桌”块到小卧室中，效果如图 17-96 所示。

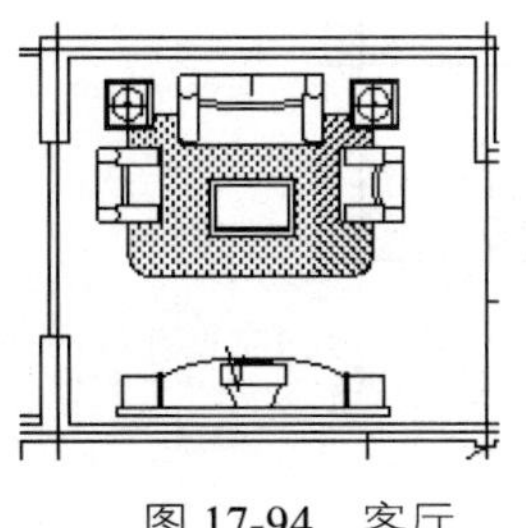
图 17-94　客厅

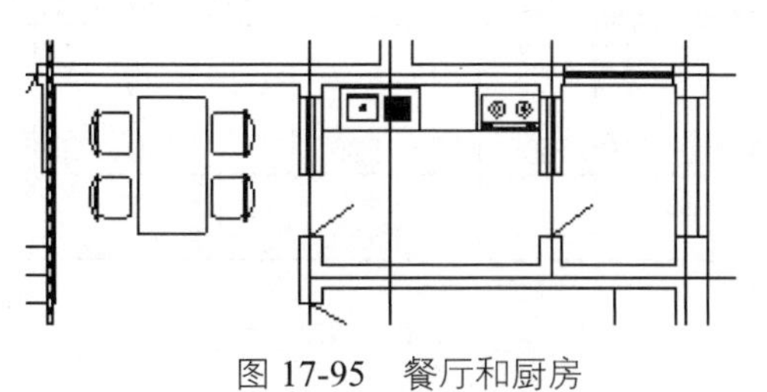
图 17-95　餐厅和厨房

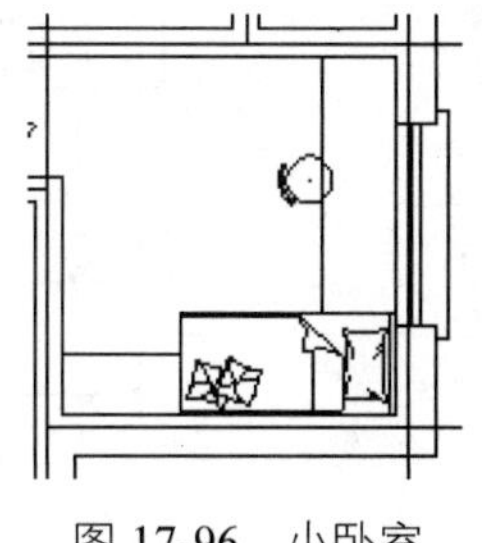
图 17-96　小卧室

05 重复步骤 01 的操作，插入“双人床”、“衣柜”、“洗脸盆”、“便池”和“澡池”块到卧室和卫生间中，效果如图 17-97 所示。

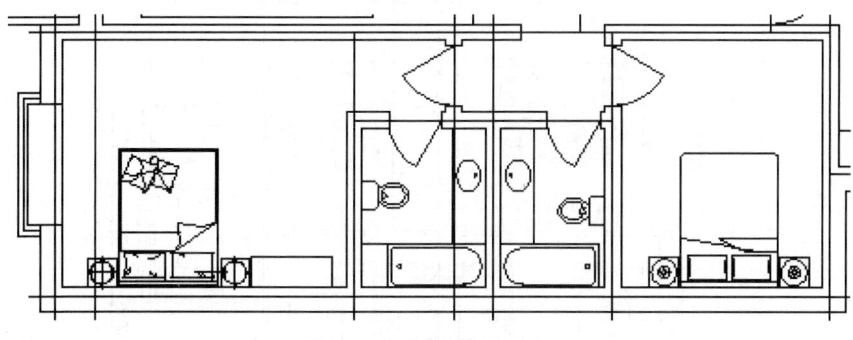
图 17-97　卧室和卫生间

17.4 标注尺寸

完成图形的绘制，接下来需要标注尺寸，具体操作步骤如下：

01 单击“常用”选项卡→“注释”面板→“线性”按钮，选择右下角的两条水平边界线，拖动尺寸到合适位置并单击，完成线性尺寸的标注，效果如图 17-98 所示。

02 单击“注释”选项卡→“注释”面板→“连续”按钮，标注其他尺寸，效果如图 17-99 所示。

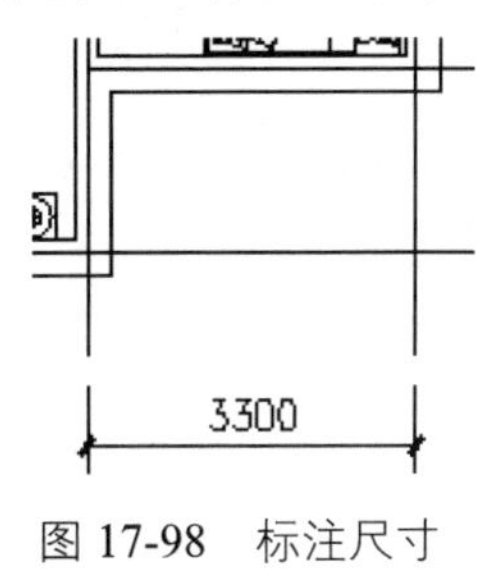

图 17-98　标注尺寸

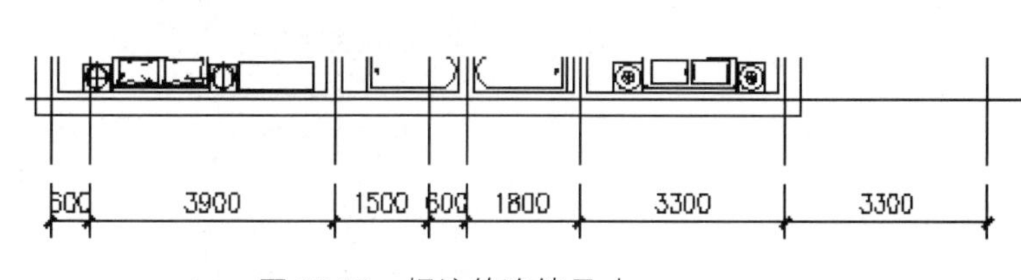

图 17-99　标注的连续尺寸

03 单击“常用”选项卡→“注释”面板→“线性”按钮，标注如图 17-100 所示的总长尺寸。

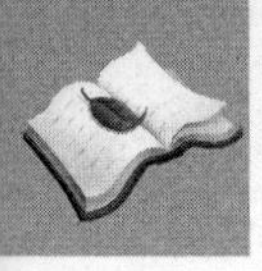

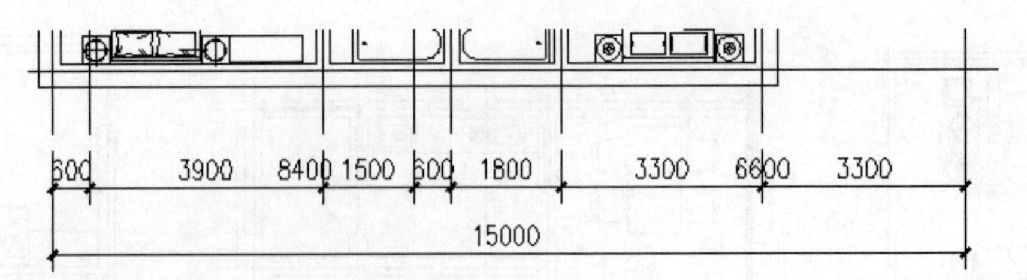

图 17-100　标注总长

04 重复步骤 01～03 的操作，标注其他方位的尺寸，效果如图 17-101 所示。

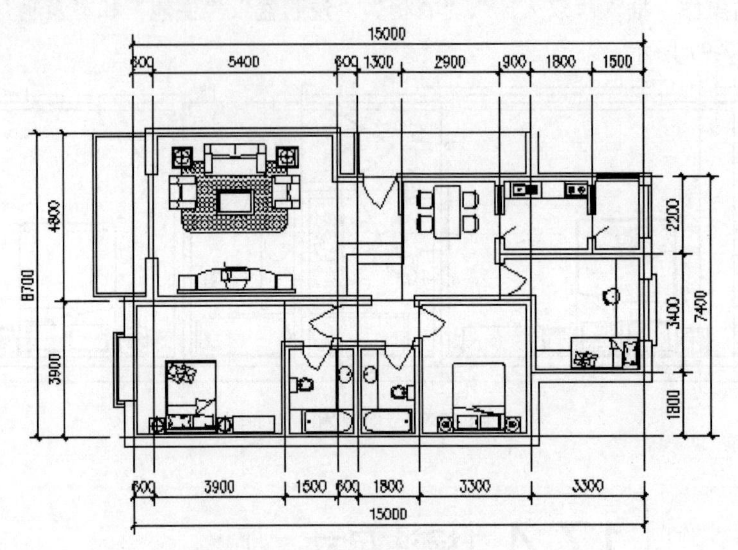

图 17-101　标注其他方位的尺寸

05 单击“常用”选项卡→“注释”面板→“多行文本”按钮**A**，在客厅空白处标注 23.53m^2，效果如图 17-102 所示。

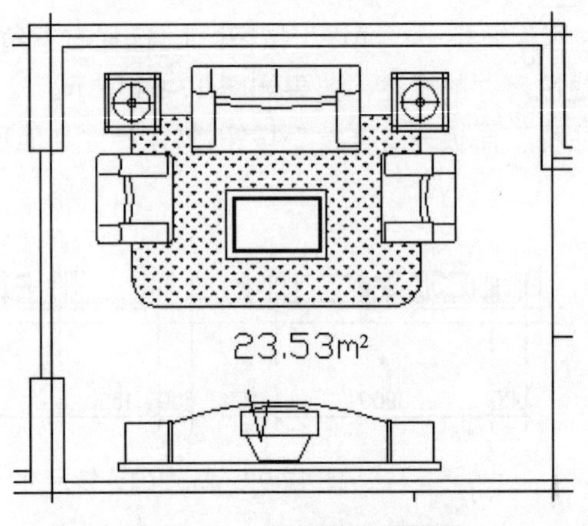

图 17-102　标注的客厅面积

06 重复步骤 05 的操作，标注其他各房间的面积，完成建筑图的设计，效果如图 17-103 所示。

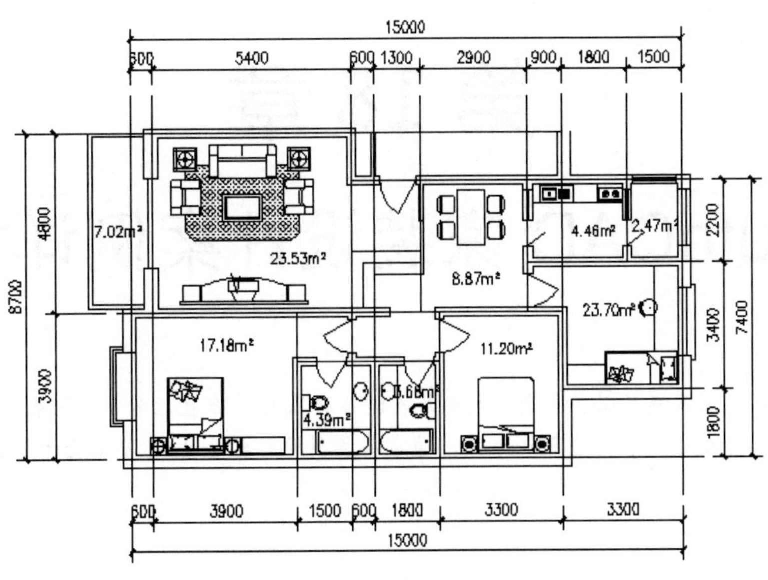

图 17-103　某建筑平面图

17.5 知识回顾

建筑图纸的绘制主要包括各种建筑元件的绘制步骤、建筑框架的绘制，以及由各种元件组成的建筑平面图。通过本章某建筑平面图的绘制，让读者掌握建筑设计的方法和步骤。由于篇幅限制，本章只介绍平面图的绘制，读者可以举一反三，完成各种建筑图的绘制。

第 18 章

AutoCAD 家装设计案例详解

家装设计是进行建筑装潢的必备工作，主要是表达各种家具的布置位置，以及家具的尺寸大小等信息。在进行家装设计中，也使用符号表达家具元件，通常将各种元件组合生成家装设计图纸。本章介绍某房屋的家装平面布置图。

学习目标

- 设置多线样式
- 绘制框架结构
- 绘制各房间布置图
- 标注尺寸

18.1 绘制房屋框架

绘制房屋框架架构是家装设计的首要任务，本节首先通过设置多线样式、使用多线绘制框架架构，然后对多线进行编辑，即可完成框架结构的建立。

18.1.1 设置多线样式

设置多线样式的操作步骤如下：

01 选择菜单栏中的“格式”→“多线样式”命令，系统弹出“多线样式”对话框。

02 单击“新建”按钮，系统弹出“创建新的多线样式”对话框。

03 在“新样式名”文本框中输入 200，单击“继续”按钮，系统弹出“新建多线样式：200”对话框。

04 添加两个偏移量为 100、-100 的图元，单击“确定”按钮，返回“多线样式”对话框。

05 重复步骤 02～04 的操作，建立 100、240 的多线样式，单击“确定”按钮，完成多线样式的创建。

18.1.2 绘制框架架构

绘制框架架构的具体操作步骤如下：

01 单击“常用”选项卡→“绘图”面板→“直线”按钮，捕捉任意点为起点绘制两条互相垂直的直线段。

02 单击“常用”选项卡→“修改”面板→“偏移”按钮，将水平直线段向下分别偏移 2375、1480、1070、1125、1075，将垂直直线段向右分别偏移 1900、2700、4500、1550、2220，效果如图 18-1 所示。

03 选择菜单栏中的“格式”→“多线样式”命令，在系统弹出的“多线样式”对话框中设置 200 多线样式为当前绘图样式。

04 选择菜单栏中的“绘图”→“多线”命令，绘制如图 18-2 所示的多线。

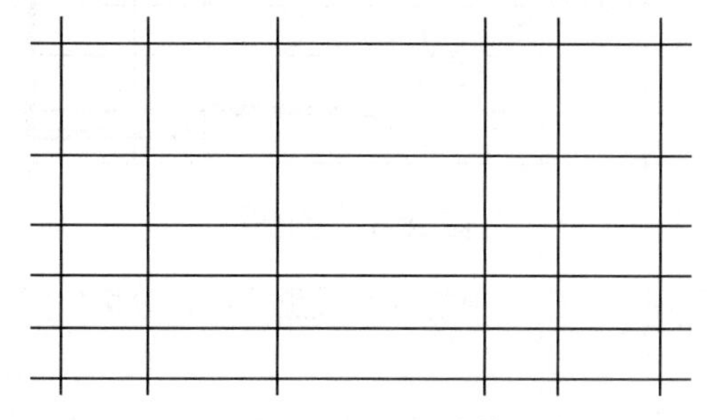

图 18-1　绘制的辅助线

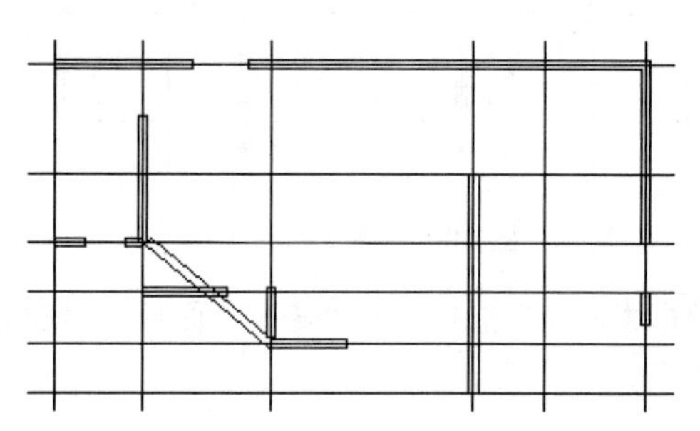

图 18-2　绘制的多线

05 重复步骤 03 和步骤 04，绘制 240 和 100 样式的多线，效果如图 18-3 所示。

06 选择菜单栏中的“修改”→“对象”→“多线”命令，对图形中的 T 形街头和角点进行编辑，效果如图 18-4 所示。

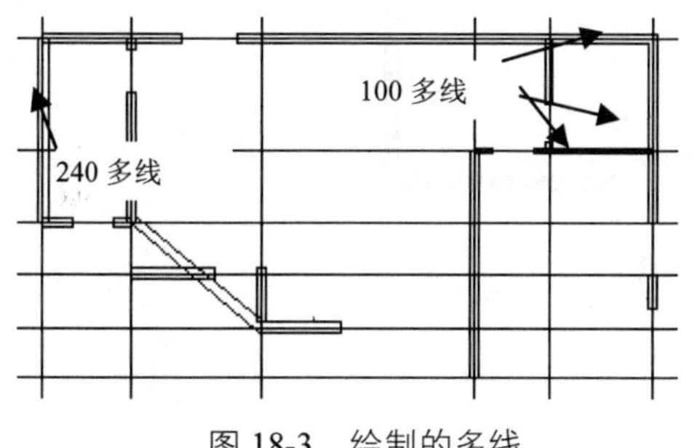

图 18-3　绘制的多线

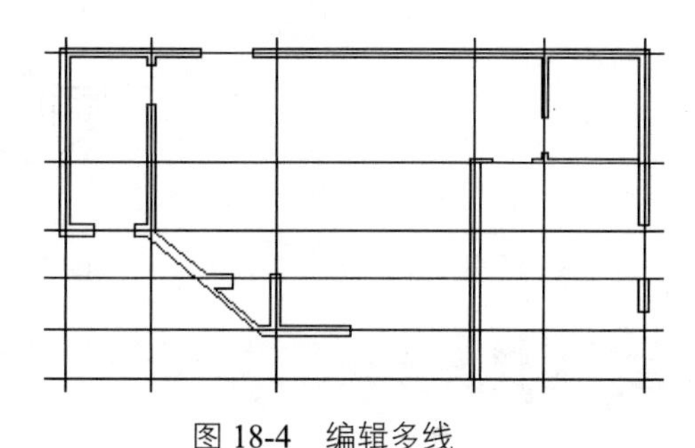

图 18-4　编辑多线

18.2 家具布置

家装设计中的主要任务就是布置家具。布置家具可以按照各房间分布布置，下面按照该思路对某房屋的各房间进行布置。

18.2.1 布置门窗

布置门窗的操作步骤如下：

01 单击“常用”选项卡→“块”面板→“插入”按钮，插入门和大门块到图形中，效果如图 18-5

所示。

02 选择菜单栏中的“格式”→“多线样式”命令，在系统弹出的“多线样式”对话框中设置 4×200 多线样式为当前绘图样式。

03 选择菜单栏中的“绘图”→“多线”命令，绘制如图 18-6 所示的窗户。

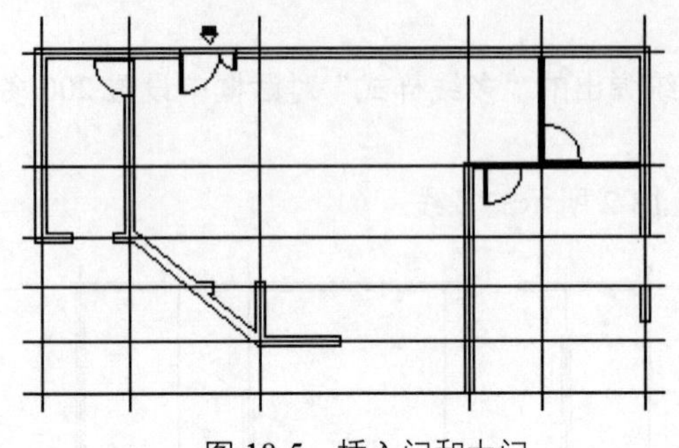

图 18-5　插入门和大门

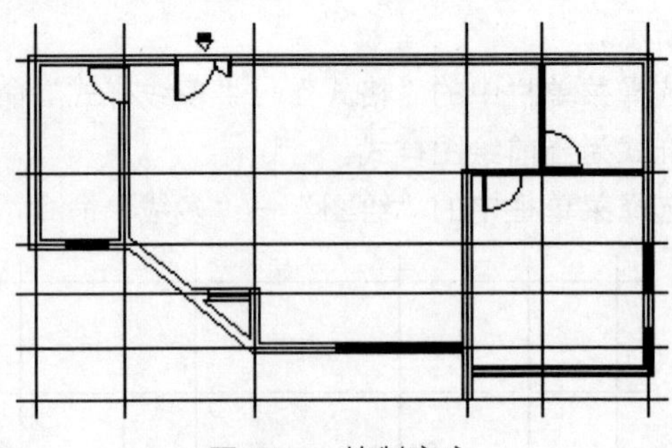

图 18-6　绘制窗户

04 单击“常用”选项卡→“修改”面板→“删除”按钮，将图形中的辅助线删除掉，效果如图 18-7 所示。

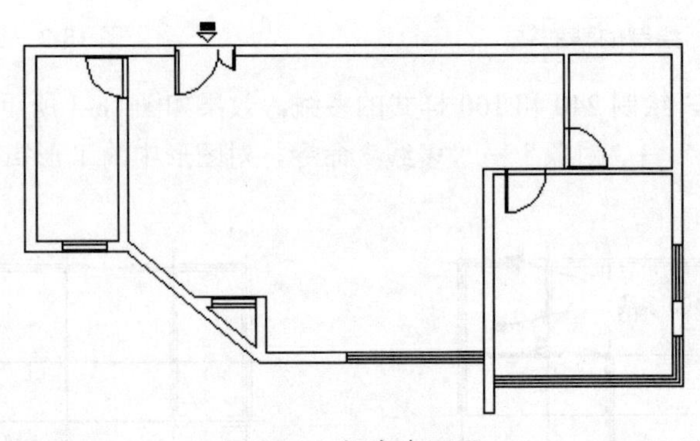

图 18-7　门窗布置图

18.2.2　布置厨房 

布置厨房的操作步骤如下：

01 单击“常用”选项卡→“绘图”面板→“直线”按钮，绘制如图 18-8 所示的直线段。

02 单击“常用”选项卡→“修改”面板→“偏移”按钮，将刚才绘制的直线段向右上偏移 20，效果如图 18-9 所示。

03 单击“常用”选项卡→“修改”面板→“延伸”按钮，将右上角的两条偏移直线段延伸相交。

04 单击“常用”选项卡→“修改”面板→“修剪”按钮，将图形进行修剪，效果如图 18-10 所示。

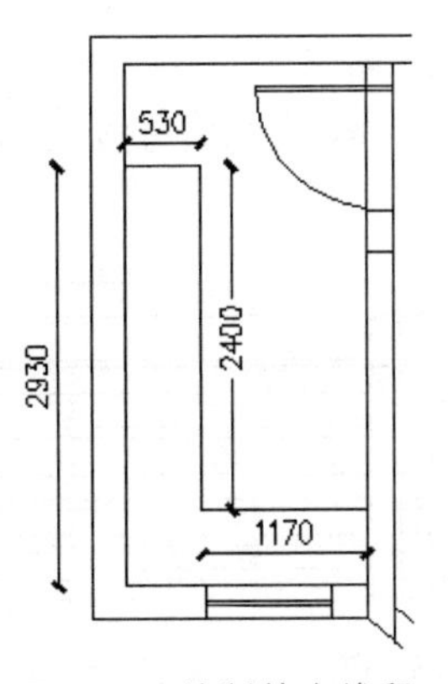

图 18-8　绘制的直线段

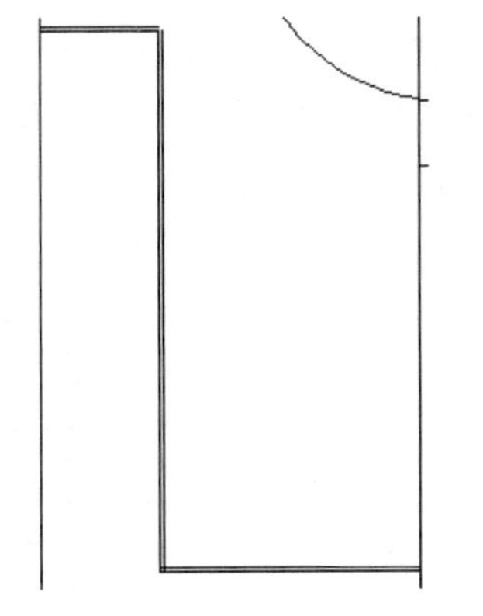

图 18-9　偏移直线段

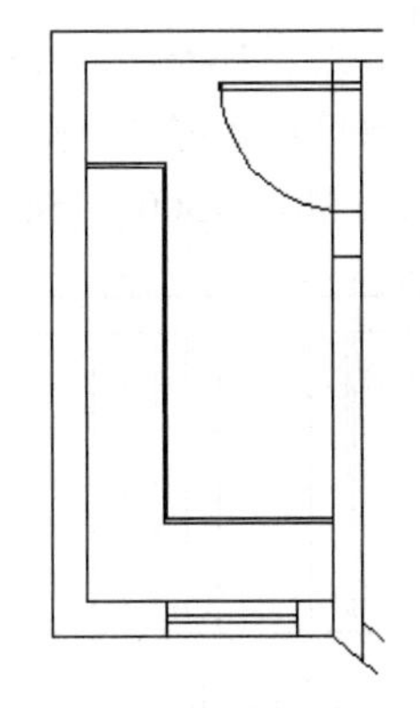

图 18-10　修改后的图形

05 单击“常用”选项卡→“块”面板→“插入”按钮，插入冰箱、洗菜池、液化炉到图形中，效果如图 18-11 所示。

06 单击“常用”选项卡→“绘图”面板→“图案填充”按钮，选择 ANGLE 图案，设置比例为 50，填充图案到图形中，效果如图 18-12 所示。

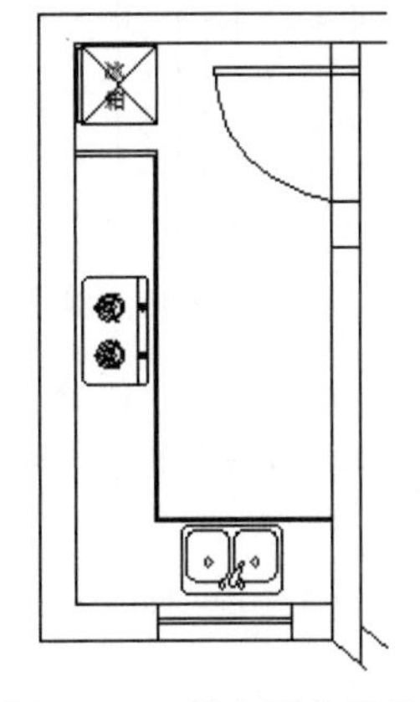

图 18-11　插入厨房用具

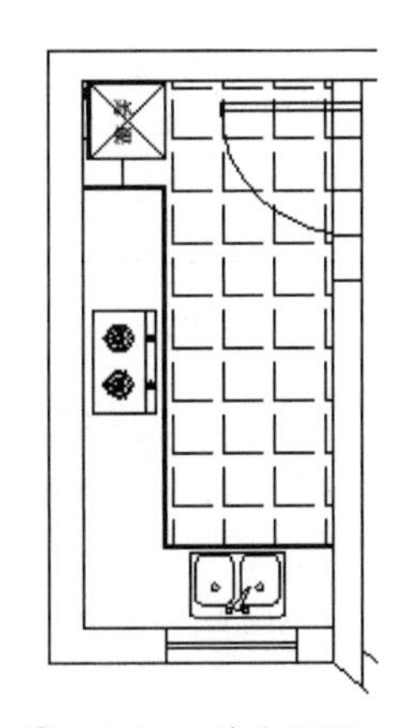

图 18-12　填充图案

18.2.3　布置客厅

布置客厅的操作步骤如下：

01 单击“常用”选项卡→“绘图”面板→“直线”按钮，绘制如图 18-13 所示的辅助直线段。

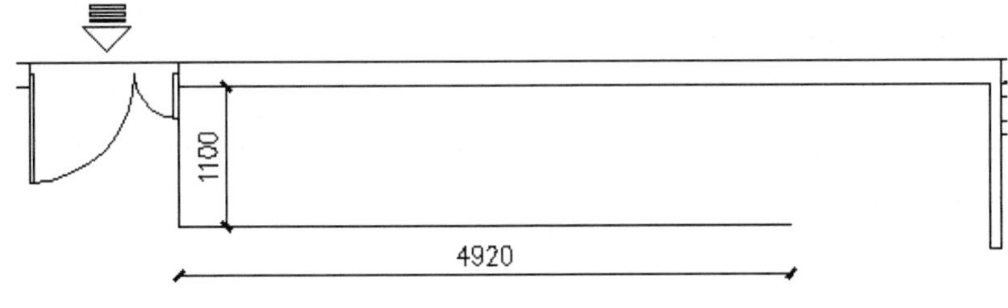

图 18-13　辅助直线段

02 单击“常用”选项卡→“修改”面板→“偏移”按钮，将垂直直线段向右分别偏移 565、625、

867、1425、1625、1825、2025、2225、4920、4980，效果如图 18-14 所示。

03 重复步骤 02 的操作，将水平直线段向上分别偏移 120、180、300、350、410、580、640、1040、1100、1270、1330、1500、1560，效果如图 18-15 所示。

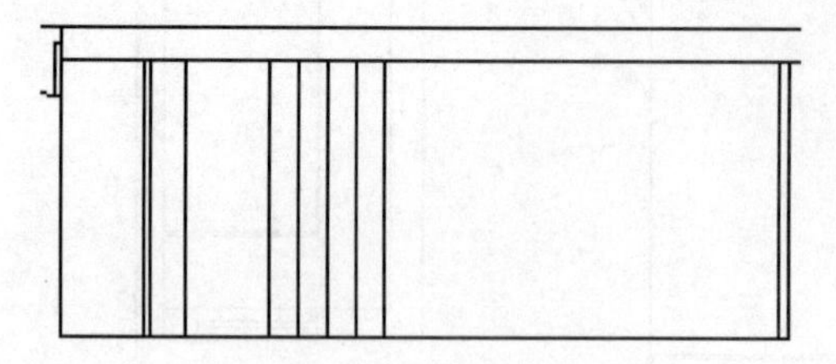

图 18-14　偏移垂直直线段

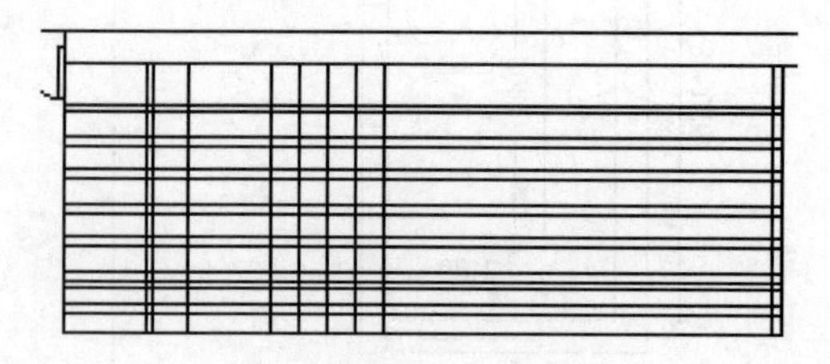

图 18-15　偏移水平直线段

04 单击“常用”选项卡→“修改”面板→“修剪”按钮，将偏移的直线段进行修剪，效果如图 18-16 所示。

05 单击“常用”选项卡→“绘图”面板→“直线”按钮，绘制如图 18-17 所示的两条斜直线段。

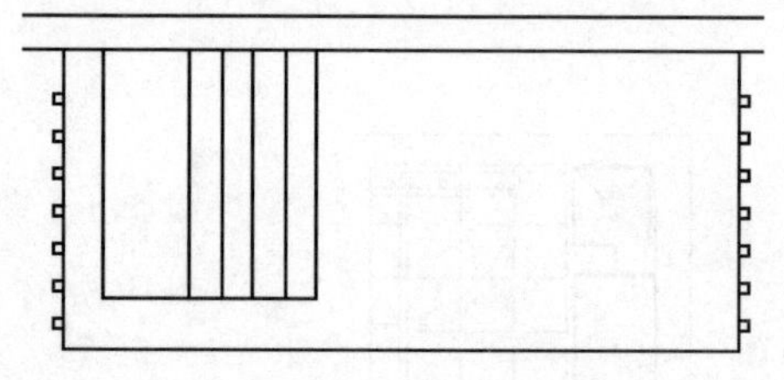

图 18-16　修剪后的图形

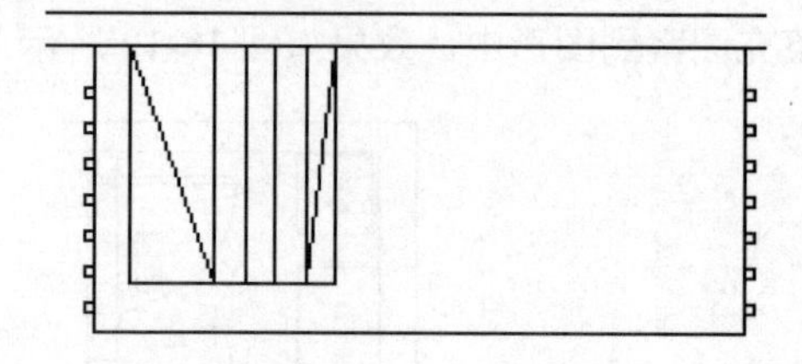

图 18-17　绘制的斜直线段

06 单击“常用”选项卡→“修改”面板→“修剪”按钮，将图形进行修剪。

07 单击“常用”选项卡→“修改”面板→“删除”按钮，将斜直线段两侧的直线段删除掉，效果如图 18-18 所示。

08 单击“常用”选项卡→“绘图”面板→“直线”按钮，绘制如图 18-19 所示的距离上边线 600 的水平直线段。

09 单击“常用”选项卡→“修改”面板→“偏移”按钮，将刚才绘制的直线段垂直向下偏移 20，效果如图 18-19 所示。

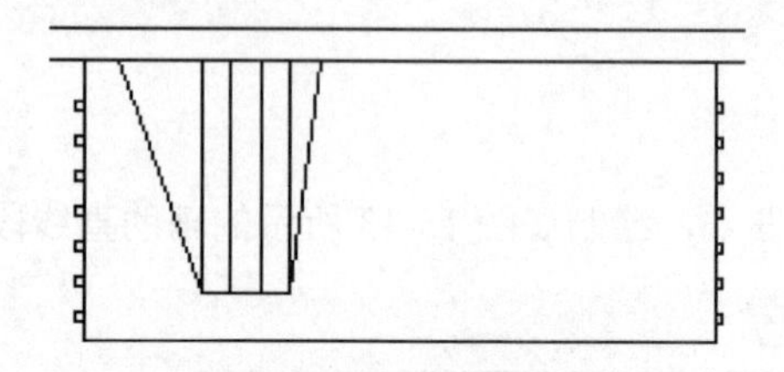

图 18-18　删除直线段

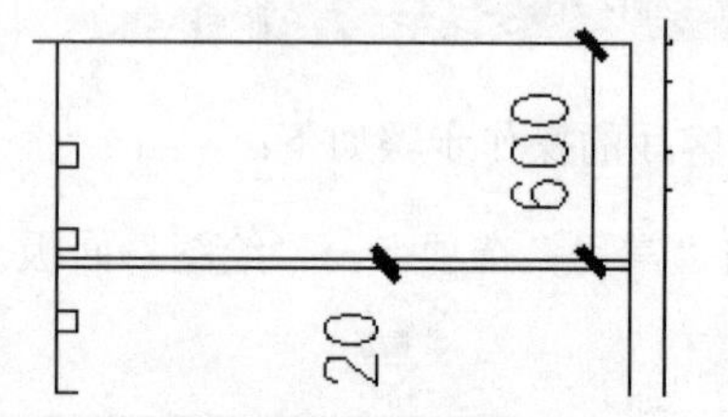

图 18-19　偏移直线段

10 单击“常用”选项卡→“块”面板→“插入”按钮，插入电视机、音响、鞋柜、书柜、盆景到图形中，效果如图 18-20 所示。

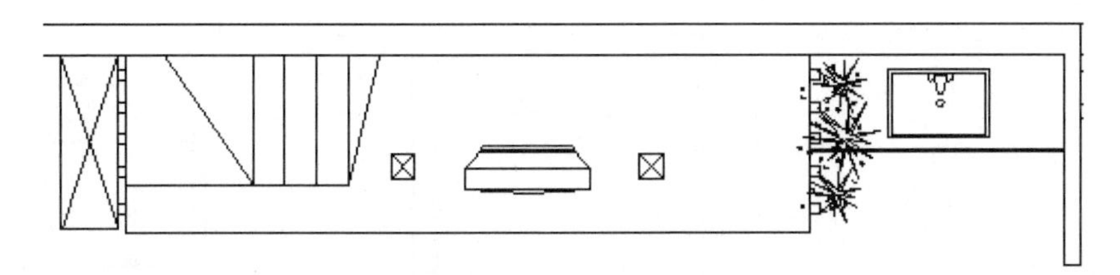

图 18-20　插入图元

11 重复步骤 10 的操作，插入餐桌和沙发到图形中，效果如图 18-21 所示。

12 单击“常用”选项卡→“绘图”面板→“直线”按钮，绘制如图 18-22 所示的上楼标识。

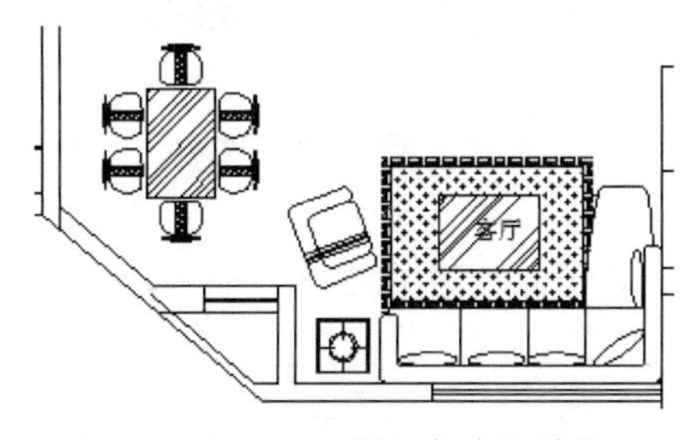

图 18-21　插入餐桌和沙发

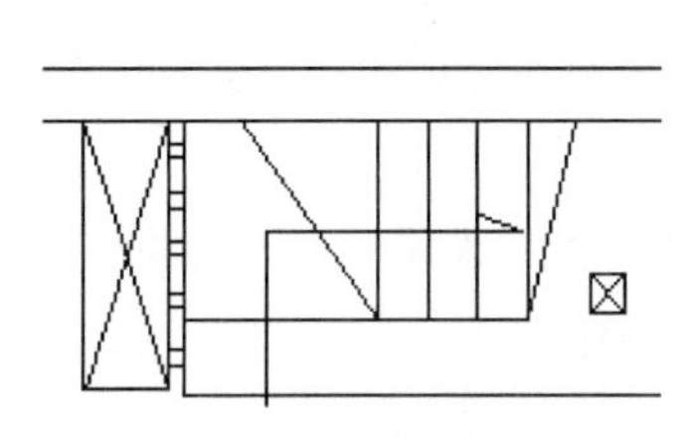

图 18-22　上楼标识

13 单击“常用”选项卡→“绘图”面板→“图案填充”按钮，选择 ANS137 图案，设置比例为 200，填充图案到图形中，效果如图 18-23 所示。

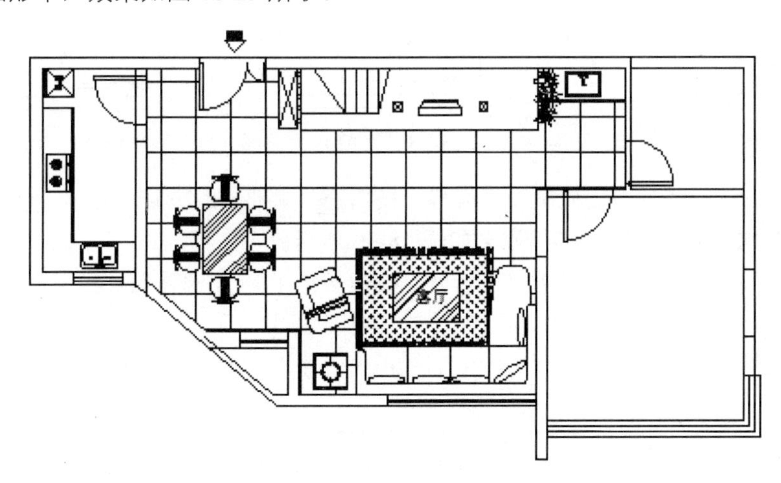

图 18-23　填充图案

18.2.4　布置卫生间

布置卫生间的操作步骤如下：

01 单击“常用”选项卡→“绘图”面板→“直线”按钮，绘制如图 18-24 所示的水平直线段。

02 单击“常用”选项卡→“修改”面板→“偏移”按钮，将刚才绘制的直线段水平向下分别偏移 300、500、600，效果如图 18-25 所示。

03 单击“常用”选项卡→“绘图”面板→“直线”按钮，绘制如图 18-26 所示的垂直直线段。

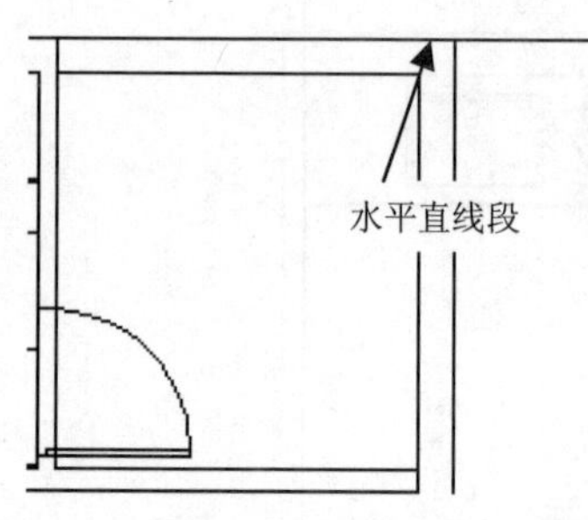

图 18-24　绘制的水平直线段

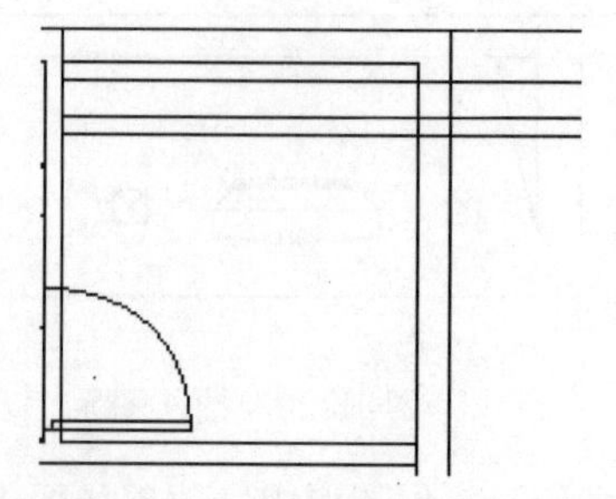

图 18-25　偏移直线段

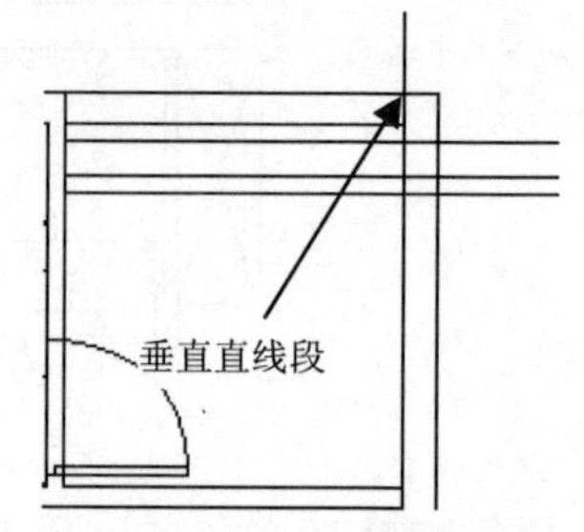

图 18-26　绘制的垂直直线段

04 单击“常用”选项卡→“修改”面板→“偏移”按钮，将垂直直线段向左分别偏移 760、800、845、1090、1390、1490、1590，效果如图 18-27 所示。

05 单击“常用”选项卡→“修改”面板→“修剪”按钮，将偏移的直线段进行修剪，效果如图 18-28 所示。

06 单击“常用”选项卡→“绘图”面板→“直线”按钮，绘制如图 18-29 所示的斜直线段。

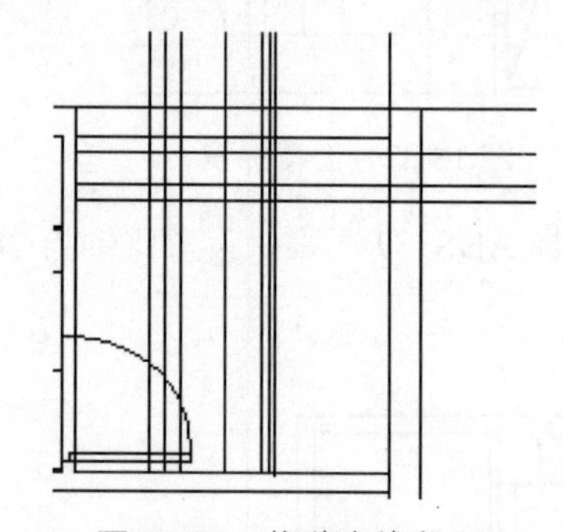

图 18-27　偏移直线段

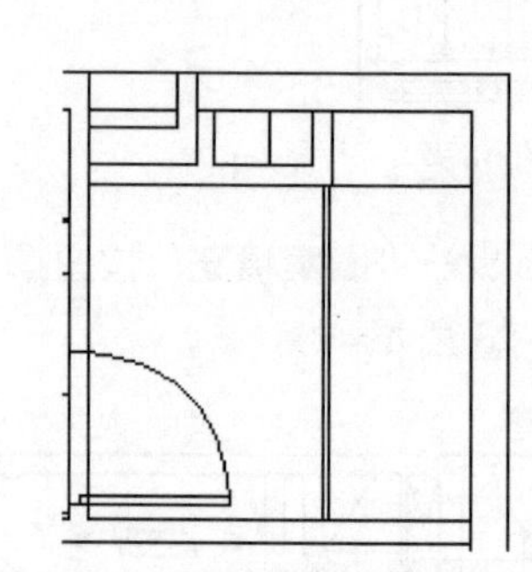

图 18-28　修剪后的图形

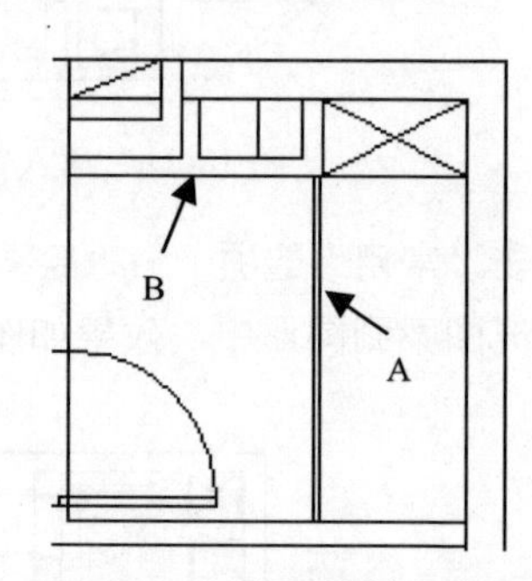

图 18-29　绘制的斜直线段

07 单击“常用”选项卡→“修改”面板→“偏移”按钮，将图 18-29 所示的 A 直线段水平向左偏移 20，将 B 直线段垂直向下偏移 865，效果如图 18-30 所示。

08 单击“常用”选项卡→“修改”面板→“修剪”按钮，将刚才偏移的直线段进行修剪，效果如图 18-31 所示。

09 单击“常用”选项卡→“块”面板→“插入”按钮，插入坐便池到图形中，效果如图 18-32 所示。

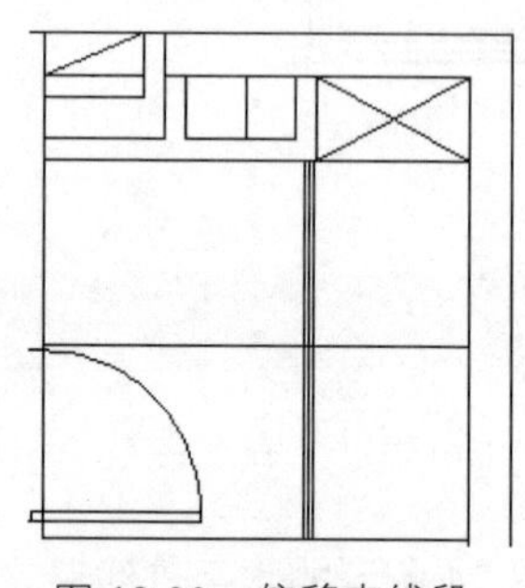

图 18-30　偏移直线段

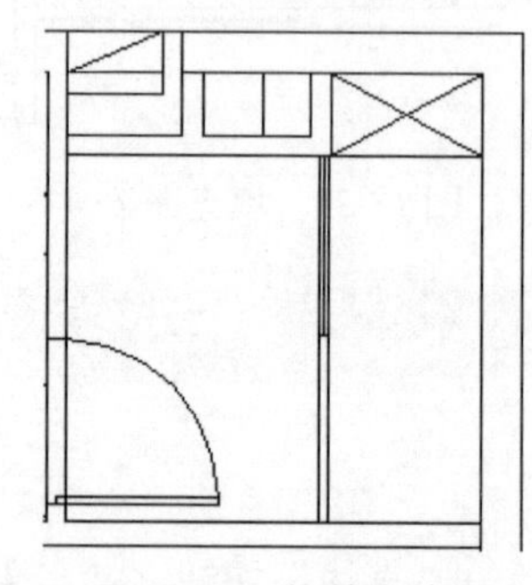

图 18-31　修剪直线段

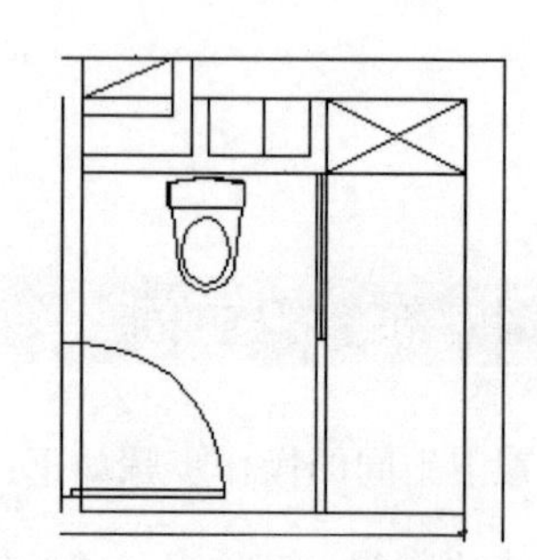

图 18-32　插入坐便池

10 单击“常用”选项卡→“绘图”面板→“图案填充”按钮，选择 ANGLE 图案，设置比例为 50，填充图案到图形中，效果如图 18-33 所示。

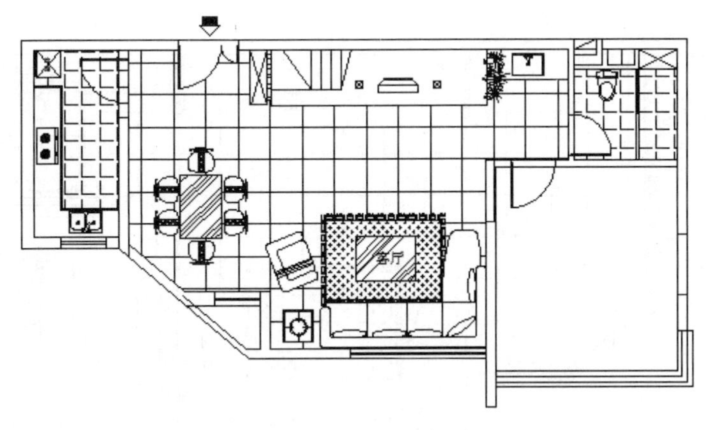

图 18-33　卫生间布置

18.2.5　布置卧室

布置卧室的操作步骤如下：

01 单击“常用”选项卡→“块”面板→“插入”按钮，插入衣柜和双人床到图形中，效果如图 18-34 所示。

02 单击“常用”选项卡→“绘图”面板→“图案填充”按钮，选择 DOLMIT 图案，设置比例为 50，填充图案到图形中，效果如图 18-35 所示。

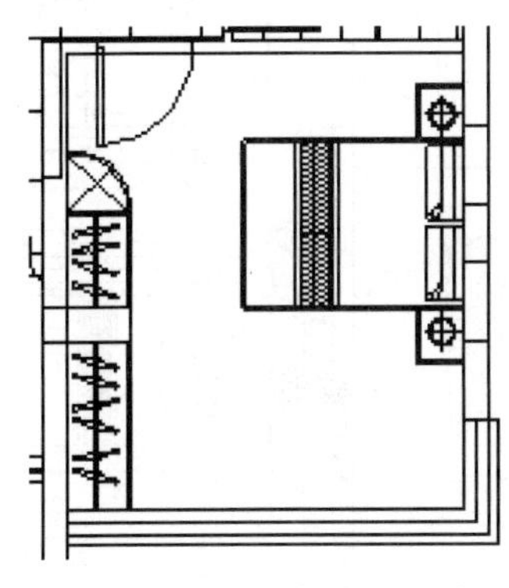

图 18-34　插入衣柜和双人床

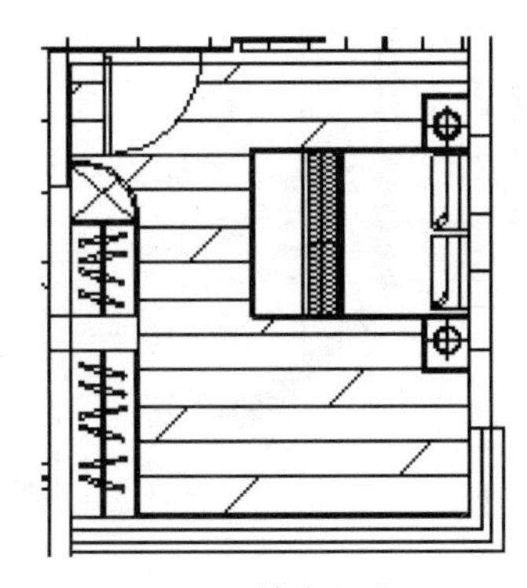

图 18-35　填充图案

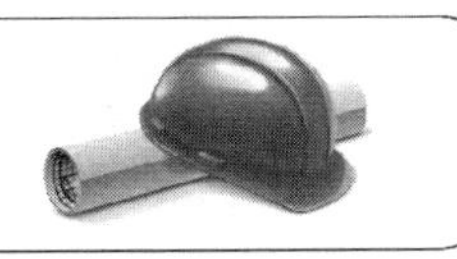

18.3　尺寸和文本标注

标注尺寸和文本的操作步骤如下：

01 单击“常用”选项卡→“绘图”面板→“图案填充”按钮，选择 SOLID 图案，填充图案到图形中，效果如图 18-36 所示。

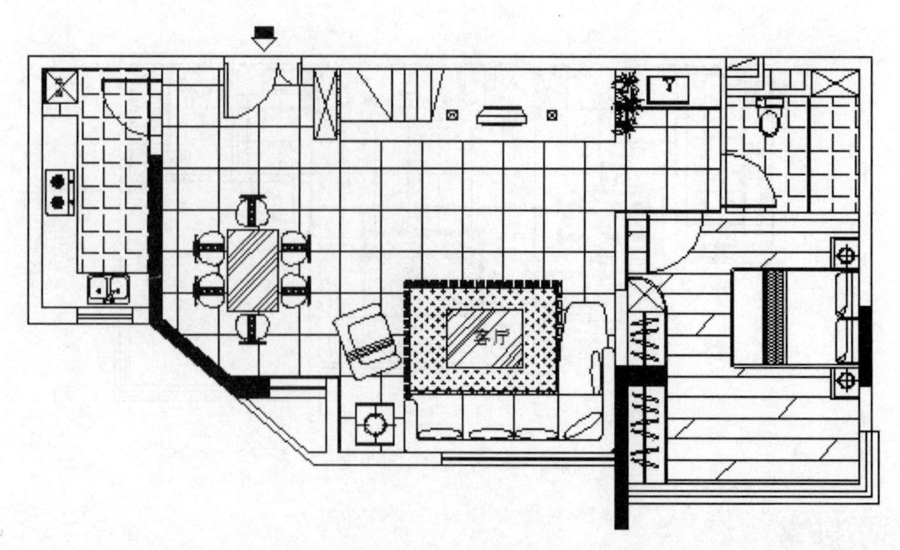

图 18-36　填充图案

02 单击“绘图”选项卡→“多行文本”按钮A，在厨房、客厅、餐厅、卫生间、客卧标注名称和面积，效果如图 18-37 所示。

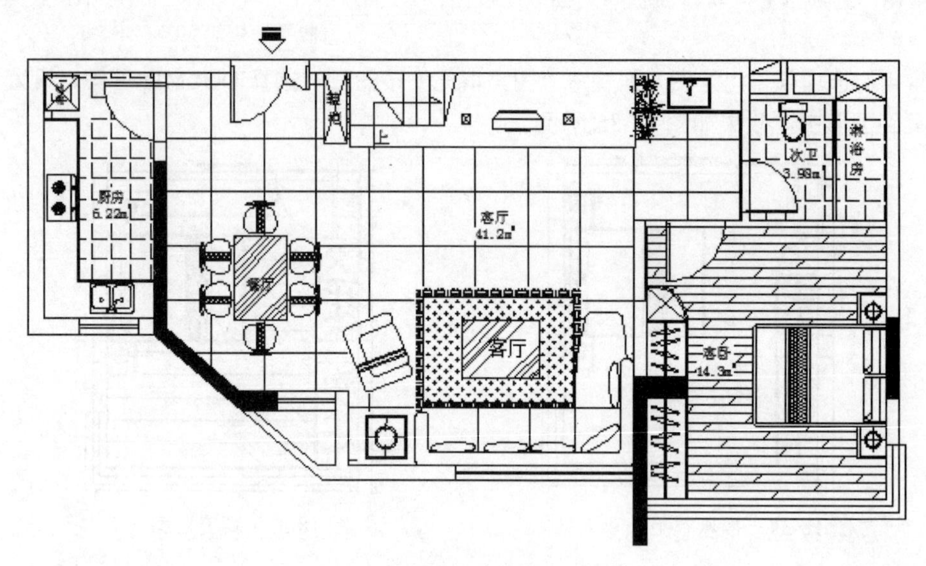

图 18-37　标注名称和面积

03 单击“常用”选项卡→“块”面板→“插入”按钮，插入标识到左下方，效果如图 18-38 所示。

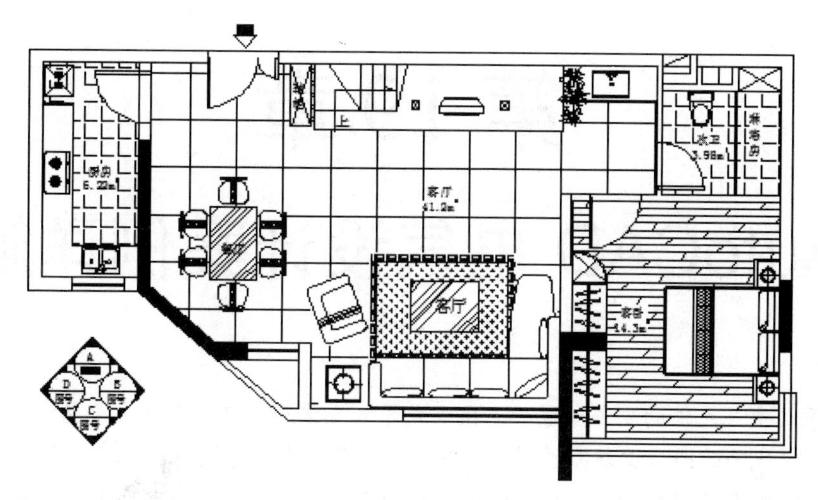

图 18-38　插入标识

04 单击“常用”选项卡→“注释”面板→“线性”按钮⊢⊣，标注如图 18-39 所示的尺寸。

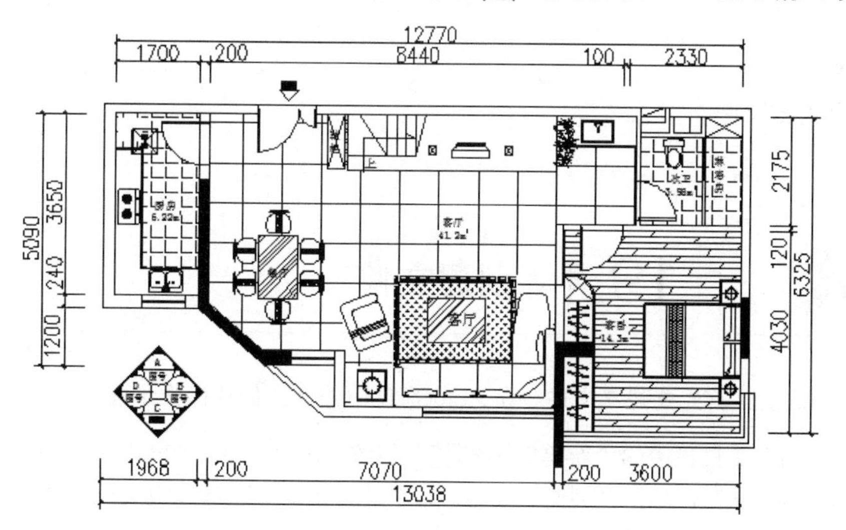

图 18-39　标注的尺寸

18.4 知识回顾

本章主要讲述了某建筑家装设计中平面图的绘制方法。首先使用多线绘制房屋框架，然后对各房间进行布置。在各房间的布置过程中，先绘制房屋中的家具，然后将家具放置到合理的位置，即可完成平面图的绘制。通过家装平面图的绘制，掌握家装设计中的一些技巧和方法。

第19章 AutoCAD 电气设计案例详解

电气设计是表达电气元件的安装位置、连接方式等电气信息。电气图纸主要包括电气系统图、框图、电路图、接线图、电气平面图、设备布置图、大样图、元器件表格等图纸。本章主要介绍各种电器元件的绘制方法，以及某控制电路图的绘制过程。通过本章的学习，让读者了解电气设计的方法和思路。

学习目标

- 创建文件
- 绘制各种电器元件
- 绘制电路图

19.1 创建文件

在绘制电路图之前，首先要建立文件。在 AutoCAD 中建立文件的操作步骤如下：

01 单击“快速访问”工具栏中的“新建”按钮，系统弹出“创建新图形”对话框。

02 单击“使用样板”按钮，单击“浏览”按钮，在系统弹出的“选择样板文件”对话框中选择目录下的 A4.dwt 样板文件，单击“打开”按钮，完成样板文件的加载。

03 单击“快速访问”工具栏中的“另存为”按钮，将文件另存为电气.dwg。

19.2 绘制各元件

电气元件是电路图中的主要部件，它是按照国家标准规定，一种图案符号表示一种电气元件。本例中将介绍控制电路中常用的电气元件的绘制方法。

19.2.1 绘制指示灯

绘制指示灯的操作步骤如下：

01 单击“常用”选项卡→“绘图”面板→“直线”按钮╱，捕捉任意点为起点，绘制长度为 6 与水平成 45° 的直线段。

02 单击“常用”选项卡→“绘图”面板→“直线”按钮╱，捕捉刚才绘制直线段中点为起点，绘制长度为 3 与该直线段正交的直线段，效果如图 19-1 所示。

03 单击“常用”选项卡→“修改”面板→“镜像”按钮，以第一条直线段为镜像轴线，将长度为 3 的直线段镜像到另一侧，效果如图 19-2 所示。

04 单击“常用”选项卡→“绘图”面板→“圆心,半径”按钮，捕捉两条直线段的交点为圆心，绘制半径为 3 的圆，效果如图 19-3 所示。

05 单击“常用”选项卡→“绘图”面板→“直线”按钮╱，捕捉圆心为起点，向左右绘制两条长度为 7 的直线段。

06 单击“常用”选项卡→“修改”面板→“修剪”按钮，选择圆为修剪边界，修剪圆内的多余线段，最终效果如图 19-4 所示。

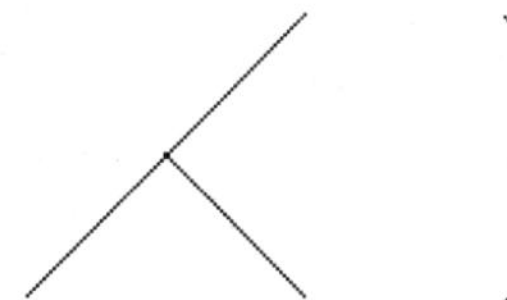
图 19-1　绘制的直线段

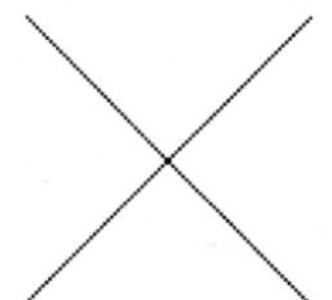
图 19-2　镜像直线段

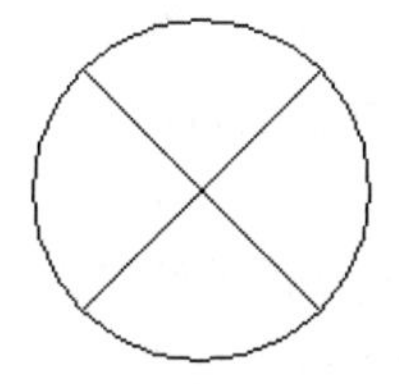
图 19-3　绘制的圆

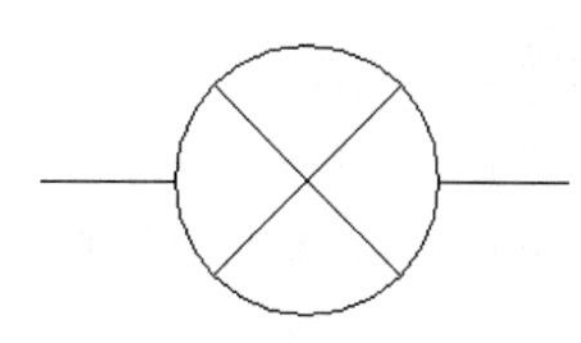
图 19-4 指示灯

07 单击“常用”选项卡→“块”面板→“创建”按钮，选择如图 19-4 所示图形，以水平直线段的左端点为基点创建块，创建“指示灯”块。

19.2.2　动断触点

绘制动断触点的操作步骤如下：

01 单击“常用”选项卡→“绘图”面板→“直线”按钮╱，捕捉任意点为起点，绘制多条直线段，效果如图 19-5 所示。

02 单击“常用”选项卡→“绘图”面板→“直线”按钮╱，捕捉直线段的交点，向右绘制长度为 22.5 的直线段。

03 选择刚才绘制的长度为 22.5 直线段的左端点，向右移动鼠标，在命令行输入 15 并按下 Enter 键，完成直线段的修改，效果如图 19-6 所示。

04 单击“常用”选项卡→“绘图”面板→“直线”按钮╱，捕捉右侧水平直线段的左端点为起点，向上绘制长度为 9 的直线段，效果如图 19-7 所示。

05 单击“常用”选项卡→“块”面板→“创建”按钮，选择如图 19-7 所示的图形，以左水平直线段的左端点为基点创建块，将块命名为“动断触点”。

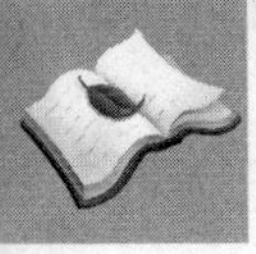

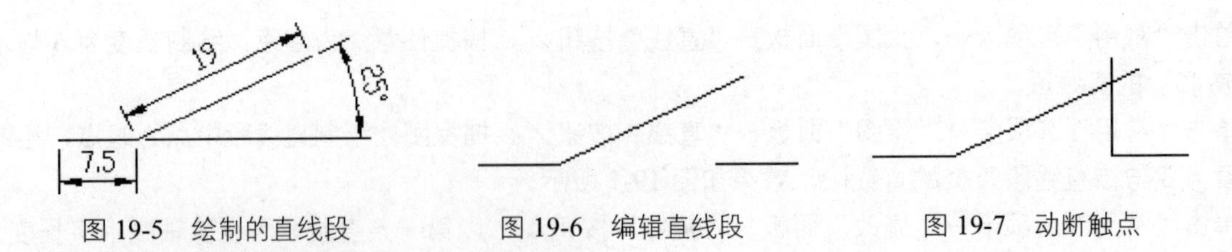

图 19-5 绘制的直线段　　图 19-6 编辑直线段　　图 19-7 动断触点

19.2.3 热继电器动断触点

绘制热继电器动断触点的操作步骤如下：

01 单击“常用”选项卡→“块”面板→“插入”按钮，插入分解的动断触点到图中任意位置。

02 单击“常用”选项卡→“修改”面板→“镜像”按钮，捕捉任意水平两点为镜像轴线，将插入的动断触点进行水平镜像。

03 单击“常用”选项卡→“绘图”面板→“直线”按钮，捕捉动断触点斜直线段的中点为起点，向上垂直移动鼠标，在命令行输入 9 并按 Enter 键；水平向左移动鼠标，在命令行输入 3 并按下 Enter 键，垂直向上移动鼠标，在命令行输入 3 并按下 Enter 键；水平向左移动鼠标，在命令行输入 4 并按下 Enter 键，单击鼠标右键结束直线段的绘制，效果如图 19-8 所示。

04 单击“常用”选项卡→“绘图”面板→“直线”按钮，捕捉刚才绘制的直线度中长度为 9 和 3 的直线段的交点，水平向右移动鼠标，在命令行输入 3 并按下 Enter 键；垂直向上移动鼠标，在命令行输入 3 并按下 Enter 键；水平向左移动鼠标，在命令行输入 4 并按下 Enter 键，单击鼠标右键结束直线段的绘制，效果如图 19-9 所示。

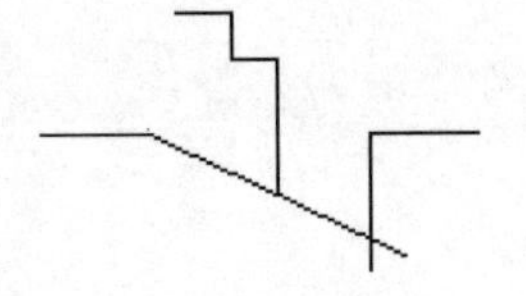

图 19-8 绘制的直线段

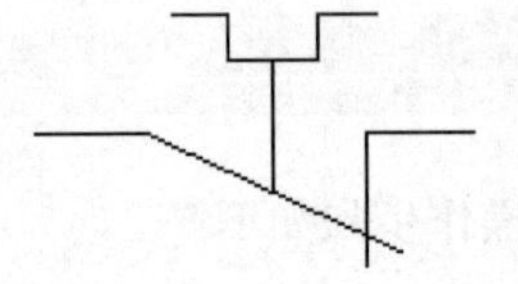

图 19-9 热继电器动断触点

05 单击“常用”选项卡→“块”面板→“创建”按钮，选择如图 19-9 所示的图形，以左水平直线段的左端点为基点创建块，将块命名为“热继电器动断触点”。

19.2.4 绘制动合触点

绘制动合触点的操作步骤如下：

01 单击“常用”选项卡→“块”面板→“插入”按钮，插入分解的动断触点到图中任意位置。

02 单击“常用”选项卡→“修改”面板→“删除”按钮，删除如图 19-10 所示的垂直直线段，效果如图 19-11 所示。

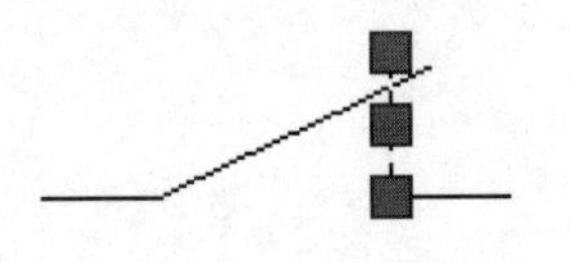

图 19-10 删除的直线段

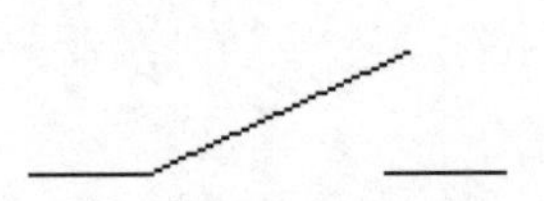

图 19-11 动合触点

03 单击“常用”选项卡→“块”面板→“创建”按钮，选择如图 19-11 所示的图形，以左水平直线段的左端点为基点创建块，将块命名为“动合触点”。

19.2.5　绘制动断按钮

绘制动断按钮的操作步骤如下：

01 单击“常用”选项卡→“块”面板→“插入”按钮，插入分解的动断触点到图中任意位置。

02 单击“常用”选项卡→“修改”面板→“镜像”按钮，捕捉任意水平两点为镜像轴线，将插入的动断触点进行水平镜像。

03 单击“常用”选项卡→“绘图”面板→“直线”按钮，捕捉动断触点斜直线段的中点为起点，向上垂直移动鼠标，在命令行输入 11 并按下 Enter 键；水平向左移动鼠标，在命令行输入 5 并按下 Enter 键；垂直向下移动鼠标，在命令行输入 3 并按下 Enter 键，单击鼠标右键结束直线段的绘制，效果如图 19-12 所示。

04 单击“常用”选项卡→“绘图”面板→“直线”按钮，捕捉刚才绘制的直线度中长度为 11 和 5 的直线段的交点，水平向右移动鼠标，在命令行输入 5 并按下 Enter 键；垂直向下移动鼠标，在命令行输入 3 并按下 Enter 键，单击鼠标右键结束直线段的绘制，效果如图 19-13 所示。

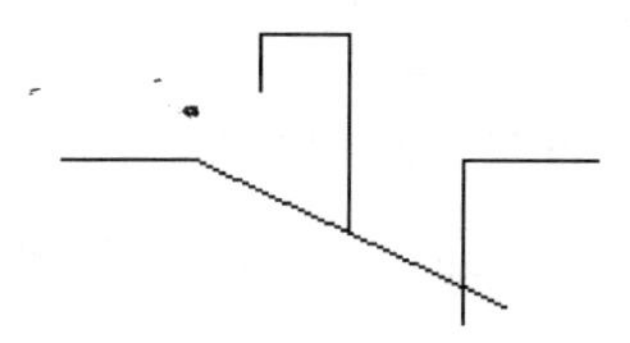

图 19-12　绘制的直线段

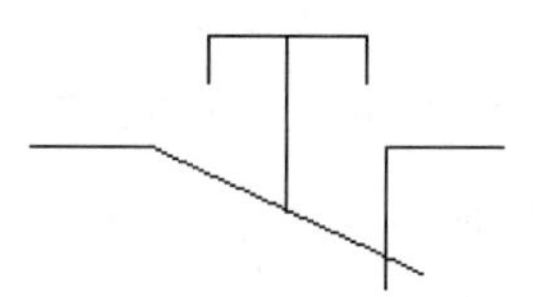

图 19-13　动断按钮

05 单击“常用”选项卡→“块”面板→“创建”按钮，选择如图 19-13 所示的图形，以左水平直线段的左端点为基点创建块，将块命名为“动断按钮”。

19.2.6　绘制动合按钮

绘制动合按钮的操作步骤如下：

01 单击“常用”选项卡→“块”面板→“插入”按钮，插入分解的动合触点到图中任意位置。

02 单击“常用”选项卡→“绘图”面板→“直线”按钮，捕捉动合触点斜直线段的中点为起点，向上垂直移动鼠标，在命令行输入 7 并按下 Enter 键；水平向左移动鼠标，在命令行输入 5 并按下 Enter 键；垂直向下移动鼠标，在命令行输入 3 并按下 Enter 键，单击鼠标右键结束直线段的绘制，效果如图 19-14 所示。

03 单击“常用”选项卡→“绘图”面板→“直线”按钮，捕捉刚才绘制的直线度中长度为 7 和 5 的直线段的交点，水平向右移动鼠标，在命令行输入 5 并按下 Enter 键；垂直向下移动鼠标，在命令行输入 3 并按下 Enter 键，单击鼠标右键结束直线段的绘制，效果如图 19-15 所示。

04 单击“常用”选项卡→“块”面板→“创建”按钮，选择如图 19-15 所示的图形，以左水平直线段的左端点为基点创建块，将块命名为“动合按钮”。

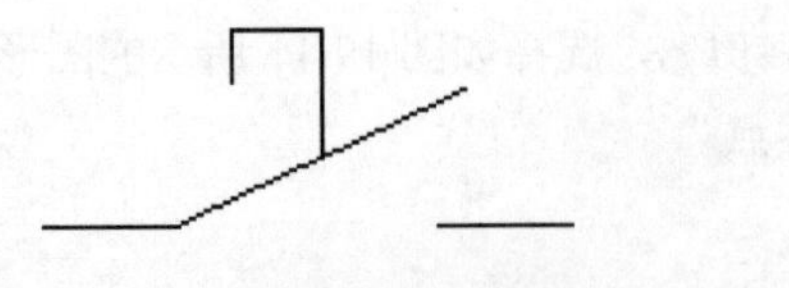
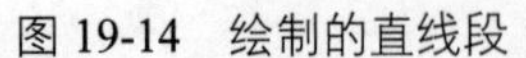

图 19-14 绘制的直线段

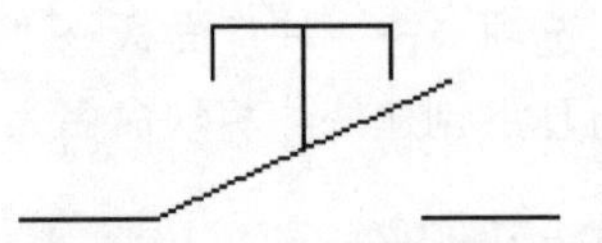

图 19-15 动合按钮

19.2.7 绘制继电器线圈

绘制继电器线圈的操作步骤如下：

01 单击“常用”选项卡→“绘图”面板→“矩形”按钮，绘制如图 19-16 所示 9×17 的矩形。

02 单击“常用”选项卡→“绘图”面板→“直线”按钮，捕捉矩形左边线的中点为起点，向左绘制长度为 10.5 的水平直线段。

03 重复步骤 02 的操作，以矩形右边线的中点为起点向右绘制长度为 10.5 的水平直线段，效果如图 19-17 所示。

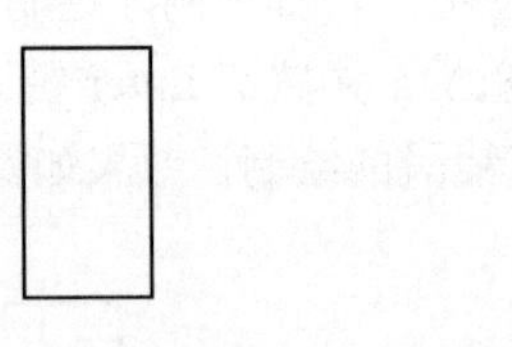

图 19-16 绘制的矩形

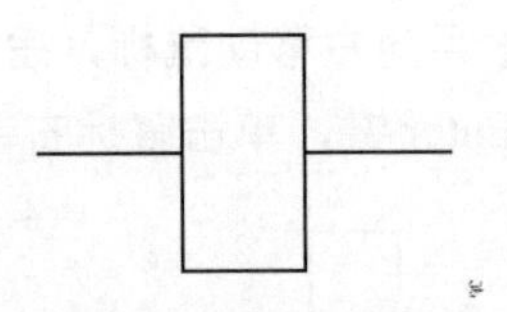

图 19-17 继电器线圈

04 单击“常用”选项卡→“块”面板→“创建”按钮，选择如图 19-17 所示的图形，以左水平直线段的左端点为基点创建块，将块命名为“继电器”。

19.2.8 绘制熔断器

绘制熔断器的操作步骤如下：

01 单击“常用”选项卡→“绘图”面板→“矩形”按钮，绘制如图 19-18 所示 13×6 的矩形。

02 单击“常用”选项卡→“绘图”面板→“直线”按钮，捕捉矩形左边线的中点为起点，向左绘制长度为 8.5 的水平直线段。

03 选择刚才绘制的直线段，单击右端点向右移动鼠标，在如图 19-19 所示的动态输入框中输入 21.5 并按下 Enter 键，结束直线段编辑，效果如图 19-20 所示。

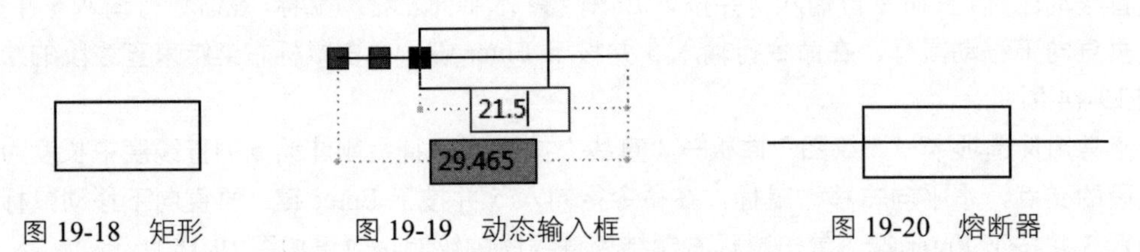

图 19-18 矩形　　图 19-19 动态输入框　　图 19-20 熔断器

04 单击“常用”选项卡→“块”面板→“创建”按钮，选择如图 19-20 所示的图形，以左水平直线段的左端点为基点创建块，将块命名为“熔断器”。

19.3 绘制控制电路图

电路图的绘制方法也有很多种，下面介绍一种常用的绘制电路图的方法。本例中的绘图方法是先绘制辅助线；然后在辅助线中插入常用电气元件；最后连接电气元件并输入标识符号名称等。

01 选择“常用”选项卡→“图层”面板→“图层”下拉列表框→“辅助线层”选项，将“辅助线层”设置为当前图层。

02 单击“常用”选项卡→“绘图”面板→“直线”按钮，绘制两条互相垂直的直线段。

03 单击“常用”选项卡→“修改”面板→“偏移”按钮，将刚才绘制的垂直直线段水平向右分别偏移 30、60、90、120、150、180；将水平直线段向下分别偏移 15、60、75、105、150、165、220，效果如图 19-21 所示。

04 选择“常用”选项卡→“图层”面板→“图层”下拉列表框→“元件层”选项，将“元件层”设置为当前图层。

05 单击“常用”选项卡→“块”面板→“插入”按钮，调整比例和角度，将熔断器、指示灯、动合触点、动断触点、动合按钮、动断按钮、继电器等元件插入到绘图区相应的位置，效果如图 19-22 所示。

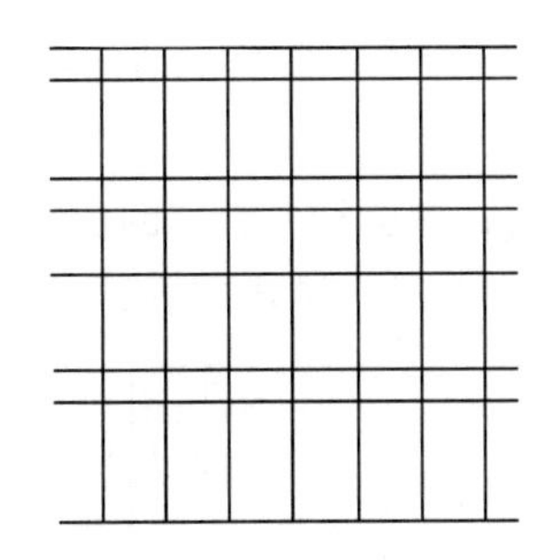

图 19-21　元件布置网格线

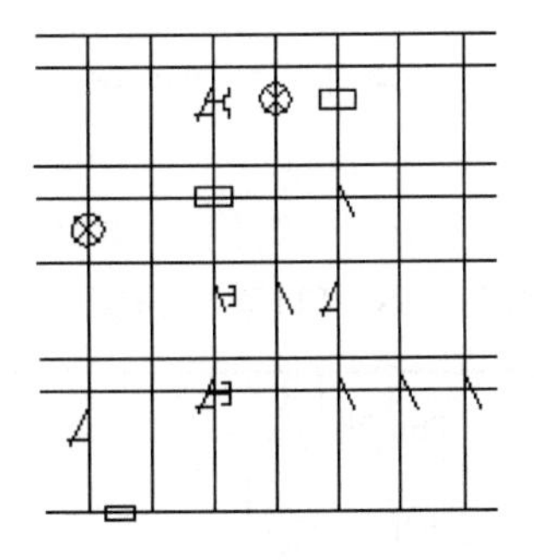

图 19-22　元件分布图

06 选择“常用”选项卡→“图层”面板→“图层”下拉列表框→“连接线层”选项，将“连接线层”设置为当前图层。

07 单击“常用”选项卡→“修改”面板→“删除”按钮，将元件布置网格线删除掉。

08 单击“常用”选项卡→“绘图”面板→“直线”按钮，按照电路图连接各元件，效果如图 19-23 所示。

09 单击“常用”选项卡→“块”面板→“插入”按钮，保持默认比例，在电线连接点处插入连接点，效果如图 19-24 所示。

10 单击“常用”选项卡→“修改”面板→“复制”按钮，选择如图 19-24 所示的图形，捕捉任意点为基点，水平向右移动鼠标，在命令行输入 212 并按下 Enter 键；继续向右移动鼠标，在命令行输入 424 并按下 Enter 键，单击鼠标右键完成图形的复制，效果如图 19-25 所示。

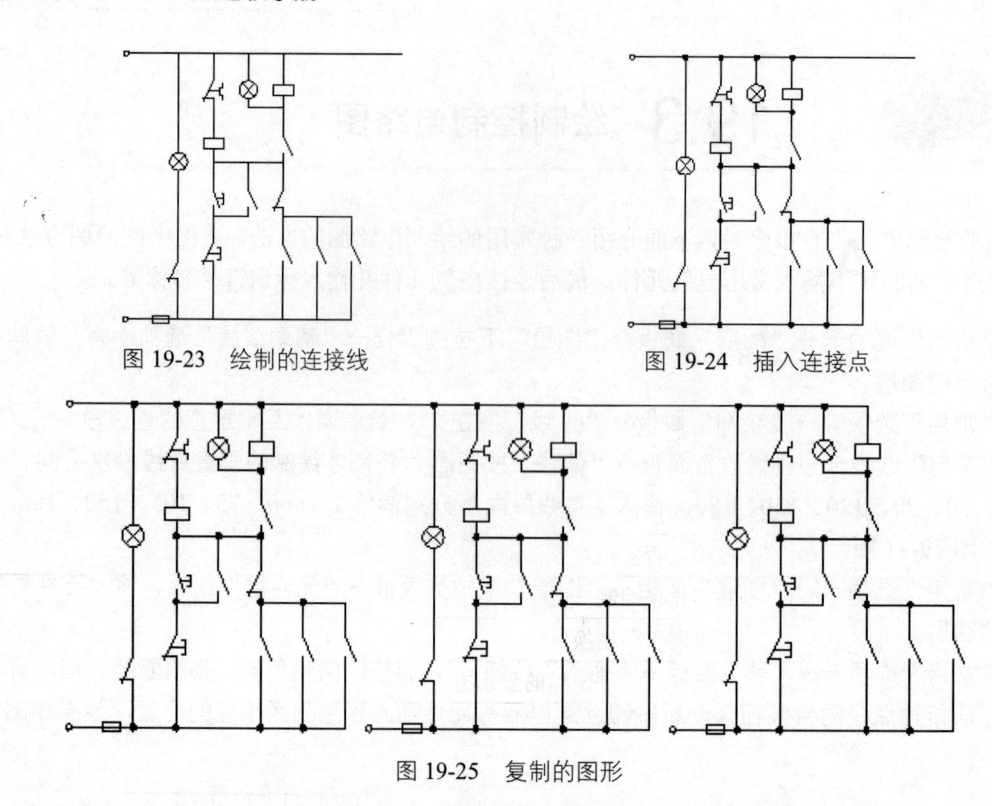

图 19-23　绘制的连接线　　　　图 19-24　插入连接点

图 19-25　复制的图形

11 选择“常用”选项卡→“图层”面板→“图层”下拉列表框→“文字层”选项，将“文字层”设置为当前图层。

12 单击“常用”选项卡→“注释”面板→“多行文本”按钮**A**，在图形中合适的位置添加 HG、KH、KR、KM、KA、SS、FU 等标识文字，完成控制电路图的绘制，效果如图 19-26 所示。

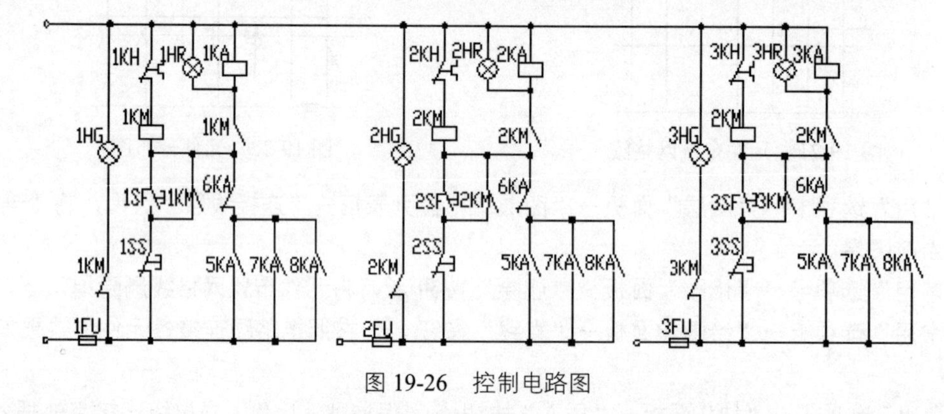

图 19-26　控制电路图

19.4 知识回顾

本章介绍了某控制电路图的绘制，主要步骤为创建文件、绘制电器元件、绘制电路图三大部分。这种绘制思路也是使用 Auto CAD 绘制电路图的常用方法，掌握这种绘制思路与方法，读者就能驾驭控制电路图的绘制步骤。通过举一反三，即可完成各种控制电路图的绘制。

附录 A
AutoCAD 常用快捷键

快捷键	作用
F1	获取帮助
F2	实现作图窗口和文本窗口的切换
F3	控制是否实现对象自动捕捉
F4	数字化仪控制
F5	等轴测平面切换
F6	控制状态行上坐标的显示方式
F7	栅格显示模式控制
F8	正交模式控制
F9	栅格捕捉模式控制
F10	极轴模式控制
F11	对象捕捉追踪模式控制
Ctrl+B	栅格捕捉模式控制（F9）
Ctrl+C	将选择的对象复制到剪贴板上
Ctrl+F	控制是否实现对象自动捕捉（F3）
Ctrl+G	栅格显示模式控制（F7）
Ctrl+J	重复执行上一步命令
Ctrl+K	超级链接
Ctrl+N	新建图形文件
Ctrl+M	打开“工具选项板”窗口
Ctrl+1	打开“特性”选项板
Ctrl+2	打开“设计中心”窗口
Ctrl+6	打开“数据库连接管理器”选项板
Ctrl+O	打开图像文件
Ctrl+P	打开“打印”对话框
Ctrl+S	保存文件
Ctrl+U	极轴模式控制（F10）
Ctrl+V	粘贴剪贴板上的内容

（续表）

快捷键	作用
Ctrl+W	对象捕捉追踪模式控制（F11）
Ctrl+X	剪切所选择的内容
Ctrl+Y	重做
Ctrl+Z	取消上一步的操作

附录 B
AutoCAD 主要命令一览

AutoCAD 中各个版本在命令上的变化很小，所以以下内容并不是仅限于 AutoCAD 2012。

缩写	命令	功能
3A	3DARRAY	在三维空间中进行阵列
3DO	3DORBIT	在三维空间中进行旋转
3F	3DFACE	在三维空间中的任意位置创建三侧面或四侧面
3P	3DPOLY	创建三维多段线
A	ARC	画圆弧
ADC	ADCEnter	管理和插入块、外部参照及填充图案等内容
AA	AREA	计算对象或指定区域的面积和周长
AL	ALIGN	在二维和三维空间中将对象与其他对象对齐
AP	APPLOAD	打开“加载/卸载应用程序”对话框，定义要在启动时加载的应用程序
AR	ARRAY	打开“阵列”对话框
ATT	ATTDEF	打开“属性定义”对话框
ATE	ATTEDIT	改变属性信息
B	BLOCK	根据选定对象创建块
BC	BCLOSE	关闭块编辑器
BE	BEDIT	打开“编辑块定义”对话框，然后打开块编辑器
BH	HATCH	用填充图案或渐变填充来填充封闭区域或选定对象
BO	BOUNDARY	从封闭区域创建面域或多段线
BR	BREAK	在两点之间打断选定对象
BS	BSAVE	保存当前块定义
C	CIRCLE	绘制圆
CH	PROPERTIES	打开“特性”选项板
CHA	CHAMFER	给对象加倒角
CHK	CHECKSTANDARDS	检查当前图形的标准冲突情况
CLI	COMMANDLINE	显示命令行
COL	COLOR	设置新对象的颜色

（续表）

缩写	命令	功能
CO	COPY	复制
CP	COPY	复制
CT	CTABLESTYLE	设置当前选项卡样式的名称
D	DIMSTYLE	创建和修改标注样式
DAL	DIMALIGNED	创建对齐线性标注
DAN	DIMANGULAR	创建角度标注
DAR	DIMARC	创建圆弧长度标注
JOG	DIMJOGGED	创建折弯半径标注
DBA	DIMBASELINE	从上一个标注或选定标注的基线处创建线性标注、角度标注或坐标标注
DBC	DBCONNECT	提供到外部数据库表的接口
DC	ADCEnter	管理和插入块、外部参照及填充图案等内容
DCE	DIMCEnter	创建圆和圆弧的圆心标记或中心线
DCEnter	ADCEnter	打开“设计中心”窗口
DCO	DIMCONTINUE	从上一个标注或选定标注的第二条延伸线处创建线性标注、角度标注或坐标标注
DDA	DIMDISASSOCIATE	删除选定标注的关联性
DDI	DIMDIAMETER	创建圆和圆弧的直径标注
DED	DIMEDIT	编辑标注对象上的标注文字和延伸线
DI	DIST	测量两点之间的距离和角度
DIV	DIVIDE	定数等分
DJO	DIMJOGGED	为圆和圆弧创建折弯标注
DLI	DIMLINEAR	创建线性标注
DO	DONUT	绘制填充的圆和环
DOR	DIMORDINATE	创建坐标标注
DOV	DIMOVERRIDE	替代尺寸标注系统变量
DR	DRAWORDER	修改图像和其他对象的绘图顺序
DRA	DIMRADIUS	创建圆和圆弧的半径标注
DRE	DIMREASSOCIATE	将选定标注与几何对象相关联
DRM	DRAWINGRECOVERY	显示可以在程序或系统失败后修复的图形文件列表
DS	DSETTINGS	打开“草图设置”对话框
DST	DIMSTYLE	打开“标注样式管理器”对话框
DT	TEXT	创建单行文字对象
DV	DVIEW	使用相机和目标来定义平行投影或透视视图
E	ERASE	删除
ED	DDEDIT	编辑单行文字、标注文字、属性定义和特征控制框
EL	ELLIPSE	创建椭圆或椭圆弧

（续表）

缩写	命令	功能
EX	EXTEND	将对象延伸到另一对象
EXIT	QUIT	退出程序
EXP	EXPORT	以其他文件格式保存对象
EXT	EXTRUDE	通过拉伸现有二维对象来创建唯一实体原型
F	FILLET	给对象加圆角
FI	FILTER	创建一个条件列表，对象必须符合这些条件才能包含在选择集中
G	GROUP	创建和管理已保存的对象集（称为编组）
GD	GRADIENT	使用渐变填充填充封闭区域或选定对象
GR	DDGRIPS	打开“选项”对话框中的“选择集”选项卡
H	HATCH	用填充图案、实体填充或渐变填充填充封闭区域或选定对象
HE	HATCHEDIT	修改现有的图案填充或填充
HI	HIDE	重新生成不显示隐藏线的三维线框模型
I	INSERT	将图形或命名块插入到当前图形中
IAD	IMAGEADJUST	控制图像的亮度、对比度和褪色度
IAT	IMAGEATTACH	将新的图像附着到当前图形
ICL	IMAGECLIP	为图像对象创建新的剪裁边界
IM	IMAGE	管理图像
IMP	IMPORT	以不同格式输入文件
IN	INTERSECT	从两个或多个实体或面域的交集中创建复合实体或面域，然后删除交集外的区域
INF	INTERFERE	用两个或多个实体的公共部分创建三维组合实体
IO	INSERTOBJ	插入链接对象或内嵌对象
J	JOIN	将对象合并以形成一个完整的对象
L	LINE	绘制直线
LA	LAYER	管理图层和图层特性
LE	QLEADER	创建引线和引线注释
LEN	LENGTHEN	修改对象的长度和圆弧的包含角
LI	LIST	显示选定对象的特征数据
LINEWEIGHT	LWEIGHT	设置线宽及相关选项
LS	LIST	显示选定对象的特性数据
LT	LINETYPE	加载、设置和修改线型
LTYPE	LINETYPE	加载、设置和修改线型
LTS	LTSCALE	设置全局线型比例因子
LW	LWEIGHT	设置线宽及相关选项
M	MOVE	移动
MA	MATCHPROP	将选定表格单元的特性应用到其他表格单元

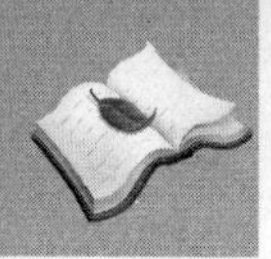

（续表）

缩写	命令	功能
ME	MEASURE	定距等分
MI	MIRROR	镜像
ML	MLINE	创建多条平行线
MO	PROPERTIES	控制现有对象的特性
MS	MSPACE	从图纸空间切换到模型空间视口
MSM	MARKUP	显示标记的详细信息并允许用户更改其状态
MT	MTEXT	添加多行文字
MV	MVIEW	创建并控制布局视口
O	OFFSET	偏移
OP	OPTIONS	自定义程序设置
ORBIT	3DORBIT	三维动态观察器
OS	OSNAP	打开“草图设置”对话框
P	PAN	在当前视口中移动视图，即实时移动
PA	PASTESPEC	插入剪贴板数据并控制数据格式
PARAM	BPARAMETER	向动态块定义中添加带有夹点的参数
PE	PEDIT	编辑多段线和三维多边形网络
PL	PLINE	创建二维多段线
PO	POINT	指定点
POL	POLYGON	绘制正多边形
PR	PROPERTIES	弹出“特性”选项板
PRCLOSE	PROPERTIESCLOSE	关闭“特性”选项板
PROPS	PROPERTIES	弹出“特性”选项板
PRE	PREVIEW	显示图形的打印效果
PRINT	PLOT	将图形打印到绘图仪、打印机或文件
PS	PSPACE	从模型空间视口切换到图纸空间
PTW	PUBLISHTOWEB	创建包括选定图形的网页
PU	PURGE	删除图形中未使用的命名项目，例如块定义和图层
QC	QUICKCALC	打开“快速计算器”选项板
R	REDRAW	刷新当前视口中的显示
RA	REDRAWALL	刷新显示所有视口
RE	REGEN	从当前视口重新生成整个图形
REA	REGENALL	重新生成图形并刷新所有视口
REC	RECTANG	绘制矩形
REG	REGION	将包含封闭区域的对象转换为面域对象
REN	RENAME	更改命名对象的名称

（续表）

缩写	命令	功能
REV	REVOLVE	通过绕轴旋转二维对象来创建实体
RO	ROTATE	围绕基点旋转对象
RPR	RPREF	设置渲染系统配置
RR	RENDER	创建三维线框或实体模型的真实感图像或真实着色图像
S	STRETCH	移动或拉伸对象
SC	SCALE	在 X、Y 和 Z 方向按比例放大或缩小对象
SCR	SCRIPT	从脚本文件执行一系列命令
SE	DSETTINGS	打开“草图设置”对话框
SEC	SECTION	用平面和实体的交集创建面域
SET	SETVAR	列出或修改系统变量值
SHA	SHADEMODE	控制当前视口中实体对象着色的显示
SL	SLICE	用平面剖切一组实体
SN	SNAP	规定光标按指定的间距移动
SO	SOLID	创建实体填充的三角形和四边形
SP	SPELL	检查图形中的拼写
SPL	SPLINE	在指定的公差范围内把光滑曲线拟合成一系列的点
SPE	SPLINEDIT	编辑样条曲线或样条曲线拟合多段线
SSM	SHEETSET	打开“图纸集管理器”选项板
ST	STYLE	创建、修改或设置命名文字样式
STA	STANDARDS	管理标准文件与图形之间的关联性
SU	SUBTRACT	通过删减操作合并选定的面域或实体
T	MTEXT	绘制多行文字
TA	TABLET	校准、配置、打开和关闭已连接的数字化仪
TB	TABLE	在图形中创建空白表格对象
TH	THICKNESS	设置当前的三维厚度
TI	TILEMODE	将“模型”选项卡或上一个布局选项卡置为当前
TO	TOOLBAR	显示、隐藏和自定义选项卡
TOL	TOLERANCE	创建形位公差
TOR	TORUS	创建圆环形实体
TP	TOOLPALETTES	打开“工具选项板”窗口
TR	TRIM	按其他对象定义的剪切边修剪对象
TS	TABLESTYLE	定义新的表格样式
UC	UCSMAN	管理已定义的用户坐标系
UN	UNITS	控制坐标和角度的显示格式和精度
UNI	UNION	通过添加操作合并选定面域或实体
V	VIEW	保存和恢复命名视图

（续表）

缩写	命令	功能
VP	DDVPOINT	设置三维观察方向
-VP	VPOINT	设置图形的三维直观观察方向
VS	BVSTATE	创建、设置或删除动态块中的可见性状态
W	WBLOCK	将对象或块写入新图形文件
WE	WEDGE	创建三维实体并使其倾斜面沿 X 轴方向
X	EXPLODE	将合成对象分解为其部件对象
XA	XATTACH	将外部参照附着到当前图形
XB	XBIND	将外部参照中命名对象的一个或多个定义绑定到当前图形
XC	XCLIP	定义外部参照或块剪裁边界，并设置前剪裁平面和后剪裁平面
XL	XLINE	创建无限长的线
XR	XREF	控制图形文件的外部参照
Z	ZOOM	放大或缩小显示当前视口中对象的外观尺寸